『十二五』國家重點圖書出版規劃項目
二〇一一—二〇二〇年國家古籍整理出版規劃項目
國家古籍整理出版專項經費資助項目

中國古農書集粹

王思明 —— 主編

鳳凰出版社

圖書在版編目（CIP）數據

二如亭群芳譜 /（明）王象晉撰. -- 南京 : 鳳凰出版社, 2024.5
（中國古農書集粹 / 王思明主編）
ISBN 978-7-5506-4071-9

Ⅰ. ①二… Ⅱ. ①王… Ⅲ. ①《群芳譜》 Ⅳ. ①S-092.48

中國國家版本館CIP數據核字(2024)第043931號

書　　名	二如亭群芳譜
著　　者	(明)王象晉
主　　編	王思明
責任編輯	孫　州
裝幀設計	姜　嵩
責任監製	程明嬌
出版發行	鳳凰出版社(原江蘇古籍出版社) 發行部電話025-83223462
出版社地址	江蘇省南京市中央路165號,郵編:210009
印　　刷	常州市金壇古籍印刷廠有限公司 江蘇省金壇市晨風路186號,郵編:213200
開　　本	889毫米×1194毫米　1/16
印　　張	53.75
版　　次	2024年5月第1版
印　　次	2024年5月第1次印刷
標準書號	ISBN 978-7-5506-4071-9
定　　價	540.00圓

(本書凡印裝錯誤可向承印廠調换,電話:0519-82338389)

《中國古農書集粹》編委會

主　編

王思明

副主編

惠富平　熊帝兵

編　委

沈志忠　盧　勇　丁曉蕾　夏如兵　陳少華　何紅中

劉馨秋　李昕升　劉啓振　朱鎖玲　何彦超

序

中國是世界農業的重要起源地之一，農耕文化有着上萬年的歷史，在農業方面的發明創造舉世矚目。中國幾千年的傳統文明本質上就是農業文明。農業是國民經濟中不可替代的重要的物質生産部門，在傳統社會中一直是支柱産業。農業的自然再生産與經濟再生産曾奠定了中華文明的物質基礎。在漫長的歷史進程中，中華農業文明孕育出南方水田農業文化與北方旱作農業文化、漢民族與其他少數民族農業文化等不同的發展模式。無論是哪種模式，都是人與環境協調發展的路徑選擇。中國之所以能够在十九世紀以前的一兩千年中，長期保持着世界領先的地位，就在於中國農民能够根據不斷變化的人口狀況以及自然、經濟環境作出正確的判斷和明智的選擇。

中國農業文化遺産十分豐富，包括思想、技術、生産方式以及農業遺存等。在傳統農業生産過程中，形成了以尊重自然、順應自然，天、地、人『三才』協調發展的農學指導思想；形成了以種植業爲主，種植業和養殖業相互依存、相互促進的多樣化經營格局；凸顯了『寧可少好，不可多惡』的農業經營策略和精耕細作的技術特點；蘊含了『地可使肥，又可使棘』『地力常新壯』的辯證土壤耕作理論；總結了輪作復種、間作套種和多熟種植的技術經驗；形成了北方旱地保墒栽培與南方合理管水用水相結合的農業生産模式。與世界其他國家或民族的傳統農業以及現代農學相比，中國傳統農業自身的特色明顯，既有成熟的農學理論，又有獨特的技術體系。

世代相傳的農業生產智慧與技術精華，經過一代又一代農學家的總結提高，涌現了數量龐大、種類繁多的農書。《中國農業古籍目錄》收錄存目農書十七大類，二千零八十四種。閔宗殿等學者在此基礎上又根據江蘇、浙江、安徽、江西、福建、四川、臺灣、上海等省市的地方志，整理出明清時期二百三十六種『新書目』。[一] 隨着時間的推移和學者的進一步深入研究，還將會有不少沉睡在古籍中的農書被不斷地揭示出來。作爲中華農業文明的重要載體，這些古農書總結了不同歷史時期中國農業經營理念和傳統農業科技的精華，是人類寶貴的文化財富。

中國古代農書豐富多彩、源遠流長，反映了中國農業科學技術的起源、發展、演變與轉型的歷史進程與發展規律，折射出中華農業文明發展的曲折而漫長的發展歷程。這些農書中包含了豐富的農業實用技術、農業經濟智慧、農村社會發展思想等，覆蓋了農、林、牧、漁、副等諸多方面，廣泛涉及傳統社會中農業生產、農村社會、農民生活等主要領域，還記述了許許多多關於生物學、土壤學、氣候學、地理學、水利工程等自然科學原理。存世豐富的中國古農書，不僅指導了我國古代農業生產與農村社會的發展，也包含了許多當今經濟社會發展中所迫切需要解決的問題——生態保護、可持續發展、農村建設、鄉村振興等思想和理念。

作爲中國傳統農業智慧的結晶，中國古農書通過各種途徑傳播到世界各地，對世界農業文明産生了深遠影響，例如《齊民要術》在唐代已傳入日本。被譽爲『宋本中之冠』的北宋天聖年間崇文院本《齊民要術》被日本視爲『國寶』，珍藏在京都博物館。而以《齊民要術》爲对象的研究被稱爲日本『賈學』。江户時代的宮崎安貞曾依照《農政全書》的體系、格局，撰寫了適合日本國情的《農業全書》十

[一] 閔宗殿《明清農書待訪錄》，《中國科技史料》二〇〇三年第四期。

卷，成爲日本近世時期最有代表性、最系統、水準最高的農書，被稱爲『人世間一日不可或缺之書』。據不完全統計，受《農政全書》或《農業全書》影響的日本農書達四十六部之多。[一]中國古農書直接或間接地推動了當時整個日本農業技術的發展，提升了農業生産力。

朝鮮在新羅時期就可能已經引進了《齊民要術》。[二]高麗宣宗八年（一〇九一）李資義出使中國，宋哲宗（一〇八六—一一〇〇）要求他在高麗覆刊的書籍目録裏有《氾勝之書》。高麗後期的一三四九年與一三七二年，曾兩次刊印《元朝正本農桑輯要》。朝鮮太宗年間（一三六七—一四二二），學者從《農桑輯要》中抄録養蠶部分，譯成《養蠶經驗撮要》，摘取《農桑輯要》中穀和麻的部分譯成吏讀，並以此爲底本刊印了《農書輯要》。朝鮮的《閒情録》以《陶朱公致富奇書》爲基礎出版，《農政會要》則主要引自《授時通考》。《農家集成》《農事直説》以及姜希孟的《四時纂要》主要根據王禎《農書》等多部中國古農書編成。據不完全統計，目前韓國各文教單位收藏中國農業古籍四十種，[三]包括《齊民要術》《農政全書》《授時通考》《御製耕織圖》《江南催耕課稻編》《廣群芳譜》《農桑輯要》等。

中國古農書還通過絲綢之路傳播至歐洲各國。《農政全書》至遲在十八世紀傳入歐洲，一七三五年法國杜赫德（Jean-Baptiste Du Halde）主編的《中華帝國及華屬韃靼全志》卷二摘譯了《農政全書》卷三十一至卷三十九的《蠶桑》部分。至遲在十九世紀末，《齊民要術》已傳到歐洲。達爾文的《物種起源》和《動物和植物在家養下的變異》援引《中國紀要》中的有關事例佐證其進化論，達爾文在談到人

[一]韓興勇《〈農政全書〉在近世日本的影響和傳播——中日農書的比較研究》，《農業考古》二〇〇三年第一期。

[二][韓]崔德卿《韓國的農書與農業技術——以朝鮮時代的農書和農法爲中心》，《中國農史》二〇〇一年第四期。

[三]王華夫《韓國收藏中國農業古籍概況》，《農業考古》二〇一〇年第一期。

工選擇時説：『如果以爲這種原理是近代的發現，就未免與事實相差太遠。……在一部古代的中國百科全書中，已有關於選擇原理的明確記述。』[一]而《中國紀要》中有關家畜人工選擇的内容主要來自《齊民要術》。[二]中國古農書間接地爲生物進化論提供了科學依據。英國著名學者李約瑟（Joseph Needham）編著的《中國科學技術史》第六卷『生物學與農學』分册以《齊民要術》爲重要材料，説它『即使在世界範圍内也是卓越的、傑出的、系統完整的農業科學理論與實踐的巨著』。[三]

世界上許多國家都收藏有中國古農書，如大英博物館、巴黎國家圖書館、柏林圖書館、聖彼得堡（列寧格勒）圖書館、美國國會圖書館、哈佛大學燕京圖書館、日本内閣文庫、東洋文庫等，大多珍藏有《齊民要術》《茶經》《農桑輯要》《農書》《農政全書》《授時通考》《花鏡》《植物名實圖考》等早期刻本。不少中國著名古農書還被翻譯成外文出版，如《齊民要術》有日文譯本（缺第十章），《天工開物》與《茶經》有英、日譯本，《農政全書》《授時通考》《群芳譜》的個别章節已被譯成英、法、俄等文字，《元亨療馬集》有德、法文節譯本。法蘭西學院的斯坦尼斯拉斯·儒蓮（一七九九—一八七三）翻譯的法文版《蠶桑輯要》廣爲流行，並被譯成英、德、意、俄等多種文字。顯然，中國古農書已經是全世界人民的共同財富，也是世界了解中國的重要媒介之一。

近代以來，有不少學者在古農書的搜求與整理出版方面做了大量工作。晚清務農會於光緒二十三年（一八九七）鉛印《農學叢刻》，但是收書的規模不大，僅刊古農書二十三種。一九二〇年，金陵大學在

[一][英]達爾文《物種起源》，謝蘊貞譯。科學出版社，一九七二年，第二十四—二十五頁。

[二]《中國紀要》即十八世紀在歐洲廣爲流行的全面介紹中國的法文著作《北京耶穌會士關於中國人歷史、科學、技術、風俗、習慣等紀要》。一七八〇年出版的第五卷介紹了《齊民要術》，一七八六年出版的第十一卷介紹了《齊民要術》中的養羊技術。

[三]轉引自繆啓愉《試論傳統農業與農業現代化》，《傳統文化與現代化》一九九三年第一期。

全國率先建立了農業歷史文獻的專門研究機構，在萬國鼎先生的引領下，開始了系統收集和整理中國古代農業歷史文獻的研究工作，着手編纂《先農集成》，從浩如煙海的農業古籍文獻資料中，搜集整理了三千七百多萬字的農史資料，後被分類輯成《中國農史資料》四百五十六册，是巨大的開創性工作。

民國期間，影印興起之初，《齊民要術》、王禎《農書》、《農政全書》等代表性古農學著作均有石印本或影印本。一九四九年以後，爲了保存農書珍籍，曾影印了一批國内孤本或海外回流的古農書珍本，如中華書局上海編輯所分别在《中國古代科技圖録叢編》和《中國古代版畫叢刊》的總名下，影印了《天工開物》（崇禎十年本）、《便民圖纂》（萬曆本）、《救荒本草》（嘉靖四年本）、《授衣廣訓》（嘉慶原刻本）等。上海圖書館影印了元刻大字本《農桑輯要》（孤本）。一九八二年至一九八三年，農業出版社以《中國農學珍本叢書》之名，先後影印了《全芳備祖》（日藏宋刻本），《金薯傳習録、種薯譜合刊》（前者刊本僅存福建圖書館，後者朝鮮徐有榘以漢文編寫，内存徐光啓《甘薯疏》全文），以及《新刻注釋馬牛駝經大全集》（孤本）等。

古農書的輯佚、校勘、注釋等整理成果顯著。萬國鼎、石聲漢先生都曾對《四民月令》《氾勝之書》等進行了輯佚、整理與深入研究。到二十世紀末，具有代表性的古農書基本得到了整理，如夏緯瑛的《管子地員篇校釋》和《吕氏春秋上農等四篇校釋》，石聲漢的《齊民要術今釋》《農桑輯要校注》《農政全書校注》等，繆啓愉的《齊民要術校釋》和《四時纂要》，王毓瑚的《農桑衣食撮要》，馬宗申的《授時通考校注》等。特别是農業出版社自二十世紀五十年代一直持續到八十年代末的《中國農書叢刊》，先後出版古農書整理著作五十餘部，涉及範圍廣泛，既包括綜合性農書，也收録不少畜牧、蠶桑、水利等專業性農書。此外，中華書局、上海古籍出版社等也有相應的古農書整理著作出版。

一些有識之士還致力於古農書的編目工作。一九二四年，金陵大學毛邕、萬國鼎編著了最早的農書簡目《中國農書目錄彙編》，存佚兼收，薈萃七十餘種古農書。但因受時代和技術手段的限制，規模較小。一九四九年以後，古農書的編目、典藏等得以系統進行。一九五七年，王毓瑚的《中國農學書錄》出版（一九六四年增訂），含英咀華，精心考辨，共收農書五百多種。一九五九年，北京圖書館據全國二十五個圖書館的古農書書目彙編成《中國古農書聯合目錄》，收錄古農書及相關整理研究著作六百餘種。一九九〇年，中國農業歷史學會和中國農業博物館據各農史單位和各大圖書館所藏農書彙編成《農業古籍聯合目錄》，收書較此前更加豐富。二〇〇三年，張芳、王思明的《中國農業古籍目錄》收錄了古農書存目二千零八十四種。經過幾代人的艱辛努力，中國古農書的規模已基本摸清。上述基礎性工作爲古農書的搜求、彙集、出版奠定了堅實的基礎。

目前，以各種形式出版的中國古農書的數量和種類已經不少，具有代表性的重要農書還被反復出版。但是，仍有不少農書尚存於各館藏單位，一些孤本、珍本急待搶救出版。部分大型叢書已經注意到古農書的彙集與影印，《續修四庫全書》『子部農家類』收錄農書六十七部，《中國科學技術典籍通匯》『農學卷』影印農書四十三種。相對於存量巨大的古代農書而言，上述影印規模還十分有限。可喜的是，在鳳凰出版社和中華農業文明研究院的共同努力下，《中國古農書集粹》被列入《二〇一一—二〇二〇年國家古籍整理出版規劃》。本《集粹》是一個涉及目錄、版本、館藏、出版的系統工程，工作於二〇一二年啓動，經過近八年的醞釀與準備，影印出版在即。《集粹》原計劃收錄農書一百七十七部，後根據時代的變化以及各農書的自身價值情況，幾易其稿，最終決定收錄代表性農書一百五十二部。

《中國古農書集粹》填補了目前中國農業文獻集成方面的空白。本《集粹》所收錄的農書，歷史跨度時間長，從先秦早期的《夏小正》一直至清代末期的《撫郡農産考略》，既展現了中國古農書的萌芽、形成、發展、成熟、定型與轉型的完整過程，也反映了中華農業文明的發展進程。明清時期是中國傳統農業發展的巔峰，它繼承了中國傳統農業中許多好的東西並將其發展到極致，而這一階段的農書恰是本《集粹》收録的重點。本《集粹》還具有專業性强的特點。古農書屬大宗科技文獻，而非傳統意義的歷史文獻，本《集粹》更側重於與古代農業密切相關的技術史料的收録。本《集粹》所收農書覆蓋面廣，涵蓋了綜合性農書、時令占候、農田水利、農具、土壤耕作、大田作物、園藝作物、竹木茶、植物保護、畜牧獸醫、蠶桑、水産、食品加工、物産、農政農經、救荒賑災等諸多領域。收書規模也爲目前中國農業古籍集成之最。

《中國古農書集粹》彙集了中國古代農業科技精華，是研究中國古代農業科技的重要資料。同時，中國古農書也廣泛記載了豐富的鄉村社會狀況、多彩的民間習俗、真實的物質與文化生活，反映了中國古代農民的宗教信仰與道德觀念，體現了科技語境下的鄉村景觀。不僅是科學技術史研究不可或缺的第一手資料，還是研究傳統鄉村社會的重要依據，對歷史學、社會學、人類學、哲學、經濟學、政治學及其他社會科學都具有重要參考價值。古農書是傳統文化的重要載體，是繼承和發揚優秀農業文化遺産的主要文獻依憑，對我們認識和理解中國農業、農村、農民的發展歷程，乃至整個社會經濟與文化的歷史脉絡都具有十分重要的意義。本《集粹》不僅可以加深我們對中國農業文化、本質和規律的認識，還可以鑒古知今，把握國情，爲今天的經濟與社會發展政策的制定提供歷史智慧。

本《集粹》的出版，可以加强對中國古農書的利用與研究，加深對農業與農村現代化歷史進程的必然性和艱巨性的認識。祖先們千百年耕種這片土地所積累起來的知識和經驗，對於如今人們利用這片土

些『普適』的原理，但這些原理要發揮作用，仍要與這個地區特殊的自然環境相適應。而且現代農學原理並不否定傳統知識和經驗的作用，也不能完全代替它們。中國這片土地孕育了有中國特色的傳統農業，積累了有自己特色的知識和經驗，有利於建立有中國特色的現代農業科技體系。人類文明是世界各個民族共同創造的，人類文明未來的發展當然要繼承各個民族已經創造的成果。中國傳統的農業知識必將對人類未來農業乃至社會的發展作出貢獻。

地仍具有指導和借鑒作用，對今天我國農業與農村存在問題的解決也不無裨益。現代農學雖然提供了一

王思明

二〇一九年二月

目錄

二如亭群芳譜

（明）王象晉　撰

《二如亭群芳譜》，（明）王象晉撰。王象晉，字蓋臣，一字康宇，自號好生居士，山東省濟南府新城縣（今山東省淄博市桓臺縣）人，萬曆三十二年（一六〇四）進士，曾升任河南按察使。仕途不得意，大部分時間在原籍經營農業。他抄錄農書、花史以及其他有關種藝和植物的書籍，並加入自己十多年的實踐經驗，於明天啓元年（一六二一）寫成此書。《明史·藝文志》『農家類』著錄，《四庫全書總目》『譜錄類』存目。

全書二十八卷（有些版本分爲三十卷，内容相同），包括穀譜、蔬譜、果譜、茶譜、竹譜、桑麻葛譜、棉譜、藥譜、木譜、花譜、卉譜、鶴魚譜等十二部分。體例基本沿自《全芳備祖》，但收載植物種類之多、内容之詳備遠在其上。作者在編纂本書時，整理和彙集了十七世紀初期以前中國農學和植物學的重要資料，考訂和修正了其他農書混淆的作物名稱，據統計有三十餘種。該書保留了不少已佚的著作，記述了植物的別名、品種、形態特徵、生長環境、種植技術和用途，其中不乏可資參考的科技資料。例如，果譜對於果木的栽培技術記述相當周詳，對種果、插果、接果、壓枝、脫果（空中壓條法）、騸果（截斷幼樹主根）、淺果、順性、息果（大小年隔年結果現象）、衛果、摘果、收果、製果等一整套園藝技術做了很好的歸納和總結，並將果實分爲核果、膚果（仁果類）、殼果、檜果、澤果、蓏果等不同類型。書中所述無花果結實後的滴灌技術、棉花整枝技術等，反映了當時農業技術的進步。此外作者還結合自己的栽培經驗，對引入不久的甘薯作了全面介紹，詳細記載了甘薯的性味、補益、形態特徵、擇地、種期、育苗繁殖、栽培管理及留種貯藏技術。

由於作者在書中大量摘引歷史典故、詩詞藝文和自己的詩文，所以《四庫全書總目提要》評價其『略於種植而詳於治療之法與典故藝文』。

該書流傳很廣，歷來版本較多，有汲古閣本和其他明刻本以及《漁洋全集》本，還有虎丘禮宗書院、沙村草堂、書業古講堂、文富堂等刻本。清雍正十三年（一七三五）及清乾隆二十一年（一七五六）有商船兩次隨帶《群芳譜》八部經長崎傳入日本。英人曾將本書卷十譯成英文出版。一九八五年農業出版社出版伊欽恆《群芳譜詮釋》。今據國家圖書館藏明崇禎間刻本影印。

（惠富平）

四套二十四卷

天譜卷首 芳踪

二如亭群芳譜 卷首

群芳譜序

今海内推喬木世家首屈[illegible]王氏名公卿纍纍項背相望[illegible]有諸刻皆聖賢軌[illegible]督世之書非直花蕚集棠棣[illegible]也今[illegible][illegible]新著群芳譜者何譜花木也發

天文農丈人一星在斗之西南與箕杵相近桑亦[illegible]星之[illegible]也農桑之業天且弗遺而況人乎譜蔬佐穀也譜麻佐桑也而未聞有譜吉貝木棉以佐桑[illegible]之所未及者蓋自王公始其次乃

譜花木譜形譜名譜占候休咎譜種植接揷收采諸法譜製用療治補麗藻亦俱自王公始蓋托名農圃而大人三才之能事畢具矣夫家有譜猶國有史也李九疑之敘花史也以月令序

花編年以姚魏牡丹袁家梨杏石榴爲花世家花列傳以[illegible][illegible]孤山爲花隱逸以天女散之如來拈之爲花方外似亦濃麗極矣自王公群芳譜出而覺花史誠可廢公非爲農圃設也洪[illegible]

月令其間正閏興亡理亂不[illegible]啻幾千餘年矣正如群芳之[illegible]落悉聽於二十四番花信之風而究竟本深者末茂人定者勝天寧詎委之氣數而已乎老圃以愛惜人材爲主老宗長以愛

惜子弟爲主老農圃以愛惜花木爲主接引生機此花之初學也護持香艷此花之盛年也茹其英而收其實此花之晚節末路也剗腐稿剔蚩蠹疏壅滯此若夫花之敗群挹族而成就爲

家幹爲國楨者也若夫養失其性用違其才豈花之罪也哉吾故于王公之是譜也得收族之義焉得國家樹人之術焉富哉言乎此譜繇周禮蕯氏柞氏雪樞本草以及經史二氏百家之

流無所不裒採而引証之甚博可與崔寔氾勝陸師農比肩其以無用而爲有用卽何迪功之花木考賈平章之花蟲艷異經方之蔑如矣雖欲不傳得乎王之先穎川公煑糜賑飢門有

槐樹可十圍啜粥者挂蓑笠其上世稱大槐王今公家兄弟文子直追司徒公之世德而栽培之以道義爲雨露以名節爲風霜以拔茅連茹爲連枝同氣里人過忠勤祠而指之曰茲非王

氏三槐之報耶儒聞聲而不得至但手群芳譜一編神遊於二如亭中作吾家灌園於陵子足矣

雲間陳繼儒頓首撰

群芳譜序

新城王使君示余群芳譜一[illegible]所纂述農圃事甚悉蓋公于
先朝寅卯間避權居山觀生之暇深明物理悟朝槿之虛幻[illegible][illegible]

秕而盤桓間有刪輯根極爾[illegible]取義月令原蓉秩平秩之義[illegible]一食二貨之宗其言斐然自足名世非與逸人田叟爭隴畝之長已也漢藝文志稱農家者[illegible]

出于農稷之官播百穀勸農桑以足衣食闕于八政非細故也隋唐經籍志所收至十九家宋中興志遂有六十四家中間惟元魏賈思勰齊民要術最著唐

李淳風嘗演之而亦不行韓鄂因之別撰四時纂要言尤雅馴宋天禧時有詔並刻二書秘賜勸農使者與律令俱藏衆弗得[illegible][illegible]後市井[illegible][illegible]率竄取俚淺

託名要術實非賈氏真本也又
是孫光憲秦觀皆有蠶書陳旉
有農書曾移忠有禾譜樓璹有
耕織圖皆不失前人遺意稍廣
之而為戴氏之竹譜陸氏之茶
經甚至以蔡君謨之節歐陽永

叔之忠范至能之賢而荔枝牡
丹梅菊諸譜先後俱出濫觴而
為越中之花品洛陽之貴尚又
[illegible]騰數也使君潘綜經術弋獵

耘塲既秉春華復擷秋實又恐
家禮官九扈之言其所素習之
山之後輶車四望半為勸農採
訪而行身至成霖手勤為術藝
未起仆膏萎蘊枯又何待秘府
賜帙而後宣惠風揚德意哉

而敏菽以年家子識面公者有
日矣淮海七年河漕嚴肅[illegible]
公之嘉績民譽之謠朝夕在[illegible]
[illegible]為難而識以豈公為難而樂

以飽公爲棠爲黍而二南有[illegible]四國無嘆然則二如亭外群芳嫣然其爲卒衆綠野之日固不翅賒矣余依栖隱約不敢種成都桑亦不敢賦江潭樹學皇甫

之大隱結子山之小園剪韭出畦摇杞臨甘農圃之事方負詒之郎謂使君作譜獨以私余固無不可然自此逸人田叟當有踵門求法者余又何能抱甕花

陰寘不一答也

崇禎二年春仲

年家弟朱國盛頓首拜撰

群芳譜序

王蓋臣先生閒居之暇汎濫百家獨
取草木種植自作譜書即其託意亦
陸賈班嗣之處世與綺甪輩之寓意
也然孜羲鈔類分臚各名其時歲含

藥物治方療所不載且旨含蓄生利
於多數世矣交農家者流記種溪志
稷官失傳其言不著後世博文讀者
之言又以為隱者小道寧過而棄毋過存
也彼是遠察海外而迷其域中究詰不
可知之物而昧飲食之理是豈穆王車
馬桓公封禪騁周索乎難名字此
紀三都者所以譏作賦之不實者卿子
雲曲終奏雅也先生綱領齊岱家
世軒冕歷官三十餘年兩澤天下功

不豫錄云吳游饑藉以司漕得以不困
庭居數子惟萬石退讓高密世書家
侍御百斯偕瑞里壽之欽甫兄弟悉
當代鼎士參名著作猶謙已不伐無
笑以禮先生乃得從容退食縱其採

涉子腱接寸賓客終日手琴不惰之
成篇帙與世共見諸舊名士敦仁活物
先生真有意乎至閔豳風者念王
國乾黄草者傷勞民亶明鐘鼎哉
以止足王公大人諷以節儉咸具手書
且以汜勝種樹崔寔試穀爲稱者盖
廑外也

婁東張溥西銘題

小序

譜群芳者何凡兩間之夭喬無不卉也無不芳也故桐以乳擀舜以禖薇稱壽黍麥落其穫者稱以穗榛梗楠梓取其榦者著以本之數者亂非含蘤吐葉者花化之精英也耶譜之者叙其類也客有嘲之而且詰曰品物有萬不出一色一香小者南強大者北勝業已九命而榮辱之矣甚且寵木為儒尊艸爲帝乎花為聖人奚啻氏錦心而郎繡腸也哉

記室之廣植是稱見聞[illegible]師農之埤遺
宴資荒漏則茲編者弗既贅疣乎予曰
吁胡侖見之逕庭也錦洞之天不設[illegible]
梧蕉迷紅雲之宴久虛疇司花禁是以
揚雄之舊菜增伽小菰非譔瞿曇之乙

松作賦昨葉何殊人第謂草木顯緒蟠
紅而顏青豈知萑蒂乎性乃霜辛而熏
酸矣新城憲伯王公嘗讀氾氏之書[illegible]
悲無稷每稽尹君之錄差可徵蔡稽含
檉狀夫輿方[illegible]寧耳晤揉乎鹵城與雒陽

圃云未能灌園誠不足也况徹六合之
外八荒之表乎是願世有神瓜人為桂
父冥鬱蔭如何之樹翠矣飡重思之菜
隤英舞山香之曲相贈殿婪尾之春甚
為書也顯集幽通橫鞶豎窮鼓吹農皇

臣妾國風碧杜紅蘅男紫女青葳蕤[illegible]
貌穠穊成形湖目思蓮靧面呪桃引之
齊趙鼻選舌交至鞞鞸之侈㬥殊之[illegible]
可散而可貫者皆佛國鹿苑之華又存
而不論者也更若文章之櫛瓏璁科名

之草茸〻之調五宜而進百蓋者無非[illegible]
錫吾之王公謹敘
海虞門人毛鳳苞頓首拜譔

二如亭群芳譜敘

尼父有言吾不如老農不如老圃四
之耳食者遂譁然曰農與圃小人事
也大人者當劑調二氣冶鑄萬有烏
用是譊譊者為果爾則陳豳風者不
必聖愛菊愛蓮者不必賢稅桑田樹
稼栗者不必稱塞淵侈咏歌哉予性
喜種植斗室傍羅盆艸數事瓦鉢內
畜文魚數頭薄田百晦足供饘粥郭
門外有園一區題以涉趣中為亭顏
以二如襍藝蔬茹數十色樹松竹棗
杏數十株植襍草野花數十器種不

必奇異第取其生意蓊勃可覩凡栽其實陸離可充口食較晴雨時洗灌可助天工培根核驛菑驤可驗人事暇則抽架上農經花史手錄一二則以補咨詢之所未備每花明娜媚日暖風和攜斗酒摘畦蔬偕一二老友話十餘年前陳事醉則偃仰於花茵莎榻淺紅濃綠間聽松濤鳥語一切升沉寵辱直付之花開花落因取平日所涉歷咨詢者類而著之於編而又冠以天時歲令以便從事歷十年寒暑始克就緒題之曰二如亭群

芳譜與同志者共焉相與怡情相悅育物相與阜財用而厚民生即不發謂調二氣治萬有其於天地之大生廣生未必無小補云因思尼父所言蓋恐石隱者流果於忘世而非厭薄農圃以為瑣事不足為也請以質諸世之所謂大人者

好生居士王象晋藎臣甫題

二如亭群芳譜

義例

一聖人作則因物賦名爵是而降漸以體撰有
一物數名者有異物同名者不有標識誰辨
瀟灑於是乎譜物名
一名為實賓實因形辨或枝葉之少異或華
之相彷不有區別或致誤用於是乎譜物形
一天垂象見吉凶聖人則之考往古所以鏡將

來也然惟關種植者始列之編其談利害涉
怪誕者寘不錄於是乎譜占候譜休徵咎徵
一南北之異地也陰陽寒燠之異宜也物之不
齊物之性也順其性則事半功倍拂其性則
無益反害聖人不能違時能不失時而已於
是乎譜種植譜接揷譜壅培灌溉整頓收採
一飲食日用所以尊生燥溼溫涼或至伐性節
一物之微一匕之細所關於軀命非渺淺也

於是乎譜製用譜療治
一語云前事之不忘後事之師也又曰君子多
識前言往行以畜其德故往蹟之臚傳詞章
之繡錯凡可以鼓天機暢性靈者孰非日用
一稗益之資於是乎譜典故譜麗藻
一平居而飽藜藿珍錯皆唾棄之餘中流而失
楫維一壺享千金之用貴賤美惡皆人之所
造非天之所設也其有形類近似者皆著之

編亦以見天地之無棄物耳於是乎譜附錄
一音釋標之上層訓詁列之下格
國朝名公書名書號暨地書官縷析條分豈好為
煩哉庶便簡閱云爾獨媿管窺之見無當大
方奚囊所携有慙鄴架複蔓掛漏未足語成
書云爾所冀補逸刪陋遜稽冥搜近成一家
之言遠適萬方之用請以俟博雅之君子

義例終

二如亭群芳譜總目

元部

序　義例

首簡　天譜一

天譜二　天譜三

歲譜一　歲譜二

歲譜三　歲譜四

亨部

穀譜全　蔬譜一

蔬譜二　果譜一

果譜二　果譜三

果譜四

利部

茶竹譜全　桑麻葛棉譜全

藥譜一　藥譜二

藥譜三　木譜一

木譜二

貞部

花譜一　花譜二

花譜三　花譜四

卉譜一　卉譜二

鶴魚譜全

二如亭群芳譜總目終

群芳譜　總目

二如亭群芳譜[illegible]

第一册

二如亭群芳譜

天譜小序

予譜群芳譜穀溥粒食也譜蔬譜果譜茶佐穀也譜木棉譜桑麻葛廣衣被也譜藥譜木譜竹利用也譜花譜卉傍及鶴魚資茂對旹天機也而又冠以天者何禮云聖人作則必以天地爲本以陰陽爲端以四時爲柄以日星爲紀天也者群物之祖萬化之樞也亭之毒之曰唯天消之息之曰唯天語物而不求端於天是自絕其本自杜其樞機也作天譜

濟南王象晉藎臣甫題

二如亭群芳譜

天譜首簡

論太極　孔子易繫辭

易有太極是生兩儀兩儀生四象四象生八卦八卦定吉凶吉凶生大業

又　朱子語錄

太極只是天地萬物之理在天地則天地中有太極在萬物則萬物中各有太極只是箇極好至善底道理人人有一太極物物有一太極太極便是性動靜陰陽是心金木水火土是仁義禮智信化生萬物是萬事無極之眞二五之精妙合而凝此數句甚妙是氣與理合而成性也

天論　劉禹錫

夫世之言天者有二道焉拘于昭昭者則曰天與人實影響禍必以罪降福必以善徠窮阨而呼必可聞隱痛而祈必可答如有物的然以宰者故陰隲之說勝焉泥於冥冥者則曰天與人實相異雷震畜木未嘗在罪春滋堇荼未嘗擇善跖蹻焉而遂孔顏焉而厄是茫然無有事者則自然之說勝焉余之友河東解人柳子厚作天說以抗韓退之之言文信美矣蓋有激而云非所以盡天人之際故余作天論以極其辯云

大凡入形器者皆有能有不能天有形之大者也人動物之尤者也天之能人固不能也人之能天亦有所不能也故余曰天與人交相勝耳

說曰天之道在生植其用在強弱人之道在法制其用在是非陽而阜生陰而肅殺水火傷物木堅金利壯而武健老而耗眊氣雄相君力雄相長天之能也陽而藝樹陰而揫斂防害用濡禁焚用光斬材窾堅液礦硎芒義制強訐禮分長幼右賢尚功建極閑邪人之能也人能勝乎天者法也法盛行則是爲公是非爲公非天下

之人蹈道必賞違之必罰當其賞雖三旌之貴萬鍾之祿處之咸曰宜何也爲善而然也當其罰雖斬艾之慘鼎鑊之加處之亦曰宜何也爲惡而然也故其人曰天何預乃事邪唯告虐報本肆類授時之禮曰天而已矣福兮可以善取禍兮可以惡召奚預乎天耶法小弛則是非駁賞不必盡善罰不必盡惡或賢而尊顯時以不肖參焉或過而僇辱時以不辜參焉故其人曰彼宜然而信然理也彼不當然而固然豈理耶天也福或可以詐取而禍或可以苟免人道駮故天命之説亦駁焉法大弛則是非易位賞常在佞而罰常在直義不足以制其強刑不足以勝其非人之能勝天之具盡喪矣夫實已喪而名徒存彼昧者方挈挈然提無實之名欲抗乎言天者斯窮矣故曰天之所能者生萬物也人之所能者治萬物也法盛行則其人曰天何預

於人耶我蹈道而已法大弛則其人曰道竟何爲也任人而已法小弛則天人之論駁焉今以一已之窮通而欲質天之有無惑矣余故曰天常執其所能以臨乎下非有預乎治亂云爾人常執其所能以仰乎天非有預乎寒暑云爾生乎治者人道明咸知其所自故德與怨不歸乎天生乎亂者人道昧不可知故由人者舉歸乎天非天預乎人爾

度量　　鶡冠子

天地之所以無極者以守度量而不可濫日不踰辰月宿其列當名服事星守弗去弦望晦朔終始相巡踰年累歲用不縵縵此天之所柄以臨斗者也中參成位四氣爲政前張後極左角右鉞九文循理以省宮衆小大畢舉先無怨讐之患後無毀名敗行之咎故其威上際下交其澤四被而不鬲天之不違以不離一天若離一

反還爲物不測不作其求兆令德節亶相倚如月應日此聖人之所以宜世也知足以滑正累是以恬禍此危國之不可安亡國之不可存也故天道先貴覆者地道先貴載者人道先貴事者酒保先貴食者待物也領氣時也生殺法也循度以斷天之節也

疾喻

孫思邈

盧照鄰問高醫愈疾奈何荅曰天有四時五行寒暑迭居和爲雨怒爲風凝爲雪霜張爲虹蜺天常數也人之四肢五臟一覺一寐吐納往來流爲榮衛章爲氣色發爲音聲人常數也陽用其形陰用其精天人所同也失則烝生熱否生寒結爲瘤贅陷爲癰疽奔則喘乏竭則焦槁發乎面動乎形天地亦然五緯縮贏孛彗飛流其危沴也寒暑不時其烝否也石立土踊是其瘤贅山崩土陷是其癰疽奔風暴雨是其喘乏川瀆竭涸是其焦槁高醫導以藥石救以砭劑聖人和以至德輔以人事故體有可愈之疾天有可振之災

往哲芳跡小序

譜既就兩閱春矣亦幾歎而罷之楮墨中矣因披往籍得超然物外不紫世氛者三十餘人遂韻高標芳留千載其視予譜群芳之指賠相符合遂欣然執管而勒之卷首雖今古明哲匪直數人即諸公懿媺詎盡數語然而吉光片羽崑岡寸玉亦足窺寶藏之一斑垂歷劫之永矣昔語不云乎高山仰止景行行止雖不能至心向往之予于諸公亦云

濟南王象晉蓋臣甫題

濟南　王象晉蓋臣甫　纂輯

虞山　毛鳳苞子晉甫　較正

濟南　男王與敕　孫王士贍　詮次

往哲芳踪

榮啓期周人也隱居窮處遺物求己時披裘帶索行吟於路曰吾著裘者何求帶索者何索嘗鼓琴而歌孔子過之問曰先生何樂曰吾樂有三天生萬物惟人爲貴而吾得爲人以男爲貴而吾得爲男或不免于襁褓而吾行年九十矣夫貧者士之常也死者命之終也居常待終當何憂乎

仲長統曰使居有良田廣宅背山臨流溝池環匝竹木周布場圃築前果園樹後舟車足以代步涉之勞使令足以息四體之役養身有兼珍之膳妻孥無苦身之勞良朋萃止則陳

酒觴以娛之嘉時吉日則烹羔豚以樂之盧
踏畦苑遊戲平林濯淸泉追凉風釣遊鯉弋
高鴻風乎舞雩之下咏歸高堂之上安神閨
房思老氏之玄虛噓吸淸和求至人之彷彿
與達者數子論道講德俯仰二儀錯綜人物
彈南風之雅操發淸商之妙曲逍遥一世之
上睥睨天地之間不受當時之責永保性命
之期如是則可以凌霄漢出宇宙之外矣豈
羨夫入帝王之門哉

龐德公居漢之陰司馬德操宅州之陽望衡對
宇歡情自接泛舟褰裳率爾休暢

王右軍曰坐而獲逸遂其宿心比常與安石東
遊山海頥養閑暇之餘欲與親故時共歡宴
銜盃引滿語田里所行故以爲撫掌之資其
爲得意可勝言耶常依依陸賈班嗣亦處世
老夫志願盡於此也頃自修植桑果今盛

敷榮率諸子抱弱孫遊觀其間有一味之甘
割而分之以娛目前猶欲敎子孫以敦厚退
讓彷彿萬石之風

阮光祿在東山蕭然無事常內足於懷有人以
問王右軍右軍曰此君近不驚寵辱雖古之
沈冥何以過此

何氏以會稽山多靈異往游焉後遷秦望山山
有飛泉遶起學舍即林成樓因巖爲堵別爲
小閣寢處其中躬自啓閉僮僕罕得至

陸景與從兄安成王書仰承發止已次新林三
湘與區九疑形勝加以夏壁奇雲秋江迴月
翰飛紙落理豐詞富賞未與餘時希逮憶

陶靖節云少樂琴書偶愛閑靜開卷有得便欣
然忘食見樹木交蔭時鳥變聲亦復歡然有
喜嘗言吾五六月北窓下臥凉風暫至自謂
是羲皇上人先生不知何許人也亦不詳

其姓字宅邊有五柳樹因以爲號焉閑靜少言不慕榮利好讀書不求甚解每有會意便欣然忩食性嗜酒家貧不能常得親舊知其如此或置酒而招之造飲輒盡期在必醉既醉而退曾不吝情去留環堵蕭然不蔽風日短褐穿結簞瓢屢空晏如也常著文章自娛頗示已志忩懷得失以此自終

戴安道有言山林之客非徒逃人患避爭門諒所以翼順養和滌除機心容養淳淑故蔭映巖流之際偃息琴書之側寄心松竹取樂魚鳥澹泊之願於是乎畢矣

王勣云獨坐河渚結構茅屋并廚廄總十餘間奴婢數人足以應役用天之道分地之利耕耘蔗蓑黍秫而已春秋歲時以酒相續兼多養鳧雁廣牧雞豚黃精白朮枸杞薯蕷朝夕採擷以供服餌牀頭素書數帙莊老一〇易過

此以往罕嘗或披怨憔家兒則渡河歸家舟艇側興盡便返每遇天地晴朗則于舟中詠大謝亂流趨孤嶼之詩眇然盡陂澤山林之思覺瀛洲方丈森然在目。又曰比風寒發動常劣劣不能任然烟霞山水性之所適琴觴酒賦不絕于時時遊人間出入郊郭暮春三月登北山松栢群吟藤蘿翳景意甚樂之箕踞散髮與鳥獸同群醒不亂行醉不干物賞洽興窮還歸河渚蓬室甕牖彈琴誦書優哉游哉聊以卒歲

陶弘景曰山川之美古今共談高峰入雲清流見底兩岸石壁五色交輝青林翠竹四時俱備曉霧相歇猿鳥亂鳴夕日欲流沉鱗競躍實是欲界之仙都自康樂以來未有能與其奇者　又曰假春園巷從容郊邑守一介之[illegible]

往保[illegible]用以[illegible][illegible][illegible][illegible]丹[illegible]集有[illegible]數切[illegible]
箕术此外何求
張志和居江湖自稱烟波釣徒築室越州東郭
茨以生草椽棟不施斤斧豹席椶屩每垂釣
不設餌志不在魚也陳少游表其居曰玄眞
坊爲買地大其閎號回軒巷門阻流水無梁
少游爲構之號大夫橋陸羽嘗問孰爲往來
曰太虛爲室明月爲燭與四海諸公共處未

常少別
田游巖嘗補太學生罷歸入太白山棲遲山水
間自蜀歷荊楚愛夷陵青溪止廬其側召赴
京師行及汝辭疾入箕山居許由祠傍自號
曰由東鄰高宗幸嵩山遣使就問其母又親
至其門游巖野服出拜帝謂曰先生比佳否
對曰臣所謂泉石膏肓煙霞痼疾者也
李約唐司徒汧公子雅度玄機蕭蕭沖遠有山

朴之致在湖州嘗得古鐵一片擊之清[illegible]
養猿名山公嘗以隨逐月夜泛江登金山[illegible]
鐵鼓琴猿必嘯和傾壺達旦不俟外賓[illegible]
王維與裴迪書曰近臘月下景氣和暢故山殊
可過足下方溫經猥不敢相煩輒便往山中
憩感配寺與山僧飯訖而去北涉玄灞清月
映郭夜登華子岡輞水淪漣與月上下寒山
遠火明滅林外深巷寒犬吠聲如豹村墟夜

舂復與疎鐘相間此時獨坐僮僕靜默多思
曩昔攜手賦詩步仄逕臨清流也當待春中
草木蔓發春山可望輕鯈出水白鷗矯翼露
濕青皐麥隴朝雊斯去不遠儻能從我遊乎
非子天機清妙者豈能以此不急之務相邀
然是中有深趣矣無忽
白樂天與元微之書云僕去年秋始游廬山到
東西二林間香爐峰下見雲水泉石勝絕第

一愛不能捨因置草堂前有喬松十數株修竹千餘竿青蘿爲牆壁白石爲橋道流水周於舍下飛泉落於簷間綠柳白蓮羅生池砌每一獨往動彌旬日平生所好盡在其中不惟忘歸可以終老　匡廬奇秀甲天下山山北峰曰香爐峰峰北寺曰遺愛寺界峰寺間其境勝絕又甲盧山元和十一年秋太原人白樂天見而愛之若遠行客過故鄉戀戀不

能去因面峰腋寺作爲草堂明年春草堂成三間兩柱二室四牖廣袤豐殺一稱心力洞北戶來陰風防徂暑也敞南甍納陽日虞祁寒也木斲而已不加丹牆圬而已不加白墄階用石冪窗用紙竹簾紵幃率稱是焉堂中設木榻四素屏二漆琴一張儒道佛書各三兩卷樂天既來爲主仰觀山俯聽泉傍睨竹雲石自辰及酉應接不暇俄而物誘氣隨

外適內和一宿體寧再宿心恬三宿後頹然嗒然不知其然而然自問其故答曰白居也前有平地廣輪十丈中平臺半平地臺南有方池倍平臺環池多山竹野卉池中生白蓮白魚又南抵石澗夾澗有古松老杉大僅十圍高不知幾百尺修柯戛雲低枝拂潭如幢豎如蓋張如龍蛇走松下多灌叢蘿蔦葉蔓駢織承翳日月光不到地盛夏風氣如八九

月時下鋪白石爲出入道堂北五步據層崖積石嵌空垤塊雜木異草蓋覆其上綠陰蒙蒙朱實離離不識其名四時一色又有飛泉植茗就以烹燀好事者見可以永日堂東有瀑布水懸三尺瀉階隅落石渠昏曉如練色夜中如環佩琴筑聲堂西倚北崖右趾以剖竹架空引崖上泉脈分線懸自簷至砌纍纍如貫珠霏微如雨露滴瀝飄灑隨風遠去其

四傍耳目杖屨可及者春有錦繡谷花夏有石門澗雲秋有虎谿月冬有爐峰雪陰晴顯晦昏旦含吐千變萬狀不可殫記故云甲廬山也噫凡人豐一屋華一簀而起居其間尚不免有驕穩之態今我爲是物主各以類至又安得不外適內和體寧心恬哉　醉吟先生者忘其姓字鄉里官爵忽忽不知吾爲誰也所居有池五六畝竹數千竿喬木數十株

臺榭舟橋具體而微先生安焉家雖貧不至寒餒年雖老未及耄性嗜酒耽琴淫詩洛城內外六七十里間凡觀寺丘壑有泉石花竹者靡不遊人家有美酒鳴琴者靡不過有圖書歌舞者靡不觀自居守洛川韋布家以宴遊召者亦時時往每良辰美景或雪朝月夕好事者過之必爲之先拂酒罍次開詩篋酒既酣乃自援琴操宮商弄秋思一遍若興發

命家僮調法部絲竹合奏霓裳羽衣一曲若歡甚又命小妓歌楊柳枝新詞十數章放情自娛酩酊而後已往往乘興屨及鄰杖於鄉騎遊都邑肩舁適野舁中置一琴一枕陶謝詩數卷舁竿左右懸雙酒壺尋水望山率情便去抱琴引酌興盡而返如此者凡十年其間日賦詩約千餘首日釀酒約數百斛而十年前後賦釀者不與焉妻孥弟姪慮其過也

或譏之不應至于再三乃曰凡人之性鮮得中必有所偏好吾非中者也設不幸吾好利而貨殖焉以至於多藏潤屋賈禍危身奈吾何設不幸吾好博奕一擲百萬傾財破産以致妻子凍餒奈吾何設不幸吾好藥損衣削食鍊鉛燒汞以至于無所成有所悮奈吾何今吾幸不好彼而自適于杯觴諷咏之間放則放矣庸何傷乎不猶愈乎好彼三者乎

劉伯倫所以聞婦言而不聽王無功所以遊
醉鄉而不還也
孟浩然字浩然襄陽人骨貌淑清風神散朗救
患釋紛以立義表灌蔬藝竹以全高尙交游
之中通脫傾蓋機警無匿學不爲儒務擬菁
藻文不接古匠心獨妙五言詩天下稱其盡
美矣閒遊祕省秋月新霽諸英華賦詩作會
浩然句曰微雲澹河漢疎雨滴梧桐舉坐嗟

其清絕咸閣筆不復爲繼
吳均與顧章書云僕去月謝病還覓薜蘿梅溪
之西有石門山森壁爭霞孤峰限日幽岫含
雲深溪蓄翠蟬吟鶴唳水響猿啼嚶嚶相雜
綿綿成韻既素重幽居遂葺宇其上幸富菊
花偏饒竹實山谷所資于斯已辦仁智所樂
豈徒語哉　又與施從事書云故鄣縣東有
山絕壁千尺孤峰入漢歸飛之鳥千翼競

來企水之猿百臂相接秋露爲霜春羅被
逕足蕩累頤物娛衷散賞　又與朱元思書
云自富陽至桐廬一百許里水皆縹碧千丈
見游魚細石直視無礙急湍甚箭猛浪若奔
夾峰高山皆生寒樹負勢競上互相軒邈千
百成峰泉水激石泠泠作響好鳥相鳴嚶嚶
成韻經綸昔務咸窺谷忘返矣
王僧孺荅江琰書蹲林臥石藉卉班荆田畯野

老漁父樵客酌醴焚枯鳴鳴相勞羨蔡舍粿
果然滿腹詠高梧而賦修竹背清淮而遊長
汜留東閣以從容登石室而高視
魏野居陝州之東郊手植竹樹清泉環遶旁對
雲山景趣幽絕鑿土袤丈曰樂天洞前爲草
堂彈琴其下好事者多載酒殽從之遊嘯咏
終日出則跨白驢見者異之
林逋恬淡好古客遊江淮久之歸杭結廬西湖

之孤山二十年足不及市城嘗畜兩鶴[illegible]小艇出游客至則童子開籠縱鶴逋隨放棹而歸

曾南豐曰宅有桑麻田有秔稌而渚有蒲蓮弋于高以追凫雁之上下繒于深而逐鱣鮪之潛泳息有喬木之繁蔭藉有豐草之幽香登山而凌雲覽天地之奇變弄泉而乘月遺氛埃之溷濁此吾取其怠倦而樂于自遂也

群芳譜　卷首　芳蹤　十四

周茂叔品甚高胸中洒落光風霽月好讀書雅意林壑雖仕宦三十年而平生之志終在丘壑溢城有水發源于蓮花峰下潔靚紺寒下合于湓江茂叔濯纓而樂之築屋其上

甪里先生者不知何許人也人見其耕于甪里故云先生性野逸無羈檢好讀古聖人書探六藝識大義就中樂春秋抉擿微旨見有文中子王仲淹所爲書云三傳作而春秋散[illegible]

[illegible]然貞元中韓晉公嘗著通例刻之于石[illegible]以是學爲己任而顛倒漫漶翳塞無一通者殆將百年人不敢指斥疵纇先生恐疑誤後學乃著書撫而辯之先生平居以文章自怡雖幽憂疾痛茫然無旬日生計未嘗暫輟點竄塗抹紙札相壓投于箱篋中歷年不能淨寫一本或爲好事者取去後于他人家見亦不復謂己作矣少攻歌詩欲與造物者爭

群芳譜　卷首　芳蹤　十五

柄遇事輒變化不一其體裁始則凌轢波濤穿穴險固囚鏁怪異破碎陣敵卒造平淡而後已好潔几格牕戶硯席翛然無塵得一書詳熟然後寘于方冊值本即較不以再三爲限朱黃二毫未嘗一日去手所藏雖少咸精實正定可傳借人書有簡編斷壞者緝之文字謬誤者正之樂聞人爲學講評通論不倦有無賴者毀折糅汙或藏去不返先生蹙

自答先生貧而不言利問之[illegible]
今既士矣奈何亂四人之業乎且仲尼孟軻
氏所不許先生之居有地數畝有屋三十楹
有田畸十萬步有牛不減四十蹄有耕夫百
餘指而田汙下暑雨一晝夜則與江通無別
已由石田也先生由是苦饑倉無升斗儲蓄
乃躬負畚鍤率耕夫以爲具由是歲波雖狂
不能跳吾防溺吾稼也或譏刺之先生曰堯
舜黴瘠大禹胼胝彼非聖人耶吾一布衣耳
不勤劬何以爲妻子之天乎且與其蠹蝕各
器雀鼠倉庾者何如哉先生嗜茶荈置小園
于顧渚山下歲入茶租十許薄爲甌蟻之費
自爲品第書一篇繼茶經茶訣之後張又新
嘗爲水說凡七等其二曰慧山寺石泉其三
曰虎丘寺石井其六曰吳松江是三水距先
[illegible]遠不百里高僧逸人時致之以助其好先

生始以喜酒得疾血敗氣索者二年而後[illegible]
起有客至亦潔樽置觴但不復引滿向口耳
性不喜與俗人交雖詣門不得見也不置車
馬不務慶吊内外姻黨伏臘喪祭未嘗及時
往或寒暑得中體佳無事則乘小舟設蓬席
賫一束書茶竈筆牀釣具櫂船郎而已所詣
小不會意徑還不留雖水禽决起山鹿駭走
之不若也人謂之江湖散人先生乃著江湖
散人傳而歌詠之由是渾毀譽不能入利口
者亦不復致意先生性狷急遇事發作輒不
含忍尋復悔之屢改不能矣先生無大過亦
無出入事不傳姓名無有得之者豈涪翁漁
父江上丈人之流者乎　散人者散誕之人
也心散意散形散神散既無羈限爲時之怪
民束于禮樂者外之曰此散人也散人不知
恥乃從而稱之人或笑曰彼病子之散而目

之子反以爲號何也散人曰天地之大[illegible]
太虛中一物耳勞乎覆載勞乎運行差之晷
度寒暑錯亂星斯須之散其可得耶水土之
散稽有用乎水之散爲雨爲露爲霜爲雪水
之局爲瀦爲洳爲潦爲汙土之散封之可崇
穴之可深生可以藝死可以入土之局墳不
可以爲埏甓不可以爲盂得非散能通于變
化局不能耶退若不散守名之筌進若不散
執時之權筌可守耶權可執耶遂爲散歌散
咏以志其散

朱晦菴每經行處聞有佳山水雖迂途數十里
必往遊焉攜酒一壺銀杯大幾容半升時飲
一杯登覽竟日未嘗厭倦

竹溪逸民陳洄嘗抵掌曰人生百歲能幾旦暮
所難遂者適意耳居近大溪篁竹脩脩當明
月高照水光瀲灩輒吹短簫乘水舫蕩漾空

[illegible]簫聲挾秋氣爲豪直入無際宛轉若龍鳴
[illegible]巳叩舷歌曰吹玉簫兮弄明月明月照兮
頭成雪頭成雪兮將奈何白鷗起兮衝素波

裴壽隆中人孩童岐嶷有志掩髮傳業好學不
厭崇沮溺之耦耕甘山林之杳藹遲夷衡門
樂以忘憂郡縣禮請終不回顧麤絺大布之
衣糲粢蔬菜之食蓬戶茅宇捲樞甕牖樂天
知命確乎其不可拔也

胡汲仲天台人特立獨行凍餒有守羅司徒奉
鈔百錠請作墓銘長孺怒曰我豈爲宦官譽
墓耶是日絕糧子以情白坐客咸勸之長孺
怒堅嘗送蔡如愚歸東陽云糜不繼襖不溫
謳吟猶是鐘球鳴語之曰此余祕密藏中休
粮方也

[illegible]晃買舟下東吳入楚淮歷覽名山川或遇奇
才俠客談古豪傑事即呼酒共飲慷慨悲吟

人目爲狂奴游燕館養花木花家語春曰不[illegible]
十年此中狐兎遊矣隱九里山種荳三畝粟
倍之樹梅花千株桃杏居其半芋一區薤韭
各百本引水爲池種魚千餘頭結茅廬三間
自題爲梅屋主人
王教美云予行役關西嘗由漢陰入子午谷山
行崖壁巘業林木蓊鬱見水濱二叟策杖行
歌意似逍遥者廼揖而問之曰叟何許人對

曰山中學究也又問何能自適如此一叟對
曰力田收穀可供饘粥釀泉爲酒可留親友
臨野水看浮雲世事百不聞一叟對曰濬池
養魚灌園藝蔬教子讀書不識催租吏不見
縣大夫予乃作而謝曰眞太古之民哉
碧犠眞曰流水相忘遊魚遊魚相忘流水即此
便是天機太空不碍浮雲浮雲不礙太空何
[illegible][illegible]有佛性　性鮮貪嗔六特畏作惡趣心

能領略四季都是良辰一醇醪百斛不如
味太和之湯良藥千包何似一服清凉之散
老去自覺萬緣都盡那管人是人非春來
尚有一事關心只在花開花謝　青谿白石
倏生瀟灑之懷黑霧黃埃便起炎嚣之念此
是心依境轉恐于學道無當必也月隨人走
月竟不移岸逐舟行岸終自若
陳麋公曰余輩膠粘五濁羈鎖一生毎憶少年

青松白石之盟何止浩歎丁酉始得禁婉孌
草堂于二陸遺址故有長者爲營栽竹地中
年方愜住山心之何然山中亦不能如道家
保鍊吐納以壽餘年即佛藏六千卷隨讀隨
輟惟喜與隣翁院僧談接花藝果種秫劚苓
之法客過艸堂叩余巖棲之事余倦于酬荅
但拈古人詩句以應之問是何感慨而甘棲
遁曰得閒多事外知足少年中問是何功課

[illegible]龍逍日曰種花春掃雪看錄夜焚香[illegible]何利養而獲終老曰硏田無惡歲酒國有長春問是何往還而破寂寥曰有客來相訪通名是伏羲　又曰箕踞于斑竹林中徙倚于青石几上所有道笈梵書或校讐四五字或참諷一兩章茶不甚精壺亦不燥香不甚良灰亦不死短琴無曲而有絃長謳無腔而有音激氣發于林樾好風送之水涯若非羲皇

以上定亦嵇阮兄弟之間　三月茶筍初肥梅風未困九月蓴鱸正美秫酒新香勝客晴窻出古人法書名畫焚香評賞無過此時

吾山無薇蕨然梅花可以點湯薝蔔玉蘭可以蘸麪牡丹可以煎酥玫瑰薔薇茱萸可以釀酒枸杞鹿葱紫荆藤花可以佐饌其餘豈莢瓜蔬菜苗松粉又可以補筍脯之闕　與其結新知不若敦舊好與其施新恩不若

[illegible]僧　莫言婚嫁蚤婚嫁後事不少莫言僧道好僧道後心不了惟有知足人鼾鼾直到曉惟有偷閑人憨憨直到老　香令人幽酒令人遠石令人雋琴令人寂茶令人爽竹令人冷月令人孤棋令人閒杖令人輕水令人空雪令人曠劒令人悲蒲團令人枯美人令人憐僧令人淡花令人韻金石彝鼎令人古

吾家田舍在十字水中數重花外每當二

分前後日遣平頭長鬚移花種之老於花中可以長世披荆畚礫灌溉培植皆有法度可以經世謝卿相灌園可以避世又可以玩世

言志二首

登籍三十年息肩猶未得靜中自尋思永夜勞轉側來日苦無多胡不惜筋力富貴如浮雲百歲猶頃刻世途多險巇反復無終極何

不早掛冠與夜相親[illegible]西塾課兒孫東皐藝

稼早畢公家賦[illegible]私[illegible]濁醪聊適口

麤糲堪供食八口可無饑四時好為偕時[illegible]

曳杖遊時而曲肱息一事不縈懷兩耳常聾

塞用以怡吾神徜徉華胥國　其一

堪歎世間人多為愚情累偶而值榮華揚揚

便恣肆偶而值坎坷戚戚思遁避達人有大

觀常變惟一視譬彼暑與寒禪代取諸寄譬

彼陰與晴瞬息忽變易造化本無私賦予寧

有意此亦何所愛彼亦何所忌試邇邈古初

流覽遠叔季誰享無疆壽誰免荒郊棄賢愚

總同歸彭殤有何異藐茲七尺軀為能長遁

志流芳饒修名自棄甘匪類聖哲與狂愚總

繇人自致揚揚固可嗤戚戚亦足媿何如飲

醇醪夷險任所值　其二

不佞策名以來垂三十載中間為同鄉權貴

遯跡山林者居三之一兼之三承

使命兩值家難其事

簡請修職業者亦僅三之一自顧塵鹿慵慵漫無

建豎蠹魚公廩實慙厥心其欲棲跡長林侶

漁樵而友麋鹿為念久矣會

聖明勵精嚴禁

請告未敢以情白暇日偶拈數語用表厥志聊附

編末以識景行往哲之意云　象晉又題

天譜一

二如亭群芳譜 二

二如亭群芳譜天部卷之一

濟南　王象晉藎臣甫　纂輯
松江　陳繼儒仲醇甫
虞山　毛鳳苞子晉甫　仝較
寧波　姚元台子雲甫
濟南　男王與胤　孫王士和　詮次

天譜一

天　積陽之精群物之祖也周環無端其形渾然確乎在上清而明此天之體也天去地八萬里天包水水承地氣又承天故日月星辰所以能從地下運而出沒也星經曰天無體以二十八宿爲體分之周天三百六十五度四分度之一每度二千九百三十二里積之共一百七萬九百一十三里徑三十五萬六千九百七十一里半覆地上半在地下其二端[illegible]之南[illegible]北[illegible]十六度南極入

地三十六度兩極相去一百八十二度半強繞地北極徑七十二度常見不隱謂之上規南極徑七十二度常隱不見謂之下規赤道帶天之紘去兩極各九十一度少強天行一日一夜常周三百六十五度四分度之一而仍過一度日不及天一度月不及天十三度有奇不及日十二度有奇金與水一歲一週天火二歲一週天木十二歲一週天土二十八歲一週天天以南爲陽北爲陰地以北爲陽南爲陰天之晝夜以日出入爲分人之晝夜以昏明爲限日未出二刻半而明日已入二刻半而昏此天之縣也

〇二氣立天之道曰陰與陽陰陽二氣也而其實一氣也以法象論天爲陽地爲陰以方隅論西北爲陽東南爲陰以歲論春夏爲陽秋冬爲陰以月論自朔至望爲陽自望至晦爲陰以日論晝爲陽夜爲陰以時論自子正初刻至午爲陽自未至子初四刻爲陰以人論君爲陽臣爲陰男爲陽女爲陰中國爲陽夷狄爲陰以物論雄者牡者奇者浮者爲

陽雌者牝者偶者沉者爲陰豈不判然差別哉然而天地相附也四方相維也四時相序也晦朔時刻相仍也君臣男女相須也中國夷狄相制也雌雄牝牡相求也奇偶浮沉相麗也有陽中之陽陰中之陰有陽中之陰有陰中之陽平旦至日中陽中之陽日中至黃昏則陽中之陰合夜至雞鳴陰中之陰雞鳴至平旦則陰中之陽矣陽死則陰生陰死則陽生循環周流如環無端非陽自陽陰自陰截然二物也故獨陽不生獨陰不長此造化生生不息之妙也第子半陽生其氣極清至午而濁此後濁者漸減至戌亥又清人身一天地也人性之清莫如夜半故平旦爲清明之氣至日中則濁矣此孟子所爲惓惓致戒於旦晝之牿亡也

四氣四變天有四氣又有四變四氣者寒暑涼暖也以應四時四變者部占陰陽也以和入節如春氣本暖也仍冬令則猶寒至驚蟄朔氣值甲而變爲部天地之啓氣所以變化也既變而春之暖氣始得以生物矣夏氣本暑也仍春令則猶暖至芒種朔氣值丙而變爲陰天地之合氣所以變化也既變而夏之暑氣始得以長物矣秋氣本涼也仍夏令則猶暑至白露朔氣值庚而變爲占天地之沴氣所以變化也既變而秋之涼氣始得以成物矣冬氣本寒也仍秋令則猶涼至小雪朔氣值壬而變爲陽天地之閉氣所以變化也既變而冬之寒氣始得以收物矣四氣位乘中正得天度多故東西南北不易四變臨甲丙庚壬之[illegible]天度既不齊地氣亦異應以故江北無[illegible]南無部西土無占東土無陽雖曰陰陽之偏抑亦造化之妙也

五運六氣書[illegible]

有云天有六氣淫為六疾故運氣不可不講也五運者五行也如甲巳化土乙庚化金丁壬化木丙辛化水戊癸化火之類乘乎天干者也六氣者風火暑淫燥寒之氣也如子午少陰君火丑未太陰溼土寅申少陽相火卯酉陽明燥金辰戌太陽寒水巳亥厥陰風木之類乘乎地支者也甲巳何以化土也語云逢龍則化甲巳數至辰為戊故化土推之而乙庚之金丁壬之木丙辛戊癸之水火莫不皆然此五運之義也少陰司子午者何少陰為君火南離為尊位故正化於午對化于子也太陰司丑未者何太陰屬土居中而寄於坤未坤同宮故正化於未對化於丑也少陽司寅申者何少陽相火位卑於君火生于寅故正化於寅對化於申也陽明司卯酉者何陽明屬金酉為金正位故正化於酉對化於卯也太陽司辰戌者何太陽為水君火居子故避之而居辰辰為水庫故正化於辰對化於戌也厥陰司巳亥者何厥陰為木木生在亥故正化於亥對化於巳也此六氣之義也明於五運六氣合之四氣四變則化機可窺而以措之日用庶無膠柱鼓瑟之患矣

五

行休旺

陰陽之運往過來續五行之氣始終循環當局者旺將來者生生我者休尅我者囚我尅者死如金生巳木生亥火生寅水土生申此五行之定位也甲乙寅卯木丙丁巳午火戊巳辰戌丑未土庚辛申酉金壬癸亥子水甲丙戊庚壬為陽乙丁巳辛癸為陰此五行陰陽之定理也木旺則火相水休金囚土死推之火土金水莫不皆然此五行貞勝之定勢也長生沐浴冠帶臨官帝旺衰病死墓絕胎養此五行循環之定局也陽

生陰死陰生陽死如陽金生巳死子則陰金生子死巳推之四行莫不皆然此五行遞生之定機也

天神名考

天神之大者曰昊天上帝即耀魄寶也亦曰天皇大帝又曰太乙其佐五帝東方青帝威靈仰南方赤帝赤熛怒西方白帝白招拒北方黑帝叶光紀中央黃帝含樞紐【五經通義】

○休徵

叔虞母夢天謂武王曰命汝生子名虞及生子有文在手曰虞遂命之【史記】秦穆公夢至帝所觀鈞天廣樂帝錫之以策秦遂大昌【史記】鄧皇后幼時嘗夢捫天天體蕩蕩正青滑如饍餙又如鍾乳狀乃仰漱飲之以訊諸占夢言堯夢攀天而上湯夢及天而舐之此皆聖主之前占吉不可言【漢史】韓魏公知秦州臥疾數日忽曰適夢以手捧天者再其後援英宗於藩邸翼神宗於東宮【倦遊錄】宋羊襲吉少時忽見天開眼其內雲霞繪錦樓閣參差光明下照山岳後狀元及第【曲[illegible]渓農桑要覽】明天順間陝西陳鸞生一子啞年十四仰見天開眼上帝冕旒袍衮端拱其中儀衛甚衆宮殿欄檻炫彩燿目其子亟拜不覺聲出若鍾後耕田獲金獅一枚遂大富【同前】正德間揚州有啞人姓鄭忽見空中紅光炳燿仰視則天開眼也隨拜隨喚人觀不覺聲出【七修類藁】

曲公名遷 梧長山人 吉訓導

○咎徵

昭四年初穆子去叔孫氏適齊娶于國氏生孟丙仲壬夢天壓巳弗勝顧而見黑而上僂深目而豭喙號之曰牛助予乃勝之【左傳】陶侃夢生八翼飛而上天見天門九重巳登其八餘一門不得入以翼搏天閽者以杖擊之因而墜地折其左翼及寤左腋

猶痛【倦遊錄】 李賀字長吉夢緋衣人持版告之曰天帝新成白玉樓請君爲記賀不得已隨之遂卒後其母夢賀曰上帝遷都丹圖建白瑤宮召其爲新宮記又作凝虛殿使某輩纂集樂章【宣室志】 莆田方朝散病厥三日復蘇云至玉華殿遇一道士謂曰先生昔有陰功上帝召見白玉樓試文一篇帝覽之大喜拜玉華侍郎因有過謫墮人世不久當返【夷堅志】 天寶十四年五月五日午時烈日中空中天鳴若雷群臣震恐其年安祿山反【農桑要覽】 元順帝十八年三月絳州天鼓鳴其聲响喨空中若戰鬬干戈之聲遍地火光或出或入有聲無形其年妖氣四塞人民迷惑【同前】 中和三年浙西天鳴聲如轉磨無雲而雨諺云無雲而雨謂之天泣【五行志】 洪武元年八月建業天鳴如河傾海注乃肆赦【劉誠意草木子餘錄】（劉公名基青田人封誠意伯） 宣德中一日未申時忽天裂于西南視之若十餘丈時晴碧無翳內外際畔了然可察見其中蒼茫深昧不可窮極良久乃合【志怪錄】 成化末正旦中天有白氣如練仰視之宛轉如白蛇漸升漸消忽有聲如雷蓋天鼓也【王守溪震澤長語】（王公名鏊[illegible]縣人會[illegible]學士） 弘治辛酉閏七月午後陰雲迷漫如欲雨俄聞空中閧然有聲約二刻乃止人謂之天鳴是年有火篩之變【西樵野記】 嘉靖四十一年六月天西北忽隕物如升體圓而長上銳下大其色黃白下有紫赤光炎炎而墜瞬息大如斗如數石甕精光四燭明徹毫芒將至地作踴躍狀光影起伏者再後有人來自淮揚及閩中所見皆同類天狗但墜地不聞有聲耳【定海志】

占候 天開眼謂之天晴下照又謂之天笑其地人民康泰五穀秀實見者大獲吉慶【農桑要覽】 有物如小錢許大從地中出如蘇黍稷大名天雨釜饑主歲穰 天雨冰石則水失其性主其下大疫 天雨緒如蘇紵民大飢【俱宋志】 天鳴有聲謂之天鼓鳴百姓勞形【五行傳】 天雨黃塵天下大飢【隋書】

〇典故 共工氏與顓頊氏爭爲帝不勝而怒乃（此共工名康回非堯共工也）頭觸不周山崩天柱折地維缺女媧氏鍊五色石以補天缺斷鰲足以立四極【外紀】 顓頊高陽氏命南正重司天以屬神北正黎司地以屬民【史記】 詢之下西洋兵鄧老言向歷占城古里等十餘國唯地上之物有異耳其天象大小遠近顯晦之類雖極遠國一切與中國無異因此益知以二十八宿分隸中國之九州者謬也【祝枝山前聞記】（祝公名允明蘇州人） 范文正倅陳州時郡守母病召道士奏章終夜不動五更始蘇謂守曰夫人壽有六年所苦勿慮問今夕奏章何以久曰方出天門遇放明年進士春榜觀者駢道以故稽留問狀元何姓曰姓王二名下一字墨塗傍註一字遠不可辨既而郡守母病果愈明春放榜狀元乃王拱壽御筆改爲拱辰公始嘆道士之通神【括異志】

〇麗藻散語 巍巍乎惟天爲大 天何言哉【論語】 天地位焉 及其至也察乎天地 今夫天斯昭昭之多【中庸】 天之高也 知其性則知天矣【孟子】 大哉乾元萬物資始乃統天 廣大配天地 天行健君子以自強不息 天道虧盈而益謙 天垂

象見吉凶　天之所勗者順也【易】　乃命羲和欽若昊天曆象日月星辰敬授人時　救天之命惟時惟幾　先王顧諟天之明命以承上下神祇社稷宗廟罔不祇肅【書】　明明上天照臨下土　上天之載無聲無臭　小心翼翼昭事上帝　天難諶忱　天維顯思命不易哉　我其夙夜畏天之威【詩】　天子者與天地參故德配天地兼利萬物【禮記】　天顛也至高無上從一大也【說文】　易有大極是生兩儀兩儀未分其氣混沌清濁既分伏者爲天偃者爲地【河圖括地象】　春爲蒼天夏爲昊天秋爲旻天冬爲上天　於春言色於夏言氣於秋言情於冬言位【爾雅】　天秉陽垂日星地秉陰竅於山川【禮運】　吾與日月參光與天地爲長【廣成子】　天地初起溟涬鴻濛【帝系】　天得一以清　天之道其猶張弓乎高者抑之下者舉之有餘者損之不足者補之【老子】　杞國有人憂天地崩墜身無所寄廢寢食又有憂彼之所憂者曰天積氣耳亡處亡氣奈何崩墜其人曰天果積氣日月星宿不當墜耶曉者曰日月星宿亦積氣中之有光耀者正復使墜亦不能有所中傷其人曰奈地壞何曉者曰地積塊耳亡處亡塊若躇步跐蹈終日在地上行止奈何憂其壞其人舍然大喜【列子】　恬淡寂莫虛無無爲此天地之平道德之質也　天之蒼蒼其正色耶【莊子】　天大地小表裏有水地乘氣而立載水而浮天運如車轂之運【渾天儀】　天者群物之祖故徧覆包含而無所殊【董仲舒】　東方皞天東南方陽天南方赤天西南方朱天西方成天西北方幽天北方玄天東北方變天中央鈞天是爲九天　又名九野

【楚辭注】　天何依[illegible]地何附附於天【[illegible]】　[illegible]符傳後世[illegible]以爲牽合天固未必以胥胥爲驗然殃咎各以類至理不可誣若遽以牽合少之則箕子之五事庶徵相爲影響顧亦可得而議乎試以一身言之五行者人身之五官也五氣應五臟五氣調順則百骸俱理一氣不應一病生焉然人之受病必有所屬太陽爲水厥陰爲木是也而太陽之證爲項強爲腰疼爲發熱爲惡寒其患雜然而並出要其指歸則一出於太陽之證也猶貌不恭而爲常雨爲狂爲惡也況五官之中或貌言之間兩失其正即素問所謂陽明厥陰之合病也其爲病更豈一端之所能盡哉以一身而察之則五事庶證之應蓋可以類推矣劉向五行傳直指某事爲某證之應局於一端殆未察醫書兩證合病之理耳後之人主五事多失受病者止一證宜乎災異之互見迭出也夫冬雷則草木華蟄蟲奮人多疾疫一悉使然天生聖賢則產祥瑞象見于上則事應于下如虹蜺妖氣也當夏而見則物不損物未成也秋見則百穀用耗矣或入人家而能致火飲水可泉竭入釜則化水和氣致祥妖氣致異厥有明驗天道感物如響斯應人事感天其有不然者雲如風花出海而爲飄風山川出雲而爲時雨農家以霜降前一日見霜則知清明前一日霜至霜降後一日見霜則知清明後十日霜至五日十日而往前後同占欲出秧苗必待霜止無歲推驗若合符節天道果遠乎哉感於此則應於彼有此象則有此數不易之理也　昔人言天體者三一曰渾天二曰蓋天三曰[illegible]

衡[illegible]

周公所傳也近世[illegible]天方曰衡一曰方正與

於王充二曰昕天[illegible]於[illegible]信三曰穹天[illegible]於

虞昺皆臆斷浮說[illegible]足觀也惟渾天之事徵

驗不差[illegible]東西南北徑三十五萬七

千里此言周三徑一也考之徑一不啻周三

率周百四十二而徑四十五則天徑三十二

萬九千四百一里一百二十二步二尺二寸

一分七十一分之十

賦

[illegible]天度數說 玄素子涉方壺之濱躡玄圃之巔[illegible]海若以為御兮戴長虹以為冠放清歌于雲表兮挹孤碧于霞端御奔飈以欵忽兮凌層虛而若仙乃喟然嘯曰天度者鬼神之處車大辰者日月之精舍天躔者太微之清都天衡者璇璣之經旋天市者經緯之妙勢天巧者虛靈之玄丘天賦我以形勞我以生啓我以性完我以神使我遨遊乎大造之真胡為乎驅躋而泯泯儼軒黃之逐[illegible]兮暨[illegible]華之迴旋乾樞坤軸之循環兮烏精兔魄之沉升逮王社之飄屋兮弔伯業之崢嶸嗔學晦以湮淪兮古風漓而弗淳人妖物怪之薦臻兮天鳴地鼓之交征太白炫輝于闇道兮箕斗失次而相刑[illegible]氣凜凜其乘宮兮黃霧陰陰其弗清嗟我生之何似兮而乃彷徨于斯世豹韜累于玄谷兮淬龍泉于礪石山鳥忘機而栖集兮溪花含芳而旖旎羡我心之耿耿兮挹白雲以終日將欲旋元氣于神宇兮囹怪見而妖張置吾人于淳朴兮叛川派而雲翔[illegible]老狐之夜嗥兮剖林麓之晨狂劓濵虹之天婚兮洗塵垢之颶飈激清湍于九河兮還穆之阻風于八表鼓沃下[illegible]休兮冽水雪而皎皎一[illegible]天之[illegible]之[illegible]太和于[illegible]

[illegible]

乘[illegible]之[illegible]于[illegible]

爻光莞爾[illegible]其義進之

門也孰孰[illegible]乎[illegible]之願乎智

愚惟樞之運乎[illegible]之來[illegible]而變化之

竅也夫盈虛消息[illegible]迭進退行藏

人之扃也子如之乎言既登岸覓之不識

處玄素子歌曰秋月合辛[illegible]立兮群峯

象泉兮溪之東天與吾游兮冷冷其風[illegible]

詩

五言

晴天舒白日[illegible]思 同[illegible]

遊天聲[illegible] 高天遙望低 春色浮天外

天高雲法盡 江邇月來遲 類鶯適小[illegible]

一擬問高天[illegible] 得昇風霜若無私天

地仁[illegible] 日月貫酉衡寒暑著冬夏易陰

陽無停機造化游[illegible]目為晨光閉目為

夜色一開復一閉[illegible]無休息居然六合春

孺我天地

七言

氣[illegible]蒼蒼[illegible]曰天其中有[illegible]

德[illegible] 是為乾溥[illegible]氣運流行際[illegible]

物同歸此一源[illegible] 一物其來有一[illegible]

一身還有一乾坤能知萬物備于我肯把三

才別立根天向一中分造化人從心上起經

綸天人焉有兩般義道不虛行只在人[illegible]

[illegible]芳譜天譜卷之[illegible]

二如亭群芳譜目錄

群芳譜　天譜二　目錄

二如亭群芳譜天譜卷之二

濟南　王象晉藎臣甫　纂輯

松江　陳繼儒仲醇甫

虞山　毛鳳苞子晉甫　同較

寧波　姚元台子雲甫

濟南　男王與朋　孫王士禧　詮次

天譜二

日　陽精也說文曰日者實也大明盛實字從〇從一象形也又君象也一名靈曜一名大明一名朱明一名東君一名陽烏日徑千里圍三千里下於天七千里考靈曜云日有九光光照四極光之所及經八十一萬里日循黃道三百六十五日有奇而一周天黃道日之所行也半在赤道外半在赤道內與赤道東交于角五弱西交于奎十四少強其出赤道外極遠者去赤道二十四度去三十二[illegible]

也其入赤道內極近者亦二十[illegible]二十五度是也日南至去極最遠景最長自南至之後日去極稍近故景稍短日晝行地上度稍多故日稍長夜行地下度稍少故夜稍短日所在度稍北故日出入稍北以至于夏至日最北去極最近景最短自夏至之後日去極稍遠故景稍長日晝行地上度稍少故日稍短夜行地下度稍多故夜稍長日所在度稍南故日出入稍南以至于南至而復初焉冬至日南行三萬里夏至北行三萬里春秋東西亦如之東至角西至婁去極中仲春仲秋日行南北中與地之卯酉相當是以晝夜均平則爲春分秋分日月之光不至則萬物寢息日內黑而外瑩光麗中天照耀萬物有遲疾發歛南北之行日北而萬物生日南而萬物死行東陸謂之春行南陸謂之夏行西

晛音現 昳音迭

陸謂之秋行北陸謂之冬若夫春日紅潤夏日炎蒸秋日燥烈冬日溫平皆吉徵也曰光曰景曰影曰晷曰氣曰晛曰初出曰旭曰大明曰昕曰晞曰溫曰煦在午曰亭午在未曰昳曰晩曰旰曰將落曰薄暮曰西落光返照于東曰返景在下曰倒景

○休徵 聖王在上則日光明五色備具【易[illegible]】日者君象德政無失百姓安寧則日華五彩至德之朝日月若連璧【坤靈圖】 日冠如半暈法當在日上如冠有兩耳者更吉【[illegible]】

【占】 君德應天上下和平則日中有王字 人君德政皆備則日色精明而揚光 人君有德天下大豐則有四彗【俱宋志】 少昊邑于窮桑日五色互照【尸子】 日中有王字漢文帝 漢景帝王夫人夢日入懷後生武帝 唐玄宗開元二年二月朔日應虧不虧姚崇表賀 唐開元十二年七月戊午朔于曆當食半強自交趾至朔方候之乃不食十三月庚戌朔于曆當食大半時東封泰山還次梁宋間皇帝徹膳不舉樂不蓋素服日亦不食時群臣與八荒君長之來助祭者皆奉壽稱慶肅然臣服 陶隱居母夢日入懷因而有孕後生隱居 戚少保繼光生之日日[illegible]五色後立功閩浙薊鎮爲世虎臣官至左[illegible][illegible]督 少[illegible]

[illegible]

[illegible]書謂

異育錄

○咎徵人君德政有虧人天[illegible]象則日生變異

以彰乖戾 人君畏敬不修陽事春傳

適見于天日爲之食故曰食 則天子素服而

修六宮之職蕩天下之陽事 哀公六年楚

有雲如衆赤鳥夾日以飛三 日周太史曰其

當王身乎禁之可移于令尹 司馬王曰除心

腹之疾而寘之股肱何益乃 勿禁孔子曰昭

王知大道矣其不失國也宜 哉 唐僖宗乾

符六年十一月朔兩日並出 而鬬離而復合

三日乃不見是月黃巢劉漢 宏作亂帝遷巴

蜀 周顯德七年正月日既 出下復有一日

相掩黑光摩蕩者久之 宋 政和二年四月

日中黑子乍二乍三如栗 德祐二年二月

日中黑子如鵞卵相蕩 漢 正和四年八月

朔日食不盡如鈎 梁武帝 太清元年正月

朔同 唐開元十七年十月 朔同 宋仁宗

群芳譜 卷二 天譜 四

康定元年正旦同 嘉祐四年正旦同 神

宗熙寧元年正旦同 宋仁 宗景祐元年四

月日食四月純陽古人尤忌 唐

口年日食璧李泌曰吾當之矣

○護曰 季秋月朔辰弗集于房 瞽奏鼓嗇夫馳

庶人走 夏書 天子救日置五麾陳五

兵五鼓諸侯置三麾陳三兵三鼓大夫擊柝

充其陽也 穀梁傳 日有食之以朱絲縈社

公羊傳 用牲于社伐鼓于朝 左傳

國朝遇日食百官朝服于禮部行救護禮預行天

下救護 春秋二百四十二年日食三十有

六 日月之會自有常數每一百七十三日

有餘日月之道一交則日月必食 [illegible]

昭二十一年秋七月日有食之公問于梓

慎曰是何物也禍福何爲對曰二至二分日

有食之不爲災日月之行也分同道也至相

夏[illegible]圖書 之符日[illegible] 大宗當[illegible] 憂者 辰日月會 次之名[illegible] 合也不[illegible] 則食可[illegible] 者奏于王 主幣者[illegible] 幣以禮神 供救日之 從[illegible] 也五兵[illegible] 戰[illegible]

過也其他月則爲災陽不克也故常爲水 左

傳 昭公十七年六月日食祝史請用幣季

平子不許太史曰日過分而未至三辰有災

于是百官降物君不舉樂奏鼓祝用幣史用

辭 白孔六帖 漢文紀十一月晦日有食之

讁見于天災孰大焉 黃琬祖父瓊爲魏郡

守時日食而京師不見瓊表日食之狀太后

詔問日食多少瓊久而無對琬年七歲在傍

謂瓊曰何不言日食之餘如月

之初瓊遂用其言答詔 東漢書

○占候 安居而日暈多戚風雨 暈黑則穀傷

大水暈青則糴貴多風暈赤則暑雨霹

靈暈黃則風雨時農田治數見則大安 具詳

[illegible] 日暈兩半相向天下大風 暈兩珥

有雲貫之其分多疾 [illegible]宋志 日生耳諺云

南耳晴北耳雨日生雙耳斷風雨若長而下

群芳譜 卷二 天譜 五

垂通地名曰日幢主久晴 日行久慶出陽

道多旱風出陰道多陰雨 諺云今夜日沒

烏雲洞明朝曬得背皮痛 又云日沒返照

曬得猫兒叫 日沒後起青白光數道下狹

上闊直起亘天俗呼青白路 日蝕人流

主來日酷熱惟夏秋間有之 正月 亡多病 五

穀貴齊大饑 黃帝占 又主秦大旱

日赤如血大旱 日上有黑雲大旱 立春

晴明少雲歲熟陰則蟲傷禾豆 立竿野中

量日影一尺大饑二尺赤地千里三尺旱

四尺五尺低田收六尺大收七 陰多主

尺大收八尺澇九尺一丈大水 雨水 水少高

下並 朔日 晴主人安國泰歲豐[illegible] 牲旺[illegible]

吉 三日內無風雨而陰[illegible]見日色

主一歲 三日 晴明主上下安 五日 晴明民安 六日 晴主大熟 七

此言一[illegible] 烏雲[illegible] 而日[illegible] 中也 謂平天象 有黑雲[illegible] 落雲外其 雲夜間[illegible] 亮也 言半天雖 有雲從[illegible] 沒下[illegible] 雲[illegible] 若[illegible] 照[illegible]

日晴民安君臣和會八日晴穀宜麥高田大熟上元晴主一春少雨又宜蠶
百果十六日夜晴主旱水鄉宜之十七日是日爲秋收日晴主秋成
百果蕃茂日暈丙丁日主旱戊巳大水土工起庚辛兵壬癸江河決溢四月同二
月社日晴明六畜大旺春分晴明燠熱萬物不成二日田家謂備工之人之上工此日上工
日宜晴十二日晴則百果實怕夜雨若此日雖雨多亦無妨陳元義云二月得
十二夜晴一年晴雨調勻十五日爲勸農日晴主年豐又爲花朝晴則百果實
二十日晴主羅平三月日蝕大人憂其分大水出有旱飢絲綿布米貴楚地
【□□】大凶【□】清明喜晴惡雨諺曰簷前揷柳青農人休望晴簷前揷柳焦農人好

作嬌又午前晴早蠶收午後晴晚蠶收【月令通考】三日晴主桑貴諺云三月三日
晴桑上掛銀瓶日色黃主夏雨【齊書占】四月日蝕天下旱疫牛無食六畜死朱大
凶【京房占】立夏日暈主水晴主旱大晴其年必旱【文苑廣記】朔日晴歲豐晴
而燠主旱有暈主水主風主熱有重種兩禾之患十四晴主歲稔諺云有利無利
但看四月十四黃昏時日月對照主春秋旱【月令通考】十六日月對照同上五
月日蝕大旱大飢人死六畜貴粱大凶【乙巳占】芒種晴明主豐年時雨日影不
及四尺二寸二分瓜不成【東方朔占】夏至【□】日暈主有水【□□】日月無光五
不成人病【□□□占】午時量日影一日主
不及一尺八寸禾不成【□□□□】

年豐五日大晴主水旬夏至天陰日無光穀不全收六月日蝕大旱五穀盡主
旱沛大凶【月令通考】三日晴主旱諺云六月初三晴山篠盡枯零【田家五行】六
日【月令通考】晴主收乾稻七月日無光蟲災歲凶【□□】【事親】日食人流亡大
水壞城郭繒帛貴蠶惡秦國惡之【庚辛占】日月失色令人食不入口腰脊股肩背皆腫
【家塾事親】立秋晴主萬物少成熟一云主歲稔【田家五行】八月日蝕人病瘡疥
白露晴主收稻屬火蝗蟲多難種菜秋分晴主不收【月令通考】朔日晴主
連冬旱宜蠶【月令通考】十一日小晴妙十五晴主來年高田成熟低田
水【月令通考】九月日食飢疫布帛鹽貴女工貴韓大凶【乙巳占】朔日晴明

萬物不成【□□占候】九日晴則冬至元旦上元清明四日皆晴【田家五行】十三
日晴則一冬多晴【農占】十月日食冬旱六畜貴魚鹽貴秦大凶來秋穀貴【黃帝占】
立冬晴主小寒人吉又諺云立冬日晴主冬暖又主多魚【月令通考】是日先立一
丈竿占日影得一尺大疫大旱大暑大飢二尺赤地千里三尺大旱四五尺低田收六尺
高低田俱熟七尺高田收八尺澇九尺大水一丈水入城【家塾事親】朔日晴則一冬
多晴【月令通考】十五十六日晴主冬暖【同上】十一月日食人畜俱疫
魚鹽貴糴貴牛死燕大凶【乙巳占】冬至晴萬物不成又主年必雨【便民圖纂】是
日日中豎八尺表視其晷如度者歲美人和不
則歲惡人僞晷進則水晷退則旱進一尺爲

日蝕退一尺日[illegible]

則月蝕【晉書】十二月收穀貴牛疫死遭大凶

【占】

○典故

天子春朝日秋夕月朝日以朝夕月以夕 天子玄端朝日于東門之外【禮記·玉藻】朝日 【[illegible]】鍾山之神名曰燭陰視爲晝瞑爲夜吹爲冬呼爲夏身長千里人面蛇身赤色又名燭龍天不足西北無陰陽消息故有龍啣火精以往照天門云【山海經】 若木在建木西末有十日其華照地 日中有踆烏【淮南子】 灰野之山有樹青葉赤華名若木生崑崙山附西極其華光下照地又曰大荒之中暘谷上有扶桑木十日所浴九日居下枝一日居上枝皆戴烏【山海經】 東南桃都山有大樹名若木枝上有天雞日出照此木雞即鳴天下雞皆鳴 太山東南名日觀雞一鳴時見日出三丈許【玄中記】 羲和東方二國名日所由過也每日出二國人爲御推升太虛故唐虞取以名官【山海經】 人主見日姊月【春秋感精符】 鬱華又名鬱儀奔日之仙故曰鬱儀亦文與日同居結嶙奔月之仙故曰結嶙黃文與月同居黃庭經鬱儀結嶙善相保【雜著】 桀無道兩日並照在東者將起西者將滅費昌問馮夷曰何者爲殷何者爲夏馮夷曰西夏也東殷也于是費昌徙族歸殷【說苑】 白水之南建木之下日中無影蓋天地之中也又宋景德元年十二月甲辰日有二影如三日狀【呂氏春秋】 齊有不夜縣古者有日夜出于東萊故萊人立城以不夜爲名在登州府文登縣東北【齊地記】 方諸山[illegible]人皆[illegible]爲國[illegible]外國人呼

日爲[illegible]【[illegible]】堯時十日並出草木焦枯堯命羿射之中其九烏皆死【淮南子】 穆王駕八駿之乘西觀日所入處日行萬里【列子】 秦始皇作石橋于海上欲過海觀日出處有神人驅石去不速神人鞭之皆流血【三秦記】 漢成帝問劉向曰俗說謂文帝及微後期不得立日爲再中有諸向曰文帝少即位不容再中【風俗通】 魏文帝爲王時夢日墜地分爲三已得其一納之懷中【談藪】 晉明帝幼而聰慧元帝寵愛之年數歲常置膝前屬長安吏來帝因問之曰日與長安孰近對曰長安近不聞人從日邊來只聞人從長安來明日宴群臣又問之對曰日近帝動容曰何乃異昨日之言乎對曰舉頭見日不見長安以是知近帝大悅 虞公與夏戰日欲落以劍指之遂不落 魯陽公與韓戰酣日暮援戈揮之日返三舍【淮南子】 魏程立夢登太山捧日立以白太祖太祖因改名曰昱 人生一世間如白駒過隙【魏豹傳】白駒日影也 有客登岱嶽絕頂以伺日出久之星斗漸稀東望如平地天際已明其下則暗又久之明處有山數峯如臥牛車蓋之狀星斗盡不見其下尚暗久之日從暗出初露一痕照耀東海水如盃大泓作沉作浮倏焉日輪湧出正紅色騰起數十丈至明處全無光其下亦尚暗【邵氏聞見錄】 宋有田父曝日于野美之謂其妻曰吾負日之暄以獻吾君必獲重賞 夸父不量力欲追日影逐之嵎谷渴飲河渭不足將北飲大澤未至渴而死【列子】夸父[illegible]名 文王年[illegible]

[illegible]問賈季曰趙衰趙[illegible]

以女工揆日長短冬至後
紅線量日晷增一線之長
○麗藻散語 日月麗乎天 明兩作離大人以
繼明照于四方 君子終日乾乾
夕惕若厲无咎 日中則昃月盈則食天地
盈虛與時消息而況于人乎況于鬼神乎
懸象著明莫大乎日月 日月得天而能久
照 日月之道貞明者也 易 分命羲仲宅
嵎夷曰暘谷寅賓出日寅餞納日 虞書 自
朝至于日中昃不遑暇食 一日二日萬幾
書 日居月諸胡迭而微 日之夕矣 瞻
彼日月悠悠我思 豈不日戒一月三捷
我日斯邁 吉日維戊 吉日庚午 日月
告凶不用其行 日監在茲 日就月將 俱
詩 日南則景短多暑日北則景長多寒日
東則景夕多風日西則景朝多陰 以土圭

測日之法以正日景以求地中 俱周禮 日
者衆陽之宗陽精外發故以晝明 [illegible]曆
夫日者乃陽德之母也 春秋[illegible] 陽燧見
日則燃而爲火 淮南子 日者衆陽之宗輝
光所燭萬里同晷故日將出清風起群陰伏
[illegible]傳 日出三竿黃色赤暈 南齊天文志
化國之日舒以長故其民閒暇而力有餘
亂國之日促以短故其民困篤而力不足舒
長者非義和安行君則民靜也促短者非分
度減損上闇下亂也 潛夫論 月則陰精日
則陽精故周髀云日猶火月猶水火則施光
水則含影月光生于日所照魄生于日所蔽
事[illegible]廣記 日行舒疾與晷景長相類 王充
論衡 日行遲月行疾者何君舒臣勞也 日
月所以懸者何助天行化照明下地也 白虎通
[illegible] 日者太陽之精積而成烏象烏陽之類

其數奇月者陰精之宗積而成兔象兔陰之
類其數偶 張衡靈憲 日者火精也 [illegible]
[illegible] 積陽之氣生火火氣之精爲日 淮南子 日
宋玉招魂十日代出流金鑠石 楚辭
爲流珠 參同契 天地間理與氣而已有理
斯有氣有氣斯有形天之氣下柔而上剛愈
高則愈清清則愈剛故日月星辰歷于古而
不毀地之氣上柔而下剛愈深則愈堅堅則
愈剛故江湖之底深山之谷類多堅剛 [illegible]
天體北高南下日近北則去地遠而出早入
遲故晝長日近南則去地近而出遲入早故
晝短 四時者天之吏日月者天之使 淮南
[illegible] 按地居天之中地平不當天之半地上
天多地下天少是以日出日落時見日大近
人也日中時見日小遠人也日初出時見日
大宜暖熱而尚寒凉者陰凝而陽未盛也日

中時見日小宜寒凉而反暖熱者陽盛而陰
已消也申未時愈熱者陽積而盛也 廣海
冬熱者由冬日南行正當戴日之下故熱朔
北夏寒者夏日雖北行然朔北直當陰山之
背處日光斜及故寒由此觀之南北寒熱亦
由于日也 日君道也無朏魄之變月臣道
也遠日益明近日益虧望與日軌相會則徙
而浸遠遠極又徙而近交所以注人臣之象
也望而止于黃道是謂臣干君明則陰斯食
矣朔而止于黃道是謂臣壅君明則陽爲之
食矣若過至未分月或變行而避之或五星
潛在日下禦侮而救之或涉交數淺或在陽
曆陽盛陰微則不食或德之休明而有小眚
焉則天爲之隱雖交而不食此四者皆德教
之所由生 唐書 物類相動本標相應故虎
嘯而谷風至龍舉而景雲屬麒麟鬭而日月

食韓魚死而慧星出蠶珥絲而商弦絕
墜而渤海決 淮南子 孔子東遊見兩小兒辯
鬬問其故一兒曰我以日始出時去人近而日
中時遠一兒曰日中時近日初出時遠一兒
曰日初出時如大車輪及中如盤盂此不爲
遠者小而近者大乎一兒曰日初出蒼蒼凉凉
及日中時如探湯此不爲近者熱而遠者凉
乎孔子不能決兩兒笑曰丘孰謂汝多智乎
列子 取日虞淵洗光咸池潛授五龍夾日
以飛 闕名日傳賛 日中則移 吳越春秋
暾將出兮東方 楚詞 日月者人君之象也
君不假臣下之權則日月揚光 瑞應圖 九
暑乃至時雨乃降五穀百果乃登 此謂日德
管子 日月不高其威不赫 荀子 遠而望
之皎若太陽升朝霞 洛神賦 日出于地萬
物蓄息 文子 景日曜靈玄鳥依生 傅玄賦

日初出其容暾暾盛 九

天問 曷明離章五色淳光 太玄經 日靡
五色明照四方 日爲太陽之宗 晉天文志
扶桑曉兮白日飛 李白 日出于暘谷浴
于咸池拂于扶桑是謂晨明登于扶桑爰始
將行是謂朏明至于曲阿是謂旦明臨于曾
泉是謂蚤食次于桑野是謂晏食臻于衡陽
是謂隅中對于昆吾是謂正中靡于鳥次是
謂小還至于悲谷是謂餔時至于女紀是謂
大還經于隅泉是謂高舂頓于連石是謂下
舂爰止羲和爰息六螭是謂懸車薄于虞淵
是謂黃昏淪于蒙谷是謂定昏日入崦嵫經
于細柳入于虞淵之汜曙于蒙谷之浦日西
垂景在樹端謂 武熙百川以氷開煖千林而
之桑榆 淮南子 貝花發煎綠潭而水沸爛青
冀而火生雁凝霜而輕白帶飛霞而淡紅赫
[illegible]作色[illegible]溫然焉容有情旮旋終而

扶桑在碧海中高數千丈兩兩同根互相依倚 將明也 阿山名曾 泉東方多 水邊見昏 南方之山 鳥次西方 山悲谷 方大蒙 紀西方

復始[illegible]炎且燒白[illegible]滄溟之[illegible]
生之壯 王延日賦 [illegible]與倚兮白
日忽其將匿風蕭瑟而並興兮天慘慘而無
色獸狂顧以求群兮鳥相鳴而舉翼 王粲日賦
傅賦 相彼烏矣趣然異狀[illegible]羽于城上
自呈形乎日中儀鳳昔懸德五色而都混雜
天巳及臺三年之始冲懿此生度貫乎今昔
東西必隨于運動昇降寧離于赫奕儁黃人
而更助金光映玉宇而偏疑烏跡旣乃騰凌
宵漢拔拂雲霓那楚墓而雄處匪霜臺之足
棲分明而不似籠中固非仙鶴誓歸而還如
鏡裏豈是山雞曷九雛之莫對乃三足而長
在墨羽雖同于不黔白頭詎得而終待始來
何地誰見入于重輪爰止何年孰可留于虞
宰徒討其煒煒煌煌形標異狀積弄色宛
轉和光風起而透發飛動烟含而杳若潛藏

日所入處 細柳西方 之野 崦嵫山 懸而不 之浦 之水

足令人子聞竊因寄情于反哺日宮規測空
懷望于殊群嘉其霧露無疋哀然出鳴琴
安得寫其啼流水焉能變其質復不知見也
何期隱也奚歸有咸池兮飲不飲有蟠桃兮
依不依誰使梯航景象沐浴光輝炫晃乎清
晝優游乎翠微麻顯稽柔忠士聞之而莫得
無猜彈射夸父驚之而不發宮有指寥廓之
儀形訪前時之獸詠且徵異姿神異赤羽輝
映不寫陰精之符萃本陽精之命兮仁風已
扇孝理方臻烏之靈兮得不降休而瑞聖 唐
隋日中烏賦 生而眇者不識日問之有目者或
喻 告之曰日之狀如銅盤扣盤而得
其聲他日聞鐘以爲日也或告之曰日之光
如燭捫燭而得其形他日揣籥以爲日也日
之與鐘籥亦遠矣而眇者不知其異以其未
[illegible]也甚于[illegible]而人

琴有[illegible]

之未達也無以異于眇達者告之雖有巧譬善導亦無以過于槃與燭也自槃而之鐘自燭而之籥轉而相之豈有既乎故世之言道者或即其所見而名之或莫之見而意之皆求道之過也然則道卒不可求歟蘇子曰道可致而不可求何謂致孫武曰善戰者致人而不致于人孔子曰百工居肆以成其事君子學以致其道莫之求而自至斯以為致也歟南方多没人日與水居也七歲而能涉十歲而能浮十五而能没矣夫没者豈苟然哉必將有得于水之道者日與水居則十五而得其道生不識水則雖壯見舟而畏之故北方之勇者問于没人而求其所以没以其言試之河未有不溺者也故凡不學而務求道皆北方之學没者也昔者以聲律取士士雜學而不志于道今也以經術取士士知求道而不務學渤海吳君彥律有志于學者也方求舉于禮部作日喻以告之【蘇東坡】

對

臣聞日者衆陽之宗人君之表至尊之象君德衰微陰道盛強侵蔽陽明則日蝕應之書曰羞用五事建用皇極如貌言視聽思失大中之道不立則咎徵荐臻六極屢降皇之不極是為大中不立其傳曰時則有日月亂行謂朓側匿甚則薄蝕是也又曰六沴之作歲之朝曰三朝其應至重迺正月辛丑朔日有蝕之變見三朝之會上天聰明苟無其事變不虛生臣聞師曰天右與王者故災異數見以譴告之欲其改更若不畏懼有以塞除而輕忽簡誣則凶罰加焉其至可必詩曰畏天之威于時保之皆謂不畏者凶懼之則吉也【谷永】

歌行

赫赫初出咸池中浴光赤蹄生天東[illegible][illegible][illegible][illegible]陰昧闇一

片如頑銅前時[illegible][illegible][illegible][illegible][illegible][illegible][illegible][illegible][illegible][illegible]燭貫照四方誰[illegible]大[illegible][illegible][illegible][illegible][illegible][illegible][illegible][illegible]寸刃去其害氣力雖有天[illegible]通是[illegible]下[illegible][illegible]若益徒有文字辯且雄全死于今百[illegible][illegible][illegible]日月幾度遭遮蒙衆人見之如不見譁[illegible][illegible]上吝天公老鴉居處已自穩三足蹢跱何[illegible][illegible]而今有觜不能噪而今有爪不能攻任[illegible][illegible]物翳天眼方且省事保爾躬日月與物[illegible][illegible]惡應由此鳥招禍凶吾意彷彿料此鳥定[illegible]閃避離日宮安逢后羿不乖暴直與[illegible][illegible]强弓射此鳥怨鳥以謝毒惡蟲二曜各安次災害無由逢南不尤赤鳥東不誚蒼龍北[illegible]勿吐氣西虎勿嘯風五行不汨陳虞舜生重瞳我今作此詩可與仝比功【梅聖俞】

詩

五言

遥峰隱半規　曉見朝日暾【俱謝靈運】

太陽移日晷　浮雲蔽紫闕白日難廻光【李白】

野潤烟光薄沙暄日色遲　白日移歌袖青霄近笛牀　江城孤照日山谷遠含風　滄海先迎日銀河倒列星　落日邊雙鳥晴天捲片雲　寒日外澹泊長風中怒號　羲和冬日近愁畏日車翻【俱杜少陵】

青天敷翠彩朝日含丹輝　暘谷發精曜九日棲高枝願得並天馭六龍齊玉轡【傅玄】

陰陽迭用事乃俾夜作晨咿喔天雞鳴扶桑色昕昕赤波千萬頃湧出黃金輪【劉禹錫】

[illegible]

杲杲冬日出照我屋南隅負暄閉目坐和風生肌膚初似飲醇醪又如蟄者蘇外融百骸暢中適一念無曠然忘所在心與空虛俱【白居易】

落日在簾鈎溪邊春事幽芳菲緣岸圃樵爨倚灘舟啅雀爭枝墜飛蟲滿院遊濁醪誰造汝一酌解千憂【杜甫】

讀書名千載還吾適一區竹深留客坐苔濕籍

兒扶雨歇啼鴉歸風[illegible]月[illegible]下
堪老托江湖【王安石】長繩難繫日自古共
悲辛黃金高北斗不惜買陽春石火無留光
還如世中人即事已如夢後來我誰身提壺
莫辭[illegible]取酒會四隣仙人春渚日落夢
如恍惚未若醉中眞【李白】

七言

相牽【杜甫】
東邊日出西邊雨道是無晴也有晴【劉禹錫】
赤離海底千山黑纔到天中萬國明【宋太祖】
嶺上晴雲如劈絮樹頭初日掛銅盤【蘇軾】
【[illegible]】城頭旭日照闌杆城下降戎綵仗攢
九陌塵埃千騎合萬方臣妾一聲歡樓臺作
御中天異衣服初廻左衽難清水莫教波浪
濁從今一統屬長安【[illegible]】朝遊碧峯三十
六夜向天壇月邊宿仙人攜我搴玉英壇上
半夜東方明仙鐘撞撞迎海日海中離離三
山出霞梯赤城遙可分霓旌絳節擁形雲八

龍五鳳紛在御王母
欲上朝元君【李益】

【月】闕也隨時圓缺也積陰之寒氣爲水水氣之
精爲月朔後則魄死明生故曰哉生明望後
則明死魄生故曰哉生魄朔而月見東方謂
之朒承大月月生二日謂之魄承小月月生
三日謂之朏弦月半之名也望月滿之名也
十五爲望亦有十四十六十七者視節氣遲
遠也晦而月見西方謂之朓朓灰也京房曰

哉始也生明光也生 魄闇也形也朔蘇也 死而復蘇生也 朏未成明也弦者月形一旁曲一旁直形若弓弦也 晦者日月

月與星辰陰也有形無光日照之乃有光一
說其質圓其體黑受日之光而白不照處則
闇禮祭義祭日于壇祭月于坎以別幽明以
制上下月順天左旋積二十七日有奇而與
日會積二十九日有奇而與天會月與日一
年十二會會則食食必于望十二望有食有
不食者交則食不交則不食也日食少而月
食多者日月之行皆有常度一月必一會但

[illegible] 爲與月[illegible] 無光[illegible] 月有九行中爲黃道黑道二出黃道北赤道二出黃道南青道各二出黃道[illegible]道東[illegible]

月體小日體大故雖行度交關苟非相掩太
多則日常不食月少有交關相射則必食食
且既也日之食也以形月之食也以氣月受
日之光不受日之精相望中弦則光爲之食
至于日火之精也火正當焰上必有黑暈月
正對黑暈中故必食也月中有兔與蟾蜍者
陰陽並居明陽之制陰陰必倚陽也月之名
曰夜光一曰夜明月之御曰望舒又曰阿纖

○休徵　女狄暮汲石紐山水中得月精如[illegible]愛而含之不覺吞下遂有娠十四[illegible]禹[遁甲開山圖]　羿請不死之藥于西王母姮娥竊以奔月往筮之于有黃占之曰吉翩翩歸妹獨將西行逢天晦芒毋驚毋恐後且大昌姮娥遂托身于月為蟾蜍[張衡靈憲]　元后母夢月入懷而生后遂為天下母[漢書]　孫堅妻夢月入懷告堅曰妾昔懷策夢月入懷今又夢堅曰子孫興矣後生權[吳志]

○咎徵　成十六年楚晉將戰晉侯夢呂錡射中月退入于泥占之曰姬姓日也異姓月也必楚王也及戰射中共王目錡死之[左傳]　高祖七年月暈圍參畢七重占曰畢昴之間天街也街北胡也街南中國昴為匈奴畢為邊兵是歲高祖自將至平城為冒頓所圍七日乃解

○護月　都城中每月蝕士女取鑑向月擊之以救月　[illegible]月食百官角素于中府行救護禮預行天下救護

○占候　月順軌道蹈乎天街行于中道人主益壽民和歲豐天下安寧出陽道則旱風出陰道則陰雨　君道福昌則有黃芒或紫氣　國有喜則正月有偃月[宋志]　月行中道安寧和平致太平則月圓而多暉政升平則月滑而明　月若變青為饑赤為旱黑為水黃為喜為德皆以其宿分占之　月當而月中蟾蜍不見者其分大水民流　月望有雨[illegible]十日有雨水　月暈七日內有風雨　[illegible]其[illegible]天下[illegible]兵[宋志]　雲如人騎在

[illegible]白暈[illegible]大風[illegible]月暈重三重　暈[illegible]歲平康　暈歲[illegible]則主病饑貴　暈辰[illegible]其下多水[俱祥異賦]　月犯木則其分[illegible]荒民流　月蝕木則多盜賊水食月則大水稼流[宋志]　月赤則天燥旱[隋書]　新月落北主荒米貴　諺云月照後壁人食狗食　月暈主風看何方有缺風從缺處來　新月下有雲橫截主來日雨　諺云初三月下有橫雲初四日裏雨翻盆

正月　月蝕有災旱人災多盜齊大惡米貴一曰秦地大旱　無光人多災三暈明年大赦　上旬　雨水　月蝕粟賤多盜　一二日　暈主土功　三日　暈所宿國小熟　八日　雲掩月主春雨多　八日九日十六日　暈三月有德合　十日　暈主大旱　十二日　暈飛蟲多死　上元日　豎一丈竿候月午影至七尺大稔六尺小稔九尺一丈主水五尺旱三尺大旱　廿三　廿四　暈五穀不成　廿五　暈粟貴一說正月上旬一暈樹木蟲二暈禾穀蟲三暈雷震物四暈民災歲惡五暈有災變七八暈路多死人

二月　月蝕粟賤人飢月無光有災異事　三月　月蝕絲綿米貴人飢無光主水災　夏　暈主風　四月　月蝕大旱穀荒人飢無光大旱　十六　月上早無雲紅色大旱遲而白主雨夜滌主大水　一云月上早低田好收稻月上遲高田剩者稀　五月　月蝕主旱粱地惡六畜貴齊地蟲　六月　月蝕主旱六畜貴沛國饑光火災旱惡魯有水災　無光六畜大[illegible]　朔日　月蝕[illegible]　七月　月蝕人災來年牛[illegible]貴楚地大旱　十六

[illegible]上還秋雨徐言多也 八月 月蝕[illegible]魚鹽貴人多疾
齊澣 中秋 無月蚌無胎蕎麥無實 夜月光主多兔少魚無月主來年燈時雨諺云雲罩中秋月雨打上元燈 九月 月蝕韓國惡趙分牛羊災月無光布帛貴蟲災 十月 月蝕魚鹽貴衛國惡秋穀貴無光六畜貴 十五日 月蝕魚貴 十一月 月蝕米貴趙燕惡無光魚鹽大貴 十二月 月蝕有大水秦國惡無光五穀貴若九月至十二月皆無光主五穀大貴

〇典故 月中有物婆娑者乃山河影也其空處海水影也又釋氏書云須彌山南面有閻扶樹月過樹影入月中【淮南子】 秋官司烜氏掌以夫遂取明火於日以鑒取明水於月【周禮】(方諸大蛤) 方諸見月則津而為水【淮南子】(一名陰燧) 老蚌吸明月而降胎【蘇子美】 月群陰之本月望則蚌蛤實群陰盈月晦則蚌蛤虛群陰(拭令熱呵) 虧【呂氏春秋】 畫蘆灰而月暈闕【淮南子】(月則生水) 堯時有草夾階而生每月朔日生一莢至月(月暈以蘆)半則生十五莢十六日後日落一莢至晦而(灰為環缺)落盡若月小餘一莢一名曆莢一名仙茆(其一面暈) 成帝建始元年八月戊午晨漏未盡三刻有(亦缺於上)兩月見東方【五行志】(京房易傳) 徐孺子年九歲嘗夜戲月下人語之曰若令月中無物當極明徐(曰日為德)曰不爾譬人眼中瞳子無之未必不暗也【世(所乘則月)說】([illegible]出) 會稽王道子庭中夜坐月色無玷嘆以為佳謝重率爾對曰不如微雲點綴道子曰卿居心不淨乃欲滓穢太清耶【晉書】 嚴澤年十三夢見名字炳然在月中【[illegible]】 劉琨在晉陽為胡騎所圍琨乃乘月登樓清嘯賊聞之皆悽然而退 謝尚鎮牛渚秋夜乘月率爾與左右微服泛江會袁宏在舫中諷誦聲既清會辭又藻拔久之遣問答云是袁臨汝郎誦詩(父為臨汝令)即其詠史之作也尚即迎延與之譚論申旦不寐 開元中秋明皇與申天師遊月中見大宮府榜曰廣寒清虛之府兵衛甚嚴不得入天師引明皇躍身起煙霧中下視王城嵯峨若萬頃琉璃之田仙人道士乘雲駕鶴往來覽翠色冷光相射見素娥十餘人皓衣乘白鸞笑舞於廣庭大桂樹下樂音嘈雜清麗明皇歸編律音製霓裳羽衣曲【異聞錄】 鄂州羅公遠中秋夜侍玄宗翫月取杖向空擲之化為大橋如銀色請玄宗同登至月宮【唐逸史】 玄宗八月望夜與葉法善同遊月宮還過潞州城俯視城郭悄然而月色如晝法善因請上以玉笛奏曲時玉笛在寢殿中法善命人取之旋頃而至曲奏既竟後以金錢投城中而還旬餘潞州奏是夜有天樂臨城兼獲金錢以進【集異記】 唐玄宗朝蘇頲李義甫對掌文誥帝顧念之深是夕直宿備玩月文酒之宴長天無雲月色如晝蘇曰清光可愛何用燈燭遂命撤去【天寶遺事】 唐太和中有周生者有道術中秋夜與客會月色方瑩謂坐客曰我能梯雲取月置之懷袂因取筯數百條繩而駕之俄以手舉衣懷中出月寸許光色照爛寒氣入肌骨【宣室志】 趙知微有道術中秋積陰不解衆惜良辰知微曰可備酒餚登天柱峯翫月既出門天色開霽登峯月色如晝及下山歸則淒風苦雨陰晦如故【三水小牘】 長慶中有人見八月十五夜月光屬於林中如疋布其人尋觀之見一金蝦蟇疑是月中

若　承[illegible][illegible]詠
方開宴賞月月為雲掩召學士廣賦詩遂口
占落梅風一闋其詞曰嫦娥面今夜圓下雲
簾不着臣見待今宵倚欄不去眠看誰過廣
寒宮殿
覽之歡甚復命賦長篇又成長短句以進
蓋意同轄飲過夜半乃復明則
大笑曰子才真可謂奪天手段也　唐上官儀
應詔詩中用影娥池學士無解其事者祭酒
令狐德棻召張柬之等十餘人求出處柬之
對曰洞冥記漢武於望鶴臺西起俯月臺臺
下穿影娥池每登臺眺月影入池中如仙人
乘舟笑夫月影因名影娥池德棻嘆其博
撰山云宋祖幸後池對新月置酒召當直學
士盧多遜應制賦曰用兒字其詩云太液
池邊看月時好風吹動萬年枝誰家玉匣新

開鏡露出清光些子兒太祖大喜盡以坐間
飲食器賜之　宣和蘊貨詩都下有人以設
稍變為讖來賦一新月詩曹云禁鼓初聞第一
敲乍看新月出簾櫳誰家寶鏡新磨出匣小
參差露不全之句多遜之句然終不能過之
桐江詩話　太師乾祐曾於江岸與子弟
十[illegible]玩月忽問月中竟何所有乾祐曰遣
我輩看之弟子中有兩人見月規半璧瓊樓金
闕滿焉數息間不復見　太和中鄭仁表第
與王秀才遊嵩山忽迷路見一人方酣熟呼
之其人熟衣而起曰君知月乃七寶合成乎
月勢如丸其影則日爍其凸處也常有八萬
二千戶修之予即一數因開襆有斧鑿數事
玉屑飯二裹授二人曰分食此雖不足長生可一生無
疾乃起與二人指一支徑曰但由此自合官路
言訖不見　[illegible]

還似人曉則絕無四海皆知桂實歸於上
[illegible]晏元獻守南都值中秋陰晦會州
王君玉琪函詩以入曰只在浮雲最深處試
憑絃管一吹開公喜却排召客治具至夜分
月果出樂飲達旦　異林詩話　江東諸處每
至四五月後常於衢路拾得桂子大如狸豆
破之辛香故老相傳是月路也北方獨無者
非月路也　圖經　有一士舫其中榜曰
貫月查昔禹平水土有巨查浮海其上有光
夜明晝滅若星月然十二年周天而更始名
曰貫月查　今歲殘暑方退晚望之後月出
逾遲予嘗夜起登江樓或與客遊豐湖西禪
寺扣羅浮道院登逍遙堂逮曉乃歸杜子美
詩云四更山吐月殘夜水明樓此古今絕唱
因其句作五首仍以殘夜水明樓為韻云一
更山吐月上塔掛微瀾正似西湖上湧金門

外看氷輪横海闊香霧入樓寒停鞭且莫上
照我酒杯殘二更山吐月幽人方獨夜可憐
人與月夜夜江樓下風枝久未停露草不可
藉歸來掩關臥唧唧幽夜話三更山吐月棲
鳥亦驚起起尋夢中游清絕正如此驂驪擕
泉醞舘仰逆空水幸可飲我牛不須遣洗耳
四更山吐月皎皎為誰明幽人赴我約坐待
玉繩橫野橋多斷級山寺可徹行今夕定何
夕夢中游化城五更山吐月窗白室幽幽玉
鉤還掛戶江練却明樓星河淡欲曉鼓角冷
如秋不眠翻五詠清切變蠻謳　[illegible]　元
祐二年正月東坡先生在汝陰州堂前梅花
大開月色鮮霽王夫人曰春月色勝如秋月
色秋月色令人慘慘春月色令人和悅何如
召趙德麟輩來飲此花下先生大喜曰吾不
知子能詩耶此真詩家語耶遂召二歐飲作

乳字木蘭花詞云[illegible]與勤分[illegible]
腸斷山云老杜詩亦云秋月解傷神語簡而
益工　東坡和僧守詮詩云但聞煙外鐘不
見煙中寺幽人行未已草露濕芒屨唯應山
頭月夜夜照來去未嘗不喜其清絕及讀詮
詩云落日寒蟬鳴獨歸林下寺松扉竟未掩
片月隨行屨時聞犬吠聲更入青蘿去其幽
深清遠亦自有林下風味也　嵩栖木食已
睹然交舊何人慰眼前素與畫工心印合每
思秦子意珠圓當年步月來幽谷柱杖穿雲
冒夕煙臺閣山林本無異故應文字未離群
辨才作此詩時年八十一矣平生不學作詩
如風吹水自成文理而參寥與吾輩詩乃如
巧人織繡耳　匈奴舉事常隨月盛壯以攻
戰月虧則退兵〔漢書〕　長慶初山人楊隱之
在郴州常尋訪道者有唐居士土人謂百歲

人楊謁之因留楊止宿及夜呼其女曰可將
一下弦月子來其女遂帖月於壁上如片紙
耳唐即起祝之曰今夕有客可
賜光明言訖一室朗若張燭

○麗藻散語　月盈則食〔易〕　日月運行一寒一暑
則多雨〔書〕　月出皎兮　月離于畢俾滂沱
矣〔詩〕　星之昭昭不如月之曖曖〔晏子春秋〕
日月之行有冬有夏月之從星以風以雨
〔書〕　月者陰之宗也是以月虛而魚腦減
月死而螺蠬膲〔淮南子〕　月之精生水是以
月盛而潮大〔抱朴子〕　桂華滿兮明月輝〔[illegible]〕
來〔[illegible]〕　秋露如珠秋月如規明月白露光陰往
〔[illegible]〕　月出皎兮君子之光鵾雞舞于蘭
滔蟋蟀鳴于西堂君有禮樂我有衣裳猗嗟
明月當心而出隱[illegible]而[illegible]隱[illegible]而分

螺蠬俱音騾　膲音焦
螺一作蛤
滂沱一作

鏡既少進以增輝遂臨庭而高映炎日匪明
皓璧非淨躔度運行陰陽以正文林辨囿小
臣不佞〔[illegible]〕　賦　隱侯秀世轢古躪今標韻朗暢才
美鬱沈埋光削跡退栖中林截孤
雲而抱影指冥鴻以喻心窺遊魚于青沚舒
鳳嘯于碧岑時而行遊泠然御風揚颿江上
蠟屐山中或采璚芝或拾古松東探林屋之
洞南躡大王之峯發響摩蒼烟送歌凌飛淙
歸來掩關獨立巀嶭乃築高閣之蒼蒼開芳
榭而延明月不戶不牖豁焉蕭廣峰巒四面
而繚祟墉又取丹霞以爲屏障長江日夜以
走其下天漢轆轤而挂其上虛空不壞巨石
無恙仰逼帝座頫臨盤渦夾以杉栝胥以藤
蘿近而眺之玭樹綠兮若薺遠而矚之堆列
岫兮青螺當三五之良夜吾想夫君之婆娑
陰峰日落高秋登臺涼風灑衣神飇蕩廻海

轢音歷　躪音吝　巀音截　嶭音孽　渦音窩　飇音標

水作湧壑舒忽來芙蓉露披平江鏡開初隱
岫而半挂漸溶溶而出篋綠烟盡滅絳雲微
接疎星斜點水光相嬅萎蕤芳蘭之隄徘徊
紫苔之閣驪龍獻此大珠神女呈其寶靨澹
清輝之媚人客臣坐而搖箑又如青陽布令
萬物增耀黃昌長坂莎彌大道春湛湛而可
憐月娟娟而始照入楊柳而蕭疎經芳藥而
窈窕濯春羅之毿毿羌把酒而孤嘯又如平
沙莽屯空雲東咽江光低歛人跡杳絕林開
鳥驚萬里如揭明月在天下映殘雪誰彼幽
人登覽超越披鶴氅撾龍笙吸灝氣收淒清
羨姮娥之耐冷絕黃鵠于瑶京若乃履綦來
莓苔破佳賓零亂朗月宵啟解衣盤礴歌吹
答和彈碁則松風薦爽鳴琴則山溜入座又
若花逕雨歇雲房鐘斷車馬不喧郊居蕭散
[illegible]歛落桂香初滿起赤欄而獨行度白芷

箑音霎　荑音題　毿蘇含切

而聲緩其藏書則楞嚴壇經陰符黃庭總二
酉之祕藏發五嶽之英靈飛揚則四海相蕩
沉寂則六合爲寘其臨文則上蒐九天下窮
九淵駢介罔象豪撥雲烟試登高而望遠羅
襄且而成篇吁嗟噫嘻高臺既傾曲池亦平
楚舞電滅吳歌露零悵柔絲之與蔓野鳥
下而飛蟲鳴念繁華其何益豈若茲臺之表
幽貞抱朴見素乘理來往千秋一瞬大地一
掌苟睹其然何物不妥樂哉茲丘悠悠天壤
朝暾非不嘉夕月尤足賞于是爲之歌歌曰
川原澄兮雲氣鮮瑶臺朗兮兎魄圓掇紅蘭
于長谷寫朱絃于山泉復歌曰昨日登臺兮
衆草柔今日登臺兮風颼颼良夜一何短明
月一何遒登臺既有酒君不樂兮空憂【屠隆】
【明月樓賦】初生微月若無若有出城中兮
纔廣於眉入堂上兮不盈于手若乃金壺稍

滴銀漢將流啼鵲驚夜寒蛩送秋天清暈滅
露白光浮臨皓壁而添粉映珠簾而半鈎纖
光潤海重明表璧的的蜚上娟娟未落銜破
鏡而非斜抱彎弓而勢却蓂稀葉少桂短花
新無篋笥之團扇有虛空之半輪悵徘徊以
將失情鬱結而莫伸命後車之文雅恭進牘
於詞人【鄭遥初月】陳王初喪應劉端憂多
暇綠苔生閣芳塵凝榭悄焉疚懷弗怡中夜
乃清蘭路肅桂苑騰吹寒山弭蓋秋坂臨濬
壑而怨遥登崇岫而傷遠于時斜漢左界北
陸南躔白露零空素月流天沉吟齊章殷勤
陳篇抽毫進牘以命仲宣仲宣跪而稱曰臣
東鄙幽介長自丘樊昧道懵學孤奉明恩臣
聞沉潛既又高明既經日以陽德月以陰靈
擅扶桑於東沼嗣若英於西濵引玉兎於帝
臺集素娥於後庭朒朓警闕朏魄示沖順辰

通燭從星澤風增華台室揚彩軒宮委照而
吳業昌淪精而漢道融若夫氣霽地表雲斂
天末洞庭始波木葉微脫菊散芳於山椒雁
流哀於江瀨升清質之悠悠降澄輝之藹藹
列宿掩縟長河韜映柔祇雪凝圓靈水鏡連
觀霜縞周除氷凈君王乃厭晨歡樂宵宴收
妙舞弛清懸去燭房即月殿芳酒登鳴琴薦
若乃凉夜自凄風篁成韻親懿莫從羈孤遞
進聆皐禽之夕聞聽朔管之秋引絲桐練響
音容選和徘徊房露惆悵陽阿聲林虛籟淪
池滅波情紆軫其何託愬皓月而長歌歌曰
美人邁兮音塵闕隔千里兮共明月臨風歎
兮將焉歇川路長兮不可越歌響未終餘景
就畢滿堂變容迴遑如失又再歌曰月既沒
兮露欲晞歲方晏兮無與歸佳期可以還微
霜霑人衣陳王曰善乃命執事獻壽薦璧敬

諷玉音服之
無斁【謝莊】
歌
君不見雲中月暫盈還復缺
君不見林下風聲遠意難窮
親故平生或聚散歡娛未盡樽酒空嘆息青
青陵上栢歲寒能有幾人同【[illegible]】青
天有月來幾時我今停杯一問之人攀明月
不可得月行却與人相隨皎如飛鏡臨丹闕
綠煙滅盡清輝發但見宵從海上來寧知曉
向雲間沒白兎擣藥秋復春姮娥孤棲與誰
鄰今人不見古時月今月曾經照古人古人
今人若流水共看明月皆如此唯願當歌對
酒時月光長照金樽裏【李白】去年與郎別
楊花飛白雪今年候郎歸楊柳綠依依聞郎
買船下湘渚日日江前望行旅行人過盡乳
鴉啼徘徊日暮空延佇攬衣回歸房對鏡下
新妝那知清漏短但憂明月光只光照席凉
[illegible]

日升堂報姑喜[illegible]　拜新[illegible]月[illegible]
暗魄初籠桂虛弓未引弦　拜新月拜月粧
樓上鸞鏡未安臺蛾眉已相向　拜新月拜
月不勝情庭前風露清月臨人自老人望月
長生東家阿母亦拜月一拜一悲聲斷絕昔
年拜月逞容輝如今拜月雙淚垂回看眾女
拜新月卻憶紅閨年少時【吉中孚妻張夫人】
纖雲四卷天無河清風吹空月舒波沙平
水息聲影絕一盃相屬君當歌君歌聲酸辭
且苦不能聽終淚如雨洞庭連天九疑高蛟
龍出沒猩鼯號十生九死到君所幽居默默
如藏逃下牀畏蛇食畏藥海氣濕蟄熏腥臊
昨者州前搥大鼓嗣皇繼聖登夔臯赦書一
日行萬里罪從大辟皆除死遷者追回流者
還滌瑕蕩垢清朝班州家申名使家抑坎坷
秖得移荊蠻判司卑官不堪說未免捶楚塵

群芳譜　卷二　天譜　二十八

埃間時輩遷流多上道天路幽險難追攀君
歌且休聽我歌我歌今與君殊科一年明月
今宵多人生由命非由他有酒不飲奈月何【韓愈】

詩五言

落月如金盆　月生初學扇　月明散清影【杜甫】　朔月耀清輝【庾信】　金波麗鳷鵲玉繩低建章【謝朓】　明月出海底一朝開光耀　月落西上陽餘輝半城樓　綺樓青雲端眉目映皎月【曹植】　經心石鏡月到面雪山風　星臨平野闊月湧大江流　雲掩初弦月香傳小樹花　翳月沉霧輝輝星近樓【杜甫】　相逢戍夜宿隴月向人圓　稀星點銀礫落月墮金鏡【白】　[illegible]人占星下聚月向雨餘多　猿啼秋壑靜月落曉巖空【溫庭筠】　鏤月為歌扇裁雲作舞衣【[illegible]】　洞房今夜月如練復如結[illegible]誰人[illegible]學[illegible]鏡光【[illegible]】　月上還滄

[illegible]　[illegible]西門開樹[illegible]影[illegible]　[illegible]
[illegible]　開簾見新月即便下堦細語人不
聞北風吹裙帶【李端】　家園如何在風沙滿
目愁惟餘天上月還似漢宮秋【馬景韶】　囊
砧今何在山上復有山何當大刀頭破鏡飛
上天　清夜遊西園飛蓋相追隨明月澄清
影列宿正參差【曹子建】　夜中不能寐起坐
彈鳴琴薄暮見明月清風吹我衿【阮籍】　大
江濶千里孤舟無四鄰唯餘故樓月遠近必
隨人【[illegible]】　忌滿光恒缺重昏影暫流既能明
似鏡何用曲如鉤【駱賓王】　微月生東海幽
陽始化升圓光正東滿陰魄已朝盈【陳子昂】
玉堦生白露坐久侵羅襪卻下水晶簾玲
瓏望秋月【李太白】　新月如佳人出海初弄色
娟娟到湖上潋潋搖空碧【東坡】　月明坐空
山不覺石苔冷猿嘯搖藤蘿亂我松桂影【[illegible]】

群芳譜　卷二　天譜　二十九

【[illegible]】　紫室經年別黃龍路容故山今夜
宿明月在樓中【李益】　夜靜礎初動涼風雨
作妝一鉤新月上應照故園樓【[illegible]】　長
安一片月萬戶擣衣聲秋風吹不盡總是玉
關情何日平胡虜良人罷遠征【李白】　舟中
夜離家開舲望月華山明疑有雪岸白不關
沙天漢看珠蚌星橋視桂花岸飛重暈闕蓂
落獨輪斜【庾信】　寥寥天地內夜魄爽何輕
頻見此輪滿即應華髮生不圓爭得破纔正
又須傾人事還如此因知倚伏情【曹鄴】　皓
魄東山吐烟霏四野無故八千里共銀漢一
輪孤寒影驚烏散清光湛玉壺長安今夜永
砧杵滿城隅　光細弦欲上影斜輪未安微
升古塞外已隱暮雲端河漢不改色關山空
自寒庭前有白露暗滿菊花團　萬里瞿塘
峽春來[illegible][illegible][illegible]特開晴空[illegible][illegible]青天爽

銀河徐靜空堂[illegible]南飛有鳥鵲夜[illegible]
江遙　明月長生好浮雲薄漸遮悠悠照邊
塞悄悄憶東華清動杯中物高隨海上查不
眠瞻白兔百過落烏鴉　四更山吐月殘夜
水明樓塵匣元開鏡風簾自上鈎兔應疑鶴
髮蟾亦戀貂裘斟酌嫦娥寡天寒奈九秋
併照巫山出新窺楚水清羈棲愁裏見二十
四回明必驗升沉體如知進退情不違銀漢
落亦伴玉繩橫　江月光於水高樓思殺人
天邊長作客老去一霑巾玉露團清影銀河
沒半輪誰家挑錦字燭滅翠眉顰　舊把金
波爽皆傳玉露秋關山隨地濶河漢近人流
谷口樵歸唱孤城笛起愁巴童渾不寐半夜
有行舟　秋月仍圓夜江村獨老身捲簾還
照客倚杖更隨人光射潛虬動明翻宿鳥頻
茅齋依橘柚清切露華新　夜深露氣清江
月滿江城浮客轉危坐歸舟應獨行關山同
一照烏鵲自多驚欲得淮王術風吹暈已生
孤月當樓滿寒江動夜扉委波金不定照
席綺逾依未缺空山靜亭懸列宿稀故園[illegible]
桂發萬里共清輝　天上秋期近人間月影
清入河蟾不沒搗藥兔長生只益丹心苦能
添白髮明干戈知滿地休照國西營　滿目
飛明鏡歸心折大刀轉蓬行地遠攀桂仰天
高水露凝霜雪林棲見羽毛此時瞻白兔直
欲數秋毫　稍下巫山峽猶銜白帝城氣沉
全浦暗輪側半樓明刁斗皆催曉蟾蜍且自
傾張弓倚殘魄不獨漢家營【[illegible]】　華月
當秋滿朝軒假興同淨林新霽入規院小京
通碎影行庭虛攜花落酒中清霽凝爽意步
此助文雄【[illegible]】　淨夜天如水明猶月似霜
[illegible]

[illegible]
參[illegible]全盛地明月半秋時今古人同望盈虧[illegible]
節晴移彩輝月逾輪稜入川邊夾暗鳴野[illegible]
去金波送酒卮【[illegible]】　高唐新月明虛殿夕
風清素影紗總齊浮涼羽扇輕稍隨微露滴
漸逐曉參橫遙憶雲中詠蕭條空[illegible]
旅愛何萠畫征途望每瞻晚秋[illegible]上水新
月楚人家獲嘯空山近鴻飛極浦斜明朝高
岸去言折桂枝花【劉方平】　待月月未出望
江江自流倏忽城西郭青天懸玉鈎素華[illegible]
可攬清景不同遊耿耿金波裏空瞻鳷鵲樓
【[illegible]】　天使下西樓光含萬里秋臺前疑掛
鏡簾外似懸鈎張尹將眉學班姬取扇儔佳
期應借問為報在刀頭【[illegible]之】　秋林[illegible]
限禪房月自圓靜聞松子落[illegible]傳有
雁皆南翅無人問北船天涯慈母意此夕念
見單【[illegible]】　月華臨靜夜夜靜滅氛埃方
處戶入圓影隙中來高樓切思婦西園遊上
才網軒映珠綴應門照綠苔洞房殊未曉清
光信悠哉【[illegible]】　恨寄朱絃上含情意不任
早知雲雨會未起蕙蘭心目色[illegible]
竹院深門前紅葉地不掃待知音【[illegible]】
【[illegible]】　片月轉洪濛扶疏萬古同根非生下土
葉不墜秋風每向圓時足還隨缺處空影高
群木外香滿一輪中未種丹霄日應虛白兔
宮何時隨羽化細問得元功【[illegible]】　花間
一壺酒獨酌無相親舉杯邀明月對影成三
人月既不解飲影徒隨我身暫伴月將影行
樂須及春我歌月徘徊我舞影零亂醒時同
交歡醉後各分散永結無情遊相期邈雲漢
[illegible]色來可[illegible]秋衣流
[illegible]

青松亥是此樹老會見[illegible]
捫芳千歲翁多根去世學飲酒入玉壺藏身
以爲寶【唐李白】小時不識月呼作白玉盤
又疑瑤臺鏡飛在白雲端仙人垂兩足桂樹
作團團白兔擣藥成問言誰與餐蟾蜍蝕圓
影大明夜已殘羿昔落九烏天人清且安陰
精此淪惑去去不足觀憂來其何如悽愴摧
心肝　高樓入青天下有白玉堂明月看欲
墮當窻懸清光遲夜一美人羅衣沾秋霜含
情弄柔瑟彈作陌上桑絃聲何激烈風捲遶
飛梁行人皆躑躅棲鳥去迴翔但寫妾意苦
莫辭此曲傷願逢同心者飛作紫鴛鴦　天
陰積氣清水德本虛靜雲收風波止始見天
水性澄光與粹容上下相涵映乃於其兩間
皎皎掛寒鏡餘暉所照耀萬物皆鮮瑩矧夫
人之虛豈不醒視聽而我於此時翛然發孤

詠紛昏析洗滌俯仰恣涵泳人心曠而閒月
色高愈逈惟恐清夜闌時時瞻斗柄【歐陽永叔】

七言

中天月色好誰看　開盡南樓借月
看【山谷】多情只有春庭月猶爲離
人照落花【張泌】白沙翠竹江村暮相送柴
門月色新　思家步月清宵立憶弟看雲白
晝眠【杜子美】　北斗橫天夜欲闌愁人望
月思無端【劉[illegible]】　水簟銀牀夢不成碧天
如水夜雲輕雁聲遠過瀟湘去十二樓中月
自明【溫庭筠】　草遮回磴絕鳴鸞雲樹深深
碧殿寒明月自來還自去更無人倚玉闌干
【[illegible]】　玉清宮下水悠悠一種相思兩地愁
月色不知人事改夜深還照粉牆頭　三十
六宮秋夜深昭陽歌斷信沉沉唯應獨伴陳
皇后照見長門望幸心　監宮引出暫開門
[illegible]遙望不是恩[illegible]今月[illegible]

[illegible]又[illegible]【[illegible]】[illegible]長門一
歌吹在昭陽似將淚水灑[illegible]
夜長【李益】　暮雲收盡溢清寒銀漢無聲轉玉
盤此生此夜不長好明月明年何處看
【東坡】　幾年無事傍江湖醉倒黃公舊酒
壚覺後不知新月上滿身花影倩人扶【陸[illegible]】
宮殿沉沉月色新昭陽更漏不堪聞珊瑚
枕上千行淚不是思君是恨君【劉皂】　且向
焦桐寄別情未彈先作斷腸聲試教新作孤
鸞調又恐君王月下聽【黃佐】　鳷鵲樓頭鼓
二更繡花帳裏夢初醒起來獨坐庭前月更
有何人識此情【[illegible]】　碧天涼月湛悠悠
獨上高樓望女牛昨夜西風何處起宮中無
樹不知秋【[illegible]】　相送還嗟[illegible]雁沙相思
何處望天涯無情最是溪頭月得照寒梅一
樹花【[illegible]】　娟娟霜月冷侵春更漏沉沉

抵死長正是淒涼眠不得又聞歌吹在昭陽
【[illegible]】　卸髻嬌娥夜臥遲梨花風靜鳥栖
枝難將心事和人說說與青天明月知【伯虎】
幾多心事托鵾絃彈向君王不見憐一片
芙蓉花上月照人清淚落燈前【[illegible]】　齊
月疏窓分外明狂風無奈海潮聲誰能忍冷
孤峯宿坐看沉波光太清【王鳳洲】　兩兩宮
娥向月前暗將心事卜金錢監宮錯報羊車
至各自會衣隨翠鈿【湯義仍】　十二天街月
正饒翩翩裘馬狎春宵遲明絃管歌聲沸不
道風流盛六朝【[illegible]念東】　金鋪玉露月流輝
寶坐瑤堂映紫衣聖主觀書居太甚三更猶
勤未言歸【黃五嶽】　共憶蟾宮第一歌宴酣
其奈月明何禁門深鎖無人到[illegible]御花野
[illegible]過【[illegible]】　碧窗斜月靄清輝愁聽寒蛩淚
[illegible]夢裏[illegible]不知何路向金微【[illegible]】

[illegible] 舞月㶊瑩見朱闌巍巍[illegible] 月色到君前 [illegible]

洞房冷落如秋水夢斷關山獨自憐 [illegible]

砧杵聲停聞管絃蕙爐香燼夜如年芙蓉

池上梧桐月照見鴛鴦獨自眠 [劉玉] 裙布

釵荆尚未全敢思珠翠作春妍辟纑夜夜餘

明月羞殺鄰姬燈下眠 陰雲薄暮尚空虛

此夕清光已破除只恐異時開霽後玉輪依

舊養蟾蜍 [羅隱] 幾點梅花發小盆冰肌玉

骨伴黃昏隔窗久坐憐清影閒畫金釵記月

痕 [illegible] 桃源人去絳幃寒強折花枝帶笑

看月上梅稍空有影風吹柳絮不成團 [趙彥]

[illegible] 橋上千花點碧空美人遙隔水雲東一

聲寶馬嘶明月驚起沙汀幾點鴻 芙蓉作

帳錦重重比翼和鳴玉漏中共道瑤池春似

海月明飛下一雙鴻 [俱張紅橋] 美人絕似

董嬌嬈家住南山第一橋不肯隨人過湖去

月明夜夜自吹簫 [曹妙清女郎] 一寒雲薄露

五湖秋風動蘆花蕩客愁遙望青山何處是

青天孤月思悠悠 [吉女郎] 銀燭清樽久延

竹出門入門天欲曙月落星稀竟不來烟柳

朦朧鵲飛去 [姚月華女郎] 夕暉磨成白玉

盤六丁擎出太虛寬清光皎皎垂千古留向

人間此夜看 [田畫] 早晚更看吳苑月西齋

長憶月當窗不知明夜誰家見應照離人落

卷江 [illegible] 柳稍新月照孤城花氣薰人入

夜清遙想深閨春寂寞有人對月漫含顰 [illegible]

[illegible] 娟娟霜月夜寒侵宿莽澄[illegible]入望深

自笑山中雲臥客一牀林影類[illegible] [illegible]

一片出天邊水在湖微波倒浸玉浮圖秋痕

欲共嫦娥語肯教霓裳一曲舞 [illegible]

[illegible] 已無塵百尺樓臺[illegible] 樓大青女妻

氣偏耐冷月中[illegible] [illegible] 千里

[illegible]

鸞簫作鳳鳴滿天風露月華明如何王子緱

山上却有秦樓弄玉聲 [馮琢菴] 風捲浮雲

散九區海天澄徹月輪孤三秋爽氣凌空碧

一點寒光照太虛狂客醉酣歌白苧素娥起

舞聲蒼梧何須更覓神仙術我已藏身白玉

壺 [illegible] 碧空如洗界清光爲控疎簾照曉

妝花柳有情渾弄影魚龍何事欲深藏玉繩

露濕斜陰檻銀漢星稀曲轉廊怪的棲烏驚

不定一灣早已落橫塘 [朱蘭嵎] 始看東上

又西浮圓缺何曾得自由照物不能長似鏡

當天多是曲如鉤定無列宿敢爭耀好伴晴

河相映流直使奔波急於箭祇應白晝世人

頭 [[illegible]光庭] 轉缺霜輪上轉遲好風偏忍送

佳期簾斜樹隔情無限燭暗香消坐不辭最

愛笙調閒北里漸看星淡失南箕何人爲載

清凉力欲減初圓及午時 [陸龜蒙] 聽月樓

曹公名鶚寧晉人狀元大學士

朱公名之蕃應天人狀元侍郎

高接太清倚樓人聽最分明碾空啞啞冰輪

轉搗藥叮咚玉杵鳴機織廣寒聲歷歷斧侵

丹桂韻錚錚忽然一陣天風下吹落嫦娥笑

語聲 [錢鶴灘題聽月樓] 晴雲散彩月輪圓

桂闕飛丹落綺筵曲度霓裳收萬籟河翻銀

影界遙天平原十日雄談裏天柱孤峯醉眼

前何似故人常對面飛仙笑挾自年年 [張寰]

[illegible] 雨晴秋色滿長安月貫黃雲百寶團見

說秋光天下共不圖今夜客中看天垂紫禁

星河淡江繞金城風露寒吹斷碧簫丹桂發

玉人何處倚闌干 [文衡山] 徙倚高軒望月

輪幽居不受綺羅塵總無濁酒酬佳節未厭

清談對故人何處銀花偏照夜滿庭玉樹別

成春看君便作高陽里元覬何時起鳳麟 [illegible]

[illegible] 詞 青烟幕處碧海飛金鏡永夜閒堦桂影

露凉時零落多少寒蛩神京遠唯有藍

錢公名福華亭人會元

張公寰虛菴金壇人

文公名徵明蘇州人翰林待詔

橋近【懸補之】梟娜腰肢渾似柳碧花茗碗
勞纖手清晝小橫陳陽臺夢未眞 一聲鷃
鴂春兩槳催人去新月曲如眉黃昏悵望時
【揚州慢春江上雁歸聲】泊雁小汀洲冷淡湘裙水楊公名愼
漫秋裙上吐花無處覓重遊隔柳惟存月半成都人狀
鈎 准擬架層樓望得伊家見始休還怕彩元
雲天東起悠悠化作相思一片愁【韓文璞南】
【[illegible]】繡面芙蓉一笑開斜飛寶鴨襯香腮
眼波纔動被人猜 一面風情深有韻半牋
嬌恨寄幽懷月移花影約重來【李易安山花】
【子】

星之爲言精也陽精爲日日分爲星故其字從
日下生庶物蠢蠢咸得繫命精存神守麗職
宣明皆在日月之下衆星布列其以神著者
載在天文圖籍可考鏡也一居中央謂之北
辰動變挺占實司王命四布諸方是爲列宿
綱維衆動用佐天樞景星周伯含譽格澤星
之吉也彗星孛星長星蓬星星之凶也中外
之官常明者一百二十有四可名者三百二
十爲星共二千五百微星之數計萬一千五
百二十中間伏見早晚邪正存亡虛實濶狹

合散犯守淩歷鬬蝕其本在地而上發於天
日月運行歷示吉凶五緯經次用告禍福故
詳著于篇 北極 五星在紫微宮中一曰天極一曰北辰星之最尊者
第一星主月太子也第二星主日帝王也第
三星主五星庶子也第五紐星天之極也天
運無窮三光迭照而極星不移故曰居其所而衆星拱之 北斗 七星相去九千里是
爲帝車運于中央臨制四方七政之樞機陰
陽之本元也 北斗七星所謂璇璣玉衡以
齊七政也七星各有所主第一天樞名執陰
主日法天第二璇名叶諧主月法地第三璣
名視金曰命火第四權名拒理曰煞土第五
衡名防忤曰伐水第六開陽名開寶曰危木

第七搖光名招搖曰罰金第一至四爲魁爲
璇璣第五至七爲杓爲玉衡合則爲斗居陽
布陰【[illegible]書】第一曰正星主陽德天子之
象也二曰法星主陰刑女主之象也三曰令
星主禍害四曰伐星主天理伐無道五曰殺
星主中央助四方六曰危星主天倉五穀七
曰部星亦曰應星主兵王者德合天地則北
斗齊明北斗七星出地故見南斗六星入地
故不見【石氏】 東漢李固謂北斗天之喉舌
斟酌元氣運乎四時則信乎所係之重已北
斗色黑主水旗星入大飢赤雲入旱黑雲主
雨 斗杓南三星及魁第一星西三星曰三
公主宣德化和陰陽 除夜占斗貪主蓄養
巨主粟祿主黍文主芝蔴廉主麥武主粳糯
破主赤豆輔主大豆明則[illegible]
【[illegible]】 天乙 在紫微[illegible]門右星之[illegible]

杓斗柄也 衡斗之中也

主天道又主戰鬪知人吉凶其星微小明而有光則陰陽和萬物成星大盛明則水旱不調五穀不成天下飢人流亡。天乙星芒明潤澤則天子吉客星犯天乙五穀大貴流星抵天乙冬澇夏旱物不成【黃帝占】

太乙 在天乙南相近天地之神也主使十六神而知凶荒星明有光則吉暗則凶客星守太乙天下大水旱

紫微 十五星東西列 東藩八星第一星爲左樞第二星爲上宰第三星爲少宰第四星爲上輔第五星爲少輔第六星爲上衛第七星爲少衛第八星爲上丞西藩七星第一星爲右樞第二星爲少尉第三星爲上輔第四星爲少輔第五星爲上衛第六星爲少衛第七星爲少丞兩藩之間如闔門象名閶闔門星欲均明大小有常則吉紫微宮在北斗之北係藩屏之臣以衛北極太乙之所常居也日月五星所不至若有入者主凶

太微 十星在翼軫之北天子之庭上帝之所治一曰天庭一曰保舍五帝之座十二諸侯之府其外藩九卿軒轅爲權太微爲衡主平之器 大微土官也【[illegible]】

太微東西兩藩各四星南北列西藩第一星爲上將北間爲太陽西門門北一星爲次將北間爲中華西門北一星爲次相北間爲太陰西門又北一星爲上相東藩第一星爲上相北間爲太陽東門門北一星爲次相北間爲中華東門北一星爲次將北間爲太陰東門又北一星爲上將其南藩兩星東西列西星爲右執法東星爲左執法兩執法之間爲太微天庭端門也右執法西間爲右掖門左執法東間爲左掖門右執法爲御史大夫之象左執法廷尉尚書之象主刺奸去惡十

星昏明則將相同心天下治安客入太門出太陽東門有大水木入太微東行歲登人民飢客星入太微端門天下大旱五穀不成【黃帝占】

少微 四星在太微西北列 士大夫之位也一名處士水官也主賓賢才弼教化亦曰主衛掖門南第一星處士也第二星議士也第三星博士也第四星大夫也其星明大而黃澤則賢士舉忠臣用天下安微暗失色則天地閉賢人隱 少微主藝能道術之士星明則王者任賢良舉隱逸天下治安微小不明則賢良不出道術潛藏【黃帝占】

五星 木 曰歲星曰攝提曰重華曰經星紀星秉東方木德之精司春主角亢氐房心尾箕七星歲行一次十二年一周天與太歲相應故曰歲星主人君諸侯道德之事及農官五福所居爲德其國有福不可伐木之餘爲紫炁

火 曰熒惑曰赤星曰執法曰罰星秉南方火德之精司夏主井鬼柳星張翼軫七星其行無常火之餘爲羅睺

土 曰鎮星曰地侯秉中央土德之精寄旺四季主東井常晨出東方夕伏西方所在有福變白水澇不熟 變青國多風雨主穀貴人遷徙多飇風 色黑爲風寒不時名財星變色 色黃爲海暑當位吉土之餘爲計都

金 曰太白曰殷星曰太正曰營星明星晨見東方曰啓明夕見西方曰長庚秉西方金德之精司秋主奎婁胃昴畢觜參七星大而白故曰太白晚見者其常也與日抗則爲晝見過巳當丙位則爲經天其變也

水 曰辰星曰能星在朝象官在人象事在野象物曰鈎星曰司晨秉北方水德之精司冬主斗牛女虛危室壁七星[illegible]而行出入不違其

[illegible]一時不出其時不和[illegible]天下大[illegible]常以十二月二十二日夜占辰星去月尺何方如辰在月之南至近不移主夏旱晚田不收在月西五穀熟在月東北禾少收人不安在月東南主風雨雷傷禾亦少收在月西南有蟲旱災在月西北田苗傷水之餘為月孛凡五星東行為順西行為逆同舍曰合同宿曰聚此五星之槩也　五星同色天下偃兵百姓安寧歌舞以行不見災疾五穀繁息五星色白圜為喪旱赤圜則中不平為兵青圜憂水黑圜為疾多死黃圜吉黑角水患[illegible]

〔占書〕凡五星盈縮失位其精降于地為人歲星為貴臣熒惑為童兒歌謠嬉戲鎮星為老人婦女太白為壯夫處林麓辰星為婦人吉凶之應隨其象〔晉天文志〕

列宿東方

青帝其精蒼龍其屬三十二星七十五度司春司木司東岳司東海司鱗蟲三百有六十

角　二星南北正直計十二度為天關蒼龍角也其間天門其內天庭黃道經其中日月之所行也一曰維首一曰天陳一曰天相一曰天根一曰天田金星也主造化萬物布君威信兩角之間陽氣所升左角為理主刑其南三尺曰太陽道右角為將主兵其北三尺曰太陰道天之三門猶房之四表也七曜由其中則天下安寧或失行而入其陽則為旱入其陰則為水角直指辰即是啟蟄以為農官角星明大則王道平賢人用天下安月犯左角大水金犯右角有旱火辰乘左角旱右角水黑雲氣兩角間為水

亢　四星狀如彎弓計九度為天庭為疏廟為天子之府火星也其下八尺曰月五星所行之中道主疾[illegible]四海總天下之[illegible]

理獄天子內朝主享祀主疾病若星齊明則宗廟有敬朝廷有敘臣忠民無疾病亂動搖移徙則人多疾病不見則水旱為災鄭薦曰秋分視亢不見則五穀俱傷月乘左星主水木星守亢五穀大熟左星早右星水火犯亢大疫粟貴左星火災土逆行亢五穀傷人流亡又曰五穀以水敗蟲生人疫乘右星水災左星穀貴水犯亢陰蔽陽光大水洋洋無有堵牆天下疾疫客星出亢大旱米貴守亢天下多蝗流星犯亢秋冬盜賊水災彗孛出亢大飢人相食不出三年雲氣入亢青色主疫黑色水災

氐　四星似斗側形計十五度為天子宿宮休解之所后妃之府土星也中央為七曜中道又主徭役木犯氐若環繞勾已其國饑金入氐夫疫霜雨不時乘右星大水辰星守氐大水萬物不成一曰多惡風天下大疫流星入氐秋冬為水為旱雲氣入氐黑為水青為癘疫

房　四星直下計五度曰天駟總管四方一曰天旗一曰天市一曰天龍一曰天倉一曰天府木星也　房為明堂天子布政之宮也主農事〔晉天文志〕　農祥晨正（農祥房星也[illegible]正謂立春之日[illegible]房星[illegible]南方為農事之候）〔國語〕　中間為天衢大道亦謂天之黃道日月五星之所行也南二星為陽環亦謂陽間其南為太陽道北二星為陰環亦曰陰間其北為太陰道七曜由乎天衢則天下和平由陽間則多旱由陰間則多水或失行而南由太陽道為大旱又為大喪失行而北入太陰道則為大水金星留舍于房霜雨不時人飢馬牛多死水星犯天下大水水逆行守房人食糠麩犯之馬大貴一曰天下水客星犯房人饑骨肉相殘守之在陽為旱陰為水入房米貴人相食彗星出房水旱人饑死

心

三星內一星[illegible]高計五度曰天[illegible]一曰天[illegible]一曰天相大星也其色赤心事明堂中央大星天王之正位欲明其北四[illegible]日日五星中道火星犯心有饑死者萬物不成土星犯心萬物不成金星守心大飢[illegible]犯心水滅火百川大溢客星出心大[illegible]火流星犯[illegible]有火災【巫咸】

尾 九星如鈎計十八度蒼龍之尾也一曰天[illegible]一曰神水一曰風后一曰天廟一曰天司空一曰天子水星也其北十六為日月五星[illegible]道[illegible]主風尾箕之間謂之九江口主水金星守尾天下大饑人相食一曰金守九江赤地[illegible]旱土犯尾大旱人飢多盜太白犯尾多水災五穀不成辰星入尾天下大水江河決溢米貴魚鹽三倍客星入尾天下飢人相食流徙他鄉疾病死亡男不得耕女不得桑彗孛出尾歲多惡風暴雨天下大水人多饑

箕 四星如箕計十一度一曰天津一曰天潢[illegible]津梁一曰風口一曰風星主八風一曰狐星主狐貉一曰天雞主時一曰天陣金星也[illegible]舒風主口舌其北六尺為日月五星中道[illegible]妻夷戎貊四夷將動必占于箕箕星明[illegible]五穀蕃熟四夷來庭動則有暴災有口舌[illegible]澤徙則人流亡就聚細微則歲凶粟貴前[illegible]星天舌芒動則大風不出三日木星犯箕[illegible]多惡風五穀貴木守箕天下大旱人相食火犯箕廢耕織牛馬多死太白犯箕天下大饑水星犯箕江河決溢歲多惡風客星出箕南為旱北為水入箕天下大飢流星入箕多風雨彗孛出箕大水人飢米貴五倍

北方 黑帝其精玄武其屬三十五星九十八度[illegible]司冬司水[illegible]北岳司北海司

介蟲三百有六十

斗 六星狀如北斗計二十六度一曰天廟一曰天機一曰天府一曰天庫一曰天同玄龜之守丞相之位木星也主酌量政事稟受爵祿日月五星貫之為中道其南首二星曰魁為天庫主兵中二星為天相主爵祿北尾二星曰杓六星欲其均天下安寧爵祿不僭風雨順時人主壽康五穀蕃昌月入南斗吳越有災不出三年木犯南斗歲飢人相食土犯斗有大水一曰先水後旱辰守斗水災客星守斗大水溢出入斗穀不登人相食流星入斗夏犯大水蒼白雲氣入斗大風赤雲入斗大旱

牛 六星近河岸計八度曰牽牛一曰天鼓木星也為關梁主犧牲之事日月五星貫之為中道其上二星一曰即路一曰聚火主道路次二星主關梁明則關梁通天下寧不明則五穀不成牛多災變色五穀不成月犯牛多疫牛馬羊暴死木守牛天下和平火守牛牛貴十倍人饑相食水守牛大水湧出虎狼傷人五穀不成牛多死蒼白雲氣入牛牛多死赤氣貫牛牛馬多死

女 四星形如箕計十二度一曰須女一曰婺女天之少府水星也主珍寶庫藏瓜果其下九尺為日月五星中道須女者賤妾之稱婦職之卑者又主嫁娶絲綿布帛女工其星明則天下豐女工就府庫充贍則女工失職府庫空虛色變麻不成月犯女人多災歲星守女多雨水人有凍死者火守女布帛大貴人多死土守女蠶凶女多災吳越民災金犯女布帛貴水守女有水災萬物不成布帛大貴其國飢人疫多死者流星犯女天下蠶麻不成雲氣蒼白入女天下女子多疾赤氣入女婦多產死

虛 二星上下各一

計十度一曰玄枵一曰顓頊一曰天[illegible]主
也主死喪哭泣墳墓祭祀主北方又主律管
黃鐘其下九尺爲日月五星中道主風雲其
星明靜則天下安不明則天下旱月犯虛民
飢歲星守虛其國飢中犯乘陵天下飢火守
虛天下旱女子多死萬物不成一曰赤地千
里土守虛風雨不時大旱赤地千里 **危** 三星
水守虛主水萬物不成犯之其分水不直
計十七度曰天府一曰天市土星也主墳墓
宫室祭祀主祭星又爲百姓市其下九尺爲
日月五星中道水二星上下相直計十六
犯危其下大水 **室** 度曰營室一曰定星一
曰玄宫一曰清廟一曰玄冥一曰天官一曰
天庫一曰體官主三軍廪食及土工之事其
下九尺爲日月五星中道木犯室之陰主水
陽主旱水犯室其下有水災民大饑客星出

室人饑疫彗 **壁** 二星相直頗近計九度曰東
孛出室大水 壁一曰天街一曰天梁一曰
天池主文章圖書之府土星也亦主土工之
事與營室共爲天西輔其下九尺爲日月五
星中道星明則君子進小人退道術行圖書
集土犯壁萬物不成人多病金犯壁文章士
多病客 **西方** 白帝其精白虎其屬五十一星
星犯同 八十度司秋司金司西岳司西
海司毛蟲三 **奎** 十有六星腰細頭尖兩中濶
百有六十 如葫蘆形計十六度一曰天
豕一曰天庫一曰天邊金星也主文章武庫
其南九尺爲日月五星中道西南大星爲天
豕目亦爲大將 奎主溝瀆陂澤江河之事
必占于奎奎之大星欲其明明則天下安動
搖則有溝瀆之事奎中小星明則天下有大
水[illegible]一曰天豕目主水瀆動搖有大水

[illegible]占其國月犯奎大水[illegible]奎民[illegible]
守奎大水傷五穀犯奎大饑物不成水守奎
多水災江河決客星出奎大水彗孛出 **婁** 三
奎大飢蒼白雲氣出奎天下嫁女多災 星
横列其二相近計十二度曰天獄一曰客星
一曰天市一曰天廟土星也主犧牲宗廟五
祀苑牧故置天倉以養之婁聚也又主興兵
將有聚衆之事占于婁其下九尺爲日月五
星中道萬物之所藏也婁星明則郊祀得禮
天子有福多子孫臣忠子孝歲星守婁人多
病牛馬多死米貴火犯守婁大旱人飢穀貴
多火災辰守婁有火災物不成客星守婁有
火災彗孛出 **胃** 三星鼎足計十四度曰大梁
婁天下民飢 一曰天中府一曰天庫一曰
廪宫金星也爲趙之分野胃者五穀之府天
之廚藏主倉廪入藏積聚萬物又主討捕誅

殺之事其南下九尺爲日月五星赤道星明
則倉廪盈天下豐暗小則天下米貴倉空月
犯胃五穀不收歲守胃歲飢木犯胃天下穀
不實其地大水魚行人道火守胃人多病穀
大貴土犯胃多水金守胃人飢辰守胃倉廪
空水災穀貴犯之天下穀不實客星守胃天
下飢五穀貴流星入胃春米貴秋 **昴** 七星横
五穀不成彗孛出胃五穀不成 列上四
下三計十一度曰毛尾一曰天器一曰天獄
一曰天廚一曰天路水星也昴爲天耳目又
爲胡星主兵喪主口舌奏對主獄事其下九
尺爲日月五星中道大星欲明其六星不欲
明明與大星等則天下多水歲星守昴米貴
人飢火犯昴大旱大飢金入昴旱水入昴五
穀不成雲氣蒼白入昴 **畢** 八星如掩兎之畢
[illegible]計十六度附耳一

郭璞云昴別名髦頭胡星也爲白衣會

星主邊兵弋獵之事一曰天䍐一曰天口一曰虎口一曰天都尉主制候四方一曰天耳水星也性好雨又爲天獄主伺鬼方之動靜察奸謀以備外患直衝地之陽以爲胡之候故立附耳以讒不祥又主街巷主陰謀南天之雨師也北七尺爲日月五星中道月犯畢春多雨夏多風月入畢大風雨火守畢其分飢金乘陵五穀不成客星守畢歲飢雲氣蒼白入畢歲不收

觜 三星鼎足相近計二度觜觽白虎之首也爲三軍候行軍之府藏金星也主葆聚收斂萬物亦爲刀鉞斬刈之事一曰天貨主寶貨其北三尺爲日月五星中道星明則天下安五穀熟動則天下旱木守觜人飢久守五穀不成天下大疫火犯觜大旱多火災金守觜天下安寧水犯觜有水災其國大飢彗孛出觜粟貴

參 七星兩肩雙足三爲心計九度三星曰參伐七星爲虎伐爲尾觜爲首共爲白虎主西方一曰大辰一曰天市一曰鍾龍金星也北三尺爲日月五星中道月犯參大旱飢人相食木守參大疫民流散犯之歲大疫土守參五穀不成客星守參歲大飢

南方 赤帝其精朱雀其屬六十四星一百一十二度司夏司火司南岳司南海司羽蟲三百有六十

井 八星橫列河中計三十三度曰天府一曰東陵一曰天門一曰天渠一曰天池水星也主水泉亦爲天之南門日月五星貫之爲中道又主酒食主水衡法令之所取平也三光行必由其中難經之不得留之王者心正則井星正而明太盛則多風雨而有大水發徙則洪水爲災

鉞 一星附井口第一星邊六寸不欲太

爲災一曰歲饑人饑月入井大水木守井二十日以上有火災五穀傷犯之其年大水人飢火守井六十日天下大水土守井大旱五穀不成火出入留守井三十日大水人流亡水犯井馬暴貴水守井角動色黑爲水守之大水百川皆溢客星入井水旱爲災流星所至其國大水青雲氣出入井入河中大水赤雲氣入井大水不則疾疫亦爲旱

鬼 四星方似櫃計四度一曰天目主視明察奸主神明疾病死喪土星也其中爲日月五星中道其東北星主積馬東南星主積兵西南星主積布帛西北星主積金玉其中央色白如粉絮者積屍氣主死喪祠祀又主刑法誅斬不欲其明明則鬼害人多病死四星欲其明明則五穀成動搖則疾病水災人死如麻月犯鬼人疾疫入鬼人多病死南入爲男北爲女西爲老人木守鬼五穀傷民飢木犯鬼五穀貴金玉廢水犯鬼五穀不登守鬼大水蝗起彗孛出鬼大疫白氣入鬼人多病疾赤雲氣大旱有火災

柳 八星頭垂似柳計十五度爲朱鳥喙一曰天相一曰天庫一曰注亦作咮一曰天大將軍一曰天廚主酒食倉庫又主雷雨工匠草木火星也一曰土星其北六尺爲日月五星中道失色則天下饑饉開張則人流亡木守柳天下豐熟久守之多水災人飢萬物不成犯之多水穀不成犯其西民疾火守柳多火災萬物不成土守柳君臣和天下大喜久守之萬物不成天下大飢犯柳其國旱有火災辰守柳歲不收入則先澇後旱客星犯柳周地災出柳大水入主天下飢人流亡彗孛出柳大旱穀貴雲氣赤入柳有火災出柳大旱

星 七星如鉤計七度一

曰天都一曰員官爲赤帝之府主令生衣裳黼黻文繡爲朱鳥之頸以象鶉火爲賢士又爲烽亭主急兵守盜賊水星也一曰火星右星北上三尺爲日月五星中道七星明大則人主昌木守天下安王道昌五穀熟火守二十日以上水災人饑土守其分有福天下安金守二十日以上水災萬物不成水守民多疫萬物不成客星守河水溢民流亡流星出七星五穀不成犯之水災彗孛犯大水

張 六星計十六度爲天府一曰御府一曰天昌爲朱雀之嗉火星也主金玉珍寶宗廟所用之器物主天廚飲食賞賚之事又主長養萬物其北十三尺爲日月五星中道星明大則人主昌天下治民阜蕃歲星守張歲大豐君臣同心天下太平火星犯五穀不成土守天下和平太白守多水災五穀不成辰星守天下大水犯之人有疾病且饑客歲守天下饑

翼 二十二星上五下五又六横列中央又六相聯計十八度曰天化一曰天都市一曰天徐一曰天旗土星也是爲朱雀之翼天之樂府主和五音六律五樂八佾以御天宮是南宮之羽儀文物聲名之所豐蔽主三公化道文籍及蠻夷遠客負海之賓俳優秋提戲娛之事其北三尺爲日月五星中道光明有敘則君臣賢禮樂興天下平火守之五穀不熟犯而守之天下大疫大飢土守君臣明良守之一年歲豐十年金守萬物不成犯之大風五穀不成辰守魚鹽貴犯之其地荒彗孛出人飢黑雲入大水

軫 四星計十七度一曰天車主車騎任載盜賊戰伐之事一爲喪車主死喪四星爲天之四輔冢宰之官察殃咎凶災水星也又主風雨北上三尺爲日月五星中道明則大吉出月入軫大風雨水守軫水傷五穀天下大疫客星犯車馬貴

列宿行度

軫十及角亢以至氐一在**辰**氐二及房心以至尾二在**卯**尾三及箕至斗三在**寅**斗四及牛至女一在**丑**女二及虛至危十二在**子**危十三及室壁至奎一在**亥**奎二及婁至胃三在**戌**胃四及昴至畢六在**酉**畢七及觜參至井八在**申**井九及鬼至柳三在**未**柳四及星至張十四在**午**張十五及翼至軫九在**巳**此二十八宿之分野也謂之宿者爲有二十八星當度故立以爲宿星度皆以赤道爲準黃道則有邪有直與赤道不等故言列宿者取衷于赤道

壽星 天狼比地有大星曰南極老人星一曰壽星爲人主壽命延長之應常以秋分之曙見于丙春分之夕見于丁王者承天則老人星臨其國常以立夏之夜觀之明朗則天下治安歲大熟不見歲災十月應半明小收大暗不收一云以秋分候于南郊

比地老壽也一說見于丙春于

景星 景星者天之精也狀如半月生于晦朔助月爲明王者不私人以官使賢者在位則見帝舜時景星出房堯即位七十載景星出翼【宋符瑞志】

三台 六星兩兩而居一曰三能一曰三奇一曰天柱一曰天階在人爲三公之位諸侯農人之象也星象齊則君臣和上台起文昌爲司命中台對軒轅爲司中下台抵太薇爲司祿上階上星爲天子下星爲女主中階上星爲諸侯三公下星爲卿大夫下階上星爲士下星爲庶民主和陰陽理萬物開德宣符明吉上台不俱春不得耕中台不俱夏不得耘下台不俱秋不得收火星犯下台民

多疾病死喪[illegible]文昌六星天之六府 **六甲** 六[illegible]也主集計天道泰階六符[天文志]在紫微宮中主分陰陽記節候所以布政授[illegible]時明則陰陽和不明則寒暑易不見則有水[illegible]旱之災客星守六甲黑[illegible]爲水赤爲旱白爲疾疫 **八穀** 八星在紫微西[illegible]凶土官也明則八穀成暗則不成亡則天下[illegible]大飢客星犯之穀大貴彗星犯之水澇穀大貴黑氣入萬物不成人死大半 **帛度** 二星在天市中宗星東北主度量平貨交易明大則尺度平商人不欺不明反是彗孛客星犯守綿絲枲大貴 **列肆** 二星在斛星西北主市貨移徙則市不安 **斗** 五星在天市中宦者西南主平量星明則吉不明則五穀不成亡則歲大飢人相食斗斛不用覆則歲稔火星守之米貴入其中米貴十倍 **斗斛**

不平斛星在市樓北斗南主度量占與斗星同[石氏] **天田** 二星在右角北天子籍田也歲星守之五穀大豐熒惑守之主旱五穀不成辰星守之大水傷五穀客星入之天下焦旱蝗多五穀不生[以上角宿] **亢池** 六星在亢北攝提中主水道星微暗有大水五星守犯之百川皆溢客星守之水蟲多死火犯之海中大魚多死者[以上氐宿] **龜** 五星在尾南漢中其星明則君臣和神明享其星不居漢中則川有易者天下水旱萬物不成星亡赤地千里五星犯守陽爲旱陰爲水火守之天下大水去之疾則旱萬物不成流星入之天下有水珠玉貴 **天江** 四星在尾北主太陰星不欲明明則天下水災微如常則陰陽和水旱調明而動則水暴出江河溢五穀不成民以水飢出之天下大旱五穀貴

不齊則馬多死芒角動搖大水涙歲月饑之大水民飢流移火守之赤地千里民流亡客星出天江大水流星入大水河海溢人飢彗孛出天江天下大水五穀不成人飢相食青氣入天江大水 **魚** 一星在尾後河中如雲雨之期一曰蒙星其狀如星如雲忽忽大明常居漢中則陰陽和風雨時明大動搖風雨失節有大水近箕爲常若入河中水暴出出河主旱五星守犯陽爲旱魚鹽貴陰爲水魚行人道火暴出天下大旱五穀不成民大飢客星出之魚鹽貴五倍一曰有大水流星抵之大水魚鹽貴出之大水魚行人道彗孛出或守之期年內天下大水[以上尾宿] **糠** 一星在箕口前主簸揚給犬豕糠粃明則天下豐熟暗則荒歉 **杵** 三星在箕南木官也主舂臼之用小而明則五穀成不見則人相食

天下安不明則歲惡之杵從天下民食足稔徙則人失業流星入杵五穀貴杵不用彗孛出杵歲大飢荒[以上箕宿] **鼈** 十四星在南斗南常居漢中主水族其星微而不明則雨澤特天下和不居漢中則陰陽不和天下水旱五星守犯有大水流星入國有大水出之色青黑爲水黃大旱犯之水蟲死魚大貴客星犯之大水 **天雞** 二星主候時動從其常主大水熒惑入之天下大旱守之雞多夜鳴人盡驚土犯之民流亡客星守之大水彗孛出天雞雨暘失節水旱不時 **農丈人** 一星在南斗西南箕星之東老農也主稼穡豐耗其星明則天下豐稔暗則飢不見民失業一云在其東北歲[illegible]西則飢其南[illegible]旱穀其北大水歲星守之[illegible]餘除皆吉[illegible]犯天下[illegible][以上斗宿] **天**[illegible]

九星在斗宿東南天子之籍田也其占與天田同歲星守之年豐熟火星守之大旱五穀不成太白犯之大水一曰五穀霜死水守之大水出客星入之天下大饑彗孛犯之農人失業

羅堰 三星在牛宿東主水堰其星明大則大水爲災月五星犯之皆主水〔以上〕

〔[illegible]〕**扶筐** 七星在紫微宮東藩外主採桑養蠶又主藏蓋星明則蠶吉暗則絲綿不成客星流星彗孛犯之蠶不成絲綿大貴

匏瓜 五星在河鼓東主掌瓜果其星明則果實成歲豐暗則果物不成大水歲不登五星犯守果實貴魚鹽貴十倍期一年客星入之魚鹽貴守之出谷多水流星出匏瓜魚鹽貴十倍彗星守匏瓜果實不成魚鹽貴〔以上〕

〔[illegible]〕**人星** 五星在車府下如人形主萬民土官也主靜安衆庶柔遠能邇五星客彗孛犯守天下饑荒人大災

杵 三星在人星東主舂糧正直下曰則吉不相當則糧乏不直則民饑不明則歲凶聚則豐疏則歉動搖則大饑民流

臼 四星在杵南仰則豐覆則歉餘占與杵同客星守杵臼歲饑一曰民失杵臼犯之歲歉人饑彗孛出杵臼天下大饑

〔以上〕〔[illegible]〕**螣蛇** 二十二星在室北河濱若盤蛇之狀一曰天蛇與龜鱉交水蟲之長也主水族明則水族茂魚鹽賤明大動搖則水蟲爲孽天下大水火犯之魚鹽貴金木犯之爲水災水物不成客星守之雨水爲災水物不成流星犯之水旱俱作人之雨水爲害水物不成黑氣出入天下大水〔以〕〔[illegible]〕

雲雨 四星在霹靂東南主雨澤明則多雨有水災亡則旱火守之大旱水守之大水〔以上[illegible]〕

土司空 一星壘東主地官也

主水土之事[illegible]微暗則旱歲星犯之天下旱太白守之亦主旱一曰憂水客星入守主水災工役大興男女不得耕織天下大疾鎮星守犯土工興作〔以上〕〔[illegible]〕

天倉 六星在婁南主倉庫之藏大司農之事黃大而明則倉廩豐天倉戶開中小星聚則儲積留稀小則倉廩虛天倉戶開則歲大熟閉則歲不登天下饑水入天倉而守之歲惡民饑火近天倉天下大旱饑〔[illegible]〕火經天倉去而不守糴大貴若逆行守犯之天下大饑客星入米貴于玉流星犯之五穀大貴民大饑入之天下饑流星赤色犯之旱有火災彗孛出天倉粟出民饑蒼白氣入歲不熟赤氣入有火災〔[illegible]〕

天庾 三星在天倉東南積粟之所占與天倉同〔以〕〔[illegible]〕

天廩 四星在昴南主蓄黍稷其星齊明則年豐民足國安天子吉小而不明歲惡國虛人饑色青廩粟腐敗五星犯之民大饑月犯之天下粟貴一犯一貴客星入色赤大旱多火災黃白歲熟出之粟貴民流亡流星入五穀不成天下大饑彗孛出天廩人饑流星犯蝗蟲爲害歲饑民流亡赤氣入粟腐歲黃白氣入歲豐

天囷 十三星在胃南主百庫之藏明而衆則庫藏滿失色則天下饑五星犯之民大饑太白入大水旱大饑客星出天囷若守之天下大旱人饑相食彗孛出天囷民饑流亡

天船 九星在大陵北河中主疾疫水旱常居漢中其中有四星常欲均明則天下安船不居漢中大水泛出月入犯之百川流溢辰星犯客星流星入彗孛出皆主大水〔以上[illegible]〕

五車 九星在畢東北亦曰天庫天倉明則五穀豐稔

則五穀不成失色則赤地千里一曰歲入之大旱五穀不成土犯之布貴水犯之天下大水

天街二星在昴畢間黃道之所分畢以東街南中華昴以西街北夷狄天街處其中爲日月五星正道月行天街中天下安百姓順五星入之大水逆犯歲饑犯之大水道路不通

天園十三星天苑南屈曲橫列植果菜之所也其中小勾曲明則果實成馬牛羊皆吉不見反是五星守犯牛羊災【以上畢宿】

玉井四星在參右足下水官也主水泉星微小如常則陰陽和五穀成明大動搖則天下大水大饑五星入之國有水憂穀有水敗水物不成流星入之大水彗孛守之天下大水河海溢民多死于水

屏二星在玉井南主疾病星不明天下寢疾不具則人多疾病火守之三日民疾病客星入之四足蟲大疫民多病出入犯皆主病流星犯之人多病死彗孛出屏民多疾病青氣入屏多瘟疫

天廁四星在屏東主疾病其星色黃而明則吉若有陷廁天下人疫木星守之客星出之皆大饑人相食流星入大水大饑彗孛犯之人相食

天屎一星在廁南候吉凶色黃則吉微小萬物不昌不見則人多病死色黑主人饑疾疫多五星守之天下饑人多死火守之主旱流星入若抵之大饑民多病死【以上參宿】

南河北河各三星分夾東井一曰天高一曰天亭主關梁南河曰南戍一曰南宮一曰陽門北河曰北戍一曰北宮一曰陰門又爲胡門南河爲權主火北河爲衡主水兩河間爲天中道七曜常行而過之則吉久留則殃咎生星明則天下安不具則水道不通南則南道不通北則北不通月

犯南河大旱人疫男子多死犯北河[illegible]大水人疫女子多死火犯守河輿月犯同太白犯南爲旱北爲水蒼白氣入兩河道路不通

積水一星在北河上主聚美水給天子酒食明則天下安宴享行暗則五穀不登人民憂明大動搖河海溢決津梁不通五星犯守有水災火犯之主旱流星抵水若入之大水蒼白氣入天下水災

積薪一星在積水東聚薪也給享祀供庖廚星明則五穀熟享祀修庖廚足暗則庖廚空天下旱歲歉人饑積水積薪相去五尺以內則天下平五穀登一丈內則天下饑荒人民流亡火守之旱水守之大水五星犯積薪若守之五穀不成民饑流亡赤氣入火焚積薪

水位四星在東井北主水衡以洩淫溢水官也微小如常則雨澤時天下安明則大水横流五穀傷民饑五星犯之大水入城郭傷人五星守之北大水南大旱客星守之百川泛溢犯之大水河災流星入天下有水災河溢五穀不成彗孛出水位天下大水人饑犯之水路不通黑氣入大水赤氣入大旱

四瀆四星在東井南明大動搖大江泛溢【以上井宿】

軒轅十七星在七星北一曰東陵一曰權星主雷雨合陰陽其星黃潤大小有序則時和歲豐月犯大饑

天稷五星在七星南農也主百穀其星潤而明則百穀成不則不成不見主大饑人相食五星守犯大旱穀不成民大饑流星入若彗孛出五穀不成天下饑人流亡

【以上張宿】

休徵 至德之朝五星若貫珠【坤靈圖】星圖大如日四邊小星拱之圖與帝[illegible]

有蟜山氏女昌僕是爲女樞感搖光貫月生
帝若水二十即帝位【帝紀】 顓頊作曆以孟
春之月爲元是歲正月朔立春五星會于營
室冰凍始泮蟄蟲始發雞始三號【帝紀】 周
王之興五星聚房赤雀啣書止于王居【宋符】
【拾遺記】 帝舜十有四載景星出卿雲興百工
相和而歌 漢高帝元年五星聚于東井【漢書】
【[illegible]】 永嘉中歲星鎮星熒惑太白聚牛女識
者以爲興王之兆是歲元帝即位【晉史】 元
魏普泰元年十月歲星熒惑鎮星太白聚觜
參太史占曰當有王者興後高歡興【齊北史】
春三月司天氏奏歲居心黃明潤大光澤
帝位積五十餘日詔下有司頒示中外【唐書】
【續典】 宋乾德四年五星聚于奎【宋史】 長
星居于卯地或辰星勾月主年豐國泰【天
文志】 星大光明奪月者出忠臣孝子

〇**咎徵** 凡星之變絕跡而去曰飛橫飛而過曰
流自下而上曰奔自上而下曰隕早出 [illegible]
爲嬴晚出爲縮超舍而前爲嬴退舍爲縮光芒 [illegible]
而明滅不定爲動光而有鋒爲芒芒長四出
爲角長而扁光四掃爲彗 恒星不見星隕 [illegible]
如雨【春秋傳】 仁虧貌失逆春令傷木氣罰見 [illegible]
歲星禮虧視失逆夏令傷火氣罰見熒惑義 [illegible]
虧言失逆秋令傷金氣罰見太白智虧聽失 則有近[illegible]
逆冬令傷水氣罰見辰星四者皆失鎮星乃
動五星在天高則影小底則影大【漢天文志】
襄公二十八年春無冰梓慎占曰今茲宋 是年歲[illegible]
鄭其饑乎歲在星紀而淫于玄枵以有時菑 當年星[illegible]
義熙元年太白晝見經天凡七乃入 明年春[illegible]
【宋書】 更主異君當興之象時晉禪于宋 有星赤 枵今已[illegible]
而芒角自東北西南流入諸葛亮營三投再 玄枵則[illegible]
還往大還小俄而亮卒【會稽典錄】 [illegible]

剡山月犯少微星少微一名處士星時戴逵
名著于敷時人爲逵憂俄而敷死會稽人嘲
逵曰吳中高士求死不得【續晉陽秋】 咸
化元年襄陽星變地震時北方流民聚山中
凡數十萬朝廷發兵討
之散其巢穴湖湘始靖
〇**占候** 正月八日參星夜在月西主大水夏中
一節晴若在月東對月口主歲田半收
有南大星在北大惡風人受 璇璣中星調
則風雨時【考靈曜】 攜提東向天下無事招
搖光澤天下安寧天市明則穰歲【荊州占】
星光閃爍不定主來日風星明靜不動主雨
夏月星密來日熱 星墜主大風 星白東
流向西來日有雨北流向東連日雨不斷北
流向南主來日陰而無雨西流向東主二日
內有風西流向北來日風雨大作南流向東
主旱北流向西水淹田禾南流向北主喜慶
流向南主來日火西流向南當年大旱又喜
南流向西秋霜冬雪有流向北七日內有人
報盜賊星春墜歲不登秋墜大水 諺云一
個星保夜晴言久雨天陰晚間但見一兩個
星此夜必晴 又云明星照爛地來朝依舊
雨言久雨正當黃昏卒然雲開見星豈但明
日有雨當夜亦未必晴若夜半後雲開雨止
星月朗然則又主晴無疑
異星如火國有火災【□書占】
〇**典故** 堯舜時有五星自天而隕一是土之精
墜于穀城山下其精化爲圯橋老人以
兵書授張子房云讀此當爲帝王師後來我
于穀城山下黃石是也 子房佐漢功成求于
山下果得黃石焉 子房隱于商山從四
[illegible]

黃氣高數丈後爲赤[illegible]亦失所在其氣自絕[illegible]貞星之精墜于荊山化而爲玉側而視之色碧正而視之色白卞和得之獻楚王後入趙獻秦始皇一統天下琢爲受命璽李斯篆其文歷世傳之爲傳國寶又古今異說云是大角星精大角亦木星也　火星之精墜于南海中爲大珠徑尺餘時出海上光照數百里紅氣亘天今名其地爲珠池亦名珠崖　金星之精墜于終南圭峯之西因號爲太白山其精化爲白石狀如美玉時有紫氣覆之天寶中玄宗皇帝立玄元廟于長安大寧里臨淄舊邸欲塑玄元像夢神人曰太白北谷中有玉石可取而琢之紫氣見處是也翼日命使入谷求之山下人云旬日來常有紫氣連日不散果于其下掘獲玉石琢爲玄元像高二尺許又爲二真人二侍童之形　水星之精墜于張掖郡柳谷中化爲異石廣丈餘高三尺漢之末漸有文彩未甚分明魏青龍年忽如雷震聲聞百餘里其石自立白色爲文有今爲仙人之狀及玉環玉玦兼文字果應司馬氏爲晉以符金德【録異記】　仲尼曰吾聞堯與舜等遊首山觀河渚有五老遊河一老曰河圖將來告帝期二老曰河圖將來告帝謀三老曰河圖將來告帝書四老曰河圖將來告帝圖五老曰河圖將來告帝符歌訖五老飛爲流星上入天【論語讖】　莊子曰道有情有信無爲無形可傳而不可受可得而不可見莫知其始莫知其終傳說得之以相武丁奄有天下乘東維騎箕尾而比于列星蓋言說死其精神托箕尾也　天地開闢甲子冬至日月若懸璧五星若編珠【尚書[illegible]】　仰觀天形如車

蓋衆[illegible]聚一十五星蔚然曰郎位傍一大星將位也[illegible]正義曰郎位五星在太微中帝座東北周之元士漢之光祿中散諫議此三署郎中郎今之尚書郎也郎將一星在郎位東北即[illegible]右中郎將也【史記天官書】　昔高辛氏有二子長曰閼伯季曰實沈不相能也日尋干戈以相征討后帝不臧遷閼伯于商丘主辰商人是因故辰爲商星遷實沈于大夏主參唐人是因故參爲晉星【左傳】　七月初七夜灑掃于庭露施几筵設酒脯時果散香粉于河鼓織女二星神當會守夜者咸懷私願咸云見天漢中有奕奕正白氣有光耀五色以此爲徵應見者便拜而願乞富乞壽乞子惟得乞一不得兼求三年乃言之【四民月令】　織女天女孫也【天官書】　河鼓謂之牽牛黃姑卽河鼓也【歲時記】　牽牛星荊州呼爲河鼓主關梁織女星則主瓜果嘗見道書云牽女娶織女取天帝二萬錢下禮久不還被驅在營室【荊楚歲時記】　七月六日有雨謂之洗車雨七日雨則曰洒淚雨【歲時雜記】[illegible]永安二年將守質子群聚嬉戲有異小兒忽來曰我非人熒惑星也言訖上昇仰而視之若曳一匹練有頃而沒【搜神記】　李[illegible]橋時熒惑守歲久之方退或勸曰熒惑已[illegible]可速用兵晟曰汝安知天道及克敵謂[illegible]曰前者士大夫勸晟出兵非敢拒也聞五緯盈縮無準晟懼復來守歲則我軍不戰而自潰矣衆皆曰非所及也【唐書】　彗星出東則西指出西則東指其常也東西[illegible]也　昭公十八年有星孛于大辰西及漢申須曰彗所以除舊布新也[illegible]

本正諸侯其有[illegible]
鄭裨竈言于子產曰宋衛陳鄭將同日火若
我用瓘斝玉瓚鄭必不火鄭人請用之子產
不可曰天道遠人道邇非所及也竈焉知天
道遂不與亦不火【左傳】 丹說爲列星張良
爲孤星蕭何爲昴星樊噲爲狼星東方朔爲歲星太
白之生夢長庚東坡之殁爲奎宿 西王母
使者至東方朔死上問使者對曰朔不肖之
精是爲歲星下遊人間以觀天下非陛下臣
也【武帝內傳】 和帝遣使微服採風謠二使到
蜀部投館吏李郃舍郃問曰二君發京師時
知朝廷遣二使否問何以知之郃曰前有二
使星向益州分野故知之耳【東漢書】 僖公
五年晉侯伐虢圍上陽問于卜偃曰吾其濟
乎對曰克之童謠丙之晨龍尾伏辰均服振
振取虢之旂鶉之賁賁天策焞焞火中成軍
虢公其奔其九月十月之交乎龍尾尾星也
日月之會曰辰日在尾故尾伏而不見【國語】
宋景公時熒惑守心心宋分也公召子韋
問焉子韋曰可移于相公曰相所以治國家
也曰可移于百姓公曰百姓死寡人將誰與
爲君曰可移于歲公曰歲飢人饑必死子韋
曰君有至德之言三天必三賞君是夜熒惑
退三舍【呂氏春秋】 七夕爲織女牽牛聚會
之日戴德云此日織女東向蓋言星也春秋
運斗樞云牽牛神名略石氏星經云牽牛名
天關佐助期云織女神名收陰史記天官書
云是天帝外孫河鼓黃姑牽牛也人家婦女
結綵樓穿九孔針以乞巧【荊楚歲時記】 漢
綵女常以七月七日穿七孔針于開襟樓
聞齊詩七孔針穿雲得過西家天漢[illegible]十七
夕以錦綵結成樓殿高百尺上可[illegible]

戶穿酒饌[illegible]多
九孔針五色線向月穿之過者爲得巧勳清
商之曲宴樂達旦士民皆效之【天寶遺事】
唐玄宗與楊貴妃避暑驪山宮七月七日牛女相
見之夕妃獨侍上上凭肩密相誓心願世世
爲夫婦故長恨辭曰七月七日長生殿夜半
無人私語時在天願爲比翼鳥在地願爲連
理枝【錦繡萬花谷】 郭子儀初從軍沙塞間
至銀州數十里將宿既夜忽見左右皆有赤
光仰視空中駢車繡幄中有一美人坐牀垂
足自天而下俯視子儀拜祝曰今七月七日
必是織女降臨願賜長壽富貴女笑曰大富
貴亦壽考言訖冉冉騰天猶正視子儀良久
而隱子儀後立功貴盛威望烜赫大曆初鎮
河中疾甚三軍憂懼公謂幕僚等曰吾此病
自知未使衰殞因述所遇之事衆稱賀歡悅
其後拜尚父壽九十餘薨【感遇傳】 七夕婦
人結綵樓穿七孔針或以金銀鍮石爲針陳
瓜果于庭中以乞巧有蟢子網于瓜果上則
以爲得巧【荊楚歲時記】 光武破聖公與伯
叔書曰交鋒之日神星晝見太白清明【東觀
漢記】 建武五年帝徵處士嚴遵賜宴陽明
殿會暮留宿遵以足加帝腹明日太史奏客
星犯帝座甚急帝曰此無他昨夜與故人嚴
子陵共臥耳【漢史】 光和元年四月客星出
東方胃八度長三尺歷閣道入紫微留四十
日滅【漢書】 周敞師京房房以石顯譖繫獄
謂敞曰吾死後四十日客星入天市即吾無
辜之驗也果如其言【後漢書】 桂陽成武丁
有仙道忽謂其弟曰七月七夕織女當渡河
諸仙悉還宮吾向已被召今與爾別矣弟問
何事渡河兄何日還答曰織女暫詣牽牛吾

去後二十年當還[illegible]星令[illegible]
牛[illegible] 秦主苻堅時有彗太白犯東
井者曰東井秦之分太白罰見必有暴兵起
于京師生日星入井者自渴耳何足怪乎
未幾苻堅弒生自立 苻堅以弟融為冀
州牧將發祖于灞上堅母苟氏以融少子比
發三至灞上其夕又竊如融所內外莫知是
夜堅寢前殿太史奏天市南門屏內后妃星
失明左右閽寺不見乃后妃移動之象也堅
推問知之驚曰天道不遠 隋吳嶠雪溪人
精天文袁天綱師事之煬帝時嘗過鄴中告
其令曰中星不守太微主君有嫌王氣流萃
于秦地子知之乎令不之信及唐高祖即位
始知其言不誣 唐太宗時李淳風奏北斗
七星當化為人明日至西市飲酒使人候之
有僧七人共飲酒二石太宗使人召之七人
笑曰此必李淳風小兒來使言我也忽不見
宋藝祖居潛日與趙普遊長安入酒舍普
偶坐帝左陳希夷怒曰紫微壘一小星耳輒
據上次可乎斥使居帝右 漢館陶公主為
子求郎明帝不許而賜錢千萬謂群臣曰郎
官上應列宿出宰百里苟非其人民受其殃
是以難之 陳太丘詣荀朗陵貧儉無僕役
乃使子元方將車季方持杖從後孫長文尚
少載著車中既至荀使叔慈應門慈明行酒
餘六龍下食文若亦小坐著膝前時德星
聚明日太史奏五百里內有賢人聚 晉時
有妖星見豫州之分陳訓曰今年西北大將
宜當之祖逖亦見星曰為我矣方平河北天
欲殺我此天不祐國也俄而逖卒祖逖傳
熒惑守南斗經旬王導謂陶□曰南斗揚州
分野而熒惑守之將當遜[illegible]

曰必[illegible]明德作初魏[illegible]
後而與桓景還勝焚賦何由退舍[illegible]之
[續齊諧] 梁武帝大通六年熒惑入南斗去而
復還上以諺曰熒惑入南斗天子下殿走乃
跣足下殿以禳之及聞魏主西奔慚曰虜亦
應天象耶 唐李白母夢長庚星而生白因
名白字太白 天官書長庚如一匹布著天此
星見兵起 韓詩太白晨出東方曰啟明昏見
西方曰長庚 朱氏曰啟明長庚皆金星也以
其先日而出故謂之啟明後日而入故謂之
長庚蓋金水二星常附日行而或先或後但
金大水小故獨以金星言之也 伍喬廬江
人性嗜學渡江入廬山詩調清苦山中序暑
夜夢仰視一大星旁有人指之曰此伍喬星
也喬在廬山時苦節自勵一夕見人掌白牆
入掌中有讀易二字喬因取易讀之後舉進
士第一[illegible] 宋戚丙書名詳字仲回大
名人既夙昔夢其父召立于庭向空指曰老
人星見矣急仰視之黃明潤大因望而拜既
寤以語曰吉祥也以壽星出丙入丁因改名
丙字夢壽 宋賈儀字可象蘄州蘄水人善
推步尚與德中與盧多遜楊微之同在[illegible]議
謂二公曰丁卯歲五星當聚于奎奎主文明
又在魯分自此天下始太平公必見之若夫
不與焉至宋乾德四年三月五星如連珠在
奎宿之次果驗 宋徽宗一日召林靈素拜
章伏地良久方起上問故對曰適至上帝所
值奎宿奏事良久方畢始能達其章故也上
問奎宿是何人對曰本朝臣蘇軾也 尚書
星有好風星有好雨古註云箕東方宿也東
木克北土以土為妻南土也土好雨故箕星
[illegible]好風畢西方宿也西金克東木

以木爲變風[illegible]
而多風由此推之則北好燠南好暘中央四
季好寒皆以所克爲妻而從妻所好也予一
日偶述此義坐有善謔者應聲曰天上星宿
亦怕老婆乎滿堂
爲之鬨然〔五雜俎〕

○麗藻散語 辟如北辰居其所而衆星共之
日月星辰繫焉 星辰之遠也〔孟〕
〔詩〕庶民維星 星有好風星有好雨〔書〕 嘒
彼小星維參與昴 綢繆束薪三星在天
星言夙駕 哆兮侈兮成是南箕 三星在
霤 跂彼織女終日七襄 睆彼牽牛不以
服箱東有啓明西有長庚有捄天畢載施之
行 維南有箕載翕其舌維北有斗西柄之
揭〔詩〕 爛若天星之羅〔揚雄〕 萬物之精上
爲列星〔說文〕 星者水之精也〔三五曆紀〕

衆星浮生虛空之中其行其止皆須氣焉〔晉
天文志〕 山川精氣上爲列星〔唐嚴善思傳〕 文
星者散也言列位布散也〔宋王九思〕
章昭回之光粲然如繁星麗天而芒寒色正
〔柳宗〕 保章氏掌天星以志日月星辰之變
動以觀天下之遷辨其吉凶以星土辨九州
之地所封之域皆有分星以觀妖祥〔周禮〕
明明上天爛然星陳日月光華弘于一人〔尺〕
〔伯歌〕 星者體生于地精成于天列居錯峙
各有逌屬在野象物在朝象官〔張衡〕 蒼龍
連蜷于左白虎猛據于右朱雀奮翼于
前靈龜圈首于後黃龍軒轅于中〔前〕 文子
夜歸自外庭有設祠者餐餌饌香[illegible]
插竹垂縷剖瓜犬牙且拜且祈怪[illegible]
隸進曰今茲秋孟七夕天女之孫將嬪于河
鼓[illegible]

曰苟然[illegible]吾亦有所大拙[illegible]可因是以求去
之乃纓弁束衽促武縮氣旁趨曲折傴僂將
事再拜稽首稱臣而進曰下土之臣竊聞天
孫專巧于天轇轕璇璣經緯星辰能成文章
黼黻帝躬以臨下民欽聖靈仰光耀之日久
矣今聞天孫不樂其獨得貞卜于元龜將蹈
石梁款天津儷于神夫于漢之濱兩旗開張
中星耀芒靈氣翕歘茲辰之良幸而弭節薄
游民間臨臣之庭曲聽臣言臣有大拙智所
不化醫所不攻威不能遷寬不能容乾坤之
量包含海岳臣身甚微無所投足蟻適于垤
蝸休于殼龜黿螺蚌皆有所伏臣物之靈進
退唯辱彷徉爲狂局束爲諂吁唯爲詐坦爲
忝他人有身動必得宜周旋獲笑顛倒違
[illegible]所[illegible]人或怒之變情徇勢射利抵巇

中心甚憎爲彼所奇忍仇佯喜悅譽遷隨[illegible]
[illegible]臣心豈使不恐友人是已曾不惕疑貶名
絕命不負所知抃嘲似傲貴者啓齒臣旁震
驚彼且不恥臣稽首言語譎詭令臣縮恧
彼則大喜臣若效之瞋怒叢己彼誠大巧臣
拙無比王侯之門狂吠狴犴臣到百步喘怖
顛汗[illegible]
[illegible]
左低右昂鬭冒衝突鬼神恐悸聖智危慄泯
焉直透所至如一是獨何工縱橫不恤非天
所假彼智焉出獨嗇于臣恒使玷黜智者啓
[illegible]所言迎知喜怒默測憎憐探心一發
從中心[illegible]
[illegible]
[illegible]寬[illegible]一[illegible]宜[illegible]爲賦發有此奇
[illegible]飛走

[illegible]四體大備心[illegible]
者舜悅誇[illegible]心使甘老[illegible]昏
莽禽樸鈍拙巧予劇一[illegible]以佚[illegible]久勞[illegible]
全不[illegible]敞帚[illegible]呈豪[illegible]不有[illegible]瓊類是
喙啞脆[illegible]文綵而歸[illegible]首天孫司巧而
窮臣若是竟不余畀[illegible]何[illegible]數[illegible]聖[illegible]
禍務臣[illegible]臣方心
規以大圓[illegible]吶舌鈍以上言文詞疏散步
武輕便[illegible]美[illegible]卷[illegible]爲世
所賢公侯卿士五屬十連彼獨何人長享終
天言乾又拜稽首[illegible]伏以俟至夜半不得
命[illegible]見有書[illegible]來[illegible]手持[illegible]節而來
告自天孫告汝汝詞良苦凡汝之言吾所極
知汝擇而行[illegible]彼不爲汝之所欲汝自可期
胡不爲之而誑我爲汝唯知恥謟貌匠詞章
辱不貴自適其宜中心已定胡妄而祈
之心密汝所持得之爲大夫不升平凡吾所
有不敢汝施致命而昇汝慎勿疑嗚呼天之
所命不可中革汝拜欣受初悲後懌抱拙終
身以死誰歟

[illegible]文

歲惟壬辰七
月之七壬子潘居[illegible]弗懌適冷風颯然月
綻雲拆桐籟薦秋露花發夕有一蟬娟然落
吾席析析奇穰瀧瀧繁俯覦王子而言曰吾
帝之女孫也職司天巧式利下民禱吾者奏
背吾者屯趨吾者富違吾者貧吾久聞子多
聽少文吾實憐子來濟子身汝或不俾吾丞
汝陳王子[illegible]肩斂蹙觀觀态态似[illegible]謂
神非神渭然而言曰臣固拙矣敢不顯[illegible]
孫整[illegible]端立憮然曰噫人生兩間孰弗[illegible]遷
今子弗克巧進自貽覸窮不[illegible]業
攻末塗[illegible]皆虛言[illegible]豐[illegible]公
[illegible]

不啻合焉致斯崇[illegible]
陰哉內傾外融愉陋忻[illegible]人心攸同[illegible]
世譏行迂蹤季子由是而貴曲逆由是而封
子不聞歟矧乎妙奪工倕紆行曲施能若是
者庸無不宜前邀後障左繩右規笑流蘇露
戲焚玉毀錦心繡腹傷書媛詩啟喙成謚轉
趾微疵予予奪奪是是非非顛倒縱橫起滅
提提荷天撥地斷蛟剸犀藻葩綴縟陟昇
馳氣剸屈子目短相如諸侯見搆豪[illegible]爭[illegible]
一譽可喜一毀可悲致顯若彼汝奚不爲
子謇吃[illegible]顏沉吟支頤窮鄉僻地運日歧奇
我今告汝汝應締思汝不收[illegible]焉能教而夫
麒驥捕鼠弗逮狐狸吾將錫子語弊勵子
幾納子之[illegible]騁子之痴詎不偉哉王子曰臣
聞駑馬安步麒麟踽踽各有攸得奚慕奚惡
良玉渾然烏事刻琢馬宮善宦倪寬模學
爲拙傷毋爲巧獲岐途術異彼此相角者
承容頫栩強語手擎足旋神辱志沮我苦
人沮此靈府命栖陋竿躬里游瞽蒿目達心
臣寔不取天孫噱然笑曰井蛙不見東海螻
蛄不知春秋弗識宜樞弗察芳猷方柄圓鑿
事恒弗報毁方瓦合懵不知謀耳與目敵心
與身讐么麼之技自矜寡儔汝不思夔吾實
汝羞汝今絳宮弗懲玉堂弗收攻若敵讐焉
如是因匪徒羞之吾實汝憂王子又蒲伏而
謝曰天孫之心固仁矣啓臣之智固備矣然
強笑者雖疾不哀強歡者雖笑不妍生龜毀
龜鼴非自然危鶴斷脛乃違厥天機械藏心
神德不全夫巧者言拙者默巧者勞拙者逸
巧者賊拙者德巧者凶拙者吉此先正之格
言[illegible]腹而[illegible]予是天孫[illegible]
[illegible]之[illegible]天[illegible]一[illegible]

▢▢頌皇上宅位六載七載有▢于皇七欽敷聞于下其有丕德澤普洽庶不若之徒皆薰然而和穆然而化奉三月丙太史氏奏歲星居心宿五度其色黃明潤大光澤帝座積五十餘日詔下有司頒示中外被臣得而言之以形歌頌謹按歲星五帝爲蒼五行爲木五常爲仁五事爲貌天尊若曰時以至仁爲理覆露萬民洪洽生類協夫五行五事之用則發于星緯形于禎應陰感大化於穆成功玄符幽贊其昭昭如是靈運之論聖人以五星爲紀洪範之敘皇極曰歛時五福用敷錫厥庶民發于人格于天天人交感合若符節其年秋平河中之寇芟其遺孽復其世紀班淮右之師用弘文告用去武備此二帝三代所以修令名也于是一統類以昭德明法制以塞違慝禮百神賓蠻貊答嘉瑞

美祥紛委翔至置之而不有哲人端士建嘉猷謀求之如巳失然後端拱于穆清治神于精宸驅一代爲純誠接萬靈于明庭斯又登遐邈古先昭闢見巍乎紹天統物之盛者也微臣頊賤沭浴仁聖敢獻歲星居心頌一章以備周詩由庚由儀之缺頌曰皇天上帝降鑒下人后王承之制作禮文人用明德家尚孝仁人無疵癘俗以阜蕃敷佑四方發爲天祥重華煌煌乃居明堂下煦仁澤上爲祥光回復感通天人攸同乃法五事乃建大中書君臣臣德輝昭融保祐命之自天無窮欽臣頌歌欲備唐風

【權德輿歲星居心賦】倬垂象以昭回惟帝居之曰斗杓魁台以立極建衡杓而爲首齊七政而均序五行臨四隩而遠制九有所以附乾樞壓坤紐攜龍桃▢▢▢布棓懸列藩而營衛中宮體群臣而韜▢▢▢▢圜六合紀綱四維其道不昧其照無私若乃銅渾作式未失取則其變可考其動可測發端下始當獻歲以指南舉正于中在陰方而主北觀夫呼噏纏聯若懸揭而柄以戒滿拱北辰而處偏乘三台而斡運齊七曜而迴旋酌天地之心登消鑠之可把分寒暑之氣較鈞石而罔愆躔次雁失歷數斯在晝其隱也不爭曜于太陽皆必見焉能藏輝于貞幸照萬國兮猶魚從綱宗百川兮比朝于海參差北斗闌于太清環帝座之焜耀薄河漢之縱橫不應豐以中見毋居次而自明總五緯于天統行四時而歲虎非止雄橋標于巴蜀壯都邑于成京而已

【崔▢】分宿有章懸象成文或吉龍垂尾或白虎距參玄龜匿首于女虛朱雀奮翼于井鬼柏屏遵峻三台雁行軒轅華布而出分攝提鼎峙而臺

歸【▢▢】光爭而明當井絡之端色黃而潤吁

【▢▢】表　中方之正【楊慎賀老人星】既在井東▢當秦分色侔蒸栗光掩連珠彰爾寶圖類堯年之河出延長聖曆齊漢代之山呼▢

【▢▢▢▢】自南耀采將以昭恤之風近曉流光欲助無私之日送玄燕于梁間傷時自切望白榆于天上歎路無辭

【賀老人星見賦】宛彼佳人出銀漢兮豈無同侶誰與航兮翹首天路寡修梁兮憂心憔悴歷七襄兮齊質靚妍蒙素裳兮九秋茲夕歡未央兮別促遵希安可長兮予思怨嬪實與侍兮扃殿寥寥晝婁清兮君不爲御徙焚焚兮瞻望深宮懷廣庭兮乖候守季感斷遠兮

【▢▢▢▢▢】歌　仰觀俯察天人際羲和死來職事變寰不來賢空承藝昔聞西漢元成間下陵上▢▢說天裂▢▢▢光色▢▢▢煌如火

[illegible]動角[illegible]台斗[illegible]
非[illegible]來官[illegible]見心知不敢言明朝[illegible]人[illegible]
光[illegible]見天文將變兩如斯
重[illegible]子不[illegible]不得知妄用臺高百尺[illegible]
詩五言 星[illegible]觀桂華【庾信】宮闕羅北極
[illegible]然若流星 戮力掃欃槍[illegible]
[illegible]心[illegible]客星隱身與浮雲開 陣解星色
[illegible]營空[illegible]滅 文質相炳煥衆宿羅星文
[illegible] 蜀星陰見少江雨夜聞多[illegible]
[illegible] 金[illegible]巳照耀白日未蹉跎欲待黃昏後
合嬌[illegible]河【劉孝威】 蜀郡靈槎轉豐城寶
劍新將事臨北塞天子入西秦未作三台賦
寧為五老臣今宵潁川曲誰識聚賢人[illegible]
古來[illegible]長七夕渡明河巧意世爭乞神
光[illegible]見[illegible]臨年期巳拙舊俗驗方訛五色金
[illegible]翠[illegible]珠淚作窠【梅聖俞】 相傳會牛女今

夕喜懸多涼風氣旋閶秋風澹玉河鵲橋廓
落紗[illegible]鴛竟蹉跎天上無情極人間更若何
[illegible] 紛[illegible]秋期緩針樓別怨多奔龍爭渡
月飛鵲亂填河夫喜先臨鏡含羞未解羅誰
能留夜色來夕倍還梭[illegible] 一年[illegible]別
怨七夕始言歸斂淚開星靨微步動雲衣天
迴兔欲落河曠鵲停飛那堪盡此夜復往[illegible]
殘機[illegible] 白露含明月青霞斷絳河天
街七襄轉閣道[illegible]神過衣服鏘環佩香筵拂
綺羅年年今夜盡機杼別情多【前人】 寶婺
搖珠珮姮娥照玉輪靈歸天上匹巧遺世間
人花果香千戶笙竽濫四鄰明朝曬犢鼻方
信阮郎貧[illegible] 且暮巳凄涼離人遠思
芒夏衣臨曉薄秋影入簷長前事風[illegible]
公[illegible]在梁般勤寄牛女[illegible]相望[illegible]
[illegible]

[illegible]錦[illegible]月[illegible]
子[illegible]牛[illegible] 遙山[illegible]
[illegible]秋遲露泣柯節氣既巳
[illegible]數[illegible]終夕收淚欲分河[illegible]
[illegible] 天河[illegible]飛落月[illegible]
[illegible]別[illegible]今宵盡愁隨還路歸
將宿昔[illegible]年機【王[illegible]】 仙車駐七襄
鳳駕出天[illegible]九微火風吹百和香來歡
[illegible]別離不得語河漢漸湯
[illegible]部金女送青蛾翠帳合
春[illegible]月多畫眉鸞鏡入橋神鵲橋過
百歲開今[illegible]者何【王少府】 奔流鬧
浦合羽[illegible]月施青靚悉空拂翠眉
[illegible]來十渚[illegible]向河湄促夜[illegible]居[illegible]
對[illegible] 鵲橋斷[illegible]別恨[illegible]
清流[illegible]夜愁斂[illegible]消[illegible]

[illegible]機杼[illegible]促去秋[illegible]
[illegible] [illegible]牛星皎皎河漢女纖纖擢素手
札札弄機杼終日不成章泣涕零如雨河漢
清且淺相去復幾許盈盈一水間脈脈不得
語【古詩】 漢曲天榆冷河邊月桂秋婉[illegible]
今夜飄颻渡淺流輪隨月宿轉路逐綵雲浮
橫波翻瀉淚束素反緘愁此時機杼息獨向
[illegible] 白露月下圓秋風枝上鮮理
[illegible]合碧[illegible]羅幕生紫烟妙會非綺節佳期乃
涵年玉[illegible]夜急[illegible]依[illegible]昔悲漢難越
今[illegible]河易旋怨[illegible]念斷[illegible]情懸【梁簡[illegible]】
[illegible] 盈盈河水[illegible]朝長[illegible]息不[illegible]
[illegible]流[illegible]秋[illegible]至停梭理容色束
[illegible]巳[illegible]不見[illegible]人誰[illegible]機
[illegible]遂[illegible]因[illegible]
[illegible]

[illegible]光映月迴離[illegible][illegible][illegible]衣會情向華[illegible]流態入重闈歡餘夕漏盡怨結曉驂歸誰念分河漢還憶兩心違【張文恭】紅粧與明鏡二物本相親用持施點畫不照離居人往秋雖一照一照還復塵塵生不復拂蓬首對河津冬夜寒如此寧遠到陽春初商忽云至曾得奉衣巾施衿誠已故每聚忽如新【沈約[illegible]】

【[illegible]女贈牽牛】新知與生別由來儻相值如何寸心中一宵懷兩事歡娛未繾綣倏忽成離異終日遙相望秖益生愁思猶憶今春悲尚有故年淚忽遇長河轉獨喜凉飈至奔情切鳳軫織阿警並繼【王筠代牽牛答織女】青天何歷歷明星如白石黃姑與織女相去不盈尺銀河無鵲橋非時將安適閨人理紈素遊子悲行役寤水知冬寒霜露欺遠客客以衣[illegible]飛飄飄不言歸別後羅帶長愁寬去時衣[illegible][illegible]前宵夢因之寄金徽【李白】落日隱簷楹升月照簾櫳團團滿葉露淅淅振條風蹀足循廣除瞬目[illegible]層穹雲漢有靈匹彌年闕相從遐川阻昵愛脩渚曠清容弄杼不成藻[illegible][illegible]前蹤昔離秋已兩今聚夕無雙傾河易迴斡款顏難久悰沃若靈駕旋寂寥雲幄空留情顧華寢遙心逐奔龍【謝惠連】牽牛出河西織女處其東萬古永相望七夕誰見同神光意難候共事終朦朧颯然精靈合何必秋遂通亭亭新粧立龍駕具曾空世人亦爲爾祈請走兒童稱家隨豐儉白屋達公宮膳夫[illegible]堂殿鳴玉樓房櫳暴衣遍天下曳月揚微風蛛絲小人態曲綴瓜果中初筵重露日出甘所終[illegible]汝未嫁女秉心鬱沖沖[illegible][illegible][illegible][illegible][illegible][illegible]杼中[illegible]無舅姑事敢昧[illegible][illegible][illegible][illegible][illegible][illegible][illegible]長[illegible]來客義無棄禮

[illegible]始失婦恭少[illegible][illegible]佳期[illegible]之在

七言

[illegible]至公方圓荷[illegible]臨丈夫多英雄【杜甫】年年一星朝北斗盡[illegible]多處是三台【杜甫】更闌乞與人間巧不道人間巧已多【楊樸】獨坐意偏嘉靜倚闌干望斗斜好句忽來情思洽梅花和月上窗紗【[illegible]貞白】月帳銀河次第開多情惟恐曙光催將人不用穿針待沒得心情送巧來【羅隱】雲軿月地一相過未抵今年別恨多最恨明朝洗車雨不教回却渡天河【杜牧之】天空霧下夜如何漫道數星已渡河見說人間方恤緯可知天上欲停梭　七夕千門望女牛爭言乞巧獨登樓人間機事知多少永夜蛛絲總未收【[illegible][illegible]】【[illegible]】廣殿陰陰桂影青嫦娥千古說娉婷心烏鵲橋邊過安得身如織女【[illegible][illegible]】東人杼軸總傷心雲錦千箱天闕深一線未遣補衮還從兒女笑穿針【[illegible]石】靈鵲成橋事有無人間今夜憶仙姑倚窗久坐秋聲動一夜西風到碧梧【[illegible][illegible]】傳說銀河有鵲橋昭陽飲宴似元宵誰嫌牛女佳期少猶勝朱門鎖寂寥【胡[illegible]】鸞扇斜分鳳幄開星橋橫過鵲飛迴爭將世上無期別換得年年一度來【[illegible][illegible]】鄰家乞巧候天孫月轉參橫不掩門抽[illegible]病來逾自愛臥陪孤影度黃昏【[illegible]】【[illegible]】清風明月等閒天重理機絲情暗牽廻首[illegible][illegible]成底事流光迢遞又經年　飲牛河畔[illegible][illegible]漫倚首長河思慘然堪羨江干老[illegible]與妻齊首永團圓　牛女佳期傳七夕一年猶得一廻憐爭似嫦娥居月窟朝朝[illegible]君孤眠【[illegible]王[illegible]臣】長安城中月如練家[illegible][illegible][illegible][illegible][illegible]仙[illegible]玉佩[illegible]自知天上人間[illegible][illegible][illegible][illegible][illegible][illegible][illegible][illegible][illegible][illegible][illegible][illegible][illegible][illegible]

王承[illegible] 貞[illegible][illegible] [illegible][illegible]

□□此夕愁無限河漢三更看斗牛[□□]
恐是仙家好別離故教迢遞作佳期由來碧落銀河畔可要金風玉露時清漏漸移相望久微雲未接過家遲豈能無意酬烏鵲惟有蜘蛛乞巧絲[李義山]
巧夕頻年望鵲橋明河耿耿夜迢迢七襄有恨留千古一水無情限九霄匣鏡半開銀兎窟針樓虛佇紫鸞鑣衆山何處邀笙鶴對酒當歌興自饒[申瑤泉]
計拙誰云巧可圖逢人且醉酒家胡銀河長鵲宜清淺實月窺人作有無七夕今年還自夏幾星明夜便成孤不知相隔杳何許一水盈盈不可呼[曹合生]
微雲遠漢淡無波變久天孫漫渡河蟋蟀壁間摧織早梧桐月上聽砧多千年旅客傷離別此日仙郎對笑歌盡道燕京人競巧獨憐拙宦欲如何[方九]
[□□] 燕臺天高暮雨收青錢沽酒醉蘭舟蓼花曲岸回殘照禾黍西風動早秋三載空庭南國夢一官遙向上林遊遙思今夜吳門月幾處穿針望斗牛[郭□□]
年年此夜結懸戀終古看來只此心滿載秋容清火宅斜分月色照金針人間巧思多成拙老大陳緣未了今花果皆前人拜禱經聲遥答漏聲沉[孫□]
[□□] 北斗佳人雙淚流眼穿腸斷爲牽牛封題錦字凝新恨抛擲金梭結舊愁桂樹三春烟漠漠銀河一水夜悠悠欲將心向仙郎說借問榆花早晚秋[曹唐]
河邊獨自對星宿夜織天孫難接續抛梭振躡動明璫爲有秋期眠不足遥愁今夜河水隔龍駕車轅鵲塡石流蘇翠帳星渚間環珮無聲燈寂寂畫作天河刻作牛玉梭金鑷絲橋頭每年宮女穿針夜勑賜諸親乞巧樓[王建]

亭皐一葉□□□辱收行□秋回斗杓靈官召集役靈鵲

穿勞玉指纖纖□雲霧裳縞□□□□□□□天帝憐獨居無與娛河邊□與牽牛來自從嫁後廢織紝綠鬢雲鬟朝暮梳貪歡不歸天帝怒謫歸却踏來時路但令一歲一相逢七月七夕橋邊渡別多會少知奈何却憶從前歡愛多忽忽萬事說不盡燭龍已駕隨羲和河邊靈官催曉發令嚴不管輕離別空將淚作雨滂沱淚痕有盡愁無歇寄言織女君休怨地久天長會相見猶勝嫦娥不嫁人夜夜孤眠廣寒殿[張文潛]

詞

碧梧初出桂英纔吐池上水花微謝穿針人在合歡樓正月露玉盤高瀉蛛忙鵲懶耕慵織倦空做古今佳話人間剛道隔年期想天上方纔隔夜[□□]

[□□]

[漢] 一名天河一名天漢一名絳河一名銀河一名銀潢一名明河一名金漢一名銀灣一名銀漢一名星河一名繩河一名斜漢一名大津箕南斗北天河所經日月五星於此往來故謂之津津中四星曰天駟旁有八星絕漢曰天潢雲漢自坤至艮爲地紀河圖括地象曰河精上爲天漢

[休徵] 王者有道天河□□□□

○咎徵　旱則天河明

○占候　天河中有黑雲生，謂之黑猪渡河。黑雲對起，一路相接亘天，謂之織女作橋。雨下闊，謂之合羅陣，皆主大雨立至。少頃必作滿天陣，名通界雨，言廣闊也。若是天陰之際，或作或止，忽有雨作，謂必有掛帆雨脚，是又雨將斷之兆。七夕已前上河影沒，三日而復見則穀賤，七日復見則穀貴。

○典故　七月七日烏鵲填河而渡織女［淮南子］　舊說天河與海通，近世有人居海渚者，年年八月有浮槎去來不失期。人有奇志，立飛閣于槎上，多齎糧乘槎去。十餘日至一處，有城廓狀，屋舍甚嚴。遙望宮中有織婦，見一丈夫牽牛渚次飲之。牽牛人乃驚問曰：何由至此？此人說來意，并問此是何處。答曰：君還至蜀都訪嚴君平則知之。竟不及登岸，因還。至蜀問君平，曰：某年月有客星犯牽牛宿。計其年月，正是此人到天河時也。［博物志］　漢武帝令張騫使大夏，尋河源，乘槎經月而至一處，見城廓如州府，室中有一女織，又見一丈夫牽牛飲河。騫問曰：此是何處？女人授一石曰：可問成都賣卜嚴先生。歸問君平，君平曰：此織女支機石也，汝何得來？告以故。君平曰：某年某月客星犯牛女，是矣。［荊楚歲時記］

［集］　唐武后時丘愔論李昭德云：臣觀其膽乃大於身，鼻息所衝，上拂雲漢。狀小人驕盈之態，可謂曲盡。　天河從北極分為兩頭，至南極，隨天而轉入地下過。［illegible］

○麗藻　散語　倬彼雲漢，昭回于天。［詩大雅］　維天有漢，監亦有光。［illegible］

于天［illegible］河［illegible］　水氣之在天爲雲，水象之在天爲漢。［illegible］

［illegible］　雲漢含星，而光輝洪流。［左思］

賦　客有遠人［illegible］，鈞遊卷先寒，巧絕浩蕩［illegible］太素之和氣，勁然喬松之全節，當［illegible］鳥［illegible］安就靈濤以怡悅，喜仙查之千里，每秋風之八月，知必至之不欺，乃乘流以長發。爾乃制芰做裝，春菰裹糧，以晝以夜，若行若藏，沉浮於渤澥之中，央蕩搖乎聲軋之大方，豈靈匠之歷討，實險阻之備嘗。獨出于有聞之世，轉入于亡何之鄉，聽不聞其聲，類馮夷之依太樹。久乃有所遇，若伊尹之在空桑，乘彼遠兮不知其行道，渺瀰兮無遺其跡。人與木兮俱浮，天與海兮同碧，炎黃道之的皎，穿白雲之歷歷。反不記其所從，又焉知其所適。試于于津者誰子？弄杼于室者何人？［illegible］有聲［illegible］縞兮如雪，盈盈不語，標明脖兮若神，恐哮娃以相顧，雖婉變而不親。既持石以迴乎今歲，問于嚴遵，當是時也，星則知客，［illegible］則位客，不知星則吾身，何碧空之無涯，乃［illegible］然而歸［illegible］非智力之所及，寔風波而是仰。昔［illegible］乘查也，則在地而成形；今之乘查也，則在天而成象。若不資巨浪之潛運，安得排青冥而直上？俾彼星漢自天而垂，澹瀇河之清淺，睨列宿以參差。客無查徒勞勤而事何可，濟查非客難往來而世莫之知。信其致人于霄漢者，若［illegible］輕舟迅檝之力；忘情于夷險者，亦無波臣［illegible］后之歎。吾既異此事，乃斯焉而賦斯。［illegible］

［illegible］歌　蘭膏如晝買不眠，玉爐夜起沉香煙。青娥一行十二仙，欲笑不笑花［illegible］

［illegible］　碧窗美嬌［illegible］洗［illegible］

五言 天河衍[illegible]陰[illegible]
東南流〔李嶠〕 [illegible]天漢迴西流三五正縱[illegible]
憤〔[illegible]文帝〕 安知天漢上白日懸高名 [illegible]
水銀河清橫天流不息〔[illegible]太白〕 來[illegible]
息無處問張騫 迢迢秋夜永河漢正西流
問道尋源使從天北路迴〔[illegible]〕 [illegible]
色消銀燭流雲濕絳河〔[illegible]〕 皎皎天月
明奕奕河宿爛蕭瑟含風蟬寥唳度雲雁來
商動清閨孤砧發幽幔耿介繁慮積展轉長
宵半〔[illegible]〕 常時任顯晦秋至最分明[illegible]
被微雲掩終能永夜清含星動雙闕伴月落
邊城牛女年年度何曾風浪生〔[illegible]〕 把酒
對秋天秋烟靜可憐夜當牛女後人擬惠莊
前河漢復幾許濠梁遂渺然賓筵休隔日別
思恐經年 閣道通銀漢高丘掛曉霞九重
天咫尺三五月光華雲作蹬臺模霜飛玉樹

花怪來多白雪會是 七言 東來銀漢是紅牆
泛仙槎〔[illegible]〕 隔得盧家白玉堂
〔[illegible]〕 雲漢西流夜未央牽牛織女遙相望
〔[illegible]〕 安得壯士挽天河淨洗甲兵長不
用〔[illegible]〕 河[illegible]探得支機石力挽天河洗甲
兵〔[illegible]〕 星河入夜寬龍氣蘆荻橫江入
雁秋〔[illegible]〕 雲母屏風燭影深長河漸落
曉星沉嫦娥應悔偷靈藥碧海青天夜夜心
休〔[illegible]〕 家住東城十二樓霓裳一曲未曾
休天河有路通人世更許乘槎逝上流〔[illegible]〕
〔[illegible]生〕 雲漠無波斗柄移鵲驚烏散得橋遲若
歇精衛填河漢一水還應有盡時〔[illegible]〕
澄澄碧漢跨虹橋裊裊晴絲拂拂條明月一
天花似錦玉人清夜自吹簫〔[illegible]〕 銀漢
清秋萬里遙月開妝鏡掛雲霄可[illegible]
[illegible]及天[illegible]望樓長安

轉爲分攜惜[illegible]今[illegible]
弟遠離難尊[illegible]一夜秋風早[illegible]
寒明日便爲橋上別人間天路兩[illegible]
〔[illegible]〕 八月涼風天氣晶萬里無雲河[illegible]
昏見南樓清且淺曉落西山縱復橫洛陽城
闕天中起長河夜夜千門裏復道連甍共蓊
鬱畫堂瓊戶特相依雲母帳前初汎濫水晶
簾外轉逶迤倬彼昭回如練白復出東城接
南陌南北征人去不歸誰家今夜擣寒衣鴛
鴦機上疏螢度烏鵲橋邊一雁飛雁飛螢度
愁難歇坐見銀河漸微沒已能舒卷任浮雲
不惜光輝讓流月明河可望不可親願得乘
槎一問津更將織女支機石
還訪成都賣卜人〔宋之問〕

二如亭群芳譜 三

天譜二

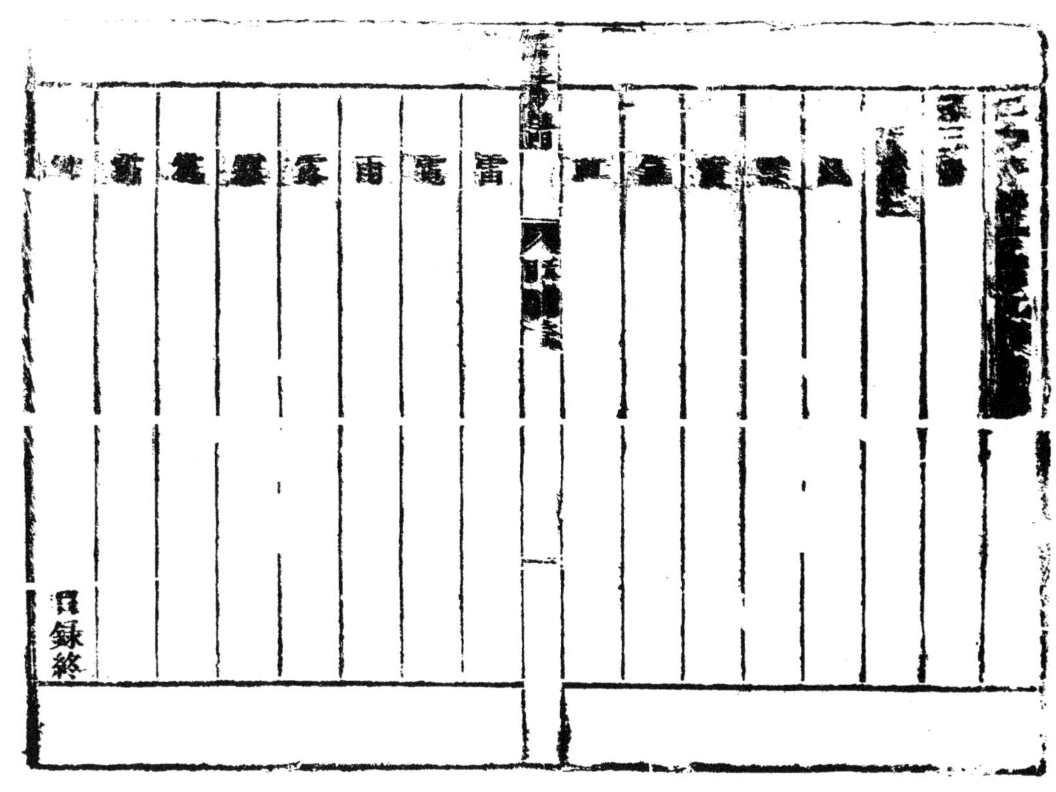

二如亭群芳譜天部卷之三

濟南 王象晉 藎臣甫 纂輯
松江 陳繼儒 仲醇甫
虞山 毛[illegible]子晉甫 同較
寧波 [illegible]元[illegible]雲甫
濟南 男王與敕 孫王士禛 詮次

天譜三

風 天地之氣噫而成風爲天地之始爲萬物之首鼓曰撓萬物者莫疾于風一說風氾也其氣博氾而動物也得怒之氣則暴得喜之氣則和得金之氣則涼得木之氣則溫得火之氣則炎得水之氣則烈春[illegible]風自下而上夏風橫行空中秋風自上[illegible]下冬風著土而行南風謂之凱風東風謂之谷風北風謂之涼風西風謂之泰風四氣和爲通正謂之景風焚輪謂之頹扶搖謂之飆風與火謂之庉猛風

曰颲涼風曰颷微風曰颸[illegible]風曰[illegible]是風[illegible]颮日出而風曰暴陰而風曰曀風而雨土曰霾春晴日出而風曰光風秋冬餘風曰緒風終日風曰終風從震[illegible]來曰嬰兒風在樹杪動曰少女風江淮間三月有鳥信風五月有麥信風南中六月東南長風曰黃雀風九月風曰鯉魚風梅雨過濁風彌日曰舶䑼風舶行遇打頭風曰石尤風江南自初春至初夏有二十四番風始於梅花終於楝花曰花信風風吹萬物有聲曰籟箕星爲風宿飛廉爲風伯巽二封十八姨爲風神

○風候 風之爲言萌也養成萬物所以象八卦陽生于五極于九五九四十五日則變變以爲風陰合陽以[illegible]皆以節日寅時候之距冬至四十五日立春艮卦應條風至條者正也風從本宮來綿綿然和而徐至地暖四十五日春分震卦應明庶風至庶物光明也風從本宮來非高非低習然得中四十五日立夏巽卦應清明風至清明者清芒也風從本宮來闃闃然圓緩不散亂四十五日夏至[illegible]也陽氣長養[illegible]

本宮衣蒼然蕭瑟西南四十五日坤卦應凉風至本宮來凉
凉風至凉寒也行陰氣也風從本宮來
慄而不渝四十五日秋分兌卦應閶闔風至
閶闔者戒收藏也風從本宮來其候肅然四
十五日立冬乾卦應不周風至不周者不交
也陰陽不合也風從本宮來凜凜清瑩爽四十
五日冬至坎卦應廣莫風至廣莫者大也風
從本宮來淒涼不怒凡風□則泰寧自衝來不
利明庶風至萬物產清明風至物形乾景風
至棘造實涼風至黍禾乾閶闔風至生薺麥
不周風至蟄蟲匿廣
莫風至則萬物伏

○休徵　太平之世風不鳴條開甲散萌而已矣　項王圍漢王三匝于是大風
從西北起折木發屋揚砂石楚軍大亂漢王
乃得與數十騎遁去【史記】　老子將西出函
谷令尹喜占風知有神仙過乃掃道見老子
老子停關下授以道德五千言【列仙傳】　河
荆春時多大風飛塵撼木數日一作二三日
方止以訪左右對曰不得是風且無年名曰
吹花擘柳風草木百
穀皆藉之【遁齋閑覽】

○咎徵　周公征管蔡居東二年爲詩以貽王名
曰鴟鴞秋大熟未穫天大雷電以風禾
盡偃大木斯拔邦人大恐王與諸臣盡弁以
啓金縢之書王執書泣出郊迎周公天乃雨
反風禾則盡起歲大熟【尚書】　漢乾祐三年
閏五月西北風暴雨至戴樓門外壞營舍屋
木吹起鄭門門扇落十餘步外【農桑要覽】
元順帝至正元年四月赤風晝晦　至正八
年永嘉大風海舟至平陸高坡處離水
二三十里　□□□□□東大風晝晦雨雹

霾地黑暗
大如蠅

○占候　月離于箕則風揚沙【書傳】　月在箕
畢軫翼起火之日也【孫子火攻篇】　夏
秋之交大風及有海砂雲起俗謂之風潮古
名颶風言具四方之風也有此風必有大雨
甚則拔木偃禾壞房屋決堤堰其先必有如
斷虹之狀者見名曰颶母又名破帆風
單日起者單日止雙日起者雙日止日裏起
者善夜間起者毒日內息者和冬月夜半息
者必大凍　諺云西南轉西北搓繩來絆屋
半夜五更西天明拔樹枝日晚風和明朝再
多南風愈吹愈急北風初起便大諺云南風
尾北風頭又曰西風頭南風腳蓋西風初起
飄發以漸而緩南風初來甚緩後則漸急而
雨隨之　西南風早起至晚必靜諺曰西南
早日沒不動草披近日西南風略急便作雨
每晚轉東南必晴諺云朝西暮東正旱天公
不拘四時暴風起西方主秋旱霜　凡風
終日至晚必稍息諺云暴風不終日凡夜間
大風日出之時必略靜謂之風讓日諺云日
出三竿不急便寬　春風多秋雨必多諺云
一場春風對一場秋雨　風從月建方來萬
物得所晴雨得宜如對方來主米貴　諺云
東風急備簑笠風急雲起愈急必雨　雨後
東北風主雨多諺云東北風雨太公　夏天
北風主雨冬天南風主雪　諺云冬南夏北有
風便雨　吳中梅雨過風滿日海人謂之舶
舶風是時海舶初回云此風與海舶俱至
春巳卯風樹頭空夏巳卯風禾頭空秋巳卯
風水裏空冬巳　東風夏米平甲日東風
卯風□□□　正月□旺南風旱　米貴西風

春□禾貴桑貴北風□東北風大熟東南風禾麥小熟西北風水□桑賤西南風春夏米貴蠶不利

立春 風從乾來暴霜殺物穀粹貴 坎來多大寒 艮來風雨調五穀熟 震來多暴雷氣濁不成 巽來多風蟲螟主旱 離來旱傷萬物 坤來冲方爲逆氣主春寒六月大水民愁土工興 兌來旱霜疾疫又西風爲虛邪風□之必病 如夜半至無害 臞仙占立春天陰無風民安蠶麥百倍東風吉人民安果蔬盛

正旦 大風主旱無風夏田不熟禾黍小貴微陰東北風主大熟諺云歲朝東北五禾大熟歷年經驗多是水旱勻調高下皆熟之兆餘說皆謂壬癸亥子之方謂之水門其方風來主大水諺云歲旦西北風大水妨農功西南風主米貴南風及東南皆主旱 一曰大風雨其年大惡小風雨小惡風悲鳴多病又云米貴多蠶傷

初三日 東北風水旱調東南風晴主旱西北風主水

十六日 最喜西南風爲入門風低田大熟

晦日 風雨糴貴禾惡

二月 **春分** 震卦氣應明庶風至風從乾來歲多寒金鐵貴應四十五日民飢多災 坎來米貴豆菽不成民多疾 艮來穀不收米倍貴火暴出 震來穀熟麥賤人安年豐 巽來蟲生四月暴寒雨 離來五月先水後旱 坤來多水人多癃疾 兌來爲逆氣春寒八月憂兵麥貴凶

朔 風雨稻惡糴貴人災

八日 東南風主水西北風主旱

三月 風不衰九月霜不降

清明 東北風末市桑貴東南風中市貴末市賤西南風晴損桑末[illegible]北風中市貴

朔日 風民病木多蟲北風自旱至午米貴

七日 南風歲歉

十六 西南風主大旱風愈急則愈旱是日爲黃姑浸種日故南方上鄉人有撩起已浸稻種之說又懸百文錢于簷下風力能動則舉家失聲相弔

四月 月內宜風雨頻諺云麥秀風搖稻秀雨澆暴風起東南方人病瀉痢乳婦暴病死

立夏 巽卦氣應清明風至是日有風主熟風從乾來爲逆氣疾凶飢夏有霜麥不利 從坎來多雨地動魚蝦廣人疾疫 艮來山崩地動人疫損穀 震來雷不時擊物一云糴貴 巽來歲豐民安 離來夏旱禾焦人病一云米賤 坤來人不安萬物傷 兌來蝗兵起六畜災大凶

朔日 風雨麥惡米貴

四日至十四 風主大風禾貴晦朔大雨大蝗

十四 晴得東南風尤吉

二十 分龍東南風謂之鳥兒信風上下大熟【田家五行】

五月 仲夏長風扇暑此節東南常有風名黃雀風【風土記】

夏至 風從乾來寒傷萬物 坎來爲逆氣寒暑不時夏月多寒山水暴出 艮來山水暴出泉湧山崩木貴 震來八月人災 巽來九月風落草木傷百果 離來五穀熟 坤來六月雨水橫流諺云急風急沒慢風慢沒 兌來秋多雨霜寒

夏至後半月 名三時首三日爲頭時次五日中時後七日末時風在中時前二日大凶諺云時裏一日風準黃梅三日雨主旱 最怕交節半月內西南風諺云檐裏西南時裏潭潭 梅天西南風急主雨立至易過若微微之風最毒應在時裏來大凶 時裏西南風微和每晚轉東主旱纔風急即雨

朔日至十日 不雨大風大旱風雨米貴

牛貴人飢風從北來人相殘風雨來米貴東來半日吉終日米貴晦日春米貴六月三伏西北風主稻秕冬氷堅小暑東南風兼成塌白雲主有半月船艄風朔日風雨穀貴西南風主蟲傷禾秋前猶可再發以後則無望晦日風米貴南風蟲災七月立秋風涼吉熱主來歲災旱疫秋天雲興若無風則無雨陰寒風從乾來暴寒多雨坎來冬多雨雪艮來爲逆氣穀不熟糴貴震來秋多暴雨人不和草木再榮巽來凶離來多旱坤來五穀熟田禾倍收無秕穀三日三石四日四石兌來秋多雨霜秋分風從乾來重旱禾怕北風巃禾怕南風主寇盜起人相掠來年多陰雨坎來多寒高低俱收艮來二麥收風急又主十二月

多陰寒震來爲逆氣人疫百花虛穀貴應在四十五日內巽來十月多暴氣離來民災歲熟坤來土工興朔日風雨人不安民憂兌來五穀大熟米貴南風禾倍收七夕西南風謂之金風不要播諺言無秕穀也【田家五行】九月朔風雨來春旱夏水麻米貴九日東北風來年豐風自東來半日米麥貴西北風來年歉其月上卯日北風東風三七月米貴十月立冬風從乾來天下安年豐坎來多霜殺走獸人殃艮來地氣泄人病震風人不安深雪酷寒巽來冬溫明年夏旱離風五月大疫坤來水泛溢魚鹽倍貴兌來米貴妖言爲災冬至南風三日主雪小雪東風春米賤西風春米貴朔風雨來年夏旱芝麻貴麻不收望風生爲五

日此日有風終年風雨如期謂之五風信十一月冬至是日風寒吉風從乾來明年夏旱坎風歲稔艮風正月多陰雨震風雷不止大雨速行乳母多死巽風百蟲害物離風名虛風賊風冬溫乳母多死水旱不時穀貴人疫避之吉夜至無害坤風蟲傷禾多水民不安兌風明秋多雨一云禾熟冬至後丁巳日風從巳方來大赦東南風名歲露若有風雨飢而中其氣開年瘟謹避之朔宜麥一日三日十九二十日乃各天會合日主有惡風庚寅至癸巳日風雨糴貴十二月大寒小寒風雨損畜朔風雨來春旱月內冷風暴作六七月橫水米貴東風半日不止六畜災西風半日不止主旱六畜疫除夜東北風來

年大熟

○典故

奇肱民去玉門四萬里能爲飛車從風遠行湯時西風吹至豫州湯破其車不以示民十年東風至復作車賜之【帝王世紀】僖十六年六鷁退飛過宋都風也【左傳】海鳥爰居止于魯國東門之外三日展禽曰今海其有災乎是歲海多大風【國語】漢鄭弘樵射的山得一遺箭頃有人來覓還之其人問所欲弘曰常患若耶溪採薪爲難願旦南風暮北風故若耶溪風至今猶然人呼爲鄭公風又曰樵風【鄭弘傳】獻帝初平四年六月寒風如冬【續五行志】零陵山有石燕風雨則飛風雨止還化爲石物大如指形似燕【湘州記】象州溪石山有石燕鑿石山之磨去腹下土邊置醋碟中能兩相就開之復

合　崑山有四面風天有[illegible]

汚風至吹之即淨【王子年拾遺記】[illegible]

時五王宮中各立長竿挂五色旌于竿上[illegible]

垂綴以金鈴有聲即往視旌所向知四方風

候【開元遺事】　岐王于竹林內懸碎玉片每

夜聞相觸聲即知有風【詞話】　晉時車駕出

以相風竿在前刻烏於上今檣烏是其遺意[illegible]

占五兩之動靜【文選】　長安宮南靈臺上之蓋五兩

有銅渾天儀又有相風銅烏遇有千里風乃[illegible]

動【述征記】　崔元徽月夜見青衣女伴曰楊候風

氏李氏陶氏又緋衣小女曰石醋醋忽報封

家十八姨來言辭泠泠有林下風色皆殊絕

芳香襲人醋曰女伴在苑中每被惡風相撓

常求十八姨相庇處士每歲旦作一幡上圖

日月五星立苑東則免難矣今歲旦已過乞

于此月一日立之其日立幡東風刮地折木

飛花而苑中繁花不動崔乃悟女伴即衆花

之精封家姨乃風神也後楊氏輩來謝各裹

桃李花數斗云服之可以却老某等亦得長

生矣至元和中元徽猶在貌若少年亦一異

也【傳異記】　熙寧九年恩州武城縣有旋風

自東南來望之插天如羊角大木盡拔俄頃

旋風捲入雲霄中旣而漸近乃經縣城官舍

民居畧盡悉卷入雲中縣令兒女奴婢卷去

復墮地死傷者數人民間死傷亡失者不可

勝計縣城悉爲丘墟遂移今縣【筆談】　孝武

坐未央前殿天新雨東方朔屈指獨語上問

之對曰殿後柏上有鵲立枯枝上東向而鳴

視之果然問朔何以知之對曰此以人事知

之風從東方來鵲尾長順風則安背風則鳴

必當順風而立是以知也【別傳】　時大旱有

同何當雨言今夜當大雨至[illegible]暮了無雲

衆人並欲[illegible]

徵風樹間陰鳥和鳴若少女風風陰鳥亂鳴

其雨至矣須臾玄雲四集大雨滂沱【管公明】

【圖】　蕭至忠爲晉州刺史欲獵有樵者于霍

山見一長人俄有虎兕鹿豕狐兔雜驛而至

長人曰余九冥使者奉北帝命蕭君以汝輩

若干合鷹死若干合箭死有老麋屈膝求救

使者曰東谷嚴四善謀試爲求計群獸從行

樵者覘之行至深岩有茅堂黃冠一人老麋

哀請黃冠曰若令滕六降雪巽二起風即蕭

使君不出矣群獸散去翼日未明風雪大作

竟日蕭果不出【幽怪錄】　飛廉神禽能致風飛廉鹿身頭如雀有角而蛇尾豹文

氣【呂氏春秋】　鵬之徙于南溟也搏扶搖羊

角而上者九萬里【莊子逍遙遊】　大中瑞應五日

一風風不鳴條　滿奮畏風在昔武帝坐北

窗下作琉璃屏實密似踈奮有寒色帝笑奮

曰臣猶吳牛見月而喘　江淹別賦云閨中

風煖陌上草薰　薰香氣也廣雅以蕙草爲香

草又佛經云奇草芳花

能逆風聞薰【張七澤】

○麗藻散語

君子之德風　風乎舞雩【四書】

風行地上觀君子以省方觀民設

教　風行天上小畜君子以懿文德　風雷

益君子以見善則遷有過則改　風自火出

家人君子以言有物而行有恆　天下有風

姤君子以施命誥四方　山下有風蠱君子

以振民育德【易】　凱風自南　習習谷風

北風其涼　風雨凄凄　匪風發兮　大風

有隧有空大谷【詩】　詶暢祥和天之喜風【國

語】　衝風至兮水揚波【楚詞】　光風轉蕙泛

崇蘭【宋玉】　猶條風之時洒【班固】　[illegible]

[illegible]而並興[illegible]　上則松風蕭[illegible]

大塊噫氣其名爲風作則萬竅怒號
萬不同　風一西一東孰噓吸是孰披拂是
乎蓬蓬然起于南海而入于北海
折大木蜚大屋者唯我能也【莊子】
賦　楚襄王遊
于蘭臺之宮宋玉景差侍有風颯然而至者
王乃披襟而當之曰快哉此風寡人所與庶
人共者耶宋玉對曰此特大王之風耳庶人
安得而共之王曰夫風者天地之氣溥暢而
至不擇貴賤高下而加焉今子獨以爲寡人
之風豈有說乎宋玉對曰臣聞于師枳句來
巢空穴來風其所托者因也然則氣與風殊
焉王曰夫風始安在哉宋玉對曰夫風生于
地起于青蘋之末浸淫溪谷盛怒于土囊之
口緣於太山之阿舞于松柏之下飄忽淜滂
激揚熛怒眩眩雷聲迴穴錯迕蹶石伐木梢
殺林莽至其將衰也被麗披離衝孔動楗眴
煥燦爛離散轉移故其清涼雄風則飄忽升
降乘凌高城入於深宮邸萼葉而振氣徘徊
于桂椒之間翱翔于激水之上將擊芙蓉之
精獵蕙艸離蓁蘅槩新夷被荑楊迴穴衝陵
蕭條衆芳然後倘佯中庭北上玉堂躋于羅
帷經于洞房乃得爲大王之風故其風中人
狀直憯悽淋漓清涼增欷清清泠泠愈病析
酲發明耳目寧體便人此所謂大王之雄風
王曰善哉論事夫庶人之風豈可聞乎宋玉
對曰夫庶人之風塕然起于窮巷之間堀堁
揚塵勃鬱煩冤衝孔襲門動沙堁吹死灰駭
溷濁揚腐邪薄入甕牖至于室廬故其風中
人狀直憞溷鬱邑毆溫致濕心中慘怛生病
造熱中唇爲胗得目爲蔑啗齰嗽獲死生不
卒此所謂庶人之雌風也【宋玉】　起日域而
播春集桂宮而送清閨舉帳之影翥響行飈

之轄鳴揚淮南之旆靡翠旂后之旍塵下遂
池而颯散上雀臺而雲生至於新虹明歲喬
月照秋璇儀迴象沖想雲浮鄰馬之賓感至
中勝之觴已酌朝繹登樓之詠夕引小山之
諷獻李郎之沉邃思輕舉而遠遊驌驦之馬
魚躍飄警車而水流此乃宋玉之盛風也若
夫子雲寂寞叔夜高張煙霞潤色荃蕙結芳
出徊幽而泉冽入山戶而松涼渺神王于丘
壑獨起遠于孤鴻斯則
幽人之風也【謝靈運】
記　文慧大師應符居成都玉谿爲閣曰
清風以書來求文爲記五返而益勤余不得
已戲爲浮屠語以問之曰符而所謂身者汝
之所寄也而所謂閣者汝之所以寄所寄也
身與閣汝不得有而名烏乎施名將無所施
而安用記乎雖然吾爲汝放心遺形而強言
之汝亦放心遺形而強聽之木生于山水流
于淵山與淵且不得有而人以爲已有不亦
惑歟天地之相磨虛空與有物之相推而風
于是焉生執之而不可得也逐之而不可及
也汝爲居室而以名之吾又爲汝記之不亦
大惑歟雖然世之所謂已有而不惑者其與
是奚辨若是而可以爲有耶則雖汝之有是
風可也雖爲居室而以名之吾又爲汝記之
可也非惑也風起于蒼茫之間彷徨乎山澤
激越乎城郭道路虛徐演洋以汎汝之軒窗
欄楯幔帷而不去也汝隱几而觀之其亦有
得乎力生于所激而不自爲力故不勞形生
于所遇而不自爲形故不窮嘗試以是觀之

解　元祐二年春二月馬子與二三子客于程
氏堂程氏觴客酒半酬道古今治亂成敗
事慘戚不樂有風生于簷戶間飄人襟裾已
而入肌骨蕭滌腸胃胸中之感慨不平者不

覺夫起觀萬物欣欣然如春臺之人寄笑色萬竅起音如歌詠太平之聲長枝韋柔婉蔓婀娜如翟羽庭佾舞蹈盛德客曰異哉是風和氣也馬子曰噫嘻嗟嗟此南風也遠乎邈哉曠數百千歲有時乎一來今其時乎吾試爲客歷古以數幾年幾何時乃一來今幾來矣吾聞舜孝格天五絃之上微動帝指拂拂以起被動植魚鱉咸若湯之時吹雲積霓沛作霖雨歸滌八載之孽而吾民後蘇文武成康酣和塞周飄然自阿數及路葦使天地祖考安樂福祿漢孝文時吾民阜財國亦富貴大倉中都之儲者不可勝計唐太宗貞觀之間與三代同其和年穀屢登行旅不賴外戶不閉斷獄希少幾至刑措宋受天命聖逐群陰聖子神孫保養休息吾聞間數十世聖人必興是風必來若合符矣禍災愁慍之

氣立以減息而生氣氣舜五百歲至於湯湯五百歲至于周周九百餘歲至于漢漢八百餘歲至于唐唐三百餘歲至于宋自舜迄今三千三百餘歲矣是風也凡六來非此六時其風中人狀直悽悽着物顏色零落鯈領吾與客今日之所遇何茲其幸歟客于是名其堂曰迎薰而馬子記之　仲秋之夕客有叩門指雲物而告予曰海氣甚惡非祲非祥斷霓飲海而北指赤雲夾日而南翔此颶之漸也予盍備之語未卒庭戶肅然槁葉蔌蔌驚鳥疾呼怖獸辟易忽野馬之決驟矯退飛之六鷁襲土囊而暴怒掠衆竅之叱吸予乃入室而坐斂衽變色客曰未也此颶之先驅爾少焉排戶破牖殞瓦擗屋礧擊巨石揉拔喬木勢翻渤澥響振坤軸疑屏翳之赫怒執陽侯而將戮鼓千丈之清瀾翻百仞之陵谷吞

泥沙于一卷落崩崖于再觸列萬馬而並騖會千軍而爭逐虎豹讋駭鯨鯢奔蹙類鉅鹿之戰殷聲呼之動地似昆陽之役舉百萬于一覆予亦爲之股慄毛聳索氣側足夜拊榻而九徙晝命龜而三卜蓋三日而後息也父老來唁酒漿羅列勞來僮僕懼定而說理草木之既偃輯軒檻之已折補茅屋之罅漏塞墻壁之隤缺已而山林寂然海波不興動者自止鳴者自停湛天宇之蒼蒼流孤月之熒熒忽悟且歎莫知所營嗚呼大小出乎相形憂喜因于相遇昔之飄然者若爲巨耶吹萬不同果足怖耶蟻之緣也吹則墜蚋之集也呵則舉夫噓呵曾不能以振物而施之二蟲則甚懼鵬水擊而三千摶扶搖而九萬彼視吾之惴惴亦爾汝之相莞均大塊之噫氣奚巨細之足辨陋耳目之不廣爲萬物之所變

且夫萬象起滅衆怪耀眩求髣髴于過目視空中之飛電則向之所謂可懼者實耶虛耶惜吾知之晚也

歌

大風起兮雲飛揚功加海內兮歸故鄉安得猛士兮守四方　漢高帝

秋風起兮白雲飛草木黃落兮雁南歸泛樓船兮濟汾河橫中流兮揚素波　漢武帝

拍

東風應律兮暖氣多知是漢家天子兮布陽和羌胡踏舞兮共謳歌兩國交歡兮罷兵戈忽遇漢使兮稱近詔遺千金兮贖妾身喜得生還兮逢聖君嗟別稚子兮會無因十有二拍兮哀樂均去住兩情兮難具陳　蔡文姬

詩五言

陰壑生靈籟　杜甫

土宇來清風　劉休玄

微雨從東來好風與之俱　陶靖節

未劾風霜動空懸雨露私　梁武

天空彩雲滅地遠清風來　清風洒六合邈[illegible]

[illegible]　玄冬[illegible]

輕粉蝶喜花暝蜜蜂喧　野雲低度水[illegible]　天風
細隨風　風連西極動　月過北庭寒　水國舟中市
吹斷柳　客淚隨清笳　杜子美　空闊湖水廣　青熒天
舟行夜使風　孟浩然
色同　鱶舟一長嘯　四面來清風　裴迪　李[illegible]
歸計早　不待秋風至　一對雲中君　忘却人間
事　馮琦　大火五月中　景風從南來　數枝石
榴發　一丈荷花開　根不當此時　相遇醉金罍
李白　落日生蘋末　搖颺徧遠林　帶花疑鳳
舞　向竹似龍吟　月動搖秋扇　松清入夜琴　蘭
臺宮殿峻　還拂楚王襟　李嶠　何地無芳草
良遊及曉風　塵分三徑外　春盡百花中　著屐
衝殘絮　鉤簾借落紅　幽情殊未極　移酌小園
東　天宇澄秋序　涼風夜色微　爲憐明月好
不掩白雲扉　遠火孤村徑　鄰燈寒女機　砧聲
欲愁絕　幾處賦無衣　馮琦　西風下木葉寒

色莽蕭蕭　白屋容疏放　青山慰寂寥　鄰翁問
策杖　野水漫穿橋　苦乏匡時略　躬耕答聖朝
大地聲回　薄千林影動　搖天威　誰敢測風
伯亦何驕　雷雨虛相望　塵埃苦未消　願君調
玉燭　終日不鳴條　漫道春來好　狂飈龍
沙驚　聞天號令　愁掩日光華　暝色連千里　驚
聲響萬家　寄言崔處士　早護上林花　俱馮琦
賦　處世若大夢　胡爲勞其生　所以終日醉
頹然臥前楹　覺來盼庭前　一鳥花間鳴　借問
此何時　春風語流鶯　感之欲歎息　對之還自
傾　浩歌待明月　曲盡已忘情　李白　今日風
日好　明日恐不如　春風笑世人　何乃愁自居
吹簫舞彩鳳　酌醴鱠神魚　千金買一笑　取樂
不求餘　達士遺天地　東門有二疏　愚夫同瓦
石　有才知卷舒　無事坐悲苦　塊然涸轍鮒　前
人　步屧隨春風　村村自花柳　田翁逼社　山

邀我嘗春酒　酒酣誇新尹　畜眼未見有　回頭
指大男　渠是弓弩手　名在飛騎籍　長番歲時
久　前日放營農　辛苦救衰朽　差科死則已　誓
不舉家走　今年大作社　拾遺能住否　叫婦開
大瓶　盆中爲吾取　感此氣揚揚　須知風化首
語多雖雜亂　說尹終在口　朝來偶然出　自卯
將及酉　久客惜人情　如何拒鄰叟　高聲索果
栗　欲起時被肘　指揮過無禮　未覺村野醜　月
出遮我留　仍嗔問升斗　杜子美

七言

楚天不斷四時雨　巫峽長吹萬里風　杜子美
橐鞬欲動風雲色　兵甲直銷日月光　楊琢菴
嬾慢無堪不出村　呼兒自在掩柴門　蒼苔
濁酒林中靜　碧水春風野外昏　杜子美　殘
燈無焰影幢幢　此夕聞君謫九江　垂死病中
驚起坐　暗風吹雨入寒窗　元微之　祥煙瑞
氣曉來輕　柳變花開共作晴　黃鳥遠啼鳷鵲

觀　春風流出鳳皇城　韓愈　逍遙堂後千尋
木　長送中宵風雨聲　誤喜對床尋舊約　不知
漂泊在彭城　蘇子由　西風瑟瑟水潺潺
向秋波照玉顏　怪道宮愁流不盡　秋來一葉
重如山　涼風昨夜上陽偏　鏡裏蛾眉轉自
憐　一葉香隨流水去　秋英落盡又今年　俱馮琦
琢菴　三旬已過黃梅雨　萬里初回艓越風
幾度縈迴漢山曲　一時歸馭滿江東　驚回欲
簌先秋葉　喚醒昏昏嗜睡翁　欲作蘭臺快哉
賦　卻嫌分別問雌雄　蘇子瞻　東風吹雨過
青山　卻望千門草色閑　家在夢中何日到　春
來江上幾人還　川原繚繞浮雲外　宮闕參差
落照間　誰念爲儒逢世難　獨將衰鬢客秦關
盧綸　狂風怒發飛砂礫　白日翅光霧林薄
衆咸泣　結天地愁　獄戶陰森鼓朱惡　再食不
飽腹凝冰　百結難完膚　[illegible]

交燈火煙銷魂暗落宮吏尚得緩須臾窮民屢見塡溝壑中間情罪總茫茫半厭虎狼半鼠雀君門萬里誰叫閽義士九原安可作行邊使者于公賢于公諱丞對此苦寒心錯愕天回日轉嘆無時薪桂米珠嗟罔托願效緇衣授一餐清山東青豈爲慇勤接盃酌馬遷親友惜片言衛臣只城人御史武供饘槖吁嗟世態何炎涼外負强陽中綽約斗升絕貸貸西江芻牧不求求掩胔縱囚贖罪竟何人俛仰乾坤空落拓爲君感激賦無衣爲君委曲分蔡藿營中挾纊語生春江上投醪恩足樂君家舊有廷尉門若今已作衣繡客天道自昔助仁人看君幾世恢宗祏

何玉峴何公名棟如無錫人太僕少卿

雲 山川之氣也易曰天降時雨山澤發雲陰重則色深黑而風陰稍輕則色淺黑而雨惟晴明則白雲遊颺乃雲之本相日射之則紅而成霞月射之則炫而爲彩雲五色爲慶雲一名景雲一名卿雲三色爲矞雲一云外赤內青爲矞雲史記韓雲如布趙雲如牛楚雲如日宋雲如車魯雲如馬衛雲如火周雲如輪秦雲如美人魏雲如鼠齊雲如絳衣越雲如龍蜀雲如囷倉淮南子曰山雲草莽水雲魚

鱗旱雲煙火澇雲水波周禮保章氏以五雲之物辨吉凶水旱豐荒之祲象冬至初陽雲出箕如榆立春少陽雲出房如積水春分正陽雲出軫如白鵠穀雨太陽雲出張如車蓋立夏初陰雲出觜如赤珠夏至少陰雲出□如水波立秋濁陰雲出□如赤繒寒露正陰雲出□如冠纓霜降太陰雲出□上如羊下如蟠石雲師曰屏翳

○**休徵** 黃帝受命有雲瑞故以雲紀官帝與蚩尤戰于涿鹿之野常有五色雲氣金枝玉葉止于帝上【史記】堯沉璧于河白雲起成王觀于河青雲浮河【尚書中候】舜將興黃雲升于堂湯將興白雲入于房【孔演圖】高祖隱于芒碭山澤間呂后常求得之高祖怪問后曰季所居上常有雲氣 漢武帝得汾陰寶鼎上祀之黃雲覆焉帝至泰山封禪其夜有白雲起封中【史記】光武封泰山山上雲起遂成宮觀 唐玄宗天寶十三年封泰山有慶雲隨馬 宋孝宗乾道九年十月日出前東方入日後西方若煙非煙若霧非霧青紅黃三色光潤占者曰矞雲見則國有慶乃人君修德之所致也

○**占候** 常以二分二至觀雲氣青爲虫白爲喪赤爲兵荒黑爲水黃爲豐年 觀雲于

子時寅時及[illegible]正時無雲[illegible]穰大風將至視其從來避之[隋書]日北望有紫綠白雲者為三素飛雲三元君[illegible]以是日上詣天帝當再拜陳乞得給侍[illegible]三過見元君白日升天[修真訣] 喬雲見主明君治世慶雲見主賢人文士豐年之兆

正月 東方青雲人病多雨赤雲春旱白雲人月旱黑雲春多雨南方赤雲夏旱來[illegible]

元旦 四方有雲黃即為熟青為蝗赤為旱白為兵東井上有雲歲澇宜蒔高田山田[便民書]雲蒼色麥熟青為蝗災麥半損 **上甲日** 西方黃雲歲惡 **二月春分** 青雲歲豐 **三月** 雲甚潤厚大暴雨將至[隋書占] **四月立夏** 有雲大如車蓋十餘此陽水之氣必暑有暍者 其日南方有雲歲豐 **五月** 砲車雲起急舟

人避之此風候也東坡詩云今日江頭天色惡砲車雲起風暴作 **夏至** 宜少陰雨如水波無則三伏熱又青雲為虫白為喪赤為兵荒黑為水黃為豐 **十六** 有雲主草多黑雲主有蟹 **二十** 雲和則歲熟 **六月** 白雲橫斗下東方生雲皆主雨浮雲不布十二月草不衰 **七月立秋** 是日西方有雲及小雨吉 晡時西南黃雲如群羊坤氣至也宜穀粟赤黃氣不至其年物不成 黑雲相雜宜黍麻豆如無此氣則歲多霜人民疾應在來年二月 赤雲來年旱一云申時西南方有赤雲宜粟如無萬物不成地震牛羊死在來年正月[萬寶全書] **八月** 黃雲吉無雲麥不成赤雲麥枯死

秋分 酉時西方有白雲如群羊是分氣主大稔[illegible]相雜並宜麻豆赤雲主來年早八月浮雲不歸二月雷不行 **十二月冬至** 見雲送迎[illegible]鄉來歲美民人和不疾疫無雲送迎德薄歲惡 青雲北起歲熟民安赤旱黑水白災黃大熟無雲凶

○**典故** 哀六年吳伐陳楚子救陳將戰王有疾庚寅卒于城父是歲也有雲如衆赤鳥夾日以飛三日楚子使問周太史周太史曰其當王身乎若禜之可移于令尹司馬王曰除腹心之疾而寘之股肱何益不穀不有大過夭其舍諸有罪受罰又焉移之遂弗禜

崔希喬轉馮翊令有雲如蓋當其聽事須臾五色錯雜徧于州郡[唐新語]

唐狄仁傑授并州法曹親在河陽仁傑登太行山反顧白雲孤飛謂左右曰吾親舍在其下悵望久之雲移乃去

韓琦及第唱名太史奏五色雲見色映殿庭

余自城還道中雲氣自山出

如馬奔突以手掇開籠收其中歸家雲盈籠開而放之作攓雲篇[蘇東坡]

宋章淳謫雷州輿僧奉恕倚檻看雲曰夏雲多奇峰真善比類恕曰相公曾見夏雲詩否詩云如峯如火復如綿飛過微陰落檻前大地生靈乾欲死不成霖雨漫遮天蓋譏淳也亦捷而巧矣

楚江巫峽半雲雨清簟疎簾看奕碁此句可畫但恐畫不就耳僕言公禪人亦復能愛此語耶參云譬如不事口腹人見江瑤柱豈免一朵頤哉[參寥子言杜老詩]

○**麗藻散語** 不義而富且貴於我如浮雲[論語] 坎為雲 雲從龍 雲上于天需君子以飲食宴樂 密雲不雨自我西郊 雲雷屯君子以經綸 雲行雨施天下平[易] 上天同雲[詩] 天降時雨山川出雲[illegible]

柱礎潤【淮南子】　雲山氣也【說文】　雲之爲言運也觸石而起謂之雲【春秋說題】　黃帝以雲紀官故爲雲師而雲名【左傳】　吾令豐隆乘雲兮求宓妃之在下【離騷】　金柯分玉葉散【西京雜記】　舒則彌綸覆四海卷則消液入無形【公孫弘】　華封人謂堯曰夫聖人鶉居而鷇食天下有道與物皆昌乘彼白雲至于帝鄉又曰乘雲氣御飛龍而遊乎六合之外蓋神人者乘虛不墜觸實不礙故能押虎兕貫金石乘雲霧而浮遊如此【莊子】　若煙非煙若雲非雲郁郁紛紛蕭索輪囷是謂慶雲【史記】　抱日增麗浮空不収旣變化而無窮亦舒卷而莫定【韓退之】　若層臺高觀重樓叠閣或如鐘首之鬱律或如塞門之寥廓　觸石而出膚寸而合不崇朝而遍天下其惟泰山之雲乎【公羊傳】

表　援神契曰德至山林則景雲出又曰天子孝則慶雲見金枝玉葉若臨軒帝之宮蕭索氤氳復入唐臣之詠【翰林詩】　當翠輦黃屋之方行見金枝玉【賈慶雲表】

賦　葉之可數陋泰山之觸石方出鄙高唐之舉袂如舞昭示于公侯卿士莫不稱萬歲者三竝美于麟鳳龜龍可以與四靈而五雖有光華之萬狀不若豐穰于四郊凡百庶僚相趨而遇稍疑江上之綺累異封中之素補天者雖欲抑之而不出搖筆者安可寢之而無賦【元稹對天日五色雲賦】　落日將曛山銜斷雲縷氣陰鬱嵐光氤氳橫截高岩驚數峯之頓失却臨幽石與殘雪而俱分乃賦歸雲之曲曰歸雲之狀兮不一歸雲之趣兮難儔雲不以朝晡而異賞士不以前後而異求誠在位之如是知夫鴻漸之高秋【[illegible]】【[illegible]賦】　白雲縹緲如仙客只有軒

前人不識高人興[illegible]脩鬟鬟人物偶爾成豈有神情與香色[illegible]一以氣類從如磁與鐵自相郎主人玉女湖邊住樓居正直高崖處赤欄翠竹與山平便是孤雲來去路朝隨馬跡渡頭風暮宿書函溪上樹雲耶君耶遞爲主茶煙溼處飛泉怒雨中自有徐熙山秋來忽遇王維句只今長安浩浩塵雲亦隨君馬上去西山遍眼萬螺青是中應有雲流寓東華舉首即重霄垂天漠漠如飛絮【袁宏道雲起樓賦】　雲之可觀時惟佩蘭映婺女而扇薄透姮娥而幔寒縹緲如画霏微似殘乍逐乘槎之人訝鸞鵠之遠曳每映啣蘆之雁謂燕幕遙看且曉霧如縠于今何在餘霞成綺須臾則改詎若終日似是有時而待擬六銖而披拂恍仙女絳衣臨七夕以輕盈助牽牛納采羃羃風引籠籠露洒染絳日而成蒨映青空而似藍氷綃若無執不比方而皆黍霓裳儻有誰謂剪裁而不堪【侯喜秋雲似羅賦】

歌　卿雲爛兮禮縵縵兮日月光華旦復旦兮【帝舜】　朝亦有所思暮亦有所思登樓望君處藹藹浮雲飛浮雲遮却蕭關道掩淚誰知妾懷抱玉井蒼苔春院深桐花落盡無人掃【劉雲】

詩五言　屛翳吐重陰【陸士衡】　屛翳寢神變【湛方生】　雲臥衣裳冷【韓昌黎】　關雲常帶雨【杜子美】　晴雲如擘絮【韓昌黎】　惜無同懷客共登青雲梯【謝康樂】　望雲慚高鳥臨水愧游魚【陶淵明】　月生初學扇雲細不成衣　水流心不競雲在意俱遲　峽雲籠樹小湖日落江雨　雲散灌壇雨春多逆水風　雲氣接崑崙涔涔塞雨繁　天高雲去盡江迥月來遲　塞雲多斷續邊日少光輝　征石相縈帶

川雲自去留 俱杜子美 流波戀舊浦行雲
思故山 張岳陽 西北有浮雲亭亭如車蓋
魏文帝 玄雲起高岳終朝徧八方 劉楨
日暮碧雲合佳人殊未來 文選 喬雲時發
譎怪峽轉龍從 浮雲千樹色殘日半山陰
野雲侵坐冷春月向人低 五雲聯玉佩
片月照冰壺 避地甘華髮看雲望紫泥 俱
馮琢菴 帶虹媚幽姿飛鴻響遠音薄霄[illegible]
雲浮棲川作淵沉 謝靈運 山中何所有嶺
上多白雲只可自怡悅不堪持贈君 陶弘景
吹簫凌極浦日暮送夫君湖上一回首青
山卷白雲 王維 跂日復臨水弄波情未極
日暮川上寒浮雲澹無色 裴迪 谷口雜山
雲一臺敵孤峭松風激轟月時見孫登嘯 于
若瀛 溶溶溪口雲纔向溪中吐不復歸溪
中還作溪中雨 鮑參軍妻張文姬 振衣廬

山頭卜築漳江側中有素心人不媿白雲色
萬乘出郊圻君王御布衣曉雲低不散盡
逐六龍飛 雲接御爐煙天臨玉几前
至尊方罪己莫擬賦甘泉 靄靄時出岫霏霏
欲承宇莫是白雲間終當作霖雨 簾捲山
當戶林間雲滿身始知衣上色不是洛京塵
俱馮琢菴 南北各萬里有雲心更閒因風
離海上伴月到人間洛浦少高樹長安無舊
山徘徊不可駐漠漠又東還 層雲如積雪
雨罷漾餘輝錦樹栖難定山堂望不歸宿潭
寒欲墜侵漢遠相依豈是悠悠者因之一息
機 張慈忠 欲隱從龍質仍餘觸石文霏微
依碧落髣髴恢非雲漠月光無隔傾河影不
分如逢作霖處當為起氤氳 盧殷 彩雲呈
瑞質五色發人寰獨作龍虎狀孤飛天地間
隱隱歸北極巍巍象南山恨在帝鄉外不逮

枝葉攀 梁德裕 昔時望白雲[illegible]
今日問而親已乘白雲去雲去雲來無[illegible]
丹青難寫憶親心 巫山不是為雲所只向巫
見一寸尋 [illegible] 雨過雲猶濕煙深徑轉
迷乍聞人語響遙隔水聲西岸抱孤村轉山
連遠樹齊持竿聊寄興休擬釣璜谿 馮琦
生來負奇癖老去猒多聞草草水邊屋層層 陳公[illegible]
岩際雲涼陰隨樹轉清夢共樵分百尺樓頭 儲[illegible]
話還留擬待君 陳眉公 萬水交加翠千山 高[illegible]
一徑通剩雲猶帶雨晴日暗廻風轟磴清流
細松崖紫霧同陂塘幽趣 七言 行雲莫自溼
遠俯仰意何窮 張有德 仙衣 天上
浮雲如白衣斯須改變成蒼狗 杜可勉 寂
寞江天雲霧裡何人道有少微星 喜逢山
色開眉黛愁對江雲起砲車 張文潛 青海
邊頭春色淺太行天外白雲多 馮琦 何日

雨晴雲出溪白沙青石洗無泥只須伐竹開
荒徑拄杖穿花聽馬嘶 秋天一夜靜無雲
斷續鴻聲到曉聞欲寄征人問消息居延城
外又移軍 張仲素 得路直為霖濟物不然
閑共鶴忘機無端走向陽臺畔長送襄王暮
雨歸 萬里黃雲塞草枯琵琶無語月明孤
玉關日望將軍塞錦帳羅襦夜博盧 童軒
水流逐器知難定雲出無心肯再歸惆悵春
風楚江暮鴛鴦一隻失群飛 魚玄機 晴雲
曉壓石城孤江樹江煙澹欲無梅雪未殘臺
谷寺東風已綠莫愁湖 于若瀛 因登巨石
知來處勃勃元生綠蘚痕靜卽等閑藏草木
動時頃刻遍乾坤橫天未必朋元惡捧日還
曾瑞至尊不獨朝朝在巫峽楚王何事謾勞
魂 深惹離情藹落暉如車如蓋早依依山
頭觸石應長在天際化龍自不歸莫向隙窗

一籠夜月好來仙洞還[illegible]峯風淺淺靄盡心[illegible]
見說襄王夢亦稀　青峯[illegible]石濕苔錢便遲
高峯離瀑泉深處臥來真隱邊上頭行處是
神仙千尋有影滄溟底萬里無蹤碧落邊長
憶舊山青壁裡遮庵閑伴老僧眠【[illegible]】遙
島環臺近紫薇春雲重疊映空飛夜風標緲
隨仙仗傍日氤氳捧禁闈時需能敘浮瑞氣
還成鳳綵煥晴輝幾廻天上爲霖去仍向岩
前伴鶴歸【[illegible]】

【霞】如雲有光彩其形不一有如鋪錦者有如疋練者有五色具者有五彩不全者有接聯不斷者有寸寸斷絕者崑崙山有五色水赤水之氣上蒸爲霞故霞之赤者常多

○占候　霞五色明彩月内天恩詔赦　如鋪錦四方不開年内出忠臣孝子　五彩明圓如車輪年内出名臣賢子　五彩狀如虎豹年内其地生出大武臣　接聯不斷如疋錦年内其地生貴子　寸寸斷絕光艷年内其地生貴女　五彩不全月内其地生貴女【農桑要覽】　朝霞暮霞無水煎茶主旱　暮霞有火焰形而乾紅者非但主晴必主久旱　朝霞雨後乍有定雨無疑若晴天隔夜原無朝來忽有則當看顏色斷之乾紅主晴間有褐色主雨滿天謂之霞得過主晴晷有謂之霞不過主雨若西方有浮雲稍厚雨當立至　霞如墨灑來占午時大雨　霞如[illegible]來日辰時大雨　霞如蛇

狀主人民飢饉　元旦霞主[illegible]歲少果蔬盛婦女災紅色絲貴

○典故　老君母玉女晝寢夢五色霞光入戶繞身如彈丸流入口中吞之有孕懷八十一年遊花園倦息李樹下老君剖左腋而生鬚髮皓白指李樹爲姓生于武丁九年至秦昭公九年歷年九百九十六歲西昇崑崙山修道嘗仕于周敬王時孔子往問禮焉　李白名播海内玄宗詔登便殿神氣高朗軒軒然若霞舉【酉陽雜俎】　蒲坂項曼都好道學仙三年而返家人問其狀云欲飲食仙人輒飲我以流霞每飲一盃數日不飢【論衡】　上元夫人謂西王母曰阿環有六甲之術用之可以遊景雲之宮登流霞之室【漢武內傳】　西鄙北有丹山天晴山嶺有霞忽起【宜都記】　漱正陽而餐朝霞【楚辭】　符偉明在太學幅巾奮袖談詞如雲霞【後漢書】

○麗藻　散語　丹霞蔽日彩虹垂天【魏文帝】　瓊華之室紫翠丹房景雲燭日朱霞流光【十洲記】　青霞起而照天　撫陵波而晃躍吸翠霞而夭矯【郭璞】　干青霄而秀出舒丹氣以爲霞【左思蜀都賦】　歷丹危而尋絕徑攀翠險而覓脩途聳飛情于霞道振逸想于煙衢【王無功】

詩五言　軒霞冠秋日　朝霞晴作雨　雲外眾紫霞　仰首嗽朝霞　餘霞明遠川　殘霞照高閣　落霞沉綠綺　斂態出朝霞【馮琢菴】　高談一何綺蔚若朝霞爛【陸士衡】　振髮戴翠霞解褐披絳霄　朝霞升東山朝日何晃朗【[illegible]】　朝霞炙瓊林夕影映玉芝【嵇含】　餘霞散成綺澄江靜如練【[illegible]】　朝霞迎白日丹氣

臨暘谷【張協】　獻酬既已周輕轝乘紫霞總轡扶桑枝濯足湯谷波　丹霞夾明月華星出雲間上天垂光彩五色一何鮮【曹丕】　翠柏苦猶食明霞高可餐世人共鹵莽吾道屬艱難不爨井晨凍無衣床夜寒囊空恐羞澀留得一錢看【杜子美】

七言　一片離心對暮霞【馮琢菴】　赤城霞起以建標　霞照海兮錦繡開　晚霞飛處散朱櫻　五色流霞接一身　海風吹斷暮天霞　萬里洞中朝玉帝九光霞內宿仙壇【真誥】

【氣】浮遊虛空動盪舒卷似雲非雲似霧非霧髣髴若可見乃吉凶之先兆者也每于夜半及清朝乘天光澄朗時望之始見初出森森然桑榆之上高五六尺者千五百里矣

○休徵　漢王所居上多龍成五彩【范增】　光武在舂陵望氣者言舂陵城中有喜氣曰美哉王氣鬱鬱葱葱【東觀漢記】　世祖封禪壇所有白氣上與天屬【漢官儀】　漢末孫氏墓數有光如五色雲氣屬天【吳錄】　上巡狩過河間有紫青氣自地屬天望氣者謂其下當有奇女天子之祥上使求之得鉤弋夫人後生昭帝【漢武故事】　卞后以延熹三年生有黃氣滿室移日【魏書】

○咎徵　兩敵相當其氣如人相背如鹿相隨如車騎如敗棧如壞山皆敗氣也【兵書】

○占候　赤氣覆日如血光者大旱民飢　千里如死蛇在日下大飢疫黑氣如龍在日上

下風雨之候　青氣[illegible]蛇貫日主疫黑主雨【俱宋志】　元旦四方有青氣大熟白氣凶青氣蝗虫赤氣旱黑氣水　立夏是日巳時東南有青氣年豐不則歲多災應在十月巽氣不至則大風揚沙無雲氣日月無光五穀不成人病【歲時雜占】　夏至午時南方赤氣百穀豐出右萬物平出左赤地千里　六月黑氣主雨　立冬西北有白氣如龍馬宜麻如不至大寒傷物人疫應在來年四月【萬寶全書】　冬至赤氣旱黑水白疾【萬寶全書】

○典故　陵陽子明經春食朝霞朝霞者日始欲出赤黃氣也秋食淪陰淪陰者日沒後赤黃氣也冬食沆瀣沆瀣者北方夜半之氣也夏食正陽正陽者北方日中之氣也竝天地玄黃之氣是爲六氣

子明銍縣（？）漢丹陽人剖白魚得丹書論服餌之術遂得仙

○麗藻散語詩五言　山氣日夕佳衆鳥欣有托　客樹參雲合飛流與砌平汲泉烹鹿竹避暑臥桃笙花夢沾新雨鶯聲報曉晴西來多爽氣一帶遠山橫【馮琢菴】

七言　大人祠西佳氣濃緣雲擬上最高峰【杜子美】

【虹霓】史記云虹陽氣之動也虹攻也純陽攻陰之氣也春秋斗運樞云樞星散爲虹霓斗失度則虹霓見雄曰虹雌曰霓虹霓常雙見鮮盛者雄闇者雌赤白色爲虹青白色爲霓淸

明後十日虹霓始見小雪日虹藏不見一名天弓一名帝弓詩謂之蝃蝀雲出天之正氣霓出地之正氣陰陽物也陽氣下而陰氣應則爲雲而雨陰氣起而陽不應則爲虹朱子曰日與雨交倏然成質天地之淫氣也故詩人以之喻淫奔者俗名旱龍以爲此物見則雨止故也

○休徵 瑤光之精貫月如虹女樞感之生顓頊 大星如虹下流華渚女節意感而生少昊 握登見大虹感之而生舜【帝王世紀】 孔子作春秋孝經既成齋戒向北辰而拜告備于天有赤虹自上而下化爲黃玉長三尺有刻文孔子跪受而讀之【搜神記】 晉陵薛願義熙初有虹飲其釜須臾便竭願輦酒灌之隨投隨咽便吐金滿器于是災弊日祛豐富歲臻【異苑】 韋皐鎮蜀嘗宴西亭遇暴風雨俄頃而霽有虹霓自空而下垂首于筵吸其飲食且盡皐懼竇盧署曰虹霓天使也降于邪則爲戾降于正則爲祥公正人也敢以爲賀後旬日拜中書令【祥驗集】 永正二年三月有彩虹入潤州大將張子良宅初入槩甕飲水盡復入井飲後子良拜金吾尋歷方鎮【南部新書】 李時妻羅氏生二子長盈次雄孕雄時羅夢二虹升天一虹中斷羅曰二兒有一先亡後者必貴雄後果至蜀【華

陽國志】

○咎徵 靈帝光和元年虹晝見于崇德殿前庭中色青赤楊賜曰妖邪所生不正之象也

○占候 水虹屈霓也主雨風虹月暈也主風【田堂因考】 夫婦失禮則虹氣盛有赤在上者陰來乘陽也【詩義問】 虹俗名鱟東鱟晴西鱟雨插云東出日頭西出雨南見刀兵北太平【農桑要覽】 虹食雨主晴孟子所謂大旱之望雲霓是也雨食虹主雨萬曆壬寅六月望日雨後偶出郊外忽東南鱟出旋爲雲蔽亟歸來抵舍大雨如注且連雨數日【圖前】 彭云對日鱟不到晝主雨言西鱟也若鱟下便雨返主晴【田家雜占】 虹掛東一場空虹掛西雨瀰瀰 紫霓圍日其疾不割【太玄經】 虹五色迭至照于宮殿有兵革之事

正月 虹見七月穀貴一云東見主秋月米貴西見主蠶貴霜多旱 **立春** 出正東貫震中春多雨夏火災秋多水民流冬多游寇 **雨水** 見主七月數貴 **二月** 見東秋米貴見西蠶穀貴民災 **三月** 見九月米貴魚鹽貴婦人吉出西方青雲覆之其下多寒人病瘧苦瘟赤雲覆夏旱黃雲覆夏小旱穀半收白雲夏多風人疫黑雲夏多雨 **夏季** 出西方麥貴出西方青雲覆之秋冬寒民病瘧赤雲覆之秋旱黃雲覆之秋多大風黑雲覆之秋多雨 **四月** 見米穀貴 **立夏** 出正南貫離中火旱災麻不收夏三月出西方米貴青雲覆之秋冬寒民病瘧赤雲覆之秋旱黃雲秋多風黑雲秋

多五月虹見[illegible]
雨　水米麥貴夏至[illegible]西南貫坤[illegible]
蝗災　魚　六月虹見米麻貴　七月立秋四十六日內虹出正西[illegible]
不滋
兌中秋有旱【家塾事親】秋見西方青雲覆之
虹見西方萬物皆貴冬多寒人病[illegible]
淫赤雲冬旱黃雲米賤白　朔虹見年內米貴
雲冬多風黑雲冬多雨　大抵交秋後忌
見虹主八月見秋米平　秋分四十六日虹見
田不收　八月來春米貴　西北貫乾中秋
多水虎食人　九月出西方大小豆貴　秋分日虹
畜盜賊起　九月見麻貴油貴一云人災【[illegible]文】
【[illegible]林廣記】　秋冬虹出西方色多白說　十月內虹見
見十月【文林廣記】主麻貴
又主五月穀貴出西方稻貴一出一倍再出
再倍三出三倍四出四倍五出五倍民流千
里出東北　立冬四十六日內虹出正北貫
方其邑亡　坎中冬少雨春多水災虹
冬三月出西方青雲覆之春雨調和白
雲覆之春多狂風黑雲覆之春多雨水　小雪
此日不藏天氣不上騰地氣不下降婦不專
一【周書】　西方麻貴五月穀貴一出一倍二
出二　十一月虹見火　冬至四十六日內虹出
倍　邑吉　東北方貫艮中春
多旱夏多火災　十二月虹見主
粟貴【京房易占】　黍穀貴

○典故

威公時虹貫牛山管仲諫曰勿近宮妃
【[illegible]集】　武帝東臨大海虹氣蒼黃若
飛鳥集于成陽宮上【漢書】　靈帝時有黑氣
墮溫明殿如車蓋騰起奮迅長十餘丈其貌
似龍上問蔡邕對曰虹著于天而降于庭此
所謂天投蜺也【[illegible]】[illegible]

七月彩虹出西方[illegible]【[illegible]】[illegible]
年六月戊子虹蜺亘天蜺者斗之精占曰后
妃陰脅王者【五行志】　古有夫婦[illegible]
化成青絳俗呼爲美人虹【[illegible]】　嘗見夕
虹下澗中飲兩頭皆垂澗中使人過澗隔[illegible]
對立相去數丈問如隔綃縠【筆談】　[illegible]
韓相白虹貫日【戰國策】　荊軻爲燕太子[illegible]
刺秦王白虹貫日【烈士傳】　延和元年六月
幽州都督孫佺帥兵襲奚將入賊境有白一
虹垂頭于軍門占曰其下流血【白孔六帖】　蝃蝀

○麗藻

散語　若大旱之望雲霓也【孟子】
在東莫之敢指【詩】　據青冥而攄
虹【楚辭】　川蜺飲練光【杜子美】　慷慨則氣
成虹蜺【曹丕】　曳虹彩之流離兮飈擊氣之
宛延　東南嶠外爰有九石之山乃紅塵十
【[illegible]】序　里青葛百仞苔滑臨水石陰帶溪自
非巫咸采藥群帝上下者皆飲意焉于是夏
遵始舒春蕤未歇肅舲波渚緩拽汀潭正逢
岩崖相熠雨雲爛色俄而雌虹赫然暈光耀
水偃蓋山頂鳥奕江湄僕追而察之實雨日
陰陽之氣信可觀也又憶昔登鑪峯上手接
白雲今行九石下親弄絳蜺二事雖再感而
作賦【[illegible]】　武進邐邐碕礒兮太極之連山鰐鱅虎
【文通】賦　豹兮玉虺之騰軒孟夏茵藍兮荷
葉承遷悵何意之容與兮冀暫綏此憂年失
代上之異人兮遲山中之虛迹擬仙草于危
峯鑄神丹于崩石視鱷岫之吐翕看鼉梁之
交積于是紫油上河絳氣下漢白日無餘碧
雲卷半殘雨蕭索光煙豔爛水學金波石似
瓊岸[illegible]之崚嶒綺蛟色之漫漫俄而赤
蜺電[illegible]神[illegible]昧以變依佛不常非[illegible]
[illegible]

[illegible]漾而[illegible]丹之廣野蓋丹山之奇峯[illegible]傳說之一星兼夏后之兩龍彼靈物之詭象象大滅之山紅餘形可覺殘色未去[illegible]而在草映菁蔥而結樹昏青苔于丹渚躑朱草于石路霞晃朗而下飛日通籠而上度俯形命之窘局哀時俗之不固定赤舄之遺乃冉湖之可慕旣以爲朱鬢白毳之儔方瞳一角之人帝臺北荒之際崙山西海之濱流沙之野析木之津雲或怪彩煙或異鱗雜蜺之氣陰陽之神【江文通】

詩五言

鼻息干虹蜺行人皆怵惕 安得五彩虹駕天作長橋【李白】 練練峯上雪纖纖雲外虹【杜甫】 錦堂邀落日繡嶺亘長虹 猗爾懸春月松扉拂澗虹【俱馮琢菴】 紆餘帶星渚窈窕架天潯空因壯士見還共美人沉逸勢含良玉神光藻瑞金獨留長劍彩終負惜賢心【[illegible]】

【雷】有聲無形蓋天地之怒氣也周易曰雷出地奮豫又曰天地解而雷雨作雷雨作而百果草木皆甲拆雷于天地爲長子以其首長萬物爲出入也仲春之月日夜分雷乃發聲出地一百八十三日雷出則萬物出仲秋之月日夜分雷始收聲入地一百八十三日雷入則萬物入入則除害出則興利人君之象也五行志雷入地則孕育根荄保藏蟄蟲避盛陰之害出地則養長華實發揚隱伏宣盛陽之德故先王先雷三日奮木鐸以令兆民曰其容止所以畏天威也雷之迅疾者爲霆一名霹靂淮南子曰陰陽相薄感而爲雷激而爲霆程正叔曰霹靂者天地之怒氣也軒轅星主雷雨豐隆爲雷師

○雷神考 畫工圖雷之狀畾畾若連鼓又圖一人若力士謂之雷公左手引連鼓右手推之【論衡】 雷州每大雷雨多于田野得黳石謂之雷公墨又于霹靂處得楔如斧謂之霹靂楔小兒佩之可以辟惡【國史補】 玉門之西有一國國中有山山上一廟國人歲輸石磧數千于廟名霹靂磧結霹靂用從春雷出磧日減至秋而盡【[illegible]】 聞雷州有雷穴雷從穴中出土人歲造鼓若干投穴中 白玉蟾曰陰陽之氣結而成雷有神主之曰神霄眞王雷有五曰天雷水雷地雷神雷社雷或曰風雷火雷雲雷龍雷蠻雷或又曰天雷地雷水雷神雷妖雷天雷箕星掌之地雷房星掌之水雷奎星掌之神雷鬼星掌之妖雷婁星掌之玉蟾獨以此說爲正又有玉樞神霄大洞仙都北極太乙紫府玉晨太霄太極諸雷書所[illegible]王者[illegible]【張七澤】

○休徵 武王伐紂雨甚雷疾震武王之驂馬恐

曰天不佑周矣太公曰秉德而受之不

可如何也【六韜】 秦穆公出狩天震大雷下

有火化爲白雀銜丹書集公車【尚書中候】

劉媪息大澤中夢與神遇是時雷電晦冥太

公往視之見蛟龍據腹上已而有娠遂生高

祖【史記】 吳柴再用爲光州一日雷大震家

人皆伏匿再用不動俄有穠衿四人舁再用

出復大震屋折

有龍出【九國志】

○咎徵 介休百姓送解牒宿晉祠夜半聞人扣

門云介休王暫借霹靂車某日至介休

界收麥良久數人共持一物如幢環綴幡旗

凡十八葉有光如電以授之至日介休大雷

雨損麥千餘頃【酉陽雜俎】 雷震夷伯之廟

罪之也于是展氏有隱慝焉【左傳】 漢建和

中雷震憲陵寢室是時梁太后兄冀用事殺

李固杜喬【漢史】 晉安帝義熙三年霹靂震

太廟鴟尾徹壁柱各有文字【中興書】 晉元

康七年雷破城南高禖石高禖石中宮求子

祠也賈后妬忌故天怒擊破之【晉朝雜事】

宣和殿立元祐黨人碑一夕大風雨震雷擊

碎【萍洲可談】 内侍李舜家爲雷所震火從

窗出雜貯銀鉛器皿悉鎔流在地一寶刀亦

鎔爲汁而室獨儼然【夢溪筆談】 宋淳熙十

四年六月甲申昧爽禱雨太乙宮乘輿未駕

雷聲自内發及和寧

門人馬辟易相踐

○占候 發雷喜甲子日主大熟秋雷忌甲子日

主人多暑死歲大凶【農桑輯要】 雷從

金門起上田旱下田熟【師曠占】 雷自夜起

必連陰諺云一夜起雷三日雨 雷聲猛

烈者雨驟大易過若殷殷然遲響者雨卒難晴

卯前雷主有雨打頭雷主無雨諺云未雨先

雷船去步歸 雪中有雷主陰雨百日

雲而雷飢疫大起人夢雷主驚恐【占夢書】

雷初起其聲格格霹靂者雄雷旱氣也其鳴

依依不大霹靂者雌雷水氣也 雷初發聲

微和主年内吉猛烈多凶變 初發聲在艮

糴賤震歲稔巽坤主蝗離主旱兌主五金長

價五穀虫災人病乾主大旱 春甲子雷五穀

民災坎主水荒一云大吉 豐登

正月 雷鳴爲失時主疾疫不收應所發之方 元旦 雷鳴一方不安七月有霜

二月 不鳴五穀不成小兒多災 驚蟄 以前動雷一月斷大灰驚蟄日雷在上旬

主春寒黃梅水大在中旬主禾傷在末旬主蟲侵禾二月三月不鳴多盜 春分 前後

一日内有雷主歲稔 三月 雷多歲稔 清明 雷小麥貴 朔日 雷多主旱無雷

多盜 三日 雷鳴小麥貴 夏不聞雷人多病五穀不成甲子庚辰辛巳雷蝗死 四

月 雷不鳴十月蟲不蟄 五月 不鳴五穀減半大臣災 芒種 老農云芒種後

半月内不宜雷謂之禁雷天諺云梅裏一聲雷時中三日雨又諺云迎梅雨送時雷送了

去並弗回 夏至 日雷主久雨 十日 以後雷名送時雷主久晴 交節半月内

怕雷諺云梅裡一聲雷低田拆舍歸言低田

必致巨浸也或者强爲曲解謂聲多及響震

夏以爲旱兆往往驗有雷 二十日 大分龍無雨而有雷

便雨有雨便爲插秧之患

謂之鎖龍門雷主當地少雨分龍日農家早

以米篩盛灰藉之紙至晚視之若有雨點跡

四秋不熟穀價高人多閉糴 六月 雷不鳴蝗虫生冬民不安 [illegible]月 暑[illegible]爲之
天收百穀虛耗不實秋雷不藏民多暴疾 七月 雷大吼有急令 立秋 有雷損晚
禾大抵秋後雷多晚田不收 雷雨斬木多怪異 朔 有雷損晚禾 八月 此月
雷聲不宜有諺云八月一聲雷遍地都是賊 九月 雷鳴穀大貴 冬 雷地必震
民飢萬物不成 十月 雷鳴人民災五穀薄 朔 雷鳴所當之鄉[illegible]骨盈野夜尤甚
庚戌辛亥日 雷鳴來年正月米貴陰氣盛田薄收 十一月 雷主來春
米貴 十二月 雷主來年旱澇不均又云雷鳴雪裡陰雨百日

〇典故 帝乙嫚神而震死【漢志】 子路感雷精而生尚剛勇親涉衛難結纓而死孔子

每聞雷鳴則中心惻然【論衡】 正月雷微動而雉雊【漢書五行傳】 曹公與先主共坐謂
先主曰天下英雄惟使君與操耳本初之徒
不足數也先主方食會雷震失匕箸謂公曰
聖人言迅雷風烈必變良有以也【華陽國志】
夏侯玄嘗倚柱讀書時暴雨霹靂破所倚柱衣服焦讀書如故【世說】 諸葛誕以氣邁
稱常倚柱讀書霹靂震其柱而誕自若【同上】
滕放夏枕文石枕臥雷震其枕四解傍人莫不怖懾放若不知 劉曜年八歲從劉元
海獵于西山遇雨止樹下雷震樹傍莫不顛仆曜神色自若元海異之曰此我家千里駒
也【晉載記】 楚高梁子出遊九阜之澤張罘置罟臨曲池而漁疾風震雹雷電晦冥玄鶴
翔其前白虎吟其後乃援琴作霹靂引【琴操】
[illegible]追士[illegible]善易知人生死禍福

[illegible]知曰所[illegible]禁書何在上帝命吾攝六丁追
[illegible]遠知擄蛇傍有六人青衣已捧書立老人
曾曰上方禁文自有飛天保衛金科秘藏玄
都何能輒秘箱帙【異人記】 晉王裒母畏雷
及終每大雷裒繞墓曰裒在此【晉書】 蔡順
母平生畏雷亡後每雷震順環塚泣曰順在
此【汝南先賢傳】 竺彌父畏雷及終每至天陰輒
馳至墓伏墳泣【孝子傳】 河南李叔卿應舉
孝廉有欲害之者宣言叔卿淫其寡妹叔卿
杜門自絕妹亦到府門自殺後三日霹靂害
叔卿者以其書置叔卿塚前其家收葬之又
復震發其塚【列女傳】 吳興章甸耕田以飯
籠置菰叢至晚見一大蛇偷食以鋤擊之逐
至一阪蛇入穴聞號哭云所傷其甲或云當
付雷公霹靂殺之須臾雲雨冥合震雷傷甸

甸跳梁呼天曰我貧力田蛇偷我飯罪在蛇
反來擊我是無知也雷公若來當斫汝腸
須臾雲開乃更擊蛇死者數十【續搜神記】
柳公權元和末止建州山寺夜半覺門外喧
鬨因潛於窗中觀之見數人運斤造雷車如
圖畫者久之一嚏氣怨斗暗失其人兩目遂
昏【酉陽雜俎】 世人有得雷斧雷楔者多于
震雷下得之元豐中予居隨州夏月大雷震
一木折其下得一楔信如所得凡雷斧多以
銅鐵爲之楔乃不似斧而無孔【筆談】 長慶
中有人雷震死背上粉書云市中用小斗【[illegible]
用梅芝田錄】 邵子謂程子曰子知雷起處
乎曰某知之堯夫不知也堯夫愕然曰何謂
也曰既知之安用數推以其不知故待推而
後知堯夫曰子以爲起于何處曰起于起處
[illegible]【[illegible]】 扶風楊道和于田中

乙禾天雷雨止桑樹下霹靂下擊道和以鋤格之折其左股遂落地不得去長三尺餘色如丹目如鏡角如牛狀如畜頭如獮猴【搜神記】 雷公冬月多蟄于山山中人掘地往往得之狀如蒼鷹得者必取而食之不則來春發雷先擊其人 宋祥符中岳州玉眞觀爲天火所焚惟留一柱倒書謝仙火三字字如刻畫有問何仙姑者曰此雷部中鬼也夫婦皆長三尺色如玉掌行火後于道藏中簡之果然【國史補】 義興周某永和中出都日暮見道旁新草屋一女子迎門周求宿一更中門外有小兒呼阿香云官喚汝推車女子辭去忽驟雷雨明朝視宿處乃一新塚塚口有馬跡傳玄詩云童女掣飛電童男挽雷車【搜神記】 泗涇有兩人方對奕適聞雷震戲相謂曰詎便擊我須臾忽不見良久聞地板下有呼聲啓視之則兩人在焉竟不知從何而入其髮每莖相對綰結少選自解兩人遂終身如癡 上海馬之梧行道中忽遇震霆一霹靂針落其腋下此人竟無恙但惶怖累日而已俗謂雷神好戲觀此二事良然 安豐縣尉裴覬士淹孫也言玄宗嘗冬月召山人包超令致雷聲超對曰來日及午有雷遂令高力士監之一夕醮式作法及明至巳矣天無纖翳力士懼之超曰將軍視南山當有黑氣如盤矣力士望之如其言有頃風起黑氣彌漫疾雷數聲玄宗又每令隨哥舒西征每陣常得勝風 貞元初鄭州百姓王幹有膽勇夏中作田忽暴雨雷因入蠶室中避雨有頃雷電入室中黑氣陡暗幹遂掩戶把鋤亂擊聲漸小雲氣亦斂幹大呼擊之不已氣復如半床已至如盤豁然墜地變成熨斗折刀

小折脚鐺焉 處士周洪言寶曆中邑客十餘人逃暑會飲忽暴風雨有物墜如玃兩目睒睒衆人驚伏床下倏忽上堦歷視衆人俄失所在及雨定稍稍能起相顧耳悉泥矣邑人言向來雷震牛戰鳥墜邑客但覺殷殷而已 元稹在江夏襄州賈塹有庄新起堂上梁纔畢疾風甚雨時庄客輸油六七甕忽震一聲油甕悉列于梁上一滴不漏其年元卒 貞元年中宣州忽大雷雨一物墜地豬首手足各兩指執一赤蛇嚙之俄傾雲暗而失時皆圖而傳之【酉陽雜俎】

麗藻散語

雷在地中復先王以至日閉關商旅不行后不省方 雲雷屯君子以經綸 震來虩虩震驚百里 天下雷行物與無妄 風雷相薄 雷出地上豫君子以作樂崇德殷薦之上帝以配祖考 雷風恆君子以立不易方 雷雨既作君子以赦過宥罪 鼓之以雷霆 動萬物者莫疾於雷【俱易】 殷其雷在南山之陽 虺虺其雷如霆如雷【俱詩】 玉虎晨鳴【河圖】 太平之時雷不驚人號令啓發而已矣【董仲舒】 霆疾雷破山【莊子】 雷填填兮雨冥冥【楚辭】 霹靂發【前漢禮樂志】 驚浪雷奔【海賦】 左玄冥而右黔雷兮前長離而後矞皇浮雲鬱而四塞兮天窈窈而晝陰雷隱隱而響起兮聲象君之車音【司馬相如】 伊有湯之肇化兮陶萬殊于天壤結隆鬱蒸而成雷兮鼓訇磕之逸響乘雲氣之鬱蓊兮舒電光之熠晃驚蟄虫於始作兮耀遠邇之異象【李顒】 爰則飛湍走壑洒日噴閭澗瀉而驚雷【李白】 解問人有不善霹靂震角死莫是人懷不善之

[illegible]之也如是雷聲之還有使之者否曰不然人作惡有惡氣與天地之惡氣相擊搏遂以震死霹靂天地之怒氣也如人之怒固自有止然怒時必爲之作惡是怒亦惡氣也怒氣與惡氣相感故爾曰雷所擊處必有火何也曰雷自有火如鑽木取火若使木中有火豈不燒了木蓋自動極則陽生亦自然之理 語錄

世言乘龍若于行雨而多竄匿爲雷神捕之或古木及簷楹之內 北夢瑣言

賦 雷車閬闠六合喧吼驟風雨于南極簇星雲于北斗感東海以蕩波擺太山而瓜剖玉石至堅切如泥沙松柏至勁粉爲枯朽鼉皮擊考而魑魅駭暘龍顏觚觸而鯨鯢奔走陶鑄造化之鑪而鴻毛萬像斡運乾坤之軸而嬰孩群有由是言之九岡瑣細三山培塿岡可以

指揮蓬萊可以背負殊不測離蒼天之遠近常懼驚魂亦不識在玄雲之幾重徒來矯首及夫白日雨歇長虹霽後列缺緩轡玄冥假手蓄殘怒之末威聆餘音之良久而小子之謏學敢獻疑于座右今若謂別善惡之殊途操賞罰之休咎胡不扶持顏閔之擅行天闕跖蹻之龜壽罪一亂臣懲天下之凶醜旌一孝行激天下之悌友法高懸于堯典刑不試于周后何必霹靂潛竄之龍養育吠堯之狗

詩 五言 巫山冬可異十月有奔雷 巫峽中宵動滄江十月雷龍蛇不成蟄天地劃爭廻 卻碾空山過深蟠絕壁來何須妬雲雨霹靂楚王臺 杜甫 芳村舟渡口江散派難分一夜驅雷雨知爲震澤雲 于念東

七言 閑人倚杖笑雷公 又向深山霹怪松必若有蘇天下意何[illegible]

[illegible]

上冬乾泣老[illegible] 香急試雷霆手莫放人間有臥龍

電 雷光也陰陽暴格分爭激射有火生焉其光爲電今金石相擊則生火況眞火之所激射乎又電爲陽光陽微則光不見仲春陽氣漸盛以擊於陰其光乃見以故仲春始電

○**占候** 在南主久晴在北主使雨諺云南閃千年北閃眼前北電俗名北辰閃主雨立[illegible]至諺云北閃三夜無雨大怪異言必有大風雨也 田家雜占 夢電光爲縣官 解夢書

正月 人民多殃元旦見同 三月 電多歲稔 三日 電主小麥貴 夏 多雨

電民飢 四月 電民不安秋禾傷 夏 秋間 夜晴而見遠電謂之熱閃

○**典故** 天公與玉女投壺梟而脫誤不接者天爲之笑所以爲電 神仙傳 附寶見大電繞北斗樞星照郊野感而孕遂生黃帝 帝王世紀 齊寡婦庶賤之女也無子不嫁事姑謹敬姑無男有女利母財令母嫁婦婦終不肯女殺母以誣寡婦婦不能自鳴冤結叫天天爲作雷電下擊景公之臺毀景公之支體 淮南子 晉王戎目視日不眩爛爛若岩中電 月支獻猛獸兩目天䃥磹之炎光 太平廣記

○**麗藻** 散語 雷電合而成章 雷電晬嘘 易 曄曄震電不寧不令 詩 恐天時[illegible]之代序兮耀靈曄而西征 離騷 豐隆軒其[illegible] [illegible] 文選 [illegible]氣伏于黃[illegible]

[illegible]

泉陽氣上通于天陰陽分爭故爲電【[illegible]】電激氣也雷以爲鞭策　陰陽相薄爲雷激揚爲電【淮南子】　凌驚雷之砊磕兮弄狂電之淫裔【思玄賦】　擊電無停光【公孫子】　太平之世電不哃目宣示光耀而已【董仲舒】　雷𥔲電射天之怒也不能終朝故曰昊天無竟日之怒【吳武陵】　有聲曰雷無聲曰電【公羊】

詩五言　震雷驅號令驚電夜舒光【陸士衡】　餘霞張錦幔輕電閃紅綃【劉禹錫】　電尾燒空黑雲脚飛銀絲【韓偓】　過眼金蛇掣鞭空銀索飛【古詩】　一生復能幾倏如流電驚【陶淵明】　容顏若飛電時景如飄風【李白】

【雨】者輔也水從雲下輔時以生養萬物也三月雨爲榆莢雨（榆莢雨高地强土宜種禾）南方爲迎梅雨四五月爲梅雨五月終爲送梅雨六月大雨爲濯枝雨旦日雨爲月額雨僖公三年書六月雨喜雨也六月內有三時雨田家以爲甘澤邑里相賀八月雨爲豆花雨徐雨曰𩃏雨時雨曰澍曰甘霖疾雨曰駛雨曰驟雨曰涷雨小雨曰霡霂久雨曰霪雨曰苦雨曰滯雨曰愁霖暴雨曰劇雨與雪雜下曰霰雨水曰潦雨晴曰霽雨而驟晴曰啓玄冥爲雨師赤松子堯時爲雨師張元實得仙爲理禁伯職主水蓋雨官也

○雨候　占雨詩云朝霞不出門暮霞行千里今晨日未出曉氛散如綺心疑雨再作眼轉雲四起我豈知天道吳儂諺云爾古來占滂沱說者類恢詭飛雲走羣羊停雲浴三豕日占出海時月驗仰瓦體月當畢宿見風自少女起爛石燒成香汗礎潤如洗逐婦知拙鳩穴居有智貍蜥蜴能興雲蚯蚓知晴雨垤鳴東山鸛堂審南柯蟻或加陰石鞭或議陽門閉或云逢庚變或自換甲始刑鬱與象龍聚訟非一理何如老農諺影響捷於鬼吟詩致誇博聊用醒午睡【范石湖】　甲子日晴主兩月內多晴雨則久雨妨農尋常極驗蓋甲子乃天干地支之首猶歲之有元日月之有朔旦關係最重一說夏雨甲子主秋旱四十日此說蓋取久陰之後必有久晴諺云半年雨落半年晴亦此理也往年夏月忽值甲子日雨正以妨農爲憂老農云喜遇雙日是雌甲子雖雨無妨余默笑未信後果無雨因考歲時雜占注云甲子值隻日多驗雙日少驗又古人詩云老尚誇雌甲狂寧作散仙方知古人元有雌雄之說乃知老農之言有稽也後至秋大收穫　又諺云日出早雨淋腦日出晏曬殺南來雁（出早謂久雨當天明忽見日也出晏謂久雨後天已明徐徐雲開也）　又云月懸如弓少雨多風月如仰瓦不求自下【范石湖】　又逢庚必變逢戊必晴久晴逢戊雨久雨望庚晴　畢星雨師月離之則雨但離于陰則雨離于陽則不雨（濟弓者月行赤道在黃道內屬）　壬子日值滿畢星中已有水氣水氣之發動于卯辰此必雨之應【管公明占】

噞音言
蟻音立

日下黑氣如覆船立而[illegible]　一片方無雲[illegible]
惟天河中有雲相連如浴豕三日必大雨[illegible]
半天漢有黑氣相連俗謂黑猪渡河雨候也 行[illegible]
【述異志】朱鼈浮於波上必有大雨　天將[illegible]
雨也陰曀未集而魚已噞矣　黑蟻潛泉而[illegible]
居將雨則躍【淮南子】　蟻封穴戶大雨將[illegible]
至【易占】　乾星照溼土來日依舊雨【說今古】蛟[illegible]
【叢語】　常以戊申日候日入時日上有冠雲言久[illegible]
不問大小黑者雨大青者雨小【相雨書】　焦[illegible]
明至為雨候【封禪儀】　五卯日候西北有雲[illegible]
如群羊者雨至矣【師曠占】　雨乘虛而墜風
多則合速故雨大而疏風少則合遲故雨細
而密【董仲舒傳】　董仲舒曰陰陽之氣上薄
為雨鮑敞問曰雨既為陰陽相薄四月純陽
十月純陰無二氣相薄則不雨乎仲舒曰純
陽用事未夏至一日是純陰用事未冬至一

日是敵曰其不雨乎曰然有則妖也【西京雜
記】　山雲蒸柱礎潤地氣溼皆將雨之候【淮
南子】　五鼓忽雨日中必晴諺云雨打五更
日晒水坑　卒然有雨不久必晴道德經云
暴雨不終日　雨着水面上有浮泡主卒未
晴諺云一點雨一個釘下到來朝也不晴
久雨雲黑忽然明亮主大雨諺云亮一亮下
一丈　晏雨難晴俗謂之黃昏雨諺云開門
風閉門雨　久雨後若午後少住或可望晴
若午前少住午後雨必多諺云雨住午下無
數　雨同雪下卒難得晴諺云夾雨夾雪無
休無歇　立夏到夏至熱則有暴雨　占雨
諺云雲行東雨無蹤雲行西馬濺泥雲行南
雨潺潺雲行北一場黑　[illegible]日雨不止[illegible]
【[illegible]】　日始出及欲入黑雲貫之不出三
日有暴雨[illegible]西南必多雨諺云

[illegible]雨[illegible]三寸[illegible]自東南[illegible]
太婆八十八不見東南陣頭雲雲自東北起[illegible]
多風雨風愈急雨愈[illegible]雲自西北起必黑
如潑墨先大風而後雨終易晴　旱年若見
遠處雲生或自西引而東或自東引而西必
主無雨諺云旱年只怕沿江跳　雲起下散
四野滿目如煙如霧名風花主大風立至諺
云雲似砲車形沒雨定有風　陰天卜晴諺
云朝看頂穿暮要四腳懸又云朝看東南晚
看西北西北但晴無雨諺云西北赤好曬麥
諺云魚鱗天不雨也風顛　老鯉斑雲障[illegible]
曬殺老和尚　秋天雲陰無風則無雨　冬[illegible]
天近晚忽有老鯉斑雲起漸合成濃陰者必言滿天大
無雨名曰護霜天　夏初食鯽脊骨有曲主片雲[illegible]
水　魚浮水面主雨　蚱蜢蜻蜓黃蚉等蟲
小滿以前生者主雨　蜻蜓亂飛主雨　蜘

蛛添絲晴吊水雨　蠓飛礎雨　鳩呼婦晴
逐婦雨　鵓浴風鵲浴雨　八哥浴斷風雨
四野蒸鬱及暴熱主雨　水氣腥立時雨
夏時水底生苔主暴水苔浮水立時大雨諺
云水面生青靛天公又作變　浸稻稻包既
沉復浮主有水　江湖二浙四五月間梅欲
黃落則水潤土溽柱礎皆
汗蒸鬱成雨故曰梅雨
○休徵　太平之時十日一雨　又云天下太平夜
雨日晴言不妨農也　太平之世雨不
破塊潤葉津莖而已矣【董仲舒】　甘雨降萬
民以喜謂之醴泉【爾雅】　出軍雨霑衣是潤
兵也其軍有喜【抱朴子】　梁大同中晉陵雨
暖前往往有雜色寶珠識　帝觀之有喜象盧
奇上瑞雨頌云飛甘灑潤　玉散珠聯　嘉靖
元年六月雨[illegible]鹿子[illegible]宮

世宗奇之後享國
四十五年

○咎徵 春甲子雨赤地千里夏甲子雨乘船入市秋甲子雨禾頭生耳冬甲子雨牛羊凍死諺云甲子日陰晴六十日先占以初甲子 鵲巢近地其年大雨 久雨而亭午忽乍晴若有日色俗謂之啓晝是日雨必甚瀵中人目爲天笑亦以占雨 晉永嘉中梁州雨十旬麥化飛蛾荊州久雨粟化爲蟲【述異記】 齊有一足鳥飛集殿前舒翅而跳齊侯使問孔子曰鳥名商羊水祥也昔諸云天將大雨商羊起舞將有大水急治溝渠修堤防果大霖雨諸國俱傷惟齊有備乃免【家語】 西海有神人乘白馬朱鬣白衣玄冠從十二童子馳馬如飛名河伯使者所至之國雨水滂沱 萬曆丁亥正月下旬寒甚大雨樹枝

皆凝雨成氷識者曰此木介兵兆也昔正德己巳冬十二月吳中亦曾有此是歲吳中雖無它虞但五六月連旬大雨田野渰沒七月又大風雨日嗣是而戊子己丑至壬辰連年歲祲民之苦災無異苦兵大都木介其兵與飢荒之兆歟

○祈雨【通典】孟夏以後旱則先祈岳鎮海瀆于北郊 水干土則大旱旱之言悍也陽驕蹇所致也 大旱金石流土山焦而不熱塡者炎旱日更增甚沙礫銷鑠草木焦捲處涼臺而有鬱蒸之煩浴寒水而有灼爛之慘宇宙雖廣無陰以憩 司巫若國大旱則帥巫而舞雩 南方有人長二三尺袒身而目在頂上行如風名曰魃所見之國大旱赤地千里一名旱母遇者得之投溷中乃死旱災消 魃常爲若龍見而雩雩者爲旱求也雩所謂常暘不謂常暘而謂旱者以爲天旱之爲言乾萬物傷乾不得水也 土龍致雨之法甲乙日不雨命爲青龍東方小童舞之丙丁不雨命爲赤龍南方壯者舞之戊己不雨命爲黃龍中央壯者舞之庚辛不雨命爲白龍西方老人舞之壬癸不雨命爲黑龍北方老人舞之如此不雨潛處闔南門置水其外開北門取人骨埋之如此不雨命巫祝而曝之曝之不雨神山積薪擊鼓而焚之【神農求雨書】 董仲舒爲江都相以春秋災異之變推陰陽所以錯故求雨閉諸陽縱諸陰止雨反是（雨閉諸陽縱諸陰如閉南門勿舉火習北門水壅人之類）【春秋繁露】 湯伐桀後大旱七年煎砂爍石太史占之曰當以人禱湯曰吾所謂請雨者民也若必以人禱吾請自當之遂齋戒剪髮斷爪素車白馬身嬰白茅以身爲犧牲禱于桑林之野持三足鼎祝于山川曰政

暴音僕 尫音汪

不一與民失職與宮室崇與婦謁盛與苞苴行與讒夫昌與何不雨之極言未已而天大雨 魯歲旱穆公召縣子而問曰吾欲暴尫而奚若曰天則不雨而暴人之疾子虐毋乃不可與然則吾欲暴巫而奚若曰天則不雨而望之愚婦人求之毋乃已疏乎徙市則奚若曰天子崩巷市七日諸侯薨巷市三日爲之徙市不亦可乎【禮記】 齊景公時大旱乃召群臣而問曰天久不雨民有飢色寡人欲少賦斂以祠靈山可乎群臣莫對晏子進曰不可夫靈山固以石爲身草爲髮天久不雨髮將燋身將熱彼獨不欲雨乎祠之無益景公曰吾欲祠河伯可乎晏子曰夫河伯以水爲國以魚鼈爲民天久不雨百川將竭國民將亡矣獨不用雨乎祠之無益景公曰奈何晏子曰君誠避宮殿暴露與山靈河伯共憂其幸而

雨乎景公乃出野暴露三日天果大雨　宋景公時大旱三年卜之以人祠乃雨公下堂頓首曰吾所以祈雨以爲民也將自當之言未卒天大雨　永初二年三月京師旱至五月和熹鄧太后幸洛陽省獄舉寃未還宮而澍雨大降【東觀漢記】東漢周暢爲河南尹夏旱久禱無雨因收葬洛城傍客死骸骨萬餘應時澍雨【後漢書】袁安爲楚王相會楚王英事繫千餘人三年不決死者甚衆歲大旱安決獄凡爲王所引者應時理遣一旬之中延千人之命其時甘雨滂沱歲以大熟【汝南先賢傳】唐顏眞卿爲監察御史使河隴時五原有寃獄久不決天大旱眞卿辨獄而雨郡人呼爲御史雨　戴封字平仲遷西華令其年大旱禱請無獲乃積薪坐其上以自焚火起而大雨遠邇歎服　王彥威鎭汴夏

旱李玘過之王以旱爲言李曰欲雨甚易可求蛇醫四頭石甕二枚實以水每甕浮二蛇醫以木蓋密泥之置于閑處甕前後設席燒香選小兒十歲以下者十餘令執小青竹晝夜擊甕不得少輟王如言試之一日夜雨大注【雜俎】後周達奚武以太保爲同州刺史時旱武祀華山廟岳既高峻人跡罕通武年逾六十攀藤而上曉不得還于岳上藉草而宿夢一白衣執武手曰辛苦甚相嘉尚武驚覺旦而澍雨　鄭俠見荆公言靑苗之害不荅久之得監在京安上門會大旱自十一月至于三月河東河北陝西流民大入京師與城外飢民市麻糁麥麸爲糜或掘草根採木實以食俠上疏曰今天下憂苦質妻鬻女父子不保拆屋伐桑爭貨于市輸官糴米皇皇不給之狀繪爲一圖此臣安上門日所見邇

不及一陛下觀臣之圖行臣之言十日不雨乞斬臣以正欺罔之罪　永熙幸佛寺塔廟禱雨至天慶三館起居因駐輦問曰天久不雨奈何或對天數或對至誠必有應一綠衣少年越次對曰刑政不修故也上頷之而行歸復駐輦召綠衣者問狀對曰某所守臣犯贓法當配宰相以親則不配某所守臣犯贓不當死宰相以嫌卒死之是日上爲罷宰相天即大雨綠衣者寇萊公也　慶曆間京師夏旱諫官王公素乞親行禱雨帝曰太史言月二日當雨一日欲出禱公曰臣非太史是日不雨帝問故公曰陛下幸其當雨以禱不誠不誠不可動天臣故知不雨帝曰明日禱雨醴泉觀公曰醴泉之近猶外朝也豈憚暑不遠出耶帝毎意動則耳赤耳已盡赤厲聲曰當禱西太乙宮公乞傳旨帝曰車駕出郊

不預告卿不知典故公曰國初以虞非常今久太平預告使百姓望清光者多耳無虞也諫官故不屈從明日特召王公以從日甚熾埃霧漲天帝正色不怡至瓊林苑望西太乙宮上有雲氣如香煙以起少時雷雨至帝却逍遙輦御平輦徹蓋還宮明日召對帝曰朕自卿得雨

〇占候正月　上旬雨穀貴一倍　中旬雨穀貴十倍　甲乙日雨春雨多丙丁戊己夏雨多庚辛秋雨多壬癸冬雨多四時但遇此日必雨一日有風雨三月穀貴　立春春甲子雨舊作赤地千里諺第一甲子雨大旱或曰赤當作尺謂行者苦雨尺地若千里也四季甲子日雨皆主雨多　初甲申至己丑戊寅至癸巳雨主糴貴[illegible][illegible]之[illegible]雨夏穀

貴

朔日雨春旱人食[illegible]以漸而增五日雨大[illegible]

雪吉諺云難拜年易種田一云一日[illegible]

食百草又曰一日晴一年豐一日雨一年歉

農上旬先得丙寅夏雨多戊寅秋雨多壬寅冬雨多雨卯穀貴一倍中旬

雨卯穀貴十倍五日雨田大收蠶不收七日風雨多災八日此夕雨低

田收八日雨元夜亦雨十二日為花朝晴則百果實夜尤宜晴雨則四十日夜

雨久陰淮俗初二廿六雨每月多雨上元無雨主春旱又云雨打上元燈雲罩中秋

月又云雨打上元燈旱稻一束草十六日雨歲俱收晦日風雨[illegible]貴禾[illegible]

二月甲子雨旱甲寅乙卯雨米貴春社日有雨主五穀果實少二日

宜雨夜宜晴否則蠶桑貴大抵二月怕夜雨十二日怕夜雨若[illegible]夜無雨雖雨

多亦無妨十五日為勸農日風雨主歉三月清明喜晴惡雨諺云[illegible]

插柳青農夫休望晴簷頭插柳焦農人好作驕又詩括云清明無雨少黃梅午前晴早

蠶熟午後晴晚蠶熟寒食係清明前二日人家墓祭掃之掃松多值風雨是日雨主

歲豐諺云雨打墓頭錢今歲好豐年一日雨民疾疫[illegible]又云井泉空主旱二

雨澤無餘三日雨宜蠶水旱不時四日雨麥易[illegible]溝渠主勞六日

雨壞牆屋七日雨火堤防八日雨乘船行九日雨難可[illegible]云一日三三

日當雨不雨主秋多大霧道[illegible]

當雨不雨[illegible]

兵在外者罷晦日雨麥不熟[illegible]至巳丑庚寅至[illegible]

三未日雨皆主米大貴辰[illegible]雨百[illegible]得未日雨百[illegible]死夏月同有暴雨名迎梅雨

又名桃花水主梅雨多夏庚辰辛巳雨主蝗大雨[illegible]丙寅丁卯雨秋穀貴庚

寅至辛巳雨麥平壬子雨牛[illegible]無食如甲寅晴諺云拘得過四月立夏

諺云立夏不下田家莫耙若夜雨多損麥及蠶小滿有雨歲熟諺云小滿不滿芒種[illegible]

莫管前後風雨白蠟不收朔大風雨主大水小風雨主小水歲惡米貴又云主種

重犯之患諺云四月初一見青天高山平地任開田四月初滿地塗丟了高田去種湖此

日最緊要四日雨五穀貴五日至八日雨宜早麥八日晝雨主豐

熟果實少忌夜雨諺云小麥不怕神共鬼只怕四月八夜雨大的北方麥晝花忌晝雨南

方麥夜花忌夜雨又諺云四月八晴料焯高田好張鈎四月八烏漉瀆上下一齊熟又云

四月八日雨魚兒岸下死四月八日晴魚兒上高林十三日雨麥不收十四

日晴主歲稔諺云有利無利只看四月十四二十小分龍晴分懶龍主旱雨分健

龍主水東南風分黑龍上旱正南風分赤龍主大旱西北風分白龍上大水東北風分青

龍主小水西南風分黃龍上下大熟四時占候五月芒種芒種宜雨雨宜避諱

云雨芒種頭河魚淚流雨芒種腳魚提不著諺云芒種端午前處處有荒田主無秋

種後逢壬日或庚或丙日進梅閩人以芒[illegible]進梅前半月為立梅有雨主[illegible]

夏無水歉年一說主秋諺云夏■■　生車■■
一尺試以二說比之梅雨大熟生蟲■■■
亦不多【■占】　芒種逢丙進黴小暑得未出
黴【■■■】　按天道自南而北凡物候先南
方故閩粵萬物早熟半月始及吳楚今驗江
南梅雨將罷而淮上方梅雨又踰河北至七
月少有黴氣而不覺以此言之壬內進梅不
足定擬當易地而論【風土記】　夏至前芒種
後雨爲之黃梅雨最長久半月內驗西南風
以定雨候有一日西南風主時裏三日雨諺
云梅裏西南時裏潭潭　西南風急名曰迸
雨風主雨立至易過若風微最毒應在時裏
　梅雨中冬青花開主旱蓋此花不落淫地
關係水旱諺云黃梅雨未過冬青花未破冬
青花若開黃梅便不來　時雨最怕在中時
前二日來謂之中時頭必大凶若到得末時

縱有雨亦善諺云夏至未過水袋未破【■■】
【占候】　江湘二浙五月間梅欲黃落則水潤
土溽礎壁皆汗蒸鬱成雨其雨如霧謂之梅
雨沾衣服皆敗黦故自江以南五月雨謂之
送梅轉淮　無雨旱諺云夏至無雨碓裏
而北則否　夏至　無米得雨其年必豐諺云夏
至日個雨一點值千金【農占】　一說至日晴
主三伏晴晴則必熱　諺云夏至端午前坐
了種田年言雨水調也有雨謂之淋時雨主
久雨【便民圖纂】　夏至逢丁卯日下雨五寸
主秋米貴五倍【易占】　夏至日是雨分龍日
有雨雨尋舊路其夜天河中星畓有雨星疎
雨多【歲時雜占】　夏至前雨蟹上　世日
岸夏至後雨水到岸【法天生意】　朔日　至十
日不雨大風大旱【四時氣候】　朔日雨■■
年三月雨一云人飢■■■■　夏又云■■

一年■大■■■■■■■■■■
二日雨落井泉枯主日■■■　大潮又云一
日晴年豐　重午　只喜薄陰但欲晒得蓬艾主
雨則歉　豐諺云端午晴農人喜歡
雨主絲綿貴大風雨主■內無邊帶言風水
夏一云雨來年大熟【四時雜占】　晴時有
雨東來人災七月　二十日　爲大分龍占同小
七日有雨即解　分龍　兩浙諺云
廿一有雨歲豐無雨則旱又云熟不熟但看
五月廿五六大晴則大旱楚俗以廿九三十
爲分龍節雨則多水閩俗以二十五六諺云
夏至後爲分龍【四時占候】　此日
陰沉沉穀　不雨雨主蝗起雨上
子壓田塍　三十　民病　上辰日　下食禾大驗上
巳日　雨主蝗虫　六月小暑　雨名黃梅雨主水有東
南風及成塊白雲主退

水兼主旱無則水不能卒退又主有半月白
棹風無南風則無白棹風水卒不能退諺云
白棹風雲起旱魃精空歡喜仰面看青天頭
巾落在麻圻裏東坡詩云三時已斷黃梅雨
萬里初來白棹風　甲乙丙丁日無雨　三日
民不耕主旱丙寅丁卯雨主秋米貴
雨難稿稻諺云六月初三晴山篠盡枯　初六
零六月初三一陣雨夜夜風潮到立秋
日　晴主收乾稻雨謂之湛轆耳雨主有秋水
夏秋之交稿稻還水喜雨多歲稔諺云
夏末秋初一劑雨賽過唐朝　七月立秋　小雨
萬斛珠　又云雨主秋水　吉大
雨傷穀晴明萬物　處暑　處暑雨不通白露枉
不成【田家五行】　用功處暑根頭白白
露枉　七夕　有雨吉名洗車雨麥麻豆賤諺
霖來　云七月無洗車八月無■花　十一

六月雨名洗鉢盂[illegible]年四月十五日結夏上堂七月十五日解夏散堂此日即雨故名洗鉢盂下年荒必停堂也〔田家五行〕晦日風雨主人多疾生癱疽宜麥布貴油麻貴十倍

八月白露雨謂之苦雨主萬物傷損瓜果不生蟲稻禾沾之則白颯蔬菜沾之則味苦諺云白露前是雨白露後是鬼若雙日白露有雨不損苗單日有雨則損苗如連陰雨不為害此日名天收若納音屬火主蟲多難種菜

秋分微雨或陰天最妙來年大熟八月內雨多米貴牛貴

秋社雨來年豐

朔日累得雨宜麥大雨傷禾一云風雨宜麥主布絹絲綿及麻子貴多雨牛貴又曰月月初一要晴惟此月初一雨好種麥一云朔日至三日陰雨宜麥主布貴油麻少一云八月初一下一陣旱到來年五月盡

中秋雨主澇又主來年低田熟

九月朔小雨吉大雨傷禾風雨來春旱夏水米貴〔四時占候〕庚寅辛卯雨冬穀貴

九日是雨歸路此日雨大宜禾又主來年熟晴則冬至元旦上元清明四日皆晴雨則皆雨主飢荒諺云九日雨禾成脯又云重九溼漉漉穰草千錢束〔田家五行〕一云重陽無雨一冬乾或謂無字當作霧

冬十月壬寅癸卯雨春菜貴諺云雨間雪無休歇十月雨連連高山也是田

朔風雨年內旱多陰寒大雨米大貴小雨小貴

二日雨芝麻貴

十六日雨主寒

晦占與朔同

十一月雨雪多冬春米貴甲申至己丑雨主糴貴壬寅癸卯雨春蔬大貴

定液雨閩俗立冬後十日為入液

至小雪為出液液內得雨為液雨即、雨百蟲飲此而蟄來春二月雷鳴啟蟄

冬[illegible]雨則年必晴晴則年必雨

十二月有冷雨暴作來年六七月橫水

上酉日雨主冬春連陰雨月

○典故

魯僖公夏四月不雨、孔子將遠行命使者皆持蓋已而果雨巫馬期問曰旦無雲既日出而夫子命持雨具敢問何以知之子曰昨暮月宿畢詩不云乎月離于畢俾滂沱矣〔家語〕

衛有大旱卜有事于山川不吉甯莊子曰昔周飢克殷而年豐今邢無道諸侯無伯天其或者欲使衛討邢乎從之師興而雨

夏旱公孫卿曰黃帝時封則天旱乾封三年上乃下詔曰天旱意乾封乎其令天下尊祠靈星焉〔西漢郊祀志〕

武帝時歲小旱上令百官求雨太子太傅卜式曰今桑弘羊令吏坐市列販物求利烹弘羊天乃雨

東海有孝婦少寡無子養姑甚謹姑告鄰人曰孝婦養我勤苦哀其無子守寡我老久累無丁壯奈何遂自經死姑女告吏婦殺我母吏捕孝婦婦誣服郡中枯旱三年後太守至殺牛自祭孝婦塚因表墓天立大雨歲熟

漢百里嵩為徐州刺史境內旱嵩行部車所經甘雨輒降

後漢鄭洪遷淮陰太守行春大旱隨車致雨

漢欒巴蜀人徵為尚書郎大朝得酒不飲西南噀之詔問巴巴曰成都大火臣以酒為雨救之帝驛問成都云雨從北來有酒氣〔神仙傳〕

李崇魏延昌初都督江西諸軍事時有泉水湧于八公山頂壽春城中有魚數十從地湧出野鴨群飛入城與鵲爭巢五月大霖雨十有三日大水入城屋

守宵[illegible]上水[illegible]長[illegible]
管輅字公明過清河倪太守時天旱倪問雨
期輅曰今夕當雨樹上已有少女風樹間又
有陰鳥和鳴又少男風起衆鳥亂翔其應至
矣倪不之信輅曰十六日壬子畢星中巳有
水氣又作檄召五星宣布星符刺下東井告
南箕使召雷公電父風伯雨師須臾風雲並
興玄雲四合大雨河傾　後漢任文公爲治
中從事時天大旱白刺史曰五月當有大水
宜令民預爲備刺史不聽文公自貯大舟百
姓聞亦有爲防者至日旱烈愈甚文公急令
促載白刺史刺史笑之日中天北雲起須臾
大雨至晡時滿十餘丈漂壞田廬所害數千
人文公遂以占術馳名【白孔六帖】　李靖微
時嘗射獵山中會暮抵宿一朱門家夜半聞
扣門甚急見一婦人謂靖曰此非人世乃龍

宮也今天符命行雨二子皆不在欲奉煩剗
間如何遂命黃頭鞴青驄馬又命取雨器乃
一小瓶戒曰馬躩地嘶鳴即取瓶中水一滴
滴馬鬃上此一滴水乃地上一尺慎勿多也
既而電掣雲間特連下三十餘滴此夜半平
地水三丈　僧一行窮數有異術開元中嘗
旱玄宗令祈雨一行言當得一器上有龍狀
者方可致雨上令于內庫中遍視之皆言不
類數日後指一古鏡鼻盤龍喜曰此有眞龍
矣乃持入道場一夕而雨　梵僧不空得總
持門能役百神玄宗敬之歲常旱上令金剛
三藏設壇請雨雨不止坊市有漂溺者遽召
不空令止之不空遂于寺庭中捏泥龍五六
當溜水作胡言罵之良久復置之乃大笑有
頃雨霽　玄宗又嘗召術士羅公遠與不空
[illegible]不空曰臣[illegible]

焚白檀香龍上令左右掬庭水嗅之果有[illegible]
香氣又與羅公遠同在便殿羅時反手搔背
不空曰借尊師如意殿上花石瑩滑遂一擊
碎至其前羅再三取之不得上欲取之不空
曰三郎勿起此影耳因舉手示羅如意　天
寶十一載六月虢州閿鄉黃河中女媧墓因
大雨晦冥失其所在至乾元二年六月乙未
夜濱河人聞有風雷聲曉見其墓涌出下有
巨石上雙柳各長丈餘時號風陵堆【[illegible]】
熙寧中京師久旱按古法令坊巷以甕貯
水插柳枝泛蜥蜴小兒呼曰蜥蜴蜥蜴興雲
吐霧降雨滂沱放汝歸去時蜥蜴不能盡得
往往以蝎虎代之入水即死小兒更曰冤苦
冤苦我是蝎虎似恁昏沉怎得甘雨　唐段
文昌帥荆南或旱禱解必雨或久雨出遊必
霽民爲語曰旱不苦禱而雨雨不愁公出遊

鬱林郡山有池池有石牛歲旱百姓殺牛
祈雨以牛血和泥泥石牛背祠畢大雨洪注
牛背泥盡即晴【續[illegible]廣州記】　有僧講經山
寺常有一叟來聽問其姓氏曰某乃山下潭
中龍也幸歲旱得閑來此聽法僧曰公能救
旱乎曰上帝封江湖有水不得輒用僧曰此
硯中水可用乎乃就硯吸水徑去是夕雷雨
大作遠曉視之悉黑水　使者甘宗所奏西
域事云方士能神呪者臨泉禹步吹氣龍即
浮出長十數丈更吹龍輒縮至數寸乃擬取
著壺中或有四五龍以少水養之聞有旱處
便賁龍往賁一龍直數十斤金舉壺中出一
龍著潭中復禹步吹之長十數丈須臾而雲
雨四集　憲宗將至靈武一驛黃昏有婦人
長大持雙鯉叱于營門曰皇帝何在親衛風
狂遽白上[illegible]

人有過覗見其[illegible]上[illegible]
上即位歸京闕虢州刺史王奇光奏女媧墓云天寶十三載大雨晦冥忽沉今月一日夜河上有人覺風雷聲曉見其墳湧出上生雙柳樹高丈餘下有巨石兼畫圖進上初克復使祝史就其所祭之至是而見衆疑向婦人其神也

○麗藻散語 沛然下雨 七八月之間雨集溝澮皆盈【四書】 密雲不雨 旣雨旣處尚德載婦貞厲【易】 膚時雨若【書】 有渰淒淒興雨祁祁 其雨其雨杲杲出日 月離于畢俾滂沱矣【詩】 天降時雨山川出雲【禮記】 使凍雨兮洒塵 涷驟雨不終日【老子】 皇天淫溢而秋霖后土何時而得乾【楚辭】 雲作披而旋合 霤暫輟而復零【傅咸】

賦 春霆殷以遠響 與雨霑而載塗【傅亮】 曀玄雲之晻晻 聽長霤之淋淋【曹植】

文 夏滿不雨民前後走神所刲羊豕而跪乞者凡三而後得請民大喜且將報祀愚獨以爲惑何者天以神乳育百穀必時旣豐然後民相率以勞神之勤于事而祀焉今始怯其施以愁疲民是神怠天之職也必希民之求而後應是神玩天之權也旣應而俾民輸怨于天歸惠于巳是神攘天之德也推怨何以爲義利腥膻之饋何以爲仁怠天之事何以爲敬蔑是數者何以爲神假曰非吾所得顓然知民之情而不時請於上是亦徒偶于位此愚所以惑也噫天不可終謾民不可久侮竊爲神危之【司空圖】 風雨雪霜天地之所權也山川數澤鬼神之所伏也故風雨不時則歲有飢饉[illegible]霜不時則人有[illegible]山川數澤[illegible]

[illegible]之則風雨雪霜[illegible]非天之高不可以自禋而寄之山川地之厚不可以洵運而憑之鬼神苟祭祀不時則飢饉作報應至則疾病生是鬼神用天地之權也而風雨雪霜爲牛羊之本矣復何歲時爲復何人民爲是以大道不旁出懼其弄也大政不問下懼其偷也天欲何言【羅隱】

記 亭以雨名志喜也古者有喜則以名物示不忘也周公得禾以名其書漢武得鼎以名其年叔孫勝狄以名其子雖其喜之大小不齊其示不忘一也余至扶風之明年始治官舍爲亭於堂之北而鑿池其南引流種樹以爲休息之所是歲之春雨麥于岐山之陽其占爲有年旣而彌月不雨民方以爲憂越三月乙卯乃雨甲子又雨民以爲未足丁卯大雨三日乃止官吏相與慶于庭商賈相與歌於市農夫相與抃于野憂者以樂病者以愈而吾亭適成於是舉酒于亭上以屬客而告曰五日不雨可乎曰五日不雨則無麥十日不雨可乎曰十日不雨則無禾無麥無禾歲且薦饑獄訟繁興而盜賊滋熾則吾與二三子雖欲優游以樂于此亭其可得耶今天不遺斯民始旱而賜之以雨使吾與二三子得相與優游而樂于此亭者皆雨之賜也其又可忘耶旣以名亭又從而歌之曰使天而雨珠寒者不得以爲襦使天而雨玉飢者不得以爲粟一雨三日伊誰之力民曰太守太守不有歸之天子天子曰不然歸之造物造物不自以爲功歸之太空太空冥冥不可得而名吾以名吾亭【蘇子瞻】

賦 覽萬物兮竊獨悲此秋霖風横天而瑟瑟雲覆海而沉沉居[illegible]之[illegible]

埋煙百壘涵潦青苔荻壁綠萍生道于時春
無馬跡林無鳥聲埜陰霾而自晦山幽曖而
不明長塗未半茫茫漫漫莫不埋輪據鞍銜
悽茹歎惜如尼父去魯圍陳畏匡將飢不爨
欲濟無梁問長沮與桀溺逢漢陰與楚狂長
櫛風而沐雨永悽悽以皇皇及夫屈平旣放
登高一望湛湛江水悠悠千里泣故國之長
秋見玄雲之四起嗟夫子卿北海伏波南川
金河別雁銅柱辭鳶關山夭骨霜露凋年眺
窮陰兮斷地看積水兮連天別有東國儒生
西都才客屋滿鉛槧家虛龐石茅棟淋淋蓬
門寂寂蕪碧草於園徑聚綠塵于庖甕玉爲
粒兮桂爲薪堂有琴兮室無人抗高情以出
俗馳精義以入神論甚能鳴之雁書成已泣
之麟睹皇天之淫溢孰不悶坐而含嚬已矣
哉若夫繡轂銀鞍金盃玉盤坐卧珠璧左右

羅綺流酒爲海積肉爲巒視襄陵而昏墊曾
不覈乎此歡豈知夫堯舜之臞瘠而孔墨之
黧黯【盧
照鄰】

歌行

雨濛濛風零零老松瘦竹臨煙
汀空江冷落野雲重村中鬼火
微如星夜驚溪上漁人起滴瀝蓬聲滿愁耳
子規叫斷獨未眠罨岸春濤打船尾【張泌】
四山多風溪水急寒雨颯颯枯樹黑黃蒿古
城雲不開白狐跳梁黃狐立我生胡爲在窮
谷中夜起坐萬感集嗚呼五歌兮
歌正長魂招不來歸故鄉【杜子美】

詩五言

密
雨
散如絲 炊爨不復舉竈中產蛙蝦【傅玄】
簷雨亂淋幔山雲低度墻 細雨魚兒出微
風燕子來 蜀天常夜雨江檻已朝晴 一
秋常苦雨今日始無雲 夜足霑沙雨春多
逆水風 久雨巫山暗新晴錦繡文 湛湛
長江去冥冥細雨來 楚岸收新雨春臺引
細風【俱杜子美】 白雨映寒山森森似銀竹
【李太白】 長江風送客空館雨留人 水國
芒種後梅天風雨涼【俱唐詩】 空林初過雨
小苑尚餘春 洞口明殘雨天池飲斷虹【俱
馮琢菴】 藍谿白石出玉川紅葉稀山路元
無雨空翠溼人衣【王摩詰】 遠客坐長夜雨
聲孤寺秋請量東海水看取淺深愁【李頎】
春陰正無際獨步意如何不及閑花草翻承
雨露多【侯夫人】 掣電引狂雷晝天忽成暮
萬里瀉銀河四簷垂瀑布【僧可遵】 龍武新
軍能勾陳御路開紅塵都不掃留待雨師來
【馮琢菴】 好雨知時節當春乃發生隨風潛
入戶潤物細無聲野徑雲俱黑江船火獨明
曉看紅溼處花重錦官城 冥冥甲子雨已
度立春時輕箑煩相向纖絺恐自疑煙添纔
有色風引更如絲直覺巫山暮兼催宋玉悲

南國旱無雨今朝江出雲入空纔漠漠酒
徑已紛紛巢燕高飛盡林花潤色分晚來聲
不絕應得夜深聞 涼氣好蕭蕭江雲亂眼
飄風鸞藏近渚雨燕集深條黃綺終辭漢巢
由不見堯草堂罇酒在幸得過清朝 村晚
驚風度庭幽過雨霑夕陽薰細草江色映疏
簾書亂誰能帙盃乾自可添時聞有餘論未
怪老夫潛【俱杜甫】 乞雨女郎魂炰羞潔且
繁廟開鼯鼠叫神降越巫言旱氣期銷蕩陰
官想驂奔行看五馬入蕭颯已隨軒【韓愈】
烈旱猶非久甘霖臘足誇客雲藏玉兔飛電
掣金蛇豆熟豐隆萊入林分潤透花農人忘帝
力但說好年華【羅玘】 西北雲膚起東南雨
足來靈童出海見神女向山回斜影風前合
圓紋水上開十旬無破塊九土信康哉【李嶠】
亭擁蓬瀛勝池開島嶼幽誰將銀漢水來

注玉壺秋日映龍文麗風微雁影留好悲生
鬣使分灑遍皇州【田中台】片雨拂簷楹煩田公名□二
襟四座清霏微過麥隴蕭散傍莎城靜愛和儒莆田人
花落幽聞入竹聲朝觀趣無限高詠寄閒情會元
【僧皎然】只在重樓上翛然隔世氛簾飛三
徑雨窗落萬山雲日暮牛羊入天清鴻雁聞
誰知揚子宅不草太玄文　花氣雨相和仙
郎躡屐過空齋邀夜月高詠對星河憶舊歡
方洽忘形語漸多豫愁良會少[illegible]入驪歌
【俱馮琢菴】暑雨動經旬開門欲問津飛煙
迷遠樹濁酒對愁人悟主風雷異瞻天氣象
新恩波還似雨旦夕下楓宸【何玉峴】蕭蕭
秋雨歇氷簟嫩涼生雲淨天逾碧湖虛月倍
明停針神益倦閣筆句難成最是傷情處清
砧斷續聲【陸聖姬】夜雨漸流澌空山蘭蕙
時一燈高士傳閉璧古人碑白帢眠春樹青

菰接晚炊重來應止宿不負草堂期【陳眉公】
一雨火靈盡隨門心寞寞蘭花與芙蓉滿
院同芳馨佳人天一涯好鳥鳴嚶嚶我有雙
白璧不羨於虞卿我有徑寸珠別是天地精
玩之室生白蕭灑身安輕只應天上人見我
雙眼明【釋貫休】大雨雖霶沛隔轍分晴陰
小雨散浸淫為潤廣且深浸淫苟不止利澤
何窮已無言雨大小小雨農尤喜宿麥已登
實新禾未抽秧及時一日雨終歲飽豐穰夜
響流霢霂晨輝霽碧涼川原淨如洗草木自
生光童稚喜瓜芋耕夫望陂塘誰云田家苦
此樂殊未央【歐陽永叔】隤雲鬟前驅連鼓
訌後殿騃騃失高丘擾擾暗古縣白龍起幽
蟄黑霧佐神變盆傾耳雙聵斗暗目四眩帆
重腹逾飽艣潤鳴更健圓渦暈雨點濺滴走
波面伶俜愁孤鶩颮悶亂飢燕麥老枕水臥

怏棹與風戰牛蹊岌城沉蟻隧洶鴕建水[illegible]
兢旐行歲事敢休宴咿啞嘯篁鳴轣轆連缾
轉騈頭立婦子列舍望宗伴東枯骸西潰寸
涸驚尺溉嗟余豈能賢與彼亦何辨扁舟風
露熟半世江湖徧不知憂稼穡但解加餐飯
遙怜老農苦敢歎游子倦【范至能】行雲遙
崇高飛雨蕩而至潺潺石間溜汩汩松上駃
亢陽乘秋熱百穀亦已棄皇天德澤降燋卷
有生意前雨傷暴卒今雨喜容易不可無雷
霆間作鼓增氣佳聲達中宵所望時一致清
霜九月天髣髴見滯穗郊扉及我私我圃日
蒼翠恨無抱甕力庶減臨江費　西蜀冬不
雪春農尚嗷嗷上天回哀眷朱夏雲鬱陶執
熱乃沸鼎纖絺成縕袍風雷颯萬里霈澤施
蓬蒿敢辭茆葦漏已喜黍豆高三日無行人
二江聲怒號流惡邑里清刷茲遠江皐荒庭

步鸛鶴隱几望波濤沉痾聚藥餌頓忘所進
勞則知潤物功可以貸不毛陰色靜壟畝勸
耕自官曹四鄰出耒耜　依微香雨青氛
何必吾家操【俱杜甫】

七言

氳【李賀】雲驅
鐵騎千山合雨挽銀河一夜傾　桃林渺渺
春多雨柏府沉沉夜有霜【馮琢菴】一庭新
雨苔侵徑滿生涼雲月近人【前人】欲作魚
梁雲覆湍因驚四月雨聲寒青溪先有蛟龍
窟竹石如山不敢安　雨映行宮辱贈詩元
戎首赴野人期江邊老病雖無力強擬晴天
理釣絲　何日雨晴雲出溪白沙青石洗無
泥只須伐竹開荒徑拄杖穿花聽馬嘶【俱杜
甫】淼淼滄波淡淡鷗綠蒲青葦響如秋人
生不聽瀟湘雨行遍江湖未是愁【楊基】渭
城朝雨裛輕塵客舍青青柳色新勸君更盡
一盃酒西出陽關無故人【王摩詰】居然鱗

介不能容石眼環環水一鍾閒睨旱時求雨
澤只疑蝌斗是蛟龍【韓愈】 桑條無葉土生
煙簫管迎龍水殿前朱門幾處看歌舞猶恐
春陰咽管絃【李約】 連雲接塞添迢遞洒幕
侵燈送寂寥一夜不眠孤客耳主人窗外有
芭蕉【杜牧之】 今年思家客裏愁雨聲落落屋
簷頭照泥星出依然黑淹爛庭花不肯休【王
建】 瑶階雨過一番風狼籍胭脂滿地紅恰
是愁人千點淚夜來洒向月明中【殷雲霄】
前山遠極碧雲合清夜一聲白雪微欲寄相
思千里月傍溪殘照雨霏霏【杜牧之】 闌風
長雨秋紛紛四海八荒同一雲去馬來牛不
復辨濁涇清渭何當分 禾頭生耳黍穗黑
農夫田父無消息城中斗米抱衾裯相許寧
論兩相直 長安布衣誰比數反鎖衡門守
環堵老父不出長蓬蒿稚子無憂走風雨
雨聲颼颼催早寒胡雁翅溼高飛難秋來未
曾見白日泥污后土何時乾 屋小茅乾雨
聲大自疑身著簑衣臥兼是孤舟夜泊時風
吹折葦來相佐 我有愁衿無可那纔成好
夢剛驚破背壁寒燈不及螢重挑却向燈前
坐【俱杜子美】 西方龍兒口猶乳初解驅雲
學行雨縱恣群陰駕老虬勺水蹄涔盡奔注
【李洗】 月華星彩坐來收嶽色江聲暗結愁
半夜燈前十年事一時和雨到心頭【杜荀鶴】
細雨飄飄入紙窗地爐灰盡冷侵床個中
正罷相思夢風撲梅花斗帳香 春光九十
雨綿綿楚水江雲一望連千疊蒼蘿萬行徑
更嫌馬足滑泥田【范夫人徐淑】 黃昏愁聽
雨蕭蕭挑盡殘燈夜寂寥針線不拈腸欲斷
薰籠香冷火應消【王素娥】 雨滴梧桐秋夜
長愁心和雨到昭陽淚痕不學君恩斷拭却

干行更萬行【女郎劉媛】 爲惜分攜倍惜[illegible]
客愁已共柳條新生憎南浦橋邊雨不遣離
人望去塵【馮琢菴】 山村雨霽水痕加鴨嘴
灘頭燕尾沙新結松棚新試茗好風無力掃
藤花【陳眉公】 東堤黑風駕海水海底卷上
天中央錚棧雷車轍軸壯矯攫蛟龍爪尾長
神鞭鬼御載陰帝來往噴洒何顛狂 四方嵗
騰玉京伏萬里橫牙羽木槍【杜牧之】 坐來
蔌蔌山風急山雨隨風暗原隰樹帶繁色出
竹間溪將大點穿籬入餉婦寥翹布領寒牧
童擁葦簑衣溼此時高味共誰論掩鼻吟詩
空佇立【韓渥】 積雨空林煙火遲蒸藜炊黍
餉東菑漠漠水田飛白鷺陰陰夏木囀黃鸝
山中習靜觀朝槿松下清齋折露葵野老與
人爭席罷海鷗何事更相疑【王維】 何假嗔
雷擊怒桴默然嘉澤浹民區經時亢隔群心
駭數月焦熬一陣蘇已發宋苗安在揠再生
莊鮒不虞枯須臾慰滿三農望歛却神功寂
似無【韓稚圭】 煤熠著天無寸空白沫上岸
吹魚龍羲和推車出不得河伯欲取山爲宮
城門晝開眠百賈飢孫得糟夜餔翁老人慣
事少所怪看屋箕踞歌南風【王介甫】 一番
風雨釀重陰雲樹蒼茫自遠林徑滿煙蘿圍
作障石分泉溜細鳴琴青門揷柳關幽思紫
陌行春滞賞心最是桃花爭欲放不禁庭院
曉寒侵【陸平泉】 弱雲將暝暗柴關急雨蕭
然落坐間山鳥近人呼滑滑春泉隔屋迸潺
潺小窗破睡茶甌淺別院生涼羽扇閒滿目
新詩題不得登樓自看郭西山【文衡山】 殷
雷破柱蟄龍驚萬點飛濤木葉鳴何處長風
吹海立一時行潦看渠成不愁溼渚迷牛馬
願瀉天河洗甲兵秋到江南今幾日玉蘭堂

陸公名樹聲華亭人會元尚書

下待涼生【前人】　水嚙平堤沙岸迴野田空見荻花開江濤挾雨秋仍壯燕雁銜寒暮獨來歲晚風霜欹客枕夜深燈火傍漁臺悲時已有江南賦愁聽荒城畫角哀【張太岳】　小亭午坐靜鈞簾細雨殘花三月天點砌亂紅沾屐齒撲簷新綠溼茶煙春光照眼能忘酒麥冷侵衣未脫綿溪水朝來添一尺柳陰堪繫釣魚船【張祥鳶】　河伯初遁旱魃舞草木生煙炙焦土太湖泥燥坼龜文朱雀縱橫射玄武安得上帝誅嬾龍血腥釀作山雨濃野人高臥天柱峰細看膏沐生青松【陳眉公】　楊花未放麥苗齊滑滑泥深沒馬蹄遙嶺雲蒸將作雨高塘水怒半成溪電開帝笑諸天曉雷起兒聲何處啼路遠行人愁日暮前村驚聽午時鷄【郭明龍】　九月愁霖苦未乾秋聲的歷動長安雲垂薇閣群烏下風滿榆關一雁寒白羽書來兵轉急黃河水落歲將殘壯心未覺消髀肉夜夜旄頭倚劍看【焦漪園】　四川翛翛映赤日田背坼如龜兆出湖陰先生坐草室看踏溝車望秋實雷蟠電掣雲滔滔夜半載雨輸亭皋旱禾秀發埋牛尻豆死更蘇肥莢毛倒持龍骨挂屋敖買酒澆客追前勞三年五穀賤如水今見西成復如此元豐聖人與天通千秋萬歲與此同先生在野固不窮擊壤至老歌元豐【王介甫】　堪笑蛇醫一寸腹嚼冰吐雹何時足蒼鷲無罪亦可憐斬頭橫尾不敢哭豈知泉下有猪龍臥枕雷車踏陰軸前年太守爲旱禱雨點隨人如撒菽中山山人信英武搗駕雷車呵電母山中歸時風色變中路已見商羊舞夜窗騷騷閙松竹朝畦泫泫流膏乳庶將積潤掃餘孽收拾豐歲還明主【蘇子瞻】

張公名居正荊州人大學士　郭公名正域江夏人　禮部侍郎　焦公名竑應天人狀元侍郎

詞　滿地

堆輕絮愁聞一霎清明雨雨後却斜陽杏花零落香○無言匀睡臉枕上屏山掩時節欲黃昏無聊獨倚門【何籀菩薩蠻】

【露】立秋涼風行白露降萬物始實大戴禮云陰氣勝則凝爲霜雪陽氣勝則散爲雨露霜以殺草木露以潤草木露從地出和氣津液之所凝也花上露最香美然不可多得柏上露能明目荷葉中露頗多而清釀酒最佳露氣濃甘者爲甘露一名榮露甘露者仁澤也其凝如脂其美如飴王者施德惠則甘露降者老得敬則松柏受之尊賢容衆則竹葦受之

一名膏露一名天酒

○休徵　君政治則軒轅之精散爲甘露【斗威儀】　東方朔對漢武帝曰吉雲之澤其國以雲氣占吉凶苦樂之事吉則滿室雲起五色照人著於草木皆成五色露味極甘乃以玄黃之露盛以琉璃器授帝帝徧賜群臣得嘗者老者皆少疾者皆除【洞冥記】　天元七年甘露降于樂遊苑駕幸苑採露以賜群臣【周紀】　洪武乙卯十一月甘露降圜丘松葉上凝若懸珠上詣齋宮視壇見而命採食之其甘如餳儒臣獻歌頌德　上曰人情好祥

惡妖然天道幽微莫測群來多昔書載皆凶蓋閒災而懼或以見休見瑞而喜或以致咎朕德不逮惟圖修之不暇豈敢以爲已所致哉因著甘露篇以示群臣〔自紀〕

○咎徵　宋熙寧六年甘露降進士徐上交於上濃厚如酒其味甘香時有野人賣藥於市謂人曰吾嘗客華陰民亦有以甘露降告縣者有道人笑曰如人身精液流通周布於六七十年中若其壽短促則涌併於未死之前矣此木蓋將槁故耳官人不信請留我以待明春此松必不復榮也縣令留之果然〔漁隱叢話〕

○典故　黃帝時丹丘國獻甘露盛以瑪瑙甕堯時尚存謂之寶露頒賜群臣至舜時漸減時淳則露滿時漓則露竭〔十洲記〕　崑崙山有甘露色如丹著草木皎然如霜雪實器盛之如飴〔拾遺記〕　伊尹說湯曰水之美者有三危之露和之美者有揭雩之雲其色紫〔呂氏春秋〕　伍子胥諫吳王許越王成不聽暮歸子胥舉衣而行群臣曰宮中無泥露相君舉衣行高爲何子胥曰吾以越諫王不聽吾恐宮中生荊棘宮露沾吾衣也〔吳越春秋〕　吳王欲伐荊曰有敢諫者死舍人少孺子者欲諫不敢乃懷丸操彈于後園露沾其衣如是者三朝王曰子何來露沾其衣如是對曰園中有樹其端有蟬蟬高居悲鳴吸風飲露不知螳螂在其後曲附欲取之而螳螂又不知黃雀在其後延頸欲啄之然黃雀又不知臣操彈丸在其下臣但知彈雀不覺露沾衣如此者爲貪其利而不思後患也王曰善哉遂罷兵〔劉向說苑〕　魏明帝與東阿王詔昔先帝時甘露屢降于仁壽殿前靈芝生于芳林

園吾建承露盤已來甘露[illegible]　[illegible]室作承露盤高二十丈大七圍以銅爲之上有仙人掌擎玉盃以承雲表之露和玉屑飲之云可以長生〔漢武故事〕　漢宣帝詔延群鳳皇集泰山陳留甘露降未央宮其大赦天下〔漢史〕　楊太真宿酒初消晨遊後苑口吸花露以潤肺〔開元遺事〕　弘農鄧紹八月旦入華山採藥見一童子執五綵囊盛柏葉上露露皆如珠滿囊中紹問之答曰赤松子先生取以明目忽失所在今人常于八月旦作明眼囊以相遺始此〔續齊諧記〕　八月一日作五明囊盛柏上露以洗眼〔述仙記〕　八月月旦婦人多製錦爲明眼囊凌晨取露拭目〔齊諧記〕　初一日取柏葉上露水濃磨墨頭痛者點太陽穴勞瘵者點膏肓穴謂之天灸〔田家五行〕　山陽百里嵩爲濟南相甘露降于郡安帝嘉之徵拜大鴻臚爲徐州刺史甘露再降聽事前樹〔漢書〕

○麗藻散語　晨行多露　湛湛露斯在彼杞棘　蓼彼蕭斯零露瀼瀼〔毛詩〕　露在陰之液也〔祭義〕　〔月令〕　寶露起于露臺祥風生十月節〔東方朔〕　人生一代若朝露之扎柏葉耳〔晉子〕　甘露宵凝于豐年〔班固〕　日出天而耀景露下地而騰文〔[illegible]〕　朝飲木蘭之隊露夕飡秋菊之落英〔楚詞〕　榮露騰軒蕭雲掩閣〔宋符瑞志〕　神漿可挹流珠九戶之前天酒自零凝照三階之下〔盧道〕　薄冰凝朝露灌薤夕霞抱月〔夏侯湛禊賦〕　薄冰凝池非宗廟之寶零露垂林非綴冕之飾〔東晉〕

表　其凝如脂其甘如飴蓋神靈之賛仁瑞之澤是使孟堅持論談功德而未詳[illegible][illegible]說書稱[illegible][illegible]不盡〔[illegible]〕

賦

花會拂者兒抝隨實之穗垂野叢及燈李[illegible]
方之土夜寂空知警鶴寒輕鶴來爲雨[illegible]
【易】 團團滿葉露【[illegible]】濃露霑我

詩五言

裳【文選】 露從今夜白月是故鄉
明 愁眼看霜露寒城菊自花【杜甫】 聚
荷疑碎玉綴柳若垂旒【李義山】 清露被皋
皋蘭霜露野草朝爲美少年夕暮成醜老【阮[illegible]】
【陶】 秋露白如玉團團下庭綠我行忽見之
寒早悲歲促 玉階生白露夜久侵羅襪却
下水晶簾玲瓏望秋月【俱李太白】 秋河一
滴露清夜墮玄天將來玉盤試不定始知圓
【韋應物】 新雨橫山帶涼風散水衣芙蓉空
欲採晨露未全晞【馮琢菴】 下空韌可狀者
物始成濃荷繁風微動疑是走盤珠【于若瀛】
滴瀝明花死葳蕤泣竹叢玉垂丹棘上珠
湛綠荷中夜警千年鶴朝零七月風顧疑仙
掌上長春未央宮【李嶠】 泫夜濃初滴橫江
白漸多珠光映玉陛金氣逼銀河甘和盃中
屑涼侵襪底羅無人爲收拾的皪滿秋荷【[illegible]】
【[illegible]】 但陳孺子榻不待主人留露下高雲薄
天空淡月流襟期予及汝風物夏兼 玉
秋莫羨三峯勝終當賦五游【馮琢菴】

七言 露

凋傷楓樹林巫山巫峽氣蕭森江間波浪兼
天湧塞上風雲接地陰叢菊兩開他日淚孤
舟一繫故園心寒衣處處催刀
尺白帝城高急暮砧【杜少陵】

【霧】 地氣上發天氣不應爲霧霧冒也騰水上溢
蒙冒萬物也陰陽之氣怒而爲風亂而爲霧
五行傳曰霧者百邪之氣陰來冒陽在天爲

像在人爲霧李淳風曰霧氣不順爲陰陽錯
亂陰積不解雨未降有霧不可冒行冒之者
有毒故田禾花果之類莫不畏霧一云早霧
有毒雨後者無毒

○休徵 太平之世霧不塞望浸淫被泊而已[illegible]
高祖圍于平城大霧三日漢使往
還胡人不覺卒
免于難【漢書】

○咎徵 桀無道地吐黄霧【尚書中候】 伊尹卒
年百有餘歲大霧三日【帝王世紀】 王
氏五侯同日俱封黄霧四塞終日【漢書】 曹
孟德敗于赤壁行雲夢澤中遇大霧迷失道
路【[illegible]】【[illegible]記】

○占候 正月 大霧人元旦有霧主人疫歲饑蠶
民多災元旦廣桑賤又主大水
五日有霧傷上元有霧五月五日霧主六月
殺傷民 主水 大水
黑霧相 三日 霧大 七月三日 有霧主 十月 有
連主雨 熟 年豐 霧
爲沫露主來年水大相去二百單五日水至
須看霧着水面則輕離水面則重諺云十月
沫露塘盤十一月沫 霧赤爲兵
露塘乾【田家五行】 癸巳 青爲殃 十一月
霧主來 十二月 霧主來年旱禾傷諺云臘月
年旱 月有霧露無水做酒醋[illegible]日完
驗[illegible]重霧三日[illegible] 十日

群芳譜之[illegible]

○典故

黃帝與蚩尤戰于涿鹿之野蚩尤作大霧三日軍人皆惑帝令風后作指南車以別四方遂擒蚩尤【志林】 東海黃公立興雲霧坐成山河【西京雜記】 淮南王畢詞厚幣以致道術之士于是八公之徒乃往中一人能坐致風雨立起雲霧 欒巴爲尚書郎正旦天大霧失巴所在後問其故乃還成都與親故別也【神仙傳】 曲江縣有銀山常多素霧【湘州記】 陶苔子治陶三年名譽不興家富三倍其妻數諫曰昔楚令尹子文之化家貧而國富福貽子孫名垂後代今夫子貪富務大不顧後害妾聞南山有玄豹霧雨七日不下食者何也欲以澤其衣毛而成其文章故深藏以遠害今君與此悖不無後患乎處期年陶子之家果以盜誅【列女傳】 謝廩行路中忽遇雲霧中一人乘龜而行廩知爲神人拜請求隨去神人曰汝無仙骨【王烈之安成記】 衡山山陵有陰雲瘴霧累結不散民多受害韓文公潛心默禱于南岳雲霧頓開人民感之 河南張楷好道術能作五里霧關西裴優能作三里霧【後漢書】 唐大曆二年十一月墜霧如雪【五行志】 漢武帝塟茂陵芳香之氣常積于墳埏之宮如大霧 雍丘縣夏后祠中有神井能興雲霧【陳留風俗記】 王肅張衡馬均俱冐重霧行一人無恙一人病一人死問其故無恙者飲酒病者飽食死者空腹【博物志】 貞元十年三月乙亥黃霧四塞日無光 正月朝天子臨德陽殿受賀舍利從南來戲于殿前激水化爲比目魚跳躍嗽水作霧翳日【後漢書】 景龍三年十一月甲寅日入後昏霧四塞二日乃止占曰霧連日不解其國昏亂【楚世家】 劉雄

鳴毋出行霧中識道不迷【魏畧】 平沙千里色如金細如粉風吹沙如霧亦曰金霧【拾遺記】 宋永徽二年十一月陰霧凝凍封樹木數日不解名爲樹介兵象也【本紀】 成化六年二月彖山縣天雨白霧山林草木行人鬚眉皆白數日乃止 嘉靖二十一年天雨黃霧行人眉鬚耳鼻皆滿【寧波志】 霧靈山在密雲縣東北一百里搃祥光如霧每于六月六日現土人如期候之上多奇花又名萬花臺【一統志】 馬援南征交趾謂官屬曰吾從事少游嘗哀吾慷慨有大志曰士生一世但取衣食纔足乘下澤車欵段馬爲郡掾吏守墳墓鄉里稱爲善人斯可矣當吾在浪泊西里間賊未滅時下潦上霧毒氣薰蒸飛鳶跕跕墮水中思念少游平日語何可得也【後漢書】 張魯之女浣衣于山下有白霧蒙身因而孕耻之自殺將死謂其婢曰我死可破腸視之婢如其言得龍子一雙送之漢水既而女塟于山頂後有龍數至其墓前其墓今在褒城縣 曲江縣有銀山山常多素霧【湘州記】 烈祖元璽六年蔣幹遣侍中繆嵩太子詹事劉猗齎傳國璽詣晉求救猗負之黃霧四塞迷不得進易取行璽乃得去【燕書】 蜀都鄧公呼吸成霧【蘇子】 宜都郡西北陸行三十里有丹山天晴出嶺忽有霧起廻轉如煙不過再朝雨卽大降【宜都山川記】 李廣南陽人劉玄德遣軍士取之起霧半天來騎自相殺廣乃入吳【李廣傳】 朱玉善畫嘗作紫霧龍宮翠蓬神闕二圖十年始就人謂妙入神品元季海寇犯境邑人皆棄家避難玉獨抱二圖坐樓中家人不能強其去寇遙望城中虹氣貫月蹤跡而來虹自玉樓中出疑

有至寶登樓取觀執不肯與寇攫脅得之乃二圖耳寇怒裂碎而去楊鐵崖名其樓爲虹月併記【崑】

【山縣志】

○麗藻 散語 飛龍乘雲騰蛇遊霧【韓子】 騰蛇遊于霧露乘于風非千里不止【說苑】 霧露濛濛其晨降兮雲依霏而承宇使臯揚先導兮白虎爲之前後浮雲霧而入冥兮騎白鹿而容與【賈誼】

詩五言 九衢炎霧斂雙闕曙煙籠【馮琢菴】 日高不可見窈鬱匝平蕪五里城闉瘂三晨遠隰無南山曾隱豹新柳更藏烏詎意洛川上魚龍始見圖【于若瀛】

七言 颶母射岩風動地蛟精徙允霧連空【元微之】

臯揚即狒

【雹】陰陽相搏之氣蓋沴氣也陽顆陰脅之不能入則轉而爲雹雹者陰脅陽也第大小無常緩驟不一皆係乎時與風形似半珠珠皆三出雪六出而成花雹三出而成實此陰陽之辨也東方之氣雷南方之氣電西方之氣虹北方之氣雲雨雹霰雪昭公四年大雨雹季武子問於申豐曰雹可禦乎對曰聖人在上無雹雖有不爲災古者日在北陸而藏冰西陸覿覿而出之則冬無愆陽夏無伏陰春無

出晉繇

淒風秋無苦雨雷出不震無菑霜雹

○休徵 漢韓稜爲下邳令視事未及周歲吏民愛慕時鄰縣皆有雹傷下邳獨無【東觀漢記】 宋熙寧中河州雨雹大者如雞子小者如蓮芡或如人頭耳目口鼻皆具無異鐫刻次年王師平河州蕃戎授首者甚衆

○咎徵 乾符六年五月丁酉宣授群臣崔沆盧琢制雹如鳧卵【五行志】

○占驗 春 雹吉主豐年 夏 雹小殺 秋 雹禾遲熟 冬 雹大臣死【農桑要覽】 正月 雹大臣有暴死者人多瘡痍【月令通考】 元旦 雹主盜賊豬疥 五月 雨雹殺雞犬婦人任事民不安【京房易占】 九月 雹不利牛馬【月令通考】

○典故 雍丘縣夏公祠有神井能興霧雹古來享祀不絕【陳留風俗記】 齊國有山山有泉如井狀深不測春夏雹從井中出敗五穀常以柴塞之故號柴都【玄中記】 安丘城南三十里有都泉其雹或出或否皆不爲災

嵩山有大蜥蜴數百能吐雹 宋時有樵夫山行見蜥蜴從石窟中出下飲于井旋入窟中往來不絕樵夫擊破其窟見中積雹數升乃知蜥蜴所爲也急馳歸方行四里許忽大雷雨雹隨至 劉法師嘗在龍興府西山見許多蜥蜴如手臂大一日無限入井中飲水皆盡即吐爲雹蜥蜴形如龍是陰屬故氣相感應能如此蓋雹是陰陽交爭上面結成底也有是蜥蜴做底若全謂蜥蜴做則不可

夷王七年冬隕雹大如礪【竹書紀年】 文帝後元年雨雹如桃李深三尺【風俗通】 景

帝二年秋雨雹大者五寸深二尺　宣帝地節四年山
封三年雨雹大如馬頭　宣帝地節四年山
陽濟陰雨雹如雞子深二尺五寸殺人飛鳥
皆死　漢成帝河平二年楚地雨雹大如斧
飛鳥皆死【[illegible]】　漢永初三年河西縣大
雨雹如杯棬或如斗殺牲畜折樹木【孔叢子】
獻帝初平三年雨雹大如扇【後漢書】　晉
太興三年雨雹大如雞子【晉中興書】　開成
五年六月雨雹如拳殺人甚衆【五行志】　長
安三年六月京師大雨雹人畜有凍死者【[illegible]】
【聞錄】　嘉靖庚申四月初一日未時天雨雹
其大如地栗更無一異　萬曆庚寅九月初
四日午後長洲縣永昌地方忽大雹間有如
斗大者次俱如升田野道路之人被傷頭耳
甚衆垂成稻穀壓折墮地　萬曆丙辰六月
十五日天雨雹俱大如蚕豆密而且驟十七

日復然大小俱圓人工不能如是之一致
秦昌元年弘州人張珪曉憩石上有神人言
曰律呂律呂上天勅汝此月二十日行硬雨
語畢騰空去至家遍語隣人使速收麥未及
收者至日為雹所傷　聞秦晉間多供番僧
每遇雲色惡知有雹則番僧急持呪驅之其
至雹不得施𦶜之山澗或云楞嚴呪
能驅雹賈鳳池云係尊勝呪【出藏經】

【霜】喪也物遇之皆凋喪故名之曰霜大戴禮季
秋之月霜始降蓋陰氣勝則凝而為霜天地
之殺氣冬令也大抵徹夜清明天必降露寒
氣凝則為霜天氣清明又極寒冱則霜必重
若雖寒而不甚有霜亦輕稍有雲氣而不清
明則無霜矣淮南子曰秋三月青女出以降
霜青女者青腰玉女司霜雪者

【[illegible]】

○休徵　天聖中歲冬青州濃霜着屋瓦皆成百
花狀【退朝錄】　扶桑山常有青雪冰霜
之色皆如紺【拾遺記】　山東長山縣南孝子
董永祠四圍無霜人以為孝感所致【農桑要】

○咎徵　王者誅不原情則霜附木不下地不教
而誅其霜反在草下【京房易傳】　定公
元年冬十月隕霜殺菽【春秋】　鄒衍事燕惠
王盡忠左右譖之王繫之獄衍仰天而哭夏之

五月天為之隕霜【淮南子】　元光四年四月
隕霜殺草自是征伐四夷師出三十餘年【漢
武帝紀】　元帝永光元年三月隕霜殺桑時
石顯用事　齊孝婦含冤六月飛霜【農桑要
覽】　唐寧王憲疾時寒甚凝霜封樹名曰樹
介憲歎曰此俗所謂樹嫁者也諺云凌樹嫁
達官怕君其死乎已而果薨【唐書】　證聖元
年六月睦州隕霜【五行志】　唐貞觀九年五
月李靖伐吐谷渾使侯君集道宗由南道引
兵行無人之境二千餘里盛夏降霜雪人馬
俱死【方輿勝覽】

○占候　霜初下只一朝謂之孤霜主來歲歉連
得兩朝以上主歲熟　霜降日見霜則
清明日霜止或前或後日數皆同田家出秧
必待霜止甚驗　霜降上有鋒芒者吉平者凶

春霜主旱人病　正月[illegible]物不實牛馬多疫死著不凍[illegible]

損木枝殺草木是謂陰隆　元旦有霜主七月旱禾苗好　二月霜主旱是月

宜連霜諺云一夜春霜三日雨三夜春霜九日晴【便民纂】　三月上巳有霜三月冷

穀雨前一日霜主旱　八月秋分後多霜人多病　九月霜不下三月多陰寒

冬前霜多早禾好冬後霜多晚禾好冬三月無霜虫不蟄麥惡來年蝗虫害五穀人災疫萬物不成

○典故

季秋霜始降鷹隼擊王者順天行誅以成肅殺之政【春秋感精符】駟見而霜[illegible]隕霜隕而寒爽具【國語】北方白雁深秋乃來來則霜降謂之霜信【古今詩話】霜降之日豺祭獸【月令】豐山有九鐘是知霜鳴【山海經】尹吉甫之子伯奇孝甫聽後妻之言逐之伯奇編水荷而衣採庭花而食清朝履霜自傷無罪見逐乃援琴而鼓作履霜操負嶠之山有冰蠶霜雪覆之然後作繭其色五彩作爲文錦入水不濡投火不燎堯時海人獻之以爲黼黻【拾遺記】鶺鴒常向日而飛畏霜露夜棲以樹葉覆其背【崔豹古今注】

○麗藻

散語

履霜堅冰至【易】九月肅霜【詩】霜者陰精冬令也四時代謝以霜收歛【春秋考異】賤臣抑心飛霜擊于燕地【江淹】

賦

方其寒氣曉集鏘然應急發越林巒周流井邑簫聲未盡後韵相及羈臣之空館嫠婦之高樓遠入無不悵然驚憂歔欷掩泣夫鐘之應霜也應以無心士之知已也貴知其音[illegible]鳴者其聲遠不言而信者其分深【齊譚】

操

[illegible]涼風起兮[illegible]雖望咸予心兮多慨慷[illegible]

詩

五言

秋霜曉驅雁春雨晴成虹【鮑照】霜結梅梢玉陰凝竹幹銀【李白】勁風方疑酒清威正折綿【庾肩吾】瓦凍銀成疊林凝玉作團【鄭谷】霜威朝折綿風力夜冰酒【黃山谷】劍轉霜文落弓彎月影迴【馮琢菴】

七言

微霜淒淒簟色寒【李白】陽和微弱陰氣竭海凍不流綿絮折【[illegible]】霜落荊門江樹空布帆無恙挂秋風此行不爲鱸魚鱠自愛名山入剡中【李白】一夜新霜著瓦輕芭蕉心折敗荷傾耐寒惟有東籬菊金粟初開曉更清【白樂天】寥寥缺月看將落簷外霜華染羅幙不知蘭棹到何山應倚相思樹邊泊【陸龜蒙】宮闈月照五更霜前殿銅龍疊玉窗夢裏釣帷歛枕側爐香飛翠過回廊【薛方山】霜滿長河月滿船澄波如練遠連天蘆花漫鼓鳴榔去無數驚鴻過客前[illegible]【方九功】不是鱸魚憶釣磯爲求綵服問初衣莫教霜氣催秋暮尚有天涯人未歸【[illegible]】樓上殘燈伴曉霜獨眠人起合歡床相思一夜情多少地角天涯不是長【[illegible]】晴天霜落寒風急錦帆羅帷羞更入秦箏不復續斷絃回身掩淚挑燈立【女郎崔公達】

詞

玉樓深鎖薄情種[illegible]夜悠悠誰共羞見枕衾鴛鳳悶則和衣擁○無端画角嚴城動驚破一番新夢窗外月華霜重聽徹梅花弄【秦少游桃源憶故人】金堂風蠟勻紅淚簾外一鈎霜滿地鴛鴦被冷不成眠兩點幢人剪秋水○千迴萬結心頭事鬟貼相思成兩字不須支枕盼天明十二時愁從此始【[illegible]】

天地積陰之氣溫則爲雨寒則爲雪蓋因空中風結而成雨爲氣之和雪爲陰之盛盈尺順時益于萬物則爲瑞及丈逆令損于萬物則爲災草木之花皆五出雪花六出朱文公謂地六生水之義然觀立春後雪皆五出冬屬陰春屬陽想陰陽奇耦天亦不能違也劉熙釋名曰雪綏也水遇寒而凝綏綏然下也寒甚則爲粒珠寒淺則爲花粉雪寒在上故

高山多雪此來年豐稔之兆諺云冬無雪麥不結又云若要麥見三白一月見三白田翁笑嚇嚇冬至後第三戌爲臘臘前兩三番雪謂之臘前三白大宜菜麥若立春後雪則不宜故又云臘雪是被春雪是鬼言爲麥之害也又冬雪主殺地中蝗子雪一寸蝗入地一尺雪一尺蝗入地一丈主次年無蝗災雨雪雜下謂之霰非時而降草木皆冰謂之崗介又謂之百草戴孝主兵荒歲飢及大臣災地上凝一層如薄冰謂之地甲主兵戈雪神名滕六

○休徵 太平之世雪不封樹凌沴毒害而已矣 西王母進周穆王以嵊州甜雪【拾遺記】 晉新蔡王騰次眞定大雪平地數尺門前數丈獨不積騰怪而掘之得玉馬高尺許【晉書】 積雪久不消有人掘地得金羊玉馬高三尺許【廣異記】

○咎徵 武王伐紂都洛邑雨雪十日深丈餘【太公金匱】 天子游黃臺之丘獵于鈃山日中大寒北風雨雪有凍死人作黃竹詩三章以哀之【穆天子傳】

漢高帝自將擊匈奴冬大寒雨雪士卒墮指者十之二三【匈奴傳】 元封二年大雪深一丈野中鳥獸皆死牛馬踡縮如蝟【西京雜記】 太康七年十二月河陰降赤雪【晉朝雜事】 赤烏四年正月大雪平地深三尺鳥獸死者大半【吳志】 東海有孝婦姑聽女讒訴諸太守殺之五月大雪【漢書】

○占候 唐長壽二年元日大雪上謂群臣曰元日雪百穀豐此語有何故實姚壽曰汜勝之書云雪是五穀之精【舊唐書】 雪經久不消來年多水【農桑要覽】 正月雪至地三日內即化歲成 元旦大雪年豐秋成人安七日不消秋穀不成 元旦水若未交立春則麥穀蓄底人民六畜俱安若三次雪宜麥 三月雪經日不消秋禾不成春貴三

倍人相食大臣憂　秋雨雪大飢民多死人物相食　八月雪[illegible]有妖賊

冬雪盈尺來年大豐積雪歲美人和無雪來年麥惡五穀不成虫生人疫　十一

月雪多冬春穀賤雪少來年旱　朔大雪主年荒歲凶民哭　冬至雪盈賊横

行若前後有雪來年大水人飢　十二月上旬中旬有雪來年梅水盛上酉日雪來

年旱澇不勻　凡雪日間不積謂之羞明雪

而不消謂之等伴主再雪又主來年多水

○製用　臘雪水甘大寒貯藏解天行時疫及一切瘡毒　雪水浸原蠶矢和五穀種之

耐旱不生虫　林禽可治小兒痱疹　調蛤

粉拂痱子極妙　臘雪水調寒食麵爲糊裱

背書画不生蠹【山居四要】　收臘雪用大甕

盛貯埋窖內無窖埋於背陰高阜地下稻草

蓋之勿令

雨水流入

○典故　衛君重裘累茵而坐見負薪而哭者問之對曰雪下衣薄故也君懼見乎顏色

於是開府金出倉粟以賑貧窮【公孫子】　齊

景公時大雪三日公衣狐白之裘晏子入公

曰怪哉雨雪三日不寒晏子曰古之賢君飽

而知人飢溫而知人寒公曰善乃脫裘發粟

以賑飢寒者【晏子春秋】　曾子耕泰山下雨

雪不得歸思父母作梁山操　燕人羊角哀

與左伯桃爲死友聞楚王賢二人同往見之

至梁山遇雨雪計不能俱全伯桃乃并衣糧

與角哀入空樹中餓死角哀至楚爲上大夫

乃告楚王備禮葬于前塘在溧水縣四十里

一夕角哀夢伯桃云與荊將軍墓鄰數苦我

九月十五日[illegible]冢上[illegible]

安知汝之勝負開[illegible]自刎而[illegible]

【[illegible]秋】　蘇武使虜單于幽之大窖中絕飲食

天雨雪武齧雪與氈毛并咽之數日不死匈

奴驚以爲神【漢書】　東郭先生久待詔公車

貧困飢寒衣敝履不完行雪中履有上無下

足盡踐地道中人皆笑之【史記】　漢袁安性

清耿時大雪丈餘洛陽令出按行至安門無

路令人除雪入戶見安殭臥問何以不出安

曰大雪人皆飢餓不宜出以干人令以爲賢

舉孝廉　魏焦先人莫知其所出野火燒其

廬因露寢遭冬雪大至先袒臥不移人以爲

死就視如故【高士傳】　謝安集兒女講論文　胡兒謝朗

義俄而雪降公欣然曰白雪紛紛何所似兄　小字道韞

子胡兒曰撒鹽空中差可擬兄女道韞曰未　王凝之妻

若柳絮因風起公大笑爲樂【世說】　晉王徽

之字子猷居山陰大雪夜眠覺開室命酌四

望皎然因詠左思招隱詩忽憶戴安道時戴　安道名逵

在剡溪即乘夜輕舟往訪經宿方至既造門　子

不前而返人問其故王曰吾本乘興而來興

盡而返何必見安道耶【何氏語林】　晉王恭

嘗乘高輿披鶴氅裘涉雪而行孟昶于籬間

窺之嘆曰此眞神仙中人也【晉書】　晉孫康

家貧無油映雪讀書交遊不雜　宋武帝大

明五年元日瑞雪上曰朕心存百姓如得豐

年歲稔可爲大瑞雖獲麟鳳何用哉　大明

中元日雪花降殿庭右將軍謝莊下殿雪集　[illegible]日[illegible]

衣上以爲瑞群臣皆作雪花詩【倶宋書】　王　雪落衣上

揚休幼肄業僧舍雪積其背不自覺【宋記】　義恭衣見

唐貞元十年三月雨雪巨豪王元寶每大雪　恭奏明[illegible]

令僕夫自所居門巷至坊口掃雪爲徑迎接　瑞

賓客【天寶遺事】　天寶初命王天運伐勃律

勃律恐懼請罪願歲貢獻天運不許　即屠其

城壞三千人而[illegible]大風雪矣行數百里忽[illegible]四起雪花如[illegible]萬人一時凍死　韓愈姪湘子有仙術旨能一開頃刻花愈試之湘子取盃土覆少頃出二花花片出小金字詩一聯云雲橫秦嶺家何在雪擁藍關馬不前後愈諫佛骨貶潮州一日途中遇雪有一人冒雪而來乃湘子也湘子曰尚憶花上之句乎公詢其地乃藍關也嗟歎久之因續成詩云云或曰湘子乃愈姪韓老成之子老成所謂十二郎是也湘子乃愈姪孫　唐韋斌每朝會不敢離立笑言遇大雪在庭者皆振裾更立斌獨不徙足雪甚幾至沒靴　柳子厚上韋中立詩僕聞庸蜀之南常雨少日日出則犬吠予以為過言前六七年僕來南大雪踰嶺被越中數州數州之犬皆倉皇吠噬狂走累日至無雪乃已然後始信前所聞者　都下大雪中書舍人[illegible]群芳亭于南園茆亭肆目山雪鹿巾鶴氅擁火命觴以賞佳致【唐闕史】　吳元濟以蔡州叛李愬用李祐計夜襲蔡州會大雪蔡人不知行七十里夜半至懸瓠城雪甚城旁有鵝鶩池愬令擊之以亂軍聲遂登城縛元濟【李[illegible]傳】　宋太祖一日大雪叩趙普門普出見帝[illegible]立風雪中曰已約晉王已而晉王至共于普堂中設重茵地坐熾炭燒肉普妻行酒帝以嫂呼之普從容問曰夜雪寒甚陛下何以出帝曰吾睡不着一榻之外皆他人也故來見卿普曰南征北伐此其時也遂定下江南之策【邵氏聞見錄】　宋陶穀為學士得党太尉家姬遇雪陶取雪水烹茶謂姬曰党家有此風味否對曰彼粗人安有此但能于銷金帳中[illegible]羊羔兒酒耳[illegible]

歐陽公在潁州[illegible]如玉月梨梅練絮鷺鶴銀等字皆請勿用又東坡守汝陰遇雪會飲聚星堂約客賦詩以聲色氣味富貴勢力為八章仍效歐公體不使鹽玉鶴鷺等為比不使皓白鮮素等字落句【漁隱叢話】　盛次仲孔平仲同在館中雪夜論詩平仲曰當作不經人道語曰斜拖闕角龍千尺淡抹墻腰月半稜次仲曰甚佳惜未大也乃曰看來天地不知夜飛入園林總是春平仲乃服　宋祥符中有王倫者為太子中允其女年十四自稱燕華君作雪詩曰何似月娥欺不在亂飄瑞葉在人間父問瑞葉何出女曰天上有瑞木花開六出也【冷齋夜話】　游定夫楊中立初見伊川伊川瞑目而坐二子侍立既覺顧謂曰賢輩尚在此乎日晚且休矣及出門雪深三尺【語錄】　宋徐積事母孝謹母終廬墓三年雪夜伏墓哀號問安否雪為之消　宋种世衡知環州羌酋牛奴訛素崛強未嘗出世衡至始來迎世衡與約明日當至其帳慰勞是夕雪深三尺世衡冒雪而往奴訛寢因驚起羅拜感激　耿先生有姿色明道術保大中召入宮嘗大雪帝戲之曰能以雪為銀否曰可乃取雪實之削如錠投熾炭中食頃取出爛然為銀下若垂酥滴乳之狀【異人錄】　季勝游洪州與處士盧齊輩雪夜共飲坐中一人偶言雪勢如此不可出門勝曰欲有何詣吾當往其人曰吾有書在星子可為取之乎勝曰可乃出門去飲未散携書至相距凡三百里人皆異之　蜀有道士陽狂俗號灰袋嘗大雪中衣布褐入青城山暮投僧寺夜半雪深風起僧恐其死就視之去床數尺氣如炊流汗[illegible]

褒借如爲異人天來刪不辭而去【酉陽雜俎】

〇麗藻散語 雨雪紛紛 如彼雨雪先集維霰 今我來斯雨雪霏霏 上天同雲【俱詩】 藐姑射之山有神人居焉肌膚若冰雪綽約如處子不食五穀吸風飲露乘雲氣御飛龍而游乎四海之外【莊子】 宋玉對楚王曰昔有歌于郢中者其爲陽春白雪國中屬而和者不過數十人是其曲彌高其和彌寡 髣髴兮若輕雲之蔽月飄颻兮若流風之廻雪【曹子建】 群公對雪尚隆之曰麪堆金井誰調湯餅 吳永素曰玉滿天山難刻佩環坐間服其清韻【姑臧記】

贊 貧清以化乘風以霏値象能鮮即潔成輝【羊孚】

表 洗慾界之雜穢灑火坑之煩惱塡世路之坎坷喚夜氣之清曉【陳仲韶】 縈樓栖檻凝璧臺之九重落葉飄花似芳林之二月豈惟洛神呈象來舞帝宮故亦海驕相趨下朝仙闕東皐欣而望歲南史慶而書祥【李嶠】

賦 歲將暮時漸昏寒風積愁雲繁梁王不悅遊于兔園俄而微霰零寒雪下王乃歌北風于衛詩咏南山于周雅授簡于司馬相如曰爲寡人賦之相如曰臣聞雪宮建于東國雪山峙于西域岐昌發詠于來思姬滿申歌于黃竹曹風以麻衣比色楚謠以幽蘭儷曲盈尺則呈瑞于豐年袤丈則表沴于陰德雪之時義遠矣哉若乃玄律窮嚴氣升焦泉涸湯谷凝火井滅溫泉冰于是河海生雲朔漠飛沙霰淅灑而先集雪紛糅而遂多始緣甍而冒棟終開簾而入隙既因方而爲珪亦遇圓而成璧眄隰則萬頃同縞瞻山則千岩俱白其狀靄靄[illegible]積[illegible]臺

如重璧逵如連璐庭列瑤階林挺瓊樹皓鶴奪鮮白鷴失素至夫廻霰縈積之勢飛聚凝曜之奇固轉展而無窮嗟難得而備知【謝惠連雪賦】

歌行 瓊屑散下人身穹何處飛間作春雪五花馬踏白雲衢七香車碾瑤墀月蘇邑乳洞擁山家澗藤古栗盤銀蛇寒郊複疊鋪柳絮古磧爛熳吹蘆花流泉不下孤汀咽斷臂老猿聲欲絕鳥啄冰潭玉鏡開風獻簷溜水晶折拂戶初疑粉蝶飛看山又訝白鷗歸孫康凍死讀書幃火井不暖溫泉微 超然臺上雪城郭山川兩奇絕海風吹破碧琉璃時見三山白銀闕 蓋公堂前雪綠窓朱戶相明滅就中山堂雪更奇枯松怪石亂瓊絲【蘇東坡】

詩 五言 不粧空散粉無樹獨飄花【唐太宗】 洒篁留直節著柳送長條 騁巧先投隙潛光亂入池 隨車翩縞帶逐馬散銀盃【韓退之】 練練峯上雪纖纖雲表霓【杜子美】 仙人寧底巧剪水作花飛【陸暢】 兒吟雛鳳語翁坐凍鴟蹲【歐文忠】 千門委圭璧曉日爛不收 刻獸堆鹽虎爲山倒玉人【俱黃山谷】 尖峯排玉筍圓石疊銀盃【劉師道】 竹外雪蕭蕭天涯暮欲寒【馬[illegible]】 終南陰嶺秀積雪浮雲端林表明霽色城中增暮寒【祖咏】 恥均班女扇羞儷魯人衣浮光亂粉壁積照朗彤闈【劉孝綽】 飛雪帶春風徘徊亂繞空君看似花處偏在洛陽東【劉方平】 玉堦映瑤雪擁爐時並肩纖手撫郎指低聲問郎寒【眉隆】 雪霰飄何甚因風褭更斜臘前偏爲穀春閏未凝花膩色開銀瓮寒光入絳紗床頭社酒熟扶醉到鄰家【唐荊川】 雲葉兼天合冰花到地融[illegible]春吟將歸

[illegible]霧色能先桃李[illegible]
白日雙扉掩清宵[illegible]青山淨欲老玉[illegible]
莫相猜（[illegible]） 石磴三千級兒當兩[illegible]
特青峕寒宿驚古木淡春姿峰亂皆攢玉花
輕稍嬲枝此中饒秀色應不滅峨嵋（方扶子）
溪雲常不斷雨雪自多端杈得聽泉意[illegible]
來衆嶺寒煙凝成秀壁晴瀉作哀湍貪就山[illegible]
房息火邊逢 瑤臺雪花數千點片片吹
嬾殘（[illegible]） 七言 落春風香（李白） 風雲快[illegible]
約千絲雨天地共無一點塵（石敏若） 蝶遺[illegible]
紛翼輕舞拾鶴墜霜毛散未搏（崔德符） 老[illegible]
石蓋深覆虎蹈冷枝葉重玉龍寒（韓魏公）
開恩北闕銀宮畔謫客丹山白鳳皇（晏殊）
五更曉色來書幌半夜寒聲落畫簷 應爲
王孫朝上國珠幢玉節與排衙（俱東坡） 戰

退玉龍三百萬敗鱗殘甲滿天飛（張元昊）
袖裏玉霜三百斛化爲飛雪向人間（高麗女）
（[illegible]元） 風捲寒雲暮雪晴江煙洗盡柳條輕
簷前數片無人掃又得書窗一夜明（戎昱）
亂飄僧舍茶煙濕密灑歌樓酒力微江上晚
來堪畫處漁人披得一蓑歸（鄭谷） 六出飛
花處處飄黏窗拂砌上寒條朱門到晚難盈
尺盡是三軍喜氣消（章孝標） 六出裝成百
獸王日頭出後便郎當撐眉拄眼人誰怕想
汝應無熱肚腸（陳文惠咏雪獅子） 清夜曉
林初落索冷和弄雨轉飄蕭堪憐雀避來簷
地最愛僧衙過短橋（林逋） 茅君失却三神
鶴王母應添五色麟草木未香花事動乾坤
不夜月華新（[illegible]） 九陌凌風戰齒牙銀[illegible]
遲馬蹄隨車也知不作堅牢玉[illegible]
[illegible]

[illegible]光快入[illegible]
龍噴雨花天作[illegible]生[illegible] 天[illegible]
鐙過銀沙岸風細魚吹玉海波（楊維楨）
山雪後北風寒抱得琵琶馬上彈曲罷不[illegible]
青海月徘徊猶作漢宮看（于[illegible]鱗） 八月天[illegible]
山雪作花合圍千騎渡龍沙傳呼莫射南飛[illegible]
雁欲寄平安到漢家（鄧定宇） 寒氣先侵玉
女眉清光旋繞省郎闈梅花大庾嶺頭發柳[illegible]
絮章臺街裏飛欲舞定隨曹植馬有情應點[illegible]
謝莊衣龍山萬里無多遠留待行人二月歸
（[illegible]義山） 大江西面小溪斜入竹穿松似若
耶兩岸風吹玉樹一灘明月灑銀砂因尋
野渡逢漁舍更泊前灣上酒家去去不知歸
路遠棹聲煙裏獨嘔啞（韋莊） 旋撲珠簾過
短墻輕于柳絮重于霜已隨江令誇瓊樹又
入盧家妬玉堂侵夜可能爭桂魄忍寒應欲

試梅粧關河凍合東西路腸斷斑騅送陸郎
（李商隱） 樓頭初日始翻鴉陌上晴光已沒[illegible]
車凍合玉樓寒起粟光搖銀海眩生花遺蝗[illegible]
入地應千尺宿麥連雲有幾家老病自嗟詩
力退空吟冰柱憶劉叉（蘇東坡） 雲重寒空
思寂寥玉塵如糝滿春朝片才著地輕輕陷
力不禁風旋旋消[illegible]任他香粉妬縈[illegible]自
學小梅嬌誰家醉[illegible]簾香絃管堂深聽易
調（秦韜玉） 天街晴雪照簾櫳萬戶千門似
郢中先向曉鶯添朔氣却隨春仗轉條風上
林花信梅邊出太液波聲柳外通郢客高歌
誰屬和巴人下曲本難工（楊升菴） 天門晴
雪映朝冠步澀頻扶白玉欄爲語後人須把
滑且憂高處不勝寒飢鳥隔竹貪應盡[illegible]
當庭踏又殘葉[illegible]光近郊或恐[illegible]
[illegible]

行路難遠水不流瓊作岸亂山半出玉成巒蘇州人狀
凍雲接地歸鴻斷古戍無人獨自寒疑人剗元
中迷去住一航夜色倚蓬看〔張虛齋〕篋笥
玄經草已成團廬高卧謝浮名當窗一榻雲
常白遶舍千岩雪乍晴散髮豈知軒冕貴初
衣不改薛蘿情滄浪亭榭臨江渚日暮行歌
白濯纓〔方九功〕春水誰移閬苑來瓊爲島
嶼玉爲臺虛疑郢里歌聲動却訝吳門練影
開萬樹生花供染翰千岩浮白佐啣盃東林
舊社堪乘興不必山陰泛棹迴〔申瑤泉〕庚
景能將傲骨支樓頭風景晚晴時千家雪色
明空闊一樹鵶聲入薄帷邀與久知逃阮酒
閒情猶愛看陶詩　知君長坐虛窗月月在虛
窗君不知〔[illegible]〕恍然天地半夜白群雞
失曉不及鳴淸晨拜表出上閣鬱鬱瑞氣盈時西夏用
空庭退朝騎馬下銀闕馬滑不慣行瑤瓊晩兵晏元獻

群芳譜　卷三　天譜　卆一

趙賓館賀太尉坐覺滿路流歌聲便開西園爲樞密大
掃徑步正見玉樹花凋零小軒却坐對山石雪置酒公
拂拂酒面紅顏生主人與國共休戚不惟喜以是詩譏
悅豐登誰憐鐵甲冷徹骨四十餘萬屯邊之
兵〔[illegible]〕詞　悠悠颺颺做盡輕模樣半夜蕭蕭窗
外響多在梅邊竹上○朱樓向晚簾
開六花片片飛來無奈薰爐煙霧騰騰扶上
金釵〔楊夫人清平樂〕雲垂幙陰風慘淡天
花落天花落千林瓊玖滿
空鸞鶴〔張安國憶秦娥〕

二如亭群芳譜天部卷之三

歲譜小序

歲譜首簡

二如亭群芳譜 四

二如亭群芳譜元部目錄

第四冊

歲譜小序

歲譜首簡

歲杞

歲差　附太古

卷之一

歲

春

正月

二月

三月

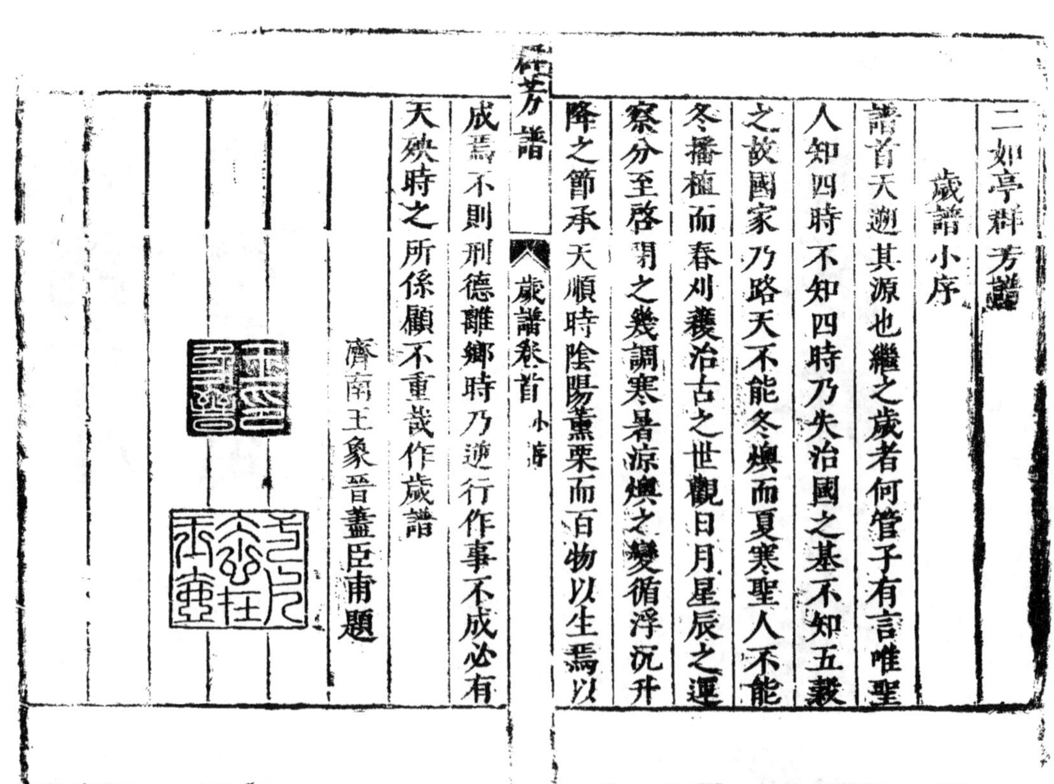

二如亭群芳譜

歲譜小序

譜首天邇其源也繼之歲者何管子有言唯聖人知四時不知四時乃失治國之基不知五穀之故國家乃路天不能冬煥而夏寒聖人不能冬播植而春刈養治古之世觀日月星辰之運察分至啓閉之幾調寒暑涼燠之變循浮沉升降之節承天順時陰陽薰栗而百物以生焉以成焉不則刑德離鄉時乃逆行作事不成必有天殃時之所係顧不重哉作歲譜

濟南王象晉藎臣甫題

二如亭群芳譜

歲譜簡首

歲紀

易曰天行健君子以自强不息故論天者以行度爲准每日十二時者太陽隨天運周行方隅太陽到子方爲子時十二位也天行一週晝夜百刻以十二時分之每時八刻共九十六刻餘四刻每刻分爲六十分共二百四十分每時又得二十分故有初初

刻十分正初刻十分共八刻二十分是爲一時一晝一夜百刻盡而日一週天是爲一日每月三十日者朔日日月會度而月始蘇二日哉生前月小則在三日明八日上弦十五日月盈爲望十七日哉生魄前月小則在十六日二十三日下弦三十日爲晦歷三十日而月之月小則在二十九日盈虧晦朔備是爲一月每年十二月者太陽躔一日順行十二隅爲[illegible]躔十二次爲月天歷輪十二星次也每月五日一候十五日一氣四十五日一節歷四立二分二至共八節而

七十五候以遍四序以週是爲一歲一歲十二月三百六十日此常數也但月與日會率少五日九百四十分日之五百九十二分六十三刻是爲朔虛日與天會率多五日九百四十分日之三百二十五分二十五刻是爲氣盈以氣盈朔虛二數合之而閏生焉所以齊有餘不足之數而通天地之氣也三歲一閏五歲再閏天無餘氣氣無餘分而造化始全矣

歲差　熊太古

古人治曆有歲差之法郭太史言自漢至今凡十次差故作簡儀以考中星作土圭十五丈以驗日景又以益天仰觀日之所躔是以授時曆日測月驗永終無弊遣使十四輩分隸十四處于夏至日測景長短往往千里差一寸而地之高下水之緩急皆得而知之上都去大都千里而近其高四十里日之廣千里星之廣百里或

一[illegible]里五十里故王畿千里象日大國百里次國七十里小國五十里象星日景每千里差一寸大都在地東北故夏至日晝六十二刻夜三十八刻若洛陽有周公測景臺夏至日晝六十刻夜四十刻

二如亭群芳譜歲部卷之一

濟南　王象晉藎臣甫　纂輯
松江　陳繼儒仲醇甫
虞山　毛鳳苞子晉甫　同較
寧波　姚元台子雲甫
濟南　男王與龄　孫王士禛　詮次

歲譜一

說文歲木星也一歲之內歷二十八宿宣徧陰陽與太歲相應春秋繁露傳曰四時僎而後成歲爾雅夏曰歲商曰祀周曰年唐虞曰載歲取歲星行一過也祀取四時一終四時之祭遍舉也年取禾一熟也載取物終更始也董仲舒曰陽出布施於上而主歲功陰伏於下而時出以佐陽陽不得陰之助亦不能獨成歲一歲八節立春春分立夏夏至立秋秋分立冬冬至每節四十五日太歲在酉仲歲

行三宿太歲在四孟四季歲行二宿與行三
十八宿故十二年一週天漢志云天一晝夜
而運過星從天而西日違天而東日行與天
運周在天成度在曆成日月周于天四時備
成攝提遷次青龍移辰謂之歲歲首至也月
首朔也至朔同日爲章至朔同在日首爲蔀
一蔀終六旬爲紀歲朔又復爲元太史公以十
九年爲章七十六年爲蔀五百十三年爲會
一千五百年爲紀四千五百年爲元越絶書
倪曰天下六歲一穰六歲一康凡十二歲一
饑是以民相離也聖人蚤知天地之反爲之
預備故湯之時七年旱而民不饑禹之時九
年水而民不流漢儒賈誼論積貯晁錯論貴
粟皆祖之

○週天氣候考 一歲共十二月二十四氣七十二候大寒後十五日斗柄指艮
爲立春正月節立始建也春氣始至而建立
也一候東風解凍[illegible]

二候蟄虫咸動[illegible]
而動也三候魚陟負冰[illegible]
後十五日斗柄指寅爲雨水正月中[illegible]
升雲散爲水如天雨也一候獺祭魚獺始[illegible]
魚于[illegible]則獺取以祭二候候雁北陽氣達而北
也三候草木萌動天地交泰故草木萌生發
動也雨水後十五日斗柄指甲爲驚蟄二月
節蟄虫震驚而出也一候桃始華二候倉庚
鳴一作鶬黃鸝也倉清也庚新也感春陽清
新之氣而初出故鳴三候鷹化爲鳩即布穀
仲春之時鷹喙尚柔不能捕鳥瞪目忍饑如
痴而化化者反歸舊形之謂春化鳩秋化鷹
如田鼠之于鴽也若腐草雉爵皆不言化不
復本形者也驚蟄後十五日斗柄指卯爲春
分二月中分者半也當春氣九十日之半也
一候玄鳥至玄鳥燕也春分來秋分去二候
雷乃發聲四陽漸盛陰陽相薄爲雷乃者象
氣出之難也三候始電電陽光也四陽盛長
氣洩而光生也凡聲屬陽光亦屬陽春分後
十五日斗柄指乙爲清明三月節萬物至此
皆潔齊而明白也一候桐始華桐有三種華
而不實曰白桐亦曰花桐爾雅謂之榮桐至
是始花也二候田鼠化爲鴽鴽鶉也鼠陰類
鴽陽類陽氣盛故陰爲陽所化三候虹始見
虹蜺郎螮蝀俗爲之虹日與雨交天地之淫
氣也清明後十五日斗柄指辰爲穀雨三月
中雨爲天地之和氣穀得雨而生也一候萍
始生萍陰物靜以承陽也二候鳴鳩拂其羽
拂羽飛而翼迸其聲氣使然也三候戴勝降
于桑蠶候也穀雨後十五日斗柄指巽爲立
夏四月節夏大也物至此皆假大也一候螻
蟈鳴螻蟈一名[illegible]一名[illegible]陰氣始故螻蟈

應之二候蚯蚓出蚯蚓陰類出者承陽而見也三候王瓜生王瓜土瓜也以爲薯蕷菝葜者非立夏十五日斗柄指巳爲小滿四月中物長至此皆盈滿也一候苦菜秀荼爲苦菜感火氣而苦味成不榮而實曰秀榮而不實曰英此苦菜宜言英以爲苦蕒者非二候靡草死靡草草之枝葉靡細者葶藶之屬凡物感陽氣者強而立感陰生者柔而靡靡草則陰至而生也故不勝陽而死三候麥秋至麥以夏爲秋感火氣而熟也小滿後十五日斗柄指丙爲芒種五月節言有芒之穀可播種也一候螳螂生螳螂飲風食露感一陰之氣而生能捕蟬深秋生子于林木一殼百子至此時破殼而出藥中謂之螵蛸生于桑者佳二候鵙始鳴鵙百勞也本草作博勞惡聲之鳥梟類也不能翱翔直飛而已三候反舌無聲諸書謂反舌爲百舌鳥能反覆其舌感陽而鳴遇微陰而無聲也以爲蝦蟆者非芒種後十五日斗柄指午爲夏至五月中萬物至此皆假大而極至也一候鹿角解鹿山獸形小屬陽角支向前夏至一陰生鹿感陰氣故角解二候蜩始鳴蜩蟬之大而黑色者蜣螂脫殼而成雄者能鳴雌者無聲今俗稱蜘蟟蟬乃總名也鳴于夏爲蜩莊子謂蟪蛄夏生也語曰蟪蛄鳴朝三候半夏生半夏藥名居夏之半而生也夏至後十五日斗柄指丁爲小暑六月節暑氣至此尚未極也一候溫風至溫熱之風至小暑而極故曰至二候蟋蟀居壁感肅殺之氣初生則在壁感之深則[illegible]野三候鷹始摯摯擊也月令鷹乃學習摯[illegible]氣未肅鷙鳥始習擊搏迎殺氣也小暑後十五日斗柄指未[illegible]大暑六月中暑[illegible]

淺一候腐草爲螢離明之極則幽陰至微之物亦化而爲明詩熠燿宵行另一種形如米虫尾亦有火不言化者不復原形也二候土潤溽暑土氣潤故蒸鬱爲溽濕俗稱齷齪熱是也三候大雨時行前候濕暑而後候則大雨時行以退暑也大暑後十五日斗柄指坤爲立秋七月節秋揫也物至此而揫斂也一候涼風至涼風禮作盲風西方凄清之風也溫變而肅也二候白露降大雨之後涼風來天氣下降茫茫而白尚未凝珠故曰白露降白秋金色也三候寒蟬鳴今初秋夕陽聲小而急疾者是也立秋後十五日斗柄指申爲處暑七月中陰氣漸長暑將伏而潛處也一候鷹乃祭鳥鷹義禽不擊有胎之鳥金氣肅殺鷹感其氣始捕擊必先祭猶人飲食必先祭祖也二候天地始肅三候禾乃登禾者穀連藁秸之總名成熟曰登處暑後十五日斗柄指庚爲白露八月節陰氣漸重露凝而白也一候鴻鴈來鴻鴈淮南子作候鴈自北而南來也二候玄鳥歸玄鳥北方之鳥故曰歸三候群鳥養羞謂藏美食以備冬月之養白露後十五日斗柄指酉爲秋分八月中至此而陰陽適中當秋之半也一候雷始收聲雷屬陽八月陰中故收聲入地萬物隨以入也二候蟄虫坏戶坏益其蟄穴之戶使通明處稍小至寒甚乃墐塞之也三候水始涸水春氣所爲春夏氣至故長秋冬氣返故涸也秋分後十五日斗柄指辛爲寒露九月節氣漸肅露寒而將凝也一候鴻鴈來賓鴈後至者爲賓二候雀入大水爲蛤雀黃雀也[illegible]化爲蛤[illegible]蚌屬之小者三候菊有黃花菊[illegible]土王之時

故言[illegible]後十五日斗柄指戌[illegible]九月中氣[illegible]露凝爲霜也一[illegible]獸以獸祭天報[illegible]也[illegible]金之氣二候草木黃落色黃[illegible]落也三候蟄虫咸俯皆垂頭畏寒不食也霜降後十五日斗柄指乾爲立冬十月節冬終也物終而皆收藏也一候水始氷水面初凝未至於堅故曰始氷二候地始凍土氣凝寒未至于坼故曰始凍三候雉入大水爲蜃（雉野雞也 大蛤[illegible]）蜃大者爲車輪島嶼月下吐氣成樓臺與蛟龍同大水淮也立冬後十五日斗柄指亥爲小雪十月中氣寒而將雪矣第寒未甚而雪未大也一候虹藏不見陰陽氣交爲虹陰氣極故虹伏虹非有質故曰藏言其氣下伏也二候天氣上升三候地氣下降天地變而各正其位不交則不通故閉塞也小雪後十五日斗柄指壬爲大雪十一月

節言積陰凛冽雪至此而大也一候鶡鴠不鳴鶡鵔鳥也似雉而大有毛角鬪死方已古人取爲勇士冠名黃黑色故名鶡陽鳥感六陰之極而不鳴以爲寒號虫者非二候虎始交虎感微陽萌動故氣益甚而交也三候荔挺生本草謂荔爲蠡實即馬薤似蒲而小根可爲刷以爲零陵香非大雪後十五日斗柄指子爲冬至十一月中日南陰極而陽始生也一候蚯蚓結六陰寒極之時蚯蚓交結如繩二候麋角解麋澤獸形大屬陰角支向後冬至一陽生麋感陽氣故角解三候水泉動水者一陽所生一陽初生故泉動也冬至後十五日斗柄指癸爲小寒十二月節時近小春故寒氣猶小一候鴈北鄉鄉者鄉道之義鴈避熱而南今則北飛禽鳥得氣之先故也二候鵲始巢至後二陽已得來年之氣鵲遂爲巢知所向也三候雉雊[illegible]也雊雌雄同鳴感于陽而有聲也小寒後十五日斗柄指丑爲大寒十二月中時已二陽而寒威更甚者閉藏不甚則發洩不盛所以啓三陽之泰此造化之微權也一候雞乳乳育也雞木畜麗于陽而有形故乳二候征鳥厲疾征伐也殺伐之鳥鷹隼之屬至此而猛厲迅疾也三候水澤腹堅氷徹上下皆凝故曰腹堅一元默運萬彙化生四序循環千古不易極之而陽九百六不過此氣之推遷耳蓋天運四千六百一十七萬爲一元初入元百六歲有戹故曰百六之會傳曰百六有戹過劇成灾一元之中九戹陽戹五陰戹四陽爲旱陰爲水合之爲九故曰陽九之戹也

朔望弦晦考

月初曰朔與日同度也弦引弦也月半之名望前月之上半仰

故曰上弦在初七八望後月之下半覆故曰下弦在廿二三日月相去近一遠三謂之弦望月滿也漢志日月相與爲衡分天下之中謂之望月體無光待日照而光生半照即爲弦全照即成望交在望前朔則日食望則月食交在望後望則月食後月朔則日食交正在朔則日食既前後望不食交正在望則月食既前後朔不食大率一百十三日有餘而道始一交非交則不相侵犯故朔望不常有食月大十六日望月小十五日望間亦有十四十七望者月盡曰晦漢志云以月及日光盡體伏謂之晦註陰遠陽近則晦小盡二十九日大盡三十日

一日百刻考

刻鏤也漏也鐵漏箭以候日晷曰刻故匠謂晷度曰刻古制晝長六十刻夜短四十刻晝短四十刻夜長六十刻晝夜中五十刻損

夜五刻以禪于晝則晝多于夜五刻夏至晝六十五刻夜三十五刻冬至晝三十五刻夜六十五刻春秋分晝五十五刻夜四十五刻從春分至夏至增九刻半夏至至秋分减亦如之從秋分至冬至减十刻半冬至至春分增亦如之漢初大率九日增減一刻至和帝時霍融始請改之曰晝夜百刻律令所謂日者以百刻是也

十干名義考

昔黃帝命大撓作甲子而干支之名始立甲物將生剖孚甲也乙物之生軋軋也丙陽氣著明也丁物丁壯也戊物皆茂盛也巳物可紀識也庚陰氣更萬物也辛物既成而新也壬任也陽氣任養萬物于下也癸揆也物可揆度也以歲論甲曰閼逢乙曰旃蒙丙曰柔兆丁曰彊圉戊曰著雍巳曰屠維庚曰上章辛曰重輝壬曰玄黓癸曰昭陽以月論月在甲曰畢在乙曰極在丙曰修在丁曰圉在戊曰厲在巳曰則在庚曰窒在辛曰塞在壬曰終在癸曰極

十二支名義考

子滋也陽氣至此滋生也上四刻屬往日下四刻屬來日主陰司暗昧婦女丑紐也陽氣未升物紐結未敢出也主田澤園囿鬬爭寅津也生物之津途也主文書木器卯冒也物冒土而生也主生育鬬訟辰震也物皆震動而出也巳起也物至此而盡起也主怪異午長也大也物皆長大也主文書絲綿未味也物皆成有滋味也主紅色苦味火光申身也物皆成就也主行程消息酉緧也物皆緧縮也主金刀子女逃亡戌滅也物盡衰滅也主見貴印綬奴僕死亡亥刻也氣刻殺萬物也主吉祥以歲言子曰困敦言物初萌混沌於泉下也丑曰赤奮若言陽氣奮迅而起物皆遂其性也寅曰攝提格起也物承陽而起也卯曰單閼單盡也陽氣盡吹萬物也辰曰執徐執蟄徐舒也伏蟄之物皆振舒也巳曰大荒落物熾盛而大出也午曰敦牂牂壯也物皆盛壯也未曰協洽陰陽化生萬物和合也申曰涒灘物吐秀傾垂之貌酉曰作噩物皆落枝幹揚起之貌戌曰閹茂物皆蔽冒也亥曰大淵獻物深藏而獻于地也以月論正月爲娵二月爲如三月爲寎四月爲余五月爲皐六月爲且七月爲相八月爲壯九月爲玄十月爲陽十一月爲辜十二月爲涂

十二次名考

子曰玄枵丑曰星紀寅曰析木卯曰大火辰曰壽星巳曰鶉尾午曰鶉火未曰鶉首申曰實沈酉曰大梁戌曰降婁亥曰娵訾

十六神名考

子曰地主丑曰陽德艮曰和德寅曰呂申卯曰高叢辰曰大陽巽曰大炅巳曰大神午曰大威未曰天道坤曰大武申曰武德酉曰大簇戌曰陰主乾曰陰德亥曰大義

○典故

司會以歲之成質於天子冢宰齋戒受賀 冢宰制國用必於歲之杪五穀皆入然後制國用用地大小視年之豐耗以三十年之通制國用量入以爲出【王制】 天官太宰之職歲終則令百官各正其治受其會 天官小宰贊冢宰會歲歲終則令群吏致事正歲帥治官之屬而觀治象之法徇以木鐸曰不用法者國有常刑【周禮】 昭三年子大叔曰昔文襄之伯也令諸侯三歲而聘五歲而朝【左傳】

○麗藻散語

歲寒然後知松柏之後凋也 日月逝矣歲不我與【論語】 千歲之

黓音亦 牂音[illegible] 單音[illegible] 牂音壯 涒音敦 枵音耗 沈音沉 娵音鄒 訾音茲 炅音憬

噩一作鄂

和德言氣漸和大豐 大炅言有光明 大武言物受傷 陰德言物漸生

日至可坐而致也【孟子】　三歲食貧　三歲爲婦靡室勞矣　歲聿云暮採蕭穫菽【詩】　乾一隱公六年秋七月傳曰四德備而後爲乾一德不備則乾道熄矣四時具而後成歲一時不具則歲功虧矣故春秋雖無事首時過則書時天時也月王月也書時又書月見天人之理合也【春秋胡傳】

詩五言

三歲如轉燭【杜甫】

微月生西海幽陽始代昇圓光正東來陰魄已相凝太極生天地三元更廢興至精量在斯三五誰能徵【陳子昂】

吾觀陰陽化升降八紘中前瞻既無始後際那有終至理諒斯存萬世與今同誰言混沌死幻語驚盲聾【朱元晦】

渾淪大無外磅礴下深廣陰陽無停機寒暑互來往皇羲古聖神妙契一俯仰不待窺馬圖人文已宣朗混然一理貫昭晰非象罔珍重無極翁爲我重指掌

（句同）【前人】

【春】

蠢也物至此時皆蠢動也東方爲春先立春三日太史謁之天子曰某日立春盛德在木乃齋立春之日天子親率三公九卿諸侯大夫以迎春于東郊東方曰蒼天其星房心尾東北曰變天其星箕斗牛其帝太皞（大皞伏羲木德之君）乘震執規而司春其佐句芒（句芒少皞子名重木官）其神歲星其獸蒼龍其音角其日甲乙其數八其虫鱗其味酸其臭

羶其色青其祀戶祭先脾（木尅土故先脾）春曰青陽亦曰陽春青春芳春景曰媚景部景時曰芳時嘉時節曰華節淑節辰曰嘉辰芳辰

○調攝

春三月此謂發陳天地俱生萬物以榮夜卧早起廣步於庭披髮緩行以使志生生而勿殺與而勿奪賞而勿罰此養氣之應養生之道也逆之則傷肝肝病宜食小豆韭李犬肝木味酸木能勝土土屬脾王其春宜減酸益甘以養脾土春陽初升萬物發萌正二月間乍寒乍熱年高之人多有宿疾春炁所攻則精神昏倦宿病發動又兼去冬以來擁爐薰衣啗炙炊煿漸積至春因而發泄致體熱頭昏壅膈涎嗽四肢倦怠腰腳無力常當體候稍覺發動不可便用疏利之藥恐別生餘疾惟用消風去熱涼膈化痰之劑或選食治方中性稍涼利飲食調停自然通暢若無病不可服藥春日融和當眺園林亭閣虛敞之處用攄滯懷以暢生炁不可兀坐以生他鬱飲酒不可過多米麵團餅多傷脾胃難化老人尤忌天炁寒暄不一不可頓去綿衣老人炁弱骨疏體怯風冷易傷腠裏時備夾衣遇暖易之以次漸減不可暴去

肝藏魂名龍烟字含明肝者幹也狀如樹之有枝幹也居心下稍近後左三葉右四葉重四斤四兩神如龍象如懸匏色如縞映紺脉出於大敦（大敦左手大指端三毛中）中有三神（三神名[illegible]）爲心之母腎之子屬木春旺卦震其液淚其性仁孝慈憫故聞悲則淚出者其性慈也著于內者爲筋見于外者爲爪以目爲戶以膽爲腑應東岳上通歲星之精

【衛生彙】【年紀】

○典故 天寶中長安士女春時鬬花以奇多者爲勝皆以千金市花植于庭爲探春之宴【開元天寶遺事】 明皇時春景明媚曰對此豈可不與判斷命取羯鼓自製曲名春光好回顧妃子皆發笑曰此一事不喚我作天公乎【羯鼓錄】 玄宗宮中花開以重頂帳蒙蔽置惜春御史號曰括春 長安貴遊子弟每至春時遊宴供帳於園圃中隨行載以油幕或遇陰雨以幕覆之盡驩而歸【天寶遺事】 開元人家春時移各花植檻中下設輪腳挽以綵絙所至牽以自隨 鄒衍居燕燕有谷地美而寒不生黍稷衍吹律暖氣乃至草木乃生至今名黍谷【劉向別錄】 山中有鳥如鴝鴿而小蒼黃色每至正二月作聲云春起也至三四月作聲云春去也採茶者呼爲報春鳥【顧渚山記】 長安春遊之家以脂粉作紅餤竿上成雙挑掛夾襪畫帶前引車馬【曲江春宴錄】 長安貴家遊賞剪百花粧成獅子互相遺送【曲江錄】 長安俠少每至春時結朋連黨各乘矮馬飾以錦韉金絡並轡於花樹下往來使僕從執酒器隨之遇名園輒駐馬而飲【天寶遺事】 楚立春日剪綵爲燕以戴 立春日門庭楷上寫宜春二字貼之王詩云寶字貼宜春

餤音談 絡音洛 韉音箋

○麗藻 散語 春省耕而補不足【孟子】 春日載陽有鳴倉庚 春日遲遲卉木萋萋倉庚喈喈采蘩祁祁【詩】 以青圭禮東方【周禮春官】 青圭象物之初生 青陽司候句芒御辰【晉律曆志】 斗柄東指而天下皆春【鶡冠子】 震宮初動木德惟仁龍精戒旦鳥歷司春【隋書樂歌】

春一司 攀兮[illegible]穠花[illegible] 暮豐葉而爲蟬翠草而成裀【夏侯湛】

【賦】 握月擔風且留後日吞花臥酒不可過時【庾信】 杏花菖葉耕穫不愆【文選】 王孫遊兮不歸春草生兮萋萋【楚辭】 玄鳥司春蒼龍登歲節物變柳光風轉蕙【文選】 獻歲發春兮汩吾南征菉蘋齊葉兮白芷生湛湛江水兮上有楓目極千里兮傷春心【楚辭】 旋穹週迴三朝肇建青陽散輝澄景載煥美哉靈葩爰來爰獻聖容映之永壽於萬【[illegible]】

詔 方春時和草木群生之物皆有以自樂而吾百姓或阽於危亡而莫之省憂其議所以賑貸之【漢文帝】

叙 萬株果樹色襍雲霞千畝竹林氣含烟霧激樊川而縈碧瀨浸以成波望太乙而鄰少微森然逼座尚書未至忽屐驚臨宮尹遽來鳴鴉動整【[illegible]】

【春夜宴桃李園序】 夫天地者萬物之逆旅光陰者百代之過客而浮生若夢爲驩幾何古人秉燭夜遊良有以也況陽春召我以烟景大塊假我以文章會桃李之芳園叙天倫之樂事群季俊秀皆爲惠連吾人詠歌獨慚康樂幽賞未已高談轉清開瓊筵以坐花飛羽觴而醉月不有佳作何伸雅懷如詩不成罰依金谷酒數【李太白春夜宴桃李園序】 [illegible]歸來見碧草而知春蕩漾惚恍何垂楊旖[illegible]之愁人天光清而妍和海氣綠而芳新[illegible]兮昕眠雲飄飄而相鮮演漾兮貪綠窺[illegible]之生泉纓綴兮翩綿見遊絲之縈煙魂[illegible]兮俱斷醉風光兮悽然若乃隴水秦聲江[illegible]巴吟明妃玉塞楚客楓林試登高而望遠[illegible]切骨而傷心春心蕩兮如波春愁亂兮如[illegible]兼萬情之悲歡茲一感於芳節若有一人兮

□□寄□雲兮見無因灑別淚於尺□
□□以結親若使春光可攬而不滅兮吾欲
贈天涯之佳人李太白愁陽春賦　天兮何
為令北斗而知春兮迴指於東方水蕩漾兮
碧色蘭葳蕤兮紅芳試登高而望遠極雲海
之微茫魂一去兮欲斷淚流頰兮成行吟清
風而詠滄浪懷洞庭兮悲瀟湘何余心之縹
緲兮與春風而飄揚飄揚兮思無限念佳
期兮莫展平原萋兮綺色愛芳草兮如剪惜
餘春之將闌每為恨兮不淺漢之曲兮江之
潭把瑤草兮思何堪想遊女於峴北愁帝子
於湘南恨無極兮心氳氳目眇眇兮憂紛紛
披衛情於淇水結楚夢於陽雲春每歸兮花
開花已闌兮春改歎長河之流速送馳波於
東海春不留兮時已失老衰颯兮逾疾恨不
得挂長繩於青天兮繫此西飛之白日若有
人兮情相親去南國兮往西秦見遊絲之橫
路網春暉以留人沈吟兮哀歌躑躅兮傷別
送行子之將遠看征鴻之消滅醉愁心於垂
楊隨柔條以糾結望夫君兮咨嗟橫涕淚兮
怨春華遙寄影於明月送夫君於天涯李太
白惜餘春賦　一迴長流而進濯鴛上彩以浮
梁雲濛濛兮杜與烟靄靄兮微陽進聘青帝
司晨女夷□□□稱吳歈蹀躞遷舞□□招
之華花發□□□□衣著氣暖平原香繁□浦
欲流片□之□未值風姨之妬恰遊蜂拾□
採珠寄采則□□□振羽鶯□樂之致懸匪一
望之可研類御傷于暮序或撫心於縱年□
何觸而非恨淚何人而不泉若闕妙之□□
□□□而傷宮中至如金屋椒壁□□□□
□有人兮□其中步徙倚兮私自憐嫌□□□
□□□□□□□□□□□□生而□□

艷朱脣輕黃罷額池桃空紫石苔長碧羊
車過而塵香鳳吹繁而院隔何遊絲之似繞
更落花之如櫛舞驚鴻其已細慰眞珠其奚
益乃天遠之鳳了適月竄之烏孫三月飛雪
萬里晝昏星懸漢影笳折胡魂駭驚沙之無
斷傷芳草之盡髮俗侏儒其難接色蕪絕而
不言登別館而凍雲集眺荒野而苦霧屯氊
鄉侍寢羶酪當飧臆中鵜鴂之觀夢裡蒼龍
之門睇故國兮無日知天子兮少恩亦有少
小容華生來婉弱笑非蔡而羣迷腰未楚而
先約芳菲菲而入宮黨訛訛其謠諑君意不
自堅君恩俄巳落脩成之肉可靡新人之鼻
幾斮鬼帝誰叩皇孫欲啄勢甚桅樵危踰巢
幕恒撫節而骨銷轉當春而神索別有便娟
銅雀妓漳水東來冩容媚俱照渚而成蓮谷
臨風而拂翠窅窱玉喉翩翻纖袂旋娟為之
氣奪洛珍因之色墜値君王之未疲泊賓筵
之半醉態轉裾廻魂挑眼刺雕閣黛浮璜臺
香賦守宮之血未乾辟寒之金爭餌痛尊酒
其寂寞空西陵之歌吹駘蕩青陽悽焉雪涕
況乃初歸瑤鏡慣畫青眉忽河關其遐別邈
州路而安之琅玕結意芍藥贈離舉卭郎之
翠袖泛蘭陵之淺卮君啼妾拭妾臂君持孤
舟尚纜短篷乍吹草縈情而磴礙柳帶恨而
橋垂寫素懷於石闕申舟裹於屢屢潤水波
兮代咽越鳥吟兮助悲故歡亮巳矣良晤終
何期及夫秦生赴掾細君未從君千里而問
子何二豎之留儂一則故廬善病一則天涯
浪蹤鑰茶夕冷杵藥晨春錦衾橫而鑪氣歇
華燈爍而樓影重冷琴心之別鶴妬鏡背之
蟠龍夢遙琴而難寄書促徃而忘封對此闗
闗鳩語灼灼花茸何嘗不拙簪覺短約帶憎

楊妃能舞　紅采讀詩　何必珍珠　慰寂寥　訛訛謠諑　漢廣川王姬因讒而死新人鼻　楚妃鄭袖事皇孫啄　趙飛燕事　十夫桃椎　魏武歌妓　秦生名嘉

鬆予美忘此誰適爲容是以新花新氣新景新愁固千悲而一族亦異感而同憂莫不寄微情于湘女結幽恨於靈脩豈與夫康娛漂綫流連任舟艶曲平原之第巧笑如皐之遊賈大夫事夜以繼日忽忽悠悠者哉重曰萊蘋既已廣紅蘭亦已長浩空江兮無人邈予心兮愴怳復遐矯兮先鳴撫歲華兮將徂寧攀雲際之瓊枝不願河洲之宿莽有韓娥者聞此辭乃抗音而奏陽春之歌歌曰魚漾濟兮鳥綿蠻逝白日兮銷朱顏蕩許春愁終不去解許春懷終不開詎怨多而心死直歡餘而淚斑欲知妾恨復誰是皺盡雙蛾不似山〔徐媛續思〕〔春賦〕

歌行

波瀲瀲兮依依孤村芳草遠斜日杏花飛江南春盡離腸斷蘋滿汀洲人未歸〔寇平仲〕

春向晚春晚思悠哉風雲日巳故花葉自相摧漠漠空中去何時天際來

春巳暮苒苒如人老映葉見殘花連天是青草可憐桃與李從此同桑棗〔劉禹錫〕

春風東來忽相過金樽淥酒生微波落花紛紛稍覺多美人欲醉朱顏酡青軒桃李能幾何流光欺人忽蹉跎君起舞日西夕當年意氣不肯平白髮如絲嘆何益〔李太白〕

雨微微烟霏霏小庭半折紅薔薇鈿箏斜倚畫屏曲零落幾行金雁飛蕭關夢斷無尋處萬疊春波起南浦凌亂楊花撲繡簾晚窗時有流鶯語〔張泌〕

詩五言

漢節梅花外春城海水邊〔杜甫〕

辛盤得春韭臘酒是黃柑〔蘇東坡〕

春生翡翠帳花點石榴裙〔李元紘〕

銀鞍白鼻騧綠地障泥錦細雨春風花落時麾鞭直就胡姬飲〔李太白〕

染雲爲柳葉剪水作梨花不是春風巧何緣有歲華〔王安石〕

北地凝陰盡千門淑氣新年年金殿裡寶字貼宜春〔王主〕

爲惜韶華去春深出禁幃撲將花底蝶舐爲妬雙飛〔商[illegible]〕

燕享商公仁如碧絲秦桑低綠枝當君懷歸日是妾斷腸漸漏暮安時春風不相識何事入羅幃〔李太白〕

春砌人三元宰落花梅飄零上鳳臺拂粧疑粉散逐溜似萍相開映日花光動迎風香氣來佳人早插髻試立且徘徊〔陳後主〕

寓思本多傷逢春恨更長露沾湘竹淚花墮越梅粧柳變加[illegible]傾歛艷觴後庭人不到斜月上松篁〔韋莊〕

聖后乘乾日皇朝御歷辰紫宮初啓坐苍璧正臨春雷雨垂膏澤金錢賜下人詔酺歡賞遍交泰覩惟新〔杜審言〕

桃李有奇質樗櫟無妙姿皆承慶雲沃一種春風吹美惡苟同歸喧囂徒爾爲相將任玄造聊醉手中卮〔歐陽修〕

力疾坐清曉來詩悲早春轉添愁件客更覺老隨人紅入桃花嫩青歸柳葉新望

鄉應未已四海尚風塵

宜宜甲子雨已度立春時輕箑煩相向纖絺恐自疑烟添纔有色風引更如絲直覺巫山暮兼催宋玉悲花飛有底急老去願春遲可惜歡娛地都非少壯時寬心應是酒遣興莫過詩此意陶潛解吾生後汝期

落日在簾鉤溪邊春事幽芳菲緣岸圃樵爨倚灘舟啅雀爭枝墜飛蟲滿院遊濁醪誰造汝一酌散千憂〔杜子美〕

徐步春園日風輕雲淡時嫩苔生翡翠新水映玻璨柳色頻經眼花香踏襲衣碧桃舒笑臉黃鳥自閑啼〔王荊石〕

前旦出園遊林華都未有今朝下堂望池冰開已久雪避南軒梅風催北庭柳遲呼竈前妾却報機中婦年光恰恰來滿甕營春酒〔王績〕

景爲春時短愁隨別夜長暫碁寧號隱輕醉不成鄉風雨曾通夕莓苔有衆芳落花如便去樓上即

河梁[illegible] 佳人眠洞房回首見垂楊
盡鶯鶯被春生玳瑁牀庭陰幕青靄[illegible]影散
紅芳寄語同心伴迎春且薄粧[illegible] 草
短花初拆苔青柳半黃隔簾春雨細高枕曉
鶯長無事含閑夢多情識異香欲尋蘇小小
何處覓錢塘[柳中庸] 生來怕春色春已十
分驕花笑文君黛鶯歌弄玉簫當壚挑過客
遊騎問歸樵後院焚香待清歌子夜調[illegible
公] 無人種春草隨意發芳叢綠遍郊原外
青同遠近中罩烟粘落絮和雨襯殘紅不辨
王孫去萋萋對曉風[illegible] 苔徑臨江竹茅
簷覆地花別來頻甲子歸到忽春華倚杖看
孤石傾壺就淺沙遠鷗浮水靜輕鸛受風斜
世路雖多梗吾生亦有涯此身醒復醉乘興
即爲家[杜子美] 太昊啓東節春郊禮青祗
鷹化日夜分雷動寒暑離飛澤洗冬條浮飈

解春漸采虹纓高雲文蛤鳴陰池冲氣扇九
垠蒼生衍四垂時至萬寶成化周天地機[張
協] 梅將雪共春彩豔不相因逐吹能爭密
排枝巧妬新誰令香滿座獨使淨無塵芳意
饒呈瑞寒光助照人玲瓏開已遍點綴坐來
頻那是俱疑似須知兩逼真熒煌初亂眼浩
蕩忽迷神未許瓊華比從將玉樹親先期迎
獻歲更伴占茲辰願得長輝映輕微敢自珍
[韓文 漸覺東風料峭寒青蒿黃韭試春
公] 七言 盤[東坡] 繡衣春當霄漢立綵服
日向庭闈趨 懶慢無堪不出村呼童自在
掩柴門蒼苔濁酒林中靜碧水春風野外昏
[杜子美] 芳草和烟暖更晴閑門要路一
時生年來箇點人間事唯有春風不世情[羅
鄴] 輕花細月滿林端昨夜春風曉色寒黃
鳥不堪愁裏聽綠楊宜向雨中看[宋邕] 五

陵年少金市東銀鞍白馬度春風落花踏盡
遊何處笑入胡姬酒市中[李太白] 春光冉
冉歸何處更向尊前把一盃盡日問花花不
語爲誰零落爲誰開 弱柳搖烟落絮輕綠
陰初長小池平杜鵑處處催春急不是東風
太薄情[程楷] 明月斷魂清靄靄綠蕪歸思
路迢迢人生莫遣頭如雪縱有春風亦不消
[illegible] 花事闌珊綠正肥傷春細減小腰圍
一聲杜宇前山暮風雨蕭蕭人不歸[宋之問]
西宮夜靜百花香欲捲珠簾春恨長斜抱
雲和深見月朦朧樹色隱昭陽 昨夜風開
露井桃未央前殿月輪高平陽歌舞新承寵
簾外春寒賜御袍 閨中少婦不知愁春日
凝粧上翠樓忽見陌頭楊柳色悔教夫壻覓
封侯[王昌齡] 腸斷春江欲盡頭杖藜徐
步立芳洲顛狂柳絮隨風舞輕薄桃花逐水

流[杜子美] 一片孤城萬仞山黃河直上白
雲間羌笛何須怨楊柳春光不度玉門關[王
之渙] 自有春愁正斷魂不堪芳草憶王孫
落花寂寂黃昏雨深院無人獨倚門[韋莊]
紗窗日落漸黃昏金屋無人見淚痕寂寞空
庭春欲晚梨花滿地不開門[劉方平] 白玉
堂前一樹梅今朝忽見數花開兒家門戶重
重閉春色緣何得入來[薛維翰] 銀屏繡褥
暗生塵御柳青青半是榛聞說上林花又老
重門深瑣不會春[江震] 重重簾幙颭亭
臺春到人間花自開時有落紅三四點隨風
飛過粉牆來[劉玉] 小雨如烟掩畫屏捲簾
忽見燕雙飛不知春色能多少總向昭陽柳
上歸[劉伯溫] 東風淡蕩落花稀墜素翻紅
暗著衣無奈春光自來去雙雙紫燕傍簾飛
[蘇佑] 七寶爲臺錦作幃會將金屋貯蛾眉

菱花玉鏡當年賜，春日緘愁不忍窺。【[illegible]】惜花無計可留春，倚遍闌干不見人。細雨霏霏長不寐，坐聽殘角兩三聲。夜深孤枕覺春寒，倦起羞將寶鏡看。最怕黃鸝相對語，惹人春思恨無端。【馬維銘】池塘嫩柳拂青苔，向曉梨花帶露開。蝴蝶似知春色好，噓風飛入畫樓來。東風吹雁各分飛，柳色青青戀夕暉。此去影娥池上月，照人千里一帆歸。【俱貞蘭貞】趙女乘春上畫樓，一聲歌發滿城秋。無端更唱關山曲，不是征人亦淚流。【王表】宮賜羅衣不賜恩，一薰香後一銷魂。雖然舞袖何時舞，長對春風挹淚痕。【周浚】烟籠寒水月籠沙，誰信流年鬢有華。燕子啣將春色去，夢中猶記咏梅花。【孫蕡】倚遍闌干惜暮春，片雲初霽月華新。紅粧夜着胭脂濕，渾似當年睡起人。【孫齊之】春殘何事苦思

劉公[illegible] 山平湖人公 諭德
孫公號西 菴無錫人 孫公號七

鄉，病裡梳頭恨最長。梁燕語多終日在，薔薇風細一簾香。【李易安】草香花暖醉春風，郎去西湖水向東。斜倚石欄頻悵望，月明孤影一雙鴻。終日尋春不見春，芒鞋踏破嶺頭雲。歸來笑撚梅花嗅，春在枝頭已十分。【尼智】杏豔桃嬌奪晚霞，樂遊無廟有年華。漢朝冠蓋皆陵墓，十里宜春下苑花。【唐彥謙】春風昨夜到榆關，故國烟花想已殘。少婦不知歸不得，朝朝應上望夫山。【盧汝弼】蝶原無意飛相逐，花似有情枝故撩。恨殺春閨嬌艷婦，如癡如醉度良宵。【[illegible]】拂旦雞鳴仙衛陳，憑高龍首帝城春。千官黼帳杯前壽，百福香奩勝襄人。山舄初來猶怯囀，林花未發已偷新。天文正樂韶光轉，試報懸知用此辰。【[illegible]】聞道春還未相識，走傍寒梅訪消息。昨夜東風入武陽，陌頭楊柳黃金色。碧水

政常熟人

浩浩雲茫茫，美人不來空[illegible]。片石與君連日醉壺觴。燕麥青青遊子悲，河堤弱柳鬱金枝。長條一拂春風去，盡日飄揚無定時。我在河南別離久，那堪坐此對窗牖。情人道來竟不來，何人共醉新豐酒。【李太白】春日春盤細生菜，忽憶兩京梅發時。盤出高門行白玉，菜傳纖手送青絲。巫峽寒江那對眼，杜陵遠客不勝悲。此身未知歸定處，呼兒覓紙一題詩。【杜子美】鶯啼燕語報新年，馬邑龍堆路幾千。家住秦城鄰漢苑，心隨明月到胡天。機中錦字論長恨，樓上花枝笑獨眠。為問元戎竇車騎，何時返旆勒燕然。【皇甫冉】金掩朱門白日長，晚風輕墮落梅粧。不如芳草情何限，只怪遊人思易傷。纔見早春鶯出谷，已驚新夏燕巢梁。相逢只賴如澠酒，一曲狂歌入醉鄉。【韋莊】荏苒紅黃夾道

斜，雙雙飛燕落誰家。青驄有路嘶芳草，玉女無情傍酒車。眼底逢人問折柳，意中携蝶解穿花。春風刺骨冰肌瘦，不惡神仙夢綠華。百花橋上渡橫塘，相近相親笑語香。趁得春風排翡翠，耐乘清夜奏宮商。緩歌玉樹翻新調，斜倚金鞍學醉粧。竹院寒潭共繫馬，[illegible]棲紅粉鬪群芳。香風百和趁花朝，弱質盈盈嘶馬驕。翩翩遊絲飄緲帶，依依官柳拂金鑣。行憐錦卉頻回首，步怯羅韉更助嬌。此日春光莫蚤歇，玉孫萬騎總蕭條。錦鞍玉勒玉花紋，耐可傷春春色分。細柳數行人似畫，天桃幾朵鬓生雲。逗遛猶怯霜蹄前，綷縩偏宜落日驅。笑問啼鶯歸去晚，平堤芳蓋刺羅裙。紫陌春和逆草生，吳姝結駟踏春晴。花溪半度深深見，柳巷斜臨款款行。寶髻堆雲旋綠鬢，朱顏映日衣羅輕。金鞭指點紅塵外，雙

聽[illegible]簫鼓【馬致遠】[illegible]鶯燕[illegible]
新錦衾角枕自傷神十年征戍深閨晚四季
懷人最惜春垂柳千條難繫馬飄風萬點正
芳菲封護不觀繁華色獨夢陽關一片塵【[illegible]】
【[illegible]】特爲春歸閉曉窗愁看香霧遶春江
低爭麗藻繁新花更逐輕風點客難尋沒
峰迷箇箇衙來乳燕坐簾櫳一年春事真
惜腰有香風護玉缸柔條弱帶總難持[illegible]
盡春光在此時香杳無心蝶夢舞輕隨
香味絲魂消難寄風前恨腸斷芳菲雨後風
自是愁人傷景暮況逢遊子客天涯【[illegible]】
深紅與淺紅名園火第暗芳叢作隨絮逐
依草忽向西飛又轉東嫩碧添蔭自張流
貴夜罷錦成空年年一度開還落始信情
剪末工【[illegible]】春風無力條斜新草綠
分一抹沙欲向王人借鋤揮掃關殘雪買
花【[illegible]】淡淡輕寒雨後天柳絲無力[illegible]
朝烟弄聲鶯舌于中巧著雨花枝分外新清
破舊愁憑酒醆卻除新恨賴詩篇年年未到
梨花月瘦不勝衣怯杜鵑【朱淑貞】裊裊東
風吹水國金鴉影暖南山北蒲抽小劍割湘
波柳拂長眉舞春色白銅堤下烟蒼蒼林[illegible]
細蕊參差香綠桑枝下見桃葉題看青雲空
斷腸【才調集】春風吹花落紅雪楊柳陰濃
啼百舌東家蝴蝶西家飛前歲櫻桃今歲[illegible]
鞦韆蹴罷鬢鬖髿粉汗凝香沁綠紗侍女[illegible]
知心內事銀瓶汲水煑新茶【劉兼妻】晝[illegible]
誰能任醉歌名園休暇好相過柳邊飛絮落
鶯亂花外遊絲罥蝶多近水岸平看耕[illegible]
叢篠欲捫蘿嚴城鼓角催人急留戀春光
奈夕何【方九功】流水飛香泛酒卮東風行
[illegible]

枝白雪正逢題鳳客會看[illegible]飛花時[illegible]
春色南山好明月清歌歸未遲東風綠草
到平臺小檻晴臨曲檻限月影上洲楊柳亂
露香沾酒杏花開佳人步郭逢君飲臥病憐
春強自來尋勝正當花度日蓮宮鶯蝶一[illegible]
回【倪曹大章】春盡烟消望欲迷更憐芳草
白凄凄龍沙此日無烽火鯨海何時罷鼓鼙
飛絮細沾花露濕遊絲斜趁樹雲低韶華對
爾慚無補東觀空燃太乙藜【袁玉[illegible]】小園
藏酒日經過滿目春光映綠莎桃李含情呈
笑靨柳榆獻媚綴晴螺鳥穿翠篠簧調舌魚
躍澄泉玉擲梭莫訝老夫頻命駕恐孤皓首
負陽和【王嘉臣】詞照野瀰瀰淺浪橫空隱隱層霄障
泥未解玉驄驕我欲醉眠芳草
可惜一溪明月莫教踏碎瓊瑤解鞍欹枕綠
楊橋杜宇數聲春曉【蘇東坡西江月】風作
起吹皺一池春水閑引鴛鴦芳徑裏手挼紅
杏蕊鬬鴨闌干獨倚碧玉搔頭斜墜終日
望君君不至舉頭聞鵲喜【馮延巳謁金門】
樓外東風到早染得柳條黃了低拂玉闌干
卻春寒正是困人時候午睡濃于中酒好
夢是誰驚一聲啼鶯【楊升菴昭君怨】吟罷池
邊楊柳酌盡幾壺春酒水面上風來吹亂一
天星斗消瘦消瘦已是憶人時候【陳道復如
夢令】春雨濛濛淡烟深瑣垂楊院煖風輕
扇落盡桃花片薄倖不來前事思量遍無
由見淚痕如線界破
殘粧面【[illegible]】

○正月斗柄建寅日在營室昏參中旦尾中月
[illegible]是月也天氣下降地氣上騰陰

陽和□草木萌動天子以元日祈穀於上帝乃擇元辰親載耒耜帥三公九卿諸侯大夫躬耕帝籍乃命有司布農事簡稼器修封疆端徑術善相丘陵阪險原隰土地所宜五穀所植以教道民必躬親之田事既飭先定準繩農乃不惑正月爲孟春孟陽孟陬上春發春獻春獻歲肇歲華歲芳歲又曰端月陬月

○占候得甲二日得甲爲上歲四日中歲五日下歲月內有甲寅米賤得辛一日旱二日小收三四日壬水麥半收五六日小旱七分收八日歲稔一云春旱不收占書一日麥收十分二日禾蠶收三日四日田蠶全收五日六日麻粟麥蠶半收七日八日旱禾麻麥粟少收絲貴得子歌云甲子豐年丙子旱戊子蝗蟲庚子亂惟有壬子水滔滔都在上旬十日看上旬十日若無子朝中大臣死一半○甲子虫災桑穀貴丙子旱戊子收庚子虎狼多壬子綿貴通書得寅甲寅穀畜貴丙寅油鹽貴戊寅壬寅穀先貴後賤庚寅穀畜貴得卯有三卯宜豆無則旱種禾一云一日得卯十分收二日低田半收三四日大水五日大日半收七日八日春澇全收乙卯荆楚米貴丁卯周秦米貴己卯燕趙米貴辛卯韓魏米貴癸卯宋魯豆貴得辰一日雨多二日風多

先旱半熟低田全收七月雨多麻豆全收三日雨晴勻四日收七分五日歲稔六日大稔七日水損田蕎麥收八日先旱後澇九日大麥收仲夏水災十日旱禾半收十一日五穀不收冬大雪十二日冬大雪五穀收得申甲申五穀收丙申穀損蟲食菜戊申六畜災壬申澇得酉一日二日大豐三日四日民安五日至十日中歲民不安十一十二日歲大熟一云乙酉荆楚吉丁酉周秦吉辛酉韓魏吉癸酉齊魯吉己酉燕趙吉子卯亥月內有三子葉少蠶多無三子則葉多蠶少有三卯則早豆收無則少收有三亥主大水一云正月得三亥湖田變成海在正月節氣內方準詳周益公日記八占一日雞天晴人安國泰二日犬晴主大熟三日猪晴主君安四日羊晴主春暖臣順五日馬晴明四望無怨氣六日牛晴明日月光明大熟七日人晴明民安君臣和八日穀夜晴五穀熟所值之日晴暖則安泰蕃息風雨寒慘不吉東方朔占書元旦值甲穀賤人疫乙穀貴民病丙四月旱丁絲綿貴戊米麥魚鹽貴己米貴蠶傷多風雨庚田熟民病金鐵貴辛米平麥麻貴壬絹布豆貴米麥平癸壬禾傷多雨人民死一說元日值戊壬春旱四十五日上元初日占百果中日占晚稻末日占早稻占穀旦至食爲麥食至日昳爲稷昳至餔爲黍餔至下餔爲菽下餔至日入爲麻欲終日有雨有雲有風有日日當其時者深而多實無雲有風日當其時淺而多實有雲風無日當其時深而少實有日無雲風當其時者稼有敗如食頃小敗熟五斗米頃大敗風復起有雲其稼復起

群芳譜　卷一　歲譜　二十六

各以其時用雲色占種其所宜其日雨雪若寒歲惡

聽聲 元旦聽人民之聲聲宮則王歲善吉商則有兵徵旱羽水角惡【呂覽】凡聽聲徵如負豕覺駭羽如鳴馬在野宮如牛鳴窌中商如離群羊角如雉登木以鳴此言呼以聽土地之音非謂他音皆然也聲合乎五音聽其首聲協而詳之也【管子】

雉登木鳴音嘐以清

占土牛 頭黃主熟又專主菉麥大熟青春多瘟赤春旱黑春水白春多風身主上鄉蹄主下鄉田家以此占頗驗

驗水 元旦至十二日每日取水一瓶秤之一日主正月二日主二月其日水重則其月雨多輕則少

占火 初一五鼓東高長草把燒之名照庭火伺火燒將過看向何方倒所向之方其年必熟乃以大椽重舉拋丟聽其聲則衆和曰一跌田禾盛茂二跌五穀滿倉三跌六畜成群四跌人口和平如此隨口說不拘幾跌

驗牛 元日牛俱卧則苗難立半卧半起歲中平俱立則五穀熟他如響卜紫姑之類往往有驗

○**種植** 大麥　豌豆　杏　芋

移栽 地棠　紫薇　梔子　白薇　木香　玫瑰

銀杏　櫻桃　錦帶　榆　栢　臘梅
金雀　木蘭　椤　松　槐

貼接 梅

黃薔薇

插壓 木樨　杜鵑

壅培 石榴　海棠　梨

澆灌 桃　李

瑞香　杏

整頓 燒荒田　理蔬畦　耕禾地　葺室宇　燒苜蓿根　甕瓜畦　整農具　糞田畝　築墻堵　理籬塹　脩花圃

脩樹 諸果樹修去低小亂枝勿分木力則結子肥大

稼樹 元旦五鼓以斧斫諸果樹則結子繁而不落辰

群芳譜　卷一　歲譜　二十七

[illegible]李樹[illegible]以石[illegible]安丫中堆根下則結子繁

[illegible] 元旦[illegible]燒火照諸樹無蟲此時蟲尚未自凡果茶蘼枝皆蟲所穴宜生之

收採 [illegible]石　菊根[illegible]

天火[illegible]飛蓬已[illegible]

○**[illegible]** 元旦三更先當厨迎祀竈神畢乃貼[illegible]符書漸耳畫重明鳥及貼門神鍾馗於門以辟一年邪祟設香燭酒果供獻於天地前五更家長率合家焚香祈荅上帝發祭平日供祀神祇以祈一年之安用牲醴享祀祖考畢於家堂叙長幼坐自少至長各飲屠蘇酒三盃食馬齒莧數筯以祛一年不正之氣天明祭農家所司六畜之神以祈一年蕃息再取犁耙蓑笠之屬祭以雞豚以祈一年吉利乃設餚饌餛飩自幼至長稱觴慶祝盡飽而休以取一年快樂【神隱】

正月之吉始和布治于邦國都鄙乃懸治象之法于象魏使萬民觀治象浹日而斂之【周禮】

天子以孟春上辛日于南郊總受十二月之政藏于祖廟月取一政頒于明堂【唐禮樂志】

堯在位七十年有秖支國獻重明鳥一名雙睛狀如雞鳴似鳳時解落毛羽肉翮而飛能搏逐猛獸虎狼使妖災群惡不能為害飴以瓊膏或一歲數來或數歲不至國人莫不掃灑門戶以望重明之集其未至時國人或刻木或鑄金為此鳥之狀置于門戶間則魑魅醜類自然退伏今人每歲元日刻木鑄金或畫雞於此

孟春四日祀戶

安定郡王立春日作五辛盤

立春日黎明有司為壇以祭先農官吏各具彩仗擊土牛者二以示勸農之意【[illegible]錄】

立春日剪彩為燕戴之

荆楚歲時記 北朝婦人於立春日進春書以青繒為幟刻龍像銜之 酉陽雜俎 江南風俗于正月二十日為天穿日以紅絲縷繫煎餅置屋上謂之補天漏 立春之日迎春于東郊祭青帝句芒車旗服飾皆青歌青陽八佾舞雲翹之舞 漢郊祀志 景龍四年正月八日立春上令侍臣迎春內出彩花樹人賜一枝令學士賦詩 唐制立春賜三省官彩勝有差 文昌雜錄 立春日自郎官御史寺監長貳以上皆賜春幡勝以羅為之親王宰執近臣皆賜金銀幡勝入賀訖戴歸私第士大夫家剪彩為小幡綴于花枝之上或剪春蝶春錢春勝以為戲 夢華錄 東坡立春日亦簪幡勝 春社日以諸肉雜調和鋪飯上謂之社飯 戴憑習京氏易為侍中正旦朝賀百僚禮畢光武命群臣能說經史更相詰難義有不通者奪其席以益通者憑遂重五十餘席京師語云解經不窮戴侍中 東觀漢記 魏鄭公徵嘗出行以正月七日謁太宗太宗勞之曰卿今日至可謂人日矣 京城街道有執金吾曉暝傳呼以禁夜行唯正月十五夜敕許弛禁前後各一日謂之放夜 西都雜記 開元十八年正月望日帝謂葉法師曰四方之燈何處最勝對曰無踰廣陵帝曰何術以觀之師曰可俄而虹橋起于殿前[illegible]橋成但無回顧於是帝步而上太真及高力士黃幡綽樂官數人[illegible]廣陵[illegible]陳設之盛燈火之光[illegible]華麗皆仰望曰仙[illegible]五色雲中[illegible]師因請敕伶官奏[illegible]一曲[illegible]後數日廣陵果奏云[illegible]正月十五夜[illegible]於長春殿臨光宴白鷺轉花黃龍吐水金鳧

銀燕浮光洞擐星明皆燈名奏月光分撒閣江紅荔枝千萬顆令宮人爭拾多者賞以紅圈帔綠暈衫 影燈記 正月望日祭門先以楊枝插門隨枝所指以酒脯飲食及豆粥插箸而祭 歲時記 韓國夫人置百枝燈樹高八十丈豎之高山元夜燃之百里皆見光明奪月 開元遺事 唐睿宗先天二年十五十六夜上御安福門外作燈輪高二十丈衣以錦綺飾以金銀燃燈五萬盞望之如花樹宮女千數耀珠翠施香粉又妙簡長安年少婦女千餘人衣服花釵稱是於燈輪下踏歌三日 朝野僉載 狄青宣撫廣西時儂智高守崑崙關青至賓州值上元大張燈燭首夜享將佐次夜宴從軍官一鼓青稱疾輒起令孫元規暫主席數使人勞坐客至曉各未敢退忽有馳報曰是夜三鼓已奪崑崙關矣 筆談 宋至道元年燈夕太宗御樓時李文正公昉以司空致仕家居上以安輿召至賜坐數對明爽精力康勁上親酌御罇飲之選肴核之精者賜焉謂侍臣曰昉可謂善人君子也事朕兩入中書未嘗有傷人害物之事宜有今日因賜詩 宋仁宗正月十四日御樓遣中使傳宣從官曰朕非好遊觀與民同樂耳 [illegible]錄 黃帝時有神荼鬱壘二神于度朔山東鬼門桃樹下執無道之鬼縛以葦索以飼虎故畫其形于桃板上置之門戶間 晉帝問董勛禮俗對曰一日雞至七日人正旦畫雞貼門七日貼人于帳今俗一日不殺雞二日不殺狗七日不行刑此日晨至門前呼牛羊雞畜令來乃[illegible]灰撒之宅內以厭之 [illegible] 正月人日富登山眺遠 [illegible]人日命群[illegible] 正旦

[illegible]以鷄之[illegible]
以[illegible]伏[illegible]日是月上氣上升草木萌動[illegible]
晦[illegible]豕五穀故食之以助生氣【[illegible]】
【[illegible]】道州有舜祠每元日山狙千百群𨚗[illegible]
跳躍五日乃去猿亦如之三日乃去【稗史】
元日食膠牙餳取膠固之義【金門歲節】 洛
陽人家正旦造絲雞蠟燕粉荔枝【荊楚記】
元日賜銀旛蘇東坡云朝回兩袖天香滿頭
上銀旛笑阿咸又云年年旛勝剪宮花 元
日進椒酒次第從少至老今屠蘇其遺意也
唐孫思邈有道術作菴名屠蘇除夕遺閭里
藥囊浸井中元旦取置酒中名屠蘇酒合家
飲之不染瘟疫謂屠絕鬼氣蘇醒人魂 劉
謂能見鬼以正旦至市見一書生入市衆鬼
悉避劉謂書生曰子有何術致此書生云我
本無術出之日家師以一丸藥絳囊裹之令

群芳譜 卷一 歲譜 三十

以繫臂防惡氣耳于是劉就書生借此藥至
所見鬼處諸鬼悉走所以世俗行之 吳人
王成夜見一人立宅東南角謂成曰此地是
君蠶室我即此神明日正月半宜作白粥泛
膏于上以祭我必當令君蠶桑百倍言訖失
所在如其言祀之大得蠶 人日食七種菜
表剪彩勝爲人或鏤金爲人貼屏風戴頭髻
或以相遺取迎新之意【荊楚歲時記】 元宵
三夜放燈起唐玄宗開元年間謂天官好樂
地官好人水官好燈上元乃三官下降之日
故從十四至十六夜放燈後增至五夜【七修
類稿】 陳文惠公任開封府爲政一以誠信前
此正月放燈則籍惡少年禁錮之歲以爲常
公獨召諸少年諭曰尹以惡人待汝汝安得
爲善吾以善人待汝汝其爲惡耶因盡縱之
凡五夜無一人犯法者 天街觀燈武林舊

事自正月十三日起至十七日止滿城大小
人戶跨街以竹棚懸挂彩燈輝煌映月燦爛
搖星鼓吹烟火達旦不絕 上元張燈太平
御覽所載史記樂書曰漢家祀太乙以昏時
祠到明今人正月望日夜遊觀燈是其遺事
而今史記無此文唐韋述兩京新記曰正月
十五夜勅金吾弛禁前後各一日以看燈本
朝京師增爲五夜俗言錢忠懿納土進錢買
兩夜如前史所謂買宴之比初用十二十三
夜至崇寧初以兩日皆國忌遂展至十七十
八夜予按國史乾德五年正月詔以朝庭無
事區宇乂安令開封府更增十七十八兩夕
然則俗云因錢氏及崇寧之展日皆非也大
平興國五年十月下元京城張燈如上元之
夕至淳化元年六月罷中元下元張燈【洪邁】
正月元會設白獸樽于殿庭樽蓋上施白

群芳譜 卷一 歲譜 三一

獸若有能獻直言者則發樽飲酒【晉樂志】
戚夫人侍高帝常以正月上辰出池邊盥濯
食蓬餌以祓妖邪 安定皇甫嵩眞玄菟曹
元理並明筭術皆成帝時人眞常自筭其年
壽七十三至綏和元年正月二十五日晡死
書其壁以記之至二十四日晡時死其妻曰
見眞筭時長下一筭欲以告之慮脫眞旨故
不敢言今果較一日【西京雜記】 漢武帝常
以正月殺梟爲羹以賜群臣食之云使天下
之人知殺絕其惡類也【金門圖記】 元日
向辰至門前呼牛馬六畜【五行書】 邯鄲民
以正朝旦獻鳩于簡子簡子大悅厚賞而放
之曰正旦放生示有恩也客曰得賞競捕之
不如不賞之愈也又地理志滎陽有厄公井
沛公避項羽雙鳩集井上救漢時正旦放鳩
獻雀 北齊正旦會侍中黃門郎宣詔勞諸

郡士計勞訖遣紙陳事宜序有脫誤者罰
席書迹濫劣者令飲墨水一升文理孟浪者
奪容刀及席〔俱西京雜記〕 元日食五辛以
練形以助五臟〔風土記〕 楚伯符爲豫州刺
史立義樓每至元日人日七日月半乃于樓
上作樂樓下男女盛飾遊看作樂〔壽陽記〕 唐
人日作煎餅于中庭謂之熏天〔述征記〕
有虛耗小鬼空中竊取人物終南山進士鍾
馗能捉之刳其目劈而啗之故正月圖之厭
鬼 西方深山中有人長尺餘喜犯人則病
寒熱名曰山臊以竹著火中爆烞聲山臊驚
遁 高陽氏子好衣敝食糜正月晦日巷死
世人于是日作糜棄破衣祝
于巷曰除貧鬼〔四時寶鑑〕

○麗藻散語 三之日于耜〔詩〕 三始如淳〔總宣〕
攝提貞于孟陬〔楚詞〕 招搖東
指〔淮南子〕 三微月令陽氣始施萬物始動
〔□□〕 孟春之月惟氣權輿和氣初動有
椽其舒〔梁文帝〕 七十二候之初三百六旬
之首 律緩而池氷銷玉風和而園柳綻金
飲竹葉之一觴粧梅花之滿面〔韓鄂〕 日往
月來元正首祚太簇告辰微陽始布聲無不
宜和神養素〔王羲之〕 翼翼京邑巍巍紫極
庭燎光舒華燈火熾俯而察之如亢燭龍而
炤玄方仰而觀焉若披 北斗周天送玄冥
丹霞而鑒九陽〔傅玄〕 啟 之故節東風拂地
啟青陽之芳辰梅花舒兩歲之裝柏葉泛三
光之酒飄颻餘雪入簫管以成歌皎潔輕氷
對蟾光而寫鏡歡想足下神遊書帳性縱琴
堂談叢發流水之源筆陣引崩雲之勢昔時
文會長思風月之交今日言離永嘆參商之
隔但某執鞭竊品辭廢流沉形南畝之間

滯迹東皐之上長懷盧鶴聊此愚衷謹
憑黃耳之傳佇望白雲之信〔昭明太子〕 歲
帝握千秋曆天開萬國歡鶯花周正月簪大
漢長安長安正月璇璣正萬戶陽春布天令
新歲風光屬上元中原物力方全盛五都萬
寶集燕臺航海梯山入貢迴白環銀甕蘇方
至翡翠明珠萬里來簾幕千門凝瑞藹當天
片月流光彩十二樓臺天不夜三千世界春
如海萬歲山前望翠華九光燈裏簇明霞六
宮盡罷魚龍戲千炬爭開菡萏花六宮千炬
紛相似星橋直接銀河起赤帝真乘火德符
玉皇端拱紅雲裏燈烟散入五侯家炊金饌
玉鬭驕奢妝燼蘭膏九微火珠簾繡幌七香
車長安少年喜賓客馳驚東城復南陌百萬
縱博輸不辭十千沽酒貧何惜夜深縱酒復
徵歌歸路曾無醉尉訶六街明月吹笙管十
里香風散綺羅綺羅笙管春如繡窮簷蔀屋
寒如舊誰家朝突靜無烟誰家夜色明如畫
夜夜都城望月新年年郡國告災頻願將
光明燭普照氷天桂海人〔瞿琢菴〕 風吹一
夜西湖雪湖上桃花鬱不發蜿蜒六橋玉作
堤參差三竺銀爲闕新晴破霧不可狀千峰
萬峰列屏障空青倒浸湖水澗石徑斜盤龍
井上龍井流泉汩汩鳴欹簾帷石片雲生雪
裏探奇探不足還過烟霞與石屋穴空返照
西巖紫林深烟暝南屏綠黃昏擊柝生暮寒
何處吹簫度新曲六出九枝光鬭妍千門萬
戶火燻天複閣平鋪白玉花孤城乍湧黃金
盤複閣孤城何巑岏白玉黃金爭皎潔疏星
離離芒欲垂急管嘈嘈悲乍咽如花少女嬌
輕盈映雪王孫馬蹀躞少女王孫綵袖聯壚
頭陌上面相憐壚頭俠客遺金彈陌上妖姬

落蕊飄出鐵蟾光明月舞雪迴風蝶
近水人家盡捲扉極浦漁燈半明蔽朝遊龍
井暮虎林扶桑月出日西沉宋家慶闕褰華
深岳噴風木號怒陰作喧作寂不可尋問君
底事勞奔走逢時無如開笑口人生百
歲真可哀百歲觀燈能幾回【于若瀛】 詩五
言 九陌連燈影千門慶月華 紅入桃花嫩
青歸柳葉新 酒壚先疊鼓燈市早投瓊
葦桃猶在戶椒柏已稱觴歲美風先應朝
回日漸長【蘇頲】 帝宮通夕燎天門拂曙開
瑞雲生寶鼎榮光上露臺【蕭慤】 問春從此
去幾日到秦原憑寄還鄉夢殷勤入故園【[illegible]】
【宗元】 曉日千門啓初春入舍歸 贈蘭閨宿
昔談樹隱芳菲【沈佺期】 入春纔七日離家
已二年人歸落雁後思發在花前【薛道衡】
小雨暗人日春愁連上元水生桃葉渚烟濕

落梅村【蘇東坡】 元日到人日未有不陰時
氷雪鶯難至春寒花較遲雲隨白水落風振
紫山悲蓬鬢稀疎久無勞北素絲【杜子美】
九陌連燈影千門遍月華傾城出馬騎匝路
轉香車爛熳惟愁曉周旋不問家更聞清管
發處處落梅花【郭利貞】 月上九門開星河
繞露臺君方梳中夢我亦化人來光動星毬
纈香餘步輦回相從穿萬馬衰病若爲陪
人日傷心極天時觸目新殘梅詩興晚細草
夢魂春桃菜年年俗飛蓬處處身蓁順頻雨
及髩鬅見東津【陳蘇軾】 火樹銀花合星橋
鐵鎖開暗塵隨馬去明月逐人來遊妓皆穠
李行歌盡落梅金吾不禁夜玉漏莫相催【蘇
味道】 元日王正月傳呼曉叕班千官齊鵠
立萬國候龍顏瑞色旌旗入衡星鏘佩還
曡影無乃倦幾欲問嘗膽【許景陽】 火樹迎龍

萌燭花繞鷲峰流入高宴會春簫鼓過連開
度銀河上窓含宵月重九衢風起夜處處有
歌鐘【衛】 十方桂[illegible]
【景明】 七言 千門曉萬斛蓮花一夜開
知年紀偏應少先把屠蘇不讓春倘更數年
逢此日還應惆悵羨他人 老病行穿萬馬
群九衢人散月紛紛歸來一點殘燈在猶有
傳柑遺細君【蘇東坡】 端門魏闕爵崢嶸
火城中輦路平不待上林鶯百囀教坊先已
進新聲【張少遊】 魚龍曼衍六街呈金鎖還
宵啟玉京冉冉遊塵生輦道遲遲春箭入歌
聲寶坊月皎龍燈淡紫管風微鶴焰平宴罷
南端天欲曉回瞻河漢尚盈盈【夏英公】 青
帝東來日馭遲煖烟輕逐曉風吹罽袍公子
樽前覺錦帳佳人夢裡知雪圃乍開紅菜甲
綵旛新剪綠楊絲殷勤爲作宜春曲題向花

殘帖纖楷【韋莊】 雪消華月滿仙臺萬燭當
樓寶扇開雙鳳雲中扶輦下六鼇海上駕山
來鎬京春酒霑春宴汾水秋風陋漢才一曲
昇平人盡樂君王又進紫霞杯【王珪】 此日
此時人共得一談一笑倍相看樽前柏葉休
隨酒勝裡金花巧耐寒佩劍衝星聊暫拔匣
琴流水自須彈早春重引江湖興直道無憂
行路難【杜少陵】 高列千峰寶炬森端門方
喜翠華臨宸遊不爲三元夜樂事還同萬衆
心天上清光留此夕人間和氣閣春陰要知
盡慶華封祝四十餘年惠愛深【蔡君謨】 喜
近元宵雪更晴千門翠竹結高棚珠簾半捲
將團月玉指初調未合笙新放華燈連九陌
舊傳金鑰啓重城少年結伴嬉遊去遮莫雞
聲下五更【[illegible]】 燈光漸比夜來饒人海
蟲龍混暮潮月照梅花青鎖闥烟籠楊柳赤

翩躚鈿車過步拋綵樂寶聯連袂還天五更
約更深歸及早大家明日看通宵【十四夜】
一派春聲送管絃九衢燈燭上熏天風回簫
背星毬亂雲散魚鱗璧月圓逐隊馬翻塵似
海踏歌人盼夜如年歸遲不屬金吾禁爭覓
遺簪與墜鈿【十五夜】　次第看燈俗舊傳賞
箏重按十三絃人心未必今宵異兎魄還如
昨夜圓尚覺繁華誇樂土何須廣樂聽鈞天
追隨獨羨兒童健盡對梅花憶往年【十六夜】
繡簾窣地護輕寒明月來遲鳳蠟殘風掃
烟花春爛熳雲沉星斗夜闌珊醉歸馬鐙還
家去誰抱龍香隔夜彈試看燒燈如白日驚
山無影黑漫漫【十七夜與劉郡丞】　長安燈
燭接烟霄小酌清談興自饒人世幾能兼四
美月華況不減元宵九衢羅綺驕春色萬戶
笙歌託聖朝乍似火城催劍佩曉來轉覺漢

宮還【同孫巖十八夜】　雲霞駘蕩曉光和
手折梅花對酒歌暮齒不嫌來日短霜鬚較
似去年多東風漸屬青陽候流水微生綠玉
波鳥弄新音晴晝永相看不飲奈春何【文徵
明】　勞生九十漫隨緣老病支離幸自全百
歲幾人登耄耋一身五世見曾玄祇將去日
占來日誰謂增年是減年次第梅花春滿目
可容愁到酒樽前【前人】　空庭草色映簾明
短鬢春風細細生簷溜收聲殘雪盡香花落
几曉寒輕非賢寧畏蛇年至多難欣占穀日
晴詩思攪人眠不得山禽喔角有新聲【前人】
東風依舊是天涯坐對椒盤領花鬢鬭
未曾瞻日表半生眞覺負年華宦情老去仍
憂國客况閑來倍憶家稍喜青春堪作伴故
山還指海邊霞【馬孫恭】　及時膏雨已闌珊
輦道春泥未乾白面郎君金鞭過紅妝人

揭繡簾看管絃沸月華和氣靄火城空春夜
寒咫尺鳳樓開雉扇玉皇仙仗紫雲端　軒
后凝圖玉律懸蓂增授節下堯天乾坤更記
頒正月宇宙爭傳曆萬年過汾河陽春聯紫極
廻看象緯麗璇編皇輿此日宜無外共慶神
功格上天【陶石簣】　千戶鼇山百队堤六龍
飛共五雲齊笙簫響振鈞天樂燈燭光涵太
乙藜賜荔亂拋金闕下傳柑紛出御城西
臣目極宮墻斷瓊樹瑤
花思轉迷【[illegible]元宵】詞　簾幕東風寒料峭
雪裏香梅先報春
來早紅蠟枝頭雙燕小金刀剪綵呈纖巧
旋煖金爐熏蕙藻酒入橫波困不禁煩惱纖
被五更春睡好羅幃不覺紗窗曉【歐陽永叔】
【憶仙姿】　一夜東風不見柳梢殘雪御樓烟煖
對鼇山綵結簫鼓向晚鳳輦初回空闕千門
燈火九逵風月　繡閣人人乍嬉遊困又歇

豔妝初試把珠簾半揭嬌羞向人手撚玉梅
低說相逢長是上元時節【[illegible]傳言玉女】
紫禁烟花一萬重鼇山宮闕隱晴空玉皇
端拱彤雲上人物嬉遊陸海中　星轉斗驚
回龍五侯池館醉春風而今白
髮三千丈愁對寒燈數點紅
○二月斗柄建卯日在奎昏弧中旦建星中日
月會於降婁是月也日夜分雷乃發聲始電
蟄蟲啟戶是月也安萌芽養幼少存諸孤擇
元日命民社耕者少舍乃修闔扇寢廟畢備
勿作大事以妨農是月曰仲春亦曰仲陽如

月令月社無定日春社常在二月秋社常在八月自立春後五戊爲春社立秋後五戊爲秋社群書要語擇元日命民社如戊日立春立秋本日不筭左昭二十九年晉太史蔡墨曰共工氏有子曰句龍能平水土故祀以爲社禮祭法共工氏之覇九州也其子曰后土能平九州故祀以爲社姚令威叢語又以杜詩社日用伏日事爲誤然觀史記年表秦德公始用伏日祠社則知社伏原自同日至漢方有春秋二社與伏分也

○占候驚蟄值朔日主蝗災 春分值朔日歲歉米貴 社在春分前主歲豐在春分後主歲惡諺云社了分米穀如錦墩分了社米貴遍天下 二月二日見冰主旱

○種植穀 黍 稷 蜀秫 韭 椒 葱 夏蘿蔔 梨 瓠子 王瓜 絲瓜 菠菜 苦蕒 莧宜晦日 山藥 萵苣 稍瓜 茼蒿 生菜 茄 冬瓜 紫蘇 四月荅 西瓜 香芋 銀杏 十樣錦 落花生 芝麻 [illegible] 枸杞 剪春羅

黃精 決明 萱草 山丹 蜀葵 罌粟 茶蘼 [illegible] 桑椹 紅花 麗春 黃葵 金錢 剪秋羅 金鳳 絡麻 老少年 移栽草 蘇子 映山紅 茄 萵苣 各色藤菜 甘露 雪梅堆 栗 百合 苦蕒 薤 石榴 十姊妹 慈菰 木瓜 茱萸 甘菊 松 梧桐 葡萄 薄荷 黃精 牛旁 槐 紫荊 木槿 芙蓉 萱花 凌霄 杜鵑 桑 海棠 山茶 玉簪 迎春 玫瑰 菊 石竹 望江南 貼接桃 李 梨 花紅 苧麻 芭蕉 梅 杏 柑 海棠 丁香 柿 石榴 芙蓉 梔子 梨 栗 桑 插壓葡萄 瑞香 木槿 薔薇 壅培木樨 灌溉櫻桃 橙 芍藥 牡丹 橘 瑞香 收採蔞蒿 蕨芽 板蕎蕎 筆管菜 白芨 薺菜 百合 馬蘭頭 蠶豆苗 甘遂 薯蕷 王不留行 黃精 榆皮 人參 枸杞 蒲公英 黃蘗 雲母 薹菜 白石英 石葦葉 白芷 白蘞 甘草 紫石英 狼毒根 麝香 豬苓 地黃 金銀花 麥門冬 白朮 當歸 知母 天門冬 苧根 牛膝 香附 茯苓 茯神 黃連 狗脊 藁本 木香根 升麻 黃芩 紫苑 萆薢 金雀花 前胡 防巳 大黃 巴戟天 秦皮 地榆 天雄 杜仲 丁香 柴胡 楝實 蓬蒿 整頓去樹裹 架葡萄 桂皮 虎杖 田忌天火卯 地火酉 九焦丑 黃忌戌

○典故 卯冒也[illegible]形故二月爲天門[illegible] 宮獻種稑之種于王〔周禮〕 歲二月東巡狩至于岱宗柴望秩於山川肆覲東后五玉三帛二生一死贄協時月正日同律度量衡修五禮如五器卒乃復〔舜典〕 仲春擊土鼓龡豳詩以逆暑〔周禮春官〕 僖五年正月辛丑朔（自[illegible]）日南至公既視朔遂登觀臺以望而書禮也〔左傳〕 凡分至啓閉必書雲物爲備故也〔左傳〕 唐李泌奏曰以正月晦爲節非也請以二月朔爲中和節因賜民間以青囊盛百穀瓜李果種相問遺號獻生子令百官進農書以示務本 是月也毋竭川澤毋漉陂池毋焚山林〔月令〕 二月降鷲〔大戴禮〕 二月祭鮪魚〔大戴禮〕（降下也） 望杏而耕 二月上丁日釋奠孔子（鮪乃[illegible]） 〔唐禮儀志〕 命大師陳詩以觀民風〔禮〕 開（至者[illegible]）

群芳譜 卷一 歲譜 四十

元十九年始置太公尚父廟仲春上戊祭制（以杏花[illegible]）如文宣王以古名將爲十哲〔唐史〕 二月初（爲候恐濕）旬令百官休日選勝行樂〔唐制〕 仲春獻鳩（氣未達也）于國老 驚蟄日以石灰摻門墻壁下除諸（鳩不[illegible]）蟲蟻 古者冠以仲春成王冠周公使（生氣）祝雍祝王曰使王近于民遠于年嗇于時惠于財親賢使能以承皇天嘉祿〔大戴禮〕 司烜以木鐸修火禁于國中用火之處及避風（季春將出火也）燥而防之 媒氏仲春令民會男女奔者不（火也）禁〔禮〕 二月之夕女夷鼓歌以司天和以長（奔者爲[illegible]）百穀禽獸草木〔淮南子〕 二月十五日爲花（浃而奔者）朝爲撲蝶會蜀人又以是日鬻蠶于市因作（禁）樂縱觀謂之蠶市 舜中和節王公戚里上（女夷春夏）春服士庶以刀尺相問遺〔唐紀〕 日夜分則（長養之神）同度量鈞衡石角斗甬正權概〔禮月令〕 日（甬斛也概）[illegible]之行也分同道也左傳注云日夜等故曰（執以平量）

上述 玄鳥氏司分者也〔左傳〕 日中星鳥（務[illegible]）以殷仲春厥民析鳥獸孳尾〔虞書〕 鶗鴂鳥（玄鳥燕也）名鶻西曰巧婦鶻東曰鶗鴂春分鳴則衆芳（春分來秋）生秋分鳴則衆芳歇服虔曰鶗鴂一名鵙即（分去）伯勞也〔唐韻〕 是月也玄鳥至至之日以太（日中者春）牢祠于高禖注云燕以施生時巢人堂宇而（分五十刻）生乳秋分歸春分至古者以其至之日祠高（於冬夏爲）禖之神以祈嗣也〔月令〕 震東方也王春春（中也星鳥）分日出青氣出東震此正氣也〔易通卦驗〕（者鶉火爲）封人掌設王之社壝爲畿封而樹之〔周禮〕（春分昏之）小宗伯社之日涖卜來歲之稼若家有大故（中星是也）則令國人祭〔周禮〕 社土地之主也土地濶（壝在中其）不可盡祭故封土社以報功也〔孝經緯〕 郊（外爲畿）特牲社供粢盛所以報本反始也〔禮〕 先王建社遂藝樹立壇〔淮南子〕 村社作中和酒祭勾芒神以祈年穀〔歲時記〕 春官舞師教帗（帗舞以五）

群芳譜 卷一 歲譜 四十一

舞帥而舞社稷之祭祀〔周禮〕 春官鬯人掌（色繒雜爲）共秬鬯而飾之凡祭祀社壝曰大罍〔周禮〕（之乃舞者）二月祀大社之日薦韭卵于祖禰〔禮〕 社日（所執）四鄰並結綜會社爲屋于社下先祭神然後（社祭土用）享其胙〔歲時記〕 天子大社以五色土爲壇（大罍以盛）封諸侯者取方面土苴以白茅授之各以其（出于土也）方色立社于其國故謂之授茅土〔漢書〕 漢高祖初起禱于枌榆社四年詔御史治枌榆社春秋以羊彘祠之及高祖即位因太上皇思故豐里乃置新豐縣徙故豐人實之故曰新豐并移枌榆舊社衢衞棟宇一如豐里舊鬭雞雞太混放亦知其家焉〔通典〕 洪武三年二月朔日于東郊〔宋律志〕 嘉靖九年二月始祈穀于南郊〔同上〕 王者爲群姓立社曰大社自立社曰王社諸侯爲百姓立社曰國社自立社曰侯社大夫以下立社曰置社

王者諸侯所以立社稷者爲萬人求福報功
土[illegible] 社必受霜露風雨以達天地之氣也
[illegible]地也[illegible]蓋所以報本返始 史記
[illegible]稷因而祭社稷也 良耜秋報社稷也
[illegible]豐閼京社周治鄉黨之歡 唐高祖
[illegible]命 不用命戮于社 注云社主
[illegible] 事云社公社母不食舊木故社
[illegible]有雨謂之社公雨 漢高祖令州縣以
春二月及臘祀社稷以羊豕 [illegible] 社日祭
五穀之神 [illegible] 里中社陳平爲宰分肉甚
均父老曰善乎陳孺子之爲宰也平曰使我
得宰天下亦如是肉矣 漢史 東方朔字曼
倩爲郎社日詔賜從官肉大官丞日晏不
來朔獨拔劍割肉謂同官曰社日當早歸請
受賜即懷肉去太官奏之朔入上問曰賜肉
不待詔何也令其自責朔免冠謝曰受賜不

待詔何無禮也拔劍割肉何壯也割之不多
又何廉也歸遺細君又何仁也上笑曰使先
生自責乃反自譽復賜酒一石肉百斤 漢書
大社二祭多差近臣王岐公禹玉在兩禁
二十年熙寧間爲翰林學士復被差聽詩于
齋宮日膝雖二唱曉隣僕又向壺壇飲福醯
自笑治聾知不足明年強健更重來 詩話
俗傳社日飲酒治耳聾 賈氏談錄 李昉爲
翰林學士月給內醞兵部李相濤小字社翁
[illegible]清稽嘗因春社寄昉詩社翁今日沒心情
爲乞治聾酒一瓶惱亂玉堂將欲徧依稀迎
到第三廳 邴原避地遼東得遺錢拾以繫
樹枝從此繫錢者衆謂之神樹原以由己而
成淫祠請辯之里中斂其錢以爲社供 邴原傳
[illegible] 唐貞元間遇中和節賜百官宰臣以
下金錢宴於曲江謂之金錢會杜詩何時詔

[illegible]錢會暫醉佳人錦瑟傍 杜詩
築盛三社會宴飲醉喧嘩至士論所盛[illegible]
前先設黍曰孔子稱黍爲穀之長荀卿亦云
食先黍稷寧可違乎必長肅然退相謂曰既
見君子方覺吾徒不德 北史 黃龍盤屋人
家貧與里人共祀社衆買牲牢龍撰文以祭
祭畢分胙衆不平逐龍出龍造泥飯祭于樹
下將焚文有白鼠啣文入地穴掘之獲白金
一斗龍不自私率衆首官縣令賢之奏聞旌
表其閭曰義夫里 昔巢氏時二月二乞得
人子歸養之家便大富後以此日出野田採
蓬艾向門前以祭之云迎富 歲華紀麗 二
月八日釋氏下生之日迦文成道之時信捨
之家建八關齋戒車輪寶蓋七變八會之燈
故云今二月八日平旦執香花遶城一匝謂
之行城 歲時記 壽陽紀梁陳典曰二月八

日行城樂歌曰皎鏡壽陽宮四面起香風樓
形若飛鳳城勢似盤龍 晉阮修字子宣伐
社樹或止之修曰若社而爲樹伐樹則社移
樹而爲社伐樹則社亡矣 紀[illegible] 周禮肆師
[illegible]曰社之日涖卜來歲之稼 鄭康注 云爲取
地財也 世尊見殺牛羊以爲社祇之日地
獄滿塞正坐殺害汝等何以爲社奉齋守戒
則獲福無量矣 佛經 王修字叔治七歲母
以社日亡來歲社時修哭甚哀鄰里爲之罷
社 魏史 鮮于文宗七歲喪父父以二月種
芋時亡年年此時對芋嗚咽 張端爲河南
司錄府當祭社買豬已呈尹豬突入端廳即
殺之吏以白尹尹問端對曰按律諸無故夜
入人家主人登時殺之勿論尹大笑爲判市
[illegible]

○麗藻散語 四之日舉趾 四之日其蚤獻羔
祭韭 二月初吉〔詩〕 授時建命
備物陳儀〔文選〕 時維太平日乃初吉 作
爲令節以殷仲春 發揮陽和幽贊生植
仲序中和助發生之德覃生育之恩 助陰
陽之交泰表天地之和同 當太平之昭代
屬初吉之良辰〔歲華紀麗〕 瞻榆東皐 節
望杏開田用憑戩穀式詠豐年〔牛弘祭〕 啟應
佳辰時登令月和風拂迥淑氣浮空走對馬
于桃源飛少女于李徑花明麗日光浮寶氏
之磯烏美芳園韻響王喬之管徵想凫下優
游泉石放曠烟霞尋五柳之先生棐尊雅典
調孤松之君子鸞鳳騰翩成萬世之良規實
百年之令範但某席戶幽人蓬門下客三冬
勤學慕方朔之雄才萬卷嘗披習鄭玄之逸
氣既而風塵頓隔仁智並乖井無衰侶之憂

仲序謂仲春也中和節二月一日也

誠有離群之恨謹伸數 社甕雨來嘗
字用表寸誠〔昭明太子〕 詩五言〔杜牧〕 社雨
報豐年 田翁遭社日邀我嘗春酒〔杜甫〕
步輦千門出離宮二月開 幾點社翁雨一
番花信風〔陸龜蒙〕 二月春來半王家日漸
長〔高適〕 江皐已仲春花下復清晨 布穀
叫殘雨杏花開半村〔魏子大〕 農畝懷歲功
壺漿祝神鼇〔朱晦翁〕 升壇預結禮詰早肅
分司椒蘭卒清酌簠簋撤香萁〔李叔達〕 耗
磨傳茲日縱橫道未宜但令不忌醉翻是樂
無爲 上月令朝減流傳耗磨辰還將不時
事同醉俗中人〔俱趙冬曦耗磨日飲〕 東風
生意鬧農圃正宜勤稻種開包晒菊苗依譜
分畦西曉耕雨舍北暮鉏雲莫待荒三徑歸
歟陶令君〔柳州月泉〕 九農成德業百祀發
光輝報故神如在馨香嘗不違南翁巴曲醉

北雁塞聲微尚想東方朔詼諧割肉歸〔杜甫〕
陳平亦分肉太史竟論功今日江南老他
時渭北童歡娛看絕塞涕淚落秋風鴛鷺迴
金闕誰憐病峽中〔前人〕 鐵馬三軍去金關
二月連邊愁歸上國春夢入陽關池水瑠璃
淨園花玳瑁斑歲華空自擲愁黛不勝顏〔[illegible]〕
〔徐期〕 天氣近寒食村居遠市朝舉低新柳
弱紅潤穉花嬌聽鳥頻移榻看雲偶過橋隔
村春社至曾赴 二月山城未見花 春
野人招〔張祥鳶〕 七言 半如秋意轉迷 二月
黃鸝飛上林春城紫禁曉陰陰 盍簪共結
雞豚社一笑相從萬事休〔問齋〕 窮知二月
初離別獨倚寒林嗅野梅〔唐彥謙〕 殿前明
日中和節連夜瓊林賜舞衣〔王建〕 二月寒
梅開滿枝素心寧與豔陽期〔何大復〕 竹筍
纔生黃犢角蕨芽初長小兒拳試尋野菜炊
香飯便是江南二月天〔黃山谷〕 白布長衫
紫領巾差科未動是閒人麥苗含穗桑生葚
共向田頭樂社神〔鄭文公〕 鵞湖山下稻粱
肥豚柵雞棲對掩扉桑柘影斜春社散家家
扶得醉人歸〔張演〕 江南二月試羅衣春盡
燕山雪尚飛應是子規啼不到故鄉雖好不
思歸〔周在〕 南浦東岡二月時物華撩我有
新詩含風鴨綠粼粼起弄日鵝黃裊裊垂〔王
安石〕 社下燒錢鼓似雷日斜扶得醉人迴
青枝滿地花狼籍知是兒孫鬬草來〔范至能〕
庭前春鳥啄林鳴紅夾羅襦縫未成今朝
社日停針線起向朱櫻樹下行〔張籍〕 熙熙
麗日開青野漠漠平疇散碧波山鳥一聲催
布穀綠陽陰裡聽農歌〔陸平泉〕 羅綺生香
散隱霞春光不讓五侯家東風二月蘇堤路
樹樹桃花間柳花〔曹大章〕 二月尋芳已有

數樓東風雨過鄰鄉鸂水樹千滅稀生無

林花十日蓮雖𠄘氣昏鬱不辭實弦群蔽

傾稼傷春遺恨君須會重陽山爐頭玉卮

千尋古樸笑聲中此日春風樽社分

開眼已殘花壓帽放懷聊喜酒治聾勝刀割

肉餘風在下泥傳神俚俗同聞說此栽桃李

徑隔溪邊淺淺深紅 長安二月多

香塵六街車馬聲轔轔家家樓上如花人千

枝萬枝紅艷新簾間笑語自相聞何人占得

長安春長安春色本無主古來盡屬紅樓女

如今無奈杏園人駿馬輕車擁將去

丟卯不吞龍嗜肉燕子成兒去華堂老燕千

黃田鼓鳴樹下牢不謹似玉茂陵常說放秋

風王母惜傳雙影綠東方伏日思懷歸長饑

不及侏儒腹饋豕新烹白髮熟會衣撤坐無

拘束驢山夜寒坑底哭漫說漆書留冢竹

二月郊南柳色春淡雲晴靄動芳辰

霏霏花氣偏臨酒嫋嫋鶯歌解和人野航醉

乘明月渡芳洲情與白鷗馴武陵溪水深幾

許笑逐桃花欲問津 爽衣初薄暖

初同甲子山中又幾迴看曆始知春社到敲

門剛道故人來細聽時鳥歸連語笑指庭花

次第開將事不談心共達

祇憑清話送深杯

○三月斗柄建辰日在胃昏七星中旦牽牛中

日月會于大梁是月也生氣方盛陽氣發泄

句者畢出萌者盡達不可以内是月也時雨

將降下水上騰巡行國邑周視原野修利隄

防導達溝瀆開通道路毋有障塞毋伐桑柘

是月曰季春亦曰暮春末春晚春上巳一曰

上除一曰元巳周禮女巫掌歲時以祓除疾

病曰祓祓者潔也於水上盥潔之也巳者祉

也邪疾巳去祈介祉也去冬至一百五日即

有疾風甚雨謂之寒食齊人呼寒食為冷節

又曰熟食又曰禁烟野祭而焚紙錢

○占候總占 有三卯宜豆無則麥不收 三月 戊不溫民多寒無月內有暴水謂之桃花水主多梅雨無則無雪不消則九月霜不降 清明 有水而渾主高低田大熟雨主水調 朔日 值清明草木茂值穀雨主年豐 三日 即上巳聽蛙聲上晝鳴上鄉熟下晝鳴下鄉熟終日鳴上下齊熟聲啞低田熟聲響低田務

○種植 穀 芝麻 薏苡 棉花 白扁豆 黍 黑豆 御麥 豇豆 落花生

蠶豆 刀豆 紅豆 葫蘆 山藥 茄 生菜 菠菜 莙菜 茼蒿 蘿蔔 葱

瓠子 茭筍 稍瓜 絲瓜 香芋 韭 王瓜 南瓜 冬瓜 菜瓜 蘘荷

茴香 薑 大豆 銀杏 葡萄 薤 荸薺 芋 香菜 櫻桃 枇杷 椒

土瓜 白蘇 天茄 望江南 梨 菊 紫蘇 薄荷 玫瑰 十樣錦 藕 栗

牛蒡　鳳仙　山丹　紅花　紫草　[illegible]
百合　雞冠　石竹　罌粟　商陸　[illegible]
獨帚　草麻子　秋葵　石榴　地黃　梧桐
決明　麻　[illegible]　木瓜　海棠
柑　橘　夜合　木香　寶相　檜　桑
橙　菱　木樨　[illegible]　玉簪　杉　槐
芙蓉　薔薇　秋海棠　芭蕉　[illegible]
梔子　木香　醒頭香　紫萼　[illegible]
柑　柚　柿接桃　香櫞　桐接栗　收採
橙　橘　杏接梅　玉蘭　棗
藤花　椿芽　筆管菜　蔞蒿　蒲公英
槐芽　菊芽　金雀花　薺菜　黃楝芽
蕨芽　葵菜　藜菜　看麥娘　黃連芽
灰莧　薇菜　斜蒿　老鸛觜　蓬蒿芽
葛花　水苔　紫草　車前葉　牛舌科
牛膝　王瓜　釣藤　天茄苗　馬兒腸

厚朴　柴[illegible]　荊芥　稗米薺　天門冬
狗脊　土瓜　澤蘭　川芎芽　紫參根
芫花　白附子　紫葛根皮　茅背浮萍
防葵　穀精草　青箱　葶藶葉　澤漆莖葉
夏枯草　蕪荑實　小水萍　玄參　[illegible]
羊躑躅　白薇根　防風芽　白木　艾
桑寄生　黃芩　整頓　開蒜渠　修蜂窩
射干根　犂秋田　埋花棚
收蠶沙　虎刺　浸稻　田忌　天火午
出菖蒲　鋤蒜　拔蓬　九焦戌
地火申　糞忌辰
荒蕪丑

○製用　雞鳴時以隔宿冷炊湯洗瓶甑飯籮廚物永無百蟲之患齊世仁術　三月六日日中洗頭令人利官身體光澤　又沐浴令蠶厄初七日[illegible]

宜沐浴令人神清氣爽　醃[illegible]冰清明[illegible]粟飯乘熱傾冷水中以缸覆五七日酸便堪食天熱逐日看纔酸便用如過酸則不堪用　清明取泉水造酒可留久　清明前二三日螺螄浸水中不拘多少至清明日以水灑墻壁蠶砌去蜒蚰山居四要　羊膽三月以後有蟲如馬尾有毒殺人　勿食雞子終身昏亂　勿食血脾季月土旺在脾　勿食鳥獸五臟及生果菜五辛等物大吉　勿食鮫龍魚肉令飲食不化發宿病神氣恍惚

○典故　是月也天子布德行惠命有司發倉廩賜貧窮振乏絕　是月也命百工審五庫之量金鐵皮革筋角齒羽箭幹脂膠丹漆毋或不良月令　命國儺九門磔攘以畢春氣乃合累牛騰馬遊牝於牧犧牲駒犢舉書其數月令　文王受命九年時維暮春在鄗[illegible]

謂太子發曰吾語女所保所守守之哉厚德廣惠忠信愛人君子之行山林非時不升斧斤以成草木之長川澤非時不入網罟以成魚鱉之長不麛不卵以成鳥獸之長畋漁以時童不夭胎馬不馳騖土不失宜土可犯財可蓄潤濕不可谷樹之竹葦莞蒲礫石不可穀樹之葛木以為絺綌以為財用[illegible]　鄭國上巳於溱洧之上招魂續魄秉蘭草祓除不祥韓詩　漢儀上巳官及百姓皆禊於東流水上　魏以後但用三日不復用巳[illegible]　[illegible]人遊賞曲江莫盛於中和上巳節　[illegible]置三令節郎公卿群有司率賜官錢飲酒遊樂三月初吉實維其時司業武公於是總太學儒官三十有六人列燕于祭酒之堂有一儒生魁然其形抱琴而來[illegible]階而升坐[illegible]蠶之南鼓有虞之南風[illegible]

魏武爲作詩歌以美之【鄴中記】 昔周公城
洛邑因流水以泛酒故逸詩云羽觴隨波又
秦昭王以三日置酒河曲見金人奉水心之
劍曰令君制有西夏乃霸諸侯因此立爲曲
水帝大悅賜黃金五十斤【續齊諧記】晉
穆帝永和九年三月三日王羲之與太原孫
統等四十有一人會于會稽山陰之蘭亭修
禊事酒酣賦詩製序用蠶繭紙鼠鬚筆書凡
二十八行三百二十四字字有重者皆構別
體【法書要錄】 樂遊園漢宣帝所立唐太平
公主於原上置亭遊賞其地四望寬敞每三
月上巳九月重陽士女遊戲就此祓禊登高
幄幕雲布車馬填塞綺羅耀日馨香滿路朝
士詞人賦詩翼日傳於京師【西京記】 開皇
元年三月三日玄帝產母左脇當生之時瑞
星覆國天花散漫異香紛然身寶光燄充滿

王國土地皆變金玉【晉王籙】 淨土樹在鄠
縣南入里三月開花如桃花八月結實狀如
小栗殼中皆黃土俗傳鳩摩羅什葬此覆其
屍土中所生【一統志】 三月三日武帝登八
公山劉安故臺望曰城郭如近【[illegible]】花
【宋書】 唐人上巳日在曲江傾都禊飲踏青
饋飾儀 三月三日上踏青履【歲時記】 左
傳晉文公反國賞從亡者介之推不言祿祿
亦弗及推遂與母偕隱而死晉侯求之不獲
以緜上爲之田曰以志吾過史記則曰子推
從者書宮門有一蛇獨怨之語文公見其書
使人召之則已入緜上山中於是環山封之
名曰介山至劉向新序始云子推怨於無爵
去之介山文公待之不出謂焚其山宜出遂
不出而焚死先賢傳則云太原俗以介子推
焚骸一月寒食鄴中記云并州俗冬至後一

百五日爲子推斷火冷食三日魏武帝以太
原上黨西河鴈門皆沍寒之地令人不得寒
食亦謂冬至後百有五日也按後漢周舉傳
云太原一郡舊俗以介子推焚骸有龍忌之
禁每冬中輒一月寒食莫敢烟爨舉爲刺史
作弔書置子推廟言盛冬去火殘損民命非
賢者意宣示愚民使還溫食於是衆惑稍解
風俗頗革然則所謂寒食乃是冬中非二三
月間也【容齋隨筆】 周禮司烜氏仲春以木
鐸修火禁于國中然則禁火蓋周之舊制非
爲子推也 周禮四時變火唐惟清明取榆
柳火以賜近臣戚里宋朝惟賜大臣順陽氣
也【春明退朝錄】 每歲清明內園官小兒于
殿前鑽火先得者進上賜絹三疋金椀一口
寒食賜近臣帖繡綵毬【盧氏雜記】 唐侍御
鄭正則祠享儀云古者無墓祭之文孔子許

望墓以時祭祀春秋左氏傳辛有適伊川見
被髮於野而祭者曰不及百年此其戎乎竟
爲陸渾氏 漢光武初纂大業諸將出征有
經鄉里者詔有司給少牢令拜掃以爲榮曹
公過喬玄墓致祭其文悽愴此亦寒食墓祭
之一 唐開元勅寒食上墓禮經無文近代
相傳寖以成俗宜許上墓同拜掃禮 柳宗
元書近世禮重拜掃今已闕者四年矣每遇
寒食則北向長號以首頓地想田野道路士
女遍滿皂隸庸丐皆得上父母丘壠馬醫夏
畦之鬼無不受子孫追養者 劉夢得嘉話
云爲詩用僻字須有來處宋考功詩云馬上
逢寒食春來不見餳嘗疑此字因讀毛詩鄭
箋說吹簫處云即今賣餳人家物故宋朝宋
子京寒食詩云草色引開盤馬路簫聲吹暖
賣餳天詞致騷雅勝考功遠矣【青箱雜記】

飢音信 蹹音蹋 鞠音菊

以糵米蒸食謂之寒[illegible]楊桐葉并細冬青葉染飯色青而有光資陽氣道家謂之青精乾飢食今俗以夾青草搗汁和糯米作青粉團烏桕葉染烏飯作糕是此遺意 洛陽人家寒食日裝萬花輿煮桃花粥【金門歲節】 江淮間寒食日家家折柳插門【歲時記】 劉向別錄寒食蹋鞠黄帝所造本兵勢也或云起於戰國 北方戎狄至寒食爲鞦韆戲以習輕趫後中國女子學之乃以綵繩懸木立架士女坐立其上推引之謂之鞦韆或曰本山戎之戲自齊威公北伐山戎此戲始傳中國 一云作千秋字本出漢宮祝壽詞後世誤倒讀爲秋千耳【古今藝術圖】 涅槃經謂之罥索【歲時記】 天寶宮中至寒食節競築鞦韆令宮嬪輩嬉笑以爲樂帝常呼爲半仙之戲【遺事】 明皇樂民間清明節鬬雞戲及即位治雞坊索長安雄雞金尾鐵距高冠昂尾千數養于鷄坊選六軍小兒五百教飼之時賈昌爲五百小兒長天子甚愛幸之金帛之賜日至其家又云明皇以乙酉生而喜鬬雞是兆亂之象也【東城老父傳】 清明新進士開宴集于曲江亭既徹饌則移樂泛舟又有蹴月打毬之會【東城老父傳】 唐制春榜後賜宴曲江題名於慈恩寺鴈塔相傳謂慈恩寺有巨鴈集於庭僧捕得將烹食之一老僧曰此鴈王也因瘞之造塔於上名鴈塔 東坡在黄州寒食參寥詣所作新詩覺而記兩句云寒食清明都過了石泉槐火一時新夢中曰火固新矣泉何故新荅曰俗以清明日淘井【志林】 鄭俠以言青苗得監在京安上門會大旱自十一月至于三月流民大入京師與城外饑民[illegible]

一 [illegible]乃繪爲圖上疏言之曰陛下行臣之言十日不雨乞斬臣以正欺罔之罪 咸平中王嶠叔知益州先是張詠守蜀春糶米以濟貧民後改之賣無所濟嶠叔奏復之民爲謠曰蜀守之良先張後王 王濟常解禊洛水明日或問[illegible]曰昨遊有何語議王曰張華善說史漢裴逸民敘前言往行歷歷可聽【世說新語】 晉束皙字仲御母病至洛市藥會三月三日[illegible]公以下莫不方駕連軫並于南浮[illegible]在道中縣所市藥見此輩危坐 一 [illegible]泰和六年三月三日臨流杯酒 一 [illegible]三月三日四民 一 [illegible]有鬭百草之戲鄭谷詩云何[illegible]鳳凰釵【[illegible]】 後漢梁商大會賓客讌于洛水酒酣繼以薤露歌周舉[illegible]失時殃咎必至商薨果卒【[illegible]】 [illegible]三日臨水傍戲邏見水傍有犢車[illegible]戶見崔女氏并三歲兒共載因抱兒還[illegible]支金盌乃別【[illegible]】 上巳日取黍麴和菜作羹以厭時氣【[illegible]】 文公焚山求子推時有白鳥 一 從烟中[illegible]【[illegible]】

○麗藻散語

莫春者春服既成【論語】 嗟嗟保介維莫之春【詩】 暮春三月江南草長雜花生樹羣鶯亂飛【[illegible]】 上巳禊飲事自古昔采蘭祓除尤稱佳事不知塵自何時廢今遂莫之舉也余家水鄉勝地不乏[illegible]一二同好及此風日清美駕言出遊[illegible]春草覽芳物聽嚶鳴娛情觴詠之[illegible]之外復覺蘭亭諸賢去人不遠

【閑耕餘錄】維季春兮華色麥含金兮[illegible]
【蔡伯鸞】客裏還逢令節城中不見繁華[illegible]
山漠漠烟達清渭迢迢日斜獨樹桃花白[illegible]
高樓燕子誰家可惜年年春色催人白髮天
涯【何大復】臨清川而嘉讌聊假日以遊媒
陰朝雲而爲蓋托茂樹以爲廬好脩林之蔚
薈樂草莽之扶疎列肆筵而設席祈吉辭於
斯途酌羽觴而交酬獻遐壽之無疆同歡情
而悅豫欣斯樂之愷慷發中懷而弦歌托情
暴于宮商【阮瞻】虛心定乎昏中龍星正乎
春辰嘉勾芒之統時宜太皡之威神素冰解
而泰液洽玄獺祭而鴈北征蟄蟲動萬物
榮在依依楊柳翩翩浮萍桃之夭夭灼灼其
華繁蘤而耀野煒芬葩而揚英鸝營巢于
高樹燕喞泥于廣亭覩戴勝之止桑聆布穀
之晨鳴習谷風洋洋綠泉舟霞橫景文虹

晉天永和九年歲在癸丑暮春之初會于
【蘭亭序】會稽山陰之蘭亭脩禊事也羣賢畢
至少長咸集此地有崇山峻嶺茂林脩竹又
有清流激湍映帶左右引以爲流觴曲水列
坐其次雖無絲竹管絃之盛一觴一詠亦足
以暢敘幽情是日也天朗氣清惠風和暢仰
觀宇宙之大俯察品類之盛所以遊目騁懷
足以極視聽之娛信可樂也夫人之相與俯
仰一世或取諸懷抱晤言一室之內或因寄
所託放浪形骸之外雖取舍萬殊靜躁不同
當其欣於所遇暫得於已快然自足曾不知
老之將至及其所之既倦情隨事遷感慨係
之矣向之所欣俛仰之間以爲陳迹猶不能
不以之興懷況脩短隨化終期於盡古人云
死生亦大矣豈不痛哉每覽昔人興感之由
若合一契未嘗不臨文嗟悼不能喻之於懷

固知一死生爲虛誕齊彭殤爲妄作後之視
今亦由今之視昔也悲夫故列叙時人錄其
所述雖世殊事異所以興懷其致一也後之
覽者亦將有感於斯文【王羲之】禊逸禮也
鄭風有之蓋取諸勾萌發達陽景數煦握芳
蘭臨清川秉和蠲絜用徼介祉厥義存矣晉
氏中朝始忝燕享之樂江右宋齊又間以文
詠風流遂遠鬱爲盛集焉若夫華林曲水萬
乘之降也蘭亭激湍專城之踐也而方伯之
歡未始前聞以俟乎今辰粵天寶乙未暮春
三月河南連帥領陳留守李公以政成務簡
方國多暇率府郡佐吏二三賓客邑飲於蓬
池備祓除之禮也梁有蓬池前迄澱穎右匯
邪邑渺瀰淪漣瀅日澄天舟楫是臨泛波景
從其左則遥原縈屬崇岡傑竦嘉卉異芳雜
樹連青即爲臺亭登眺斯在爾乃郡曹須鑪

以給費縣吏領徒而脩頓先夕以定議詰朝
而集事是日方牧乃擁車徒曳旌旂卯出乎
北牖辰濟乎南川匪疾匪閑翼翼闐闐以稅
駕於東焉然後降春流颺綵舟羽觴芳羞緩
觶清謳援青蘋駭紫鱗廻潔中汀緬望南津
飲於巳酣於未歌樂只賦既醉坐闌而罷急
日入而未闋陶陶乎有以表勝境佳辰之具
美名公好事之厚意下客不敏聞於前載曰
夫德洽禮成則詠歌繁之梁故魏也請皆賦
詩志焉【蕭穎士】觀夫天下四方以宇宙爲
城池人生百年用林泉爲窟宅雖朝野殊致
出處異途莫不擁冠蓋於烟霞披薜蘿於山
水況乎山陰舊地王逸少之池亭永興新交
許玄度之風月琴臺寥落猶停隱遁之賓釀
渚荒涼尚遇逢迎之客仙舟容裔若海上之
槎來羽蓋參差似遼東之鶴舉或昂騏驥或

泛飛鳧俱安名利之場各得逍遥之地而上屬無爲之道下棲玄邈之風永淳二年暮春三月遲遲風景出沒媚於郊原片片仙雲遠近生於林薄雜花爭發非止桃蹊羣鳥亂飛有踰鸚谷王孫春草處處爭鮮仲阮芳園家家並翠於是携旨酒列芳筵先祓禊於長洲却申交於促席㝠談吐玉長江與斜漢爭流清歌遶梁白雲將紅塵並落他鄉易感增悽恨於兹辰羈客何情更歡娛於此日加以今之視昔已非昔日之歡後之視今亦是今時之會人之情也能不應乎且題姓字以表襟懷使夫會稽竹箭則推我於東南崑阜琳琅亦歸予於西北 **王勃三月上巳祓禊序**

僕不遊於兹十有五年矣心出物感遐矣不忘跡爲事牽近而難把南陽宗邕文通學古器重名高令君有奉倩象賢丞相生玄成邁德暮春脩以文之會上巳邀禊祓之遊乃結搢紳撰清晨殷殷轔藹霧驚塵望於昆明之濱觀其大淩川陸博資議甸鳧鷺發海來往沉浮日月麗天東西出入千年珍館無復豪章四面金堤仍同樹杞是日也鶯月錯歡備朝野之歡娛袪淑靚粧匝都城之里閈擧幕星布錦帆霞屬餘瀝下醉於緗人新聲遠聒於川后縱目遐覽識皇代之承平得意同歸有吾儕之行樂高明一座桂樹蘩生君子畢筵玉山交映東皆以言談得俊張華以史漢先鳴登旨酒而無荒紘清琴而自逸於是涉連榻命孤舟桃水漲而浦紅蘋風搖而浪白逼匡阜兮遵彭蠡邈矣載浮楢衡嶽而超洞庭眇焉疑到曲島之光靈乍合神鬼客遊中流之萍藻忽開黿魚潛動睎鏤鯨而鼓棹共看燒劫之灰歷牽牛而問津欲取支機之石

晴光對野有象而無形夕陽照山無書而有見思溢今古心搖草木漢家城闕遺之以樓覇之風秦塞膏腴潤之以太平之色景窮勝踐歸限巖關思染翰於上林願揮戈於濛汜主稱未醉唯見馬駐浮雲賓共少留自有魚銜明月宮商待叩羣公之獲助已多序引先題下走之求蒙不逮請授素幅以頌徃遊使一時之典詠遥存千古之姓名常在 **宋之問上[illegible]昆明池宴[illegible]薄席序**

啓 景遍徂春時臨變節嚶鶯出谷爭傳求友之音翔蘂飛林競散佳人之靨魚遊碧沼疑呈遠道之書燕語雕梁狀對幽閨之語鶴帶雲而作蓋遥籠大夫之松虹跨澗以成橋遠現美人之影對兹節物寧不依然敬想足下聲馳海內名播雲間持郭璞之毫鸞詞場月白吞羅含之綵鳳辯囿日新某山北逸人牆東隱士龍門退水望冠冕以何年鶴路頹風想簪纓於幾載既違語默且阻江湖聊寄八行之書代申千里之契 **昭明太子**

賦 夫何三春之令月嘉天氣之氤氳和風穆而布暢百卉曄而敷芬川流清泠以汪濊原隰蔥翠以龍鱗遊魚瀺灂於淥波玄鳥鼓翼于高雲美節慶之動物悅羣生之樂欣幸新服之既成將禊除于水濱于是搢紳先生嘯儔命友攜朋接黨冠童八九主希孔墨賓慕顏柳臨漲詠吟濯足揮手乃至都人士女奕奕祁祁車駕岬嵑充溢中逵粉葩翕習緣阿被湄振袖生風接衽成幃若夫權戚之家豪侈之族采騎齊鑣華輪方轂青蓋雲浮參差相屬集乎長洲之浦曜乎洛川之曲遂乃停輿蕙渚稅駕蘭田朱幔虹舒翠幕蜺連羅襦列爵周以長筵[illegible]

清源以濬穢兮攬綠藻之纖柯浮素卵以蕩水兮洒玄醪于中河張協臣聞堯以仲春之月刻玉而遊河舜以甲子之朝披圖而巡洛夏后瑶臺之上或御二龍周王玄圃之前猶驂八駿我大周之創業也南正司天北正司地平九黎之亂定三危之罪雲紀御官鳥司從職皇王有秉歷之符玄珪有成功之瑞登直天地合德日月光華而已哉皇帝以上聖之姿膺下武之運通乾象之靈啓神明之德夷典秩宗見之三禮夔爲樂正聞之九成克己備於禮容威風總於戎政加以卑躬菲食皂帳綈衣百姓爲心四海爲念西郊不雨即動皇情東作未登彌迴天眷兵革無會非有待於丹烏宮觀不移故無勞於白鶴銀甕金觚山車澤馬登止竹箽兩草共垂甘露青赤三氣同爲景星雕題鑿齒識海水而來王

烏戈黃皮驗東風而受吏于時玄鳥司曆蒼龍御行羔獻冰開桐葉萍生皇帝幸於華林之園玉衡正而太階平閶闔開而勾陳轉千乘雷動萬騎雲屯落花與芝蓋同飛楊柳共春旗一色乃命群臣陳大射之禮雖行祓禊之飲即用春蒐之儀止立行宮裁舒帳殿階無玉璧既異河間之碑戶不金鋪殊非許昌之賦洞庭既張承雲乃奏騶虞九節貍首七章正鵠五彩之雲壺寧百福之酒唐弓九合冬幹春膠夏箭三成青莖赤羽於是選朱汗之馬校黃金之勒紅陽飛鵲紫鷰晨風唐成公之驌驦海西侯之千里莫不飲羽御竿吟猿落雁鍾鼓震地埃塵漲天酒以罍行餚由鼎進彩則錦市俱移錢則銅山合徙太史聽鼓而論功司馬張旌而賞獲上則雲布雨施下則山藏海納實天下之至樂景福之歡欣

者也既弱木將低金波欲上天顏惟穆賓歌既醉雖復暫離北闕聊宴西城即同酆水之朝更是岐山之會小臣不佞奉詔爲文以管窺天以蠡酌海盛德形容豈陳梗槩歲次昭陽月在大梁其日上巳其時少陽春史司職青祇效祥徵萬騎於平樂開千門於建章屬車麗酒祓道焚香皇帝翊四圍於帝閑迴六龍於天苑對宜曲之平林望甘泉之長坂華蓋平飛風烏細轉路直城遥林長騎遠帷宮宿設帳殿開筵傍臨細柳斜蓋宜年開鶴列之陣靡魚鬚之旆行漏抱刻前旌載鶚河渭薙草渭口澆泉堋雲五色的暈重圓陽管既調春絃實撫總章協律成均樹羽翔鳳爲林靈芝爲圃草銜長帶桐垂細乳鳥轉歌來花濃雲聚玉律調鍾金錞節鼓於是咀銜拉鐵逐日追風并試長楸之埒俱下蘭池之宮鳴

鞭則汗赭入埒則塵紅既觀賢於大射乃頒政於司弓變三驅而畫鹿登百尺而懸熊繁弱振地鐵驪躡空禮正六耦詩歌九節七札俱穿五豝同穴弓如明月對堋馬似浮雲向埒雁失群而行斷猿求林之路絶控玉勒而摇星蹄金鞍而動月乃有六郡良家五陵豪選新迴馬邑之兵始罷龍城之戰將軍戎服來參武讌尚帶流星猶乘奔電始聽鼓而唱籌即移竿而標箭馬噴沾衣塵驚洒面石堰水而澆園花乘風而繞殿熊耳刻杯飛雲畫壘水衡之錢山積織室之錦霞開司筵賞至酒正杯來至樂則賢乎秋水歡笑則勝上春臺既而日下澤宮筵闌相圃帳從蹕之留歡眷迴鑾之餘舞欲使石梁銜箭銅山飲羽橫弧於楚水之蛟飛鏃於吳亭之虎況復恭已無爲南風在斯非有心於蜒翼豈留情於較

仗唯襯揖讓之禮羨取威雄之儀【庾信三月三日華林馬射賦】

歌行

[illegible]寒食家家出古城老人看屋少年行丘壠年年無舊道車徒散行入衰草牧童驅牛下冢頭畏有人家來灑掃遠人無墳水頭祭還引婦姑望鄉拜三日無火燒紙錢紙錢那得到黃泉但看壠上無新土此中白頭應無主【王建】 東風吹雲海天黑飢龍凍雨愁不滴嗔雷隱隱愁烟白宿露無光瑶草寂東皇染花湍春國天爲花迷惜春色呼雲瑣月恐紅蔫幾日春陰養花魄悠悠遠絮縈空擲愁思織春挽不得高樓去天無幾尺遠岫參差辭屏碧【歐文忠】 三月三日天氣新長安水邊多麗人態濃意遠淑且眞肌理細膩骨肉勻繡羅衣裳照暮春蹙金孔雀銀麒麟頭上何所有翠爲㔩葉垂鬓脣背後何所見珠壓腰衱穩稱身就中雲

幙椒房親賜名大國虢與秦紫駝之峰出翠釜水精之盤行素鱗犀筯厭飫久未下鸞刀縷切空紛綸黃門飛鞚不動塵御厨驛絡送八珍簫鼓哀吟感鬼神賓從雜遝實要津後來鞍馬何逡巡當軒下馬入錦茵楊花雪散覆白蘋青鳥飛去銜紅巾炙手可熱勢絕倫愼莫近前丞相嗔【杜甫】 東見芳草長寒食春茫茫家人掩門去雞犬自相將原頭簇簇柳與花行人往來長嘆嗟舊墳新冢壘壘是列錢澆酒何人家桑上鳴鳩喚山雨雨腳蕭蕭山日暮歸來門巷正春寒花底殘紅落無數北里悲啼夜未休清絃脆管起南樓古今歌哭何時盡芳草白楊春復秋去年巧笑歎蠶女今年嫁作東家婦綵繩畫柱似當年只有朱顏不如故百人學仙無一成麻姑不見但聞名萬斛春醪須痛飲江邊漁父笑人醒

[illegible] 烏啼鵲噪昏喬木清明寒食誰家哭風吹曠野紙錢飛古墓纍纍春草綠棠梨花映白楊樹盡是死生離別處冥漠重泉哭不聞蕭蕭暮雨人歸去【白樂天】 著處繁華矜是日長沙千人萬人出渡頭翠柳艷明眉爭道朱蹄驕齧膝此都好遊湘西寺諸將亦自軍中至馬援征行在眼前葛彊親近同心事金鐙下山紅日晚牙檣捩柂青樓遠古時喪亂皆可知人世悲歡暫相遣弟侄雖存不得書干戈未息苦離居逢迎少壯非吾道況乃今朝更祓除【杜子美】

長短句

考吉日簡良辰祓除解禊同會洛濱妖童媛女喜遊河曲或振纖手或濯素足臨清流坐沙場列罍樽飛羽觴【成公綏】

四言

時乃暮春時物芳衍濫觴逶迤周流蘭殿禮備朝容樂闋夕宴【謝靈運】

五言

春曉綠野

飥音信

秀【謝靈運】 豈無青精飯使我顏色好【杜甫】 晴風吹圓明清飥飯光潤碧霞漿【鄭畋】 晴風吹柳絮新月起厨烟【賈島】 桃花生玉澗柳葉貯金溝【庾肩吾】 杏粥猶堪食榆羹已稍煎【韋應物】 餳合冷粥出火煮新茶【白樂天】 嶺外逢寒食春來不見餳洛中新甲子何日是清明【沈佺期】 綠暗連村柳紅明委地花晝梁初看燕廢沼已鳴蛙【陳後山】 馬上逢寒食途中屬暮春可憐江浦望不見洛橋人【宋之問】 禁苑春暉麗花溪綺樹裝緣條深淺色點露參差光 向日分千笑迎風共一香如何還嶺側獨秀隱遙芳【張正見】 [illegible]普天皆滅焰匝地盡藏烟不知何處火來就客心然【沈佺期】 春曉思悠悠哉花葉自[illegible]莫莫空中去何時天際來【劉[illegible]】 晉[illegible]

[illegible]

許公 春盡送江邊春陰寒食天春暮香老
弱柳繫伴鞦韆酒是芳菲節人富桃李年
知何處恨巳解入箏絃 柳中庸 上巳接寒
食鶯花寥落辰微微潑火雨草草踏青人空
似三秋景清無九陌塵與余同病者對此合
傷神 唐彥謙 連騎遊南浦方舟泛綠波日
華雲際薄春色水邊多蘭渚客傳祖花林畔
綺羅蔽除期又遍禁此宿醒何 王荊公 令
節家家柳孤蹤處處蓬紙驚化塚白花怯故
園紅熟葉山中道春愁雨後風蘭亭有高興
鄭谷謝耿深衷 王維 一仁風導和氣勾芒御昊
清姑洗應時月元祀啓良辰褰雲映朝日霽
雨洒微塵飛軒遊九陌置酒會眾賓 張華
九重馳道出三巳禊堂開書鷁中川動青龍
上苑來野花飄御座河柳拂天杯日曉迎祥
處笙鏞下帝臺 沈佺期 上巳日帝城春傾都

祓禊辰停車須傍水奏樂要驚塵弱柳障行
騎浮橋擁看人猶言日暮晚更向九龍津 崔
顥 渦渦遊江漢羈棲尚甲兵幾年逢熟食
萬里逼清明松柏邙山路風花白帝城汝曹
催我老回首淚縱橫 寒食江村路風花高
下飛汀烟輕冉冉竹日淨暉暉田父要皆去
鄰家問不違地偏相識盡雞犬亦忘歸 杜
甫 清明千萬家處處是年華榆柳芳辰火
梧桐分日花祭月結雲騎遊陌擁香車惆悵
田郎去原迥烟樹斜 楊巨源 卜洛成周地
浮杯上巳筵鬬雞寒食下走馬射堂前垂柳
金堤合平沙翠幙連不知王逸少何處會群
賢 孟浩然 上巳餘風景芳辰集遠坰湖光
迷翡翠草色醉蜻蜓鳥弄桐花日魚翻穀雨
萍從今留勝會誰看畫蘭亭 碧草晴川雅
遊人與渺然歲時聊枝屨兒女更鞦韆沙白

[illegible]山[illegible]
邊 [illegible] 慢陰通碧□日影虞[illegible]
□垂□□□□落細株□□留蝴蝶紛竹影驚
□殊實心擺與共染翰獨興蜘蛛 小雨作寒
食東風吹散綠翠露楊柳眼紅濕海棠枝細
草香生柳新流綠滿池小亭花正好曾與故
人期 小窗一夜雨新水曉平池翡翠啣紅
甚鴛鴦戲綠漪村中農圃社案上韋陶詩不
謂沉湎者翻能傲骨羲 張祥鳶 喜值清
明節踏青野與同孤亭留客雨滿院落花風
餘潤含新綠殘陽射曉虹近寒挤一醉促騎
過烟叢 方九功 麗日屬元巳年芳具在斯
開花已匝樹流鶯復滿枝洛陽繁華子長安
輕薄兒東出千金堰西臨鳳鶩陂清晨戲伊
水薄暮宿蘭池寧憶春蠶起日暮桑欲萎 沈
約 妍英弄芳意麗色含春姿物華浩無涯

駘蕩東風吹東風日巳熙草色日已滋青春
萬里道遊子有所思浮雲漏白日宿露朝已
晞攀條惜婉麗忽得瑛瓊枝芳蹤未有托暮
景已西馳菁華難復恃結藹聊自怡 文衡山
芳年多美色麗景復妍遙握蘭惟是旦採
艾亦今朝迴沙溜碧水曲岫散桃夭綺花非
一種風絲亂百條雲起相思觀日照飛虹橋
繁華炫姝色燕趙艷妍妖金鞍汗血馬寶髻
珊瑚翹蘭馨起穀袖蓮錦束瓊腰相看隱綠
樹見人還自嬌下桂鳴雜薦渠枕泛迴潮洛
濱非拾羽滿握詎貽椒 梁簡文帝 三月草
萋萋黃鸝歌又啼柳橋晴有絮沙路潤無泥
禊事脩初畢遊人到欲齊金鈿耀桃李絲管
駭鳧鷖轉岸迴船尾臨溪簇馬蹄鬧于楊子
渡踏破魏王堤妓接謝公宴詩陪荀令題舟
一閑□從醉爲穆生携水引春心蕩花牽醉

耶遊畫街從鼓動烟樹任鶏樓舞急紅腰旋
歌遲翠黛低夜歸何用燭新月鳳樓西【白居
易】 七言 楚鄉寒食橘花時 雨中寒
食空齋冷【韋應物】 粥香餳白杏花
天【李義山】 火冷餳稀杏粥稠 且將新火
試新茶【俱蘇東坡】 簾幙千家錦繡垂【秦少
游】 點點花飛春事晚青青芳草暮愁生【謝
無逸】 一百五日寒食雨二十四番花信風
【徐師川】 楝花開後風光好梅子黃時雨意
濃 早禾秧雨初晴後苦楝花風吹日長
霑衣欲濕杏花雨吹面不寒楊柳風【南上人】
江邊石上誰知處綠戰紅酣別是春【李太
白】 杏酪漸香鄰舍粥榆烟欲變舊爐灰【崔
魯】 人爲子推初禁火花愁青女再飛霜【文
花英華】 翠浪有聲黃繖動春風無力彩旌
垂【張文潛】 巳着單衣猶禁火海棠花下怯
黃昏【王介甫】 杯盤餳粥春風冷池館榆錢
夜雨新【歐文忠】 東風也作清明意開遍來
禽一樹花【陳簡齋】 落花遊絲白日靜鳴鳩
乳燕青春深 蜀國曾聞子規鳥宣城還見
杜鵑花一叫一迴腸一斷三春三月憶三巴
【李白】 糝徑楊花鋪白氊點溪荷葉疊青錢
筍根稚子無人見沙上鳧雛傍母眠 二月
巳破三月來漸老逢春能幾回莫思身外無
窮事且盡生前有限杯【杜甫】 東風潑火雨
新休舁盡春泥掃雪溝走馬犢車當御路漢
陽公主謝雞毬【熊待登】 小院無人雨長苔
滿庭修竹間疎槐春愁兀兀成幽夢又被流
鶯喚醒來【杜牧】 雨前初見花間蘂雨後全
無葉底花蜂蝶紛紛過墻去却疑春色在鄰
家【王駕】 春城無處不飛花寒食東風御柳
斜日暮漢宮傳蠟燭輕烟散入五侯家【韓翃】

初過寒食一百六店舍無烟宮樹綠念奴
覓得又連催特勑宮中許燃燭【元微之】 鶯
嬌燕嬾弄風烟士女兒童滿野田草色淺深
圍幄幕花枝上下逐鞦韆【劉禹錫】 惻惻輕
寒剪剪風杏花飄雪小桃紅夜深斜搭鞦韆
索樓閣朦朧細雨中 清江碧草兩悠悠各
自風流一種愁正是落花寒食雨夜深無伴
倚空樓【俱韓渥】 朝來新火起新烟湖色春
光淨客船繡羽衝花他自得紅顏騎竹我無
緣【杜甫】 小醉初醒過別村數家殘雪擁籬
根枝頭有恨梅千點溪上無人月一痕【吳可】
一春無事又成空擁鼻微吟半醉中夾道
桃花新過雨馬蹄無處避殘紅 小白長紅
又滿枝築毬場外好支頤春風自是人間客
主管繁華得幾時【晏原叔】 寶馬香車清渭
濱紅桃碧柳禊塘春皇情尚憶垂竿佐天祚
先垂捧劍人【沈佺期】 三月正當三十日風
光別我苦吟身共君今夜不須睡未到五更
猶是春【賈島】 未敢分明賞物華十年如見
夢中花故人過盡衡門掩獨自凭欄到日斜
【崔塗】 灘激金沙過杭前雨絲斜織麴塵烟
綠楊紅杏宜寒食紫燕黃鸝聒晝眠【僧楚】
蕭蕭三月閉柴荊綠葉陰陰忽滿城自是老
來遊興少春風何處不堪行【王安石】 北城
寒食烟花微落花蝴蝶作團飛王孫出遊樂
忘歸門前驄馬紫金鞿【蘇軾】 萬綠叢中春
色分妖嬌浥露鬱氤氳鞦韆動處飄紅袖點
破青天一片雲【李纖】 近寒食雨草萋萋著
麥苗風柳映堤早是有家歸未得杜鵑休向
耳邊啼 滿街楊柳綠絲烟畫出清明三月
天好是隔年花樹動女郎撩亂送鞦韆【韋莊】
夢入故園千里遠覺來寒食在并州垂楊

不是相思樹那得花開便白頭【浦源】　涕淚
沉沉獨掩扉忽聞啼鳥淚沾衣江南三月春
將盡何事征人尚未歸【黃卯錫】　安樂窩中
三月期老來纔會惜芳菲美酒飲教微醉後
好花看到半開時【邵雍】　東城酒散夕陽遲
南北秋千寂寞垂人與長鉼臥芳草風將急
管度青枝【王介甫】　春陰垂野草青青時有
幽花一樹明晚泊孤舟古祠下滿川風雨看
潮生【蘇子美】　無花無酒過清明興味都來
似野僧昨日鄰翁乞新火曉窗分與讀書燈
【魏野】　茆屋泥香燕子飛東風日暖谷鶯啼
遊人漫自穿花柳別有春光在竹西【文衡山】
素衣不染帝京塵出閣看春已暮春我
自倦遊君未遇楊花如雪送歸人【馮琢菴】
太平風物是京華白馬黃衫七寶車寒食鬭
雞歸去晚院門新月印梨花【陳眉公】　即看
燕子入山扉豈有黃鸝歷翠微短短桃花臨
水岸輕輕柳絮點人衣春來準擬開懷久老
去親知見面稀他日一杯難強進重嗟筋力
故山違　暮春三月巫峽長晶晶行雲浮日
光雷聲忽送千峰雨花氣渾如百和香黃鶯
過水翻迴去燕子銜泥濕不妨飛閣捲簾圖
画裏虛無只少對瀟湘　佳辰強飲食猶寒
隱几蕭條戴鶡冠春水船如天上坐老年花
似霧中看娟娟戲蝶過閒幔片片輕鷗下急
湍雲白山青萬餘里愁看直北是長安【俱杜】
【甫】　早是陽春暮雨天可堪芳草更芊芊內
宮初賜清明火上相閒分白打錢紫陌亂嘶
紅叱撥綠楊高影畫鞦韆遊人記得承平事
暗喜風光似昔年【韋莊】　古今春過知多少
人不留春頭白早君欲留春心可知為君更
賦留春詩留春莫只留花住花老春風亦隨

去孰若芝蘭看不歇亭下長如二三月【楊次
公】　魚鑰侵晨放九門天街一騎走紅塵桐
華應候催佳節榆火推恩忝侍臣多病正愁
餳粥冷清香但愛蠟烟新自憐貫識金蓮燭
翰院曾經七見春　一雨初消九陌塵采蘭
脩禊及芳辰恩深始錫龍池宴節正須知鳳
曆新紅琥珀傳盃瀲灩碧琉璃瑩水淪漪上
林未放花齊發留待鳴鞘出紫宸　錫飲初
逢禊節佳昆池新漲碧無瑕九門寒食多遊
騎三月春陰正養花共喜流鶯修故事自憐
雙鬢惜年華鳳城殘照歸鞍晚禁苑無風柳
自斜【俱歐文忠】　蘭陵士女滿晴川郊外紛
紛拜古埏萬井閭閻皆禁火九原松柏自生
烟人間後事悲前事鏡裏今年老去年介子
終知祿不及王孫誰有一相憐【郭勛】　朝光
瑞氣滿官樓綵纛魚龍四面稠廊下御廚分
熟食殿前香騎逐飛毬千官盡醉猶教坐百
戲皆呈未放休共喜拜恩侵夜出金吾不敢
問行由【張籍】　海棠時節又清明鹿飲烟收
雨乍晴幾處青帘沽酒市一竿紅日賣花聲
綵毬時向棱門過繡轂遥隨輦路行日暮人
人醉歸去熙熙春物見昇平【曹組】　畫架雙
裁翠絡偏佳人春戲小樓前飄揚血色裙拖
地斷送玉容人上天花板潤沾紅杏雨綵繩
斜掛綠楊烟下來閒處從容立疑是蟾宮謫
降仙【可正平】　三年寒食住京華寓目春風
萬萬家金絡馬銜原上草玉釵人折路傍花
軒車競出紅塵合冠蓋爭迴白日斜誰念都
門兩行淚故園寂寞在長沙【胡曾】　暖風芳
草竟芊綿多病多愁負少年弱柳未勝寒食
雨好花爭奈夕陽天溪邊物色堪圖畫林畔
鶯聲似管絃獨有離人開淚眼強憑盃酒亦

淸然【張泌】　柳帶東風一向斜春陰澹澹藹
人家有時三點兩點雨到處十枝五枝花萬
井樓臺疑繡畫九原珠翠似烟霞年年今日
誰相問獨卧長江泣歲華【李山甫】　幾度春
山共陸郎淸明時節好風光細穿綠荇船頭
滑碎踏殘花屐齒香風急嶺南飄迴野雨餘
田水落芳塘不堪吟罷東回首滿耳蛙聲正
夕陽【[illegible]】　鶯啼燕語畫樓東麗日輕雲護
綺櫳香篆煖飄烟縷碧花房晴滴露珠紅纏
綿窓思王孫草搖蕩春光少女風暗想多情
惟落絮時時飛入翠簾中【曾子啓】　郭外靑
烟柳帶桑洞庭西去水悠悠故人不見沙棠
楫燕子齊飛杜若洲日落晚風吹宿酒天寒
江草喚新愁佳期寂寞春如許辜負山花插
滿頭　三月春光積漸微不須風雨也應歸
與人又作經年別回首空驚昨夢非江燕引

曾公名棨永豐人狀元少詹事

雛芳草滿林鶯出谷杏花稀沈郎別有傷情
地不爲題詩減帶圍【俱文徵明】　纔喜新春
已莫春夕陽吟殺倚樓人錦江風散霏霏雨
花市香飄漠漠塵今日尚追巫峽夢少年應
過洛川神有時自患多情病莫是生前宋玉
身【[illegible]】　無聊獨坐意徘徊記得春來春又
催幾片落花門盡掩數聲啼鳥夢初回微風
入幕紅消篆細雨收堦綠長莓弱質自憐光
景擲曉窓羞試鏡中妝【郭奎】　紅點苔痕綠
滿枝一杯和淚送春歸鵓鵠有意留殘景杜
宇無情叫落暉蝶趁殘花盤地舞燕隨狂絮
入簾飛醉中曾記題詩處臨水人家半掩扉
【朱淑眞】　不到西庄垂一旬重來春色倍欣
欣海棠枝重堆紅錦楊柳條長散麴塵跨水
小橋閑可倚啣花馴鳥宛相親晴和天氣逢
寒食急遣蒼頭招故人【[illegible]】　千峰不斷

入嵯峨客裏登臨興若何風景忽看三月碧
繁華偏屬武陵多樽前黃鳥鳴芳樹花外靑
雲繞碧蘿自是皇州春色好望高一和郢人
歌【沈少林】　長安三月百花殘滿城飛絮何
漫漫千門萬戶東風起陌上河邊春色闌美
人高樓鎖深院白花濛濛落如霰晴窓窈窕
朝日遲亂入簾櫳趁雙燕遊絲相牽時裊裊
委地飄廊不須掃君不見江頭綠葉吹香綿
隨波化作浮　都城水綠嬉遊處僊棹往來
萍草【何大復】　詞　人笑語紅隨遠浪泛桃花雪
散平堤飛柳絮　東君欲共春歸去一陣狂
風和驟雨碧油紅旆錦障泥斜日畫橋芳草
路【賈子明木蘭花】　帝里春晚重門深院草
綠堦前暮天鴈斷樓上遠信誰傳　恨綿綿
多情自是多沾惹難拚捨又是寒食也鞦韆
巷陌人轉皎月初斜浸梨花【李易安】　子規

沈公名懋學南直隸寧國人狀元

啼血可憐又是春歸時節滿院春風海棠鋪
綉梨花飛雪　丁香露泣殘枝悄未比愁腸
寸結自是休文多情多感不干風月【賀方回】
欲減羅衣寒未去不捲珠簾人在深深處
紅杏枝頭花幾許啼痕止恨淸明雨　盡日
水沉香一縷宿酒醒遲惱破春情緒飛燕又
將歸信誤小屏風上西江路【趙德麟蝶戀花】
遙夜亭皐閒信步纔過淸明漸覺傷春暮
數點雨聲風約住朦朧淡月雲來去　桃杏
依稀香暗度誰在鞦韆笑裏輕輕語一寸相
思千萬緒人間沒個安排處【李世英雀踏枝】
鴨頭波染濃於酎風起處【[illegible]】　青皺乳燕
雙雙簾幕透梨花未雪綠楊猶絮蠶飽桑陰
瘦○無端釀出淸明候忽憶城南乍分手十
二闌干寒更陡踏青人遠鬭茶時近滋味如
中酒【王元美青玉案】　是誰約勒東君去枝

上晩聲寒杜宇桑綠猶能抵死留奴絆不解
逡巡住　灞陵一陣飄香雨宛轉玉驄蹄下
土記他含蕋拆苞時總有千金無贖處【王元
美】【玉樓春】　金博山頭半吐烟玉麥波底未
舒蓮韶光悄悄恨綿綿　桑似原蠶春再浴
困如人柳日三眠細箋心語襯胸前【王元美】
【浣溪沙】柳陰池館占風光呢喃清晝長碧
波新漲小池塘雙雙蹴水忙　萍散漫絮飄
揚輕盈體態狂爲憐流去落紅香啣將歸畫
梁【祝英臺近】寶釵分桃葉渡烟柳暗南浦怕
上層樓十日九風雨斷腸點點飛紅都無人
管倩誰喚流鶯聲住　鬢邊覷試把花卜歸
期纔簪又重數羅帳燈昏哽咽夢中語是他
春帶愁來春歸何處又不解帶將愁去【辛幼
安】【祝英臺近】　遍園林綠暗渾如昨羣幄下
無一片是花蕚可恨狂風橫雨忒煞情薄盡

底把韶華送却　楊花無柰是處穿簾透幕
豈知人意正蕭索春去也這般愁沒處安著
怎柰何黃昏院落【葉道卿鳳凰閣】昨夜雨
疎風驟濃睡不消殘酒試問捲簾人却道海
棠依舊知否知否應是綠肥紅瘦【李易安如
夢令】紫燕貼風飛黃鸝試雛巧粉墻門外
賣花人　一聲聲道穀雨新晴禁烟乍歇清明
來到【陳眉公醉春風】家家祭掃畫船容與
白馬迢遥提壺挈榼沿村到難畫難描青竹
杖斗挑山色紫藤傍亂挿花梢紅衫粉面爭
調笑高呼低喚齊度小溪橋【陳眉公寒食滿
庭芳】記得去年穀雨柳蘼鶯黃春水水上
奏琵琶一痕沙　曲罷留濃歸去家在竹溪
西住古木挂藤花喫新茶【陳眉公浪淘沙】

二如亭群芳譜歲部卷之一終

歲譜

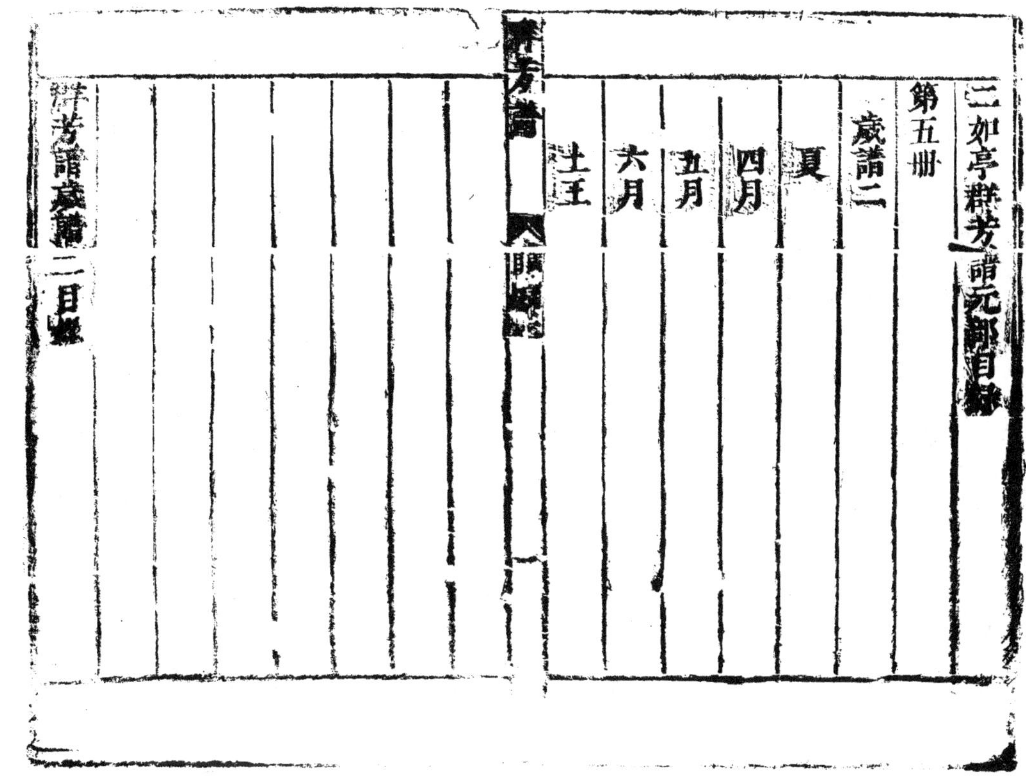

二如亭群芳譜元部目錄

第五册

歲譜二

夏

四月

五月

六月

土王

群芳譜 目錄

群芳譜歲譜二目錄

二如亭群芳譜歲部卷之二

濟南　王象晉藎臣甫　纂輯
松江　陳繼儒仲醇甫
虞山　毛鳳苞子晉甫　仝較
寧波　姚元台子雲甫
濟南　　　詮次

歲譜二

夏　假也物至此時皆假大宜平也南方爲夏先立夏三日太史謁之天子曰某日立夏盛德在火乃齋立夏之日天子親率三公九卿諸侯大夫以迎夏於南郊南方曰炎天其星鬼柳星東南曰陽天其星張翼軫其帝炎帝乘離執衡而治夏其佐朱明其神熒惑其獸朱雀其音徵其日丙丁其數七其蟲羽其味苦其臭焦其色赤其祀竈祭先肺日行南陸斗柄南指陽氣畢上萬物盛大夏以生育長養爲事是故夏三月以丙丁之日發五政五苟時夏雨乃至萬物阜昌夏至一陰生是陰動用而陽復于靜也夏曰朱明亦曰長嬴朱夏炎夏三夏九夏節曰炎節景曰脩景

〇占驗　夏水歲飢民流五穀不成

〇調攝　夏三月屬火可以居高明可以遠眺望可以升山陵可以處臺榭陽氣在外宜絕聲色薄滋味早臥早起以順正陽逆之則傷心心病宜食小麥杏薤羊火旺味苦火能尅金金屬肺肺主辛夏宜減苦增辛以養肺心氣當呵以疎之噓以順之三伏內腹中常冷特忌下利恐泄陰氣故不宜針灸惟宜發汗夏至後夜半一陰生宜服熱物兼服補腎湯藥夏季心旺腎衰雖大熱不宜喫冷淘冰雪蜜水涼粉冷粥飽腹受寒必起霍亂莫食瓜茄生菜腹中方受陰氣食此凝滯之物多爲癥塊若患冷氣痰火之人尤宜切忌老人尤當慎護平居簷下過廊衖堂破窗皆不可納涼此等所在雖涼賊風中人最暴惟宜虛堂淨室水亭木陰潔淨空敞之處自然清涼更宜調息淨心常如冰雪在心炎熱亦可少減不可以熱爲熱更生熱矣每日宜進溫補平順丸散飲食溫煖不令大飽常常進之宜桂湯豆蔻熟水其于肥膩當戒不得于星月下露臥兼便睡着使人扇風取涼一時雖快風入腠裡其患最深汗身當風而臥多成風痺[illegible]逢年歲

方壯當[illegible]懷丸至後[illegible]若[illegible]

倦時便中爲患數烈頭爲諸[illegible]之總尤不可

受風卧處宜密防小隙微孔恐傷腦戶夏三

月終日梳頭一二百遍勿着頭皮尤當在無

風處自然去風明目　夏三月每朝空心吃

小蔥頭酒令血氣通暢　夏至巳後老人宜

服不燥熱平補腎氣暖藥三二十服以助元

氣若從蓉丸八味丸之類【養親奉老書】　心

藏神名丹元字守靈心者纖也貫注纖微變

水爲血居肺下肝上對尾鳩下一寸重十二

兩盛精汁三合神如朱雀狀如蓮蘂下垂色

如縞映絳下有三毛上智七孔中智五孔下

愚無孔脉出中衝爲脾之母肝之子屬火夏

旺卦離其液汗其性樂著于內者爲脉見于

外者爲色以喉舌爲戶以小腸爲腑

應南岳上通熒惑之精【脩生延年紀】

○製用　夏三月宜用五枝湯澡浴訖以香粉傅身能除瘴毒疎風氣活血脉桑槐楮柳桃枝各一握麻葉二斤右六味以水一石煎至八斗去滓溫浴一日一次其傅身香粉方蛤粉一升如無以粟米粉代之青木香麻黃根附子炮製甘松藿香零陵香牡蠣各一兩杵羅爲末生絹袋盛之浴畢傅身　丑未辰日及丁巳巳巳戊申日脩藥及煉丹藥　宜畜雄黃以備急用諸虫毒皆可治　夏月凡制一切果蔬俱用臘雪水最佳　凡器以肥皂湯洗抹過則無蟻　焚鰻鱺骨及浮萍祛蚊又鼈骨最妙　蕎麥稈鋪床止臭虫燒蜈蚣祛壁蝨浮萍雄黃及木瓜枝葉皆可薰

○收藏　凡書畫於未梅雨前曬極燥頓匣櫃中厚以紙糊門及小縫令不通風即不蒸古

人[illegible]即令之七里香葉匣

櫃須用[illegible]

【窗類紀】　皮貨用芫花末摻之不蛀或以艾捲放甕中泥封其口或花椒捲收亦得

【撮要】　一法用白布在[illegible]缸染即撥出勿令晾乾包貂鼠風領暖耳等物不落毛【[illegible]】

○禁忌　夏至陽氣極上至赤天下至潰泉故不可以夷丘上屋【[illegible]】

○[illegible]　六黃小麥白麵飲或服甜瓜永不中暑【[illegible]】參食作粥　中暑霍亂取釜下黑煤半錢和竈額當火處赤土少許以百沸湯攪土煤攪數十遍用碗盖汗出適口徐呷一兩口立止　從中暑死移有日色樹陰下取道中熱土積在死人臍中留一竅熱尿注內仍灌蓼汁不可用冷水灌沃及以冷物逼外得冷即死　中暑悶轉筋腹痛嘔吐欲絕以鹽炒極熱投水煮作湯熱飲之即定

○典故　武王蔭暍人於樾下而天下懷【淮南子】　魯宣公夏濫於泗淵里革斷其罟而棄之曰古者大寒降土蟄發水虞於是乎講罛罶取名魚登川禽而嘗之寢廟行諸國人助宣氣也今魚方別孕不教魚長又行網罟貪無藝也公曰吾過而里革匡我不亦善乎是良罟也爲我得法使有司藏之使我無忘諗師存侍曰藏罟不如置里革於側之不忘也【國語】　越王欲復吳仇冬則抱冰夏則握火懸膽於戶出入嘗之【吳越春秋】　楚王夫人夏月納涼而抱鐵柱心有所感遂懷孕後產一鐵楚王命鏌鎁爲雙劍一雌一雄鏌鎁乃留雄而以雌進劍在匣中常悲鳴王問群臣[illegible]憶其雄也王大怒殺鏌

暍人暑熱而死者

[illegible]乃爲炎殺楚王【[illegible]】
燕昭王登握日之臺得神鳥啣洞光之珠以
消煩暑謂之招凉珠【廣記】 馬援征武溪蠻
會盛暑穿崖爲屋以避炎氣 東漢馬融夏
夫直宿館中是夕蒸鬱如坐甑中謂同舍曰
安得披襟赤脚踏陰山之層氷以洗滌塵煩
乎【[illegible]】 羊茂爲東海郡守夏則處单
扳樹【漢書】 陶淵明夏月高卧北窓下清風
颯至自謂羲皇上人 或問不熱之道曰服
玄氷丸飛雪散及六壬六癸之符王仲都並
用此方【抱朴子】 晉武帝作迎風觀寒露臺
以避暑 陸機在洛夏月忽思東頭竹篠飲
語劉寶曰吾思鄉轉深矣【語林】 嵇康性巧
而好鍛宅有一柳樹盛茂乃激水圜之夏月
居其下以鍛【晉書】 孝成子學幻於尹文先
能凋枝四時夏造氷【列子】 葛洪從祖玄學

道得仙自號仙翁每大醉夏則入水底八日
方出以能閉氣胎息也號抱朴子【晉書】 晉
元帝被病廣求方士得漢中逸人王仲都詔
問所能對曰但能忍寒暑耳因爲待詔至暑
月使曝坐環以十爐火口不言熱汗亦不出
【抱朴子】 孫登字公和時人於汲縣北山窟
中得之夏則編草爲裳冬則被髮自覆【晉書】
羊欣父不疑爲烏程令欣時年十二王獻
之爲吳興守甚愛之嘗夏月着新練裙晝寢
獻之不欲驚之書數幅而去欣本工書因此
彌善【宋書】 長安巧工丁緩作七輪扇連續
七輪大皆徑丈夏月使一人運之滿堂皆寒
【西京雜記】 天毒國最熱夏則草木皆乾【括地志】
【[illegible]】 朱提郡堂狼山多毒草盛夏之月飛
鳥過之亦不得去【山堂四考】 明義樓南有
[illegible]夏宿[illegible]寺飲羅扇羽扇【壽陽記】

[illegible]國盛夏之節引水潛流上遍屋宇机斛
巧密人莫之知觀者惟聞屋上泉鳴俄見四
簷飛溜懸波如瀑布【山堂四考】 樊山東有
小溪春夏時凜然有寒氣【武昌記】 明皇以
申王畏暑賜之冷蛇色白而不傷人冷如氷
雪玩之不復有煩暑【酉陽雜俎】 劉眞長見
王丞相導丞相了不與語時大熱丞相以腹
熨石碁局曰何如乃渹既出人問見王公何
如曰未見他異惟作吳語【世說】 王元寶家
有一龍皮扇製作甚質每暑月宴客以扇置
座前新水灑之則颯然風生巡酒之時客有
寒色【天寶遺事】 宋守約爲殿帥夏日輪軍
校十數輩捕蟬不使得聞聲有鳴於前者皆
重笞之人頗不堪神宗一日以問守約曰然
上以爲過守約曰軍中以號令爲先臣承平
掛兵殿前無所信其號令故寓以捕蟬耳蟬

鳴固難禁而臣能使必去若陛下誤令守一
障臣庶幾或可使人上以爲然【石林燕語】
李輔國夏月堂中設迎凉草其色碧幹似苦
竹葉細於杉刺之窓戶間擧室皆凉【杜陽雜編】
【同上】 元載夏月設紫龍鬚拂色如爛椹長五
尺氷精爲柄夜則蚊蚋不敢近拂之有聲雞
犬驚逸【同上】 唐文宗夏月延學士講易
賜避暑犀【杜陽雜編】 唐同昌公主夏月大
會暑氣方盛命取澄水帛以水蘸之掛於內
軒滿坐皆思挾纊【同上】 李德裕嘗宴客時
當炎爔咸有鬱蒸之苦既延入小齋列坐開
樽煩暑都盡及罷出戶則熇然焦灼有詢之
其親信者曰此日以金盆注水漬白龍皮置
末坐故也【劇談錄】 汲桑當盛暑重裘累茵
使人扇之患不淸冷斬扇者【晉書】 呂正獻
[illegible]家數[illegible] 冬不附火一日盛夏楊大

帛中有[illegible]涎能消暑

□□□群赴宮爽醉呂公屬爾俟下烈日中
公衆劉坐飲酒三盃楊汗浹背公凝然不
動【□□】
【□□】

○麗藻散語 夏歌朱明【漢書】 土潤溽暑【月令】
流金爍石【楚詞】 炎風之野赤
帝祝融之所司【淮南子】 金石流土山焦【莊子】
【□】 指水室不能起鴉子之熱【抱朴子】 方
大暑火烘騾賫赤壞墜於爐若燎於原舌
呀而不能持支墜而不能自運【□□記】 歌
南風之薰兮可以解吾民之慍兮南 騷 魂兮
風之時兮可以阜吾民之財兮【虞舜】 歸來
南方不可以止些雕題黑齒得人肉以祀其
骨為醢些蝮蛇蓁蓁封狐千里些雄虺九首
往來儵忽吞人以益其心些歸來 賦 皇昌運
歸來不可以久淫些【宋玉招魂】 之元祀
兮余出守乎清穎之區背國門而南騖兮弭
節乎大昊之墟方炎夏之隆赫兮惘時澤之
不濡驅乘時而行虐兮盜威烈乎陽烏駕畢
方而驂熒惑兮回祿為其前驅爐灰極於一
燎 何有尾石與璠璵豈隆致其凝陰兮飛
麃麃礨而無餘野曨曨而揚塵兮何蕭艾之
紛紜應龍矯首於下澤兮僅自免於槁枯鳥
喝喝而忘飛兮獸逃穴而深居覺人胡獨不
能兮無乃欲息而祓驅【張文潛】 吾將東走
乎泰山兮履崔嵬之高峰蔭白雲之搖曳兮
聽石瀨之玲瓏松林仰不見白日陰壑慘慘
多悲風邈哉不可坐致兮安得仙人之術解
化如飛蓬吾將西登乎崑崙兮出於九州之
外覽星辰之浮沒視日月之隱蔽披閶闔之
清風飲黃河之百派羽翰不可以插予之兩
脇兮畏炎暑而下墜既欲泛乎南溟兮瘴褰

流膏而鑠骨何異避喧之趨市兮衆如甑形
之就日又欲臨乎北荒兮望飛雪積冰之所聚
鳳方窮髮無人跡兮乃龍蛇之雜處四方上
下皆不得以往兮顧此大熱吾不知夫所避
萬物並生於天地兮豈余身之獨遭任寒暑
之自然兮成歲功而不勞唯衰病之不堪兮
譬燎枯而灼焦矧室廬之湫卑兮甚罷蝎之
踊踊飛蚊幸予之露坐兮壁蝎與予之入屋
賴有客之哀予兮贈端石與蘄竹得飽食以
安寢兮禁枕冰而簟玉知其無可奈何而安
之兮乃聖賢之高躅惟冥心以息 祝融南
慮兮庶可忘於煩酷【歐陽永叔】 行 來鞭火
龍火旗焰焰燒天紅日輪當午凝不去萬國
如在紅爐中五嶽翠乾雲彩滅陽侯海底愁
波竭何當一夕金風發為我掃卻天下熱【□□】
【歌】 六龍啣火燒寰宇魏王冰井若湯煮□
枝桂葉凝若癡喘殺溪頭犢風虎北冥融却
萬丈冰千斤凍鼠忙如蒸我聞胡土長飛雪
此時日曝地皮裂仙芝瑤草不敢茁湘川竹
焦琅玕折西郊雲好雨不垂堆青疊碧徒雷
鳶【□】 紫燕雛深夏 浦夏荷香滿田
【□□】 詩 五言 風麥氣清 漆水含秋氣垂藤
引夏涼 蟬急知秋早鶯踈覺夏闌 炎光
爍南溟溽暑融三夏霽靄重雲蔭碎稜震靄
吒【□□】 懶搖白羽扇裸體青林中脫巾掛
石壁露頂灑松風【李太白】 羲和騁丹衢朱
明赫其猛融風拂晨霄陽精一何迥閶宇靜
無娛端坐愁日永【郭□】 雷霆空霹靂雲雨
竟虛無火赫衣流汗低垂氣不蘇乞為寒冰
玉願作冷秋菰何似兒童歲風涼出舞雩【□】
【□□】 人皆苦炎熱我愛夏日長薰風自南
來殿閣生微涼一為居所移苦樂永相忘願

言爲此旗清陰邁四方【韓昌黎】夏日出東
北陵天經中街朱光徹厚地鬱蒸何由開上
蒼久無雷無乃號令乖雨降不濡物良田起
黃埃飛鳥苦熱死池魚涸其涯萬人尚流冗
舉目唯蒿萊至今大河北畫作虎與豺浩蕩
想幽薊王師安在哉對食不能餐我心殊未
諧眇然貞觀初難與數子偕 永日不可暮
炎蒸毒我腸安得萬里風飄飄吹我裳昊天
出華月茂林延疏光仲夏苦夜短開軒納微
涼虛明見纖毫羽蟲亦飛揚物情無巨細自
適固其常念彼荷戈士窮年守邊疆何由一
洗濯執熱互相望竟夕擊刁斗喧聲連萬方
青紫雖被體不如早還鄉北城悲笳發鸛鶴
鳴且翔況復煩促倦激烈思時康 朱夏熱
所嬰清旦步北林小園皆高岡挽葛上崎崟
蹊逕延駐目飄飄散疏襟潛鱗恨水壯去翼
依雲深勿謂地無疆劣於山有陰石欄過天
下水陸蓋浮沉自我登隴首十年經碧岑劒
門來巫峽薄倚浩至今故園暗戎馬骨肉失
追尋時遠無消息老去多歸心志士惜白日
久客藉黃金敢爲蘇門嘯庶作梁父吟【杜甫】

七言

留客夏簟青琅玕 南州溽暑
醉如泥隱几熟眠開北牖日午獨覺無餘聲
山童隔竹敲茶臼【柳宗元】南風吹斷採蓮
歌夜雨新添太液波水殿雲廊三十六不知
何處月明多【王珪】 綠蔭松蘿暑氣涼清泉
瀉入小池塘人間晝永無聊賴一朶荷花滿
院香 盧龍塞外草初肥雁乳平蕪曉不飛
鄉國近來音信斷至今猶自著寒衣 嫋嫋
涼風斷復連青山深處燕花邊誰家樓外停
歌舞又上西風小畫船【吳寬】 火輪逆焰燒
長空赤熾撲面藹藹蒙塵童走馬嘶不進忽

幄前去坤輿人無及物[illegible]
【詩】 纖床兀枕與偏踪静簡殘編玩物華
蟀麥欲殘香散露鳥聲不斷樹籠霞林塘作
逝翁孫竹籬落齊開姊妹花便托笙琴奏清
賞南薰早爲過山家【蘇澹】 祝融司令繼芳
春四望郊原樂事均翠浪翻池荷蓋綠黃雲
布隴麥痕新榴花熖熖紅噴火葵葉翩翩影
應辰纔仰茂林酷暑逝呼朋酌酒莫辭頻【王】
【詞】 芭蕉葉展青鸞尾萱草花含金鳳觜
一雙乳燕出雕梁數點新荷浮綠水困人天
氣日長時針線慵拈午漏遲起向石榴陰畔
立戲將梅子打鶯兒【鄭奎妻】 今年壽熱異
常年似爲吾園稍見謝客琴樽寬約束親
人魚鳥恣留連巳多苔色侵衣上時有松聲
到枕邊鑿就雙溪長貯月疊成三島別藏天
露花得所朝偏麗飯菜逢時晚更鮮中散酒
爐盛流瀣右軍書筆走雲烟絃中白雪非江
左篋裏青山是輞川大雅詩歌篇十九古文
金石卷三千年談颷爾涼颷至小坐翛然大
火消見說長安饒炙手可容分借北窗眠【王世貞】

詞

門外綠陰千頃兩兩黃鸝相應
睡起不勝情行到碧梧金井人靜人靜風弄
一枝花影【秦少游如夢令】 庭下石榴花亂
吐滿地綠陰亭午午睡覺來時自語悠揚魂
夢黯然情緒蝴蝶過墻去 駿駿嬌眼開仍
嬾惰無人欲出還疑竚團扇不搖風自舉盈
盈翠竹纖纖白苧不受些兒暑【文衡山青玉】
【案】

四月斗柄建巳日在畢昏翼中旦婺女中日

月令于實沈是月 也天子始絺命野虞出行
田原爲天子勞農 勸民勿或失時命司徒巡
行縣鄙命農勉作 勿休于都驅獸毋害五穀
毋大田獵農乃登 麥蠶事畢后妃獻繭乃收
繭稅以桑爲均貴 賤長幼如一以給郊廟之
服是月曰孟夏亦 曰首夏入節爲立夏

○占候總占 月建巳 宜暑巳不暑民多疾病熱而眼黃 月内有三卯宜麻無則
麥不收月内寒主旱 朔日 値立夏地動人民
諺云黃梅寒井底乾 不安値小滿主災
十六 諺云有穀無穀且看四月十六立一丈
竿量月影月當中時影過竿雨水多淺
田夏旱人飢長九尺主三時雨水入尺七尺
主雨水六尺低田大熟高田半收五尺主夏
旱四尺蝗
三尺人飢

○種植 秋王瓜 芝麻 蘿蔔 扁豆 粟
麥門冬 小豆 絲瓜 枇杷 葱
紫蘇 莧 移植 石菖蒲 櫻桃 茄
瑞香 芙 秋牡丹 枇杷 蔘
秋海棠 茉莉換盆 梔子 壓插 玉繡毬
翠雲草 菊上盆 芋 玉蝴蝶
木槿 梔子 錦葵 收採 豨薟草 菜子 曬乾收
木香 荼蘼 芙蓉 白蘚根 蜜蜂 不混易
諸實子 析蓂子 蠶豆 柴胡 笋乾
[illegible] 蠶 [illegible] 桑椹 生

[illegible] 蟄蠟 驢 [illegible] 蒸曬防 [illegible]
斫楮皮 收殭蠶 晝 桑椹 非此月
剪菖蒲 埋蠶沙 絡麻 田忌 天火酉 九焦未 [illegible] 十二月
地火未 歸忌寅 可
荒蕪申

○療治 四月節内宜腹煖食羊腎粥[千金月令] 四月吉日製藥治時行熱病 望日尤佳 浮萍一兩 麻黃去根 桂心 附子
炮去臍皮各五錢共擣爲末每用一兩入生
薑二片葱頭二個煎至八
分熱服蓋覆之立發汗

○典故 孟夏一日祀竈[白虎通] 四月中氣以含桃薦寢廟[月令] 宗伯以夏日至致地
祇示物魅以禬國之凶荒民之札喪[周禮] 夏日至之日祭地祇於澤中之方丘
十五以後爲櫻笋厨[歲時記] 四月八日爲
佛誕辰諸寺院有浴佛會僧尼競以小盆貯
銅像浸以糖菓之水覆以花棚鐃鼓交迎徧
往邸第富室以小杓澆灌佛身以求施利
是日西湖作放生會舟楫之盛略如春時小
舟競賣龜魚螺蚌售以放生 周昭王二十
四年甲寅四月初八日中天竺國淨飯王妃
摩耶氏生太子悉達多三十五歲於菩提場
中成無上道號曰佛世尊以周穆王五十二
年二月十五日於拘尸那城娑羅雙樹間入
涅槃 大慧禪師浴佛上堂語云今朝正是
四月八淨飯王宮生悉達吐水九龍天外來
捧足七蓮從地發[釋氏稽古] 秦始皇九年
四月寒凍民有死者[五行傳] 唐元和
十四年四月淄青隕霜殺惡草及荊棘而不
害嘉穀 是月也繼長增高毋有壞墮毋起
土功毋發大衆毋伐大樹[月令] 天子四月

休於蔆澤於是射烏【[illegible]】鸝巢夏至時[illegible]
塗循國献册鶵一雄一雌孟夏耶姻爲扇[illegible]
名條翮一名素影【拾遺記】劉敬宣見四月
入日灌佛乃下金鏡爲母灌象　李撰初夏
夜宿堂之前軒有巨狐鳴噪於庭人立而跳
日光迸射久之踰墻而去撰甚惡之及曉入
朝其日拜相【集異記】　橫州出楓蠶始生食有
食葉之蚤似蚕而赤黑四月熟如蚕之將絲
州人擘取其絲光明如琴絃瀕
濱蜑人當之作釣緡【月令通考】

四月秀葽　四月維夏　正月繁　正月建巳
○麗藻散語　霜我心憂傷【詩】　立夏清風至　暑月也
鶗鴂聲博谷飛電見龍升天【呂氏春秋】收撚　龍星名
台之孟夏【楚詞】　盧橘夏熟【上林賦】　朱明　大也白[illegible]
盛長敷與萬物敷華就實既昌既阜【漢郊祀】　胎夏氣大
【賦】　四月惟夏運臻正陽和氣穆而扇物麥　而育物也
含露而飛苦清徵迟於琴瑟朱鳥感於炎荒　盧橘採[illegible]
鹿角解於中野草木蔚其條長【傅玄】　悲炎也
節之赫羲覽祝融之御轡遊井耀兮南離睎
辰訊之長吹蔭綠柳之揚枝挹黃雲之献瑞
雲鬱律以泉涌雨淋漓而方從奮節屆朱
駭霆之奔礚訝驚電之橫擿【李顒】　啓　明晷鍾
册陸依依聳蓋俱臨帝女之桑鬱鬱丹城並
掛陶潛之柳梅風拂戶臨之內麥氣擁宮闕
之前【昭明太子】　歌　曉涼暮涼樹如蓋千山濃綠生雲
外依微香雨青氛氳膩葉盤花照
曲門金塘閑水搖碧漪老景沉重　詩　五言　梅
無驚飛墮紅殘萼暗參差【李賀】　天
一雨清【嚴維】　麥候始清和涼雨消炎燠【[illegible]】
麥天晨氣潤槐日午陰清　摘荷纖首
【[illegible]】夏麥嗚尚餘春【杜甫】　麥隨風裏熟　梅逐雨
中黃　湛湛長江去冥冥細雨來書　沃踈易

濕雲露容難開竟日蛟龍盡蟄藏岸岡[illegible]
【甫】　悠悠雨初霽獨繞清溪曲引杖試荒泉
解帶圍新竹沉吟亦何事寂寞固所欲幸以
忘營營嘯歌盡賞燠【柳宗元】　風雨將春去
清和四月天桐陰搖白日草色散青烟與濟
琴傳外筋骸杖屨前若爲消永晝窗下有殘
編【文[illegible]山】　高桃應吾道衡門豈世情對床
紛樹色入憂亂禽聲雨氣雲書濕茶烟隔竹
清美人天其遠一水暮盈盈　桐葉碧如玉
桐陰薄似雲森沉坐草閣大第積蟠薰花氣
雲書濕鶯歌傍竹闈玄珠自塗海蒲佟徒紛
紛【張時[illegible]】　端居聊爾耳芳草自繽紛久
雨霽新月碧空生晚雲苔痕惟鳥跡水檻見
鷗群斜日湘簾捲微波靜有文　孟夏草木
長遶屋樹扶疏衆鳥欣有託吾亦愛吾廬既
耕亦已種時還讀我書窮巷隔深轍頗迴故
人車歡言酌春酒摘我園中蔬微雨從東來
好風與之俱泛覽周王傳流觀山海圖俯仰
終宇宙不樂復　七言　四月清和雨乍晴　春
何如【陶淵明】　事無多櫻笋來　山深
四月始聞鶯【[illegible]】　石榴新生菌閣虛已應梅潤
入圖書【林和靖】　落絮濛濛立夏天樓前槐
樹影初圓傳聞紫殿深深處別有薰風入舜
絃【西清詩話】　綠樹陰濃夏日長樓臺倒影
入池塘水精簾動微風起一架薔薇滿院香
【高駢】　梅子金黃杏子肥麥花雪白菜花稀
日長籬落無人過惟有蜻蜓蛺蝶飛　長養
薰風拂曉吹漸開荷芰落薔薇青虫也學莊
周夢化作南園蛺蝶飛【徐寅】　嘒嘒新蟬綠
葉遮一聲臨牖到山家未應春色全歸去猶
有芳叢刺史花【惠洪】　地曠樓雄夏日宜碧
櫻若樹繞花遲清歌不用邀明月二　笑山河

八酒巵【李夢陽】豪年正書病健復首覆鬢
須氣鬱蒸大水淼茫炎海接奇峰突兀火雲
升思雲道謁黃梅雨敢望宮恩玉井冰不是
尚書期不顧山陰雪夜興初乘【歐陽文忠】望
朝齋戒是尋常豐啓金根第幾竿竹葉飲爲
茸露色蓮花鮓作肉芝香松膏背雨凝雲礎
冊粉經年染石床剩欲與君終此志頑僊唯
恐鬢成霜【胡贈】 未明先見海底日良久遠
雞方報晨古獨含風常帶雨寒巖四月始知
春中天氣爽星河近下界時豐雷雨均前後
登臨思無盡年年四月園林春去後深深
敗換牲來人【方干】 詞 密暗陰初茂折得花枝
猶在手香滿袖葉間梅子青如荳【憶王孫】
峰欲分銜燕補巢清和天氣綠陰嬌一陣應
簾風雨到打芭蕉 鶯起幽人初睡午茶烟
擽繞出花稍有箇客來琴在背度紅橋【陳眉】

【公初夏增城流】【浣溪沙】 睡起流鶯語掩蒼苔
房攏向曉亂紅無數吹盡殘花無人問惟有
垂楊自舞 漸暖靄初回輕暑寶扇重尋明
月影暗塵侵尚有乘鸞女驚舊恨鎮如許
江南夢斷衡皋渚粘天蒲荷漲綠半空烟雨
無限樓前滄波意誰採蘋花寄取 但恨蘭
舟容與萬里雲帆何時到送孤鴻目
斷千山阻誰爲我唱金縷【賀方回】

○五月斗柄建午日在東井昏亢中旦危中日
月會于鶉首是月也命有司爲民祈祀山川
百源大雩用盛樂乃命百縣雩祀百辟卿士
有益於民者以祈穀實農乃祭黍是月也日

長至陰陽爭生死分君子齋戒處必掩身毋
躁止聲色薄滋味節嗜慾定心氣百官靜事
毋刑以定陰氣之所成是月曰仲夏亦曰暑
月皐月五日名端午端始也爲天中節道家
謂之地臘八節爲夏至至有數義一以明陽
氣之極至一以明陰氣之始至一以明日行
之北至

○占候總占 月內有三卯宜稻及大小豆無則宜早豆 五月大種瓜不下五月

小種秧必須早又云五月小瓜果吃不了
五月不熱十一月不凍【博雅】 五月宜熱諺
云黃梅寒井底乾又夜亦宜熱諺云晝暖夜
寒東海也乾俱主旱 五月暴熱之時看窠
草忽自枯死主 夏至 在月初主雨水諺云
有水【民圖纂】 夏至端午前坐了種田
年【田家五行】 在初二三主米麥貴初五米
貴諺云夏至連端午家家賣兒女初七入米
麥平二十大飢又云上旬米賤中旬大豐米
大賤末旬大歉米大貴【歲時記】 有雨謂之
淋時雨主久雨【便民圖纂】 又諺云夏至在
月頭邊吃邊愁 夏至在月中耽閣糶米翁
夏至屬水主妖屬金大 値芒種六畜
瘟毒値甲寅下卯桑貴 朔日 災値夏至冬
大 十日得辰淳禾半收十一日得辰
辰日 五日以上主月夏至前四日內

看窠草 名干戈 盧董之甚

䲙鋲小魚去水口謂之立至□□
【□□□】鸕鷀來主大水　至正庚寅
月梅水泛漲時忽惟鳥數十自西而東衆訝□□
謂淺田之兆一老農云無妨也夏至前來謂中□□
之犁湖夏至後來謂之犁途謂其嘴之狀似犁□□
犁湖言水漲途言水退也今則夏至已過水□
必退矣
後果然

○**種藝** 豌大豆　夏蘿蔔　黑豆　黃豆
豌菘菜　赤豆　菉豆　瓜

移植 枇杷　月季　荼蘼　石榴　錦帶
薔薇　木香　櫻桃　瑞香　寶香
棠棣　玉堂春　西河柳　橘
素馨　剪春蘿　竹　橙

收採 菖蒲　卷柏
蒜臺　麥　諸菜子　馬齒莧　青葙子
葵花　莧　天茄苗　白花菜　大小薊
旋復花　紅花　萱花　杜仲　蛇床子
酸漿草　黃柏　槐花　浮萍　蒲公英
馬蘭子　車前子　金銀花　天麻　艾
益母草　豨薟草　罌粟子　蔴黃
水仙根

整頓 割苧蔴　採練葛
澤瀉　斫桑枝　糞桑

田忌 天火子　地火酉　荒蕪巳
九焦卯　糞忌午

○**製用** 梅雨時置大缸于庭前收水煎茶甚美
且經宿茶色不變收瓶中可久用□
雨水洗癬疥滅瘢痕入醬令易熟沾衣便腐
澣浴如灰汁有異他水　五月初一取柳枝
葉煎湯浴沐令人光澤不病不老午時亦可
【□□□】夏至陰滋恐傷物不茂以朱索
連帚縛桃杷桃結印五色書文施門戶可止
惡氣【續】五日繫五彩絲于臂名續命縷辟

兵厭鬼令人不染瘟疫口內常誦□□□□
則鬼遠避【荊楚記】或問抱朴子辟兵之道
答曰以五月五日畫赤靈符着心前　闘入
十午日必海上羅鷲以充節饌如無鷲以鵝
代之故富貴之家以得鷲爲喜【歲時記】鵝
蠡蚓二物異類同穴爲雌雄五月五日候
交時取來夫婦帶之相愛【譜類本草】桃朱
術生園中細如芹花紫子作角以鏡向旁敲
之則子自發令婦人帶之與夫相和五月採
【千金月令】五月食未成果核發癰癤寒熱
夏果落地惡蟲緣食患九漏一切生菜五月
五日勿食發百病　五日五更使一人堂中
向空扇一人問云扇甚底答云扇蚊子凡七
問七答一夏無蚊虫　午時硃砂寫茶字倒
貼之蛇蠍不敢近【俱家雜事說】五日午時
望太陽寫白字倒貼于柱上四處則無蠅子
五日書儀方二字倒貼柱
脚上辟蛇虫【便民圖纂】

○**療治** 疫氣時行用管仲置水缸內食之一家
不染　消暑服五味子湯五味子一大
合木杵搗碎置小磁瓶內投以百沸湯入少
蜜封安火邊良久堪服　治痢二黃丹五日
用鮮紅廣丹四兩先將透明黃蠟二兩炭火
上用銅杓化開恭匙將丹徐徐投入蠟內一
入用桃柳條各一枝不住手攪勻丹投盡即
去火乘熱爲丸桐子大每服一九紅痢甘草
湯下白痢生姜湯下水瀉米湯紅白相兼甘
草生姜同煎湯送下每日二服不過二三服
即愈　喫臭五日並夏至日日未出時汲井
華水一盞作三漱吐門閫裹如此三十日口
臭永除一說自五日起至夏至日亦可　治
急中風目瞑牙禁無門下藥以龍腦天南星

……爲末至五月五日午時研細以猪膽左右夾牙二三丸只自開始得下藥〔伏氏易方〕 治瘧疾并大頭風方大力子防風各等分共爲細末每服五錢用黃酒一鍾水一鍾同煎空心溫服蓋厚被汗出即愈〔廖氏經驗方〕 治粉刺黑斑五月五日收帶根紫花大麻全用晒乾燒灰商陸搗自然汁加酸醋和勻絹絞淨搜大麻作餅炭火煆過收之半年方用入面藥尤能潤肌〔居家必用〕 治齒宣露熱壅出血五月五日採鷄腸草日乾爲末揩齒立效〔圖氏家抄〕 又五月五日午時水煎莧上青苔或百草霜俱入鹽頻漱或水煎羊蹄草汁漱或醋煮川椒溫漱〔千金月令〕 治打撲傷損血出不止用海螵蛸一兩石灰四兩青薊草萵苣菜各一虎口五月五日巳未出時本人不語將三味同搗爛杵勻揑作餅子晒乾用時刀刮傳之無膿退痂便愈〔青囊秘術〕 治刀斧傷五月五日採馬鞭草血見愁即草血竭擂爛同風化石灰爲末塗之即愈又方用五月五日採露草一百種陰乾燒作灰等分以井花水和丸燒白刮傳瘡上止血生肌〔醫方選要外集〕 五日午時於韭畦面東弗語收蚯蚓泥遇魚刺鯁者以少許擦喉外其刺即消〔錄集〕 治惡蟲傷端午取白礬一塊自早晨晒至晚收之凡百蟲所傷以此末傳効 治蜈蚣咬以麻鞋底揩之

○**典故** 五日人皆踏百草及鬬百草之戲歲詩云共鬬今朝勝盈襜百草香章簡公帖子云五葉開瑞英百草鬬香萏〔荆楚歲時記〕 新野庾家嘗于五日曝席忽見一小兒于席下俄而失所在相傳以爲忌〔初學記〕 京師以端午爲解粽節粽長者勝短者輸酒〔歲時記〕 北人端午以雜絲結合歡索纏手臂又名條達織組雜物以相贈遺及日月星辰鳥獸之狀文繡金縷帖畫貢獻于所尊古詩云繞臂雙條達歐詩云五色雙絲獻女功多因荆楚記遺風又云綉繭誇新巧縈絲喜續年章簡公云繭館初成長命縷珠囊仍帶辟兵繒纂城帖子云飲食祈君千萬壽良辰更上辟兵繒〔初學記〕 雄雉飛來登王弘直內館柱頭令管輅作卦曰到五月必遷時三月也至時果爲渤海守〔錦繡萬花谷〕 陳林爲蒼梧太守去後郡人以此日登臨于東城門令小兒潔服而舞〔後漢書〕 元王氏女丈出耘舍傍遇豹爲所噬曳之升山丈大呼女識丈聲驚救之將丈所棄鋤擊豹腦而殺之丈乃得生〔[illegible]〕 于闐國有玉池每以端午日王親往取玉自王以下至庶人皆取之

每取一團玉以一團石換之〔錦繡萬花谷〕 五日競渡起于越王勾踐〔越地傳〕 袁紹在河朔每夏至大飲云避一時之暑故號爲河朔避暑飲〔湘山野錄〕 唐天寶中揚州進水心鏡一面清瑩耀日背有盤龍勢飛動玄宗覽而異之進官李守泰曰鑄鏡時有老人自稱龍護鬚髮皓白眉垂至肩衣白衣有小童衣黑衣呼爲玄冥至鏡所謂鏡匠呂暉曰老人解造真龍鏡爲汝鑄之將愜帝意遂令玄冥入爐所局戶三日及開已失但遺素書一紙云開元皇帝聖通神靈吾遂降祉斯鏡可辟衆邪鑒萬物秦皇之鏡無以加焉歌曰盤龍盤龍隱于鏡中分野有象變化無窮興雲吐霧行雨生風上清仙子分獻聖聰呂暉等以五月五日移爐于江心鑄之後大旱不雨葉法善禱鏡龍于凝陰殿須臾雲氣滿殿甘雨

文[illegible]閲 宋太祖以五月暑氣方盛下詔
諸州令長吏督掌獄椽每五日一檢視獄中
寬其桎梏給飲食藥餌小罪即時決遣歲以
爲常〔續表補〕 太宗征太原四日行次澶淵
寺丞宋捷迎謁道左太宗見其姓名喜以爲
我師有必捷之兆語攻城諸將曰來日端午
當置酒高會于太原城中至癸未繼先降正
五月五日也〔宋朝事實〕 魏彬有行業嘗以
莩贖人及贖中有金五兩遂還之人問其故
曰五月披裘負薪豈有餘金耶仕梁爲錄事
參軍〔北窓瑣語〕 一僧舍有大樹不知其名
春時如枯夏月方萌每歲待黃梅過方始舒
葉葉既開則水定極準一境農人憑以卜水
候後一山丁過見之云此聖木櫃也〔便民圖
纂〕 披裘公者吳人延陵季子出遊見道有
遺金顧謂公曰取彼公瞋目曰何子之高而
視之卑五月披裘而負薪豈取金者哉季子
驚謝問其姓名曰子皮相之士耳安足語姓
名〔高士傳〕 北方有石湖方千里深五丈餘
歲常氷惟夏至前後五十六日解〔神異經〕
齊田嬰賤妾五月五日生文文命勿舉母竊
舉之及長其母因兄弟而見嬰怒文遂啓父
曰不舉五月子何也嬰曰五月子者長與戶
齊將不利其父母文曰人生受命于天豈命
于戶何不高其戶誰能至其戶耶父知其賢
曰小子休矣後封孟嘗君俗以五月爲惡月
故忌〔本傳〕 王鳳以五月五日生其父欲不
舉曰俗諺舉此子長及戶則自害否則害其
父母其叔父曰昔田文亦以此日生非不祥
也遂舉之〔西京雜記〕 胡廣本姓黃以五月
五日生父母惡之藏之葫蘆棄之河流岸側
居人收養及長有盛名父母欲取之廣以爲

背所生則害義背所養則忘恩兩無所歸以
葫蘆而生也乃姓胡名廣後登三司〔本傳〕
崔信明五月五日生有異雀數頭身形甚小
五色倫集于庭樹鳴声清亮太史占之曰五
月爲火火爲離離爲文彩日中文之盛也此
兒必文名播天下雀形既小祿位殆不高及
長博學強記下筆成章而官果不達〔本傳〕
王鎮惡以五月五日生家人欲棄之其祖猛
曰昔孟嘗君以此日生卒得相齊此兒必興
吾宗以鎮惡名之〔宋書〕 唐太宗五日飛白
龍鳳等字扇賜近臣詔長孫無忌等曰五日
舊俗必用服玩相賀今朕各遺卿扇二枚庶
動清風以增美德 唐學士賜食夏至頒氷
及酒蓋禁中酒郢氷也 大奚山在廣州境
內山有一洞每歲五月五日洞開土人預備
墨紙入其中以手摸石壁有鐫隙若鐫刻者
覆紙以墨刷之出視或呪語或藥方應用無
不驗洞亦隨閉〔文昌雜錄〕 雍之洋縣念佛
巖下有潭如碧鏡每歲五日巳午間忽有
泡光出色艷異甚常時則無〔方輿勝覽〕

〇麗藻散語 日永星火以正仲夏〔書〕 五月鳴
蜩〔詩〕 五月斯螽動股〔詩〕 夏至景
風至蟬始鳴螳螂生〔易卦驗〕 夏至少陰雲
如水波〔合璧事類〕 浴蘭湯兮沐芳華〔離騷〕

啓 麥隴移秋桑律漸暮蓮花泛水艷如越女
之腮蘋葉漂風影亂秦臺之鏡炎風以之
扇戶暑氣於是盈樓乘雨洗梅樹五神定
之中火雲燒桂林之上〔昭明太子〕

表 位祝融
同長養之功六律鈞和毅賓有酬酢之義故
節推戴禮日著漢儀彼艾人遶具于歲時角
黍近標于風土乃著舊傳聞之未亦君親慶
爵之事伏惟陛下竟協舉章允符時訓恩霑

延歲慈波元條守介祉坼稱遲風門瑞𦺇蕐
蟜特降乾文輕縞染衣眞金倫器海綃㡜盤
渠盌藏珠拜爭若鷩捧持未慣當晝而不假
交扇向日而唯宜飲氷晛又將以朱絲縈護
晝軸用褒故烝蕪續殘齡爰自微臣願諸
技術躬被寵全踰錫帶之榮覩物傳輝實動
請纓之思唯當仰承帝力粗舉藩條誓相率
千明時庶同登于壽域【李商隱】時或慈陽
歲之常候式當聖日無害豐年陛下敦本務
農憂人閔雨宸慮所至天心自通故得瑞馬
迎舟摓商羊之舞仙雲覆水協從龍之徵初
泛灑于上宮遂滂霈于率土自中徂外皆荷
生成雨公及私靡不碩茂殷后從勤于自剪
周公空愧于舞雩臣以庸虛謬司藩翰有年
之慶惟聖之功【孫子固】

詩五言

百靈扶織戶【王沂公】
蕤生四五尺素身爲誰珍 辟邪書寶篆競渡鬬龍舟 臂纏長命
縷衣帶赤靈符 仙艾垂門綠 靈絲達戶長【王昌齡】
越女天下白鑑湖五月涼剡溪蘊
秀異欲罷不能忘【杜甫】 麥隨風裏熟梅逐
雨中黃彩含蕉葉氣扇動竹花涼【庾子山】
雕玉押簾上輕縠籠虛門井汲鉛華水扇織
鴛鴦文 廻雪舞涼殿甘露洗空綠羅袖徒
迴翔香汗沾寶粟【李賀】 棹爭飛鳥疾標奪
彩龍迴江影渾翻錦歡声遠震雷【郭功父】
淸曉會披香朱絲續命長一絲增一歲萬縷
獻君王【章簡公】 大火五月中景風從南來
數枝石榴發一丈荷花開帳不當此時私遇
蟀金罍【李白】 宮衣亦有名端午被恩榮細
葛含風軟香羅疊雪輕自天題處溼當暑着
來淸意內稱長短終身荷聖情【杜甫】 萬里
江邊大瓠峽對海安朝霞晴作雨溼氣晩生

寒苔色侵衣桁潮痕上井欄題詩招茂宰思
爾欲辭官【李嘉祐】 往歲沾宮扇含香拜玉
墀只今飄白髮刈麥向東菑樹樹鳴蜩日家
家望雨時萬方多難意誰達聖明知【李空同】
逕草侵衫色庭梧生晝陰時光臨角黍牆
事望梅霖習靜鑪薰細醒煩茗椀深草堂賓
客散歌枕聽幽禽【文徵仲】 幾賓五月中淸
朝起南飇不駐亦不遲飄飄吹我衣重雲蔽
白日閑雨紛微微流目視西園曄曄榮紫葵
於今甚可愛奈何當復衰感物願及時每恨
靡所揮悠悠待秋稼寥落將賒遲逸想不可
淹猖狂獨長悲【陶潛】 楚俗不愛力費力爲
競舟買舟俟一競競飲貧者賒年年四五月
繭實奏小秋積木倔堤壞挍秧滿稗稠此時
集丁壯習競舟畝頭朝飲村社酒暮椎膀舍
牛祭船如祭祖習競如習讐連今數十日作
業不復憂君侯選良吉會客陳膳羞畫鷁四
來合大競長江流建標明取合勝負死生求
一時歡呼羅三月
農事休【元微之】

七言

辟兵已佩靈符小續
命仍縈絲縷長【文秀】
願儲醫國三年艾不作沉湘九辯人 五
日看花憐並蒂今朝鬬草最宜男【章簡公】
五月榴花照眼明枝間時見子初成可憐此
地無車馬顚倒青苔落絳英【韓愈】 春蒲獵
獵弄輕柔欲立蜻蜓不自由五月臨平山下
路藕花無數滿汀洲【參寥子】 荷葉初開筍
漸抽東坡南蕩正堪遊無端隴上翛翛麥橫
起風寒占作秋【王安石】 嶺木爭分路轉遙
桄榔椰葉暗蠻溪愁衝毒霧逢蛇草畏落沙
蟲避燕泥五月畬田收火米三更津吏報潮
雞不堪腸斷思鄉處紅槿花中越鳥啼【李德
裕】 積雨空林煙火遲蒸藜炊黍餉東菑漠

淺水田飛白鷺陰陰夏木囀黃鸝山中習靜
觀朝槿松下清齋折露葵野老與人爭席罷
海鷗何事更相疑【王維】竹裏行廚洗玉盤
花邊立馬簇金鞍非關使者徵求急自識將
軍禮數寬百年地僻柴門迥五月江深草閣
寒看弄漁舟移白日老農何有罄交歡【杜甫】
五月五日天氣鮮艾葉榴花對眼前鄉土
歲時殊不惡閭閻風俗自堪憐鄰人角黍能
相遺野老蒲觴得共傳回首十年車馬地每
逢佳節淚潸然【何大復】五月江南櫻筍殘
蹊花吹盡綠漫漫雨來却及梅黃候春去猶
餘麥秀寒白日幽深茆屋靜野情蕭散苧袍
寬美人何處經時別滿耳新蟬獨倚蘭【文徵明】
【詞】誰將艾虎向人懸惹得離愁到客邊時
序每從沙漠改恩先未見置郵傳漫隨尊酒
酬佳節更藉榴花媚遠天聞說諸山多聖藥

月中採取學飛仙【黃正色】却驚詩句類潘
郎莫訝巫雲峽雨長萱草林間舒翠帶榴花
枝上濕紅妝喜看物色新吳苑愁逐烟波問
楚湘續命不須縈綵縷昌陽已進萬年觴【[illegible]】
【[illegible]】當年錦纜帝王州此日荒津競渡遊
賓客未銷梁苑氣江山聊寫汨羅愁流金赤
日偏輪淚似蓋輕雲故翼舟漁聽歌鍾洗復
躍燕窺舞袖去還留調冰雪藕佳人並斷艾
分蒲上客酬出溜只疑天上轉泝洄眞在鏡
中浮陰陰暝色息鷺岸嫋嫋風香杜若洲醉
裏驚聞催住棹別船追進玉延羞【李空同】
五月五日天清明楊花繞江啼曉鶯使君未
出郡郭外江下早聞齊和聲使君出時皆有
準馬前已被紅旗引兩岸羅衣破鼻香銀釵
照日如霜刃鼓聲三下紅旗開兩龍躍出浮
水來棹影斡波飛萬劍鼓聲劈浪鳴千雷鼓

漸急標將近兩龍望標目如瞬坡上人呼霹
靂驚竿頭綵掛虹霓暈前船搶水已得標後
船失勢空揮橈瘡眉血首爭不定輸案一朋
心似燒只將輸贏定罰賞兩岸十舟互來往
須臾戲罷各東西競脫文身請書上吾今細
觀競渡兒何殊當路權相持不思得所各休
去會到摧舟折檝時【[illegible]】
詞
梅霖初歇正絳色海榴爭開佳節角黍包金香蒲切
玉是處玳筵羅列鬬巧輸年少玉腕綵絲雙
結艤畫舫見龍舟兩兩波心齊發　奇絕難
畫處激起浪花翻作湖間雪畫鼓轟雷紅旗
掣電奪罷錦標方徹望中水天日暮猶自珠
簾高揭棹歸晚載荷香十里一鉤新月【吳子和喜遷鶯】
綠槐高柳咽新蟬薰風初入絃
碧紗窗下水沉烟碁聲驚晝眠　微雨過小
荷翻榴花開欲然玉盆纖手弄清泉瓊珠碎

又
圓

薙音替　疆音強　搖音[illegible]

○六月斗柄建未日在柳昏火中旦奎中日月
會于鶉火是月也土潤溽暑大雨時行燒薙
行水利以殺草如以熱湯可以糞田疇可以
美土疆是月也樹木方盛命虞人入山行木
毋有斬伐不可以興土功勿舉大事以搖養
氣毋發令而待以防神農之事水潦盛昌神
農將持功舉大事則有天殃是月曰季夏伏

日師古曰伏者謂陰氣將起迫於殘陽而未得升故爲伏藏因名伏日　一說春夏冬三季相代皆係相生惟秋代夏是以金代火金畏火故至庚日必伏夏至後第三庚爲初伏第四庚爲中伏立秋後初庚爲末伏

○占候總占　無蠅主米價平　諺云六月無蠅新舊相登　朔日値大暑民病　値夏至大荒宜備米穀　値小暑山崩河溢　二日同　遇甲饑　三伏宜熱　諺云六月不熱五穀不結　蓋當稿稻之時又當下壅晴熱則苗旺涼雨則白沒立秋在晦旱稻遲

○調攝　當盛暑時食飲加意調節緣伏陰在内腐化稍遲又果蓏園蔬多將生啖泉水桂漿唯欲冷飲生冷相値剋化尤難微傷即飧泄重傷即霍亂吐利是以暑月食物尤要節減使脾胃易於磨化戒忌生冷免有腹臟之疾【食治通說】　盛夏畏暑難以全斷飲冷但刻意少飲勿與生硬果菜油膩甜食相犯亦不至生病也不宜引飲過多先能省減醎酸厚味煎煿燥物自然津液不乏必不至引飲太頻【食物通說】　夏月老人尤宜保扶若檐下故道穿隙破窓皆不可納涼此爲賊風中人暴毒宜居虛堂淨室水次木陰潔淨之處自有清涼每日早晨進溫平暖氣湯散一服飲食溫軟不令大飽但時復進之渴飲粟米溫飲豆蔻熟水生冷肥膩尤戒緣老人氣弱當夏之時伏陰在内以陰弱之腹當冷肥

之物則發虛泄一傷[illegible]氣[illegible]難[illegible]復[illegible]戒[illegible]之不燥熱平補腎氣暖藥二三十服以助元氣若蓯蓉丸八味丸之類【養生雜纂】　夏日服六壬六癸符或玄水符飛霜散暑不能侵【同上】

【生人全書】清暑十味香薷散　香薷一兩白朮人參陳皮茯苓扁豆炒黃耆木瓜厚朴薑製甘草炙各半兩共爲末每服二錢熱湯或冷水調　三伏用麥門冬五味子人參等分加炙甘草少許絕勝他品若因無力少加栢皮則倍臌氣力湧出【家塾事親】　苦蕒夏月宜食以益心【瑣碎錄】　西瓜熟者除暑解渴性溫不寒【同上】　勿專用冷水浸手足慎東來邪風犯之令手足癱瘓體重氣短四肢無力切宜忌之【養生仁術】　勿露天夜臥　勿食澤水令人病鼈瘕　勿食血脾季月土旺在脾　勿食茱萸傷神氣　勿食韭昏目　勿食野鴨雁等肉傷人神氣　勿食羊肉及血損人神魂健忘　勿食生葵成水癖若被犬咬終身不瘥又令人飲食不消發宿疾　六月極熱扇手心則五體俱涼【攝生仁術】　勿沐浴後當風【內經】　初一日沐浴令人去疾禳災【金門歲節】　二十七日食時煎枸杞湯沐浴令人輕健不病不老【攝生要術】

○種植　秋赤豆　秋菉豆　豇豆　芥菜　蘿蔔　晚瓜　胡蘿蔔　蔓菁　素馨　小蒜

壅培　麥冬　鋤芋　橙　韭　橘　灌溉　牡丹　菊　芍藥　茉莉

收採　花椒　紫草　刈苧　槐花　砍竹　耶藕　青箱子　天仙子　蓮鬚　遠志　蓮房　茅根　檀香　乾漆　杜仲　藿香　鳳仙花莖　白芷　葛

莧菜 艾莉 [illegible] 葦蕈 [illegible]

地踏菜 澤瀉 [illegible]

野荸薺 整頭 [illegible]

漚麻

田忌 天火卯 地火巳 一 荒蕪 [illegible] 虞忌子

○製用神麴 赤豆杏仁先用青蒿紅蓼蒼耳草[illegible]搗汁和白麪同前二味搗釀收

神水 六月六日貯水淨甕一年不臭用作醋醬醃物一年不壞〔閩西農俗志〕

一散 滑石去黃漂研飛淨六兩甘草末一兩加辰砂尤妙〔便民圖纂〕 擦牙鹽 六日清晨汲井花水以白鹽淘于水中用新鍋復煎作鹽擦牙畢吐于手心洗眼日日如此雖老夜能細書〔便民圖纂〕 伏中造三黃醬

一 六月造糯米醋 大麥醬醋 凡熱天醬飲以生莧菜鋪飯上置凉處經宿不餿 凡收餅餌熟饌以瓷盆盛懸井中不壞

○療治 治水痢百病烏藥子六月六日麪炒黃等分為末空心米飲調下二錢妙〔[illegible]〕

〔注意〕 旅途中暑不可用冷水灌沃急就道間掬熱土於臍上撥開作竅尿其中次用生姜大蒜細嚼熱湯送下〔便民纂要〕

○典故 季夏之月溫氣始至〔禮月令〕 午位一陽之生方出地上而溫厚之氣從此始焉巳位乾卦六陽雖極而溫厚之氣未終午位一陰雖生而未害於陽必至未位遯卦而後溫厚之氣始盡至極也言溫厚之氣至季夏而始盡也〔天文編〕 季夏之月命澤人納材葦命婦官染采黼黻文章〔月令〕

季夏之月令[illegible]〔[illegible]〕 紂六月獵西土發民逐禽[illegible]令夫月天覆施地務長養而發民逐禽元元懸命於野君踐一日之苗則民百日不食天子失道後必無福紂以為妖言而誅之天暴風雨拔屋折木〔太公金匱〕 孔子之楚有漁者獻漁孔子不受漁者曰天暑市遠無所鬻之棄之糞壤不若獻之君子孔子再拜而受之掃地祭之〔家語〕 六月伏日周時無至秦德公二年初作伏祠磔狗邑四門以禦蠱災 高祖用夏平策還定三秦席卷天下論功定封金帛寵異重複令自擇伏日不同凡俗〔漢書〕 初伏薦麥瓜於祖禰〔四民月令〕 伏日進湯餅名為辟惡〔荊楚歲時記〕 張良見下邳圯上老父出一編書曰讀是則為王者師後十三年孺子見我濟北穀城山下黃石即我矣遂去之旦視其書乃太公兵法也良後十三年從高帝過濟北果見穀城山下黃石取而葆祠之留侯死并葬黃石每上冢伏臘祠黃石〔史記〕 東漢和帝永元六年初令伏閉盡日〔漢官舊儀〕 劉松鎮袁紹軍紹子弟日共飲宴當三伏之際晝夜酣飲極醉至於無知云以避一時之暑故河朔有避暑飲〔典論〕 臨漳縣治西南曹操建石虎於上藏冰三伏之月以賜大臣名氷井臺〔一統志〕 楊氏子弟每至伏中取大冰使匠琢成山周圍於宴席間客雖酒酣而各有寒色至有挾纊者又以氷鏤鳳獸之象遺王公家冰以藥固之數日不消〔天寶遺事〕 都人最重三伏蓋六月中別無時節往往風亭水榭峻宇高樓雪檻冰盤沉李浮瓜流盃曲沼苞鮓新荷遠邇笙歌通夕始罷〔東京夢華錄〕 御[illegible]三伏之月[illegible]

公炎暑重襲雖當風坐猶沾汗淋漓謝著故衣食熱白粥鄉謂謝曰自非君體幾不堪此 世說新語 隋文帝乘怒于六月殺人趙綽固爭曰季夏之月天地盛長庶彙不可以是時誅殺帝曰天道豈無雷霆我則天而行何不可之有 衍義補 避暑宮在寒溪上相傳吳王避暑于此即西山寺基至今無暑氣宋王伯虎詩聞說吳王避暑宮滿山六月絳紗紅 [illegible]志 帝幸九成宮避暑姚思廉以離宮遊幸是漢武秦皇之事非堯舜禹湯所爲帝諭曰朕苦氣疾熱即煩劇豈爲遊賞乎賜帛五十疋 白孔六帖 玄帝幸洛時屬炎暑上曰姚崇多計令高力士往探回奏曰崇方袗絺乘小駟按轡木陰上乃命小駟頓忘煩溽 開[illegible]記 朱忠禮事繼母孝會大旱井涸母羸疾非泉不適口忠禮憂懼且禱忽有泉出諸庭味甘寒日不乏汲縣人異之

岑文本避暑山亭忽有報上清童子秦衣淺青衣曰此上清五銖服出門不見文本掘古錢一枚自是錢帛日盛位中書令 博異志 長夏至日婦人進扇及粉脂囊 酉陽雜俎 長安富人每至暑伏中各于林亭內植畫棟以錦結爲涼棚設坐具召長安名妓間坐遞請爲避暑會 開元遺事 梓橦郪縣唐大曆七年六月甲子涪水泛濫流木數千條梁棟榱桷具備補城屋悉此木 洽聞記 真宗東封六月放梁固以下進士及第后土于汾陰放張師德以下進士及第固狀元梁灝子師德亦狀元張華子魏野以詩賀之曰封禪汾陰連歲榜狀元俱是狀元兒 通考 陝婦人娶婦事叔姑甚謹家欲嫁之毀面自誓後叔姑病死有女誣夫家殺婦乞假不得因誣殺其

毋有司誅之島哀暘暴上虐夏暴之十日不腐蟲獸亦不敢境內無年不肅呼冤訴爲太守訪其墓謚曰貞烈婦其日大雨 六帖 日濟國西南海中有三島各相去數十里其島出黃漆似中夏漆樹彼土六月破樹腹取汁以漆器物若黃金其光奪目 洽聞記 二

○麗藻散語 六月徂暑 六月棲棲戎車既飭 詩 季夏煩暑流金爍石 梁元帝 養羊 三伏漸終九夏酷酪以供伏臘之費 楊惲

啓 將謝螢飛腐草光浮帳裏之書蟬噪繁柯影入機中之鸞織枝遷滄溢芳樓茂而發榮山土焦流金鑠水沸而源燥 三伏之節始奏商秋之辰未期 昭明太子

序 下里貧生居室卑狹陋巷不來清風短庶不足增廕並天而維青春之代寒暑殊同世而憂樂異 陸倕

賦 謝今接朱明之季月何太陽之赫赫兮及藹鬱以典熱於是大呂統律飆駭記節蒸澤外照火陰內閉若乃三伏相仍徂暑彤彤上無纖雲下無微風 夏侯湛

歌行 栽生羅伐湘竹披拂踈霜簟秋玉炎炎紅鏡東方開暈如車輪上徘徊啾啾赤帝騎龍來 李賀

詩五言 曲池煎畏景高閣絕微飆 王詩史 輕紗一幅巾小簟六尺床無客盡日靜無風終夜涼 白樂天 此朱明運將極溽暑晝夜興 陶潛 三伏忽以過驕陽化爲霖欲歸灑西宅沮此江浦深 萬事錙身外生涯在鏡中惟將滿頭雪明日對秋風 李益 麥候始清和涼雨消炎燠紅蓮搖弱荇丹藤繞新竹 白孔六帖 鄭門古城曲小築成幽園爲厭朝昏擾廼辟人境喧雙堂交雜樹炎日駐遊軒默默林寺意相看對一會 [illegible] 同 六月驕陽伏萋

清似蚕秋調[illegible]樂帶雲披竹[illegible]
光薄松藏人評幽篁子非釣叟亦擬著羊裘
陳簡齋公　南陸迎脩景朱明送末垂初伏啓
新節隆暑方赫曦朝想慶雲興夕遲白日移
揮汗辭中宇登城臨清池凉風自遠集輕衫
隨風吹露圓曜華果通衢列高椅　潘岳　六
龍鶩不息三伏啓炎陽寢興煩几案俯仰倦
幃床旁沱汗似鑠微靡風如湯凋池愧生浪
東鼓非含霜細縠特半捲輕幌乍橫張雲斜
花浮玉落荷心香願見洪崖井詎憐河朔
觴　魏文帝　苦熱中夜起登樓獨褰衣山
澤凝暑氣星漢湛光輝火晶爍露滋野靜停
風威探湯汲陰井煬竈開重扉憑欄久徬徨
流汗不可揮莫辯亭毒意仰訴璿與璣諒非
姑射子靜勝安能希　柳宗元　父耕原上田
子劚山下荒六月禾未秀官家已修倉鋤田

當日午汗滴禾下土誰念盤中飡粒粒皆辛
苦二月賣新絲五月糶新穀醫得眼前瘡剜
却心頭肉我願君王心化作光明燭　七言　炎
不照綺羅筵只照逃亡屋　聶夷中　官
駕日照人低燕處征行總不宜商略人間可人
處蘄州簟竹卷琉璃　王十朋　畢竟西湖六
月中風光不與四時同接天蓮葉無窮碧映
日荷花別樣紅　東坡　南陵水面漫悠悠風
緊雲輕欲變秋正是客心孤迥處誰家紅袖
倚江樓　杜牧　幾日不登峰上頭參差竹樹
已沉樓到來不用尋消夏鶴叫一聲天欲秋
陳簡齋公　西北樓成雄楚都遠開山嶽散江
湖二儀清濁還高下三伏炎蒸定有無推轂
幾年惟鎮靜曳裾終日盛文儒白頭受簡焉
能賦愧似相如爲大夫　杜甫　新沐朝來懶
著冠疎花[illegible]因今日爲園樂誑

當年行路難田疇[illegible]遭歲熟家貧聊藉
舊廬安衡門反鎖無人扣梧竹風清六月寒
火山六月應更熱赤亭道口行人絶知君
慣度祁連城豈能愁見輪臺月脫鞍暫入酒
家壚送君萬里西擊胡功名祇向　清晝綠
馬上取眞是英雄一丈夫　岑嘉州　詞　陰如許
樹底鶯雛學語顧影碧池中忽成翁　且自
枕書軒睡睡起一杯微醉池上落花風撲流
螢　陳眉公　[illegible]　風雨霎時晴荷葉
青青雙鬟捧著小紅燈報道綠紗廚底下焦
月分明　[illegible]涼生茉莉香清蘭花新吐
百餘莖[illegible]飛去也團扇多情　陳眉公
[illegible]
[illegible]
○土王四季位居中央其星角亢氐其帝黃帝

執繩而制四方其佐后土其神鎭星其獸黃
龍其音宮其日戊巳其數五十其穀稷其蟲
倮其味甘其臭香其祀中霤其樂塤祭先心
土德實輔四時出入以風雨節土益力其德
平而不阿明而不苛包裹覆露無不囊懷溥
氾無私正靜以和行稃鬻養老衰弔死問疾
以送萬物之歸
○九土　大地之間九州八極東南神州曰農土正南次州曰沃土西南戎州曰滔土正

西弁州曰并土正中冀州曰中土西北台州曰肥土正北濟州曰成土東北薄州曰隱土正東陽州曰申土 輕土多利重土多遲中土多聖堅土人剛弱土人肥壚土人大沙土人細息土人美耗土人醜【淮南子】

星宿 土星即鎮星主德占為夏季跡陳于外兆

四神 艮神和德言春冬將交陰陽氣和發于中群物方生也巽神太昊言光明發揮萬物潔齊也坤神太武言陰氣漸生萬物殺傷也乾神陰德言陰終陽生大有其德也【[illegible]戰】

○**秩祀** 其祀中霤古未有宮室陶復陶穴皆開其上以漏光明而雨霤之後因名室中為中霤土居五行之中故其神亦在室之中央季夏土氣盛故祀之

○**調攝** 中央生濕濕生土土生甘甘生脾脾生肉肉生肺其在天為濕在地為土在體為肉在氣為充在臟為脾其性靜其德為濡其用為化其色為黃其化為盈其政為謐其令雲雨其變動注其眚淫潰其志為思思傷脾怒勝思濕傷肉風勝濕甘傷脾酸勝甘 中央生土者天六入之濕居中央地體中為生化之始也自濕土而生凡中央惟用德化政令之顯皆本乎濕而合乎人之脾氣者也故脾居腹象濕之生于中央肉充一身象土之充實大地 脾臟中央旺于四季神肖鳳形神之炁土之精也脾者裨也裨助胃氣居心下三寸重一斤二兩濶三寸長五寸為心之子肺之母外通眉闕能制謀意辯其神多嫉脾無定形主土陰妬亦無準婦人多妬受陰炁也食熟軟熱物全身之道故脾為五臟

之樞開竅于口在形為頰脾內之本意也穀氣入于脾于液為涎腎邪入脾則多涎六腑胃為脾之腑合為五穀之府也口為脾之官氣通則口知五味脾病則口不知味脾合于肉其榮脣也肌肉消瘦者脾先死也心邪入脾則惡香脾之外應中岳上通鎮星之精季夏並三季各十八日存鎮星黃炁入脾中連于胃上以安脾神脾為消穀之府如轉磨然化其生而入于熟也脾不轉則食不消遂為食患脾神好樂樂能使脾動盪也故諸臟不調則傷脾脾臟不調則傷質質神俱傷則病速人當慎食硬物老人尤甚不欲食者脾中有不化食也貪食者脾實也無宿食而不喜食者脾虛也多惑者脾不安也色憔悴者脾受傷也脾不足則好食甜脾無病則肌肉鮮白滑膩肺邪入脾則多歌故脾有疾當用呼呼以抽脾之邪也中熱亦宜呼以出之當土王時少思慮養恬和順坤之德而寧其神逆之則脾胃受邪土木相尅則病四季勿食諸獸之脾及豕及羊血皆令脾病酸沫耽肝尅脾宜少食

○**麗藻**

散語 土地之吐生萬物者【說文】 帝致役乎坤坤者地也萬物皆致養焉【易】 歲三百六十五日五行各司七十二日土居中央分旺于辰戌丑未四季之月各一十八日是謂土王用事性愛稼穡稼穡味甘人身之脉為肉其診為緩人氣為意五官曰口臟曰脾腑曰胃其聲歌其志思其形肥其變噦其惡風於天時為雲於地形為崗坡天元化運為甲己其星隸天芮天任九之氣為太陰數陰其果為棗【四序循環經】

歌

古昔賢推定五臟土陽土須知不過陰陰土
過陽當細數四季中央戊巳司萬物悉土次
爲土【玉】說以氣候言之人身五行與天地同
【内經】一歲七十二候每候五日變土始
足五日未足土之未來候不變也雖五行足
而候不變者土氣不全則一候生災若人身
一節不調即百病生五日五行所謂五土是
也四時一歲日日有土百骸九竅處處有土
十二支四維方方有土萬物由土而生旺亦
由土而歸休四時之序季月屬土以墓四行
亦以生所代之令也蓋天地人同一氣而土
居中央艮爲陽土坤爲陰土艮東北之卦冬
春之交萬物成終成始者坤西南之卦夏秋
之交萬物歸極還元者氣歸神伏也四月一
陰生而陽土育生萬物至此而盛則土力衰
絶故曰不過陰十一月一陽生而陰土收藏

萬物至此不生不化而土力將旺故當細數
此陰陽交媾生物之機不窮而土德之流潤
無物不有無時不然也如五臟之脉必得土
氣始爲有神如無土氣則病矣土脉帶鈎本
爲緩脉而四方診法克配權宜
不可膠執大抵以土爲根帶

○占驗　地土忽陷萬民離散　地陷主兵亂【京】
【易】地生毛人勞兵起【地鏡】　地折裂
有舉兵大起境土不寧　寔中地忽裂急徙
居【抱朴子】　地忽生毛爲金失其性人將勞
疫　地無故自成泉主兵亂大水　土涌如
山出即陰盛土失其性下人將起【俱宋志】
地鏡曰山移徙及山石自動或濕或血皆主
兵亂【[illegible]】

○療治　藥中毒者土能解之萬物生于土歸于
土土之利用甚博凡大熱暍甚者以凉

水打土漿澄之可飲　服藥中毒者宜飲泥
漿水又解河豚毒　馬蝗入腹宜吞泥丸多
用則蝗見泥而奔入然後以行藥下之　痘
疹瘡癰等毒熱極者但卧陰土地則解
凉其毒能減其半土之妙
用如此智者觸而推之

○避忌　土氣濕熱　土王濕氣起居宜慎避之
六月濕熱尤宜節飲凉冷及居處濕寒
之地伏陰在内陽氣外散苟失調養内外相
感易生百疾其餘三季皆當慎寒濕【濟陰方】
【[illegible]】唐浮屠泓與張說市宅戒無穿東北隅
俄日怪宅氣索然視隅有三坎丈餘驚曰公
富貴一出而已說將平之泓曰客土無氣地
脉如身瘡補以他肉無益也　戊巳日燕不
啣泥處巢不堅凡宅舍
土工等事亦宜避土日

○怪異　木石之怪夔罔兩水之怪龍罔象土之
怪羵羊【[illegible]外傳】　魯哀公穿井得王
羊孔子曰木之精爲王土之精爲羊此羊肝
乃土耳哀公殺羊其肝果土【博物志】　秦穆
公時人掘墓得一物如羊將獻之逢二童曰
此名蝹在地食死人腦若殺之以栢東南枝
捶其首即斃由是後世墓皆植栢名栢爲鬼
庭

如亭群芳譜歲部卷二

二如亭群芳譜第六冊

第六冊

歲譜三

秋

七月

八月

九月

群芳譜歲譜三目錄

二如亭群芳譜歲部卷之三

濟南　王象晉藎臣甫　纂輯

松江　陳繼儒仲醇甫

虞山　毛鳳苞子晉甫　同較

寧波　姚元台子雲甫

濟南　男王與朋　孫王士禎　詮次

歲譜三

秋　揫也物至此皆揫斂也西方爲秋先立秋三日太史謁之天子曰某日立秋盛德在金天子乃齋立秋之日天子親率三公九卿諸侯大夫以迎秋於西郊西方曰皓天其星胃昴畢西南方曰朱天其星觜參井其帝少昊乘兌執矩而治秋其佐蓐收其神太白其獸白虎其音商其日庚辛其數九其蟲介其味辛其臭腥其色白其祀國行祭先肝日行西陸尋斗柄西指是歲秋三月以庚辛之日發五政

五政尚時五穀皆入百物乃收

○調攝 秋三月謂之容平天氣以急地氣以明早臥早起與雞俱興使志安寧以緩秋刑收斂神氣使秋氣平無外其志使肺氣清此秋氣之應養收之道也逆之則傷肺秋氣燥宜食麻以潤之禁寒飲并穿寒濕內衣肺病宜食黍桃葱 三秋服黃芪等丸一二劑[illegible]木屬肝肝[illegible]辛[illegible]酸以養肝氣立秋以後稍宜和平將攝但凡春秋之際故疾發動切須安養不宜吐汗令人消爍以致臟腑不安清晨睡覺閉目[illegible]津以兩手搓熱熨眼數多[illegible]宜凍不求溫暖千金方 肺[illegible]肺者[illegible]也其氣[illegible]也[illegible]五臟之上如蓋故號曰

華蓋重三斤三兩[illegible]如虎象如懸磬色如縞[illegible]下有七魄如嬰兒[illegible]之[illegible]其液涕其性怒[illegible]冷[illegible]內者為[illegible]見於外者為毛以鼻為戶以大腸為[illegible]之官

○農圃 [illegible]後掩入陰氣 六畜房[illegible]先整理以避風雪不使[illegible]之苦[illegible]不耐亦有饑寒之苦在[illegible]心[illegible]收五穀擇吉日上倉先祭倉神 [illegible]果棗補之[illegible]帶枝掛籬葡萄武芋[illegible]中仍用紙或乾[illegible]勿通氣

○典故 明皇製秋風高曲每奏之則清風徐來[illegible]夜葉交墮 開元遺事 唐宮人麗娟善歌常唱迴風之曲[illegible]

少為[illegible] 手太[illegible] 內[illegible] 二分[illegible] 中七[illegible] 尸[illegible] 雀陰[illegible] 非毒[illegible] 避[illegible]

○藝藻散語 江漢以濯之秋陽以暴之 孟子 秋日淒淒百卉具腓 詩 [illegible]見而[illegible] 秋風成寒 國語 秋為白藏 爾雅 秋曰[illegible] 秋[illegible] 兌正秋萬物之所說也 說卦 壯士悲秋感陰氣也 韓詩 西方金行之氣[illegible] 秋歎西[illegible] 一葉落天下知秋 淮南子 [illegible] 時秋積雨霽涼氣入郊墟 韓文 少昊[illegible] 少昊司農嶐收接[illegible] 文選 悲哉秋之為氣也蕭瑟兮草木搖落而變衰憭慄兮若在遠行登山臨水兮送將歸泬寥兮天高而氣清寂寥兮潦收而水清秋風兮蕭蕭舒芳兮振條日月忽其不掩兮春與秋其代序皇天平分四時兮竊獨悲此凜秋白露既下降百草兮奄離披此梧楸[illegible]嫋嫋兮秋風洞庭波兮木葉下 秋既先戒以白露兮冬又申之以嚴霜 楚辭 雲既淨而天高潦

少昊金天氏[illegible]少昊之子[illegible]

將收而水平[illegible] 秋夜清[illegible]白分播滿氣以收遙[illegible]

書 零雨送秋輕寒迎節江楓[illegible]落葉[illegible]黃昏[illegible]舟至河[illegible]足勞止解[illegible]金[illegible]在何日入[illegible]內侍厭直御史之廬[illegible]外府且息官曹之務[illegible]分竹南川剖符千里但黑水初旋[illegible]中十千之飲桂宮既啓復乘雙闕之宴文雅縱橫即事分阻清夜西園眇然未克想征蓋而結嘆望桂席而霑衿若使弘農書疏脫還鄴下河南口占儻歸鄉里必達青泥之封且觀朱明之詩白雲在天蒼波無極瞻雲峻路眷慨良深愛護波潮敬勗光彩 梁文簡帝與蕭臨川書 昔越張修[illegible]既用弘美續遷延[illegible]善政實著民謠吾沖弱寡[illegible]以庸薄作守京河將恐五袴[illegible]志[illegible]立思惠用布風猷[illegible]三[illegible]

□□左會遊湛陸□□□光□□已□九疑
插花步搖爲古高樓懷怨結眉表色長門下
泣破粉成痕復有影裡細腰令與眞類鏡中
好面還將畫等此皆性情卓絕親致英奇故
知吹簫入秦方識來鳳之巧鳴瑟向趙始
覩駐雲之曲手持口誦喜賀交并也【前人】蟬
八月空堂前臨隙荒抽關散扇晨鳥未光左
右傍□□踈强梁天隨子與賦惆慄忧單客
之感□□然而溝壘然而墻蘗然而柱豕然
孤篁杉木攢矛蕉標建常橘艾矢束蟜蔓絲
張囊合斿吹烏分容行若葦進而金止固違
陰而兩陽無何雲顏師風旨伯蒼茫慘澹橐
危綫斷蠅蒙上焚雨陣下棘如豪者壯如壘
者關如蠹者亞如隊者折如矛者折如常者
折如矢者什如弦者柔如吹者痟如行者暢
不有髮今蓋壘不有耳今咸鹹雲風雨烟乘
勝之勢驕衫蛩蕉憂敗北之氣撼天隨子曰
吁嗟無神則已如其有神吾爲爾蓋之南北
蠡斯螽與五蓉方州大都虎節龍旗尾解木
碎麻分豆離斧批棗老千穿乳兒炸字今壘
翰人暮尸萬犢一骨千倉一炊漫戕邊朔蟻
傷蠻夷制府守帥披濃城池兮參不刑甲綴
不離兒渠歌笑裂地蠶疑天有四序秋爲司
刑少昊負扆親朝白露蓐收相臣太白將星
可霾可雹可風可霆可塹溺顛陷可天札迷
宜曾忘鏖勇自意澄寧苟蜡禮之云責觸天
怒而誰丁奈何歎荒庭委壤砌擬崇蒲批宿
蔥揭緇茅而遲力潮緈蕭而作勢不過約弱
欲垂賤殘靡替可謂棄其本而趨其末捨其
大而從其細也嗟猶未已色若愧䩄于是嗔
者止傴者白帝承乾乾坤脩然滌岳乃驚

【□□】賦
蓼□颯試奇蜘蛛筆疊花殘畢

六□言歸壹聲之懷矣抽纂萬象賦書□□
是焉于時凄凄漠漠零霏蒙作杳杳冥冥沙
風吹或武青山兮薄暮或綠野兮新晴昨背
金輿天子自西郊而迎入此時火旆初融□
南極以遜征於是遂烏棘赫顧兔豫明地上
落紅蕖之態烟中吟玉笛之聲泰華峰高疊
蓮華而翠活湘川樹老換楓葉以霞上倉者
吳山偏清漢水松栢風高兮歲寒出梧桐□
急兮烟翠死衡陽落日和旅雁以飛來劍關
中宵逐哀猿而肅起遂使隋堤青恨吳嶺遊
愁廬阜之蟾開石面錢塘之雪入濤頭空三
楚之暮天樓中歷歷滿六朝之故地草際悠
悠魚美東鱸獸禱西虎送鸞扇之藏僕迎蛛
絲之織户海上而輕龍皓月皎潔成冰龍頭
而惹着陰雲蒼茫欲雨斯則寒暑推移衰榮
可知金生火死菊換蘭萎豈惟自逐及遊客
高極畢上澄鷁漢以清茂東瑩鼇淵而沙霜
數聲之玄鶴驚時九皋搖落一夜之新霜撲
處百卉離披是時坐客聞之俾色揣稱成言
此日之摛藻更苦長篇之秋興【□秋陽賦】
越王之孫有賢公子宅於不土之里而詠無
言之詩以告東坡居士曰吾心皎然如秋陽
之明吾氣肅然如秋陽之清吾好善而欲成
之如秋陽之堅百穀吾惡惡而欲刑之如秋
陽之隕群木夫是以樂而賦之子以爲何如
居士笑曰公子何自知秋陽哉生于華屋之
下而長游於朝廷之上出擁大蓋入侍帷幄
暑至于溫寒至于凉而已矣何自知秋陽哉
若予者乃眞知之方夏潦之流也雲蒸雨泄
雷電發越江湖爲一后土冒没舟行城郭魚
龍入室菌衣生於用器蛙蚓行於几席夜違
濕而五遷晝燎衣而三易是猶未足病也耕

於三吳有田一廛禾已實而生耳稻方秀而泥蟠溝塍交通墻壁頹穿面垢落塈之塗目泣濕薪之烟釜甑其空四隣悄然鶴鵲鳴于戶庭婦宵興而永嘆計無食其幾何烟有灰於窮年怨釜星之雜出又燈花之雙懸清風西來鼓鍾其鏜奴婢喜而告予此雨止之祥也早作而占之則長庚澹其不芒矣洛於暘谷升於扶桑曾未轉盼而倒景飛於屋梁矣方是時也如醉而醒如瘖而鳴如痿而行如還故鄉初見父兄公子亦有此樂乎公子曰善哉吾雖不身履而可以意知也居士曰日行於天南北異宜赫然而炎非其虐穆然而溫非其慈且今之炎者昔之溫者也云何以夏爲盾而以冬爲衰乎吾儕小人輕慍易喜彼冬夏之畏愛乃群狙之三四自今知之可以無惑居不鄣戶出不御箬暑不言病以無忘秋陽之德公子拊掌一笑而起[蘇子瞻]

晉十有四年余春秋三十有二始見二毛以太尉掾兼虎賁中郎寓直於散騎之省高閣連雲陽景罕曜珥蟬冕而襲紈綺之士此焉游處僕野人也偃息不過茅屋茂林之下談話不過農夫田父之客攝官承乏猥廁朝列夙興晏寢匪遑底寧譬猶池魚籠鳥而有江湖山藪之思於是染翰操紙慨然而賦于時秋也以秋興命篇辭曰四運忽其代序兮萬物紛以迴薄覽花蒔之時育兮察盛衰之所託感冬索以春敷兮嗟夏茂而秋落雖末士之榮悴兮伊人情之美惡善乎宋玉之言曰悲哉秋之爲氣也蕭瑟兮草木搖落而變衰憀慄兮若在遠行登山臨水送將歸夫送歸懷慕徒之戀兮遠行有羇旅之憤臨川感流以歎逝兮登山懷遠而悼近彼四慼之疚心兮遭一塗而難忍嗟秋日之可哀兮諒無愁而不盡野有歸燕隰有翔隼遊氛朝興槁葉夕隕於是乃屏輕箑釋纖絺藉莞蒻御袷衣庭樹槭以灑落兮勁風戾而吹帷蟬嘒嘒以寒吟兮雁飄飄而南飛天晃朗而彌高兮日悠揚而浸微何微陽之短晷兮覺涼夜之方永月朣朧以含光兮露淒清以凝冷熠燿粲於階闥兮蟋蟀鳴乎軒屏聽離鴻之晨吟兮望流火之餘景宵耿介而不寐兮獨展轉於華省悟時歲之遒盡兮慨俛首而自省斑鬢髟以承弁兮素髮颯以垂領仰群儁之逸軌兮攀雲漢以游騁登春臺之熙熙兮珥金貂之炯炯苟趣舍之殊塗兮庸詎識其躁靜聞至人之休風兮齊天地於一指彼知安而忘危兮固出生而入死行投趾於容跡兮殆不踐而獲底闕側足以及泉兮雖猴猨而不履龜祀骨於宗祧兮思反身於綠水且斂衽以歸來兮忽投紱以高厲耕東皋之沃壤兮輸黍稷之餘稅泉涌湍於石間兮菊揚芳乎崖澨澡秋水之涓涓兮玩游鯈之澼澼逍遙乎山川之阿放曠乎人間之世優哉游哉聊以卒歲[潘岳]

碧天如水兮窅窅悠悠百蟲迎暮兮萬葉吟秋欲辭秋而蕭颯蔭命侶以鳴歌送將歸兮臨水非吾土兮登樓晚枝多露蟬之思夕草起寒螿之愁至若松竹含韻梧楸早脫驚綺疏之晚吹墜碧砌之涼月念塞外之征行顧閨中之騷屑夜蛩鳴兮機杼促朔雁叫兮音書絕遠杵續兮何冷冷虛室靜兮空切切如吟如嘯非竹非絲合自然之宮徵動終歲之別離屢井苔合蘆闉露滋草蒼蒼兮人寂寂樹槭槭兮蟲伊伊則安石風流巨源襟量乎大簪笏鉉呈施九品而自我猶

復感陰蟲之鳴軒嘆凉葉之初墮異來至之
悲傷覺潘郎之幺麼嗟乎騏伏櫪而已老鷹
在韝而有情聆朔風而心動盻天籟而神驚
力將瘁兮足受紲猶奮迅于秋聲【劉禹錫】
歐陽子方夜讀書聞有聲自西南來者悚然
而聽之曰異哉初淅瀝以蕭颯忽奔騰而砰
湃如波濤夜驚風雨驟至其觸於物也鏦鏦
錚錚金鐵皆鳴又如赴敵之兵銜枚疾走不
聞號令但聞人馬之行聲予謂童子此何聲
也汝出視之童子曰星月皎潔明河在天四
無人聲聲在樹間余曰噫嘻悲哉此秋聲也
胡爲乎來哉蓋夫秋之爲狀也其色慘淡烟
霏雲斂其容清明天高日晶其氣慄冽砭人
肌骨其意蕭條山川寂寥故其爲聲也淒淒
切切呼號憤發豐草綠縟而爭茂佳木葱蘢
而可悅草拂之而色變木遭之而葉脫其所
以摧敗零落者乃其一氣之餘烈夫秋刑官
也於時爲陰又兵象也於行用金是謂天地
之義氣常以肅殺而爲心天之於物春生秋
實故其在樂也商聲主西方之音夷則爲七
月之律商傷也物既老而悲傷夷戮也物過
盛而當殺嗟夫草木無情有時飄零人爲動
物惟物之靈百憂感其心萬事勞其形有動
乎中必搖其精而況思其力之所不及憂其
智之所不能宜其渥然丹者爲槁木黟然黑
者爲星星奈何以非金石之質欲與草木而
爭榮念誰爲之戕賊亦何恨乎秋聲童子莫
對垂頭而睡但聞四壁蟲聲唧唧如助予之
嘆息【歐陽文忠】　積芳兮選木幽蘭兮翠竹上
蕪蕪兮陰景下田田兮被谷左蕙畹兮彌望
右芝圃兮寓目山霞起而削成水積明以經
復於是斂風闔之蕭蕭聲雲霧之迢迢周步

□以升降對宇宙之遼廓[illegible]
清秋之始興稍晏私而衡時[illegible]
偃乃日樓榆柳霞照夕曛孤蟬已聚去[illegible]
有惠風湛兮惟殿肅清陰起兮池館凉[illegible]
啟兮以玉寶披鶴蓋兮咀桂漿仰[illegible]
無燭奉英軿兮式如瓊霜高文兮清謳[illegible]
毫兮握芳則觀海兮爲富乃游聖兮知方[illegible]
【題】　登九嶷兮望清川見三湘兮潺湲水[illegible]
寒以歸海雲横秋而蔽天余以鳥道計於故
鄉兮不知去荆吳之幾千於時西陽半規映
島欲沒澄湖練明遥海上月念佳期之浩蕩
渺懷燕而望越荷花落兮江色秋風嫋嫋兮
夜悠悠臨窮溟以有美思釣鼇於滄洲無修
竿以一舉撫洪波而增憂歸去來兮人間不
可以託吾將採　秋風清秋月明落葉
藥於蓬丘【李白】

歌行

聚還散寒鴉棲復驚
相思相見知何日此時此夜難爲情【李太白】
金井梧桐露光白流螢幾點飛寒夕綺窗
兒女愁脉脉素手空垂鬭雙碧蛺蝶網柏石
榴裙倦理流黃向夜分織就鴛衾爲誰許問
之無言淚如

詩五言

哲匠感蕭晨【殷仲文】
雨【玉台東】　開秋肇凉氣【文選】　秋
風生桂枝【杜甫】　清商應秋至溽暑隨節闌
【文選】　菊散金風起荷摧玉露凄【唐太宗】
金蘭氣尚低火老候愈濁【韓文公】　殘暑已
敘裝好風方來歸【黃山谷】　水落魚龍夜山
空鳥鼠秋　風雲開古鏡　淮海慰氷紈【黃山
谷】　木聲萬户竹寒色五陵松【李頎】　江上
亦秋色火雲終不稜巫山猶錦樹南國且黃
鸝　宋玉天南客秋來愁自深清霜數行雁
明月萬家砧【王庭珪】　綠水明秋月南湖採
白蘋荷花嬌欲語愁殺蕩舟人【李白】　百年

已過半　秋至轉饑寒為問彭州牧何時救急
難〔杜甫〕　急雨收殘暑西風吹暮蟬烟浮水
空潤露洗月華圓〔張芸叟〕　日照前窗竹露
濕後園薇夜蛩扶砌響輕蛾遶燭飛〔陽修之〕
祝融解炎轡蓐收起涼駕高風催節變凝
露督物化長林悲素秋茂草思朱夏鳴雁薄
雲嶺懸蜂吟深樹寒蟬向夕號驚飈激中夜
感物皆人懷悽然無欣暇〔江淹〕　秋蘭徒晚
綠流風漸不親飈我垂思幕驚此梁上塵沈
陰安可久豐景將遂淪何由忽靈化暫見別
離人〔[illegible]〕　旻天清且高秋氣發初涼白露
下微津明月流素光凝烟泚城闕淒風入軒
房朱華先零落綠草就芸黃纖羅還笥篋輕
紈改衣裳〔宋孝武〕　林塘夜發舟蟲響荻颸
颸萬影皆因月千林名為秋歲華空復晚鄉
思不堪愁西北浮雲外伊川何處流〔劉方平〕

草綠長門掩苔青永巷幽寵移新愛奪淚
落故前留啼鳥驚殘夢飛花攪獨愁自憐春
色罷團扇復迎秋〔[illegible]〕　江城如畫裡山
曉望晴空兩水夾明鏡雙橋落彩虹人烟寒
橘柚秋色老梧桐誰念北樓上臨風懷謝公
〔李白〕　清風望不及迢遞起層陰遠水兼天
淨孤城隱霧深葉稀風更落山迥日初沉獨
鶴歸何晚昏鴉已滿林　竹涼侵臥內野月
滿庭隅重露成涓滴稀星乍有無飛螢自照
水宿鳥競相呼萬事干戈裡空悲清夜徂〔杜甫〕
〔[illegible]〕　律變新秋至蕭條自此初花酬蓮
報謝葉在柳呈疏淡日非雲映清風似雨餘
卷帷涼暗度迎扇暑先除草靜多翻燕波澄
下露魚今朝散騎省作賦[illegible]何如〔[illegible]〕
[illegible]三秋夜安陶一老翁臥[illegible]
[illegible]

[illegible]葉[illegible]紅〔白[illegible]〕　[illegible]向疏林墜方知[illegible]
微林亂蟬千葉下寒影一梟孤不蔽秋天雁
[illegible]飛夜月烏霜風與春日幾度遣柴扉〔[illegible]〕
秋霽禁城晚六街烟雨殘牆頭山色健林
外鳥聲歡曉日樓臺麗清風劍佩寒玉人襟
袖薄斜凭翠闌干〔韋莊〕　玉樹起涼烟凝情
一葉前別離傷曉鏡搖落思秋絃漢壘關山
月胡笳塞北天不知腸斷夢空遶幾山川〔[illegible]〕
〔中書[illegible]〕　秋日并州路黃榆落故關孤城吹角
罷數騎射鵰還帳幕遙連水牛羊自下山行
人正垂淚烽火出雲間〔[illegible]〕　久雨南宮
夜仙郎寓直時漏長丹鳳闕秋老白雲司螢
影侵堦亂鴻聲出苑遲蕭條人吏散小謝有
新詩〔[illegible]〕　涼風以至久瘵未全蠲有
吏催年課無人貸社錢秋葉驚商候稻花香
早田蘭舟泛西渚影落寥天〔王[illegible]〕　始驚

三伏晝又過立秋時雲彩朝還冷雲峰晚更
奇[illegible]香禾半熟原迥草微衰幸好清光裡安
仁謝起悲〔[illegible]〕　天津河漢高夜闌砧杵
發肅秋怨如此離恨應難歇風亂池上萍露
光竹間月與君共遊處勿作他鄉別〔[illegible]〕
快閣臨飛鳥遙天入斷峰白雲山面面紅葉
樹重重空翠當杯落晴光刺眼穠願言隨楚
客木末採芙蓉〔張[illegible]〕　田野安吾拙襟期
頗自由已滋蘭九畹未種橘千頭日月閒窮
巷乾坤老素秋向來飛動意寂寞對吳鉤〔王[illegible]〕
王[illegible]字[illegible]美太倉人太常少卿
〔[illegible]〕　壽收肅金氣西陸弦海月秋蟬號階
軒感物憂不歇良辰竟何許大運有淪忽
寒悲風生夜久衆星沒惻惻不忍言哀歌逮
明發〔[illegible]〕　秋色冷兼葭長林遠岸斜看山
[illegible]客近水欲[illegible]移席依楊柳恋溪問[illegible]
[illegible]入烟霞〔馬[illegible]卷〕　修竹

臨津流荷花滿院秋　已知三徑就況與二難
游陽樹看調馬臨池　歡狎鷗年來頻賜告二
整主恩優　空谷秋聲急飛流下石巖懸虛
飄玉屑滿壑挂冰簾　雲實長風吼苔花細雨
露盤高深不測疑有臥龍潛　秋色遠無許
客心鬱未安微微日影薄肅肅天宇寬高風
下木葉零露破崇蘭四氣自斡運誰爲衰盛
端米華曾幾何素節忽已殘楚楚松柏姿變
風以自完願言附高節與君同歲寒　秋色
正無際登樓興渺然虛空通對氣小徑入山
烟鳥影松蘿外人家桑柘邊端居樓上世獨
論白雲篇【周馬孫】　凉風度秋聲吹我鄉
思飛連山去無際流水何時歸月極浮雲色
心斷明月輝芳草歇柔艷白露催寒衰蔞長
雲葉落覺龍天星移含悲想舊國泣下誰能
揮　發霞臥蒼臺蘇愛謝蓮著山冥蕪蒹葉

始復知天秋雞雁別夜齋甚蒸鮮江樓颯颯
風捲沙茫茫雲縈洲黃雲結暮色白水揚寒
流惻愴心自悲潺湲淚難收猗蘭方蕭瑟長
嘆令人愁　何處聞秋聲翛翛北窗竹回薄
萬古心攬之不盈掬靜坐觀衆妙浩然媚幽
獨白雲南山來就我簷下宿懶從唐生決蓍
訪季主卜四十九年非一往不可復野情轉
蕭散世道有翻覆陶令歸去來田家酒應熟
北風吹海雁南渡落寒聲感此瀟湘客樓
其流浪情每懷結滄洲霞想游赤城若採蓮
壺事旋覺天地輕濯然吟高秋閑臥瞻太清
蘿月掩空幕松霜結前楹滅見息群動氣微
窮至精桃花有源水可以保吾生【[illegible]】
平生無志意少小嬰憂患如何辛苦悲[illegible]
值秋晏天月明爽爽雨宿露綺書琴合[illegible]
[illegible]

介鞶塵積[illegible]人
長算未知女人心且[illegible]所玩有至可命意
朋來當染妙痾顏魄不再圓儀無兩旦金石
終銷毀丹青暫雕煥各勉玄髮觀無貽白首
嘆【謝】

七言

井樹西風枕簟秋　漢家宮闕動
高秋　清秋幕府井梧寒　尚書
氣與秋天杳　魚龍寂寞秋江冷　丹鳳城
南秋夜長　玉京人去秋蕭索畫簷鵲起梧
桐前【[illegible]】　君意一如秋節序不教芳
草得長春【[illegible]】　長安雨洗新秋出極目
古鏡開塵函【[illegible]】　纖塵不動天如水一
色無痕月共霜【[illegible]】　夫戍蕭關妾在吳西
風吹妾妾憂夫一行書信千行淚寒到君邊
衣到無【[illegible]】　銀燭秋光冷畫屏輕羅小扇
撲流螢天階夜色凉如水臥看牽牛織女星
【杜牧】　洞庭湖西秋月輝瀟湘江北早鴻飛

醉客滿船歌白苧不知霜露入秋衣【李太白】
芙蓉不及美人粧水殿風來珠翠香却恨
含情掩秋扇空懸明月待君王【王昌齡】　寒
蛩唧唧草間鳴叫出深閨無限情三十六宮
秋一色不知何處月偏明　松間小檻接波
平月淡烟沉暑氣清半夜水禽棲不定綠荷
風動露珠傾【吳融】　丁丁漏水夜何長漫漫
輕雲露月光秋逼寒蛩通夕響寒衣未寄莫
飛霜【白居易】　秋來東閣凉如水客去山公醉
似泥困臥北窗呼不醒風吹松竹雨淒淒【蘇】
【[illegible]】　翡翠樓中落日明芙蓉帳裡嫩寒生
人間一種清秋色偏到深宮別樣清【[illegible]】
風撼珠簾月上鉤簾中紈扇不宜秋炎凉只
在君王手莫擬承恩到白頭【[illegible]】　夜雨
空堦靜自鳴夢回枕上太分明蕭蕭幾片芭
蕉葉做起秋風滿鳳城【[illegible]】　梧桐月寒秋

似水淒淒四壁蛩聲起蓮沼悵望君不來瀾
蒲淚濕鴛鴦綺 沈石田 露葉蕭蕭飄舞樹
秋風瑟瑟起歌臺侍兒錯報羊車到拭淚空
將金鎖開 [illegible]宜 一派笙歌出苑牆隔簾
猶自暗聞香秋來殿殿添宮漏只在昭陽不
夜長 王敬美 秋草淒淒冷玉除昭陽殘月
落空虛任教中道捐紈扇不向君王乞共車
[illegible] 井梧落葉白蘋秋雁過江城人倚
樓後自五陵何處是晚風吹月上簾鉤 蔣道
星 金樽玉椀醉爐頭月色湖光相映流落
落孤帆挂離思半林秋色擁征裘 范夫人徐
[illegible] 塔下蛩吟又暮秋倚欄獨立恨悠悠幾
多心事三年淚忍向更深枕上流 王素娥
惆悵秦城更獨歸薊門雲樹遠依依秋來莫
射南飛雁縱遣青春更北飛 李益 桃短沙
長溪水流雨微烟暝立溪頭寒鴉閃閃前山
遠社曲黃昏獨自愁 唐彥謙 葦風荷露逼
人寒午夢天高眼界寬落落與誰同此意纖
纖初月上雲端 僧貫休 杯酒離亭憶舊遊
歸心劇悵不堪秋懸知十二天街月影落三
江作客舟雲下天空大火流河橋水色黯
生愁布帆無恙延陵道挂樹千山為子秋 俱
[illegible] 草滿玉階延夜月霜淒綉户掩秋
蟲一生不識君王面那得離魂入夢中 唐寅
[illegible] 草綠蘋香穀水紋秋山寂寂冷斜曛
前雙桂窓留影時宿寒鴉與斷雲 秋老江
瀕漾夕空蕭蕭楓葉挂疎紅那知三泖清秋
思偏寄蘆花一寺中 太湖月出秋冥冥雛
得漁蓑上釣船兩岸芙蓉一聲笛侍兒新賜
號樵青 [illegible] [illegible] 瘦玉含風秋復秋曲眉
雙結水波愁白雲明月知歸路去客倒行何
處頭 [illegible] 一高樓層樓已自涼秋風此日

[illegible]衣[illegible]下山霧不去非煙霞畫香
絕壁還雲開錦繡踈松隔水奏笙簧看君宜
著士高衣莫賜還疑出上方 七月六日苦
炎蒸對食暫餐還不能每愁中夜自足蝎況
乃秋後轉多蠅束帶發狂欲大叫簿書何急
來相仍南望青松架短壑安得赤腳踏層冰
秋盡東行且未迴茅齋今在少城隈籬邊
老却陶潛菊江上徒逢袁紹杯雪嶺獨看西
日落劍門猶阻北人來不辭萬里長為客懷
抱何[illegible]得獨開 俱杜子美 上馬蕭蕭襟袖
涼路穿禾黍遶宮牆半山殘月露華冷兩岸
野風蓮藕香烟水驛樓紅隱隱渚邊雲樹暗
蒼蒼行人自是心如火兔走烏飛不覺長 韋
莊 月色靜秋下穹昊眾間燕語辭巢登古
苔凝紫瑤階露權啼紅墮江草越客羈魂
挂長道西風欲揭南山倒粉娥恨骨不勝衣
暎門楚碧蟬聲老 才調集 葉滿苔階杵滿
城此中無限悵難平踈簷看織蟰蛸網暗隙
愁聽蟋蟀聲醉臥欲拋羈客思夢歸偏動故
鄉情覺來獨步長廊下半夜西風吹月明 [illegible]
[illegible] 雲物淒涼拂曙流漢家宮闕動高秋殘
星幾點雁橫塞長笛一聲人倚樓紫艷半開
籬菊靜紅衣落盡渚蓮愁鱸魚正美不歸去
空戴南冠學楚囚 趙嘏 綺窓紅燭淡秋光
鳳帳流蘇減夕香機杼隔花開翠户轆轤臨
水凍銀牀秋風紫塞書千里夜月清砧淚數
行 壁斷金鞍秋人抄芙蓉零落玉池霜 [illegible]
楊子江頭曉霽纔迢遞疋馬向南征川途
不斷千山雨樓閣方開十日晴王粲浩歌為
客久相如渴病入秋清天涯信有衡陽北漏
下鳳凰臺畔雁聲 [illegible] 江城秋色淨堪憐
翠柳鳴蟬[illegible]錢塘[illegible]南國新亭歌白苧西湖夜

雨落紅蓮美人寂寞空愁暮華髮淒涼暮下汀
年莫去倚欄添悵望夕陽多在小樓前
寒高閣夜何其野留荒砧不斷思澤國變衰
蔬菜老長安迢遞帛書遲江空露下芙蓉葉
月出風吹往謝枚何必潘郎能自省年來青
鬢已絲絲【俱文衡山】　楓霜蘆雪淨江烟錦
石游鱗清可數賈客帆檣雲裏見仙人樓閣
鏡中懸九秋　影橫清漢一曲梅花落遠天
無限滄洲漁父意夜深高影獨鳴舷【張太岳】
　雝藍無數長閑門芙蓉秋水自成村退耕
張公名　正江　首刺
喜及筋骸健小築欣看松菊存農圃生涯共
伏臘江湖身世任乾坤更堪心跡雙清處風
竹蕭疎月一痕　露冷風高落木天客程初
繫潞河船懷人夢遠芙蓉水奉使空歌杕杜
篇秋色晴隨蓬鬢老月華應共故鄉圓覲棲
令節遙千里綵袖清尊憶去年【俱張□□】

秋盡千山木葉稀草堂蕭索對斜暉黃花香
露離邊濕白鳥依人字下飛車馬已辭當路
客芝荷猶剪舊時衣求羊不見來相訪獨酌
清樽賦采薇【文九功】　多病經時只閉關清
秋欲識始登山叢前桂樹堪同隱峰頂蕉花
未可攀泉石有靈孤剎在烟霞無恙一身閒
參禪試訪支公社古木雲深鶴未還【俱□□泉】
九點芙蓉墮淼茫平川如掌攬秋光人從
縣後稱湖長水在封中表谷王日落魚龍驕
夜窣霜清鐘磬度寒塘浮生底閱風波險欲
問蒹葭此一方【董思白】　獨憐秋色倍清幽
花月娟娟夜氣浮滿院風飄香欲散一天雲
淨影迷流光搖皓魄庭如水寒染霜葩玉作
甌把酒嚥英誇二美賞心還以繼前修　秋
風乍起亂流中極目微茫大地空煙波
[illegible]回天漢[illegible]龍宮一變[illegible]

一驚烏虛[illegible]
蕭可誰同　清秋風物[illegible]分會洽同人
不群色映庭柯城吐月厚傳歌館座傳雲遏
遏銀漢來鴻杳漸漏金飈落葉紛向夕追歡
淹客駕為餘清論挹蘭芬【俱陸平泉】　雨餘
秋色滿金臺九日聊因選勝來紫陌馬行蒼
徑滑仙源犬吠華門關登高幾負茱萸約對
客頻傾竹葉杯既醉還瞻天闕近九重佳氣
鬱三台【郭□□】　君天如洗淨氛埃萬里秋
光明鏡開湖勢欲浮金柱去濤聲忽擁玉環
來微茫雁影雲間沒縹緲漁歌海上迴我欲
憑虛吹鐵笛列真拳手一徘徊　夜來秋色
到梧桐片葉分飛葉葉花中鴻雁一聲長塞北
鱸魚七月大江東青樓少婦調砧杵白馬胡
兒問角弓大火西流寒欲近授衣誰復念幽
風　一片秋聲入楚樓西風蕭瑟響寒蟄馬

一大漠川沙白鷹下寒源草木黃疎菊籬邊
知待酒芰荷池上可為家懷人萬里情無限
隔岸蒹葭夜來霜　悲秋無奈獨高歌歌罷
其如秋色何金屋佳人啼素扇玉門老將枕
戟戈玄蟬咽露驚飛葉烏鵲披星欲渡河閒
試洞庭湖水闊朝添新綠漾微波【俱陳眉公】
昔城高懸谷口峰似看仙掌渺芙蓉天清
鶴鶴迎風下水冷蒹葭泫露濃舟散浪花晴
作雨缽翻雲氣夜藏龍中流待月忘歸路已
報香岑起暮鐘【□□泉】　壯士常悲秋序催
我憐秋景更徘徊清風淨掃炎涼態明月重
教天地闊禾黍滿場堆玉粒橘柚弄色掛金
疊況當紫蟹初肥日敢　詞　深院靜小庭空斷
憚濁醪覺作杯【王蕭臣】　詞　續寒砧斷續風無
奈夜長人不寐數聲和月到簾櫳【李後主搗
練子】　人心耿耿淚雙雙皓月清風冷透窗人

立秋東宮[illegible]
[illegible]子 蟲聲泣露驚秋枕羅[illegible]
獨臥玉肌涼殘更與恨長 陰風翻翠幌雨
澀燈花暗畢竟不成眠鴉啼金井寒 秦少游
[illegible] 煙草萋萋小樓西雲壓雁聲低兩
行蹤柳一絲殘照數點鴉棲 春山碧樹秋
重綠人在武陵溪無情明月有
情歸夢同到幽閨 劉基 眼兒媚
○七月斗柄指申日在翼昏斗中旦畢中是月
也清風戒寒農乃登穀天子嘗新先薦寢廟
命百官始收斂完隄防謹壅塞以備水潦是
月曰孟秋首秋初秋上秋又曰涼月八節中

群芳譜 卷三 歲譜 十八

爲立秋風霜已嚴鷹隼始擊蓋天地肅殺之
候漢以是日授御史十五日爲中元乃大慶
之月當地官較籍之辰是白帝乘時之運天
下僧尼道俗悉盆供於諸寺院道觀
○占候總占 有三卯田禾熟無則早種麥 立秋 巳酉日立秋多瘴 山屬
火老人不安地震[illegible]死應來年正月 七
月秋熟到頭六月秋便罷休 朝立秋暮颼
颼夜立秋熱到頭 坤西南主立秋 易
[illegible] 立秋坤主涼風用事 京房易占 朔日
值立秋歲[illegible] 八日[illegible]

○調攝 立秋日不宜[illegible] 天生[illegible] 廿三日[illegible]令[illegible]白
廿五日沐浴令人長壽其日午食時沐浴令
人進道 廿八日拔白髮終身不白 七月
勿想惡事說爲者乎仙家大忌 其月勿食
生蜜令人暴下霍亂 勿食獐肉動氣勿食
豬肉 勿食雁傷神 立秋後七日去手
足甲燒灰服之滅九蟲三尸 雲笈七籤 二
○種蓺 蘿蔔 白菜 蕪菁 芥菜 秋黃瓜
甜菜 菠菜 萵苣 芫荽 水仙根
苦蕒 晚紅花 牛膝 慈[illegible] 斑貓 浮萍
萵苣 鳳仙子 蜀葵 韭 澆灌 桂樹一忌 澆橙橘蓍
收採 角桃 乾姜 蘿蔔 斑貓 浮萍
藕實 瞿麥 刈藍 松柏 海棠
覆盆子 使君子 蓽澄茄 一 牛膝[illegible]
蔓荊子 茱萸 黃莖 白蕾薇 一 刘寄[illegible] 一 芋

群芳譜 卷三 歲譜 十九

石硫黃 馬鞭草 露蜂房 石龍芮皮
鼠尾草 甜瓜蒂 天門冬 眼子菜
旋覆花 白蒺藜 荷葉 槐實 藿香
五加皮 菱 芡 石蓮 蒺藜 漆
整頓 溫晚麻 修城廓 翻麥地 伐木 修宮室 坏牆堵 修猪圈 斫竹
田忌 天久午 地火辰 荒蕪亥 九焦酉 糞忌酉
○製用 醬鳳仙莖 製瓜虀 晒茄蘆茄瓜乾
○典故 孟秋祭門 會典 立秋日郊迎[illegible] 威武斬牲于東門薦陵廟 [illegible] 一 王子
喬者周靈王太子晉也好吹笙作鳳凰鳴遊
士浮丘公接以上嵩山三十餘年求之不得
偶見柏良曰告我家七月七日待我于緱氏
山至期乘白鶴[illegible]山頭[illegible]時人

而去【列仙傳】陶安公者，六安鑄冶師也。一朝火散上，紫氣衝天，安公伏冶下求哀。須臾朱雀止冶上曰：安公安公，冶與天通。七月七日迎汝以赤龍。至日，龍至，安公騎之東南上。【列仙傳】　漢宮中嘗以七月七日臨百子池，以五綵縷相羈，謂之相連愛。其俗自戚夫人以是日侍高帝于池上始也【事林廣記】　漢武帝七日于承華殿齋，有青鳥從西方來集殿前。東方朔曰：此西王母欲來也。武帝張雲錦幃，燃九微燈，焚百和香以候。頃王母駕九色斑龍紫雲車至，有二青鸞侍其旁。王母以蟠桃食武帝，東方朔從殿廡窺之。王母曰：此桃三千年一開花，三千年一結實，此兒已三次偷吾桃矣【內傳】　竇后小時頭禿，不爲家人所齒遇。七夕人皆看織女，獨不許后出，乃有神光照室，爲后之瑞【外傳】　漢孫寶爲京兆尹，以立秋日署侯文爲東郊督郵。入見，勑曰：今日鷹隼始擊，當從天氣取姦惡，以成嚴霜之誅。　漢家授御史多于立秋日，盖以風霜已嚴，鷹隼初擊【事文類聚】　阮咸字仲容，尚道棄事，好酒家貧。舊俗七月七日法當曬衣，諸阮庭中舖陳爛然，莫非錦繡。咸時總角，乃竪長竿，標大布犢鼻褌，曝于中庭。曰：未能免俗，聊復爾耳【竹林七賢論】　郝隆七月七日仰臥曝腹于庭中，人問之，曰：我曝腹中書耳【世說】　織女七夕渡河，使鵲爲橋，故古詩云：寂然香滅後，鵲散渡橋空【風俗記】　嵩山之上有玉女擣帛石，瑩徹光潔，人莫能測。岳下之人云：每立秋前一日中夜，嘗聞杵聲響【秦再思記異】　七夕俗以蠟作嬰兒形，浮水中以爲戲，爲婦人宜子之祥，謂之化生。本出西域，謂之摩睺羅。今宮禁猶有此【歲時記異】

王遠字方平，東海人，得道，老君賜之七[illegible]變景靈符，位爲總真真人。嘗以七月七日過蔡經家，仙從赫奕，如大將軍。教蔡經尸解法，如過狗竇。經忽身熱，因解失其尸【總仙集】　王方翼以七月大葉河無舟，而氷忽自合，時以爲祥【[illegible]】　開元中，帝與妃子每至七夕夜在華清宮宴。時宮女輩各以蜘蛛內小金盒子中，至曉開視蛛絲稀密，以爲得巧之多少。民間效焉【開元天寶遺事】　唐開元中有李氏爲尼，號曰真如。天寶七年七月七日，忽見五色雲墜地一囊，中有五物，乃寶玉也。肅宗元年，真如爲神人召往化城，見天帝，授以八寶，令獻于朝。真如乃併前五物皆獻之【[illegible]】【[illegible]】　七月七日中尚署進七孔金鈿針【[illegible]】　七日研餅，膳部有節日食料【大[illegible]】【[illegible]】　七月七夕，京師賣小塑土偶，悉以雕木彩裝欄座，或用紅碧紗籠，或飾金珠牙翠。有一對直數千者，禁中及貴家與士庶爲時物追陪。又以黃蠟做爲鳧雁鴛鴦鸂鶒龜魚之類，彩畫金縷，謂之水上浮。又以小板上傅土，種粟令生其苗，置小茆屋花木，作田舍家小人物，皆村落之態，謂之穀板。又以瓜雕刻成花樣，謂之花瓜。又以油麵糖蜜造爲笑靨兒，謂之果食。花樣奇巧百端，如捺香方勝之類。若買一斤，數內有一對被介冑者，如門神之像，蓋自來風俗，不知其說，謂之果食將軍。又以綠豆、小豆、小麥于磁器內，以水浸之，生芽數寸，以紅藍絲縷束之，謂之種生。皆于街心綵幙張設貨賣。至初六初七晚，貴家多結綵樓于庭，謂之乞巧樓。鋪陳磨喝樂本花瓜酒炙筆硯針線，或兒童裁詩，女郎呈巧，焚香列拜，謂之乞巧。婦女望月穿針，或以小蜘

蛛在盒子內次日看之若網圓正謂之得巧里巷與妓館往往列之門首爭以侈靡相尚磨喝樂本佛經摩侯羅今通俗而書之【歲華紀麗】

【錄】道書七月七日爲慶生中會此日地官三宮九府四十二曹同會天水二宮六宮十二府七十八曹同考罪福　洛陽人家七夕結萬字造明星酒裝同心膾【金門歲節記】

韋宙爲永州刺史邑中少年常以擊鼓群入民家行盜皆迎爲辦具謂之起盆後爲解索喧呼疾鬪宙至一切禁之【白孔六帖】

郭翰少有清標乘月臥庭中覩空中有人冉冉而下乃一少女曰吾天之織女也上帝賜命游人間願乞神契乃升堂共寢柔肌膩體妍艷無比欲曉辭去而粉如故試爲拭之乃本質也後夕復來翰戲之曰牛郎何在那敢獨行對曰陰陽變化關渠何事且河漢隔絕無可

復知縱復知之不足爲慮將至七夕遂不復來數夜方至翰問曰相見樂乎笑曰天上那比人間正以感遇當爾非有他故問曰卿來何遲曰人中五日彼一夕耳忽一夜悽惻流涕曰帝命有程便用永訣以七寶枕留贈騰空而去【靈怪錄】

明皇七月十五日甚思姚崇論時務以苦泥濘令撤步輦召中外榮之　唐時七月望日宮中造盂蘭盆綴飾鏤排設高祖以下聖位幡節衣冠皆具各以帝號識其幡自禁內分詣道院佛寺是日立仗百官班光順門奉迎導從歲以爲常【玉海】

【傳】七月十五日乃太上老君同元始天尊會集降福世界【道藏經】

中元日昔有設盂蘭盆齋者綱目特書以示譏

國朝于是節則設厲壇之祭蓋因民俗以均惠于幽明仁政無遺耳然則爲子若孫者使果追遠是勤隨時盡孝則無未盡今猶急要耳失爲永慕苟惟後物殉俗而悲懼恥乎不知則失禮之中又失禮矣【瑣碎錄】

目連比丘見其亡母生餓鬼中即鉢盛飯往餉其母食未入口化成火炭遂不得食目連大叫馳還白佛佛言汝母罪重非汝一人力所奈何當須十方衆僧威神之力至七月十五日當爲七代父母現在父母厄難中者具百味五果以著盆中供養十方大德佛勅衆僧皆爲施主祝願七代父母行禪定意然後受食是時目連母得脫一切餓鬼之苦後人因此傳盂蘭盆供養誦盂蘭盆經

○**麗藻散語**

七月流火　七月鳴鵙　七月食瓜　七月亨葵及菽【詩】

火流而清風寒　七月青女乃出以降霜雪　天河之西有星煌煌與參俱出謂之牽牛　天河之東有星凝凝在氐之下謂之織女【[illegible]】

序

若夫龍津燕喜地切登仙鳳闕玄虛門稱好事亦有似仙山臨水長想巨瀬秋風明月每思玄度未有能星馳一介留美跡於芳亭雲委八行抒勞思於綵筆遂令啓瑶緘者攀勝集而長懷披瓊翰者仰高蹤而不暇王子猷之獨興不覺浮舟嵇叔夜之相知欣然命駕琴樽重賞始諧臨邛口腹良遊未辭安邑乃知兩鄉投分林泉可攘袂而游千里同心煙霞可傳檄而定友人河南宇文嶠清虛君子中山郎餘令風流名士或三秋意契闢林院而開襟或一面新交敘風雲而倒屣彭澤陶潛之菊影泛仙樽河陽潘岳之花光縣妙理巖巖思壁家藏虹岫之珍森森言河各控驪泉之寶俱同人金碧暫照詞場巴漢英靈潛光翰院臺臺焉蕭蕭焉信天下之奇

也于時白藏開序青女御律金風薦而摇落動秋露下而江山靜琴亭酒榭蕭森乘興于徑松扉參差向月魚鱗積磴還昇蘭桂之皐鴛翼分楯卻映芙蓉之水亦有紅蘋緑荇亘渚連翹玉帶瑶華分楹間植池籬夕敞香牽十步之風岫幌霄褰氣襲三危之露縱步吟於俗表留逸契於人間東山之賞在焉南澗之情不遠夫以中年馴雉猶嬰觸網之悲單父歌漁罕繼鳴琴之趣俾夫一同詩酒不撓於牽絲千載巖溪無慙於景燭云爾 王勃序

[illegible]秋 [illegible] 啓 素商驚辰白藏届節金風曉振偏傷征客之思玉露夜凝直法山人之掌桂吐花於小山之上梨翻葉于太谷之中故知節物變衰草木摇落敬想足下時稱獨步世號無雙萬頃澄波黄叔度之器量千尋聳幹稽中散之楷模但某一介

庸才三隅頑學懷經問道不遇披雲負笈尋師罕逢見日倪仰輿嘆形影自憐不知龍前不知龍後鶯鸝雖異風月是同幸矣擇交希垂影拂

昭明太子 賦 若夫乾靈鵲識之端地轄龍驂之始懸紫都而授曆按玄丘而命紀鳳毛鍾桂閭之祥麟角燦椒庭之祉馳緑軒于九域振黄麾于萬里抗芝館而星羅擢蘭宮而霧起則有皇慈霧洽聖渥天浮庭分玉禁邸瞰金樓剪鳧洲于細柳拔鶴禁于長楸啓魚鈴而分帝術控虹璧而控神州擁黄山於石磴洩玄灞於銅溝列瑶窓而送煥闢銀榜而迎秋若王乃排青幌摇朱易戒鵷輿靜鸞掖繞震廓而轉步倏雲阡而縱跡嘯陳客於金林命淮仙於桂席翔翠罕於雲甸迎鸞吹於鳳驛佇霧匹於星期眷神姿于月夕予時玉繩低金漢斜光[illegible]碧樹露[illegible]銀

[illegible]觀蓬瀁之豔彩見[illegible]皖之圭奕引鸞[illegible]於寶瑟宿蘭燕於瑶筐[illegible]臺兮千仞艷樓兮百常拂花筵而慘惻披彩序而徜徉結遥情於漢陌飛永睇於霞莊想佳人兮如在怨靈歡兮不揚促遥悲於四運昧遺歌於七襄于是蚪簷曉靜魚扃夜飾忘帝子之光華下君王之綵邑握犀管展魚箋顧執事招仲宣仲宣跪而稱曰臣聞九變無津三靈有作布元氣于浩蕩運太虚于寥廓辨河鼓于西壖下天孫于東嶺循五緯而清黄道正三衡而澄紫落海人支機之石江女穿針之閣鄙塵情于春念擬仙契于秋諾于是光清地邑氣斂天標霜凝碧宙水瑩丹霄躍靈軒于霧術褰翠羽于星橋徵赤螭而架渚漾青翰而乘潮停翠梭兮卷霜縠引鸞杼兮割冰綃舉黄花而乘月艷籠黛葉而卷雲嬌撫今情而恨促指

未渚而傷遥既而丹軒黄拱紫芳朱籥山御透遲靈徒擾弱風驚雨驟烟廻電爍嫣皇遷冀楚之龍莊叟命雕陵之鵲駐麐駕披鸞幙泰雲和汎霞酌碧虬玉室之饌白兎銀臺之藥莎葉瀕鮫芙蓉青雀上元錦書傳寶字王母瓊箱鶯金約絲襻魚頭比目縫香緘燕尾同心縛羅帳五花懸珉砌百枝然下芸幬而罷[illegible][illegible]蘭眼而交筵託新歡而容勿懷往眷而潺湲於是羈鸞切鏡旅鶴驚絃悲侵玉履念起金鈿儀歸裝而容曳整還蓋而遷延洞庭波兮秋水急關山晦兮夕霧連謂河漢之無浪似參商之永年君王乃背雕砌陟玄室冲想自閑神情如逸寫靈妃之稀偶嘉沉思之可畢荊范齊升燕佳並出金聲玉貌蕙心蘭質森[illegible][illegible]襟北風臺[illegible]戶離宸向閣響[illegible]

□道迹變緣尚而輕迴嵐女貴金之施□□□
玉之杯奉君王於終夕夫何悲于艮嫌俄而
月墮西漢霞臨東沼鳧氏鳴秋雞人唱曉玉
開空鶴瑣林飛鳥君王乃馭風殿而長懷俯
雲臺而自矯矜雅範而霜厲穆沖襟而烟飛
迎十客召三英香涵蓮酎蕭吹蘭莚娃館踈
兮綠草積歎房寂兮紫苔生聳詞鋒於月徑
披翰藪于雲閣方絕元凱而高視豈與梁楚
而騁聲

盂蘭盆賦

渾元告秋義和奏曉
太陰望兮圓魄皎閶闔開兮凉風嫋四海澄
兮百川晶陰陽肅兮天地宜掃雕宮清重閣
設皇邸張帝幕鸞鳳翱翔駢駸俟爍雲舒霞
布翕赫宣霍陳法供飾盂蘭壯神功之妙物
何造化之多端亦蓮吐而非夏頻果搖而不
寒銅鐵鉛錫璆琳琅玕映以百泉之玉樹冠
以承露之金盤寶章三極儀刑萬類上寥廓
兮法天下安貞兮象地庳帐力窮神異少君
王子掣曳兮若來玉女瑶姬翩躚兮悉至鳴
鶴鸐與鶯鸞舞鵾鷄與翡翠毒龍怒兮赫然
狂象奔兮沉醉怖魍魎潛魑魅離婁明目不
足見其精微匠石洗心不足徵其奥秘稹稹
紛紛氛氛氳氳五色成文若榮光休氣發彩
於重雲奮奮粲粲爓爓爛爛三光啓旦若合
璧連珠耿耀於長漢夫其遠也天台爍起標
之以赤霞夫其近也青城孤峙覆之以蓮花
晃兮瑶臺之帝室艷兮金闕之仙家其高也
上諸天于大荒其廣也遍諸法于恒沙上可
以薦元符于七廟下可以納群動于三車者
也於是乎騰聲名列部伍前朱雀後玄武左
蒼龍右白虎環衛匝林周雷鼓八面龍旂
九斿星戈耀日霜戟含秋三公以位百僚乃
次[illegible]

該無錯立若乃山中稱定樹下經行菩薩之
權現如來之化生莫不汪洋在列歡喜充庭
天人儼而同會龍象寂而無聲聖神皇帝乃
冠通天佩玉璽冕旒垂目紸纊塞耳前後正
臣左右直史身爲法度聲爲宮徵穆穆然南
面而觀矣八校初會四影高懸上妙之座取
於燈王之國大悲之飯出於香積之天隨藍
寶味含衛金錢麵爲山兮酪爲沼花作雨兮
香作烟明因不測大福無邊鏗九部撞六律
歌千人舞八佾孤竹之管雲和之瑟麒麟在
郊鳳凰蔽日天神下降地祇咸出於是乎上
公列卿大夫學士再拜稽首而言曰聖人之
德無以加於孝乎散元氣運洪爐斷鼇足受
龍圖定天寶建皇都至如立宗廟平圭臬綉
楹文桷山楶藻梲昭穆敘樽罍設以觀嚴祖
之耿光以揚先皇之大烈孝之始也考辰耀
制明堂廣四修一上圓下方布時令合蒸嘗
配天而祀文考配帝而祀高皇孝之中也宣
大乘昭群聖光祖考登靈慶發深心展誠敬
刑于四海加於百姓孝之終也夫孝始於顯
親中於禮神終於法輪武盡美矣周命維新
聖神皇帝於是乎唯寂唯靜無營無欲壽命
如天德音如玉任賢相惇風俗遠佞人措刑
獄省游讌披圖籙揖珠璣寶菽粟罷官之無
事恤人之不足鼓天地之化淳作皇王之軌
躅太陽夕乘輿歸下端闈入紫微楊炯盂蘭

螢賦

素層旋秋瑶星啓夜昏曖曖以卷帷
凉冷冷而泛樹指列火於南端睹大辰之西
舍計時往其必邇亮功成而自謝方其炎精
向麗煩歊鬱充大地皆火火曜乃中挂絺衣
而臨水卷團扇以追風曾俛仰之何幾失緒
著于寥寂儼其臧補隨流矯璣向倚辭南陸

以云徂邈金方而戾止撼天運兮霽霰晨
功兮可弛雖霜葉之未零禀壺冰其代至予
是周原田父豳野山農亟蠶桑於綈始挨杼
軸于明逾忽茲星之在牖念卒歲之勤劬威
紅女與織婦可當寒而問縞則有恙羊大夫
狐裘公姓西成平秩之官蓋藏蘼收之正寢
頹景於坤維暘先時而布政詔世婦于桑人
孰先民而弗競若乃征夫絕塞思婦空房聽
星移之有歲顧影隻以無光來長颷兮大漠
懵下月兮流黃機何年而暫下衣何日而達
將別有翡翠蘘延芙蓉殿鎖帳斜漢之秋星
隔西宮之夜夜秋未老兮哀吟夜方長兮繡
坐豈羅綺之無溫攬齊紈而泪墮暨夫馳光
條倏換節驚魂時序定民依之要歌謠發王
化之端孰閨帷之猥務勿恤孰閭巷之煩思
可誒瓊樓兮針線砧杵兮荒村雕筵兮瓜果
藍縷兮覆盆此際新秋深樂事誰為七月採
陳言稼穡開基遠艱難締業尊追星火于堯
曆信聖哲之所致〔注〕

歌行

王子喬愛神仙七月七日上賓天白

〔東晉〕七月流火賦

虎搖瑟鳳吹笙乘騎雲氣會日精會日精長修
不歸遺廟今在而人非空望山頭草草露濕
若衣〔宋之問〕　君不見昔日宜春太液邊披
香畫閣與天連燈火灼爍九衢映香氣氛氳
自和然此夜星繁河正白人傳織女牽牛客
宮中擾擾曝衣樓天上娥娥紅粉席舒羅散
彩雲霏開綴玉垂珠霄漢迴朝霞彩色羞衣
架晚月春花列鏡臺上有仙人長命綵中看
寶媛迎歡繡戶珥筵中別作春環玕窓裡翻
成畫椒房金屋寵新流意氣嬌奢不自由漢
文宜惜露臺費晉武須焚前殿裘〔沈佺期〕七
〔夕曝衣〕長實城中月如練宗家此夜持針

線仙裙玉珮空自知天上人間不相見長信
深陰夜轉幽玉堦金閣數螢流班姬此夕愁
無限河漢三更看斗牛〔崔顥〕　鵲橋崔嵬河
宛轉織女牽牛夜相見岳陽女兒迎七夕乞
巧樓高高百尺華燈明月光窈窕結彩蟠花
綺羅繞富家女兒恃嬌小年年乞巧不得巧
貧家女巧世所稀只為他人縫嫁衣須臾露
濕金剪刀雙星漸沒河漸高人間天上兩迢
遥步襪仙裾空寂寥君不見古來巧拙何足
語歲歲樓前競兒女〔何人夜乞巧〕　雙星隔
漢渚終歲遥相望豈不念綢繆欲濟河無梁
含情罷機杼何由成報章玉衡指孟秋金颷
扇微涼鵲駕飛虹起鸞馭乘雲翔七襄開閶
道環珮逾天潢盈盈限一水昔如參與商闢
闢在河洲今為鴛與鴦琴瑟暢和樂殽醴羅
芬芳一言申繾綣再顧揚輝光試問夜何其
初旭升扶桑新歡抉故愁款語不及詳岐路
獨徘徊涕下沾衣裳良會固有期轉盼成星
霜耿耿夜雖促綿綿歲何長猶勝月中娥終
古不得雙不恨久離別但願無相忘〔申瑞泉〕

詩四言

大儀斡運天迴地游四氣鱗次寒暑
環周星火既多忽焉素秋涼風振落
熠燿宵流吉士思秋實感物化日與月俱荏
苒代謝逝者如斯曾無日夜嗟爾庶士胡寧
自舍〔張華勵志〕　商風初授辰火微流朱明
送夏少昊迎秋嘉禾茂園芳草被疇于時秋
游以豫以

五言

將秋數行雁離夏幾聲蟬
休〔蕃尼〕　漢曲大榆冷河邊月桂秋橫
波翻瀉漢東素月織愁〔江總〕　鳳居驚秋氣
能棧靜夜機惟餘夕漏盡愁結曉蟾歸〔張文〕
〔詞〕白露下玉烽風清月如練坐看池上螢
秋入雲陽殿〔王□〕　獨坐小窗下幽蛩不絕

鳴青天孤月淨滿耳是秋聲【[illegible]女郎】大[illegible]
首秋節明經弦月夕月弦光照戶秋首風入
隙凌風步層岑憑雲肆遥脉徙倚西北庭竦
踊東南覩牖綺無報章河漢有駿軛【[illegible]】
落星初伏火秋霜正動鐘北闕連横漢南
空映鸞龍祥鸞栖竹實靈蔡上芙蓉自有南
風曲還來吹九重【庾信】盈盈一水邊夜夜
空自憐不辭精衛苦河流未可塡寸情百重
結一心萬處懸願作雙青鳥共舒明鏡前【范】
【雲】結綺羅瓜果喧喧兒女曹雲章織不就
天女思空勞蛛網縈迤細雲關叩轉高誰知
搗衣婦秋意靜蘭臯【王[illegible]】秋動清風扇火
移炎氣歇廣簷含夜陰高軒通夕月安步巡
芳林傾望極雲闕組幕縈漢陳龍駕凌霄發
汎情未申寫飛光已飄忽來對眇難期今歡
自茲沒【劉鑠】獨坐滿清聽秋空何處尋刀

騷喧岸葦漸瀝遞霜林雜響雲中雁和鳴月
下砧初從寒葉渡轉向夕山沉不雨泉生夜
無鐘梵送音瑶琴將玉笛一倍助蕭森【區海】區公舊云
【田】明月皎夜光促織鳴東壁玉衡指孟秋相高明
衆星何歷歷白露沾野草時節忽復易秋蟬左中介
鳴樹間玄鳥逝安適恩我同門友高舉振六
翮不念携手好棄我如遺跡南箕北有斗牽
牛不負軛良無盤石心虛名復何益【古詩】
皎皎河漢月照我西南樓七夕遠賓集置酒
城東陬展席對雙星盈盈隔中流艷艷靚粧
女欲濟無方舟神爽卽易合茫昧竟難求明
明君子德寡妁誰爲侁豈無采唐約失身良
可尤心事信亂斷世事良悠悠不見古人時
皓首猶公侯葵藿不我死富貴安可謀願繫
湯下駒盡我盤中羞我今爲泰聲子也當
奠醽醽歌達清曙臨分贈吳鈞【李空同】七

言是時節秋七月初金[illegible]支節[illegible]氣[illegible]
【公】桂魄初生秋露微輕羅已薄未更衣
銀箏夜久殷勤弄心怯空房不忍歸【王維】
蕭蕭木葉動鳴秋寂寞寒泉帶雨流西風一
夜披霜月飛向江南草木愁【徐[illegible]】鐵馬聲
喧風力緊雲窓夢破鴛鴦冷玉爐燒麝有餘
香羅扇撲螢無定影洞簫一曲是誰家河漢
西流月半斜要染纖纖紅指甲金盆夜搗鳳
仙花【[illegible]】客有相過選勝游西山爽氣
滿城頭尊前白破雙鴻爪笛裡横催一葉秋
萬戶鳴砧新夜色六宫團扇故年愁登
高幸不違揺落避暑仍驚暑乍收【鳳洲】詞七月
新秋風露早蓮渚未折庭梧老是處瓜花時
節好金樽倒人間綵縷爭祈巧萬葉敲聲
凉乍到百蟲啼曉烟如埽漏箭初長天杳杳
人語悄那堪夜雨催清曉【歐陽修漁家傲】

梧桐墜秋光碎一痕河影添嬌媚錦梭撒絲
橋結今宵天上歡娛節嫦娥癡望也應痴絕
熱熱熱天如醉雲如靨朦朧方便雙星會
雞饒舌催離別別時打叠開年月自從盤古
許多周折歌歌歌【釵頭鳳】拋團扇拈針線
畫樓笑擁如花面拜中庭問雙星何故牛郎
偏對嫦娥卿卿時光箭恩情電一年一度
來相見天河清萬里明月墜銀蟾犬吠金鈴
行行【[illegible]】早起未梳頭傍倚高樓添些
半青挂簾鈎剪剪輕風來拂面微帶溫柔
鶯老燕含羞交付輕鷗荷花十里蓼花洲對
對雙雙眠水上賣弄新秋【浪淘沙 俱陳眉公】
○八月斗柄建酉日在角昏牽牛中旦觜中是
月也繫定承勲築城廓建都邑穿竇窖修囷

倉乃命有司趣民收斂務畜菜多積聚種麥毋或失時報社祭稷是月也日夜分雷始收聲蟄蟲坏戶水始涸

○占候總占　有三卯三庚低田麥稻吉三庚二卯麥宜高田無三卯不宜麥諺云三卯三庚麥出低坑三庚二卯麥出拗巧　月大盡有水災少菜　秋分　諺曰分社同一日低田盡叫屈　秋分在社前斗米換斗錢秋分在社後斗米換斗豆（通考）

朔日　值白露主果穀不實值秋分主物價貴　十一日　卜來年水旱侵晨或隔夜于水邊無風浪處作一水則子至曉看之若沒主水露主旱平主小水又主本年秋

種麥名日橫港

○調攝　是月養衰老授几杖行糜粥飲食（月令）　初一日以朱點小兒額名為天灸以厭疾（荊楚歲時記）　初三初七日宜沐浴令人聰明大吉　摘白初二初四十五十九二十五　秋社日人家當令兒女夙興則壽是日有神名社翁社婆者遺屎面上其後面白或黃切忌　月忌夫婦容止犯者減壽朔望日各十年晦日一年上下弦各五年庚申甲子本命二年初三日萬神都會及十四日十六日三官降犯者中惡二十八日人神在陰忌之秋分社日各四年　秋分日勿殺生勿用刑勿處房帷勿吊喪問病勿大醉　勿食雉肉損人神氣令人氣短　勿食獐肉動氣　勿食芹菜恐成蛟龍瘕發則顛狂面色青黃小腹脹　勿飲陰地流泉令人發瘧又損脚令軟　勿食生蜜多作霍亂　勿食生菓子令人多瘡　勿食雞子傷神　勿食未經霜螃蟹有毒　勿犯賊邪之風　勿增肥腥令人霍亂　勿食生蒜胡荽傷人神損膽氣令人喘悸脇肋氣急　勿食薑傷人損壽　勿食豬肺及傷和食之冬至發疽　八月以後即微火暖足勿令冷

○種植　箭幹菜　豌豆　蠶豆　萵苣　本　水晶蔥　蘿蔔　芥菜　蔓菁　蒜　春菜　菠菜　油菜　白菜　蕎　紅花　烏菘　胡荽　胡麻　雞頭　蔥　木瓜　罌粟　黃矮菜　移植　櫻桃　橘　李　芍藥　菱　枇杷　柑　杏　銀杏　桃　梔子　芍藥　枸杞　李　梧桐　橙　牡丹　玫瑰　丁香　木筆

石菊　百合　瑞香　玫瑰　牡丹　水仙　山丹　壓插　薔薇　貼接　海棠　澆灌　牡丹　芍藥並宜豬糞　收採　割穀　豇豆　[illegible]　石菖蒲　大棗　狼毒　牛膝　韭花　金毛狗脊　人參　酸棗　山藥　桔梗　牡丹皮　薏苡　草龍膽　白歛　當歸　白蒺藜　升麻　芍藥根　柴胡　黃芩　烏藥根　秦艽　生地　澤瀉　巴戟天　白蘚皮　甘草　白朮　黃連　萱草根　香附子　百合　知母　玄參　天門冬　山豆根　地榆　防巳　前胡　茅香苗　胡黃連　萆薢　桂皮　茯神　苧根　蜀椒　甘松　茯苓　丁香　豬苓　雷丸　王不留行根苗花子　藍種　秦皮　[illegible]　巴豆　角蒿　整頓　修牡丹　芟芍藥

芽加土　放芋旗　[illegible]
蘭換盆　刈芋　[illegible]
九焦午　糞忌申
荒蕪郊

○製用　八月四日以絲就北辰星下祝求長命

○典故　秋分享壽星於南郊　仲秋[illegible]元日命入社　昭三十一年日夜之行分同道也【[illegible]】乃命宰祝循行犧牲視全具[illegible]豢瞻肥瘠察物色必比類量大小視長短皆中度五者備當上帝其饗【月令】乃命有司申嚴百刑斬殺必當天子乃儺以達秋氣以犬嘗麻先薦寢廟【月令】周秦嘗以八月遣輶軒使者採異俗方言藏之秘府【風俗通】仲秋甲戌東遊大雀聚臺書於[illegible]陵【穆天子傳】

漢高祖戚夫人侍兒賈佩蘭後出爲扶風人段儒妻嘗言在宮時見戚夫人八月四日出雕房北户竹林下圍棊勝者終年有福負者終年疾病【西京雜記】明皇以降誕日宴百僚於花蕚樓下百僚表請每年八月五日爲千秋節後改千秋節爲天長節百僚上壽王公以下獻鏡及承露囊獨張九齡獻千秋金鏡錄五卷言萬古興廢之道玄宗賞異　中秋夜貴家結飾臺榭民家爭占酒樓翫月絲簧鼎沸近內庭居民夜深遙聞笙竽之聲宛若雲外閭里兒童連步嬉戲夜市駢闐至曉【夢華錄】陳留富翁年九十娶妾一交而死後生男其大男與爭財數年不決丙吉云曾聞真人無影老翁子亦無影又不耐寒可試之八月取同年小兒裸之此兒獨啼寒置日中獨無影詔乃決　魏明帝青龍九年八月詔宮官挈車西取漢孝武承露盤仙人欲

置前殿宮官乃折盤仙人[illegible]
曰茂陵劉郎秋風客夜馬嘶風曉無跡畫欄桂樹懸秋香三十六宮土花碧魏官[illegible]千里東關酸風射眸子空將漢月出宮門[illegible]若清淚如鉛水衰蘭送客咸陽道天若有情天亦老攜盤獨出月荒涼渭城已遠波聲小【李賀】　晉庾亮鎮武昌佐史殷浩之徒秋夜乘月登樓俄而亮至將起避之亮曰諸君少住老子于此興復不淺便據胡床坐談詠竟曙　郗曄爲衛州刺史時河北饑突厥之難仲秋築城曄曰金湯非粟不守詎[illegible]城隍哉縱民歸斂闔郡安利　武夷山記武夷君一日語村人曰汝等以八月十五日會山頂是日畢集聞空中人聲不見其形[illegible]史樂響但見樂器不見其人【列仙記】[illegible]南俗傳西域鳩摩羅什憩此覆其履生中土淨上樹三月開花如桃花八月結實如小栗殼中皆黃玉【一統志】　賈客呂鹟卿常于中秋夜泊舟于君山側命酒吹笛數曲忽見一老父挐舟而來遂于懷袖間出笛三管其一大如合拱其次如常人之所蓄其一如細筆管鹟卿請父老一吹老父曰其大者諸天之樂不可發其次者對洞府諸仙合樂而吹其小者是老身與朋儕可樂者試爲子吹之不知可終一曲否言畢吹笛三聲湖上風動波濤流瀁魚龍跳噴五六聲君山上鳥獸叫噪月色昏昧舟人大恐老父遂止【博異志】　鍾陵西山有遊帷觀每至中秋車馬駢闐數十里若闤闠豪傑多召名姝善謳者夜與丈夫間立握臂連踏爲唱和惟應對敏捷者勝太和末書生文簫往觀見一姝甚麗其詞曰若能相伴陟仙壇應得文簫駕綵鸞自有繡襦

开甲帳瓊臺不怕雪飛寒[illegible]穿人肌骨[illegible]
捫石冒險而升生躡其蹤妹曰莫是文蕭邪
相引至絕頂坦然之地忽風雨裂帷覆几俄
有仙童持天判曰吳綵鸞以私欲洩天機謫
為民妻一紀妹乃與生下山歸鍾陵【傳奇】
武肅王錢鏐始築捍海塘在候潮門外潮水
衝激乃命强弩數百以射潮遂成堤岸杭
之鳳凰山有不如片雲拔地高數丈將巔有
一竅尺餘名曰月巖惟中秋之月穿竅而出
他月則斜出竅外古今名人遊賞題咏最多
【[illegible]】廣州去大海二百里每年八月
潮水最大復多颶風早潮不落晚潮又至波
濤溢岸沒廬舍蕩苗稼沈溺舟船謂之沓潮
或十數年一有之俗呼為海翻又為慢天
中秋天色陰晴與夷狄同蘇東坡曰故人史
生為余言嘗見海賈云中秋之月雖相去萬
里他日會合相問陰晴無不同者公集中有
中秋詩嘗聞此宵月萬里同陰晴天公自着
意此會那可輕 熙寧丙辰中秋東坡居士
歡飲達旦大醉作水調歌頭兼懷子由元豐
間都下傳唱此詞神宗問內侍因得上塵乙
覽讀至又恐瓊樓玉宇高處不勝寒之句上
曰蘇軾終是愛君乃量移汝州 惠州南海
有黃雀魚常以八月化為黃雀至十月後復
入海化為魚【惠州志】 王岐公在翰苑中秋
之夕帝於宮中閒當直學士左右以對遂召
至賜酒令對御欄坐語曰天下無事與其時
聲色何如與學士對飲令宮嬪迭酒命各以
巾帶索詩已令脫金珠花簪酬其樸頭曰[illegible]
與潤筆宴畢醉起謝令內侍扶掖不得拜[illegible]
金蓮燭送歸苑明日都下盛傳天子請客【[illegible]】
【[illegible]】王珪丙午八月十日上海教字見子[illegible]

北闈頭上恰恰有[illegible]
盈尺其狀不常時天[illegible]
之類甚駭及曬歸市人聞傳見一星長尺自
南投北而下始知向陷魚乃星化也其家盈
而藏之人多就觀【[illegible]睡錄】 冀州北八月剝
作飲食為臍其俗曰臍臘 何中正登第後
求卜於郭從周從周贈之詩云三五[illegible]月
正圓一塵從此出秦關何後以八月十五日
授知制誥因言邊事忤旨出知泰州【瑯嬛花名】
【[illegible]】龍鱗蟲之長春分登天秋分潛淵 八
月丹鳥羞白鳥【夏小正】
○麗藻散語 分命和仲宅西曰昧谷寅餞納日
平秩西成以殷仲秋【書】 八月萑
葦 八月其穫 八月載績 八月斷壺
八月剝棗【詩】 仲秋之月殺氣浸盛陽氣日
衰【禮記】 初酉仲氣之始 月可玩玩月古
生於酉 少采夕月【國語】 序也謝賦鮑詩朓
之庭前亢之樓中皆玩也貞元十二年甌閩
君子陳可封游在秦寓于永崇里華陽觀予
與鄉人安陽邵楚萇濟南林蘊穎川陳詡亦
旅長安秋八月十五日夜詣陳之居修厥玩
事月之為玩冬則繁霜大寒夏則蒸雲大熱
雲蔽月霜侵人蔽與侵俱害玩秋之於時後
夏先冬八月於秋季始孟終十五於夜又月
之中稽之天道則寒暑均取之月數則蟾魄
圓況埃壒不流天空悠悠嬋娟徘徊桂華上
浮昇東林入西樓肌骨與之疎涼神氣與之
清冷四君子悅而相謂曰斯古人 [illegible] 一嘆分
所以為玩也【歐陽詹玩月詩序】 飛三秋
限隔遐思盛德將何以伸白雲斷而音信稀
青山暝而江湖遠敬想足下羽儀勝侶領袖

鼎實頳玉䔲于風前弄瓊駒于月下偃蹇蒼山失路涉海迷津聞猿嘯而寸寸斷腸聽鳥聲而雙雙下淚當以黃花笑冷白羽悲秋旣傳蘇子之書更泛陶公之酒聊因三鳥畧叙二難會面取書不能盡述或吵風念不黜魚緘（昭明太子）

歌

八月凉風動高閣千金麗人捲綃幕已憐池上歇芳菲不念君恩坐揺落世上榮華如轉蓬朝隨阡陌暮雲中飛燕侍寢昭陽殿班姬飲恨長信宮長信宮昭陽殿春來歌舞妾自知秋至榮華君不見昔時嬴女厭世氛學吹鳳簫乘綵雲含情轉睐向簫史千載紅顏持贈君（[illegible]）

詩五言

西風塵殘暑（[illegible]）　此際若無月一年空過秋（司空圖）　常無偏照處剛有不明時（[illegible]）　莫辭終夕看動是隔年期（[illegible]）　九十日秋色今朝已中分孤光含列宿四面絕纖雲衆木排疎影寒流浚細紋（[illegible]）　蒼旻霽凉雨石路無飛塵千念集暮節萬籟悲肅辰鶗鴂昨夜鳴蕙草色已陳況在遠行客自然多苦辛（[illegible]）　滿目飛明鏡歸心折大刀轉蓬行地遠攀桂仰天高水路疑霜雪林棲見羽毛此時瞻白兔直欲數秋毫　天將今夜月一徧洗寰瀛暑退九霄淨秋澄萬景清星辰讓光彩風露發晶英能變人間世翛然是玉京　高秋渾似水萬里正圓明玉兔步虛碧冰輪轉太清廣寒宮有路桂子落無聲吾儕無弦彈悽愚莫要驚（[illegible]原夫人）　八月更漏長愁人起常早閉門寂無事滿地生秋草昨宵西窻夢夢入荆門道遠客歸去來在家貧亦好（[illegible]）　雞鳴朝謁滿露白禁門秋爽氣臨旌戟朝光映冕旒列宗來獻寶天子命焚裘獨負池陽議言從建禮遊（[illegible]）

（期）　八月潮水平涵虛混上清氣蒸雲夢澤波撼岳陽城欲渡無舟楫端居耻聖明坐觀垂釣者徒有美魚情　秋月仍圓夜江村獨老身捲簾還照客倚杖更隨人光射潛虬動明翻宿鳥頻茅齋依橘柚清切露痕新（杜甫）　銀漢高秋露嚴城月色陰美人今夜酒遊子故鄉心烏鵲橋邊去蛟龍海上吟漢宮樓殿逈莫使暮雲侵（何景明）　蕭瑟中秋月雁唳風雲高山居感時變遠客興長謠疎林積凉風虛岫結凝霄湛露灑庭樹密葉亂縈條撫葉悲先落攀松羨後凋（孫綽）　秋風何日凝白露爲朝霜柔條旦夕勁綠葉日夜黃明月出雲崖皦皦流素光披軒臨前庭嗷嗷晨雁翔高志局四海塊然守空房壯齒不恒居歲暮常慨慷（張華）　天上何所有迢迢白玉繩斜低建章闕耿耿對金陵漢水舊如練霜江夜清澄長江瀉落月洲渚曉寒凝獨酌板橋浦古人誰可徵玄暉難再得灑酒氣塡膺（李白）　八月三五夕舊嘉蟾兎光斯從古人好共下今宵堂素魄常孤凝芳輝紛四揚徘徊林上頭泛灔天中央皓露助流華輕飈佐浮凉清冷到肌骨潔白盈衣裳惜此苦且翫攬之非可將含情顧廣庭願至沉西方（歐陽詹）

七言

清光此夜爲誰明　八月秋高風怒號　聽猿實下三聲淚奉使虛隨八月槎（俱杜甫）　凉風八月露爲霜日夜孤帆入帝鄉（王[illegible]然）　少皞磨成白玉盤六丁擎出太虛寬清光千古復萬古留向人間此夜看　銀漢無聲露暗垂玉蟾初上欲圓時清樽素瑟宜先賞明夜陰晴未可知　暮雲收盡溢清寒銀漢無聲轉玉盤此宵此景不長好明月明年何處看　中秋月鏡五雲開

解上聲

妃子凭欄太液來猶恨清光看不盡紛教明歲築高臺【黄省曾】 風簾淅淅漏鏡痕一半秋光此夜分天爲素娥霜怨苦故教西北起浮雲【羅隱】 桂輪斜掛粉樓空漏水丁丁燭影紅露濕晴香珠翠冷赤闌橋上待歸鴻【張紅橋秋興】 八月霜飛柳遍黃蓬根吹斷雁南翔隴頭流水關山月泣上龍堆望故鄉【盧溵】 待月東林月正圓廣庭無樹草無烟中秋雲淨出滄海半夜露寒當碧天輪影漸移金殿外鏡光猶掛畫樓前莫辭達曙殷勤望一墮西巖又隔年【許渾】 昔年八月十五夜曲江池畔桂花邊今年八月十五夜湓浦沙頭水館前西北望鄉何處是東南見月幾回圓臨風一歎無人會今夜清光似往年【白居易】 星斗疎明禁漏殘紫泥封後獨憑欄露和玉屑金盤冷月射珠光貝闕寒天襯樓臺

歸苑外風吹歌管下雲端長卿只爲長門賦未識君王際會難【韓渥】 月晃長江上下同畫橋橫截冷光中雲頭灩灩開金餅水面沉沉臥彩虹佛氏解爲銀色界仙家多住月華宮地雄景勝言難盡但欲追隨乘曉風清秋山色淨簾櫳八月芙蓉滿鏡中醉任嶺雲連海綠愁禁楓葉接天紅養魚好伴鴟夷子飲水如無桑苧翁江上美人期不到吹簫獨自向虛空【蔡羽】 常時好月賴新晴不似今年此夜生初出海濤疑尚濕漸來雲路覺偏清寒光入水蛟龍起靜色當天魍魅驚不獨坐中堪仰望孤光應到鳳池明【秦韜】 扁舟湖上弄潺湲萬頃秋容澹遠山鳴榜時驚沙雁起開樽獨對渚鷗閒漁燈黯黯菰蒲外僧梵微微草樹間雲裡素娥那可問空憐簫鼓夜深還【申[illegible]不見月】 玉宇沉沉夜

氣寒金颷颯颯桂香飄人[illegible]與中秋兩度看小沼芙蓉漾暮色深杯[illegible]借餘歡佳期勝會還能再解道[illegible]山中歲月寬【申瑤泉閏月中秋詞】 見長空萬里無雲留跡桂魄飛來光射處冷浸一天秋碧玉宇瓊樓乘鸞來去人在清涼國江山如畫望中烟樹歷歷 我醉拍手狂歌舉杯邀月對影成三客起舞徘徊風露下今夕不知何夕便欲乘風翻然歸去何用乘鵬翼水晶宮裏一聲吹斷橫笛【蘇軾】 八月秋高風歷亂衰蘭敗芷紅蓮岸皓月十分光正滿清光畔年年常願瓊筵看 社近愁看歸去燕江天空濶雲容漫宋玉當時情不淺成幽怨鄉關千里危腸斷

○九月招搖指戌日在房昏虛中旦柳中是月也天子乃以犬嘗稻先薦寢廟是月也霜始降百工休乃命有司曰寒氣總至民力不堪其皆入室乃命冢宰農事備收舉五穀之要藏帝籍之粟收於神倉祗敬必飭申嚴號令命百官貴賤無不務內以會天地之藏毋有[illegible]獸然後田獵草木零落然後入山林昆蟲未蟄不以火田不麛不卵不殺胎不殀夭不覆巢季秋務畜菜是月也[illegible]為歲是過[illegible]

季秋亦曰暮秋末秋暮商季商杪商又曰玄月

○占候總占 九月物不榻三月草木傷【博雅】 朔日值寒露主冬寒嚴凝 值霜降多雨來年歲稔

○調攝 是月肝氣微肺金用事宜增酸以益肝氣助筋血月末一十八日宜省甘增鹹以益腎氣【法天生意】 十六日宜拔白 二十日宜齋戒沐浴淨念必得吉事天祐人福 雞三唱時沐浴令人辟兵 二十一日謂之天開倉日宜入山修道 二十八日陽氣衰伏陰氣既衰宜沐浴服茯苓補養之藥【[illegible]】 【法天生意】是月勿食血脾季月土旺在脾 勿食犬肉傷神氣 勿食霜下瓜[illegible]血必冬發 勿食生冷防痢疾 勿食雞雉等肉損人神氣 勿以猪肝和餳同食至冬成嗽病經年不瘥 是月忌夫婦戒容止犯者減壽朔望各十年晦日一年上下弦各五年庚申甲子本命二年二十八日人神在陰切忌

○種藝 小麥 大麥 油菜 豌豆 水仙 春菜 芫荽 烏松 萵苣 白菜 諸斑 冬瓜 蒜 芥菜 罌粟 **移植** 牡丹 芍藥 萱草 山茶 臘梅 麗春 玫瑰 竹 諸果木 **收採** 五倍子 五穀種 菊花 薔薇子 芝麻 稗 木瓜 乾姜 兎絲 大豆 杜仲 白朮 [illegible] 厚朴 芎藭 [illegible] 茱萸 梔子

皂莢 [illegible] 茶[illegible] [illegible] 茄種 松節 狐狐莧 [illegible] 掘薑 黃麥門冬 刈紫草 [illegible] 掘芋 收苧麻子 去荷葉 缸冰

田忌 天火子 地火寅 [illegible] 九焦寅 荒蕪未

○製用 凡藥用九月採日乾稱中益氣久服神仙【本草】 其月採太乙餘糧久服耐寒暑不饑輕身【本草】 釀諸色菜 造菱苜[illegible] 蘿蔔 葫蘆 諸生鮓 香茄 蒜茄 蒜茄 京瓜 芥薹

○典故 桑鞠樹麥【夏小正】 九月九日律中無射而數九俗尚此日折茱萸房以插頭言辟除惡氣禦初寒【風土記】 重陽日作糕教蜜餌皆以糖和米麵為之【[illegible]】 堯于季秋夢白帝遺以烏喙子其母曰扶桑升高丘白帝上有雲如虎感已生摯陶阜陶烏喙【元命包】 九月九日秋薦豚黍祭文云伏以農夫之慶曰穀用成稷黍馨香適當時薦謹以重九祇率常事致嚴典禮仰冀鑒歆尚饗【孫氏農書[illegible]】 洛陽人家重九作迎涼脯羊肝餅佩瘦水符【金門歲節】 二社重陽以棗為餻或加以栗以肉【歲時雜記】 越王無諸于重九日嘗宴于九仙山大石鐏尚存山有四徹亭于秋堂【一統志】 范式字巨卿遊太學與張劭元伯為友並告歸共刻期日過元伯九月十五日母殺雞為黍以待之母曰二年之別千里結言何信之審曰巨卿信士必不失期是日果至 寧康三年九月九日上講孝經時謝安侍坐陸納下忱執讀謝石袁安執經車胤王溫摘句 孟嘉為桓溫參軍九月九日溫遊龍山有風吹落嘉帽起如廁不覺溫命孫盛作文嘲之置嘉坐處

嘉還見嘲請筆作荅了不容思文辭超卓四
座嘆服【孟嘉傳】 漢俗九日飲菊酒以祓除
不祥【風土記】 漢武帝嘗以季秋泛靈鶂舟
於淋池以香金爲鈎縮紐絲爲綸丹鯉爲餌
鈎得白蛟付之太官爲鮓肉紫骨青香美無
倫【拾遺記】 漢武帝宮人賈佩蘭云九月九
日宮中佩茱萸飲菊酒令人長壽【西京記】
籩人職曰羞籩之實糗米粉餈【周禮】 宋武
帝爲公時在彭城九月九日登項羽戲馬臺
至今相承爲故事【宋書】 魏泰古爲雍丘尉
九日公宴有客草序五百言泰古曰此舊文
也援筆倒疏之徐笑曰適記之耳守目爲聰
明尉 九月九日馬射講習武事象漢立秋
之儀【南齊書】 齊武帝九月九日燕群臣于
蔣陵岡【十道志】 唐王勃字子安年十三時
侍父宦遊舟次馬當遇老叟曰子非王勃乎

糗炒乾米 麥搗爲餌 蒸稻粉也 炊米爲之 以豆屑雜糝其上

來日重九南昌都督命客作滕王閣序子有
清才盍往賦之勃曰此去七百餘里今已九
月八日矣夫復何言叟曰吾助清風一席勃
謝登舟翌日昧爽抵南昌會府帥閻公宴僚
屬于滕王閣帥有婿吳子章善爲文辭帥欲
誇之乃宿搆滕王閣序俟賓合而出爲之若
即席而就者賓既集因出紙筆徧請客莫敢
當至勃漫然不辭都督怒起更衣遣吏伺其
文得句輒報至落霞與孤鶩齊飛秋水共
長天一色乃矍然曰天才也須而成文帥大
悅子章慚而退帥謝勃五百縑回棹謝叟曰
當具菲禮以荅神休叟笑云但過長蘆焚陰
錢十萬足償薄債矣勃如命【摭言】 貞元四
年詔正月晦日三月三日九月九日三節日
宜[illegible]追賞爲樂故韓退之聽穎師彈琴序
[illegible]節群有賜飲酒【唐書】 開

元二年九月宴京師耆老於含元殿庭九十
以上几杖八十鳩杖婦人亦如之賜于其家
【白孔六帖】 汝南桓景隨費長房遊學長房
謂曰九月九日汝南當有災厄急令家人縫
絳囊盛茱萸繫臂上登高飲菊花酒此禍可
消景從其言舉家登山夕還雞犬俱暴死長
房曰此可代之今人九月九日登高是其遺
事【續齊諧記】 唐尹氏善歌因重陽與群女
戲登南山文峰同輩命之歌乃顰眉緩頰怡
然一曲聲達數十里故俗者舊云尹氏之歌
聞于長安【江南野史】 唐德宗季秋出畋有
寒色顧左右曰九月猶衫十月而袍不爲順
時朕欲改月謂何左右稱善李程獨曰玄宗
著月令十月始裘不可改帝矍然止【唐史】
唐德宗以九月九日詔群臣宴曲江自爲詩
勅宰相擇文人賡和李泌等請群臣皆和帝

自第之劉太眞李紓等爲上鮑防于邵等次
之張濛等爲下與擇者四十一人【唐史】 韋
綬爲集賢院學士九月九日宴群臣曲江綬
請集賢院學士得別一會帝從之【唐書】 唐
韋綬以心疾還第九月九日德宗爲黃菊歌
顧左右曰安可不示韋綬即遣使持往綬時
疾遽奉和附進【韋綬傳】 李義山乃令狐楚
故吏楚子綯繼相殊不展分重陽日義山詣
綯廳事題云曾共山翁把酒卮霜天白菊正
披離十年泉下無消息九日樽前有所思莫
學漢臣栽苜蓿還同楚客詠江蘺郎君官重
施行馬東閣無由再得窺綯乃閉此廳終身
不處【北夢瑣言】 趙宋九日以花餻法酒賜
近臣【[illegible]】 韓忠獻嘗遇重陽置酒私第
惟歐陽文忠與一二執政而蘇明允以布衣
參其間都人以爲異禮席間賦詩明允有佳

節屢從愁裏過壯心還傍醉中來之句其氣不少衰如此　劉夢得欲用糕字作九日詩以五經中無之宋子京以爲不然故子京九日食糕詩云飈館輕霜拂曙袍糗餈花飲鬬分曹劉郎不敢題糕字虛負詩中一世豪遂爲絕唱【邵氏聞見錄】　謝無逸以書問潘大臨近作新詩否答曰秋來景物件件是佳致昨日清臥聞攪林風雨聲遂起題壁曰滿城風雨近重陽忽催租人至敗意止此一句奉寄【尺牘】　蘇東坡與李公擇書秋色佳哉想有以爲樂人生惟寒食重九愼不可虛擲四時之景無如此節【山堂肆考】　僧皎然九（皎然名晝謝靈運之孫）日與陸羽煎茶坡詩云明年桑苧煎茶處憶着衰翁首重回【事文類聚】　九月詩多用落帽事獨東坡南柯子詞云破帽多情卻戀頭（翁[illegible]）反之尤奇特東萊晉云我欲揷萸重整帽肯如披老賦南柯亦反披意也杜詩不眠警白兎百過落烏紗東坡閱九月題披雲樓云九日再逢堪一笑終朝百過更添憂謂短髮不堪落帽也【后山詩話】　宋武陵王駿爲刺史攻馬鞍山爲望楚山後遂爲飛龍人號爲鳳嶺高處有三隥即劉弘山篇九日宴賞之所【襄陽記】　元符中鹽城時叟有請于徐神翁告曰爾亟歸九月中有道者來宜善待仍布施至期暴客夜集其門特語出迎設酒備金帛慰遣乃免寇暴【徐神翁傳】　宋京師重九日各以粉麪蒸糕相遺上揷剪彩小旗摻飣果實加石榴子栗黃銀杏蓮實松子之類二社重陽尚食糕而重陽爲盛【夢華錄】　民間九日糕上置小鹿數枚號食鹿糕【風土記】　蘇東坡在杭於九日望見有美堂上脊少卿飲以詩戲之曰指點雲間數點紅笙歌正擁

紫髯翁誰知愛酒龍山客卻在[illegible]舟一葉中　玄宗天寶十三載重陽日獵於沙苑雲間有孤鶴迴翔上御弧矢中之鶴帶箭嬌翼西南而逝益州城西十五里有明月道觀第一院有青城山道士徐佐卿一歲率三四至一日忽不怡曰偶爲飛矢所加今已無恙然此箭非人間所有因留之於壁任年箭主至則宜付之乃記壁去留箭之時則十三載九月九日也上幸蜀暇日命駕行游偶至斯觀入此堂忽觀其箭取而玩之乃御箭也深異之佐卿乃中箭鶴耳【神異記】

○麗藻散語　九月授衣　九月叔苴　九月築場圃　九月肅霜【詩】　季秋獻功裘【天官】　歲九旻之暮月肅晨駕而北逝慶廻鑾以停轅臨孤館而遠慼何物慘而節哀又雲悠而風厲悴綠蘩于寒渚隕豐灌于荒灘愍中原之芬菊惜蘭圃之凋蕙蔣竹栢之勁心謝梧楸之零隴【[illegible]】

書　歲往月來忽復九月九日九爲陽數而日月並應俗嘉其名以爲宜於長久故以享宴高會是月律中無射言群木庶草無有射地而生者惟芳菊紛然獨榮非夫含乾坤之純和體芬芳之淑氣孰能如此故屈平悲冉冉之將老思飧秋菊之落英輔體延年莫斯之貴謹奉一束以助彭祖之術【魏文帝與鍾繇】

啓　宿昔親朋平生益友不謂窮通有分霎雨將乖既深伐木之聲更問采葵之詠屬以重陽變叙節景窮秋霜抱樹而摧柯風拂林而下葉金堤翠柳帶星采而均調紫塞蒼鴻追風光而結陣敬想足下秀標東箭價重南金才過丕鳥之鑒慈遇懷[illegible]之智但某[illegible]叨賤士[illegible]微生

旣無白馬之談且乏碧雞之辯冀子飛之寄處嗟會面以無期聊申布服之言用述俳諧之志【昭明太子】

文

征西天府重九令節駕言龍山宴凱群哲壺歌雅奏緩帶輕裕胡爲中觴一笑粲發槭槲競秀榆柳獨脫纍纍交鶩驚蹇幾歷楚狂醉亂隕帽莫覺戎服囚首枯顱茁髮唯明將軍度量宏達容此下士顛倒冠蕣寧夫踼禪兕觥舉罰請歌相鼠以侑此爵【[illegible]】【[illegible]】

吾聞君子雖常嚴素聰明風雨不改其度平生丘壑散髮箕踞蓋車天全顛沛何懼腰適忘帶足適忘履不知有我帽復奚數流水莫繫浮雲暫寓飄然隨風非去非取我冠明月佩服寶璐不纓而結不簪而附歌詩寧擇請歌相鼠罰此鄙人俾出童羖【蘇軾補孟嘉□文】

賦

余以暮秋之月述職內禁夜清務隙游目蓺苑于時風霜初戒蟄類尚繁飛蛾翔羽翩翾滿室赴軒幌集明燭者必以燋滅爲度雖則微物矜懷者久之退感莊生異鵲之事與彼同迷而忘反鑒之道此先師所以鄙智及齊客所以難目論也悵然有懷感物興思遂賦之云霜在西成之暮晷肅皇命於禁中聆蜻蛚於前廡鑒朗月於房櫳風薰瑟以凌幌霜皚皚而被墉憐鳴蜩之應節惜落景之懷東嗟勞人之萃感何夕永而慮充眇今古以遐念若循環之無終詠倚相之遺短希董生之方融鑽光燈而散褰溫聖哲之遺蹤墳素杳以難暨九流紛其異封領三百於無邪貫五千於有宗考舊聞於前史訪心跡於汗隆豈夷阻之在運將全喪之由躬游翰林之虛炳嘉美乎於良工辭存麗而去穢旨旣雅而能通辟源流之深浩且揚推而發蒙督習飛

蚊[illegible]蟲蠅綠幌求隙[illegible]燭思陵靡鬬奮而無憚赴朗燭而未懲瞻前軌之旣覆忘收轍於後乘匪微物之足悼悵永念而撫膺彼人道之爲貴參二儀而比靈稟清曠以授氣修綠督而爲經照安危於心術鏡纖兆於未形有猶末而捨本或耽欲而忘生碎隨侯於微爵捐所重而要輕矧昆蟲之所昧在智士其猶嬰悟雕陵於莊氏幾鑒濁而迷清仰前修之懿軌知吾跡之未并雖朱元之外占曷在予之克明豈卽反之徒爾聊投翰以增情【宋】

詩四言

涼風北起高雁南翻葉浮初水草折梁園淒清霜野惆悵晨鷗雲輕寒樹日麗秋原三金廣設六羽高陳寒英始獻凉酎初醇靡靡神襟鏘鏘羣彥思媚儲歡洽和奉宴恩暢蘭席歡同桂殿景遽樂推臨風以春麗景天枝位非德舉任仍辰潛祚均吳楚負岳未勝瞻雲難侶翠古典陽心焉載佇憑玉宅海端宸御天上流飛鑾靜霞霧川凝神貫極摘道濕泉西苑委祉南風在茲暮芝始綠年桂初丹上林葉下滄池水寒霜露玉樹雁動輕瀾停蹕玉陛徙衛璇[illegible]箱鳳綵羽蓋鸞姿虹旍迢遞翠華葳蕤禮弘靡洒義蓋洛澤【俱沈約】

明明儲后冲默其量徘徊禮樂優游風尚微言外融幾神內王就日齊暉移雲等茂本茂條榮源濬流潔濆瀰聞乎周云魯衛杳我繁華方軌前軼秋日在房鴻雁來翔寥寥清景靄靄微霜草木摇落幽蘭獨芳眷言淄苑尚想濠梁旣暢旨酒亦偑徽猷有來斯悅無遠不柔【王儉】

離光麗景神英春裕[illegible]儀天金鏘玉度臨撫招澗善物宣布惠澗昆瓊澤興垂露秋晨精耀鸞動宮闕露點金節[illegible]玩玉璣玄戈[illegible]爵翠旂

翻帷庭衛鶴蓋未照犀衣寫羞鵜笙竹[illegible]
斧千音寫鳳百戲承雲紫鸞躍舞赤兎越[illegible]
橫飛烏箭半轉蛇弓【梁簡文帝】朱明已[illegible]
蓐收司理爰禮祓秋備揚旌紫塞章[illegible]
貂擠濟上林弘敞離宮非一彩殿迴風[illegible]
映日隋珠甲帳屯衛周悉晬容徐動天儀[illegible]
譜[illegible]物游颸光景高麗枯葉未落寒花發[illegible]
繇洞激舞楚雅開慧參差繁響般勤流詠【[illegible]】

【唐】五言

龍沙重九會千騎駐旌旗【[illegible]】
捧薇萸香徧稱觴菊氣濃　九日龍
山飲黃花笑逐臣醉看風落帽舞愛月留人
【[illegible]】霜威始落翠寒氣初入堂隋珠燭似
蜀繁螢疑夜光舞步因紋折歌聲隨袂揚夜
深闕滿綏簷處覺曾長【梁王修已】端居臨
玉泉承律叙金商屬閑洽秋色龍閣引夕涼
野靜山氣斂林疏風露長砌蘭窺半影巖桂
發全香蘂蕊荷偶翠圓花菊散黃揮鞭爭電
烈飛羽亂星光彈空穿石碎弦虛側月張挂
猿啼落岫驚雁斷分行斜輪低夕景歸旆擁
通莊【唐高宗】商飈凝素籥玄覽賁黃圖暗
霜驚斷雁晨吹結棲烏寒花低岸菊涼葉下
庭梧澤宮申舊典相圃叶前模玉砌分雕戟
金溝轉鏤帶星飛夏箭映月上軒弧慶展
簪紱洽恩融雨露霑天文發丹篆寶思掩玄
珠承歡徒聳抃負弛竊忘軀【賀敳】世短意
常多斯人樂久生日月依辰至舉俗愛其名
露凄暄風息氣徹天象明往燕無遺影來雁
有餘聲酒能祛百慮菊為制頹齡如何蓬廬
士空視時運傾塵爵恥虛罍寒華徒自榮斂
襟獨閒謠緬焉結深情棲遲固多娛淹留豈
無成【陶潛】九日正乘秋三杯興已周汎桂
迎樽滿吹花向酒浮長房萸早熟彭澤菊初

收何當龍沙上方[illegible]【[illegible]】
雲氣好水綠秋山明攜壺酌流霞搴菊亂寒
榮地遠松石古風揚絃管清窺觴照歎顏凋
笑還自傾落帽醉山月空歌懷友生【[illegible]】
是節協陽數高秋氣已晶簷芝逐月塗稚風
依夜清遠燭承歌黛斜橋開複聲翠塵下未
息其愛賞心并【[illegible]】蟋蟀期歸晚茱
萸節候新降霜青女月送酒白衣人高興要
長壽卑棲隔近臣龍沙即此地舊俗坐為鄰
【[illegible]】今日好相見群賢仍發曹晚晴吹
輪墨秋興引風蟬落葉擁虛砌黃花隨濁醪
閉門無不可何事更登高【[illegible]】九日黃花
酒登高會昔聞霜威逐亞相殺氣傍中軍橫
笛驚征雁嬌歌落塞雲邊頭幸無事醉舞荷
吾君【[illegible]】九日明朝是相要舊俗非老翁
難早出賢客幸知歸舊採黃花賸新梳白髮
微讓看年少樂忽然已沾衣　伊昔黃花酒
如今白髮翁追歡筋力異遠望歲時同弟妹
悲歌裏朝廷醉眼中兵戈與關塞此日意無
窮　蓼枝侵寒露蓬門啓曙烟力稀經樹歇
老困撥書眠秋覺追隨盡來因孝友偏清談
見滋味爾輩可忘年　寒花開已盡菊蘂獨
盈枝舊摘人頻異輕香酒暫隨地偏初衣裌
山擁更登危萬國皆戎馬酣歌淚欲垂　[illegible]
歲重陽日傳杯不放杯即今蓬鬢改但愧菊
花開北闕心長戀西江首獨回茱萸賜朝士
難得一枝來【杜甫】春陽如昨日碧樹
鳴黃鸝蕪然蕙草暮颯爾涼風吹天秋木葉
下月冷莎雞悲坐愁群芳歇白露凋華滋【[illegible]】
【[illegible]】迢迢江漢路秋色又堪驚半夜聞鴻
雁多年別弟兄高風雲影斷微雨菊花明欲
寄[illegible]歸信待銜[illegible]情【[illegible]】實地原依舊

珠林更假山登臨重九還城闕五雲疊翠飛丈
喧候里邊烽入漢關望鄉歸未得能對菊叢
斑【[illegible]】　梧小秋添晚莖孫節又當百年
多此醉一笑展重陽山報衣須借花知閏臘
常莫疑籬色減霜綬是初黃　九日陪天仗
三秋幸禁林霜威變綠樹雲氣落青岑水殿
黃花合山亭絳葉深朱旗夾小徑寶馬駐青
蒋苑吏收寒果饔人膳野禽承歡不覺暝遙
響素秋砧【[illegible]】　靡靡秋已夕淒淒風露
交蔓草不復榮園木空自凋清氣澄餘滓杳
然天界高哀蟬無歸響叢雁鳴雲霄萬化相
尋繹人生豈不勞從古皆有沒念之中心焦
何以稱我情濁酒且自陶千載非所知聊以
永今朝【[illegible]】　轍跡光周頌巡遊盛夏功
鈞陳萬騎轉閶闔九門通秋蹕逐行漏朔氣
繞相風獻壽重陽節廻鸞上苑中疏山開輦

群芳譜　卷三　歲譜　五十二

道闢樹出離宮玉醴吹巖菊銀床落井桐歡
羽山西射浮雲冀北驄塵飛金埒滿葉破柳
條空鷹猿疑矯箭驚雁避虛弓彫材濫杞梓
花紱接鵷鴻愧乏天庭藻徒參文雅雄【[illegible]】
【[illegible]】六郡良家子幽并遊俠兒立乘爭飲羽
倒騎競紛馳鳴珂飾華眊金鞍映玉羈膝蓋
彈海陸和齊眠秋宜雲飛雅琴奏風起洞簫
吹曲終高宴罷景落樹陰移微薄承嘉惠欽
德良不貲取效績無紀感恩心自知【[illegible]】
九日天氣清登高無秋雲造化闢川岳了然
楚漢分長風鼓橫波合沓蔵龍文憶昔侍游
豫樓船壯橫汾今茲討鯨鯢旌旆何繽紛白
羽落酒樽洞庭羅三軍黃花不掇手戰鼓遙
相聞劍舞轉頹陽當時日停曛酣歌激壯士
可以摧妖氛齷齪東籬下淵明不足群　淵
明歸去來不與世相逐為無杯中物遂偶本

[illegible]我因想自家人[illegible]
處過重陽時題輿何處發遂結城南期奠主
槎聳山俯臨遠水湄胡人叫玉笛越女歌霜
綵自作英王胄斯樂不可窺赤鯉湧琴高白
龜道冰夷靈仙如彷彿奠酹遥相知古來登
高人今復幾人在滄洲違宿諾明日猶可待
連山似驚波合沓出溟海揚袂揮四座酩酊
安所知齊歌送清揚起舞亂參差賓隨落葉
散帽逐東風吹別後登此臺願言長相思【[illegible]】
【[illegible]】　風至授寒服霜降休百工繁林收
陽綵密葉解華叢巢幕無留燕遵渚有來鴻
輕裘冠秋日迅商薄清穹聖心眷嘉節揚鸞
又行宮四筵霑芳醴中堂起絲桐扶光迫西
氾餘樂安有窮逝矣將歸客養素克有終臨
流怨莫從歡心　重陽未到已登臨搖待
翼飛蓬【[illegible]】　七言　黃花且獨斟【[illegible]】

群芳譜　卷三　歲譜　五十三

九月寒砧催落葉十年征戍憶遼陽【[illegible]】
雁門九月西風高綿黎萬樹垂金錯【[illegible]】
【[illegible]】　秋葉風吹黃颯颯晴雲日照白皚皚
歸來物問茱萸女今日登高醉幾人【[illegible]】
滿城風雨近重陽無奈黃花惱意香雲淡影
天迷赤壁令人西望憶潘郎　滿城黑雨近
重陽不見修文地下郎想得武昌門外柳垂
垂老葉半青黃　滿城風雨近重陽安得斯
人共一觴欲問小鴻今健否雲中孤雁不成
行【[illegible]】　一見黃花只自羞蕭然短髮不
禁秋誰人為整烏紗帽獨倚西風滿眼愁
重陽獨酌杯中酒抱病起登江上臺竹葉於
人既無分菊花從此不須開殊方日落玄猿
哭舊國霜前白雁來弟妹蕭條各何在干戈
衰謝兩相催　風急天高猿嘯哀渚清沙白
鳥飛迴無邊落木蕭蕭下不盡長江滾滾來

萬里悲秋常作客百年多病獨登臺艱難苦
恨繁霜鬢潦倒新停濁酒杯 去年登高郪縣
北今日重在涪江濱苦遭白髮不相放羞
見黃花無數新世亂鬱鬱久爲客路難悠悠常
傍人酒闌却憶十年事腸斷驪山清路塵
老去悲秋強自寬興來今日盡君歡羞將
短髮還吹帽笑倩傍人爲正冠藍水遠從千
澗落玉山高並兩峰寒明年此會知誰健醉
把茱萸仔細看[杜少陵] 漢文皇帝有高
臺此日登臨曙色開三晉雲山皆北向二陵
風雨自東來關門令尹誰能識河上仙翁去
不回且欲近尋彭澤宰陶然共醉菊花杯[崔曙]
[illegible]節使橫行西出師鳴弓擐甲羽林兒臺
上霜風凌草木軍中殺氣傍旌旗預知漢將
宣威日正是胡塵欲滅時爲報使君多泛菊
更將絃管醉東籬[illegible] 江涵秋影雁初飛

與客攜壺上翠微但將酩酊酬佳節不用登
臨嘆落暉古往今來只如此牛山何必淚沾
衣[杜牧之] 征帆高掛酒初醒暮景蕭蕭雨不
堪千里曉霞雲夢北一川霜橘洞庭南溪風
送雨過秋寺澗石驚龍落夜潭莫把羇魂弔
湘纍九疑愁絕鎖烟嵐[張泌] 欲賦前賢九
日詩茱萸相照一枝枝可憐宋玉情何限爭
似陶潛醉不知綠鬢愛隨風景變黃花能與
歲時期登臨問處狂多少笑殺高陽拍手兒
[李群玉] 霜飛木落正重陽俠客登臨到上
方習靜暫投祇樹苑憑高仍泛菊花觴琴臺
霧暗龍吟寂笠澤天空雁影長勝會且教客
白髮好將蠟屐破秋光[申瑞泉] 風雨高臺
隔素秋名園且泛木蘭舟寒烟淡掛河邊樹
細浪輕翻棹外鷗佳節幾人能寄賞清樽入
夜[illegible]

[illegible]
玉皇山與翠華同一色天[illegible]黃道又[illegible]
秋霜鶴迎仙杖萬壑烟霞[illegible]御香此日周王
方定鼎千年卜世共靈長 天涯節序逢
娟落帽風前客思孤酒力漸消人易倦鄉書
欲寄雁難憑一天涼雨催庭菊九日西風正
[illegible]倚闌故園諸少弟相思誰爲插茱萸
風雨重陽萬木寒蒼然秋色滿長安自憐此
[illegible]酒不減東籬處十載節序追鄉園登
樹[illegible]吾黨一彈冠明朝又折河橋柳今日
茱萸莫漫看 寂寞誰當慰素居浮雲暮色
正愁余二三兄弟能相問重九風流病不廢
入夜青藜堪自續遶籬黃菊不全舒莫言
倒屣踈狂甚猶是龍山落帽餘[illegible] 詞
九日歡遊何處好黃花萬蘂雕欄遶通體清
香無俗調天氣好烟如露結功多少 日脚

清寒高下照寶鈿釵綴圓斜小蕊西園風
嬋娟催秋老蟲邊莫厭金樽倒[illegible] 霜
降水痕收淺碧鱗鱗露遠洲酒力漸消風力
軟颼颼破帽多情却戀頭 佳節若爲酬但
把清樽斷送秋萬事到頭都是夢休休明日
黃花蝶也愁[illegible] 黃菊枝頭破曉
寒人生莫放酒盃乾風前橫笛斜吹雨醉裏
簪花倒着冠 身健在且加餐舞裙歌板盡
清歡黃花白髮相牽挽付與旁人冷眼看[黃]
[illegible] 記得東坡老叟莫負清明重
九今日正重陽菊花黃黃花插滿頭歸去落
日前村楓樹樹裡唱歌聲釣漁人[陳眉公]
[illegible]

二如亭群芳譜歲部卷之三終

歲譜

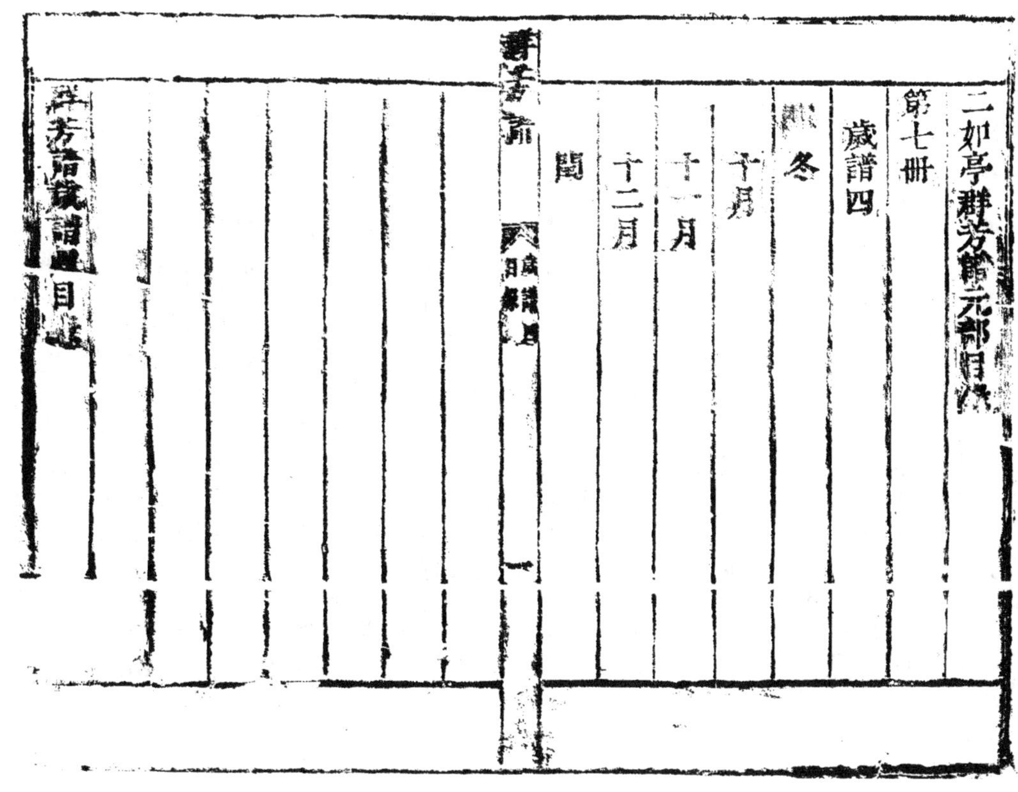

二如亭群芳譜元部目次

群芳譜 歲譜目 一

群芳譜歲譜目終

二如亭群芳譜歲部卷之四

濟南 王象晉藎臣甫 纂輯
松江 陳繼儒仲醇甫
虞山 毛鳳苞子晉甫 同較
寧波 姚元台子雲甫
濟南 男王與敕 孫王士禛 詮次

歲譜四

冬 終也物至此時皆告終也北方爲冬先立冬三日太史謁之天子曰某日立冬盛德在水乃齋立冬之日天子親率三公九卿諸侯大夫以迎冬於北郊北方曰玄天其星女虛危室西北方曰幽天其星壁奎婁其帝顓頊乘坎執權而治冬其佐玄冥其神辰星其獸玄武其音羽其日壬癸其數六其蟲介其味鹹其臭腐其色黑其祀行[illegible]先腎日行北陸斗柄指北是故冬三月以壬癸之日發五政五

政苟時冬事不過地乃不泄

○調攝 冬三月天地閉藏水冰地坼宜飭嗜慾止聲色早臥晚起以待日光去寒就溫毋泄皮膚逆之傷腎春爲痿厥腎病宜食粟米大豆胡桃藿腎燥食辛以潤之蓋冬時伏陽在內有疾宜吐心膈多熱所忌發汗恐泄陽氣宜服酒浸補藥或山藥酒一二杯以迎陽氣寢臥之時稍宜虛歇宜稍寒大寒方加綿衣以漸加厚不得頓多惟無寒卽已不得頰用大火烘炙尤甚損人手足應心不可以火炙手引火入心使人煩燥不可就火烘炙食物冷藥不治熱極熱藥不治冷極水就溫火就燥耳飲食之味宜減鹹增苦以養心氣冬月腎水味鹹恐水剋火心受病宜養心宜居處密室溫暖衣衾調飲食適寒溫不可冒觸寒風老人尤甚恐寒邪感冒多爲嗽逆麻痺昏眩等疾冬月陽氣在內陰氣在外老人多有上熱下冷之患不宜沐浴陽氣內蘊之時若加湯火所逼必出大汗高年骨肉踈薄易于感動多生外疾不可早出以犯霜威早起服醇酒一杯以禦寒晚服消痰涼膈之藥以平和心氣不令熱氣上湧切忌房事不可多食火爆肉麵餛飩之類 冬三月宜煖足凍腦則無眩暈之疾 養神氣無令邪氣外至 君子齋戒處必掩身身欲寧去聲色禁嗜慾安形性事欲靜以待陰陽之所定月令

腎藏志名玄冥字育嬰腎者根也如樹之有根也生對臍附著腰脊兩枚重一斤一兩神如玄鹿兩頭象如圓石子色如縞映紫脈出湧泉左爲正腎配五臟右爲命門男以藏精女以繫胞聚分水氣灌注一身猶于上焦

榮于中焦衛于下焦爲肝之母肺之子屬水冬旺其卦坎其液唾其性智藏於內者爲骨見于外者爲齒應北岳上通辰星之精

○占候　水冬不冰爲饑爲兵有災　疫地不凍其鄉人流亡

○典故　楚莊王圍蕭申公巫臣曰師人多寒王巡三軍撫而勉之士皆如挾纊【左傳】　雨雪楚莊王披裘當户曰我猶寒彼百姓賓客甚矣乃使巡國中求百姓賓客之無居宿絶糧者賑之國人大悅【尸子】　景公起大臺歲寒役者凍餒公延晏子坐飲酒樂晏子歌曰庶民之凍我若之何奉上靡弊我若之何歌終喟然流涕公止之曰子殆爲大臺之役夫寡人將罷　齊景公時雪三日公衣狐白之裘謂晏子曰天不寒何也晏子曰賢君飽知人饑溫知人寒公曰善遂出衣發粟以與饑貧者　衛靈公天寒鑿池苑春曰天寒恐傷民公曰寒哉春曰君衣狐裘坐熊席陬隅有火是以不寒民衣敝不補履決不苴君則不寒民則寒矣公曰善命罷役【呂氏春秋】　高祖聞韓王信降匈奴上自將擊之連戰乘勝逐北至樓煩會天寒士卒墮指者十二三　冬爲歲餘故冬月可就閒學漢書東方朔云三冬文史足　東漢鍾離意爲大司徒侯霸掾詔意部送徒詣河内時冬寒徒病不能行路過弘農意輒移屬縣使作徒衣縣不得已與之上書言狀意亦具以聞光武得奏引見霸曰君所使掾何乃仁于用心誠良吏也　盛吉爲廷尉每至冬月罪囚當斷其妻執燭吉持丹筆相向垂泣又漢虞詡祖父經爲郡縣獄吏按法平恕冬月上其狀流涕隨之嘗曰東海于公高爲里門其子定國卒至丞相吾决囚六十年矣雖不及于公其庶幾乎子孫何必不爲九卿耶故字詡曰升卿後詡任至尚書令【[illegible]錄】　王祥字休徵晉瑯琊人少失母後母朱氏憎而譖之祥孝彌謹盛寒河水母欲食生魚祥解褐剖冰求之忽冰少開有雙鯉出游乘綠獲之時人謂至孝所感也【[illegible]子錄】　葛仙翁與客談論時天大寒仙翁謂客曰居貧不得人人爐火請作一大火共致暖者仙翁因吐氣火赫然從口中出須臾火滿屋客皆熱脫衣　東漢樂崧冬月嘗直宿公家貧無被枕杜明帝聞而嘉之詔大官賜尚書郎以下食并給帷被　董遇好學人來從學每日當先讀書百遍義自見從學者云苦難得暇日遇曰當于三餘冬歲之餘夜日之餘陰雨時之餘【魏志】　邴原就

師學每三冬講孝經論語　天寶間有一研爐凿盡其巧寒冬置研爐上不凍　袁天罡女授張無頗煖金盒寒時出此一室暄熱　顏斐爲京兆尹課民當輸租時以車牛各致薪兩束爲冬月寒氷炙筆硯之用【魏略】　劉長盛母三氏冬月思菫長盛時年九歲乃于澤中慟哭菫不絕者半日忽若有人云止聲長盛收淚視地有菫生焉因得斛餘以供母【晉書】　羅威字德行少喪父事母至孝母年七十天大寒嘗以身自溫席而後寢【[illegible]】　吳隱之爲守冬月無被嘗澣衣乃披絮勤苦同于貧庶【晉書】　東漢黃香事親極孝身執勤苦冬月無袴而親極滋味　唐高宗時凡天子享會冬幸新豐歷白鹿觀上驪山賜浴湯池給香粉蘭澤帝賦詩學士屬和【[illegible]】　【[illegible]】　唐同昌公主堂中設却寒簾類玳瑁斑

有紫色云却寒鳥背所爲【杜陽雜編】　[illegible]
國遇嚴寒置鳳首木于堂和暖如二三月又
別名常春木【述異記】　楊國忠冬月選婢肥
大者行列于前令遮風謂之肉障【開元遺事】
邕管溪峒不産絲纊民多以木綿茅花鵝
毛爲被土人家家養鵝三月至十月𢪛取鵝
毛積以禦寒　宋人有善爲不龜手之藥者
客買其方以說吳王越有難吳王使之將冬
與越人水戰大敗越人【莊子】

○麗藻散語

北風其凉雨雪其雱　我有旨蓄
亦以禦冬　冬日烈烈飄風發發
【詩經】嘉南州之炎德兮麗桂樹之冬榮【楚詞】
勁陰殺節不凋寒木之心　冬爲玄英
【爾雅】天地不通閉塞而成冬【月令】　陰居
大冬積于空虛不用之地【董仲舒】　陽氣伏
于下於時爲冬【律曆志】　斗柄指北而天下
皆冬【鶡冠子】　冬之德寒寒不信其地不成
剛地不成剛則凍閉不固【呂氏春秋】　十一
月十二月陽氣潛藏未得用事育噓萬物養
其根荄【魯恭傳】　今冬大寒過節毒害鳥獸
爰及池魚城傍松竹皆爲傷絕【譙武】　凝條
氷雪寒之化凜冽霜雹寒之用柔耎之物遇
寒則堅寒之致太虛澄淨黑氣浮空天色黯
然高空之寒氣也氣如散麻本末皆黑川澤
之寒氣也太虛清白空明雪映遐邇一色山
谷之寒氣也太虛白昏大明不翳如霧雨氣
遐邇肅然北望色玄凝霧夜落此水氣所生
寒之化也太虛微黑白埃昏翳天地一色遠
視不分此寒濕凝結雪之將至也地裂水氷
河流乾涸枯澤浮鹹木斂土堅是土勝水水
不得自淸水所生寒之用也【運行論注】　便

天下冤[illegible]悉化而[illegible]沙石【[illegible]】鳥猶[illegible]如
値水旱之歲瑣粒之年猶不可以禦寒珠未
可以充【[illegible]】

賦

悲夫冬之爲氣亦何憯凜以蕭索
天悠悠其彌高霧鬱鬱而四幕夜
綿邈其難終日晼晚
而易落【[illegible]】

歌行

漢時長安雪一丈牛馬毛寒縮如蝟
楚江巫峽冰入懷虎豹哀號不堪記秦城老
翁荊楚客慣習炎蒸歲絺綌玄冥祝融氣或
交手持白羽未敢釋去年白帝雪在山今年
白帝雪在地凍埋蛟龍南浦縮寒刮肌膚北
風利楚人四時皆麻衣楚天萬里無晶輝三
足之烏足恐斷羲和送將安歸【杜子美】

詩五言

天曙是河凌樓寒鼓角哀　長風入
短袖內手如懷冰【李白】　倒身無着
處呵手不成溫【[illegible]】　坐聞西牀琴凍折兩
三絃【賈島】　重衾無暖氣挾纊似懷冰【文選】

草帶消寒翠花枝發夜紅　霜威能折綿
風力欲冰酒　勁氣方凝酒清威正折綿【[illegible]】
【[illegible]】巖雲亂山起白日欲還次【鮑照】　甲
子西南異冬來只薄寒江雲何夜靜蜀雨幾
時乾行李須相問窮愁豈有寬君聽鴻雁響
恐致稻粱難【杜子美】　地際朝陽滿天邊宿
霧收風兼殘雪起河帶斷冰流北闕馳心極
南圖尚旅遊登臨思不已何處可消憂【于良
史】　運速天地閉胡風結飛霜百草死冬月
六龍頹西荒太白出東方彗星揚精光鴛鴦
非越鳥何爲眥東翔惟昔鷹將犬今爲侯與
王得水成蛟龍爭池奪鳳凰北斗不酌酒南
箕空簸揚【[illegible]】

七言

月寒江靜夜沉沉　山中只
有梅花曆開到南枝便是春
戍星殘歲雁橫塞長笛一聲人倚樓　瑞
[illegible]陰氣塲凍海不流綠象折【阮籍】　蜊

處處心[illegible]透刀[illegible]更寒手夜久寒
知有嚴一時齊保貧鄰山【[illegible]】西風送冷
入瓊樓一夜青山盡白頭斜日棹歌寒水上
分明還有晉風流【吳匏庵】紅梨無葉庇花
身黃菊分香委露塵歲晚蒼官纔自保日高
青女尚橫陳【王介甫】郡城南下接通津異
服殊音不可親青箬裹鹽歸洞客綠荷包飯
趁墟人鵞毛臘縫山罽雞骨占年拜水神
愁向公庭問重譯欲投章甫作文身【柳子厚】
一蒼茫梧積陰雲滿古來號空晝光短雲摧
三峯嶽色低冰堅九曲河身斷浩瀚霜風刮
天地溫泉火井無生意澤國龍蛇凍不伸南
山瘦柏銷殘翠【才調集】山茶未鬭梅先吐
風動簾旌雪花舞金盤冒冷塑狻猊綉幙圍
春護鷓鴣倩人呵筆畫雙眉脂水凝寒上臉
逕粧罷扶頭重照鏡鳳釵斜壓瑞香枝【鄭[illegible]】

【詞】烟鎖凝塵四壁空青燈欲燼夜淙淙凉
聲度竹風如雨碎影搖窗月在松病枕蕭條
聞永漏草堂搖落已深冬不堪酒醒凄然地
撫景懷人意萬重【文衡山】蜡祭喧喧土鼓
搓紛紛鼉鼙擁如芯咏幽憶際周王世布令
行宜青帝和冰節迎陽辭碧尾梅珠散彩耀
繁柯春光積漸來芳今對酒能忘鼓腹歌【王[illegible]】
【[illegible]】熙坐深閨思有餘霜威漸覺襲衣裾
青綾被冷無舊夢紫塞天寒斷雁書竹葉舞
風侵户響梅花和月上窗虛雙蛾爭似庭前
柳臘盡春來忽又　月往霜林寒欲墜正門
舒【孟淑卿女郎】　詞　外催人起奈別離如今
眞個是欲住也留無計欲去也來無計　馬
上離情衣上淚冬月俱憔悴問江路梅花開
也未春到也須頻寄人到
也須頻寄【程正伯調[illegible]】

○十月招搖指亥日在尾昏危中旦七星中是月也天子始裘命有司曰天氣上騰地氣下降天地不通閉塞而成冬命百官謹蓋藏命有司循行積聚無有不斂坏城郭戒門閭修鍵閉慎管籥固封疆孟冬大飲蒸天子乃祈來年於天宗大割祠于公社及門閭臘先祖五祀勞農以休息之乃命水官漁師收水泉池澤之賦毋或敢侵削衆庶兆民以爲天子取怨于下其有若此行罪無赦是月名上冬亦曰暢月

天宗日月星辰也臘以田獵所獲之物祀先祖五祀之神也

○占候總占　有三卯稻平無卯穀貴　十月中不寒民多暴死　立冬日先立一丈竿占影得一尺大疫大旱大暑大饑二尺赤地千里三尺大旱四尺五尺低田收六尺高低田熟七尺高田收八尺澇九尺大水一丈水入城郭【家塾事親】　朔日值立冬主災異值小雪有東風春米賤西風春米貴　其日用斗量米若綴在斗來春陡貴甚驗

○調攝　冬三月早臥晚起必待日光無泄大汗勿犯冰凍温養神氣無令邪氣外至　初八十八日雞鳴時沐浴令人長壽　初十三日宜拔白　是月夜長內熱少食溫軟

之物食訖搐動令消不爾成腳氣其月勿食猪肉發宿疾勿食椒損心傷血脉勿食獐肉動氣勿食猪腎勿食熊肉傷神食霜菜令人面無光　冬七十二日省鹹增甘以養心氣　其月宜服寒衣伸足臥則一身俱煖夜臥宜被蓋覆用煖睡覺聊目轉睛可出心氣永無眼疾　冬三月臥須頭向西有所利益　是月桃鐵石令人眼暗　其月不得入房避陰陽純用事之月夫婦戒容止犯者減壽溯望日各減十年晦日一年上下弦下元各五年庚申甲子本命各一年初九日牛鬼初降犯者百日中惡初十夜西天王降犯之一年死二十八日人神在陰切忌〔俱法天生意〕

○種藝　豌豆　油菜　葵菜　冬芥菜　麥　菠菜　烏菘　萱草　冬白菜

黃芪　五味子　黃精　梅　柑

移植　防風　五加皮　菊　橙　橘

收採　枸杞　枳殼　山茱萸　芎藭　五加皮根　梔子　皂莢　麥門冬　苦參　白荳蔻　貝母　牛膝　女貞葉　桑葉　決明子　陳皮　地黃　山藥子　槐實　芙蓉花　苧根　冬瓜　栝蔞根

澆培　橙橘諸果包　藏根　甘蔗　山芋　果諸畏寒花果　墪諸畏寒花木根上　壅北牖

整頓　土壅苧麻　壅茴香根　造牛衣　窖茉藜芙蓉蘭菊菖蒲夾竹桃虎刺　耘麥　養蘿蔔種莙薘菜　泥飾牛馬屋　糞墻

田忌　天火卯　地火丑　瘟忌亥　九焦亥　荒蕪寅

○典故　是月也命漁師始漁天子親往乃嘗魚先薦寢廟〔月令〕　孟冬　恤孤寡以逮不足　亥月其煖如春故謂之小春〔歲時記〕　十月陰雖用事而陰不孤立純陰疑于無陽故謂之陽月〔西京雜記〕　孟冬命有司祭司寒司中司命司人司祿于國西郊農功畢置社置酒食以報田神　下元日九江水帝十二河源溪谷大神與暘谷神王水府靈官同下人間校定生人罪福　下元日三品解厄水官主錄百司檢察人間善惡上詣天闕進呈〔俱正一旨要〕　十月一日祀井井之精名觀狀如美女好吹簫呼其名即去井鬼名瓊〔大常記〕　孟冬命有司秫稻必齊麹蘗必時湛熾必潔水泉必香陶器必良火齊必得兼用六物酒官監之無有差忒〔周禮〕　宋皇國父為平公築臺妨于農收子罕請俟農工之畢公不許築者歌曰澤中之皙實興我役邑中之黔實慰我心子罕聞之親執扑以行築

者而扶其不勉者曰君為一臺而不速成何以為役謳者乃止〔左傳〕　吳十二年冬十月落東塘之楊林江水出火可燃物〔拾遺記〕　十月朔唐朱是日賜宰臣以下衣錦襖　李太白于便殿對明皇撰詔誥時十月大寒筆凍莫能書字帝敕宮妃十人侍白左右執牙筆呵之白遂取而書其受聖眷如此〔開元〕〔遺事〕　楊國忠既通領劍南每十月帝幸華清宮五宅車騎皆從家別為隊隊一色俄五家隊合爛若萬花川谷成錦繡國忠導以劍南旌節遺鈿墮舄瑟瑟璣琲狼藉于道香聞數十里〔楊貴妃傳〕　十月丙申有星犯昴占見素言于帝曰祿山將死矣帝曰月何知乎見素曰福應在德禍應在刑昴金忌火行當火位昴之昏乃其時也既死其月亦死其日明年正月甲寅祿山果殺于〔唐史〕　學士

舊規十月賜錦長襖國初以來賜學士絲太
宗改賜黃盤鵰錦【金坡遺事】十月朔翰林
舊賜對衣紅錦袍淳化二年代以翔花盤鵰
錦袍下丞相一等【[illegible]志】峽人十月一日
多以蒸纍爲節物荆楚人多食燋糟或作燋
糟故杜詩云蒸纍如千室燋糟萃一柈兹辰
南國重舊
俗自相歡

○麗藻散語 十月獲稻十月納禾稼【詩】

啓 節届玄靈鐘應陰律秋雲拂岫
帶枯葉以飄空朔氣浮川映危樓而疊迥胡
風起截耳之凍趙日典曝背之思敬想足下
山岳鍾神星辰挺秀潛明晦迹隱于朝市之
間縱法化人不混鄉閭之下某陋巷孤游穿
墻自活終朝息變若孔子之爲貧竟日停炊
如范生之在職牛衣當被畏見王章犢鼻親

操恐逢大子雖北懈賤而不羞食

歌 玉壺銀箭稍難
綺服有時此言何述【昭明太子】
傾釭花夜笑凝幽明碎霜斜舞上羅幙燭龍
銜行照飛閣珠帷怨臥不成眠金鳳刺衣着
體寒長眉對月鬬彎環【李賀】

四言 日月不留四氣迴周節慶代序萬國同休庶尹
群后奉壽升朝我有嘉禮式宴百僚【張華】

五言 殊俗還多事方冬變所爲破柑霜落
爪嘗稻雪翻匙不峽寒都薄烏蠻瘴遠隨終
然減灘瀨暫喜息蛟螭【杜甫】 今日孟冬朔
輕烟淡曉墩北風飄一雁寒氣入千門消息
斷行客關河迷故園浮生元不定俯仰任乾
坤 曉寒冬月白城夜海雲收上客攀蘭省
清光追鳳樓關山一北望河漢迴西流未見
乘槎使迢迢上斗牛【何景明】 孟冬寒氣
至北風何慘慄愁多知夜長仰觀衆星沒三

五明月滿四五蟾兔缺客從遠方來遺我書
一札上言長相思下言久離別置書懷袖中
三歲字不滅一心抱區區懼君不識察【[illegible]】
喧塵是時息靜坐對重巒冬深柳條落雪
後桂枝殘星明霽色盡天白雁行单雲飛乍
想閣冰結遠疑純脫橘隱重屏枯藤帶廻竿
荻陰連水氣山峯染月寒【梁簡文帝】

七言 荷盡已無擎雨蓋菊殘猶有傲霜枝一年
好景君須記正是橙黃橘綠時【蘇軾】 柳家
汀洲孟冬月雲寒水清荻花發一枝持贈朝
天人願比蓬萊殿前雪【[illegible]】 小麥青青
水半陂半落不落楊柳枝回風欲送天南雁
恰似春江二月時【[illegible]】 時候頻過小雪
天江南寒色未全偏楓汀尚憶逢人別麥壠
惟應欠雉眠更淩結茅臨水次偶因行樂到
村前隣翁意緒相安慰多說明年是稔年【[illegible]】

【[illegible]家】

詞 十月小春梅蕊綻紅爐煖閣新粧遍錦帳美人貪睡暖羞起爛玉壺一夜冰澌
滿 樓上四垂簾不捲天寒山色偏宜遠風
急雁行吹字斷紅日晚江天雪意雲撩亂【[illegible]】
【文忠公詞】【漁家傲】

○十一月招摇指子日在斗昏東壁中旦軫中
是月也日短至陰陽爭諸生蕩有司曰土事
毋作慎毋發蓋毋發室屋及起大衆以固而
閉地氣沮泄是謂發天地之房諸蟄則死民
必疾疫農有不收藏積聚者牛馬畜獸有放

蕩主[illegible] 動也 蓋藏也 沮泄散也 宣泄也 户牖[illegible]

佚者取之不詰山林藪澤有能取疏食田獵禽獸者野虞教道之有相侵奪者罪之不赦

是月曰玄明天又曰廣寒月

○占候 冬至日數至元旦五十日者民食足若不滿五十日者一日減一升有餘日益一升最驗[illegible]

月内總占 至前米價長至後必賤落則反貴寒不降五月雷電[博雅] 朔日値冬至主年荒歲凶 古占書以朔日冬至爲令辰得壬一日主旱二日小旱三日赤旱四日五穀大熟五日小水六日大水七日河決八日海翻九日大熟十日少收十一十二日五穀不成[田家五行]

冬至 日中竪八尺表其晷如度者其歲美人和不則歲惡人慼晷進則水晷退則旱進一尺則日食退一尺則月食 曆家推朔旦冬至夜半甲子謂之曆元最難得[俱曆法]

○調攝 冬至日一陽方生省言語宜養元氣勿勞其體其月腎氣正王心肺衰宜助肺安神補理脾胃無乖其時勿暴溫煖切慎東南賊邪之風犯者令人多汗面腫腰脊强痛四肢不仁[保生月錄] 其月冬至後五日夫婦當別寢戒容止犯者減壽朔望日各減十年晦日一年上下弦各五年甲子庚申本命各三年冬至四年二十八日人神在陰切忌[illegible] 冬至後庚辛日不可合陰陽大凶[illegible] 十一月屬子火氣潛伏閉藏以養其本然之眞而爲來春發生升動之本此時若恣欲戕賊至春升之際下無根本陽

氣輕浮必有溫熱之病[illegible] 氣萌陰陽交精始成萬物氣微在下不可動泄[illegible] 冬至日宜于北壁下厚鋪草而臥以受元氣[illegible] 是日鑽燧取火可去瘟疫[illegible] 冬至日取水儲之後七日輒生白物如雲母狀[illegible] 初十日拔白永不生[illegible] 十六日沐浴吉[illegible] 冬至陽氣歸內腹中熱物入胃易消化[illegible] 雉肉味酸寒無毒雖野味之貴食之損多益少十一月食之有補[illegible] 兎肉味辛平無毒主補中益氣孟詵云十一月可食服丹石人相宜性冷故也與姜橘同食令人患心痛[食物本草] 勿食經霜菜令人面無光澤[千金方]

○種藝 松 杉 檜 柏 春菜 菠菜 箭幹菜 黃矮菜 茼蒿 萵苣

移植 松 檜

壅培 臘梅 石榴 牡丹 椒 瑞香 芙蓉 木香 竹 芍藥

收採 冬葵子 陳皮 款冬花 鬼箭 麥冬

整頓 澆海棠 修茶蘼 芟薔薇 鋤油菜 修房屋 劃牛草 芟木香 埋雪水 修池塘 罱溝泥 收牛糞

田忌 天火午 地火子 糞忌丑 九焦申 荒蕪午

○典故 十一月祀昊天上帝[禮] 十一月建子周之正月冬至日極南影長陰陽日月萬物之始當黃鍾律其管最長故有履長之賀[玉燭寶典] 冬至日在牽牛景長一丈三尺夏至日在東井景長五寸[周禮] 十一月乾之初九日陽氣伏于地下始著爲一萬物萌動鍾于太陰[前律曆志] 陽生于子陰生于午陽生于子故十一月日冬至鵲始巢人

氣鍾首【律曆志】 日冬至則斗北中繩陰氣
極陽氣萌故曰冬至爲德【淮南子】 冬至成
天文 二十三日南斗星君奏上生籍之辰
【翰墨全書】 斗指子爲冬至至有三義一者
陰極之至二者陽氣始至三者日行南至故
謂之至【孝經緯】 冬至極低天運近南日去
人遠斗去人近北天氣至故氷寒極低日行
地中深故夜長天去地近故晝短【姚信昕天】
【[illegible]】 冬至日日入峻狼之山【淮南子】 子有
兩義冬至前半月屬舊歲後半月屬新歲故
遁甲未交冬至作陰遁既交冬至作陽
遁順行大抵子位正北有終陰始陽之義其
神玄武亦兩曰龜曰蛇【中庵新論】 候氣之
法爲室三重户閉塗釁周密布緹幔室中以
木爲案每律各如之內卑外高從其方位加
律其上以葭莩灰抑其兩端案曆而候之氣

至者灰去【律曆志】 惟二至乃候【後律曆志】
武帝元封元年十一月甲子朔旦冬至五
星如連珠【漢律曆志】 大司樂凡樂靈鼓孔
竹之管雲和之琴瑟雲門之舞冬至日于地
上之圜丘奏之【天官書】 冬至日則陽乘陰
是以萬物仰而生【淮南子】 漢武帝時齊人
公孫卿曰今年得寶鼎其冬辛巳朔旦冬至
與黃帝時等卿有札書曰黃帝得寶鼎宛朐
問於鬼臾區鬼臾區對曰黃帝得寶鼎神策
是歲巳酉朔旦冬至得天之紀終而復始於
是黃帝迎日推策後率二十歲復朔旦冬至
凡二十推三百八十年黃帝仙登于天卿因
所忠欲奏之所忠視其書不經謝曰寶鼎事
已決矣尚何以爲卿因嬖人奏之上大悅乃
召問卿【史記】 薙氏掌殺草冬日至而耜之
【周禮秋官】 柞氏掌攻草木及林麓冬日至

令剝陰木而水之【周禮秋官】 日冬至[illegible]
水盛盆水溢羊脫毛【淮南子】 冬至陰氣極
則北至北極下至黃泉故不可以鑿池穿井
【淮南子】 北斗之神有雌雄十一月始建于
子月從一辰雄左行雌右行【淮南子】 冬至
陽起君子道長故賀夏至陰起君子道消故
不賀【漢書】 冬至陽氣始起故寢鍾鼓身欲 鼓以動衆
寧志欲靜不聽事送迎五日 冬至賀禮古 鍾以止衆
無有也其殆始于漢乎【漢雜記】 唐人冬至
前一日乃謂除夜所謂冬除也【老菴筆記】
冬除夜與歲除夜爲對蓋閩俗也【陳師錫家
享儀】 冬至朝廷大會慶賀排當並元正儀
都人最重一陽賀冬車馬塡塞于九街詰諸
神廟灶香店肆罷市三日垂簾飲博謂之做
節【武林舊事】 京師最重冬節更易新衣備
辦飲食享祀先祖官放關撲一如年節【夢華

錄】 冬至之始人主與群臣左右縱樂五日
天下之衆亦家家縱樂五日以爲近日至之
禮也【易通卦驗】 共工氏有不才子以冬至
日死爲疫鬼畏赤小豆故于冬至日作赤
豆粥以禳之 一說望日 月晦賫赤豆作糜以祭門禳
疫也 一說冬至 仙人馬湘在刺史馬植坐上仲冬月
以酒杯盛土種瓜子須臾蔓引生實食其味
甚美【列仙傳】 僖公五年辛亥朔日南至公 分至啓閉
既視朔遂登觀臺以望禮也【左傳】 宦者淳 必書雲物
于陵渠覆太初曆晦朔五星如連珠【漢書】 爲備故也
魏太初上元甲子夜半朔朝冬至時七曜皆
會牽牛 從天元以來訖十一月朔朝冬至
日月如連璧【桓譚新論】 魏晉冬至日受
萬國及百僚稱賀因小會其儀亞于歲朝【宋
書】 晉魏間宮中以紅線量日影冬至日增
一線【歲時記】 唐宮中以女功揆日之長短

冬至後比常日增一線之功【[illegible]錄】近古婦人常以冬至進履襪於舅姑，踐長至之義也。【崔浩女儀】崔稅遷太常，高祖詔太常復文武二舞。冬至，高祖會朝崇元殿，庭設宮縣，二舞在北，登歌在上，王公上壽，天子舉爵，奏玄同，錫金帛，群臣左右觀者皆嗟嘆之。【五代史】開元二年冬至，交趾國進犀一株，色黃如金，使者請以金盆置于殿中，溫溫然有暖氣襲人。上問其故，使者對曰：此辟寒犀也，頃自隋文帝時本國曾進一株，直至今日。上甚悅，厚賜之。【唐書】開元十二年十一月戊子，有雉雞飛入泰山齋宮內。封禪所以告成功，祀事無有重於此者，而野鳥馴飛，不避禁衛，不祥之兆。其後安祿山反。【存心錄】肅宗元年建子月十六夜，女尼真如忽見二皂衣引至一所，見天帝出寶授真如曰：女往令刺史崔侁進達于天子。肅宗寢疾方甚，視寶，召代宗謂之曰：汝自楚王爲皇太子，今上天賜寶獲于楚，天祚汝也，宜寶愛之。代宗再拜受賜，即日以寶應紀節云。【唐書紀典】冬至宰相朝賀，華燭至數百炬，曰火城，宰相至，百官滅燭以避之。【國史補】南齊東陽太守王志治郡有惠政，郡有重囚十餘，冬至日悉遣過節，皆返，惟一人失期，曰：此自太守事，主者勿憂。明日果至，吏人益敬服之。【方輿覽勝】建隆三年，帝御講武殿觀閱六軍，其法刻木爲箭，兩相射，勝者遷謙之。【通考】東坡在玉堂，十一月朔苦寒，詔賜官燭法酒。坡詩：光分玉燭星辰亂，拜賜官壺雨露香。梁席闡出爲東陽守，在郡有能名，冬至悉放獄中囚，依期而至。

○麗藻散語　歲十一月徙杠成。【孟子】一之日觱發。【詩】冬至則八風之序立萬

物之性成【[illegible]】[illegible]以正伸冬民隩，鳥獸氄毛。【[illegible]】一陽復，封反復其道，七日來復，天行也。[illegible]日往月來，灰移火變，暫乘語嚶，陰隔秦吳，既傳蘇李之書，更共范張之志。冷風盛而結鼻，寒氣切而凝唇，虹人漢也而藏形，鶴臨橋而送語，形雲垂四面之葉，玉雪開六出之花。敬想足下此號冰壺，時稱武庫，命長袂而留客，施大被以招賢，酌醇酒而據切骨之寒，溫獸炭而祛透心之冷。某携戈日久，荷戟年深，揮白刃而萬定死生，引虹旗而千決成敗，退龍劍而卻步，月下開營，進鯨鼓而橫行，雲前起陣，徒勞斬斫，豈用功勳，諸不具陳，謹伸微意。【梁昭明】懷五更三點之鴛行，舊同班于吳下；驗一寸四分之牛晷，今假蔭于黔中。方圖修獻履之辭，已先拜鳴謙之寵，故情未慭，弱念易盈。恭惟某官禮樂宗英，侯王相種，決科唐殿，肯吟麗日之煌煌，宅攸相源，聊和舞風之濟濟。對此重緹之候，藹然五袴之歌，魯雲必書，翻手隨看于短至，趙日可愛，舉頭即近于長安。某比德微芒，甘心半刺，地爐煨芋，已漸恭南岳之禪山，七政意放梅，倘尚憶西湖之飲。【李標冬啓】

表　上齊協璣衡，於景至九儀下辨，旋圭璧于陽生，休氣承紫宸，容飭備。恭惟陛下道原皇極，化浹太和，天地之心，玩儀爻而來復，日月所照，觀周止之徧，領同執同文，時萬時億。臣等跡汙班聯，目睇簾陛，南面而朝群臣，雖亞歲肆覲之舊，北鄉而壽慈極，實熙朝慶典之新。【摘芳】

【太全】賦　五行候而竟驚兮，四節終而電逝，暈晷往而寒來兮，十二月而成歲，日月會于析木兮，[illegible]在仲冬之祁寒兮，迅至[illegible]于虛[illegible]兮，辭余婁而長

似若乃天地凜冽庶極氣否嚴霜夜結悲風晝起飛雪山積蕭條萬里百川咽而不流兮冰凍合于四海扶木憔悴于暘谷兮蕭霜零落于濛汜【晉傅玄】

歌行

陽和微弱陰氣結地凍不流綿絮折呼吸不通寒冽冽【阮嗣】宗素雪任風流樹木轉枯悴松柏無所憂折楊柳寒衣履薄冰歡詎知儂否宮城團迴凜嚴光白天碎碎墮瓊芳撾鐘高飲千日酒天却凝寒作君壽御溝泉合如環素火井溫泉在何處【李賀】

詩四言

玄陰受謝青陽啓號氣以升新光以承照【[illegible]】

五言

冬至初日長【杜甫】長河夜闌干層冰如玉岸【鮑照】綠水去清夜黃爐搖白烟【山谷】星昴殷仲冬短晷窮南陸采荔迎時萋芳芸應節馥【[illegible]】北杓指玄朔南景留嚴冬中徧返羲馭淑氣肩黃鍾【何大復】序節嚴冬暮寒雲掩落暉遠聞風瑟瑟亂觀雪霏霏浪起川難渡林深人至稀山會背徑走野鳥歷塘飛【簡文帝】晷度隨天運四時互相乘東壁正昏中涸陰寒節升繁霜當夕冷悲風中夜興朱炎青無光蘭膏坐自凝重衾無暖氣挾纊如懷冰【張華】天官初動磬緹室已飛灰暮風吹竹起陽雲覆户來折冰開荔色除雪出蘭栽慚無宋玉辯濫吹楚王臺【[illegible]】連星貫初曆令月臨首歲薦樂行陰政登金贊陽滯收涼降天德萌華宣地惠司瑞紀夜稀書雲掌朝誓【袁淑】荒村建子月獨樹老夫家雪裡江船度風前徑竹斜寒魚依密藻宿鷺起圓沙濁酒禁愁得無錢何處賒【杜甫】候氣窺玄籥清齋席白茅彤雲連北闕春雪近南郊窓迴簷花積風迴苑樹交天心如可見暗驗易中爻【周[illegible]】【節】冬至子

之半天心無改移一陽初動處萬物未生時玄酒味方淡太音聲正稀此言如不信更請問庖犧【邵康節】細雨丹陽郭新寒小雪天孤舟繫遥夜亂葉落踈烟一斗吳姬酒三百水衡錢淹留問叢桂高詠小山篇【張祥鳶】行邁日峭峭山谷勢多端雲門轉絕岸積阻霾天寒寒峽不可度我實衣裳單况當仲冬交泝舩增波瀾野人尋烟語行子傍水食此生免荷戈未敢辭路難【杜少陵】

七言

夜久雪猿啼嶽嶺夢回清月上梅花【惠洪】會翻竹葉霜初下人立梅花月正高【楊誠齋】去歲茲晨捧御床五更三點入鵷行何人錯認窮愁日愁日愁添一線長【杜少陵】邯鄲驛裡逢冬至抱膝燈前影伴身想得家中夜深坐還應說着遠行人【白居易】新陽氣候未全佳尚縱寒威壓歲華賴有椒湯共郊酒不妨和雪看梅花【譚子華】年年至日長爲客忽忽窮愁泥殺人江上形容吾獨老天涯風俗自相親杖藜雪後臨丹壑鳴玉朝來散紫宸心折此時無一寸路迷何處見三秦金華山北涪水西仲冬風日始淒淒山連越嶲蟠三蜀水過巴渝下五溪獨鶴不知何事舞饑烏似欲向人啼射洪春酒寒仍綠極目傷神誰爲携天時人事日相催冬至陽生春又來刺繡五紋添弱線吹葭六管動飛灰岸容待臘將舒柳山意衝寒欲放梅雲物不殊鄉國異教兒且覆掌中杯【俱杜少陵】遠信初悲雙鯉去他鄉正過一陽生樽前豈解愁家國輦下惟能憶弟兄旅館夜憂姜被薄暮江寒覺晏裘輕竹門風過還惆悵疑似松窓雪打聲【[illegible]之】奉天門下玉欄橋此日催班早待朝占史奏雲爆萬國大官傳宴散層

管吹梅迎律春先動宮柳遲風色欲攜□□
忽今驚十載百年勳業有漁樵【李空同】一陽生
實忽見動葭灰料得南枝有早梅四海便應
枯草綠九重先覺凍雲開陰氣今向河源塞
陽氣今從地底回不道慘舒無定分都憂璣
律却成雷【韓偓】子月風光雪後看新陽一
綫動長安禁鍾乍應雲和曲宮樹先驚黍谷
寒臺上書祥傳太史齋居問禮向祠官紛紛
雙闕鳴環珮未覺玄　薄雪初消鏤月端蹊
閒閑獨難【董玄宰】詞　疎浮竹影紅蘭梅花
蓉事落孤山禁人處霜重鼓聲寒　留取曉
來看斑簾低小閣燭花殘一帆明月去蒼湾
空相憶雪浪月痕
谿【會賞軒小重山】
○十二月招搖指丑日在婺女昏婁中旦氏中

是月也日窮于次月窮于紀星回于天數將
幾終歲且更始令告民出五種命農計耦耕
事修耒耜具田器專爾農民毋有所使乃命
四監收秩薪柴以供郊廟及百祀之薪燎凡
在天下九州之民者無不咸獻其力以共皇
天上帝社稷寢廟山林名川之祀
○月內總占　氷後水長主來年水氷後水退主
來年旱若氷堅可渡亦主水　柳
眼青來年夏秋米賤　月內虹霓不見六月
五穀不貴爾春炎一冬十個牛欄九個空一

云雨春夾一冬　朔日值小寒主白兎見猶一
無被煖烘烘　值大寒虎害人　二十
四日田夫收監候辰時爭立竿燎火于野名
日照田蠶看火色占來年水旱白主水紅主
旱猛烈主豐衰微主歉東北風吉風盡火光
及燒熱盆爆竹看火色大率與田蠶火同　會
作粉窩　除日作粉窩十二枚甑中蒸熟驗之
第一枚主正月以次挨看如有水則
其月有雨水多則雨多　秤水　除夕取長流水
乾則無雨閏月加一枚　秤輕重元日又
取水秤之以較　聽聲　除夜以安靜爲吉諺云
雨年之高下　除夜犬不吠新年無疫
瘟除夜惡犬嗥新年多火盜或因公私
作鬧驚動閭里者村中來年必遭橫事
○調攝　十二月去凍就溫勿泄皮膚大汗以助
胃氣勿大煖勿犯大雪是月肺臟氣微

腎臟方旺可減鹹服苦以養其神宜小宜不
欲全補是月衆陽息水氣獨行慎邪風勿傷
筋骨勿妄針刺以血澀精不行　末一十八
日少甘增鹹以養腎氣　初一初二日宜沐
浴去災　七日宜拔白永不生　初十十八二
十日同　八日沐浴消除罪障　二十八二
十九　三十日齋戒焚香淨坐謂之存神可通
仙靈　大寒冷早出噙真麻油則耐寒　十
三日夜半沐浴得神人衛護　十五日沐浴
去災　二十三日沐浴吉　勿食經霜菜果減
人顏色　月忌夫婦容止犯者減壽上下弦
各減五年朔望日各十年晦日一年甲子庚
申本命二年初七日夜犯之惡病死二十八
日人神在陰切忌　其月勿食鰕蟹蝦蛑鱓
蟲之物損人神氣【遵生八牋】　歲除夜五
[illegible]見于猪槽猪窠內滾過生瘡痛有驗

〇種藝 綠麻 菠菜 茼蒿 栽桑 移植 山茶 海棠 玉梅 柳 壓插
石榴 薔薇 十姊妹 月季 木香 收採 大戟根節 穀樹皮
款冬花 木蘭皮 鬼箭 忍冬藤 冬葵子 蒲公英 菖蒲 壅培 橘 韭
桑 竹 苧麻 芍藥 整頓 墾秋田 修杞柳 燒荒 修桑 浴蠶種 乾繭
伐竹木 砍穀樹 磨桑葉 刈茅草 造農具 葺園籬 挑溝塘 罱河泥
貯雪水 貯麻油 田忌 天火酉 九焦巳 地火子 荒蕪戌 囊忌卯

〇製用 十二月癸丑日造門盜賊不敢近十二月暮于宅四角各埋大石為鎮

主異驚嚇不起 臘月掛豬耳于堂梁上令人致富 臘八日懸豬脂于廁上則一家無蠅 是月收雄狐膽若有人暴亡未移時者急以溫水微研灌入喉中即活常預備救人移時即無及矣 是月取青魚膽陰乾如患喉閉及骨鯁者以少許入口中則愈 收豬肪脂背陰懸掛能治諸般瘡疥敷湯火瘡及六畜瘡疥去蛆蟲熱諸般皮條不爛加倍壯韌 是月上亥日取豬肪脂安甕罐內埋亥地上一百日治癰疽內加雞子白十四枚水銀二三錢極妙【以上俱家塾事親】 臘後遇除日收鼠頭燒灰于坎地上埋之永無鼠耗【瑣碎錄】 自入臘遇上水日勿令人見以少水細洒薦蓆毯褥避狗蚤壁虱【山居四要】

二十四日五更取井花水平旦第一汲者盛淨器中量人口多少浸乳香至歲旦五更煖令溫從小至大每人以乳香一小塊飲水三嚥一年不患時疾【買臞雜錄】 治頭風疼以臘月川烏炒黃絹袋裝入酒漬溫服少許即愈【法天生意】 八日收鱖魚治小兒痘疹不出燒灰存性研極細用酒調服即發懸廁上不生蟲【農桑撮要】

〇典故 夏曰嘉平殷曰清祀周曰大蜡漢改曰臘臘者獵也因獵取獸以祭先祖或曰新故交接大祭以報功也【風俗通】 臘者報諸鬼神及古聖賢有功于民者也【漢舊儀】 臘者祭先祖蜡者報百神同日異祭也【王制】 【續漢書】臘者歲終大祭縱吏民宴飲非但迎氣故但送不迎【蔡邕】 蜡則飲畜頌擊土鼓以息老物【周禮】 臘接也俗謂之臘臘明日為初歲秦漢以來有賀【晉[illegible]議】 子貢觀于蜡孔子曰賜也樂乎對曰一國之人皆若狂賜未知其樂也子曰百日之蜡一日之澤非爾所知也【記】 朱用漢臘蓋冬至後第三戌大墓日也是為臘巳酉年閏八月冬第三戌乃在十一月末太史局舊曆以十一月第三戌為臘議者云古法遇閏歲即以第四戌為臘不可在十一月也【叢話】 臘月八日東京作浴佛會以諸果品煮粥謂之臘八粥吃以增福 漢陰子方嘗臘日晨炊竈神形現子方再拜家有黃羊因以祀之自後暴富三世生光烈皇后 十二月臘夜令人持椒臥井旁無與人言納椒井中可除瘟病【養生要】

【[illegible]】 甄宇北海人建武中以青州從事徵拜博士每臘詔博士羊人一頭羊有大小肥瘦時博士祭酒議欲殺羊分肉宇曰不可又欲投鈎宇復恥之因先自取其最瘦者後上詔問瘦羊博士所在京師因以為號【東觀漢記】

蔡宣奉審 故交梓

東漢陳咸字子康爲廷尉監至王莽篡位還家杜門不出莽改漢法令及祖臘日咸猶用漢家祖臘人問其故咸曰我先人豈知王氏祖臘乎漢以午日祖戌日臘莽篡漢改其法　范喬有人于臘夕盜斫其樹武告喬喬佯不聞邑人愧而歸之喬曰卿臘日取柴欲與父母相歡娛耳【陳留志】韓卓有奴于臘月竊食祀其先人卓義其心即免出之【[illegible]】

【漢書】唐貞元十一年臘日畋于苑中止多殺行三驅禮軍士咸感　天授二年臘卿相詐稱上苑花開請幸則天許之乃遣使宣詔曰明朝游上苑火急報春知花須連夜發莫待曉風吹於是明晨名花瑞草皆發群臣咸服其異【卓異記】唐制臘日宣賜口脂面藥及賜宴群臣　景龍三年臘日帝于苑中召近臣賜臘晚自北門入于內殿賜食加口脂

蠟以碧鏤牙筒【白孔六帖】唐韓偓于臘日賜銀盒子駐顏膏牙香等繡香囊袋一枚【韓偓傳】魏制群臣季冬朝賀服袴褶行事謂之小歲【通典】何鳳爲建安太守伏臘每放囚還家依期而返【宋書】王長文元康初爲江源令縣收得盜馬及發冢賊長文引見誘慰時適臘聽皆遣歸謂曰教化不厚使汝等如此良吏之過蜡節慶祚肆汝就上下善相歡樂過節來還當爲汝思他理群吏惶怖爭請不許後尋有赦無不感恩【華陽國志】蕭炅爲李林甫所引素不知書嘗與嚴挺之言稱蒸嘗伏臘爲伏獵挺之白張九齡省中有伏獵侍郎乎【唐書】高堂隆曰王者各以其行之盛祖以其終臘水始于申盛于子終于辰故水行之君以子祖辰臘火始于寅盛于午終于戌故火行之君以午祖戌臘木始于亥盛于卯終于未故木行之君以亥祖未臘金始于巳盛于酉終于丑故金行之君以酉祖丑臘土始于未盛于戌終于辰故土行之君以戌祖辰臘魏土德也宜以戌祖辰臘【[illegible]】

【[illegible]】天子大蜡八伊耆氏始爲蜡蜡也者索也歲十二月合聚萬物而索享之也八蜡者一先嗇神農也二司嗇上古后稷之官三農古田畯也四郵表畷表田畔相連綴處爲郵亭居田畯以督耕也五貓虎貓食田鼠虎食田豕六防堤也七水庸溝也八昆蟲爲位相對向祝曰土反其宅水歸其壑昆蟲勿作豐年若上歲取千百　蜡之義自伊耆氏之代而有其禮古之君子使之是報田之祭也其神農初爲田事故以報也【杜氏通典】昔者仲尼與于蜡賓事畢出游于觀之上喟然而嘆仲尼之嘆蓋嘆魯也言偃在側曰君子何嘆孔子曰大道之行也與三代之英丘未之逮也而有志焉【禮運】蜡之明日爲小歲賀稱初歲福始罄無不宜【[illegible]】哀公十有二年冬十有二月螽季孫問諸仲尼仲尼曰丘聞之火伏而後蟄者畢今火猶西流司曆過也【左傳】漢光武以建平元年十二月甲子夜生于洛陽縣舍有赤光照室【東觀漢記】宋眞宗開寶元年十二月初二日生先是乾德六年五星聚奎從鎮星辰見東方占曰有德受慶王者能致天下重福明年眞宗生　南詔以十二月十六日爲星回節是日登避風臺清平官賦詩【太平廣記】魯之母師者魯九子之母也臘日休家作召諸子謂曰婦人之義非有大故不出夫家然吾父母家幼稚歲時祀不理吾從汝謂往監之慎房中之守吾夕而反于是天陰還失早至闕外

而止待夕而入曾大夫從臺上見而怪之使
人問之對曰妾歸視私家語諸奴獳子速夕
而返妾恐其醉歡醉飽人情公有也妾返早
故止閤外穆公聞之賜號毋師【列女傳】○秦
始皇時太原眞人茅盈曾祖濛于華山乘雲
駕龍白日升天先是有邑人謠曰神仙得者
茅初成駕龍上升入太清時游玄洲戲赤城
繼世而往在我盈帝若從之臘嘉平始皇聞
之欣然有尋仙之志因改臘曰嘉平【秦惠
王十二年初爲臘至始皇三十一年改名嘉
平以應邑人謠也【一統志】 元符三年十二
月十九日東坡生日置酒赤壁下酒酣笛聲
起岸上使人問之廼進士李委聞坡生日作
鶴南飛曲以獻奏曲嘹唳有穿雲裂石之聲
【玉局文】 二十四日交年都人至夜備酒果
送神燒化錢紙以酒醴塗抹竈門謂之醉司
命夜于床底點燈謂之照虚耗市井皆印賣
門神鍾馗桃符回頭祿馬天行帖子以備除
夜之用自入此月即有貧者十數人爲一夥
裝婦人神鬼敲鑼擊鼓巡門乞錢俗呼爲打
夜胡亦驅祟之遺也【夢華錄】 門神左曰門
丞右曰門尉蓋司門之神其義本自桃符以
神荼鬱壘辟邪故樹之門 子游問于雄
黄曰今人逐疫出鬼擊鼓呼譟何也雄黄曰
黔首多疫黄帝立巫咸使黔首鳴鼓振鐸以
動心勞形發陰陽之氣擊鼓呼譟逐以出鬼
黔首不知以爲祟魅也【事物紀原】 東海度
索山有神荼鬱壘之神以禦凶鬼爲民除害
因制驅儺之神季冬先臘一日大儺謂之逐
疫選侲子十歳至十二者百二十人皆赤幘
皂衣執大鼗鼓方相士黄金四目蒙熊皮玄
衣朱裳執戈持盾率百隸及童子桃弧棘矢

侲音眞 [illegible]

蜮音域 [illegible]音[illegible] 女作汝

且射之以赤丸五穀播灑之[illegible]及童而[illegible]
以逐惡鬼于禁中顓頊氏有三子亡而爲疫
鬼一居江水中爲瘧鬼一居若水爲魍魎蜮
鬼一居人宮室區隅中善驚小兒爲小鬼于
是以歳十二月命祀官時儺以索室中而毆
疫鬼黄門倡侲子和曰甲作食殃佛胃食虎
雄伯食魅騰簡食不祥攬諸食咎伯奇食夢
強梁祖明共食磔死寄生委隨食奸錯斷食
巨窮奇騰根共食蠱凡使十二神追惡凶赫
女軀拉女幹節解女肉抽女肺腸女不急去
從者爲糧【禮儀志】 命有司大儺旁磔出土 季春[illegible]
牛以送寒氣又漢書十二月立土牛六頭于 儺仲秋天
國都郡縣城外以送大寒【月令】 唐明皇晝 子之儺[illegible]
寢夢虚耗二鬼怒呼武士俄有大鬼頂帽衣 則下及庶
袍捉鬼啖之問其姓字曰鍾南山鍾馗也今 人又除夕
人掛其像以除虚耗【輦下歲時記】 爆竹之 極盛故云
夕人家各于門首燃薪滿盆無貧富皆爾謂 大儺季[illegible]
之相煖熱【吳中風俗】 山臊[illegible]犯人則病其 謂四方之
鬼畏爆竹聲今人故作火爆【神異記】 李畋 門喋喋以
鄰家有山魈爲厲畋謝而妖愈甚畋教之爆 以攘陰氣
竹數千竿如除夕事祟遂止【賈記】 西方深 出猶作也
山中有人長丈餘人見之則病寒熱名曰山 牛屬土故
臊以竹著火中熚烞有聲則山鬼驚遁故今 木故作之
除夕爆竹【神異經】 除日禁中呈大儺儀並 以送寒氣
用皇城親事官諸班直共千餘人自禁中驅
祟出南薰門外謂之埋祟是夜禁中爆竹山
呼聲聞于外士庶之家圍爐團坐至旦不寐
謂之守歳【夢華錄】 歳除日儺皆作鬼神狀
二老人爲儺翁儺母【秦中歳時記】 除夜有
司疫使者降人間宜以黄紙硃書天行已過
四字貼門額吉【法天生意】 除夜宜焚辟瘟
丹或蒼朮皂角楓芸諸香以辟邪祛瘟宣鬱

氣助陽德即闔室虛堂亦無不[illegible] 除夕家家具殽蔌以迎新年相聚酣飲留宿歲飯至新年則棄之街衢以爲去故納新閩中風俗除日以食物送窮想此義也【荆楚歲時記】唐貞觀初天下乂安時屬除夜太宗盛飾宮掖明設燈燭盛奏樂歌乃延蕭后觀之后曰隋主淫侈每除夜殿前諸院設火山數十盡沉香木根每一山皆焚沉香數車火光暗則以甲煎沃之燄起數丈香聞數十里一夜之間用沉香二百餘乘甲煎過二百石太宗口刺其奢心服其盛歐公詩隋宮守夜沉香火楚俗驅神爆竹聲【紀聞】辛寅遜仕僞蜀孟昶爲學士王師致討之前歲除昶令學士寫桃符寅遜題云新年納餘慶嘉節賀長春乃宋聖節名也 吳越王鏐嘗于除夜命諸子及諸孫鼓胡琴一再行遽止之曰人將以我

爲長夜之飲也【九國志】除夜祭先竣事長幼聚飲祝頌而散謂之分歲又吳蜀風俗晚歲相與餽問謂之餽歲【風土記】歲暮家家具餚蔌詣宿歲之儲以迎新年【風土記】吳中風俗除夜村落間以禿帚若麻藍竹枝等燃火炬縛于長竿之梢以照田蠶爛然徧野以祈絲穀 梁簡文除夕詩一年夜將盡萬里人未歸 目是佳語戴叔倫一年將盡夜萬里未歸人全用簡文句但顛倒兩字而矯健過之不得以文人相襲爲病矣

麗藻散語 二之日其同 二之日鑿冰沖沖 二之日栗烈【詩】

啓 分手未遥翹心且積引領企躔朝夕不忘眷友思仁行坐未捨旣屬嚴風極冷苦霧添寒冰堅漢地之池雪積袁安之宅敬想足下棲神鶴駕眷[illegible]

餅食生入夔鶚以揚聲不逢蔡子駕[illegible]車而點迹罕遇孫陽徒懷叩角之心終想暴腮之患旣爲久費聊吐短章紙盡筆窮何能懇露【梁昭明】

賦 顓頊御時玄冥統官論重陽于潛户兮嚴積陰于司寒堅氷凅于川底兮白雪隕于雲端時凛烈其可悲兮氣蕭索以傷心悽風慘其鳴條兮落葉翻而洒林獸藏丘而絶迹兮鳥攀木而棲音山振枯于層嶺兮人懷慘于重襟【歲華紀】日躔女度歲華云暮衡輕炭燥權重泉涸藏玄武于太陰蟄靡蚍于高霧日躔圭而易落晷中杖而南儀凝寒氣于廣庭凋層陰于端庳風飱切而晩作雲滄浪而晦景霰的皪于形庭雲蒸颺于丹屏韜眾戀之飛棟沒屠蘇之高影始飄舞于圓池終停華于方井【[illegible]】

歌 古傳臘月二十四竈君朝天欲言事雲車風

留連家有杯盤豐典祀猪頭爛熟雙魚鮮豆沙甘鬆粉餌團男兒酌酒女兒避酹酒燒錢竈君喜婢子鬬爭君莫聞猫犬觸穢君莫嗔送君醉飽登天門杓長杓短勿復云乞取利市歸來分 家家臘月二十五淅米如珠和豆煮大杓輈鐺分口數疫鬼聞香走無處鏝姜屑桂澆蔗糖滑甘無比勝黃粱全家團圞罷晩飯在遠行人亦留分褓中孩子强教嘗餘波徧霑獲與臧新元叶氣調玉燭天行已過來萬福物無疵癘年穀熟長向臘殘分豆粥 歲朝爆竹傳自昔吳儂正用前五日食殘豆粥掃羅龍麈截筒五尺煨以薪節間汗流火力透健僕取將仍疾走兒童却退避其鋒當堦擊地雷霆吼一聲兩聲百鬼驚三聲四聲鬼巢傾十聲百聲神道寧八方上下皆和[illegible]頭畳床底猶有餘威可[illegible]屏除

莘莘添酒杯，盡日嬉遊夜濃睡。人春前五日初更後，排門燃火如晴晝。大家薪乾膠豆藤，小家帶葉燒生柴。青烟滿城天半白，栖鳥驚啼飛格磔。兒孫圍坐雞犬忙，鄰曲歡笑遥相望。黄官氣應纔兩月，歲陰猶驕風栗烈。將迎陽艷作好春，正要火盆生煖熱。貫明奉祠今古同，吳儂用昏蓋土風。禮成席散夜未艾，飲福之餘即分歲。地爐火煖蒼术香，飣盤果餌如蜂房。就中脆餳專節物，四坐齒頰鏘冰霜。小兒但喜新年至，頭角長成添意氣。老翁把杯心茫然，增年翻是減吾年。掬數勸酒仍祝願，但願尊前且强健。君看今歲舊交親，大有人無此杯分。老翁飲罷笑撚鬚，明朝重來醉屠蘇。除夕更闌人不睡，厭禳鈍滯迎新歲。小兒呼叫走長街，云有癡獃召人買。二物於人誰獨無，就中吳儂仍有餘。巷南巷北賣不得，相逢大笑相揶揄。樸翁愧坐重簾下，獨要買添令問價。兒云翁買不須錢，奉賒癡獃千百年。除夜將闌曉星爛，糞掃堆頭打如願。杖敲灰起飛撲籬，不嫌灰涴新節衣。老媼當前再三祝，只要我家糧富足。輕舟作商重船歸，大牸引犢雞哺兒。野繭可繰麥兩岐，短衲換着長衫衣。當年婢子挽不住，有耳猶能聞吾語。但如我願不汝呼，一任汝歸彭蠡湖。【俱范至能】

詩四言

日躔星紀，大呂司辰。玄象改次，庶衆更新。歲事告成，八蜡報勤。告成伊何，年豐物阜。豐禋孝祀，介茲萬祐。報勤伊何，農功是歸。穆穆我后，務茲蒸黎。宣力菑畝，沾體暴肌。飲饗清祀，四方來綏。充仞郊甸，鱗集京師。交錯貿遷，紛葩相追。反袂成幕，連衽成帷。有肉如丘，有酒如泉，有殽如林，有貨如山。和氣來臻，率土同歡。祥風協順，降祉

自天。方隅清謐，嘉祚日延。與民優游，享壽萬年。【裴秀】

五言

冬[illegible][illegible][illegible][illegible]，春色侵[illegible][illegible]。殘燈和臘盡，曉角帶春來。挑燈猶故歲，聽角已新年。【皮日休】歲熟鴉聲樂，天寒雁影稀。【歐文忠】畫樓初滿月，香殿早迎春。明朝元會日，萬壽樂章陳。【杜審言】除夜子星回，天孫滿月杯。歲炬常燃桂，春盤預折梅。【沈佺期】凝寒迫清祀，有酒晏嘉平。宿心何所道，藉此慰中情。【魏收】四時運灰琯，一夕變冬春。送寒餘雪盡，迎歲早梅新。【唐太宗】暮景斜芳殿，年華麗綺宮。寒辭去冬雪，暖帶入春風。階馥舒梅素，盤花捲燭紅。共歡新故歲，迎送一宵中。歲陰窮暮紀，獻節啓新芳。冬盡今宵促，年開明日長。冰消出鏡水，梅散入風香。對此歡終宴，傾壺待曙光。【唐太宗】今歲今宵盡，明年明日來。寒隨一夜去，春逐五更回。氣色空中改，容顏暗裡催。風光人不覺，已入後園梅。【史青】守歲阿戎家，椒盤已頌花。盍簪喧櫪馬，列炬散林鴉。四十明朝過，飛騰暮景斜。誰能更拘束，爛醉是生涯。【杜少陵】旅館誰相問，寒燈獨可親。一年將盡夜，萬里未歸人。寥落悲前事，支離笑此身。愁顏與衰鬢，明日又逢春。【戴叔倫】我惜今朝促，君愁玉漏頻。豈知新歲酒，猶作異鄉身。雪向寅前凍，花從子後春。到明追此會，俱是隔年人。【[illegible]】南北遊萍跡，年華又暗催。殘燈和臘盡，曉角帶春來。鬢欲漸催雪，心仍未肯灰。金門舊知己，誰為脫塵埃。【高適】畫省開雲慢，西堂對雪峯。一年惟此會，萬里幾相逢。守歲觀燈火，朝天候鼓鐘。江湖有岐路，漂轉嘆萍蹤。【何景明】人行猶可復，歲行那可追。已逐東流水，赴海歸無時。東鄰酒初熟，西舍彘

[illegible]日[illegible]寡年春【[illegible]】寢
迹衡門下邈與世相絕顧盼莫誰知荊扉晝
常閉淒淒歲暮風翳翳經日雪傾耳無希聲
在目皓已潔勁氣侵襟袖簞瓢謝屢設蕭索
空宇中了無一可悅歷覽千載書時時見遺
烈高操非所攀謬得固窮節平津苟不由栖
遲詎爲拙寄意一言外
茲契誰能別【陶淵明】

七言

金吾除夜進儺名畫袴朱衣四
隊行院院燒燈如白日沉香火底坐吹笙【王建】
【[illegible]】旅館寒燈夜不眠客心何事轉淒然故
鄉今夜思千里霜鬢明朝又一年【高適】 爆
竹聲中一歲除春風送煖入屠蘇千門萬戶
曈曈日總把新桃換舊符【王介甫】 緹室重
飛玉琯灰物華全爲斗杓回依依殘臘無情
別歷歷新春滿眼來【司馬溫公】 臘日常年
暖尚遙今年臘日凍全消侵陵雪色還萱草

漏洩春光有柳條縱酒欲謀良夜醉還家初
散紫宸朝口脂面藥承恩澤翠管銀罌下九
霄 今朝臘月春意動雲安縣前江可憐一
聲何處送書雁百丈誰家上瀨船未將梅蕊
驚愁眼更取椒花媚遠天明光起草人所羨
肺病幾時朝日邊【俱杜少陵】 季冬除夜接
新年帝子王孫捧御筵宮闕星河低拂樹殿
前燈燭上薰天彈弦奏節梅風入對局探鉤
柏酒傳歡向正元歇萬壽暫留歡賞寄春前
【[illegible]】 殘臘泛舟何處好最多吟興是瀟
湘就船買得魚偏美踏雪沽來酒更香猿到
夜深啼嶽麓雁知春過別衡陽與君剩採江
山景裁取新詩入醉鄉【杜牧之】 臘雪初消上
古臺桑郊同日祿旗開山橫南陌城中見春
逐東風海上來老去無驚新歲換病多能覺
壯心[illegible]

【歐陽修】[illegible]
精挂酒旆星猶凍色趲鐘催鼓[illegible]春聲[illegible]
車馬朝元客戰野旌旗禦冠兵[illegible]事物華[illegible]
送轉燭堂深坐獨含情【[illegible]陽】 易却桃符
拂却塵愁窮殘病總更新三彭[illegible]守庚申夜
萬事重迎戊午春狼籍杯盤聊復醉盡情燈
火笑相親孫曾次第前稱壽慚愧承平白髮
人 雲霞騎蕩曉光和手折梅花對酒歌暮
歲不嫌來日短霜髭較似去年多東風漸展
青陽候流水微生綠玉波鳥弄新音晴晝永
相看不飲奈春何 勞生九十謾隨緣老病
支離幸自全百歲幾人登耄耋一身五世見
曾玄祇將去日占來日誰謂增年是減年次
第梅花開滿目可容愁酒到樽前 空庭草
色映簾明短鬢春風細細生簷溜收聲殘雪
盡窗光落几曉寒輕非賢寧畏死年至多難

欣占穀日晴詩思攪人眠不得

詞

臘月嚴凝
山禽屋角有新聲【俱文衡山】 天地閉莫
嫌臺榭無花木惟有酒能欺雪意增豪氣直
教耳熱笙歌沸 隴上雕鞍宜數騎獵圍半
合新霜裡霜重鼓聲寒不起千人指馬前一
雁寒空墜【歐陽修漁家傲】 揀盡曆頭冬又
殘愛他風雪耐他寒拖條竹杖家家酒上個
籃輿處處山 添老大轉癡頑謝天教我老
來閒道人還了鴛鴦債紙帳
梅花醉夢閒【宋朱希真鷓鴣天】

○閏附月之餘日積分而成於月者也虞書曰咨汝羲暨和朞三百六旬有六日以爲一歲之樞紐所以歸奇也左傳云先王之正時也

侵端於始舉正於中歸餘於終履端於始序則不愆舉正於中民則不惑歸餘於終事則不悖曆法以十一月甲子朔夜半冬至爲曆元其時日月五星皆起于牽牛初度更無餘分以此爲步占之端故履端于始每月皆有中氣惟閏月獨無中氣斗柄指兩辰之間閏前之月則中氣在晦日閏後之月則中氣在朔日舉中氣而正月則置閏不差故曰舉正於中置閏之法以氣盈朔虛而歸日月之餘分周天三百六十五度四分度之一日之行也日一度自今年冬至至明年冬至方一周天實計三百六十五日零三時辰而一歲止有三百六十日更有五日零三時無所歸著是爲日行之餘分所謂氣盈也月行日十一度十九分度之七常以二十九日中强而與日合於朔是每月又消半日弱無所歸著是

爲月行之餘分所謂朔虛也積日月之餘分每歲常餘十一日弱故十九年而置七閏是爲一章之數故曰歸餘於終三閏而無氣七閏而無餘分

○置閏　欲如來歲閏先筭至之餘更看大小盡決定不差殊　如來年該置閏只以今歲冬至後餘日爲率如今歲十一月二十二日冬至本月尚餘八日則來年當閏八月如係小盡則閏七月若冬至在上旬則以望日爲斷十二日足則復起一數若餘十三日則無閏【[illegible]】【[illegible]偶談】

○物候　閏月之年桐增葉藕益節棕櫚半葉黃楊厄寸鳳尾十三

○典故　炎帝分八節以始農功乃命羲和占日常儀占月甲區占星伶倫造律大撓造甲子隸首造筭數容成綜斯六術考定氣象建五行察發斂起消息正閏餘　黃帝巳酉朔旦日南至而獲神策得寶鼎問鬼臾區對曰是謂得天之紀終而復始乃迎日推策造十六神歷積邪分以置閏配甲子而設蔀于是時而神從　堯以閏月定四時成歲【堯典】　春官太史閏月詔王居門終月又王在門謂之閏【周禮】　文公三年閏月不告朔猶朝于廟曷爲不告朔天無是月也【公羊】　古曆法以章蔀紀元爲宗十九歲爲一章至朔日同四章爲蔀至朔同在甲子日二十蔀爲紀[illegible]朔同在甲子紀三紀爲元至朔年月日時

皆值甲子謂之曆元日月如合璧五星如貫珠【月令廣義】 太初曆以四千六百一十七歲爲一元以八十一爲分歲已盡都無絲毫之餘重新起曆是時定十一月甲子朔旦夜半冬至日月如合璧五星如連珠乃新曆之第一日故謂之曆元漢元封七年始當其時故改秦曆用漢曆改秦正用夏正 李盛傳安南守夢人擲玉于門盛曰門內玉閏字也必有榮潤暴富貴 晉伐鄭十二月癸亥門其三門閏月戊寅濟於陰阪杜預曰此年無閏月戊寅是十二月二十日疑閏爲門字五爲日字月爲日字晉攻鄭三門門各五日自癸亥至戊寅凡十五日也【左傳詩釋】 秦用顓帝曆十月爲歲首遇閏即謂之後九月今真臘國置閏亦用九月其月盡大小皆與中國不同蓋尚祖此說

○麗藻散語 歸奇於扐以象閏【易】 閏月附月之餘日也積分而成於月者也【左傳】 閏以正時時以作事事以序生生民之道於是乎在矣【左文錄】 五年再閏天道乃備天地之靈猶五載而成其化況人道乎【宋】【[illegible]】 曆數以閏正天地之中以作事厚生皆所以定命也【後漢律曆志】 歌行 年重華月重輝七十二候迴環推天官玉琯灰剩飛今歲何長來歲遲王母移桃獻天子羲氏和氏迂龍轡【李賀】 成閏暑與寒春秋補小月念子無時閑折楊柳陰陽推我去却得有定主 詩五言 山帶新晴雨溪添閏月花【戎昱】 羲和騁丹衢朱明赫其猛融風拂晨宵陽精一和冏閑語靜無娛端坐愁日永【郭】【[illegible]】 春色出冬後元宵驚鼇邊軟塵吹日散繁火奪星懸車馬中原地笙歌全盛年無勞

卜花晝難測是皇天【李空同】 嘆嘆復蒼蒼微和傍早陽惜寒春已盡待閏月猶長柳變非因雨花遲豈爲霜自茲延聖曆誰不駐年光【[illegible]】 閏節開重九貞游下大千花寒仍荐菊座晚更披蓮刹鳳迴雕輦旛紅間彩旛還將西梵曲助入南薰絃【李嶠】 七言 斗柄未迴猶帶閏【元稹】 只有黃楊厄閏年【東坡】 桂影中秋特地妍況今餘閏魄澄鮮因懷勝賞初經月免使詩人嘆隔年萬象歛光增浩蕩四溟收夜助嬋娟織雲清廓心田豫乘典能無賦 詞 銀蟾光彩喜稔歲閏正元宵還再樂事難并佳時罕遇依舊試燈何礙花市又移星漢蓮炬重彷銀海盡勾引徧嬉游寶馬香車喧隘 晴快天意教人月更圓償足風流債媚柳烟濃夭桃紅小景物迥然堪愛巷陌笑聲不斷襟袖餘香仍在待歸也便相期明日踏青挑菜【吳子和喜遷鶯】

二如亭群芳譜歲部卷之四終

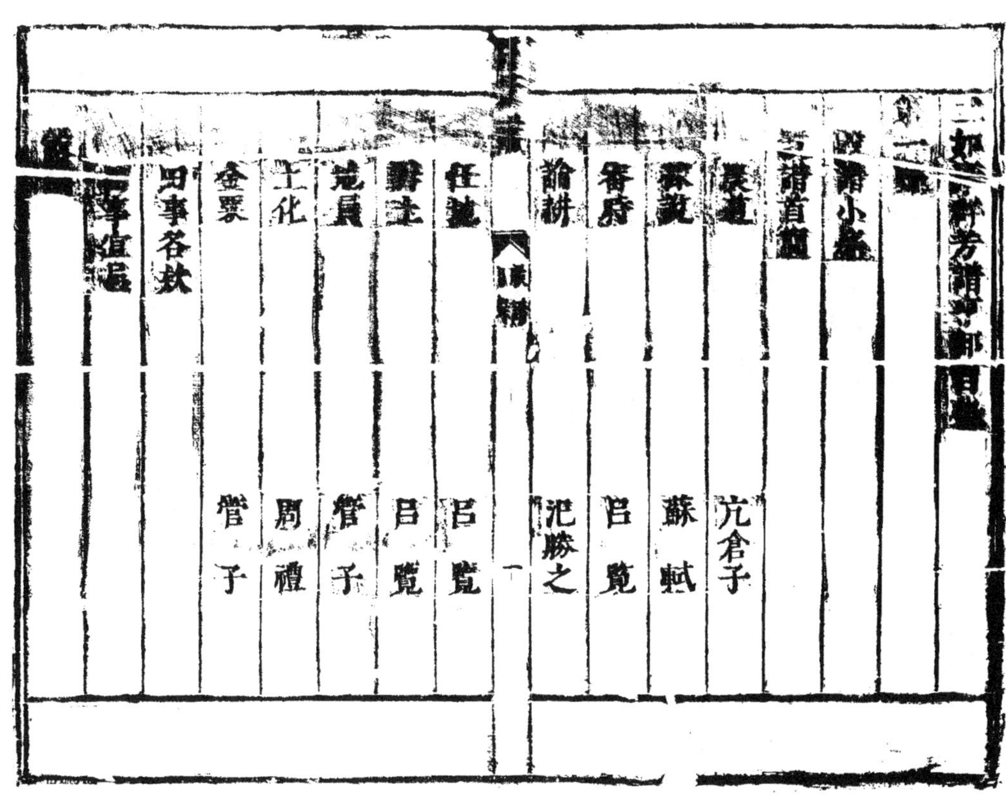

二如亭群芳譜穀部目錄

[illegible]

穀譜小序

穀譜首簡

農道　亢倉子

[illegible]　蘇軾

審時　呂覽

論耕　氾勝之

任地　呂覽

辯土　呂覽

地員　管子

土化　周禮

金粟　管子

田事各款

[illegible]宜忌

[illegible]

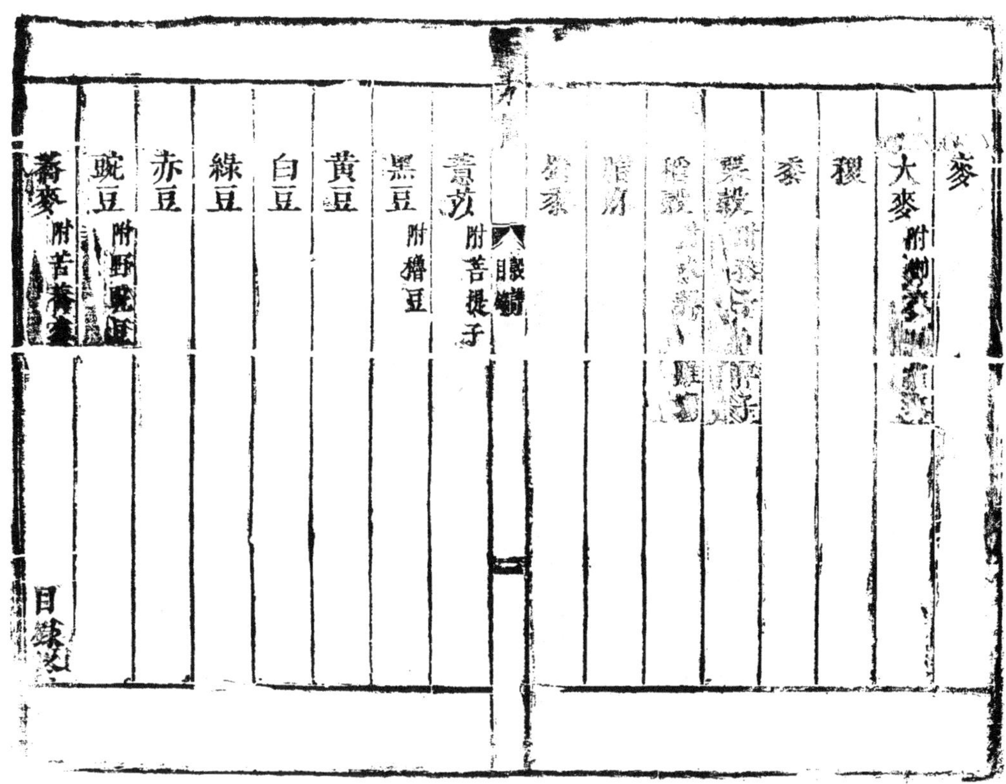

麥

大麥　附[illegible]

稷

黍

粟穀　附[illegible]

稻穀　附[illegible]

[illegible]

[illegible]

薏苡　附菩提子

黑豆　附穭豆

黃豆

白豆

綠豆

赤豆

豌豆　附野豌豆

蕎麥　附苦蕎麥

穀譜小序

說文曰穀善也粹也穀以養人蔬果尤爲切要故諸譜以穀爲先爾雅翼云梁者黍稷之總名稻者溉種之總名菽者衆豆之總名三穀各二十種蔬果之屬助穀各二十是爲百穀考經援神契曰黄白土宜禾黑墳宜麥赤土宜菽汙泉宜稻山田宜强苗澤田宜弱苗良田宜種晚薄田宜種早良田非獨宜晚早亦無害薄田晚種必不成實誠能順天時因地宜相繼以生成相資以利用又何匱乏之足慮哉作穀譜

濟南王象晉藎臣甫題

穀譜首簡

農道　　亢倉子

人舍本而事末則不一令不一令則不可以守不可以戰人捨本而事末則亓產約亓產約則輕流徙輕流徙則國家時有災害皆生遠志無有居心人捨本而事末則好智好智則多詐多詐則巧法令巧法令則以是爲非以非爲是古先聖王之所以理人者先務農桑非徒爲墬也貴其志也人農則樸樸則易用易用則邊境安邊境安則主位尊人農則童童則少私議少私議則公法立公法立則力搏深人農則其產複其產複則重流散重流散則死其處無二慮是天下氣一心矣天下一心軒蘇几魏之理不是過也古先聖王之所以茂耕織者以爲本教是故天子親率諸侯耕籍田大夫士皆有功級

勸人尊地產也后妃率嬪御繭於郊桑勸人力婦教也男子不織而衣婦人不耕而食男女貿功資相爲業此聖王之制也故敬時愛日埒實課功非老不休非疾不息一人勤之十人食之當時之務不興土功不料師旅男不出御女不外嫁以養農費帝曰四時之不正正五穀而已

稼說　蘇軾

蓋嘗觀于富人之稼乎其田美而多其食足而有餘其田美而多則可以更休而地力得完其食足而有餘則種之常不後時而斂之常及其熟故富人之稼常美少秕而多實久藏而不腐今吾十口之家而共百畝之田寸寸而取之日夜以望之鋤耨銍艾相尋於其上者如魚鱗而地力竭矣種之常不及時而斂之常不待其熟此豈能復有美稼哉古之人其才非有大過今之人也其平居所以自養而不敢輕用以待其成者閔閔焉如嬰兒之望長也弱者養之以至于剛虛者養之以至於充三十年而後仕五十而後爵信於久屈之中而用於至足之後流于既溢之餘而發于持滿之末此古人所以大過人而今之君子所以不及也吾少也有志于學不幸而早得與吾子同年吾子之得亦不可謂不早也吾今雖欲自以爲不足而衆且妄推之矣嗚呼吾子其去此而務學也哉博學而約取厚積而薄發吾告子止于此矣子歸過京師而問焉有曰轍子由者吾弟也其亦以是語之

審時　呂覽

凡農之道厚之爲寶斬木不時不折必穗稼就而不穫必遇天菑夫稼爲之者人也生之者地也養之者天也是以人稼之容足耨之容耨據之容手此之謂耕道是以得時之禾長稠長穗

大本而莖殺其粟圓而薄糠其米多沃而食之彊如此者不風先時者莖葉帶芒以短衡穗鉅而芳奪秮米而不香後時者莖葉帶芒而末衡穗閱而青零多秕而不滿得時之黍芒莖而徼下穗芒以長摶米而薄糠舂之易而食之不噮而香如此者不飴先時者大本而華莖殺而不遂葉藁短穗後時者小莖而麻長短穗而厚糠小米鉗而不香得時之稻大本而莖葆長稠

疏穖穗如馬尾大粒無芒摶米而薄糠舂之易而食之香如此者不益先時者大本而莖葉格對短稠短穗多秕厚糠薄米多芒後時者纖莖而不滋厚糠多秕庭辟米不得恃定熟卬天而死得時之麻必芒以長疏節而色陽小本而莖堅厚枲以均後熟多榮日夜分復生如此者不蝗得時之菽長莖而短足其莢二七以爲族多枝數節競葉蕃實大菽則圓小菽則摶以芳稱之重食之息以香如此者不蟲先時者必長以蔓浮葉疏節小莢而不實後時者短莖疏節本虛不實得時之麥稈長而莖黑二七以爲行而服薄糕而赤色稱之重食之致香以息使人肌澤且有力如此者不蚼蛆先時者暑雨未至胕動蚼蛆而多疾其次羊以節後時者苗弱而穗蒼狼薄色而美芒是故得時之稼興失時之稼約莖相若稱之得時者重粟之多量粟相若而舂

之得時者多米量米相若而食之得時者忍飢是故得時之稼其臭香其味甘其氣章百日食之耳目聰明心意叡智四衛變彊𣧑氣不入身無苛殃

論耕　汜勝之

凡耕之本在于趣時和土務糞澤早鋤穫春凍解地氣始通土一和解夏至天氣始暑陰氣始盛土復解夏至後九十日晝夜分天地氣和以

此時耕田一而當五名曰膏澤皆得時功春地氣通可耕堅硬強地黑爐土輒平摩其塊以生草草生復耕之天有小雨復耕和之勿令有塊以待時所謂強土而弱之也春候地氣始通椓橛木長尺二寸埋尺見其二寸立春後土塊散上沒橛陳根可拔此時二十日以後和氣去即土剛以此時耕一而當四和氣去耕四不當一杏始華榮輒耕輕土弱土望杏花落復耕耕輒

藺之草生有雨澤耕重藺之土甚輕者以牛羊踐之如此則土強此謂弱土而強之也春氣未通則土歷適不保澤終歲不宜稼非糞不解慎無旱耕須草生至可種時有雨即種土相親苗獨生草穢爛皆成良田此一耕而當五也不如此而旱耕塊硬苗穢同孔出不可鋤治反為敗田秋無雨而耕絕土氣土堅垎名曰脂田及盛冬耕泄陰氣土枯燥名曰脯田脯田與脂田皆

傷田二歲不起稼則一歲休之凡愛田常以五月耕六月再耕七月勿耕謹摩平以待種時五月耕一當三六月耕一當再若七月耕五不當一冬雨雪止輒以藺之掩地雪勿使從風飄去後雪復藺之則立春保澤凍蟲死來年宜稼得時之和適地之宜田雖薄惡收可畝十石

任地　呂覽

后稷曰子能以窐為突乎子能藏其惡而揖之

以陰乎子能使吾土靖而甽浴土乎子能使保溼安地而處乎子能使雚夷毋淫乎子能使子之野盡為冷風乎子能使藁數節而莖堅乎子能使穗大而堅均乎子能使粟圜而薄糠乎子能使米多沃而食之彊乎無之若何凡耕之大方力者欲柔柔者欲力息者欲勞勞者欲息棘者欲肥肥者欲棘急者欲緩緩者欲急溼者欲燥燥者欲溼上田棄畝下田棄甽五耕五耨必

以盡其深殖之度陰土必得大草不生又無
螟蜮今茲美禾來茲美麥是以六尺之耜所以
成畝也其博八寸所以成甽也耨柄尺此其度
也其耨六寸所以間稼也地可使肥又可使棘
人肥必以澤使苗堅而地隙人耨必以旱使地
肥而土緩草諯大月冬至後五旬七日菖始生
菖者百草之先生者也於是始耕孟夏之昔殺
三葉而穫大麥日至苦菜死而資生而樹麻與
菽此告民地寶盡死凡草生藏日中出狶首生
而麥無葉而從事于蓄藏此告民究也五時見
生而樹生見死而穫死天下時地生財不與民
謀有年瘞土無年瘞土無失民時無使之治下
知貧富利器皆時至而作渴時而止是以老弱
之力可盡起其用曰半其功可使倍不知事者
時未至而逆之時既往而慕之當時而薄之使
其民而郄之民既郄乃以良時慕此從事之下

也操事則苦不知高下民乃逾處種稑禾不爲
稑種重禾不爲重是以粟少而失功

辨土　呂覽

凡耕之道必始于壚爲其寡澤而後枯必厚其
靹爲其唯厚而及餞者莚之堅者耕之澤其靹
而後之土田則被其處下田則盡其汙無與三
盜任地夫四序參發大甽小畝爲青魚胠苗若
直獵地竊之也既種而無行耕而不長則苗相
竊也弗除則蕪除之則虛則草竊之也故去此
三盜者而後粟可多也所謂今之耕也營而無
獲者其蚤者先時晚者不及時寒暑不節稼乃
多菑實其爲畮也高而危則澤奪陂則埒見風
則儼高培則拔寒則彫熱則修一時而五六死
故不能爲來不俱生而俱死虛稼先死衆盜乃
竊望之似有餘就之則虛農夫知其田之易也
不知其稼之疏而不適也知其田之際也不

其稼居地之虛也不除則蕪除之則虛此事之傷也故畮欲廣以平甽欲小以深下得陰上得陽然後咸生稼欲生于塵而殖於堅者慎其種勿使數亦無使疏於其施土無使不足亦無使有餘熟有耰也必務其培其耰也植植者其生也必先其施土也均均者其生也必堅是以畮廣以平則不喪本莖生于地者五分之以地莖生有行故遬長弱而不相害故遬大衡行必得

數音朔

縱行必術正其行通其風夬心中央帥爲冷風苗其弱也欲孤長也欲相與居其熟也欲相扶是故三以爲族乃多粟凡禾之患不俱生而俱死是以先生者美米後生者爲粃是故其耨也長其兄而去其弟樹肥無使扶疏樹墝不欲專生而族居肥而扶疏則多粃墝而專居則多死不知稼者其耨也去其兄而養其弟不收其粟而收其粃上下安則禾多死厚土則孽不通薄

土則蕃轓而不發壚埴冥色剛土柔種免耕殺匿使農事得

地員　管子

九州之土爲九十物每土有常而物有次群土之長是唯五粟次曰五沃次曰五位次曰五蘟次曰五壤次曰五浮凡上土三十物種十二物中土曰五怷次曰五壚次曰五壏次曰五剽次曰五沙次曰五塥凡中土三十物種十二物下

土曰五猶次曰五弘次曰五殖次曰五觳次曰五凫次曰五桀凡下土三十物種十二物凡土物九十其種三十六按大司徒土會土宜之法此古制之存者河圖謂東南神州曰晨土正南卬州曰深土西南戎州曰滔土正西弇州曰开土正中冀州曰白土西北柱州曰肥土北方玄州曰成土東北咸州曰隱土正東揚州曰信土

土化　周禮

草人掌土化之法化之使美以物地相其宜而爲之種如高燥宜麥下溼宜稌之類凡糞種糞其汁以漬種騂剛色赤而土剛强用牛牛赤緹色緹絳色用羊墳壤也起墳壤塊白用麋渴澤渴放水用鹿鹹潟水已潟其處地鹹鹵也用貆勃壤貆貒也勃壤者粉解用狐埴壚黏疏也壚也用豕彊檃堅彊用蕡[illegible]蕡麻也輕爂輕而用者犬

潟音昔 貆音丸 檃音咸 爂音標

金粟 管子

野與市爭民金與粟爭貴又曰狄諸侯畝鍾之國也故粟十鍾而錙金程諸侯山東之國也故粟五釜而錙金商子曰金生而粟死粟死而金生金一兩生于境內粟十二石死于境外粟十二石生于境內金一兩死于境外好生金于境內則金粟兩死倉府兩虛國弱好生粟于境內則金粟兩生倉府兩盈國强

○田事各欸耕地 長梧封人謂于牢曰君爲政焉勿鹵莽治民焉勿滅裂[illegible]予爲禾耕而鹵莽之其實亦鹵莽而報[illegible]予耘而滅裂之其實亦滅裂而報[illegible]諺云春耕[illegible]

秋耕宜早宜遲者凍漸解地氣始通雖堅硬土亦可耕宜早者乘天氣未寒將陽和之氣掩在地中來春宜苗也 耕麥地六月初旬乘露未乾耕牛涼而力倍蕎麥地若耕二遍只耘一遍亦可諺云嬾漢種蕎麥嬾婦種菉豆又云種菉豆地宜瘦不宜肥言瘠薄地亦可種 糞地 積地莫若積糞地多無糞枉費人工故孟子不曰百畝之田而曰百畝之糞 肥地法種菉豆爲上小豆芝蔴次之皆以禾黍末一遍耘時種七八月耕掩土底其力與蠶沙熟糞等種麥尤妙 耘地 凡五穀惟小鋤爲良勿以無草而暫停蓋鋤頭自有三寸澤言及時鋤草去而苗隨滋茂若遲必爲草蠹雖結實亦不多而芝麻尤甚諺云麻耘地豆耘花麻須初生早耘豆即花開亦不可廢耘也 黍穀苗未與壠齊即鋤一遍經五七日更鋤第二遍候未蚕畢鋤第三遍無力則止如有餘力秀後更鋤第四遍脂麻宜多鋤大豆只鋤兩遍止不厭早鋤穀第一遍便定科每科只留兩三莖更不得多每科相去半尺兩壠頭空鋤未可全深第二遍惟深是求第三遍少淺第四遍又淺蓋穀科大則根浮故也第一次撮苗曰鏃第二次平壠曰布第三次培根曰擁第四次添功曰復一次不至則莨莠之害秕稗之雜入之諺云穀鋤八遍餓殺狗爲無糠也其穀畝得十石斗得八米此鋤多之効也 農桑撮要 開荒 凡開久荒之地燒去野草縱橫復耕兩三次耕過先種芝蔴一年使草木之根敗爛後種五穀則無草荒之害蓋芝蔴之於草木若錫之於五金性相制也 穀名 [illegible]

麥豆周禮註以麻黍稷麥豆爲五穀即月令五行所食是也六穀者穀者穀黍稷稻粱麥苽九穀者穀黍稷秫稻麻大小豆大小麥鄭云九穀無秫大麥而有粱苽

占種 據后稷樹藝之法云五時見生而樹生見死而穫死師曠占術曰五木者五穀之先欲知五穀先視五木擇其木盛者來年多種之萬不失一禾生于棗或楊黍生于榆大豆生于槐小豆生于李麻生于楊或荊五木自天生五穀待人生五穀係于五木故曰見生而樹生也蔴草死而麥秋至草木黃落禾乃登故曰見死而穫死也 日至苦菜死樹麻與菽【呂氏春秋】二月杏花甚可菑白沙輕土之田又曰三月昏參夕杏花盛桑椹赤可種大豆謂之上時按五果之義春之果莫先于梅夏之果莫先於杏季夏之果莫先於李秋之果莫先於桃冬之果莫先于栗五時之首寢廟必有薦而此五果適丁其時故特取之【四民月令】冬至日取諸種各平量一升盛以布囊埋于陰地後五十日取量之息最多者歲所宜也果菜同【農桑要覽】

儲種 凡種浥鬱則不生生亦尋死種雜者生既不齊熟亦難均宜揀好穗別貯之勿近牆壁濕地將種前二十日取出晒令燥乘馬就穀堆食數口仍以馬踐過無野蚄等蟲害以雪水原蚕矢五六日摩之漬種則耐旱雪者五穀之精也

藏米 白米將稻草去稻紮囤收貯仍用稻草蓋之以收氣須踏實則不蛀且易蒸 板倉藏米必用草薦襯板則無木氣若藏糯米勿令發熱【便民纂要】

脫粟 三衢道中脫粟之法皆從谿流瀉處截流置車車承水勢壯如桔槔不勞人力機動自轉橫木懸杵搗廸爲白謂之機舂俗呼水碓

○**田家宜忌**

宜 庚午甲戌丙子丁丑戊寅巳卯壬午癸未辛卯壬辰庚子壬子癸丑戊午巳未除滿成收開天倉母倉乙生氣豐旺六儀黃道不食無蟲等日

忌 日火日建平閉破天火地火田火虛耗荒蕪九空死神受死死炁焦坎狼籍地隔土瘟田痕地空九焦大小耗不成不收糞忌及西風麥忌壬子又小麥戌大麥子穀忌丙子黍忌庚申豆忌卯辰申戌稻忌丑辰麻忌寅未辛亥土日

耕田 宜乙丑巳庚午辛未癸酉乙亥丁丑戊寅辛巳壬午乙酉丙戌巳丑甲午巳亥辛丑甲辰丙午癸丑甲寅丁巳巳未庚申辛酉成收開日忌地隔荒蕪枯焦

種田 宜成開日

麥 宜庚午辛未辛巳庚戌庚子辛卯及八月三卯

黍 宜戊戌巳亥庚子庚申壬申

穀 宜丁巳巳卯巳未辛卯庚申

豌豆蠶豆 宜八九十月

開荒 宜天福豐旺母倉生氣黃道上吉巳未及開日忌地火地隔空亡焦坎田痕

置場 宜黃道天倉豐旺成旺日二德及合

修倉 宜乙丑丙寅丁卯巳巳庚午丙子巳卯壬午癸未庚寅壬辰甲午乙未庚子壬寅癸卯丁未甲寅戊午巳未壬戌滿成開

入倉 宜庚午甲戌乙亥丙子巳卯辛巳壬午癸未乙酉戊子巳丑庚寅乙未壬寅癸卯甲辰巳酉丙辰癸亥二德母倉平滿成收

母倉 春亥子夏寅卯秋辰戌丑未冬申酉

無蟲 正壬二三壬四丁壬五丑六丁巳七八癸九乙丑乙亥丙十庚十一十二丙

百蟲不食 乙未巳亥

壬寅壬子癸卯鳥鼠不食甲午癸亥飛禽不食初一初三初日初五

初七初九初十十八廿一廿九不收丙戌壬辰辛亥不成日乙未蛀日

乙丑巳卯巳丑戊申荒蕪孟月平日仲月破季月收逢子寅巳戊更毒田痕

大月初六初八廿二廿三小月初八十一十三十七十九田祖田父忌丙戌

丁亥癸巳乙巳丁未辛亥甲寅田家冬令宜粘置茆堂左右使修理墻屋不失

向調攝起居不失節炮製物

料不失常種蒔花木不失候

二如亭群芳譜穀部卷之全

濟南　王象晉藎臣甫　纂輯

松江　陳繼儒仲醇甫

虞山　毛鳳苞子晉甫　同較

寧波　姚元台子雲甫

濟南　男王與齡　孫王士祜　詮次

穀譜

一名來俗稱小麥秋種厚埋謂之麥苗生如

韭成似稻高二三尺實居殼中芒生殼上生

青熟黃秋種夏熟具四時中和之氣兼寒熱

溫涼之性繼絕續乏為利甚普故為五穀之

貴亦可春種至夏便收然不及秋種者性有

南北之異北地燥冬多雪春少雨麥晝花薄

皮多麵食之宜人南方卑濕冬無雪春多雨

麥受卑濕之氣又夜花食之生熱腹痛難消

且魚稻宜江淮羊麵宜河洛亦地氣使然也

北麥固佳陳者更良說文云麥屬金金旺而生火旺而死他如燕麥籥麥雀麥蕎麥皆殊形異性至瞿麥則藥名耳

○浮麥入水浮起者焙用益氣除熱治自汗盜汗骨蒸勞熱　麥麩治時疾熱瘡湯火瘡爛撲損傷折散瘀血止瀉痢除寒濕止虛汗小兒暑月瘡潰及凡人體痛或搶腫不能着席者用夾褥盛麩臥涼而且軟　麥苗搗汁飲消酒疸目黃煮汁服解虫毒除煩悶狂熱退胸膈積熱作虀食益顏色　麥粉世用以礙衣者補中益氣和臟腑調經絡炒熱湯服斷痢醋熬膏消癰腫及湯火傷　麵筋麩中洗出者寬中益氣解熱和中勞熱人宜煮食爲素食要物用油炒則熱　麥奴穗黑黴者治熱毒陽毒溫毒丹石毒熱極發狂及瘟瘧

○種麥八月白露節後逢上戊爲上時中戊爲中時下戊爲下時種須簡成實者棉子汁拌過則無虫而耐旱大約杏多則不蛀宜肥地土欲細溝欲深種欲勻喜糞有雨佳諺云無雨莫種麥又云麥怕胎裏旱又云要喫麪泥裏纏春雨更宜諺云麥收三月雨春間鋤一遍收子多若三春有雨入夏時有微風此大有之年也諺云麥秀風搖初種忌戊日諺云無灰不種麥兩經社日作以灰糞拌種妙　種塌麥六月初旬五更時乘露未乾陽氣在下耕地牛得其涼耕過稀種菉豆候七月間豆有莢鋤豆秧蓋地勝如用糞

麥苗易茂（法天生意）　護麥防[illegible]……兩人對持其繩於麥上牽拽抹去沙霧則不傷麥（農桑輯要）　刈麥麥熟將晉實割一半合熟一半蓋麥熟同時不比別田熟有先後若候齊熟一過風雨必致拋撒刈過即載歸曬乾恐生蛾瓷客苦蓋以防雨不及載者坡下苫之乘晴明旋刈旋打揚籽粒收起即未淨候所收打過將稭再打大抵農家之忙無過蠶麥若遲延過時秋苗亦悞鋤治諺云收麥如救火信然　貯麥太平御覽云麥之爲蝶蟲濕也蓋物之變皆有化也止麥之化區之以灰法于伏天晒極乾乘熱覆以石灰則不生虫又以蠶沙和之辟蠹蒼耳或艾縣乾剉碎同收亦不蛀若稍濕必生虫

○解麥毒[illegible]蘿蔔能解麥毒今秦中猶以蘿蔔汁和麪又漢椒亦解麪毒

○療治消渴心煩作粥食　五淋身熱腹滿毒一升通草二兩水三升煑一升飲即愈　項瘻麥一升醋一升漬之晒乾爲末海藻洗研末三兩和勻酒服方寸匕日三　眉鍊頭瘡燒存性爲末油調傅　白癜風癬麥石上燒鐵壓出油擦之効　湯火傷灼未成瘡麥炒黑研入膩粉油調塗勿犯冷水必潰爛　金瘡腸出麥五升水九升煑汁五升瘡待極冷令病人臥席上含汁噀其背勿令病人知及傍人見鬧人語即腸不入乃擡席四角輕搖轉腸自入十日中但略食美物愼勿驚動即殺人　虛汗盜汗浮麥文武火炒爲末每服二錢半米飲下日三服或煑湯代茶飲以豬觜脣煑熟切片蘸食亦良　產後虛

汗麥麩牡蠣等分爲末以豬肉汁調服二錢
日二　走氣痛釅醋拌麩炒熱袋盛熨之
滅瘢痕春夏用大麥麩秋冬用小麥麩篩粉
和酥傅　小兒眉瘡麥麩炒黑研末酒調傅
　尿血麩炒香以肉蘸食　熱渴心悶溫水
一盞調麥麪一兩飲　中暍卒死井水和麪
一大抄服　盜汗麪作彈丸空心臥時煮食
次早服妙香散一帖效　內損吐血飛羅麪
畧炒京墨汁或藕節汁調服二錢　衄血口
耳皆出者用白麪入鹽少許冷水調服三錢
　中蠱吐血麪二合水調服半日當下　嘔
噦不止醋和麪作彈丸二三十枚沸湯煮熟
漉出投漿水中待溫吞三兩枚噦即定如未
定至晚再服　白痢炒麪方寸匕入粥中食
能療日瀉百行不救者　泄瀉不休麪一斤
炒焦黃空心溫水服一二匙　諸瘡久瘡二

姙娠食麪各一合端五午時青蒿擂自然汁
丸菉豆大臨發空心無根水下一丸一方加
炒黃丹少許　頭腫薄如蒸餅狀如裹水口
嚼麪傅之良　咽喉腫痛卒不下食白麪和
醋塗喉外腫處　吹奶水調麪煮糊欲熟即
投無灰酒一盞攪勻熱飲令人徐徐按之藥
行即瘳　乳癰白麪半斤炒黃醋煮糊塗即
消　破傷風白麪燒鹽各一撮新水調塗
金瘡出血麪乾傅五七日即愈　脚斷成泡
者水調麪塗之一夜即平　折傷瘀損白麪
梔子仁同搗以水調傅即散　火燎瘡炒麪
梔子仁末和油傅之　瘡中惡肉寒食麪二
兩巴豆五分水和作餅燒末摻　白禿瘡白
麪豆豉和研傅　小兒口瘡寒食麪五錢消
石七錢水調半錢塗足心男左女右
[illegible]

一作服

和團燒研傅之　瘰癧出汁[illegible]
纍如赤豆剝潰以酒和麪傅之　疔腫麪和
臘猪脂封之良　米食積麪二兩白酒麴二
丸炒末每服二匙白湯下　傷肉食山查湯下
　中暑寒食麪絹袋
盛掛當風處水調服
○典故　夏至而麥熟天子祭太宗其盛以麥穀
【月令】　孟夏之月農乃登麥天子乃以彘嘗麥
先薦寢廟【同上】　隱三年鄭祭足帥師取溫
之麥【左傳】　成十年晉景公夢大厲被髮及
地搏膺而踊曰殺余孫不義余得請於帝矣
公覺召桑田巫巫言之曰不食新矣六月丙午
晉侯欲麥使甸人獻麥饋人爲之召桑田巫
示而殺之將食張入廁陷而卒【同前】　宓子
賤爲單父宰齊攻魯父老請曰麥熟請放民

皆使出穫麥宓子不聽曰若使不耕者得穫
是使民樂有寇也【家語】　東漢光武戰王郎
兵敗至南宮大風雨入道傍空舍馮異抱薪
鄧禹爇火秀對竈燎衣異進麥飯【東漢書】
漢張堪爲漁陽太守勸民農種以致殷富百
姓歌曰桑無附枝麥秀兩岐張君爲政樂不
可支　李固爲太尉食麥飯【同前】　高式至
孝永初中蝗螟爲害獨不食式麥【東漢】　上
元日造麪繭以官位帖子置其中熟而食之
以得高下相勝爲戲　京師以冬至後一百
五日爲大寒食前一日謂之炊熟用麪造棗
錮飛燕以柳條串之揷於門　魏太祖嘗行
經麥中令士卒無敗麥犯者死騎士皆下馬
拊麥以相付時太祖馬騰入麥中太祖曰制
法而自犯之何以化下然孤爲軍帥不可殺
請自刑因援劍割髮以置地【[illegible]】　高鳳專精

書晝夜不息初夏暴麥於庭妻嘗田令鳳持竿護雞忽暴雨鳳持竿讀書不覺水漂其麥妻還乃悟【白孔六帖】　太康中嘉麥出扶風一莖四穗　孫權宴蜀使費褘褘停食餅作麥賦權亦作磨賦咸稱善【吳志】　梁承嘉元年嘉麥一莖九穗生於姑藏【南史】　宋大內當麥熟時作麪以黃羅帕封賜百官或云以蜜漬食尤佳【東京夢華錄】　國朝宣德中嘉麥生茂陵一莖九穗　秦中有麥積山狀如麥積　元和八年大軫國貢碧麥形大于中華之麥表裏皆碧香氣如粳米食之體輕可以禦風【杜陽編】　旋麥三月種八月熟【周書】

許氏說文云天降瑞麥一來二麰　天啓四年嘉麥生余田中一莖五穗【[illegible]】　南方四月雨後尚有餘寒土人謂之麥秀寒　按王勃采蓮賦麥雨微涼又徐陵集亦有麥冷之語【[illegible]】

○麗藻

散語

今夫麰麥播種而耰之其地同樹之時又同至於日至之時皆熟矣【孟子】　我行其野芃芃其麥　貽我來牟帝命率育　於皇來牟將受厥明【周詩】　無麥【詩】　初伏薦麥瓜於祖禰【漢書】　青青之麥生於陵陂【古詩】　既入麥之方登【六朝】　麥秀蔪兮雉朝飛【枚乘】　麥漸漸以擢芒【射雉賦】

傳

石中美字信美中年人也本姓麥氏隋母羅氏去其夫而適石因冒其姓始中美之生也其父太卜氏以連山筮之遇師之爻是謂師之革曰生乎土成乎水而變乎火坎以蘇之坤以布之釜以熟之口以內之腹以藏之美在其中而暢于四支能者樂之以爲大腹不能者傷之以爲心病衆所謂也善莫大焉故因以名字之中美幼輕躁疏與物不合得其鄉人儲子之意因使從淄水湯先生游既熟遂陶而成之爲人自晳而長溫厚柔忍在諸石中最有名儲子因秦故司馬錯李斯子由趙高閻樂並薦於秦王得由甫田蔡甲肥鄉羊爽內黃韓音子俱召見是時王方省覽文書日旰未食見之甚喜曰卿等向皆安在何相見之晚耶未見君子惄如調饑卿等之謂也自是皆得進見充上心腹賜爵士更上食典御旦夕召對所獻納時或麤疏上未嘗不盡善也秦王以嫪毒事出文信侯而遷太后怒恚數日不食中美乘機進諫上說賜爵徹侯食溫定陶二縣號溫陶君中美既被任用凡有造作自丞相以下莫不是之其爲人柔和有以塞讒人之口故也他日秦王坐朝日旰意有所思亟召中美將慮

以納之中美不熟計以進其說頗剛愎志不快之者累日有博士單軫說上曰爲其所傷矣宜有以下之即無患因進其弟子巳升元華於上上意稍平然自是遂疏中美不得爲尚食矣中美曰吾爲尚食日夕自謂不素餐者今吾與年生輩皆不得進縱復有用者將誅辱乎昔也得充心腹而今也遽不信是有不善我之心雖使時或思我彼將不盡矣遂稱疾以侯就第其後子孫生郡郭者散居四方自號浦氏邑氏索氏石氏爲四族云【[illegible]】

【[illegible]】歌

麥秀漸漸兮禾黍油油彼狡童兮不與我好仇【微子】

小麥青青大麥枯誰當穫者婦與姑丈夫何在西擊胡　[illegible]家食力

不食智麰麥今年勤種時老農八十諳地利暑夏呼兒先曬地再耕再犁土滑膩手把耬犁知巳試土沃不妨撥種稀今年巳報春澤

被覆壠苗深如櫛比熏風長養見天意獲穫
青旗催稈穗纔結稃胞花寧蓬蔚芃芃幾輪熾
鑽燧儘著精華輸至味粒飽芒森森芒彎頓
失前時浪翻翠豈知真宰調元氣化作黃雲
表嘉瑞老農眼飽雖自慰旦夕却憂風雨至
子婦犇忙事芟器彭緯翩翩轉雙臂曳龍腰
開盈復棄急截芊霜夜無寐轉首登場簇高
覷颯翻日碾芊猶未已向公門奉新麴麵材
和羅凡幾次征租及門仍語許夏稅有程今
反易自餘窖負如取寄指此有秋爭蟻萃一
得豈能償百費終歲勤勞一歉歉昨日公堂
宴賓貴禮俎橫陳混肴蔌檀木朱繩按歌吹
萬錢不值供一醉庖人槎揉出精粹尚喜食
新誇餅餌物不天來皆力致飽食何人知所
自春祈夏薦禮所記報本從來追古義但願
斯民不畏吏吏不擾民民自遂凡在牧民遵
此治坐見兩岐歌政異日富囷倉均被賜不
使老農憂歲事【王禎麥歌】打麥打麥彭
彭兒兒聲在山南應山北四月太陽出東北
纔離海嶠麥尚青轉到天心麥已熟鷄旦催
人夜不眠竹鷄呼雨雲如墨大婦腰鐮出小
婦且筐逐上壠先捋青下壠已成束田家以
苦乃為樂敢憚頭枯面焦黑貴人薦廟已嘗
新酒醴雍容會所親曲終厭飫勞僮僕豈信
田家未入脣盡將精好輸公賦次把升斗求
市人麥秋正急又秧禾豐歲自少凶歲多田
家辛苦可奈何將此打麥
詞兼作插禾歌【張舜民】

詩五言

細麥落輕花　青熒陵陂麥　涼州白麥枯　孤城麥秀邊【俱杜】

【[illegible]】麥黃韻鶬鶊　麥隴多秀色　麥氣始清和【何遜】　崆峒小麥熟且願休王師【杜甫】

綠樹連村暗黃花入麥稀【司空圖】　何時

麥隴上雙坐聽啼鶯【[illegible]】【[illegible]】 南陽郭郎中[illegible]
桑下麥青青【[illegible]】　登城望平麥綠浪風搖
舞【東坡】　麥餘始清和涼雨消炎燠紅蓮搖
弱荇丹藤繞新竹物色盈懷抱方駕娛耳目
【[illegible]】　聖慮憂千畝嘉苗薦兩岐如雲方表
盛成穗忽標奇瑞露纔橫滴祥風不吹絕
謠連上苑花實逼平陂史冊書堪重丹青畫
更宜顯係連理樹俱作萬年枝【鄭畋咏麥穗】
【兩岐】　瑞麥生堯日芃芃雨露偏兩岐分更
合異畝穎仍連翼獲明王慶寧惟太守賢仁
風吹靡靡甘雨長芊芊聖德應多稔皇家配
有年已聞天下泰誰爲濟西田【張聿咏兩岐麥】

【[illegible]】七言

麥隴青青三月時【李白】　江上細麥
復纖纖　麥芒際天搖青波【謝子[illegible]】
曉日勝風生麥氣【王荊公】　荊州麥熟繭
成蛾繰絲憶君頭緒多【李白】　四月田家麥
穗稠桑枝生椹鳥啁啾鳳城綠樹知多少何
處飛來黃栗留【歐文忠】　麥隴風來翠浪浮
霏微小雨似深秋野庭終日掩簾坐青樾對
啼黃栗留【譚知柔】　荷葉初開筍漸抽東坡
南蕩正堪遊無端隴上翛翛麥橫起風寒占
作秋　陂麥連雲慘淡黃綠陰門巷不多涼
更無一片桃花在借問春歸有底忙【俱王荊
公】　梅花開時我種麥桃李花飛麥叢碧多
病經時不出門東坡已作黃雲色【范石湖】
大麥乾枯小麥黃婦女行泣夫走藏東至集
壁西梁洋問誰腰鐮胡與羌豈無蜀兵三千
人部領辛苦江山長安得如鳥有羽翅託身
白雲還故鄉【杜子美】　贈卒風昔但聲歌今
見郊原樂事多且喜既妻符善禱未須盧黃[illegible]
覃妖娥霞觴正自誇與一香缽何須問畢[illegible]
我欲[illegible]刀求學稼不[illegible]還許愛鏖糜【[illegible]】

芃芃秀色接麥渰芊芊[illegible]似雲似水[illegible]跳波時隱見雨添新漲乍沉浮晴雅錦機平層穀寒朧濤生四月秋卸帷在淵頻起陸漫敎文偉賦中秋[illegible]

大麥 一名牟麥一作麰莖葉與小麥相似但莖微粗葉微大色深青而外如白粉芒長殼與粒相粘未易脫小麥磨麪作餅餌食久多益堪碾米作粥飯及餵馬用此其所異也性平涼滑膩作飯寬中下氣煑粥甚滑磨麪作醬甚甘美春秋皆可種陰陽書曰大麥生於杏二百日秀秀後五十日成生於亥壯於卯長於辰老於巳死於午惡於戌種忌子丑他如穬麥赤麥青稞麥黑穬麥大抵與大麥一類而異種

○大麥苗 利小便冬月煑汁治面目手足皴瘃 大麥糵 消食 大麥奴 解熱疾消藥毒

○附見御麥 幹葉類蜀黍而肥矮亦似薏苡苗高三四尺六七月開花穗苞如拳而長鬚如紅絨粒如芡實大而瑩白花開於頂實結於節以其曾經進御故曰御麥出西番舊名番麥味甘平調中開胃磨爲麪蒸麥麪者少加麥須則色白而開大根葉煎湯治小便淋瀝砂石痛不可忍一名玉蜀黍一名玉高粱一名戎菽實一物也 雀麥 一名燕麥一名蘥麥一名杜老草一名牛星草生故墟野林下苗葉似小麥而弱其實似穬麥長而細苗煑汁滑胎唐劉禹錫所謂兔葵燕麥動搖春風者即此

○療治 食飽煩脹但欲臥者大麥麪炒微香白湯服方寸匕佳 膜外水氣大麥麪甘遂末各半兩水和作餅炙熟食取利 小兒傷乳腹脹煩悶欲睡大麥麪生用水調一錢服白麪微炒亦可 蠼螋尿瘡大麥嚼傅之日三上 腫毒已破青大麥去鬚炒暴花爲末傅之成靨揭去又傳數次即愈 麥芒入目大麥煑汁洗之即出 湯火傷灼大麥炒黑研末油調搽之 被傷腸出以大麥粥汁洗腸推入但飲米糜百日乃可 卒患淋痛大麥三兩煎湯入姜汁蜂蜜代茶飲 小便不通陳大麥稭煎濃汁頻服 胎死腹中及胞衣不下上搶心用雀麥一把水五升煑二升溫服 齒䘌并虫積年不瘥從少至老者用雀麥一名杜老草牛星草用苦瓠葉三十枚洗淨取草剪長二寸以瓠葉作五包包之廣一寸厚五分以三年酢漬之至日中以兩包火并包令熱納口中熨齒外邊冷更易之取包置水中解視即有虫長三分老者黃色少者白色多即二三十枚少即一二十枚此方甚妙

○典故 寒食煑大麥粥研杏仁爲酪別造餳沃之（荊楚歲時記） 䅟麥似大麥出涼州

[illegible]如 [illegible]音界 糜音縻 粢音次

【志】回鶻地宜白麥與青麥麵麥【[illegible]】

【穄】一名穄可供祭一名粢禮稱明粢關西謂之糜冀北謂之緊苗似蘆莖高三四尺有毛結子成枝而疎散外有薄殼粒如粟而光滑色紅黃米似粟米而稍大色黃鮮麥後先諸米熟炊飯疎爽香美故以供祭食之益氣安中宜脾利胃滌血解暑壓丹石毒屬土脾之穀也脾病宜食多食發冷病忌與瓠子附子同食三月種耘四遍七月熟四五月亦可種但收少遲耳刈穄欲早八九分熟便刈少遲遇風即落

○療治 補中益氣 羊肉一腳熬湯入河西稷米蔥鹽煮粥食 癰疽發背 粢米粉熬黑以雞子白和塗練上剪孔貼之乾則易神効 辟瘟令不染 穄米為末頓服之

○麗藻 散語 彼稷之苗 黍稷重穋 黍稷稻粱農夫之慶 我稷翼翼我倉既盈我庾維億以為酒食以享以祀以介景福 有稷有黍【俱詩】 飯之美者有陽山之穄【呂氏春秋】 稷乃五穀之長【說文】

秬音巨 秠音[illegible]

【黍】一名秬黑黍一名秠一稃二米種植苗穗與稷同宜

肥地多收說文云黍暑也當暑而生暑盡而穫六書精蘊云禾下從氽象細[illegible]之形有黃白黑三色米皆黃比粟[illegible]北人呼為黃米屬火南方之穀性溫益氣補中久食令人多熱小兒忌食他如[illegible]黍燕頷馬革驢皮稻尾大黑黍成赤黍皆黍之異名也刈後乘濕即打則稃易脫遲則稃着粒上難脫一

○製用 三月三日取黍麪和菜作羹能避時氣 黍米性粘可釀酒可作餳可蒸煮為糕糜菰葉裹成稷名角黍祭三閭大夫遺製也合葵菜食成痼疾合牛肉白酒食生寸白虫 穰及根煮汁解苦瓠毒滌去浮腫 拂地篲煮汁入藥隹 醉臥黍穰令人生厲落眉髮

○療治 陰易 黍米二兩煮薄粥和酒飲發汗即愈 心痛多年者 黍米淘汁溫服隨意 火灼未成瘡者 黍米女麴等分各炒焦研末雞子白調塗之煮粥亦可 閃肭脫臼赤黑腫痛 用黍米粉鐵漿粉各半升蔥一斤同炒存性研末以醋調服三次後水調入少醋貼之 小兒鵞口 嚼濃汁塗効 孕婦下水如豆汁 黍米黃芪各一兩水七升煎三升分三服 浸淫瘡周身則殺人初起炒黍米黃黑杵末敷 久泄 黍米炒粉砂糖拌食 通

身水腫黍莖掃箒煮湯浴之　脚氣衝心黍
穰一石煮汁入椒目一升更煎十沸漬三四
度愈　天行疱瘡不拘人畜用黍穰煮濃汁
洗一莖者是穄穰不可用　瘡腫傷風中水
痛劇黍穰燒烟熏汁出愈　妊婦
尿血穰及根燒灰酒服方寸匕

○典故　黃帝時南夷乘白鹿來獻秬鬯[爾雅]
仲秋之月農乃登黍天子乃以雛嘗黍
羞以含桃先薦寢廟[月令]　庶人春薦韭夏
薦麥秋薦黍冬薦稻韭以卵麥以魚黍以豚
稻以鴈[王制]　管仲說威公曰古之封禪鄗
上之黍北里之禾所以爲盛[史記]　孔子侍
坐於魯哀公設桃具黍公曰以黍雪桃也孔
子對曰夫黍五穀之長也祭先王以爲上盛
果有六而桃爲下祭先王不得入於廟丘聞
之也君子以賤雪貴不聞以貴雪賤今以五

祭有常[illegible]　薦者湯[illegible]　物則薦[illegible]　以首黍[illegible]　日也薦[illegible]　仲[illegible]

穀之長雪瓜蓏之下是侵上忽下也[家語]
韓子曰吳起欲攻秦小亭置一石赤黍於東
門外令人能徙於西門外者賜之上田宅人
爭徙之乃下令曰明日攻秦能先登者與之
大夫賜之上田宅於是攻之一朝而拔　漢
和帝元興元年任城生黑黍　成化元年天
雨黑黍
於襄陽

○麗藻散語　彼黍離離彼稷之苗行邁靡靡中
心搖搖　我黍與與[俱詩]　[illegible]粱
之黍瓊山之米唐稷播其
根農帝嘗其華[張協七命]

詩四言　翳翳重雲　習習和風
黍華陵巔麥秀丘中靡田不[illegible]　穀斯豐奕
奕玄霄濛濛甘霤黍發稠華[illegible]　其秀靡田
不殖九穀斯茂無高不播無下不殖芒芒其
稼參參其穡穡我[illegible]
充我民食玉燭陽明
顯猷翼翼[束晳補亡詩]

五言　返照入閭巷憂來誰共語　古道無人行秋風動禾黍[耿湋]
何必入山深居然似漢陰雨餘雲在
竹野曠日平林近郭無人事爲農長道心柴
扉炊黍能端坐聽鳴禽[溫[illegible]]　督領不無人
提攜頗在綱荆揚風土暖肅肅候微霜尚恐
主守疎用心未甚臧清朝遣婢僕寄語諭崇
岡西成聚必散不獨陵我倉豈要仁里譽感
此亂世忙北風吹蒹葭蟋蟀近中堂
荏苒百工休鬱紆遲暮傷[杜少陵]

七言　黑黍
春來釀酒飲青禾刈了驅牛載大姑
小叔常在眼却笑長安在天外[曹鄴]

穀　粟米之連殼者本五穀中之一粱屬也北方
直名之曰穀今因之脫殼則爲粟米亦曰小
米粟古文作㮚象穗在禾上之形蓋粱之細
者稈高三四尺似蜀秫稈中空有節細而矮
葉似蘆小而有毛穗似蕭有毛顆粒成簇性
鹹淡養脾胃補虛損益丹田利小便解熱毒
陳者尤良北人日用不可缺者青粱穀穗有
毛粒青米亦微青而細於黃白粱穀粒似青
稞而少麤夏月食之極清涼但以味薄色惡
不如黃白粱故人少種此穀早熟而收少

錫清白勝餘米諺云穀三千一穗之實至三千顆言多也其名或因姓氏地里或因形似時令早則有趕麥黃百日糧六十日還倉之類中則有八月黃老軍頭之類晚則有鴈頭青寒露糵鐵鞭頭之類又有粱穀滑穀白穀白鬚黃米黃穀白米之類齊民要術云夫粟成熟有早晚苗稈有高下收穫有多寡性質有強弱滋味有美惡總之順天時量地力則用力少而成功多任情返道勞而無獲

○種穀 地欲肥耕欲細欲深秋耕更佳種欲成實不粃用臘雪水浸過耐旱辟蟲時欲仲春得雨爲妙小雨欲接濕大雨須俟少乾先耙後種種後旋以石砘砘令土堅則苗出旺相如遇天旱苗出土仍砘春種欲深夏種欲淺早不晚禾欲兼種防歲有所宜一云閏月年宜晚田然大率宜早早田收多於晚早田淨而易治晚者蕪穢難治且早穀米實而多晚穀皮厚米少而虛行欲稀諺云稀穀大穗來年好麥

鋤穀 鋤以三遍四遍爲度第一遍曰撮苗畱苗欲密第二遍曰定科畱其壯者去其密者弱者第三遍曰擁本鋤欲深擁其土以護根則耐旱第四遍曰復壟培百添米五穀惟小鋤爲良苗出壟則深鋤

不厭數周而復始勿以無草而怠功鋤者非止去草蓋地熟而實多糠薄而米美鋤得十遍可得八米春鋤起地夏鋤除草春鋤不用觸濕六月以後雖濕亦無嫌

刈穀 食貨志云力耕數耘收穫如盜賊之至故熟速刈乾速積刈早則傷鎌刈晚則折穗遇風則收減濕積則藁爛積晚則粒耗連雨則生耳所以收穫不可緩也收穫者農事之終務本者可怠焉而自棄其前功乎

積穀 周禮地官曰舍人掌粟入之藏註曰九穀俱藏以粟爲主神農之教曰有石城十仞湯池百步帶甲百萬而無粟弗能守也北方水土深厚窖地而藏可數十年不壞

嘉禾 嘉禾五穀之長盛德之精也文者異本而同秀質者同本而異秀此夏殷時嘉禾也【瑞應圖】王者盛德則嘉禾生嘉禾者仁也其大盈箱一稃二米【晉書】【[illegible]】成王時有苗異莖而生同爲一穗人有上之者王召周公而問之公曰三苗爲一穗抑天下其合爲一乎【書大傳】唐叔得嘉禾異畝同穎獻之天子薦之太廟周公作嘉禾序以名之于書　漢魯恭拜中牟令嘉禾生恭庭中　和帝元年嘉禾生于濟陰城陽一莖九穗安帝時九眞嘉禾生五百六十本七百六十八穗【古今註】吳赤烏年會稽嘉禾生因改元嘉禾【吳志】文帝時鄱湖生嘉粟一莖九穗　元嘉二十五年嘉禾生華林園十株七百穗　孝武帝大明元年嘉禾生清暑殿鴟尾中一株六穗【俱宋書】孝武時固始縣嘉禾一莖六穗新蔡縣又獲一莖九穗一莖七穗【齊書】後魏許謙字元遜其子洛陽爲鴈門太守家田三生嘉禾皆異畝合穎　太子初生之歲豫州獻

嘉禾乃更名穟［唐代宗紀］　唐郭子儀言靈湖縣界荒地十五里有異禾偶出徧地持莖纏宿復生其禾圓實味甘美　唐宣宗大中二年福建進瑞粟十五莖莖五六穗　萬曆辛卯平陽縣民有田六畝同時播秧中三畝勃然奮發五日即結穀收成縣以爲嘉穀先登豐年大瑞　援神契曰王者德至于地則嘉禾生傳言天地之精上爲日月其下爲五穀蓋五穀與之所天而天地之精華在焉昔者神農作天錫之加數九穗堯時得三十五穗夏與本同秀殷又同本而異秀故伊尹稱南海之秬而管仲告其君亦以北里之禾爲重信乎古帝王受命之符不可輕也［太平御覽］

○附見穇子　一名龍爪粟一名鴨爪稗北地荒坡處種之苗葉似穀至頂抽莖有稈　穇不[illegible]之

群芳譜　卷全　穀譜　十八

三稜開細花結穗如粟而分數岐狀如鷹爪子如黍而細褐色味澁稃甚薄碾米煑粥炊飯磨麪蒸食皆宜可救荒

稊稗　野生苗葉似穇子色深綠根下葉帶紫色稍頭出扁穗子如黍粒茶褐色味微苦用與穇子同食之益氣宜脾故曹植有芳菰精稗之稱苗根治金瘡及損傷血出不已搗敷即止甚驗每一斗得米三升故曰五穀不熟不如稊稗稊苗似稗而穗如粟有紫毛即烏禾也可救荒又可殺蟲煑以沃地螻蛄皆死

○製用　粟米粳米薏仁米各二合蓮肉枸杞粟黃鮮韭各一兩山藥二兩猪腎二枚葱一撮鹽一錢花椒末二分共作粥大補益

○療治　消渴陳粟米炊飯乾食之良　反胃脾胃氣弱食不消化湯飲不下用粟米半升杵粉水丸梧子大七枚煮熟入少鹽空心和汁吞下或云納醋中吞之得下便已[illegible]　衂粟米粉水煑服　嬰孩七日助穀神以導胃氣研粟米煑粥如飴每日哺少許　小兒赤丹嚼粟米傅之　小兒重舌嚼粟哺之　目眯生粟米七粒嚼爛取汁洗之即出　湯火傷粟米炒焦投水澄取汁煎稠如糖頻傅之止痛滅瘢一方半生半炒研末酒調傅之　熊虎傷嚼粟塗之　眼赤腫粟米泔極酸者生地黃等分研勻攤絹方圓二寸貼目上熨之乾即易　疳瘡月蝕寒食米泔傅之良

○典故　武王散鹿臺之財發鉅橋之粟大賚於四海而萬姓悅服［周書］　田釐子乞爲齊大夫收賦稅於民以小斗受之其以粟予民以大斗出此得齊衆心田乞卒子常立

群芳譜　卷全　穀譜　十九

復修釐子之政以大斗出貸以小斗收齊人歌之　襄公二十九年鄭子展卒子皮即位於是鄭饑而未及麥民病子皮以子展之命餼國人粟戶一鍾［左傳］　高平王遣使者從魏文侯貸粟文侯曰須吾租粟至乃可也使者曰如魚張口待水上呼吸間若待決淮河之水必求吾於枯魚之肆矣［說苑］　鄒穆公有令食鳧雁者必以秕無敢以粟鳧雁無食而以一石粟易一石秕其費甚矣請以粟食之公曰非爾所知也夫百姓飽牛而耕暴背而耘勤而不敢惰者豈爲鳥獸哉粟米人之上食也奈何以養鳥汝知小計而不知大害矣［韓非子］　晏子相齊食脫粟飯［晏子春秋］　季桓子以粟十鍾餼夫子受而頒諸門人之無者子貢曰季孫以夫子之貧也而致粟令而施矣乃厥禮乎子曰吾受而不[illegible]

季孫患受而患非一人不亦宜乎【說苑】 子華使於齊冉子爲其母請粟子曰與之釜請益曰與之庾冉子與之粟五秉原思爲之宰與之粟九百辭【論語】 子思居貧其友饋之粟者受二車焉或獻以樽酒束脩子思曰爲費而不當也或曰子取人粟而辭酒是辭少而受多於義無名子思曰然不幸而貧生於困乏將絕先人之祀夫所以受粟爲周之也酒脯則所以燕也方爲食而乃飲燕非義也度義而行之可也【家語】 子列子窮容有饑色客有言於鄭子陽者曰列禦寇有道之士也居君之國而窮君無乃不好士乎子陽令官遺之粟子列子見使者再拜而辭使者去列子妻拊心曰妾聞有道者之妻子皆得佚樂今有饑色君過而遺先生粟先生不受豈不命耶列子笑謂之曰君非自知我也以人

之言而遺我粟至其罪我也又且以人之言此吾所以不受也【莊子】 梁惠王河内凶則移其民於河東移其粟於河内河東凶亦然【孟子】 飯之美者不周之粟【呂氏春秋】 宣曲任氏之先爲督道倉吏秦之敗豪傑皆爭金玉任氏獨積倉粟楚漢相拒滎陽民不得耕種米石至百金豪傑金玉盡歸任氏以此起富【史記】 酈食其說漢高祖據敖倉天下轉輸久矣急據敖倉之粟 漢淮南王死民歌曰一斗粟尚可舂兄弟二人不相容【漢鑑】 公孫弘爲丞相封侯食一肉脫粟之飯【漢書】 漢東方朔曰侏儒長三尺餘俸一囊粟錢二百四十臣朔長九尺餘亦一囊粟錢二百四十侏儒飽欲死臣朔饑欲死也【武帝紀】 漢武帝元狩中太倉之粟陳陳相因充溢露積紅腐而不可食 馬援征隗囂於帝前聚

米爲山谷指畫形勢昭然可曉帝曰虜在吾目中矣【東觀漢記】 吳全琮父柔爲桂陽守使琮齎米數千斛至吳交易琮皆賑給士大夫之貧者空船而返柔怒對曰愚以所市非急而士大夫方有倒懸故因便賑給不及啓也柔奇之 晉劉殷夢人曰西籬下有粟窖而掘之果得粟五十鍾銘曰七年粟賜孝子劉殷 郗鑒字道徽值永嘉喪亂在鄉里甚窮餒鄉人以公名德共飴之公常携兄子邁及外甥周翼二小兒往食鄉人曰各有饑困以君之賢欲共濟君耳恐不能兼有所存公于是獨往食輒含飯着兩頰邊還吐與二兒後並得存同過江郗公殁翼爲剡縣解職歸席苫于公靈牀頭心喪三年 齊劉懷惠爲齊郡太守有餉新米一斛者劉出麥飯示之曰食有餘幸不煩此【世說】 梁沈約少貧干

求宗黨得米數百斛爲宗人所侮遂覆米而去及貴不以爲憾 梁庾詵嘗乘舟從山舍還載米百五十石有人寄載三十石至宅寄載者曰君三十石我百五十石詵默然不辨恣其取足 梁張率爲新安太守遣家僮載米三千石還宅及至遂耗其半率問故答曰鼠雀耗率笑曰壯哉鼠雀竟不研問 陳人婁鴇妻事親至孝家貧有故人至鴇使妻貸米於鄰不與其妻解衣易米歸奉客後鴇舉孝廉爲京兆州曹鄰人犯事送鴇鴇欲重案之妻諫而輕其罪皆稱其賢 隋李士謙望見盜刈其粟默而避之家僮執盜粟者士謙曰貧困所致耳可放之 唐蕭倣出太倉賤估以濟民

○**麗藻散語**　五穀者種之美者也【論語】 后稷教民稼穡樹藝五穀【孟子】

百穀實含 詩四言 於赫聖皇仁[illegible] 賦勝以服錄御氣[illegible]
斯活[illegible]
時雨洒沃野草 白露黃粱熟分[illegible]
萌芽變化嘉穀 五言 期已應春得細[illegible]
來遲味豈同金[illegible]宜[illegible]綠髮老人[illegible]日[illegible]
正想滑流匙[illegible] 玉[illegible]將成貴封人[illegible]
自昔八方需聖澤異敘發嘉禾共秀芳[illegible]
連莖瑞[illegible]多穎多甘露滴影[illegible]惠風過表[illegible]
由神化[illegible]祥織氣和因知與歸歲王道售無
題[illegible] 舉家鳴鶩雁突令無
晨炊大貧乞小貧安能不相蚩幸存顏氏帖
況有陶公詩乞米與乞食前人良可師[illegible]
[illegible] 抱疾漂萍老防邊舊穀屯春農親
異俗歲月在衡門青女霜風重黃牛峽水喧
泥留虎鬬跡月掛客秋村喬木澄稀影輕雲
倚細根數驚鵲噪暫歷想猿蹲日轉東方

白風來北斗昏天寒 七言 盧仝不出僧流俗
不成眠無夢寄歸魂 我卜郊居避俗僧
今有隣僧來乞米我今送
米乞隣僧 王荊公餽米

稻 一名稌有粳有糯粳者硬也堪作飯作粥南方以爲常食北方以爲佳品禮記祭祀謂稻爲嘉蔬周官有稻人漢有稻田使者蓋通粳糯而言也粳即秔也粳之熟也晚粳之小者謂之秈秈熟早謂之早稻有早中晚三熟水旱二類南方土下泥塗多宜水稻北方地平

惟澤土宜旱稻種類甚多其穀之紅白大小不同芒之有無長短不同米之堅鬆赤白紫烏不同味之香否軟硬不同性之溫涼寒熱不同大要北粳涼南粳溫赤粳熱白粳涼晚白粳寒新粳熱陳粳涼葉與粳似小麥穗似大麥稃與實不相粘溫中益氣止煩渴和腸胃合芡實作粥益精强志聰耳明目其類爲

香稉 一名香子粒小有斑以三十五粒入他米數升炊之芬芳香美

小香稻 赤芒白粒其色如玉食之香美凡享薦延賓以爲上品出閩中

雪裏揀 粒大色白稃軟而有芒

三穗子 一穗三百餘粒出湖州

箭子 粒細長而白味甘香九月熟稻之上品

臙脂赤 香柔而甘春煮之作純赤色晚稻上品有一種性不畏鹵可當鹹湖近海口之田不得不種

蓋下白 正月種五月刈根復生九月熟

麥爭場 三月種六月熟此種早熟農人甚賴其利食新者爭市之價倍貴

青芋稻 六月熟累子稻白漢稻七月熟此三種出益州大而長米半寸亦嘉種也

六旬稻 一名拖犁歸粒小色白四月種六月熟又有八十日稻百日赤毘陵亦有六十日秈八十日秈百日秈之品百日赤百日[illegible]俱白稃而無芒七八月熟其味白淡而紅[illegible]

香秔 粒小而性柔七月熟 烏秈 早稻也粒大而韌可織履飯之香美浙中以供賓客及老疾孕婦三月種七月收其田以蒔晚稻可再熟又有虎掌稻赤穬稻蟬鳴稻俱七月熟 早白稻 一名小白一名細白粒赤而稃芒白五月初種八月熟九月熟者謂之驪白一名蘆花白一名大白 中秋稻 粒白而大四月種八月熟八月望熟者謂之早中秋又謂之閃西風 一丈紅 五月種八月收能水水深三四尺漫撒水中能從水底抽芽出水與常稻同熟但須厚壅耳 穲柳稻 粒大而色斑五月種九月熟性硬皮莖俱白松江謂之勝紅蓮 紫芒稻 粒白穀紫五月種九月熟 紅蓮 粒大芒紅皮赤五月種九月熟 三朝齊 一名下馬看秀最易 矮白 又名師姑粒白無芒稃矮五月種九月熟 摭稻 春種夏穫七月初再插至十月熟 金城種 粒尖色紅而性硬四月種七月熟高仰所種松謂之赤米下品也 烏口稻 一名冷水結再蒔而晚熟稻之下品 他如黃稻黃陸稻豫章青赤芒青甲等稻未可枚舉

糯稻 一名秫稻苗葉莖穗與粳稻同米可炒食可釀酒可熬餳可作粢可煑糕可蒸糕水稻赤色者酒多糟少一種粒白如霜長三四分齊民要術糯有九格雉木大黃馬首虎皮長江惠成黃滿方滿香奈常秋火色等名糯者懦也性黏滯難化多食令人身軟攤諸經絡氣發癰疽瘡痛中痛合酒食醉難醒小兒及病人最忌孕婦雜肉食之令子不利

小猫犬食之腳屈不能行馬食之足重 麄黃糯 一名泥裏變言不待日曬也粒大色白芒長熟最早其色易變釀酒最佳 金釵糯 粒[illegible]長芒釀酒多 烏香糯 色烏氣香 [illegible]糯 一名趕陳糯一名趕不着粒最長白稃有芒四月種七月成熟 小娘糯 不耐風水四月種八月熟 青稃糯 稃黃芒赤已熟而稃微青最宜良田四月種九月熟 矮糯 一名矮兒糯尖大而色白四月種九月熟 硃砂糯 一名臙脂糯芒長而穀多白斑五月種九月熟 羊脂糯 色白性軟五月種十月熟 虎皮糯 白斑五月種十月熟 鐵梗糯 稃挺而堅 馬鬃糯 芒如馬鬃色赤 秋風糯 一名瞞官糯一名冷粒糯粒圓白而稃黃大暑可刈易種多收農人喜種之飯則糯釀則粳糶則減價多以代粳輸租

○粳穀奴 稷穗煤黑者 米泔汁 第二次者清而可用

○種稻 甲子戊辰己巳庚午辛未壬申癸酉甲戌丙子丁丑戊寅己卯癸未甲申戊子己丑庚寅辛卯甲午庚子辛丑壬寅甲辰丙午丁未戊申己酉壬子癸卯庚申辛酉壬戌癸亥成收開日忌平閉丑日 犁田 須犁耙三四遍青草茂糞穰灰土厚鋪於內盦爛打平方可撒種則肥而發旺 浸種 宜甲戌壬午壬辰成開日早稻清明節前浸晚稻穀雨前後浸用稻草包裹一斗或二三斗投於池塘水內缸內亦可晝浸夜收不用長流水難得生芽若未出用草盦之浸三四日後見白芽如鍼尖大取出攤陰處陰乾尋撒

田內候八九日秧青放水[illegible]遲浸八九日如前微見白芽方可[illegible]晴明則苗易竪亦須看潮候二三日復撒稻草灰於上易生根

插秧 庚午辛未癸酉丙子己卯壬午癸未甲申甲午己亥庚子癸卯甲辰丙午戊申己酉己未辛酉戌收開日芒種前後插之早稻宜上旬拔秧時輕手拔出就水洗根去泥約八九十根作一小束却于犁熟水田內插栽每四五根爲一叢約離五六寸插一叢脚不宜頻那舒手只插六叢却那一遍再插六叢再那一遍逐旋插去務要整直

揚稻 稻初發時用揚杷于稞行中揚去稗草易耘

耘稻 揚稻後將灰糞或麻豆餅屑撒田內用水搜鬆稻根則易旺耘去草盡淨近秋放水將田泥塗光謂之熇稻待土裂車水浸灌之謂之還水穀成熟方可去水或遇天少雨急鋤一遍勿令開裂候天興雲則澆肥糞待雨勿致缺水則稻發不遏

水稻 稻之名不一然非水則無以生種藝之法宜選上流出水便其性也春秋說題曰稻之爲言藉也稻含水盛其德也稻太陰精含水漸洳乃能化也淮南子曰江水肥而宜稻種稻者蓄陂塘以瀦之置堤閘以止之種時先放水十日後曳碌碡十遍地既熟淨然後下種候苗生五六寸拔而秧之高七八寸則耘之耘畢放水熇之欲秀復用水浸之苗既長茂復薅拔以去其莠農家收穫尤當及時江南上雨下水收稻必用喬杆笐架乃不遺失刈早則米青而不堅刈晚則零落而損收又恐風雨損壞

旱稻 宜用下田齊民要術曰凡下田停水處燥則堅垎濕則汙泥難治而易荒墝埆而殺種春耕者[illegible]

殺種尤甚故宜五六月[illegible]之以[illegible]大麥如冰澇不得種九月中轉至春種稻萬不失一凡種下田不問秋夏候水盡地白背時速耕杷勞頻煩令熟二月半種稻爲上時三月爲中時四月初及半爲下時漬種令開口耬耩掩種之即再遍勞苗長三寸耙勞而鋤之鋤欲速每經一雨輒耙勞苗高尺許則冒雨薅之科大如穊者五六月中霖雨時拔而栽之餘法悉與下田同今閩中有占城種即黃秈也性耐旱高仰處皆宜種謂之旱占其米粒大而且甘早種早熟六十日即可穫爲早稻佳種北方水源頗少惟陸地宜濕處種稻其耕鋤薅拔一如前法

附錄 水稗 淮南子曰蘺先稻熟而農夫薅之者不以小利妨大穫也勝之曰稗既堪水旱種無不熟之時又特滋茂良田畝得二三十斛魏武使典農種之頃收二千斛斛得米三四斗釀酒甚美釀炊食不減粟米可備荒稗稗一畝則當稻稗二畝宜擇其秸長而粒大種之備遇水旱便可多種亦救荒之一助

雕胡米 一名茭米 一名雕蓬 一名雕苽一名蔣生水中葉如蒲苗有莖梗者謂之菰蔣至秋結青實長寸許霜後採大如茅針皮黑褐色米白而滑膩作飯香脆杜詩波飄菰米沉雲黑又云滑憶雕胡飯又云爲我炊雕胡逍遙展良覿又云雕胡吹屢新又古詩炊雕留上客柳詩云香春菰米飯皆茭也周禮供御乃九穀之一內則曰魚宜苽皆水物也西京雜記云漢太液池邊皆雕胡[illegible]紫蘀綠節蓋菰之有米者味甘冷解煩熱調[illegible][illegible]胃[illegible]中生菌如瓜形色白秋月采之甚[illegible]

菘可作羹莢腳乾冬月煮肉更佳一種不結
實惟堪作薦故爾雅云蘱雉蓬薦黍蓬黍蓬之一種
即茭之不結實者楊升菴卮言謂黍蓬乃旱干
蓬青科結實如黍羌人食之今松州有之恐
另是一種

○製用 碎穀 白秈米一斗擇圓滿者浸撈如造酒法蒸七分熟蒸畢曬乾先以糯米三斗如常造酒用細料麯取酒酢窄極乾將酒酢漬蒸米曉取曬乾暮又浸又曬以酒酢盡爲度將淨罐貯米每用一撮以涼水吞之可飽一日或用飲食任意

○療治 噎病常食乾粳飯自無此疾 稻米同馬肉食發痼疾 霍亂吐瀉煩渴欲絶粳米二合研粉入水二盞研汁和淡竹瀝一合頓服 赤痢熱躁粳米半升水研取汁入油瓷瓶中蠟紙封口沉井底一夜平旦服之吳內翰家乳母病此服之有効 自汗不止粳米粉絹包頻頻撲之 五種尸病粳米二升水六升煮一沸服日三 粳米和蒼耳食令人卒心痛急燒倉米灰和蜜漿服不爾即死 卒心氣痛粳米二升水六升煮六七沸服 米瘕白米五合雞糞一升同炒焦爲末水一升頓服少時吐出瘕如研米汁或白沫淡水乃愈 小兒初生三日應開胃碎米濃煮汁如乳以豆許與兒飲之二七日可與哺愼不得與雜藥 初生無皮色赤但有紅筋乃受胎未足也用早白米粉撲之肌膚自生 小兒甜瘡生於面令母頻嚼白米臥時塗之三五次即愈 胎動腹痛急下黃汁用粳米五升黃芪六兩水七升煎二升分四服 霍亂煩渴糯米三合水五升蜜一合研汁分

服或煮汁服 三消渴病糯穀炒出白花桑白皮等分每一兩水二椀煎汁飲 禁口痢糯穀一升炒白花去殼姜汁拌濕再炒爲末每服一匙白湯下三服即止 久瀉食減糯米一升水浸一宿瀝乾慢火炒熟磨篩入懷慶山藥一兩清晨用半盞入砂糖二匙胡椒末少許以極滾湯調食大有滋補久服令人精暖有子祕方也 鼻衄糯米微炒黃爲末每服二錢新汲水調下仍吹少許入鼻中 勞心吐血糯米半兩蓮子心七枚爲末酒服曾用多効或以墨汁作丸服亦好 自汗糯米小麥麩同炒爲末每服三錢米飲下或煮猪肉蘸食 治八夜小便脚停白濁老人虛人多此症令人卒死大能耗人精液主頭昏重糯米五升炒赤黑白芷一兩爲末糯粉糊丸梧子大每服五十丸局方補腎湯下若後生稟賦怯弱房室大過小便太多小管塞澁小便如膏脂入石菖蒲牡蠣粉甚効 虛勞不足糯米入猪肚內蒸乾搗作丸常服 腹痛虛寒糯米二升炒熟袋盛拴靠痛處內以角茴香研酒服 女人白淫糙糯米花椒等分炒爲末醋糊丸梧子大每服三四十丸食前醋湯下 胎動下黃水糯米一合黃芪芎藭各五錢水一升煎八合分服 小兒頭瘡糯飯燒灰入輕粉清油調敷 纏蛇丹毒糯米粉和鹽嚼塗之 打撲傷損諸瘡寒食日浸糯米逐日易水至小滿取出曬乾炒黃爲末用水調塗 金瘡癰腫等毒糯米三升端午前四十九日以冷水浸之一日兩換水輕淘轉勿令攪碎至端午日取出陰乾絹袋盛掛通風處每用旋取炒黑爲末冷水調如膏隨瘡大小裹定瘡口外以布包定勿動直

[illegible]若毒初起未作膿腫毒者急裹上
二合久即不作膿若已潰初發燒覺焮腫
急貼之一夜便消　喉痺乍腫用前膏貼項
丁及腫處一夜便消乾即換之常令濕爲妙
竹木簽刺用前膏貼之一夜刺出在藥內
顛犬咬傷粳米一合斑蝥七枚同炒黃去
蝥又入七枚待米出煙去蝥爲末油調敷之
小便利出狗形佳　吐血不止陳紅米泔水
溫服一鐘日三　鼻衄血頻飲米泔仍以真麻
油或蘿蔔汁滴入鼻上　酒瘡以米泔食後
冷飲外以硫黃入大萊頭內煨爛塗之　服
藥過劑悶亂粳米瀋飲之　走馬喉痺燒粳
穀奴研酒服方寸匕立效　消渴飲水取稻
穰中心燒灰湯浸一合澄清飲　喉痺腫痛
稻草燒取黑煙醋調吹鼻中或灌入喉中滚
出痰立愈　熱病餘毒手足疼痛欲脫稻穰

灰煮汁漬之　下血成痔稻藁燒灰淋汁熱
漬三五度瘥　湯火傷瘡用稻草灰冷水淘
七遍帶濕攤上乾即易若瘡濕焙乾油敷二
三次愈　惡蟲入耳香油合稻稈灰汁滴入
噎食赤稻細稍燒灰滚湯一椀隔絹淋汁
三次取汁入丁香一枚白豆蔻半枚米一錢
煮粥食神効　小便白濁糯稻草煎濃汁露
一夜服　解砒毒稻草燒灰淋汁調青黛三
錢服

○典故

雨水節燒乾鑊以糯稻爆之謂之孛婁
花占稻色自早禾至晚稻皆爆一握各
以器列比竝分數斷高下以番白多爲勝卜
人口亦如之【田家五行】　唐謝玄卿遇神仙
設龍睛稻【續仙傳】　豐都稻名重思米如石
榴子稍大味如菱【玉[illegible]】　南海晉安有九熟
之稻【抱朴子】　十月之交所種者　南海
田疇膏腴所稻䅉香飫若凝脂　天竺國土
溽熱稻歲四熟【西域記】　稻一年再熟今浙
江溫州稻一歲兩種廣東又有三種田地氣
暖故也【南越外紀】　雷陽界稻十一月下種
揚雪耕耘次年四月熟與他地迥異【一統志】
交趾稻一歲冬夏再種【異物志】　東有融
阜五穀多良有旬日之稻言一旬而生也【拾
遺記】　魏文帝與群臣書江表惟長沙有好
米是時新粳稻出風吹之五里聞香【魏志】
稻花午開暮合開合皆于日中香甚有至七
開七合者　吳鍾離牧客居永興自墾荒田
稻熟民有識認者牧即與之縣長欲治以法
牧爲請得釋民慚懼舂稻得米六十斛還牧
牧不受民輸置道傍無敢取者　晉郭翻客
居臨川欲墾荒田先立表題經年無主乃作

稻將熟有認者悉推與之縣令聞而詰之以
稻還翻不受　晉孫晷見人有竊刈其稻者
從而避之須去復自刈送與　晉石崇家稻
米飯在地經宿皆化爲螺時人以爲族滅之
應　晉陶潛爲彭澤令公田悉令種秫稻妻
子固請種粳乃使二頃五十畝種秫五十畝（秫糯稻也可釀酒）
種粳　淵明嘗聞田水聲倚杖久聽歎曰秋
稻已秀翠色染人時剖胸襟一洗荊棘此水
過吾師丈人矣　唐玄宗開元十九年揚州
奏穭生稻二百一十五頃再熟稻一千八百（穭稻自生）
頃其粒與常稻無異（穭）

○麗藻散語

十月獲稻【詩】　稻人掌稼下地以
瀦蓄水以防止水以溝蕩水以遂
均水以列舍水以澮瀉水以涉揚其芟作田
凡稼澤夏以水殄草而芟夷之澤草所生種

之若種【周禮】澤田宜稻【孝經援神契】十
月穫稻人消嘗其先熟故在季秋九月熟者
謂之半夏稻【□□】【周公】龝稻一空玉粒如
時【王禾嘉】國稅再熟之稻鄉貢八蠶之綿
【三都】六月蟬鳴稻【□□】秔稻共比
【賦】詩五言 屋□稻穫空雲水 嘗稻雪翻
匙 官雞輸稻粱【□□□】罷亞百頃稻西
風吹半紅【□□】 君看隨陽雁各有稻粱謀
【□□□】 穲稏西成稻逍遙北海尊【宋張】
【伯固】 南北洞庭水北想鳩門關稻粱俱可
戀飛去復飛還【□】【周弘正】 東屯復瀼西一
種住青溪往來兼茅屋淹留為稻畦市喧宜
近利林僻此無蹊若訪衰翁語須令廢客迷
白鹽危嶠北赤甲古城東平城一川穩高
山四面同煙霜淒 野日秔稻熟天風人事傷
蓬轉寺將寺柱叢 香稻三秋末平田百頃

間喜無多屋宇幸不礙雲山御袂侵寒氣嘗
新破旅顏紅鮮終日有玉粒未吾慳 稻米
炊能白秋葵煮復新誰云滑易飽老藉軟俱
勻種幸房州熟苗同伊闕春無勞映渠盌自
有色如銀 微雨不滑道斷雲疎復行紫崖
奔處黑白鳥去邊明秋日新霜影寒江舊落
聲柴扉臨野碓半濕搗香秔 復作歸田去
猶殘穫稻功築場憐穴蟻拾穗許村童落杵
光輝白除芒子粒紅加餐可扶老倉庾慰飄
蓬 東渚雨今足佇聞粳稻香上天無偏頗
蒲稗各自長人情見非類田家滅其荒功夫
競搰了除草置岸傍穀者命之本客居安可
忘青春具所務勤墾免亂常吳牛力容易並
驅動莫當豐苗亦已穊雲水照方塘有生固
蔓延靜一資隄防 東屯大江北百頃平若
案六月青稻多千畦碧泉亂插秧適云已引

溜加溉灌更僕往方塘決渠當斷岸公私各
地著浸潤無天旱主守問家臣分明見溪伴
芊芊炯翠羽剡剡生銀漢鷗鳥鏡裏來關山
雪邊看秋菰成黑米精鑿傳白粲玉粒足晨
炊紅鮮任霞散終然添旅食作苦期壯
觀遺穗及眾多我倉戒滋蔓【杜甫】 七言
香稻啄殘鸚鵡粒 稻米流脂粟米白公私
倉廩俱豐實【杜甫】 翠浪舞翻紅罷亞白
雲穿破碧玲瓏【東坡】 百里飽看紅穲稏一
杯輕憶黑蜿蜒【□□】 良田膴膴無西東穲
稏卧畦雲滿叢 十里稻香新綠野一聲歌
斷舊青樓【□□】 東屯稻畦一百頃北有澗
水通青苗 晴谷押鷗分處處雨隨神女下朝
朝【□□】 空憐碧玉贈珊瑚坐見飛花滿
徑鋪留得博山爐內火待 板扉小隱青溪
君今日進熙朝【孫齊之】 詞 曲夜月羅浮松

墻覆木籠蔓蔓搖生穀莊田塹桔槔懸向茆
簷屋 青山一片芙蓉簇林皐遠韻飄橫竹遠
浦輕帆低幾幅濃睡足笑看
小婦鬟鬟綠【□小□】【漁家傲】

脂麻 一名芝麻一名油麻一名胡麻一名巨勝
一名方莖一名藤弘一名狗蝨沈存中筆談
云胡麻即今油麻古者中國止有大麻張騫
始自大宛得油麻種來故名胡麻巨勝即胡
麻之角巨如方勝者方莖以莖名狗蝨以形
名油麻脂麻以多油名曰藤弘者弘亦巨也

隋大業中又改爲交麻今俗作芝麻者非陶弘景曰胡麻八穀之中惟此爲良李時珍曰脂麻有早晚二種黑白赤三色莖皆方高者三四尺葉光澤有本團而末銳者有本團而末分三丫如鴨掌形者葛洪謂一葉兩尖爲巨勝蓋不知烏麻白麻皆有二種葉也秋開白花似牽牛花而微小亦有帶紫豔者節節生枝結角長者寸許四稜六稜者房小而子

少七稜八稜者房大而子多皆隨地肥瘠蘇恭謂四稜爲胡麻八稜爲巨勝謂其房大勝諸麻也枝四散者角繁子多一莖獨上者角稀子少取油以白者爲勝可以煎可以然點服食以黑者爲良胡地者子肥大其紋鵲其色紫黑取油亦多尤妙其色黑入腎能潤燥也赤者狀如老茄子錢乙治痘瘡變黑歸腎用赤脂麻煎湯送百祥丸取其解毒耳

○花 漬汁和麪至韌滑人食之[illegible]愈七月七日采烏麻花取上標頭者陰乾爲末烏麻油漬之眉毛不生 稭 入米倉內米者日塗之卽生又生禿髮 不蛀燒灰入點痣及去惡肉方中用除夜撒之臥房內外云可避邪又生脂麻單條者名霸王鞭豎卧房前亦云 葉 湯浸良久涎出稠黃色 生笮可獻鬼 婦人用梳頭沐髮去風 油 者良有潤燥解毒止痛消腫之功蒸炒者止可食用及燃燈不堪入藥入藥以烏麻油爲上白麻油次之須自笮者可用市者恐爲贋月油久亦不壞點燈照蠶辟蟲熬膏藥極效搽婦人頭髮黑光不臭不生蟣虱 麻餅 笮去油麻滓也亦名麻枯可食荒歲人以救飢入醬作醬甚滑膩又可養魚肥田周禮祭祀用蕡亦此義也 燈盞殘

油 治風痰食毒塗癰腫熱毒制犬咬傷以灌瘡口甚良

賢汁種

○種植 須肥地荒地亦可但多加糞三月爲上時四月上旬爲中時五月上旬爲下時種前種實多而成種後種子少多秕每畝二升取沙土中拌和之則入地勻須多種宜甲子壬申丙子壬午及六月三卯日忌西南風及辛亥寅末日一云夫婦同種則茂 收 鋤三四遍逾多逾妙頻鋤草淨簡熟者先 割 穫束欲小大則難乾五六束一攢斜倚之使風得入候口開以小杖微打令子出仍攢之三日一打四五遍乃淨晒乾收藏

○附錄青蘘 一名夢神一名胡麻巨勝苗也一作葉服食家作菜川其法秋間取巨勝子種肥地畦中如種菜法苗出鋤令無草乾卽灌水采食滑美如葵

○服食 抱朴子云用上黨胡麻三斗淘淨甑蒸令氣遍日乾以水淘去沫再蒸如此九度以湯脫去皮簸淨炒香爲末白蜜棗膏丸彈子大每服溫酒化下一丸日三忌毒魚狗肉生菜服至百日除一切痼疾一年身面光澤不饑二年白髮返黑三年齒落更生四年水火不能害五年行及奔馬若欲下之飲葵菜汁 孫眞人云用胡麻三升去黃褐者蒸三十遍微炒香爲末入白蜜三升杵三百下丸梧子大每旦服五十丸人過四十以上久服明目洞視腸柔如筋 魯女生服胡麻餌朮絕穀八十餘年甚少壯日行三百里走及麞鹿

○療治 治五臟虛損益氣力堅筋骨用巨勝九蒸九曝收貯每服二合湯浸布裹挼去皮再研水濾汁煎飲和粳米煑粥 腰脚痛新胡麻一升炒香杵末日服一小升服至一斗永瘥溫酒蜜湯姜汁任下 手脚酸痛微腫用脂麻炒研五升酒一斗浸一宿隨意飲入水肢腫作痛生胡麻擣塗之 偶感風寒脂麻炒焦乘熱擂酒飲煖臥取微汗良中暑毒死新胡麻一升炒令黑攤冷爲末新汲水調服三錢或作丸水下 嘔啘不止白油麻大合清油半斤煎取三合去麻溫服牙腫痛胡麻五升水一斗煑汁五升含嗽吐之不過二劑效 熱淋莖痛烏麻蔓菁子各五合炒黃緋袋盛井華水三升浸之每食前一錢 小兒下痢赤白用油麻一合擣和蜜湯服之 解下胎毒小兒初生嚼生脂麻綿包與兒咂之其毒自下 小兒急疳油麻嚼敷之 小兒軟癤油麻炒焦乘熱嚼爛敷之 頭面諸瘡脂麻生嚼敷 小兒瘰癧脂麻連翹等分爲末頻頻食之 疔腫惡瘡胡麻燒灰針砂等分爲末醋和敷之日三 痔瘡風腫作痛胡麻煎湯洗即消 坐板瘡疥生脂麻嚼敷之 陰痒生瘡胡麻嚼爛傅之乳瘡腫痛脂麻炒焦研末燈窩油調塗效婦人乳少脂麻炒研入鹽少許食 湯火傷肉胡麻生研如泥塗 蜘蛛諸虫咬瘡油麻研爛敷 蚰蜒入耳胡麻炒研作袋枕之喉中痛痒此因誤吞麥芒所刺痒痛也穀賊屬咽尸咽屬喉用脂麻炒研白湯調下癰瘡不合烏麻炒黑擣敷 小便尿血胡麻三升杵末以東流水二升浸一宿平旦絞汁頓熱服 病髮癥者用油一升入香澤煎之置病人頭邊令氣入口鼻勿與飲疲極眠睡蟲當從口出急以石灰粉手捉取抽盡初出如不流中濃菜形 胸喉間覺有蟲上下嘗聞蔥豉食香此髮癥蟲也二日不食開口而臥以油煎蔥豉令香置口邊虫當出以物引去之愈 宋明帝宮人腰痛牽心發則氣絕徐文伯診曰髮瘕也以油灌之吐物如髮引之長三尺頭已成蛇能動搖懸之滴盡惟一髮耳 解虫毒清油多飲取吐 解河豚毒倉卒無藥急以清麻油多灌取吐出毒物即愈 砒毒麻油一碗灌之 療大風疾并熱風手足不隨壓丹石熱毒硝石一兩生烏麻二大升同納鐺中以土墼蓋口紙泥固濟細火煎之初煎氣腥藥熟則香氣發更以生脂麻油二大升和合微煎以意斟量得所即納不津器中凡大風人用紙屋子坐病人外面燒火發汗日服一大合壯者日二服三七日頭面皰瘡皆滅 傷寒發黃生烏麻油一盞

水半盞雞子白一枚和攪服之 小兒發熱不拘風寒飲食時行痘疹並宜用以蔥涎入香油內手指蘸油摩擦小兒心頭面項背諸處最能解毒涼肌 預解痘毒生麻油一小盞水一盞旋旋傾于油內柳枝攪稠如蜜每臨卧服二三蜆殼大人二合三五服大便快利瘡自不生又麻油童便各半盞如上法服 小兒初生二便不通真香油一兩皮硝少許同煎滚令定徐徐灌入口中服下即通 卒熱心痛生麻油一合服之良 鼻衄不止紙條蘸真麻油入鼻取嚏即愈有人一夕衄血盈盆用此而効 胎死腹中清油和蜜等分入湯頓服 漏胎難產血乾澁也清油半兩好蜜一兩同煎數十沸溫服胎滑即下 產腸不收油五斤煉熟盆盛令婦坐盆中飯久用皂角炙去皮研末吹少許入鼻作嚏立上 癰疽發背初作即服使毒不內攻麻油一斤銀器煎二十沸和醇醋二碗分五次一日服盡 腫毒初起麻油煎蔥黑色趂熱通手旋塗自消 喉痺腫痛生油一合灌之即愈 服丹石人先宜以麻油一升薤白三升切納油中微火煎黑去滓合酒每服三合百日氣血充盛 身面瘡疥及梅花禿癬清油一碗以小竹子燒火入內煎沸瀝豬膽汁一箇和勻剃頭擦之二三日即愈勿令日曬 赤禿髮落香油水等分以釵攪和日日擦之髮生乃止 髮落不生生胡麻油塗之 令髮長黑生麻油桑葉煎過去滓沐之 治聾生油日滴三五次候耳中塞出即愈 蚰蜒入耳用麻油作煎餅枕臥須臾自出李元淳尚書在河陽日蚰蜒入耳無計可為腦門有聲至以頭擊門柱狀甚危 因用此方乃愈

蜘蛛咬 蜂螫 香油和鹽擦之 冬月唇裂香油頻頻抹之 身面白癜酒服生胡麻油一合一日三服至五斗瘥忌生冷猪雞魚蒜等百日 小兒丹毒生麻油塗之 打撲傷腫熟麻油和酒飲以火燒熱地臥覺即疼腫俱消 虎爪傷先喫清油一碗仍以油淋洗瘡口 飛絲入喉嚼胡麻苗即愈 毒蛇螫傷急飲好清油一二盞解毒然後用藥 揩牙烏鬚麻油八兩鹽花三兩生地黃十斤取汁同入鐺中熬乾以鐵蓋覆之鹽泥泥之煅赤取研末日用三次揩畢飲姜茶先從眉起一月皆黑 疽瘡有蟲生麻油滓貼之綿裹當有蟲出 小兒鹽哮脂麻稭瓦內燒存性出火毒研末以淡豆腐蘸食之 聤耳出膿白麻藍剉取一合花胭脂一枚為末綿裹塞耳中 崩中血凝滯胡麻苗生搗一升滾湯絞汁半斤服之即愈

○典故 漢明帝永平中剡縣劉晨阮肇入天台采藥迷路見二女絕色喚二人名因邀過家出胡麻飯山羊脯食之

○麗藻 詩五言 御羹和石髓香飯進胡麻 唐詩

居然在玄圃不必飯胡麻 馮

七言 蓬鬢荊釵世所稀布裙猶是嫁時衣胡麻好種無人種正是歸時不見歸

稭上 聲後去 聲

蜀黍 一名高粱 一名蜀秫 一名蘆穄 一名蘆粟 一名木稷 一名荻粱以種來自蜀形類黍故

故有諸名種不宜卑下地春月早種得子多秋收莖粗高丈餘狀似蘆荻而內實葉亦似蘆穗大如帚粒大如椒紅黑色米性堅實黃赤色熟時先刈其穗稍成束攢而立之方得乾米有二種粘者可和糯秫釀酒作餌不粘者可作糕煑粥可濟饑亦可養畜莖可織箔編席夾籬供爨稍可作箒帚殼浸水色紅可以紅酒有利於民者最博性甘溫澁溫中澁腸胃止泄瀉

○療治 橫生難產重陽日取高粱根名爪龍陰乾燒存性研末酒服二錢即下　心氣疼痛喘滿高粱根煎湯溫服神効　小便不通紅蜀黍根二兩扁蓄一兩半燈心百莖每服半兩長流水煎飲

薏苡 薏音意

一名芑實一名屋菼一名贛米一名解蠡一名薏珠子一名西番蜀秫一名回回米一名草珠兒處處有之交趾者子最大出眞定者佳今多用梁漢者氣劣於眞定春生苗莖高三四尺葉如黍葉開紅白花作穗五六月結實青白色形如珠子而稍長故呼薏珠子取用以顆小色青味甘粘牙者良形尖而殼薄米白如糯米此眞薏苡也可粥可麪可同米釀酒性微寒無毒養心肺上品之藥健脾益胃補肺清熱去風勝濕消水腫治筋急拘攣去乾濕脚氣大驗久服輕身辟邪令人能食

○仁 取子於甑中蒸使氣餾曝乾挼之得仁亦可碾取凡使每一兩同糯米一兩炒熟去糯米用亦有以鹽湯煑者

根 甘微寒無毒煑糜食甚香去蚘虫大效心腹煩滿及胸脇痛剉三升煑濃汁服汁能墮胎氣

葉 作飲氣香益中暑月煎飲暖胃益氣血初生小兒煎湯浴之無毒

○附見菩提子 形圓殼厚粒堅米少即粳穢也可爲念經數珠亦呼爲念珠云

○製用 薏苡仁舂熟炊爲飯食之治冷氣　薏苡仁爲末同粳米煑粥日日食補正氣利腸胃消水腫治風痺除胸中邪氣治筋脉拘攣除消渴飲水

○療治 風濕身痛日晡劇者麻黃三兩杏仁二十枚甘草薏苡仁各一兩以水四升煑取

二升分二服　水腫喘急郁李仁三兩研濾汁煮薏苡仁飯日食　心腹煩滿胸脇作痛薏苡根濃煮汁服○中風筋急語遲脉強小續命湯加薏苡仁劾　沙石熱淋痛不可忍薏苡仁子葉根皆可用水煎熱飲夏月冷飲以通爲度　周痺緩急偏者薏苡仁十五兩大附子十枚炮爲末每服方寸匕日三　肺痿咳唾膿血薏苡仁十兩杵破水三升煎一升酒少許服　肺癰咳唾心胸刺痛醇苦酒煑薏苡仁令濃微溫頓服肺有血當吐出愈　肺癰咯血薏苡仁三合搗爛水二大盞煎一盞入酒少許分二服　喉卒癰腫吞薏苡仁二枚良　癰疽不潰薏苡仁一枚吞之　孕中有癰薏苡仁煮汁頻飲　牙齒䘌痛薏苡稭生研末點服不拘大人小兒　黃疸如金薏根煎湯和酒頻服　蛔虫心痛薏根一

斤切水七升煮三升服虫死盡出　經水不通薏根一兩水煎服數服劾　牙齒風痛薏根四兩水煮含漱冷卽易之

○典故　後漢書馬援在交趾常餌薏苡云能輕身省慾以勝瘴氣　張師正云辛稼軒患疝疾重墜大如杯一道人教以薏珠用東壁黃土炒過水煮爲膏服數服卽消程沙隨病此稼軒授服之亦劾　濟生方治肺損咯血切熟豬肺蘸薏仁末空心服之薏仁補肺豬肺引經也屢用有劾

○麗藻　詩五言　稻粱求未足薏苡謗何頻　杜少陵　七言　南國絲來多薏苡東山日可聞松蘿　[illegible]

[illegible]處處有之莖高三四尺蔓生莖葉蔓延葉圓有尖色青帶黑上有小白毛秋開小白花成叢結莢長寸餘多者五六粒亦有一二粒者經霜乃熟緊小者爲雄豆入藥良大者止堪食用作豉及喂牲畜下種忌壬子日味生則平炒則熱煮則寒作豉主發散造醬及生黃卷平牛食之溫馬食之冷一體之中用之數變小兒以炒豆同豬肉食多壅氣致死十

歲以上則無妨服萆麻子及厚朴者並忌炒豆犯之脹滿致死豆者莢穀之總名也大者皆謂之菽小者皆謂之荅葉謂之藿

○種植　槐無虫宜豆夏至前後下種上旬種則花密莢多宜甲子丙子戊寅壬午及六月三卯日忌西南風及申卯日肥地宜稀薄地宜密纔出便鋤草淨爲佳使葉蔽其根不畏旱穫宜晚莢赤莖蒼葉微黃方穫

○附錄　穭豆　一名䝁豆一名䝁菽一名治䝁一名鹿豆一名驢豆黑豆中最細者卽小黑豆也野生今下地亦種之小科細粒[illegible]如[illegible]霜後熟可蒸食甘溫無毒炒焦黑熱

菽亦作[illegible]

投酒中於產後冷血

○製用 斷華以鹽煮黑豆常食之云能補腎蓋豆乃腎之穀其形類腎黑色通腎引之以鹽所以妙也 李守愚侵晨井華水吞黑豆五七粒謂之五臟穀至老視聽不衰【荆[illegible]】【近事】魏權日每食後磨拭吞三十粒使人長生初服似身重一年後便覺身輕又益陽道 仙方辟穀用黑豆一升去皮貫衆甘草各一兩吳术砂仁各五錢剉片水五升文武火煮至水盡去藥取豆搗如泥丸芡實大名大造丸有益磁瓶密封食之甘甜每嚼一丸總食百草能解諸毒 服大豆令人長肌膚益顏色塡骨髓加氣力補虛能食不過兩劑大豆五升如作醬法取黃搗末以猪肪鍊膏和丸梧子大每服五十丸至百丸溫酒下神

驗秘方也肥人忌服【博物志云左慈荒年法】用大豆粒細調勻者生熟挼令光暖徹豆內先日不食以冷水頓服訖一切魚肉菜果不得復食渴飲冷水初小困十日後體力壯健不思食【黃山谷救荒法】云黑豆貫衆各一升煑熟去衆晒乾每日空心啗五七粒食百木枝葉皆有味可飽【王氏農書辟穀方】大豆五斗淘淨蒸三遍去皮大麻子三斗浸一宿亦蒸三遍令口開取仁各搗爲末和搗作團如拳大入甑內蒸從戌至子時止寅時出甑午時晒乾爲末服之以飽爲度不得食一切物第一頓飽七日第二頓飽四十九日第三頓三百日第四頓永不饑不問老少令人强壯容貌紅白永不憔悴渴研大麻子湯飲之轉更滋潤臟腑若要重吃物用葵子三合研末煎湯冷服取下藥如金色乃諸物並

無所損隨州守朱頌教民用之有驗 又方黑豆五斗淘淨蒸三遍晒乾去皮爲末秋麻子三升浸去皮晒研糯米三斗做粥和搗爲劑如拳大入甑中蒸一宿晒爲末紅小棗五斗煑去皮核和爲劑如拳大再蒸一夜服之至飽如渴飲麻子水脂麻亦可勿食一切物

大豆黃卷 壬癸日以井華水浸大豆候芽生四五指去皮陰乾用宜腎除胃中積熱

○療治 古方有豆紫湯破血去風除氣防熱產後兩日尤宜服之烏豆五升炒令烟絕投一斗酒中待酒紫赤色去豆量性服之日夜三盞神驗月經不斷同中風噤口加雞屎白二升和炒投之 治產後百病或血熱或有餘血水氣或中風困篤或背强口噤或煩

熱痠瘲口渴或身頭皆腫或身痒嘔逆直視或手足頑痺頭旋眼眩此皆虛熱中風也用大豆三升炒熱至微煙出入瓶中以酒五升沃之經一日以上服酒一升溫令少汗出身潤卽愈口噤者加獨活半斤微搥破同沃產後宜常服以防風氣又消結血 中風口喎用上方日服一升 頭風頭痛上方密封七日溫服 破傷風口噤大豆一升炒去腥氣勿使太熟杵末蒸令氣遍取下甑以酒一升淋之溫服一升取汗傅瘡上卽愈 項强不得顧視大豆一升蒸變色囊裹枕之 暴得風疾四肢攣縮不能行大豆三升淘淨濕蒸以醋二升傾入瓶中鋪於地上設席豆上令病人臥之重蓋五六層衣豆冷漸漸抽衣仍令一人於被內引挽攣急處更蒸豆再作并飲荆瀝湯如此三日三夜卽休 新久虛

風入臟中大豆一斗水五斗煮取一斗二升去滓入美酒斗半煎取九升旦服取汗神驗　風毒攻心煩躁恍惚大豆半升淘淨水二升煮七合食後服　卒風不語大豆煮汁煎稠如飴含之并飲汁　喉痺不語同上法　卒然失音生大豆一升青竹算子四十九枚長四寸闊一分水煮熟日夜二服瘥　熱毒攻眼黑豆一升分作十袋沸湯中蒸過更互熨之三遍愈　卒然中惡大豆二十枚雞子黃一個酒半升和勻頓服　陰毒傷寒危篤者黑豆炒乾投酒熱飲或灌之吐則復飲汗出爲度　腸痛如打大豆半升炒焦入酒一升煮沸飲取醉　腰脇卒痛大豆炒二升酒三升煮二升頓服　再以豆六升水拌濕炒熱布裹熨之冷即易　脚氣衝心煩悶不識人大豆一升水三升濃煮汁服未定再服　身

面浮腫烏豆一升水五升煮三升入酒五升更煮三升溫分三服不瘥再合　又方烏豆煮至皮乾爲末每服二錢米飲下立效　新久水腫大豆一斗清水一斗煮取八升去豆入薄酒八升再煎取八升服之三服水當從小便出　夏秋間露坐夜久腹中痞如群石在腹用大豆半升生姜八分水三升煎一升頓服瘥　霍亂脹痛大豆生研水服方寸匕　水痢不止大豆一升炒白术半兩爲末每服三錢米飲下　男子便血用黑豆一升炒焦研末熱酒淋之去豆飲酒神效　一切下血雄黑豆緊小者皂角湯微浸炒熟去皮爲末煉猪脂和丸梧子大每服三十丸陳米飲下　小兒沙淋黑豆一百二十粒生甘草一寸新水煮熱入滑石末乘熱飲良　腎虛消渴難治者黑大豆炒天花粉等分爲末糊丸梧

子大黑豆湯下七十丸日二　消渴飲水烏豆置牛膽中陰乾百日吞盡即瘥　痘瘡發歷大黑豆二合炒熟炙甘草一錢水一盞煎汁時時飲之　靖康二年春京師大疫有異人書此方於壁間用之立驗　乳石發熱烏豆二升水九升銅器煮五升熬稠一升飲之解礬砒巴豆毒　酒食諸魚毒大豆一升煮汁服得吐卽愈　惡刺瘡痛大豆煮汁漬之瘥　湯火灼瘡大豆煮汁飲之易愈無痕　打頭青腫豆黃末傅之　折傷墮墜瘀血在腹氣短大豆五升水一斗煮汁二升頓服劇者不過三作　豌瘡煩燥大豆煮汁飲之佳　豆瘡濕爛黑大豆研末敷之　小兒頭瘡黑豆炒存性研水調敷之　身面疣目七月七日以大豆拭疣上三過使本人種豆於南向屋東頭第二溜中豆生葉以熱湯沃殺卽愈

染髮令烏醋煮黑豆去豆煎稠染之　牙齒不生不拘大人小兒年多者用黑豆三十粒牛糞火內燒令煙盡研入麝香少許先以針挑破血出以少許揩之不得見風忌鹹物　牙痛黑豆煮酒頻頻漱之良　妊娠腰痛大豆一升酒三升煮七合空心飲之　子死腹中月數未足母欲悶絕者大豆三升醋煮濃汁頓服立出　胞衣不下大豆半升醇酒三升煮一升半分三服　辟禳時氣以新布盛大豆一斗納井中一宿取出每服七粒佳　蛇毒入菜果中食令人得病名蛇蠱大豆爲末酒漬絞汁服半斤　身如蟲行大豆水漬絞漿旦旦洗之或加少麪沐髮亦良　小兒丹毒濃煮大豆汁塗之甚良　風疽瘡疥凡脚腨及曲秋中痒搔則黃汁出者是也以青竹筒三尺入大豆一升馬屎糠火燒熏以器兩

頭取汁搽之先以泔清水和鹽洗之不過三
度極効　肝虛目暗迎風下淚用臘月牯牛
膽盛黑豆懸風處四十九日取出每夜吞
三七枚久之自明　小兒胎熱黑豆二錢甘
草一錢入燈心七寸淡竹葉一片水煎　天
蛇頭指痛臭甚者黑豆生研末入繭內籠之
止渴大豆苗嫩者三五十莖塗酥炙黃為
末每服二錢人參湯下　小兒血淋大豆葉
一把水四升煑二升頓服　治瘧五月五日
午時用黑豆四十九粒水泡去皮入人言一
錢同搗如泥丸桐子大雄黃為衣陰乾臨發
日早東面無根水送下一丸忌發物熱物魚
腥生冷茶豆湯三日
神效渴飲溫熱水

○典故　齊威公伐山戎以戎菽遍布天下〔管子〕
成十八年周子有兄無慧不能辨菽 周子晉悼公也

麥　漢更始時蘇成反應王朗劉秀趣駕出
城晨夜南馳至蕪蔞亭時天寒馮異上豆粥
明旦秀曰昨得公豆粥饑寒俱解〔漢史〕　漢
劉平為賊所劫叩頭曰老母饑少氣力恃平
為命願得還進食於母馳來就死涕泣發於
肝膽賊即遣去平乃撫三斗豆以謝賊〔孝子
傳〕　閔貢字仲叔與周黨為友每過仲叔見
其啜菽飲水亦無菜茹〔東觀漢紀〕　溫陵人
家中元前數日以水浸黑豆暴之及芽以糠
皮寘盆內鋪沙植豆用板壓長則覆以桶曉
則晒之欲其齊而不為風日損也中元則陳
於祖宗之前越三日出之洗焯漬以油鹽苦
酒香料可為茹捲以麻餅尤佳色淺黃名鵞
黃豆生　弘治乙卯六月黟歙雨豆〔[illegible]〕
〔祥〕　隆慶六年四月陝西西寧衛天降黑豆
遍地人食之〔[illegible]〕　相國張文蔚莊內有

鼠狼穴養四子為蛇所吞鼠狼雌雄情切乃
於穴外坌土壅穴俟蛇出頭度其回轉不便
當腰咬斷而劈腹銜出四子尚有氣　於穴
外銜豆葉嚼而傅之皆活後人以豆葉治蛇
咬蓋本於此〔抱朴子內篇〕

○麗藻散語　采菽采菽筐之筥之　中原有菽
庶民采之　菽荏菽旆旆〔詩〕

詩四言　田彼南山蕪穢不治種豆一頃落而
為萁人生行樂耳須富貴何為〔楊惲〕

五言　煑豆然豆萁豆在釜中泣本是同根生
相煎何太急〔曹子建〕　種豆南山下草
盛豆苗稀晨興理荒穢帶月荷鋤歸〔陶淵明〕
相携行豆田秋花靄霏霏子實不得喫貨
市送王畿盡囊係軍旅用迫此公家威〔杜子美〕
傍簷時蓺荳插竹便成籬蔓引清風入花

發曉露滋先秋凉瑟瑟帶月影離離　南
相對茅茨下幽居典在茲〔郭[illegible]〕　七言　山
豆苗早藁穢〔杜子美〕　地碓春秔光似玉沙
瓶煑豆軟如酥〔蘇東坡〕　豆花雨過晚生涼
林館孤眠怯夜長自是愁多不成
寐非緣金井有啼螿〔孟淑卿女郎〕

〔黃豆〕亦有小大二種種耘收穫苗葉莢其與黑
豆無異惟葉之色稍淡結角比黑豆稍肥其
豆可食可醬可豉可油可腐腐之滓可喂猪
荒年人亦可充饑油之滓可糞地其可然火
葉名藿嫩時可為茹

○**製用** **食香豆** 六月六日以淘淨大黃豆煮爛取出候冷以麪為衣攤於席上以衣蓋之又用青蒿罨一七取出曬乾搓去麪黃入缸煎紫蘇鹽湯候冷浸豆與水平每豆一斤用鹽六兩浸過一夜取出和食香拌勻裝淨罎內令日曬四五日從新搜過一次再曬再搜四五次用

○**療治** 甜瘡及痘後生瘡黃豆燒黑研細麻油調搽

白豆 一名飯豆色白亦有土黃色較綠豆差大四五月種苗葉似赤小豆而微尖嫩者可作菜亦可生食味甘平調中補五臟煖腸胃腎之穀也腎病宜食浙東一種味更勝作醬作腐極佳北方水白豆相似而不及

綠豆 綠以色名也作菉非圓小者佳大者名植豆功用頗同四月下種苗高尺許葉小而有毛至秋開小白花莢長二三寸比赤豆莢微小有二種粒粗而色鮮者為官綠又名明綠**皮薄粉多粒**小而色暗者為油綠又名突綠皮厚粉少早種者名摘綠可頻摘也遲種名拔綠一拔而已性甘寒無毒肉平皮寒用宜連皮解金石砒霜草木一切諸毒生研新汲水服反榧子殼害人合鯉魚鮓食久則令人肝黃成渴病北人用之甚廣可作豆粥豆飯豆酒炒食麨食水泡磨為粉澄濾作餌蒸糕盪皮壓索為食中要物亦可餵牲畜真濟世良穀也

○**花** 解酒毒 **莢** 赤痢經年不愈蒸熟隨意食之良 **綠豆粉** 甘涼無毒其膠粘者脾胃虛人不可多食近杏仁則爛不能作索 **豆芽** 解酒毒熱毒利三焦為菜中佳品 **葉** 治霍亂吐下絞汁和醋少許溫服

○**種豆** 宜刈了麻地上種之太早不生莢若其年李不蛀則豆有收忌卯日下種

○**製用** **豆芽** 先取濕沙納甆器中以綠豆勻撒其上如種藝法深桶覆藏室中勿令見風日一次掬水洒透候其苗長可尺許摘取擇取湯焯過以料蘸供之赤豆亦可然不如綠豆之佳

○**療治** **三豆飲** 治天行痘瘡預服此疏解熱毒縱出亦少用綠豆赤小豆黑大豆各一

升甘草節二兩以水八升煮極熟任意食豆
飲汁七日乃止一方加黃大豆白大豆名五
豆飲　痘後癰毒初起以三豆膏治之神效
以上三豆等分爲末醋調時時塗之卽消
防痘入眼綠豆七粒令兒自投井中頻視七
遍乃還　小兒丹毒綠豆五錢大黃二錢爲
末生薄荷汁入蜜調塗　赤痢不止大麻子
水研濾汁煮綠豆食之極效粥食亦可　老
人淋痛青豆二升橘皮二兩煮豆粥下麻子
汁一升空心漸食之并飲其汁甚驗　消渴
飲水綠豆煮汁並作粥食　心氣疼痛綠豆
二十一粒胡椒十四粒同研白湯調服卽止
十種水氣綠豆二合半大附子一枚去皮
臍切作兩片水三碗煮熟空心臥時食豆次
日將附子兩片作四片再以綠豆二合半如
前煮食第三日別以綠豆附子如前煮食第
四日如第二日法煮食水從小便下腫自消
未消再服忌生冷毒物鹽酒六十日最效
內托散凡有疽疾一日至三日之內宜連進
十餘服方免變證使毒氣出外服之稍遲毒
氣內攻漸生嘔吐或鼻生瘡菌不食卽危矣
四五日後亦宜間服之用眞綠豆粉一兩乳
香半兩燈心同研和勻以生甘草濃煎湯調
下一錢時時呷之毒氣沖心有嘔逆之證大
宜服此蓋綠豆壓熱下氣消腫解毒乳香消
諸癰腫毒服至一兩則香徹瘡孔中眞聖藥
也　瘡氣嘔吐綠豆粉三錢乾胭脂五分研
勻新汲水調下一服立止　霍亂吐痢綠豆
粉白糖各二兩新汲水調服卽愈　解燒酒
毒綠豆粉盪皮多食之卽解　解鴆酒毒綠
豆粉三合水調服　解砒石毒綠豆粉寒水
石等分以藍根汁調服三五錢　解諸藥毒

巳死但心頭溫者用綠豆粉調水服　打撲
傷損用綠豆粉新銚炒紫新汲井水調敷以
杉木皮縛定其效如神此汀人陳氏夢傳之
方　杖瘡疼痛綠豆粉炒研以雞子白和塗
之妙　外腎生瘡綠豆粉蚯蚓糞等分研塗
之　暑月痱瘡綠豆粉二兩滑石一兩和勻
撲之一加蛤粉二兩　一切腫毒初起用綠
豆粉炒黃黑色猪牙皂莢一兩爲末米醋調
敷之皮破者油調敷　癍痘目生翳綠豆皮
白菊花穀精草等分爲末每用一錢以乾柹
餠一枚粟米泔一盞同煮乾食柹日
三服淺者五七日深者半月見效

○典故　東極之東有傾離之豆見日卽傾葉食
之歷歲不饑豆莖皆大若指而綠色爛
熳數畝拾遺記　石崇爲客作豆粥咄嗟便
辦恒冬天得韭蓱虀王愷爲搤腕乃密貨崇
帳下都督問所以都督曰豆至難煮唯預作
熟客至但作白粥以投之韭蓱虀是擣韭根
雜以麥苗爾世說　同年友唐公諱之夔號
抱一西粵人也言其地無綠豆每承舍入京
包中止帶斗餘多則至某江輒遇風浪不能
渡到彼中比於藥物凡患時疾者用等秤買
一家煮豆香味四達兩隣
對門患病人聞其氣輒愈

赤小豆一名赤豆一名紅豆處處種之夏至後
下種苗高尺許葉本大末尖至秋開花淡銀
褐色有腐氣莢長二三寸比綠豆莢稍大色
微白帶紅三青二黃時卽收之色赤黯而粒

緊小者入藥甘酸平無毒心之穀也性下行
通乎小腸能入陰分治有形之病行津液利
小便消脹除腫止吐治下痢腸澼解酒病除
寒熱排膿散血通乳汁下胞衣利產難皆病
之有形者水氣脚氣最爲急需有人患脚氣
袋盛此豆朝夕踐踏久之遂愈此豆可煮可
炒可粥飯可作麫食餡並良久服則津血滲
泄令人肌瘦身重合魚鮓食成消渴其稍大

而鮮紅淡紅者止可食用
○花 一名赤婢腐解酒毒明目下水氣治小兒
丹毒腐婢相傳爲葛花又海邊有小樹狀
如梔子莖葉多腐氣土人呼爲腐婢治瘧有
效酒漬皮服治心腹疾三物名同而實異
葉 去煩熱止小便數煮食明目小豆利小便
而葉止小便與麻黃發汗根止汗同物理
之異 妊娠數月經水時來名漏胎小豆芽
如此 芽 爲末溫酒服方寸匕日三効乃止
○製用 赤小豆治一切癰疽瘡疥及赤腫不拘
善惡爲末水調塗之無不愈者但其性
粘乾則難去搗入苧根
粘而不枯其法最妙
○療治 水腫赤小豆五合大蒜一顆生姜五錢
商陸根一條並碎水煮爛去藥空心食

豆旋旋嚥汁令盡服當消 一治水腫從腳起入
腹則殺人赤小豆一升煮極爛取汁五升溫
漬足膝若已入腹但食小豆勿雜食亦愈此
驗 一水蠱腹大動搖有聲皮膚黑者赤小豆
三升白茅根一握水煮食豆以消爲度 辟
禳瘟疫正月朔旦及十五日以赤小豆二七
枚麻子七枚投井中辟瘟疫甚効又正月七
日新布囊盛赤小豆置井中三日取出男吞
七枚女吞二七枚竟年不病 辟厭疾病元
旦面東以虀水吞赤小豆三七枚一年無諸
疾又七月立秋日面西以井華水吞赤小豆
七粒一秋不犯痢疾 傷寒狐惑脉數無熱
微煩默默但欲臥汗出初得三四日目赤如
鳩七八日目四眥黃黑若能食膿已成也小
赤豆三升水浸出芽當歸三兩爲末漿水服
方寸匕日三服 下部卒痛如鳥啄之狀小

豆大豆各一升蒸熟分作二囊更互坐之即
止 水穀痢疾小豆一合鎔蠟三兩頓服取
効 熱毒下血或因食熱物發動赤小豆末
水服方寸匕 腸痔有血小豆二升苦酒五
升煮熟日乾再浸至酒盡乃止爲末酒服一
錢日三 舌上出血如簪孔小豆一升杵碎
水三升和絞汁服 熱淋血淋不拘男女用
赤小豆三合慢炒爲末煨葱一莖擂酒熱調
二錢服 重舌鵝口赤小豆末醋和塗 小
兒四五歲不語赤小豆末酒和敷舌下 牙
齒疼痛紅豆末摻牙吐涎及吹鼻中一方入
銅青少許一方入花鹼少許 中酒嘔逆赤
小豆煮汁徐徐飲之 頻致墮胎赤小豆末
酒服方寸匕日二 妊娠行經方同 難產日
久氣乏赤小豆一升水九升煮取汁入炙過
好黃明膠一兩同煎膠化一服五合不過三

四服即產　胞衣不下　赤小豆三七枚煮汁
水吞下　乳汁不通　赤小豆煮汁飲　吹奶
赤小豆酒研溫服以滓敷之　婦人乳腫小豆
莽草等分爲末苦酒和傅佳　癰疽初作赤
小豆末水和塗之毒即消散頻用有効　石
癰諸癰赤小豆五合納苦酒中五宿炒研以
苦酒和塗即消加栝樓根等分更妙　痘後
癰毒赤小豆末雞子白調勻敷之　丹毒如火
同治　腮頰熱腫赤小豆末和蜜塗之一夜
即消或加芙蓉葉末尤妙　風瘙癮疹赤小
豆荊芥穗等分爲末雞子白調敷　金瘡煩
滿赤小豆一升苦酒浸一日熬燥再浸滿三
日令黑色爲末每服方寸七日三　六畜肉
毒小豆一升炒研水服三方寸七良　飲酒
不醉小豆花葉陰乾百日爲末水服方寸七
一方加葛花　疔瘡惡腫小豆花爲末傅之

小便頻數小豆葉一斤入豉汁中煮熟
和勻作羹食　小兒遺尿小豆葉搗汁服

○典故　共工氏有不才子以冬至日死爲疫鬼
畏赤豆故是日作赤豆粥厭之[illegible]
【記】十二月二十五日夜煮赤豆粥大小人
口皆食之在外之人亦留分以俟其歸謂之
口數粥亦驅瘟鬼之意【田家五行】　陳自明
婦產七日乳汁不行服藥不効偶得小赤豆
一升煮粥食之當夜遂行　宋仁宗在東宮
患痄腮道士贊寧取小豆四十九粒爲末傅
之遂愈　內使任承亮患惡瘡近死尚書郎
傅永授以藥立愈即赤小豆也　朱某苦脇
疽至見五臟幾死又一僧發背
如瀾皆以赤小豆治之神効

補正
○正名　豆仲舒註云菽是大豆有兩種小豆名荅　[illegible]豆之屬種類不同今之赤豆綠豆[illegible]

豆營豆皆小豆也兆相類似[illegible]那小　惟赤小豆可入藥[illegible]之歟[illegible]
【豌豆】一名胡豆一名戎菽一名畢豆一名青小
豆一名青斑豆一名麻累一名回鶻豆一名
䝁豆一名淮豆一名國豆種出西胡北土甚
多八九月下種亦有春種者苗生柔弱宛宛
然故有是名蔓生有鬚葉似蒺藜葉兩兩相
對嫩時可食三四月開小花如蛾形淡紫色
結莢形圓長寸許子圓如藥丸嫩時色青可
煮食老則斑麻可炒食可作麪食餡磨粉麪
甚白而細膩出胡地者大如杏仁百穀之中
最爲先熟又耐久藏宜多種可和醬作澡豆
去䵟黯令面光澤亦可喂馬性甘平無毒調
營衛平氣益中治消渴淡煮食之良煮食殺
鬼毒心病下乳汁研末塗癰腫痘瘡蠶豆亦
名胡豆

○附見野豌豆一名翹搖粒小不
堪用苗嫩時可茹

○療治小兒痘疔[illegible]或有黑線此症十死八九用綠豆四十九粒燒存性頭髮灰三分真珠十四粒[illegible]研為末以油胭脂同杵成膏先用針挑疔破點去惡血以少許點之即時紅活石毒發(?)[illegible]綠豆半升搗末入合絞汁飲之

○與(?)[illegible]元時飲膳用此豆搗去皮同羊肉與食云補中益氣名回回豆

蕎麥一名荍麥一名烏麥一名花蕎莖弱而翹然易長易收磨麪如麥故曰蕎而與麥同名又名甜蕎以別苦蕎也南北皆有之立秋前後下種密種則實多稀則少八九月熟最畏霜數年來亦宜早種遲則少收苗高一二尺莖空而赤葉綠如烏柏樹葉開小白花甚繁密花落結實三稜如[illegible]則烏黑性甘寒無毒降氣寬中能鍊腸胃滓滯治濁帶洩痢腹痛上氣之疾氣盛有濕熱者宜之若脾胃虛弱者不宜多食雖消食熱日中曝開口舂取米可作飯磨為麪滑膩亞於麥麪北人作煎餅及餅餌以用以供常食農人以[illegible]冬之

群芳譜 穀譜 卌八

具南人作粉餌食加猪羊肉無人不嗜[illegible]飲蝦即患熱風忌同黃魚食

○葉作茹食下氣利耳目多食即微洩生食動刺風令人身痒

稭燒灰淋汁熬乾取鹻蜜調塗爛癰疽蝕惡肉去靨痣最良淋汁洗六畜瘡及驢馬躁蹄

○附見苦蕎麥出南方[illegible]前後種莖青多枝葉似蕎麥而尖花帶綠色實亦似蕎麥而稜角不峭味苦磨為粉蒸使氣餾滴去黃汁乃可作餌色如豬肝穀之下品

○療治[illegible]欬嗽上氣蕎麥粉四兩茶末一錢生蜜二兩水一碗順手攪千下飲之良久下[illegible]喘生六[illegible]為末空心茶服以二便[illegible]錢蕎麥麪[illegible]炒焦為末雞子白[illegible]每服五十丸鹽湯下日三赤白[illegible]痢蕎麥麪每服二錢砂糖[illegible]一切腫毒[illegible]餅曬乾每用一餅[illegible]硫黃二兩為末井華水[illegible]瘡頭黑凹蕎麥麪炒黃用米醋和傳之如神蛇盤瘰癧[illegible]蕎麥炒去殼海藻白殭蠶炒去絲等分為末白梅浸湯取肉減半和丸綠豆大每服六七十丸食後臨臥[illegible]下日五服其毒當從大便泄出若與淡菜連服尤妙淡菜生於海藻上亦治此也忌豆[illegible]破血治男子敗精[illegible]蕎麥麪三錢大黃二錢半[illegible]風最妙一人頭風[illegible]蕎麥麪[illegible]調作[illegible]

卌九

更互合頭上，積汗即愈。
作錢大，貼眼四角，以不大
……系髮令黑。蕎麥……
……洗淨塗之，荷葉包至一更
鼎……乘熱……可子皮大麥麪二錢，醋和塗
去，再以沒食子……
之荷葉包至天明洗去即黑。絞腸沙痛：蕎
麥麪一撮，炒焦，熱水衝服。小腸疝氣：蕎
仁炒去尖，胡蘆巴酒浸晒乾，各四兩，小茴香
炒一兩，爲末，……空心鹽湯下五
十丸，兩月大……去根。饑食蕎麥稭
……淋汁鍋內……一錢，入硼砂二錢研
……酒服五分……蕎麥稭作薦辟
……之……蕎麥皮絹袋作枕，至老明目。
作枕至老明目
貽我握椒。詩

二如亭群芳譜亨部目錄
第二冊
蔬譜小序
蔬譜首簡
老圃賦　洪舜俞
圃神　清異錄
栽種
製用
禁忌
菜異
種蕈刻菜法
附錄東坡帖
蔬譜一　辛薰十二種　附錄十五種
薑
椒　附川椒　蔓椒　地椒　胡椒　畢澄茄
茴香　蒔蘿　附八角茴香

群芳譜　亨部　蔬譜目錄　一

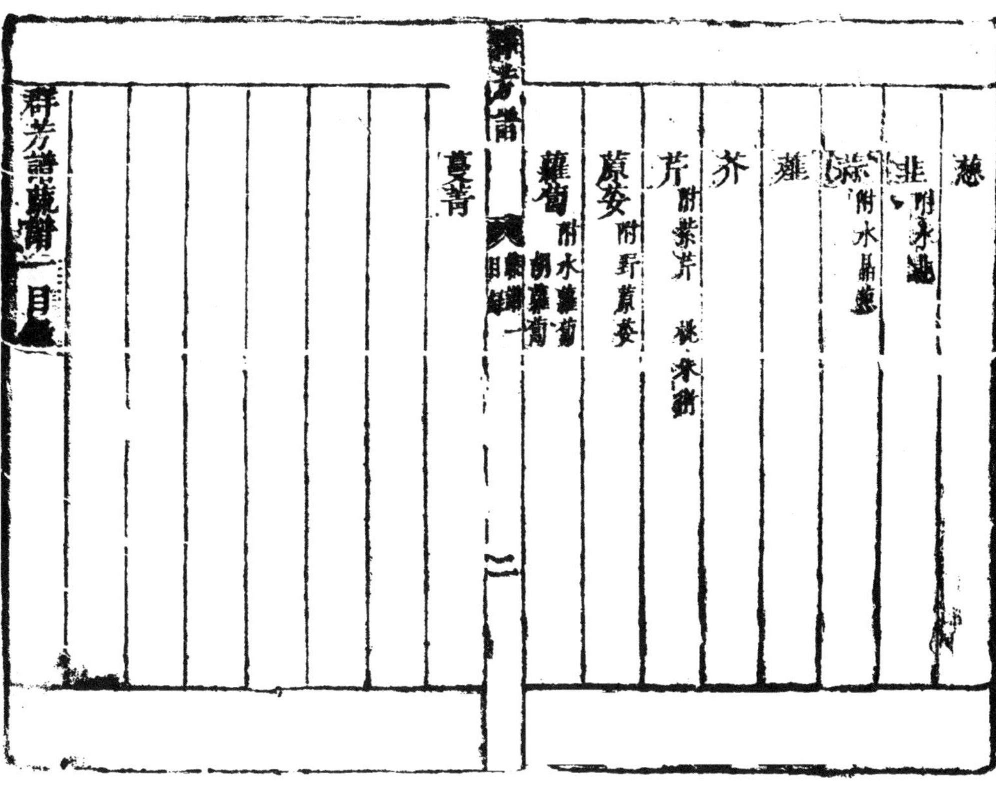

群芳譜蔬譜一目錄

二如亭群芳譜

蔬譜小序

穀以養民，菜以佐穀，兩者蓋[illegible]重葛要自遠。所以調臟腑，通氣血，[illegible]精也，[illegible]以蜜可以長久，是以養生家重之。不寧惟是，歲之水旱不時，五穀不登，荀菜茹足以療飢，亦可使什[illegible]免溝壑，消殍瘠之苦。樹藝之法，安可不講也。第為民上者，寬民以菜蔬療飢，三年九年之蓄謂何？冀為山東云：百姓不可一日有此色，士大夫不可一日不知此味。鶴林玉露云：百姓之有此色，正緣士大夫不知此味。旨哉言也！作蔬譜。

濟南王象晉藎臣甫題

如亭群芳譜

蔬譜首簡

老圃賦　　洪舜俞

嗟余生之剿乖甘偭竆而即疏痛卧讀其倦游
蓋灌溥乎閒居老既怯於山蹻窮莫備乎澤車
坐玩相牛之經嗣抄種樹之書五十步兮野圃
數十伍兮破廬一禿翁以自樂群癡兒而共鉏
冰解寒袪霏開日舒濯濯我畦瀏瀏我渠稗甲

怒長鮮莢蔚扶渉㷔成趣驩然忘劬翁放鉏顧
見而言曰汝亦知夫世有遇不遇之蔬乎蔦醜
施蓼羸醢侑菹蔌蒲羞鼈食瓜鷹魚芥醬且蔵
葱潔且朐烈有茬椒滑有堇榆巳多乎庖犧氏
之初而況翠織屠蘇紅殷鬷毹淋漓觴筆轟歷
鐘竽猩唇豹胎之咼素羅紫駝之廚始饞涎其
趦新中便腹而厭飫於是蕈滕望風而引却芳
華淡泊而隱遯頗潔濯乎荒丘擬瑤蒻乎方壺

蕪菁盛夏而凍合草韭祁寒而膜數行以白玉
奉之綠珠五侯鯖兮遜美天酥陁兮失腴此其
遇合不啻初識之機雲晚見之嚴徐也若乃岩
蕣棲遲竹屋樾籬蕈擅場乎秋風韭爭長于春
畦荻生而河豚上橙熟而蟹螯肥指雖動而莫
酬腹不負其幾希已而凌寒採薇近陽刈葵祛
萱背堂瞻芹問渭鑱黃獨之雪苗筐白薤之露
葅茗蘼蕪以滌煩醪枸杞而補羸冷淘煮兮槐

䰐音藍　[illegible]音伍　菭音池

芽餺飥製兮薑滋弦膏硎兮窖突飲冀火兮蹲
鴟甜糟紫蕈之芽沐醯青橘之絲雲蒸嬰米之
乳雹爆鑄床之麋輪菌鵞鴨之瓠鬱屈龍蛇之
芝婆娑熊蟠之菘䰐[illegible]虬鬚之菭鮓孕子兮櫻
魚鼈解裙兮樹雞竹競綳兮稚子蕨初拳兮小
兒以至太華之藕黃河之菇婆羅之波稜大宛
之苜蓿南越之鹿角江東之耑蹄輿夫蜀之雞
蘇龍鶴柤脯加皮名品紛綸色光陸離性異溫

涼氣分王哀茬擇加精調和得宜香聞艷心味適解頤有舉案之接敬無轢釜之見欺芬芬苾苾雜陳並馳可以甦文園之渴可以療首陽之飢彼其苫芥老而愈勁苦筍少而已奇蓴（蓴音純）有拂士之風薊抱幽人之奇同睍蔓菁隨地而易形薯蕷視人而變姿曾不滿乎一噱矧肯數乎惡苣然是蔬也進不榮于珥貂鳴玉之齒退不偕乎重削胃脯之貧烟雲歎薄乎夜讀之吻風露皴蕩乎朝吟之脾與齊鉢兮爭道食方丈乎何期兒拱而前其然豈然諸葛姓行元脩字傳玉膾得決老而重銀茄為涪翁而妍與其見賞于肉食之鄙孰若託名于蔬茹之賢蓋窮患姱名之不立而不患併日之食艱達患幼學之不行而不患一箸之萬錢苟道義之信飽飯蔬食而樂焉翁捧腹一笑長歌振林皎白駒之束芻毋金玉兮爾音

圃神　清異錄

進士于則飯于野店傍有紫荆樹一株村人祀為紫相公則烹茶以一盂置其前夜夢紫衣人來見曰予紫相公也主一方蔬菜之屬所隸有天使職掌豈有辣判官職主儉皆嗜茶蚤蒙賜飲可謂非常之惠因贈以詩則遂于其家蔬圃祀之自是年年倍收

栽種

宜庚寅辛卯壬辰癸巳戊寅壬戌忌風旬日藏（秋社前逢庚至社後巳共十日為風旬日）菜七月內種寒露前後分栽栽時水澆待活以清糞水頻澆過西風及九焦日忌澆（便民圖纂）

製用

時菜五七種擇去老者細長破之入湯審硬軟作汁量淺深慎啓閉時撿察待其玉潔而芳香則熟矣若欲食先煉雍州酥次下乾虀及鹽花冬春用熟筍夏秋用生藕刀破令同既熟攪于

羹中極清美　羹蘿寸截連汁置潔器中煉胡麻自然汁收之更入白鹽姜汁攪勻澄淡湯最妙非齋素者加煉熟葱韭益佳清異錄　蒸乾菜三四月間揀好菜洗瀹五六分熟曬乾以鹽醬蒔椒沙糖橘皮同煮極熟又曬乾再蒸片時取出貯于磁器用時以香油揉微入醋飯上蒸食之　糟淹瓜茄韭菜韭花白菜　糟藏之法凡糟菜先用鹽糟過十數日取起盡去舊糟淨拭乾別用一項好糟此爲妙大抵花釀多因初糟醋出宿水之故必換一次好糟方得全美久留

禁忌　大清外術

瓜兩鼻兩蒂食之殺人　堇黃花及赤芥殺人　三月勿食陳葅至夏生熱病發惡瘡　十月食霜葉令人面無光婦人有娠食乾薑令胎內消　簷下滴菜有毒　[illegible]菌則丁翔

熙寧中李及之知潤州園中菜花[illegible]花名有一佛坐花中形如雕刻曝乾依然

種頂刻菜法

用新雞首生子從頂中擊小竅去黃白納菜子紙封固與雞伏七七一雞不能畢再與他雞伏足其數播溼地播須臾菜出可用一法以菜子在三伏中曬過須雜麻莖內心播之頂刻即出曬一年長一寸曬過三年即長三寸若五年七年有五七寸

附錄

東坡云吾借王參軍地種菜不及半畝而吾與子過終年飽菜夜半飲醉無以解酒輒擷菜煑之味含土膏氣飽霜露雖粱肉不能及也人生須底物而乃更貪耶

二如亭群芳譜蔬部卷之一

濟南 王象晉藎臣甫 纂輯
松江 陳繼儒仲醇甫
虞山 毛鳳苞子晉甫 仝較
寧波 姚元台子雲甫
濟南 男王與胤 孫王士禎 詮次

蔬譜一 辛薑類

薑 禦溼之菜也苗高二三尺葉長對生苗青根嫩白老黃無花實處處有之漢溫池州者良三月種五月生苗如嫩蘆秋社前後新芽如指采食無筋尖微紫名紫芽薑又名子薑秋分後者次之霜後則老性惡溼畏日秋熱則無薑氣味辛微溫無毒通神明避邪氣益脾胃散風寒除壯熱治脹滿去胸中臭氣解菌蕈諸毒生用發熱熟用和中留皮則涼去皮則熱八九月多食春多患眼孕婦忌食令兒

盈積

○乾生薑 治嗽溫中除脹滿霍亂腹痛冷痢血閉病虛冷 生薑屑 比乾薑不熱此生薑不溼肺經氣分藥能益肺和酒服治偏風 乾薑 一名白薑通心助陽去臟腑沉寒痼冷發諸經寒氣治感寒腹痛引血藥入血分引氣藥入氣分入肺利肺氣入腎燥下溼入肝生血同補陰藥引血藥入氣分生血又能去惡養新有陽長陰生之意故血虛發熱產後大熱者用之而吐血衄血下血痢血有陰無陽者亦宜從治之法也止吐血痢血炒黑用血脫色白脉濡而夭不澤此大寒也宜用之以益血溫經腎中無陽氣脉欲絕黑附子爲引水煎服亦治中焦寒邪寒淫所勝以辛散之也生則逐寒邪而發表炮則除胃冷而守中多用耗散元氣久服令人目暗孕婦忌用令胎內消 皮 和脾胃除腹脹痞滿去翳 葉 食鱠成癥擣汁飲卽消

○種植 宜白沙地小與糞和種熟耕縱橫七八遍佳清明後三日種濶一步作畦長短隨地橫作壠壠相去一尺深五六寸壠中安薑一尺一科帶芽大三指蓋土二寸覆以蠶沙無則用熟糞雞糞尤妙芽出後有草卽耘漸漸加土蓋之已後壠中却令高不得去土爲其芽向上長也芽長後從傍揠去老薑耘鉏不厭數五六月覆以柴棚或插蘆蔽日不奈寒熱八月收取九月置煖窖中寒甚作深窖以糠粃和埋煖處勿凍壞來年作種

○製用 生熟醋醬糟鹽蜜煎皆宜早行山中含之不犯霧露溼瘴及山嵐之邪氣 法

製伏薑　姜四斤刮去粗皮鹽一斤曬乾磁盒入白糖一斤醬油二斤官桂大茴香陳皮紫蘇葉各二兩切細拌勻初伏曬起至三伏終收貯曬時用紗或夏布罩住勿令蠅虫飛入此姜神妙能治百病　伏月以老姜切片秤一斤重爲率曬乾先用官桂茴香丁香川椒各一兩爲末浸鑵內以燒酒二斤候藥氣化密閉罐蒸待冷將曬乾生姜浸酒內曬乾又浸又曬以酒盡爲度磁罐收貯如冬月大寒侵晨噙姜一片通身和煖　蜜煎姜秋社前取嫩芽二斤洗淨控乾不用鹽醃以沸湯瀝乾用白礬一兩半湯炮化一宿澄清浸姜汁餘日方以蜜煎磁罐貯留經年須常換蜜　糖姜以嫩者去皮甘草白芷零零香少許同煮熟切片食　法製姜煎沸湯八升入鹽三斤打勻放冷別取清水以白梅半斤搥碎和浸同前鹽水和合貯甕逐日採牽牛花去白蒂投水中候水深濃去花取嫩姜十斤拭去紅衣隨意切片用白鹽五兩白礬五兩沸湯五碗化開澄清浸姜微向日影中曬二日撈出曬乾再入少鹽拌勻曬烈日中待姜上白鹽凝燥爲度入器收貯　醋姜嫩姜不拘多少炒鹽醃一宿取出滷同米醋煮數沸候冷入姜及沙糖隨多少箬扎泥封固　糟姜嫩姜天晴時收陰乾五日以麻布拭去紅皮每一斤用鹽二兩糟三斤醃七日取出拭淨別用鹽二兩法糟五斤拌勻入新磁罐先以核桃二枚搥碎安罐底則姜不辣然後入姜平糟面以小熟栗末摻上則姜無查如常法泥封固如要色紅入醶牛花拌糟　糟姜取嫩姜用酒拌糟勻入磁罈上用沙糖一塊箬扎口泥封七日可食　醋姜炒鹽醃一宿以原

滷入醃醋同煎　五味姜嫩姜一斤切薄片用白梅半斤打碎去仁入炒鹽二兩拌勻曬三日取出用甘草半兩檀香二錢爲末拌勻曬三日磁器收貯　九月廿八日食姜損目

○療治　一切暴病如中風中氣中毒中惡中暑乾霍亂之類姜汁童便和服即解蓋姜能開痰下氣童便降火也　治痢生姜切細好茶一兩碗任意呷之便瘥熱痢留皮姜冷痢去皮姜此禁方也姜能助陽茶能助陰二物皆消散惡氣調和陰陽且解溼熱酒食暑氣之毒不問赤白通用蘇東坡治文潞公有效　瘧疾寒熱生姜四兩搗自然汁一酒盃露一夜但日五更面北立飲即止未止再服　寒熱痰嗽初起燒姜一塊咽之　欬嗽不止生姜五兩餳半升水煎熟食盡愈段侍御用之有効　久患欬噫生姜汁半合蜜一匙煎溫呷三服愈　暴逆氣上嚼姜兩三片屢效　乾嘔厥逆須嚼生姜嘔家聖藥也　嘔吐不止生姜一兩醋漿四合銀器煎取二合連滓呷之又殺腹內長虫　反胃羸弱母姜二斤搗汁作粥食　又生姜切片麻油煎過爲末軟棗蘸末嚼嚥　霍亂欲死生姜五兩牛兒屎一升水四升煎二升再服即止　霍亂轉筋入腹欲死生姜三兩搗酒一升煮三兩沸服仍以姜搗貼痛處　霍亂腹脹不得吐下用生姜一斤水七升煮二升分三服　腹中脹滿綿裹煨姜內下部冷即易之　胸脇滿痛凡心胸脇下有邪氣結實硬痛脹滿者生姜一斤搗渣留汁慢炒待潤以絹包于患處款款熨之冷再以汁炒再熨良久豁然寬快　大便不通生姜削長二寸塗鹽內下部立通　溼熱發黃生姜時時周身擦之其黃

自退一方加茵蔯蒿光妙　暴赤眼腫古銅錢刮姜取汁于錢唇點之淚出今日點明日愈勿疑　暴風客熱目赤睛痛腫癢月取生姜搗絞汁陰乾取粉入銅青末等分每以少許沸湯泡澄清溫洗淚出妙　消渴飲水乾生姜末一兩鯽魚膽汁和丸梧子大每服七丸米飲下　諸病舌胎以布染井水洗後用姜片時時擦之自去　牙齒疼痛老生姜瓦焙入枯礬末同擦之一人日夜呻吟用之即愈　食鴣中毒飲姜汁即解竹雞鷓鴣諸藥萵苣毒猘犬傷並同　虎傷人瘡內服生姜汁外以汁洗之用白礬末傅上　蝮蛇螫人姜末傅之乾即易　蜘蛛咬人炮姜切片貼之良　金瘡生姜嚼傅勿動次日即生肉甚妙　閃拗手足生姜葱白打爛和麵炒熱盦之　跌撲瘀血姜汁和酒調生麪貼之　又姜葉一兩升當歸三兩爲末溫酒服方寸匕日三　百虫入耳姜汁少許滴之　腋下狐臭姜汁頻塗絕根　赤白癜風生姜頻擦之良　兩耳凍瘡生姜自然汁熬膏塗　發背初起生姜一塊炭火炙一層刮一層爲末以猪膽汁調塗　產後肉線一婦產後用力垂出肉線長三四尺觸之痛引心腹欲絕一道人令買老姜連皮三斤搗爛入麻油二斤拌勻炒乾先以熟絹五尺折作方結令人輕輕盛起肉線使之屈曲作三團納入產戶乃以絹袋盛姜就近熏之冷則更換熏一日夜縮入大半二日盡入此魏夫人秘傳怪病方也但不可使線斷斷則不可治　脉溢怪症有人毛竅節次血出不止皮脹如鼓須臾目鼻口被氣脹合此名脉溢生姜自然汁和水各半盞服即安　[illegible]冷[illegible]下食[illegible]

著用溫州白乾姜漿水煮透心焙乾搗末陳廪米煮粥飲丸梧子大每服三五十丸白湯下其効如神　頭暈吐逆胃冷生痰也用乾姜炮二錢半甘草炒一錢二分水一鍾半煎減半服累用有効　陰陽易病傷寒後雖瘥未滿百日不可合男女爲病拘急手足拳腹痛欲死丈夫名陰易婦人名陽易速汗即愈滿四日不可治乾姜四兩爲末每半兩白湯調服覆衣被出汗後手足伸即愈　中寒水瀉乾姜炮研末粥飲服二錢効　寒痢青色乾姜切大豆大每米飲服六七枚日三夜一累用得効　血痢不止乾姜燒黑存性放冷爲末每服一錢米飲下神効　咳嗽上氣合州乾姜炮皂莢炮去皮子及蛀者桂心紫色者去皮並搗篩等分煉白蜜和搗三千杵丸梧子大每服三丸嗽發即服日三五服禁食葱麪油膩其効如神劉禹錫在淮南與李亞同幕府每治人而不出方或誚其吝李曰凡人患嗽多進冷藥若見此方用藥熱燥必不肯服故但出藥即多効也試之信然　癰疽初起乾姜一兩炒紫研末醋調傅四圍留頭自愈此東昌申一齋奇方也　蛇蠍螫人乾姜雄黃等分爲末傅之便定　齆鼻不通乾姜末蜜調塞鼻中　目忽不見令人嚼母姜用舌日舐六七次以明爲度　拔白老生姜皮一大升于久用油膩鍋內不洗刷固濟勿令出氣令精細人守之文武火煎不得火急自旦至夕即成研爲末將拔白先點麻子大于鬚下然後拔之以指撚入三日後當生黑者神効用之有驗　胃虛風熱不能食姜汁半盃生地黃汁少許蜜一匙水二合和服

○典故 不徹姜食[論語] 左慈有道術在曹操坐以百錢買鮑中須臾得蜀姜 梁周舍嘗與梁子野語及嗜好子野曰從來未嘗食姜舍應聲曰孔稱不徹姜乃不嘗一座皆笑 秦檜欲晏敦復附己使人諭之晏答曰爲我謝秦公姜桂之性到老愈辣[宋史]

○麗藻 詩五言 姜云能損心此論誰能審請論去穢功神明看劉徹[朱文公] 新芽肌理細映日瑩如空恰似纖纖指笋尖帶淺紅[劉屏山] 胸中飽經史辯論出九州曾不奉權貴但與故人投贈辛非贈甘此意當自求[illegible] [劉原父]

[椒譜] 一名花椒一名大椒一名檓一名秦椒生秦嶺泰山瑯琊間今處處有之椒稟五行之精葉青皮紅花黃膜白子黑氣香最易蕃衍枝間有刺扁而大葉對生形尖有刺堅而滑澤蜀吳製作茶四月開細花五月結實生青熟紅大于蜀椒其目亦不及蜀椒光黑出隴西天水粒細者善今成皋諸山有竹葉椒小毒熱不堪入藥東海諸山上亦有椒枝葉亦相似子長而不圓甚香味似橘皮椒閉口者殺

[illegible] 北方蓼椒另有一種

人五月食損氣傷心令人多忘中其毒者涼水麻仁漿解之

○椒紅 生溫熟寒有毒溫中去寒堅齒明目煖腰膝縮小便療腹中冷痛除風邪下氣通治婦人經閉破產後惡血

○收摘 中伏後晴天帶露收忌手捻陰一日曬三日則紅而裂遇雨薄攤當風處頻翻若淹則黑不香若收作種用乾土拌和埋于避雨水地內深一尺勿令水浸生芽[illegible]種

○種植 先將肥潤地耕熟二月內取子種之以灰糞和細土覆蓋則易生此物乃陽中之物不耐寒冬月草苫免致凍死來年分栽離七八尺用蘇麻灰糞和細土栽忌水浸根又宜焦土乾糞壅培遇旱用水澆灌三年後換嫩枝方結實以髮纏樹根或種香白芷或種生菜皆避蛇食椒

○製椒 去目及閉口者炒熱隔紙鋪地上以碗覆待冷碾紅入藥

○附錄 川椒 肉厚皮皺粒小子黑外紅裏白入藥以此爲良他椒不及也 崖椒蔓椒地椒 皆野生止堪入食料不堪入藥 胡椒 生西戎摩伽陀國今南番諸國滇南海南交趾諸地皆有之其苗蔓生莖極柔弱葉長寸半有細條與葉齊條條上結子兩兩相對其葉晨開暮合合則裹其子于葉中子形似漢椒至芳辣六月採今作胡盤肉皆用之[酉陽雜俎] 辛大溫無毒去胃中寒痰食已吐水甚驗大腸寒滑亦可用性燥快膈喜之者衆久則走氣助火脚胃肺氣大傷昏目發瘡損肺令人吐血齒病尤忌

治牙痛川胡椒蓽茇者散其浮熱從治之意也

番椒 亦名秦椒白花子如禿筆頭色紅鮮可觀味甚辣子種

○療治 手足心腫乃風也椒鹽末等分醋和傅之良 損瘡中風以麪作餛飩包椒于灰中燒之令熟斷開口封于瘡上冷即易之 久患口瘡椒去閉口者水洗麪拌煑作粥空心吞之以飯壓下重者再服以瘥爲度 牙齒風痛椒煎醋含漱 百虫入耳椒末二錢醋半盞浸良久少少滴入自出 椒紅丸治元臟傷憊目暗耳聾服此百日覺身輕少睡兩足有力是其効也服及三年心智爽悟目明倍常面色紅悅髭髮光黑用蜀椒去目及合口者炒出汗曝乾搗取紅一斤以生地黃自然汁入銅器中煎至一升候稀稠得所和椒末丸梧子大每空心暖酒下三十丸合藥時勿令婦人雞犬見詩云其椒應五行其仁通六義欲知先有功夜見無夢寐四時去煩勞五臟調元氣明目腰不痛身輕心健記別更有異能三年精自秘回老返嬰童康強不思睡九蟲頓亡消三尸自逃避若能久餌之神仙應可冀 補益心腎明目駐顏順氣袪風延年眞川椒一斤炒去汗白茯苓十兩去皮爲末煉蜜丸梧子大每服五十丸空心鹽湯下忌鐵器 虛冷短氣川椒二兩去目并合口者以生絹袋盛浸無灰酒五升中三日隨性飲之 腹內虛冷用生椒擇去不拆者用四十粒漿水浸一宿空心新汲水吞下久服暖臟腑駐顏黑髮明目令人多食 心腹冷痛以布裹椒安痛處用熨斗熨令椒出汗卽止 冷蟲心痛川椒四兩炒出汗酒一碗

[illegible]陰冷入腹[illegible]入陰囊腫滿日夜疼悶欲死以布裹椒包囊下熱氣大通日再易之以消爲度 蚘痛不止川椒四兩炒研麪糊丸梧子大每服十丸醋湯下神効 傳尸勞疰最殺勞虫用眞川椒紅色者去子及合口以黃草紙二重隔之炒出汗取放地上砂盆蓋定以火灰密遮四旁約一時許爲細末去殼以老酒浸白糕和丸梧子大每服四十丸食前鹽湯下服至一斤其疾自愈此藥兼治諸痺用肉桂煎湯下腰痛用茴香湯下腎冷用鹽湯下昔有一人病此遇異人授是方服至二斤吐出一虫如蛇而安遂名神授丸兼治白虎歷節風痛甚肉理枯虛生虫遊走痒痛痺疾半身不遂 寒溼脚氣川椒二三升疎布囊盛之日以脚踏 諸瘡中風生蜀椒二升以少麪和搜裹椒勿令漏氣分作兩裹于糖灰火中燒熟刺頭作孔當瘡上罨之使椒氣射入瘡中冷卽易之須臾瘡中出水及遍體出冷汗卽瘥 瘡腫痛生椒末釜下土蕎麥粉等分研醋和傅之 囊瘡痛痒紅椒七粒葱頭七個煑水洗數次愈 又川椒杏仁研膏塗掌心合陰囊而臥甚効 手足皴裂椒四合水煑去渣漬之半食頃出令燥須臾再浸候乾塗豬羊腦髓極妙 漆瘡作痒漢椒煎湯洗凡至漆所嚼川椒塗鼻上不生漆瘡 夏月溼瀉川椒炒取紅肉豆蔻煨各一兩爲末粳米飯丸梧子大每量人米飲服百丸 飧瀉不化及久痢小椒一兩炒蒼朮二兩土炒碾末醋和丸梧子大每米飲服五十丸 久冷下痢或不痢腰腹苦冷用蜀椒三升醋漬一宿麴三升同椒一升拌勻作粥食不過三升瘥 老人

洩瀉小兒水瀉及人年五十以上患瀉用椒二兩醋二升煑醋盡慢火焙乾碾末瓷器貯之每服二錢匕酒及米飲下　凡人嘔吐服藥不納必有蛔在膈間蛔聞藥則動動則藥出但于嘔吐藥中加炒川椒十粒良蓋蛔聞椒則伏也　食茶面黃川椒紅炒碾末糊丸梧子大每服十丸茶湯下　傷寒齒衄傷寒嘔血繼而齒縫出血不止用開口川椒四十九粒入醋一盞同煎熟入白礬少許服　風虫牙痛川椒紅末水和白麪丸皂子大燒熱咬之數度愈　一方花椒四錢牙皂七七個醋一椀煎漱　白禿花椒末豬脂調傅三五度愈　髮禿漢椒四兩酒浸密室內日日搽之自然長　蠍螫痛川椒嚼細塗之微麻即止　虫入耳川椒碾細浸醋灌之自出　毒蛇咬閉口椒及葉擣封之良　小兒暴驚啼哭至死蜀椒左顧牡蠣各六銖以酢漿水一升煑五合每灌一合　舌蹇語吃川椒以生麪包丸每服十粒醋湯送下　水氣腫滿椒目炒擣如膏酒服方寸匕　留飲腹痛椒目二兩巴豆一兩去皮心熬擣以棗膏和丸麻子大每服二丸吞下其痛即止　又方椒目十四枚巴豆一枚豉十六枚合擣爲二丸服之取吐利　痔痛椒目一撮碾細空心水服三錢如神　崩中帶下椒目炒碾細每溫酒服一錢　眼生黑花年久難治椒目炒一兩蒼朮炒二兩爲末醋和丸梧子大每服二十丸醋湯下　食多飽脹痞悶水吞生椒一二十粒即消　心腹冷痛胡椒三七枚清酒吞之或云一歲一粒　心下痛胡椒四十九粒乳香一錢研勻男用生薑女用當歸酒下　又方[illegible]研爛酒下神效　霍

[illegible]亂[illegible]吞之　又胡椒[illegible][illegible]豆一百四十九粒研勻木瓜湯服一錢　反胃[illegible]浸日乾如此七次爲末酒糊丸梧子大每服三四十丸醋湯下　聖惠方用胡椒七錢半煨姜一兩水煎分二服　胡椒半夏湯炮等分爲末姜汁糊丸梧子大每姜湯下三十丸　夏月冷瀉及霍亂胡椒碾末飯丸梧子大每米飲下四十丸　赤白痢胡椒綠豆各一歲一粒爲末糊丸梧子大紅用生姜白用米湯下　二便閉脹悶二三日則殺人胡椒二十一粒打碎水一盞煎六分去滓入芒硝半兩化服　小兒虛脹胡椒一兩蠍尾半兩萊菔子半兩爲末麪糊丸粟米大每服五七丸陳米飲下　虛寒積癖在背膜之外流于兩脇氣逆喘急久則營衛凝滯潰爲癰疽多致不救胡椒二百五十粒蠍尾四個生木香二錢半爲末粟米飯丸綠豆大每服二十丸橘皮湯下　房勞陰毒胡椒七粒葱心二寸半麝香一分擣爛以黃蠟溶和做成條子插入陰內少頃汗出即愈　驚風內釣胡椒木鱉子仁等分爲末醋調黑豆末杵丸綠豆大每服三四十丸荊芥湯下　散寒邪胡椒丁香各七粒碾碎葱白頭擣膏和塗兩手心合掌握定夾于大腿內側臥被覆取汗愈　傷寒欬逆不止寒氣攻胃也胡椒三十粒打碎麝香半錢酒一鍾煎半鍾熱服　風虫牙痛胡椒蓽茇等分爲末蠟丸麻子大每服一丸塞蛀孔中　治風虫客歲三服牙痛呻吟不止用胡椒九粒綠豆十一粒布裹槌碎以絲綿包作一粒患處咬定涎出吐去立愈　血崩用胡椒紫檀香鬱金茜根小蘗皮等分爲末水丸梧子大每服二十丸阿膠

湯下。沙石淋，胡椒、朴硝等分為末，每服二錢，白湯下，日二。蜈蚣咬，胡椒嚼封之，即不痛。

○典故　皇后之宮塗之以椒，取暖又取多子之義，故名椒房，又曰椒風。　李時珍云：自少嗜胡椒，每歲病目，後痛絕之，目病亦愈。後嘗食一二粒，目便昏澀。蓋辛走氣，熱助火也。病咽喉口齒者亦宜忌之。　歲首祝椒酒而飲之，又折松枝，男七女二，亦同此義。　元日進椒柏酒。椒是玉衡星精，服之令人身輕能走；柏是仙藥。進酒以年少者為先。【崔寔月令】　十二月臘夜，令人持椒臥井旁，無與人言，納椒井中，除瘟病。【養生要論】

○麗藻　散語　椒聊之實，蕃衍盈升。椒聊且，遠條且。　有椒其馨。【詩】　詩五言　椒實雨新紅。　守歲阿咸家，椒盤已頌花。【俱[illegible]】　桂尊吟帝子，杜若贈佳人。椒漿奠瑤席，欲下雲中君。【[illegible]】　丹刺罥人衣，芳香留過客。幸堪調鼎用，願君垂採摘。【[illegible]】

【茴香】一名蘹香。宿根，深冬生苗，作叢，肥莖綠葉，五六月開花，如蛇床花而色黃，子如麥粒，輕而有細稜，俗呼為大茴香。近道人家園圃種者甚多，以寧夏者為第一，其他處小者名小茴香。辛平，無毒，理氣開胃。夏月祛蠅避臭，煮臭肉下少許，即不臭。臭醬入末少許，亦香，故

曰回香。

食料

○種植　收子，陰乾，宜向陽地，以糞土和子種之。仍種麻一窠，以避日色。十月斫去枯稭，以糞土壅根下。

○附錄　八角茴香　來自番舶，裂成八瓣，一瓣一核，黃褐色，有仁，味更甜。　蒔蘿　初生佛誓國，今嶺南及近道皆有之。三四月生苗，開花，其子簇生，狀如蛇床子而短，微黑，芳辛不及茴香，善滋食味，多食無損。健脾開胃，下氣利膈，溫腸，殺魚肉毒，補水臟，治腎氣，壯筋骨，治小兒氣脹、霍亂嘔逆、腹冷不下食、兩肋痞滿。忌同阿魏食，奪其味也。

○療治　開胃進食：茴香二兩，生姜四兩，搗勻，入淨器內，溼紙蓋一宿，次日銀石器中文武火炒黃焦，為末，酒糊丸梧子大，每服十丸至二十五丸，溫酒下。　大小便閉，鼓脹氣促：八角茴香七箇，大麻仁半兩，為末，生葱白三七根同研，煎湯調五苓散末服，日一。　小便數：茴香不拘多少，淘淨，入鹽少許，炒研為末，炙糯米糕蘸食。　傷寒脫陽，小便不通：茴香末以生姜自然汁調傅腹上，仍用茴香末入益元散服。　腎消飲水，小便如膏：茴香、苦楝子俱炒，等分為末，食前酒服二錢。　腎邪冷氣，力弱：大茴香六兩，作三分，生附子一箇去皮，作三分。第一度用附子一分、茴香一分同炒黃，出火毒一夜，去附子，研茴香為末，空心鹽酒下一錢。第二度二味各一分同炒，存性出火毒，留附子一半同茴香為末，如前服。第三度參一分同炒存性，出火毒，全研為末，如前服。

腎虛腰痛茴香炒研豬腰子批開摻末入內溼紙裹煨熟空心鹽酒送下　腰痛如刺八角茴香炒研每服二錢食前鹽湯下外以糯米一二升炒熱盛袋拴入痛處　又八角茴香杜仲各炒研三錢木香一錢水一鍾酒半鍾煎服　腰重刺脹八角茴香炒爲末食前酒服二錢　疝氣入腎茴香炒作二包更換熨之　小腸氣墜八角茴香小茴香各三錢乳香少許水服取汗　又治小腸疝氣痛不可忍大茴香荔枝核炒黑各等分研末每服一錢溫酒調下　又方大茴香一兩花椒五錢炒研每酒服一錢　膀胱疝痛舶茴香杏仁各一兩葱白焙乾五錢爲末每酒服二錢嚼胡桃送下　又治疝氣膀胱小腸痛茴香晚蚕沙鹽炒俱等分爲末煉蜜丸彈子大每服一丸溫酒嚼下　疝氣偏墜大茴香末一兩小茴香末一兩牙豬尿胞一個連尿入二末于內繫定罐內以酒煮爛連胞搗丸如梧子大每服五十丸白湯下仙方也　脇下刺痛小茴香一兩炒枳殼五錢麩炒爲末每服二錢鹽酒調服神効　辟除口臭茴香煮羹及生食或得　蛇咬久潰小茴香搗末傅之　卒惡心腹中不安煮茴香莖葉食　小腸腎氣衝脇如刀刺痛喘不得生搗茴香莖葉汁一合投熱酒一合飲之愈　惡毒癰腫或連陰卵髀間疼痛攣急牽入小腹不可忍一宿即殺人者茴香苗葉搗汁一碗服之日三四服查貼腫上冬月用根此外國神方永嘉以來起死回生用之神効　閃挫腰痛蒔蘿作末酒服二錢七　牙痛舶上蒔蘿芸薹子白芥子等分研末口中含水隨左右嗃鼻神効

一名芤一名菜伯一名和事草一名鹿胎初生曰葱針葉曰葱青衣曰葱袍莖曰葱白葉中涕曰葱苒葉溫白與鬚平味辛無毒有數種一種凍葱即冬葱夏衰冬盛莖葉氣味俱軟美食用入藥最善分莖栽蒔而無子人稱慈葱又稱太官葱謂宜上供也一種漢葱春末開花成叢青白色冬即葉枯亦供食品胡葱生蜀郡山谷狀似大蒜而小形圓皮赤葉似葱根似蒜八月種五月收一名蒜葱又名回回葱莖葉粗硬茖葱山葱也生于山谷似葱而小細莖大葉生沙地者名沙葱又有一種樓葱人呼爲龍角葱龍爪葱羊角葱皮赤莖上生根移下種之亦冬葱之類每莖上葉出岐如八角故名葱白辛葉溫根鬚平主發散是處皆有生熟皆可食更宜冬月戒多食四月每朝空心服葱頭酒調血氣正月忌食

令人面起遊風生同蜜食作下利燒同蜜食壅氣殺人生合棗食令人病合犬雉肉食多令人病血服地黃常山人忌用

○種植 子味辛色黑作三瓣狀有皺紋收取陰乾勿令浥鬱浥鬱則不生留春月調畦種良地三剪薄地再剪剪宜平旦避熱宜與地平勿太深太高八月止不止則無袍而損白凡栽蔥曬稍蔫將冗鬚去淨疎行密排豬雞鴨糞和粗糠壅之不拘時 崔寔曰三月別小蔥六月別大蔥冬蔥暑種則茂種蔥宜甲子甲申巳卯辛未辛巳辛卯

夏蔥曰冬 冬蔥曰夏

○製用 冬至日取葫蘆盛蔥根莖汁埋于庭中夏至發開盡爲水以漬金玉銀石青各三分自消曝乾如飴可休糧久服神仙名曰金液漿千金月令

○療治 陽脫危症凡大吐大瀉後四肢厥冷不省人事或與婦人交後小腹腎痛外腎搐縮冷汗出厥逆須臾不救先以蔥白炒熱熨臍後以蔥白三七莖擂爛酒煮灌之陽氣即回 小兒無故卒死者蔥白納入下部及兩鼻孔中氣通即活 刺蔥糖火煨熱剝其皮中有涕便罨金瘡損處冷即易之便愈又蔥白連葉煨熱或炒熱搗爛傅上冷即易之縱血出淋漓即時血住痛止翼日見水亦無痕跡 打傷血出不止蔥白沙糖研傅之痛立止更無傷痕 小便不通及轉脬蔥管吹鹽入玉莖內甚効 衄血不止蔥汁入酒少許滴鼻中即覺血從腦散下又和蜜少許服之亦佳蔥蜜同食害人非甚急不可輕用

感寒初覺即用蔥白一握淡豆豉半合泡湯服之取汗 傷寒頭痛如破連鬚蔥白半斤生姜二兩水煎溫服 時疾頭痛發熱連根蔥白二十根和米煮粥入醋少許熱食取汗即解 數種傷寒初起一二日不能分別者用上法取汗 傷寒勞復因交接者腹痛卵腫用蔥白搗爛苦酒一盞和服之 瘟疫五月五日連鬚蔥白十根煎湯入醋少許乘熱服厚蓋汗出即解 風溼身痛生蔥擂爛入香油數點水煎調川芎藭鬱金末一錢服取吐 妊娠傷寒赤斑變爲黑斑尿血者蔥白一把水三升煮熱服汁食蔥令盡取汗 六月孕動困篤難救者蔥白一大握水三升煎一升去滓頓服 胎動下血病痛搶心蔥白煮濃汁飲之未死即安已死即出未効再服一方加川芎 一方用銀器同米煮粥及羹食 卒中惡死或先病或平居寢臥奄忽而死皆是中惡急取蔥心黃刺入鼻孔中男左女右入七八寸鼻目血出即甦 又法用蔥刺入耳中五寸鼻中血出即活如無血出即不可治此扁鵲秘方也 小兒盤腸內釣腹痛蔥湯洗兒腹仍以炒蔥搗貼臍上良久尿出痛止 陰毒腹痛厥逆唇青卵縮六脉欲絕蔥一束去根及青留白二寸烘熱安臍上熨斗熨之蔥壞則易良久熱氣透入手足溫有汗即瘥乃服四逆湯若熨而手足不溫不可治 卒心急痛牙關緊閉欲絕老蔥白五莖去皮鬚搗膏以匙送入咽中灌以麻油四兩但得下咽即甦少頃虫積皆化黃水而下永不再發屢用屢効 霍亂煩躁坐臥不安蔥白二十莖大棗二十枚水三升煎二升分服 蛕虫心痛蔥白二寸鉛粉二錢搗丸服之

即止葱能通氣粉能殺蟲也　腹皮麻痺不
仁多煮葱白食之即愈　小便閉脹不治殺
人葱白三斤剉炒帕盛二個更互熨小腹氣
透即通　大小便閉擣葱白和醋封小腹上
仍灸七壯　大腸虛閉連鬚葱一根姜一塊
鹽一捻淡豉三七粒擣作餅烘掩臍中紮定
良久氣通不通再作　小兒虛閉葱白二根
煎湯調生蜜阿膠末服仍以葱頭蘸蜜插入
肛門即通　急淋陰腫泥葱半斤煨熱杵爛
貼臍上　小便淋澀或有白者以赤根樓葱
近根截一寸許安臍中以艾灸七壯　小兒
不尿乃胎熱也用大葱白切四片用乳汁半
盞同煎片時分作四服即通不飲乳者服之
即飲乳若臍四旁有青黑色及口撮者不可
救　腫毒尿閉因腫毒未潰小便不通用葱
切入蔴油煎至黑色去葱取油時塗腫處即

通　陰囊腫痛葱白乳香擣塗即時痛止腫
消又方用煨葱入鹽杵泥塗之　小便溺血
葱白一把鬱金一兩水一升煎二合溫服日
三　腸痔有血葱白三斤煎湯熏洗立效
赤白下痢葱白一握細切和米煮粥日日食
之　便毒初起葱白炒熱布包熨數次乃用
傅藥即消又方用葱根和蜜擣傅以紙護之
外服通氣藥即愈　癰瘡腫硬無頭不變色
米粉四兩葱白一兩同炒黑研末醋調貼一
伏時又換以消爲度　一切腫毒葱汁傅之
日四五度　乳癰初起葱汁一升頓服即散
疔瘡惡腫刺破以老葱生蜜杵貼兩時疔
出以醋湯洗之神效　小兒禿瘡冷泔洗淨
以羊角葱擣泥入蜜和塗之神效　刺瘡金
瘡百治百效葱煎濃汁漬之甚良　金瘡瘀
血在腹者大葱白二十枚蔴子三升杵碎水

九升煮一升半頓服當吐出膿血而愈未盡
再服　遍身怒然肉出如錐旣痒且痛不能
飲食名血壅不速治必潰以赤皮葱燒灰淋
洗飲豉湯數盞自安　解金銀毒葱白煮汁
飲之　腦破骨折蜜和葱白擣勻厚封立效
自縊垂死葱心刺耳鼻中有血出即甦
水病足腫葱莖葉煮湯漬之日三五次妙
小便不通葱白連葉擣爛入蜜合外腎上即
通　瘡傷風水腫毒取葱青葉和乾姜黃蘗
等分煮湯浸洗立愈　蜘蛛咬遍身生瘡青
葱葉一莖去尖入蚯蚓一條在內待化成水
取點咬處即愈　代指毒痛取萎黃葱葉煮
汁熱漬之　喉中腫塞氣不通者葱鬚陰乾
爲末每用二錢入蒲州膽礬末一錢和勻每
用一字吹之　釣吻毒面青口噤欲死咲葱
涕即活　痔漏作痛先以木鱉子煎湯熏洗

旋以葱涎和蜜敷之其冷如冰即愈一人苦
此早間用午刻即安　身面浮腫喘急小便
不利胡葱十莖赤小豆三合消石一兩水五
升煮熟擂成膏空心溫酒服半匙　中諸肉
毒吐血不止痿黃憔悴者水一升煮胡葱子
取汁冷服半升日一夜一血定乃止　十月
勿食
葱

○典故　龔遂治渤海勸民家種葱一畦非惟足
供烹飪種多亦可資富【農書】　李嗣業
初討勃律通道葱嶺【唐史】　水源一出捐毒
之國葱嶺之上　葱嶺山名其山生葱【漢地
理志】　休循國居葱嶺其山多大葱【廣志】
呂僧珍其先販葱及貴封平固侯其兄子棄
業求官僧珍不許曰汝等自有常分豈可妄
求但當速歸葱肆耳【梁史】　秋祠和羹葱以

【□□】東漢井丹未嘗修刺候人信陽侯陰就使人要之不得已而行丹至就故爲設麥飯葱葉之食以觀其意丹推去之曰以君侯能供甘旨故來相過何其薄乎更設盛饌乃食

○麗藻　詩七言　已辨黃餅澆油葱【陳后山】羌盆麥飯伴鄰翁黃齏青蔬放箸空一事尚非貧賤分笔莫憎用大官葱【□放翁】

【韭】一名豐本一名起陽草一名草鍾乳一名懶人菜葝名韭白花名韭菁叢生豐本長葉青翠八月開小白花成叢淹作葅益人韭根多年交結則不茂秋月掘出去老根分栽壅以雞猪糞亦可子種一種久生故謂之韭可生可熟可淹可久菜之最有益者是處有之葉高三寸便剪剪過糞土壅培之剪忌日中一年四五剪留子者止一剪子黑而扁九月熟收子風中陰乾勿令浥鬱韭葉熱根溫功用同生則辛而散熱則甘而補中補腎除熱下氣益陽止瀉子甘溫煖腰膝治鬼交

爾雅翼云韭者懶人菜以其不須歲種也

諺曰觸露不掐葵日中不剪韭

及夢遺溺血婦人白淫白帶春食香夏食臭多食昏神暗目不可與蜜及牛肉同食熱病後十日食之即發冬月多食動宿飲吐水酒後猶忌宿韭忌食五月食韭損人北人冬月移根窖中養以火炕培以馬糞葉長尺許不見風日色黃嫩謂之韭黃味甚美但不益人多食滯氣發病

○收子　一如收葱子法如市賣者以銅鐺盛水于火上微煑須臾生芽者可種如不生是裛鬱者不堪作種

種植　土欲熟糞欲勻畦欲深二月下種七月種先將地掘作坎取碗覆土上從碗外落子以韭性向內生不向外生也常薅令淨四時類要云收韭子種韭第一當割棄之主人勿食事類書云韭畦用雞糞尤佳至五年根必滿蟠蚪而不長擇高腴地分種之正月上辛日掃去畦中陳葉以鐵扒摟起下水加熟糞高三寸便剪用凡近城郭有園圃者種三十餘畦貿易足供家費秋後又可採韭花供蔬茹至冬養韭黃比常韭易利數倍或只就畦中覆以馬糞北面豎籬障以禦北風至春其芽早出長二三寸便可賣較之他菜爲利甚溥

○附錄　水韭　生于池塘中葉似韭有二三尺者五六月堪食不葷而脆【北戶錄】

○製用　糟韭肥嫩者赤日曬至將乾以瓷罈盛
糟一層排韭一層相間如此壓緊收用
鹽韭霜後肥韭淨洗控乾收磁鉢內鋪韭
一層撒鹽一層醃二三宿翻數次裝入罈用
元滷少加香油浸之　醃韭花韭花半結子
時收摘去蒂梗一斤用鹽三兩同搗爛入罈
中或就中醃小茄小黃瓜先焯用鹽醃去水
晾三日入韭花中拌勻用銅錢三四文著罐
底抑入
韭花炒
○療治　陳直養老書有韭菜羹治老人脾胃氣
弱飲食不强用韭菜四兩鯽魚肉五兩
煑羹下五味並少麪食三五日一作之極補
益　一貧叟病噎膈食入即吐胸中刺痛或
令取韭汁入鹽梅滷汁少許細呷得入漸加
忽吐稠涎數升而愈以辛溫能散胃脘痰飲
惡血故也　一人臘月飲刮剁酒三盃自後
食必屈曲下膈硬濇微痛右脈甚濇關脈沉
此汚血在胃脘之口氣因鬱而成痰隘塞食
道也以韭汁半盞細細冷呷盡半斤而愈
一人病反胃用韭汁二盞薑汁牛乳各一盞
細細溫服遂愈蓋韭汁消血　薑汁下氣消痰
和胃牛乳解熱潤燥補虛也　胸痺痛如錐
刺不得俛仰自汗出或徹背上　不治或至死
取生韭或根五斤洗搗汁服之　陰陽易男
子陰腫小腹絞痛頭重眼花宜豭鼠屎湯主
之川豭鼠屎十四枚韭根一大把水二盞煑
七分去滓再煎二沸溫服得汗愈不汗再服
傷寒勞復方同上　卒然中惡搗韭汁灌
鼻中即甦　風忽不寤勿以火照但痛掐
甲際而唾其面則活取韭搗汁吹入鼻中冬
月則用韭根　風忤邪惡韭根一把烏梅十

四個吳茱萸炒半升水二斗煑仍以病人櫛
內入煑三沸櫛浮者生沉者死煑至三升分
三服　喘急欲絕韭汁飲一升效　盜汗韭
根四十九根水二升煑一升頓服　消渴韭
苗日用三五兩或炒或作羹勿入鹽入醬無
妨喫至十斤即住極效　喉腫難食韭一把
搗熬傅之冷即易　痢疾韭葉作羹粥煠炒
任食之良　脫肛韭一斤切酥拌炒熟綿裹
作二包更互熨之以入爲度　痔瘡作痛盆
盛沸湯以器蓋之留一孔洗淨韭菜一把泡
湯中乘熱坐孔上先薰後洗數次自愈　小
兒胎毒初生時以韭汁少許灌之即吐出惡
水惡血永無諸疾　小兒腹脹韭根搗汁和
豬肪煎服一合間日一服取愈　小兒患黃
韭根搗汁日滴鼻中取黃水出愈　痘瘡不
發韭根煎湯服　產後因怒哭傷肝嘔青綠
水用韭葉一斤取汁入薑汁少許和飲愈
產後血暈韭菜切安瓶中沃以熱醋令氣入
鼻中即省　赤白帶下韭菜搗汁和童便露
一夜空心溫服效　鼻衄韭根葱根同搗棗
大塞入鼻中頻易兩三度即止　五般瘡癬
韭根炒存性搗末以豬脂和塗之數度愈
金瘡出血韭汁和風化石灰日乾每用爲末
傅之效　刺傷中水腫痛煑韭熱搨之　漆
瘡作痒韭葉杵傅　猘狗咬傷七日一發三
七日不發乃脫也急於無風處以冷水洗淨
即服韭汁一盌隔七日又一盌四十九日共
服七盌須百日忌食酸鹽一年忌食魚腥終
身忌食狗肉方得保全否則十有九死昔有
風犬一日咬三人止一人用此得活親見有
效　百蟲入耳韭汁灌之即出　停耳出汁
韭汁入滴三次　牙齒蟲䘌韭菜連根洗搗

同人家地板上泥和敷痛處腿上以絹蓋住一時取下有細蟲在泥上可除根　又方韭根十個川椒二十粒香油少許以水桶上泥同搗傳病牙頰上良久有蟲出數次即愈　凡肉密蓋過夜者爲鬱肉屋漏沾著者爲漏脯皆有毒搗韭汁飲之　食物中毒生韭汁服數升良　夢遺溺白韭子每日空心生吞一二十粒鹽湯下　又方韭子二兩微炒爲末食前溫酒服二錢匕　虛勞溺精新韭子二升十月霜後采之好酒八合漬一宿以晴明日童子向南搗一萬杵平旦溫酒服方寸匕日再服　夜遺尿韭子一升稻米二斗水一斗七升煮粥取汁六升分三服　玉莖强硬不痿精流不住時時如針刺捏之則痛其病名强中乃腎滯漏疾也韭子破故紙各一兩爲末每服三錢水一盞煎服日三即住

腰脚無力韭子一升揀淨蒸兩炊久暴乾簸去黑皮炒黄搗粉安息香二大兩水煮一二百沸慢火炒赤色共搗爲丸梧子大如乾入少蜜每日空腹酒下五六十丸以飯三五匙壓之大佳　女人帶下及男子腎虛冷夢遺用韭子七升醋煮千沸焙研末煉蜜丸梧子大每服三十丸空心溫酒下　烟熏蟲牙用瓦片煅紅安韭子數粒清油數點待烟起以筒吸引至痛處良久以溫水漱吐有小蟲出爲効未盡再熏　五月午時於韭畦面東勿語收蚯蚓泥遇魚刺鯁者以少許搽喉外其刺即消謂之六一泥

○典故　徐無鬼見魏武侯武侯曰先生居山林食芧果厭葱韭以賓寡人久矣【莊子】　安定郡王立春日作五辛盤以柑釀酒謂之洞庭春色東坡詩云辛盤得青韭臘酒是黄柑【詩話】　龔遂爲渤海太守勸民務農桑令人種一畦韭【漢書】　郭林宗有友人夜冒雨至剪韭作炊餅食之【東漢】　南齊侍中庾杲之家貧每食生韭瀹韭韭菹時人謂之語曰誰謂庾郎貧每食二十七種、李崇每食二韭

○麗藻　散語　獻羔祭韭【詩】　醢人其實韭菹【周禮】　王制庶人春薦韭以卵【禮記】　春初蚤韭【周顒】

傳　豐本蓋古仙人一號久睬先生相傳伊耆氏之世禰居學道得不死術後出仕於周其職爲醢人爵與昌氏菁氏茆氏共掌菹豆凡祭祀燕享王及后世子之內羞咸取給焉故周公天官書列其職戴氏禮記載其名於七月詩亦歌其中春薦廟事周亡不知所之或云隱畦町間與農圃者伍人多怪之或執而覺其首或戕其支體

尋復生完聚始知先生爲仙人也漢時與處士郭林宗友林宗館於家客至輒命與同食晉衛尉石崇豪侈寵一世知先生賢咄嗟致之先生亦不拒往就然策崇必敗曰不去將累我我固不憂爲彼累也遽逸去南齊侍中庾杲之家貧好淸士每延先生共飲人皆曰庾郎得豐本爲不貧矣唐隱者衛賓與拾遺杜甫善甫嘗過賓宿先生亦冒雨至相與酬飲甚適甫有詩美之載甫集中先生貌蒼古綠髮白趾常被翠羽衣所棲止人望之恒有氣鬱葱然郎之咀嚼其言論有至味令人洒然忘俗壽莫知其幾也今游會稽若谿中時時過山人韓氏亭上吟翁錄上多有見之者云【王禕】

詩五言　韭　夜雨剪春【杜子美】　秋韭花初白【白樂天】　舍東種早韭生計似庾郎【陸放翁】　肉食嘲三九終憐氣韻淸

一畦春雨足，翠髮剪還生。【劉彥沖】

七言 漸覺東風料峭寒，青蒿黃韭試春盤。【[illegible]】

【蒜】一名葫，一名大蒜，一名葷菜。葉如蘭，莖如葱，根如水仙，味辛。處處有之，而北土以爲常食。八月分瓣種之，當年便成獨顆，及熟每囊五七瓣，或十餘瓣，亦有獨顆者。苗嫩時可生食，夏初食薹，秋月食種。乾者可食至次年春盡。花中有實，亦作蒜瓣而小，可食。孫愐唐韵云：張騫使西域始得大蒜，初時中國止有小蒜，

一名萵，一名澤蒜，爲其生於野澤也。又有山蒜、石蒜，爲其生於山或石邊也。呂忱字林云：苓，水中蒜。然則蒜不特生于平原及山石，而又生於水矣。性辛溫，有小毒，其氣熏烈，能通五臟，達諸竅，去寒溼，辟邪惡，消癰腫，化癥積肉食，解暑毒嵐瘴。第辛能散氣，熱能助火，傷肺損目，伐性昏神，有荏苒受之而不知者。鍊形家以小蒜、大蒜、韭、芸薹、胡荽爲五葷，道家以韭、薤、蒜、芸薹、胡荽爲五葷，佛家以大蒜、小蒜、興渠、慈葱、茖葱爲五葷，雖品各不同，然皆辛熏之物，生食增恚，熟食發婬，有損性靈，故絕之。云獨顆者切片灸癰疽腫毒最効。月令：三月勿食蒜，亦忌常食。

○種植 熟耕地一二次，爬成溝，二寸一窠，種一瓣。苗出高尺餘，頻鉏鬆根旁，頻以糞水澆之。拔去薹則瓣肥大，不則瘦小。澤潞種蒜初出如剪韭，二三次愈肥美。虜中有胡蒜，味尤辛。一說九月初于菜畦中稀栽蒜瓣，候來年春二月先將地熟鉏數次，每畝上糞數

十担，再鉏耙勻，持木𣕕插一竅栽一株，栽遍或無雨，常以水澆，至五月大如拳，極佳。【[illegible]】

【[illegible]】宜戊辰、辛未、戊申、丙子、壬辰、癸巳、辛丑。

○附錄水晶葱 葉似葱而實蒜，不臭。宜鬆土。鉏溝擺於內，用牛馬糞攙糠拌土蓋之，仍以芝麻稭蓋於上。八月種，來年五七月收，宜姜醋浸。

○製用 醋蒜：淨蒜瓣一斤，用石灰湯焯過，晾乾，用鹽三錢醃一宿，漉出再晾乾，用鹽七錢炒乾，以頭醋投入炒鹽內煎一二沸，候冷入罐，泥封，經年不壞。糟蒜：每一斤，石灰湯煠過，晾去水，乾鹽兩半，糟一斤半，拌勻入罐內，泥封，兩月後可食。乾蒜：皆鹽醃三日，晒乾，元滷煎滾，煠過又晒乾，蒸熟，磁罐盛之，久留不壞。九月勿食蒜，傷神損壽，魂魄不安。

○療治背瘡灸法凡覺背上腫硬疼痛用溼紙貼尋瘡頭用大蒜十顆淡豉半合乳香一錢細研隨瘡頭大小用竹片作圈圍定塡藥于內二分厚着艾灸之痛灸至痒痒灸至痛以百壯爲率與蒜錢灸法同功　疔腫惡毒用門臼灰一撮羅細以獨蒜或新蒜苔染灰擦瘡口候瘡自然出少汁再擦少頃卽消散雖發背癰腫亦可擦之　五色丹毒無常色及發足踝者搗蒜厚傅乾卽易之　大小便不通獨頭蒜燒熟去皮綿裹納下部氣立通　乾溼霍亂轉筋用大蒜搗塗足心立愈　小腹腫滿大蒜田螺車前子等分熬膏攤貼臍中水從便旋而下數日卽愈象山民人患腫傳此有効　山嵐瘴氣生熟大蒜各七片共食之少頃腹鳴或吐血或大便瀉出卽愈　瘧疾寒熱獨頭蒜炭上燒之酒服方寸匕　又方五月五日獨蒜頭不拘多少舂爛入黃丹再舂丸圓眼大曬乾瘧發二三次後臨發日雞鳴時以一丸累槌碎取井花水面東服之卽止　又方桃仁半片放內關穴上將獨蒜搗爛罨之縛往男左女右卽止治人屢効　又方端午日取獨頭蒜煨熟入礬紅等分搗丸芡子大每白湯嚥下一丸　寒瘧冷痢端午日以獨蒜頭十個黃丹二錢搗丸梧子大每服九丸長流水下甚妙　泄瀉暴痢禁口及小兒泄痢大蒜搗貼兩足心亦可貼臍中　腸毒下血獨蒜煨搗和黃連末爲丸日日米飲服之　暴下血病葫五七枚去皮研膏入豆豉搗丸梧子每米飲下五六十丸無不愈者　鼻血不止服藥不應用蒜一枚去皮研如泥作錢大餅子厚一豆許左鼻血出貼左足心右鼻血出貼右足心兩鼻俱

出俱貼之立瘥　血逆心痛生蒜搗汁服二升卽愈　鬼疰腹痛不可忍者獨蒜一枚香墨如棗大搗和醬一合頓服　心腹冷痛醋浸蒜至二三年食數顆其効如神　小兒夜啼腹痛面青冷證也用蒜一枚煨研日乾乳香五分搗丸芥子大每服七丸乳汁下　寒溼氣痛端午日收獨蒜同辰砂搗塗之　鬼毒風氣獨頭蒜一枚和雄黃杏仁研爲丸空心飲下三丸靜坐少時當下毛出卽安　狗咬氣塞喘息不通須臾欲絕用獨蒜二枚剖去兩頭塞鼻中左患塞右右患塞左候口中膿血出立効　喉痺腫痛及骨哽獨蒜塞耳鼻中卽愈　牙痛獨頭蒜煨熟切熨痛處旋易之亦主蟲痛　眉毛動搖目不能交睫喚之不應但能飲食用蒜三兩杵汁調酒飲卽愈　腦瀉鼻淵大蒜切片貼足心取効止　頭風苦痛大蒜研汁嗃鼻中　又方大蒜七箇去皮先燒紅地以蒜逐箇於地上磨成膏子僵蠶一兩去頭足安蒜上盌覆一夜勿令透氣只取蠶研末嗃入鼻內口中含水甚効　又治小兒驚風　小兒臍風獨頭蒜切片安臍上以艾灸之口中有蒜氣卽止　小兒氣淋宋寧宗爲郡王時病淋日夜凡三百起國醫罔措或舉孫琳治之琳用大蒜淡豆豉蒸餅三物搗丸溫水送下三十丸曰今日進三服病當減三之一明日亦然三日病除已而果然賜以千緡或問其說琳曰小兒何緣有淋只是水道不利三物皆能通利故也　産後中風角弓反張不語用大蒜三十瓣以水三升煑一升灌之卽甦　金瘡中風角弓反張取蒜一升去心無灰酒四升煑極爛并滓服之須臾得汗卽瘥　婦人陰腫作痒蒜湯

洗之効　陰汗作痒大蒜淡豉搗丸梧子大硃砂為衣每空心燈心湯下三十丸　小便淋瀝或有或無用大蒜一個紙包煨熟露一夜空心新水送下　小兒白禿團團然切蒜日日揩之　閉口椒毒氣閉欲絕者煮蒜食之　射工溪毒獨頭蒜切一分厚貼上灸之令蒜氣射入即瘥　蜈蝎螫傷獨頭蒜摩之即止　蛇虺螫傷即時嚼蒜封之六七易仍以蒜一升去皮乳二升煮熟空心頓服明日又進外以去皮蒜一升搗細小便一升煮三四沸浸損處　脚肚轉筋大蒜擦足心令熱即安仍以冷水食一瓣　食蟹中毒乾蒜煮汁飲之　蛇瘕面光發熱如火炙飲蒜汁一盌吐出如蛇狀即安　時氣溫病初得頭痛壯熱脉大蒜一升杵汁三合頓服不過再作便愈　心腹脹滿不得吐下名乾霍亂蒜一升水三升煮一升頓服　霍亂轉筋入腹殺人蒜鹽各一兩搗傅臍中灸七壯立止　積年心痛不可忍隨手見効濃煮蒜食飽勿着鹽用之有効再不發　水毒中人初得惡寒頭目微疼旦醒暮劇手足逆冷三日則生蟲食下不痒不痛過六十日食五臟注下不禁以蒜三升煮微熱大熱即無力以浴身若身發赤斑文者毋以他病治之　射工中人成瘡者取蒜切片貼瘡上灸七壯　止截瘧疾小蒜不拘多少研泥入黃丹少許丸芡子大每服一丸面東新汲水下至妙　陰腫如刺汗出者蒜一升韭根一升楊柳條二升漓三升煎沸乘熱熏之　惡核腫結蒜茱萸等分搗傅即散　忽中暑仆地欲死蒜及道上熱土各一握研爛新汲水和之澄清灌下即愈　疣瘡取蒜合皮截去兩頭吞數瓣名曰

內灸之　蠱毒不能別者獨蒜二三顆搗爛麻油和厚傅瘡上乾即易之神効　蚰蜒入耳蒜洗淨搗汁滴之未出再滴

○典故

潤州京口有蒜山多出蒜【宋書】　帝登蒿山遭蕕芋毒將死得蒜食之乃解遂收植之【爾雅正義】　華佗見一人病噎食食不得下令取店家蒜虀水一二升飲之立吐一蛇【後漢書】　李道念病五年褚澄診之曰非冷非熱當是食白瀹雞子過多也取蒜一升煮食吐出一物涎裹視之乃雞雛翅足俱全澄曰未也更吐之凡十二枚而愈或作蘇者悞【南史】　周黨見閔仲叔食無菜遺之生蒜仲叔曰我欲省煩耳今更作煩耶受而不食【高士傳】

○麗藻

詩五言　冉冉雜明玉群言竟破蒜【[illegible]】

藠音叫　莜音釣　薈音會　韰音[illegible]

薤

一名藠子一名莜子一名火葱一名菜芝一名鴻薈本文作韰韭類也葉似葱而有稜氣亦如葱體光華露難竚古人所以歌薤露也八月栽根正月分蒔宜肥壤數枝一本則茂而根大二月開細花紫白色根如小蒜一本數顆相依而生五月葉青則掘之否則肉不滿其根煮食芼酒糟藏醋浸皆宜故內則云

切葱薤實諸醯以柔之　味辛苦溫滑無毒溫中散結氣治瀉痢泄滯氣助陽道利產婦治女人帶下赤白與蜜同搗塗湯火傷甚速白者補益赤者療金瘡及風生肌肉王禎農書云生則氣辛熟則甘美種之不蠹食之有益故學道人資之老人宜之

○療治　胸痺痛徹心背喘息欬唾短氣喉中燥痒寸脈沉遲關脈弦數不治殺人括樓實一枚薤白半升白酒七升煑二升分二服　又方薤白四兩半夏一合枳實半兩生姜一兩括樓實半枚吹咀以白截漿三升煑一升溫服日三　胸痛瘥而復發薤根五升搗汁飲立瘥　非同　或先病或平居寢臥奄忽而死皆是中惡以薤汁灌之鼻中便省　霍亂乾嘔不止者取薤一虎口以水三升煑取一半頓服不過三作即已　奔豚氣痛薤白搗汁飲　赤痢不止薤同黃蘗煑汁服　赤白痢薤白一握同米煑粥日食之　小兒疳痢薤白生搗如泥以粳米粉和蜜作餅炙熟與食不過三兩服愈　產後諸痢多煑薤白食仍以羊腎脂同炒食之　妊娠胎動腹內冷痛薤白一升當歸四兩水五升煑二升分三服　鬱肉脯毒杵薤汁服二三升良　疰同　瘡犯惡露甚者殺人薤白搗爛以綿裹煨熟去皁傅之冷即易　[illegible]亦搗作餅以艾灸之熱氣入瘡水出即瘥　手指赤色隨月生

[illegible]一[illegible]疥瘡痛痒煑薤葉搗爛塗之　灸瘡腫痛薤白二升豬脂一升切以苦酒浸一宿微火煎三上三下去滓塗之　手足瘑瘡生薤一把投入熱醋封瘡上取效　蛇蝎螫虎犬傷薤白搗汁飲并塗之日三服瘥乃止　蒜同　諸魚骨哽薤白嚼柔以繩繫中吞到哽處引之即出　誤吞釵環取薤白曝萎煑熟切食一大束釵即隨出　目中風翳作痛取薤白截斷安瞼上令遍痛作復爲之　咽喉腫痛薤根醋搗傅腫處冷即易之　三月勿食生薤七月食薤患目

○典故　安陸郭坦兄得天行病後遂能大餐每日食至一斛五年家貧行乞一日大飢至一園食薤一畦大蒜一畦便悶極臥地吐一物如龍漸縮小有人撮飯于上即消成水而病尋瘳此薤散結蒜消癥之一驗也

○麗藻　散語　爲君子擇葱薤則絕其本末[禮記]　詩五言　甚聞霜薤白重惠意如何　隱者柴門內畦蔬遶舍秋盈筐承露薤不待致書求束比青芻色圓齊玉筯頭衰年關膈冷味暖併無憂[杜甫]　念君常苦悲夜夜不能寐莫以豪賢故棄捐素所愛莫以魚肉賤棄捐葱與薤[古詩]　七言　閑窗雨過苔花潤小簟風來薤葉涼[陸龜蒙]

[芥]

一名辣菜一名臘菜其氣辛辣有介然之義又可過冬也性辛溫無毒溫中下氣豁痰利

[種植]

膈處處有之種類不一　有青芥　葉大子粗葉似菘有毛味

極熱可生食子可藏冬瓜 紫芥 莖葉純紫可愛作虀最美 白芥 一名胡芥一名蜀芥來自胡戎而盛于蜀高二三尺葉如花芥葉青白色為茹甚美莖易起而中空性脆最畏狂風大雪須謹護之三月開花結角子如粱米黃白色又有一種莖大而中實者尤高子亦大白芥子堪入藥味極辛美利九竅明耳目通中 他如南芥刺芥旋芥馬芥花芥石芥皺葉芥芸薹芥之類皆菜之美者芥極多心嫩者為芥藍極脆李時珍曰芥性辛熱而散久食耗真元昏眼目發瘡痔劉恂嶺南異物志云南土芥高五六尺

子大如雞子此又芥之尤異者也

○種植 地用糞耕畝用子一升秋月種者三月開黃花結莢一二寸子大如蘇子色紫味辛收子者即不摘心白芥取子者二月乘雨後種性不耐寒經冬即死故須春種五月熟而收子第地有南北寒暖異宜種植早晚又當隨其俗也

○製用 葉可生食又可淹以為菹可釀以為虀子研末泡為芥醬和菜侑肉辛香可啖根葉熟閉之罎礶中上蓋以蘿蔔片一二日內食之甚美冬菜經春長心嫩湯微熱菜中佳品 芸薹芥性冷破血先患腰脚者不宜多食 菜脯醃虀菜去梗用葉鋪開如薄餅大用料物摻之料用陳皮杏仁砂仁甘草蒔蘿茴香川椒炒同為細末撒菜上更鋪菜一

層疊攤料如此鋪撒五重以平石壓之用熟醃蒸過切作小塊調豆粉調水醃之入油煤熟冷定磁器收之。秋間嫩春不老芥菜陰半乾擇去黃葉老梗將根劈為數瓣每斤用炒鹽三兩五錢將鹽陸續擦入菜內鋪滿瓶即用鹽擦一次先着力揉根次稍揉梗葉一次至日西又照上法揉一次至七日即中矣須要細揉用細鹽每根用花椒茴香入中心篙起入罈內仍取原汁澆入用泥固封至立春即移房內架起 芥菜齏九月十月取青紫白芥菜切細于沸湯內焯過帶湯撈于盆內與生萵苣同熟油芥花末蔴白鹽約量拌勻按于甕內三二日變黃可食至春不變味 乾虀菜大芥菜每一百斤用鹽二十二兩醃醃得勻以盆或缸疊疊放定上用大石壓醃數日出水浸過石撈起曬乾後以本汁

滷煮滾半熟再曬乾收貯若復蒸過則黑而軟置淨乾瓮中藏封任留數年不壞出路作菜極便六月伏天用炒過乾肉復同虀菜炒放伺日不腐凡六月天熱饌不堪留只以乾虀同炒不要入湯水放冷再收起可放經旬不氣息極妙若醃芥鹽汁煑黃豆極乾蘿蔔丁曬乾收貯經年可食 乾葉不拘青菜苦蕒等菜俱以滾湯煤過曬乾收起冬月應用

研芥子入細辛少許白蜜好醋一處研爛再以滾醋大滓極辣 一法芥子同石龍芮子同研其辣異常

○療治 凡老人苦於痰氣喘嗽胸滿懶食不可妄投燥利之藥反耗真元三子養親湯治之屢試屢効白芥子主痰下氣寬中紫蘇子主氣定喘止嗽蘿蔔子主食開痞降氣各

微炒研破看所主爲君每劑不過三四錢用生絹袋盛煮湯飲之勿煎太過則味苦辣若大便素實者入蜜一匙冬月加薑一片尤良　牙齦腫爛出臭水芥菜稈燒存性研末頻傅即愈　飛絲入目青菜汁點之如神　漆瘡搔痒芥菜煎湯洗　痔瘡腫痛芥菜搗餅頻坐之　感寒無汗水調芥子末塡臍內以熱物隔衣熨之取汗出妙　身體麻木芥子末醋調塗之　中風口噤舌縮芥子一升研入醋二升煎一升傅頷頰下效　小兒唇緊用馬芥子搗汁曝濃揩破頻塗之　喉痺腫痛芥子末水和傅喉下乾即易之又方芥子研末醋調取汁點入喉內待喉內鳴却用陳麻骨燒烟吸入立愈　耳聾芥子末人乳汁和以綿裹塞之　雀目不見眞紫芥子燒黑爲末用羊肝一具分作八服每用芥末三錢捻肝上筭籜罨定煮熟冷食以汁送下　目翳芥子一粒輕手挼入眼中少頃以井花水雞子清洗之　眉毛不生芥子半夏等分爲末生薑自然汁調塗數次即生　鬼疰勞氣芥子三升研末絹袋盛入三斗酒中七日溫服一日三次　反胃吐食白芥子末酒服二錢日二服　上氣嘔吐芥子末蜜丸梧子大井花水寅時下七丸申時再服　臍下絞痛方同上　腰脊脹痛芥子末調酒貼之立效　走注風毒作痛小芥子末和雞子白塗之　一切癰腫豬膽汁和芥子末貼之日三上　[illegible]亦可　癰腫熱毒芥子末同柏葉搗塗即愈山芥更妙　熱毒瘰癧芥子末醋和貼之即消止恐損肉　五種瘻疾芥子末水蜜和傅乾即易之　射工中人有瘡芥子末和酒厚塗之半日痛即止　婦人經閉踰年

者臍腹痛腰腿沉重寒熱往來芥子二兩爲末每服二錢熱酒食前服　陰證傷寒腹痛厥逆及霍亂吐瀉芥菜子研末水調貼臍上　熱痰煩暈白芥子黑芥子大戟甘遂芒硝硃砂等分爲末糊丸梧子大每服二十丸姜湯下　冷痰痞滿黑芥子白芥子大戟甘遂胡椒桂心等分爲末糊丸梧子大每服十丸姜湯下　腹冷氣起白芥子一升微炒研末湯浸蒸餅丸小豆大每薑湯吞下十丸甚妙　小兒乳癖白芥子研末水調攤膏貼之以平爲期　防痘入目白芥子末水調塗足心引毒歸下令瘡疹不入目　腫毒初起白芥子末醋調塗之　胸脇痰飲白芥子五錢白朮一兩爲末棗肉和搗丸梧子大每白湯下五十丸　邪惡瘴氣發無常處及射工毒芥子爲末丸服之或搗末醋和塗之隨手有驗風及痲痺醋研傳之撲損瘀血腰痛腎冷和生姜研塗貼之又治心痛酒調服之研末水調塗頂顋止衂血

○**典故**　宋太宗命蘇易簡講文中子有楊素遺子食經羹藜含糗之說上因問食品何物最珍對曰物無定味適口者珍臣止知虀汁爲美臣憶一夕寒甚擁爐痛飲夜半吻燥中庭月明殘雪中覆一虀盂連茹數根臣此時自謂上界仙厨鸞脯鳳胎殆恐不及屢欲作冰壺先生傳因循未果上笑而然之（玉壺詩話）

○**麗藻**　**散語**　木（衡門奕）懲沸羹者吹冷虀傷弓之鳥驚曲胸家甕內淹成碧綠青黃措大口中嚼出　介夫性疏名介介夫字官商徵羽（范文正）傳也其先居趙魏之郊從

樹藝以生子孫甚繁衍至介始徙于宋久之由司城子罕薦以見宋王王問曰若居宋之土地幾葉於茲矣久必有相賴者若賴宋乎宋賴若乎對曰介竊居王之土地覃及雨露欣榮不已願有寸長敢不敷露于左右以求知也臣本一介之微觀之其草草然可以禦國之饑歲可以資王之儉德可以勵民之苦心王能味臣言享臣用則臣不爲無利與宋王曰周人聚疏之財寡人何敢失之遂命從事于暘門兼修俎豆事曰王既有熱必俗居常服綠間錫之紫葉爽以應其勞辛之功介爲人貌直幹濯秀可愛群居秩然不紊有介然于世者因名但不生口刺刺訣人是非不少假借被其中者或至流涙出涕發汗衆曰介有姜桂之性愈老愈辣其俗有大小之異有曰蕪青曰幽者皆淡泊于世味雅與齋僧

寒士交其後介子推又從晉晉以其先人之聞納之公子重耳出奔推從焉適遭絕食推將割股肉芼羹以進公子止曰亡人之在遠也以有先生爲禦猶有旨蓄而弗知其冬也今先生黔之念亡人之口腹傷已以飽人亡人弗以爲飽願先生自愛毋易下體也推卒割之後公子歸伯第賞有功而不及推推之客歌于宮門曰茅之拔兮茹亦及之吐其茹兮忘徙之飢公子悔追賞推推逃之綿山上曰吾非貴葉而求益也誓不出公子燔而求之得火曰木與火烹飪之象且傳說以調伊尹以烹我將獲賢者之輔遂火其山以脇之推就焚而死人謂其介有跨竈風 沈周

詩五言 芥藍如菌蕈脆美牙齒響 東坡

七言 人生各自有貴賤北風開時促高宴劉伶病酲相如渴長魚大肉何由薦凍虀此際傾下飲不歡病起倦葉翛學安貧腹一欣然作歌聊稱水壺傳 [illegible]

芹 古作靳一名水英一名楚葵有水芹有旱芹水芹生江湖波澤之涯旱芹生平地赤白二種二月生苗其葉對節生似芎藭莖有節稜而中空氣芬芳五月開細白花如蛇床花白芹取根赤芹莖葉並堪作葅味甘無毒止血養精益氣止煩去伏熱殺藥毒令人肥健治女人崩中帶下置酒醬香美和醋食滋人但

損齒又有一種馬芹爾雅謂之茭又名牛蘄葉細銳可食亦芹類也一種黃花者毛芹也有毒殺人三八月食生芹蛟龍病

○製用 立春日以芹芽韭黃爲菜蔬相饋 春盤

○禁忌 三月八日二時龍帶精入芹菜中人誤食之爲病面青手青腹滿如妊痛不可忍服硬餳三二升日三吐出蜥蜴便差一說亦爲蛇蜥蜴之毒耳非龍也春夏之交遺精于此且蛇喜食芹尤爲可證

○附錄 紫芹 即赤芹生陰崖陂池近水石邊狀類赤芍葉深綠背甚赤莖似蓼

葵花紅可喜結實[illegible]似[illegible]誤[illegible]汁
可以煑雌[illegible]制汞伏砂搗[illegible]起貧草健方顯
少太行王屋 桃朱術細如芹花黃子作角以
諸山最多 [illegible]向旁敲之則子自發
婦人帶之與夫相和
五月收【千金月令】
○療治 小兒吐瀉芹葉切細煑汁飲之不拘多
少 小便淋痛白根水芹去葉搗汁井
水和服 小便出血水芹搗汁日服六七合
一 結核氣芹葉日乾為末油煎成膏摩之日
三五度瘥 痙熱氣暴芹日乾為末糊丸桐
子大每服四十丸空心溫酒服大效 百蟲毒
蛇咬毒生杵芹汁塗之 大人小兒魚天
冷及吃冷食即暴痢不止腹如火療不差者
春間收紫芹花二斤陰乾為散加磁毛末七
兩相和研細塗紅上納入隨使人以冷水喫
兩[illegible]要入每旦如此不過六七度瘥又以熱
酒半升和散方寸匕空腹服之日再服漸加
至二方寸匕以瘥為度若五歲以下小兒即
以半杏子許和酒服之忌生冷陳倉米等物
慢脾驚風馬芹子丁香白殭蠶等分為
末每服一錢炙橘皮煎湯下名醒脾散
○麗藻散語 菜之美者有雲夢
之芹【呂氏春秋】 詩四言 春水漸
名芹君日擷此彌 覓青青
余羹【歐陽公】 五言 香聞錦帶羹 芹泥
獻芹則小小薦藻明區區 隨燕嘴花蕊上蜂鬚
風吹青井芹 雨瀉暮簷竹
鱠鯽銀絲膾香芹碧澗羹 俱
【杜子美】 七言 飯煑青泥坊底芹【杜子美】 此萎
【美】 香辣最佳蔬孫介芳辛不讓渠盤
服嫩湯微熟後薑兒新酒米醋初根香醋釀
作三友露葉霜莖如蠶銀自笑枯腸成破甕

一生只解[illegible]
寒菹【楊廷秀】
【芫荽】一名香荽一名胡荽一名胡菜處處種之
莖青而柔葉細有花歧立夏後開細花成簇
如芹菜花淡紫色五月收子如大麻子亦辛
香子葉俱可用生熟俱可食甚有益于世者
根軟而白多鬚綏綏然故謂之荽張騫得種
于西域故名胡荽後因石勒諱胡改作香荽
又以莖葉布散呼為蒝荽味辛氣溫消穀止
頭痛治五臟補不足利大小腸通心脾竅及
小腹氣拔四肢熱治腸風合諸菜食氣香令
人口爽辟飛尸鬼疰蠱毒冬春採之香美可
食亦可作菹道家五葷之一伏石鍾乳久食
損精神令人多忘凡腋氣口臭䘌齒腳氣金
瘡久病人不可食根損陽滑精發痼疾同斜
蒿食令人汗臭難產服補藥及藥中有白朮
牡丹皮者忌

○種植　宜肥溼地先將子捍開用水浸三日曬乾種以灰糞覆之水澆則易長六七月布種者可竟冬食春月撒子沃水生芽者小小供食而已都下火坑中蘊藏者葉俱黃色生香美脆嫩第非出自然恐不益人

○附錄野蘼荽　一名天胡荽一名石胡荽一名鵝不食草一名雞腸草小草也生石縫及陰溼處高二三寸冬月生苗細莖小葉形狀宛如嫩胡荽氣辛熏不堪食夏開細花黃色結細子極易繁衍僻地則鋪滿辛寒無毒通鼻氣利九竅吐風痰解毒明目散翳消瘴汁制砒石雄黃

○療治　痧痘不快用胡荽二兩切以酒一大盞煎沸沃之以物蓋定勿令洩氣候冷去

渣微微含噴從項背至足令遍勿噴頭面床帳上下左右皆宜掛之以辟汙氣胡臭天癸淫佚一應穢惡之氣胡荽辛溫香竄內通心脾外達四肢能辟一切不正之氣諸瘡皆屬心火營血內攝于脾心脾之氣得芳香則運行遇臭惡則壅滯故痘瘡出不快者能發之雖然若兒虛弱及天時陰寒用此最妙如兒壯實及春夏晴暖陽氣發越之時用此是以火益火胃中熱熾毒血聚蓄則變成黑陷矣可不慎乎　熱氣結滯經年數發者胡荽半斤五月五日采陰乾水七升煮取一升半去滓分服未瘥更服春夏葉秋冬根莖亦可用　孩子赤丹胡荽汁塗之　面上黑子蘼荽煎湯日日洗之　產後無乳乾胡荽煎湯飲效　小便不通胡荽二兩葵根一握水二升煎一升入滑石末一兩分三四服　肛門脫出胡荽切一升燒烟熏之即入　解中蠱毒胡荽根搗汁半升和酒服立下神驗　蛇虺螫傷胡荽苗合口椒等分搗塗之　食諸肉毒吐下血不止痿黃者胡荽子一升煮令發裂取汁冷服半升日夜各一服即止　腸風下血胡荽子和生菜以熱餅裹食之　痢及瀉血胡荽子一合炒搗末每服二錢赤痢沙糖水下白痢薑湯下瀉血白湯下日二服　五痔作痛胡荽子炒為末每服二錢溫水溫酒下數服見效　痔漏脫肛胡荽子一升粟糠一升乳香少許以小口瓶燒烟熏之　腸頭挺出秋冬搗胡荽子醋煮熨之甚效　牙齒疼痛胡荽子五升水五升煮取一升含漱　小兒禿瘡胡荽子油煎塗之　寒痰齁喘野蘼荽研汁好酒和服即住　目赤腫脹羞明昏暗隱澀疼痛眵淚風癢鼻塞頭痛腦酸外翳扳

睛諸病鵝不食草曬乾二錢青黛川芎各一錢為細末噙水一口每以米許嗅入鼻內淚出為度一方去青黛　貼目取翳鵝不食草搗汁熬膏一兩爐甘石火煆童便淬三次三錢上等瓷器末一錢半熊膽二錢硇砂少許為極細末和作膏貼在翳上一夜取下用黃連黃蘗煎湯洗淨如有再貼　塞鼻治翳鵝不食草捼塞鼻中翳膜自落　牙痛嗅鼻鵝不食草綿裹懷乾為末含水一口隨左右嗅之亦可捼塞　一切腫毒野蘼荽一把穿山甲燒存性七分當歸尾三錢擂爛入酒一盌絞汁服以渣傅之　溼毒脛瘡磚縫中所生野蘼荽夏月取曬為末每五錢汞粉五分桐油調作隔紙膏周圍縫定以茶洗淨縛上膏藥黃水出五六日愈　脾寒瘧疾石胡荽一把杵汁半盞入酒半盞和服甚效　痔瘡腫

蘿蔔爾 菔俱宜 難北

痛搗不可敷貼之

蘿蔔 一名萊菔一名蘆菔一名雹葖一名紫花菘一名溫菘一名土酥處處有之北土尤多其狀有長圓二類根有紅白二色莖高尺餘苗稠則小踈時取食令稀則根肥大葉大者如蕪菁細者如花芥皆有細柔毛春末抽高薹開小花紫碧色夏初結莢子大如麻子黃赤色圓而微扁生河朔者頗大而江南安州洪州信陽者尤大有重至五六斤者大抵生沙壤者脆而甘生瘠地者堅而辣根葉皆可生可熟可葅可虀可醬可豉可醋可糖可腊可飯乃蔬中之最有益者氣味辛甘無毒下氣消穀去痰癖止咳嗽利膈寬中肥健人令肌膚細白同猪羊肉鯽魚煮食更補益熟者多食滯膈中成溢飲服地黃何首烏者食之髮白以蘿蔔多食滲血性相反也

性能制麪毒故名來服言來麰之所畏也

飲土解

○種植 頭伏下種宜沙[illegible]地地欲生則[illegible]欲熟則草少治畦長一丈闊四尺每子一升可種二十畦子陳更佳先用熟糞勻布畦內水飲透次日用大糞拌子令勻撒畦內細土覆之苗出三四指便可食擇其密者去之踈則根大尺地只可留三四窠厚壅頻澆其利自倍月月可種月月可食欲收種于九月十月擇其良者去鬚帶葉移栽之澆灌以時至春收子可備種蒔鉏不壓頻忌帶露鉏恐生蟲

○附錄 水蘿蔔 形白而細長根葉俱淡脆無辛辣氣可生食亦有大如臂長七八寸者則土地之異也出山東壽光縣者尤鬆脆

胡蘿蔔 有黃赤二種長五六寸宜伏內畦種肥地亦可漫種大者盈握冬初掘取生熟皆可啖可果可蔬莖高二三尺有白毛氣如蒿不可生食貧人晒乾冬月亦可拌腐充飢三伏內治地點種地肥則漫種頻澆則肥大欲收種者留至次年開碎白花攢簇如傘子如蛇床子稍長而有毛褐色又如蒔蘿子元時來自胡中故名胡蘿蔔甘辛無毒下氣補中利胸膈安五臟令人健食有益無損子治久痢一種野胡蘿蔔根細小用亦同金幼孜北征錄云交河北有沙蘿蔔根長二尺許大者徑寸下支生小者如筯色黃白氣味辛而微苦氣似胡蘿蔔想亦胡蘿蔔之類但地利人力不同耳

交河廣中地名

○製用 香蘿蔔 白蘿蔔堅實者切小塊晾二日每一斤鹽一兩淹過亦揉去水再晾又揉又晾又揉乾溼得宜每一斤用白沙糖四兩醋一碗[illegible]陳皮各一錢搗

紉拌勻磁罐收貯青瓜丁亦可照此法做
蘿蔔菴 蘿蔔切作片爲苣條或縷萵菁白菜
切大小同各以鹽醃良久滾湯煠過入新水
中次煎酸漿泡之以碗盆入瓶中浸冷 蘿
蔔乾以蘿蔔切作骰子大晒乾收候醃芥菜
滷水煮加川椒蒔蘿拌勻晒乾收貯久留不
壞味極美 又法刂過鹽淹一宿日中晒乾
用 水醃蘿蔔 蘿蔔削去根鬚洗淨以鹽擦
放甕內五六日下水時復攪勻一月後可食
加以一二醬梨則香脆若食不盡者就以滷
水煮蘿蔔透控乾入醬或切細條晒乾收臨
食時熱湯泡透炒食聽用 胡蘿蔔鮓者切
片畧煠控乾入葱丁蒔蘿茴香川
椒紅豆研爛並鹽拌勻醃一時食
○療治 食物作酸蘿蔔生嚼數片或生[illegible]嚼之
亦妙乾者熟者鹽醃者及人胃冷者皆

不效 反胃噎疾 蘿蔔蜜煎浸細細嚼嚥良
消渴飲水獨勝散用出了子蘿蔔三枚淨
洗切片日乾爲末每服二錢煎豬肉湯澄清
調下日三服漸增至三錢生者搗汁亦可或
以汁煮粥食 肺痿欬血蘿蔔和羊肉或鯽
魚煮熟頻食 鼻衄不止蘿蔔搗汁半盞入
酒少許熱服并以汁注鼻中皆良或用酒煎
沸入蘿蔔再煎食之 下痢噤口蘿蔔擣汁
一小盞蜜一盞水一盞同煎早一服午一服
日晡未飲吞阿膠丸百粒如無蘿蔔以子擂
汁亦可一方加枯礬七分同煎一方只用蘿
蔔菜煎湯日日飲之多年連葉者更佳 又
蘿蔔片不拘新舊染蜜噙之嚥汁味淡再換
覺思食以肉煮粥與食不可過多 痢後腸
痛方同上 大腸便血大蘿蔔皮燒存性蒲黃
生用等分爲末每服二錢米飲下 腸風下

血 蜜炙蘿蔔任意食之昔一婦人服此方効
酒痰下血連旬不止用大蘿蔔二十枚留
青葉寸餘以井水入罐中煮十分爛入淡醋
空心任食 大腸脫肛生萊菔搗入臍中束
之覺有瘡即除 小便白濁生蘿蔔剜空留
盞入吳茱萸填滿蓋定簽住糯米飯上蒸熟
取去茱萸以蘿蔔焙研末糊丸梧子大每服
五十丸鹽湯下日三服 沙石諸淋疼不可
忍用蘿蔔切片蜜浸少時炙乾數次不可過
焦細嚼鹽湯下日三服 遍身浮腫出了子
蘿蔔浮麥等分浸湯飲之 腳氣走疼蘿蔔
煎湯洗之仍以蘿蔔乾爲末鋪襪內 偏正
頭痛生蘿蔔汁一蜆殼仰臥隨左右注鼻中
神效王荊公病頭痛有道人傳此方移時遂
愈以此治人不可勝數 失音不語蘿蔔生
搗汁合姜汁同服 喉痺腫痛蘿蔔汁和皂

莢漿服取吐 滿口爛瘡蘿蔔自然汁頻漱
去涎妙 煙熏欲死嚼蘿蔔嚥汁妙 湯火
傷灼生蘿蔔搗塗之子亦可 花火傷肌方
同上 打撲血聚皮不破者用蘿蔔或葉搗
封之 欬嗽喘急乾蘿蔔煎湯飲神効 上
氣痰嗽喘促唾膿血以萊菔子一合研細煎
湯食前服之 肺痿欬嗽萊菔子半升淘淨
焙乾炒黃色爲末以糖和丸芡子大綿裹含
之嚥汁甚妙 齁喘痰促遇厚味即發者蘿
蔔子淘淨蒸熟晒研姜汁浸蒸餅丸菉豆大
每服三十丸以口津嚥下日三服 痰氣喘
息蘿蔔子炒皂莢燒存性等分爲末姜汁和
煉蜜丸梧子大每服五七十丸白湯下 久
嗽痰喘蘿蔔子炒杏仁去皮尖炒等分蒸餅
丸麻子大每服三五丸時時津嚥 高年氣
喘蘿蔔子炒研末蜜丸梧子大每服五十丸

白湯下 吐風痰用蘿蔔子末溫水調服三錢良久吐出涎沫如是癱緩風者以此吐後用緊踈藥踈後服和氣散取瘥 丹溪吐法用蘿蔔半升擂細用水一碗濾取汁入香油及蜜些須溫服後以桐油浸過晒乾鵝翎探吐 中風口禁蘿蔔子牙皂莢各二錢以水煎服取吐 小兒風寒蘿蔔子生研末一錢溫葱酒服之取微汗大効 風秘氣秘蘿蔔子炒一合擂水和皂莢末二錢服立通 氣脹氣蠱萊菔子研以水濾汁浸縮砂一兩一夜炒乾又浸又炒凡七次為末每米飲服一錢如神 小兒盤腸氣痛用蘿蔔子炒黃研末乳香湯服半錢 年久頭風萊菔子十四粒生研以人乳和之左疼點右鼻右疼點左鼻 瘡疹不出蘿蔔子生研末米飲服二錢良 勞瘦咳嗽蘿蔔同羊肉煮食良

○典故 青州有人病狂云夢中見紅裳少女引入宮殿中其小姑令歌遂歌云五靈樓閣曉玲瓏天府由來是此中惆悵悶懷說不盡一丸蘿蔔火吾宮 一道士解之云少女心神小姑脾神火毀也醫經言蘿蔔制麵毒故曰火吾宮此犯大麥毒也以藥並蘿蔔治果愈[洞微志] 饒民李七病鼻衄甚危醫以蘿蔔自然汁和無灰酒飲之即止蓋血隨氣運氣滯故血妄行蘿蔔下氣故也[張杲醫說] 有人好食豆腐中毒醫治不効偶聞人云其妻誤以蘿蔔湯入豆腐鍋中遂不成其人遂飲蘿蔔湯遂愈[同上] 王旻好勸人食蘆菔根葉云冬食功多力甚養生之物也[五色線] 李師逃難入石窟中賊以烟熏之垂死得蘿蔔菜一束嚼其汁獲甦[延壽書] 一號巡病嗽久不愈甚危殆醫各出所[illegible]

一老醫年七十餘病瘵甚劇官召欲以醫之應命行至一村渴甚扣民家求飲其家以熱水一盃飲之覺嗽似少止再求一盃又覺少愈因詢此何水其人答曰村野無茶適煮蘿蔔乾遂以奉用醫曰吾生平最喜食此偶途中用盡敢求少許其家餽以數升醫食數日嗽全愈及見代巡病與已同診脉後出一方因向代巡云藥須醫人自煎恐他人煎不得法藥難取効及煎時潛以蘿蔔乾加入數日代巡病愈大神其技給冠帶作興千金遂成富室[范濟畧代巡述] 鄭居易計部言其家自先世多留帶莖蘿蔔懸之簷下有至十餘年者每至夏秋有病痢者煮水服之即止愈久者愈妙 王禎善經營不令子弟仕宦每年止令種火田玉乳蘿蔔壺城馬面菘可致千緡[清異錄]

○蘆菔傳 先生姓羅名伯英字陽和上世出蔡仲之後周季國亡蔡之孫子自以王者後恥臣列國分布天下雖族類蕃蕪然皆隱約原野與農圃老人結無情之交於勢利泊如也春秋間齊魯交惡猶以野無厥族卜其無恃為當時貴重尚如此漢初陳平欲薦士間楚竟不能致厥族之良惟以惡子弟進故用其讒是以亡楚後平掠其功封侯惡子弟卒不顯是以比族益務韜晦蜀諸葛武侯嘗用其別子蔓青氏督餉道行伍中既策功當進爵以井其奸故弗就也先生與蔓青同遠祖生而孤特自殖克邁種德學有根本閒居自負其才曰吾進可以備嘗鼐退可以貞丘園進退不違乎時吾事畢矣豪貴之家聞先生風聲爭設大烹以享之先生心事潔白舉口皆有咀嚼故貴人不甚相知平生雅與

學士雅好尤篤凡親炙先生之久者天下事無不可做晚年所養既久中益充實雖離處壟土間物竟莫得而涅自有一種幽人潛德風味上自宮府下至兒童走卒室婦少女莫不知有先生然欲用之者非强拔起之不能致終不効毛遂輩沾沾喜自薦也老辣之性與日俱盛尤以名爲累嘆其不得深根固蒂于下乃學逃名于漆園之徒游心物初委順造化深欲秘本根以緒餘啓世之不知道者故嘗著論曰天下無道則言有枝葉所惡于言者爲其無用也吾言可無用也與哉世殆未知吾枝葉之正味矣一夕偶過白水眞人舍坐客有請之者附耳語言謂先生今日離無食肉相蠹酸氣吾知免耳先生若罔聞知擁爐危坐少焉清談時出爽氣襲人客不覺前席舉手願與餘瀝以沃渴懷先生傾倒肺

腑粹然一出于正絕無世俗溷濁之味客與接談者皆嘖嘖不容口如入太古室酌玄酒而啜太羹恨相知之晚也乃復相顧而嘆曰先生蓋有道之士也清不絕俗淡不累物吾儕久與至人處乃今則知之耳圖所以易其名者遂私號曰清淡先生云【高應冕】

詩

五言

菜根如白玉【陳去非】

客懷深根蔕風霜已飽經如何純白質近蔕染微青【黃山谷】

紛敷剪翠叢津潤擢玉本寂寞病文園吟餘得深槩【朱晦菴】

七言

長安冬菹酸且綠金城土酥淨如練【黃山谷】

雪白蘆菔非蘆菔嘆來自是辣底玉【楊誠齋】

秋來霜雪滿東園蘆菔生兒芥有孫我與何曾同一飽不知何苦食雞豚【蘇東坡】

庾郎晚菘翡翠茸金城土酥玉雪容如何俱墮齒中却與酪雞同鬪官金井銀床水清泚雪山水

谷鹽輕脆秋風一月[illegible]生太學鹽生剗復春菹令飯寒鄉可度十年雪汁凍蔬腸一夜飢雷聽更鼓不知吏部甕頭酲一逢受辛還一醒畢卓與爾同死生【[illegible]】

【賦】

【蔓菁】一名蕪菁一名葑一名須一名蕘蕪一名蕘一名芥一名九英菘一名諸葛菜根長而白形如胡蘿蔔霜後特軟美蒸煮堪任用稍似羊蹄舍有膏潤頗近谷氣莖粗葉大而厚濶夏初起臺開黃花四出如芥結角亦如芥

子勻圓似芥子紫赤色莖葉稍遜於根亦柔膩不類他菜人久食蔬菜無穀氣即有菜色食蔓菁者獨否蔓菁四時皆有四時皆可食春食苗初夏食心亦謂之臺秋食莖冬食根數口之家能蒔數百本亦可終歲足蔬子可打油然燈甚明每畝根葉可得五十石每三石可當米一石是一畝可得米十五六石則三人卒歲之需也此菜北方甚多河東太原

所出其根最大氣味苦溫無毒常食通中下氣利五臟止消渴去心腹冷痛解麵毒入丸藥服令人肥健尤宜婦人

○**種植** 耕地欲熟七月初種一畝用子三升種法先雜草雨過即耕不雨先一日灌地使透次日熟耕作畦或耬種或漫撒覆土厚一指五六日內有雨不須灌無雨用水灌溝中遙潤之勿澆土令地實以沙土高者爲上故墟壞墻尤佳宜厚壅之擇子下種出甲後即耘出小者爲茹若不欲移植取次耘出存其大者令相去尺許若欲移植俟苗長五七寸擇其大者移之先耕熟地作畦深七八寸起土作壟藝苗其上壟土虛浮根大倍常

一法子欲陳用鰻鱺汁浸之曝乾種可無蟲取子者當六七月種來年四月收若中春種亦即生薹與秋種者同熟但根小莖矮子少耳供食者正月至八月皆可種凡遇水旱他穀已晚但有隙地即可種此以濟口食一法地方一尺五寸植一本一步十六本一畝三千六百本每本子一合可得三石六斗比菜子可多三四倍利

○**製用** 十月終犁出蔓菁根數晒過冬月蒸食甜而有味和羊肉煑食甚美春生薹苗亦菜中上品四月收子打油比脂麻易種收多臨用熬動少摻脂麻煉熟與小油無異子九蒸九曝擣爲粉可塗帛菜割訖尋手擇而掰之挂屋陰風涼處勿令烟熏使味苦燥則候天陰潤苦之不俟陰則碎折久不苦則澀作鹹葅法擇好菜捆作小束用極鹹鹽水洗過納甕中重疊之勿用鹽水洗易爛洗菜鹽水澄清入甕沒菜即止不必調和色仍青用時水洗去鹹汁煑爲茹與生菜無異 作湯葅法好菜擇訖即入熱湯中煠出冷水濯過鹽醋中熬胡蔴油香而且脆多作可留至春若菜已萎水洗漉出經宿生之然後煠乾葉屑之和穀作粥食

○**療治** 預禳時疾立春後遇庚子日溫蔓菁汁合家大小並服之不限多少一年可免時疾 男子陰腫核痛人所不能治者蔓菁根擣爛敷之 鼻中衄血諸葛菜生擣汁飲 大醉病困蔓菁菜入少米煑熟去滓冷飲之良 飲酒辟氣乾蔓菁根二七枚蒸三遍碾末酒後水服二錢即無酒氣 一切腫毒生蔓菁根一握入鹽花少許同擣封之日三易又蔓菁葉不見水燒灰和臘猪脂封之 大疔腫有根用大鍼刺作孔削蔓菁根如鍼大染鉄生衣刺入孔中再以蔓菁根鉄生衣等分擣塗于上有膿出即易須臾根出立瘥忌油膩生冷五辛粘滑陳臭 乳癰寒熱蔓菁根葉去土不見水以鹽和擣塗之熱即換三五次即瘥冬月用根此方已救十數人須避風 女子妬乳生蔓菁根擣和鹽醋漿水煑汁洗五六度良和雞子白封之妙 陰腫如斗生蔓菁根擣封之治人所不能治 豌豆瘡蔓菁根擣汁挑破塗之三食頃根出 犬咬瘡重發者蔓菁根擣汁服佳 小兒頭禿蕪菁葉燒灰和脂傅 飛絲入眼蔓菁菜揉爛帕包滴汁三兩點即出 明目益氣蕪菁子二升水九升煑汁盡日乾如此三度研細水服方寸匕日三 亦可研水和米煑粥食

常服明目使人洞視腸肥蕪菁子三升苦酒三升煮熟日乾研末井華水服方寸匕日三無所忌抱朴子云服盡一斗能夜視見物 青盲眼障及虛勞暗但瞳子不壞者十得九愈蔓菁子六升蒸之氣遍和饋取下釜中熱湯淋之曝乾還淋如是三遍杵爲末食前清酒服方寸匕日再 補肝明目蕪菁子淘二升黃精二斤同和九蒸九晒爲末每空心米飲服二錢又方蔓菁子二升決明子一升和匀以酒五升煮乾曝爲末每服二錢溫酒調下日二 明目三月三日採蔓菁花陰乾爲末空心井花水下久服長生可夜讀書 風邪攻目視物不明肝氣虛者蔓菁子四兩入磁瓶中燒黑無聲取出入蛇蛻二兩又燒成灰爲末每服半錢食後酒下日三 癥瘕積聚蔓菁子煮汁服又治霍亂腹脹 服食辟穀蕪菁子熟時采之水煎三過令苦味盡曝搗爲末每服二錢溫水下日三次久可辟穀 食麫脹滿蔓菁子炒研白湯點服一錢立愈 黃汗染衣涕唾皆黃蔓菁子搗末平旦井花水服一匕日再服加至兩匕以知爲度每夜以帛浸小便逐日看之漸白則瘥不過五升全愈 黃疸如金睛黃小便赤生蔓菁子末熟水服方寸匕日三 急黃黃疸及內黃腹結不通蔓菁子搗末水絞汁服當得嚏鼻中出黃水及下利則愈以子壓油每服一盞更佳 熱黃便結蕪菁子搗末水和絞汁服少頃當瀉出一切惡物沙石草髮並出 二便關隔脹悶欲絕蔓菁子油一合空腹服之即通通後汗出勿怪 心腹作脹蔓菁子一大合揀淨搗爛水一升和研濾汁一盞頓服少頃自利或自吐或得汗即愈 霍亂脹

痛蕪菜子水煮汁飲之 妊娠小便不利蕪菁子末水服方寸匕日二 風疹入腹身體強舌乾硬蔓菁子三兩爲末溫酒服一錢 瘭疽發熱疽着手足肩背纍纍如米起色白刮之汁出復發熱用蕪菁子熟搗帛裹展轉其上日夜勿止 詩骨疽不愈愈而復發骨從孔中出者蕪菁子搗傅之用帛裹定日一易 小兒頭禿蔓菁子末和酢傅之日三 眉毛脫落蔓菁子四兩炒研醋和塗之 蒜髮蔓菁子油日日塗之 面黶痣點蔓菁子研末入面脂中夜夜塗之亦去面皺 黑黚面皺蔓菁子油入面膏日日用 蜘蛛咬蔓菁子爲末油調擦又酒調服防毒入內

○典故 昔諸葛武侯行兵所止令軍士獨種蔓菁取其纔出土可生啖一也葉舒可煑食二也久居則隨以滋長三也棄不令惜四也回則可尋而採五也冬有根可食六也至今蜀人重之名諸葛菜 五臺山深谷中居人每人歲種三百六十本日食一本不妨絕粒 婺州僧清簡園蔓菁忽變爲蓮

○麗藻散語 菜之美者具區之菁【呂氏春秋】 詔 永興二年六月彭城泗水增長逆流詔司隸校尉部刺史曰蝗災爲害水變仍至五穀不登人無宿儲其令所傷郡國種蔓菁以助人食【漢文】 詩五言 冬菁飯之半【杜子美】 七言 鋸公春盡蕪菁色華廡愁深苜蓿花【溫飛卿】 往日蕪菁不到吳如今幽圃手親鉏憑誰爲向曹瞞道徹底無能合種蔬【陸放翁】

卷一 終

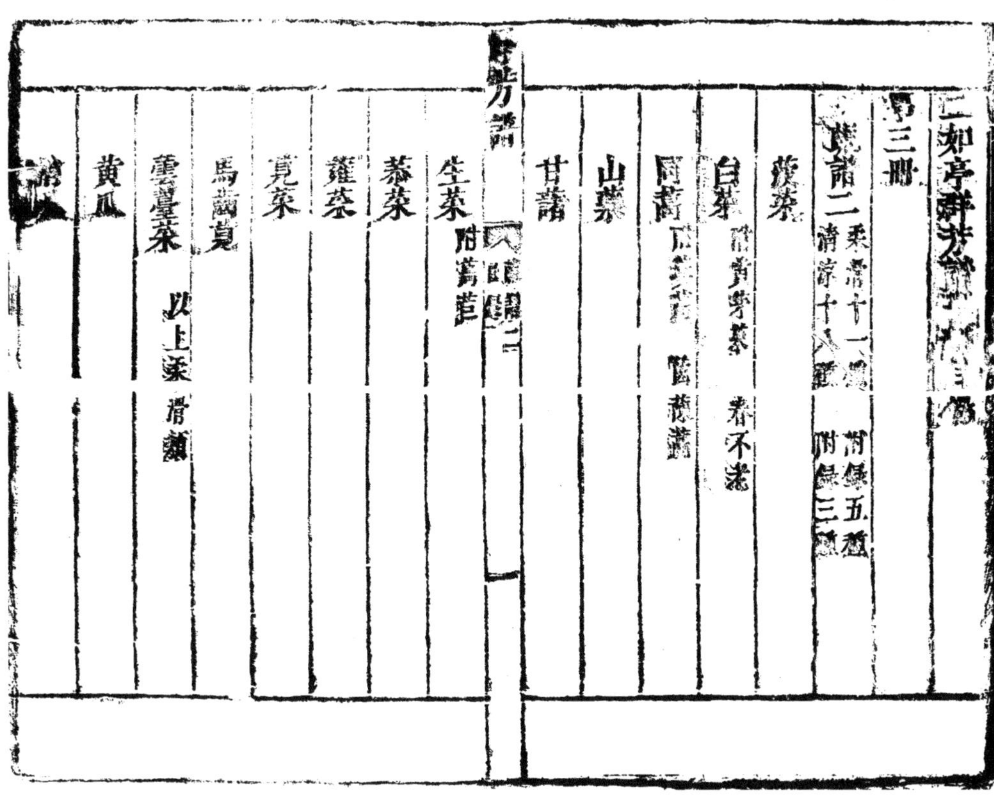

薇

藿

灰藋　以上蔬譜終

群芳譜　蔬譜二　目錄　三

群芳譜蔬譜二目錄

二如亭群芳譜蔬部卷之二

濟南　王象晉藎臣甫　纂輯
松江　陳繼儒仲醇甫
虞山　毛鳳苞子晉甫　仝輯
寧波　姚元台子雲甫
濟南　男王與朋　曾孫啟泓　詮次

蔬譜二

菠

一名菠薐一名菠斯草一名赤根菜一名鸚鵡菜出西域頗陵國今訛為菠薐蓋頗陵之轉聲也莖柔脆中空葉綠膩柔厚直出一尖傍出兩尖似皷子花葉之狀而稍長大根長數寸大如桔梗色赤味甘美四月起薹尺許開碎白花有雌雄雌者結實有刺狀如蒺藜葉與根味甘冷滑無毒利五臟通腸胃熱開胸膈下氣調中止渴潤燥解酒毒服丹石人最宜麻油炒食甚美北人以為常食春月

群芳譜　卷二　蔬譜　一

出薹嫩而且美春暮薹漸老沸湯晾過曬乾
備用甚佳可久食誠四時可用之菜也南人
食魚稍多食則冷大小腸忌與鮰魚同食發
霍亂
○種植正二月內將子水浸二三日候脹撈出
控乾盆覆地上俟芽出擇肥鬆地作畦
子每月末旬下種勤澆灌可逐旋食用秋社
後二十日種者至將霜時馬糞培之以避霜
雪十月內沃以水備冬蔬此菜必過月朔乃
生卽晦日下種與十餘日前種者同出亦一
異也春種多蟲
不如秋種者佳

○療治 消渴飲水日至石許者菠菜根雞內金
等分爲末米飲服一錢日三　大腸澀
滯及病痔人常食菠
菜葵菜自然通利
○典故 太宗時尼波羅國獻菠薐菜類紅藍
實如蒺藜火熟之能益食味【唐會要】
○麗藻 詩五言 金鏃因形製臨畦發永歎時危
思擷佩楚客莫紉蘭【劉屏山】
七言 北方苦寒今正酷雪底
菠薐如鐵甲【蘇東坡】

【莙薘】一名菾諸菜中最堪常食有二種一種莖
圓厚微青一種莖扁薄而白葉皆淡青白色
子如蕓薹子而灰黑八月種二月開黃花四

瓣如芥花三月結角亦如芥[illegible]趙淮揚所[illegible]
者最肥大而厚一本有重十餘斤者南方之
畦內過冬北方多入窖內味甘溫無毒利腸
胃除胸煩解酒渴利大小便和中止嗽冬汁
尤佳夏至前菘[illegible]皮膚風痒動氣發[illegible]
○種植 五月上旬撒子用灰糞蓋糞水灑之
畜則芟之六月中旬可食【[illegible]】
○附錄 黃芽菜 白菜別種葉莖俱扁[illegible]
惟心帶微黃以初[illegible]
[illegible]燕京圃人以馬糞[illegible]沙[illegible]
日苗葉皆嫩黃色脆美無滓[illegible]

老 一名八斤菜葉似白菜而大
甚脆嫩四時可種醃食尤美
○製用 醃藏菜法先將隔年壓過滷[illegible]
者謹封每一斤鹽四兩[illegible]勻[illegible]
白菜洗淨去葉搭陰處晾乾[illegible]菜二斤
醃一斤一層菜一層鹽隔日一[illegible]
定入罈上鹽醃菜水汁取用味美
白菜揀肥者去心洗淨一百斤用鹽五斤[illegible]
層菜一層鹽石壓兩日可用　又白菜一百
斤曬乾抖擻去土先用鹽二斤醃三四日就
滷內洗淨每棵窩起純用鹽三斤入罈內可
長久　又法白菜削去根及黃老葉洗淨控
乾每菜十斤鹽十兩用甘草數莖放在潔淨
甕[illegible]入菜於內[illegible]甕中入蒔蘿少
許以手實按至半甕再入甘草數莖候滿實
用石壓定三日[illegible]

[illegible]

日依前法再作乃新汲水淨洗仍用[illegible]
之其菜味美香脆若至春間食不盡者于滾
湯焯過曬乾收貯夏間將菜溫水浸過壓水
盡出香油旬宵以磁碗盛頓飯上蒸之其味
尤美[illegible] 黑醃虀白菜如法醃透[illegible]
出掛于桁上曬極乾上甑蒸熟再曬乾收之
極耐久藏夏月以此虀和肉炒可以久留不
臭飯不便者徑以水煮虀曬乾亦可但不如
蒸者佳芥菜同 乾菜大科菘[illegible]芥菜洗淨
暑[illegible]沸湯內焯五六分熟曬乾明[illegible]
茴香花椒陳皮砂糖同煮熟曬[illegible]再蒸少[illegible]
菘虀大菘菜叢採十字劈裂[illegible]取菜心
者破作兩半同向日中曬去水脚二件薄切
作方片如錢眼子大入淨罐中以馬芹茴香
雜酒醋水等令得所調淨鹽澆之隨手[illegible]

[illegible]醃五七十次密蓋罐口置竈上溫處仍日
一次如前法[illegible]醃三日後可供深色青白[illegible]
錯鮮[illegible]
可愛

○療治 小兒遊赤行于上下至心即死白菜搗
敷之即止 漆瘡方同上 飛絲入目
白菜揉爛帕包滴汁入目即出 酒醉不醒
白菜子二合細研井花水一盞調爲二服

○典故 後漢崔瑗愛士好賓客盛修餚膳殫極
滋味不問餘產居常食菜葵而已 范
宣挑菜傷指大啼曰身體髮膚不敢毀傷故
啼[illegible] 桓溫性儉每燕唯下七奠柈
茶果而已 吳隱之爲廣州清操愈勵常食
不過菜及乾魚 齊江泌性仁孝食菜不食
心以其有生意惟食其老葉爲[illegible]
人常[illegible]

[illegible]

閒[illegible]散語 春初早韭 秋末晚菘 [illegible] 詩五言 周郎愛晚菘 對客素稱賞
今晨喜新小 冰霜響[illegible] 耕地桑
柘間地肥菘當熟爲問葵羹何如廟堂肉
[illegible]七言 桑下春蔬綠滿畦菘心青嫩芥薹肥
溪頭洗擇店頭賣日暮裹鹽沽酒歸
[illegible]挑來踏地菘味如蜜藕更肥濃朱門
肉食無風味只作尋常菜把供[illegible] 菜
把青青間藥苗豉香鹽白自烹調須臾徹案
呼茶椀盤著何曾覺寂寥 老農飯粟出躬
耕捫腹何殊享大烹吳地四時常足菜一番
過後一番生 引水何妨藝芥菘園功自古
補三農 恨君不見岷山芋栽蓄猶堪過歲肉
萬里蕭條酒一杯莓蒐猶自[illegible]限可憐

龍鶴山中菜不伴峩眉棲[illegible]來[野菜] 野蔌
山蔬次第嘗超然氣壓大官羊放翁此意君
知否要配吳粳晚飯香[野菜] 昏昏霧雨暗
衡茅兒女隨宜治酒殺便覺此身如在蜀一
盤籠餅是豌巢[巢菜俱陸放翁] 雨過寒聲
滿背蓬如今真是荷鋤翁可憐遇事常遲鈍
九月區區種晚菘[放翁菘] 南山疇昔從諸
父雨甲烟苗手自鋤三徑就荒歸計拙淵煩
脩友送園蔬[詩]

[illegible] 莖肥葉綠有刻缺微似白蒿甘脆滑膩四
月起薹高二尺餘開花深黃色狀如单瓣菊
花一莖發子近百易繁茂以佐日用最爲佳

益主安氣養脾胃消水飲多食動風氣瀉
令氣滿

○種植 肥地治畦如種他菜法二月下種可為
菁食秋社前十日種可為秋菜如欲存
種留滌
菜收子

○附錄蔞蒿 一名白蒿一名蘩一名蔏有水陸二種形狀相似但水生者辛香而
美生陂澤中二月發苗葉似嫩艾而岐細
面青背白莖或赤或白根白脆蓋嘉蔬也

茵陳蒿 二月生苗莖如艾葉如淡色青蒿而背白葉岐緊細而扁整九月開細黄花結
實大如艾子亦有無花實者昔人多蒔為蔬
故入藥用山茵陳所以別家茵陳也 蘩白

蒿也蠶生未齊者采蘩
以啖之所以齊蠶也

○製用 蔞蒿根莖白熟茁曝皆可食 生挼醋
淹為茁食之甚益人 採蔞蒿莖微用
鹽醃曝乾味甚美可以寄遠 嫩苗以沸湯
淪過浸于漿水則成虀如以清水或石灰水
替水拔之去其猛氣曬乾可留製食醃焙乾
極香美 淮揚人二月二日採野茵陳苗和
粉麵作餅食
之以為節物

○療治 熱黄及心痛 搗蔞蒿汁服良 夏日暴
痢疾燒灰淋汁煎服 惡瘡癩疾但是惡瘡
皆可服用白艾蒿如升大十束煮取汁以麥
麴麴酒候熟稍稍服 鬼氣 蔞蒿子為末
[illegible]黄 山茵陳 山梔子各三[illegible]

[illegible]升麻各四錢為末每二錢水一盞[illegible]
合去滓食後溫服以知為度 傷寒大熱黄疸
傷寒頭痛風熱瘴瘧茵陳細切煮羹食生食
亦宜 男子酒疸茵陳四根梔子七個搗爛
百沸白酒一大盞沖汁飲此秘方也 眼熱
赤腫山茵陳車前子等分煎湯服 遍身黄
疸茵陳同生姜搗爛日日擦之 剌黄如金
好眠吐涎茵陳蒿白鮮皮等分水二鍾煎服
日二 風熱攣急茵陳蒿一斤秫米一石麴
三斤如常法釀酒服 癧瘍風茵陳蒿兩握
水一斗五升煮七升先以皂角湯洗後以此
湯洗如冷更作隔日一洗不然恐偏 遍身
風痒生瘡疥茵陳蒿
煮濃汁洗立瘥

○蘩藻散語 于以采蘩于沼于沚 呦呦鹿鳴
食野之蒿 詩 蘋蘩薀藻之菜可

薦于鬼神可羞于王公 左傳 以豆薦蘩菹
吳酸蒿蔞不沾薄 大招 醢糟紫姜
之掌沐醯青蒿
之絲 老圃記

原名薯蕷一名山藷一名土藷一名玉延
一名修脆處處有之南京者最大而美蜀道
尤良入藥以懷慶者為佳春間苗生莖紫葉
青有三尖似白牽牛葉更厚而光澤五六月
開細花成穗淡紅色大類棗花秋生實于葉
[illegible]黄八月熟落根下外薄皮土黄色狀似

實丸大小不一肉白色蒸食甘滑與根同冬

春採根皮亦土黃色薄而有毛其肉白色者

爲上青黑者不堪用生山中者根細如指極

緊實刮磨入湯煮之作塊味更佳食之尤益

人入藥以野生者爲勝性甘溫平無毒鎮心

神安魂魄止腰痛治虛羸健脾胃益腎氣止

泄痢化痰涎久服耳目聰明輕身不老

○附録 江湖閩中一種根如姜芋而皮紫大者切塊片去皮煎煮食俱美但性冷于北

地者彼土人呼爲藷

○種植 春社日取宿根多毛有白瘤者竹刀截作一寸長塊先將地掘作二尺寬溝深

三四尺長短任意先墳亂糞與土一半上實以

土將截斷山藥豎埋于中上仍以糞土與

溝平時澆灌之苗生以竹或樹枝架作援高

三四尺當年可食三四年者根大尤美夏月

宜頻澆糞宜肥地每年易人

而種宜牛糞麻粃忌人糞

○修治 以布裹手竹刀刮去皮竹籬盛置簷風處不得見日至夕乾五分候全乾收或

微火烘乾亦可 又法去皮以[illegible]之摻白礬末少許入水中經宿洗淨則涎自去

○製用 [illegible] 和蜜減爲湯煎試爲糕煎任入藥 [illegible]香傳云[illegible]

之可避霧露惟和麪[illegible]不[illegible]則動氣爲不能制麪毒也

○療治 補腎虛損益顏色補下焦虛冷小便頻數瘦損無力用署蕷于沙盆中研細入

銚中以酒一大匙熬令香旋添酒一盞攪勻

空心飲之每旦一服 心腹虛脹手足厥逆

或飲苦寒之劑多未食先嘔不思飲食山藥

半生半炒爲末米飲服二錢一日二服大有

功効忌鐵器生冷 小便數山藥以礬水煮

過白茯苓等分爲末每水飲服二錢 [illegible]痢

禁口山藥半生半炒爲末每服三錢米飲下

痰氣喘急生山藥搗爛半碗入甘蔗汁半

碗和勻頓熱飲之立止 脾胃虛弱不思飲

食山藥白朮各一兩人參七錢五分爲末水

糊丸小豆大每米飲下四五十丸 濕熱虛

泄山藥蒼朮等分飯丸米飲服大人小兒皆

宜 腫毒初起帶泥山藥蓖麻子糯米等分

水浸研傅之即散 臍眼骨瘍山藥沙糖同

擣塗上即消先以麪塗四圍乃上 項後結

核或赤腫硬痛以生山藥一挺去皮蓖麻子

二個同研貼之如神 手足

凍瘡山藥一截磨泥傳之

○麗藻 賦 吾聞陽公之田不墾不耕爰播盈斗可獲連城賚陰陽之淑氣孕天地之

至精蜿蜒赤埴之腴煌扈白虹之英驚山木

之潤發冒朝采之餘榮逮百嘉之澤晝候此

玉之豐成王公大人方以不貪爲寶辭秦玉

而陋楚珩雖三獻其奚售乃舉贄于老生老

生囊中之法未試腹內之雷久鳴搴石髓以

自濯措豕腹之彭亨眷江浩其波濤邃壑颯

以松聲俄白雲之漲谷亂雙眼于轉明擅人

間之三[illegible]色味[illegible]而[illegible]詩[illegible]林[illegible] [illegible]領袂

厂臙之新精斥尘饋鷟之茅盡橐攘與之齎
收奇勳于景刻七未落而體輕變爲八仙壽
除三彭見蓬萊之夷路接閶闔于初程從獨
華之大夫含三生之伯醒汗之以蜂蜜屠之
以芋羹合堂逸少之炙同傳孝儀之蹟嗟超
然之至味乃陸沉于聾盲豈皆能于我遇亦
武卿而或烹起援筆以三叫馳蚍蜉以縱橫
吾何與大夫之迷疾蓋以慰此玉之不平也

【陳出】詩七言 廚人清曉獻瓊糜正是相如酒
渴時能解饑寒勝湯餅略無風
味勝蹲鴟打窗急雨知愁亂眼晴雲看上
匙已覺塵生雙并桃濁醪從此不須持【[illegible]】

【詞】誰家朽壤耀瓊英小劇傾筐可代耕夢
豹于人曾撫分蹲鴟從此不須生雪攪但使
人長健吾禺何妨手自烹欲賦玉延
無好語羞論蜂蜜與羊羹【[illegible]】

【甘藷】一名朱薯一名番藷大者名玉枕藷形圓
而長本末皆銳肉紫皮白質理膩潤氣味甘
平無毒補虛乏益氣力健脾胃強腎陰與薯
蕷同功久食益人與芋及薯蕷自是各種巨
者如杯如拳亦有大如甌者氣香生時似桂
花熟者似薔薇露撲地傳生一莖蔓延至數
十百莖節節生根一畝種數十石勝種穀二
十倍閩廣人以當米穀有謂性冷者非二三

月及七八月俱可種但卵有大小耳卵八九
月始生冬至乃止始生便可食若未須者勿
頓掘令居土中月漸大到冬至須盡掘出不
則敗爛

○製用 可生食可蒸食可煮食可煨食可切米
曬乾收作粥飯可曬乾磨粉作餅餌蒸
粉可作粳子炒煤子食取粉可作丸似珠
沙谷米可造酒但忌與醋同用 一造淨將
藷米水浸五七日以米酸爲度淘淨曬乾搗
成細粉看晴天將糯粉入生水和作團于[illegible]
杯口大即將藷根拭去皮洗淨沙石上擦[illegible]
磨作漿要極細勿攙水將糯團煮熟撈入漿

中用木杖盡力攪作糜候冷熱得所大約以
可入手爲度將藷漿傾入每糯粉三斗入藷
漿一斤攪極勻先將乾小粉篩平板上次將
糜置粉上又着乾粉捍薄曬半乾切如骰子
樣曬極乾收藏用時慢火燒鍋令熱下二合
許慢火炒少刻漸漸發成圓毬子次下[illegible]
糖芝麻或更加香料炒勻候冷極浮脆每便
二升可炒一斗芋藷山藥漿亦可作 造粉
取藷根粗布拭去皮水洗淨和水磨細入水
中淘去浮查取澄下細粉曬乾同豆粉用此
粉酒水作丸與珍珠沙谷米無異 造酒藷
根不拘多少寸截斷曬半乾甑炊熟取出揉
爛入瓶中用酒藥研細搜和按實中作小坎
候漿到看老嫩如法下水用絹袋濾過或生
或煮熟任用其入甑寒暖酒藥分兩下水升
斗或用麯蘗或加藥物悉與常酒同法若造

燒酒即用藷酒入鍋如法滴糟成燒酒或用藷糟造常用燒酒亦與酒糟造燒酒無異

○樹藝

種藷宜高地沙地起脊尺餘種在脊上遇旱可汲井澆灌即遇澇年若水退在七月中氣候既不及蒔五谷即可剪藤種藷至於蝗蝻為害草木蕩盡惟藷根在地薦食不及縱令莖葉皆盡尚能發生若蝗信到時急令人發土遍壅蝗去之後滋生更易是天災物害皆不能為之損人家凡有隙地但只數尺仰見天日便可種得石許此救荒第一義也須冬前深耕以大糞壅之春分後下種若地非沙土先用柴灰或牛馬糞和土中使土脈散緩與沙土同庶可行根重耕起要極深將藷根每段截三四寸長覆土深半寸許每株相去七八尺俟長二三尺後蔓生既盛苗長一丈留二尺作老根餘剪三葉為一段

插入土中每栽苗相去一尺大約二分入土一分在外即又生藷隨長隨剪隨種隨生蔓延與原種者不異凡栽須順栽若倒栽則不生節在土上即生枝在土下則生卵約各節生根即從其連綴處斷之令各成根苗每節可得卵三五枚

藏種

九月十月間掘藷卵揀近根先生者勿令損傷用軟草包裹掛通風處陰乾 一法於八月中揀近根老藤剪七八寸長每七八根作一小束耕地作畦將藤束栽畦內如栽韭法過月餘每條下生小卵如蒜頭狀冬月畏寒稍用草蓋覆至來春分種若老條原卵在土中無不壞爛 一法霜降前取近根卵稍堅實者陰乾以軟草各襯另以穰草裹之置無風和暖不近霜雪不到永凍處 一法霜降前收取根藤晒令乾於灶下掘窖約深一尺五六寸先下稻穰三四寸次置種其上更加穰[illegible]土蓋之 一法七八月取老藤種入木筒或磁瓦器中至霜降前置草篅中以稻糠襯置向陽近火處至春分後依前法種

收藤

枝節已遍地不能容者即為游藤宜剪去之及掘根時捲去藤蔓俱可飼牛羊豬或曬乾冬月喂畜能令肥腯

用地

凡藷二三月種者每株用地方二步有半而卵徧焉每畝約用藷三十六株四五月種者地方二步而卵徧焉畝約六十株六月種者方一步有半而卵徧焉畝約一百六株有奇七月種者地方一步而卵徧焉畝約二百四十株八月種者地方三尺以內得卵細小矣畝約九百六十株種之疏密略以此準之九月畦種生卵如箸如棗擬作種此松江法也北方早寒宜早一月算又在視天氣寒煖臨時斟酌耳

○典故

甘藷似芋亦有巨魁剝去皮肥肉正白如脂肪南人專食以當米穀 異物志 甘藷二月種至十月乃成卵大者如鵞卵小者如雞鴨卵掘出蒸食其味甘甜經久得風乃淡泊 南方草木狀 甘藷似芋南方以當米穀賓客亦設之出交趾 郭義公廣志 嶺外多藷間有發深山邃谷而得者枝塊連屬有重數十斤者味極甘香名玉枕藷 甘藷生朱厓海中人不業耕稼惟種甘藷秋熟蒸晒切如米貯以充飢名藷粮外客至盛具牛豕膾炙薦以甘藷若粳粟然海中之人壽百餘歲緣食甘藷故耳 俱稗史類編 閩廣藷有二種一名山藷彼中故有之一名番藷有人自海外得此種海外人亦禁不令出境此人取藷蔓絞入汲水繩中因得渡海分種移植遂開閩廣之境兩種莖葉多相類但山藷植

一救荒附於乃生番諸蔓地生山諸彭應璧言蓋形圓而長其味則番諸甚甘山諸爲劣江
南田圩下者不宜諸若高仰之地平時種豆
種豆者易以種諸有數倍之獲大江以北土
更高地更廣即其利百倍不啻矣倘慮天旱
則此種畝收數十石數口之家止種一畝縱
災甚而汲井灌溉一至成熟終
歲足食又何不可（俱甘諸疏）

○麗藻序　方輿之內山陬海澨麗土之毛足以
活人者多矣或隱弗章即章矣近之
人習用之以爲澤居之魚鱉山居之麋鹿也
遠之人逖聞之以爲踰汶之貉踰淮之橘也
坐是兩者弗獲相通焉余不佞獨持迂論以
爲能相通者什九不者什一人人務相通即
世可無聚不足民可無道殣或嗤笑之固陋
之心終不能移每聞他方之產可以利濟人
者往往欲得而藝之同志者或不遠千里而
致耕穫菑畬時時利賴其用以此持論頗益
堅歲戊申江以南大無麥禾欲以樹藝佐其
急且備異日也有言閩越之利甘諸者客莆
田徐生爲予三致其種種之生且蕃略無異
彼土庶幾哉橘踰淮弗爲枳矣余不敢以麋
鹿自封也欲徧布之恐不可戶說輒以是疏
先焉（徐玄扈）　昔人謂蔓菁有六利柿有七
絕予謂甘諸有十二勝收入多一也色白味
甘諸土種中特爲夐絕二也益人與薯蕷同
功三也遍地傳生翦莖作種今歲一莖次年
便可種數十畝四也枝葉附地隨節生根風
雨不能侵損五也可當米穀凶歲不能災六
也可充籩實七也可釀酒八也乾久收藏屑
之旋作餅餌勝用餳蜜九也生熟皆可食十
也用地少而易於灌溉十一也春夏下種初冬

收入枝葉極盛草薉不容但須壅不用鉏耘不妨農工十二也（甘諸疏）

白苣　一名石苣似萵苣而葉色白斷
之有白汁正二月下種四月開黃花如苦蕒
結子亦同八月十月可再種以糞水頻澆則
肥大諺云生菜不離園宜生食又生挼鹽醋
拌食故名生菜色紫者爲紫苣一云紫苣和
土作器火煅如銅唐時立春日設春餅生菜
號春盤

○種法　作畦下種如萵苣法先用水浸種一日于濕地上鋪布置子以盆合之候芽出
種畦中宜肥
地萵筍同

○附錄萵苣　一名萵菜一名千金菜葉似白苣而尖嫩多皺色稍青折之有白汁
四月抽薹高三四尺剝皮生食味清脆糟食
亦佳江東人鹽曬壓實以備方物謂之苣筍
彭乘云萵苣有毒百蟲不敢近蛇虺觸
之則目瞑不見物人中其毒薑汁解之

○療治　魚臍瘡其頭白似腫痛不可忍先以針刺破頭及四畔以白苣汁滴孔中良
乳汁不通萵苣菜煎酒服一方萵苣子三十
枚研細酒服一方萵苣子一合甘草三錢糯
米粳米各半合煮粥頻食良　小便不通及
尿血萵苣菜搗傅臍上甚效子亦可

損腰痛白苣子炒三兩白粟米炒一撮乳香沒藥烏梅肉各半兩爲末煉蜜丸彈子大每嚼一丸熱酒下　腎黃如金萵苣子一合細研水一盞煎五分食前服　陰囊㿉腫方同上　沙蝨水毒萵苣菜搗汁塗　百蟲入耳萵苣搗汁滴入自出一方乾萵苣葉一分雄黃一分爲末糊丸棗核大蘸生油塞耳中引出

○麗藻　詩五言　苣兮蔬之常隨事藝其子破塊數席間荷鋤功易止兩旬不甲坼空惜埋泥滓野莧迷汝來宗生實于此此輩豈無秋亦蒙寒露委翻然出地速滋蔓戶庭毀因知邪干正掩抑至沒齒賢良雖得祿中道不封己擁塞敗芝蘭衆多盛荊杞中園陷蕭艾老圃永爲耻登于白玉盤藉以如霞綺莧也無所施胡顏入筐篚　杜甫

菾菜　一名莙薘葉青白色似白菜葉而短莖亦相類但差小耳煑熟食良微作土氣正二月下種宿根亦自生時以糞水沃之四月開細白花結實狀如茱萸梂而輕虛土黃色內有細子根白色味甘苦大寒滑無毒開胃通心膈利五臟理脾氣去頭風補中下氣宜婦人冷氣人不可多食動氣患腹冷人食之必破腹十月以後宜于暖處窖藏

○製用　醋浸糟面去酸汁淨醃將菁菜[illegible]　莙薘燒灰淋汁洗衣色白如玉

○療治　時行風熱毒搗汁飲之良　夏月熱痢以菜作粥食　灸瘡莙薘搗敷止痛易瘥　治冷熱痢及止血生肌莙薘搗汁服　諸禽獸傷搗敷立愈　小兒熱症莙薘子煮半生搗汁服　痔漏下血莙薘子蕓薹子葵子萵苣子蔓菁子蘿蔔子葱子荊芥子等分用大鯽魚一個去鱗腸裝藥在內縫合入銀石器中上下用火煉熟放冷爲末每服二錢米飲下日二服

蕹菜　幹柔如蔓中空葉似菠薐及錾頭開白花南人編葦爲筏作小孔浮水上種子于中長成莖葉皆出葦孔中隨水上下南方之奇蔬也陸種者宜濕地畏霜雪九月藏窖中三四月取出壅以糞土節節生芽一本可成一畦生嶺南今江夏金陵多蒔之

○製用　味短須豬肉同煮佐肉色紫乃堪食

○療治　解胡蔓草毒煮食[illegible]　食蕹菜後食對蝦[illegible]　[illegible]時萎死[illegible]汁　[illegible]

莧　凡六種赤莧白莧人莧紫莧五色莧馬莧人

莧白莧俱大寒又名糠莧胡莧二莧[illegible]但
莧但大者爲白莧小者爲人莧耳紫莧莖葉
皆紫無毒不寒赤莧一名蘆又名花莧莖葉
深赤五色莧今稀有細莧俗名野莧猪莧好
喂猪諸莧皆三月種葉如藍葉皆高大易
見故名莧開細花成穗穗中細子扁而光黑
與青箱子鷄冠子無別老則抽莖甚高六月
以後不堪食子霜後始熟九月收六莧俱氣
味甘冷利無毒並利大小腸治初痢滑胎通
竅明目除邪去寒熱白莧補氣除熱赤莧主
赤痢射工沙虱紫莧殺蟲毒治氣痢

○製用 赤莧根莖可糟藏食之甚美味辛 禁忌 莧動氣令人煩悶冷中損腹 忌與鼈肉同食生鼈瘕 取鼈肉切豆大以莧菜封置土中一宿即變成小鼈試之屢驗

○療治 產後下痢赤白者用紫莧菜一握切煑汁入粳米三合煑粥食之立瘥 小兒緊脣赤莧搗汁洗之良 漆瘡搔痒莧菜煎湯洗之 蜈蚣螫傷取灰莧葉擦之即止 蜂蠆螫傷野莧挼擦之 諸蛇螫人紫莧搗汁飲一升以滓塗之 射工中人狀如傷寒[illegible]有異於常者取赤莧合莖葉搗汁飲一升日再服 利大小便莧實爲末半兩分二服新汲水下 牙痛莧根曬乾燒存性爲末揩之再以紅燈籠草根煎湯漱之

○麗藻 詩五言 碧鮮俱照筯香飯兼苞蘆 杜少陵

馬齒莧

一名馬莧一名五行草一名五方草一
名長命菜一名九頭獅子草處處有之柔莖
布地葉對生比並圓整如馬齒故名六七月
開細花結小尖實實中細子如葶藶子狀苗
煑熟曬乾可爲蔬有二種葉大者名豘耳草
不堪用小葉者又名鼠齒莧節葉間有水銀
每十斤可得八兩或十兩氣味酸寒無毒散
血消腫利腸滑胎解毒通淋治產後虛汗

○修治 至難燥槐木椎碎向日作架曬數日即乾 入藥須去莖其莖無効

○療治 三十六風結瘡馬齒莧一石水二石煑汁入蜜蠟三兩重煎成膏塗之 諸氣不調馬齒莧煑粥食 禳解疫氣六月六日採馬齒莧曬乾元旦煑熟同鹽醋食可解疫癘氣 反胃飲馬齒莧汁良 筋骨痛不拘風濕氣楊梅瘡及女人月家病先用此藥然後調理乾馬齒莧一斤濕馬齒莧二斤五加皮半斤蒼朮四兩舂碎以水煎湯洗澡急用葱

姜擂爛冲熱湯三椀服之[illegible]取汁立時痛止　脚氣浮腫心腹脹滿小便澁少馬齒草和少粳米醬汁煑食之　男女瘡疾馬齒莧擣扎手寸口男左女右　產後虛汗馬齒莧研汁三合服如無以乾者煑汁　產後血痢小便不通臍腹痛生馬齒莧杵汁三合煎沸入蜜一合和服　小兒血痢方同上　肛門腫痛馬齒莧葉三葉酸草等分煎湯薰洗一日一次効　痔瘡初起馬齒莧不拘鮮乾煑熟急食之以湯薰洗一月內外其孔閉即愈

小便熱淋搗馬莧汁服之　赤白帶下不問老少孕婦悉可服馬齒莧擣汁三大合和鷄子白二枚先溫令熱乃下莧汁微溫頓飲之不過再作即愈　陰腫極馬齒莧擣傅良

中蠱欲死馬齒莧擣汁一升飲并傅之日四五次　腹中寸白蟲馬齒莧水煑一椀和

鹽醋空腹食之少頃白蟲盡出　緊唇風胞馬齒莧煎湯日洗　青盲白翳馬齒莧子一升搗末每一匙葱豉煑粥食或着米糝五味作羹食　諸腫瘻疣日搗馬莧揩之　日中息肉淫膚赤白膜馬齒莧一大握洗淨和芒硝末少許綿裹安上頻易　風齒腫痛馬齒莧一把嚼汁漬之即日腫消　耳內外惡瘡及頭瘡肥瘡癘瘡黃蘗半兩乾馬齒莧一兩為末傅之　項上癧瘡馬莧陰乾燒研臘猪脂和以暖泔洗拭傅之　瘰癧未破馬齒莧同靛花搗摻日三次　煑粥食止痢及痛痢

腋下胡臭馬齒莧杵以蜜和作團紙裹泥固半寸厚日乾燒過研末每以少許和蜜作餅先以生布揩之以藥夾脇下令極痛久忍然後以手巾勒兩臂日用一次以瘥為度

小兒火丹熱如火遶臍即損人馬莧搗塗

小兒[illegible]馬齒[illegible]出不止　斑瘡[illegible]馬齒莧燒灰傅之須臾[illegible]莧[illegible]馬齒莧三分[illegible]末鷄子白和傅之　又方燒灰封之又燒灰臘醋滓先灸後封之即根出　[illegible]惡瘡馬齒莧一斤燒研猪脂和塗　射工毒瘡汁塗之　馬莧作膏塗濕癬白禿杖瘡

脚肚瘡乾馬齒莧研末蜜調傅一宿其蟲自出神効　足趾甲疽腫爛屋上馬齒莧昆崙青木香印城鹽等分和勻燒存性入光明砂少許傅之　瘡久不瘥積年馬齒莧搗爛封之取汁煎稠傅亦可　杖瘡五月採馬齒莧煑汁蒸諸入蠟成膏塗　馬咬人瘡入心者馬齒莧煑食　射工溪毒馬齒莧搗汁一升服以滓傅之日四五次良　毛蟲螫傷赤痛不止馬齒莧擣熟封之妙　蜂蠆螫人方

同上　蜈蚣咬傷馬齒莧汁塗之　小兒白禿馬齒莧煎膏塗之或燒灰猪脂和塗　身面瘢痕馬齒莧湯日洗二次　雜物眯目東墻上馬齒莧燒灰研細點少許眥頭即出

目中出淚或出膿馬齒莧子人莧子各半兩為末綿裹銅器中蒸熨大眥頭膿水出處凡熨以五十度為率久久自絕

○典故　唐武相元衡苦脛瘡焮癢不可堪百醫無效廳吏上一方馬齒莧搗爛敷上兩三遍即愈多年惡瘡百方不瘥或痛焮不已並治劉禹錫兵部手集

[illegible]　單莖圓肥淡青色葉附莖上形如白菜秋時可炒食既老莖端開花如蘿蔔花結角

中有子味温無毒主風游丹腫乳癰　貴食主
腰脚痺破癥瘕結血多食損陽氣發瘡口齒
齲又生腹中諸蟲

○製用　擷薹菜以春分後摘薹菜花不拘多少以沸湯淖過控乾少用鹽拌勻良久晒乾以紙袋收貯臨用湯浸與鹽薑醋拌食

黃瓜　一名胡瓜蔓生葉如木芙蓉葉五尖而澁
有細白刺如針芒莖五稜亦有細白刺開黃
花結實青白二色質脆嫩多汁有長數寸者

有長一二尺者遍體生刺如小粟粒多謊花
其結瓜者即隨花並出味清凉解煩止渴可
生食種陽地暖則易生行陣宜整兩行微相
近用樹枝棚起如人腦高附蔓於上兩行外
相遠以通人行糞壅頻鋤勿令生草瓜生
至初花鋤三四次亦有隨地蔓生者摘瓜時
宜引手摘勿踏瓜蔓亦勿翻覆之此瓜可生
食亦可醃以爲菹性甘寒小兒不宜多食

[illegible]二月上旬爲上時三月上旬爲中時
四月上旬爲下時至五六月止可種[illegible]
淘洗[illegible]斷數遍以土蓋之要加糞壅一
天晴[illegible]以耙耬平水飲足將子用軟布包
水浸生芽出天晴日中種子於內掩以浮土
二葉[illegible]每晨以清糞水澆灌俟苗長茂
[illegible]糞苗大發旺用竹刀開其根跗間納大麥
一粒結瓜[illegible]大而久栽苗之畦修治與
上同糞要熟而細一切草根須去盡　收
取[illegible]數葉即結瓜者謂之本母子留至極熟
摘下[illegible]去兩頭取中央者洗淨晾乾取乾燥
處勿令浥濕　衛瓜　瓜生蟻用羊骨引至旁棄之
浥濕則難生去　瓜中黃甲小蟲喜食
瓜葉宜以綿兜背去　瓜忌香尤忌麝香
一觸之輒萎死一法瓜旁種葱蒜能辟麝　藏

瓜　秋間[illegible]取晒乾藏瓜[illegible]至冬如新

○製用　新摘瓜開作兩片將子與瓤去淨鹽醃
三二日晾乾入滷醬醃十餘日滾水晾
冷洗淨晾乾入好麵醬醃極嫩黃瓜整醃之
尤見美茄同此　又法黃瓜茄不拘多少先
用醬黃鋪在缸內次以鮮瓜茄鋪一層鹽一
層又下醬黃一層瓜茄一層鹽一層如此層
層相醃五七宿烈日晒之欲
作乾瓜取出𥊍之不必用水

○療治　小兒熱痢嫩黃瓜同蜜食十餘枚良
水病肚脹四肢浮腫用胡瓜一個破開
連子以醋煮一半至爛空心俱食之須臾下
[illegible]　小兒出汗香瓜丸用黃連黃蘗川大黃
[illegible]鱉甲醋炙柴胡蘆薈青皮等分爲末用
大[illegible]瓜黃色者一個去頂填[illegible]用原頂蓋

宜從容慢火熬[illegible]入麵[illegible]丸綠豆大每服二三丸大者五七丸至十丸食後新水下　咽喉腫痛老黃瓜一枚去子入硝填滿陰乾爲末每以少許吹之　杖瘡焮痛六月六日取黃瓜入甆瓶中水浸之每以水掃瘡上立效　火眼赤腫五月取老黃瓜一條上開小孔去瓤入芒硝令滿懸陰處待硝透出刮下留點眼甚效　湯火傷五月五日掐黃瓜入瓶內封掛簷下取水掃之良

○麗藻詩七言　白苣黃瓜上市稀盤中頓覺有光輝時清閭里俱安業殊勝周人詠采薇

[illegible]蔓生較黃瓜頗粗色綠而黑縱有白紋界之微凹體光而滑膚實而韌味甘寒利腸去煩熱止渴利小便解酒熱宣洩熱氣不益小兒不可與乳酥鮓同食宜忌大略與黃瓜同

○製用　糟醋瓜稍瓜分二片又橫切作薄片淡曬姜絲糖醋拌勻納淨罈內十數日即可用　盤醬瓜細白麵不拘多少伏中新汲水和軟硬得法用模踏堅實切二指厚片放蓆上排勻以黃蒿覆之三七後遍生黃衣收出曬極乾入水略濕刷去黃衣淨曬爲細末名曰醬黃每醬黃一斤用瓜一斤炒鹽四兩七月間糟瓜熟時檢嫩全者不須去瓤[illegible]拭內盛[illegible]瓜一[illegible]次日將鹽與醬黃拌勻[illegible]

日清晨盤一次日夕盤一次盤在盆內十數日即成收貯任用　糟瓜稍瓜每五斤用鹽七兩和糟勻醃用古錢五十文逐層頓十餘日取出去錢并舊糟換好糟依前醃之入甕收貯待用

[illegible]北方名苦瓜蔓葉俱如甜瓜生時色青質脆可生食間有苦者亦可作豉醃菹故名菜瓜熟亦微甜生秋月大小不一止可醃以備冬月之用

○製用　十香菜黃豆一斗煮爛去湯撈起用麪四斤拌勻窨二寸厚用乾蘆蓆上蒲包蓋窨二七候冷取出曬乾聽用　菜瓜出時用甘一斤切丁鹽二斤醃一宿取出晾乾加姜絲二三斤陳皮絲半斤去皮杏仁三升每黃（杏仁須煮五七次仍用水泡數日方可用）豉一升醃瓜水三椀加好酒一瓶拌勻再加花椒四兩大小茴香各二兩甘松三柰白芷蒔蘿各半兩拌勻以淨罈盛滿箬扎口泥封外寫東西南北四字每日曬一面三七後可用　食香瓜切碁子塊每斤用鹽入錢諸料物同瓜拌勻缸醃一二日控乾日曬晚復入滷如此三次勿令太乾裝罈　醬瓜醬黃一斤鹽四兩先將青瓜剖開去子用石灰白礬不拘多少爲末和取清水將瓜泡一日一夜取出洗淨量用鹽醃一日滾湯一掠晾乾不可日曬每瓜一斤醬麪一斤鹽四兩拌入甕中一月後醬透取瓜少帶醬入罈收貯用甚青脆甘美其醬或食或再醬蔬菜　糖醋瓜

生菜瓜一斤切小塊鹽一兩五錢醃一宿撈起以汁煎滚候冷入瓜拌透又晒再用糖四兩醋一椀磁器浸入小茴香砂仁花椒紫蘇薑少許　香瓜將瓜用鹽滷浸一宿漉起用滷煎滚過晒乾用好醋煎滚候冷調砂糖薑絲紫蘇蒔蘿茴香拌勻用磁器貯用　糟瓜菜瓜以石灰白礬煎滚冷浸一伏時用煮酒泡糟鹽入銅錢百餘文拌勻醃十日取出控乾別用好糟入鹽適中煮酒泡再拌入罈收貯箬扎口泥封　瓜虀揀未熟瓜每斤隨瓣切開去瓤不用就百沸湯焯過以鹽五兩勻擦翻轉豆豉末半斤釀醋半升麪醬斤半馬芹川椒乾姜陳皮甘草茴香各半兩蕪荑二兩並為細末同瓜一處拌勻入甕甕內醃壓於冷處頓之經半月後則熟瓜色明透絕類琥珀味甚香美　又取生瓜用竹簽穿透每瓜十枚用鹽四兩醃一宿瀝去瓜水令乾用醬十兩拌勻烈日晒𩟄轉又晒乾入新磁器內收　用

【絲瓜】一名蠻瓜一名布瓜一名天羅絮一名天

絲瓜蔓生莖綠色有稜而光葉如黄瓜葉而大無刺深綠色宜高架喜背陽向陰開大黄花少以鹽漬可點茶結實色綠狀如瓜有短而肥者有長而瘠者嫩者煮熟加姜醋食同雞鴨猪肉炒食佳不可生食性冷解毒多食

敗陽九月[illegible]老者取子[illegible]

滌器

（一）療治　痘瘡不快初出或未出多者令少少者令稀老絲瓜近蒂三寸連皮燒存性研末沙糖水服甚驗　癰疽不斂瘡口太深絲瓜搗汁頻抹之　風熱腮腫絲瓜燒存性研末水調搽　肺熱面瘡苦絲瓜牙皂莢燒灰等分油調搽　玉莖瘡潰絲瓜連子搗汁和五倍子末頻搽　坐板瘡疥絲瓜皮焙乾為末燒酒調搽　天泡濕瘡絲瓜汁調辰粉塗搽　手足凍瘡老絲瓜燒存性和臘猪脂塗　肛門酒痔絲瓜燒存性研末酒服二錢　痔漏脫肛絲瓜燒灰多年石灰雄黄各五錢為末猪胆鷄子清香油和調貼之收上乃止

腸風下血霜後乾絲瓜燒存性為末空心酒服二錢　下血危篤不可救者絲瓜一個燒存性槐花減半為末每空心米飲服二錢　酒痢便血腹痛或如魚腦五色者乾絲瓜一枚連皮燒研空心酒服二錢一方煨食之　血崩不止老絲瓜棕櫚各燒灰等分[illegible]湯服　經脈不通乾絲瓜一個為末用白鴿血調成餅日晒研末每服二錢空心酒下先服四物湯三服　乳汁不通絲瓜連子燒存性研酒服一二錢被覆取汗即通　[illegible]血氣不行上衝心膈變為乾血氣者絲瓜一枚燒存性空心溫酒服　小腸氣痛遶臍衝心連蒂老絲瓜燒存性研末每服三錢熱酒調下甚者不過二三服即消　卵腫偏墜[illegible]瓜架上初結者留下待瓜[illegible]霜葉落取下燒存性[illegible]

在左左貼左右右貼右[illegible]焦播酒服陸傳之[illegible]卒然中風防風荆芥各一兩升麻半[illegible]三片水一鍾煎半鍾絲瓜子研取汁半鍾[illegible]勻灌之如手足麻痒羌活煎湯洗　化痰止嗽絲瓜燒存性爲末棗肉和彈子大每服一丸溫酒化下　風蟲牙痛經霜乾絲瓜燒存性爲末擦之　風牙痛百藥不効者用此大能去風惟蟲牙不効生絲瓜一個擦鹽火燒存性研末頻擦涎盡即愈腮腫以水調貼之此嚴月軒家傳屢效之方一試即便可睡　食積黄疸絲瓜連子燒存性爲末每服二錢因麪得病麪湯下因酒得病溫酒下連進數服愈　小兒腎腫天羅燈草葱白等分煎濃汁服并洗之　水蠱腹脹老絲瓜去皮一枚剪碎巴豆十四粒同炒豆黄去豆以瓜同陳[illegible]倉米再炒熟去瓜研米爲末和丸桐子大每服百丸白湯下[illegible]　蟲癖清晨採露水絲瓜葉七片逐片擦七次如神忌雞魚發物[illegible]　偏墜絲瓜葉燒存性三錢雞子殼燒灰二錢溫酒調服　頭瘡生蛆頭皮内時有蛆出以刀切破絲瓜葉擠汁搽之蛆出盡絕根[illegible]　火傷灼絲瓜葉焙研入辰粉一錢蜜調搽之生者搗傅即好　魚臍丁瘡絲瓜葉連鬚葱白韭菜等分同入石鉢内研爛取汁熱酒和服以渣貼之病在左手貼左腋右手貼右腋在左脚貼左胯右脚貼右胯在中貼心臍用帛縛住候肉下紅線處皆白則散矣如有潮熱亦用此法却令人抱住恐其顛倒則難救　刀瘡古石灰新石灰絲瓜根葉[illegible]者韭菜根各等分搗千杵作餅陰乾爲末[illegible]之止血[illegible]

[illegible]根擣[illegible]之[illegible]即愈　喉風[illegible]以瓶盛水[illegible]之[illegible]五尺燒存性[illegible]服一[illegible]　牙宣露痛絲瓜藤陰乾[illegible]火[illegible]性研[illegible]即止最妙又方絲瓜藤一握[illegible]一大把水煎濃汁漱吐其痛立止如神　喉骨鯁七月七日取絲瓜根燒存性爲末溫酒服二錢神効甚捷

○典故　舊傳絲瓜能敗陽不可多食萬曆乙卯余邑大饑鄰人其家貧甚止有錢二文時九月後見賣霜敗絲瓜者甚賤以二錢買一抱歸煮熟飽食之即其妻欲分嘗不與也從此陽事不舉終身無復人道

冬瓜　一名白瓜一名水芝一名蔬蓏在處蒔之[illegible]附地蔓生莖粗如指有毛中空葉大而青有白毛如刺開白花實生蔓下長者如枕圓者如斗皮厚有毛初生青綠經霜則青皮上白如塗粉肉及子亦白八月斷其稍簡實小者摘去止留大者五六枚經霜乃熟十月足收之味甘微寒性急善走除小腹水脹利小便止渴益氣除滿耐老去頭面熱鍊五臟有熱病者宜食陰虛及患寒疾人久病人忌之

痒後方可食不然成反胃病

○附錄 波羅蜜 一名曩伽結形如東瓜味如蜜食之能飽人出波羅國

○種植 種冬瓜務傍墻陰地作區圍二尺深五寸以熟糞及土相和正月晦日種頻澆之十月亦可區種如常法冬則推雪區上潤澤肥好勝春種者【東魯王氏農書】

○收藏 宜高燥處忌近鹽醋及掃帚雞犬觸犯與芥子同安置可經年不壞 收子 瓜蒂彎曲貼肉者雌瓜也俟極老取子收高燥處勿泥濕留作種

○製用 蜜煎經霜老冬瓜去皮及近瓤者用近皮肉切片沸湯焯過放冷以石灰湯浸一宿去灰水以蜜放銀石器內熬熟下瓜片微煎漉出別用蜜煎俟瓜色微黃候出待冷

以磁礶收煉蜜養之【多能鄙事】 蒜冬瓜以老者去皮瓤切作一指闊白礬石灰煎湯焯過漉水泡去灰氣控乾每斤用鹽二兩蒜瓣三兩同搗碎拌冬瓜裝入磁器添熬過好醋浸之 又削去皮煮子於芥子醬或美醬中醃之亦佳【東魯王氏農書】 七月採瓜犀爲面脂瓤亦可作澡豆【荊楚歲時記】 冬瓜仁七升絹袋盛投三沸湯中須臾取出曝乾如此三度清苦酒漬二宿曝乾爲末日服方寸匕令人肥悅明目延年不老又法取子三五升去皮爲丸空心日服三十丸令人白淨如玉又能補肝明目治男子五勞七傷 悅澤[illegible]容白瓜仁五兩桃花四兩白楊皮二兩爲末食後白湯服方寸匕日三服欲白加瓜仁欲紅加桃花三十日面白五十日手足俱白 一[illegible]

○療治 [illegible]消渴煩亂冬瓜去皮每食後喫三二兩五七服良 渴不止冬瓜一枚削皮埋濕地中一月取出破開取清水日飲之或燒熟絞汁飲 消渴骨蒸大冬瓜一枚去瓤入黃連末塡滿安甕內以灰火煨熟搗丸梧子大每服三四十丸煎冬瓜湯下 產後痢渴久病津液枯竭四肢浮腫口舌乾燥冬瓜一枚黃土泥包厚五寸煨熟絞汁飲亦治傷寒痢渴 小兒渴痢冬瓜絞汁飲 小兒魃病冬瓜萹蓄各四兩水二升煮湯浴 嬰孩寒熱冬瓜炮熟絞汁飲 十種水病危急冬瓜不拘多少任意喫神效 十種水氣浮腫喘滿大冬瓜一枚切蓋去瓤以赤小豆塡滿蓋合簽定以紙筋泥固濟日乾用糯糠兩大籮入瓜在內煨至火盡取出切片同豆焙乾爲末水糊丸梧子大每服七十丸煎冬子湯下日三服小便

利爲度 發背欲死冬瓜截去頭合瘡上瓜爛截去更合之瓜未盡瘡已小斂用膏貼之 痔瘡腫痛冬瓜煎湯洗 馬汗入瘡乾冬瓜燒研洗淨傅之 食魚中毒冬瓜汁飲之良 面黑令白冬瓜一個竹刀去皮切片酒一升半水一升煮爛濾去滓熬成膏瓶收每夜塗之 多年損傷不瘥者瓜子末溫酒服 消渴不止小便多用乾冬瓜子麥門冬黃連各二兩水煎飲冬瓜苗葉俱治消渴不拘新乾 男子白濁陳冬瓜仁炒爲末空心米飲服五錢又治女子白帶 積熱瀉痢冬瓜葉嫩心拖麵煎餅食之

【[illegible]瓜】附地蔓生莖粗而空有毛葉大而綠亦有毛節間開黃花結實形橫圓而豎扁色黃有白紋

界之微凹煮熟食味麵而膩亦可和肉作羹又有番南瓜實之紋如南瓜而色黑綠蒂頗尖形似葫蘆二瓜皆不可生食

【匏】匏也一名藤姑蔓生莖長須架起則結實圓正亦有就地生者大小數種有大如盆盎者有小如拳者有柄長數尺者有中作亞腰者莖靭有絲如筋葉圓有小白毛面青背白開白花有甘苦二種甘者性冷無毒利水道止消渴苦者有毒不可食惟可佩以渡水陸農師曰項短大腹曰瓠細而合上曰匏似匏而肶圓者曰壺

○種植 葫蘆冬瓜茄瓠瓠子黃瓜菜瓜俱宜天晴日中下種每晨以清糞水澆之三月下旬栽則五月中旬結實若三月種則太遲矣種法正月預以糞灰拌土[illegible]作一坑土發過熱篩過以[illegible]水晒暖夜收暖處候[illegible]清糞水澆[illegible]候引蔓結子子外之條[illegible]二三子不必留四五者留之每[illegible]三紋[illegible]種大葫蘆正[illegible]作

群芳譜 卷二 蔬譜

坑深數尺或至一丈填實油麻菉豆爛草葉一層糞土一層如此數重向上一尺餘糞土填之坑方四五尺每坑只種十餘顆二月下子待生長尺許揀擇肥好者四莖每兩莖相縛着一處仍以竹刀刮去半邊以物纏住以牛糞黃泥封之一如接樹法纍待生做一處只留一頭取此兩莖亦如前法四莖合作一根長大只留一根待結葫蘆只揀取兩個周正好大者餘俱去之依此葫蘆極大每個可盛一石 長頸葫蘆如前法如欲將長頭打結待葫蘆生成趁嫩時將其根下土挖去一邊却輕擘開根頭揑入巴豆肉一粒在根裡仍將土罨其根候二三日通根藤葉俱耎軟欲死却任意將葫蘆結成或絲環等式仍取去根中巴豆照舊培澆過數日復鮮如故候老收之

○製用 匏之為用甚廣大者可煮作素羹可和肉煮作葷羹可蜜煎作果可削條作乾小者可作盒盞長柄者可作噴壺亞腰者可盛藥餌苦者可治病 瓠之為物也纍然而生食之無窮烹飪咸宜最為佳蔬種得其法則其實碩大小之為瓢杓大之為盆盎膚瓤可以喂猪犀瓣可以灌燭㮣無棄材濟世之功大矣【王氏農書】 懸瓠可以為笙曲沃者尤善秋乃可用漆其裡 匏苦瓠甘酌酒冬盛則暖夏盛則寒 做葫蘆茄乾茄削片葫蘆匏子削條晒乾收依做乾菜法【農桑撮要】 冬至日取葫蘆盛葱根莖汁埋于庭中夏至發開盡為水以漬金玉銀石青各三分自消曝乾如飴可休糧久服神仙名曰金液漿

群芳譜 卷二 蔬譜

○典故

王筠好弄葫蘆每吟詠則注水於葫傾已復注若擲之於地則詩成矣　婦女歸外家外舅姨皆以新葫蘆兒贈之俗云宜長外甥

○療治

惡瘡癬癩十年不瘥者苦瓠一枚煑汁搽之日三度　九瘻有孔苦瓠四枚大如盞者各穿一孔如指大湯煑十數沸取一竹筒長一尺一頭插瓠孔中一頭注瘡孔上冷則易之用遍乃止　痔瘡腫痛苦葫蘆苦蕒菜煎湯先薰後洗洗過將熊胆密陀僧膽礬片腦爲末貼之良　下部懸癰擇人神不在日空心用井華水調百藥煎末一梳服之微利後却用秋葫蘆一名苦不老生在架上而苦者切片置瘡上灸一七壯蕭端石病此累年一灸遂愈　卒中蠱毒或吐血或下血皆如爛肝者苦瓠一枚水二升煑一升服立

吐即愈　又方用苦酒一升煑令消服之取吐神驗　死胎不下苦葫蘆燒存性研末每服一錢空心熱酒下　聤耳出膿乾葫蘆子一分黃連半分爲末以綿先繳淨吹入半字日二次　鼻中息肉苦葫蘆子苦丁香等分入麝香少許爲末紙燃照之　中滿鼓脹用三五年陳葫蘆瓢一個以糯米一斗作酒待熟以瓢於炭火上炙熱入酒浸之如此三五次將瓢燒存性研末每服三錢酒下神効　大便下血敗瓢燒存性黃連等分研末每空心溫酒服二錢　赤白崩中舊葫蘆瓢炒存性蓮房煆存性等分研末每服二錢熱水調服二服有汗爲度即止甚者五服止最妙忌房事發物生冷　腦漏流膿破瓢白雞冠花白螺螄殼各燒存性等分血竭射香各五分爲末以好酒濕熟艾連藥揉成餅貼在頂門上

熨斗熨之以愈爲度　腹下瘤瘻用長柄葫蘆燒存性研末搽之以消爲度　一老嫗右腋生一瘤漸長至尺許其壯如長瓠子久而潰爛一方士教以此法遂出水消盡而愈　湯火傷灼舊葫蘆瓢燒灰傅之　腹脹黃腫用亞腰葫蘆連子燒存性每服一個食前溫酒下不飲酒者白湯下十餘日見効　急黃病苦瓠一枚開孔以水煑之攪取汁滴入鼻中去黃水　黃疸腫滿苦葫蘆瓤如大棗許以童子小便二合浸一時取酸棗大二塊納兩鼻中深吸氣待黃水出良　又方用瓠瓤炒黃爲末每服半錢日一服十日愈然有吐者當詳之　大水脹滿頭面洪大用瑩淨好苦瓠白瓤捻如豆粒以麪裹煑一夜空心服七枚至午當出水一斗二日水自出不止大瘦乃瘥二年內忌醎物　聖惠用苦葫蘆瓤一兩

微炒爲末每日粥飲服一錢　通身水腫苦瓠膜炒二兩苦葶藶五分擣合丸小豆大每服五丸日三水下止　又方用苦瓠膜五分大棗七枚擣丸一服三丸如人行十里許又服三丸水出更服一丸即止　石水腹腫四肢皆瘦削用苦瓠膜炒一兩杏仁半兩去皮尖炒爲末糊丸小豆大每飲下十丸日三水下止　水蠱紅腫苦瓠瓤一枚水二升煑至一升煎至可丸如小豆大每米飲下十丸待小便利作小豆羹食勿飲水　小便不通脹急者用苦瓠子三十枚炒螻蛄三個焙爲末每冷水服一錢　小兒閃癖取苦瓠未破者煑令熱解開熨之　風痰頭疼苦瓠膜取汁以葦筒灌入鼻中其氣上達腦門須臾惡涎流下其病立愈除根乾者浸汁亦効其子爲末吹入亦効年久頭風皆愈　鼻窒氣塞

苦葫蘆子爲末醇酒浸之夏一日冬七日日日少少點之　眼目暗昏七月七日取苦瓠白瓢絞汁一合以醋一升古錢七文同以微火煎減半每日取抹眥中神效　弩肉血翳秋間取小柄葫蘆或小藥葫蘆陰乾於翳小處鋸斷內挖一小孔如眼孔大遇有此病將眼皮上下用手掙開將葫蘆孔合定初雖甚痛苦然瘀肉血翳皆漸下不傷睛　齒䘌口臭苦瓠子爲末蜜丸半棗大每旦漱口了含一丸仍塗齒齦上涎出吐去妙　風蟲牙痛葫蘆子半升水五升煎三升含漱之莖葉亦可不過三度

○麗藻散語【[illegible]】吾豈匏瓜也哉焉能繫而不食【論語】　蟠蟠瓠葉采之亨之【詩】　匏有苦葉　九月斷壺　酌之用匏【詩】　匏一名曰壺皆瓠屬也【說文】　瓠樓瓣【爾雅】　惠子姓惠名施謂莊子曰魏王貽我大瓠之種我樹之成而實五石以盛水漿其堅不能自舉也剖之以爲瓢則瓠落無所容非不呺然大也吾爲其無用而掊之莊子曰夫子固拙于用大矣宋人有善爲不龜手之藥者世世以洴澼絖爲事客聞之買其方百金請與之客得之以說吳王越有難吳王使之將冬與越人水戰大敗越人裂地而封之能不龜手一也或以封或不免于洴澼絖則所用之異也今子有五石之瓠何不慮以爲大樽而浮乎江湖而憂其瓠落無所容則夫子猶有蓬之心也夫【莊子】

詩五言　束薪已零落瓠葉轉蕭疏幸結白花了寧辭青蔓除秋蟲聲不去暮雀意何如寒事今牢落人生亦有初【杜工部】　華閣與賢開仙瓠自送來幽林常伴許陋巷亦隨回掛影憐紅壁傾心向綠杯何曾斟酌

實瓠之子也一瓠之大其子五石則亦可盛五石之水矣堅重也瓢半瓠也瓠落淺而大之貌呺作呺虛大貌掊擊碎也不龜言冬月用此藥而手不裂折如龜背也洴

群芳譜　卷二　蔬譜　三六

處不使玉山頹【[illegible]】

【[illegible]】江南名扁蒲就地蔓生處處有之苗葉花俱如葫蘆結子長一二尺夏熟亦有短者粗如人肘中有瓤兩頭相似味淡可煑食不可生噉夏月爲日用常食至秋則盡不堪久留性冷無毒除煩止渴治心熱利水道調心肺治石淋吐蛔蟲壓丹石毒

○禁忌　患脚氣虛脹冷氣人忌食苦者有毒主大水面目四肢浮腫下水令人吐

○麗藻散語　輪囷鵝鴨之瓠鬱屈龍蛇之芝【洪舜俞】　詩五言　溉釜熟輪囷香清味仍美一線解瓊瑤中有佳人齒【劉彥沖】

茄革遐反【[illegible]】一名落蘇有紫青白三種老則黃如金來自暹羅紫者又名紫膨脝白者又名銀茄又一種白者名渤海茄形圓有蒂有蕚大者如甌又一種白花青色稍扁一種白而扁謂之番茄此物宜水勤澆多糞則味鮮嫩自小至大生熟皆可食又可曬乾冬月用如地脣少

澼打洴也絖絮也慮謀也言其之心何不謀及此也樽浮水之壺也蓬草塞也

茄字本蓮莖名今呼伽未知所自

群芳譜　卷二　蔬譜　三七

水者生食之刺人喉一種水茄形稍長亦有紫青白三色根細末大甘而多津可止渴此種尤不可缺水與糞此數種在在有之味甘寒丹溪謂茄屬土甘而降火莖粗如指紫黑有刺葉如蜀葵葉亦紫黑有刺開花時摘其葉布通衢規以灰令人物踐踏之則子繁熟俗名踏茄者食之厚腸胃火炙食之甚美北方以爲常食南人不敢生食云動氣發瘡及痼疾患冷氣人忌用秋後茄發眼疾

○種植 二月下子須肥熟地常澆灌之候四五葉帶土移栽相離尺許根宜築實虛則風入難活區土不宜有浮土恐雨濺泥污葉則萎而不茂宜天晴栽鋤治培壅功不可缺

○收種 九月黃熟時摘取擘四瓣或六瓣晒極乾懸之房內或向陽處勿浥濕臨種時水泡取子淘淨去其浮者

○製用 糖醋茄 新嫩茄切三角沸湯煠過粗布包壓乾鹽醋醃一宿晒乾姜陳皮蒔蘿茴香紫蘇爲末拌勻煎滾糖醋澆晒乾收貯用時以湯泡過香油煠用 糟茄 天晴日停午摘嫩茄去蒂用沸湯淖過候冷以軟帛拭乾每十斤用鹽二十兩飛過白礬末杵一兩

拌糟十斤拌勻入罈泥封久而茄色愈黃透不黑 食香茄 切小塊每斤用鹽四兩以食香同茄拌勻醃一二日控乾日晒晚復入滷水如此三五次收貯 醬茄 九月間將好嫩茄去蒂酌量用鹽醃五日去水別用市醬醃五七日其水盡去揩乾晒一日方可入好醬內 蒜茄 深秋摘下茄去蒂揩淨用常醋一碗水一碗合煎微沸將茄煠過控乾搗蒜并鹽和冷定醋水拌勻納磁罈 蝙蝠茄 嫩茄切四瓣滾湯煮將熟撈好醬上候稍醎取出加椒末麻油入籠蒸香籠內托以厚麪餅盛由 芥末茄 嫩茄切條不洗晒乾多着油鍋內加鹽炒熟入磁盆內攤冷用乾芥末拌和磁礶收 燒茄 乾鍋內每油三兩擺去蒂茄十個盆蓋燒候軟如泥入鹽醬料物麻杏泥拌入蒜尤佳 鵪鶉茄 嫩者切細縷淖過控乾以鹽醬椒蒔茴橘杏甘草紅豆研細末拌晒蒸收用時以湯泡蘸香油煠用 茄大切三片小二片用河水浸半時撈入鍋內加鹽用水煮一滾取出晒至晚仍入原湯再煮一滾留鍋內明早後煮一滾再晒至晚如前再煮以湯盡爲度晒至極乾入罈內收 稍瓜去瓤汁夏布拭過照上法做 絲瓜刮去粗皮亦照上法

○附錄 緬茄 出緬甸大而色紫蒂圓整蠟色者佳今會城絕不可得多以小者於蒂上刻人物鳥獸之形殊殺風景過滇中者多市之而滇中人亦以此膾遺

○療治 牙齒腫痛隔年糟茄燒灰頻頻乾擦立效又黃茄種燒灰擦之效 風蟲牙茄蒂燒灰細辛末等分日擦之又秋茄花旋燒末擦立止 牙齒䘌痛茄根擣汁頻塗之

取牙茄科以馬尿浸三日曬炒爲末每用點
牙即落甚妙　喉痺腫痛糟茄或醬茄細嚼
嚥汁　婦人乳裂秋月茄子裂開者陰乾燒
存性研末水調塗　臟毒用三伏曬乾茄子
炒黑色爲細末空心酒下一錢連服十日不
止再用數年陳槐花炒如前末服之數日永
不發　口中生蕈用醋漱口以茄母燒灰飛
鹽等分米醋調稀時時擦之　血淋疼痛茄
葉薰乾爲末每服二錢温酒或鹽湯下隔年
者尤佳　腸風下血方同上米飲下　久痢
不止茄根燒灰石榴皮等分爲末沙糖水服
女陰挺出茄根燒存性爲末油調在紙上
捲筒安入內一日一上　婦人血黃黃茄子
竹刀切陰乾爲末每服二錢温酒下　腸風
下血經霜茄連蒂燒存性爲末每日空心温
酒服二錢七　久患下血大茄種三枚每用

一枚濕紙包煨熟安甁內以無灰酒一升半
沃之蠟紙封閉三日去茄暖飲　腹內鱉癥
陳醬茄兒燒存性入射香輕粉少許脂調貼
之　卵癀偏墜雙蒂茄子懸于房門上出入
用眼視之茄蔫所患亦蔫茄乾亦乾又法雙
茄懸門上每日抱兒視二三次釘鍼于上十
餘日消　大風熱痰黃老茄子大者不計多
少以新甁盛埋土中經一年盡化爲水取出
入苦參末同丸梧子大食已及臥時酒下三
十丸甚效　腰脚風血積冷筋急拘攣疼痛
者茄子五十斤切洗以水五斗煮取濃汁濾
去滓更入小鐺中煎至一升入生粟粉同煎
令稀稠得所取出搜和更入射香硃砂末同
丸如桐子大每旦用秫米酒下三十丸近暮
再服一月乃瘥男子女人通用皆驗　磕撲
青腫老黃茄極大者切片如一指厚新瓦焙

研爲末欲臥時温酒調服二錢匕一夜消盡
無痕　墜損跌損散血止痛重陽日收老茄
百枚去蒂四破切之消石十二兩搗碎以不
津器先鋪茄子一重乃下消石一重如此間
鋪令盡以紙數層密封安置淨處上下以新
磚承覆勿犯地氣至正月後取出去紙兩重
日中曝之逐日如此至二三月度茄已爛開
甁傾出濾去滓別入新器中以薄綿蓋口曝
至成膏乃可用每以酒調半匙空腹飲之日
再惡血散則痛止而愈矣若膏久乾硬以飯
飲化用　發背惡瘡用上方以酒服半匙更
以膏塗瘡口四圍覺冷如水瘡乾便瘥其有
根本在膚腠者亦可內消　熱毒瘡腫生茄
子一枚割去二分去瓤二分似罐子形合瘡
上即消如已出膿再用取瘥　夏月趾腫不
能行走九月收茄根懸簷下逐日煎湯洗

足瘡足跟凍瘡茄根煎湯洗　口瘡茄蒂燒
灰敷之　對口瘡鮮茄蒂鮮何首烏等分煑
飲神効　癧瘡疔瘡茄稈燒灰
淋汁和入桑碱城等藥敷之

○典故　隋煬帝改茄子爲崑崙瓜　黄山谷名
茄子爲紫膨脝　一名小菰〔[illegible]〕
〔[illegible]〕有新羅種色稍白形如雞卵西明寺僧
造玄院中有其種〔酉陽雜俎〕　石頭對西蔡
浦長百里上有大荻浦下有茄子浦〔[illegible]〕
嶺南茄一栽可數年宿根成樹用梯摘實老
而子細則代之另植姚向爲南選使親見
茄開花斟酌窠數削去枝葉再長晚茄〔務本〕
〔[illegible]〕種茄二十科糞壅得所可供一人食
〔[illegible]〕茄視他菜最耐久供膳之餘糟
醃豉醋無所不宜須
廣種之〔農書〕

○麗藻散語 蔵冬育笋新菜增伽[揚雄]頌身累百贅頸附千公疵探之不勤茹之滑柔[illegible]詩五言寒瓜方臥壟秋菰正滿陂紫茄紛爛熳綠芋鬱參差[illegible]七言君家水茄白銀色殊勝埧裹紫彭亨蜀人生疏不下箸吾與北人俱眼明[黃魯直]

蠶豆 一名胡豆太平御覽云張騫使外國得胡豆種歸今南北皆有蜀中尤多八月下種冬生嫩苗可茹莖方而肥中空葉如匙頭圓而下尖面綠背白柔厚一枝三葉二月開花如蛾狀紫白色結莢連綴蜀人收其子備荒性甘微辛平無毒快胃和臟腑解酒毒誤吞金銀等物者用之皆効

以莢如蠶又蠶時始熟故名

○療治 酒醉不醒取苗油鹽炒熟煑湯灌之効 吞針入腹蠶豆韭菜同煑食其針自大便同出

○辯譌 吳瑞本草以此爲豌豆誤此豆種亦自西胡來雖與豌豆同名同時種而形性迥別今蜀人呼此爲胡豆而豌豆不復名胡豆矣

豇豆 一名䜹䝤紅白二種處處有之穀雨前後

下種者六月子便種一年可兩熟四月種者七八月收一種蔓長丈餘一種蔓短懸架則蕃鋪地則不甚旺宜灰壅其葉俱本大末尖嫩時可茹花紅白二色莢有白經紫赤斑駁數色長者一二尺生必兩兩並垂有習坎之義子微曲如人腎形所謂豆爲腎穀者宜以此當之 性甘鹹無毒理中益氣補腎健胃和五臟調營衛生精髓止消渴吐逆泄痢小便數與諸疾無禁但水腫忌補腎不宜多食此豆嫩時充菜老則收子可穀可果可菜取用最多豆中上品也指爲胡豆者誤

○附錄 黎豆 一名貍豆一名黎沙一名獵沙野生山中人亦有種之者三月下種生蔓葉如豇豆但文理偏斜六七月開花成簇結莢紫色如扁豆花老則黑而露筋如乾熊指爪之狀子大如刀豆淡紫色有斑點如貍文煑去黑汁同猪雞肉再煑食味乃佳其大者名虎豆一名虎沙又一種似虎豆而稍小名馬豆又名馬沙

○療治 中鼠莽毒者飲豇豆汁即解試以鼠莽苗以豆汁澆其根即爛

○典故 昔盧廉夫教人補腎氣每日空心煮豇豆入少鹽食之大有益

扁豆 一名蛾眉豆一名沿籬豆二月種蔓生人家多種之籬邊或以竹木架起每叉三枝一居頂二對生一枝三葉亦一居頂二對生葉（凡豆葉皆然）大如杯圓而有尖花有紅白二色狀如小蛾莢生花下花卸而莢現及老長寸餘色有青白二種形微彎如眉又有如龍爪虎爪之類（蛾眉豆之名以此）皆纍纍成枝一枝十餘莢成穗白露後實更繁衍嫩時煮熟作蔬食鹽漬作茶料老則收子煮食子有黑白赤斑四色每莢子或一或二三白者堪入藥微炒用氣味溫無毒和中下氣止瀉痢消暑暖脾腎除濕熱止消渴治女人帶下解酒毒河豚魚毒一切草木毒

○種植 清明下種蓋以草灰不用土覆則皆出不廢一子

○占驗 芒種前藊豆開花王水（月令）

○療治 霍亂吐痢白藊豆香薷各一升水六升煮二升分服　霍亂轉筋白藊豆為末

醋和服　消渴飲水白藊豆浸去皮為末天花粉汁同蜜和丸梧子大金箔為衣每服二三十丸天花粉汁下日二服忌炙煿酒色次服滋腎藥　赤白帶下白藊豆炒為末米飲每服二錢　毒藥墮胎女人服草藥墮胎腹痛者生白藊豆去皮為末米飲服方寸匕濃煎汁飲亦可丸服藥胎氣已傷未墮者或口禁手强自汗頭低似乎中氣九死一生醫多不識作風治必死無疑　中砒霜毒白藊豆生研水絞汁飲　六畜肉毒白藊豆炒存性研塗水服之良　諸鳥肉毒生白藊豆末冷水服之　惡瘡痂痒作痛以藊豆擣封痂落即愈　女子赤白下崩漏白藊豆花焙末空心炒米飲入少鹽下二錢効　泄痢白花作餛飩食　一切藥毒垂死白花擂水飲與白藊豆同功　吐痢後轉筋白藊豆生葉一把擣入少醋絞汁服立瘥　瘕疾白藊豆葉醋炙研服　蛇咬杵葉敷　霍亂生白藊豆藤同蘆籜人參倉米等分煎服　一方白花七個新汲水研服　一切泄痢白藊豆花正開者擇淨勿洗以滚湯瀹過和小猪脊胎肉一條葱一根胡椒七粒醬汁拌匀就以瀹豆花汁和麪包作小餛飩炙熟食之効

刀豆 一名挾劍豆人家多種之蔓引一二丈葉如豇豆葉而稍長大五六七月開紫花結莢長者近尺微似皂莢扁而劍跡三稜嫩青煮食醬醃蜜煎皆佳老則微黑子大如拇指頂

淡紅色同鷄猪肉煮食甚美氣味甘平無毒温中下氣利腸止欬逆益腎補元

○種植將地鋤鬆深半尺熟糞拌勻清明時先作穴每穴一粒側放入不可深恐豆體重深則難出土用鉏末拌土薄蓋一層一云用草灰日日澆令濕俟生蔓竹木架起

○典故一人病後欬逆不止聲聞鄰家或令取刀豆燒存性白湯調服二錢即止此亦取其下氣歸元而逆自止也【本草綱目】樂浪有挾劍豆莢生橫斜如人挾劍即此豆也

一名地環或云即蘘荷莖高二三尺葉如蘇葉根形長如聯珠色白味甘而脆二三月鋤宜沃土宜沾濕凡種宜於園圃近陰處或樹蔭下疎種之至秋乃收生熟皆可食又可蜜煎可醬漬可作豉雨中以灰雜鬆土覆掩根鋤草淨則生繁至冬鋤取一云葉上露滴地即滋衍是以有甘露之名

○麗藻詩五言 紛敷碧樹陰【劉子翬】

一名地膚一名地葵一名地麥一名益明一名落帚一名獨帚一名王帚一名王篲一名白地草一名涎衣草一名鴨舌草一名千頭子一名千心妓女今之獨帚也春間皆可種處處有之一本叢生每窠約二三十莖圓直上有赤有黃七月開黃花子色生青似一眠起蠶沙之狀最繁嫩苗可作蔬茹至八月而藍幹成可採子落則老八月以草束其腰九月刈以石壓扁可為帚性苦寒無毒治膀胱熱利小便補中益精久服耳目聰明輕身耐老可作湯沐浴同陽起石服主丈夫陰事不起補氣益力

藍音昔

藍禾藁去皮類也亦作稭

○製用嫩時採葉滚水煠熟香油拌為茹頗益人能滌腸胃加蒜亦可 煠出晒乾可備冬月之用 苗既老可束為帚 幹之粗而長者可為拄杖

○療治雷頭風腫不省人事地膚子生姜研爛熱酒冲服汗出即愈 脊痛腰痛地膚子末酒服方寸七 疝氣危急地膚子炒香為末酒下一錢 血痢不止地膚子五兩地榆黄芩各一兩為末温酒調下方寸七 妊娠患淋熱痛酸楚手足煩痛地膚子十二兩

水四升煎二升半分服　目熱雀盲地膚苗葉煎水洗　小便諸淋地膚搗汁服之自通　小便不通地膚一大把水煎服　物傷睛陷努肉突出地膚洗去土二兩搗洗每點少許仌月以乾者煑濃汁

○典故　孔子厄於陳蔡之間七日不火食藜羹不糝〔莊子〕　孔子藜羹不糝門人進飯日已食訖〔[illegible]〕

○麗藻詩五言　杖藜浸寒露　杖藜從白首心跡喜雙清　杖藜望清秋有典入藜藿　吾安藜不糝汝貴玉爲琛　試問甘藜藿未肯羨輕肥　杖藜防躍馬不是故離群〔杜少陵〕七言　腸斷春江欲盡頭杖藜徐步立芳洲〔杜子美〕

菥音昔　蒫才何切

〔薺〕一名護生草野生有大小數種小薺花葉莖扁味美最細者名沙薺大薺科葉皆大而味不及小薺莖硬有毛者名菥蓂味欠佳冬至後生苗二三月起莖五六寸開細白花結莢如小萍有三角莢內細子名蒫四月收師曠所謂甘草先生即此和肝氣明目凡人夜則血歸於肝爲宿血之臟過三更不睡則朝旦面色黃燥意思荒浪以血不得歸故也若肝氣和則血脉流通津液暢潤

○製用　東坡與徐十二書云今日食薺極美天然之珍不甘於五味而有味外之美其法取薺一二升許淨擇入淘了米三合冷水三升生薑不去皮搥兩指大同入釜中澆生油一蜆殼當於羹面上不得觸觸則生油氣不可食不得入鹽醋君若知此味則陸海八珍皆可厭也天生此物以爲幽人山居之祿輒以奉傳不可忽也羹以物覆則易熟而羹極爛乃佳也　清明日未出採薺莖候乾夏作燈杖蚊蛾不敢近〔月令〕

○療治　暴赤眼痛脹磣澁薺根搗汁滴之　眼生翳膜薺菜根莖葉洗淨焙乾爲細末臨臥時先洗眼以米許安大眥澁痛忍之久則膜自落　腹大腫滿四肢枯瘦尿澁用甜葶藶炒苦菜根等分爲末煉蜜丸梧子大每一丸陳皮湯下只三丸小便清十餘丸腹如故　久痢薺花陰乾研末棗湯日服二錢良　花布席下可辟蟲及蚊蛾

磣楚錦切　[illegible]蒼有切

○麗藻詩四言　十畝之郊菜葉薺花抱甕灌之樂哉農家〔陳眉公〕　五言　舍東種早韭生計似庾郎舍西種小果戲學蠶叢鄉惟薺天所賜青青被陵岡珍美屏鹽酪耿介凌雪霜采擷無闕日烹飪有秘方候火地爐煖加糝沙鉢香尚嫌雜筍蕨而況汙膏粱炊稈及鬻鬻得此生輝光吾饞實易足捫腹喜欲狂一掃萬錢食終老稽山旁〔陸放〕

七言　時逍麥田求野薺強爲僧舍煑山羹〔蘇東坡〕　小着鹽醯和滋味微加姜桂助精神風爐歙鉢窮家活妙訣何曾肯授人〔陸放翁〕

[illegible]一名苦苣一名苦蕒一名褊苣一名游冬
一名天香菜葉似而綠帶碧莖空斷之有白
汁花黃如初綻野菊花春夏秋皆旋開一花結
子一叢如茼蒿子花罷則萼斂子上有毛茸
茸隨風飄揚落處即生處處有之但在北方
者至冬而凋在南方者冬夏常青爲少異耳
味苦寒無毒夏天宜食能益心和血通氣主
治腸澼渴熱中疾惡瘡霍亂後胃氣煩逆忌
與蜜同食作肉痔脾胃虛寒人不可多食
〇療治 面目及舌黃搗汁飲 疔腫白汁塗之 按根青苗陰乾冬月水調敷之亦効
癰腫白汁滴之立潰　瘰子白汁點之自落
痔瘡苦蕒或鮮或乾煮爛熟先薰後洗冷
即止日數次屢効　血淋苦蕒一把酒水各
半煎服　血脈不調苦蕒曬乾爲末每二錢
溫酒下　喉痺苦蕒汁半盞燈心湯泡捻汁
半盞和勻服　對口惡瘡苦蕒汁一鍾入姜
汁一匙和酒服滓敷瘡上一二次即愈　中
沙蝨毒凡洞澗中澡浴後身皮上赤如小豆
黍米摩之痛如刺三日後寒熱發瘡若入骨
殺人中其毒者亦以茅葉刮去毒用苦菜汁
塗之佳　蜂螫苦菜汁塗之一夜　赤白痢及
骨蒸苦菜煮汁服　黃疸連花子研細二錢

水煎服日二次良　手
足腫搗苦菜敷之良
〇彙藻 散語 誰謂荼苦其甘如薺 出其闉闍 有女如荼 堇荼如飴〔俱詩〕 孟
夏苦菜秀〔月令〕 詩五言 苦苣刺如針馬齒葉如繁乃
知苦苣輩傾奪蕙草根又如
馬齒盛氣擁 葵 七言 但得苦菜根俱可啖況於
藿昏〔杜子美〕 苦蕒亦奇逢初嘗不解
回甘味慣醉方知醒酒功茹素無緣葷未斷
禪宗有約障難空此窓入夏稀盤飣莫厭頻
頻餉阿儂　盤餐落落對瓜畦杜撰人間苦
蕒齏嫩綠浮羹蓴讓滑微酸入口舌應迷野
人生計誰云薄藿食家風未是低爲報青
蠅莫相點欲隨芹曝獻金閨〔俱出正色〕

【蕨】一名虌處處山中有之二三月生芽拳曲狀
如小兒拳長則展寬如鳳尾高三四尺莖嫩
時無葉採取以灰湯煮去涎滑曬乾作蔬味
甘滑肉煮甚美姜醋拌食亦佳荒年可救飢
根紫色皮內有白粉搗爛洗澄取粉名蕨粉
可蒸食亦可盪皮作線色淡紫味滑美陸璣
謂可供祭祀故周詩采之　氣味甘寒滑無毒
主去暴熱利水道令人睡　燒爲末米飲下二錢
治腸風熱毒根燒灰油調傅蚯蚓傷一種紫

[illegible]似蕨有花而味苦名迷蕨初生亦可食

○[illegible]用[illegible]暴[illegible]熟[illegible]花用[illegible]以淺[illegible]軟[illegible]物拌食任[illegible]葷素 禁忌 人有[illegible]十[illegible]蕨堅成疾後吐[illegible]一小蛇懸於[illegible]蕨乃知此菜不可生咽

○麗藻散語 陟彼南山言采其蕨[詩] 詩五言 石暄蕨芽紫 食蕨不願餘茅茨眼中見[illegible]

[薇] 一名野豌豆一名大巢菜生麥田及原隰中莖葉氣味皆似豌豆其藿作蔬入羹皆宜巢菜有大小二種大者即薇乃野豌豆之不實者小者即東坡所謂元修菜也

○麗藻散語 山有蕨薇[illegible] 言采其薇 采薇采薇薇亦作止[詩] [illegible]以薇[illegible]

詩五言 蟄書無浪語愁寂故山薇[illegible] 圖南吾豈敢願托北山薇[illegible] 此蕨朝堪把青藜夜自炊[illegible] 朝采山上薇暮采山上薇歲晏薇亦盡飢來何所爲坐飲白石水手把青松枝擊節獨長歌其聲清且悲櫪馬非不肥所苦長縶維豢豕非不飽所憂竟爲犧行行歌此曲以慰常苦飢[illegible]

[藜] 一名萊一名紅心灰藋一名[illegible]脂菜一名鶴頂草生不擇地處處有之即灰藋之紅心者

莖葉稍大嫩時亦可食故昔人謂藜藿與膏[粱]不同老則莖可爲杖[illegible] 甘平[微]毒殺蟲 [illegible]湯洗蟲瘡漱齒䘌搗爛塗諸蟲傷

○療治 白癜風紅灰藋蒼耳根莖各五斤茄根莖三斤並曬乾燒灰以水一斗煎湯煉成牛脂二兩和勻日塗三次

○麗藻散語 南山有臺北山有萊[詩]

[灰藋] 一名灰滌菜一名[illegible]今訛爲灰條菜[illegible]原野有之四月生苗[illegible]有紫紅線稜葉[illegible]有刻缺面青背白莖心[illegible]背有細白灰[illegible]爲蔬亦佳氣味[illegible]平有小毒治惡瘡蟲咬[illegible]䵟等疾忌着肉作瘡五月漸老高者數尺七八月開細白花結實成簇中有細子蒸曝取仁可炊飯及磨粉食救荒本草云結子成[illegible]者味甘散者味苦生牆下樹下者忌用白[illegible]謂之蚍[illegible]有毒

○療治 疔瘡惡腫[illegible]藋葉燒[illegible]少許點之血出爲度 [illegible] 蟲蚕咬味等[illegible]

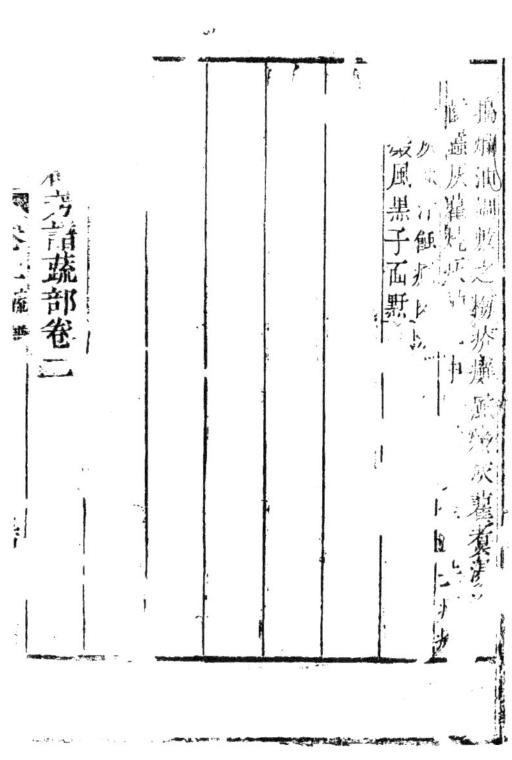
搗爛調敷之[illegible]於[illegible]
[illegible]
[illegible]風[illegible]子[illegible]

群芳譜蔬部卷二

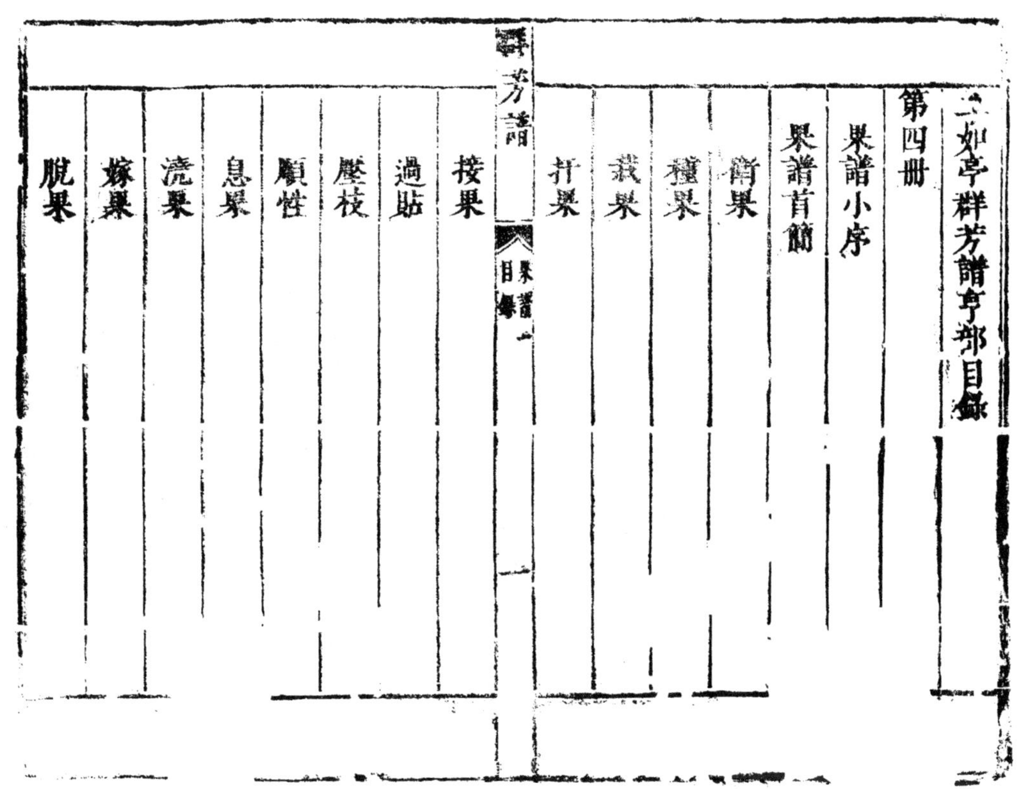
二如亭群芳譜亨部目錄

第四冊

驅果
摘果
收果
製果
課果
果名
果異
果徵

果害
果譜一　脯果十二種　附錄[illegible]種
梅　附茶梅
林禽
柰
蘋果
梨
棠梨

棣棠
櫻桃
枇杷
木瓜　附[illegible]　榠樝　榲桲
葡萄　附野葡萄
無花果　附文光果　天仙果　古度子　[illegible]　[illegible]

二如亭群芳譜果譜一目錄終

二如亭群芳譜

果譜小序

周官備物實籩必稽夫乾餱衞侯興邦樹木不遺乎榛栗蓋先王制禮本人情盡物曲不貴異物不重難得郊廟以廣仁孝燕享以示慈惠下逮郡邑閭里交際往來莫不惟禮是憑焉果蓏二十用佐五穀載在方冊千古不易已苟品物形具即誠敬其奚將若物性未達即培植其奚展勿曰吾不如老圃君其問諸圃人也作果譜

濟南王象晉藎臣甫題

二如亭群芳譜

果譜簡首

衞果 衞花同

元旦日未出時用朱旛画日月七星像每遇風起竪園內東墻下即大風發屋拔木園內花果無損 [illegible] 元旦及端午日於五鼓以斧雜斫諸果樹又春社日以物舂百果樹根下則子繁而不落不結實者亦用此法 元旦端午雞鳴時以火照諸果樹無蟲且結子繁盛 凡諸果樹花盛時一遭霜即無實遇三九內有雨入春百日內必有霜預於園中多積亂草遇天雨初晴北風寒切此夜必有濃霜焚草上風煙氣所觸霜不爲害 果熟着霧則多損以䔢麻或稭穰四散絟樹上可避霧 凡樹根下常耘草令淨草多則引蟲蠹亦能分地力樹下勿使有坑坎雨後水漬根朽葉黃宜令平滿比地面高

三五寸爲妙　凡果樹生蟲宜盡去之其法用鐵線作鉤取之一法用硫黃或雄黃作煙薰之即死或用桐油紙燃塞之亦驗王禎農書　又當蟲未出時凡聚葉腐枝皆蟲所窟穴宜盡去之清明日三更以稻草縛樹上不生戴毛蟲　林檎樹生毛蟲埋蠶蛾於樹下或以洗魚水澆之即止　桃樹生蟲以多年竹燈檠掛樹上即落　生人髮掛果樹上烏鵲不敢偷食　木瓜石榴等樹十月後以穀草或稻草將樹身包裹用篛簍定泥封以糠粃培壅其根免致霜雪凍損

種果

地不厭高土肥爲上鋤不厭數土鬆爲良又要各按時節臨下子時必日中曬乾擇淨然後合浸者浸之不浸便用撒入鬆土子細者撒在上面下子訖即用糞蓋成行與打潭種者亦然下子日要晴雨則不出三五日後又要雨旱則不生須頻潑水　若桃杏之類須擇美而大者作種待極熟時望前于向陽煖處寬掘坑深尺餘牛馬糞和土填半坑取核尖頭向上排定旋以糞土填平至春生芽萬不失一水浸風吹則仁腐不生　桃杏宜和肉種候成小樹帶土移栽大率兩步一株又云桃宜稀李宜密杏宜近人家

凡種盆中花果須先儲土夏月取陽溝中泥曬乾敲細頻澆糞旋曬乾數次後一層土一層草燒二三遍收無雨處入盆栽種自然茂盛

栽果

栽果宜望前茂而多實望後則實少栽後時澆水頻覆土勿太乾乾則根不行勿太溼溼則根易腐勿露空隙有隙則風易入如根無宿土者但深掘坑以清糞水和土成泥栽於泥中輕提起使樹根與地平則舒暢而不拳屈三四日後方用水澆灌四圍用木架縛穩勿令搖動無不

活者栽後以棘茨圍樹四週則人畜不能損棘氣腆又可避霜凡栽種以二月爲上宜六儀母倉除滿成收開及甲子巳巳戊寅巳卯壬午癸未巳丑辛卯戊戌巳亥庚子丙午丁未戊申壬子癸丑戊午巳未等日忌死炁乙日建破西風及火日又鄉俗以八月十三至廿三此十日爲詹家天忌栽植

扦果

諸果於三月上旬取直好枝如拇指大長三尺插大芋或大蘿蔔蕪菁中種之皆活三年後成樹全勝種核　一說凡扦插花木先于肥地熟劚細土成畦用水滲定正月間樹芽將動揀肥旺直條拇指大者斷長尺餘每條下削成馬耳狀以小杖刺土深約與樹條過半然後以條插入以土壅實每穴相去尺許常澆令潤搭棚蔽日至冬換作暖蔭次年去之俟長高移栽扦插

須天陰方可遇雨活[illegible]

接果

凡果樹以接博爲妙取速肖也枝條必擇其美宜宿條向陽者氣壯而茂嫩條陰弱難成根枝各從其類荊桑接魯桑梅接杏桃接李櫟接栗赤梨棠梨接梨接工必用細齒截鋸一連厚脊利刃小刀一把要心手穩又必趁時春分前後十日爲宜或取條觀青爲期然必時暄方可接蓋欲藉陽和之氣也一經接博二氣交通以惡爲美其利有不可勝言者接博之法有六一曰身接貼大宜高接先用細鋸截去元樹枝莖作盤砧高及肩以利刃小刀際其盤之兩旁微啓小罅深一小寸先用竹籤測其深淺却以所接條約寸許一頭削作小篦子先噙口中假津液以助其氣內之罅中極要快捷緊密須肌肉相對插訖用樹皮封纏內寬外緊牛糞和泥斟酌封裹仍用寬篦盛土培養接頭勿令透風見日上乾則洒以水芽由非接頭上者悉去之培土上露接頭一二眼以通活氣天晴則易活二曰根接貼小宜近地鋸截斷元樹身去地五寸許以所取條削篦插上如身接法培以土以棘護之三曰皮接用小利刃于元樹身八字斜劃之以小竹籤測其淺深以所接枝條皮肉相向插之封護如前法候接枝條發生去其元樹枝葉四曰枝接如皮接之法而差近五曰

靨接小樹爲宜先于元樹橫枝上截了留一尺許于所取接條樹上眼外方半寸刀尖劃斷皮肉至骨併揭皮肉一方片口噙少時取出印溼痕于橫枝上以刀尖依痕刻斷元樹皮肉大小如一以接按之上下兩頭以桑皮封繫寬慢得所仍用牛糞泥塗護隨樹大小酌量多少接之

六曰搭接將已種出芽條去地三寸許上削作馬耳將所接條併削馬耳相搭接以人唾粘連封繫糞壅如前法陳瑩中曰色紅可使紫葉單可使千花小可使大子少可使繁黃山谷曰雍也本犂子仲由元鄙人

過貼

壓條接換俱不能者乃用過貼即寄枝也先移

葉相似性相同之小樹置其旁可以枝相交合處以刀各削其半皮與膜對合麻皮纏固泥封嚴密　如欲貼繡毬花先取八仙栽培于瓦盆中次年春連盆移就繡毬花畔將八仙花梗離根七八寸許括去皮半邊約二三寸又將繡毬花嫩枝亦括去皮半邊彼此挾合一處用麻纏縛頻澆肥水至十月候皮生合爲一處截斷繡毬本身將盆移開自然暢茂周歲斷者尤佳貼

玉蘭花先以木筆同上法山茶海棠桃李春暮可貼寄俱于二三月間

壓枝

春間屈樹枝就地用木鈎攀釘堅牢燥土壅起身半段以熟土覆枝四五寸厚露稍頭半段勿壅以肥水澆灌區中至梅雨時枝葉仍茂根已生矣壓時須枝跗相連處斷其半用土封厚次年新葉將萌方斷連處霜降後移栽

順性

凡果蔬花卉地產不同秉性亦異在北者耐寒在南者喜暖高山者宜燥下地者宜溼早茁者發于和煦之時遲生者盛于寒沍之候北者移之南則盛南者遷之北則變如橘踰淮則爲枳菁在南則無根龍眼荔枝之類盛于南方榛松棗栗之屬蕃于北土梅李桃杏當春夏即登筵凡棗柿栗橪俟秋冬方實豇豆此物性之固然

非人力可强致也誠能順其天以致其性斯得種植之法矣

息果

凡果樹結實一年次年必歇枝漢人云梅李實多者來年爲之衰此定理也玆有一法如有桃李三十株花時止留十五株其十五株花悉摘去至來年則摘其結實者如古人代田法如此則木不傷而常得果矣

澆果

諸花木芽時下便行根此時不宜澆糞俟嫩條長成生頭花時止可澆清糞水忌濃糞花開時又不可澆糞遇旱只澆清水初結實澆糞即落實大則無妨大約花木忌濃糞須用停久冷糞如水澆新糞止宜臘月亦必和水三之一凡用肥宜審時如正月須水與糞等二三月樹發嫩枝則下生新根澆肥則損根而死未發萌者不妨五月雨時澆肥根必腐爛六七月發生已定可輕輕澆肥八月亦忌澆肥白露雨至必生嫩根見肥則死惟石榴茉莉之屬喜肥柑橘之屬用肥反皮破脂流至冬必死能依月令澆灌自然發旺暢茂

嫁果

李冠卿家有杏一窠多花不實適一媒姥見之笑曰來春與嫁此杏冬深忽携一樽酒來云婚

家櫛門酒索處子紅裙繫樹上奠酒辭祝再三而去明年結子無數辭曰青陽司令庶彙維新木德屬仁更壯於春森森柯幹簇簇繁陰我今嫁汝萬億子孫

脫果

木生之果八月間以牛羊糞和土包其鶴膝如盃大裹以紙麻寬紮縛重則以杖撐柱之常用水澆任其發花結實明年夏間發一包視其

生者梅雨中斷其本埋土中花實晏然不動嘗
見人家有老林禽樹根已蠹朽圃人去木本二
三尺許如上法包之一年後土中生根乃截去
近根處三尺許移入土遂爲完木

騸果

春初未芽時根旁寬深掘開將鑽心釘地根截
去惟留四邊亂根土覆築實則結[illegible]

摘果

凡果實初熟以兩手摘則年年結實茂盛若
孝服人摘則來年不生被人盜食則飛禽來食
切宜慎之

收果

柑橘桃梨之類七八分熟時帶枝插蘿蔔或大
芋中仍用紙或乾穰草包護藏新甕內勿通風
來年取食如新　凡鮮荔枝龍眼將熟時摘入
不津器密浸之油紙封固勿滲水又法芭蕉截
斷連枝插之亦佳　紅棗以新缸刷乾熟米醋
澆缸內蕩淨控乾又以熟香油勻擦缸口缸底
鋪粟草一層棗一層中心四圍亦令草蓋不可
重壓久留不蛀　雞頭子煮者以防風水浸之
經月不壞生者每斗用防風四兩換水浸之可
以度年　核桃松子以粗布袋盛挂當風處不
膩　石榴連枝藏新瓦缸內以紙重封密收
凡收一切鮮果用臘水同薄荷一握明礬少許

入不津器浸之色味俱美　一云只近水氣不入
水尤妙皆忌近油酒氣及盛油酒之器

製果

膠棗將曬紅棗蒸熟於簾箔上以雜穰草熏乾
　李以朴樹葉搗同蒸熟烘乾名嘉慶子　蓮
子曬乾則不蛀　桂花白者尤香揀淨沙盆擂
爛每斤以炙甘草二兩炒鹽四兩拌勻置磁瓶
內密封曬七日收又法揀桂半開者以鹽梅搥

署碎夾花收磁瓶中用生蜜注浸蓋之用時旋取點湯極香鮮鹽梅用淡醋煮一滾漉出晒乾方可與花蜜同浸又法一層蜜一層連枝白桂一層鹽梅淨肉一層椒葉如此又一層煉蜜層層相間磁瓶封固若四時有香無毒之花皆可依此須帶露剪花取小枝去葉製用時輕取之

佛手柑香圓切片用滾湯衝飲極香美第二遍更佳

各色果可晒乾收藏　凡煎果大者切薄片小者全用水中煮一沸去熟水另用清水浸一宿壓乾入磁器內好蜂蜜下鍋文火徤化開亦入磁器內候七日蜜漸稀取出果另貯將蜜入鍋熬水氣盡再加新蜜方入果大抵蜜見火果不見火如此換蜜二三次則蜜透功成

收藏蜜煎果黃梅時換蜜以細辛末放頂上蟻蟲不生養生雜纂

五月五日以麥麵煮粥入鹽少許候冷傾入甕中收新鮮紅色未熟桃穀甕

中所盛者外用紙密封口至冬月如新便民圖纂

課果

龔遂為渤海太守令民口種一樹榆秋冬課收斂益畜果實菱芡民皆富實

李衡于武陵龍陽洲上種柑橘千樹敕兒曰吾洲上有千頭木奴不責衣食每樹歲得絹一疋亦可足用矣橘成歲得絹數千疋王禎農書

果名

棗杏之屬為核果梨柰之屬為膚果榛栗胡桃之屬為殼果松柏之實為檜果椒實為橐杼實為橡桑實為椹楮實為任　竹萌謂之筍蘆萌謂之虇穀稻萌謂之秧

果異

南荒有三尺之梨北荒有七寸之棗東荒有三尺之椹木蘭皮國有五尺之瓜蘇門答剌之瓜茄一種五歲儋州之荷四時作花屯羅島之[illegible]

實如蓮的暹羅國之稻粒盈寸高滿之歲枝可以扶老容梧之嵩埜堪為傾聚 與中氣候差燠四時常花殘臘梅花已落盡而桃李蘭桂之屬皆紛然盛開 張七澤梧溽雜佩

果徵

諸果不熟其名為荒桃李多實來年必穰

果害

果忽有異常者根下多有毒蛇竊宂食之殺人

果花六出者必雙仁有毒 果落地有惡蟲緣過者食之患九漏 果未成核者食之發癰疽及患寒熱 瓜雙蒂者沉水者皆有毒

二如亭群芳譜果部卷之一

濟南 王象晉藎臣甫 纂輯
松江 陳繼儒仲醇甫
虞山 毛鳳苞子晉甫 全較
寧波 姚元台子雲甫
濟南 男王與敕 曾孫王啓泓 詮次

果譜一

五果

梅 似杏一名蘇先衆木花花似杏甚香杏遠不及老幹如杏嫩條綠色葉似杏有長尖樹最耐久實大者如小兒拳小者如彈熟則黃微甘酸可啖古人用以薦饋食之邊生純青酸甚多食泄津液生痰損筋蝕脾傷腎弱齒爲脯含之口香造煎堪久性潔喜曬澆以塘水則茂最忌肥水子赤者材堅白者材脆種類不一白者有綠萼梅凡梅花跗蒂皆絳紫色惟此純綠枝梗亦青狀五月熟特爲清高好事者比之九疑仙人萼綠華京師艮嶽有萼綠華堂其下

植此本大[illegible]鄭家多[illegible]書[illegible]尤重有二種萼亦微綠四邊猶淺綠亦自難得

葉梅花頭甚豐葉數層盛開如小白蓮梅中奇品也結實多雙尤異 消梅花與江梅冠城梅相似實甘青止可生啖鮮酢甚鬆脆多液無滓花重者實少單者大不宜熟亦不堪煎造 玉蝶梅花甚可愛 冠城梅實甚大五月熟 時梅實大五六月熟 早梅四月熟 冬梅實小十月可用不能熟 紅者有千葉紅梅來自閩湘故有福州紅潭州紅邵武紅等號 鶴頂梅實大而紅 鴛鴦梅多葉花輕盈葉數層凡雙果必並蒂惟此一蒂而結雙梅尤異 雙頭紅梅葉重或結並蒂小實不堪啖 杏梅色淡紅實扁而斑味似杏 異品

有氷梅實叱白葉瓣不花色如氷玉無核含之自融如氷佳品也 墨梅花黑如墨或云以苦楝樹接者 他如千葉黄蠟梅侯梅朱梅紫梅同心梅紫蒂梅麗枝梅臙脂梅尚多今人爭上重葉綠萼玉蝶百葉緗梅 賈思勰曰按梅花白而早杏花白而晚梅實小而酸杏實大而甜梅可以調鼎杏則不任此用乃知天下之美有不得兼者梅花優於香桃花優於色若荔枝無好花牡丹無美實亦其類也梅

實少稀亦少諺云樹無梅手無盃

○接法春分後接用桃杏體杏更耐久 移種去其枝稍大其根盤沃以溝泥即活

○瓶插醃肉滾汁撇去浮油熱入瓶插之可結實煮鯽魚湯亦可陳眉公云以乾鹽貯瓶插梅蘸梅相和尤覺清潤熱水插之耐久

○製用取大青梅以鹽漬之日晒夜漬十晝十夜便成白梅調鼎和虀所在任用青梅籃盛突上熏黑即成烏梅以稻灰淋汁潤濕蒸過則肥澤不蠹亦可糖藏蜜煎作果用笮汁晒收為梅醬夏月調水解渴烏梅洗淨搗爛水煮滾入紅糖使酸甜得宜水內泡冷暑月飲甚妙 梅醬熟梅十斤爛蒸去核每肉一斤加鹽三錢攪勻日中晒待紅黑色收起

用時加白豆蔻仁檀香些少餳糖調勻服涼水極解渴 烏梅醬爛加蜜適中調湯微煮飲 水瀉發渴梅加沙糖薑末飲 氷梅尤治喉閉五月五日合青梅二十箇鹽二十兩先於初一日醃至初五日取梅汁拌白芷羌活防風桔梗各二兩明礬三兩猪牙皂角三十條俱為細末拌梅磁瓶收貯家居必用 糖脆梅青梅每百箇以刀劃成路料熟冷醋浸一宿取出控乾別用熟醋調沙糖一斤半浸浸入新瓶內以箬紮口仍覆碗藏地深一二尺用泥上蓋過白露節取出換糖浸 癸辛雜志云折梅花摽鹽中花開醉有肥態試之良然巳與家仲乙未正月十四日過鍾賈山大雪探梅僧院僧出酒相飲因論前事僧言以醃豕滾汁熱貯瓶梅却能放葉結子余始知古人鹽梅和羹故自同調 陳眉公

月後用竹刀取欲開梅蘂上下蘸以蠟投蜜
缶中夏天以熱湯就盞泡之花即放清香可
愛山家清供　一法梅將開時清旦摘半開
花頭帶蒂置瓶中每一兩用炒鹽一兩灑之
不可用手觸壞以厚紙數重密封置陰處次
年取時先置蜜於盞內然後取花一二朶滚
湯一泡花頭自開香美異常多能鄙事　衣
物爲梅雨所裛梅葉煎湯洗　清水揉梅葉
洗蕉葛衣
經夏不脆

○附錄茶梅花　開十一月中正諸花凋謝之候
花如鵞眼錢而色粉紅心黃開
且耐久望之雅素無
此則子月虛度矣

○療治　癰疽瘡腫已潰未潰皆可用鹽白梅燒
存性爲末入輕粉少許香油調塗四圍

喉閉　乳蛾用青梅二十枚鹽十二兩淹五
日取梅汁入明礬三兩桔梗白芷防風各二
兩猪牙皂角三十條俱爲細末拌汁和梅入
瓶收之每用一枚噙嚥津液凡中風痰厥牙
關不開用此擦之尤佳又梅包生礬末作丸
含嚥　消渴煩悶烏梅肉二兩微炒爲末每
服二錢水二盞煎一盞去滓入豉二百粒煎
至半盞溫服　泄痢口渴烏梅煎湯代茶
產後痢渴烏梅肉二十箇麥門冬十二分水
一升煮七合細呷　赤痢腹痛陳白梅同真
茶蜜水各半煎飲又烏梅肉炒黃連各四兩
爲末煉蜜丸梧子大每米飲服二十丸日三
便痢膿血烏梅一兩去核燒爲末每服二
錢米飲下立止　久痢不止烏梅肉一枚研
爛合臘茶入醋服即愈又烏梅白梅肉各七
箇擣爛入乳香末少許杵丸梧子大每服二

三十丸茶湯下日三服　血痢烏梅肉切碎連
竈下土等分爲末茶調服　大便下血及酒
痢久痢不止用烏梅三兩燒存性爲末醋煮
米和丸梧子空心米飲二十丸日三　小便
尿血烏梅燒存性研末醋和丸梧子大每服
四十丸酒下　血崩不止烏梅肉七枚燒存
性研末米飲服日三　大便不通氣奔欲死
者烏梅十顆湯浸去核丸棗大納入下部少
時即通　蚘蟲上行出口鼻烏梅煎湯頻飲
并含之即安　梅核膈氣半青半黃梅子每
箇用鹽一兩醃一日夜晒乾又浸又晒水盡
乃止用二箇青錢三箇夾定麻線縛紮通裝
磁罐內埋地下百日取出用一枚含之嚥汁
入喉即消收一年者治一人二年者治二人
其妙絕倫　心腹脹痛短氣欲絕者烏梅二
七箇水五升煮一沸納大錢二七枚煮二升

半頓服　勞瘧劣弱烏梅十四枚豆豉二合
桃柳枝各一虎口甘草三寸生薑一塊以童
子小便二盃煎一半溫服即止　痰厥頭痛
如破烏梅三十箇鹽三撮酒三升煮一升頓
服取吐即愈　傷寒頭痛肚熱胸中煩痛四
五日不解烏梅十四箇鹽五合水一升煮半
升溫服取吐避風寒　折傷金瘡烏梅燒存
性傳之一宿瘥　馬汗入瘡作痛烏梅連核
擣爛以頭醋和傳仍先刺瘡出去紫血乃傳
之繫定　猘犬傷毒烏梅末酒服二錢　指
頭腫毒痛甚者烏梅肉三兩炒末煉蜜丸梧
子大石榴根皮煎湯食前下三十丸　小兒
頭瘡烏梅燒末生油調塗　香口去臭曝乾
梅脯當時含之　代指腫痛烏梅搗爛和醋
浸之　瘡腫惡肉烏梅肉燒存性研傳一夜
立盡　[illegible]霍亂烏梅煮濃汁飲又同

建茶乾薑爲丸服大效。[illegible]傳之即出。　乳癰腫毒，白梅杵爛貼佳。　中水毒病初起，頭疼惡寒，心煩拘急，朝醒暮劇，梅葉搗汁三升飲之良。　下部蟲䘌，梅葉、桃葉一斛杵爛蒸熟，內小器中，隔布坐蒸之，蟲盡死。　月水不止，梅葉焙、棕櫚皮燒灰各等分爲末，每二錢，酒調下。

○典故　南唐苑中有紅羅亭，四面專植紅梅。〔紀[illegible]〕　太和山有榔梅，相傳真武折梅寄榔樹上，誓曰：吾道若成，花開果結。竟如其言。〔[illegible]〕　北方荒外有橫公魚，夜化爲人，刺之不入，煮之不死，以烏梅二十七枚煮之即熟，可已邪病。〔神異經〕　洪覺範用皂角膠畫紅梅於生絹扇上，燈月下視之，宛然疎影。〔冷[illegible]〕　法用鉛百斤煑，以雄黃皆成金。太剛猪膏煑之，太柰梅煑之。〔抱朴子〕　楊偓方宴食青梅，趙康凝顧偓曰：勿多食，發小兒熱。諸將以爲慢，乃貶康凝於海陵。〔五代史補〕　一宋慈聖后每治生菜，必於梅下取落花雜之。〔林邊遺器〕　孤山徵辟不就，搆巢居閣，遶植梅花，吟咏自適，徜徉湖上，或達宵不返。〔范石湖梅譜〕至九十種。　宋張功甫園中有古梅三百本，築堂數間，花時居宿其中，環潔輝映，朗如對月，因名其堂玉照。　梁[illegible]隱居江南，種梅千株，花時落英繽紛積雪。　華光長老宜梅，黃春直觀之曰：[illegible]寒[illegible]疏行江山水邊籬落間，但欠香耳。[illegible]修會稽最多，四明吳興亦間有之。其枝樛曲萬狀，蒼蘚鱗皴，封滿花身，又有苔鬚垂於枝間，或長數寸，風至綠絲飄[illegible]可玩。初謂古木久歷風日致然，詳考會稽[illegible]，[illegible]是一種，非[illegible]

木。余嘗從會稽移植十本，一年後花雖盛發，苔皆剝落殆盡，其自湖之武康所得者即不變移，風土不相宜。會稽隔一江，湖蘇接壤，故土宜或異同也。凡古梅多苔者，封固花葉之眼，惟罅隙間始能發花，花雖稀而氣之所鍾，豐腴妙絕。苔剝落者則花發仍多，與常梅同。　去成都二十里有臥梅，偃蹇十餘丈，相傳唐物也，謂之梅龍，好事者載酒往遊。　清江酒家有大梅如數間屋，傍枝四垂，周遭可羅坐數十人。任子嚴運使買得，作凌風閣臨之，因遂築大圃，謂之盤園。余生平所見梅之奇古者，惟此兩處爲冠。隨筆記之，附古梅後。　宋趙必連刻苦讀書，開慶間以父蔭當補官，辭不就，晚植梅數百株，名其居曰梅花莊，與弟若檝日嘯詠其中。　洛都賣花者爭先爲奇，冬初折未開枝，置浴室中，薰蒸令拆，強名早梅，終瑣碎無香。余頃守桂林，立春梅已過，元夕則嘗青子，皆非風土之正。杜子美詩云：梅蕊臘前破，梅花年後多。惟冬春之交，正是花時耳。〔范成大〕　項里出古梅，老幹奇怪，苔蘚封枝，疎花點綴，天矯如畫，殊令人愛玩不忍捨。　廣西桂林府滿山皆梅，開時作梅瘴，易染人。　僞吳從嘉宮中設銷金紅羅幙，種梅花於外，花間立亭，可容三座，與愛姬花氏對酌其中。　蜀中有紅梅數本，郡侯建閣扃鑰，遊人莫得而見。一日有兩婦人高髻大袖，凭欄大笑，啟鑰閣，不見人，東壁有詩云：南枝向暖北枝寒，一種春風有兩般。憑仗高樓莫吹笛，大家留取倚闌干。〔摭遺〕　紅梅猶是梅，而繁密則如杏，與江梅同開，紅白相間，園林初春絕景也。此花獨盛於姑蘇，晏元獻公始移植西岡圃中，一日貴遊賂圃吏得一枝分接

由是都下有二本王琪君玉時守吳郡以詩
遺公曰館娃宮北發精神粉瘦瓊寒露蘖新
園吏無端偷折去鳳城從此有雙身【石湖梅
譜】唐梅仙祖師學道於白雲山雋戒行夏
月偶坐化於梅樹下數里聞梅花香經旬
不息遠近異之 王冕隱九里山樹梅花千
株桃柳居其半結茅廬三間自題爲梅花屋
○鐵脚道人嘗愛赤脚走雪中興發則朗誦
南華秋水篇嚼梅花滿口和雪嚥之曰吾欲
寒香沁入肺腑 唐元稹爲翰林承旨退朝
行廊下初日映九英梅隙光射稹有氣勃勃
然百僚望之曰豈腸胃文章映日可見乎
大庾嶺即五嶺之一漢武帝擊南粵楊僕遣
部將庾勝屯兵於此因名大庾其初險峻行
者苦之自張九齡開鑿始可車馬其上多植
梅又名梅嶺 庾嶺下舊有驛壁間一女子

題云幼妾從父任英州司馬及歸聞大庾有
梅嶺而乃無梅遂植三十株於道旁 漢初
修上林苑群臣各獻名果有侯梅朱梅紫花
梅同心梅紫蔕梅麗支梅【西京雜記】宋武
帝女壽陽宮主人日卧於含章殿簷下梅花
落於額上成五出之花拂之不去號爲梅花
粧宮人皆效之 王敬美云南中梅都於臘
月前便開吾地稍遲紅梅最先發元旦有開
者此花故當首植性多蟲易敗宜時去之閩
中深淺二種可致其淺者次則杭之玉蝶本
地之綠蕚爲佳曾於京師許千戶家見盆中
一綠蕚玉蝶梅梅之極品不知種在何處當
詢而覓之予賁園中一綠蕚梅偃蓋婆娑下
可坐數十人今特作高樓賞之子孫當加意
培壅若野梅可置竹林水際鶴頂梅種圃中
取果不足登几案也 長干之南七里許曰

華嚴寺寺僧蒔花爲業而梅尤富白與紅價
相若惟綠蕚玉蝶値倍之率以綠縛虯枝盤
曲可愛桃本者三四年輒膠矣不善縛則抽
條蔓引不如不縛者爲佳以故收藏難每歲
開時但取一二本落後則歸之又靈谷之左
偏曰梅花塢約五十餘株萬松在西香雪滿
林最爲奇絕第遊人雜飲其下芬僅敵穢【于
若瀛】 梁何遜爲揚州法曹廨舍有梅樹一
株時吟詠其下後居洛思梅花請再任從之
抵揚花方盛開對花徬徨終日 大庾嶺上
梅花南枝已落北枝方開【東坡註】 隋開皇
中趙師雄遷羅浮一日天寒日暮於松林間
酒肆傍舍見美人淡粧素服出迎時已昏黑
殘雪未消月色微明師雄與語言極清麗芳
香襲人因與扣酒家門共飲少頃一綠衣童
子笑歌戲舞師雄醉寐但覺風寒相襲久之

東方已白起視大梅花樹上有翠羽刺嘈相
顧月落參横惆悵而已【柳子厚龍城錄】 陸
凱與范曄相善自江南寄梅花一枝詣長安
與曄因贈以詩折梅逢驛使寄與隴頭人江
南無所有聊贈一枝春 袁豐之宅後有梅
六株開時曾爲鄰屋烟所爍乃圍泥塞竈張
幕蔽風久而又折其屋曰冰姿玉骨世外佳
人但恨無傾城之笑耳【桂林記】 宋張功甫
爲列花宜稱凡二十六條爲淡雲爲曉日爲
薄寒爲細雨爲輕烟爲佳月爲夕陽爲微雪
爲晚霞爲珍禽爲孤鶴爲清溪爲小橋爲竹
邊爲松下爲明窻爲疏籬爲蒼厓爲綠苔爲
銅瓶爲紙帳爲林間吹笛爲膝上横琴爲
石枰下棋爲掃雪煎茶爲美人澹粧簪戴

○**麗藻散語** 若作和羹爾惟鹽梅【書】 摽有梅
其實七兮 鳴鳩在桑其子在梅

墓門有梅詩序 吾友洪瀾陳璘顔蓋造次必於是顛沛必於梅者也嘉愛之不足而
吟咏之吟咏之不足則盡取古人賦梅之詩
而賡和之寄一編以遺予予讀之而驚曰一
何豐耶豐而不奇則亦長耳一何奇耶予嘗
愛陰鏗詩花舒雪尚飄照日不俱消蘇子卿
詩祗言花是雪不悟有香來唐人崔道融詩
香中別有韻清極不知寒是三家者豈畏賦
影橫斜之句哉今璘顔之詩同梅而清清在
梅前同梅而馨馨在梅外其於三家所謂米
聞以千里畏人者也 楊誠齋和梅詩序 梅
以韻勝以格高故以橫斜疎瘦與老枝奇怪
者爲貴其新接稚木一歲抽嫩枝直上或三
四尺如酴醾薔薇之類者吳下謂之氣條此
直宜取實規利無所謂韻與格矣 范石湖
譜後序 夫人標物異物借人靈古往而今
自來風光無盡景遷而人不改與會長新是
知有補斯完無虧不滿誰非造化轉水光山
色於眼前繫比人功留雪月風花於本地羅
昔孤山逸老曾於贏嶼栽梅傴伏千枝澹蕩
寒嵐之月崚嶒數樹留連野水之烟自鶴去
而人不還乃山空而種亦少庾嶺之春久寂
羅浮之夢不來雖走馬征輿閑前堤之景色
奈暗香疎影舉此夜之清光是以同社諸君
子點綴冰花補葺玉樹種不移於海外勝已
集乎山中灌叢隙而長玉龍紛披偃仰蟲澗
泊而棲白鳳布置橫斜幽心扶瘦骨同妍冷
趣植寒枝其達西泠橋畔重開玄圃印清波
六一泉邊截起嘍樓邀皓月非惟借風霜之
伴與岸花石榴鬬風光亦將留山澤之臞令
溪欲巖居生氣色儻高人扶笻掃石政堪讀
易說詩若韻士載酒飛觥亦足吟風弄月便

千古勝場[illegible]渝寂寞將六[illegible]佳幾盡入包羅
豈獨處士之功臣抑亦坡仙之勝友余薄遊
湖上緬想[illegible]孤蹤策月下之驢爲問山中誰是
王猶雲間之鶴來看亭畔幾枝花最快述其
良圖用同貽於好事云爾 張同人咏山樵梅序 張公名甫華亭人吏部侍郎

說

易曰乾爲天前輩論乾與天異謂天
者乾之形體乾者天之性情某因觸類而思
之不但乾與天異而已事事物物莫不皆有
形體性情林和靖詠梅踈影橫斜水清淺二
句此爲梅寫眞之句也梅之形體也雪後園
林纔半樹二句此爲梅傳神之句也梅之性
情也寫梅形體是謂寫眞傳梅性情是謂傳
神 陳東山

文

[illegible]花說 寒勸銅瓶凍未開南枝春斷不
歸來這回勿入梨雲夢却把芳
心作死灰恭惟地爐中處士梅公之靈生自
羅浮派分庾嶺形如枯木稜稜山澤之臞膚
若凝脂凜凜冰霜之操春魁占百花頭上歲
寒居三友圖中玉堂茆舍本無心金鼎商羹
期結果不料道人見挽便離有色之根夫何
水氏相凌遽返華胥之國玉骨擁爐烘不醒
冰魂剪紙竟難招紙帳夜長猶作尋香之夢
筠窗月淡尚疑橫影之時雖宋廣平鐵石心
腸忘情未得使華光老用青手段摸索未眞
却愁零落一枝春好與茶毘三昧火惜花君
子還道這一點香魂今在何處咦烟然不逐
東風散只在孤山水月中 周之翰[illegible]梅文

傳

先生姓梅名華字魁不知何許人或謂出
炎帝其先有以滋味干商高宗乃召與語
大悅曰若作和羹爾惟鹽梅因食采於梅賜
以爲氏梅之有姓自此始至紂時梅伯以直
言諫妲己事被醢族遂隱迹間有標有者姤
[illegible]壯其貢行著於詩垂三十餘世當漢成帝

時梅福以文學補南昌尉上書言朝廷事不納亦隱去變姓名爲吳市門卒云自是子孫散處不甚顯漢末綠林盜起避地大林大將軍曹操行師失道軍士渴甚顧見梅氏梅槑族謀曰老瞞垂涎漢冑人不避之吾家世清白愼勿與語竟匿不出厥後槑生葉葉生萼萼生蘂蘂生華是爲先生先生爲人脩潔灑落秀外瑩中玉立風塵之表飄飄然眞神仙中人所居環堵竹籬茅舍瀟灑如也行者過其處必裵徊指顧曰是梅先生居也勿翦勿伐谿山風月其與之俱先生雅與高人韻士遊徂徠十八公山陰此君輩皆歲寒友何遜爲揚州法曹掾廬東閤待先生先生過之甚厚相對移日畱數詩而歸先生南北兩支世傳南暖北寒先生蓋居於南者也先生諸子甚多長云實操行堅固人謂其有乃父風味居

南京犀浦者爲黃氏其餘別族具載石湖譜太史公曰梅先生翩翩濁世之高士也觀其清標雅韻有古君子之風焉彼華腴綺靡烏能辱之哉以故天下人士景仰愛慕豈虛也耶

【王[illegible]】梅伯華字汝芳世居大江之南其先本若木氏之裔食采於梅春秋時復屬於楚秦始皇遣將軍王翦滅楚遂移兵伐梅滅之子孫散處江南以國氏其家杭之西湖粵之大庾者宗枝尤蕃衍伯華自幼好脩丰姿芳潔翛然埃壒之表好居山澤每與騷人處士徜徉泉石雲壑之間終日忘返不識者疑爲仙云性剛介士無賢不肖皆知敬重好事者或寫其像於屏見者肅然起敬不覺鄙吝自消楚令尹子蘭申公子椒以清修自負願託交於伯華伯華曰若等無實而外飾終將委厥美以從俗耳非吾類也淩波仙子洛迦樊生亦以雅素絕俗願與伯華爲異姓兄弟伯華笑曰若等得吾一體非可以共歲寒者也丞相廣平宋公貞心勁質於人少許可獨敬重伯華嘗作賦以誦其美伯華覽之不樂曰知人信不易哉吾嘗以宋公鐵石心腸顧乃輕吐綺語至以文君綠珠況我噫知德者鮮矣當陽春和煦時群葩競榮紅香翠蔓爛如也而伯華恬然於荒寒之墟或以後時誚之者曰大丈夫盍乘時取紅紫自苦於寂寞誰復知之伯華曰榮悴命也然有性焉吾知安吾命盡吾性而已且子未覩其終爾狂飈振蕩彼將飄泊何所底耶言者慚而退石湖范公與伯華交莫逆買地於所居之范村招伯華聚族居之且爲作譜辨其韻格之異而嘆寫眞者不察也繇是伯華益有聞於天下云

【何喬新】[illegible]知春大庾人也初不詳其得姓之由或曰太吳氏其臣有貌皙而傅粉者常呼爲白郎遂以爲姓至商高宗時有善調時羹者同傅說爲相大著勳業天下始重其名自後族類繁衍徧處海內漢末有族子枯鄉裏間最繁盛曹瞞師過渴甚獲濟歸而勒其功於史後世稱之西晉時曰華魁者爲江南亭長遇陸正平於傳舍遂爲通使長安故人爲薦拜秘書省伴讀二世至飛英落魄不拘事事放蕩其友薦爲上林內史得入宮禁爲劉宋壽陽公主飾粧公主甚喜宮中爭效慕之梁何遜官揚州與清江盛開者爲僚案日共唇吟情誼甚密唐宋璟未相時於從父東川官舍見郡人一本性姿素朴儀容古雅請爲忘年交作文美之其後有名九英者與白樂天元稹杜甫輩相友善京師謂之連璧九英女瓊姬居羅浮靜倩名士趙師雄月

而公永壽 人吏部尚 有時[illegible]

觡音格

夜過之遂定婚媾世傳爲奇遇宋有奇男子同林和靖隱孤山甘淡泊忘勢利和靖爲詩美其行今載集中再傳曰梁始策爲吏除守衡州宣德澤及於民有甘棠之思卒繪其像民間多奉祀之白有遠族因秦俗家貧子壯分贅楊氏厥類尤蕃生子雖狀貌不類白而氣味相似故亦見珍於世知春字孺華衡州十世孫生而骨觡磽礭丰神洒落雖邊幅不脩而天然標格自出風塵之表性慧善推步星數每歲天子將頒春曆輒先以消息吐白人間世以其知春候故名之爲人孤潔不交塵俗惟與蜀人葉恒盛衛人管若虛爲耐久朋嘗曰吾雖不見用於治朝亦當魁芳譽于天下一日恒盛若虛聞之曰吾聞知者不失時勇者不失勢陽德方亨皆爭憐角寵而子若不聞逮夫肅殺湜衆芳謝子顧抗顏獨出

此何以故曰竊聞之有赫赫之譽者發必茂無彰彰之名者養必深與其揚金石於鄭衛交奏之時孰若援舜琴而獨鳴播德馨於桃李嬿妍之場孰若蘊蘭芳而獨寫是故徒避秦皆商山則孰爲漢亭之蕭曹不仕隋皆河汾則誰爲唐室之房杜當時聞其名者多跨蹇踏雪尋訪至有取其連枝令奚童負館之華堂靜室禮對閒筆評章不踰日則歛容而去知春推林居簡出謝絶紛華日以甘酸醞釀成就諸子之德實思以弘先人調鼎之業云

【洪璐】記

梅天下尤物無問智賢愚不肖莫敢有異議學圃之士必先種梅且不厭多他花有無多少皆不繫重輕余於石湖玉雪坡既有梅數百本比年又於舍南買王氏僦舍七十楹盡折除之治爲范村以其地三分之一與梅吳下栽梅特盛其品不一今始盡得之隨所得爲之譜以遺好事者【范成大】

洪崖仙尉隱於大庾之嶠長子瑤者累數百祀跨踰南北綿邈遠近夏暐冬蒨日衍以蕃客有過之者如見之若聚焉繼見之若邑焉滋茂弗已宋守趙孟適氏見而稱之曰若是其稠乎是可國也於是建國號曰梅奄一方而有之封域視古宋衛然其國與諸國異有父子兄弟而無君長有疆圉山川而無城郭有榮瘁盛衰而無征伐有風雨霜露而無耕穫有大小短長縱橫曲直而無妍媸其居結埵而構壜其俗擷芳而嚅馥其服被縞而曳素往往搜寘奇遠埃壒之地弗處世慕其潔至假冰玉神仙以爲喻國於南州而性獨耐寒雖加以嚴霜暴霰不能虐也自肇國以來輒隸於職方歲遺子修貢於廷累代嘉之聽梅氏自爲治弗奪其土於是國益庶且大

初梅氏以鹖味薦於商商道賴以復興周人得其名於詩以列於可樂者由是聲重天下華實既符今古同賞或謂其風韻獨勝或謂其神形俱清或謂其標格秀雅或謂其節操堅固如宋廣平杜少陵林和靖諸名賢皆與梅氏爲方外友類形諸篇什以摹寫情狀然其所得于過一村一圃一林一木之勝而未有以國名者自梅氏有國而其散處於海內者咸列於附庸閒或先焉立國既久梅氏之英廑止之盡相與求其主劉先生挺生南服出而臨之而國於是乎有主先生猶不敢當曰吾梅花國人也或請於先生敬問宅是國何義也先生曰吾之所取於梅氏者有五善焉博於濟物仁也不撓於時義也生不相陵禮也審於擇友智也出不愆其期信也此吾之所以獨樂於梅不徒臭味之合而已若夫

条梓之所詔鞶帶之所佩朝夕之所餽几案之所咏皆取足於是而梅也無𢇁不供亦惟求吾適耳多其王問者曰梅生數千年乃有國復數百年乃有王王是邦者非先生其誰天下不被梅之澤者久矣今世所賴於梅者微先生孰能盡其用乎幸矣先生之王斯國也且昔人有所謂烏衣傀安者徒託諸寓言皆齊諧之流非所以諭於道也先生之國以實不以名以道不以物吾益嘉先生之善爲斯國王也先生笑而不答因書以爲記【姚宋】姚公輔書山游藝人狀元

一賦

層城之宮靈苑之中奇木萬品庶草千叢光分影雜條繁幹通寒圭變節冬灰徙籥並皆枯悴色落摧風年歸氣新搖芸動塵梅花特早偏能識春或承陽而發荅乍雜雪而被銀吐豔四照之林舒榮五衢之路既玉綴而珠離且冰懸而雹布葉嫩出而未成枝抽心而插故標半落而飛空香隨風而遠度掛靡靡之遊絲雜霏霏之晨霧爭樓上之落粉奪機中之纖素乍開花而傍巘或含影而臨池向玉階而結采拂網戶而低枝于是重閨佳麗貌婉心嫺憐早花之驚節訝春光之遣寒夾衣始薄羅袖初單折此芳花舉茲輕袖或插鬢而問人或殘枝而相授恨鬟前之太空嫌金鈿之轉舊顧影丹墀弄此嬌姿洞開春牖四卷羅帷東風吹梅畏落盡賤妾爲此歛蛾眉花色持相比恆愁恐失時【梁簡文帝】

垂拱三年予春秋二十有五戰藝再北從父之東川授館官舍有梅一本敷蘤於榛莽中喟然嘆曰嗚呼斯梅託根非其所出群之姿何以別乎若其貞心不改是則可取也已感而成興遂作賦曰高齋寥闃歲晏山深景翳翳以斜度風悄悄而亂吟坐窮荒其用遣

進一觴而孤斟步前除以彳亍倚藜杖於墻陰蔚有寒梅誰其封植未綠葉而先葩抽青枝於容卉光分影布冰玉一色胡雜遝乎衆草又蕪沒於叢棘匪王孫之見幻羌潔白其何極若夫瓊英綴雪絳萼著霜儼如傅粉是謂何郎清香潛襲踈蕋暗臭又如竊香是謂韓壽凍雨晚濕宿露朝滋又如英皇泣于九疑愛日烘晴明蟾照夜又如神人來從姑射烟晦晨昏陰霾晝閉又如通德掩袖擁髻狂飈卷沙飄素摧柔又如綠珠輕身墜樓半開半合非默非言溫伯雪子目擊道存或俯或仰匪笑匪怒東朝順子正容物悟或憔悴若靈均或歆傲若曼倩或嫵媚若文君或輕盈若飛燕口吻雌黃擬議殆偏彼其藝蘭兮九畹采蕙兮五柞緝之以芙蓉贈之以芍藥玩小山之叢桂掇芳洲之杜若是皆物出于産之奇名著于風人之托然而豔於春者望秋先瘁盛于夏者未冬而萎或朝榮而速謝或夕秀而遂衰曷若茲卉歲寒特妍冰凝涸沍擅美專權相彼百花孰敢爭先鶯語方澁蜂房未喧獨步早春自全其天至若措跡隱深寓形幽絕恥鄰市廛耳通嵓穴江僕射之孤燈向壁不可棲迷陶彭澤之三逕投閑曾無悄結貴不移於本性方有儷於君子之節聊染翰以寄懷用垂示於來哲從父見而勗之曰萬木僵仆梅英載吐玉立冰姿不易厥素子善體物永保貞固【宋廣平】

歌

食蘗不易食梅難蘗能苦兮梅能酸未如生別之爲難苦在心兮酸在肝晨雞載鳴殘月沒征馬重嘶行人出廻看骨肉哭一聲梅酸蘗苦甘如蜜黃河水白黃雲秋行人河邊相對愁天寒野曠何處宿棠梨葉戰風颼颼生離別憂

從中來無斷絕憂積心勞血氣 江總
衰朱年二十生髮白 白居易

詩五言

野梅
香　夜雪筆梅春 杜甫　梅花殘臘月 孟浩
然　學粧如少女聚笑發丹脣 梅聖俞　何
當看花蕊欲發照江梅 杜子美　瓊枝小雪
天分外精神好 朱希真　冷香無宿蘂穠艷
有繁枝 朱晦菴　銜霜當路發映雪擬寒開
枝橫卻月觀花繞凌風臺 何遜　墻角數枝
梅凌霜獨自開遙知不是雪唯有暗香來 王
荊公　姚黃花中王芍藥為近侍我常品江
梅眞是花御史 劉行簡　砌雪無消日捲簾
時自顰庭梅對我有憐意先露枝頭一點春
侯夫人　數蕚初含雪孤標畫本難香中別
有韻清極不知寒橫笛和愁聽斜枝倚病看
朔風如解意容易莫摧殘 崔道融　江南近
臘時已亞雪中枝一夜欲開盡百花猶未知

人情皆共惜天意不教遲莫訝無濃艷芳筵
正好吹 熊皦　禁圃雙林畔看花自卉先含
春俱綽約綴雪轉清妍景弄孤山月香分庾
嶺大任教催白髮索笑自年年 申蓬泉　療
倒鹿裘寒探梅草未乾拈花先命酒釣雪戲
投竿客去鳥聲碎山高屐齒刪不辭松底臥
一任老衰安 陳眉公　石濡日涓涓微波生
曉烟暗香浮旭日踈影自何年未結羅浮夢
先徵兜率緣紅英映碧

七言

梅花色白雪中
水凝是散花天 王嘉臣　明 江總　尤凝
笑素桃初熟卻訝眞妃酒半酣 白氏集　冊
心直與勁節侶踈影共浸清漣漪 王梅溪
天姿約略帶春酲便覺花容大柔婉　月浸
寒枝香冉冉露浮紅蕚曉團團 參寥　梅花
落處疑殘雪柳葉開時任好風 杜審言　豈
惟幽光留夜色直恐冷艷排冬溫 東坡　獨

黃映日明飛燕肌粉含風冷太眞 王介甫
雪滿山中高士臥月明林下美人來 高季迪
萬花敢向雪中出一樹獨先天下春 楊廉
夫　雪中未問調羹事先向百花頭上開 王
曾　纖衣屢許携家醞皂蓋能忘折野梅
沙村白雪仍含凍江縣紅梅已放春 杜甫
紫府與丹來換骨春風吹酒上凝脂 方子通
雪虐風饕水浸根石間尚有古苔痕天公
未肯隨寒王又孽清香與返魂 唐僧人　晚
來風外放小窗花自香來人未回寂寞鮫綃
更滿承玉殘何事不思歸 馬維銘　空庭一
樹影橫斜玉瘦香寒領歲華解道廣平心似
鐵古來先巳賦梅花 王世貞　欲折梅花寄
別愁幾重關塞路悠悠婆心願托青天月獨
寄春情到隴頭 孫齊之　樓窓不啓少風吹
樓外梅花多雨時待得言歸人巳病開書猶

訂百年期 俞[illegible]論　臘破春從碧海回人人
爭愛說花魁如何貴盡平章力不道人間有
綠梅 張銘盤　年來芳信負紅梅江畔垂垂
又欲開珍重多情關令尹直和根撥送春來
東坡　何處曾臨阿母池深將絳雪點寒枝
東墻羞類逢誰笑南國酡顏強自持 毛東堂
誰將醉碧春風面換却平生玉雪身賴得
月明猶瘦影若心冰骨見天眞 楊平州　紫
府移來蛇早芳玉容寂寞試紅粧花含曉雨
胭脂濕枝繞春風絳雪凉 佳水集　寒香冷
艷綴輕枝誤認天桃未放時盛飾靚粧憐越
女不施粉黛抹胭脂 徐介軒　輕盈弄月醉
霞觴嬌軟酡顏襯曉粧縞素叢中紅一點好
花終是不尋常 前人　村邊楊柳巳拖黃一
路雲埋舊講堂偶向梅花村裏度芒鞋到處
雪痕香 陳眉公　小苑紅梅刺眼新一枝分

張公名新　太倉州人　王事

作峽江春長安驛路知何處[illegible]今夕淒
人【王世貞】 近水穿籬壓衆芳檀心一點濃
春光世情多厭冰霜面故作東風冶艷妝【謝】
【文曾】，姑射仙人白雪姿曾隨王母赴瑤池
歸來猶帶長生酒獨立春風醒自遲 青衫
血淚點輕紗吹入林逋處士家嶺上梅花三
百樹一時應變杜鵑花【小青女郎】 幽香淡
淡影疏疏雪虐風饕只自如正是花中巢許
輩人間富貴不關渠 聞道梅花坼曉風雪
堆遍滿四山中何方可化身千億一樹梅前
一放翁【陸務觀】 洗盡鉛華見雪肌要將
真色鬪千枝檀心已作龍涎吐玉頰何勞獺
髓醫【東坡】 不受塵埃半點侵竹籬茅舍自
甘心只因誤識林和靖惹得詩人說到今【王
淇】 玉手纖纖捧玉杯仙郎南去幾時回
天涯到處生芳草須記凌寒雪裏梅【劉文光】

一樹寒梅白玉條迥臨村路傍溪橋應緣
近水花先發疑是經春雪未消【戎昱】 一段
清香藹禁闈幾枝疏影照寒扉玉堂不讓孤羅公名倫
山趣雪骨冰魂對紫薇【羅一峰】 草堂少花江西永豐
今欲栽不問綠李與黃梅石衕街中卻歸去人狀元
果園坊裏爲求來 東閣官梅動詩興還如
何遜在揚州此時對雪遙相憶送客逢春可
自由幸不折來傷歲暮若爲看去亂鄉愁江
邊一樹垂垂發朝夕催人自白頭【杜甫】
吟懷長恨負芳時爲見梅花輒入詩雪後園
林纔半樹水邊籬落忽橫枝人憐紅艷多應
俗天與清香似有私堪笑胡雛亦風味解將
別調角中吹 衆芳搖落獨暄妍占盡東風
向小園疏影橫斜水清淺暗香浮動月黃昏
霜禽欲下先偷眼粉蝶如知合斷魂幸有微
吟可相狎不須檀板共金樽【林逋】 緇朱

淺碧透烟光瘦倚疏篁出半牆雅有風情勝
桃李巧含春思避水霜融明醉臉籠輕暈斂
掩仙裙壓嫩黃日暮風英墮行袂依稀如着
領巾香【連石磵】 結子非貪鼎鼐嘗偶先紅
杏占年芳從教臘雪埋藏骨卻恐春風漏洩
香不御鉛華知國色祇裁雲縷想仙妝少陵
爲爾牽詩興可是無心賦海棠【王介甫】 家
是江南友是蘭水邊月底怯新寒畫圖省識
驚春早玉笛孤吹怨夜殘冷落合教閑處着
清癯難遣俗人看相逢剩作樽前恨索笑情
懷老漸闌 月地雲階暗斷腸知心誰解賞
孤芳相逢只恐嬌顰亦妒歸去始驚身染香渡
口耐寒窺淨綠橋邊凝怨立昏黃與卿俱是
江南客剩欲樽前說故鄉【陸放翁】 上人
自恨探春遲不見檀心未吐時用冉奪鉛那
是寶玉人頹頰更多姿抱叢暗藥初含子落
盡穠香已透肌乞與徐熙畫新樣竹間璀璨
出斜枝【東坡】 斷魂只有月明知無限春愁
在一枝不共人言惟獨笑忽疑君到正相思
歌殘別院燒燈夜妝罷深宮攬鏡時舊夢已
隨流水遠山窗聊復伴題詩【高啓】 吳王醉
處十餘里照野拂衣今正繁經雨不隨山鳥
散倚風疑共路人言愁憐粉艷飄歌席靜愛
寒香撲酒樽欲寄所思無好信爲君惆悵又
黃昏【羅隱】 欲問梅花上苑遲座中南客重
相思開簾署有青山色對酒人如白雪枝驛
使書來春不見仙郎夢斷月應知偏驚直北
多烽火昨夜關山笛裏吹【李于鱗】 出來王
氏人多癖我愛梅花癖最深新構小樓偏有
韻移來幾樹欲成陰村人近解呼梅里勝客
相將擬竹林莫訝鶯啼猶未起縱然蝶化也
相尋【王[illegible]】 似是梨枝菲杏芽又飛柳絮

裊桃花嬾出琲雪仙娥顙玉座卅砂道士家
一登爲穠香非素質故將冰蘂當鉛華廣平心
事堅如鐵作賦何妨嫵媚奢　怕愁貪睡獨
開遲自恐氷姿不入時故作小紅桃杏色尚
餘孤瘦雪霜姿寒心未肯隨春態酒暈無端
上玉肌詩客不知梅格在更看綠葉與青枝
雪裏開花卻是遲如何獨占上春時也知
造物含深意故與施朱發妙姿細雨裛殘千
顆淚輕寒瘦損一分肌不應便雜夭桃杏半
點微酸已着枝【吳雷何思】　庾嶺春姿占早雷公名愚
芳縈園夜色轉渾光毰毸已見花如霰瑩潔蕭東陵人
還疑玉有香積處寒侵姑射骨融來暗洗壽僊詩
陽粧此時獨對遲相憶吹笛關山總斷腸【甲】
【堅泉】　花信風嬌花事遲梅花春半未盈枝
暗香稍稍能相媚冷蘂娟娟不自持影落清
池搖水鏡標凝殘雪瘦瓊姿細看疑是羅浮
夜月淡參橫憿憂思【劉廷龍】　瑤臺偎姝畏
姚妬化作君庭雙玉樹大庾萬條看更俗龐
頭一闋吹不墮張果覷齒如編銀要與此樹
爭半神飛觴三雅媚殘月搖筆片語開新春
有子移根奉溫室皎皎氷姿射霜日莫言子
作書生酸要與君王調鼎實【王世貞】　西湖
處士骨應槁只有此詩君壓倒東坡先生心
已灰爲愛君詩被花惱多情立馬待黃昏殘
雪消遲月出早江頭千樹春欲暗竹外一枝
斜更好孤山山下醉眠處點綴裙腰紛不掃
萬里春隨逐客來十年花送佳人老不知風
雨捲春歸收拾餘香還昇昊【東坡】　錢君手
出畫梅來零風點雪寒芳歛老幹橫生色如
鐵空山月林孤根達古今誰得傳梅神開卷
瓊英寒過人謾誇范至能爲譜長老華光差
得眞一幅一枝不爲少毫亂落奪天巧影

滅香銷破碧虛合爲出疊何縟鄉適翁湖山
詩思清揚州東閣最含情瘦花數點應難謝
不受江關笛　兩岸月橋花半吐紅透肌香
裏聲【于念東】**詞**　暗把遊人誤盡道武陵溪上
路不知進入江南去　先自氷霜眞態度何
事枝頭點點胭脂汚莫是東君嫌淡素問花
花又嬌無語【黃西山蝶戀花】　玉妃春醉夜
寒吹暗江南風月一自情留館娃宮在竹外
尤清絕　貪睡開遲風韻別向杏花休說角
冷黃昏艷歌殘拍驚落胭脂雪【高竹屋】
【令】　當日嶺頭相見處玉骨氷肌元淡竚近
來因甚要濃粧不管滿城桃杏妬　酒暈曉
霞春態度認是東君偏管顧生羅衣褪爲誰
羞香冷熏爐都不覷【毛東堂木蘭花】　好睡
慵開莫厭遲自憐氷臉不時宜偶作小紅桃
杏色閑雅尚餘孤瘦雪霜姿　休把閑心隨
物態何事酒生微暈沁瑤肌詩老不知梅格
在吟詠更看綠葉與青枝【東坡定風波】　嬌
南江淺紅梅小小梅紅淺江南嬌窺我向疎
籬籬疎向我窺　老人行卽到到卽行人老
離別惜殘枝枝殘惜別離【東坡菩薩蠻】　雨
洗胭脂夜年時桃花杏花占了獨惜野梅風
骨非凡品格勝如多少探春常恨無顏色試
濃抹當場索笑趁時節千般冶艷是誰偏好
　直與歲寒共保問單于如今幾分嬌小莫
詫山人不識南枝紅玉自來同調豈須摘葉
分明認又何必拈枝比較恐桃李開時妬他
太早【馬古洲花心動】　喜輕澌初綻微和漸
入郊原時節春消息夜來陡覺紅梅數枝爭
發玉溪珍館不似個尋常標格化工別與一
種風情似勻點胭脂染成香雪　重吟細閱
比繁杏夭桃品流終別可惜彩雲易散冷落

謝池風月憑誰向說手弄庭館吟休唱大宴覓取時倚闌干間有花堪折勸君須折〔杜安世　折江梅〕素約小腰身不奈傷春疎梅影下曉粧新梟梟娉婷何樣似一縷輕雲歌巧動朱脣字字嬌嗔桃花深徑一通津悵望瑤臺清夜月還送歸輪〔李易安　雨中花〕醉兮瓊瀣浮觴些招兮遣巫陽些君毋去此颺風將起天微黃些野馬塵埃汙君楚楚白霓裳些駕空兮雲浪茫洋東下流君徂他方些月滿兮西廂些叫雲兮笛淒涼些歸來兮爲我重倚蛟背寒鱗蒼些俯視春紅浩然一笑吐出香些翠禽兮弄曉招君未至我心傷些〔辛稼軒　招落梅魂　水龍吟〕

林檎　一名來禽一名文林郎果一名蜜果一名冷金用生渤海間此果味甜能來衆禽於林故有林檎來禽蜜果之號又唐高宗時紀王李謹得五色果似朱柰以貢帝大悅賜爵文林郎人因呼爲文林郎果以柰樹搏接二月開粉紅花子如柰小而差圓六七月熟色淡紅可愛有甜酸二種有金紅水蜜黑五色甜者早熟而脆美酸者熟較晚須爛方可食黑者如紫柰有冬月再實者熟時脯乾研末點

湯服甚美名林檎炒性甘溫下氣消渴多食脹滿臨邑邢茂材名王路食之多發熱瘡令或云食多覺膨脹並嚼其核即消一云食其子令人心煩生者食多生瘡癤

○製用　林檎百枚蜂蜜浸十日取出別入蜂蜜五斤細丹砂末二兩攪拌封泥一月出之陰乾飲後酒時食一兩枚甚妙名冷金丹〔清異錄〕

收藏　林檎每百顆取二十顆搥碎入水同煎候冷納淨甕中浸之密封甕口以浸着爲度可久留〔家塾事親〕　枇杷林檎楊梅等果用臘水同薄荷一握明礬少許入甕內投果于中顏色不變味更涼爽〔便民圖纂〕

○療治　水痢不止林檎半熟十枚水二升煎一升並林檎食　小兒下痢林檎構子同杵汁任意服　小兒閃癖頭髮豎黃極瘦弱者乾林檎脯研末和醋傅之

○典故　〔王右軍〕青李來禽子皆囊盛爲佳函封多不生　兒子邁幼時嘗作林檎詩云熟顆無風時自脫半腮迎日鬭先紅於等輩中亦號有思致者今已老無他技但亦時出新句嘗作酸棗尉有詩云葉隨流水歸何處牛帶寒鴉過別村亦可喜也

○麗藻　散語　生於玉井之側出自金膏之地〔宋孝武〕

詩五言　鏡調嬌面粉燈泛高籠纈〔元稹之〕　負凝風起舞飛去　[illegible]夏實冬還結物

理固難常人意自爲寧【[illegible]】積壽無全
葉踈叢有莽莖偶來庭樹下重看露葩榮【前】

【人】七言　東風也作清明意開遍來禽一樹花

爍爍來禽已着花芳根誰徙向天涯　好將青李催遮映風味應同逸少家【劉屏山】

東坡居士未歸時自種來禽與青李五年不踏江頭路夢逐東風泛蘋芷【東坡】

來禽花高不受折滿意清明好時節人間風日不貸春昨暮胭脂今日雪含桒蕪菁滿眼黃蝴蝶飛去尋斜陽妍媸都無十日事付與梧桐一葉凉【[illegible]】

詞　落花已作風前舞又送黃昏雨曉來庭院半殘紅惟有遊絲千丈罥長空　慇懃花下重携手更盡尊中酒美人不用斂愁眉我亦多情無奈酒闌時【[illegible]】

【[illegible]】　香肌豐豔韻多香足綠勻紅淡剪取東風入金盤斷不買臨邛賦　宮錦機中春富裕勸玉環休妒等得明朝酒消時是閑潞雍容處【史邦卿】【留春令】

【柰】一名頻婆與林檎一類而二種江南雖有西土最豐樹與葉皆似林檎而實稍大味酸微帶澁可栽可壓可以接林檎白者爲素柰赤者爲丹柰又名朱柰青者爲綠柰皆夏熟性寒多食令人肺寒膨脹病人尤甚

婆音波頻婆端好貌

○製用　西方多柰收切曝乾作脯蓄積爲糧謂之頻婆糧【郭義恭廣志】　又取熟柰納甕中勿令蠅入六七日待爛以酒醃痛拌加粥下水更拌濾去皮子良久去清汁傾布上

以灰在下引汁盡劃開日乾爲末調食物甘酸可食【同上】　以柰搗汁塗繒上曝燥取下色如油名柰油【劉熙釋名】　今關西人以赤柰楸子取汁塗器中曝乾名果單味甘酸可以饋遠【李時珍綱目】

○典故　凉州有冬柰色微碧大如兔頭【白孔六帖】　上林苑紫柰大如升核紫花青汁如漆著衣難浣名脂衣柰【西京雜記】　南岳夫人還玉臺山王子喬等並降夫人與四眞人爲賓主設

三玄素柰

○麗藻散語　輕籠熟柰香　宿陰繁素柰過雨亂紅蕖【杜甫】　詩四言

江南郡蔗釀液豐沛三巴黃甘瓜州素柰凡此數品殊美絕快渴者所思銘之常薰【[illegible]】

【載】五言　成都貴素質酒泉稱白麗紅紫奪夏藻芬芳掩春蕙映日照新芳叢林抽晚蒂誰謂重三珠終焉競八桂不讓圜丘中粢潔華庭際【梁褚澐】　俱榮上節初獨步高秋晚吐綠變衰園舒紅摇落苑不逐奇幻生寧從吹律暖幸同瑶華折爲言聊贈遠【梁謝[illegible]】

【瑣】

【頻果】出北地燕趙者尤佳接用林檎體樹身聳直葉青似林檎而大果如梨而圓滑生青熟則半紅半白或全紅光潔可愛玩香聞數步味甘鬆未熟者食如棉絮過熟又沙爛不堪

食惟八九分熟者最美

○收藏 取略熟者收冰窖中至夏月味尤甘美秋月切作片晒乾過歲食亦佳

梨 一名果宗一名快果一名玉乳一名蜜父北地處處有之樹似杏高二三丈葉亦似杏微厚大而硬色青光膩老則斑點二月開白花如雪六出上巳日無風則結梨必佳有二種瓣圓而舒者果甘缺而皺者味酸果圓如榴頂微凹無尖瓣性甘寒無毒潤肺涼心消

痰降火解瘡毒酒毒乳梨出宣城皮厚肉實而味長鵝梨出河之南北皮薄漿多味頗短香則過之二梨皆入藥其餘水梨赤梨青梨茅梨甘棠梨禦兒梨紫糜梨陽城夏梨秋梨種類非一他如紫梨植蓬光樓前香水梨出北地最爲上品張公夏梨出洛陽北邙海內止一樹廣都梨鉅野豪梨重六斤新豐箭谷梨京兆谷中梨率爰供御味色香種種奇絕未可悉數一種桑梨止堪同蜜煑

食生食冷中不益人

○種梨 梨熟時全埋之經年至春生芽次年分栽多着熟糞及水至冬葉落附地刈之以炭火燒頭二年即結子若穭生及種而不栽則結子遲每梨有十餘子惟二子生梨餘皆生杜

栽梨 春分前十日取旺梨笋如拐樣截其兩頭火燒鐵器烙定津脉卧栽於地

接梨 取棠杜如臂以上者大者接五枝小者二三枝梨葉微動爲上時欲開莩爲下時先作麻紉纏十數匝以小利鉅截杜令離地五六寸將原幹用利刃貼皮劙開尖竹籤刺入皮木之際令深一寸許預取結梨旺嫩枝向陽者長五六寸削如馬耳名曰梨貼用口含少時以借其氣揷入杜樹孔中大小長短削與所刺等拔出竹籤即揷梨

貼至所揬處縛緊勿動搖以綿裹杜樹頂封熟泥於上以土培覆令梨僅出頭仍以土壅四畔當梨上沃水水盡以土覆之務令堅密梨枝甚脆培土時須謹慎若着掌則芽折梨貼須去黑皮勿傷青皮傷青皮則不活梨既生杜傍有葉即去之勿分其力月餘自發長即生梨梨生用箬包裹勿爲象鼻虫所傷又云凡接梨園中用旁枝葉得四散庭前用中心取其枝幹直上用根邊小枝樹形可喜五年方結子用鳩脚老枝三年即結子但樹醜若遠道取貼根下燒三四寸可行數百里猶生

藏梨 初霜即收多經霜不能至夏於屋下掘深窨坑底無令潤濕收梨在中不須覆蓋便可經夏摘時須好接勿令損傷梨與蘿蔔相間收或削梨蒂種於蘿蔔內藏之[illegible][illegible]經年不爛物類相感志一說樹上以囊

包褁過冬乃摘
亦妙【本草綱目】凡醋梨換水煑熟則甜美不損人　西
○製用　路產梨處取甜梨去皮切作厚片火焙
乾謂之梨花允為佳果
可充貢【俱王禎農書】
○療治　消渴飲水香水梨或鵞梨雪梨皆可取
汁以蜜湯熬成瓶收無時以熱水或冷
水調服愈乃止　卒得欬嗽好梨去核搗汁
一碗入椒四十粒煎一沸去渣納黑餳一大
兩消訖細細含嚥立愈又法梨一顆刺五十
孔每孔納椒一粒麪褁灰火煨熟停冷去椒
食又方去核納酥蜜麪褁燒熟冷食又方切
片酥煎食又方搗汁一升入酥蜜各一兩地
黃汁一斤煎成含嚥凡治嗽須喘急定時冷
食之若熱食反傷肺令嗽更劇不可救又作

羊肉湯餅飽食之佳　痰喘氣急梨剜空納
小黑豆令滿蓋合住繫定糠火煨熟搗作
餅每日食至効　暗風失音生梨搗汁一醆
日再服　小兒風熱昏懵躁悶不能食用消
梨三枚切破以水二升煑取汁一升入粳米
一合煑粥食　赤目弩肉日夜痛者取好梨
一顆搗汁綿褁黃連片一錢浸汁仰卧點之
一　赤眼腫痛鵞梨一枚搗汁黃連末半兩膩
粉一字調勻綿褁浸梨汁中日日點・反胃
轉食藥物不下用大雪梨一個丁香十五粒
刺入梨內濕紙包四五重煨熟食　傷寒瘟
疫已發未發用梨木皮大甘草各一兩黃秫
穀一合為末鍋底煤一錢每服三錢白湯下
日二服取愈　霍亂吐利梨枝煑汁飲　氣
從臍起上衝胸滿氣促鬱冒用梨木灰伏出
雞卵殼中白皮紫菀麻黃去節等分為末糊

丸桐子大每服十丸酒下亦可為末服方寸
匕或煑湯服亦治結氣欬逆三十年者服之
亦
瘥
○典故　太上之藥有玄光梨【漢武內傳】　漢武
樊川園一名御宿有大梨如五升器落
地即碎取者以布囊承之名含消　上林苑
有青玉梨金柯梨縹蔕梨紫條梨【西京雜記】
上林苑有瀚海梨出自瀚海耐寒不枯【同】
【上】　淮北滎陽河濟之間千樹梨其人與千
戶侯等【史記】　太康中玄圃園有梨樹四株
其枝與中條合生皇太子令侍臣作頌【晉史】
東方有梨實徑三丈剖之白如素食之為
地僊【神異經】　塗山之北有梨大如斗紫色
千年一花冬月乃實煎之有膏食者身輕【同】
【眞記】　魏武為兖州牧上書曰山陽有美梨

恒者倦

謹上三箱【魏書】　眞定郡梨大若拳甘若蜜
脆若菱可以解煩消悁【魏文帝詔】　西川署
中有千葉紅梨花無人賞識朱郎中知郡始
立欄檻命坐客賦之【西川志】　洛陽梨花時
人多携酒樹下曰為梨花洗粧或至買樹【洛】
【陽記】　侯穆有詩名因寒食郊行見數少年
共飲於梨花下穆長揖就坐衆皆哂之或曰
能詩者飲乃以梨花為題穆信口而成衆客
閣筆　梁緒梨花時折花簪之壓損帽簷至
頭不能舉　桓南郡每見人不快輒嗔曰君
得哀家梨當復不蒸食否【晉書】　青田村人
家多種梨樹大一圍五寸恒供御名御梨【永】
【嘉記】　道安公嘗集講僧數百人習鑿齒餉
十梨公坐中手自剖分梨盡人徧都無偏頗
【世說】　武后嘗季秋出梨花示群臣宰相皆
賀杜景佺獨曰陰陽不相奪倫瀆則為災故

秣陵有哀仲家梨大如升甚美入口即消　賢人　美字

曰冬無愆陽，夏無伏陰，春無淒風，秋無苦雨。今草木黃落而梨復花，瀆陰陽也。 一士人狀若有疾，厭厭無聊，往謁楊吉老求診。楊曰：君熱症已極，氣血銷鑠，此去三年當以疽死。士人不樂而去。聞茅山有道士醫術通神，而不欲人知，乃衣僕人衣，詣山願執薪水之役。道士留置弟子中，久之以實白道士。診之笑曰：汝便下山，日日喫好梨一顆，如無生梨，取乾梨煮熟，食滓飲汁，疾自當平。士人如其戒，經一歲，復見楊。楊見其顏貌腴澤，脈息和平，驚曰：君必遇異人，不然豈有痊理？士人告以故。吉老具衣冠望茅山設拜，自咎其學之未至。 杭州之俗，釀酒趁梨花開時熟，號梨花春。[白樂天集] 天寶中，上命宮中女子數百人爲梨園弟子。[明皇雜錄] 玄宗至馬嵬驛，令高力士縊貴妃於佛殿之梨樹下。[唐史] 肅

宗嘗夜坐，召穎王等三弟同坐地爐。時李泌方絕粒，上自燒二梨以賜之。穎王等曰：臣等請聯句以爲他年故事。上許之。穎王曰：先生年幾許，顏色若童兒。信王曰：夜抱九仙骨，朝披一品衣。一王曰：不食千鍾粟，惟餐兩顆梨。上曰：天生此閒氣，助我化無爲。 唐武宗患心熱，百藥不効。青城山邢道人以紫花梨絞汁進，帝飲之遂愈。復求之不可得。常山郡忽有一株，因緘封以進，帝食之，解煩燥殊效。歲久木枯，不復有種。 房次律弟子金圖十二歲時，次律問郭洪仙籙中事，以木玉數珠手節之，凡兩遍三百事。次律賞以轉枝梨。[[illegible]子] 崔遠文才清麗，風神峻整，當時目爲飣坐梨，言席上之珍也。[神通集] [唐書] 王玄謨征滑臺，以布一疋責民八百梨。[宋書] 河中府上貢鳳棲梨。[地里志] 宋廢帝大始中，江南盛傳消梨，先無此樹，自此百姓爭植之，既而後齊蕭氏受禪。[隋五行志] 李昇本姓徐，爲安吉令。其家結一梨，大如升，會鄰里共食，即牀剖之，中有赤蛇，忽走入卧房榻下，尋不見。未幾其妻有孕，生知誥。 九僊殿銀井有梨二株，枝葉交接，宮中呼爲雌雄樹。[金鑾密記]

余性雅愛梨花，而微恨其氣不可嗅，吾地酷少此種。溶溶院落，何可無此君？終當致之。[王敬美]

○麗藻散語　張公大谷之梨[潘岳] 味出靈關之陰，旨介玉津之澨。將恐帝臺妙棠，安期靈棗，不得孤擅玉盤，獨弄仙席。[[illegible]] 飛茂實于河陽，傳芳名于金谷，紫淵稱其殊旨，玄光表其仙族。[盧照鄰啓] 雎陽東苑，子圍三尺；新豐箭谷，枝垂六斤。未有生因汾水，產自桐丘，影連鄧橘，林交苑柹，遠薦中厨，爰頒下室，事同靈棗，有願還年，恐似仙桃，無因留核。

詩五言

色好勝梨頰[庾子慎] 梨花白雪香[杜甫] 梨花獨送春[[illegible]敬] 臨風千點雪[周朴] 月色見梨花[山谷] 梨花春二月，杜宇夜三更[陳三[illegible]] 尚靚梨花村，依依聞晴香[歐陽公] 三二月雪連夜，未應傷物華，只緣春欲盡，留著伴梨花[杜[illegible]] 疾客逢寒食，烟村爛熳芳，謫仙天上去，白雪世間香[王梅溪] 艷淨如籠月，香寒未逐風，桃花徒照地，剛被笑顏紅[錢起] 巧解迎人意，提能亂蝶飛，春風時入戶，幾片落朝衣[皇甫冉] 閬思前法部，淚濕舊宮妃，月白啾鼕地，風吹蛺蝶衣，強傾寒食酒，老一漸覺歡微[梅聖俞] 沙頭十日春，當年誰手種，風飄香味畝雪，壓枝自重，看花思食實，想味少人

共霜降百工休把酒約寬縱【山谷】[illegible]
津潤金谷評芳菲詎意龍樓下素英蛺朱扉
雜雨疑露落因風似蝶飛豈不憐[illegible]墜顧入
九重闈【劉孝綽】 綠陰寒食晚猶白滿空園
雨歇芳菲白蜂稀寂寞繁一枝横[illegible]野路數樹
出江村悵望頻回首何人共酒樽【溫憲】 其
飲梨花下梨花插滿頭清香來玉樹白蟻泛
金甌雅靚青娥妬光凝粉蝶羞年年寒食夜
吟繞不勝 七言 風寒露重梨花濕【白居易】
愁【[illegible]】 梨花明白夜東風【宋子虛】
雨晴梨花春自光【孔方平】 亂飄梨雪曉來
天【劉筠】 滿樓明月梨花白 梨花院落溶
溶月柳絮池塘淡淡風【古詩】 風入池塘落
柳絮月來院落伴梨花【詩話】 庭暗梨花疑
有月堤晴楊柳自生烟【陳三聘】 玉容寂寞
淚闌干梨花一枝春帶雨【白樂天】 最似孀

群芳譜 卷一 果譜 三十四

閨少年婦白粧素袖碧紗裙【前人】 獨卧郡
齋寥落意隔簾微雨濕梨花【呂溫】 閑吹玉
殿昭華琯醉折梨園縹蔕花【杜牧之】 梨花
院落無人處竊取寧王玉笛吹【張祜】 一片
朝容粉面寒雨餘仍帶淚闌干【曾文朝】 朝
來紅雨低含淚競寫眞妃寂寞粧【韓忠獻】
常滋沆瀣生肌膩不假胭脂上臉紅【前人】
忽見梨花點綴開蕭然冷浸姮娥影【玉山集】
桃蹊惆悵不能過紅艷紛紛落地多聞道
郭西千樹雪欲將君去醉如何【韓退之】 洛
陽城外清明節百花落盡梨花發今日相逢
瘴海頭共驚爛熳開正月【前人】 槿籬芳艷
近樵家壠麥青青一徑斜寂寞遊人寒食後
夜來風雨送梨花【溫庭筠】 梨花淡白柳深
青柳絮飛時花滿城惆悵東籬一株雪人生
能得幾清明【蘇東坡】 青女朝來冷透肌殘

春小雨更霏微流鶯惟約[illegible][illegible]性爲[illegible]金[illegible]
織玉衣【張芸叟】 冷香銷盡晚風吹脈脈無
言對落暉舊日郊西千樹雪今隨蝴蝶作團
飛【謝無逸】 剪剪輕風漠漠寒玉肌蕭索粉
香殘一枝帶雨墻頭去不用行人着眼看【前
人】 玉作精神雪作膚雨中嬌韻越清癯若
人會得嫣然態寫作楊妃出浴圖【趙福元】
二月春風楊柳青知郎繫馬在長亭相思情
味如醒酒折盡梨花嗅不醒【何菊潭】 風開
笑頰輕桃艷雨帶啼痕白玉容蝶舞只疑殘
靨墜月明惟覺異香濃【韓忠獻】 繽紛紫雪
浮鬢細冷淡清姿奪玉光剛笑何郎曾傅粉
絕憐荀令愛薰香【阮南溪】 寒食北園春已
深梨花滿枝雪團徧青春每向風外得秀艷
應難雪中見【文與可】 尋常百種花齊發偏
摘梨花與白人今日江頭兩三樹可憐和葉

群芳譜 卷一 果譜 三十五

度殘春【元稹】 等待清明得得芳團枝晴雪
暖生香洗粧自有風流態却笑紅深襯海棠
【呂中孚】 紗窗日落漸黄昏金屋無人見淚
痕寂寞空庭春欲晚梨花滿地不關門【劉方
平】 弄晴數點梨梢雨門外畫橋寒食路杜
鵑飛破草間烟蛺蝶卷殘花底霧【謝無逸】
闘向春殘不恨遲緣暘窄地最相宜征西幕
府煎茶地一幅邊鸞畫折枝 粉淡香清自
一家未容桃李占年華常思南鄭清明路醉
袖迎風雪一杈 嘉陵江色嫩如藍鳳集山
光照馬銜楊柳梨花迎客處至今時夢到城
南【陸放翁】 一林輕素媚春光透骨濃薰
百和香消得太眞吹玉笛小庭人散月如霜
【[illegible]】 物華無賴酒初醒奕奕梨花照晚
晴惜的山禽啼不歇十分春色近清明【文衡
山】 粉翅還[illegible]蝶太[illegible]雲衣偏喜無多情寧

玉笛知何處寂寞黄昏伴月明【張新】　朝
來帶雨一枝春薄薄香雜蹙葉勻今艷未饒
梅共色靚粧長與月爲鄰許同蝶夢還如蝶
似替人愁却笑人須到年年寒食夜情懷爲
爾倍傷神【朱淑真】　蠢樹枝高苗系擱嫩苞
開破雪搓毬碎粘粉紫鬢齊吐潤叁丹黃葉
半抽月影好窗留好夢雨聲深院鎖深愁項
苞已實香猶在散入長安賣酒樓【張肯】　翦
水凝霜姊蝶群雨闘風味玉清溫粉痕浥露
春含淚夜色籠烟月斷魂十里香雲遮短夢
誰家細雨鎖重門洗妝見說清　詞　鏤雪成花
明近旋與春衣置酒樽【文徵明】　檀作蘂愛
伴秋千搖曳春風裏翠袖年年寒食淚爲伊
牽惹愁無際　幽艷偏宜春雨細紅粉闌干
有個人相似細合金釵誰與寄丹青傳得妻
涼意【王道輔清平樂梨花】　減翠凋紅正是青春
杪深院嫋香風看梨花一枝開蠶蘢愁怏而
依約認嬌顰天淡淡月溶溶春意知多少
清明池館芳信年年好更向五侯家把江梅
風光占了休教寂寞孤負向人心檀板響寶
杯傾潘鬢從他老【曾海野】【[illegible]山】　玉容寂
莫誰爲主寒食心情愁幾許前身清淡似梅
妝遥夜依稀留月住　香迷蝴蝶飛時路雪
杆秋千來往處黄昏著了素衣裳深閉重門
聽夜雨【[illegible]】
【[illegible]】

【棠梨】野梨也樹如梨而小葉似蒼朮亦有圓者
三叉者葉邊皆有鋸齒色黪白二月開白花結
實如小楝子霜後可食其樹接梨甚佳處處

有之有甘酢赤白二種陸璣詩疏云白棠甘
棠也子多酸美而滑赤棠子澁而酢木理亦
赤可作弓材

○實　甘酸濇寒無毒燒食止滑痢　葉　味微苦嫩時煠熟水浸淘淨油鹽調食或蒸晒代茶霍亂吐瀉不止轉筋腹痛取一握同木瓜二兩煎汁細呷油炒去刺爲末每旦酒服一錢治反胃　花　可煠食晒乾磨麵作燒餅可濟饑丹鉛錄云尹伯奇採楟花而食

楟花棠梨

○典故　召伯在朝有司請召民伯曰不勞一身而勞百姓非吾先君之志也於是舍於棠下聽訟百姓大悅詩人歌芀

也

○麗藻　散語　蔽芾甘棠勿翦勿伐召伯所茇　有杕之杜生於道左　有杕之杜其葉湑湑【俱詩】　豈以梨有用之爲貴杜無用之爲賤昔在召伯聽訟述職甘棠作詠垂之罔極　詩　七言　落盡棠梨水拍堤萋萋芳草望中迷無情最是枝頭鳥不管人愁只管啼【王淑卿女郎】

【棣棠】棣也似白楊江東呼爲夫棣一名郁李一名爵梅一名雀梅一名車下李其花反而後合凡木之花先合而後開惟此花先開而後合花正白亦或赤花蕚上承下覆有親愛之

義故以喻兄弟周公所爲賦常棣也子如櫻
桃六月熟可食仁可入藥　高濂云花若金
黄一葉一蒂生甚延蔓春深與薔薇同開可
助一色有單葉者名金碗喜水
〇典故　常棣燕兄弟也周公憫管蔡之失道故作常棣焉【詩序】
〇麗藻散語　山有苞棣　何彼襛矣常棣之華　常棣之華鄂不韡韡　彼爾維何維常之華【詩】　作人序　誦常棣之章爭當如常棣灼然光發【[illegible]】　看韡韡睹華萼之色已復蒼蒼方擬卜居上常在告名符赤甲龍逵青門志向平之五逝　且爲地主携蔣
鄉之二仲況係天親近看一水之如環遥指
千山而作障寄餘情於魚鳥託高賞於雲霞
觀廣陵之濤煩痾乍起得康樂之句塵憂初
醒各賦新詩仍堅後約靡言不報倡酬何異
塤篪無已大康微戒　潘賦幽芳在周
願同蟋蟀【馮琢菴】
詩五言　詩榮蕚傳佛輪
千幅細公帶萬釘圓【宋景文】　坐惜護花別
高吟棠棣篇汝才堪入洛吾道倦遊燕莫倚
冠棠族當知父母年明秋風　滿樹棠梨
力健應着祖生鞭【馮琢菴】
七言　錦作團雙
棲啼鳥鬭爭妍邊徐生色依然好贏得東風
歲歲看【陸平泉】　更衣入侍宮中貴韡韡芸
黄殿後花鬬色長宜日光近生輝尤喜蓋陰
斜依希袖服開風袂約略仙盤裛露華不與
艷桃偷結子漫天飛
去作朝霞【梅聖俞】

櫻音嬰

【櫻桃】一名楔一名荆一名英桃一名鶯桃一名
含桃一名朱櫻一名朱桃一名牛桃一名麥
英西京雜記列櫻桃含桃爲二種處處有之
洛中者爲勝其木多陰不甚高春初開白花
繁英如雪香如蜜葉圓有尖及細齒結子一
枝數十顆圓如珊瑚極大如彈丸小時青及
熟色鮮瑩深紅者爲朱櫻紫色皮肉有細黄
點者爲紫櫻核細而肉厚者爲崖蜜味甚甘
美尤難得結實時須張網以驚鳥雀更置葦
箔以護風雨若經雨則虫自内生人莫之見
用水浸良久則虫皆出乃可食味甘無毒調
中益氣美志止洩精水穀痢令人好顏色多
食令人吐有暗風及喘嗽濕熱病人忌食小
兒尤忌一富家二小兒日食一二升半月後
長者發肺痿少者發肺癰相繼而死邵堯夫
云爽口物多終作疾信哉正黄者爲蠟櫻小

而紅者爲櫻珠味皆不及

○葉 擣汁飲並傳治蛇咬 ○根 用東行者煮汁服下寸白蛇蟲 ○枝 同紫萍牙皂白梅研和洗面治雀卵斑點

○種植 二三月間分有根枝栽土中糞澆即活仍記陰陽否則不生即生亦不結實

○典故 今 仲夏之月天子羞以含桃先薦寢廟 月令 惠帝出離宮叔孫通曰古者春嘗果方今櫻桃可獻願陛下出取以獻宗廟上許之宗廟獻諸果始此 漢書 明帝月夜宴群臣於閣大官進櫻桃以赤瑛盤盛賜群臣月下視之盤與櫻一色群臣皆笑云是空盤 東漢記 承乾殿前櫻桃二株含章殿前一株華林園二百七十株 晉宮閣記 唐高宗時天子饗會及宴蒲萄園賜朱櫻宰相學士從行給翔麟馬帝賦詩學士屬和 李適傳 唐文宗即位內園進櫻桃以奉三宮太后 唐史 帝命侍臣升殿食櫻桃並盛以琉璃和以杏酪飲酴醾酒又與侍臣樹下摘櫻桃恣其食未後大陳宴席奏宮樂至暝人賜朱櫻二籠 唐景龍文館記 唐制三月宰相有櫻筍厨時爲最盛又奏中謂三月爲櫻筍時 山堂四考 唐新進士尤重櫻桃宴 摭言 唐李希烈入汴聞參軍竇良女美強娶之又稱陳仙奇忠勇可用其妻亦姓竇竇氏因陳願結爲姊妹以固其夫希烈許可及希烈死其子不發喪謀悉誅諸將自立未決時有獻櫻桃者竇氏請分遺仙奇因以蠟丸雜果中出所謀仙奇大驚率兵入斬之 山堂四考 鄜州有櫻桃山上多櫻桃樹 花史 李直方第

諸果以櫻桃爲第三 國史補 張茂卿頗事聲伎一日櫻桃花開攜酒其下曰紅粉風流無踰此君悉屏妓妾 花史 李林甫採蕭穎士之名欲用之時穎士居母喪即衰麻詣京師徑造林甫於政事省林甫初不識穎士遽見衰麻大惡之即令斥去穎士大忿乃爲代櫻桃賦以刺之

○麗藻散語 綴繁英兮霰集駢朱實以星燦故當小鳥之所啄食妖姬之所攀翫 蕭穎士 啓 成戴殿側猶連製賦之條結實西園非復粘蟬之樹異合浦之歸來疑藏朱實同秦人之逐彈似得金丸 庾子慎

賦 殿紫宸兮之麗木朱櫻兮可嘉扶疏兮柔弱暈艷芬葩曉移陰於丹楹朝延影於翠華美其圓本宸居獻名清廟藹綠含彩攢紅吐耀晴陽斜暎將藻井以相輝初月旁臨與璧璫而共照於是玄律方變青陽始萌日近易暖天臨早榮通條液潤附節紫生秦文信之著令漢稷嗣之從行莫不勤其時獻旌此嘉名將畫拱以斜界與金華而對明玉輦行低雲旗雜處迎華桂而搖露向朱明而清暑榮得其時摘得其所於芳也可尚取類也無匹淨拂璇題遠當溫室舊株昔移於漢囿寄幹今逢於堯日及夫春宿微雨秋含翠烟冬條雪染夏實珠駢垂一枝於萬葉託沃土以延年玩芳誠百花之首充薦乃衆果之先代帷房之錦帳奪首飾於金鈿濟濟多士鏘鏘拜闕拂露華以晨趨染香花而夕謁始凌寒而驚換纔及暖而前發自承存於攀賞固無憂於剪伐伴穠李以表年笑階蓂之紀月 唐紫宸殿前櫻桃樹賦

詩五言 惜堪九鳳

食牖已被鶯含【李商隱】 實應歌杕杜歸及
薦櫻桃 赤墀櫻桃枝隱映銀絲籠【杜甫】
磊落火齊珠參差珊瑚叢【劉原父】 緗葉
未開蔫紅葩已發光【王僧達】 野棠開未落
山櫻發欲然【沈約】 人行已荒徑花落半枯
槎【歐陽修】 櫻桃千萬枝照耀如雪天王孫
宴其下臨水疑神仙【劉禹錫】 恐用烹酥酪
從將洗玉盤流年如可騐何必九華丹【杜牧
之】 圍於火色貝燦極月光珠西海瑤池苑
曾城寶樹區【楊文忠】 偶因移曉雨似欲占
春風嫩葉藏輕綠繁葩露淺紅【文與可】 火
齊寶纓絡垂於綠蘭緣幽禽都未覺和露折
新枝【范至能】 二月雨聲細櫻花疑杏花溪
轉開雙笑臨流見浣紗【于若瀛】 皎日照芳
菲鮮葩含素輝愁人惜春夜達曉想岩扉風
靜陰盈砌露濃香入衣恨無金谷妓爲我奏
思歸【李衛公】 清曉趍丹禁紅櫻降紫宸驅
禽養得熟和葉摘來新圓轉盤傾玉鮮明籠
透銀內園題兩字西掖賜三臣熒惑晶華赤
醍醐氣味真如珠未穿孔似火不燒人瓊液
酸甜足金丸大小勻偷須防曼倩惜莫擲安
仁已懼長尸祿仍驚數賜珍最慚恩未報飽
喂不才身【白樂天】

七言

朱櫻此日垂朱實【杜甫】 纔見寢園春薦後非關御苑鳥
啣殘【王維】 鳥偷飛處啣將火人摘奇時踏
破珠【白居易】 背人不語向何處下階自折
櫻桃花【李賀】 別來幾歲未還家玉窗五見
櫻桃花【李白】 病目試尋蜂蝶處櫻桃花發
見清明【名賢拾遺】 玉峀皆前種幾株水晶
簾內看如無只應漢武金盤上瀉得珊瑚白
玉珠【于武陵】 紅羅袖裏分明見白玉盤中
看卻無疑是老僧休念誦腕前推下水晶珠

【李白】 四月江南黃鳥肥櫻桃滿市粲朝輝
赤瑛盤裡雖殊遇何似筠籠相發揮【陳去非】
山櫻抱石蔭松枝比並餘花發最遲賴有
春風嫌寂寞吹香渡水報人知【王文公】 櫻
桃花發滿晴柯不睹嬌嬈只賭多落盡江梅
餘半朵依然風韻合還他【楊廷秀】 百舌猶
來上苑花遊人獨自憶京華遲知寢廟嘗新
後勅賜櫻桃向幾家【顧況】 羅帕疑香濕未
乾朱櫻窓外雨生寒燈花喜是空傳信落盡
青煤誓不香【張楷】 西蜀櫻桃也自紅野人
相贈滿筠籠數迴細寫愁仍破萬顆勻圓訝
許同憶昨賜霑門下省退朝擎出大明宮金
盤玉筯無消息此日嘗新任轉蓬【杜少陵】
漢家舊種明光殿炎帝還書本草經豈似滿
朝承雨露共看傳賜出青冥香隨翠籠禁初
重色照銀盤寫未停食罷自知無所報空愁
懸汗仰皇扃【韓文公】 滿盒虛紅怕動搖尚
書珍重賜櫻桃搽藍尚帶新鮮葉潑血猶殘
舊折條萬顆珍珠輕觸破一團甘露軟含消
春來老病尤珍荷併食中腸似火燒【盧延遜】
時節雖同氣候殊未知堪薦寢園無合充
鳳食留三島未許鶯偷過五湖苦笋恐難同
象匕酪漿無復瑩蠙珠金盤歲歲長宣賜忍
淚看天憶帝都【韓偓】 開門先得故人書稍
喜提携起覆盂得句有誰知我在嘗新此日
賴吾徒傾籃的皪霑朝露出袖瑩煌得寶珠
會薦瑛盤驚一座莧腸藜口未良圖【陳無已】
塞外含桃五月紅一尊相對晚來風高情
不在羲皇下清夢常牽江水東薦廟久虛文
子位承恩敢望大明宮詰朝又值蒲觴會須
信人間似轉蓬【黃正色】 小鳥枝頭啄欲殘
美人珍惜捲簾看霞烘的的珊瑚碎露洗垂

垂琥珀寒素面相逢渾似醉朱唇半吐欲成丹若教纖手和烟折也勝官家赤玉盤【王士驪】藥欄春盡少花開葉底朱櫻若箇猜熟後雨彈紅玉破生前烟捧綠珠來唇脂清淺鬓無骨風味温柔別有胎鸚䳇莫教櫻桃輭啄碎擲他年少滿車回【陳眉公】詞 謝了梨花發紅白相催燕子歸來幾處風簾繡戶開 人生樂事知多少且酌金杯管咽絃哀謾引蕭孃舞袖迴【晏原叔采桑子】小圃春光不待邀蚕通消耗與含桃晚來芳意半寒梢 帶笑不言春淡淡試粧未遍雨蕭蕭東君少女可憐嬌【浣溪沙】曉來露井看櫻桃羅袖迎風不奈飄轉向碧隱還小立再吹蕭蕭咽春愁愁正劇自拈香在博山燒日暮欄干楊柳外落紅敲【陳眉公揞減浣溪沙】

【枇杷】一名盧橘樹高丈餘易種肥枝長葉微似栗大如驢耳背有黃毛形似琵琶故名陰密四時不凋婆娑可愛冬開白花三四月成實簇結有毛大者如雞子小者如龍眼味甜而酢白者爲上黃者次之皮肉薄核大如茅栗相傳枇杷秋萌冬花春實夏熟備四時之氣他物無與類者建業野人種枇杷誇其色曰蠟兄襄漢吳蜀淮揚閩嶺江西湖南北皆有無核者名焦子出廣州

○實 甘酸平無毒止渴下氣利肺氣止吐逆潤五臟主上焦熱可充果實多食發痰傷脾同炙肉及熱麵食患熱黃疾 花 治頭風鼻流清涕辛夷等分研末酒服二錢日二 木白皮 生嚼咽汁止吐逆不下食煮汁冷服尤佳 葉 治肺胃病取其下氣氣下則火降痰順而逆嘔欬渴皆愈治嘔噦不止口乾肺氣熱嗽肺風瘡胸面上瘡和胃清熱解暑毒四月採濕葉重一兩晒乾重三錢三分乃爲氣足堪用凡用先火炙栗稈作刷刷毛淨不爾射人肺令欬不已甘草湯洗一遍用綿再拭乾每一兩取酥油二錢半炙過胃病姜汁塗炙肺病蜜水塗炙

○療治 温病發噦因飲水多者枇杷葉炙香茅根各半斤水四升煎二升稍稍飲之 反胃嘔噦枇杷葉炙丁香各一兩人參二兩每服三錢水一盞姜三片煎服 衄血不止枇杷葉焙乾研末茶服一二錢日二 面瘡酒瘡赤鼻枇杷葉梔子仁等分爲末每服二錢温酒調下日三 痔瘡腫痛枇杷葉蜜炙烏梅肉焙乾爲末先以烏梅湯洗貼之 痘瘡潰爛枇杷葉煎湯洗 肺熱久嗽身如火肌瘦將成勞枇杷葉款冬花桑白皮木通杏仁紫菀等分大黃減半製末蜜丸櫻桃大食後夜卧各含一丸神效 渴疾煑汁飲

○典故 建中元年詔南山歲貢枇杷取一次以供宗廟【唐史】 枇杷寒暑無變負雪揚花余植之庭【周祗】 枇杷五月開結主木【田家五行】

○麗藻散語盧橘夏熟【上林賦】名同樂器賈
異貞松四時同歷素花冬榮【周祗】
詩五言 五月枇杷實噴噴味尚酸【杜甫】 櫟柳枝
枝弱枇杷樹樹香【杜甫】 盧橘爲秦
樹【李白】 有果產西蜀作花凌早寒樹繁碧
玉葉柯疊黃金丸【宋景文】 大葉聳長耳一
稍堪滿盤荔枝多與核金橘却無酸雨壓低
枝重漿流冰齒寒長卿今在否莫遣作園官
【楊廷秀】 珍樹寒始花氣氳九秋月佳期若
有待芳意常無絶嫋嫋碧海風濛濛綠枝雪
急景自餘妍春禽自流悅【羊士諤】 傾筐呈
綠葉重疊色何鮮詎是秋風裏猶如曉露傳
仙方當見重消疾未應便全勝 七言 枇杷花
甘蕉葉空报謝氏篇【司空曙】 開如雪
白【顧阿瑛】 火樹朝來翻絳焰瓊林日出曬
紅霞 淮山側畔楚江陰五月枇杷正滿林

深山老去惜年華況對東溪野枇杷【白樂
天】 萬里青障蜀門口千樹紅花山頂頭春
盡憶家歸未得低枝如解替君愁【前人】 萬
顆金丸綴樹稠遺根漢苑識風流也知不是
清朝瑞朽腐聊關聖主憂【劉屏山】 五月枇
杷黃似橘誰思荔枝同此時嘉名已著上林
賦卻恨紅梅未有詩【梅聖俞】 回看桃李都
無色映得芙蓉不是花爭奈結根深石底無
因移得到人
家【白樂天】

○附錄山枇杷 山枇杷花似牡丹殷潑血佳年
乘傳過青山正值山花好時節
壓枝凝艷已全開映葉香苞纔半裂紫摶紅
袖欲支頤慢解絳囊初破結金線叢飄繁蕊
亂珊瑚朵重纖莖折因風旋結裙片飛帶日
斜看目精熟亞水依巖半傾側籠雲隱霧多

愁絶綠珠語盡身欲投漢武眼穿神漸滅殺
姿秀色人皆愛怨媚羞容我偏別【唐元稹】

木瓜 一名楙一名鉄腳梨樹如柰叢生枝葉花
俱如鐵腳海棠可種可接可以條壓葉光而
厚春末開花紅色微帶白作房實如小瓜或
似梨稍長皮光色黃上微白如着粉津潤不
木者爲木瓜香而甘酸不澁食之益人醋浸
一日方可食生不堪啗處處有之山陰蘭亭
尤多而宣城者爲佳本州以充土貢故有宣

州花木瓜之稱西洛木瓜味和美至熟青白
色入藥絶有功勝宣州者味淡性酸溫無毒
去濕和胃強筋骨治腳氣霍亂大吐下轉筋
不止

○枝葉根皮 煑汁飲並止霍亂吐下轉筋療腳
氣枝作杖利筋脉枝葉煑湯淋足
可以已蹷木作桶濯足甚
益人枝葉煑汁飲止熱痢 花同李花治
面黑粉滓 核治霍
亂煩燥氣急每嚼
七粒溫水嚥之

○種法 秋社前後分其條移栽
次年便結子勝春栽者

○附錄 樝子 一名圓和子一名木桃處處有之州特多小於木瓜更酢澁色微黃蒂核皆粗核中之子小而圓味劣於梨與木瓜而入蜜煮湯則香美過之去惡心咽酸止酒痰黃水功與木瓜相近 榠樝 一名蠻樝一名瘙樝一名木李一名木梨 木葉花實酷類木瓜比木瓜大而色黃有臭者爲木瓜無則木李可浸酒去痰壓取汁和甘松玄參末作濕香能爽神眞衣箱殺蠹虫煨食止痢煮汁飲治霍亂轉筋浸油梳頭治髮白髮赤 榲桲 出關陝沙苑者更佳似樝子而小氣香辟衣魚樹如林檎花白味甘食之宜淨去毛恐損肺不宜多食同車螯食發疝氣

○製用 木瓜性脆可蜜漬爲果去子蒸爛搗泥入蜜與姜作煎冬飲尤佳 木瓜最療

轉筋如病此但呼其名及土上寫木瓜字即愈此理之不可解者又拄木瓜杖最利筋脉 凡使木瓜勿犯鉄器銅刀削去硬皮並子切片晒乾黃牛乳拌蒸從巳至未待如膏乃晒用會典中宣州貢烏爛虫蛀木瓜入御藥局取其陳久無木氣也 木瓜不宜多食損齒及骨木桃木李俱可煎可糕 羅天益寶鑑云劉太保日食蜜煎木瓜三五枚同伴數人皆病淋以問天益天益曰此食酸所致也但不食則已 木瓜醬木瓜十兩去皮細切以湯淋浸加姜片一兩甘草二兩紫蘇四兩鹽一兩每用些少泡湯沉井中候極冷飲之

○療治 項强不可轉側用宣州木瓜三個取蓋去瓤入沒藥二兩乳香二錢半縛定飯上蒸三四次爛研成膏每用三錢入生地黃汁半盞無灰酒二盞暖化溫服 黃叔微云有

人患此自午後發黃昏時定予謂此必先從足起少陰之筋自足至項筋者肝之合今日中至黃昏陽中之陰肺也自離至兊陰旺陽弱之時故靈寶畢法云離至乾腎氣絶而肝氣弱肝腎二臟受邪故發於此時服此及都梁丸而愈 腳氣腫急木瓜切片囊盛踏之顧安中患腳氣筋急腿腫因附舟以足閣一袋上漸覺不痛乃問舟子袋中何物曰宣州木瓜也及歸製木瓜袋用之頓愈 腳筋攣痛木瓜數枚酒水各半煮爛搗膏乘熱敷痛處綿裹之冷即換日三五度 臍下絞痛木瓜二片桑葉七片大棗三枚水三升煮半升頓服愈 小兒痛痢木瓜搗汁服 霍亂轉筋木瓜一兩酒一升煎服仍煎湯浸青布裹其足 霍亂腹痛木瓜五錢桑葉三片棗肉一枚水煎服 肝腎脾三經氣爲風寒暑濕

相搏流注經絡凡遇氣化更變七情不和必至發動或腫滿或頑痺憎寒壯熱嘔吐自汗霍亂吐利用宣州大木瓜四箇切蓋剜空一入黃芪續斷末各半兩一入蒼术橘皮各半兩一入烏藥茯神中心木各半兩一入威靈仙苦葶藶末各半兩以原蓋簪定酒浸透入甑內蒸熟三浸三蒸三晒搗末水和丸桐子大每服五十丸溫酒鹽湯任下 腎臟虛冷腹脇脹滿疼痛大木瓜三十枚去皮核以甘菊花末青鹽末各一斤塡滿置籠內蒸熟搗成膏入新艾茸二斤搜和丸桐子大每米飲下三十丸日二 翻花痔木瓜爲末鱓魚涎調貼之紙護 辟除壁虱木瓜切片鋪蓆下

○麗藻 散語 投我以木瓜報之以瓊琚詩

【葡萄】一名蒲桃一名賜紫櫻桃生隴西五原燉煌山谷今河東及江北皆有之而平陽尤盛苗作藤蔓極長春月萌苞生葉似栝蔞葉而有五尖生鬚蔓延大盛者一二本綿被山谷間延引數十丈三月開小花成穗黃白色旋着實七八月熟有水晶葡萄暈色帶白如着粉形大而長味甚甜西番者更佳馬乳葡萄色紫形大而長味甘紫葡萄黑色有大小二種酸甜二味綠葡萄出蜀中熟時色綠至若西番之綠葡萄名兎睛味勝

糖蜜無核則異品也其價甚貴瑣瑣葡萄出西番實小如胡椒云小兒常食可免生痘又云痘不快食之即出今中國亦有種者一架中間生一二穗雲南者大如棗味尤長唐史云波斯國所出大如雞卵可生食可釀酒最難乾不乾不可收今太原平陽皆製乾貨之四方西北人食之無恙東南食之多病熱其根莖中空相通暮溉其根至朝而水浸其中漉以米泔水最良以麝入其皮則葡萄盡作香氣以甘草作針針其

根則立死【三元延壽書】葡萄架下不可飲酒恐虫屎傷人

○分植 取肥旺枝如拇指大者從有孔盆底穿過盤一尺于盆內實以土放原架下時澆之候秋間生根從盆底外面截斷另成一架澆用冷肉汁或米泔水又法棗樹穿竅葡萄枝穿過候長滿截斷甚佳 收藏 北方天寒初冬須以草裹埋地中尺餘俟春分後取出卧置地數日然後用木架起子生時去其繁葉使霑風露則結子肥大最忌人糞

蘡薁音嬰郁

○附錄 野葡萄 一名蘡薁一名山葡萄蔓生苗葉花實與葡萄相似但實小而圓色不甚紫亦堪爲酒

耆音支 笯音奴 酲音呈 餶音卷

○典故 葡萄出大宛張騫使西域得種以歸【漢書】李廣封爲貳師將軍破大宛得種歸漢【六帖】龜茲國人奢侈家有千斛葡萄漢使取實歸種于離宮別館之傍【異域志】西域焉耆國土宜葡萄【山堂四考】西域有笯赤建國多葡萄【白孔六帖】大宛以葡萄爲酒富人藏至萬餘石久者數十歲不敗【史記】【藝文類聚】中國珍果甚多葡萄當其末夏涉秋尚有餘暑醉酒宿酲掩露而食甘而不餶脆而不酸冷而不寒味長汁多除煩解渴又釀以爲酒甘於麴蘗善醉而易醒道之固已流涎咽唾況親食之耶他方之果寧有匹者【[illegible]部】唐高祖賜食於群臣有葡萄侍中陳叔達執而不食上問其故對曰臣母病渴求不能致願歸奉之【山堂四考】唐太宗破高昌收馬乳葡萄種于苑中并得其酒法仍

自擬益進酒成雖色芳香醉烈味若醍醐【南
部新書】貝丘之南有葡萄谷谷中葡萄可
就食有取歸者即失道世名爲王母葡萄天
寶中沙門曇霄因遊諸岳至此谷得食之又
見枯蔓大如指長五尺餘堪爲杖持還本寺
植之長高數仞蔭地十丈仰觀若帷蓋其房
實磊落紫瑩如墜特人號爲草龍珠帳【酉陽
雜俎】梁使徐君房魏使陳昭各言方物昭
問君房葡萄何如橘柚答曰津
液奇勝芬芳減之【山堂肆考】

○療治　除煩止渴生葡萄搗濾取汁以瓦器熬
稠入熟蜜少許同收點湯飲甚良　熱
淋澁痛葡萄生藕生地黃各搗取自然汁白
沙蜜五合每服一盞石器温服　胎上衝心
葡萄煎湯飲之即下　嘔噦厥逆葽薁藤煎
汁呷之　目中障翳葽薁藤水浸過吹氣取
汁滴入目中去熱翳赤白障　五淋野葡萄
藤竹園荽淡竹葉麥門冬連根苗紅棗肉燈
心草烏梅當歸等分煎湯代茶　男婦熱淋
野葡萄根七錢葛根三錢水一鍾煎七分入
童便三分空心温服　女人腹痛方同上
一切腫毒野葡萄根晒研爲末水調塗之即
消　赤遊風腫忽然腫痒不治則殺
人野葡萄根搗爛如泥塗之即消

○麗藻　歌　野田生葡萄纏繞一枝蒿移來碧墀
下張王日日高分岐浩繁縟脩蔓盤
詰曲揚翹向庭柯意思如有屬爲之立長架
布濩當軒絲米液溉其根理疎看滲漉繁葩
組綬結懸實珠璣蹙馬乳帶輕霜龍鱗耀日
旭有客汾陰至臨堂瞪雙目自言我晉人種
此如種玉釀之成美酒令人飲不足　詩五言
爲君持一斗往取涼州牧【劉禹錫】

葡萄出漢宮【李白】[illegible]
霜染指鉛華膩滿喉甘露香醞成千日酒味
敵五雲漿　七言　恰似葡萄初醱醅【李白】葡
【劉禹錫】萄玉釀酌西涼【顧阿瑛】酒
餘送盞堆蓮子淚燭堆盤疊葡萄【白樂天】
欲收百斛供春釀放出聲名壓酪奴【黃山谷】
萬里西風過鴈時綠雲玄玉影參差酒酣
試取冰丸嚼不說天南有荔枝【李孟同】新
莖未徧半猶枯高架支離倒復扶若欲滿盤
堆馬乳莫辭添竹引龍鬚【韓文公】涼州博
酒不須癡銀海乘槎領得歸玉骨瘦將無一
把向來馬乳太輕肥【楊廷秀】纔喜盤藤捲
葉生又驚壓架暗陰成夏塞涼潤青油幕秋
摘甘寒黑水晶近竹猶爭一尺許拋鬚先骨
兩三莖今年乞種江西去長使茅齋卻晚晴
【前人】曨曖緊陰覆綠苔藤枝蘿蔓共縈回
自隨博望仙槎後誰許甘泉別殿栽的的紫
房含雨潤疎疎翠幄向風開詞臣病渴浩新
釀不羨金莖露一杯【馮琢菴】一架扶疎碧
水濤午涼不散綠雲深芳香未釀醍醐味秀
色全滋薜荔陰紫玉含風秋液冷玄珠入夜
月華侵莫言西域傳來晚猶及相如賦上林
【前人】

【無花果】一名映日果一名優曇鉢一名阿驲一
名蜜果最易生插條即活在處有之三月發
葉樹如胡桃葉如楮味甘微辛有小毒子生
葉間五月內不花而實狀如木饅頭生青熟

紫味如柹而無核甘温無毒開胃止瀉痢人家宅園隨地種數百本收實可備荒其利有七實甘可食多食不傷人且有益尤宜老人小兒一也乾之與乾柹無異可供籩實二也六月盡取次成熟至霜降有三月常供佳實不比他果一時採擷都盡三也種樹十年取効柰桃最速亦四五年此果截取大枝扦插本年結實次年成樹四也葉爲醫痔勝藥五

也霜降後未成熟者採之可作糖蜜煎果六也得土即活隨地可種廣植之或鮮或乾皆可濟饑以備歉歲七也

○扦插　春分前取條長二三尺者插土中上下相半以糞水澆葉生後純用水忌糞恐枝葉太盛易摧折結實後不宜飲水當置瓶其側出以細霤日夜不絶果大如甌

○附錄　文光果　形如無花果味如栗五月熟出景州　天仙果　樹高八九尺葉似荔枝而小無花而實子如櫻桃纍纍綴枝間六七月熟其味至甘宋祁方物贊云有子孫枝不花而食薄言采之味埒蜂蜜出四川　古度樹　不花而食子從皮中

出自帙着千[illegible]　[illegible]丈子實[illegible]大如石榴及楂子色赤味酸煮爲粽食若數日不煮化作飛蟻穿皮飛去出交廣諸州　出裴淵廣州記　君遷子　實如[illegible]瓠有汁如乳甘香無毒止渴去煩令人潤澤　見吳[illegible]

○製用　採青果用鹽漬壓扁日乾可充果實小者用糖煎蜜煎可以久留

○療治　五月五日取果陰乾治喉痰及痔漏果蒸熟食治下利立効　治痔葉二斗許水煎五七沸入桶中坐薰之水可容手即洗最効如此一二次永不發尤宜常食其果

二如亭群芳譜果部目錄

第五冊

果譜二 膚果

群芳譜果譜二目錄

二如亭群芳譜果部卷之二

濟南 王象晉藎臣甫 纂輯

松江 陳繼儒仲醇甫

虞山 毛鳳苞子晉甫 全較

寧波 姚元台子雲甫

濟南 男 王與齡 孫 王士禛 詮次

果譜二

桃 西方之木也乃五木之精枝幹扶疎處處有之葉狹而長二月開花有紅白粉紅深粉紅之殊他如單瓣大紅千瓣桃紅之變也單瓣白桃千瓣白桃之變也爛熳芳菲其色甚媚花早易植木少則花盛實甘子繁故字從木從兆性酸甘熱可食多食令人有熱能發丹石毒生桃尤不宜多食有損無益性早實三年便結子五年即老結子便細十年即死以皮急也若四年以後用刀自樹本豎劃其皮至

生核處使膠盡出則多活數年江南獮五月桃最佳種類頗多有崑崙桃一名王母桃一名仙人桃一名冬桃出洛中形如栝蔞表裡徹赤得霜始熟味甘美日月桃一枝二花或紅或白匾桃出波斯國形扁肉澀不堪食核狀如盒樹高五六丈圍四五尺葉似桃而闊大三月開白花花落結實如桃彼地名婆淡樹仁甘美番人珍之新羅桃子可食性熱方桃形微方餅子桃狀如香餅味甘油桃小於眾桃有赤斑點光如塗油月令中桃始華即此花多子小不堪啗惟取仁文選所謂山桃發紅萼是也出赤中巨核桃霜下始花盛暑方熟出常山漢明帝時獻緋桃俗名蘇州桃花

如剪絨比諸桃開遲而色可愛瑞仙桃色深紅花最密絳桃千瓣二色桃色粉紅花開稍遲千瓣極佳金桃形長色黃如金肉粘核多蛀熟遲用柿接者味甘色黃銀桃形圓色青白肉不粘核六月中熟千葉桃花色淡結實少美人桃花粉紅千葉又名人面桃不實鴛鴦桃千葉深紅開最後結實必雙李桃花深紅形圓色青肉不粘核其實光滑如李一名光桃十月桃花紅形圓色青肉粘核味甘酸十月中成熟一名古冬桃又名雪桃毛桃即爾雅所謂褫桃小而多毛核粘味惡其仁充滿多脂可入藥水蜜桃獨上海有之而顧尚寶西園所[illegible]亞於生[illegible]核雷震紅每雷雨過輒見一紅

暈更爲難得[illegible]他如紅桃緗桃白桃烏桃皆以色名五月早桃秋桃霜桃皆以時名胭脂桃絳絲桃皆以形名王敬美有言桃花種最多若金桃寒桃灰桃之類多植園中取果其可供玩者莫如碧桃人面桃二種緋桃之韵即不種亦可壽星桃樹矮而花能結大桃亦奇種可玩桃殊不堪食

○種桃擇向陽暖地寬深爲坑先納溼牛糞將熟桃連肉全埋其中尖頭向上覆熟糞

土尺餘春深芽長帶土移栽別地離本土多不活若仍置糞中則實少而味苦或云種時將桃核剛淨令女子艷粧種之他日花艷而十三核種樹書云柿接桃則爲金桃李接桃則爲李桃梅接桃則爲脆桃諺云白頭種桃又曰桃三李四梅子十二言桃生三歲便放花果蚤于梅李耐久故首雖已白其花子之利可待也 凡種桃淺則出深則不生故其根淺不耐旱而易枯近得老圃所傳云於初結實次年斫去其樹復生又斫又生但覺生氣即斫令復長則其根入地深而盤結固百年猶結實如初衛桃桃實太繁則多墜以刀橫斫其幹數下乃止又社日舂根下土持石壓樹枝則實不墜桃子蛀者以煮豬首汁冷澆之或以刀疎斫之則穰出而不蛀[illegible]桐油灑之不能

蠹除以多年竹燈檠掛
樹稍間則蟲自落甚驗
○製用　三月三日採桃花酒浸服之除百病好
顏色　一云桃李花服之可卻老　太清方
玉桃服之長生　桃膠用桑木灰漬過服
之愈百病久服體有光能絶穀　抱朴子　高
丘公服桃膠而得仙　神仙傳　取爛熟桃納
甕中蓋口七日漉去皮核密封二十七日酢
成香美可食　三月三日取桃花陰乾爲末
收至七月七日取烏雞血和塗面光白潤色
如玉　[illegible]　三月三日取桃葉搗取汁
七升以醋一升同煎至五六分服之蟲俱下
根亦可　取東向桃枝于五月五日正午東
向斫成三寸木人著衣帶中能補心虛健忘
令人耳目聰明又云戊子日取
東引者二寸桃之兼用尤妙
○桃忌　生桃多食令人
膨脹及生癰癤　食桃飽入浴令人成淋及
生寒熱病　與鱉肉同食患心痛　服朮及
丹石人
最忌
○附録羊桃　福州產其實五瓣色青黃　金絲桃　花如桃而心有黃鬚鋪散
花外若金絲然以根
下劈開分種易活
○療治　顏色光潤　桃仁五合去皮用粳米飯漿
同研絞汁令盡溫溫洗面極妙　尸疰
鬼疰病變動至九十九種大畧使人寒熱淋
瀝沉沉默默不知所苦而無處不惡累年積
月以至于死死後復傳傍人急以桃仁五十
枚研泥水煮四升服之取吐吐不盡三四日
再吐　禿瘡　採桃花未開者陰乾百日與赤
椹等分[illegible]　心痛取桃

花葉晒乾搗篩米飲服二錢[illegible]
齒無色舌上白喜睡憒憒不知痛痒處或下
痢乃下部生蟲蝕肛也桃仁十五枚苦酒二
升鹽一合煮六合服　產後血閉　桃仁二十
枚去皮尖藕一塊水煮服良　產後陰腫　桃
仁燒研傅之　陰痒　桃仁杵爛綿裹塞之
腎腫痒及小兒卵癩　桃仁炒香爲末酒服方
寸匕日二仍搗傅之　小兒爛瘡初起腫漿
似火瘡　桃仁搗爛傅之　聤耳　桃仁炒研綿
裹塞之　唇裂　桃仁搗和豬脂傅　辟瘴　桃
仁一斤吳茱萸青鹽各四兩同炒熟以新瓶
密封一七取出揀去茱鹽將桃仁去皮尖每
嚼一二十枚山居尤宜　鬼瘧寒熱　桃梟二
七枚爲末滴水丸梧子大硃砂爲衣每服一
丸侵晨面東井花水下良　五種瘧疾　桃梟
十四枚巴豆七粒黑豆一兩研勻冷水丸桐
子大硃砂爲衣發日五更念藥王菩薩七遍
井花水下一丸立差不過三次妙不可言
妊娠下血　桃梟燒存性研水服取瘥　小兒
頭瘡　桃梟燒研入膩粉麻油調搽　食桃成
病　桃梟燒灰二錢水服取吐即愈　足上㿉
瘡　桃花食鹽等分杵勻醋和傅之　雀卵面
皰　桃花冬瓜仁研末等分蜜調傅之　風襲
項强不得顧視　穿地作坑煅赤以水酒之令
冷鋪生桃葉于內臥席上以項着坑蒸至汗
出良久即瘥　又搗桃葉若酒調敷亦佳　腸
痔出血　桃葉一斛杵納小口器中坐蒸之有
蟲自出　陰瘡如蟲咬痒痛者　搗桃葉綿裹
納入三四易　身痒　桃葉嫩心杵爛塞之　無
葉用枝　身面癬瘡　日午搗桃葉取汁搽之
黃疸如金　晴明時清晨勿令雞犬婦人見取
東引桃根細如箸若釵股者一握切細以水

一大升煎一小升頓服[illegible]
糜爛如薄雲散開[illegible]日平復黃散後可時時
飲清酒一盃則眼中易散否則散遲忌食熱
麪猪魚等物　卒得心痛東引桃枝一把切
用酒一升煎半升頓服大効　蠱毒用東引
桃白皮烘乾大戟斑蝥去足翅熬三物等分
爲末以冷水服半方寸匕即出不出更服因
酒得以酒服因食得以食服亦可以米泔丸
服　瘰癧不痛者取桃樹白皮貼瘡上灸二
七壯良　熱病口瘡成䘌桃枝煎濃汁含之
下部有瘡納入之　下部䘌瘡桃白皮煑取
濃汁如稀餳入熊膽少許以綿蘸藥納入下
部瘡上　痔痛桃根水煎汁浸洗之當有虫
出　小兒溼癬桃樹青皮爲末和醋頻傳之
經閉數年不通面色痿黃唇口青白腹內
成塊肚上筋起腿脛或腫用桃樹根牛蒡根
馬鞭草根牛膝蓬虆各一斤剉水二斗煎一
斗去滓更以慢火煎如餳狀取之每以熱酒
調服一匙　石淋桃膠如棗大夏以冷水
合冬以湯三合和服日三當下石石盡卽止
血淋桃膠炒木通石膏各一錢水一盞煎
七分食後服　痘黶發搐黑陷者用桃膠煎
湯飲或水熬成
膏酒化服大効

○典故　六月煑桃【夏小正】　玉衡星之精散爲山桃[illegible]
桃【春秋運斗樞】　桃有華桃性早華又以爲豆實
華于仲春故周南以興女之年時俱富【埤雅】　六月之[illegible]
桃李醜核　桃曰膽之【爾雅】　桃菊以除不也
祥今人以桃枝洒地辟惡【侯鯖錄】　桃之精[illegible]
生在鬼門以制百鬼故今作桃梗人着門以[illegible]
厭邪【[illegible]】　刻桃李爲符【明堂】　梟桃在樹也
不落殺百鬼[illegible]　[illegible]桃千戶[illegible]

子不畏而鬼畏之【[illegible]】　上古之時有
二人荼與鬱律度朔山上桃樹下簡百鬼妄
禍人則縛以葦索執以食虎于是縣官以臘
除夕飾桃人垂葦索畫虎于門【風俗通】　取
孤桃南北行枝長三尺折以爲券達以三歲
雄雞血安栖下則雞夜鳴【淮南畢方術】　元
日進桃酒蓋桃者五行之精厭邪氣制百鬼
今人又進屠蘇酒膠牙餳【荊楚歲時記】　魏
文帝見箕季從者食其桃箕季禁之文帝曰
箕季豈愛桃哉是教我下無犯上也【新序】
漢武帝上林苑有緗桃紫文桃金城桃霜桃
【西京雜記】　石虎苑中有勾鼻桃重二斤半
【鄴中記】　御苑千葉桃花開明皇折一枝簪
貴妃髻曰此花亦能助嬌【開元遺事】　明皇
宴桃樹下曰不特萱草忘憂此花亦能消恨
天寶時宮中下紅雨如桃花太眞用染衣
裾　老子西遊省太眞王母共食碧桃紫梨
【[illegible]】　安期生以醉墨洒石上皆成桃
花　漢永平中劉晨阮肇共入天台迷不得
返糧盡得山上數桃啖之遂不飢下山見溪
邊有二女因邀還家諭婢云劉阮二郎難向
得瓊實猶尚虛嬖可速作食　洛藏華林園
內有冬桃十月始熟形如括蔞食之解勞一
名王母桃【洛陽伽藍記】　衛士王瓊妙于化物
無所不能方冬以藥栽培桃杏數株一夕繁
英盡發芳蕤濃豔月餘方卸　茅山乾元觀
姜麻子闍逢頭弟子也從揚州乞爛桃核數
石空山月明中種之不避豺虎自茶菴至觀
中有桃花五里餘　志勤禪師在潙山因桃
花悟道偈曰自從一見桃花後三十年來更
不疑　世人見古德有見桃花悟者便爭頌
[illegible]轉沒

交涉正如張長史見擔夫與公主爭道書法欲學長史書日就擔夫爭之豈可得邪

劉綱與妻樊夫人俱有道術各自言勝負庭有大桃樹夫妻各呪其一桃便闘相擊良久所呪樹走出籬外　張陵沛人也弟子趙升就陵受學陵已屢試之第七試陵與諸弟子登雲台山絕崖上有一桃樹旁生石壁下臨不測去三四丈有大桃實陵謂諸弟子曰得此桃者當告以要道弟子皆流汗無敢視者升獨曰神仙所護何險之有乃從上自擲正投桃樹上取桃滿懷而石壁峭峻不能得還乃擲百枚與陵陵分桃賜諸弟子餘二枚陵自食一留一以待升升伸手引升升忽已還乃以向一桃與升【神仙傳】　長白山相傳古肅然山也峴南有鐘鳴燕世桑門釋惠霄者自廣固至北峴聽鐘聲稍前忽見一寺門

宇炳煥遂求食見一沙彌摘一桃與霄須臾又與一桃語霄曰至此已淹留可去矣霄出廻顧失寺至廣固見弟子言失和尚已二年矣霄始知二桃兆二年也　子產治鄭桃棗之蔭于街者莫援也　昔彌子瑕有寵于衞君食桃而甘以其半啖君君曰愛我哉忘其口而啖寡人及彌子色衰愛弛衞君罪之曰是嘗啖我以餘桃者【韓子】　秦吏趙凱以私恨告國民吳且生盜食宗廟御桃且生對曰民不敢食王曰剖其腹出其桃史記惡而書之曰食桃之肉當有遺核不知此而剖人腹以求桃非理也【周書】　孟嘗君將入秦蘇秦往見孟嘗君曰人事者吾已知之所未聞者鬼事耳秦曰臣之來固且以鬼事見君矣臣來過淄水上有土偶人焉與桃梗相與語桃梗謂土偶人曰子西岸之土也埏子以為人至歲八月降雨下淄水至則子殘矣土偶曰不然吾西岸之土也殘則復西岸耳子東國之桃梗也刻削子以為人降雨下淄水至流子而去則子漂漂者將如何今秦四塞之國譬如虎口而君入之則臣不知君所如矣孟嘗君乃止【戰國策】　咸通中許明奴家嫗入山林採樵于南山見一人坐石上方食桃甚大問嫗曰我許明奴之祖宜乎與汝一桃食之不可將出嫗食桃甚美其後噉食日漸童顏入山不歸行疾如飛【五色線】　金母降謝自然將桃一枝懸臂上有三十顆碧色大如椀云此猶是小者【集仙錄】　北齊盧士琛妻崔氏有方學春日以桃花和雪與兒靧面呪曰取紅花取白雪與兒洗面作光悅取白雪取紅花與兒洗面作姸華　桓崖在京下有好桃桓玄就求種不得佳者玄日德之休明

則肅慎貢其楛矢如其不爾籬落間物亦不可得【世說】　史論在齊州時出獵至一縣界憩蘭若中覺桃香異常訪其僧僧不及隱言近有人施二桃因從經案下取出獻論大如飯椀時飢盡食之核大如雞卵論因詰其所自僧笑向實諺言之此桃去此十餘里道路危險貧道偶行脚見之覺異因掇數枚論曰今去騎從與和尚偕往僧不得已導論北去荒榛中經五里許抵一水僧曰恐中丞不能渡此論志決往乃依僧解衣戴之而浮登岸又經西北涉二小水上山越澗數里至一處奇泉怪石非人境也有桃數百株幹掃地高二三尺其香破鼻論與僧各食一蔕腹果然矣論解衣將盡力苞之僧曰此或靈境不可多取貧道嘗聽長老說昔日有人亦嘗至此懷五六枚迷不能出論亦疑僧非常取兩箇

而返僧切戒論不得肓論垂州黨部傳
逝矣【[illegible]六帖】　潘岳爲河陽令栽桃李花
河陽滿縣花　劉公幹居鄴下一日桃李爛
熳徧請諸公子延賞久之方去公幹問僕曰損
花乎僕曰無但愛賞而已公幹曰珍重輕薄
子不損折使老夫酒興不空也遂飲花下作
放歌行　蔡君謨水晶枕中有桃一枝宛如
新折　唐崔護舉進士不第清明獨遊都城
南得村居花木叢萃叩門久之有女子自門
隙問對曰尋春獨行酒渴求飲女子啓關以
盂水至獨倚小桃柯佇立而屬意殊厚崔辭
起送至門如不勝情而入後絕不復至及來
歲清明徑往尋之門庭如故而扃矣因題詩
于左扉云去年今日此門中人面桃花相映
紅人面不知何處去桃花依舊笑春風後數
日復往聞其中哭聲護叩門有老父出曰君

非崔護耶曰然曰君殺吾女吾女笄年未嫁
自去年以來常恍惚如有所失比日與之出
歸見左扉字入門遂病絕食數日而死崔大
感慟請入哭之尚儼然在床崔舉女首枕以
股大呼曰護在斯護在斯須臾開目半日復
活老父大喜以女歸之【本事詩】　錢仲仲
于錫山所居作芳美亭種桃數千株蔡載作
詩曰高人不惜地自種無邊春莫隨流水去
恐汙世間塵　石曼卿通判海州以山嶺高
峻人路不通略無花卉點綴照映使人以泥
裹桃核拋擲于山嶺上一二歲間花發滿山
爛如錦繡【談圃】　范文正公女孫病狂嘗閉
一室窗外有大桃樹一株花適盛開一夕斷
櫺登木食桃花幾盡自是遂愈　簡州天水
一碧放目無際春月桃花甚繁　彬州東萬
壬娠多饒李實採食之甚甘或摘而攜去必

忘歸路　南康五山上有石鼓老云古有
桃樹生于嶺巔隱淪之士將犬取其實因變
成石云云　古田黃蘗山多桃樹下有桃塢
桃湖桃洲春月不減武陵【花史】　木子之山
有積石之桃焉大如十斛籠　府城東舊傳
劉阮采藥于此春月桃花萬樹儼若桃源【玄
[illegible]】　溆浦一名華蓋山昔人嘗種桃千樹
至今呼桃花圃　黃蘗山下春風微和夭桃
夾岸一勝境也【[illegible]花史】　會寧桃花山土石
赤似桃花　府谷桃花洞產砂四季洞門
若桃花色　桃花有一種盛開時垂絲一二
尺君採之煉以松脂纏織成履甚輕【青[illegible]雜
記】　洛陽人家寒食食桃花粥【金門歲節錄】
魯哀公賜孔子桃與黍孔子先飲黍而後
食桃公曰以黍雪桃爾對曰黍五穀之
長桃六果之下君子不以貴雪賤【韓子】

○麗藻散語【詩】桃之夭夭灼灼其華　花如桃李
仲春之月桃始華【[illegible]】　春種
桃李夏食其實秋得其蔭【[illegible]】　桃李
不言下自成蹊　桃李倩粲于一時時至而
殺至于松柏經隆冬而不凋蒙霜雪而不變
可謂得其性矣【荀卿】　桃與李嬪上春【江淹】
豔陽桃李節此世俗之　記晉太元中武陵
春井仙境之春也【鮑明遠】人捕魚爲業緣
溪行忘路之遠近忽逢桃花林夾岸數百步
中無雜樹芳草鮮美落英繽紛漁人甚異之
復前行欲窮其林林盡水源便得一山山有
小口彷彿若有光便舍船從口入初極狹纔
通人復行數十步豁然開朗土地平曠屋舍
儼然有良田美池桑竹之屬阡陌交通雞犬
相聞其中往來種作男女衣着悉如外人黃
髮垂髫並怡然自樂見漁人乃大驚問所從

來具荅之便要還家設酒殺雞作食村中聞
有此人咸來問訊自云先世避秦時亂率妻
子邑人來此絕境不復出焉遂與外人間隔
問今是何世乃不知有漢無論魏晉此人一
一為具言所聞皆嘆惋餘人各復延至其家
皆出酒食停數日辭去此中人語云不足為
外人道也既出得其船便扶向路處處志之
及郡下詣太守說如此太守即遣人隨其往
尋向所誌遂迷不復得路南陽劉子驥高尚
士也聞之欣然欲往未果尋病終後遂無問
津者[illegible]序夫天地若萬物之逆旅光陰
者百代之過客而浮生若夢
為歡幾何古人秉燭夜遊良有以也況陽春
召我以煙景大塊假我以文章會桃李之芳
園序天倫之樂事群季俊秀皆為惠連吾人
詠歌獨慚康樂幽賞未已高談轉清開瓊筵

以坐花飛羽觴而醉月不有佳作何伸
雅懷如詩不成罰依金谷酒數[illegible]賦有
東
園之珍果兮承陰陽之靈和結柔根以列樹
兮豔長畝而駢羅夏日先熟初進廟堂辛氏
踐秋厭味益長亦有冬桃冷侔水霜放神適
意恣口所嘗華升御于內庭兮飾佳人之令
顏實充慮而療飢兮信功烈之難原嘉放牛
于斯林兮悅萬國之乂安望海島而慷慨兮
懷度朔之靈山何茲樹之獨茂兮條枝紛而
麗閑根龍虯而雲結兮彌萬里而屈盤禦百
鬼之妖慝兮列神荼以司奸辟凶邪而濟正
兮豈唯榮美之足言[illegible]桃花賦予嘗
慕宋廣平之為相貞姿勁質剛態毅狀疑其
鐵腸與石心不解吐婉媚辭然覩其所作梅
花賦清便富艷得南朝徐庾體殊不類其為
人也後蘇相咏道得而稱之廣平之名遂振

嗚呼夫廣平之才使不為是賦則蘇公果暇
知其人哉將廣平困于窮阨干躓強為是也
邪日休于文尚矣狀花卉體風物非有所諷
輒抑而不發因感廣平之所作復為桃花賦
其辭曰伊祈氏之作春也有艷外之艷華中
之華衆木不得融為桃花厥花伊何其實美
多臺隸衆芳緣飾陽和開破嫩蕚壓低柔柯
其色則不淡不深若素練輕茜玉顏半酡若
夫美景妍時春含曉滋密如不幹繁若無枝
妦妦婉婉夭夭怡怡或俛者若想或閑者如
癡或向者如步或倚者如疲或溫瘖而可薰
或嬌婧而莫持或幽柔而旁午或捲冶而倒
披或翩矣如望或凝然若思或奕傑以作態
或窈窕而騁姿日將明兮似喜天將慘兮若
悲近榆錢兮妝翠靨映楊柳兮顰愁眉輕紅
拖裳動則裊香宛若鄭袖初見楚王夜景皎

潔闃然秀發又若嫦娥欲奔明月蝶散蜂寂
當閨脈脈又若妲己未聞裂帛或開故楚艷
艷春曙又若息嬀含情不語或臨金塘或交
綺井又若西子浣紗見影玉露厭浥妖紅墜
逄又若驪姬將譖而泣或在水濱或臨江浦
又若神女見鄭交甫或臨廣筵或當高會又
若韓娥將歌斂態微動輕風婆娑暖紅又若
飛燕舞于掌中半露斜吹或動或止又若文
姬將賦而思丰茸旖旎互交遞倚又若麗華
侍燕初醉狂風狂雨一陣紅去又若褒姒初
隨戎虜滿地春色階前砌側又若戚姬死于
鞠域花品之中此花最異以衆為繁以多見
鄙自是物情非關春意若氏族之斥素流品
秋之畢寒士他目則目他耳則耳或以眠而
稱珍或以疎而見貴或有實而花乖或有花
而實悴至若實可充腹花可娛目匪乎茲花

他則碌碌我欲品花此爲第一懼俗情之樹議惟獨斷之一已我目吾目我耳吾耳妍媸決于吾口取舍決于吾志豈惟草木之獨然信爲國今如是【皮日休桃花賦并序】果實

多品惟桃可佳天天其色灼灼其華或威仙而益壽或制鬼而祛邪或美后妃之德或報瓊瑤之華驚蟄應氣而斯盛農人爲候而無差陟雲臺而臨岸布綺遊武陵而夾岸舒霞姤娟常聞於武女愛惡潛移於子猶至若豁山刻木神荼索葦犯上既戒於文侯雪殿復聞於夫子神女嘗食於二郎齊相亦殺乎三士崑崙以霜實稱奇磅礴以寒英表異[illegible]異狀而同名侯白殊味而俱美別有綺葉金城之號紫文緗核之名雖云六果之下誠爲五木之精高丘食膠而輕舉郎門食葩而道成復有棓羿之事畏漢之情玄冬霜林之莢朱夏荳實之英至於漢皇罷種方朔潛偷偃李傷嗟於見累土偶哀憐於載浮樊氏競術於靈變蔡誕託詐於仙遊亦有種列三名實盈十斛太清漬花而療疾抱朴服膠而絕穀或呪之而頹面或出之而剖腹豈若饗碧實於西遊標嘉名于仙籙【宋傅士吳淑】

歌

無棣城邊春欲暮臥龍岡上花如霧年年醉徹武陵煙至今記得桃源路桃源遍地桃花水翠屏高傍層城起寧可餘姿點綠蕪肯將浮艷誇穠李始看一徑盤空曲漸入千枝散朝旭滿樹殘霞爛不收一天香雨飛紅玉白雲深鎖揚子居青山自愛陶公廬平蕪十里聞看鳥春水一竿不羨魚大隱何須分出處賞心豈必長林攤桃李濃滋華省陰公門自是部華主殺山一顆憶仙家絕戀河陽萬樹花歲歲願公懸水鏡長將秋實代春華【馮琢】

[illegible] 憶昨東園桃李紅碧枝與君此時初[illegible]金瓶落井無消息令人行嘆復坐思坐思行雖成楚越春風玉顏畏銷歇碧窗紛紛下落花青樓寂寂空明月兩不見但相思空留錦字表心素至今緘愁不忍窺【李白】

北溝灣環復清沘水木芙容相映美夕陽欲下不肯下爲戀瑠璃塢中綺紅者爲璫白者璠白海紅海樹樹嬌白消仍發九光斗紅悴還開下葉桃老大久知空即色何必紛紛辨紅白即今枯瘦一枝橫隔水看山醉亦得 閩中喬木俱成林林家主人饒隱心時飄竹葉千斛酒來座桃花萬樹陰簷日輕煙釀芳瞑翠羽黃鸝喚粧醒開處疑蒸紫帽霞澆時欲潤梅檀井祝君度索三千春有子仍爲金母珍漢帝方徵上林植可容長作武陵人【倪玉鳳】

[illegible] 神仙擁出蓬萊宮羅幃繡幙圍香風雲鬟繞繞梳翡翠楨顏滴滴勻猩紅千嬌百媚粲相逐爛醉芳春還芳馥朝陽影裏粲紅瓊晨霞香中烟寒玉承恩侍宴青帝前錦衣半脫酣晝眠鶯鶯燕燕扶不起巧呼苦喚殊可憐傍欄無力嬌欲語花群本是桃源女幾年流水飯胡麻今在武陵溪上住【趙福元】

望夷宮中鹿爲馬秦人半死長城下避世不獨商山翁亦有桃源種桃者一來種桃不計春採花食實枝爲薪兒孫生長與世隔知有父子無君臣漁郎放舟迷遠近花間忽見驚相問世上空知古有秦山中豈料今爲晉聞道長安吹戰塵春風回首一霑巾重華一去寧復得天下紛紛經幾秦【王介甫桃源行】

漁舟逐水愛山春兩岸桃花夾去津坐看紅樹不知遠行盡清溪忽見人山口潛行始隈隩山開曠望旋平陸遙看一處攢雲樹近入千

家散花竹樵客初傳漢姓名居人未改秦衣
服居人共住武陵源還從物外起田園月明
松下房櫳靜日出雲中雞犬喧驚聞俗客爭
來集競引還家問都邑平明閭巷掃花開薄
暮漁樵乘水入初因避地去人間及至成仙
遂不還峽裡誰知有人事世中遙望空雲山
不疑靈境難聞見塵心未盡思鄉縣出洞無
論隔山水辭家終擬長游衍自謂經過舊不
迷安知峰壑今來變當時只記入山深青溪
幾度到雲林春來遍是桃花水不辨仙源何
處尋[王維桃花源行時年十九]　神仙有無
何渺茫桃源之說誠荒唐流水盤迴山百轉
生綃數幅垂中堂武陵太守好事者題緘遠
寄南宮下南宮先生忻得之波濤入筆驅文
辭文工畫妙各臻極異境恍惚移于斯架岩
鑿谷開宮室接屋連牆千萬日嬴顛劉蹶了

不聞地拆天分非所恒種桃處處惟開花川
源遠近蒸紅霞初來猶自念鄉邑歲久此地
還成家漁舟之子來何所物色相猜更問語
大蛇中斷喪前王群馬南渡開新主聽終詞
絕共悽然自說今經六百年當時萬事皆眼
見不知幾許猶流傳爭持酒食來相饋禮數
不同樽俎異月明伴宿玉堂空骨冷魂清無
夢寐夜半金雞啁哳鳴火輪飛出客心驚人
間有累不可住依然離別難爲情船開棹進
一回顧萬里蒼蒼煙水暮世俗寧知僞與眞
至今傳者武陵人[韓昌黎]

詩五言

初桃麗新采[簡文帝]
花蹊傍樹裝[唐太宗]
火繞細桃塢　嶺桃紅錦黦　[俱杜甫]　五桃
新作花[illegible]　紅入桃花嫩　栽桃爛熳紅
桃陰想舊蹊　二月桃花浪　艷陽桃李
[illegible]　桃枝綴紅糝[韓愈]　[illegible]　桃源識
故蹊　桃源迷舊路[劉長卿]　漢水接遙[illegible]
[馮琢菴]　夏園桃已熟　紅臉點胭脂　向日
分千笑迎風共一春　數水小橋東涓涓照
客叢[溫庭筠]　花在舞樓空年年照舊叢[許]
[渾]　開花必早落桃李不如松　桃李何處
開此花非我春　桃李出深井花艷驚上春
自憐十五餘顏色桃李紅　憶與君別年
種桃齊蛾眉　一往桃花源千春隔流水
奈何夭桃色坐嘆葑菲詩　所以桃李樹吐
花竟不言[俱李白]　紅入桃花嫩青歸柳葉
新　桃紅客若玉定似昔人迷　如行武陵
暮欲問桃源宿　小桃知客意春盡始開花
[俱杜甫]　爭開不待葉密綴欲無條[東坡]
莫迷行路客不似武陵回[韓忠獻]　爲問東
山上桃花幾樹開[馮琢菴]　禾黍不陽艷竟一
栽桃李春翻令力耕者半作賣花人[鄭谷]

殘夜迷春曉夭桃祛夜寒何人未妝洗先傍
玉闌干[崔德符]　在處飄紅雨臨窗照夕陽
何時清禁裡一醉伴仙郎[王梅溪]　行逢二
三月九州花相映川原曉服鮮桃李晨妝靚
[illegible]　天津三月時千門桃與李朝爲斷
腸花暮逐東流水　桃花四面發桃葉一枝
開欲暮黃鸝囀傷心玉鏡臺清箏向明月半
夜春風來[王昌齡]　桃花如美人服飾靚以
豐徘徊顧香影似爲悅已容數枝有餘妍窈
窕禁省中[韓子蒼]　初桃麗新彩照地吐其
芳枝間留紫燕葉底發輕香飛花入露井交
幹拂華堂若映窗前柳懸疑紅粉妝[簡文帝]
傳道東柯谷深藏數十家對門藤蓋瓦映
竹水穿沙瘦地翻宜粟陽坡可種瓜船人相
近報但恐失桃花[杜甫]　一樹傾城貌千山
映夕霏露桃穠比艷汀月借生輝蹊隨雲迎

欹凌波水濺衣餘芳吹不散常繞洞煙飛【[illegible]】
【劉子翬】 桃花春水生白石今出沒搖蕩女蘿
枝半掩青天月不知舊行徑初拳幾枝蕨三
載夜郎還於茲鍊金骨【李白】 分得玄都種
依然玉洞春逶迤成曲徑爛熳及芳辰錦壘
溪邊浪紅銷雨後塵武陵差可擬吾豈避秦
人【曹學佺】 一曲桃園樹平沙十里春落花
紅勝錦藉草綠如茵野興邀詩伴村沽覓酒
隣怕逢漁父問疑是避秦人【方九功】 世人
種桃李皆在金張門攀折爭捷徑及此春風
暄一朝天霜下榮耀難久存安知南山桂綠
葉垂芳根清陰亦可託何惜樹君園 桃花
開東園含笑誇白日偶蒙東風榮生此豔陽
質豈無佳人色但恐花不實宛轉龍火飛零
落早相失詎知南山松獨立自蕭瑟 勸君
莫拒盃春風笑人來桃李如舊識傾花向我

開流鶯啼碧樹明月窺金罍昨日朱顏子今
日白髮催棘生石虎殿鹿走姑蘇臺自古帝
王宅城闕閉黃埃君若不飲酒昔人安在哉
吳地桑葉綠吳蠶已三眠我家寄東魯誰
種龜陰田春事已不及江行復茫然南風吹
歸心飛墮酒樓前樓東一株桃枝葉拂青煙
此樹我所種別來向三年桃今與樓齊我行
尚未旋嬌女出平陽折花倚桃邊折花不見
我淚下如流泉小兒名伯禽與姊亦齊肩雙
行桃樹下撫背復誰憐念此失次第肝腸日
憂煎裂素寫遠意因之汶陽川【俱李白】 嬴
氏亂天紀賢者避其世黃綺之商山伊人亦
云逝往迹侵復湮來徑遂蕪廢相命肆農耕
日入從所憩桑竹垂餘蔭菽稷隨時藝春蠶
收長絲秋熟靡王稅荒路曖交通雞犬互鳴
吠俎豆猶古法衣裳無新製童孺縱行歌斑

白歡遊詣草榮識節和木衰知風厲雖無紀
曆誌四時自成歲怡然有餘樂于何勞智慧
奇蹤隱五百一朝敞神界淳薄既異源旋復
還幽蔽借問遊方士焉測塵囂外願言躡輕
風高舉尋 夾岸桃花錦浪紅【李白】 桃
吾契【陶潛】 七言 花亂落如紅雨 剪綃裁錦
一重重【白樂天】 百媚桃花如欲語 桃花
點地紅斑斑【高適】 桃花氣暖眼如醉 不
分桃花紅勝錦 紅芳落盡井邊桃 短短
桃花臨水岸 點注桃花施小紅【俱杜甫】
玉自不言如桃李魚目笑之卞和恥 青軒
桃李能幾何流光欺人忽蹉跎【李太白】 此
花不逐東流水晉客何因入洞來 日暮殘
紅空落地無人解惜為誰開【白樂天】 還向
萬壑深竹裡一枝斜臥碧流中【元稹】 重門
深鎖無人見惟有碧桃千樹花【郎士元】 桃

花盡日隨流水洞在清溪何處邊【張旭】 妃
子紅顏對此君風流如在武陵春【白氏集】
母家昇上瑤池品先得春風一面新【石曼卿】
綠萼紅葩曉態新風流如陣戰愁人【[illegible]明】
[illegible] 草上紅多枝上稀芳條綠萼憶來時【歐】
【[illegible]公】 年年二月賞花天惟有小桃偏占先
【[illegible]】 十月江南蔬小春新陽已放一枝
新【[illegible]】 一日出遊三日醉自知懸負小
桃開 人間日月知多少坐見桃花爛熳時
【俱[illegible]】 可笑夭桃奈雪風山家墻外見
疎紅【蔡君謨】 三月宮桃滿上林一花千蕚
費春心 一花五出尚可飲何況重重疊疊
開【俱陶弼】 莫向東風恨開晚鳳城猶有未
歸人【王[illegible]公】 春風過柳如絲綠晴日蒸桃
出小紅【[illegible]甫】 漁郎更覓桃源路除是人
間別有天【朱文公】 小桃洗面添光澤未點

胭脂已自紅【竹窗詩士】 桃源自有長生路
却是秦皇不得知【元好問】 問余何事栖碧
山笑而不荅心自閑桃花流水杳然去別有
天地非人間【李白】 緋桃一樹獨後發意若
待我留芳菲清香嫩蘂含不吐日日怪我來
何遲【歐陽公】 手種桃李非無主野老墻低
還是家恰似春風相欺得夜來吹折數枝花
奉乞桃栽一百根春前爲送浣花村河陽
縣裡雖無數濯錦江邊未滿園【俱杜甫】 紫
陌紅塵拂面來無人不道看花回玄都觀裏
桃千樹盡是劉郎去後栽 百畝庭中半是
苔桃花淨盡菜花開種桃道士歸何處前度
劉郎今又來 山桃紅花滿上頭蜀江春水
拍山流花紅易衰似郎意水流無限似儂愁
【俱劉禹錫】 芙蓉脂肉綠雲鬟罨畫樓臺青
黛山千樹桃花萬年藥不知何事憶人間【元
稹】 黃師塔前江水東春光困嬾傍微風桃
花一簇開無主可愛深紅映淺紅【杜甫】 百
葉雙桃晚更紅臨窗映竹見玲瓏應知侍史
歸天上故伴仙郎宿禁中【韓愈】 細腰宮裏
露桃新默默無言幾度春至竟息忘緣底事
可憐金谷墮樓人【杜牧】 東風漸急夕陽斜
一樹夭桃數日華爲惜紅芳今夜裡不知和
月落誰家【宋詩】 山桃野杏兩三栽樹樹繁
花去後開今日主人相引看誰知曾是客移
來【[illegible]】 天上碧桃和露種日邊紅杏倚雲
栽芙蓉生在秋江上不向東風怨未開【高蟾】
樹頭樹底覓殘紅一片西飛一片東自是
桃花貪結子錯教人恨五更風【王建】 小樓
西望那人家出屋香稍幾樹花只恐東風能
作惡亂紅如雨墮窗紗【劉原父】 千朵穠芳
倚樹斜一枝枝綴亂雲霞憑君莫厭臨風看

占斷春光是此花【白敏中】 衣裁綠錦態纖
穠猶在瑤池午醉中嫌近清明時節冷趁渠
新火一番紅【曾褒父】 習習香薰薄薄煙杏
遲梅早不同妍山無盡日無鶯蝶只與幽人
伴醉眠【种明逸】 舞衫歌扇舊因緣萬事傷
心在目前雲物不殊鄉國異天桃窗下背花
眠【孫覿】 一年春事又成空擁鼻微吟半醉
中夾道桃花三月暮馬蹄無處避殘紅【張公
庠】 空堦日晚雨纔乾小婢相隨倚畫闌金
釵悞掛緋桃上羅袂愁依翠竹寒【孫蕙】 孔
雀屏開春夢幽水晶簾捲篆煙浮深宮盡日
渾無事閑看桃花落御溝【杜賁】 風掃桃花
片片飛夜闌不寐倚屏圍聲聲杜宇催歸去
不向郎啼向妾啼【鄧志謨】 秋夜佳人歌木
蘭蕭湘幅上水雲寒誰教蕙帳留春色九月
桃花鏡裏看【孫齊之】 芳郊晴日草萋萋千
樹桃花一鳥啼無數落紅隨水去又分春色
入城西【孟陵】 不騁嬌姿媚艷陽却來肩雪
並寒芳態嫌春色繁華態故學梅花淺淡粧
【徐臣】 綠淺紅深醉眼濃歸人何處不迷踪
飛時莫浪隨流水自有春濤可化龍【張銘盤】
雨後桃花作片飛風前柳絮點人衣春歸
不用怨風雨無雨無風春亦歸【黃靜齋】 畫
是劉郎手自栽劉郎去後幾番開東君有意
能相顧蛺蝶無情也不來【朱淑真】 恰匝西
園一徑通猗經霜盡野塘空桃花錯認東風
暖却與芙蓉鬭小紅【趙信菴】 雙槳春風款
款移斜陽半落芳池不妨暫向橋邊駐更
爲桃花了一詩【[illegible]】 桃源花發幾番春
開說漁郎許問津秦帝謾勞方士遠神仙已
是避秦人【蕭木崖】 度索山頭駐彩霞蓬萊
[illegible]家共傳西苑千秋實已有東風一

樹花焦竑。濃朱淺粉兩俱嬌一頃園圃
艷不同疑是蕋宮雙姊妹一時携手嫁東風
[?]二色桃 采藥人歸聞木氣尋仙恐
遠夢桃花買來山釀全如水易解昏昏到日
斜陸龜蒙 欲留王母盤中核兼采秦人洞
裡薪此事渺茫花笑我不如聯賞故園春王
梅溪 桃源只在市城邊錦瑟明粧滿画舩
莫怪道人回首處朝來暮去已年年孫淇
天桃灼灼倚窗前春色繽紛帶紫煙昨夜
雨聲來枕上惜花人聽不曾眠蕭氏 小徑
升堂舊不斜五株桃樹亦從遮高秋總饋貧
人實來歲還舒滿眼花簾戶每宜通乳燕兒
童莫信打慈鴉寡妻群盜非今日天下車書
正一家杜甫 煥觸衣襟漠漠香間梅遮柳
不勝芳數枝艷拂文君酒半里紅歆宋玉墻
晝日無人疑悵望有時經雨乍淒涼舊山山

群芳譜 卷二 果譜 三二

下還如此回首東風一斷腸羅隱 洛陽城
東桃李花飛來飛去落誰家幽閨女兒愛顏
色坐見落花長嘆息今歲花開君不待明年
花開復誰在故人不共洛陽東今來空對落
花風年年歲歲花相似歲歲年年人不同賈
曾 笑捲初服返林皋小築精廬傍暮陶已
買扁舟浮綠水更依疎柳揷紅桃春風荏苒
來三徑歲月侵尋入二毛却笑文章綠業在
簇書重簡課兒曹張居庵 江上人家桃樹
枝春寒細雨入疎籬影遭碧水潛勾引風妬
紅花却倒吹吹花因懶傍舟行水光風力俱
相怯赤憎輕薄遮人懷珍重分明不來折塵
欠飛遲半欲高縈沙惹草細于毛密蜂蝴蝶
生成性偷眼蜻蜓避百勞杜甫 竹徑參參
空碧苔雙星忽漫照高臺啞飛白玉風前落
烏度青雲紅上來蜻尾清斑原帝侍虎頭詞

客總仙才相逢莫問年來事惟有桃花似舊
開閩大章 上苑夭桃自作行劉郎去後幾
回芳厭從年少追新賞閒對宮花識舊香欲
贈佳人非泛情好紉幽佩與沉湘鶴林神女
無消息為問何由返帝鄉東坡 誰家有女
腰如束雙眸剪水肌凝玉襪紅香汗溼鮫綃
低壓嬌花鬢雲綠春光漸暖春晝長春風撲
面春花香一聲環珮鳴丁當自臨鸞鏡匀新
粧[?]庵 萬山廻合似天台二月桃花已
遍開映水却疑乘浪煖緣崖故是倚雲栽亂
紅飛雨沾衣袂碎錦分霞入酒盃謾道武陵
仙路遠探奇有客問津來葉瑤泉 露井花
時露未晞紫文丹萼鬭芳菲佳人南國還嬌
艷仙種西池定是非浥雨別含濃淡態籠煙
杖逗淺深暉祇緣瓊貌難為詞瑤草一何碧
侶獨傍房陵片玉飛方廣德 詞 春入武陵溪

群芳譜 卷二 果譜 三三

溪上夭桃無數花上有黃鸝我欲穿花尋路
直入白雲深處浩氣展虹霓祇恐花深處紅
露溼人衣○坐白石欹玉枕拂金徽謫仙何
處無人伴我白螺盃我為靈芝仙草不為朱
唇丹臉長嘯亦何為醉舞下山去明月逐人
歸黃魯直水調歌頭 嶺梅香雪飄零盡繁
杏枝頭猶未小桃一種妖嬈偏占春工用意
微噴丹砂半含朝露粉墻低倚是誰家小女
嬌癡怨別空凝涕東風裡○好是佳人半醉
近橫波一枝爭媚玄都觀裡武陵溪上空隨
流水悵恨如紅雨風不定五更天氣念當年
門裡如今陌上灑離人淚晁次膺水龍吟
碧桃天上栽和露不是凡花數亂山深處水
縈廻可惜一枝如畫向誰開○輕寒細雨情
何限不道春難管為君沉醉又何妨只怕酒
醒時候斷人腸秦少游虞美人 醉漾輕舟

信流引到花深處塵緣相[illegible]煙水茫茫回首斜陽暮山無數亂紅如雨不記來時路【秦少游點絳唇】穠艷嬌春春婉娩雨借風饒學得宮妝淺愛把綠眉都不展無言脉脉情何恨○花下當時紅粉面舉擬新年都向花前見爭奈武陵人易散丹青傳得閨中怨【王通叟蝶戀花】十年花底承朝露看到江南樹洛陽城裡又東風未必桃花得似舊時紅○胭脂睡起春纔好應恨人空老心情難在只吟詩白髮劉郎孤負可憐枝【東坡虞美人】柳帶榆錢又還是清明寒食正滿園羅綺滿城簫笛花樹得晴紅欲染遠山過雨青如滴問江南池館有誰來江南客○烏衣巷今猶昔烏衣事今難覓但年年燕子晚煙斜日抖擻一春塵土債悲涼萬古英雄迹且芳樽隨分趁芳時休虛擲【劉辰翁】

【杏】

一名甜梅樹大花多實多根最淺以大石壓根則花盛子牢葉似梅差大色微紅圓而有尖花二月開未開色純紅開時色白微帶紅至落則純白矣實如彈丸有大如梨者生酢熟甜種類不一有金杏圓而黃熟最早味最勝一名漢帝杏謂武帝上林苑遺種也大如梨黃如橘出濟南 白杏熟時色最白或微黃味甘淡而不酢出滎陽 沙杏甘而多汁即世所稱水杏也 梅杏黃而帶酢 柰杏青而

帶黃出鄴中 金剛拳赤大而扁肉厚味甚佳又名肉杏 木杏形扁色青黃味酢不堪食 山杏肉薄不堪食但可收仁用 又有赤杏黃杏建柰杏南海有杏園洲相傳為仙人種杏處今處處有之性熱生痰及癰疽不宜多食小兒產婦尤忌花五出其六出者必雙仁有毒千葉者不結實

○種杏 與桃同取極熟杏帶肉埋糞中至春芽出即移別地行宜稀宜近人家樹大戒移栽移則不茂正月斸樹下地通陽氣二月除樹下草三月離樹五步作畦以通水旱則澆澇遇有霜雪則燒煙樹下以護花苞 接杏 桃樹接杏結果紅而且大又耐久不枯 杏仁 有毒如用須煮極熟令中心無白仍以水泡日日換水至水無氣味為度否則毒人中其毒者迷亂將死取杏枝切碎煎湯服即解

○附錄巴旦杏 一名八丹杏出回回地今諸處皆有樹如杏而葉差小實小而肉薄核如梅皮薄而仁清甘鮮者尤脆美稱果之佳者

○製用 美色金杏新水浸沒生姜甘草丁香蜀椒縮砂白豆蔻鹽花沉檀龍麝皆取末如麪攪拌曬乾候水盡味透更以香藥鋪糝名爽團宿醒未解一枚爽然【清異錄】 杏熟時多取爛者盆中研之生布絞取濃汁塗盤中曬乾取下可和水為漿又和麪用李同此

法【王禎農書】杏花多宜豆　五月採
破核去雙仁者自朝蒸之至午便以慢火微
烘之七日乃收貯每旦腹空時不拘多少任
意啖之積久不止駐顏延年　杏仁能使人
血溢少誤之必出血不已或至
委頓故近世少有服者【本草】
○療治　肺氣喘急杏仁去皮尖二兩童便浸半
月夏月一日三四換餘月一日一換取
出焙乾研細每服棗大一塊薄荷一葉蜜一
雞子大水一鍾煎七分食後溫服忌腥物二
劑永瘥最効　欬逆上氣不拘大人小兒杏
仁三升去皮尖炒黃研膏入蜜一升杵熟每
食前含之嚥汁　上氣喘急杏仁桃仁各半
兩去皮尖炒研用水調生麪丸梧子大每服
十丸薑蜜湯下微利為度　喘促浮腫小便
淋瀝杏仁一兩去皮尖熬研和米煑粥空心

吃二合妙　頭面風腫杏仁搗膏雞子黃和
杵塗帛上厚裹之乾則又塗七八次愈　風
虛頭痛欲破杏仁去皮尖晒乾研末水九升
研濾汁煎如麻腐狀取和羹粥食七日後大
汗出諸風漸減此法神妙慎風冷猪雞魚蒜
醋　頭面諸風鼻塞眼瞤出冷淚杏仁三升
研細水煑四五沸洗頭待冷汗盡二度愈
破傷風腫杏仁杵膏厚塗上然燭遙炙之
血崩不止諸藥不効服此立止甜杏仁上黃
皮燒存性為末每服三錢空心熱酒服　穀
道𧏾痛腫痒杏仁杵膏頻傅　陰瘡爛痛杏
仁燒黑研成膏頻傅　產門虫疽痛痒不可
忍杏仁去皮燒存性杵爛綿裹納入効　面
上䵟皰杏仁去皮搗和雞子白夜塗之旦以
煖酒洗去　兩頰赤痒其狀如疿名頭面風
杏仁頻頻揩之內服消風散　耳卒聾閉杏

仁七枚去皮拍碎分作三分以綿裹之著鹽
如小豆許以器盛于飯上蒸熟命病人側臥
以一裹捻油滴耳中良久又以一裹滴之効
耳出濃汁杏仁炒黑搗膏綿裹納入日三
四易妙　鼻中生瘡杏仁研末乳汁和傅
疳瘡蝕鼻杏仁燒壓取油傅之　牙齒虫𧏾
杏仁燒存性研膏髮裹納虫孔中殺虫去風
其痛便止重者不過再上　牙斷痒痛杏仁
一百枚去皮鹽方寸匕水一升煑令汁出含
漱吐之三度愈　目中赤脉痒痛時見黑花
用初生杏子仁一升五銖錢七文入瓶內密
封埋門限下一百日化為水每夕點之　胎
赤眼疾杏仁壓油半雞子殼食鹽一錢入石
器中以柳枝一握緊束研至色黑以熟艾一
團安碗內燒烘之令氣透火盡即成每點少
許入兩眥甚効　目翳但瞳子不破者杏仁

三升去皮麪裹作三包煻火煨熟去麪研爛
壓去油每用一錢入銅綠一錢研勻點之
目生努肉或痒或痛漸覆瞳人用杏仁去皮
二錢半膩粉半錢研勻綿裹筯頭點之　傷
目生努生杏仁七枚去皮細嚼吐掌中乘熱
以綿裹筯頭點努肉上不過四五度愈　又杏
仁研膏人乳化開日點三次　小兒血眼初
生艱難血瘀眦瞼遂濺滲其睛不見瞳人輕
則外胞赤腫上下弦爛用杏仁二枚去皮尖
嚼爛乳汁三五匙入膩粉少許蒸熟絹包頻
點重者加黃連朴硝最良　小兒臍風杏仁
去皮研傅　小兒咽腫杏仁炒黑研爛含嚥
鍼入肉雙杏仁搗爛以車脂調貼其鍼自
出箭鏑或刀刃在咽膈諸隱處同　狐尿瘡
痛杏仁研爛煑一兩沸及熱浸之冷即易
狗咬傷爛嚼杏仁塗之　食狗不消心下堅

一□□發熱妄語杏仁一升去皮尖入
煎沸去查取汁分三服下肉為度〔□□□〕
杏仁搗爛水和服之　白癜風杏仁連皮尖
每早嚼二七枚揩令赤色夜臥再用　小兒
頭瘡杏仁燒灰傅之　蚰蜒入耳杏仁搗泥
取油滴入井出則死　婦人無子二月丁亥
日取杏花桃花陰乾為末戊子日和井花水
服方寸七日三　粉滓面䵟桃杏花各一升
東流水浸七日洗
面二七遍極妙

○典故　夏祠用杏〔盧諶祭法〕　三月杏花盛可
播白沙輕土之田〔月令〕　賴鄉老子祠
前有樑杏〔述異記〕　范蠡宅在湖中有海杏
大如拳〔述異記〕　天台山有杏花六出而五色
號仙人杏〔述異記〕　孔子遊緇帷之林坐杏
壇之上弟子讀書孔子弦歌鼓琴〔莊子〕　仙

人有三玄紫杏〔南岳夫人傳〕　上林苑有蓬
萊杏又有文杏謂其樹有文彩也　漢東海
都尉于台獻杏一株花五色五出云仙人所
食〔西京雜記〕　乾陽殿前杏六株含章殿前
杏四株〔洛陽宮殿簿〕　光武墳邊杏甚美今
送其核〔宋超石與兄書〕　唐進士杏花園初
會謂之探花宴擇少俊二人為探花使徧遊
名園若他人先折得花二人皆受罰〔摭言〕
董奉居廬山治病重者種杏五株輕者一株
號董仙杏林〔神仙傳〕　馬燧子暢以第中大
杏餽竇文場文場以進德宗未嘗見頗怪暢
令中使就封其樹暢懼進宅為奉誠園〔桂苑〕
〔□□〕　孫楚祭介子推云餳一盤醴酪二盂
今寒食有杏酪麥粥即其類也〔玉燭寶典〕
今寒食人家研杏仁為酪以餳沃之　衛倫
為中書郎子悰稱魏故侍中劉子陽食餅知

鹽生精味之至也予曰師曠識勞薪易牙
淄澠子陽今之妙士也識之何難倫因命僕
取樹換以進予嘗之曰麥也有杏李柰味三
果之熟不同時子焉得兼之倫笑而不言退
告人曰士安之識過劉氏〔玄晏春秋〕　魏郡
有好杏地產不為無奇〔盧毓冀州論〕　裴晉
公午橋庄有文杏百株其處立碎錦坊〔曹林〕
〔□□〕　張元性廉潔南鄰有杏兩株杏熟多
落元園中元悉還主者〔後周書〕　太平園中
有杏數十株每至爛開太守大張宴一株命
一妓倚其傍立館曰爭春開元中宴罷或聞
花有嘆息之聲〔揚州志〕　徐州古豐縣朱陳
村有杏花一百二十里近有人為德慶户曹
過此村花尚無恙〔詩話〕　銅陵昔傳葛仙翁
曾留此種杏下有溪落英飛堰上名花堰
杏花無奇多種成林則佳城中朱氏園中百

株偃仰水傍予嘗携榼賞之今當
于廣園荒池別置一林〔王敬美〕

○麗藻散語　杏者東方歲星之精也〔典術〕　五
沃之土其木宜杏〔管子〕　梅杏郁
棣華實照爛〔潘岳閑居賦〕

詩五言

花開連錦帳〔□□〕　灑杏花鬚　煙
紅簇交枝
杏〔□□〕　曾將曲江春〔文與可〕　淺紅欺醉
粉〔□□□〕　梅杏半含黃　盈盈當雪杏豔
豔待香梅〔□□〕　孤村芳草遠斜日杏花飛
〔寇萊公〕　豔蘤紅蠟仙肌總薄羅〔梅聖俞〕　帶雲
月淡斜分影池清淡寫真〔文與可〕
猶誤雪映日欲欺霞景陌傳香遠紅泉落影
斜〔□□□〕　文杏栽為梁香茅結為宇不知
棟裡雲去作人間雨〔王維〕　放紅崗桃豔淺
白笑梨花落處飄微霞繁時叠亂雲〔□□〕
萬樹江邊杏新開一夜風滿園深淺色照在

碧波中〔王涯〕　年年曲江望花發即經過未
飲心先醉臨風思倍多〔劉禹錫〕　道白非真
白言紅不若紅請君紅白外別眼看天工〔楊
〔廷秀〕　春色芳盈野枝枝綻翠英依稀映村
塢爛熳開山城好折待賓侶金盤襯紅瓊〔[illegible]
〔[illegible]〕　春意竟相妒杏花應最嬌紅輕欲愁
殺粉薄似啼消願作南華夢翩翩繞此條〔[illegible]
〔[illegible]〕　不覺梅數雪輕紅照碧池小桃新謝後
雙燕却來時香屬登龍客煙籠宿蝶枝臨軒
須盡醉取風雨易離披〔鄭谷〕　坊開裴墅錦花
發董林株望欲迷瓊苑栽疑近白榆微風舒
霽臉小雨濕煙鬟春意枝頭鬧從教醉玉壺
〔中山泉〕　零露泣月蓋溫風散晴葩天工了
不睡連夜開此花芳心誰剪刻天質自清華
做客香無有美妝影橫斜中山古戰國殺氣
凌高牙叢臺餘袨服易水雄悲笳自從此花

發玉颭洗塵沙坐令遊俠窟化作溫柔家我
老念江梅不飲空咨嗟劉郎歸何日紅桃爍
殘霞明年花開時舉酒
七言
種杏仙家近白
望三巴〔宋景文公〕　榆〔杜甫〕　杏園
淺消開花鳳〔白樂天〕　柳絲牽水杏花紅〔鄭
〔谷〕　杏艷桃花奪曉霞〔唐彥謙〕　霏微紅雨
杏花天〔韋莊〕　莫怪杏園憔悴去滿城多少
插花人〔杜牧〕　大道青樓御苑東玉欄仙杏
壓枝紅〔韋莊〕　粥香餳白杏花天省對流鶯
坐綺筵〔李商隱〕　紅芳紫萼却春寒蓓蕾粘
枝密作團　絕憐欲白仍紅處正是微開半
吐時　行穿小樹尋晴朵自撓芳條嗅嫩香
〔楊廷秀〕　落梅香斷無消息一樹春風屬杏
花〔施芸隱〕　客裡不知春早晚失驚紅雨到
墻陰〔鄭安晚〕　忽憶芳時頻醉所却尋醉處
重徘徊杏花結子春深後誰解多情又獨來

怪君把酒偏惆悵曾是貞元花下人〔白別〕
花來多少事東風二十四回春〔俱白樂天〕
二十餘年作逐臣歸來還見曲江春遊人莫
笑白頭醉老醉花間有幾人〔劉禹錫〕　劉郎
不用閑惆悵且作花間共醉人等是正元舊
朝士幾員同見太和春〔元微之〕　落花流水
認天台半醉閑吟獨自來惆悵仙翁何處去
滿庭紅杏碧桃開〔高蟾〕　登龍曾入少年場
錫宴瓊林醉御觴爭戴滿頭紅爛熳至今猶
雜桂枝香　桃紅李白欲爭春素態嬌羞雨
未勻日暮墻頭試回首不施朱粉是東鄰〔俱
〔王元之〕　我是朱陳舊使君勸農曾入杏花
村如今風物那堪話縣吏催錢夜打門〔東坡〕
淺注胭脂剪絳綃獨將嬌艷冠花曹春心
自得東皇意遠勝玄都觀裡桃〔朱淑真〕　白
白紅紅一樹春晴光耀眼看難真無端昨夜

蕭蕭雨細錦全機却作茵　紅藍細細糝晴
窗紫玉森森走鳳條枯梗折枝無一寸併歸
春色舞花梢　不信東皇也有私如何偏寵
杏花枝于中更出紅千葉且道化工奇不奇
〔俱楊廷秀〕　江梅已過杏花初尚怯春寒着
葉疏待得重來幾枝在半隨蝶翅半蜂鬚〔呂
〔東萊〕　上林佳處午橋邊半染頳霞半着煙
記得曲江春日裡一枝曾占百花先〔申錫泉〕
曲江池畔題詩處燕子飛時花正開報道
狀元歸去也馬頭春色日邊來〔張銘齋〕　蓓
蕾枝稍血點乾粉紅腮頰露春寒不禁煙雨
輕欺着只好亭臺愛惜看　偎柳傍桃斜欲
墜等鶯期蝶猛成團京城巷陌新晴後買得
風流更一般〔林和靖〕　顆顆粧成葉竈芽白
邊開處逐彤霞直宜相間栽培物更是仙人
種植花高行出群猶仰慕香名超格合共誇

諸賢繼有尋芳會欲奉歡遊決自差【許中丞】

【黃杏花】杏花飛簾散餘春明月入戶窺幽人褰衣步月踏花影炯如流水涵青蘋花間置酒清香發爭挽長條落香雪山城薄酒不堪飲勸君且吸盃中月洞簫聲斷月明中惟憂月落酒盃空明朝卷地東風惡但見落葉栖殘紅【蘇東坡】

居鄰北郭古寺空杏花兩株能白紅曲江滿園不可到看此寧避雨與風二年流竄出嶺外所見草木多異同冬寒不嚴地常燠陽氣亂發無元功浮花浪蘂鎮常有纔開還落瘴霧中山留躑躅少意思照耀黃紫徒爲叢鷓鴣鉤輈猿叫歇香靄深谷攢青楓豈如此樹一來說若在京國情何窮今旦胡爲忽惆悵萬片飄泊隨西東明年更發應更好道人莫忘鄰家翁【韓昌黎】

詞

杏花過雨漸殘紅零落胭脂顏色流水飄香人漸遠難託春心脈脈恨別王孫牆陰目斷手把青梅摘金鞍何處綠楊依舊南陌。消散雲雨須臾多情因甚有輕離輕拆燕語千般爭解說些子伊家消息厚約深盟除非重見見了方端的而今無奈寸腸千恨堆積【沈公述念奴嬌】

紅杏一枝遙見凝露粉愁香怨吹開吹謝任春風恨流鶯不能拘管。曲池連夜雨綠水上碎紅千片直擬移來向深院任彫零不孤雙眼【杜安世憶漢月】

胭脂膩粉光輕勻新晴枝上鬬紅無處着近清明。仙娥進酒多情向花下相鬬盈盈不惜十分傾玉斝惜彫零【曾海野侍宸宴春光好】

烟冷金爐夢回鴛帳餘香嫩更無人問一枕江南恨。消瘦休文頓覺春衫褪清明近杏花吹盡薄暮東風緊【趙元鎮點絳脣】

【李】一名嘉慶子樹之枝幹如桃葉綠而多花小而繁色白結實有離核合核無核之異小時青熟則各色有紅有紫有黃有綠又有外青內白外青內紅者大者如杯如卵小者如彈如櫻其味有甘酸苦澀之殊性耐久樹可得三十年雖枝枯子亦不細種類頗多有麥李麥秀時熟實小有溝肥甜一名座一名棱處南居李解核如杏堪入藥季春李冬花春實木李絕大而美御黃李形大而味厚核小而甘香李中佳品也均亭李紫而肥大味甘如蜜南方李此爲最擘李熟則自裂餻李肥粘如餻中植李麥前熟趙李無核一名休御李大如櫻桃紅黃色先諸李熟赤駁李其實赤冬李十月十一月熟離核李似柰有劈裂皆李之特出者他如經李一名老李樹數年即枯杏李味小酸似杏黃扁李夏李名李出南郡縹青李出房陵建黃李出河沂青皮李赤陵李馬肝李牛心李紫粉李小青李水李扁縫李金李鼠[illegible]李合枝李柰李晚李之類未可悉數建寧

者甚甘今之李乾皆從此出

○移栽　春月取近根小條栽之離大樹遠者不用待長移之别地性喜開爽宜稀栽南北成行率兩步一株太密聯陰則子小而味不佳樹下勤去草令淨不用耕耕則肥而無實

○嫁李　正月一日或十五日以磚石着李樹岐中令實繁又臘月中以杖微打樹岐間正月晦日復打可令足子又法以煮寒食醅酪火㮇着樹間亦良或曰桃樹接李則生子甘紅

○禁忌　李多食腹脹若澀者忌食　服术人不可食　不沉水者不可食　不可合雀肉食　不可合蜜食　不可臨水食　不可合漿水食

○製用　鹽曝法夏月李黃時摘取以鹽挼去汁合鹽晒萎去核復晒乾用時以湯洗淨薦酒甚佳　嘉慶子　取朱李蒸熟晒乾又糖藏蜜煎皆可久留　本草曰李根取[illegible]者服其花令人好顏色　食李能除固熱調中不可多食【養生月錄】

○療治　女人面䵟李核仁去皮細研雞子白和如稀餳晚間塗面至旦洗去後塗胡粉忌見風不過五六日效　蠍螫苦李仁嚼塗之良　齒痛李根白皮煎水含漱　咽喉卒塞皂角末吹鼻取嚏李樹近根皮磨水塗之驗　赤白帶下李根白皮炙黃煎湯日再服驗　惡瘡刺痛李葉棗葉搗汁點之効

○典故　李曰疐之【禮記】　桃李實多者來歲必穰【[illegible]】　李直方嘗第果品以綠李為首【國史補】　老子之母懷八十一年于樹下生也　老子因指李為姓【神仙傳】　林園多生玉華李

延千歲一熟又名韓終李仙人韓終嘗食【[illegible]記】　神仙上藥有員丘紅李　武帝初修上林苑群臣遠方各獻名果樹有朱李黃李紫李綠李青李綺李青房李車下李顏回李合枝李羌李燕李猴李【西京雜記】　東方朔與弟子俱行朔渴令弟子叩道邊人家門不知室主姓名呼之不應朔復往見博勞飛集其家李木上謂弟子曰主人當姓李名博汝呼當應室中人果有姓李名博者出與朔相見即入取飲與之【韓詩外傳】　李少君謂帝云鍾山之李大如瓶食之生奇光【漢武內傳】　水晶李出天台閼闐真人曾致元帝　魏文帝安陽殿前天降朱李八枚嘜一枚可數日不食【述異記】　晉嶧章殿前有嘉李【洞冥記】　和嶠家有好李計核而責錢　王戎父渾薨所歷九郡義故懷其德惠相率致賻數百萬皆不受又云戎家有好李賣之恐人得種鑽其核夫能辭數百萬之賻而乃靳一菓之種似非人情此必當時惡濬沖者造為此語恐未可信【晉書】　貞觀中玉華宮有李連理隔澗合枝【唐書】　東都嘉慶坊有李樹其實甘鮮名嘉慶子為京邑之美【兩京記】　南居細李四月先熟【風土記】　崔奉國家有一種李肉厚而無核識者曰天罰乖龍必割其耳血墮地生此李【琴莊美事】　鄭園有春李冬華春熟【廣志】　王侍中家堂前有鼠從地中出其穴生李樹花實俱好名鼠精李【好事集】　杜陵有金李大者夏李小者鼠李【述異記】　青李來禽櫻桃日給藤子皆囊盛為佳函封多不生足下所疏云此果佳可以致子吾篤喜果今在田里速為致此子則大惠也【[illegible]帖】　房陵朱仲有李園二十八所

沅陵伍貫卿家李花一夜如蓮花荷葉狀[illegible]如飛仙狀上天花上露作雨千點濃馥言矣【擷要錄】憲宗以鳳李花釀換骨醪賜裴度【卷間錄】蕭瑀陳叔達於龍昌寺看李花相與論李有九標謂香雅細淡潔密宜夜月宜綠鬢宜泛酒【下千舊筆】元微之白樂天兩不相下一日同詠李花微之先成葦綃之句樂天乃服蓋葦綃白而輕一時所尚【高隱外書】

【詩】桃李歲歲同時並開而退之有花不見桃惟見李之句殊不可解因晚登碧落堂望隔江桃李桃皆暗而李獨明乃悟其妙蓋縞炫夜云【[illegible]齋詩話】嘉興府城西南地產佳李因名檇李越絕書作就李又云吳王曾醉西施于此號醉李 國朝嘉靖三十年象山縣李樹生王瓜三十一年諸暨縣李樹生王瓜諺云李樹生王瓜百里無人家已而果爲

倭奴剽殺甚衆【寧波府志】

○麗藻散語 井上有李【孟子】何彼穠矣花如桃李 投我以木李 丘中有李 投我以桃報之以李【毛詩】仙李縹而神李紅 沉甘瓜于清泉浮朱李于寒水【魏文】

【賦】三沃之土其木宜梯李【管子】

行 平旦入西園梨花數株若矜夸旁有一株李顏色慘慘似含嗟問之不肯道所以獨繞百匝至日斜忽憶前時經此樹正見芳意初萌芽奈何趁酒不省錄不見玉枝攢霜葩淡然爲汝下雨淚無繇逐節義和車東風來吹不改顏蒼茫夜氣生相遮冰盤夏薦碧實脆斥去不御慚其花當春天地爭奢華洛陽園苑尤紛拏誰堆平地萬堆雪剪刻作此連天花日光赤色照未好明月暫入都交加夜領張徹夜臺仝乘雲共至玉皇家[illegible]縞袂練帨無等差靜濯明粧有所奉顧我未肯置齒牙清寒瑩骨肝膽醒一生思慮無由邪【韓昌黎李花行】

詩五言

沉不寒李冷【杜甫】 葦綃開萬朵【元稹】 鶯啼密葉外蝶見脆花心 色潤房陵縹味奪寒水朱【[illegible]】 春風且莫定吹向玉階飛【丘爲】 朱【沈約】李生東苑甘瓜出西鄰【張華】 仲夏梅霖歇枝頭玉實繁【歲華紀麗】 當知露井側復與夭桃鄰【[illegible]】 南國有佳人容華若桃李【[illegible]】

【題】自明無月夜強笑欲風天【李商隱】 花空落地終被笑妖紅【錢起】 西園有千葉桃淡泊更纖濃【東坡】 盤根植瀛渚交幹橫倚天舒華光四海卷葉映三川【唐太宗】 嘉李繁相倚園林淡泊春齊紈剪衣薄吳紵下機新色與晴光亂香和霧氣勻望中皆玉樹環堵不爲貧【司馬溫公】 麗日風和煖漫山李正開盈林銀綴簇滿樹雪成堆清馥勝秋菊芳姿比臘梅杖藜遊俠子攀折晚歸來【范[illegible]】

七言

皇朝仙李蟠根[illegible] 水[illegible] 盤夏薦碧實脆【[illegible]文公】 春[illegible]煥風薰翠幄[illegible] 暑天涼氣沁朱闌【[illegible]】 碎錦不飛紫樹合素雲欲本亞枝難【司馬公】 主人肝膽無猜忌李下遊人任整冠【[illegible]】 東都綠李萬州栽君手封題我手開把【[illegible]】 侍欲嘗先悵望與渠同別故鄉來【白樂天】 近紅暮看失臙脂遠白宵明雪色奇不見桃化惟見李一生不識退之詩 草堂少花今欲栽不問綠李與黃梅石筍街中卻歸去果園坊裏爲求來【杜少陵】

【賦】長念詩人詠子嗟一囿欒繞樹日欹斜水盤行薦炎天實不用東風學種瓜【王[illegible]】 山莊又移李花栽夫[illegible]帶香細雨中除卻[illegible]

腸千樹雪別無春慣識東風
宜繁惟遠惟繁始足看莫學江梅作疏影家
風各自一般般［俱楊誠齋］為愛溪邊千樹
斜解衣貰酒隔橋家唐人苦死無憀致只識
玄都觀裡花［劉後村］燕公樓下繁花樹一
日遙看一百廻利益夢餘當晝立縞衣風急
過牆來洛陽路不容春到南園花應為客開
今日豈堪簪短髮感時傷春意難裁［陳去非］
昨日摘花初見桃今日摘花還見李嬌風
暖日若相催春物所餘知有幾中年多病壯
心衰對酒思歸未及歸不及牆根花與草春
來隨處自芳菲［歐文忠］江陵城西二月尾
花不見桃惟見李風揉雨練雪羞比波濤翻
空杳無涘白花倒燭天夜明群雞驚鳴官吏
起金烏海底初飛來朱輝散射青霞開迷亂
入眼看不得照耀萬樹繁如堆念昔少年着

遊燕對花幾曾辭酒盃自從流落幽感集欲
去未到先思廻秖今四十已如此後日更老
誰論哉力攜一樽獨就醉可碎雲薄向碧玉
不忍虛擲委黃埃［韓昌黎］詞　枝頭綴萬蕊如
將采粉勻開疑似桃蘼薰却雪飄未應若兄
天賦標豔仍綽約當暄風暖日佳處戲蝶遊
蜂看着○重重繡簾珠箔障穠艷霏霏異香
漠漠見說徐妃當年嫁了信任玉鈿零落無
言自啼露蕭索夜深待月上闌干角廣寒宮
要與姮娥素粧一夜相學［万俟雅言尉遲杯］
［僾］

［柿］朱果也樹高大枝繁葉大圓而光澤四月開
小花黃白色結實青綠八九月熟紅柿所在皆有

黃柹生汴洛諸州　朱柹［illegible］皮薄可愛味更甘珍
柹大于諸柿去皮掛木上風日乾之佳　着蓋柹蒂下別有一層　牛心柹
狀如牛心　蒸餅柹狀如市賣炊餅　八稜柹大而稍扁南劍尤溪柹處州松
陽柹尤為奇品　種類甚多大者如楪其次如拳小者
如鹿心鴨子雞子生者澀不堪食其核形扁
狀如木鱉子而堅根甚固謂之柹盤世傳柹
有七絕一多壽二多陰三無鳥巢四無蟲蠹
五霜葉可玩六佳實可啖七落葉肥火可以

臨書多食引痰日乾者多食動風同蟹食腹
痛作瀉食柹飲熱酒令人易醉或心痛欲絕
○附錄　椑柹一名漆柹一名綠柹一名青椑一名烏椑一名花椑一名赤棠柹乃
柹之小而卑者生江淮宣歙荊襄閩廣諸州雖熟亦深綠色大如杏味甘可生啖服丹石
家宜之而人弗之貴搗碎浸汁謂之柹漆可漆雨扇諸物　軟柹一名楩棗一名梬棗
一名紅藍棗一名丁香柹一名君遷子其木類柹葉長實小而長乾熟紫黑色一種小而
圓如指頂味尤美其樹接柹甚佳廣志云梗棗小柹也肌細而厚味甜可以供御
蕃柹一名六月柹莖似蒿高四五尺葉似艾花似榴一枝結五實或三四實一［illegible］二三寸

實紛作樂最堪觀大傘大珠盎足爲喻草本也來自西番故名

○製用 烘柿 生柿置器中自然紅熟□味盡去其甘如蜜如火烘成原非以火烘也 醂柿 水一甕置柿其中數日即熟但性冷亦有鹽藏者有毒又有用灰汁澡三四度去汁著器中十餘日即可食但不宜治病 烏柿 火薰乾者 柿糕 糯米一斗洗淨乾柿五十同搗成粉如乾煮棗泥和拌之蒸食佳止小兒下痢 柿餅 大柿去皮捻扁日晒夜露至乾納甕中待生白霜取出一名白柿又名柿花 柿霜 即柿餅所出霜也乃柿中精液入肺病上焦藥尤佳生津化痰定嗽治咽喉口舌最良

○療治 臟毒下血幾死者乾柿燒灰米飲服二錢甚效爲散爲丸服皆妙 反胃有人

三世病此或教以乾柿餅同乾飯日日食之絕不飲水如法食之遂愈 又方乾柿三枚連蒂搗爛酒服甚效勿服他藥 小便血淋乾柿三枚燒存性研末陳米飲服 一方用白柿烏豆鹽花煎湯入墨汁服 熱淋澀痛乾柿燈心等分水煎日飲 小兒秋痢以粳米煮粥熟時入乾柿末再煑三兩沸食之乳母亦食 脾虛腹薄食不消化面上黑點者用乾柿三斤酥一斤蜜半斤酥蜜煎勻下柿煑十餘沸用不津器貯之每日空腹食三五枚甚良 痰嗽帶血青州大柿餅飯上蒸熟批開每用一枚摻真黛一錢臥時食薄荷湯下 產後欬逆氣亂心煩用乾柿切碎水煑汁呷 婦人蒜髮乾柿五枚茅香煑熟枸杞子酒浸焙研各等分搗丸梧子大每服五十丸茅香湯下日三 面生䵟䵳乾柿日日食之 耳聾鼻塞乾柿三枚細切以粳米三合豆豉少許煑粥日日空心食之 痘瘡入目白柿日日食之良 臁脛爛瘡用柿霜柿蒂等分燒研傅之甚効 解桐油毒乾柿餅食之良 欬逆胸滿柿蒂丁香各二錢生姜五片水煎服或爲末白湯點服虛弱人加人參一錢 食蟹柿多嘔吐欲死磨木香汁灌之即愈

○典故 鄭虔好書苦無紙慈恩寺貯柿葉數屋虔日取隸書歲久殆遍 潙山靈祐禪師仰山遊行烏啣紅柿墮前仰山洗淨與潙山分半

○麗藻 散語 之柿 潘岳 梁侯烏椑 詩五言 前庭樹沙棠後園植烏椑 金谷 紅圖 色勝金衣美甘逾玉液清 古詩 葉曾題字烏椑昔擅場凍乾千顆蜜尚帶一

林霜核有都無底吾衰喜細嘗慙無瓊玖何報惠不相當 楊萬里 七言 秋林黃葉晚霜嚴熟蒂甘香未得兼火傘乾珠滾攀拂風標却似色中黔 劉屏山 友生招我佛寺行正值萬株紅葉滿光華閃壁見神鬼赫赫炎官張火傘然雲燒樹大實駢金烏下啄赤虬卵魂翻眼暈忘處所赤氣沖融無間斷有如流傳上古時九龍照耀乾坤旱二三道士席其間靈液屢進玻璃盌 韓退之 詞 味過華林芳蒂色兼陽井沉朱輕勻絳蠟裹團酥不比人間甘露○神鼎十分火棗龍盤二寸紅珠清含冰蜜洗雲腴只恐身輕飛去 張

一名棠棣子一名山棗東一名羊棣一名

猴楂一名鼠楂一名茅楂一名檕梅一名[illegible]子一名赤瓜子味似楂故名楂杌之名見于爾雅有二種生山中樹高數尺多枝柯葉有五尖色青背白椏間有刺三月開小白花五出實有赤黃二色肥者如小林檎小者如指頂九月熟核狀如牽牛子色白微映紅甚堅滁州青州者佳古方罕用自朱丹溪用之名始著今爲消滯要藥語云山楂有爛肉之功

小者味酸爲棠杌子茅楂猴楂堪入藥肥大者爲羊杌子可作果食

○製用　取熟者蒸爛去皮核及肉白筋白肉搗爛加入白糖以不酸爲度微加白礬末則色更鮮妍入籠蒸至凝定收之作果甚美兼能消食　又蒸爛熟去皮核用蜜浸之頻加蜜以不酸爲度食之亦佳　聞有以此果切作四瓣加姜鹽拌蒸食又一法也　入藥者切四瓣去核晒乾收用　山查酒　山查熟時擇擘去亞洗淨控乾搗半碎每缸用三斗隨添黍米少許亦可以甑蒸半熟取出攤冷入大麯半塊燒酒一斤拌如常法其味甘淡不醉人[illegible]

○[illegible]詩五言　[illegible]　杜子美

楊梅　一名杌子生江南嶺南山谷間會稽產者爲天下冠吳中楊梅種類甚多名大葉者最早熟味甚佳次則卞山本出苕溪移植光福山中尤勝又次爲青蒂白蒂及大小松子此外味皆不及樹若荔枝葉細青如龍眼及紫瑞香二月開花結實如楮實子肉在核上無皮殼五月熟生青熟則有白紅紫三色紅勝

白紫勝紅顆大核細鹽藏蜜漬糖製火酒浸皆佳可致遠東方朔林邑記云邑有楊梅大如盃盌青時酸熟則如蜜用以釀酒號爲梅花酎甚珍重之揚州呼白者爲聖僧張華博物志言地瘴處多生楊梅信然多食令人傷熱食核中仁可解

○實　酸甘微熱滌腸胃除煩憒惡氣久食損齒及筋發瘡致痰忌與生葱同食　核仁　以柹漆拌核暴之[illegible]　皮及根　[illegible]煎湯洗惡瘡疥癬[illegible]

灰油調塗湯火傷

○種法　性宜山地校撥糞地中澆大月臈澆灌潤土中二月鋤地種之待長尺許次年移栽三四年後以生子枝接之次年二月初移栽山地多留宿土臘月內離根四五尺於高處開溝灰糞壅之不宜着根每遇雨肥水滲下則結子大而肥物類相感志云桑樹接楊梅則不酸樹上生癩以甘草釘釘之則去皆物理之妙也

○製用　糖楊梅以梅三斤為率用鹽一兩淹半日滚湯浸一夜控乾入糖二斤薄荷葉一大把輕手拌勻日暴汁乾收

○療治　又痢楊梅燒研米飲服二錢甚驗　一頭痛不止楊梅為末少許搐鼻取嚏妙

風頭作痛楊梅為末食後薄荷茶服二錢或以消風散同煎服或同搗末以白梅肉和丸彈子大每食後葱茶嚼下一丸　止血生肌減瘢痕鹽楊梅和核搗如泥做成挺子收竹筒中研末敷之神妙　鹽楊梅去痰止嘔下酒消食常含一枚咽汁下氣和五臟作脯收藏臨飲酒時服方寸匕止吐酒　砒毒心腹絞痛欲吐不吐面青肢冷用楊梅樹皮煎湯二三盌服之即愈　風蟲牙痛楊梅根皮厚者焙一兩川芎五錢麝香少許研末每半錢鼻內嗃之口中含水涎出痛止又楊梅根皮韭菜根厨案上油泥等分搗勻貼兩腮上半時辰其蟲從眼角中出屢効

○典故　齊孝子王虛之庭中楊梅樹隆冬三熟人謂孝感所致【南史】　楊德祖年九歲孔君平詣其父設果有楊梅孔指示之曰此君家果也應聲答曰未聞孔雀是夫子家禽【世說】　宋時梵天寺有月廊數百間庭前多楊梅盧橘子瞻詩曰夢繞吳山却月廊楊梅盧橘覺猶香　客有言閩廣荔枝何物可對者或對西涼葡萄子以為未若吳越楊梅平可正詩云五月楊梅已滿林初疑一顆價千金味方河朔葡萄重色比瀘南荔子深則古人亦有舉而方之者矣【東坡】　盧山頂上湖廣數頃有楊梅山桃止得于上飽啖不得將去

○麗藻　散語　櫨梨鑽之　詩七言　三春葉底青圓小五月枝頭赭彈圓折來鶴頂紅猶在剝破龍睛血未乾若使太真知此味荔枝焉得到長安【徐存齋】　五月楊梅已滿林初疑一顆價千金味方河朔葡萄重色比瀘南荔子深飛艇似聞新入貢登盤不見舊供吟詩成一寄山中友恐解樓頭愛渴心【平可正】　梅出稽山世少雙情知風味勝他楊玉肌半醉生紅粟墨暈微深染紫囊火齊堆盤珠徑寸醴泉浸齒蔗為漿故人解寄吾家果未變蓬萊閣下香　越絕諸楊勝一時與儂瓜果不曾知一夫自嘆吾衰矣此客何從夢見之也解過江尋德祖政緣作吾是丘遲渠伊不是南村派未免先驅是荔枝奴【鄧志秀】

【橄欖】一名青果一名諫果一名忠果生嶺南閩廣諸郡及沿海浦嶼間皆有之樹似木槵而

高大敦圓端直可愛枝皆高聳葉似櫸柳二月開花結子狀如長棗色青兩頭皆尖先生者居下後生者漸高深秋方熟核亦兩頭尖而有稜內有三竅生嚼味苦澀微酸良久乃甘美生食煮汁飲並生津止渴開胃下氣治喉痛消酒毒住泄瀉解一切魚鱉毒及骨鯁蜀中尤重其味云咀之口香勝含雞舌香其類有綠欖色青綠核內無仁有亦乾小烏欖色青黑肉爛而甘取肉捶碎乾自有霜如白鹽謂之欖醬仁最肥大有紋疊疊如海螺螄色白外有黑皮最甘嫩又有一種方欖出廣西兩江洞中似橄欖而有三角或四角一種波斯橄欖生邕州色類相似但核作兩瓣野生者樹峻而子繁蜜漬鹽淹皆可藏久用之致遠作佳果

○仁甘平無毒脣吻燥痛研爛傅之核甘澀溫無毒磨汁治魚積魚鯁又治痘瘡倒靨燒研服治下血枝狀如黑膠者土人採取爇之甚清烈謂之欖香雜以牛皮膠者即不佳採摘熟時以木釘釘之或納鹽少許于根下皮內一夕自落木亦無損

○附錄餘甘子一名菴摩勒生二廣諸郡閩之泉州及西川戎瀘蠻界山谷皆有之如川楝子形圓味類橄欖亦可蜜漬木可製器黃山谷集云戎州蔡次律家軒外有餘甘樹余名其軒曰味諫

○製用合栗子食能香口勝含雞舌凡食此果必去兩頭多食致上壅性熱也白露後食庶不病痁以木作槌擊魚皆得魚過之如死便不能動研橄欖或木作汁治魚骨哽咽最驗

○療治小兒落地時用橄欖一個燒研硃末五分和勻嚼生芝蔴一口吐唾和藥絹包如棗核大安兒口中待咂一個時頃方可與乳此藥取下腸胃穢毒令兒少疾出痘稀少效

繭脣及脣裂生瘡橄欖炒研猪脂和塗之效

牙齒膿血有蟲橄欖研入麝香少許貼之

下部疳瘡橄欖燒存性研末油調敷之或加孩兒茶等分

腸風下血橄欖核燈上燒存性研末每服二錢陳米湯調下

陰腎癩腫橄欖核荔枝核山楂核等分燒存性研末每服二錢空心茴香湯調下

耳足凍瘡橄欖燒研細末油調塗之

○麗藻散語詩五言

江東多果實橄欖稱珍奇北人將就酒食之先顰眉皮核苦且澀歷口復棄遺良久有回味始覺甘如飴我今何所喻喻彼忠臣辭直道逆君耳斥逐投天涯世亂思其言噬臍焉能追寄語採詩者無輕橄欖詩王元之

五行居四時雜火嶺南熾炎焦凌木氣橄欖得之多酸苦不耐入口久方和霜色入中青黑來

汪汝幸登君于席，得與衆果羅中州。衆果皆珠圓玉光，瑳瑳兹微陋質，以遠不見訶傷。始見女甜，還味久則卿。良藥不甘口，厥功見沉究。忠言初厭之，事至悔若何。世已無採詩，詩成爲君哦。【歐陽修】

南珍富奇異，嗜昔頗窮擘。夷荒無書傳，從古陋鉛槧。苞封走中土，天序異離坎。有香已變衰，有色多諧謗。今君此堂上，珍物惟橄欖。青膚勝瓊瑩，翠顆森菡萏。芒爲齒人貞，久見君子淡。甘懷彼包羞，日新此剛敢。清泉薦芳茗，臭味獨潛感。澡雪清煩醒，滌除瑩玄覽。靈均採時菊，酉伯嗜昌歜。嗣鼎實調梅，壯士仍嘗膽。由來超俗好，諸絕不言嗛。毀勤謝凡口，難白空三歎。【[illegible]】

炎方橄欖佳，餘甘生苗裔。風姿矉小殊，氣韵乃酃似。騂顏澀吻餘，髣髴清甘至。侯門収寸長，粉骨成珍劑。猶闘雜蜜草，少轉森嚴味。奇才用不專，雖用何殊棄。端如劾苦言，逆耳多嫌忌。棄果事何傷，違言德之累。悅口易逢知，感兹發長喟。

七言

紛紛青子落紅鹽，正味森森苦且嚴。待得微甘生齒頰，已【[illegible]】輸崖蜜十分甜。【[illegible]】

方懷味諫軒中果，忽見金盤橄欖來。想共餘甘有瓜葛，苦中眞味晚方回。【[illegible]】

美人抱琵自姑蘇，佳果盈籠贈客需。味淡冰桃清較勝，色侔玉棗脆更逾。入唇香嫩含雞舌，落齒甘回吐鳳酥。更爲高歌聲沸耳，相從啜茗落醍醐。【馬德澄】

【棗】一名木蜜。皮粗，葉小，面深綠色，背微白。發芽遲，五月開小花，淡黃色，花落即結實。生青，不堪食，漸大漸白，至微見紅絲即堪生啖；熟則純紅，味甚甘甜。王禎農書云：南北皆有，然南棗堅燥，不如北棗肥美。生于青、齊、晉、絳者尤佳。齊民要術云：旱澇之地不任稼穡者，種棗則任矣。種類甚多：有壺棗大而銳上猶瓠、轆轤棗細腰、御棗味最美出安邑、樂氏棗豐肌細核多膏肥美書傳樂毅自燕攜來、遵羊棗實小而圓紫黑色、窑坊棗味佳出應天府窑坊門內、大棗實如雞卵出猗氏縣、蹶洩棗味苦、皙無實棗還味短味、蹙咨棗一名大白核小而肥、穀城紫棗長二寸、西王母棗大如李核三月熟、

脆棗實小而圓生食脆美不能久留出章丘縣、無核棗實小核僅有形食之不覺出青城縣。又有擠白棗、楊徹齊棗、洗大棗、夏白棗出洛陽、墟棗出汲郡、信都大棗、梁國夫人棗、三星棗、駢白棗、灌棗、狗牙棗、雞心棗、牛頭棗、羊角棗、獼猴棗、氏棗、夕棗、木棗、桂棗、崇棗、丹棗、崎廉棗、玉門棗。棗種類頗多，能開胃健脾，可久留，生熟皆可食。多食生熟，令人齒黃病齲齒。清異錄云：百益一損者棗，故醫氏目爲百益

紅

○分栽 選味佳者留作種候葉始生取大樹旁條二三尺[illegible]其生[illegible]未出移恐難出三步一行行欲相當如本年芽未出勿遽刪除諺云棗樹三年不算死齊有久而復生者

移樹 每元旦日未出時反斧斑駁椎之名曰嫁棗不椎則花而不實斫之則子萎而落候大蠶入簇以杖擊其枝間振去狂花則結實多

收棗 棗全赤即收撼而落之為上半赤而收者肉未充滿乾則色黃而皮皺將赤味亦不佳全赤久不收則皮硬復有鳥雀之患一法將纔熟棗乘清晨連小枝葉摘下勿損傷通風處晾去露氣隔新缸無油酒氣者清水刷淨火烘乾晾冷取淨稈草曬乾候冷一層草一層棗入缸中封嚴密可至來歲猶鮮

曬棗 先治地令淨有草則令棗臭駕箔椽上以無齒木扒聚而散之日二十度乃佳夜不必聚得霜露氣速成如有雨則聚而苫之五六日選其紅軟者上高廚暴之將爛者去之不去則恐壞餘棗其未乾者曬曝如法

作乾棗 新菓乃實之藏壞而不蚛蒸露于庭以棗鋪上厚三寸覆以新蒸凡三日撤覆露之畢日曝取乾納房中每一石以酒一升漱着器中密泥

棗油 搗棗實和以塗繒上燥而形似油

棗脯 切棗曝乾如脯

棗麨 棗煮熟爛將穀微碾略去糠和棗勻作一處曬七八分乾石碾碾過再曬極乾收貯聽用臨時石磨磨細作粥作點心任用純麨秫稷蜀秫蒸趁[illegible]可啖

群芳譜 卷二 果譜 五十

○製用 十月內取大棗中破之去皮核文武火翻覆炙香煮湯飲健脾開胃甚宜人 五月五日用熨斗燒棗一枚置床下辟狗蚤

○附錄 天棗 在蕭縣天門寺春時吐華結實如酸棗可食每四月七日其實皆熟次日空

糯棗 葉如柳實似杏而小味亦甘美

酸棗 一名樲棘棗小而圓如茨實樹實生青熟赤皮薄核大仁堪入藥生用令人不眠炒熟令人眠雙仁者勿用取紅軟者箔上曬乾納釜中水僅掩棗煮一沸即漉出入盆研布絞取濃汁塗器上日曝使乾取為末一碗投方寸匕遠行用以和米炒其味酸甜解飢渴最妙

木蜜 一名木屈律一名樹蜜一名木餳一名枳椇子一名白石一名木石形拳曲合體皆嫩枝肪在實外枝及葉皆可生啖味如蜜解悶止渴醉甚者食其葉則醒木作桮能醒酒其老枝及幹根堅不可食細破煮之煎以為蜜味倍甜濃能壞酒作酒處近其木則酒必不成

○療治 和胃氣乾棗去核緩火逼熟為末量多少入少生姜白湯點服調和胃氣甚良 傷寒熱病後口乾咽痛大棗二十枚烏梅十枚搗勻入蜜丸杏仁大含一枚嚥汁甚效 婦人臟燥悲傷欲哭象若神靈所致者大棗十枚小麥一升甘草二兩每一兩水煎服亦補脾氣 妊娠腹痛大紅棗十四枚燒焦為末小便服 呪棗治瘧執棗一枚呪曰吾有棗一枚一心歸大道優他或優降或勞火燒之念七遍吹棗上與病人食之即愈 煩悶不眠大棗二十枚蔥白七莖水三升煮一升頓服 治傷中筋脈急上氣欬嗽棗二

群芳譜 卷二 果譜 五十一

十枚去核縣四兩[illegible]青礬[illegible]
取之常含一枚嚥汁[illegible]之取差　肺疽吐血
因喫辛辣熱物致傷者紅棗連核燒存性百
藥煎煅過等分為末每服二錢米飲下　耳
聾鼻塞不聞音、香臭者大棗十五枚去皮核蓖
麻子三百枚亦去皮和擣綿裹塞耳鼻日一
度三十餘日愈先治耳後治鼻不可並塞、
又服香身用大棗肉和桂心白瓜仁松樹皮
為丸久服之　走馬牙疳新棗肉一枚同黃
蘗燒焦為末油和傅之加砒少許更妙　諸
瘡久壞不愈棗膏三升煎水頻洗取愈　痔
瘡疼痛大肥棗一枚剝去皮取水銀掌中以
唾研令極熟傅棗瓤上納入下部良　下部
虫癢蒸大棗取膏以水銀和捻長三寸以綿
裹夜納下部中明日虫皆出　卒急心疼海
上方訣云一個烏梅兩個棗七個杏仁一處

搗男酒女醋送下去不害心疼直到老　食
椒悶氣京棗食之即解　小兒傷寒五日已
後熱不退棗葉半握麻黃半兩葱白豆豉各
一合童子小便二鍾煎一鍾分二服取汗
反胃嘔噦乾棗葉一兩藿香半兩丁香
二錢半每服二錢姜三片水一盞煎服

典故

沼仙亭前棗樹未嘗實一歲忽有實如
瓜太守命小吏采而進小吏私啖之遂
仙去又傳太守與倅奕有一異人吹笛來忽
不見隨笛聲至樓上惟見石鏡題詩末書呂
字而去名呂仙亭　尹喜與老子西遊省太
眞王母共食玉文之棗其實如瓶　景陽山
百果園有仙人棗長五寸霜降乃熟　洛陽伽
藍記　房嶠山出房嶠細棗山臨碧海此棗
萬年一熟煑之有膏可然燈　洞冥記　北極
有[illegible]棗之林[illegible]樹高百尋枝莖皆空實長
一尺修細而柔百歲一實　拾遺記　[illegible]
以卻老方見上曰臣嘗遊海上見安期生食
臣棗大如瓜　[illegible]記　齊景公謂晏子曰東海
之中有棗華而不實何也晏子曰昔者秦繆
公乘舟理天下黃布裹蒸棗至海而[illegible]其布
破隆蒸棗故華而不實公曰吾佯問子對曰
嬰聞佯問者佯對也　晏子春秋　秦飢應侯
謂王曰五苑之棗栗請發與之　武帝時上
林獻棗上以杖擊未央殿前檻呼朔曰叱來
叱來先生知此篋中何物朔曰上林之棗四
十九枚上曰何以知之朔曰呼朔者上也以
杖擊檻兩木林也來來者棗也叱叱者四十
九也上大笑賜帛十疋　鶴珠棗出天台[illegible]
聞眞人以致元帝　梁蕭琛嘗侍宴醉伏上
以棗投琛琛乃取栗投上中面帝動色曰此
中有人不得如此豈有說也琛曰陛下投臣

以赤心臣敢不報之以戰栗　鮑集耕田而
食鑿井而飲在山中惟食棗或曰子所植耶
遂强吐之立枯而死　風俗通　武帝修上林
苑群臣各獻名果有青華棗赤心棗　武帝
元鼎元年起招仙閣進房嶠棗　洞冥記　孟
節能含棗核不食可至十年　[illegible]　信安
縣有懸室坂晉時有民王質伐木至石室中
見童子四人彈琴而歌因倚歌而聽之童子
以一物如棗與質含之便不復飢　東陽記　孔
孔文舉為東萊賦所攻城欲破治中左承祖
請以官棗賦戰士　[illegible]記　程莫年十四叔
父病故莫抱尸悲哀舅哀其羸劣嚼棗肉飴
之莫見食獻欲不能吞咽　[illegible]　杜畿
為河東守平虎將軍劉勳為太祖所親貴震
朝廷常從畿求大棗拒以他故後勳伏法太
祖得其書[illegible]用杜畿[illegible]不媚於竈者[illegible]

右虎園有西王母棗冬夏有葉
四時不凋九月生花十二月熟【[illegible]】[illegible]
晉朝趙令公塋家有榠棗婆娑異常西邊一株
見望氣者曰此家有登宰輔者不在其身在
其子孫後令公由太原大拜【[illegible]】【晉書】信
都獻仲思棗紫色細文長四寸【[illegible]】【拾遺記】
洛陽有雞冠棗宜作脯醍[illegible]棗宜生啖【圖經】
【[illegible]】昔時華林園有棗長五寸核如針名
仙人棗【述征記】山不甚高而夜見日此可異
也山有二樓今延祥寺在南樓下宋明帝在
沖虛觀後云是蓬萊第七洞天唐永樂中道士
侯道華以食鄧天師棗仙去永樂有無核棗
人不可得道華得之予在岐下亦得食一枚
云唐僧契虛遇人導遊稚川仙府真人問曰
汝絕三彭之讐乎虛不能荅沖虛觀後有米
真人朝斗壇近于壇上獲銅龍六銅魚一唐

有夢銘云紫陽真人山玄卿撰又有蔡少霞
者夢遣書牌題云五雲閣吏蔡少霞書【集異記】

【[illegible]】

○麗藻散語　八月剝棗【詩】　饋食之籩其實棗
【周禮】　婦人之贄椇榛脯脩棗栗
【[illegible]】　安邑千樹棗其人與千戶侯等【史記】
安平好棗地產不為無珍【[illegible]】　周文
【[illegible]】弱枝之棗【潘岳】　棗膏昏鈍【[illegible]】　棗
【[illegible]】棗下纂纂朱實離離【潘岳】　詩　五言　卜
何濆橫榮華各有時　棗適今朝賜誰能仰
視之【[illegible]】　北園有一樹布葉垂重陰外雖
多棘刺內實有赤心【[illegible]】　浮華齊水麗垂
彩鄭都奇白粉英靡靡紫字襟離離風搖手
角樹日映雞心枝穀城踰石蜜蓬島表仙[illegible]
邑關安邑美永茂玉門垂【[illegible]】　[illegible]

昔所傳種棗子所欲在[illegible]　吳[illegible]
木餘甘入鄰家尚得饑婦[illegible]　況乎秋豐中伏
嗷取饜足風包墮朱緒日曬　瞰紅玉熟享
已然幽風自宜錄緗帙青衿　助萬樹壓乎陛
誰云食之香匪志乃成俗庸　庭臻無壽以此
忝肴蔌願此赤心投皇明傳　寸[illegible]【[illegible]】
七言【甫】　庭前八月梨棗熟一日上樹能千迴【杜】
[illegible]暮收司契物華新　紫纂丹實日可
[illegible]漢帝殿前曾鄭重呂仙亭下詫奇珍珠奪
不寒甜偏永紅邁朱櫻色莫倫怪道仲思名
[illegible]著好同玉李供
【[illegible]】

二如亭群芳譜亨部目録

第六册

果譜三 殼果十二種 附[illegible]

群芳譜果譜三目録

二如亭群芳譜亨部卷之三

濟南 王象晉蓋臣甫 纂輯

松江 陳繼儒仲醇甫

虞山 毛鳳苞子晉甫 同較

寧波 姚元台子雲甫

濟南 男王與胤[illegible] 孫王士[illegible] 詮次

果譜三

荔枝 一名丹荔，一名離枝，一名飣坐真人。樹高數丈，自徑尺至於合抱，形團圞如帷蓋，葉如冬青，綠色蓬蓬，四時常茂。花青白，開於二三月，狀如橘，又若冠之蕤綏。五六月結實，喜雙，狀如初生松毬，殼如熟蓮子，殼有皺紋如羅，生青熟紅，肉淡白如肪玉，味甘多汁。夏至將中，翕然俱赤，大樹下子百斛。性甘微熱，止渴益智，健氣。五六月盛熟時，彼地皆燕會其下。雖多食亦不傷[illegible]解之，或以殼

浸水飲亦佳[illegible]甞與其鄉人最忌結實時枝
弱而蔕牢不可摘取必以刀斧劙取其枝故
上林賦作離枝荔與離同初出嶺南及巴中
今閩之泉福漳興蜀之嘉蜀渝涪及二廣州
郡皆有之以閩中爲第一蜀次之嶺南爲下
其類有陳紫出興化軍秀才陳琦家品爲第一　大紫種似陳紫實大過之
小陳紫實差小　方紅徑可二寸色味俱美歲生一二百顆而已出興化屯
田郎中方臻家　宋公荔枝實比陳紫小甘美亦如之　周家紅初爲第一
及陳紫方紅出而此爲次　龍牙長可三四寸彎曲如爪牙無核然不常有　游家
紫　水荔枝漿多而淡以上俱出興化軍　藍家紅泉州第一出都
官員外藍承家　法石白出法石院色白其大次於藍紅　江綠類陳紫差大而
香味次之以上出泉州　一品紅於荔枝爲極品生在福州堂前　狀元紅
於荔枝爲第一在報國寺二種皆出延歲最晚　大丁香殼厚色紫味微澁出天慶
觀　綠核荔枝核紫而此核獨綠　將軍荔枝五代時有此官種之因以
得名　朱柿色朱如柿　虎皮色紅有青斑類虎皮　牛心以狀名之長二寸餘
皮厚[illegible]　玳瑁紅色紅有黑點類玳瑁[illegible]　硫黃以色[illegible]

何家紅出漳州何氏　圓丁香丁香荔枝皆旁蔕大而小此獨圓而味
尤盛　十八娘色深紅而細長閩王有女行十八好食此因得名或云物之美少者
爲十八娘　[illegible]團每朵數十並蔕雙垂　釵頭顆顆紅而小可施頭髻　珍珠
荔枝圓白如珠無核荔枝之最小者　粉紅荔枝荔枝深紅此以色淺爲異
丁香荔枝核如丁香　蜜荔枝以甘爲名然過於甘　火山荔枝
[illegible]四月熟味甘[illegible]閩中近年僅有　秋元紅實時最晚因以得名　蚶
殼以狀得名　蒲桃荔枝一穗至二三百顆　又有綠色蠟色
皆品之奇者本處亦自難得共計三四十種
或言姓氏或言州郡皆識其所出或不言姓
氏州郡則福泉興漳皆有也王敬美曰荔枝
以狀元香爲最然不如長樂勝畫肉厚而味
甘當爲種中第一第乾之不能如狀元香風
味楓亭驛荔枝甲天下亡論丹實纍纍而樹
亦極婆娑可愛在漳泉者四五月熟然肉薄
味酸能損齒又云荔枝以興化之楓亭驛爲
最長樂次之

○花及皮根 喉痹腫痛煑汁細嚥 核 [illegible]氣痛李時珍曰入厥陰散滯氣其形纍結象睪丸治癩疝卵腫亦象形之義也

○護衛 荔枝根浮須加糞土培之性不耐寒最難培植纔經繁霜枝葉枯死至春二三月再發新芽初種五六年冬月覆蓋之以護霜雪四五十年始開花結實其木堅固有經四百餘年猶能結實者熟時人未採百蟲不敢近人纔採摘諸鳥蝙蝠之類群然傷殘故採者必日中而衆採之最忌麝香遇之花實盡落

○附錄 錦荔枝 一名癩葡萄元時名紅姑娘卽詩所云瓜苦也蔓生葉如葡萄有微刺蔓上有鬚莖葉皆柔結瓜有長短二種色青綠皮上磥砢架作屏紅綠陸離最爲可玩瓜味微苦小熟之調以姜醋可爲蔬清痰火和肉煑食亦佳熟時紅黃斑斑如錦其中肉赤如血味甘美春時種秋結實子可入藥宋仁宗時陳堯佐母入宫太后賜以錦荔枝遂連皮食之宫人多訕笑夫人對曰往年蒙食此物遂生堯佐後又蒙如初遂生堯叟時仁宗尚無皇嗣於是皇后及宫人相率競食後果皇子二人

○製用 荔枝採下卽用竹籠盛之晒經數日色變核乾火焙之以核十分乾硬爲度收藏用竹籠箬葉裹之可致遠 成朶晒乾者名荔錦 取其肉生以蜜熬作煎嚼之如糖霜然名爲荔煎 鹽梅滷浸佛桑花爲紅漿荔枝漬曝乾之色紅而甘酸可三四年不蠧

○療治 痘瘡不發荔枝肉浸酒飲并食之忌生冷 疔瘡惡腫荔枝五個或三個不用雙數以狗糞中米淘淨爲末與糯米粥同搗膏攤紙上貼之留一孔出毒氣又荔枝肉白梅各三個搗作餅子貼瘡上根卽出 風牙疼痛荔枝連殼燒存性研末擦牙卽止治諸藥不効仙方也又大荔枝一個剔開填鹽滿殼煆研擦之卽愈 呃逆不止荔枝七個連皮核燒存性爲末白湯調下卽止 心痛小腸氣痛荔枝核一枚煆存性研末新酒調服並治癩疝氣痛 脾痛不止荔枝核爲末醋服二錢數服卽愈 婦人血氣刺痛荔枝核燒存性半兩香附子炒一兩爲末每服二錢鹽湯米飲任下 疝氣癩腫荔枝核炒黑色大茴香炒等分爲末每服一錢溫酒下又荔枝核七個燒灰存性硫黄一錢水飛七遍米飯丸桐子大空心火酒下七丸又荔枝核四十九個陳皮連白九錢硫黄

四錢爲末鹽水打麵糊丸綠豆大遇痛時空心酒服九丸良久再服不過三服甚効如神亦治諸氣痛 陰腎腫痛荔枝核燒研酒服二錢 腎腫如斗荔枝核青橘皮茴香等分各炒研酒服二錢日三服 痘瘡不快荔枝殻煎湯飲 赤白痢荔枝殻橡斗殻炒石榴皮炒甘草炙等分每半兩水一盞半煎七分溫服日二 喉痹腫痛荔枝花根皮用水煑汁細細含嚥服瘥

○典故 福唐歲貢白曝荔枝蜜煎荔枝皆爲上方珍果白曝須嘉實乃堪市貨者多用雜色荔枝入鹽梅曝成皮色雖紅味覺少酸殊失本眞 本草綱目 核之細者謂之焦核荔枝之最珍者也 廣志 漢武破南越於上林苑起扶荔宫以植所得奇草龍眼荔枝菖蒲[illegible]

[illegible]土木南北異宜歲時多枯瘁荔枝自交
趾移植於庭者無一生焉猶移而不息偶一
株稍茂終無花實［黃圖］　漢永元間嶺
南獻生荔枝十里一置五里一堠晝夜傳送
唐羌上書謂上不以滋味為德下不以供膳
為功切見交趾七郡獻生荔枝龍眼等南州
土地炎熱惡蟲猛獸不絕於道至於觸犯死
亡之害然此二物升殿未必延年益壽詔勅
太官勿復受獻［[illegible]］　漢單于來朝賜橙橘
龍眼荔枝［[illegible]］　魏文帝詔曰南方有
龍眼荔枝寧比西國有蒲桃石蜜果之珍異者令
歲貢焉［[illegible]］　唐玄宗正月十五夜於殿中
[illegible]閣中紅錦荔枝令宮人拾［開元遺事］　明
皇令方士以藥傳荔枝根得核小宮人呼為
丁香子［[illegible]］　貴妃生日長生殿新曲未有
名會南海進荔枝因名荔枝香［外傳］　唐天
寶中取涪州荔枝自子午谷路進入［蜀志］
戎州進荔枝煎九域志戎州有荔枝園［唐志］
　楊妃生於蜀好荔枝南海荔枝勝蜀者故
每歲飛騎以進七日七夜至京人馬多斃百
姓苦之然方暑而熟經宿輒敗［本傳］　劉崇
龜舊或干以財率不答但畫荔枝圖與之［杜
陽編］　故相陳文惠公祠堂下有手植荔枝
郡人謂之將軍樹［東坡詩話］　夔州府萬縣
上有絕塵龕宋郡守馬元穎魯有開於山麓
修池種[illegible]荔枝雜果凡數百木景物清勝
為夔第一　蘇長公在海外有詩云日啖荔
枝三百顆不妨長作嶺南人在一處荔枝不
熟遂有空腹嶺表之語退方珍果為昔賢所
愛嗜如此余以初夏至涪偶賓客見盤中有
鮮荔為之色動試嘗之乃酸澀不可入口意
[illegible]忽一日鬱林指揮周宣以急足

[illegible]送數百顆色香味俱絕遂得一飽[illegible]因歎
曰可無恨於齋[illegible]矣　潯州亦有荔枝獨平
南所出最佳皮色綠而雜以紅點斑駁可愛
名曰綠蘿香味亦不下鬱林又自邕至欽歲
行半日可達故鮮美尤勝［俱[illegible]］　四川
某州荔枝一株相傳李唐時物也實甚美太
真妃最所鍾愛靖康一州守伐作梳櫳數
百副至今蜀人傳為話柄淳慶某年山東臨
淄縣盜發古冢獲古銅鏡之類甚夥皆周
製事發沒官庫屋三間幾滿時縣令欲以鑄
鏡庫吏路某諫甚力不聽卒碎而為鏡予謂
若將黃帝白桓或孔明廟柏截作梳櫳竟是
一副絕好古［[illegible]］

○題詠　散語　側生荔枝［左思］　綠葉雲舒朱實
星映［孔稚圭］　荔枝丹兮蕉葉黃
雜餚蔬兮進侯堂［韓昌黎］

序　白樂天荔枝圖曰荔枝生
巴峽間形狀團團如帷蓋
葉如桂冬青花如橘春榮實如丹夏熟朵如
蒲桃核如琴軫殼如紅繒膜如紫綃瓤肉潔
白如冰雪漿液甘酸如醴酪大略如彼其實
過之如離本枝一日色變二日香變三日味
變四五日香色味盡去也　南海郡出荔枝
焉每至季夏其實乃熟狀甚環詭味特甘滋
百果之中無一可比余往在西掖嘗盛稱之
諸公莫之知固未之信唯舍人彭城劉侯弱
年累遷經於南海一聞斯談倍復嘉嘆以為
甘美之極也又謂龍眼凡果而與荔枝齊名
魏文帝方引蒲萄及龍眼相比是時二方不
通傳聞之大謬也每相顧閒議欲為賦述遑
務卒卒此志莫就及理郡暇日追敘往[illegible]
物以不[illegible]傳[illegible]以無味而疑遠不可[illegible]

焉永屈況物有未効之用而身在無譽之閭苟無深知與彼亦何以異也因導揚其實遂作此賦云【張九齡】論

【荔枝賦序】言

荔枝之於天下惟閩粵南粵巴蜀有之漢初南粵王尉佗以之備方物於是始通中國司馬相如賦上林云答遝離枝蓋夸言無有是也東京交趾七郡貢生荔枝十里一置五里一堠晝夜奔騰有毒蟲猛獸之害臨武長唐羌上書言狀詔太官省之魏文帝有西域蒲桃之比世譏其繆論豈當時南北斷隔所擬出於傳聞耶唐天寶中妃子尤愛嗜涪州歲命驛致時之詞人多所稱詠張九齡賦之以託意白居易刺忠州既形於詩圖而序之雖髣髴顏色而甘滋之勝莫能著也洛陽取於嶺南長安來於巴蜀雖曰鮮獻而傳置之速腐爛之餘色香味之存者亡幾矣是生荔枝中國未

始見之也九齡居易雖見新實驗今之廣南州郡與夔梓之間所出大率早熟肌肉薄而味甘酸其精好者僅比東閩之下等是二人者亦未遇真荔枝也閩中惟四郡有之福州最多而興化軍最爲奇特泉漳時亦知名列品雖高而寂寥無紀將尤異之物昔所未有乎蓋亦有之而未始遇乎人也予家莆陽再臨泉福二郡十年往還道由鄉國每得其尤者命一寫生萃集既多因而題目以爲倡始夫以一木之實生於海濱之險地遠而能名徹上京外被夷狄重於當世是亦有足貴者其於果品卓然第一然性最高寒不堪移植而又道里遼絕曾不得班盧橘江橙之右少發光彩此所以爲之歎惜而不可不述也【[illegible]】

【[illegible]篇】興化軍風俗園池勝處[illegible]荔枝當其熟時雖有他果不復見省大重陳

紫富室大家歲或不嘗雖別品千計不爲滿意陳氏欲採摘必先閉戶隔牆入錢度錢與之得者自以爲幸不敢較其直之多少也列陳紫之所長以例衆品其樹晚熟其實廣上而圓下大可徑寸有五分香氣清遠色澤鮮紫殼薄而平瓤厚而瑩膜如桃花紅核如丁香母剝之凝如水精食之消如絳雪其味之至不可得而狀也荔枝以甘爲味雖有千株莫有同者過甘與淡失味之中惟陳紫之於色香味自拔其類此所以爲天下第一也凡荔枝皮膜形色一有類陳紫則已爲中品若夫厚皮尖刺肌理黃色附核而赤食之有查食已而滋雖無酢味亦自下等矣【荔枝譜論】

【第三篇】福州種植最多延施原野洪塘水西尤其盛處一家之有至於萬株城中當州署之北鬱爲林麓暑雨初霽晚日照耀絳囊

翠葉鮮明蔽映數里之間焜如星火非名畫之可傳而精思之可入也觀覽之勝無與爲比初着花時商人計林斷之以立券若後豐寡商人知之不計美惡悉爲紅鹽水浮陸轉以入京師外至北戎西夏其東南舟行新羅日本琉球大食之屬莫不愛好重利以酬之故商人販益廣而鄉人種益多一歲之出不知幾千萬億而鄉人得飫食者蓋鮮以其斷林鬻之也品目總三十有二惟江家綠爲州之第一【荔枝譜論第三篇俱蔡君謨】

牡丹花之絕而無甘實荔枝果之絕而無名花昔樂天有感於二物矣然斯二者惟不兼萬物之美故各得其精造化之理宜如此也余少游洛陽花之盛處也因爲牡丹作記君謨閩人也故能識荔枝而譜之因念昔人嘗有[illegible]二物而[illegible]本書[illegible]各[illegible]其一之詳故書其所

以然而卅於君謨之譜矣【閩小紀】
論　莆田荔枝名品皆出天成雖以其核種
之終與其本不相類宋香之後無宋香所存
者孫枝爾陳紫之後無陳紫過墻則爲小陳
紫矣筆談謂焦核荔枝令勿生旁枝其核自
小里人謂不然此果形狀變態百出不可以
理求或似龍牙或類鳳爪釵頭之可簪綠珠
之旁綴是豈人力所能加哉初方氏有樹結
實數千顆欲重其名以二百顆送蔡忠惠公
給以常歲所産止此公爲目之曰方家紅著
之於譜印證其妄自後華實雖極繁茂逮至
成熟所存者未嘗越二百遂成語讖此段已
載遯齋閑覽中郡士黃處權
復志其詳如此【容齋隨筆】

賦

暖若春雲之
與森若橫天
之蓋湛若大廈之容鬱若峻岳之勢修幹紛
錯綠葉蓁蓁灼灼若朝霞之映日離離若繁
星之著天皮似丹罽膚如明璫潤侔和璧奇
踰五黃仰嘆麗表俯嘗嘉味口含甘液腹受
芳氣兼五滋而無常主不知百和之所出卓
絕類而無儔超衆果而獨貴【王逸】　果之美
者厥有荔枝雖受氣於震方實稟精於火離
乃作酸於此裔爰負陽以從宜蒙休和之所
播涵寒暑而匪虧下合圍以擢榦傍蔭畝而
抱規紫文紺理黛葉緗枝蓊茸靃靡環合棼
纚如蓋之張如帷之垂雲烟沃若孔翠于斯
靈根所盤不高不卑陋下澤之沮洳惡層崖
之險巇彼前志之或妄何側生之見疵爾其
勾芒在辰凱風入律肇氣含滋芬敷謐溢綠
穗靡靡青英苾苾不豐其花但甘其實如有
意乎端本故微文而妙質蔕藥房而梓華皮
龍鱗以駢比膚玉英而含澤色江萍以吐日
[illegible]則明[illegible]以然[illegible]猶不可匹朱玉[illegible]

而殆銷雖瓊漿而可軼彼衆味而有五此甘
滋之不一伊醇淑之無算非精言之能悉聞
者歎而竦企見者訝而驚佗心恚可以蠲忿
口爽可以忘疾且欲神於醴露何比數於柑
橘援蒲萄以見擬亦古人之深失若乃華軒
洞開嘉賓四會時當燠煜客或煩憒斯果在
御莫不心侈而體泰信瓊盤之仙液實玳筵
之綺饌有終食於累百愈益氣而理內故無
厭於所甘雖不貪而必愛沉美李而莫取浮
甘瓜而自退豈一座之所榮冠四時而爲最
夫其貴可以薦宗廟珍可以羞王公亭十里
兮莫致門九重兮曷通山五嶠兮白雲江千
里兮青楓何斯美之獨遠嗟爾命之不逢每
被銷於凡口罕獲知於貴躬柿何稱乎梁侯
梨何幸乎張公亦因地之所遇孰
能辨乎其中哉【張九齡】【荔枝賦】

歌行

南村
楮北
村盧白衣青葉冬不枯垂黃綴紫烟雨裏特
與荔枝爲先驅海山仙人絳羅襦紅紗中單
白玉膚不須更待妃子笑風骨自是傾城姝
不知天公有意無遣此尤物生海隅雲山得
伴松檜老霜雪自困楂梨麤先生洗盞酌桂
醑冰盤薦此赬虬珠似聞江鰩斫玉柱更洗
河豚烹腹腴我生涉世本爲口一官久已輕
蓴鱸人間何者非夢幻南來萬里眞良圖
十里一置飛塵灰五里一堠兵火催顛坑仆
谷相枕藉知是荔枝龍眼來飛車跨山鶻橫
海風枝露葉如新採宮中美人一破顏驚塵
濺血流千載永元荔枝來交州天寶歲貢取
之涪至今欲食林甫肉無人舉觴酹伯游我
願天公憐赤子莫生尤物爲瘡痏雨順風調
百穀登民不饑寒爲上瑞君不見武夷溪邊
粟粒芽前丁後蔡相籠加爭新買寵各出意

年年鬬品充官茶吾君所乏豈此物致養口體何陋耶洛陽相君忠孝家可憐亦進姚黃花【俱東坡】　炎精孕秀多靈植荔枝佳名聞自昔絳囊剖雪出瑚盤壽常百果無顏色閩天六月雨初晴星火熒熒耀川澤歘如彩鳳戲翱翔爛若彤雲堆翕赩中郎栽品三十二陳紫方紅冠儕匹鹽蒸蜜漬尚絕倫豚鬉空羨南飛翼我聞政和全盛時貢輸不減開元日涪州距雍已云遠況此奔馳來海側繡衣使者動轄來黃紙封林迫程驛浮航走轍空四郊妙品人間無復得似聞供給只纖毫任盡入公侯宅驪山廢死狐兔靜艮嶽新宮鼙鼓急繁華今古共凄涼遺樹行吟悲野客西風刮地戰塵昏一聽胡笳雙淚滴【[illegible]】

詩五言

【山谷】輕紅擘荔枝【杜】【少陵】　鸞果餐蕉枝一色鮮猴血【[illegible]】　憶昔南海使奔騰獻荔枝【杜】【少陵】　莆陽荔枝丹皺殼紅釘蜜【梅聖俞】　荔枝幾時熟枝頭花正繁【東坡】　新來嘗小綠又勝擘輕紅【石[illegible]】　火齊驪龍駐紅綃玉露團謫居深不負沉醉亦何難【張芸叟】　丞相祠堂下將軍大樹傍炎雲騎火食瑞露酌天漿爛紫垂先熟高紅樹遠揚分甘徧鈴下也到黑衣郎【東坡】　五月南游渴欣逢荔子丹殼勻仙鶴頂肉露水晶丸色映離爲火甘殊木作酸枝繁恐相累樹重欲成團赤蚌遺珠顆紅犀露角端爽能消內熱潤可濯中乾一簇冰[illegible][illegible]千苞火鳳冠隔飄銀葉嫩透臙玉葉寒【[illegible]】　南州積炎德嘉樹凌冬綠葉薰風海上來丹荔迎夏熟煌煌錦繡林亭亭翡翠屋鶴頭爛晨霞天酒瑩寒玉流聲感[illegible][illegible]採擷如不足開元百駒死塵埃五里促[illegible][illegible]玉食罷此薦知不辱

迨今糟粕餘猶逞驚凡目總初成上林四方會奇木使臣得安榴天馬來首蓿擢身自幽遐託地幸滲漉我欲告眞宰嘈茲限荒服將非名實雄百果爲羞縮區區化工意聊爾存衆族【劉貢父】　奇物標南土芳林對北堂素華春漠漠丹實夏煌煌葉捧低垂戶枝擎重壓墻始因風弄色漸與日爭光夕訝條懸火朝疑樹點粧深於紅躑躅大較白檳榔星綴連心朶珠排耀眼房紫羅裁襯縠白玉裹填囊早歲曾聞說今朝始摘嘗鶴疑天上味嗅異世間香潤勝蓮生水鮮逾橘得霜臙脂掌中顆甘露舌頭漿物少尤珍重天高苦渺茫已教生暑月又使阻遐方粹液靈難駐妍姿嫩易傷近南光景熟向北道途長不得充王賦無由寄帝鄉唯君堪擲贈面白見潘郎【白樂天】

七言

花旌難老鬬年芳墻頭荔子已爛斑【俱程金紫】　荔子旋丹摘曉鮮【[illegible]】　黃金小帶荔枝垂【薩天錫】　南賓佳實傳名久【劉原父】　曉風凍作水晶團【楊】　【[illegible]】絳衣仙子過中元絳殼囊收白露團【[illegible]】　映我綠衫渾不見對公銀印最相鮮香連翠葉眞堪畫紅透青籠實可憐摘來正帶陵晨露寄去須憑下水船【俱白樂】　【[illegible]】炎方每續朱櫻獻玉座應悲白露團【杜】【少陵】　葉似楊梅蒸霧雨花如盧橘傲風霜【東坡】　紅錦皺縫包玉液青綃斜剪襯金丸【[illegible]】　光射腰金陵寶印影回殿砌拂猗蘭【[illegible]】　五月照江鴨頭綠六月連山柘枝紅　天與饜紅裝寶髻更挼猩血染殷紅【山谷】　紅消白瘦香猶在想見當年十八娘　托根曾是三山下結實應歸萬木先【[illegible]】　【[illegible]】綠綃罕能文縠皺絳囊包就寸珠圓

[illegible]春甌水動茶花白日落雲生荔子
紅[illegible]海山珠樹玉斕斑擬擘炎雲靚
玉顏【王右丞】白蓮近指三千女丹荔遥招
十八娘【周文忠】蘭蕙香浮衿解後雪冰膚
在酒醒間【陸放翁】水晶透膜輕含液絳縠
離苞未變香【宋徐[illegible]】臨水巖扭新雨後出
牆背向曉風西【楊誠齋】風枝露葉走筠籠
玉椀水寒擘濺紅【方[illegible]】玉潤冰清不受
塵仙衣裁剪絳紗新千門萬戶誰曾得只有
昭陽第一人【曾南豐】羅浮山下四時春盧
橘楊梅次第新日啖荔枝三百顆不妨長作
嶺南人【東坡】絳衣搖曳綻冰肌依約華清
出浴時何物鴉兒驅不去前身恐是食酥兒
【宋梅[illegible]】仙果移從海上山露華供液鶴分
丹砂芒刺羞紅顆龍目團圓避赤丸[illegible]
【又】厚葉纖枝雜絳囊使君分寄驛人忙彩
毫封處曾留筆箸片開時不減香【蔡端明】
憶昔瀘戎摘荔枝青楓隱映石逶迤京華應
見無顏色紅顆酸甜只自知【杜甫】遐方不
許貢珍奇密詔惟教進荔枝漢武碧桃爭比
得枉令方朔號偷兒【鮑溶】昨日閩中進荔
枝君王親受幸龍池先將並蒂盛金盒密賜
修儀盡不知【王建】封開玉露雞冠澁葉襯
金盤鶴頂鮮想得佳人微露齒翠釵先取一
枝懸[illegible]巧裁絳片裹瓊漿崖蜜天然有
異香應是仙人金掌露待成冰入茜羅囊
[illegible]側生野岸及江浦不熟丹宮滿玉壺雲
髻布衣騎背死勞人害馬翠眉須【杜子美】
長安回首繡成堆山頂千門次第開一騎紅
塵妃子笑無人知是荔枝來【杜牧】風韻徒
令百果低難將盧橘鬭新奇品題自合還詩
祖模寫何妨覓畫師【[illegible]村】絳袖水[illegible]

木難餅肩含笑倚闌干清霜且莫來相妒國
道佳人不耐寒【[illegible]】王公權家荔子綠
參致平家綠荔枝試傾一杯重碧色快擘千
顆輕紅肌誰能同此最勝味惟有老杜東樓
詩【黄山谷】托根初不與南山十八妖娆帶
沃丹玉潤滿苞甘露液文綃圍蹙絳紗丸便
爲仙芝千年果回笑幽臯九畹蘭【洪[illegible]】
錦筵少齊堆金盤五月甘漿破齒寒南國已
隨朱夏熱北人猶作畫圖看烟嵐不續丹櫻
獻玉座空悲羯鼓殘相見任誇雙蒂美多情
莫唱水晶詞五嶺麥秋殘荔子初丹絳紗囊
丸【[illegible]】裡水晶丸可惜天教生處遠不
近長安　往事憶開元妃子偏憐一從魂散
馬嵬關只有紅塵無驛使滿眼驪山【歐陽公】
憶昔南巴蠻荔子親擎冰肌照映柘枝冠
日擘輕紅三百顆一味甘寒　重入鬼門關
也似人間一雙和葉插雲鬟賴得清湘燕玉
面同倚闌干【黄山谷】浪淘沙　閩溪珍獻
過海雲帆來似箭玉座金盤不貢奇葩四十
年輕紅釀白雅稱佳人纖手擘骨瘦肌香
恰似當年十八娘【東坡】減字木蘭花　名與
牡丹臨譜南珍獨比江瑤閩山入貢冠南朝
露葉風枝褭褭　香玉滿苞仙液皺紅圓處
鮫綃華清宮殿蜀上遥一騎紅塵失笑【康伯】
【[illegible]】霓裳五月冰肌不受人間熱分
明窗露枝枝結碧樹珊瑚容易與君折　玉
環舊事誰能說迢遥驛路香風徹故人莫恨
東南別不寄梅花千里寄紅雲【韓南澗[illegible]】
【又】只說閩山錦繡帷忽從團扇得生枝皺
紅衫子映豐肌　春線應憐壺漏永夜深頻
見燭花催塵飛一騎憶來時【張于湖】
紅粉襯絳金囊一捻　仙酒艷晨妝醉溫柔

別有鄉□□□涼雞頭肄漱□君王
泣梨花春夢長【□□】【□□□】粉筆丹青
描未得金鍼綵線功難敵誰傍暗叢輕採摘
淅淅船頭簇簇雞鴉夜雨染成天水碧
朝陽烘出臙脂色落又開人共惜秋風
逼盤中已見新蓮的【□】【□□□□】

【龍眼】一名益智一名驪珠一名龍目一名比目
一名圓眼一名蜜脾一名燕卵一名繡水團
一名海珠叢一名川彈子一名亞荔枝一名
荔枝奴閩廣蜀道出荔枝處皆有之樹似荔
枝高一二丈枝葉微小葉似林檎陵冬不凋

春末夏初開細白花七月實熟大如彈丸肉
薄於荔枝白而有漿甘如蜜實味殊絕純甜
無酸實極繁作穗如葡萄每穗五六十顆殼
青黃色性畏寒白露後方可採摘性甘平無
毒安志健脾補虛聞□除蠱毒去三蟲久服
輕身不老利益聰明故又名益智非今醫家
所用之益智子食品以荔枝爲貴而資益則
龍眼爲良盖荔枝性熱而龍眼平和也

○附錄山龍眼出廣中夏日熟肉如龍荔狀如
龍眼亦龍眼之野生者也龍荔
小荔枝而肉味似龍眼木之身葉亦似二果
三月開小白花與荔枝同熟但可煮食不可
生啖出嶺南【□□□□】
○製用採下用梅滷浸一宿取出曬乾用火焙
之以核乾硬爲度如荔枝法收藏之成
朶乾者名龍
眼錦【□書】
○療治歸脾湯治思慮過度勞傷心脾健忘怔
忡虛煩不眠自汗驚悸用龍眼肉酸棗
仁炒黃芪炙白朮焙茯神各一兩木香半兩
炙甘草二錢半㕮咀每服五錢姜三片棗一
枚水二鍾煎一鍾溫服 治胡臭龍眼核
六枚胡椒二十七枚研細遇汗出卽擦之二

○典故龍眼惟閩中及南越有之太冲自言十
年作賦三都所有皆責土物之貢至於龍眼
言龍目亦不自知其失也【山谷詩注】
與荔枝齊名味亦甚美登盤俎而充供御稱
於魏文之詔詠於左思之賦豈凡果之可比
哉【王禎農書】 龍眼自尉佗獻漢高帝始有
名見西京雜記左太冲賦旁挺龍目卽此梧
潯署中皆有之結實甚繁剖之色瑩白故如
水晶丸核暎於外味亦甘美但微覺草氣風
韻遠遜荔枝故謂之荔枝奴蘇長公曰閩越
人高荔子而下龍眼吾爲平之荔子如食蝤
蛑大蟹斫雪流膏一噉可飽龍眼如食彭越
石蟹嚼嚙久之了無所得然酒闌口爽饜飽
之餘則咂啄之味石蟹有時勝蝤蛑也長公
此語足爲荔枝奴
鐙嘲【□□七□】

○麗藻散語【五】【大】倣拾龍見　詩五言 鶺鴒頻蕭颯出剛父龍鞦如

柑與橘未易相可否異哉西海濱琪樹羅玄
圃累累似桃李一一流膏乳坐疑星隕空又
恐珠還浦圖經未嘗說玉食遠莫數獨使紱
皮生弄色映瑙紅蠻荒非汝辱幸免妃子汚
【蘇東坡】七言 荔子如今尚典刑秋林圓實著嘉名雖無賴玉南風面却顧篘龍千
里行【張謂】手自封題寄故人聊將風味
寄詩精新奇常憶唐羌跪不汚華清驛騎塵
一何香剖蜜脾知韻勝價輕魚目為生多左思　幽姿傍挺綠婆娑啄碓雖微柰羨
賦殊名初出玉局揄揚論豈頗地極海南秋
更暑登盤猶足洗沉痾【劉屏山】來從交徼
登綱粗滿案芳馨總莫逾崖蜜縱甘終帶酢
江瑤雖美未全瑜騷人賦就芳名遠漢帝移
來貝葉敷較烈側生應不忝何緣喚作荔枝
奴何緣喚作荔枝奴龍冶丰滋百果無琉
波醇和盖沆瀣金丸玓瓅賽璣珠好將姑射
仙人產供作瑤池王母需應共荔丹稱伯仲 玓瓅珠璣明貌
兕兼盐智策勳
一殊【俱王蓋臣】

【石榴】一名若榴一名丹若一名金罌一名金龐
一名天漿本出塗林安石國漢張騫使西域
得其種以歸故名安石榴今在處有之樹不
甚高大枝柯附幹自地便生作叢孫枝甚多
種極易息或以子種或折其條盤土中便生

葉綠狹而長梗紅五月開花有大紅粉紅黃
白四色實有甜酸苦三種單葉者旋開花旋
結實花化即單不結者托尖小千葉者不結
實甜者甘溫澀無毒可食潤燥制三尸蟲理
乳石毒但性滯戀膈多食生痰損肺黒齒服
食家忌之酸者酸溫澀無毒兼收斂之氣只
堪入藥療久痢止瀉痢崩中帶下榴實圓
如毬頂有尖瓣大者如杯皮赤色有黒斑點
皮中如蜂窠有黃膜隔之子如人齒白者似
冰晶淡紅者似水紅實石紅者如硃砂淡紅
潔白者味甘紅者味酸秋後經霜則實自裂
有富陽榴實大者如碗　海榴來自海外樹僅二尺栽盆中結實亦大直
垂至盆堪作美觀　黃榴色微黃帶白花比常榴差大結實甚多最易傳種　河
陰榴名三十八中間止有三十八子　四季榴四時開花秋結實實方綻旋復
開花　火石榴其花如火樹甚小栽之盆頗可玩又有細葉一種亦佳　餅子
榴花大不結實　番花榴出山東花大於餅子榴移之別省終不若在彼大而艷

麗蓋地氣異也酉陽雜俎言南詔石榴皮薄如紙燕中有千瓣白千瓣粉紅千瓣黃千瓣大紅單瓣者比別處不同中心花瓣如起樓臺謂之重臺石榴花頭頗大而色更深紅苦石榴出積石山

○榴花 陰乾爲末和鐵丹服一年白髮變黑千葉者治心熱吐血研末吹鼻止衄血又傅金瘡出血 皮及根 用酸者東行者止目淚下殺虫止瀉痢下血脫肛漏精

○扦插 三月初取指大嫩枝長尺有半八九枝共爲一窠燒下頭二寸勿使潰失先掘圓坑深尺七寸廣徑尺竪枝坑畔環布令勻置礓石枯骨於枝間一層土一層骨石築實之令沒枝頭寸許以水澆之常令潤澤既生之後復以骨石布其根下十月天寒以藁裹之一云葉生時折插肥土用水頻澆自然生根又葉未生時從鵝膝處用脫果法候生根截下栽之開花結實與大樹無異 種子 石榴熟時於樹上留數枚記定上下南北霜降後摘下用稀布逐個袋之照樹上朝向懸通風陰處先於六七月間取土之麓而美者敲細篩去瓦石攤淨地上澆澄濃糞曬乾再澆再曬如此五六次仍敲極細篩過收藏缸內勿經雨次年二月初取家用火盆以所製土鋪盆內厚三寸許數寸按一淺潭取榴子去肉每潭種三四粒用土蓋半寸許灑水令微濕置有風露向陽處每日灑水勿令乾

候長寸許每潭止留一大者日澆肥水候長分種極小盆內不宜深於有風露向陽處每日用肥水澆三四遍日午最要澆每一盆做一木蓋破兩片中剜一竅如樹大中高四面低遇有雨蓋盆面免致淋去肥味至七八月滿樹皆花甚大又明年換署大盆依前法澆妙不可言或云盆榴根多則無花三四月間便上盆則根不長只須浸曬得法冬間露下收回南簷土乾畧將水潤至春深氣暖可放石上剪去嫩苗勿令高大盛夏日中曬屋上免近地氣致令根長及爲螞蟻所穴每朝用米泔沉沒花盆浸約半時取出日曬如覺土乾又復浸殆且違也 澆灌 性喜肥濃糞澆之無忌當午澆花更茂盛蠶沙壅之佳又雞鴨毛浸水中加皮屑去毛以水澆之毛不肥故也 嫁榴 石榴不結子者以石塊或枯骨安樹叉間或根下則結子不落 藏榴 選大者連枝摘下安新瓦缸內以紙十餘重密封蓋之

○修製 凡使榴皮根葉勿犯鐵器不計乾濕皆以水浸一夜取出用之水如墨汁

○療治 久痢久瀉酸石榴一個炭火煆烟盡出火毒一夜研末每服一錢仍以酸榴一塊炭火煎湯服神效 痢血五色或膿或水冷熱不調石榴五枚連子搗汁二升每服五合神效 小便不禁酸石榴燒存性無則用枝每服二錢用柏白皮切焙四錢煎湯一盞入榴灰再煎至八分空心溫服晚再服 撚鬚令黑酸石榴結成時就東南枝上揀大者一個頂上開一孔納水銀半兩於中原皮封之麻扎定牛屎封護待經霜摘下傾出[illegible]

方用魚鰾龍指蘇水[illegible][illegible][illegible][illegible][illegible]赤白
痢下腹痛食不消酸榴皮炙黃爲末棗肉或
粟米飯和丸梧子大每空腹米飲服三十丸
日三服以知爲度如寒滑倍加附子赤石脂
又皮燒存性爲末每米飲方寸匕日三服乃
止 糞前有血令人面黃用酢石榴皮炙研
末每服二錢茄子枝煎湯服 久痢久瀉陳
石榴皮酢者焙研細末每服二錢米飲下患
二三年或二三月百方不效服之便止勿忽
小兒風癎大生石榴一枚割去頂剜空入
全蝎五枚黃泥固濟煆存性爲末每服半錢
乳香調下防風湯亦可 卒病耳聾八九月
間取石榴一個上作孔如毬子大納米醋令
滿以原皮蓋之水和麪裹煨熟取起去蓋入
少黑李子預知子末取水滴耳中勿動腦中
若動勿驚如此三夜必通 食榴損齒石榴

黑皮炙黃研末棗肉和丸梧子大每日空腹
三丸白湯下日二服 疔腫鍼刺四畔用榴
皮着瘡上麪圍灸之以痛爲度仍納榴末敷
上急裹經宿連根自出 脚肚生瘡初起如
粟搔之漸闊黃水浸淫痒痛潰爛遂至遶脛
而成痼疾用酸榴皮煎湯冷定日日掃之即
愈 金蠶蠱毒吮白礬味甘嚼黑豆不腥者
即是中蠱石榴根皮煎濃汁服吐出活蠱即
愈 寸白蚘蟲酢石榴東引根一握洗剉用
水三升煎取半盌五更溫服盡至明取下蟲
一大團永絕根本食粥補之榴皮煎水煮粥
食亦良 經閉酢榴根東生者一握炙乾水
二大盞濃煎一盞空心服
未通再服 赤白痢同

典故 秋嘗果以梨棗柰安石榴〔[illegible]〕
晉安帝時武陵臨沅獻安石榴一蔕六[illegible]

實〔[illegible]〕 石崇門有石榴若石崇榴
石虎苑中有安石榴子大如碗盞其味不酸
〔[illegible]〕 香[illegible][illegible]有大盤石可坐數百人
垂生山石榴三月中作花色似石榴而小淡
紅敷紫萼煒燁可愛〔[illegible]〕 [illegible]州
府城外東山唐樵者藍超逐一鹿入石門內
有雞犬人烟見一翁謂曰此避秦地也留卿
可乎超曰歸別妻子乃來與榴花一枝而出
後再訪之則迷矣〔[illegible]〕 溫陽七聖殿遶殿
石榴皆太眞所植〔[illegible]〕 白馬寺有大
榴京師曰白馬甜榴價値一牛〔[illegible]〕 齊
安德王延宗納李祖收女爲妃妃母特爲薦二
石榴於帝前莫知其意輕之帝問魏收收答以
石榴房多子王新婚妃母欲子孫衆多也帝
大喜〔[illegible]〕 王荊公作内相翰苑有石榴一
叢枝葉繁茂只發一花時荊公有詩云萬綠

叢中紅一點動人春色不須多〔直方詩話〕
李漢碎胡瑪瑙盛送王莒曰安石榴奉送莒
見之不疑取食乃覺 邵武縣學宋時有石
榴一株士人觀其結實之數以卜登第多寡
屢驗 昔有婦事姑至孝一日殺雞爲饌姑
食而死姑女訴之官不能辯臨刑折石榴花
一枝祝曰妾若毒姑花即死若坐誣枉花可
復生已而花果復生時人哀之立塔表其事
崖州婦人以安石榴花着釜中經旬即成
酒其味香美仍醉人〔[illegible]〕 石榴木外國
來者獨京師爲勝盆中有植幹數十年高不
盈二尺而垂實纍纍皮子之紅白一隨其花
花而不實者曰餅子深紅淺紅二種皆山亭
之珍也吾地不宜盆中移歸不二年壞矣本
地餅子紅榴稍佳而樹大非几案前物單葉
有黃白淺深紅四種存以備異可也〔[illegible]〕

○麗藻散語續齊諧萼紅華翻然凝然其石累
被山海[illegible] 丹葩結秀朱實星
懸接翠萼於綠葉胃紅芽於丹鬚 千房同
膜十子如一[illegible] 剖之則珠散合之則氷
釋[illegible] 枝綠葉於修條綴朱華於弱幹豈
金翠之足珍實茲葩之可玩 新莖擢潤膏
葉垂腴丹輝綴於朱房細的㬎乎紅鬚[illegible]
風翻枝而翻藹雨淋條而殖芬環青軒而
凝烈讀翠波而星分[illegible] 其在晨也灼若
九日之栖扶桑其在夕也爽若燭龍之吐潛
光[illegible]雞栞秋枝槐葉黃石榴香老愁寒霜
[illegible]歌 蔬霞色染紫鶯粟黃蠟紙裹紅瓠房
上列氷壺含霧濕爛斑似帶湘娥泣蕭娘 詩
初疑嘗甘醴嘴破水晶千萬粒[illegible]
五言 花宜插鬢紅[illegible] 榴開帶酒紅[illegible]
鮮葩猩血染[illegible] 蠟珠攢作帶

細絲剪成叢[illegible] 葉翠如新剪花紅似
舊栽[梁元帝] 新枝含淺綠晚萼帶深紅[illegible]
畏日助殷紅過雨滌濃翠[illegible] 都
[illegible]綠賦色淺遂不趂春繁[illegible] 塗林
未應發春暮轉相催燃燈疑夜火連珠勝早
梅[梁元帝] 安榴若拳石中蘊丹砂粒剖之
珠滿盤不待鮫人泣[illegible] 日烘古錦囊
露浥紅瑪瑙玉池嚥清肥三彭跡如掃[illegible]
[能] 靈囿同嘉稱幽山有奇質停采久彌鮮
含華豈期實長願微名隱無使孤株出[illegible]
弱植不盈尺遠意駐蓬瀛月寒空堦曙幽
夢彩雲生糞壤攫珠樹莓苔拂瓊英芳根閟
顏色徂歲爲誰榮[illegible] 庭前安榴樹花
稀秉可憐靑蔗擁絳節佇我作神仙遲日耿
不暮微雲茲[illegible]罅一尊兼百慮心賞覺悠然
[illegible]獨坐苦多雨過燕忻[illegible]半欲雷石

[illegible]破曉日丹砂爛任從[illegible]幾豈待霜乃[illegible]
張騫西使時蒟醬同歸漢[illegible] 魯有棗
窓下海榴世所稀珊瑚映綠水未足比光輝
清香隨風發落日好鳥歸願爲東南枝低舉
拂羅衣無由共攀折引領望金扉[illegible] 何
年安石國萬里貢榴花迢遞河源遠因依漢
使槎酸辛犯葱嶺憔悴涉龍沙初到標珍木
多來比亂麻深拋故園裏少種貴人家惟我
荊州見憐君胡地賒[元微之] 春去花隨盡
紅榴暖欲然後時何所恨處獨不新憐葉葉
自相偶重重久更鮮流珠沾暑雨改色淡朝
烟着子專嫌酒稜根擅化權愧非無價手刻
晝竟難傳[illegible] 綠葉裁烟翠紅英動日
華新[illegible]鮮秀彩映牖燭籠紗委作金爐焰飄
成玉砌霞乍驚珠綴密終誤繡幃奢琥珀烘
梳碎臙脂嫩炙[illegible]搽風翻一林火電轉五雲車

絳帳迎晉日芙蓉綻早芽淺深俱隱映前後
各分葩宿露低蓮臉朝光借綺霞暗紅徒[illegible]
繞濯錦莫周遮俗態能嫌舊芳姿尚可嘉[illegible]
[illegible] 癸州氣序異十月榴始華是誰初植
此石罅抽根斜綠陰蔽朝曦朱艷奪暮霞始
猶一二枝俄已千百葩榮人不能読畫史無
以加洛陽擅牡丹久矣埋胡沙蜀州誇海棠
邈然隔夔巴安知籬壁間亦有尤物耶坐令
農圃室化爲金張家詩人好摸擬東蘂并
寒槎斯篇儻令見無乃識吾奢[illegible] 七
言 石榴花發滿溪津[illegible] 風翻火焰欲燒
天[白樂天] 海榴紅綻錦窠新[元微之]
胭脂新染薄羅裳[illegible] 紅綃誰家合羅
袴[illegible] 江上年年小雪遲年光獨報海榴
知[illegible] 薰風四月濃芳歇火玉燒枝拂
露華[illegible] 安石榴花開最遲絳裙深樹

出幽[illegible]日烘[illegible]
綠噴烟[illegible]綠葉晚鶯啼處密紅房初日
照時簪[illegible]春花開盡見深紅夏葉始
繁明淺綠[illegible]霜風擊破錦香囊鸚鵡
啄殘紅豆顆[illegible]霧縠作房珠作骨水晶
爲粒玉爲漿[illegible]瑤階飛盡石榴花日
轉晶簾影欲斜[illegible]庭榴結實壂
芳叢一夜飛霜染茜容萬子同苞無異質金
房玉隔漫重重[illegible]五月榴花照眼明
枝間時見子初成可憐此地無車馬顛倒青
苔落絳英[illegible]幾年封植愛芳叢韶艷
朱顏竟不同從此休論上春事看成古木對
衰翁[illegible]蔵處生紅露滴珠薰風深幌
聽粧初折來戴朵頻拈看應訝羅裙色不如
[illegible]似火山榴映小山繁中能薄艷中
閑一朵佳人玉釵上祗疑燒却碧雲鬟[illegible]

[illegible]五月榴花怨見春白頭還喜一番新可
能畧不解春意只有尋枝摘葉人[illegible]
吳中四月尚餘寒細雨霏霏怯倚闌老子貪
成興不淺榴花折得一枝看[illegible]待闌
南風欲歇香東風折併任西堂石榴已着乾
紅蕾却問春歸爲底忙 積羅皺薄剪薰風
已自開花蒂亦同不肯染時輕着色却將密
綠護深紅[illegible]不任宮鶯喚曉粧紅
榴綠艾映年芳内中鬭得同心草把向燈前
欲斷腸[illegible]紅綿拭鏡照宮紗画就雙
眉八字斜蓮步輕移何處去階前笑折石榴
花[illegible]日向午臨疑噴火雨從晨洗欲流
脂能顔腊照雙眸醉珠腹還夜百子奇[illegible]
[illegible]翠袖參差瑞色新蔟蕊老爭羅群雲無
邊生意包涵厚滿腹珠璣取次[illegible]
一叢[illegible]朵壓欄杆剪碎紅綃却作[illegible]風[illegible]

腰香不裁[illegible]
懶菡萏生泥玩亦難不及此花簷戶下任人
攀折儘人看[illegible]陰靈瀲灧按江潭登
陸猶寥未涉裳入曉天容糊水色拂明雲影
帽山光闘拈昌歜嗟香玉披讀離騷玩微章
最是榴榴雨懷古對人無語濕紅妝[illegible]
一夜香工綻碎囊碧油枝上書檡[illegible]
祇似剥紅露日燒惟變化赤霜火齊滿枝燒
夜月含津含蕊滴斷腸不知杜樹知情否無
賴蜀遊阻陸郎[illegible]春花落盡海榴開
青[illegible]謂分寶地栽斜日捲簾深色映晚風隔
座暗香來披襟更擬頻燒燭把臂何妨數舉
杯最愛芳時看不去繁枝折向月中廻[illegible]
[illegible]塗林蹤樹自離離入眼紅膚總不遺若
爲連珠過沆約何來新藥伴潘尼金房半圻
珠璣落霜葉平翻玉並歃還記葡萄槎上種

折來那不稱 詞 翠樹芳條颭灼灼裙腰初染
同時[illegible]佳人攜手弄芳菲綠陰紅影
方展雙紋簟 插花照影窺鸞鑑只恐芳容
減不堪零落春晚青苔雨後深紅點[illegible]
[illegible]乳燕飛華屋悄無人桐陰轉午晚
凉新浴手弄生綃白團扇扇手一時似玉漸
困倚孤眠清熟簾外誰來推繡户枉教人夢
斷瑶臺曲又却是風敲竹 石榴半吐紅巾
蹙待乳花浪蘂都盡伴君幽獨濃艷一枝細
看取芳心千重似束又恐被西風驚綠若待
得君來此向花前對酒不忍觸共粉淚兩簌
簌[illegible]紫陌尋春去紅塵拂面來
無人不道看花回惟見石榴新蘂一枝開
氷簟堆雲髻金樽灔玉醅綠陰青子莫相催
留取紅巾千點照池臺[illegible]深[illegible]
邃館[illegible]清風榴花芳艷濃陽光染[illegible]欲燒空

誰能窺化工觀物外偷[illegible]中[illegible]砂別有功
若將一粒比花容金丹色又紅[illegible][illegible][illegible][illegible]

橘 一名木奴樹高丈許枝多刺生莖間葉兩頭
尖綠色光面濶寸餘長二寸許四月生小白
花清香可人結實如柚而小至冬黃熟大者
如杯包中有瓣瓣中有核實小於柑味甘微
酸其皮薄而紅味辛而苦有蜜橘其味最甘黃橘
扁小多香霧橘之上品綠橘紺碧可愛不待霜後色味已佳臘冬采之生意如新
朱橘實小色赤如火芳塌橘狀大而扁外綠心紅巨瓣多液春熟甚美包

橘外薄內盈其脉瓣隔皮可數綿橘微小極軟美可愛而不多結沙橘
細小甘美凍橘八月開花冬結春采早黃橘秋半已丹穿心橘實大
皮光心虛可穿荔枝橘膚理皺密儼如荔枝出衡陽乳橘似乳柑皮堅瓤
多絕酸油橘皮似油飾中堅外黑橘之下品盧橘大如柑皮厚味酢多至夏
熟土人呼為壺酒出蘇州台州西出荊州南出閩廣
皆不如溫州者佳王敬美云閩中柑橘以漳
州為最福州次之樹多接成惟種成者氣味
尤勝李時珍曰橘從矞雲外赤內黃非烟非

霧郁郁紛紛之象橘實外赤內黃剖之香霧
紛郁有似乎矞故名韓彥直著橘譜三卷
○橘肉生痰聚飲不益人若煎以蜜先果食甚佳或蜜或糖作餅尤妙亦可糟淹作虀
多食戀膈生痰滯肺氣同蟹食令人患煩癖花以之蒸茶向爲龍虎山進御絕品園
林中宜多種多收皮一名陳皮一名紅皮去白者名橘紅未熟而色青者名青皮凡
使勿用柚皮柑子皮誤用有害橘皮乃六陳
之一日用所需不可不慎擇橘皮紋細色紅
而薄內多筋脉其味苦辛溫柑皮紋粗色黃
而厚內多白膜其味辛甘柚皮最厚而虛紋
更粗色黃內多膜無筋其味甘多辛少橘皮
性溫柑柚皮性冷柚皮更不可用橘皮治百

病總是取其理氣燥濕之功苦能泄能燥辛
能散溫能和同補藥則補同瀉藥則瀉同升
藥則升同降藥則降寬膈利氣消痰極有殊
功他藥貴新惟此貴陳又能治魚腥可作食
料去白者以白酒入甑洗潤透剉去筋膜曬
乾用青皮色青氣烈味苦而辛治之以醋所
謂肝欲散急食辛以散之以酸瀉之以苦降
之也陳皮浮而升入脾肺氣分青皮沉而降
入肝膽氣分一體而二用青皮最能發汗有
汗者忌用二皮合用推陳致新大益人忌多
用久服能損元氣瓤上筋膜炒熟煎湯飲治口渴吐酒甚効核苦平無毒
治腎疰腰痛膀胱氣痛腎冷炒研酒服一錢小腸疝氣及陰核腫痛炒研五錢老酒煎服
凡用須以新瓦焙香法製取仁研碎入藥葉苦平無毒導逆氣行[illegible][illegible][illegible][illegible][illegible][illegible]

脇痛用之引經

○種植 種子及栽皆可以枳樹截接或帖接九年花實俱茂遇旱以米泔澆溉則實不損落根下埋死鼠則結實加倍物類相感志云橘見尸而實繁涅槃經云

灌培 茅灰及羊糞壅之多生實十一月內將橘樹根寬作盤澆大糞三次至春用水澆二次花實必茂【多能鄙事】

收藏 十月後將金橘安錫器內或芝蔴雜之經久不壞若橙橘之類藏菉豆中極妙勿近米湯見米即爛【便民圖纂】藏橘橙法鋪乾松毛中收不近酒處多不壞【多能鄙事】

○附録金橘 一名金柑一名夏橘一名山橘一名小木奴一名給客橙生吳越江

浙川廣間出營道者爲冠江浙者皮甘肉酸大之樹似橘不甚高大五月開白花結實秋冬黃熟大者徑寸小者如指頭形長而皮堅肌理潤細生則深綠熟黃如金味酸甘而芳香可愛糖造蜜煎皆佳廣人連枝藏之入膾醋尤香美韓彥直橘譜云金橘出江西北人不識景祐中始至汴溫成皇后嗜之價遂貴藏菉豆中可經時不變橘性熱豆性涼也金橘將枳棘接之八月移栽肥地灌以糞水【便民纂要】

金豆 一名山金柑一名山金橘木高尺許實如櫻桃生青熟黃形圓而光滑皮甜可食味清而香美可蜜漬

○療治 治濕痰因火泛上停滯胸膈咳唾稠粘陳橘皮半斤砂鍋內下鹽五錢化水澆過煮乾粉甘草二兩去皮蜜多各取淨末蒸餅和丸梧子大每百丸白湯下[illegible]

和冷氣壅遏不通脹滿橘皮四兩白朮二兩爲末酒和丸梧子大每食前木香湯下三十丸日三 治男女傷寒并一切雜病嘔噦手足逆冷橘皮四兩生姜一兩水二升煎一升徐徐呷之即止 嘈雜吐水真橘紅末五更安五分於掌心舐之即睡三日必效皮不真則不效 霍亂吐瀉不拘男女但有一點胃氣者服之再生廣陳皮五錢真藿香五錢水二盞煎一盞時時溫服 又陳橘皮末二錢湯點服不省者灌之仍燒磚沃醋布裹安心下尉之便活 反胃吐食真陳皮西壁土炒香爲末每二錢生薑三片棗肉一枚水二鍾煎一鍾溫服 卒然食噎橘紅一兩焙爲末水一大盞煎半盞熱服 諸氣呃噎橘紅二兩水一升煎五合頓服加枳殼尤良 痰膈氣脹陳皮三錢水煎熱服 卒然失聲橘皮

五錢水煎徐呷 經年氣嗽橘皮神麯生姜焙乾等分爲末蒸餅丸梧子大每服三五十丸食後夜臥各一服有人患此服之兼舊患膀胱氣皆愈 化食消痰除胸中熱氣橘皮五錢微炒爲末水煎代茶細呷 下焦冷氣陳橘皮一斤爲末蜜丸梧子大每食前溫酒下三十丸 脚氣衝心或心下結硬腹中虛冷陳皮一斤杏仁五兩去皮尖熬少加蜜擣和丸梧子大食前米飲下三十丸妙老人氣閟同 大腸閟塞陳皮酒煮焙研末溫酒服二錢或米飲下 途中心痛橘紅煎湯飲甚良 食魚蟹毒同 豐城令莫强中得疾食已輒胸滿不下百方不效偶飲橘紅湯覺相宜連日飲之忽覺胸中有物墜下大驚目瞪自汗如雨須臾腹痛下數塊如鐵彈臭不可聞自此頓愈蓋脾中冷積也方用橘紅一斤

甘草鹽花各四兩水五碗慢火煑乾焙研爲末白湯點服治一切痰氣特驗　氣痰麻木凡手及十指麻木大風麻木皆是溼痰死血橘紅一斤逆流水五盌煑爛去滓再煑至一盌頓服取吐不吐加瓜蒂末　脾寒諸瘧不拘老少孕婦只兩服便止眞橘紅切生姜自然汁浸過一指銀器內重湯煑焙研末每服三錢隔年青州棗十枚水一盞煎半盞發前服以査下之　小兒疳瘦久服消食和氣長肌肉陳橘皮一兩黃連米泔水浸一日一兩半研末入麝三分猪膽盛藥漿水煑熟取出川粟米飯和丸菉豆大每服一二十丸米飲下　產後尿閟橘紅一兩爲末空心溫酒下二錢一服即通　產後吹乳陳皮一兩甘草一錢水煎服即散　婦人乳癰未成者即散已成者即潰痛不可忍者即不疼神驗眞橘

紅[illegible]麪炒微黃爲末每服二錢麝香調酒下初發者一服見効　聤耳出汁陳皮燒研一錢麝香少許爲末日摻立効　魚骨鯁咽陳皮常含嚥汁即下　嵌甲作痛不能行履者濃煎陳皮湯浸良久甲肉自離輕手剪去以虎骨末傅之即安　久瘧熱甚必結癖塊多服清脾湯內有青皮疏利肝邪則癖自不結　腰痛橘核杜仲各二兩炒研末每服二錢鹽酒下　肺癰綠橘葉洗搗絞汁一盞服之吐出膿血即愈　治冷膈氣及酒食後飽滿青橘皮一斤作四分一用鹽湯一用白沸湯一用醋一用酒各浸三日取出去白切絲以鹽一兩炒微焦研末每用二錢茶末五分水煎溫服亦可點服　理脾快氣青橘皮一斤日晒焙研末甘草末一兩檀香末半兩和勻收之每用一二錢入鹽少許白湯點服　一法

製青皮常食安神調氣消食解酒益胃不拘老人小兒宋仁宗每食後咀數片乃邢和璞眞人所獻名延年草仁宗以賜呂丞相用青皮一斤浸去苦味去瓤煉淨白鹽花五兩炙甘草六兩舶茴香四兩甜水一斗煑之不住攪勿令着底候水盡慢火焙乾勿令焦去甘草茴香只取青皮密收用　瘧疾寒熱青皮一兩燒存性研末發前溫酒服一錢臨發再服　傷寒呃逆聲聞四隣四花青皮全者研末每服二錢白湯下　產後氣逆青橘皮爲末葱白童子小便煎一錢服　婦人乳嵒因久積憂鬱乳房內有核如指頭不痛不癢五七年成癰不可治用青皮四錢水一盞半煎一盞徐徐服之日一服或用酒服　聤耳出汁青皮燒研末綿包塞之　唇燥生瘡青皮燒研猪脂調塗

典故

蘇州太湖中洞庭山一名包山道書第九洞天蘇子美記有峰七十二惟洞庭稱雄其間民俗淳樸以橘柚爲常產每秋高霜餘丹苞朱實與長松茂竹相暎巖壑　嚴州府城南其山險峻不易登上有羅浮橘一株熟時風飄墮地得者訛傳仙橘云　東方裔外有建春山多橘柚　宜城秦精晉時人嘗入武昌山採茗遇一毛人長丈餘引至山曲示以藂茗臨別探懷中橘遺精　晏子使楚楚王進橘置削晏子併食不剖王曰橘當剖對曰臣聞賜人主前者瓜桃不削橘柚不剖今者萬乘無教故不敢剖臣非不知也晏子春秋　越多橘柚園越人歲出橘稅謂之橘籍述異記　吳王餽魏文帝大橘帝詔群臣曰南方有橘酢正裂人牙時有甜耳風土記　吳應始數歲家中橘樹冬熟諸兒競取惡獨不

取家入異之【國史】 巴邛人家有橘園霜後
橘盡收歛有大橘如三斗盎巴人異之剖開
中有二叟鬚眉皤然肌體紅潤相對象戲談
笑自若一叟曰橘中之樂不減商山但不得
深根固蒂爲愚人摘下耳語畢忽不見【幽怪
録】 平西將軍庾亮送橘十二實共一蒂爲
瑞群臣皆賀【晉書】 陸績年六歲見袁術術
出橘績懷三枚拜辭墜地術曰陸郎作客而
懷橘乎績跪答曰欲歸遺母術大奇之【吳志】
□於種橘□井以救郡里之病者以井水
服一橘葉即愈【[illegible]】 奉橘三百枚霜未
降未可多得【[illegible]】【[illegible]】 太宗九月九日宴
群臣賜湖南新橘【唐史】 鄭交甫游於漢皐
見遊女贈以橘柚 會稽東野有女子姓吳
字望子路中忽見一貴人儼然端坐因贈兩
橘與之遂數見形與情好郎蔣侯也【■】

群芳譜 卷三 果譜 三十四

唐于蓬萊殿九月九日賜群臣橘【風土記】
漢武帝時交趾有橘官置長一人秩三百石
主歲貢御橘【異物志】 漢武帝宴群臣於蓬
萊殿羅列瀟湘之橘以爲珍果瀟湘有橘田
橘洲歲以入貢【■】 薛戎遷湖東觀察使
舊例所部橘未貢先鬻者死戎請弛其禁【孔
六帖】 市國桓儼罷縣居揚州從事屈豫室
中庭有橘一株遇其實熟以竹藩樹四周風
吹兩實墜地以繩縛于樹【後漢書】 楊由爲
成都文學曉占候忽風起太守廉范問之由
曰南方有薦木實者色黃赤頃之五官掾獻
橘數包【益都耆舊傳】 劉晏字士安凡江淮
名橘珍柑常與本道分貢競欲先至雖封山
斷道每厚貲致之爲諸道冠【唐記】 陳允升
舒道術撫州危全諷迎賓郡中危夜坐謂之
曰豐城橘熟聞之允升曰方有一船□□

城港令爲取之港去城十五里少選■
還攜一布囊有橘數百枚【江淮異人錄】

淯音有 樝音查

○麗藻散語 璇星散爲橘【春秋運斗樞】 淮海
惟揚州厥包橘柚錫貢【禹貢】 橘
踰淮而北爲枳此地氣然也【考工記】 斬伐
橘柚列樹苦桃【[illegible]】 三王五帝之禮義法
度譬諸柤梨橘柚其味相反而皆可於口【莊子】
【又】 橘柚有鄉又曰橘渡於北徙榴櫨於東
移【列子】 蜀漢江陵千樹橘其人與千户侯
等【史記貨殖傳】 夫樹柤梨橘柚食之則美臭之
則香【[illegible]】 橘之蠹大如小指首負特角身蹙
【南□】說 蹙然類蠐螬而青翳葉仰齧如饑
蠶之速人或棖觸之輒奮角而怒氣色桀驁
一旦視之凝然弗食弗動明日復往則蛻爲
蝶矣力力拘拘其翎未舒襳黑黝蒼分朱間
黃腹填而橢緌纖且長久醉方寤羸枝不揚

群芳譜 卷三 果譜 三十五

又明日往則倚薄風露攀緣草樹聳空翅輕
瞥然而去或隱蕙叢或留篁端翩旋軒虛颺
曳紛拂甚可愛也須臾犯蛩網而膠之引絲
環纏卒若桎梏人雖甚憐不可解而縱矣噫
秀其外類有文也嘿其中類有德也不朋而
遊類潔也無嘗而食類廉也向使前不知爲
橘之蠹後不見爲蛩之網人謂之鈞天帝居
而來今復還矣天下大橘也名位大羽化也
封略大蕙篁也苟滅德忘公崇浮飾傲榮其
外而枯其內害其本而窒其源得不爲大蛩
網而膠之乎觀吾之蠹化者可以惕已【陸龜
蒙】 樂仲子曰吾昔好種橘吾種輒前春而
植私竊懼曉也種而遂者十不得一二焉訊
之老圃圃曰橘不可以前春種也盍後之吾
從而後之植而遂者十嘗得八九焉又訊老
圃曰冬藏之木其氣外周外周者非陽盛

不可活也冬謝之木其氣內固內固者畢竭
未盛活也推此則百穜百活矣仲子俯然嘆
曰吾蓋信枝葩繁者本根瘦矣公曰冬日之
閉凍也不固則春夏之長草木也不茂天地
不能常侈常費而况於人乎是故后皇嘉
子貴節其費不遂其欲萬類以生 樹橘來
服兮受命不遷生南國兮深固難徙更壹志
兮綠葉素榮紛其可喜兮曾枝剡棘圓果摶
兮青黃雜糅文章爛兮精色內白類 賦 美南
可任兮紛縕宜修姱而不醜兮[屈原] 州之
嘉樹受氣於炎德固一志於殊方遂不遷
於上國貞枝燦碧蔚湘岸之夕陰華實變黃
動江潭之秋色雜丹楓於溪畔映綠篠於巖
側翡翠以之列巢鵷鶵於焉棲息雖同露於
雨露竊自得於雕飾終獲譽於皇朝豈因人
之羽翼感大鈞之獨運輸造化之玄力思六

合以同風探孤根而移植播元氣以茂育諒
英靈之不測逮乎霜飛天闕風落秦川金莖
炫燿於朝日玉樹青葱於霽天幾方壺之翠
鳥列靈沼之清漣上蔚榧松下秀蓀荃艷朱
草與屈軼華紫芝與寶蓮靈卉必植嘉橘在
焉碧葉獨潤金衣更鮮天漢之華星熠燿閶
風之珠樹粲然香若圃於野露色疑炫於江
烟既而太宮獻新奇果列筵非厥苞之自達
何非匪之莫傳樹隱方塘比丹荔之初實盤
映前月與赤瑛而共姸東鄙孤臣謬陳三事
既之和羹之用猶齊可口之味并食不剖竊
愧晏嬰之知捧之以拜重感桓榮之賜庶不
朽於雪霜永酬恩 橘井尚高騫 天
於天地[illegible]

詩五言

寒橘柚垂 荒庭
垂橘柚 北郊千樹橘不見比封君[illegible]
白花如霰雪朱實似懸金布影臨丹[illegible]

香度玉岑[illegible] 剌緘非無暇幽窓自拗
歡手香江橘嫩齒軟越梅酸客紹臨行怯私
書欲報難無憑諳鵲語猶得暫心寬[illegible]
花靜何須艷林深不隔香初聞何處覓小摘
莫令長春落秋仍發梅兼雪未遥縹姿汲寒
砌淺浸一枝涼 不夜非關月無風也自香
着花能許細落子不多長玉糝開猶半金鬚
撚更長解愁何必醉遇暑却生涼[illegible]
美人有嘉樹結實如黃金微霜降秋節芬
芳滿中林采采不盈筐歲暮遠相尋緘以尺
素書致以瑤華音開緘讀素書字字瓊與琳
把玩不去手置我高堂陰恍行洞庭上秋色
瀟湘深况此東南美橘頌步高吟橘柚匪芬
芳荷君芬芳心[illegible] 群橘少生意雖多
亦奚爲惜哉結實小酸澀如棠梨剖之蠹
餌探擿爽所宜紛然不適口豈止存其皮蕭

蕭牛死葉忽忽別故枝玄冬霜雪積况乃回
風吹嘗聞蓬萊殿羅列瀟湘姿此物歲不稔
玉食失光輝寇盜尚憑陵當君減膳時汝病
是天意君意罪有司億昔南海使奔騰獻荔
枝百馬死山谷到今 楓林橘樹丹青合
耆舊悲[杜甫詠病橘]

七言

複道崇樓錦繡懸
珠顆形容隨日長瓊漿氣味得天成[illegible]
[天] 黃歎晚菊垂金砌圓並明珠落翠盤[illegible]
[岐公] 驛起難禁酒力加醉時隨臥白鷗沙
草堂位置新籬落蕉葉西邊橘試花[illegible公]
新霜微曉報秋深染盡青林作纈林 惟有
橘園風景異碧叢叢裡萬黃金[illegible] 憐
君病後思新橘始摘猶酸亦未黃書後欲題
三百顆洞庭須待滿林霜[illegible] 客入
秋無氣息想依紅袖醉邑悒霜枝擢落黃金
彈許送筠籠瑤來[黃魯直][illegible] 洞庭

秋水接三江五美[illegible]宋明
月夜儂今何事不還鄉[illegible]一捻霞浪
脩異芬初開尤勝結丹黄白於詹葡林中見
清似旃檀國裡聞淡月珠胎明璀璨微風玉
屑撼繽紛平生宵令薰衣瓣露坐花間至夜
分[illegible]死臣初摘實凋盤口勅宜恩賜
近臣氣味豈同淮枳變皮膚不作楚梅酸參
差翠葉藏珠琲錯落黄金鑄彈丸安得一枝
擎雨露画圖傳與世人
看[illegible]

柑譜 一名木奴一名瑞金奴生江南及嶺南閩廣
温台蘇撫荆爲盛川蜀次之樹似橘少刺實
亦似橘而圓大未經霜猶酸霜後始熟子味

甘甜故名柑子皮色生青熟黄比橘稍厚理
稍粗而味不苦惟乳柑山柑皮可入藥橘實
可久留柑實易腐敗柑樹畏氷雪橘樹猶少
耐此柑橘之異也乳柑出温州泥山爲最以
其味似乳酪故名其木婆娑其葉纖長其花
香韻其實圓其膚理如澤蠟其大六七寸其
皮薄而味珍脉不粘瓣食不留滓一顆僅二
三核亦有全無者擘之香霧噀人爲柑中絕

品海紅柑樹小而實極大有圍[illegible]色紅可久藏今獅頭柑亦其類
洞庭柑出洞庭山皮細味美其熟最蚤 甜柑類洞庭而大每顆八瓣未霜先
黄 饅頭柑近蒂如饅頭尖味香美 生枝柑形不圓色青膚粗味帶微
酸霜時枝間可耐久後味變甘帶葉折取故名 平蒂柑大如升出成都 朱柑
類洞庭而大色嬀紅其味酸人不重之 木柑類洞庭膚粗瓣大少津液 又有
黄柑石柑沙柑之類性大寒治腸胃中熱毒
解丹石止暑渴多食令人脾冷生痰發痼癖
○皮下氣調中 核可作塗面藥

○附録 柚柑屬也一名條一名櫾一名壺柑一名臭橙爾雅謂之櫠又曰椵廣雅謂
之鐳實大而粗柑橘中下品也三月開花奇
大氣甚香郁實亦如橘有甘有酸皮厚味甘
樹葉皆類橙實有大小二種小者如柑如橙
俗呼爲蜜筩大者如升如瓜俗呼爲朱欒有
圍及尺餘者俗呼香欒閩中嶺外江南皆有
之南人種其核云長成以接柑橘甚良列子
云吳越之間有木焉其名爲櫾樹碧而冬青
實丹而味酸食其皮汁已憤厥之疾渡淮而
北化而爲枳此地氣之不同也
果之美者有雲夢之柚 呂氏春秋 佛手柑似木
朱欒而葉尖長枝間有刺植之近水乃生其
實如人手有指有長尺餘者皮如蒻柚而厚
皺而光澤色如瓜生綠熟黄其核細味不甚
佳而清香襲人置衣笥中雖形乾而香不歇

可糖煎蜜煎作果甚佳搗蒜卷茶等香更充溢浸汁洗葛紵絕勝發紫

○療治 解酒毒酒渴柑皮去白焙研點湯入少鹽飲 產後脬浮柑皮為末酒服 傷寒飲食勞復柑皮濃煎汁飲 喉痛山柑皮食之良 難產柑橘瓤陰乾燒存性研末溫酒服二錢 聤耳流膿血柑葉嫩頭七個入水數滴杵取汁滴之愈 痰嗽柑一枚去核切砂糖內浸酒封固一夜煮爛蜜拌勻時時含咽 面脂長髮潤燥柚花麻油蒸作香澤 頭風痛柚葉同蔥白搗爛貼太陽穴

○典故 立春日作五辛盤以黃柑釀酒謂之洞庭春色 五辛盤注五藏之氣也 漢武帝時董元素來自江南上召見夜與語曰聞公有神術今江南柑橘正熟公能致否對曰請安一盒於棚前數刻忽有微風入簾啓盒柑滿其中奏云此江陵支縣柑也他處恐來遲上嘗之驚嘆【果園錄】 王丞相導性儉嘗帳下柑果盈溢涉春壞爛【郭子】 奉柑三百顆霜未降不能佳【王右軍帖】 彭城王義康秉政時四方獻饋皆以上品獻彭城次者供御上嘗啖柑嘆其味劣義康曰今年柑殊有佳者遣人還東府取柑至大三寸【宋書】 呂僧珍既有大勳任總心膂性甚恭慎當禁中甚暑不敢解衣每侍御座屏氣鞠躬果食未嘗舉箸嘗醉後取一柑食武帝笑謂曰卿今日大有所進於是俸祿外令月給錢十萬文【梁書】 隋文帝嗜柑蜀中摘黃柑皆以蠟封蒂獻日久猶鮮【隋史】 開元中有神僊持羅浮柑子種於南樓寺其後常資進獻至幸蜀幸奉天之歲皆不結實【唐史】 開元末江陵進乳柑上以十枚種

於蓬萊宮天寶十載九月結實宣賜宰臣曰朕於宮中種柑子數株今秋結實一百五十顆乃與江南及蜀道所進不異【太真外傳】 明皇食柑千餘枚皆缺一瓣問進柑使者云途中有道士噀之蓋羅公遠也【開元遺事】 荊州進黃柑帝以紫帕包賜蕭嵩【唐書】 上元夜貴戚例有黃柑相遺謂之傳柑【會要】 【類聚】益州歲進柑子皆以紙裹之他時長吏嫌不敬代以細布既而恐柑子為布所損每懷憂懼俄有御史甘子布至長吏以為推布裹柑事懼曰果為所推及子布到驛長吏敘以布裹柑子為敬子布初不知之久而方悟聞者莫不大笑【唐書】 南陽郡東望山有柑正熟嘗有三人造之共食至飽懷二枚去欲以示外人纔旋乍日迷不得歸聞空中語云放雙柑放汝去懷柑者恐放柑於地轉盼即見歸逕【述異記】 州故大城內有陶侃廟其地漢賈誼嘗種柑猶有存者【湘州記】 張磐為廬江太守壽陽令饋柑一奩其子七歲就取一枚磐奪付外卒私以兩枚與兒磐鞭卒曰何故行賂於吾子【後漢書】 李衡為丹陽守每欲治家妻輒不聽後密遣人於龍陽洲上作宅種柑千樹臨死勅兒曰汝母惡吾治家故窮如是吾洲上有千頭木奴不責汝衣食歲上一疋絹足用矣 及柑成歲得絹數千疋【襄陽記】

○麗藻錄 柑別種有八橘別種為十四橙別種為五凡其類合二十有七而乳柑推第一故溫人謂乳柑為真柑意謂他皆若假設者而獨真柑為柑爾且溫雖邑俱種柑而出泥山者又傑然推第一北人安得所謂泥山者而哨之又故奉太常者率得出城從邊

藏無因□客入泥山香林中之酒其下而客
乃遺予泥山柑因爲之譜【韓彦直】【橘錄】

言

杭有賣果者善藏柑涉寒暑不潰出之燁
然玉質而金色置於市價十倍人爭鬻之
予貿得其一剖之如有煙撲口鼻視其中則
乾若敗絮予怪而問之曰若所市於人者將
以實籩豆奉祭祀供賓客乎將衒外以惑愚
瞽也甚矣哉爲欺也賣者笑曰吾業是有年
矣吾業賴是以食吾軀吾售之人取之未嘗
有言而獨不足子所乎世之爲欺者不寡矣
而獨我也乎吾子未之思也今夫佩虎符坐
皋比者洸洸乎干城之具也果能授孫吳之
略耶峩大冠拖長紳者昂昂乎廟堂之器也
果能建伊皋之業耶盜起而不知禦民困而
不知救吏姦而不知禁法斁而不知理坐糜
廩粟而不知恥觀其坐高堂騎大馬醉醇醴
而飫肥鮮者孰不巍巍乎可畏赫赫乎可象
也又何往而不金玉其外敗絮其中也哉今
子是之不察而以察吾柑予默然無以應退
而思其言類東方生滑稽之流豈其憤世疾
邪者耶而託於柑以諷耶【劉基】

表

雨露所均混天區而齊被
草木有性憑地氣以潛通
名傳地里遠自武陵之淵族茂【宋白】【謝明】

啓

神經遙閩建春之嶺王逸爲賦【□陽柑】
取對荔枝張衡製詞用連石密足使萍實
非甜葡萄猶餡【□□□□□□東王賜柑】

傳

黃甘陸吉者楚之二高士也黃隱於泥山陸
隱於藍山楚王聞其名遣使召之陸吉先至
賜爵左庶長洞庭君尊寵在群臣右久之黃
甘始來一見拜溫尹平陽侯班視令尹吉起
謂士與甘齊名入朝久尊貴用事一旦甘位
吾上吉心銜之群臣皆疑之會秦遣□□□

謀意使楚楚召燕齊□□□□□甘生上
生吉嘐然謂之曰請與子盟事甘曰唯唯吉
曰齊楚約西擊秦吾引兵踰關身犯霜露與
枳棘最下者同甘苦率寒奴千人戰季洲之
上抑也至蘇秦丐歸子功孰與甘曰不如也
曰神農氏之有天下也吾剝膚剖肝怡顏下
氣以固蒂之術獻上主喜之命注記官陶弘
景狀其方略附國史出爲九江守宣上德
澤使童兒亦懷之子才孰與甘曰不如也吉
曰是二者皆居吾下而位居上何也甘徐應
曰君何見之晚也每歲太守勸駕乘傳入金
門上玉堂與虞荔申梠梅福橐蒻之徒列侍
上前使數子者口快舌縮不復上齒牙間當
此之時屬之於子乎屬之於我乎吉默然良
久曰屬之於子矣甘曰此吾之所以居子之
上也於是群臣皆伏歲終吉以疾免更封甘
子爲穰侯吉之子爲下邳侯穰侯遂慶
不顯下邳以美湯藥官至陳州治中

詩

五言

登俎黃柑重　岑寂雙柑樹婆娑一院香
交柯低几杖垂實礙衣裳滿歲如松碧同
時待菊黃幾回霑葉露乘月坐胡床　春日
晴江岸千柑二頃田青雲着葉密白雪避花
繁結子隨邊使開筒近至尊後於桃李熟終
得獻金門【杜甫】　春融百卉茂素榮敷綠
枝淑郁麗芳遠悠揚風日遲南國富佳樹騷
人留恨詞空爲對夕日愁絕影成綠【朱文公】
【杜甫】　三伏適已過驕陽化爲霖欲歸瀼西
宅阻此江浦深壞舟百板坼峻岸復萬尋篙
工初一棄恐泥勞寸心佇立東城隅悵望高
飛禽草堂亂玄圃不隔崑崙岑昏渾衣裳外
曠絕同曾陰園柑長成時三寸如黃金諸侯
舊上計厥貢傾千林邦人不足重所迫豪吏

侵客居暫封殖日夜偶瑤琴□□餘五株隱劍塞煩胸襟爲得轂兩足杖藜山雨帳欲條流數翠實偃息歸碧濤拂拭烏皮几喜聞樵牧音令兒快搔背脫我頭上簪【杜甫】

七言

侍史傳柑至帝傍人間草木盡天漿寄與維摩三十顆不知簷蔔是餘香【蘇軾】

手詔黃柑三百株春來新葉徧城隅方同楚客憐皇樹不學荊州利木奴幾歲開花聞噴雪何人摘實見垂珠若教坐待成林後滋味還堪養老夫【陸游】

一錢羅帕未分珍林下先嘗媿逐臣露葉霜枝剪寒碧金盤玉指破芳辛清泉蔌先流齒香霧霏霏欲噀人坐客□□知柑子千奴一掬爲吾貧【蘇軾】

柴門控樹向千株丹橘黃柑此地無江上今朝雲雨散籬中秀色画屏紆桃蹊李徑年雖故梔子紅椒艷色殊鏁石滕梢元自落倚天松骨見來枯林香出實垂將蓋葉蒂辭枝不重蘇愛日恩光蒙借貸淸霜殺氣得憂虞裹頹動見藜床坐緩步仍須竹杖扶散騎未知雲閣處啼猿僻在楚山隅【杜甫】

【橙】一名棖一名金毬一名鵠殼埤雅云橙柚屬可登而成故字從登樹似橘有刺實似柚而香晚熟耐久大者如盌經霜始熟葉大有兩刻缺如兩段皮厚皺如沸香氣馥郁可以熏衣可芼鮮可和菹醢可爲醬虀可蜜煎可糖製爲橙丁可蜜製爲橙膏可合湯待賓客

可解宿酒速醒唐鄭開世有江南尤多栽植與橘同多食傷肝氣發虛熱同猵肉食發頭旋惡心

○製　洗去酸汁切和鹽蜜煎成貯食止惡心能去胃中浮氣惡氣　皮　消食下氣去胃中浮氣和鹽貯食止嘔心解酒病

○附錄香櫞　一名枸櫞柑橘之屬嶺南閩廣江西皆有之實大者如小瓜皮若橙而光澤可愛置衣笥中經旬猶香古作五合鰺用北方頗重之

○療治　寬中快氣消酒用橙皮二斤切片生姜五兩切焙擂爛入炙甘草末一兩檀香末半兩和作小餅每嚼一餅沸湯入鹽送下　痔漏腫痛隔年風乾橙子桶內燒烟熏之神効　膠悶痛橙核炒研酒服三錢即愈　面黑粉刺橙核濕研夜夜塗之　痰嗽香櫞黃酒飲　心下氣痛香櫞煎湯飲

○麗藻　詩五言　細雨更移橙【杜甫】　淸霜夜漠漠嘉實曉纍纍鵠殼攢修幹金華耀峻巘

七言　吳姬三日手猶香【王氏農書】　天將金顆真黃色借與洞庭霜後橙【張右史】　松滋解作逡巡熟壓倒江南好事僧【黃山谷】　嘉樹團團俯可攀壓枝秋實滿璣斑朱欄碧瓦淸霜曉璧璧繁星綠葉間【□】【宋□】　香皆酸甘酸各殊能南北區場貫不同升果實赤抱遺才嘆有客攀緣氣拂膚　常誤

八月[illegible]書香已見橘霜黃[illegible]

人色倘教吾儕得知[illegible]
食荼蘼賓百合香醲 郇合深[illegible]正南春效
盡山橙彷彿慰人心 [illegible]已熟[illegible]
雨蓋荷殘猶有傲霜枝 一年好景君須記正
是橙黃橘綠時 洞庭朱橘米弄色裹
水錦葵多已黃玉白搗虀鱠美金盤按酒
時有香醇生南土名猶重未信中州客厭嘗
欲寄百包憑驛去只應佳味怯風霜
苞生外殼刺如蝟毛其中着實或單或雙或
三四少者實大多者實小實有殼紫黑色殼
內膜甚薄色微紅黑外毛內光膜內肉外黃
肉白八九月熟則苞自裂而實墜宣州及北
地所產小者爲勝陸璣疏曰栗五方皆有周
秦吳揚特饒漁陽及范陽生者甜美味長本
草圖經云兗州宣州者最勝燕山栗小而味
最甘蜀本圖經曰板栗佳栗二木皆大又有
芧栗似栗而細子美所謂錦里先生烏角巾
園收芧栗未全貧者是也衍義云湖北一種
栗頂圓末尖謂之旋栗栗之爲果種類頗多
總之味鹹氣溫無毒主益氣厚腸胃補腎氣

治腰腳無力破痃癖理血當中一子名栗楔
治血更効生則動氣熟則滯氣惟曝乾或火
煨汗出食之良百果中最有益者小兒不宜
多食難剋化患風水病者忌以味鹹也
○收藏 藏生栗法霜後取生栗投水中去浮者
餘漉出布拭乾曬少時令無水脉爲度
先將沙炒乾放冷取無油酒器新罈磁裝入
一層栗一層沙約八九分滿用箬葉扎嚴埽
一淨地將器倒覆其上略以黃土封之勿近
酒器可至來春不壞 又法栗子一石鹽二
斤水泡開浸栗一二宿漉出曬乾同芝蔴二
石拌勻盛荆囤中永遠不壞食之軟美 ○藏
乾栗法霜後取沉水栗一斗用鹽一斤調水
浸栗令沒經宿漉起晾乾用竹籃或粗麻布
袋掛背日少通風處日搖動一
二次至來春不損不蛀不壞
○種藝 齊民要術曰栗
種而不栽栽雖活尋死栗初熟離苞即於屋
內埋濕土中埋須深勿令凍路遠者以韋囊
盛之停三日以上及見風日則不可作種至
二月芽生出而種之芽向上乃生根既生數
年不用掌近三年內每到十月常須草裹至
二月解不裹則易至凍死仍用籬圍之其
實方而圓者他日結子豐滿樹
高四五尺取生子樹枝接之
○製用 以兩栗蘸油兩栗蘸水置鍋中間圍更
排四十七個濕紙蓋慢火燒方有[illegible]
[illegible]即熟 大栗每個殼底以刀十字劃[illegible]
[illegible]

以大[illegible]取用週底半[illegible]作[illegible]上一枚香油塗濕底一枚白水塗濕底合作一對置鍋底當中取栗逐旋蓋上多亦不妨將鍋蓋蓋燒一飯頃取出俱酥熟且不粘殼　又法入油紙撚一條炒不用鐵鍋尤妙　栗炒熟搗爛曬乾磨細每六升入新糯米粉四升白沙糖半斤蜜水溲之篩置籠中隨畫開蒸粉熟爲度火炙爲糕　栗木作門關可以遠盜

○療治　腳弱　大栗時時啖之食數斤即健　一刀斧傷及小兒疳瘡　葦刺入肉　馬汗入肉成瘡　並嚼傅　小兒口瘡　煮熟日日與食效　鼻衄　大栗七枚刺破連皮燒存性出火毒麝少許研勻每服二錢溫酒下　又栗殼燒存性研末粥飲服二錢效　馬咬虎傷成瘡　獨顆栗燒研傅之　反胃消渴　栗殼煮汁飲

○典故　周遊乎雕陵之樊覩一異雀感周之顙而集於栗林[莊子]　有狙公者養狙成群恐衆狙之不馴於已也先誑之曰與若芧朝三而暮四足乎衆狙皆起而怒俄而曰與若芧朝四而暮三足乎衆狙皆伏而喜聖人以智籠群愚亦猶狙公之以智籠群狙也[列子]

[illegible]　漢武帝園中有大栗十五枚可爲一斗

栗出三輔[illegible]　三韓之地大栗如梨

[illegible]　汝水灣中有栗　田饒曰果園梨栗後宮婦人擲以相擿而士曾不得一嘗故宋吳淑賦曰田饒勸之以待士[illegible]　豫章宗度拜定陵令縣人相謂曰[illegible]高不仕度與談論設果栗而已故吳淑賦曰宗度置之而禮賢[illegible]　光武詔嚴遵詣行在蜀郡獻栗從上受公賦各以手所及取之遵獨不取上問[illegible]曰[illegible]賜[illegible]謝

主臣是以不敢取[會稽先賢傳]　[illegible]　沈約侍宴會豫州獻栗大徑寸帝奇之問衆栗事與約各疏所知約少帝三事出謂人曰此公護前不讓即羞死帝聞欲罪之徐勉固諫而止[梁書]　劉穆之爲丹陽尹與子弟宴集廳事在有一穴謂子弟曰汝等各以栗遙擲入穿處必得此郡從姪秀之栗獨入後果爲丹陽尹[宋書]　王泰之幼穎悟數歲祖母散栗於床群兒競取泰獨否問其故對曰不取當自得賜也是中表異之[illegible]　人有折蔡氏祠前栗者故蔡邕作栗賦云何根莖之豐美嗟夭折以摧傷　宋楊延慶奉母至孝母死葬畢廬於墓前母存日喜食栗乃種二栗樹於墓前經年其樹連理三年合抱生栗盈枝人以爲孝感所致　道人殷七七名文祥能造逡巡酒開頃刻花嘗一官僚召飲取栗散於官妓皆聞異香唯笑七七者栗綴於鼻不可脫但聞臭須臾狂舞粉黛狼籍共爲陳謝始墜[續仙傳]

○麗藻　散語　周人以栗[論語]　隰有栗　樹之榛栗[詩]　饋食之籩其實栗[周禮]　女贄不過榛栗棗修以告虔也[左傳]　米之美者江浦之橘箕山之栗[呂氏春秋]　燕秦千樹栗其人與千户侯等[漢書]　榛栗罅發[蜀都賦]　中山好栗地產不爲無珍[盧諶]

[illegible]　詩五言　採栗玄猿窟[韋應物]　穰多栗過拳　山家蒸栗暖　入村樵徑引嘗果栗闓開　山果多瑣細羅生雜橡栗或紅如丹砂或黑如點漆雨露之所濡甘苦同結實

七言　盤剝白鴉谷口栗　園收芋栗未全貧[illegible]　[illegible]逐長安社中

兒赤豁白狗賭梨栗【杜甫】老去自憐腰脚病山翁服栗舊傳方客來爲說晨興晚三咽徐收白玉漿　有客有客字子美白頭亂髮垂過耳歲拾橡栗隨狙公天寒日暮山谷裏中原無書歸不得手脚凍皴皮肉死嗚呼一歌兮歌已哀悲風爲我從天來【杜甫】

栗卽榛

【榛】古作亲生遼東山谷樹高丈餘子如小栗李時珍曰榛樹低小如荆叢生冬末開花如櫟花成條下垂長二三寸二月生葉如初生櫻桃葉多皺文而有細齒及尖其實作苞三五相粘一苞一實實如櫟實上壯下銳生青熟褐殼厚而堅仁白而圓大如杏仁亦有皮尖然多空者諺曰十榛九空陸璣詩疏云榛有兩種一種大小枝葉皮樹皆如栗而子小形如橡子味亦如栗枝莖可以爲燭詩所謂樹之榛栗者也一種高丈餘枝葉如水蓼子作胡桃味遼代上黨甚多久留亦易油壞味甘平無毒益氣力實腸胃調中不饑健行甚驗遼東榛軍行食之當糧榛之爲利亦大矣

群芳譜　卷三　果譜　五十

○種植　種榛與種栗同

【榧】榧音彼

一名玉榧一名柀子一名赤果一名玉山果生永昌以信州玉山者爲佳本地人呼爲野杉木大者連抱高數仞雄者華而雌者實其木形如栢本理似杉細軟堪爲器用葉似杉冬月開黃圓花結實如棗核長如橄欖無稜而殼薄黃白色其仁肉白外有一層黑粗衣小而心實者尤佳一樹可下數十斛味甘平濇無毒治五痔去三蟲治咳嗽助陽道輕身明目祛蠱毒鬼疰惡毒殺腹中大小諸蟲煮素羹味更甜美同甘蔗食其滓自軟猪脂炒榧黑皮自脫性熱同鵝肉食令人上壅生斷節風同菉豆食殺人忌火氣

○收藏　以盛茶舊磁甕收之經久不壞欲種以二月下子

○療治　寸白虫日食榧子七顆滿七日虫化爲水　又用榧子一百枚去皮火燃啖之經宿虫消胃弱者啖五十枚　好食茶面黃者每日食榧子七枚以愈爲度　髮不落榧

群芳譜　卷三　果譜　五十一

子三個胡桃二個側栢葉一兩擣爛浸雪水梳髮永不落且潤　卒吐血先食蒸餅兩三個次榧子末白湯服三錢日三服　譫言不出榧半兩蕪荑一兩杏仁桂各半兩爲末蜜丸彈子大含嚥　小兒五積黄瘦宜常食

○麗藻詩五言　彼美玉山果粲爲金盤實瘴霧脫蠻鋒清樽奉嘉客客行何以贈一語當加璧祝君如此果德膏以自澤驅攘三彭仇已我心腹疾祝君如此木凜凜傲霜雪斷爲君倚几滑淨不容削物微興不淺此贈毋輕擲蘇東坡

銀杏一名白果一名鴨脚子處處皆有以宣城爲盛樹高二三丈或至連抱可作棟梁葉如

鴨脚面綠背淡白有刻缺二月開花成簇青白色二更開旋落人罕見一枝結子百十狀如小杏色青經霜乃熟色黄而氣臭爛去肉取核爲果其核兩頭尖中圓大而扁三稜爲雄二稜爲雌其仁嫩時綠久則黄樹耐久肌理白膩術家取刻符印云能召使鬼神氣味甘微苦平澀無毒生食解酒降痰消毒殺蟲熟食温肺益氣定喘嗽縮小便止白濁擣汁

浣衣去油膩食多壅氣臚脹昏頓三元延壽書言白果食滿千顆殺人昔有歲饑以白果代飯食滿者次日皆死小兒食多昏霍發驚引疳同鰻鱺食患軟風

○種植須雌雄同種其樹相望乃結實雌者兩稜雄者三稜或雌樹臨水照影亦可或鑿一孔納雄木一塊泥之亦結陰陽相感之妙如此○移栽春分前後先掘深坑水攪成稀泥然後下栽子掘時連土纏縛不令散碎則易活○採摘熟時以竹篾箍樹本擊篾則收杏白[illegible]

○療治寒嗽[illegible][illegible]白果七個煨熟熟艾七丸入果中紙包再煨香去艾喫　哮喘痰嗽銀杏五個麻黄二錢半甘草炙二錢水一鍾半煎八分臥時服　金陵一舖治哮喘服之無不效者白果二十一個炒黄色麻黄三錢蘇子款冬花法製半夏桑白皮蜜炙各二錢杏仁去皮尖黄芩微炒各一錢半甘草一錢水三鍾煎二鍾分二服不用姜　咳嗽失聲白果仁四兩白茯苓桑白皮二兩烏豆半升沙蜜半斤煮熟日乾爲末以乳汁半盞拌溼九蒸九曬丸如菉豆大每服三五十丸白湯下神効　小便頻數白果十四枚七生七煨食之取効止　小便白濁生白果仁十枚擂水飲日一服取効止　赤白帶下下元虛憊白果蓮肉江米各五錢胡椒一錢半爲末用烏骨雞一隻去腸盛藥以瓦器煑爛空心食

腸風下血 銀杏煨熟出火氣食之米飲下

腸風臟毒 銀杏四十九枚生研入百藥煎末和丸彈子大每服二三丸空心細嚼米飲下

𧏾牙 生銀杏每食後嚼一二個良

手足皺裂 生白果嚼爛夜夜塗之

鼻面酒皶 銀杏酒酻糟同嚼爛夜塗旦洗

頭面癬瘡 生白果中切斷頻擦取効

下部疳瘡 生白果杵塗之

陰虱作痒 陰毛際肉中生虫如虱或紅或白痒不可忍白果仁嚼細頻擦之効

狗咬成瘡 白果仁嚼細塗之

乳癰潰爛 銀杏四兩研酒服四兩研傅之

水疔暗疔 水疔色黃麻木不痛暗疔瘡凸色紅使人昏狂並先刺四畔後用銀杏去殼浸油中年久者擣盦之

○典故 宣城此物常充貢【[illegible]】 宋初始著名本草 京師無鴨腳樹駙馬王和甫自南方移於其地【[illegible]】 李大博家新生鴨腳【同上】 蒲城白果一樹世傳仙人所植枝垂生果出身樹腫成壘塊破之得二三斗或至石餘形差小味則不殊 龔猗沐人殿中侍御史扈從高宗南渡道經崑山眞義折銀杏一株插地中曰若此枝得活吾於是居其枝長茂後成大樹繁枝螺屈臃腫如癭如乳者凡七十餘顆相傳為其子孫嗣世之數時人異之稱為龔遇仙樹子孫遂為崑山人【崑山縣志】

○麗藻散語 絳囊貢御玉碗薦酒其初名價豈減於葡萄安石榴哉【王氏農書】

詩五言 鴨腳生江南名實本相浮絳囊因入貢銀杏貴中州致遠有餘力好奇自賢侯因令江上根結實夷門陬始摘纔數顆金奩獻凝旒公卿不及識天子百金酬歲久子漸多纍纍枝上稠主人名好客贈我比珠投博望昔所從葡萄安石榴想其初來時厥價與此侔今已徧中國籬根及牆頭物性久雖在人情逐時流誰當記其始後世鄒來由是亦史官法豈徒續君謳【[illegible]】 北人見鴨腳南人見胡桃識內不識外疑若橡栗韜鴨腳類綠李其名因葉高吾鄉宣城郡多此以為豪種樹三十年結子防山猱剝核手無膚持置宮省曹今喜生都下薦酒壓葡萄初聞帝苑誇又復主第褒纍纍誰採掇玉碗上金鼇金鼇文章宗分贈我已叨豈無異鄉感但喜纖物遺一世走塵土鬢巔得霜毛【梅聖俞】

七言 得從淺火器相遭小苦微甘韻最高未必雞頭如鴨腳不妨銀杏伴金桃

核桃 一名胡桃一名羌桃張騫自胡羌得其種故名樹高丈許春初生葉長二三寸兩兩相對厚而多陰三月開花如粟花穗蒼黃色結實如青桃九月熟漚爛皮肉取核內仁為果北方多種之以殼薄仁肥者為佳味甘氣熱皮澀仁潤治痰氣喘嗽醋心及厲風諸病今往往以之下酒則昔人所云食多動風動痰令人惡心脫眉及同酒多食咯血者妄也

或素有痰火積熱者不宜多食耳大抵留皮則消滯去皮則養血潤血微和鹽食更佳大抵人之一身三焦者元氣之别使命門者三焦之本原命門爲藏精繫胞之物三焦爲出納腐熟之司一以體名一以用名其體非脂非肉白膜裹之上通於腦下通於腎爲相火之主精命之府生人生物皆因此出核桃仁頗類其狀而外皮水汁皆黑故能通命門利三焦益氣養血與破故紙爲補下焦腎命之要藥夫命門氣與腎通藏精血而惡燥若腎命不燥精氣內充則飲食自健肌膚自澤腸腑潤而血脉通此所以有黑髮固精調血治燥之功也上通於肺而虚寒喘嗽除下通於腎而腰脚虚痛愈內而心腹諸痛止外而瘡瘍腫痛散稱爲要藥不虚已

○種植　選平日實佳者留樹上勿摘俟其自落青皮自裂又揀斂光紋淺體重者作種

掘地二三寸入糞一椀鋪片瓦種一枚覆土踏實水澆之冬月凍裂殼來春自生下用瓦者使無入地直根異日好移栽也

收藏　以麄布袋盛掛風凉處則不膩收松子亦用此法

別錄

○附錄　山胡桃　底平如檳榔皮厚而堅多肉少穰其殼甚厚須椎之方破此南方出者稀不見佳

○療治　補血　胡桃丸益血補髓強筋壯骨延年明目悅心潤肌能除百病用胡桃仁四兩擣膏入破故紙杜仲萆薢末各四兩杵勻丸梧子大每空心溫酒鹽湯任下五十丸　治消腎病因房慾無節或服丹石或失志傷腎致水弱火強口舌乾精自溢或小便赤黃大便燥實或小便大利而不甚渴用胡桃肉白茯苓各四兩附子一枚去皮切片姜汁蛤粉同焙爲末蜜丸梧子大每服三十丸米飲下　小便頻數胡桃煨熟臥時嚼之溫酒下　石淋痛楚胡桃肉一升細米粥煑漿一升相和頓服即瘥　風寒無汗發熱頭痛核桃肉連鬚葱白細茶生姜等分擣爛水一鍾煎七分熱服覆衣取汗　老人喘嗽氣促睡臥不得服此立定胡桃肉去皮杏仁去皮尖生姜各一兩研膏入煉蜜少許和丸彈子大每臥時嚼一丸姜湯下　產後氣喘胡桃肉人參各二錢水一盞煎七分頓服　食物醋心胡桃爛嚼以生姜湯下立止　食酸齒齼細嚼胡桃即解　誤吞銅錢多食胡桃自化出　揩齒烏鬚胡桃仁燒過貝母各等分爲散日用揩之　眼目昏暗四月內取風落小胡桃每日

午時食飽以無根水下便臥覺鼻孔中有泥腥氣爲度　赤痢不止胡桃仁枳殼各七個皂角不蛀者一挺新瓦上燒存性研爲細末分作八服每臨臥時一服二更一服五更一服荆芥茶下　血崩不止胡桃肉十五枚燈上燒存性研作一服空心溫酒調下神効　急心氣痛核桃仁一個棗子一枚紙裹煨熟以生姜湯一鍾細嚼送下永久不發　小腸氣痛胡桃一枚燒灰研末熱酒服　便毒初起胡桃七枚燒研酒服三服見効又用胡桃三枚夾銅錢一個食之即愈　魚口毒瘡端午日午時取樹上青胡桃筐内陰乾臨時全燒爲末黃酒服少行一二次有膿自大便出無膿即消二三服平　一切癰腫背癰附骨疽未成膿者胡桃十個煨熟去殼槐花一兩研末杵勻熱酒調服　疔瘡惡腫胡桃一

個平破取仁嚼爛安殼内合在瘡上頻換甚効　疔瘡倒陷胡桃肉一枚燒存性乾胭脂半錢研勻胡荽煎酒調服　小兒頭瘡久不愈胡桃和皮燈上燒存性盌蓋出火毒入輕粉少許生油調塗一二次愈　聤耳出汁胡桃仁燒研狗膽汁和作挺子綿裹塞之　傷耳成瘡出汁者用胡桃杵取油納入　火燒成瘡胡桃仁燒黑研傅　壓撲損傷胡桃仁和溫酒頓服便瘥　疥瘡瘙痒油胡桃一個雄黃一錢艾葉杵熟一錢擣勻綿包夜臥裹陰囊屢効勿洗　烏髭鬚青核桃三枚和皮擣碎人乳汁三盞於銀石器内調勻搽鬚髮三五次每日用胡桃油潤之良　癰腸風青胡桃皮擣泥入醬清少許硇砂少許合勻先以泔洗後傅之　白癜風青胡桃皮一個硫黃一棗子大研勻日日摻之取効　嵌甲胡

[illegible]皮燒灰[illegible]草十斤切以[illegible]之入鍋[illegible]一斗熬至五升入芸薹子油一斗慢火熬取五斤收之先用先灰汁洗用油塗之外以手梳著包正絹[illegible]夜洗头七日[illegible]

○典故　宋洪邁有痰疾因晚對上遣使諭令以胡桃肉三顆生姜三片臥時嚼服即飲湯兩三呷又再嚼桃姜如前數即靜臥必愈如言服之旦而痰消嗽止　溧陽洪輯幼子病喘凡五晝夜不乳醫以危告其妻夜夢觀音授方令服人參胡桃湯輯急取人參寸許胡桃肉一枚煎湯一蜆殼許灌之喘即定明日以湯剝去胡桃皮用之喘復作仍連皮用信宿而愈蓋人參定喘連皮胡桃能斂肺故也　胡桃生西域外剛裏内柔甘似古賢者

敬以爲貢

[illegible]

○麗藻　詩七言　歲歲頒來新中藏瓊米不勝珍　三韓萬里半天松方丈蓬萊東復東珎玉綠成千歲實冰霜吹落九秋風酒邊膈腸牙車響座上須臾榛檑空新果新嘗正新著繡衣使者念山翁　楊

[illegible]　俗謠爲馬金囊一名馬金南一名紫檀椰結實紫色内有核而殼薄去殼其仁色白盤轉與北方文官果無異第文官果乾久食一之剝喉馬積[illegible]之歎美嚼完以[illegible]

水逆下[illegible]

無毒出雲南[illegible]沅江諸[illegible]

○療治 瘡[illegible]為末鄉[illegible]產[illegible]不下馬[illegible]二枚立下 斷產常[illegible]馬[illegible]數枚水下久則[illegible]不孕 傷寒熱病[illegible]

[illegible]惡瘡臃毒內食[illegible]水下外[illegible]塗之

○附錄 文官果 樹高丈餘皮粗多礧砢木理甚細堪作器物葉似榆而尖長周圍鋸齒紋深春開小白花成穗花五瓣每瓣當中有凹有[illegible]貫之蒂下有小青托花落[illegible]實大者如拳一實中數隔間以白膜仁如[illegible]鄉無二去皮白若[illegible]大如[illegible]須去白皮

今其[illegible]其[illegible]美多[illegible]則實[illegible]者多若[illegible]則實[illegible]少[illegible]

二如亭群芳譜果譜卷之三終

二如亭群芳譜亨部目錄

第七冊

二如亭群芳譜果部卷之四

濟南　王象晉藎臣甫　纂輯
松江　陳繼儒仲醇甫
虞山　毛鳳苞子晉甫　仝較
寧波　姚元台子雲甫
濟南　男王與胤　孫王士禛　詮次

果譜四

西瓜　一名寒瓜蔓生花如甜瓜葉大多椏缺面深青背微白葉與莖皆有毛如刺微細而硬其稜或有或無其色或青或綠或白其形或長或圓或大或小其瓤或白或黃或紅紅者味尤勝其子或黃或紅或黑或白白者味更劣其味或甘或淡或酸酸者為下味甘淡無毒除煩止渴消暑熱療喉痺口瘡解酒毒汶遼東廬江燉煌之種為美今北方處處有之南方者味不及也舊傳種來自西域故名西

瓜爲福瓜出蘇州府城南二十里蔣市瓜壩樓市瓜皆美出太倉州一種陽溪瓜秋生冬熟形畧長扁而大瓤色如臙脂味最美可留至次年云是異人所遺之種子取仁可為茶皮可蜜煎糖煎醬醃食瓜後食其子即不噫瓜氣以瓜劃破曝日中少頃食之頗涼收藏得法可至來年春夏近糯米及酒氣則易爛猫踏之其瓤便沙

○附錄北瓜　形如西瓜而小皮色白其瓤甚紅子亦如西瓜而微小狹長味甚甘美與西瓜同時想亦西瓜別種也

○種植　秋月擇其瓜之嘉者留子晒乾收作種欲種瓜地耕熟加牛糞至清明時先以燒酒浸瓜子少時取出漉淨拌灰一宿相離六尺起一淺坑用糞和土築之於四周中留隴上種十子其中不得復移瓜易活而甘美栽宜稀澆宜頻糞宜多蔓短時作綿兜每朝取螢恐食蔓長則已頂蔓長至六七尺則掐其頂心令四傍生蔓欲瓜大者每科揀其端正旺相者止留一瓜餘蔓花皆掐去則實大而味美性畏香尤忌麝觸之乃至一顆不收種子宜戊辰日　防害　紀明齋任汝寧圃戶獻一瓜甚大公異之圖戶曰往未有此大

公曰吾聞物之異常者有毒令一隸往觀之根下有蜈蚣數十遂棄其瓜　陳逢原避暑食瓜過多至秋忽腰腹痛不能舉動商助教療之乃愈延壽書大抵瓜性寒北人禀壯食之無害南人禀弱食遂成瀉痢寒胃忌之

○療治　閃挫腰痛西瓜青皮陰乾為末鹽酒調服三錢　食瓜過傷瓜皮煎湯解之服瓜仁亦可　諸瓜皆同　病目取西瓜切片曝乾日日服之愈

○典故　洪武五年六月句容縣民獻嘉瓜二同蔕而生禮部尚書陶凱奏曰禎祥實由
聖德
上曰朕寡德不敢當且草木之祥生于其土亦惟其土之人應之與朕何與若盡天地間時和歲豐乃王者之禎祥也【皇明通紀】　曾子耘瓜誤斬其根曾晳怒大杖擊其背曾子仆地少頃乃甦孔子聞之告門弟子曰參來勿納也曾子使人請孔子孔子曰舜之事瞽瞍得小棰則受大杖則走今參事父委身以暴怒身死陷父於不義不孝孰大焉【家語】　秦始皇密令人種瓜於驪山硎谷中温處實成使人上書曰瓜冬實有詔下博士諸生說之人人各異則皆使往視之而先為伏機於彼諸生皆至方相難不決因發機從上塡之以土皆壓死【秦史】　邵平者故秦東陵侯秦破為布衣貧種瓜於長安城東瓜美時謂東陵瓜【[illegible]】　西瓜蕭翰破回紇得種歸因產西域故名西瓜【五代史】　焦華西秦時人父病甚仲冬思瓜求之不得忽夢一人黃冠謂曰聞子父病思瓜故送瓜以助子華拜受之及寤瓜在手馨香非常父食而愈【[illegible]】

織女星主瓜果【續漢書】　吳桓王時會稽生五色瓜【述異記】　朽瓜化為魚物之變也【莊子】　瓜州出大瓜狐入其中首尾不見【宋書】　西王母語上元夫人曰共造朱陵山食靈瓜其味甚美憶此已七千歲矣【武帝外傳】　神仙上藥有空同靈瓜四劫一實【武帝內傳】　漢哀帝二年瓜異本同蔕共生一實時以為仙瓜【六帖】　服閭者往來海邊諸祠中見二仙人於祠中博賭瓜顧閭使擔瓜數十頭令瞑目乃上方丈山【列仙傳】　馬湘有道術嘗於江南刺史馬植坐上以酒杯盛土種瓜須臾引蔓花實食之甚美　大霍山下有洞臺司命君之府也中有神瓜食之心通至玄【黃庭經註】　滕曇恭年五歲母患熱病思食寒瓜土俗不產曇恭歷訪而不得俄遇一桑門曰我有雙瓜分一相遺舉家驚異　積石山瓜三年一實【六帖】　梁大夫宋就為邊縣令與楚隣界梁楚邊亭皆種瓜梁人數灌其瓜美楚人窳而稀灌其瓜惡楚令以梁瓜之美怒因往夜竊搔梁瓜梁人覺之欲往報搔楚瓜宋就曰是搆怨之道也乃令人夜往竊為楚灌瓜楚且往則已灌瓜伺而察之則梁亭為也令大悅因具聞楚王楚王乃謝以重幣故梁楚之驩由宋就也　孫鍾家貧奉母至孝種瓜瓜熟有三人來乞瓜鍾設瓜及飯禮敬甚殷三人臨去謂鍾曰蒙君厚惠示子葬地使連世封侯數世天子出門化白鶴而去鍾後生堅堅生權權生亮亮生休【幽明錄】　龍肝瓜長一尺花紅葉素生冰谷【洞冥記】　吳步騭避難江南單身窮困種瓜自給　王濬園生嘉瓜一莖二實　晉武太康八年王濬園生瓜三莖一實　晉桑虞家園瓜熟

有人踰園盜之虞見以園籬多缺使人爲開道及盜負出見道通知虞使除之乃送瓜叩頭請罪虞與之　韓靈珍至孝母亡家貧無以葬與兄共種瓜半畝朝採暮旋生由此[illegible]（[illegible]）有鳥瓜魚瓜牛髓瓜龍蹄瓜大如斗（[illegible]）任昉亡高祖方食西苑綠沉瓜聞之投瓜於盤悲不自勝（梁史）杜如晦薨太宗食瓜美輟其半使置靈座祭之（唐史）山陰王獻朝園內產嘉瓜二實同蒂觀察使以獻圖示百僚　唐酷吏王弘義嘗時求傍舍瓜不與及爲御史騰文園有白兎縣爲集人捕逐畦無遺蔬　李昭德曰昔聞蒼鷹獄吏今有白兎御史　唐置溫湯監種瓜蔬隨時貢奉故王建宫詞　內園分得溫湯水二月中旬已進瓜　果中子多者惟夏瓜冬瓜石榴世人目爲百子甕（清異錄）陸贄隨帝幸梁

道有獻瓜果者帝嘉其意欲授以試官贄曰爵位天下公器不可輕也今獻瓜一器果一盛則授之彼忘軀命者何勸哉　遂東一處有瓜成實破爲十段若止一子而長可數寸食一顆可作十日糧名獨子青國人珍之（[illegible]）（[illegible]）武儒衡爲中書舍人時膳部郎中元稹知制誥因宦官魏弘簡以進時論鄙之會公堂食瓜有蠅集於上儒衡揮以扇曰適從何來遽集于此一座愕然（唐史）明崇儼有道術四月閒帝憶瓜崇儼索百錢須臾以瓜進曰得之緱氏老人圃中帝召老人問故曰常埋一瓜失之土中得百錢（唐史）史思明之亂河南陷沒失代宗后沈氏德宗即位令咨訪高力士女曾從后遊年狀差似后朗[illegible]喃帝傷左指高女亦剖瓜傷指（唐史）郭祚頃太子少保從世宗幸東宮肅宗方幼祚懷

一黃甋奉焉時人號爲黃瓜少保（[illegible]書）劉殷嘗飲大醉以瓜置伶人尚盂樓頭拔劍斷瓜因斬其首（南漢史）後周王羆嘗與客食瓜客削瓜皮侵肉頗厚羆意嫌之及瓜皮落引手就地取而食之客有愧色　武帝未即位時與到撝同從宋明帝射雉郊野渴倦撝得青瓜與帝對剖食之及即位三遷司徒左長史（[illegible]書）褚雅與人共居常取水洒掃夏月種瓜恣人來取（道學傳）吳越雲溪上瓜錢氏子弟逃暑取一枚各言瓜子的數言定剖觀負者張晏謂之瓜戰（清異錄）呂文穆蒙正在龍門讀書一日行伊水見賣瓜者意欲得之無錢其人偶遺一枚公悵然取食之後作相買園洛城東南下直伊水起亭名饐瓜不忘舊也　衛國縣西南有瓜穴冬夏常出水望之如練時有瓜葉出焉相傳苻秦

時有李班者頗好道術入穴中行可三百步廓然有宫宇牀榻上有經書見二人對坐鬚髮皓白班前拜於牀下一人顧曰卿可還無宜久住班辭出至穴口有瓜數箇欲取乃化爲石尋故道得還至家家人云班去來已經四十年矣　烏撒軍民府土產石瓜樹生堅如石善治心痛　又匏瓜星名又守瓜蟲名郭璞曰瓜中黃甲小蟲喜食瓜葉故曰守瓜

○麗藻散語（語）吾豈匏瓜也哉焉能繫而不食（論語）七月食瓜　綿綿瓜瓞（詩）爲天子削瓜者副之巾以絺爲國君者華之巾以綌爲大夫者累之士疐之庶人齕之（[illegible]）[illegible]人之贊瓜桃李梅（周禮）瓜祭上環（禮）（[illegible]）五月乃瓜治瓜也八月剝瓜蓄瓜也（[illegible]）委人掌蓄聚物瓜瓠芋（地官）浮甘瓜於清泉（魏文帝）得冷而益甘兮怡神

副既剖又四析乃橫斷而巾覆焉華中斷不四析累倮也不疐

爽而解顔【傳元】、承之[illegible]之以[illegible]
甘踰蜜房冷亞冰規【劉禎】圓 玄表翠裏呈素[illegible]
含紅豐肌外偉 瓜[illegible]水晶果【杜子美】[illegible]
綠瓤內釀【張載】
詩五言
、霜蔓纏寒瓜【鄭[illegible]】[illegible]
【[illegible]】 瓜畦爛文具 我瓜未落蒂【韓退之】
、昔聞東陵瓜近在東門外【阮嗣宗】、當春
物候媚紅鮮紫瓤實夜[illegible]夜知風勁闊能到日
斜圃丁錢運草種子弄[illegible]蔬花可惟東籬隱猶
傳五色瓜【[illegible]】 吾將老是鄉十畝種瓜
場竹塢涼陰嫩蓮房賦 粉香微風初下葉秋
思在空廊推石門前臥 何人此作年【陳眉公】
青門種瓜人舊日東陵侯【杜子美】 夏膚
粗已斂秋蒂熟將脫不辭包蔓歸聊慰相如
渴【范至能】 邵生瓜田中亭似東陵時【陶靖
節】 江間雖炎瘴瓜熟亦不早柏公鎮夔國
滯務茲一掃食新先戰士共少及溪老傾筐

蒲鴿青滿眼顔色好竹竿接嶔竇引注來鳥
道浮沉亂水玉愛惜如之草落刃嚼冰霜開
懷慰枯槁許以秋蒂除切看小童抱東陵跡
蕪絕楚漢休征討園人非故侯種此何草草
【杜子美】 仙童摂朱實[illegible]卿女獻玉瓜
七言
青
浴身耳湜池濯髮甘泉泥【道藏詩】 門
瓜地新凍裂 丈夫才力猶强健豈傍青門
學種瓜【倶杜子美】 一片冷裁潭底月六灣
斜捲隴頭雲【王子可】 晝出耘苗夜績麻村
庄兒女各當家童孫未解供耕織也傍桑陰
學種瓜 吾園亦在東門外昨日清明手種
瓜不信邵平能五色吾園兼有武陵花【周[illegible]】
【金】 邵平瓜地接吾廬穀雨乾時偶自鋤昨
日春風欺不在就牀吹落讀殘書【[illegible]】 翠
實離離引蔓秋西風涼露滿林丘青門尚有
閑田地于檝何人學故侯【黃大[illegible]】 暑軒無

物洗煩蒸百果凡林得我憎靜井鴛籠浸蒼
玉金盤碧筯薦寒冰田中誰問不納履坐上
適來何處蠅此理一作分付
與我思明望在東陵【黃山谷】
【[illegible]】 一名甘瓜一名果瓜北土中州種蒔甚多
蔓生二三月下種葉大數寸五六月花開黃
色六七月熟其味甜於他瓜性寒滑無毒少
食止渴除煩熱利小便通三焦壅塞夏月不
中暑多食動宿冷病破腹手足無力沉水及
雙頂雙蒂者有毒不可食甘肅甜瓜大如枕

割去皮其肉與瓤甜勝蜜所割皮曝稍乾柔
韌甘而有味又浙中一種陰瓜種宜陰地秋
熟色黃如金皮膚稍厚藏至春食之如新凡
瓜大曰瓜小曰瓞子曰瓤肉曰瓤跗曰環蒂
曰疐其畏麝諸瓜皆同凡食瓜過多但飲酒
或水服麝或食鹽花即消化
○種植 二月上旬為上時三月上旬為中時四月上旬為下時至五六月止可種藏瓜
耳預將生數葉便結瓜者為本母子候熟蒂
自落取來截去兩頭留中段子淘淨曝乾收

作種臨種時用鹽水洗過取熟糞土種之仍將洗子鹽水澆之得鹽氣則不籠死坑深五寸大如斗納瓜子大豆各四粒瓜生數葉將豆掐去瓜生至初花鋤三四次勿令生草但鋤不可傷根傷根則瓜苦候秧拖時掐去蔓心再用熟糞培根下勤加澆灌摘瓜勿令踏蔓及翻覆之踏則瓜爛翻則瓜死慎之若生蟻置骨其傍引而棄之

○瓜蒂 一名瓜丁一名苦丁香卽甜瓜蒂也凡使勿用白瓜蒂要取青綠色團而短者良瓜氣足時其蒂自然落在蔓上采得繫屋東有風處吹乾用 花 治心痛欬逆 蔓 治月經斷絕同使君子各半兩甘草六錢爲末酒服二錢 葉 補中治小兒疳灰打傷損折爲末酒服去瘀血人無髮搗汁塗之卽生

○禁忌 五月甜瓜沉水者殺人動痼疾多食陰下濕癢生瘡發虛熱破腹發黃疸動氣解藥力深秋下痢難治損陽故也患脚氣食此永不愈雙蒂者殺人與油餅同食發痢 便民圖纂

○療治 口臭用甜瓜子杵末蜜和爲丸每旦漱口後含一丸亦可貼齒 腰腿疼痛甜瓜子三兩酒浸十日爲末每服三錢空心酒下日三 腸癰已成小腹腫痛小便似淋或大便艱澀下膿甜瓜子一合當歸炒一兩蛇退皮一條㕮咀每服四錢水一盞半煎一盞食前服利下惡物爲妙 瓜蒂散治胸脘痰涎頭目濕氣皮膚水氣黃疸濕熱宿食停滯入壯脉壯者用瓜蒂二錢半炒黃赤小豆二錢半爲末每用一錢以香豉一合熱湯七合

煮糜去滓和服少少加之快吐乃止老人虛人及病後產後忌用 七月采瓜蒂陰乾治鼻中瘜肉用瓜蒂一分爲末羊脂和少許傅瘜肉上日三次可愈 大明本草 太陽中暍身熱頭痛而脉微弱此夏月傷冷水水行皮中所致瓜蒂二七個水一升煮五合頓服取吐 風涎暴作氣塞倒仆瓜蒂爲末每用一二錢膩粉一錢七以水半合調灌良久涎自出不出含沙糖一塊下咽卽出 諸風膈痰諸癎涎涌瓜蒂炒黃爲末量人以酸虀水一盞調下取吐風癎加蠍稍半錢濕氣腫滿加赤小豆末壹錢有蟲加狗油五七點雄黃一錢甚則加芫荽半錢立吐蟲出 欬嗽及遍身風疹急中涎潮等證不拘大人小兒此藥不大吐逆只出涎水瓜蒂爲末壯年服一字老年服半字早晨井華水下一食頃含沙糖一塊良久涎如水年深者出黑頂有塊布水上涎盡食粥一兩日如吐多困甚以麝香泡湯一盞飲之卽止 急黃喘息心上堅硬欲得水吃者瓜蒂二小合赤小豆一合研末暖漿水五合服方寸七一炊久當吐不吐再服吹鼻取水亦可 遍身如金瓜蒂四十九枚丁香四十九枚乾鍋內燒存性爲末每用一字吹鼻取出黃水亦可揩牙追涎 熱病發黃瓜蒂爲末以大豆許吹鼻中輕則半日重則一日流出黃水愈 黃疸陰黃及身面浮腫瓜蒂丁香赤小豆各七枚爲末吹豆許入鼻少時黃水流出隔日一用瘥乃止 十種蠱氣苦丁香爲末棗肉和丸梧子大每服三十丸棗湯下甚效 濕氣頭痛瓜蒂末一字嗃入鼻中口含冷水取出黃水愈 瘧疾寒熱瓜蒂二枚水半盞浸一宿頓服取吐愈

發狂欲走瓜蔕末井水服一錢取吐即愈一

大便不通瓜蔕七枚研末綿裹塞入下部即

通 鼻中瘜瓜蔕末白礬末各半錢綿裹塞

之或以猪脂和挺子塞之一日一換 又方

青甜瓜蔕二枚雄黃麝香半分爲末先抓破

後貼之日三次 又方瓜蔕十四箇丁香一

箇黍米四十九粒研末口中含水嗃鼻取下

乃止 風熱牙痛瓜蔕七枚炒研麝香少許

和之綿裹咬定流涎 [illegible]葉自落甜瓜熟時

蔕不拘多少以水浸一夜砂鍋熬取苦汁去

滓再熬如餳盛收每剝去瘡痂洗淨以膏一

盞加半夏末二錢姜汁一匙狗膽汁一枚和

勻塗之不過三上忌食動風之物 胸膈痰

氣苦丁香三箇爲末水調服吐痰即止 面

上黶子七月七日午時取瓜葉七片一

直入北堂中面南立逐片拭黶即滅

○麗藻 賦 佳哉瓜之爲德邈衆果而莫賢殷中

和之淳祐播茲榮於甫田背芳春以

初載迎朱夏而自延奮脩系之莫邁延秀瓞

之綿綿赴廣武以長蔓粲烟接以雲連感嘉

時而促節蒙惠露而增鮮若乃紛敷雜錯鬱

悅婆娑發彼適此迭相經過熙朗日以熠燿

扇和風其如波有蔦藟之覃及椒聊之衆多

發金榮於秀翹結玉實於柔柯蔽翠景以自

育綴修莖而星羅夫其種族類數則有括蔞

定桃黃甂白搏金文蜜筩小青大斑玄骭素

梅貍首虎蹯東陵出於秦谷桂髓起於巫山

五色比象殊形異端或濟貌以表內或惠心

而醜顏或摅文而抱綠或披素而懷丹氣洪

細而俱芬體修短而必圓芳郁烈其充堂味

窮理而不餇德弘濟於饑渴道殷流乎貴賤

一若夫濕斂寒冰淬以夏炎越氣外斂溫液密

凝體猶摒虛離若剖冰 陸機 巫山之麗秦

川之陽垂條引蔓布綠敷黃彌髙被野合芬

吐芬轉晨風之穆穆湛宵露之瀼瀼花葉則

煒煒煒煒文彩則焜焜煌煌錦繡爲之失色

霞日爲之奪光遠而望之粲兮爛繁星列兮

耀長漢光色連延逶迤相燄迫而察之赩兮鮮

一明璣蕊蚌媚重泉大鱗巨介近相連細雨流

風每飄飄兮葉上遊蜂戲蝶時歷亂於花前

爾其大則三尺二升美則金漿玉實狸頭羊

散之字黃瓠白搏之質感仙貴於孫鍾避世

資於步騭異蔕表於前代同心彰乎曩日既

而播綺席會嘉賓琴罇逸賞海陸具陳香分

四座氣雜入珍既取類於母子亦取辨於君

臣欽哉彼美流玩不已何以割之金錯刀何

以澆之玉英水邵平固稱以著業阮籍託詞

而興已非但留怨於戍夫抑亦取誡於君子

[illegible] 詩五言 破甘霜落瓜 欲識東陵味青

門五色瓜 龍鱗滴珠履女臂動

金花六子方呈瑞三仙實可嘉 故人風

[illegible]琴鶴奉絲絡錫當竹非餘 [illegible] 七言 有分瓜

約走莬鷥鐘百里聞琴鐵瓊畟幾一握極[illegible]

一風吹黃蒲[illegible]柔霰滴潘杳浮玉滌冰流[illegible]

色屏金盤倪掛[illegible]曠被青一

[illegible]苗李浴蒿榜[illegible]

甘蔗

[illegible] 叢生莖似竹內實直理有節無枝長者六

七尺短者三四尺根下節密以漸而疎葉如

蘆而大聚頂上扶疎四垂八九月收莖可噉

至來年春夏有數種曰杜蔗即竹蔗綠嫩薄

皮味極醇厚專用作霜曰白蔗一名荻蔗一名芳蔗一名蠟蔗可作糖曰西蔗作霜色淺曰紅蔗亦名紫蔗即崑崙蔗也止可生啖不堪作糖江東爲勝今江浙閩廣蜀川湖南所生大者圍數寸高丈許又扶風蔗一丈三節見日則消遇風則折交趾蔗長丈餘取汁曝之數日成飴入口即消彼人謂之石蜜多食蔗衄血燒其滓烟入目則眼暗

○種植　穀雨內於沃土橫種之節間生苗去其繁冗至七月取土封壅其根加以糞穢俟長成收取雖常灌水但俾水勢流滿潤濕則已不宜久蓄

○製用　蔗脾家果漿甘寒能瀉火熱素問所謂甘溫除大熱者也煎煉成糖則甘溫而助濕熱矣石蜜即白沙糖凝結作塊如石者輕白如霜者爲糖霜堅白如冰者爲冰糖以白糖煎化印成人物之形者爲饗糖以石蜜和牛乳酥酪作成餅塊爲乳糖以石蜜和諸色果類融成塊爲糖纏糖煎總之皆自甘蔗出也　蔗糖以蜀及嶺南者爲勝江東雖有劣於蜀產會稽所作乳糖視蜀更勝　沙糖多食損齒發疳䘌與鯽魚同食成疳與葵同食成流澼與筍同食成癥

○療治　發熱口乾小便赤澀甘蔗去皮嚼汁咽之飲漿亦可　反胃吐食甘蔗汁七升生姜汁一升和勻日日細呷之　乾嘔不息蔗汁溫服半升日三次入姜汁更佳　痁瘧疲瘵食蔗數根即愈　眼暴赤腫澀痛甘蔗汁二合黃連半兩入銅器內慢火養濃去滓點之　虛熱欬嗽口乾涕唾甘蔗汁一升半青粱米四合煮粥日食二次極潤心肺　小兒口疳蔗皮燒灰研摻之　下痢禁口沙糖半斤烏梅一箇水二碗煎一碗時時飲　腹中緊脹白糖以酒三升煮服之不過再　痘不落痂沙糖調新汲水一杯服之白湯調亦可日二服　虎傷人瘡水化沙糖一碗服并塗之　上氣喘嗽煩熱食即吐逆沙糖姜汁等分相和慢火煎二十沸每嚥半匙取效　食韭口臭沙糖解之

○典故　顧愷之爲虎頭將軍每啖蔗自尾至本或問之曰漸入佳境　世說　齊宜都王鏗取甘蔗插百步射之十發十中　元嘉二十七年魏太武引兵攻彭城求甘蔗于武陵王駿駿命與之　宋史　郭汾陽在汾上代宗賜甘蔗二十條　唐史　唐大曆間有僧號鄒和尚跨白驢登繖山結茅以居須鹽米薪菜之屬書寸紙繫錢緡遣驢負至市人知爲鄒也取平值掛物於鞍縱歸一日驢犯山下黃氏蔗苗黃請償於鄒鄒曰汝未知因蔗糖爲霜利當十倍吾語汝塞責可乎試之果信自此流傳其法　糖霜譜　湖南馬氏有雞狗坊長能種子母蔗　清異錄　宋神宗問呂惠卿曰何草不庶生獨於蔗庶出何也對曰凡草植之則正生此嫡出也甘蔗以斜生所謂庶出也　野史　盧絳中病痁疾疲瘵忽夢一白衣婦

人頗有菱色謂之曰予之疾食蔗即愈詢所見鬻蔗者擔囊中無一錢唯有唐山一冊請易之其人曰吾負販者將此安用哀君欲之遂貽數梃絳食之旦而疾愈【野史】

○**麗藻散語** 江南郡蔗釀液豐沛【張載】漱醴而含蜜【張協】都蔗雖甘杖之必折巧言雖美用之必滅【曹植】臑鼈炮羔有蔗漿【楚詞】

詩五言 春雨餘甘蔗【杜甫】甘蔗消殘醉【元稹】偶然有蔗芋幸各對筠松【杜甫】

七言 上官仍有蔗漿寒茗飲蔗漿攜所有瓷甖無謝玉爲缸亦非崖蜜亦非餳青女吹霜凍作冰透骨清寒輕着齒嚼成人跡板橋聲 蔗漿歸廚金盌凍洗滌煩熱足以寧吾軀【杜甫】 蔗漿玉椀冰冷冷【韓偓】 瑤池宴罷王母還九芝飛入三仙山空餘絳節留人間雲封露洗無時閑節旄落盡何斕斑野翁提攜出茅菅吳刀戛戛鳴雙環截斷寒冰何潺潺相如賦就空上林倦遊渴病長相侵劉伶愛酒眞荒淫往來欲倒涂滇深此時一嚼輕千金壚邊何用文君琴玉斗一石安足斟坐想毛髮生青陰薰瑟甘滋欲誰讓柤梨橘柚紛麻狀冷氣相射杯盤上顧即不見休惆悵佳境到頭還不妄詩成雖愧陽春唱全勝乞與將軍杖

譜 糖霜之名唐以前無所見自古食蔗者始爲蔗漿宋玉招魂所謂胹鼈炰羔有蔗漿是也其後爲蔗餳孫亮使黃門就中藏吏取交州所獻甘蔗餳是也後又爲石蜜南中八郡志云榨甘蔗汁曝成飴謂之石蜜本草亦云煉糖和爲石蜜是也後又爲蔗酒唐赤土國用甘蔗作酒雜以紫瓜根是也唐太宗遣使至摩揭陀國取熬糖法即詔揚州上諸蔗榨瀋如其劑色味愈於西域遠甚然只是今之沙糖蔗之技盡於此不言作霜然則糖霜非古也歷世詩人模奇寫異亦無一章一句言之惟東坡公過金山寺作詩送遂寧僧圓寶云涪江與中泠共此一味水冰盤薦琥珀何似糖霜美黃魯直在戎州作頌答梓州雍熙長老寄糖霜云遠寄蔗霜知有味勝于崔子水晶鹽正宗掃地從誰說我古猶能及鼻尖則遂寧糖霜見於文字者實始二公 甘蔗所在皆植獨福唐四明番禺廣漢遂寧有糖冰而遂寧爲冠四郡所產甚微而顆碎色淺味薄纔比遂之最下者亦皆起於近世唐大曆中有鄒和尚者始來小溪之繖山教民黃氏以造霜之法繖山在縣北二十里山前後爲蔗田者十之四糖霜戶十之三蔗有四色曰杜蔗曰西蔗曰芳蔗本草所謂荻蔗也曰紅蔗本草所謂崑崙蔗也紅蔗止堪生噉芳蔗可作砂糖西蔗可作霜色淺土不甚貴杜蔗綠嫩味極厚專用作霜凡蔗最困地力今年爲蔗田者明年改種五穀以息之霜戶器用曰蔗削曰蔗鎌曰蔗凳曰蔗碾曰榨斗曰桼甕各有製度凡霜一甕中品色亦自不同堆疊如假山者爲上團枝次之甕鑑次之小顆塊次之沙腳爲下紫爲上深琥珀次之淺黃又次之淺白爲下宣和初王黼創應奉司遂寧常貢外歲別進數千斤是時所產益奇牆壁或方寸應奉司罷乃不再見當時因之大擾敗本業者居半久而未復遂寧王灼作糖霜譜七篇具載其說予採取之以廣聞見

【菴】一名摩羅春生苗高二三尺幹粗如箭葉

生四面如雞距又似柳葉青色葉近莖微紫莖端碧白四五月開花甚大有麝香珍珠根如蒜而大重疊生二三十瓣味甘平無毒上邪氣腹脹心痛喉痹補中益氣定心志殺蠱毒療癰腫止顛狂涕淚産後血病蒸煮食之擣粉作麪食最益人和肉更佳秋分節取其瓣分種之五寸一科宜雞糞宜肥地頻澆則花開爛熳清香滿庭春分不可移二年一分不可枯死

○療治　百合病用百合七枚泉水浸一宿明旦以泉水二升煮取一升凡傷寒後行住坐臥不定如有鬼神狀已發汗者以知母三兩泉水二升煮一升同百合汁再煮取一升半分服　已經吐後者百合汁同雞子黃一個分再服　已經下後者以代赭石一兩滑石三兩水二升煮取一升同百合汁再煮取一升半分服　未經汗吐下者入生地黃汁一升同煎取一升半分再服　病已經月變成消渴者百合一升水一斗漬一宿取汁溫浴病人浴畢食白湯餅　變熱者百合一兩滑石三兩為末飲服方寸匕微利乃良　腹滿作痛者百合炒為末每飲服方寸匕日二　以上俱百合病　陰毒傷寒百合煮濃汁服一升良　肺臟壅熱煩悶欬嗽者新百合四兩蜜蒸軟時時含一片吞津　肺病吐血新百合搗汁和水飲之亦可煮食　耳聾耳痛乾百合為末溫水服二錢日二　拔白換黑七月七日取百合熟搗用新甕盛之密封挂門上陰乾百日每拔去白摻之即生黑者　遊風隱疹以楮葉摻動用鹽泥二兩百合半兩黃丹二錢醋一分唾四分搗和貼之　瘡腫不穿野百合同鹽搗泥敷之良　天泡濕瘡生百合搗塗一二日即安　魚骨哽咽百合五兩研末蜜水調圍頸項包住不過三五次即下

○典故　兗州徂徠山寺有客夏日閱畫壁忽逢白衣美女年十五六姿貌絕俗因誘至密室情款甚密及去以白玉指環遺之因上寺樓隱身目送白衣行計百步許奄然不見

乃識其處尋見百合苗一枝白花絕偉劚之根本如拱既盡得白玉指環驚歎悔恨得疾而斃　鄱波國無稼穡以此為糧

○麗藻　散語　荷春光之餘煦託陽山之峻趾比蕢莢之能連引芝芳而自擬固其布葉相從潛根必重示不孤於日用欣有叶於時雍嗟五葉之非偶陋三花之未濃亦藐兮不可長辰兮不可逢恐鶗鴂吟兮眾芳晚奪左右之先容　王勔　詩五言　接葉有多重開花無異色含露或低垂從風如偃抑　梁宣帝　少陵晚崎嶇託命在黃獨天隨自寂寞療饑惟杞菊古來淪放人餘馨被草木我客漢東城鄰曲見未熟不應惱鶯鴨更恐累口腹過從首三張伯仲肩二陸頗慮分羹憂雲出鎮萌竹寓捜到百合真使當重肉

軟溫甚蹲鴟瑩淨豈鴻鵠食之黛[illegible]勁[illegible][illegible]先所服詩腸貯微潤茗碗爭餘馥果堪止渴無欲縱望鄉目【王石林】七言 柿紅一色明羅袖金粉[illegible]垂集寶簪【楊庭】【[illegible]丹】

【芋】一名土芝一名蹲鴟一名莒在在有之蜀漢爲最京洛者差圓小葉如荷長而不圓莖微紫乾之亦中食根白亦有紫者南方之芋子大如斗旁生子甚多皮上有微毛如鱗次裹之採之則連茹而起味甘蒸煮任意濕紙包火煨過熟乘熱噉之則鬆而膩益氣充饑亦可爲羹臛若和皮水煮冷啖堅頑少味最不易消廣志所載凡十四種君子芋談善芋百果芋雞子芋博士芋他如車轂芋鉅子芋勞巨芋青邑芋四種皆多子可乾腊亦可藏至夏皆種之美者餘不具錄芋味平除煩止渴可以療饑可以備荒小兒戒食滯胃氣難剋化有風疾服風藥者最忌多致殺人備荒論曰蝗之所至凡草木葉無有遺者獨不食芋

君子芋大如斗魁如杵簇談善芋子少而魁大易熟味長芋之最善者百果芋子多而魁亦大雞子芋色黃緣枝生博士芋蔓生一根如[illegible]

與水中菱芡宜廣種之

○擇種 十月揀根圓長尖白者就屋南簷下掘坑以礱糠鋪底將種放下稻草蓋之勿使凍爛至三月間取出埋肥地待早苗發三四葉於五月間擇近水肥地移栽其科行與稻[illegible]相間或用河泥或用灰糞爛草壅培早栽則澆之有草則去之若種旱芋亦宜肥也

[illegible]正二月將耕過地先鋤一遍以新黃土覆蓋三月中擇壬申壬午壬戌辛巳戊申庚子辛卯日將芋芽向上種候生三四葉高四五寸五月移栽大抵芋畏旱宜近水[illegible]地區深可三尺許行欲寬寬則過風本欲深深則根大春宜種夏種不生秋宜壅失壅則瘦鋤宜頻澆宜數霜降宜擷其葉使收葉鋤開根邊土上肥泥壅根使力回於根則愈大而愈肥氾勝之書云區方深各三尺下實豆萁尺有五寸以糞着萁上加萁厚一區種五本夏勻再以糞土覆之芋成萁爛皆長三尺南方多水芋北方多旱芋總之地皆宜肥水芋二尺一科畝爲科二千一百六十科收魁若子二斤畝爲斤二千三百二十戶備荒救饑已數倍於作田矣種芋之地衆人往鋤芋晨來眼目多見及聞鋤鍋聲多不孳生宜露未乾及雨後耘鋤令根旁虛則芋大子多若日中耘大熱則蔫以灰糞培則茂 水芋不必耘但亦宜肥地 七月乃塘法在芋四角掘土壅根則土暖結子圓大霜後起之

芋荄繁宜剝取淖曬乾煮食味極甘美

○附錄香芋 形如土豆而味甘美煮熟可下茶 土芋 一名土豆一名黃獨

一名黃獨蔓生葉如豆根圓如卵肉白皮黃可灰汁煑食亦可蒸食解諸藥毒生嚼水服吐出惡物

○製用　芋餺飥　煑熟去皮搗爛以細布紐去渣和麪豆粉爲粹捍切粗細任意初煑二十沸如鉄至百沸軟滑汁食之和鯽魚鱧魚作臛食良　微糝以鹽則煑不糢糊　霜後芋子上芋白擘下以菠薐水煠過晒乾冬月炒食味勝蒲笋　聞山中人取大芋爆極乾和土築牆經久不壞荒年取用或去皮搗爛塗壁歲歲加之亦經久不壞第芋多惡種無論野生即田園所植亦須擇種厚壅不然有青色多斑駁者味最劣青芋多毒先以灰汁煑姜亦可次易水煑熟乃堪食野芋有大毒種芋三年不採成梠芋形葉俱相似根並殺人悞食者土漿及大豆汁糞汁灌之良　煑芋汁洗膩衣潔白如玉

○療治　癖氣生芋一斤搗破酒五升浸二七日空腹服一杯神良　產後瘀血煑食之效　血渴煑汁飲　孕婦心煩迷悶胎動不安芋葉煑食良　蛇虫咬并癰腫及毒箭芋葉煑食鹽研傅　蜂螫毒痛挼芋梗傅之愈　身上浮風煑芋汁浴避風半日　瘡犯風腫痛白芋燒灰傅　瘯瘤大芋搗傅之良　黃水瘡芋苗晒乾燒存性研擦

○典故　閩淸上有巖曰盤谷下有橋曰渡仙產奇花異果嘗有二人入山適一叟後至袖中出芋數枚相啖忽不見但見木葉盈尺題詩其上曰偶與雲水會不與雲水通雲散水流後杳然天地空　酒客爲梁使民益種芋三年當大饑果如其言後果大饑梁民得不死〔列仙傳〕　卓氏之先爲趙富人秦破趙遷於蜀曰吾聞岷山之下沃野有蹲鴟至死不饑乃求遠遷致之於臨邛　汝南有鴻隙陂郡以爲饒翟方進爲相奏罷之後亢旱郡中追怨乃作童謠曰壞陂誰翟子威飯我豆食羹芋魁言不生稻粱惟生豆芋也〔前漢書〕　李泌在衡岳有僧明瓚號懶殘泌察其非凡人夜往謁之瓚發火芋啗之曰勿多言領取十年宰相〔李鄴侯傳〕　洛陽人家上元各造芋郎君食之宜男女〔影燈記〕

○麗藻

詩五言　紫收岷嶺芋〔杜甫〕　沃野無凶年正得蹲鴟力　區種萬葉靑深煨奉朝食〔朱元晦〕　分得蹲鴟種連根占地腴曉煩黏玉糝深椀啖糢糊〔劉彥中〕

七言　香似龍涎仍釅白味如羊乳更全淸莫將南海金虀膾輕比東坡玉糝羹〔東坡〕　陸生晝臥腹便便歎息何時食萬錢莫誚蹲鴟少風味賴渠撑拄過凶年〔陸放翁〕

[illegible]

爲芙蕖花一名水芙蓉一名水芝一名水芸一名澤芝一名水旦一名水花葉圓如蓋色青翠六月開花有數色惟紅白二色爲多花大有至百葉者花心有黃蘂長寸餘花褪蓮房成菂菂在房如蜂子在窠六七月采嫩者生食脆美至秋房枯子黑其堅如石謂之石蓮子冬至春掘藕食之白花者藕更佳可生

食紅花者止可煮食花已發爲芙蕖未發爲
菡萏中若菂隨晨昏爲闔闢其葉蕸其莖茄
其本蔤其根藕其實蓮其中菂菂中薏花生
池澤中最秀凡物先華而後實獨此華實齊
生百節疏通萬竅玲瓏亭亭物表出淤泥而
不染花中之君子也有重臺蓮一花既開從蓮房內又生
花不結子 並頭蓮 晉泰和間生於玄圃謂之嘉蓮今所在有之最易生能傷別蓮
宜獨種 一品蓮 一本生三萼 四面蓮 周圍共四萼 灑金蓮

[illegible]不生蓮房也菂子也[illegible]

瓣上有黃點 金邊蓮 瓣周圍一線色微黃 衣鉢蓮 花盤千葉蕊分三色
產滇池 千葉蓮 華山頂有池產千葉蓮花服之羽化今人家亦有之然頭重易
萎多難開完 黃蓮 王歆之神鏡記曰九疑山過半路皆行竹松下狹路有清淵淵
中有黃色蓮芬氣竟谷 金蓮 皆金池方數十里水石泥沙皆如金色其中有四足魚
金蓮華洲人研之如泥以之彩繪光輝煥爛與真金無異 分香蓮 三莖一花中
有釣仙池一種蓮一歲再結每實子十隻花時香兼桃菊梅英 分枝荷 一名低光
荷漢昭帝穿琳池植分枝荷一枝四葉狀如駢蓋日照則葉低蔭根若葵之衛足實如玄珠
可以飾珮花葉雖萎芬芳之氣徹十餘里食之令人口氣常香益人肌理 夜舒荷

[illegible]荷有夜舒荷一[illegible]四蓮其葉夜舒晝卷 紅蓮 [illegible]中有紅蓮[illegible]
[illegible]今又白矣 睡蓮 葉如荇而大沉於水面其[illegible]花布葉數重凡五種色當
夏晝開夜入水底次日復出生南海 四季蓮 儋州清水池其中四季荷花不絕尤盛
月尤盛 他如佛座蓮金鑲玉印蓮斗大紫蓮碧
蓮錦邊蓮諸品尤爲絕勝 王敬美曰蓮華種
最多唯蘇州府學前者葉如傘蓋莖長丈許
花大而紅結房曰百子蓮此最宜種大池中
舊又見黃白二種黃者佳却微淡黃耳千葉

白蓮亦未爲奇有一種碧臺蓮大佳花白而
瓣上恒滴一翠點房之上復抽綠葉似花非
花余嘗種之摘取瓶中以爲西方供近於南
都李鴻臚所復得一種曰錦邊蓮蒂綠花白
作蘂時綠苞已微界一線紅矣開時千葉每
葉俱似胭脂染邊眞奇種也余將以配碧臺
蓮甃二池對種亦可置大缸中爲几前之玩
○藕 月生一節遇閏多一節有孔有絲大者如[illegible]可生啖花下者尤美 可作粉輕身益氣

止熱渴煩悶解酒毒蟹毒開胃止瀉散血生肌蒸煮食補五臟實下焦與蜜同食令人腹臟肥不生蟲亦可休糧產後忌生冷惟藕不忌以破血也 **蓮子** 味甘平濇無毒交心腎厚腸胃固精氣強筋骨補虛損利耳目除寒濕止脾瀉久痢赤白濁帶下崩中諸血病熟食良切碎可作粥飯 **薏** 鎮心輕身駐顏 **葉** 生動氣易脹宜去心 忌地黃及蒜 **及房** 皆破血胎衣不下酒煎服 **葉蒂** 味苦主安胎去惡血留好血血痢煮服

○**附錄** **山蓮** 百丈山有草花如蓮花 **旱藕** 出終南山服之延壽 **茄蓮** 葉似蓮根似蘿蔔味甘脆 **西番蓮** 花雅淡似菊之月下西施自春至秋相繼不絕亦花中佳品春間將藤壓地自生根隔年鑿斷分栽 **錢線蓮** 花葉俱似西番花心

黑如錢線 **木蓮** 唐時四川中州有木蓮二株其高數丈在白鶴山佛殿前其葉堅厚如桂仲夏作花狀似芙蓉香亦如之每花坼時聲如破竹

○**栽種** 春分前栽則花出葉上先將好壯河泥乾者少半甕築實隔以蘆席上用河泥半尺築平有雨蓋之俟泥曬微裂方種蓮藕根上行遇實始生花也次將藕壯大三節無損者順鋪在上大者一枝小者二枝頭向南芽朝上用硫黃研碎紙撚蘸柄粗纏藕節一二道再用剪碎猪毛少許安在藕節再用肥河泥次第填四寸厚藕芽勿露日中曬於泥迸裂方可加少河水先加水止可四指深候擎荷大發再加河水交夏水方可深如此種當年有花且茂盛管子曰五沃之土生蓮故栽宜肥土然不可多加壯糞反至發熱壞藕

○**種蓮子** 八九月取堅黑蓮子瓦上磨尖頭令皮薄取墐土作熟泥封三指長令蒂頭泥多而重磨頭泥少而尖種時擲至池中重頭向下自能周正薄皮在上易生數日即出不磨者率不可生又一法用雞子一枚開一小孔去青黃將蓮子填滿紙糊孔三四層令雞抱之候小雞出取放煖處不拘時用天門冬末硫黃同肥泥或酒罈泥安盆底栽之仍用酒和水澆勿令乾自然生葉開花如錢可愛蓮子磨薄尖頭浸靛缸中明年清明取種開青蓮花蓮畏桐油忌之 **插瓶** 瓶注溫湯蓋以紙剖尖花梗隨手急插或去根少許封以蠟或亂髮密纏折處仍以泥封固其竅先插瓶中後注水或將竹釘十字打蓋使出白汁方插瓶如此則耐久

○**製用** 蓮之味甘氣溫而性嗇稟清芳之氣得稼穡之味乃脾之果也脾者黃宮所以交媾水火會合木金者也土為元氣之母母氣既和津液相成神乃自生久視耐老此其權輿也昔人治心腎不交勞傷白濁有清心蓮子飲補心腎益精血有瑞蓮丸皆得此理 [illegible]珍 七月七日采蓮花七分八月八日采藕根八分九月九日采蓮實九分陰乾搗細煉蜜為丸服之令人不老長生千葉蓮服之羽化 常氏日錄 經秋正黑石蓮子入水必沉惟煎鹽鹵能浮之此物居山海間經百年不壞人得食之令髮黑不老 [illegible]論 諸鳥猿猴取得石蓮子不食藏之石室內人得三百年者食之永不老又鳳食之糞於田野山巖之中不逢陰雨經久不壞人得之每凡空腹食十枚身輕能登高涉遠 取粗藕不

量多少淨洗截斷浸三宿數換水看灰[illegible]
撈出碓中搗碎以新布絞取汁重搗以淸[illegible]
爲度又以密布澄去粗惡物如稠難澄以[illegible]
攪之看水淸卽瀉去一如造米粉法　老者[illegible]
每節切作兩段竪鍋中下水一盞鹽少許煮[illegible]
燒之以熟爲度　嫩藕搗碎鹽醋拌勻可以
[illegible]綠豆粉調沙糖灌孔中細紙扎定勿
交作羹熟用切藕須斜片則不脫　製蜜藕
法初秋新藕沸湯焯過浸取汁一大碗候冷
浸一時許漉出控乾用蜜六兩浸去鹵水別
以蜜十兩慢火煎令琥珀色放冷收之[illegible]
[illegible]蜜煎藕初秋取新嫩者焯半熟去皮
切條或片每斤用白梅四兩以湯沸一大碗
浸一時撈控乾以蜜六兩煎去水另取好蜜
十兩慢火煎如琥珀色放冷入罐收之　糖
煎藕每大藕五斤切碎日曬出水氣沙糖五
斤金嬰末一兩蜜一斤同入磁器內泥封閉
慢火煮一伏時待冷開用　藕蓮菱芋雞頭
荸薺慈姑百合擇淨蒸爛風前吹暇少時石
臼中搗極細入糖蜜再搗令勻取出作團停
冷硬淨刀隨意切食糖爲佳蜜須合宜過用
則稀　[illegible]嫩藕隨意切作方塊如骰
子大就蟹眼湯內快手焯上取牽牛花揉汁
淹染片時撈冷熟水中漉過控乾以馬芹鹽
花泡湯入少醋加蜜作齏澄冷澆供之　取
嫩蓮房去蒂又去皮用井新水入灰煮過一
如芭蕉脯法焙乾以石壓令匾作片收之
藕蔤五六月嫩時采之可爲蔬茹老則硬不
堪食　藕以鹽水供食則不損口同油爍米
麪果食則無渣　好肥白嫩藕埋陰濕地可
經久入[illegible]新欲致遠以泥裹之則不壞
[illegible]六[illegible]自去煎湯洗[illegible]垢自[illegible]

○療治　服食不饑石蓮肉蒸熟去心爲末煉蜜
丸桐子大日服三十丸此仙家方也
淸心寧神石蓮子肉於砂盆中擦去赤皮留
心同爲末入龍腦點湯服之　補中强志蓮
實半兩去皮心研末水煮熟以粳米三合作
粥入末攪勻食　補虛益損蓮實半升酒浸
二宿以牙猪肚一個洗淨入蓮在內縫定煮
熟取出曬乾爲末酒煮米糊丸桐子大每服
五十丸食前溫酒送下　小便頻數下焦眞
氣虛弱者用上方醋糊丸服　白濁遺精蓮
肉　白茯苓等分爲末每服二錢空心米飲送
下　心虛赤濁石蓮肉六兩炙甘草一兩爲
末每服一錢燈心湯下　久痢禁口及脾泄
腸滑石蓮肉炒爲末每服二錢陳倉米調下
便覺思食甚妙加入香連丸尤妙　噦逆不
止石蓮肉六枚炒赤黃色研末冷熟水半盞
和服便止　產後噦吐心忡目暈石蓮子兩
半白茯苓一兩丁香五錢爲末每米飲服二
錢　眼赤作痛蓮實去皮研末一盞粳米半
升以水煮粥常食　小兒熱渴蓮實二十枚
炒浮萍二錢半生姜少許水煎分三服　反
胃吐食石蓮肉爲末入少肉豆蔻末米湯調
服　時氣煩渴生藕汁一盞生蜜一合和勻
細服　傷寒口乾生藕汁生地黃汁童子小
便各半盞煎溫服之　霍亂煩渴藕汁一鍾
姜汁半鍾和勻飲　霍亂吐利生藕搗汁服
上焦痰熱藕汁梨汁各半盞和服　產後
血氣上衝口乾腹痛生藕汁三升飲之龐安
時用藕汁生地黃汁童子小便等分煎服
小便熱淋生藕汁生地黃汁葡萄汁各等分
每服一盞入蜜溫服　食蟹中毒生藕汁飲
之　凍脚裂坼蒸熟藕搗爛塗之　塵芒入

目大藕洗搗綿裹滴汁入目中即出　血淋
痛脹藕汁調髮灰每服二錢服三日而血盡
痛除　鼻衄不止藕節搗汁飲并滴鼻中　一
卒暴吐血藕節荷根各七箇以蜜少許擂爛
水二鍾煎八分去渣溫服或爲末丸亦可
大便下血藕節晒乾研末人參白蜜煎湯調
服二錢日二服　鼻淵腦瀉藕節芎藭研爲
末每服二錢米飲下　勞心吐血蓮子心七
箇糯米二十一粒爲末酒服　遺精蓮子心
一撮爲末辰砂一分每服一錢白湯下日二
痔漏三十年者三服除根用蓮花蕊黑牽
牛頭末各一兩五錢當歸五錢爲末每空心
酒服二錢忌熱物五日見効　催生蓮花一
葉書人字吞之即易產　墜跌積血心胃嘔
血不止用乾荷花爲末每酒服方寸匕其効
如神乾藕節亦佳　經血不止陳蓮蓬殼燒

存性研末每服二錢米飲下　產後血崩蓮
蓬殼五箇香附二兩各燒存性爲末每服二
錢米飲下日二　漏胎下血蓮房燒研麪糊
丸桐子大每服百丸湯酒任下日二　小便
血淋蓮房燒存性爲末入麝香少許每服二
錢半米飲調下日二　天泡濕瘡荷葉貼之
又蓮蓬殼燒存性研末井泥調塗神効　雷
頭面疙瘩腫痛憎寒發熱狀如傷寒病在
三陽不可過用寒藥重劑誅伐一人病此諸
藥不効用荷葉一枚升麻五錢蒼朮五錢水
煎溫服即愈　陽水浮腫敗荷葉燒存性研
末每服二錢米飲調下日三服　脚膝浮腫
荷葉心藁本等分煎湯淋洗　痘瘡倒靨治
風寒外襲倒靨勢危者萬無一失用霜後荷
葉貼水紫背者炙乾白僵蠶直者炒去絲等
分爲末每服半錢用胡荽湯或溫酒調下

諸般癰腫拔毒止痛荷葉中心蒂如錢者不
拘多少煎湯淋洗拭乾以飛過寒水石同臘
猪脂塗之　撲打損傷惡血攻心悶亂疼痛
以乾荷葉五斤燒存性爲末每服一錢童子
小便一盞食前調下日三服利下惡物爲度
產後心痛及下胎衣惡血不盡也荷葉炒
香爲末每服方寸匕沸湯或童子小便調下
或燒灰或煎汁皆可　傷寒產後血暈欲死
用荷葉紅花姜黃等分炒研末童子小便調
服二錢　孕婦傷寒大熱煩渴恐傷胎氣用
嫩卷荷葉焙半兩蛤粉二錢半爲末每服三
錢新汲水入蜜調服并塗腹上名罩胎散
妊娠胎動已見黃水者乾荷蒂一枚炙研爲
末糯米淘汁一鍾調服即安　吐血不止嫩
荷葉七箇擂水服之甚佳　又方乾荷葉生
蒲黃等分爲末每服三錢桑白皮煎湯調下

又經霜敗荷葉燒存性研末新水服二錢
吐血咯血荷葉焙乾爲末米湯調服二錢
一日二服以止爲度　聖濟總錄用乾荷葉
蒲黃各一兩爲細末每服二錢麥門冬湯下
吐血衄血陽乘于陰血熱妄行宜服四生
丸生荷葉生艾葉生柏葉生地黃等分搗爛
丸雞子大每服一丸水三盞煎一盞去渣服
崩中下血荷葉燒研半兩蒲黃黃芩各一
兩爲末每空心酒服三錢　血痢不止荷葉
蒂水煮汁服　下痢赤白荷葉燒研每服二
錢紅痢蜜白痢沙糖下　脫肛不收貼水荷
葉焙研酒服二錢仍以荷葉盛末坐之　牙
齒痛疼青荷葉剪取錢蒂七箇以濃米醋一
盞煎半盞去渣熬成膏時抹之妙　赤遊
火丹新生荷葉搗爛入鹽塗之　漆瘡作癢
荷葉煎湯洗之良　徧身風癘荷葉三十

故石灰一斗淋汁合煮漬之半日乃出數日一作良 偏頭風痛升麻蒼朮各一兩荷葉一個水二鍾煎一鍾食後溫服或燒荷葉一個爲末以煎汁調服 刀斧傷瘡荷葉燒研搽之 陰腫痛痒荷葉浮萍蛇床等分煎水日洗之

○典故 西王母見穆天子玉帳高會進萬歲冰桃千年碧藕又進素蓮一房百子 蘇州府城西華山老子枕中記云此地可度難山半有池曰天池產千葉蓮昔人嘗服之羽化 關令尹喜生時其家陸地生蓮花光發滿室 漢武時海中有人叉角面如玉色美髭髯腰蔽槲葉乘一葉紅蓮約長丈餘偃臥其中手持一書自東海浮來俄爲霧所迷不知所之東方朔曰此太乙星也 漢昭帝遊柳池有芙蓉紫色大如斗花素葉甘香氣襲

人其實如珠拾遺記 霍光園中鑿大池植五色睡蓮養鴛鴦三十六對望之爛若披錦 歷城北二里有蓮子湖周環二十里湖中多蓮花紅綠間明乍疑濯錦又漁船掩映罟罾疏布遠望之者若蛛網浮杯也魏袁翻曾在湖燕集參軍張伯瑜諮公言向爲血羹頻不能就公曰取湖水必成也遂如公語果成清河王懌而異焉乃諮公未審何義得爾公曰可思湖目清河笑而然之而實未解坐散語主簿房叔道曰湖目之事吾實未曉叔道對曰藕能散血湖目蓮子故令公思清河歎曰人不讀書其猶夜行二毛之叟不如白面書生酉陽雜俎 自百里芳至平陽峙一百里皆荷花王羲之自南門登舟賞荷花郎此抛花 庾杲之號景行王儉用爲衛將軍長史蕭緬與儉書曰盛府元僚實難其選庾景

行泛綠水依芙蓉何其麗也時人以入儉府爲蓮花池本傳 羊敦爲廣平太守歲饑家餽不至採藕而食朝廷聞之詔賜穀千斛晉書 王敦在武昌鈴下儀仗生蓮花五六日而落花史 謝靈運以詞采名鮑照曰謝五如初發芙蓉晉書 謝靈運即東林寺翻涅槃經鑿池植白蓮其中花史 遠法師居廬山東林寺有白蓮花與陶靖節十八人同修淨土號白蓮社晉書 雍熙中君房寓廬山開光寺望黃石巖瀑水中一大紅葉泛泛而下僧取之乃蓮花一葉長三尺濶一尺三寸因分葉磨湯飲之香經宿不散 宋文帝元嘉中蓮生建康額擔湖一莖兩花又樂遊苑池蓮同幹泰始中嘉蓮一雙並實合跗同莖 宋元嘉六年賈道子行荆上見芙容方發取還家聞花有聲尋得舍利白如眞珠焰照

梁棟花史 齊東昏侯鑿金爲蓮花貼地令潘妃行其上曰此步步生蓮花也南史 佛圖澄嘗于鉢內生青蓮花 張昌宗以姿貌見幸於則天楊再思佞語人曰人言六郎貌似蓮花正蓮花似六郎爾唐書 太液池千葉白蓮開帝與妃子共賞指妃謂左右曰何如此解語花天寶遺事 韓愈登華山蓮花峯歸謂僧曰峯頂有池菡萏盛開可愛其中又有破鐵舟焉 山項有千葉蓮花服之羽化因名華山華山記 唐冀國夫人任氏女少奉釋教一日有僧持衣求浣女欣然濯之溪邊每一漂衣蓮花應手而出驚異求僧不知所在因識其處爲百花潭花史 大曆中高郵百姓張存以踏藕爲業嘗於陂中見旱藕稍大如臂遂併力掘之深二丈大至合抱以其不可窮遂斷之中得一劍長二尺色青

無刃存不知爲寶人有知者以十束薪易之其藕無絲（酉陽雜俎） 元和中蘇昌遠居吳中有女郎素衣紅臉相與狎贈以玉環一日見檻前白蓮花開花蕋中有物乃玉環也折之乃絕（[illegible]） 房壽六月召客擣蓮花製碧芳酒 後唐馬郁爲秘監時張承業權貴任事與客宴集陳珍列果客無敢先嘗郁食之必盡承業私戒主者他日郁至惟以乾蓮子置前郁知不可啖聳中出一鐵槌撾碎食之承業大笑速爲易之曰勿敗吾案（續世說） 魏正始中鄭公慤三伏之際率賓僚避暑取大蓮葉盛酒以簪刺葉令與柄通屈莖如象鼻傳吸之名碧筒杯（雜跖集） 平安王子懋年七歲母病請僧誌禳有獻蓮供佛者懋祝曰若使阿姨獲佑蓮花竟齋如故七日齋畢花更鮮紅視甖中微有根鬚母病尋愈人以爲孝之感 陳豐嘗以青蓮子十枚寄葛勃勃啗未竟墜一子於盆水中明晨有並蔕花開于水面大如梅花勃取置几間數日方謝剖其房各得實五枚如豐來數 後主武平中特進侍中崔季舒宅中池內蓮花皆作胡人面仍着鮮卑帽俄而季舒見殺（[illegible]） 孫德璉鎮郢州合十餘船爲大舫于中立亭池植荷芰良辰美景賓僚並集泛長江而置酒一時稱爲勝賞（花史） 宋興國九年五月內出玉津園瑞蓮一盆示輔臣花與葉悉似合歡而生（[illegible]） 神廟時中貴采用臣鑿後苑瑤津池成明日請上賞蓮花忽見萬荷蔽水乃一夜買滿京盆池沉其下上嘉其能 歐陽永叔在揚州會客取荷花千朵插畫盆中圍繞坐席命客傳花人摘一葉盡處飲酒 歐陽知潁州有官妓盧媚兒姿貌端秀口中

常作芙蕖花香 姚月華嘗畫芙蓉匹鳥約略濃淡生態逼真 朱孝宗于池中種紅白荷花萬柄以瓦盆別種分列水底時易新者以爲美觀 滄洲金蓮花其形如蝶每微風時則搖蕩如飛婦人競採之爲首飾語曰不戴金蓮花不得到仙家 昆流素蓮一房百子凌冬而茂（拾遺記） 地湧金蓮葉如芋芳花開如蓮花瓣內一小黃心幽香可愛色狀甚奇最難開花 蘇州進藕最上者曰傷荷藕欲長其根故傷其葉（國史補） 賈似道在揚州時有道人求見問其所能曰善畫蓮秋壑館之于小金山放鶴亭索絹四幅閉門不容觀者逾五六日似道自往觀之僅畫一葉傾露珠滴滴流下滴于石上復散滴于地秋壑見精妙令了之道人辭去約再來秋壑掛于壁上每風起則荷葉動露珠傾盡已而復然道人不可復索方知神仙也（花史） 元陶宗儀飲夏氏清樾堂上酒半折正開荷花置小金卮于其中命歌姬捧以行酒客就姬取花左手執枝右手分開花瓣以口就飲名爲解語杯 國初金箔張嘗于臘月索乾石蓮子亂撒池中頃刻花開滿池香艷可愛剪紙爲舫置水中踏而登焉鼓棹放歌往來花叢俄失所在（花史） 正統戊午吳縣學池中蓮一莖三花明年縣學施公槃狀元及第成化辛卯蘇州府學池中蓮一莖二花明年吳公寬狀元及第（[illegible]州府志） 信豐大龍山層巒叠嶂遇夜或紅光燭天產異花如白蓮 縉雲仙都山道書謂玄都洞天上有鼎湖產異蓮湖之東爲步虛山奇峯千仞西爲志歸洞即李陽冰隱居也與國放生池上蓮花彌望夾堤皆垂柳群山環列有浮圖突兀在雲州

紫翠閒記獨江山之勝頗似西湖　黃梅馮茂山即五祖大滿禪師道場山頂有池生白蓮又名蓮峰　會昌四面皆石壁池廣一畝產瑞蓮　王韶之神境記九疑山半其路皆青松翠竹下夾青澗澗中多黃色蓮花夏秋時香氣盈谷　眉州青神夾芙蓉溪內多芙蓉　雲南府城南昆明池周五百餘里產千葉蓮【[illegible]】　昇元閣梁朝故物高二百四十尺今名瓦棺寺　西晉時地產青蓮兩朶聞之所司掘得瓦棺開見一老僧花從舌根頂顱出詢及父老曰昔有僧誦法華萬餘卷臨卒遺言以瓦棺葬之此地　法華山樵夫得青蓮一枝掘地有石匣藏一童子舌根不壞花自舌出　龜千歲遊于蓮葉之上【史龜策傳】

○麗藻散語【詩】隰有荷華　彼澤之陂有蒲與荷

荷爲衣兮蕙爲帶　集芙蓉以爲裳　搴芙蓉于木末【離騷】　焚芰製而裂荷衣【北山移文】　灼若芙蓉出綠波【曹植】　河北擢歌之姝江南採蓮之女春水廣兮瀐潯湲秋風駛兮舟容與【江淹】　澤芝芳艷擅奇水屬稟氣紅荷比符縹玉【顏延之】

傳　君子諱蓮或又謂諱菡萏字芙蕖相傳爲神仙家流世居大華山玉井中始祖有諱碧藕者壽千歲成周時因西王母進見穆天子陪宴瑤池上子孫散處其根派世襲其名亦曰藕咸潔白聰明意氣清虛自以仙流弗與生民伍隱遁不見于世苟可蔽身雖汙泥重淵沒齒不怨時人爲之謠曰平生水雲姿七星羅心胸豈無絲毫益上裨天子聰而不自薦達胡爲乎泥中藕聞亦不介意世有好而訪之者輒强與歸竟不辭謝第求渠雪以往任其指使或療渴治病養老慈幼娛賓客供

祭祀靡不周承[illegible]江[illegible]端楷離立屹然有出塵之志[illegible]貴爲人圓渾能紉緝爲衣與楚畹蘭氏齊名見稱于三閭大夫又嘗爲捲棬屈體輪囷如象鼻狀授客吸酒號碧筒杯東坡見其遺製酌酒甚之嘆曰碧碗既作象鼻彎白酒猶帶荷心苦藝絕當時後人無能效之者傳十葉至君子君子稟氣盈心芳貌溫內潤然不足[illegible][illegible][illegible][illegible]無塵光輝可愛盡得羽化之術[illegible][illegible]有高世之志因辟穀于人間世無所好惟日親清漣以自娛濯古有東昏侯寵貴嬪愛君子姿色令與潘妃進履君子愀然侯範金爲蓮代焉唐明皇鑿太液池與楊貴妃遊宴其中[illegible]延臣將相或不得時至君子侍從其間不少刻舍左右會祿山之亂遂引去擇有金仙氏雅知君子齋潔留參侍世尊君子悉其與已不果留釋刻木勸像遺之自是流落江湖苦同草芥不希薦達番禺程九齡遇諸巷望見驚喜曰拜曰吾先夫子從周先生遊周老先友愛君子君子吾先夫子師友也敢不拜特重風徐來君子欣然起舞笑媚相迎投詩見之晚九齡因請以歸下榻佇空波清漣以奉顧諸子姓曰君子吾方外友也可善事之日鈞藻去屏藏酒掃左右惟恐失君子歡君子不時見每盛夏東日方輿振衣起立吟風洒露逍遙欣躍已而徘徊顧望移午斂體握[illegible][illegible]不露半啓歡日卸服委其心而蛻去至時復來來去皆在壺中人莫能窺其跡九齡益奇之謂曰昔費長房遇壺公能吞鬼使社今吾其爲長房乎因自號小壺公神仙家自希夷之後不傳世無能知者君子知之亦欲傳世願非其人雖傳不解嘗以其畧示九齡

不言所因俟其去而視其遺玉蛹紫纍秋
之瓊液滿嘴兩臉駮駮君子之色君子嶠九
嶷有異人過而相曰何物老媼生此寧馨兒
神清骨潤往來人世壽未可量也昔見其落
漢昭帝柳池中芳氣襲人又見其在華山頂
上人得其丹服之輒羽化今已數百年顧在
此九嶷聞之愈敬信
奉之不少怠【愛蓮】說
水陸草木之花可愛者甚蕃晉陶淵明愛
菊自李唐以來世人甚愛牡丹予獨愛蓮之出
淤泥而不染濯清漣而不妖中通外直不蔓
不枝香遠益清亭亭淨植可遠觀而不可褻
翫焉予謂菊花之隱逸者也牡丹花之富貴
者也蓮花之君子者也噫菊之愛陶後鮮有
聞蓮之愛同予者何人牡丹之愛宜乎眾矣
【周茂叔】　藕藏于水其自處卑無所加焉其
所與汙潔白自若中有孔焉不偶不生若此
可以偶物矣茄無附枝泥不能汙水不能沒
挺出而立若此可以加物矣蓮既有以自白
又會而屬焉若此可以連物矣蘭薔實皆名
隨昏昕闔闢焉遺假根以立而不如藕之有
所偶假莖以出而不如茄之有所加假華以
生而不如蓮之有所連蓄蘊之有蘊也若此
可謂退矣夫畜物者終必吐連物者終於散
偶物者或析之加物亦不可謂常故退在此
不在彼也蓄退藏于無用而可用可見者本
焉若此可以容矣合此眾美則可以荷物乎
以為美可以為渠
故曰荷芙蕖【[illegible]】賦
感衣裳于楚賦詠憂思于陳詩訪群英之艷絕
標高名于澤芝會春朕乎夕張寒亭芙容而本
擢抽我衿之桂蘭點子吻之瑜珥附選群芳之
徽號抱茲性之清芬稟若華之艷絕劉滋
之尤[illegible]綠形神之明媚稟雅質之繁悅顧微

豈而非偶皇園桃面而止一夢飛燕夏香遍尋
景而紅波青房兮規模出鈎兮圓華樹淋漓
之弱餘散菡萏之輕荷上上星光而倒景于龍
鱗而隱波戲錦鱗而夕以耀繡羽以晨過結
遊童之湘吹起榜姿之紅歌備日月之溫麗
非盛明而謂何若乃當融風之暄盪承暑雨
之平渥被瑤塘之周流繞金渠之屈曲排積
霧而揚芳鏡洞泉而含綠葉折水以為珠條
集露而成玉潤蓬山之瓊膏輝瀛洲之綠燭
冠五華於仙草超四照於靈木雜眾姿於開
卷闊群貌於昏明無長袖之容止信一笑之
空殘森紫葉以上擢紛潮蓮而下傾根碧塗
而堉徹柯既解而絲紛感盛衰之可懷貫始
終而常清故其為方也綿繆其為媚也奔發
對菹則色殊比蘭則香越泚弱綵於青波飛
登華於曉月陋荊姬之朱顏笑夏女之光髮
振纓世而貽黻徒愛存而賞沒雖參群以豈
奇終從歲而零歿【[illegible]】　非登高可以賦
者唯採蓮而已矣況洞庭兮紫波復瀟湘兮
綠水或暑雨兮朝霽乍涼飈兮暮起黛葉青
跗灼爍五彩紅葩絳萼電爍千里尤見重于
幽客信作謠于君子爾其珍族廣茂叢類博
傳藻河渭之空曲被沮漳之淪連燭蹬灣面
爛爛亘汝漢之田田豈俺水區彈國江瀛海
壖是以吳姬越艷鄭婉秦妍感靈龜于上節
悅瑞色于中年錦帆映浦羅衣塞川飛木蘭
之畫楫駕芙蓉之綺船問子何去幽澤採蓮
已矣哉誠不知其所以然貫由物召興以情
遷故其遊泳一致悲欣萬緒至若金室麗妃
璇宮佚女傷鳳臺之寂寞厭鸞扃之閒處侍
飲南洋留滋北渚見磯岸之紆直觀旌旒之
低昂上苑神池芳林御敵樓陰架沚殿彩乘

漪張拜洛之容銜觴橫汾之渊儀鷁鼓鬱發龍文動鱗羽揚兮鷁首移戚靚粧而麗服各分鶩而並馳蘋蘩藻䕬荇徊翔危覩雲霞之沃蕩望林泉之蔽虧洪川泱泱兮菡萏積緑水湛湛兮芙蕖披惜時歲兮易晚傷君王兮未知祈細房與緗菂攬紅葩及碧枝廻綃裙兮竊獨嘆步羅襪兮私自奇莫不驚香悴色畏別傷離復有濯宮年少期門公子翠髮娥眉頳唇皓齒傳粉蘭堂之上偷香椒房之裏亦復銜恩激寵佩寵緘愁承好賜之珍席奉嬉宴之彩旂繡棟飄兮翠羽帳瑤塘曙兮青翰舟搴條拾蕋沿波泝流池心寛而藻薄瀨口窄而萍稠和撓姬之衛吹接榜女之齊謳去復去兮水色夕採復採兮荷華秋願承歡而卒歲長接席而宴娛于時薊北無事關西始繁霧盡江堞氣恬海寞消梓氣于沅盡黙

榮光於河洛殊方異類舞詠相錯王公卿士歌吹並作則有侯家戚第戚里芳園穿池鑿岸之曲蓄水河陽之源隄防谷口島嶼螺縈嘉木奉植靈草具繁沅桂北之丹藕播荊南之紫根鬱淒淒而霧合爍曄曄而霞翻泊乎氣徹鄰鄰景華川陸爽雨歛涼榭颸裳輿命妖侶于石城孀娛朋于金谷乃使綠珠捧檝青琴理舳樽芳醪觴珍饌泛玉潭之瀰漫遠金渠之隈隩石近水而苔濃岸連山而樹複拼芰未而爭遠託蘆間而競逐赴汨凌波飛袂振羅風低綠幹水濺黃螺上客喧兮樂未已美人醉兮顏將醲畏遲色之如臉願衣香兮勝荷徘徊郢調悽慘燕歌念鄭歡于水濱誓畢賓于川阿結漢女邀湘娥北渼並尚客南汀花更多恨光景兮不駐指芳馨兮謂何若乃陶郢義妻東吳信婦結瀟壁佩承雀奉

帝忽君子兮有行復良人兮遠征南討九眞百粤北戍雞田雁城念去魂駭相視骨驚臨春渚兮一送見秋潭兮四平與子之別烱彼望絕念子之寒江山路難水淡淡兮蓮華紫風颸颸兮荷葉丹剪瑤帶而猶歎折瓊英而不歡既而綠隈逗浦還棹歸櫓噫芳草兮已殘愴離居兮方苦延素頸於極漲攘皓腕兮神詳惜佳期兮末由徒增思兮何補又若倡姬蕩勝命侶招群淇上洛表湘皐汝墳望洲中兮翡翠色動浦水兮驪龍文願解佩以邀子思搴裳而從君悲時暮愁日曛鳴鐶釧兮響窈窕艷珠翠兮光繽紛憐曙埜之絳氣愛晴天之碧雲棹巡汀而柳拂船向渚而菱分掇翠莖以翳景襲朱萼以爲裳挺楫夌亂風流雨散鳴根絡繹霧罷烟釋狀飛蚪之蜿蜿若驚鴻之奕奕艇怯奔潮篙憎淺石絲著手

而偏遶刺牽衣而屢礙乃有貴子王孫乘閒縱觀何平叔之符彩潘安仁之藻翰稅龍馬千金隄命鳧舟于石岸錦纜翻洒銀檣照爛日側光沉風驚浪深紆北渚之新贈恣東溪之容蕁鴛鴦繡彩之文履璫瑁瓊華之寶琴扣舷擊榜吳歈越吟溱與洧兮葉履水淮與濟兮花冒濤值明月之夕出逢丹霞之夜臨茱萸歌兮軫妾思芍藥曲兮傷人心伊採蓮之賤事信忘情之盖寡雖迹兆于水鄉遂風行于天下感極哀樂聲參鄭雅是以緬察谷底窮覽地維北盡豐鎬滂滈南究巴滝越沂莫不候期應節沿濤汎湄薄言採之興言報之發文扃之麗什動幽悗之情詩使人結眷令人想思宜其色震百草香奪九芝樓碧羽之神雀負青鼈之寶龜紫秩流記丹經秘詞豈徒加繡柱之光彩曄文井之華滋巳矣哉

向使時無其族代乏厥類獨秀上清之境不
生中國之地學鸞鳳而時來與鵷鶵而問至
必能使衆瑞彩沒群既色沮湯武齋戒伊皐
延佇豈俾夫秦童趙僕倡姬艷女狎而翫之
擷而採之乎時有東鄙幽人西園舊客常陪
帝子之輿經侍天人之籍咏綠竹于風曉賦
彤管于月夕暑往寒來忽矣悠哉蓬飄梗逝
天涯海際似還邛之寥廓同適越之滔滯蕭
索窮途飄颻一隅昔聞七澤今過五湖聽菱
歌兮幾曲視蓮房兮幾株非鄴地之宴語異
睢苑之歡娛況復殊方別域重瀛複嶂虞翻
則故鄉寥落許靖則生涯惆悵感芳草之及
時懼修名之或喪誓剗跡穎上棲影渭陽枕
箕岫之孤石泛磻溪之小塘飧素實兮吸絳
芳荷爲衣兮芰爲裳永潔已于丘壑長寄心
于君王【王勃】若夫西城秘掖北禁仙流見

白露之先降悲紅蕖之已秋昔之菡萏齊秀
芳敷競發君門閟兮九重兵衛儼兮千列綠
蔕青枝綠溝覆池映蓮旗兮搖艷揮長劍兮
陸離疏瀝兮裂縠交流兮湘沃四繞兮丹禁
三匝兮承明曉而望之若霓裳宛轉朝玉京
夕而察之若霞標的爍散赤城既如秦女艷
日兮鳳鳴又似洛妃拾翠兮鴻驚足使瑤草
罷色芳樹無情複道兮詰曲離宮兮相屬飛
閣兮周廬金鋪兮璧除君之駕兮蕭苑蓮之
葉兮扶疎萬乘顧兮駐綵騎六宮喜兮停羅
襦仰仙遊而德澤縱玄覽而神虛豈與夫溪
澗兮沼沚自生兮自死海坼兮江汜萬萬兮
烟波泛漢女遊湘娥佩鳴玉戲清渦中流欲
渡兮木蘭楫幽泉一曲兮採蓮歌江南兮與
北汀洲兮北極既有芳兮襄城長無艷兮水
國豈知移植天泉香飄列仙嬌紫臺之月露

含玉宇之風烟群葩兮[illegible][illegible]叢影兮相雜
翡翠兮丹青翰樹珊瑚兮林碧鮮夫其生也
春風盡蕩爍日相煎天桃盡兮穠李滅出大
堤兮艷欲燃夫其謝也秋灰度管金氣騰天
宮槐棘兮井桐變搖寒波兮風颯然歸根息
艷兮八九月乘化無窮兮千萬年越人望兮
已長久鄭女採兮無由緣何淺帶之能固何
穠香之獨全別有待制揚雄悲秋宋玉夏之
來兮既早紅秋之暮兮悲餘綠禮盛燕臺人
非楚材雲霧圖兮蘭爲閣金銀酒兮蓮作盃
落英兮徘徊風轉兮哀哀入黃扉兮洒錦石
縈白蘋兮覆綠苔寒暑忙忙兮代謝故葉新
花兮往來何秋日之可表託芙蓉以爲媒【宋】
【[illegible]】曲沼微陽橫塘細雨墮虹梁而窺影
倚風臺而欲舞覆翠被以熏香燃犀燈而照
浦雙心並根千株泣露送艇子于西州聞棹

謳于北渚迎桃根而待檝逢宓妃而未渡追
而覿之龍若星妃臨水而脉脉盈盈遠而望
之杳如鮫女行雲而朝朝暮暮東西隨葉隱
上下逐波浮已見雙魚能比目應笑鴛鴦會
白頭昔聞妃子貴東昏地上金花不染塵空
留此日田田葉不見當時步步人【歐陽文忠】
有蘤者華婉如清揚菡萏爲督芙蓉爲裳出
[illegible]洪之上腴兮苞九疑之奇芳緊中通而外
[illegible]兮洵篤實而輝光德可比于君子兮又異
遊大國香羞託種于靈沼兮載移根于長樂
[illegible]翠蓋之團團兮冐朱華之灼灼枝承鞭以
婀娜兮何揚翹之磊落搖珠荷以成葩兮煥
重英之出鄂[illegible]濯穎于芝房兮儼敷榮于菡
閣[illegible][illegible]髮于扶桑兮若葵赤之常傾夕[illegible]影
于[illegible][illegible]兮象桂[illegible]之藏蠡哉星冠子[illegible][illegible]兮
[illegible][illegible][illegible]于赤城[illegible][illegible][illegible][illegible][illegible][illegible]兮[illegible]樓起而

崢嶸恣意態之橫出兮[illegible]
之襳褷兮固神靈之匹宅蓋風扇其浮和兮
昔雨滋其鄰澤翀雲[illegible]兮[illegible]其
的皪夫惟孕粹而鍾祥兮[illegible]而曷其乃
其含芬桂被流[illegible]敬達承恩輝于[illegible]兮[illegible]
豔采千翟倫映画堂之甲帳兮迎[illegible]之金
奧燦榮光于華渚兮贊佳氣于蓬壺宮伯折
折而告瑞慈顏穆穆其曜倫何司花之贊
於坤元之出符
天子乃考祥圖披璽契徵素蓮于王母邀石蕖乎
炎帝或一房而百子或一花而千歲光
多壽而多男兮卜年而卜世【[illegible]】

歌

郎採
蓮妾採蓮蓮花實妾生子郎今採取應相憐
開似妾初年蓮房結暖香雖斷絲牽連【[illegible]】
【古】蘭膏墜髮紅玉春燕釵梳頭拋盤雲城
邊楊柳向橋晚門前溝水波粼粼麒麟公子

朝天客珂馬璫璫度春陌掌中無力舞衣輕
剪斷鮫綃破春碧抱月飄煙一尺腰麝臍龍
髓憐嬌嬈秋羅拂水碎光蓮露重花多香不
銷鸂鶒交交塘水滿綠芒如粟蓮莖短一夜
西風送雨來粉痕零落愁紅淺船頭折藕絲
暗牽藕根蓮子相留連郎心似月月未缺十
五十六清光圓【溫庭筠】　採蓮歸綠水芙蓉
衣秋風起浪鳬雁飛桂棹蘭橈下長浦羅裙
玉腕輕搖櫓葉嶼花潭極望平江謳越吹相
思苦相思苦佳期不可駐塞外征夫猶未還
江南採蓮今已暮採蓮花渠今那必盡娼家
官道城南把桑葉何如江上採蓮花蓮花復
蓮花花葉何稠疊葉翠本羞眉花紅强似頰
佳人不在茲悵望別離時牽花憐共蒂折藕
愛連絲故情無處所新物徒華滋不惜西津
交佩解還羞北海雁書遲採蓮歌有節采蓮

夜未歇正逢浩蕩江上風又值徘徊江上月
徘徊蓮浦夜相逢吳姬越女何丰茸共問寒
江千里外征客關山路幾重【王勃】

詩五言

朱華冒綠池【曹子建】　藕隱玲瓏玉【碧衣女子】　魚戲動新荷【謝玄暉】　佳人雪
藕絲　江蓮搖白羽　紅膩小池蓮　荷靜
納涼時【杜甫】　曉露洗紅蓮【韋應物】　荷
花嬌欲語愁殺蕩舟人　素手把芙蓉虛步
躡太清　美人出南國灼灼芙蓉姿　芙蓉
老秋霜團扇羞網絲【李太白】　白蓮方出水
碧柳未鳴蟬【劉夢得】　荷背風翻白蓮腮雨
襪紅【[illegible]】　玉盃承露重鈿扇起風多【[illegible]文】
碧葉喜翻風紅英宜照日【江洽】　都無
【公】色可並不奈此香荷【李義山】　城晚通雲霧
亭深到芰荷　美人豔新妝歛袂照秋水【[illegible]】　歲
【[illegible]】　微風搖紫柄輕露拂朱房【[illegible]】

暮寒飇及秋水落芙蕖【[illegible]】　錦帶雜花
鈿羅衣垂素川【吳均】　亂香清宿醉濃艷破
狂惑　交陰分擢秀並葉爛齊芳【劉原父】
摘取芙蓉花莫摘芙蓉葉將歸夫壻看顏
色何如妾【王昌齡】　荷葉罩芙蓉圓青映嫩
紅佳人南陌上翠盖立春風【曹修古】　鑑湖
三百里菡萏發荷花五月西施采人看隘若
耶　翠蓋臨風迥冰華浥露鮮舞衣清縞袂
倒影爛珠纓【[illegible]】　棹發千花動風傳一水
香傍人持並蒂含笑打鴛鴦【常倫】　灼灼荷
花瑞亭亭出水中一莖孤引綠雙影共分紅
色奪歌人臉香亂舞衣風名蓮自可念況復
兩心同【宋邕】　輕舸迎上客悠悠湖上來當
軒對樽酒四面芙蓉開【王維】　落日晴江裏
荆歌豔楚腰採蓮從小慣十五即乘潮【劉方平】
【[illegible]】　蓮花比妾貌妾貌花不如蓮子比妾心

妾心應更苦【宋臣】　輿歡遊池上　湖生滿綠
池朱花似歡　面素藕似歡肌【胡曾】　入港採
芙容芙容動　潤沁游魚聚　蜂房吹作波　心錦
【李白】　涉江弄秋水　愛此荷花鮮　板荷弄
其珠蕩漾不成圓　佳期縹雲重　欲贈隔遠天
相思無由見　悵望涼風前　碧荷生幽泉　朝
日豔且鮮　秋花冒綠水　密葉羅青烟　秀色空
絕世　幽香竟誰傳　坐看飛霜滿　凋此紅芳年
結根未得所　願託華池邊　芙容嬌綠波　桃
李誇白日　偶蒙春風榮　生此豔陽質　豈無佳
人色　但恐花不實　宛轉龍火飛　零落花相失
誰知凌寒松　千載長守一【唐太宗】　早被嬋
娟誤　欲粧臨鏡慵　承恩不在貌　教妾若爲容
風暖鳥聲碎　日高花影重　年年越溪女　相憶
採芙蓉【杜荀鶴】　桃杏二三月　此花泥滓中
人心正畏暑　水面獨搖風　裊剩如金漏　嘉賓
照幕紅　誰敢采菱由　舟在瀟東【宋豐□】
日氣沉山紫　荷花照水明　香含風細細　影浸
月盈盈　妃子華清浴　神君洛浦行　向人嬌欲
語　解語恐傾城【張祥鳶】　碧沼滻寒玉　紅葉
映漾波　粧凝霜日麗　香逐曉風多　游戲金鱗
出　驚飛翠羽過　納涼依水榭　還續采蓮歌【申
瑤泉】　坐對芙容沼　行歌棠棣吟　相依香漠
漠　獨立影沉沉　人自憐芳艷　誰當識苦心　秋
風瀟蕭索　結子已如今【馮琢菴】　竹醉客皆
醉　亭幽興亦幽　荷錢魚暗齧　蒲劍蝶虛遊　雙
鶴如人立　一山當水逕　拈盃登水閣　恍若泛
扁舟【黃思□】　萬項金沙裏　誰將玉節裁　絲
鬼鮫乞與　珠是蚌分來　盤貯冰猶結　刀侵雪
思催　防風骨外折　混沌竅中開　月寺僧家鉢
吳亭酒客盃　胸中秋氣入　不角雨聲回　自媿
盧兒賊　得蒙讒姐陪　與君【□□】　晉瓜李莫相

猜【陶□】　水榭臨文漪　晨曦出暘谷　宛彼芙
蕖花　嫣然媚初旭　煥若丹霞敷　燁如錦雲簇
穠艷復芬菲　可以娛心目　須臾日漸中　斂華
閟清馥　匪之傾陽姿　將無避炎燠　舒卷固有
時　盺晡遞相續　努力愛朝暉　寸陰如寸玉【申
瑤泉】　蓮實大如指　分甘念母慈　共房頭䑛
䑛　更深兄弟思　實中有薏　荷拳如小兒手　令
我憶諸雛　迎門索梨棗　蓮心政自苦　食苦何
能甘　甘食恐腊毒　素食則懷慙　蓮生淤泥中
不與泥同調　食蓮誰不甘　知味良獨少　吾家
雙井塘　十里秋風香　安得同袍子　歸製芙容
裳【黃山谷】　菡萏初舒艷　奇芬暈碧霄　中洲
欣邂逅　南浦自招搖　瑩色涵香霧　新袍坼絳
綃　嫮婷自珍愛　穠郁更清超　照水臨青鏡　偎
蘋倚彩翹　駢枝疑貫寵　並蔕似爭嬌　緗約霞
初映　披敷烟正銷　鬚蕤金粉嫩　房闥玉冠喬
月下仙人鶩　風前公子袍　清虛雲步溼　沉浸
瀣津饒　濯濯靈修質　盈盈神女標　孤貞無漫
蔓　雅則絕纖妖　喜動文鴛舞　光搖錦鯉跳　瓊
根託紺潔　翠蓋障炎囂　靚賞聯瑤席　芳拳集
桂橈　姚園多猥俗　陶徑亦蕭條　華井分流潤
天池引脉遙　須移玄圃種　莫向若耶漂　木末
典幽詫　濂溪結宴招　懷之　白玉花開綠
思遠道　秋入鬢蕭蕭【□□】

七言

錦池【吳融】
寶陀光彩射晴暉【□□】　水國烟鄉足芰
荷【□□】　青春波浪芙容園　芙容別殿
暗焚香　雨潤紅蕖暗暗香　並蔕芙容本
自雙　點池荷葉叠青錢　棹拂荷珠碎却
圓　不妨遊子芰荷衣　芙容小苑入邊愁
露冷蓮房墜粉紅【□□】　素房含霞
玉冠鮮　紺葉搖風鈿扇圓【□□】　賦玉肌
膚　碧玉房纍纍　波面襯紅粧【高□】　荷葉

曉看元不溼却疑娛聽五更風【江古心】竹
樹雨餘添翠靄芰荷風起動清秋一色藕
花三十里淡粧濃抹錦青紅【虞可齋】翠蓋
不能擎雨露鴛鴦應怨夜寒多【吳菊潭】芙
容出水弄嬌斜紅紅白白各一家【[illegible]公】
池面風來波灩灩陂間露下葉田田誰於水
上張青蓋罩却紅粧吐採蓮【歐文忠】翠蓋
紅幢耀日鮮西湖佳麗會群仙波平十里鋪
雲錦風度清香趁画船【楊與齋】扇颭宮羅
衣浸牀湘妃晚浴試紅粧闌干月滿難成夢
風露侵人徹骨涼【陳古澗】水邊舟子競招
招陌上車塵晚更囂只有幽人無个事荷花
深處美輕橈【劉浸塘】一樣娉婷絕代無水
宮魚貫出瓊鋪緣何買得凌波女爲有荷盤
萬斛珠【鄭安晚】雨餘無事倚闌干媚水荷
花粉未乾十萬瓊珠天不惜綠盤擎出與人

看【王月浦】嬌紅姹姹不勝姿只許行人字
面窺恰似姑蘇明月夜水晶宮殿貯西施【[illegible]】
【[illegible]】荷葉羅裙一色裁芙蓉向臉兩邊開
亂入池中看不見聞歌始覺有人來【王昌齡】
芙容脂肉綠雲鬟圖画樓閣青黛山千樹
桃花萬年藥不知何事憶人間【元微之】撩
落秋天酒易醒淒淒長似別離情黃昏倚柱
不歸去腸斷綠荷風雨聲【韋莊】荷花布錦
柳垂絲一片丹青太液池御榻獨留清暑殿
宮娥空唱采蓮詞【薛惠】輕雲疏雨一時來
忽見荷花並蒂開睡起南薰情思懶夢深遙
過楚王臺【徐□清】群英的歷點蒼苔朶朶
芙容並帶開只恐西風易零落殿芳故寫嶺
頭梅【許幾東】輕霜約水淡無痕竹裏芙容
意態新葦荻半欹來白鳥看山大抵屬閒人
朝來急雨涌山泉洗出芙容意態姸嬝嬝

數莖欹竹嶼美人和露入法固【張于明】扳
朶朶紅蓮映綠池微風吹動影參差深閨
莫嫌長晝一點芳心只自知【馮德澧】曲曲
闌干水殿涼紅綃扇底芰荷香按歌誤觸鴛
鴦起宮漏今宵分外長【鄭德明】九疑山下
分奇種三子房中吐瑞姿朶朶黃雲團羽扇
爲渠金母下瑤池【用瑤泉】晚涼風度玉池
香看盡歸鴉入建章妾貌不如蓮樣好莫將
明月比寒塘【祝明臣】藕花塘上雨霏霏無
數蜂房著水垂羞見鴛鴦交頸卧却將荷葉
蓋頭歸【[illegible]】紅白蓮花開共塘兩般顏
色一般香恰如漢殿三千女半是濃粧半淡
粧　司花手法我能知說破當知未大奇亂
剪素羅粧一樹略將數朶蘸胭脂【楊誠齋】
鑿破蒼苔漲作池芰荷分得綠參差曉開一
朶烟波上似画真妃出浴時【杜祁公】貪看

翠蓋擁紅粧不覺湖邊一夜霜卷却天機雲
錦段從教疋練寫秋光【東坡】漢室嬋娟雙
姊妹天台縹緲兩神仙當時儘有風流過請
向人間作瑞蓮【邵康節】素蘤多蒙別艷欺
此花眞的在瑤池還應有恨無人覺月曉風
清欲墮時【陸龜蒙】移舟水淺差差綠倚檻
風搖柄柄香多謝浣溪人未折雨中留得蓋
鴛鴦【鄭谷】絕似蓮花水面浮綠雲香溼一　陶公名安
沙鷗何時摘取池中葉駕作中流太乙舟【陶】　人開
【學士】四面花開玉露滋曉風翻雨葉垂垂　國功臣
泉明酒思濂溪癖憑仗盆池借一枝【徐存齋】　徐公名階
綠窗蟬靜日偏長懶爇金爐百和香莫摘　華亭人一
池中蓮子看个中多半是空房【孟叔卿】　甲大學士
稽首慈雲大士前莫生西土莫生天願將
一滴楊枝水洒作人間並蒂蓮【小青】
翠蓋佳人臨水立寂莫雨中相對泣溫泉洗

出玉肌寒檀粉不施香汗溼一陣風來碧浪翻珍珠零落難收拾【任思庵】太華峰頭玉井蓮開花十丈藕如船冷比雪霜甘比蜜一片入口沉疴痊我欲求之不憚遠青壁無路難夤緣安得長梯上摘實下種七澤根株連【韓文公】若耶溪傍採蓮女笑摘荷花共人語日照新粧水底明香飄紅袂空中舉岸上誰家遊冶郎三三五五映垂楊紫騮嘶入落花去見此踟躕空斷腸【李太白】綠荷舒卷涼風曉紅萼開繁紫菂重雙女漢皋爭笑臉二妃湘浦並愁容自含秋露貞姿結不驕春妖艷態濃終恐玉京仙子識却持歸種碧蓮峰【李紳】芙蓉池裏葉田田一本雙枝照碧泉濃麗共妍香各散東西分艷蒂相連自知政術無他異縱是禎祥亦偶然四野人聞知盡喜爭來入廓看嘉蓮【姚合】水殿盈盈萬玉妃凌波長是步炎暉迢遞玉井峰頭見縹緲瑤池月下歸洛浦露繁珠作珮楚臺風急翠成幃若教解語應愁絕閒道金籠鎖雪衣【黃佐】耶溪新綠露嬌癡兩面紅粧倚一枝水月精魂同結願風花情性合相思趙家阿妹春眠起楊氏諸姨晚浴時今日六郎憔悴盡為渠還賦斷腸詩【沈周】九月江南花事休芙蓉宛轉在中洲美人笑隔盈盈水落日還生渺渺愁露洗玉盤金殿冷風吹羅帶錦城秋相看未用傷遲暮別有池塘一種幽【文衡山】芙蕖香靄水雲多覽勝新從學士過紅艷晴薰霞作錦冰綃寒佇玉為河如翻墮珥依仙渚若浣明粧出素波欲采芳華勞遠贈秋風其奈獨看何 秘省仙居別苑東池開新長芰荷紅幽芳渺渺三湘外疏影亭亭一水中香溼瓊衣迷曉霧塵銷羅襪起秋風

玉堂歸後青藜照競擁金蓮出上宮 曲徑方池別館東荷開殊勝昔年紅虛瞻玉井青冥上似覲金蓮紫禁中佳實豫知深雨露苦心原自耐霜風亭亭獨立烟波冷肯羨春華在漢宮【楊[illegible]泉】芙蓉池苑起清秋漢武泉聲落御溝他日江山映蓬髩幾年楊柳別漁舟竹間駐馬題詩去物外何人識醉遊盡把歸心付紅葉晚來隨水向東流【才調集】斑簾十二卷輕碧秋水芙蓉隔畫闌綠扇遮風霞透影錦袍弄月酒生寒湘魂翠袖留江浦仙掌紅雲溼露盤秪恐淮南霜信早絳紗籠燭夜深看【[illegible]天錫】梅雨絲絲草閣涼匡床玄坐漫焚香四簷綠樹繁陰合一卷黃庭白晝長細和禽言成樂府寬裁荷葉製衣裳笑看溪水明于玉新水朝添一尺長【張祥鳶】湖上峰巒亂晚晴每逢佳處問山名偶因寺好頻停舫貪為波澄不記航斜抱連環千嶂合平分雙鏡六橋橫更堪歲晏芙蓉冷水國西風日夜清【張虛菴】一天霞采正流虹出水芙蕖欲吐紅縱是連宵困寒雨終然危幹獨凌風乾坤尚鬱胚胎裏身世都忘水玉中慎爾芳馨良自愛晴光早晚總天功【孫淇】【滇】西山青落影娥池伏外芙容入照時薄雨未消初日暈曉風欲語向人枝六宮香粉流紅膩三殿浮涼湛綠漪的的夜舒人不見集靈臺畔露華知【王衡】東山未許謝公聞別墅偏開荷葉灣郭外沙堤新舊築馬前雲樹有無間歌間花底遊分韵影溼池邊近解顏濯魄冰壺誰得似擎獵獵風蒲初暑過孟坐聽水潺潺【姚子雲】詞 蕭然庭戶秋清野航渡口帶烟橫晚山千萬疊別鶴雨三聲○秋水芙蕖柳邊槳一樽同破愁城蓼花灘上

子雲蕊谿人名士

白鷗明暮雲連極浦急雨帶長汀【[illegible]】
【[illegible]仙】雨過回塘圓荷嫩綠新抽越女輕盈
畫橈穩泛蘭舟波光艷粉紅相間脉脉嬌羞
菱歌隱隱漸遙依約叢芹○隄上郎心波間
妝影遲留不覺歸時暮天碧月如鉤風蟬噪
晚餘霞映幾點沙鷗漁笛不道有人獨倚危
樓【[illegible]】雨過蒲桃新漲綠蒼玉
盤傾墮碎珠千斛姬娥擁前紅簇簇温泉初
試真妃浴○驛使南來丹荔熟故剪輕綃一
色頒時服嬌汗易晞凝醉玉清涼不用香綃
撲【[illegible]蝶戀花】妖艷秋蓮生別浦紅臉
青腰舊識凌波女照影弄妝嬌欲語西風豈
是繁華主○可恨良晨天不與纔過斜陽又
值黃昏雨朝落暮開空自許竟無人解知心
苦【[illegible]蝶戀花】荷葉田田青照水孤舟
挽在花陰底昨夜消疎雨墜愁不寐朝來又

覺西風起○雨擺風搖金蓋碎合歡枝上香
房翠蓮子與人長厮類無好意年年苦在中
心裏　爲愛蓮房都一柄雙苞雙蕋雙紅影
雨勢不來風色定池水靜仙郎綵女臨鸞鏡
○妾有容華君不省花今恩愛猶相並花却
有情人薄倖心耿耿因花又染相思病　葉
有清風花有露葉籠花罩鴛鴦侶白錦頂絲
紅錦羽蓮女妒驚飛不許長相聚○日脚沉
紅天色暮青蓋上微微雨早是水寒無宿
處須回步枉成雨裏分飛去　一曲天香金
粉膩蓮子心中自有深深意意密蓮深秋正
媚將花寄恨無人會○橋上少年橋下水小
棹歸時不許牽紅袂浪濺荷心圓又碎無端
欲墮相思淚　水浸秋荷風皺浪縹緲仙舟
只似秋江上和露采蓮愁一餉看花却是啼
紅樣○折得蓮莖絲未放蓮斷絲牽特地成

惆悵歸棹莫愁花蕩漾江頭有個人相望
越女採蓮秋水畔窄袖輕羅暗露雙金釧照
影摘花花似面芳心只共絲爭亂○鸂鶒灘
頭風浪晚霧重烟昏不見來時伴隱隱歌聲
歸棹遠離愁引著江南岸【漁家傲　歐陽文忠】
常記溪亭日暮沉醉不知歸路興盡欲回
舟誤入藕花深處爭渡爭渡驚起一行鷗鷺
【李易安　如夢令】若耶溪路別岸花無數欲
嬌紅向人語與綠荷相依恨回首西風波森
森三十六陂烟雨○新妝明照水汀渚生香
不嫁東風被誰誤遣踟躕客意千里綿綿仙
浪遠何處凌波微步想南浦潮生畫橈歸正
月曉風清斷腸疑佇【康伯可　洞仙歌】南軒
面對芙蓉浦宜風宜月還宜雨紅少綠多時
簾前光景奇○繩床烏木几盡日繁香裏睡
起一篇新與花爲主人【陳簡齋　虞美人】楊

柳回塘鴛鴦別浦綠萍漲斷蓮舟路定無蜂
蝶慕幽香紅衣脫盡芳心苦○返照迎潮行
雲帶雨依依似與騷人語當年不肯嫁東風
無端却被秋風誤【賀方回　踏莎行】我愛荷
花花最歡錦援雲接朵朵嬌無顫一陣微風
來自遠紅低欲蘸凉波淺○真是羊家張靜
婉抱月飄烟舞得腰肢倦偷把翠羅香被展
無眠却又頻頻看【晁仲山　蝶戀花】曉日初
開露未晞夕陽輕散雨還微暗擁錦霧游檣
戲斜映紅雲屬玉飛○情脉脉恨依依沙邊
空見倚船歸何人解舞新聲曲一試纖腰六
尺圍【石孝友　鷓鴣天】蓼花汀側鷗鷺依依
弄色知何許湘女溪枝弱節飛來[illegible]
裙素縞誰與兜羅[illegible]無言處[illegible]
應有柔情正堆積○當年[illegible]香[illegible]記草媚[illegible]
裙波映文席斜陽返照暮雨瀟瀟又天際滾入

羈懷念嚼昔覺遊春零落頭白曲夢蘇覺而今兩鬢如花白但一線才思牛星心力漸消磨句使做詩怎道得【張□蘭陵王】晚來閑旋回塘一棹香玉颭雲鬟風外數枝涼○相並渾如私語惱人腸飛去方知白鷺在花旁【張□】

【約齋鷓鴣天】鬧紅一舸記來時長與鴛鴦爲侶三十六陂人未到水佩風裳無數翠葉吹涼玉容銷酒更灑菰蒲雨嫣然搖動冷香飛上詩句○日暮青蓋亭亭人不見爭忍凌波去只恐舞衣寒易落愁入西風南浦高柳垂陰老魚吹浪留我花間住田田多少幾迴沙際歸路【姜堯章念奴嬌】水楓葉下乍湖光清淺涼生商素西帝宸遊羅翠蓋擁出三千宮女絳采嬌春鉛華掩晝占斷鴛鴦浦歌聲搖曳浣紗人在何處○一枝廣寒宮殿冷落凄愁苦雪艷冰肌羞淡泊偷把胭脂勺注媚臉籠霞芳心泣露不肯爲雲雨金波影裏爲誰長佇凝竚【僧仲殊念奴嬌】風雨霎時晴荷葉青青雙雙擘著小紅燈報道綠紗廊底下蕉月分明【陳眉公浪淘沙】

【芡實】一名雞頭一名雁喙一名雁頭一名鴻頭一名雞雍一名蔿子一名卯蔆一名水流黃生水澤中處處有之三月生葉貼水大於荷葉皺文如縠蹙衄如沸面青背紫莖葉皆有刺莖長丈餘有孔有絲嫩者剝皮可作蔬茹五六月開紫花結苞外有刺如蝟花在苞頂如雞喙肉有斑駁軟肉裹子纍纍如珠璣殼內白米狀如魚目蔻大味甘平濇無毒補中強志聰耳明目開胃助氣止渴益腎除溼痺腰脊膝痛治遺精白濁帶下久服輕身不飢耐老

○**種植** 雞頭名芡實秋間熟時取老子以蒲包包之浸水中三月間撒淺水內待葉浮水面移栽淺水每科離二尺許先以麻餅或豆餅拌勻河泥種時以蘆插記根十餘日後每科用河泥三四碗壅之

○**製用** 蒸熟烈日中曬裂取仁亦可舂取粉用新者煮食良連殼一斗防風四兩煎湯浸用甚軟美經久不壞入澀精藥連殼亦可莖止煩渴除虛熱生熟皆宜根煮食治心痛結氣痛

○**療治** 芡實三合粳米一合煮粥日日空心服益精氣利耳目治思慮色慾過度損傷心氣小便數遺精　用秋石白茯苓芡實蓮肉各二兩爲末蒸棗和丸梧子大每服三十丸空心鹽湯下　治濁病用芡實粉白茯苓粉黃蠟化蜜和丸梧子大每服百丸鹽湯下　芡實末金櫻子煎和丸名水陸丹補下益人　偏墜氣痛根切片煮熟鹽醋調食

○**典故** 芡花向日菱花背日【爾雅翼】荷花日舒夜合芡花晝斂宵炕此陰陽之異也

【埤雅】龔遂爲渤海太守勸
民秋冬益蓄果實菱芡【漢書】
○麗藻詩五言 剝芡珠走盤【山谷】 香囊七言
連錦破玉指剝珠明【陸游】
吳雞鬪罷絳幘碎海蚌抉出眞珠明【梅聖俞】
王質欲藏如許脆鐵芒何苦太尖生【鄭安
晚】水晶冷浸碧玉叢琉璃湧出青毛蝟【王
岩叟】架垂馬乳收論斛港種雞頭采滿舡
蘢鼎若爲占食指麴車未用墮饞涎【陸放翁】
龍宮失曉惱江妃也養鳴雞報曉暉要啄
稻粱無半粒只教滿頷飽珠璣 江妃有訣
煮眞珠菰飯牛酥軟不如手擘雞頭金五色
盤頷驪頷排千餘夜光明月供朝嚼水府靈
宮恐夕虛好與藍田餐玉法編歸辟穀赤松
書 三危瑞露揀成珠九轉丹砂鍊不如鼻
觀濕芳炊桂歇齒根軟熟剝胎餘半魇鷹爪

中秋近一炷龍泉丈室虛却憶吾廬野塘畔
滿山柿葉正堪書【俱楊誠齋】 芡盤圓團開
碧輪城東壕中如疊銀漢南丈老舊不識日
日岸上多少人駢頭鬅鬆霜初熟綠剪紅針
剝寒玉提籠當筵破紫苞老蚌一開珠一掬
【[illegible]】霞雨意未來光到水鷗心欲定故迎沙雞頭
新劈驪頷顆菱葉平鋪鏡面花酒龕棊錯隨（用驪名象）
處是何須返棹問胡麻【王用晦】 湖浪參差（明了飾也）
叠寒玉水仙曉轉鉢盤綠淡黃根老栗皺圓（顆自府名）
染青刺短金罌熟紫羅小囊光緊蹙一掬眞
珠藏蝟腹蘐蘐引背旁蓮洲滿川恐作天雞
哭【[illegible]集】 芡葉初生皺如縠南風吹開輪
脆輻紫苞青刺攢蝟毛水面放花波底熟森
然赤手初莫近誰料明珠藏滿腹剖開膏菓
尚模糊大盎磨聲風雨速清泉活火曾未久

滿堂坐客分升掬紛然咀嚼惟恐遲勢若群
雛方脫粟東都每憶會靈沼南國陂塘種無
足東遊塵土未應嫌此物秋來日常食【[illegible]】
六月京師暑雨多夜夜南風吹芡嘴[illegible]祥
池鎖會靈園僕射荒陂安可擬爭先園客採
新苞剖蚌得珠從海底都城百物貴新鮮厥
價難酬與珠比金盤磊落何所薦滑臺潑醅
如玉醴自慚竊食萬錢廚滿口飄浮嗟病齒
却思年少在江湖野艇高歌菱芡裏香新美
全手自摘玉潔沙磨軟還美一瓢固不羨五
鼎萬事適情爲可喜何將遂買願 詞 堪爲席
東田歸去結茅臨綠水【歐文忠】 上珍銀
鐺百沸麝臍熏蕭娘欲餌意中人○拈處玉
纖籠蚌顆剝時瓊齒嚼香津仙郎入口即身
輕【昭順老人】

芰音忌
【菱】一名芰一名水栗一名沙角一名薢茩一云
兩角者菱三角四角者芰生水澤處處有之
落泥中最易生種陂塘者爲家菱葉實俱大
野生者小皆三月生蔓延浮水上葉扁而有
尖光面如鏡一莖一葉兩兩相差如蝶翅狀
五六月開花黃白色花落實生漸向水中乃
熟夏月以糞水澆其葉則實更肥美有無角
者其色嫩青老黑又有皮嫩而紫色者謂之

浮菱食之尤美嫩時剝食老則蒸煮食之曝乾剁米爲飯爲糕爲粥爲果皆可代糧其莖亦可曝收和米爲飯以度荒歉此物最不治病生食性冷利多食傷臓腑損陽氣痿莖生蟯蟲若過食腹脹者煖服姜酒即消含吳茱萸咽津亦可芡花開向日菱花開背日故芡暖而菱寒

○種植 秋間取熟黑者撒池中來春自生

○典故 段成式酉陽雜俎云蘇州菱角多兩角荊州郢城菱三角無刺漢武昆明池有浮根菱亦名清水菱葉沒水下菱出水上或云玄都有雞翔菱碧色狀如雞飛仙人鳧伯于常食之 屈到嗜芰有疾召宗老而屬之曰祭我必以芰及祥宗老將薦芰屈建命去之曰夫子不以私欲干國之典也[國語] 東坡知杭州募民種菱于西湖收其利以備修堤[杭州志] 杜厲叔事莒公自以爲不見知居海夏食菱冬食橡栗[呂氏春秋] 魚弘爲湘東王鎮西司馬述職西上道中乏食緣路採菱以給所部[梁書]

○麗藻 散語 加籩之實菱芡棗脯[周禮] 歌 紫菱如錦綵鸞翔蕩舟遊女滿中央採菱不顧馬上郎爭多逐勝紛相向時轉蘭橈破輕浪釵影釧文浮蕩漾笑語哇咬顧晚

楚謂之芰秦謂之薢茩[說文] 三角四角曰芰兩角曰菱其花紫色晝合宵炕隨月轉移猶葵之隨日也[武陵記]

蟬蓼花綠岸扣舷歸來共到市橋步野蔓繫船萍滿衣家家竹樓臨廣陌下有連檣多估客攜觴薦芰夜經過醉踏大堤相應歌屈平祠下沅江水月照寒波白煙起一曲南音此地聞長安北望三千里[劉禹錫]

謠 采菱科采菱科小舟日日臨清波采得菱來餘幾何竟無人唱采菱歌風流無復越溪女但采菱科救飢餓[illegible]

詩五言 妻擬

菱荇香扇渚連香芰[illegible]新芰剝醒紅[illegible]轉葉香隨風舒花影凌日[illegible]徊蓮葉南[illegible]邀歡空佇立望美顏菱花落復含桑女罷新蠶桂棹浮星艇徘迴顧何曾復采菱江中客相遇[鄭元振]妾家五湖口采菱五湖側玉面不關妝雙眉本翠色[illegible]風生紫葉聚波動紫莖開含花復含實正待佳人來[江洪]紫角菱實肥青鋼菱葉老孤根未能定不及寒塘草[illegible][illegible]光暮東平春潮通影搖江浦月香引棹歌風日色翻池上潭花發鏡中五湖多賞樂千里望無窮[illegible]白日期何去青春只自矜艷歌呈幾曲江畔采新菱望浦思同濟輕舟喜共乘葉將眉比色聲與調相應蕩漾微波散清冷遠水澄更看池際影若對玉壺冰[illegible][illegible]獨水菱葉肥清水菱葉鮮義不遊濁水志士多苦言潮沒具區藪潦深雲夢田朝隨北風去暮逐南風還浦口多漁家相與邀我船飯稻以終日羹尊以永年方冬水物窮又欲休山樊盡室相隨從所貴無憂患[illegible]

七言 江南稚女珠腕繩桂棹容與歌採菱[illegible]

[illegible]堆盤菱熟臙脂角蕎藻[illegible]新淡黑鱗[illegible]雨過圍荷堆野鱉月射長橋和菱歌[illegible]樓雨晴時擁秋

鼓薠風起處採菱歌　何時却泛耶溪路　隔聽菱歌四面聲　海內知心人漸少　眼前歐意事常多　問君底事渾忘却　月下菱舟一曲歌　劉禹錫

菱葉縈波荷颭風　荷花深處小舟通　逢郎欲語低頭笑　碧玉搔頭落水中

菱池如鏡淨無波　白點花稀青角多　時唱一聲新水調　謾人道是采菱歌　白樂天

含機綠錦翻新葉　滿篋青銅瑩古花　最愛曉來鷗與鷺　宿烟翹雨便爲家　林和靖

幸自江湖可避人　懷珠韞玉本無塵　何須抵死露頭角　荇葉荷花老此身　楊誠齋

百尺蘇臺倚碧天　闌干曲曲路三盤　儂家自譜菱花曲　不學杭州唱采蓮　沈懋孝

小船撑過小溪灣　菱葉紛開見遠山　放却漁竿便吹笛　斯人不可使常閑　陳眉公

不盡漪漪碧一灣　菱歌蘭槳西圖間　花搖隔岸驚孤鶴　柳釀清陰接遠山　水碓新舂秋月白　柴門舊擁暮雲開　忽聞道士來松下　更好尋爐煉九還　劉子雲

詞　連汀接渚　縈蒲帶藻　萬鏡香浮光滿　溼烟吹霽木蘭輕　照波底紅嬌翠婉○玉纖採處　銀籠攜去　一曲山長水遠　彩鴛雙慣貼人飛　恨南浦離多夢短　張約齋鵲橋仙

葧臍　一名鳧茈　一名莧茨　一名黑三稜　一名地栗　一名芍　舊名烏芋　以形似芋而烏燕食之也　今皆名葧臍　生淺水中　其苗三四月出土　一莖直上　無枝葉　狀如龍鬚　色正青　肥田生者粗似細葱　高二三尺　其本白蒻　秋後結根大者如山查栗子　臍有聚毛　累累下生入泥底　野生者黑而少　食之多滓　種出者皮薄色淡紫　肉白而大　軟脆可食　味甘微寒滑無毒　治消渴　除胸實熱氣　作粉食　厚腸胃　療膈氣　消宿食　黃疸　治血痢　下血　血崩　辟蠱毒　消誤吞銅鐵　種宜穀雨日

○療治　大便下血　搗汁半鍾　好酒半鍾　空心溫服三日効　下痢赤白　五月午日午時取完好葧臍洗淨拭乾　勿損破　放瓶內　入好燒酒浸之　黃泥密封　遇有患者取二枚　空心細嚼原酒送下　婦人血崩　一歲一个燒存性研末酒服　小兒口瘡　燒存性研末摻之　誤吞銅錢　生研汁細細飲之化爲水　治蠱毒　晒乾爲末　每二錢白湯下　傳聞畜蠱之家知有此物便不敢下

慈姑　一名藉姑　一名水萍　一名河鳧茈　一名白地栗　苗一名剪刀草　一名箭搭草　一名燕尾草　一名槎丫草　慈姑一根歲生十二子　如慈姑之乳衆子　故名　生淺水中　亦有種之者　三月生苗　青綠莖　似𦼮蒲有稜中空甚軟每叢

十餘莖生葉如燕尾前尖後岐内根出一兩莖稍粗而圓上分數枝開小花四瓣色白而圓蕋深黄色根大者如杏小者如栗色白而瑩滑冬及春初掘取爲果煑熟味甘甜微寒無毒多食發脚氣癱緩風損齒失顔色卒食之使人乾嘔孕婦忌食嫩莖亦可煠食又有山慈姑另是一種取用亦殊

○種植 慈姑預於臘月間□□取嫩芽種於水田來年四月盡□□法種之離尺許田最宜肥每顆花挺一莖數十朶色香俱無惟根至秋々食甚佳

○療治 諸惡瘡腫小兒遊瘤丹毒及蛇虫咬搗爛塗之卽愈 產後血悶攻心欲死產難胎衣不下搗汁一升服又下石淋 瘙痱搗汁調蚌粉塗之良

○麗藻散語 吳都賦 穱秀菰穗 詩五言 結根布淸洲垂葉滿皐澤匹彼露葵羨可以留上客 沈約

二如亭群芳譜果部卷之四 終

二如亭群芳譜利部目錄

第一冊

茶譜小序

茶譜首簡

茶經

茶譜

茶 附皐盧

氷

群芳譜茶譜目錄

二如亭群芳譜

茶譜小序

茶嘉木也一植不再移故婚禮用茶從一之義也雖兆自食經飲自隋帝而好者尚寡至後興於唐盛於宋始為世重矣仁宗尤惜也須賜兩府四人僅得兩餅一人分數錢耳宰相家至不敢碾試藏以為寶其貴重如此近世蜀之蒙山每歲僅以兩計蘇之虎丘至官府預為封識公為採製所得不過數斤豈天地間尤物生固不數數然耶甌泛翠濤碾飛綠屑不藉雲腴孰驅睡魔作茶譜

濟南王象晉藎臣甫題

二如亭群芳譜

茶譜首簡

茶經

陸羽

藝茶欲茂法如種瓜三歲可採陽崖陰林紫者上綠者次語云芳冠六清味播九區煥如積雪曄若春敷調神和內倦解慵除益思少臥輕身明目凡採茶在二月三月四月之間其日有雨不採晴有雲不採晴採之蒸之擣之拍之焙之穿之封之茶斯乾矣茶有千萬狀鹵莽而言如胡人鞾者蹙縮然犎牛臆者廉襜然浮雲出山者輪囷然輕飈拂水者涵澹然有如陶家之子羅膏土以水澄泚之又如新治地者遇暴雨流潦之所經此皆茶之精腴有如竹籜者枝幹堅實艱於蒸擣故其形籭簁然有如霜荷者莖葉凋沮易其狀貌故厥狀委萃然此皆茶之瘠老者也自採至於封七經目自胡鞾至於霜荷芙

二如亭群芳譜茶部卷之全

濟南　王象晉藎臣甫　纂輯

松江　陳繼儒仲醇甫

虞山　毛鳳苞子晉甫　仝較

寧波　姚元台子雲甫

濟南　男王與敕　孫王士䳟　詮次

茶譜

荈音喘

一名檟一名蔎一名茗一名荈一名皋盧樹

荈老茶也

如瓜蘆葉如梔子花如白薔薇而黃心淸香隱然實如栟櫚蒂如丁香根如胡桃南越志茗苦澀亦謂之過羅有高一尺者有二尺者有數丈者有兩人合抱者出巴山峽川有建州大小龍團始於丁謂成於蔡君謨宋太平興國二年始造龍鳳茶咸平中丁爲福建漕監造御茶進龍鳳團慶曆中蔡端明爲漕始造小龍團茶歐陽永叔聞之曰君謨士人也

龍鳳茶餅上飾以龍鳳紋以供御者以金裝成

何至作此事自後熙寧末有旨下建州製密雲龍一品尤為奇絶蜀州雀舌鳥嘴麥顆蓋嫩芽所造似之又有片甲者早春黃芽葉相抱如片甲也蟬翼葉軟薄如蟬翼也清異錄云開寶中竇儀以新茶飲予味極美奩面標云龍陂山子茶龍陂是顧渚山之別境洪州鶴嶺茶其味極妙蜀之雅州蒙山頂有露芽穀芽皆云火前者言採造於禁火之前也火後者次之一云雅州蒙頂茶其生最晚在春夏之交常有雲霧覆其上若有神物護持之又有五花茶者其片作五出花雲脚出袁州界橋其名甚著不若湖州之研膏紫筍烹之有綠脚垂下吳淑賦云雲垂綠脚又紫筍者其色紫而似筍唐德宗每賜同昌公主饌其茶有綠花紫英之號草茶盛于兩浙日注為一自景祐以來洪州雙井白芽製作尤精遠

在日注之上遂為草茶第一宜興滆湖出金膏宣城縣有丫山形如小方餅橫鋪茗芽產其上其山東為朝日所燭號曰陽坡其茶最勝太守薦之京洛人士題曰丫山陽坡橫文茶一名瑞草魁又有建州北苑先春洪州西山白露安吉州顧渚紫筍常州宜興紫筍陽羨春池陽鳳嶺睦州鳩坑南劒石花露鋑芽籛芽南康雲居峽州小江園碧澗寮明月寮茱萸東川獸目福州方山露芽壽州霍山黃芽六安州小峴春皆茶之極品玉壘關外寶唐山有茶樹產懸崖筍長三寸五寸方有一葉兩葉太和山騫林茶初泡極苦澀至三四泡清香特異人以為茶寶涪州出三般茶最上賓化製於早春其次白馬最下涪陵收茶在四月嫩則益人粗則損人巽者用著烟燻[illegible][illegible]珠尤佳

○收子　[illegible]茶子[illegible]濕沙土拌勻[illegible]盛[illegible]
○種植　茶性惡水宜肥地斜坡陰地走水處用
糠與焦土種之每一圈可用六七十粒
覆土厚一寸出時勿耘草旱以米泔水澆常
以小便糞水或蠶沙壅之水浸根必死三年
後可採茶凡種相離二尺一叢採茶以穀雨
前者佳製茶擇淨微蒸候變色攤開扇去氣
揉做畢火氣焙乾以箬葉包之語曰善蒸不
若善炒善曬不如善焙蓋茶以炒而焙者佳
耳　炒茶每鍋不過半斤先
乾炒微灑水以布捲起揉做

採茶

爾雅云早採者爲茶
晚取者爲茗蜀人名曰苦茶故東坡詩有
詩記苦茶茗飲出近世初緣厭粱肉假此雪
昏滯　蘄門團黃有一旗一鎗之號言一葉
一芽也歐公詩共約試新茶旗鎗幾時緑王
荊公送元厚之詩新茗齋中試一旗世謂茶
始生而嫩者爲一鎗寖大而開爲一旗　茶
之佳者造在社前其次火前謂寒食前也其
下則雨前謂穀雨前也唐僧齊己詩高人愛
惜藏岩裏白甀封題寄火前茶皆言火前蓋
未知社前之爲佳也【學林新編】　龍安有騎
火茶最爲上品騎火者言不在火前不在火
後作也　北苑官焙也漕司歲貢爲上壑源
私焙也土人亦以入貢爲次二焙相去三四
里間若沙溪外焙也與二焙絕遠爲下故黃
魯直詩莫遣沙溪來亂眞是也官
焙造茶常在驚蟄後【苕溪詩話】

貯茶

茶之味清
而性易移藏法喜溫燥而惡冷溼喜清涼而
惡蒸鬱宜清獨而忌香臭藏用火焙不可曬
入磁瓶密封口毋令濕氣得侵又勿令洩氣
安頓須在坐臥之處逼近人氣則常溫必在

臥房若土室則易蒸又要透風若高燥之處
尤易蒸溼兼恐有失點檢世人多用竹器貯
茶雖復多用箬護然箬性峭勁不甚伏帖風
溼易侵至於地爐中頓萬萬不可人有以竹
器盛茶置被籠中用火即黃除火即潤忌之
忌之　茶性畏紙紙成於水中受水氣多也
紙裹一夕隨紙作氣茶味盡矣雖火中焙出
少頃即潤　日用所須貯小罌中箬包苧扎
亦勿見風時用火焙不可曬宜置之案頭勿
近有氣味物若茶多者藏宜用磁甕大容一
二十斤四圍厚箬中貯茶須極燥極新專供
此事久乃愈佳不必歲易茶須築實仍用厚
箬填緊甕中加以箬以眞皮紙包之苧麻緊
扎壓以大新磚勿令微風得入可以接新
其閣庋之方宜磚底數層四圍磚砌形若火
爐愈大愈善勿近土墻頓甕其上隨時取竈
下火灰候冷簇于甕傍半尺以外仍隨時取
灰火簇之令裏灰常燥以避風溼卻忌火氣
入甕則能黃茶【偶談次寄】　御史臺記云兵
察廳掌中茶貯於陶器以防暑溼御史躬親
監啓謂之御史
茶瓶其慎如此

烹茶

世人情性嗜好各殊而
茶事則十人而九竹爐
火候茗椀清緣煮引風之碧雲傾浮花之雪
乳非藉湯勳何昭茶德畧而言之其法有五
一擇水水泉不甘茶味頓失山泉爲上江水
次之如用井水必取多汲者佳若混濁鹹苦
切忌勿用二簡器砂銚煮水磁壺注湯白甌
供啜咸爲上品然須點簡淨潔若近腥羶油
膩等物則茶之眞味損敗三曰忌混茶性最
靈易惹諸味若以一切香辣鹹甜之物點茶
則茶味雜被混擾四曰慎烹煮水須用活火
活火謂炭火之有焰者當使湯無妄沸庶可

養茶始則魚目散布微微有聲中則四邊泉湧纍纍連珠終則騰波鼓浪水氣全消謂之老湯取起待沸止湯清用以點茶冲美清快茶味始全三沸之法非活火不可若柴薪濃烟最損茶味顧況云文火細烟小鼎長泉蘇子瞻云活水仍須活火烹自臨釣石汲深清文衡山云瓦瓶新汲山泉水紗帽籠頭手自煎又東坡煎茶歌蟹眼已過魚眼生颼颼欲作松風鳴蒙茸出磨細珠落眩轉遶甌飛雪輕又謝宗論茶候蟾背之芳香觀蝦目之沸湧皆可謂深于茶者五曰辨色未點之先須以溫湯洗茶去其塵土冷氣壺甌亦宜泡滌拭乾然後酌茶則碧綠清香色味俱全如茶潔淨勿洗

用茶 茶茗宜久服令人有力悅志【神農食經】 飲眞茶令人少眠【博物志】 芳茶輕身換骨昔丹丘子黃山君服之【陶弘景雜錄】 唐德宗好茶加酥椒之類李泌戲爲詩旋沫翻成碧玉池添酥散作琉璃眼【鄴侯家傳】 唐人煎茶用姜鹽能詩鹽損添常戒姜宜著更誇則又有用鹽者矣【志林】 一云茶與韭同食令人身重

拌茶 木樨茉莉玫瑰薔薇蘭蕙蓮橘梔子木香梅花皆可諸花香氣全時摘拌三停茶一停花收磁罐中一層茶一層花相間填滿以紙箬封固入鍋重湯煮之待冷以紙封裹火上焙乾上好細芽茶忌用花香反奪眞味惟平等茶宜之

茶瓢 相茶瓢與相邛竹同法不欲肥而欲瘦但須飽風霜耳【黃山谷】

○**附錄**

皐盧 亦茶名皮日休云石盆煎皐盧他如枳殼芽枸杞芽枇杷芽作茶皆能治風疾又有皂角芽槐柳芽皆上春採其芽合茶作之

鬭茶 建安鬬茶以水痕先

没者爲負耐久者爲勝相去一水兩水耳謂之茗戰

○**療治** 氣虛頭痛用上春茶末調成膏置瓦盞內覆轉以巴豆四十粒作一次燒烟熏之曬乾乳細每服一字別入好茶末食後煎服立効 赤白下痢以好茶一斤炙搗末濃煎一二盞服久痢亦宜 二便不通好茶生芝麻各一撮細嚼滾水冲下即通屢試立効如嚼不及擂爛滾水送下

○**典故** 晉元帝時有老姥每旦擎一器茗往市鬻之市人競買自旦至暮其器不減所得錢盡散路傍孤貧乞人人或執而繫之于獄夜擎賣茗器自牖飛去【廣陵耆老傳】 晉簡文帝曰劉尹茗柯有實理謂如茗之枝柯雖小中有實理非外博而中虛也 晉王濛好飲茶客至輒飲之士大夫甚以爲苦每欲往候濛者必云今日有水厄【世說】 桓宣武有一督將因病後虛熱便能飲複茗必以一斛二斗乃飽後有客造之更進五升乃吐出一物如升大有口形質縮縐狀如牛肚客乃令置盆中以斛二斗複茗澆之此物噏之都盡而腹中覺小脹又增進五升便悉混然從口中涌出既吐此物病遂瘥或問此何病荅曰此病名茗瘕【續搜神記】 齊王肅歸魏初不食羊肉及酪漿常食鯽魚羹渴飲茶汁高帝曰羊肉何如魚羹茗飲何如酪漿肅曰羊陸產之最魚水族之長羊比齊魯大邦魚比邾莒小國惟茗飲不中與酪漿作奴彭城王勰顧謂曰卿不重齊魯大邦而愛邾莒小國肅對曰鄉曲所美不得不好勰復謂曰卿明日顧我爲卿設邾莒之飧亦有酪奴因

[illegible]飲爲酪奴[illegible]謂宗[illegible]茶[illegible]豈可以酪蒼頭便應作酒從事洛陽伽藍記　隋文帝微時夢神易其腦骨自爾腦痛忽遇一僧云山中茗草可治帝服之有効於是天下始知飲茶　劉禹錫正病酒乃饋菊苗虀蘆菔酢換取樂天六班茶二囊以醒酒國史志　唐陸羽字鴻漸有文學嗜茶著茶經三篇言茶之法之具尤備天下益知飲茶矣　常伯熊因羽論復廣著茶之功御史大夫李季卿宣慰江南至臨淮知伯熊善煑茶召之伯熊執器前季卿爲再舉杯至江南又有薦羽者召之羽衣野服持具而入公心鄙之茶畢命奴子取錢三十文酬煎茶博士羽愧之更著毀茶論　陸龜蒙嗜茶置園顧渚山下歲取茶租自判品第不喜與流俗交雖造門不見升舟設蓬席齋束茶竈筆床釣具往來時謂江湖散人　茶之品莫貴於龍鳳團凡八餅重一斤小龍團凡二十餘餅重一斤其價值金二兩仁宗尤所珍惜雖輔相之臣未嘗輒賜惟南郊大禮致齋之夕中書樞密院各四人共賜一餅宮人剪金爲龍鳳花草綴其上兩府八家分割以歸不敢碾試宰相家藏以爲寶嘉祐七年親享明堂始人賜一餅余亦忝與至今藏之因君謨著錄輒附於後庶知小龍團自君謨始其可貴如此歸田錄　故例翰林學士每春晚人困則賜成煖茶金鑾密記　唐右補闕綦毋旻性不飲茶著代茶飲序其畧曰釋滯消壅一日之利暫佳瘠氣耗精終身之害斯大獲益則歸功茶力貽患則不謂茶災唐新語　茶欲其白常患其黑墨則反是然墨磨隔宿則色暗茶碾過日則香減頗相似也茶以新爲貴墨以

古爲佳又相反矣茶可于口墨可于目蔡君謨老病不能飲則烹而玩之吕行甫好藏墨而不能書則時磨而小啜之此又可以發來者之一笑也　僕在黃州參寥自吳中來訪館之東坡一日夢見參寥所作詩覺而記其兩句云寒食清明都過了石泉槐火一時新後七年僕出守錢塘而參寥始卜居西湖智果院院有泉出石縫間甘冷宜茶寒食之明日僕與客泛湖自孤山來謁參寥汲泉鑽火烹黃蘗茶忽悟所夢詩兆于七年之前衆客皆驚歎知傳記所載非虛語也　予去此十七年復與彭城張聖途丹陽陳輔之同來院僧梵英葺治堂宇比舊加嚴潔茗飲芳烈問此新茶耶英曰茶性新舊交則香味復予嘗見知琴者言琴不百年則桐之生意不盡緩急清濁常與雨暘寒暑相應此理與茶相近故并記之蘇東坡　宋蔡襄進龍茶錄提茶錄二篇上篇論茶色茶香茶味炙茶碾茶羅茶候湯熁盞點茶下篇論茶焙茶籠砧椎茶鈐茶碾茶羅茶盞茶匙湯瓶　顯德初大理徐恪見貽卿信鋌子茶茶面印文曰玉蟬膏又一種曰清風使按恪建人也　孫樵送茶焦刑部書曉吉候十五人遣侍齋閣此徒皆乘雷而摘拜水而和蓋建陽丹山碧水之鄉月澗雲龕之品慎勿賤用之　傳大士自往蒙頂結菴種茶凡三年得絕佳者號聖陽花吉祥蕊共五斤持歸供獻清異錄　湖州長興縣啄木嶺金沙泉即每歲造茶之所也湖常二郡接界于此厥土有境會亭每茶時二牧畢至此泉漠沙中居常無水將造茶太守具儀注拜勅祭泉頃之發源水甚清溢造供御者畢水即微減供堂者畢水已半之

太守趙畢朗桐溪大字六趣旃獨鬬則赤風
雷之變或見靈獸毒蛇木魅陽睒之類焉【太
記】餘姚人虞洪入山採茗遇一道士牽三
青牛引洪至瀑布山曰吾丹丘子也聞子善
具飲常思見惠山中有大茗可以相給子他
日有甌犧之餘乞相遺也洪因設奠祀之後
常令家人入山獲大茗焉【神異記】　蜀之雅
州有蒙山山上有五頂頂有茶園其中頂曰
上清峯昔有僧病冷且久嘗遇一老父謂曰
蒙之中頂茶常以春分之先後多搆人力俟
雷之發聲併手採摘以多爲貴三日而止若
獲一兩以本處水煎服即能祛宿疾二兩當
眼前無疾三兩因以換骨四兩即爲地仙僧
因之中頂築室以候及期獲一兩餘服未竟
而病瘥年至八十餘氣力不衰時到城市人
觀其容貌常若三十餘眉髮紺綠後入青城

山不知所終今四頂茶園不廢唯中頂草木
繁茂重雲積霧蔽虧日月鷙獸時出人跡罕
到矣【茶譜】　覺林僧志崇收茶三等待客以
驚雷莢自奉以萱草帶供佛以紫茸香赴茶
者以油囊盛餘瀝歸【蠻甌志】　沙門福全能
注湯幻茶成詩一句並點四甌共一絕句泛
乎湯表檀越日造門求觀湯戲全自咏詩曰
生成盞裏水丹青巧畫工夫學不成却笑當
年陸鴻漸煎茶贏得好名聲　僞閩甘露堂
前兩株茶鬱茂婆娑宮人呼爲清人樹每春
初嬪嬙戲摘新芽堂中設傾筐會【清異錄】
胡生者以釘鉸爲業居近白蘋洲傍有古
墳每茶飲必奠酹之忽夢一人謂曰吾姓柳
平生善爲詩而嗜茶感子茶茗之惠無以爲
報欲教子爲詩胡生辭以不能柳强之曰但
率子意爲之當有致矣生後遂工詩時人謂

之胡釘鉸詩【□□】　陳務妻少寡與二子同
居好飲茶家有古塚每飲輒先祀之二子欲
掘去之母止之夜夢人致感云吾雖潛身朽壤豈
忘翳桑之報及曉于庭中獲錢十萬似久埋
者惟貫新耳【異苑】　洪武二十四年詔天下
產茶之地歲有定額以建寧爲上聽茶戶採
進勿預有司茶名有四探春先春次春紫筍
不得碾揉爲大小龍團此抄本聖政紀所載
誠宋取茶之擾民
天暖矣【七修類稿】

○麗藻

散語　除煩去膩世固不可以無茶然暗
中損人殆謂不少【蘇東坡】　溫公
與子瞻論茶墨云茶與墨二者正相反茶欲
白墨欲黑茶欲重墨欲輕茶欲新墨欲陳子
瞻云上茶妙墨俱香是其德同也皆堅是其
操同也譬如賢人君子黔晳美惡之不同其

德操一也溫公以爲然　陳慶公云採茶欲
精藏茶欲燥烹茶欲潔茶見日而味奪墨見
日而色灰

述　予聞荆州玉泉寺近清溪諸山山洞
往往有乳窟窟中多玉泉其水邊處
處有茗草羅生枝葉如碧玉唯玉泉眞公常
採而飲之年八十餘歲顏色如桃李而此茗
香清異于他者所以能還童振枯令人壽也
予游金陵見宗僧中孚示余茶數十片狀如
手掌號仙人掌茶蓋新出于玉泉之山曠古
未覩因持見遺兼贈詩要余答之遂有此作
【李太白】

傳　葉嘉閩人也其先處上谷曾祖茂先
養高不仕好游名山至武夷悅之遂
家焉嘗曰吾植功種德不爲時採然遺香後
世吾子孫必盛于中土當飲其惠矣茂先葬
郝源子孫遂爲郝源民嘉少植節操或勸之
業武曰吾當爲天下英武之精一鎗一旗豈

吾事哉因而遊見陸先生先生奇之為著其行錄傳于世方漢帝嗜閱經史時建安人為謁者侍上上讀其行錄而善之曰吾獨不得與此人同時哉曰臣邑人葉家風味恬淡清白可愛頗負其名有濟世之才雖羽知猶未詳也上驚敕建安太守召嘉給傳遣詣京師郡守始令採訪嘉所在命齎書示之嘉未就遣使臣督促郡守曰葉先生方閉門制作研味經史志圖挺立必不屑進未可促之親至山中為之勸駕始行登車遇相者揖之曰先生容質異常矯然有龍鳳之姿後當大貴嘉以皂囊上封事天子見之曰吾久飫卿名但未知其實耳我其試哉因顧謂侍臣曰視嘉容貌如鐵資質剛勁難以遽用必槌提頓挫之乃可遂以言恐嘉曰砧斧在前鼎鑊在後將以烹子子視之如何嘉勃然吐氣曰臣山藪猿士幸惟陛下採擇至此可以利主雖粉骨碎身臣不辭也上笑命以名曹處之因誡小黃門監之有頃報曰嘉之所為猶若粗疏然上曰吾知其才第以獨學未經師耳嘉為之屑屑就師頃刻就事已精熟矣上乃敕御史歐陽高金紫光祿大夫鄭當時甘泉侯陳平三人與之同事歐陽疾嘉初進有寵曰吾屬且為之下矣計欲傾之會天子御延英促召四人歐但熱中而已當時以足擊嘉而平亦以口侵陵之嘉雖見侮為之起立顏色不變歐陽悔曰陛下以葉嘉見托吾輩亦不可忽之也因同見帝陽稱嘉美而陰以輕浮訾之嘉亦訴于上上為責歐陽憐嘉視其顏色久之曰葉嘉真清白之士也其氣飄然若浮雲矣遂引而宴之少選間鼓舌欣然曰始吾見嘉未甚好也久味之殊令人愛朕之精魄不覺灑然而醒書曰啟乃心沃朕心嘉之謂也于是封嘉為鉅合侯位尚書曰尚書朕喉舌之任也由是寵愛日加朝廷賓客遇會宴享未始不推嘉上日引對至于再三後因侍宴苑中上飲逾度嘉輒苦諫上不悅曰卿司朕喉舌而以苦辭逆我我豈堪哉遂唾之命左右仆于地嘉正色曰陛下必欲甘辭利口然後愛耶臣言雖苦久則有效陛下亦嘗試之豈不知乎上顧左右曰始吾言嘉剛勁難用今果見矣因含容之然亦以是疏嘉嘉既不得志退去閩中既而曰吾未如之何也已矣上以不見嘉月餘勞于萬幾神薾思困頗思嘉因命召至喜甚以手撫嘉曰吾渴欲見卿久矣遂恩遇如故上方欲南誅兩越東擊朝鮮北逐匈奴西伐大宛以兵革為事而大司農奏計國用不足上深患之以問嘉嘉為進三策一曰榷天下之利山海之資一切籍于縣官行之一年財用豐贍上大悅兵興有功而還上利其財故榷法不罷管山海之利自嘉始也居一年嘉告老上曰鉅合侯其忠可謂盡矣遂得爵其子又令郡守擇其宗支之良者每歲貢焉嘉子二人長曰摶有父風襲爵次曰挺抱黃白之術比于摶其志尤淡泊嘗散其資拯鄉閭之困人皆德之故鄉人以春伐鼓大會山中求之以為常

[illegible]賦

洶洶乎如澗松之發清吹浩浩乎如陽春之行白雲賓主欲眠而同味水茗相投而不渾苦口利病解醪滌昏未嘗一日放箸而策茗椀之勳者也予嘗為嗣直瀹茗因錄其滌煩破睡之功為之甲乙建溪如割雙井如霆[illegible]甘[illegible]底滯[illegible]曰無甚高論

[illegible]之羅[illegible]嚴道之蒙頂[illegible]陽之都濡高株瀘川之納溪梅嶺夷陵之壓磚臨邛之火井不得已而去于三六者亦可以酌兔褐之甌瀹魚眼之鼎者也又曰寒中瘠氣莫甚于茶或濟之鹽勾賊破家滑竅走水又況雞蘇之與胡麻涪翁于是酌岐雷之醪醴參伊聖之湯液斮附子如博投以熬葛仙翁之堅去蘋而用鹽去橘而用薑不奪茗味而佐以草石之良所以固太倉而堅化隱于是有胡桃松實菴摩鴨腳奔賀蘼蕪水蘇甘菊既加臭味亦厚賓客前四後四各用其一少則美多則惡揮其精神又益于咀嚼蓋大匠無可棄之材太平非一士之畧厭初貪味舊不速化湯餅有至中夜不眠耿耿既作溫劑殊可屢可屢歆如以六經濟三尺法雖有餘治令人安樂賓至方煎去則就榻不遊軒后之華胥則化莊周之胡蝶（黃魯直）

歌

洪都鶴嶺太麓生北苑鳳團先一鳴虎丘號出穀雨候百草鬬品皆為輕慧水不肯甘第二堤佰春芽冠春意陸郎為我手自煎松颼寫出真珠泉君不見蒙頂空勞薦巴蜀定紅輪却宜薨玉毬根麥粉填調飢碧紗捧出雙蛾眉擲箏炙管且未要隱囊筠榻須相隨最宜纖指就一吸半醉倦讀離騷時（王鳳洲）

西湖之西開龍井煙霞近接南峯嶺飛流寄汨寫幽壑石磴紆曲片雲冷拄杖尋源到上方松枝半落澄潭靜銅瓶試取烹新茶滿起龍團沸穀芽中頂無須憂歐跡湖州從惡泗金沙墁道白茅雙井嫩未必紅泥方印嘉世人品茶未嘗見但說天池與陽羨豈知新茗養新泉罌黃分冽浮甌面二槍旗自附三篇一夢應輸錢五萬（于念東）

溪邊奇茗冠天下武夷仙人從古栽新雷昨夜發何處家家嬉笑穿雲去露芽錯落一番榮綴玉含珠散嘉樹終朝採掇未盈襜唯求精粹不敢貪研膏焙乳有雅製方中圭兮圓中蟾北苑將期獻天子林下雄豪先鬭美鼎磨雲外首山銅瓶攜江上中濡水黃金碾畔綠塵飛碧玉甌中翠濤起鬭茶味兮輕醍醐鬭茶香兮薄蘭芷勝若登仙不可攀輸同降將無窮恥（范文正公）

日高丈五睡正濃將軍叩門驚周公口云諫議送書信白絹斜封三道印開緘宛見諫議面手閱月團三百片聞道新年入山裏蟄虫初動春風起天子未嘗陽羨茶百草不敢先開花仁風暗結珠琲瓃先春抽出黃金芽摘鮮焙芳旋封裹至精至好且不奢至尊之餘合王公何事便到山人家柴門反關無俗客紗帽籠頭自煎喫碧雲引風吹不

斷白花浮光凝椀面一椀喉吻潤二椀破孤悶三椀搜枯腸惟有古文五千卷四椀發輕汗平生不平事盡向毛孔散五椀肌骨清六椀通仙靈七椀喫不得唯覺兩腋習習清風生（盧仝）

詩

四言

綺陰攢蓋靈草試旗竹爐幽討松火怒飛水交以淡茗賦而肥綠香滿路永日忘歸（陳眉公）

五言

破睡見茶功（白樂天）

山實東吳秀茶稱瑞草魁（杜牧）

畱餳和冷粥出火煑新茶（白居易）

枕簟入林僻茶瓜留客遲（杜甫）

僕夫穿竹語稚子入雲呼（杜甫）

建溪有靈草能蛻詩人骨（黃山谷）

風鼎鄱雲液春芽熟乳花（陸平泉）

少小倚朱顏綺娓山園裏如何玉川翁

松風煑秋水（陳眉公）

貴人高宴罷醉眼鬭紅綠赤泥開芳印紫餅截圓玉傾甌共賞[illegible]笑語[illegible]傾（[illegible]）

[illegible]春九華英緘題下

[illegible]
孫吟對月烹碧沉賞胸碑香□飛花輕大鵬
避神去數朝詩思清月餘不□費留待村書
行[曹鄴] 松間稽生茶已與松俱瘦茨棘尚
未容蒙翳爭交構天公所遺棄百歲仍穉幼
紫筍雖不長孤根乃獨壽移栽白鶴嶺土軟
春雨後彌旬得連陰似許晚遂茂能忘流轉
苦戢戢出鳥咮未任供白磨且可資摘嗅千
團輸大官百餅衒私鬪何如此一啜有味出
吾囿[蘇東坡] 禹貢通遠洛所圖在安人后
王失其本職吏不敢陳亦有奸佞者因茲欲
求伸動生千金費日使萬姓貧我來顧渚源
得與茶事親甿輟耕農耒採採實苦辛一夫
且當役盡室皆同臻捫葛上欹壁蓬頭入荒
榛終朝不盈掬手足皆鱗皴悲嗟遍空山草
木為不春陰嶺芽未吐使者牒已頻心爭造

化力先走挺塵均遞納無晝夜搗聲昏繼晨
衆工何枯槁俯視彌傷神皇帝尚巡狩東郊
路多堙尚迴繞天涯所獻逾艱勤況減兵革
困量茲固疲民未知供御餘誰合分此珍顧
省忝邦守又慙復因循茫茫
滄海間丹憤何由申[袁高]

七言

沾牙舊姓餘甘氏破
睡當封不夜侯[胡嶠] 生涼好喚雞蘇佛回
味宜稱橄欖仙[清異錄] 茗飲蔗漿携所有
瓷甖無謝玉為缸[蘇東坡] 文書滿架惟生睡
夢裏鳴鳩喚雨來乞與降魔大圓鏡眞成破
樹作驚雷 萬壑松濤撲澗花綉幢垂影打
新鴉猶嫌山淺通遊屐小闢峯頭別種茶[陳眉公]
平望南來出秀州吾家不遠近芳洲
筆端顛倒春宵夢猶趁茶香問虎丘[馬德澄]
穀雨年年借送茶近來無復及貧家伏龍
手製能分餉活火新泉試□賒[王穉登]・人

間風日不到處天上玉堂森寶書想見東坡
舊居士揮毫百斛瀉明珠我家江南摘雲腴
落磑霏霏雪不如為君喚起黃州夢獨載扁
舟向五湖[山谷] 簇簇新芽摘露光小紅團
裏火煎嘗吳僧謾說鴉山好蜀叟休誇鳥觜
長合坐滿甌輕泛綠開緘數片淺含黃鹿門
病客不歸去酒渴更知春味長[鄭谷] 嫩揚
自候魚生眼新茗還誇翠展旗穀雨江南佳
節近惠山泉下小船歸山人紗帽籠頭處禪
榻風花遶鬢飛酒客不通塵夢醒卧看春日
下松扉[文衡山] 長日燕臺正憶家故人新
惠故園茶茸分玉碾聞蘭氣火煖金鐺見雪
花浸道玉川腸羨蓋還如鴻漸建溪芽冷然
一啜煩襟滌欲御天風弄紫霞[潘之恒] 山
中日試新泉君合前身老玉川石枕月侵
蕉葉夢竹爐風軟落花煙點來直是窺三昧

醒後翻能賦百篇却笑當年醉
鄉子一生虛擲杖頭錢[陳眉公]

詞

歌停檀板舞停鸞高
陽飲興闌獸煙噴盡玉壺乾香分小鳳團○
雪浪淺露珠圓捧甌春筍寒絳紗籠下躍金
鸞歸時人倚欄[山谷阮郎歸] 記得秋娘家
住皋橋西弄疎柳藏鴉翠袖初翻金縷鈿月
鬟紅牙啓朱唇含風柱子喚殘醉微雨梨花
最堪誇玉纖親自濃點新茶○紫呀顛風姊
雨落萸千片斷送年華海角山尖不應飄向
那人家惹新愁高樓燕子賺人淚芳草天涯
沉渭陽偶然江長一曲琵琶[王元美玉蝴蝶]
畫燭籠紗紅影亂門外紫騮嘶分破雲團
月影窗雪浪濺清漪○捧盤纖纖春筍瘦乳
霧泛冰甆麗袖清風拂袖飛歸法酒醒時[illegible]
[illegible]

[illegible]大[illegible]山入金山頂泉[illegible]而[illegible]山下泉[illegible]

[illegible]石[illegible]泉清而甘沙中泉清而洌土中

[illegible]流動者良於安靜負陰者勝於向

[illegible]山削者[illegible]秀者有神真源無味真水

無香　惠山寺東爲觀泉亭堂曰漪瀾泉在

亭中二井石甃相去只尺方圓異形汲者多

由圓井蓋方動圓靜靜清而動濁也流過漪

瀾從石龍口中出下注大池者有土氣不可

汲泉流冬夏不涸張又新品爲天下第二泉

梅雨時置大缸收水煎茶甚美經宿[illegible]變

色易味貯瓶中可經久[illegible]　梅雨水

洗瘡疥滅瘢痕入醬令易熟沾衣便腐碎點

如灰汁有異它水　孫眞人云凡遇山水塢

中出泉者不可久居常食作癭病凡陰地冷

水不可飲飲[illegible]記世傳陸羽茶經其論水云山

之必作疾[illegible]　記水上江水次井水下又云山

水乳泉石池漫流者上瀑湧湍漱勿食久

令人有頸疾江水取去人遠者井水取汲多

者其說止于此而未嘗品第天下之水味也

至張又新爲煎茶水記始云劉伯芻謂水之

宜茶者有七等又載羽爲李季卿論水次第

有二十種今考二說與羽茶經皆不合羽謂

山水上而乳泉石池又上江水次而井水下

伯芻以揚子江爲第一惠山石泉爲第二虎

丘石井爲第三丹陽寺井爲第四揚州大明

寺井水爲第五而松江第六淮水第七與羽

說相反季卿所說二十水廬山康王谷水簾

一無錫惠山石泉第二蘄州蘭溪石下水第

三扇子峽蝦蟆口水第四虎丘寺井水第五

廬山招賢寺下方橋潭水第六揚子江南零

水第七洪州西山瀑布泉第八桐柏淮源第

九廬山頂水第十丹陽寺井水第十一揚州

大明寺井第十二漢江中零水第十三玉虛

洞香溪水第十四武關西洛水第十五松江

水第十六天台千丈瀑布水第十七柳州圓

泉水第十八嚴陵灘水第十九雪水第二十

如蝦蟆口水西山瀑布天台千丈瀑布皆羽

戒人勿食食而生疾其餘江水居山水上井

水居江水上皆與茶經相反疑羽不當以二

說自異使誠羽說何足信也得非又新妄附

益之耶其述羽辯南零岸水特怪其妄水味

有美惡而已欲舉天下之水一一而次第之

者妄說也故[illegible]說前後不同如此羽之論

水惡渟浸而喜泉源故井取多汲者江雖長

流然衆水雜聚故次山水惟此說近物理云

歐陽文忠　浮槎山在慎縣南三十五里或

曰浮巢二山其事出于浮圖老子之徒荒怪

誕妄之說其上有泉自前世論水者皆弗道

予嘗讀茶經愛陸羽善言水後得張又新水

記載劉伯芻李季卿所列水次第以爲得之于

羽然以茶經考之皆不合又新狂妄險譎之

士其言難信頗疑非羽之說及得浮槎山水

然後益知羽爲知水者浮槎與龍池山皆在

廬州界中較其味不及浮槎遠甚而又新所

記以龍池爲第十浮槎之水棄而不錄以此

知其所失多矣羽則不然其說曰山水上江

次之井爲下山水乳泉石池漫流者上其言

雖簡而於論水盡矣浮槎之水發自李侯嘉

祐二年李侯鎮東留後出守廬州因遊金陵

蔣山飲其水又登浮槎至其山上有石池

涓涓可愛蓋羽所謂乳泉漫流者也飲之而

甘乃考圖記問故老得其事迹因以其水遺

予於京師予報之曰李侯可謂賢矣夫窮天

下之物無不得其欲者富貴之樂也至於陰

長松藉豐草聽山溜之潺湲飲石泉之滴瀝
此山林者之樂也而山林之士視天下之樂
不一動其心或有欲于心顧力不可得而止
者乃能退而獲樂於斯彼富貴者之能致物
矣而其不可兼者惟山林之樂爾惟李侯生
長富貴厭於耳目又知山林之為樂至于攀
緣上下幽隱窮絕人所不及者皆能得之其
兼取于物者可謂多矣李侯折節好學善交
賢士敏于為政所至有能名凡物不能自見
而待人以彰者有矣其物未必可貴而因人
以重者有矣故予為誌其事俾世知其泉發
自李侯始也【前人浮槎山水記】 予頃自汴
入淮泛江泝峽歸蜀飲江淮水蓋彌年既至
覺井水腥澀百餘日然後安之以此知江水
之甘于井也審矣今來嶺外自揚子始飲江
水及至南康江益清駛水益甘則又知南江

賢于北江也近度嶺入清遠峽水色如碧玉
味益勝今游羅浮酌泰禪師錫杖泉則清遠
峽水又在其下矣嶺外惟惠人
喜鬬茶此水不虛出也【蘇東坡】

詩

一勺清泠
下九咽分
明仙掌露珠圓空勞陸羽輕題品天下誰當
第一泉　清泚灣環白玉溝叢叢綠草襯澄
流自從天北金輪遠不染
漭宮粉黛愁【倶王鳳洲】

二如亭群芳譜利部目錄

群芳譜竹譜目錄

二如亭群芳譜

竹譜小序

鶴林玉露云松栢之實四時歷霜雪皆自拱把以至合抱惟竹生于旬日之間而干霄入雲其挺持堅貞與松栢等此草木靈異之尤者也是以名人達士往往尚之自一竿以至千萬竿自瀟湘鳳尾以至毛台海桃多寡巨細不同趣味則一子瞻云寧可食無肉不可居無竹有味乎言之哉作竹譜

濟南王象晉藎臣甫題

二如亭群芳譜

竹譜首簡

竹紀　戴凱之

植物之中有名曰竹不剛不柔非草非木小異空實大同節目或茂沙水或挺巖陸條暢紛敷青翠森蕭質雖冬蒨性忌殊寒九河鮮育五嶺實繁萌筍苞籜夏多春鮮根幹將枯花穫乃縣篘必六十復亦六年蘊龍之美爰自崑崙員丘帝竹一節為船巨細已聞形名未傳桂實一族同稱異源衞尤勁薄博矢之賢篁任篙笛體特堅圓棘竹駢深一叢為林根如椎輪節若束針亦曰笆竹城固是任篾筍既食鬢髮則侵單體虛長各有所育苦實稱名甘亦無目弓竹如藤其節郄曲生多臥土立則依木長幾百尋狀若相續質雖含文須膏乃縟厥族之中蘇麻特奇修幹平節大葉繁枝凌群獨秀蓋茸紛披質

射筒篠箊桃枝長爽纖葉淸肌薄皮千百相亂
洪纖有差相縣既戮厥土維脛三梗斯沮壽竹
乃生物尤世遠略狀傳名般腸實中與笆相類
於用寡宜爲筍殊味筋竹爲矛稱利海表槿仍
其幹亦節其杪生於日南別名爲篻百葉參差
生自南垂傷人則死醫莫能治亦曰篣竹厥毒
若斯彼之同異人所未知簹與䈽衙厥體俱洪
圍或累尺簹實衙空南越之居梁柱是供竹之

堪杖莫尚於笻磥砢不凡狀若人功豈必蜀壤
亦產餘邦一曰扶老名實縣同節籦二族亦甚
相似杞髮苦竹促節薄齒束物體柔殆同麻枲
䈽竹所生大抵江東上密防露下疎來風連畝
接町竦散岡潭雞脛似簟高而笋脆稀葉梢杪
類記黃細狗竹有尾出諸東裔物類衆詭于何
不計有竹象蘆因以爲名東甌諸郡緣海所生
肌理勻淨筠色潤貞凡今之篪匪茲不鳴會稽

之箭東南之美古人嘉之因以命矢國語載籍
貢名荊鄙簵亦箘徒概節而短江漢之間謂之
䉤竹根深耐寒茂彼淇苑雙條蒼蒼接町連篁
性不卑植必也宮闈踰矢稱大出壽爲長物各
有用篲之最良又有族類爰挺嶰陽懸根百仞
竦幹風生笙簫之選有聲四方質淸氣亮衆管
莫伉亦有海篠生於島岑節大盈尺幹不滿尋
形枯若筋色如黃金徒爲一異莫知所任赤白

二竹遠取其色白薄而曲赤厚而直沅澧所豐
餘邦鮮植肅肅箘籚薆薆蔡植穠筍於秋冬乃
成竹無大無小千萬脩直豐腴內昌繡文外艷
箛篆誕節內實外澤作貢漁陽以供輪槳浮竹
亞節虛軟厚肉臨溪覆潦栖雲蔭木供筍滋肥
可爲旨蓄厥性異宜各有所育篔簹于宛茶生
于蜀細篠大簜竹之通目互各統體譬牛與犢
人之所知事生軌躅赤縣之外焉可詳錄聽之

篁之匪邁

養竹記　　白居易

竹似賢何哉竹本固固以樹德君子見其本則
思善建不拔者竹性直直以立身君子見其性
則思中立不倚者竹心空空以體道君子見其
心則思應用虛受者竹節貞貞以立志君子見
其節則思砥礪名行夷險一致者夫如是故號
君子人多樹之爲庭實焉貞元十九年春居易
以拔萃選及第授校書郎始於長安求假居處
得常樂里故關相國私第之東亭而處之明日
履及于亭之東南隅見叢竹於斯枝葉殄瘁無
聲無色詢于關氏之老則曰此相國之手植者
自相國捐館他人假居於是筐篚者斬焉彗帚
者刈焉刑餘之材長無尋焉數無百焉又有凡
草木雜生其中菶茸薈蔚有無竹之心焉居易
惜其嘗經長者之手而見賤俗人之目翦棄若

是本性猶存乃芟蘙薈除糞壤疏其間封其下
不終日而畢於是日出有清陰風來有清聲依
依然欣欣然若有情於感遇也嗟乎竹植物也
於人何有哉以其有似於賢而又愛惜之封植
之況其真賢者乎然則行之於草木猶賢之於
衆庶嗚呼竹不能自異惟人異之賢不能自異
惟用賢者異之故作養竹記書于亭之壁以貽
其後之居斯者亦欲以聞於今之用賢者云

二如亭群芳譜竹部卷全

濟南　王象晉藎臣甫　纂輯

松江　陳繼儒仲醇甫

虞山　毛鳳苞子晉甫　仝較

寧波　姚元台子雲甫

濟南　男王與齡　孫王士熊　詮次

竹譜

竹植物也非草非木耐溼耐寒貫四時而不改柯易葉其𢾭與松柏等第雖喜溼惡燥亦不宜水淹其根根之發生喜向上行其性又與菊等宜添河泥覆之每至冬月須厚加土爲佳每長至四年者即伐去庶不碍新筍而林亦茂盛戴凱之竹紀云竹之品類六十有一黃魯直以爲竹類至多竹紀所類皆不詳欲作竹史不果成有方竹產澄州體如削成勁挺堪爲杖桃源山亦有方竹隔州亦出大者

數丈寧波志云葛仙翁煉丹于定海靈峰植竹筯化爲竹而方斑竹甚佳即吳地稱湘妃竹者其斑如淚痕杭產者不如亦有二種出古辣者佳出陶虛山者次之土人裁爲筯甚妙亦有大如甌者棕竹有三種上曰筯頭梗短葉垂堪置書几次曰短柄可列庭階次曰樸竹節稀葉硬全欠温雅但可作扇骨料耳性喜陰畏寒風冬月藏不通風處三月方可見天原不見日秋分後可分須出盆視其根鬚不甚牢固處劈開栽盆欲變化多盆則盆大更旺灌用浸豆水極肥舍此俱不堪用他如猫竹一作茅竹又作毛竹榦大而厚異于衆竹人取以爲舟四明洞天記毛竹叢生澗邊又金庭山洞天皆有雙竹篠篁嫩篠對抽並胤王子敬謂之扶竹猶海上之扶桑也扶竹之筍名合雖武林山西院中產蘄竹出黃州府蘄州以色瑩者爲簞節疎者爲笛帶鬚者爲杖唐韓愈詩蘄州笛竹天下知鄭君所寶猶環奇携來當晝不得卧一府爭看黃琉璃慈孝竹生作大叢長幹中聳群篠外護向陽則茂宜種高臺

柯亭竹生雲夢之澤每月望前生明年七月望前代過期代則音滯未期代則
音浮 觀音竹每節二三寸產占城國 黃金間碧玉產成都青黃相
間 龍公竹其大徑七尺一節長丈二尺葉若焦出羅浮山 龍孫竹生辰
州山谷間高不盈尺細僅如針 徑尺竹可為甑出湖湘 四季竹節長而圓
中管籥生山石者音清亮 月竹每月抽筍狀輕短叢生如箭筍不堪食產嘉定州
十二時竹產蘄州其竹繞節凸生子丑寅卯等十二字安福周俊叔得此植之
家庭十餘年筍而竹者十之三 篤簩竹出篤簩國可礪指甲新州有此種製成琴
樣為觽甲之具用久微滑以釀漿漬之過宿快利如初亦可作箭李商隱所謂篤簩弩箭

磨青石是也異物志 大夫竹凌雲園三尺幽怪錄云鄭延一人伐此竹見內二仙
翁相謂平生勁節惜為主人所伐遂騰空去 鳳尾竹高二三尺纖小猗那植盆
中可作書室清玩 龍文竹崇陽縣寶陀岩產僅一本製扇甚奇聞今亦絕種矣
人面竹出剡山竹徑幾寸近本逮二尺節極促四面參差竹皮如魚鱗面凸頰
人面 黑竹如藤長丈八尺色理如鐵 思摩竹筍自節生筍既成竹至春節中
復生筍出交廣 無節竹出瓜州 大節竹一節一丈出黎母山 疎節
竹六尺一節 通竹直上無節而空洞出溱州 扁竹出濡 藤竹出占
城 舩竹出員丘 弓竹長百尋也曲如藤得木乃倚[illegible]生實有文章須膏

塗火灼乃見 沛竹長百丈出南荒 丹青竹葉黃碧相間出熊耳山
抱竹出歸賀 慈竹內實而節疎性弱形緊而細可代藤 桂竹高四五丈
圍二尺狀如甘草而皮赤出南康以南山海經靈源桂竹傷人即死 桃竹葉如棕身
如竹密節而實中厚理瘦骨蓋天成柱杖也出巴渝間蜀中薄者細文一節四尺北人呼為
桃絲竹 相思竹出廣東兩兩生筍 八月為竹小春竹之
萌曰筍竹之節曰約竹之叢曰筤竹之得風
而體夭屈曰笑竹死曰箹
○竹實陽山所生竹實大如雞子竹葉層層包裹味甘勝蜜食之令人心膈清涼生山

林深茂處日久汁枯而味尚存此鸞鳳之所嗜也
⊖移竹先期斷竹本一二尺四圍斸斷旁根仍以土覆[illegible]澆水俟雨後移致即活亦不
換葉移時須尋其西南根勿斷斷照舊栽植竪架扶之尤妙竹中有樹不須去雖風雪不
復欲斜亦一助也若將死猫狗埋其下竹生尤盛埋之邊傍亦能引竹宋時內苑種竹一
二年即茂盛詢之園子云只有八字疎種密種淺種深種疎種者謂三四尺方種一顆欲
其土虛易于行鞭密種者大其根盤每顆須四五竿一堆欲其根密自相維持淺種者入
土不甚深深種者種得雖淺却用河泥厚壅之 鉏竹圈以稻糠或麥糠或河泥皆可壅
只用一樣勿雜 移竹多帶宿土勿蹈以足若換葉勿遽拔去又有一法迎陽氣則取季

冬順土氣則取雨時連鬚根種則易生筍
一法擇大竹截去上段留近根三四寸通其
節以土硫黃末塡實倒種之第一年二年生
小筍隨去之至第三年生如舊竹甚有過之
者

擇竹 竹有雌雄雌者多筍故種竹當擇雌
自根上第一節觀之雙枝者爲雌宜取西南
根栽向東北隅蓋竹性西南行西南乃嫩根
也其東北老根種亦不茂

審時 種竹之法要得天時五六月間舊筍已成新根未行
此時可移又須醉日宋子京云除地墻陰植
兹筠疎枝茂葉與時新顏逢醉日原無損政
自得全于酒人五月十三日爲竹醉日岳陽
風土記謂之龍生日栽之勿用脚踏椎打遇
陰雨更妙一云八月初八日又五月二十日
爲上時遇雨尤佳一云用本命日謂正月一

日二月二日三月三日之類一云每月二十
日皆可或云凡七月間栽竹無不活者須記
向背彭云種竹無時雨過便移多留宿土記
取南枝冬至前後各半月栽竹難活蓋天地
閉塞無生意也至有謂臘日宜栽竹者至引
杜少陵詩云東林竹影薄臘日更宜栽乃栽
培之栽卽今人冬月加馬糞糠土之意非別
栽種也 忌火日及西南風花木皆同

地 凡栽竹須向陽爲妙先鉏地令鬆且闊沃
以河泥臨時用馬糞拌溼土栽不用作泥
糞水最忌猪糞勿用脚踏及鉏杵築實則筍
生遲蓋土虛鬆則鞭易行也種竹處須當積
土令高于旁地一二尺則雨潦不能浸損鐵
蟾人謂之竹脚用舊茅茨夾土則竹根尋地
脉易生

護竹 竹滿六十年便開花輒枯死結實如稗謂之竹米一竿如此滿林皆

然法於初米時擇一竿稍大者近根三尺許
截斷通其節灌以犬糞卽止鉏竹圍宜用厚
河泥及灰壅最肥

伐竹 月令日短至則伐木取竹箭陰乾蓋[illegible]
臘月砍竹做器則不蛀一伐而取堅
云六月 竹要留三去四諺云公孫不相見大曰[illegible]
母子不相離謂隔年竹可伐也凡竹未經年曰[illegible]
不堪作器若老竹不去竹亦不茂但伐之有
時竹之滋澤春發于枝葉夏藏于榦冬歸于
根冬月伐竹經日一裂自首至尾五月以前
發竹則根紅而鞭爛盛夏伐不蛀但于林有
損七八月猶可過此不堪用矣如要竹堅

取 而不蛀須盛夏辰日庚午癸卯日血忌日

筍 山谷云根須辰日斸筍看上番成凡筍一
番兩番出者成竹至第三番者止可供食
不成竹矣故曰筍看上番成也凡筍蒸煑包
酢惟人所好又可乾藏雞豆筍肥美笠節筍

無味棘竹筍味淡食之落眉髮淡竹筍二月
食苦竹筍五月食含誚竹筍六月生迄九月
味輿甜竹筍同巴竹筍八月生盡九月成都
有之箭竹筍九月生至來年四月篃竹筍冬
生 採筍過一日曰蔫過二日曰菸取宜避
露每日出掘深土取之半折取鞭根旋得旋
投密竹器中覆以油草見風則觸本堅入水
則浚肉硬脫殼煑則失味生著刃則失氣採
而久停非鮮也盛而苦風非藏也捸之脫殼
非治也淨之入水非洗也蒸熟停久非食也
如此然後可與語食
筍矣此外不足數也

○附錄 別有草本數種一曰淡竹開花青翠設
色不殷或曰卽詩菉竹性最涼其葉煎
湯可治一切熱病 一曰碧竹一曰石竹俱
有小花文彩可玩 劉恂嶺表錄云南海岸

邊沙中生沙箸竹一名越王竹相傳越王棄餘箸而生若細荻高尺餘春吐茁莢心茗背青而且勁南海人愛其色以爲酒籌凡欲采者須輕步向前拔之聞行聲遽縮入沙中不可得　滇之新化州山中生細竹長者十餘丈本粗而末細其上有蟲蝕處法之則斑痕如湘竹斸以爲箸甚雅【滇志】

○製用　麻油姜皆殺筍毒凡食筍之法譬若治藥修煉之得法則益人反是則損取得以巾拭去土連殼沸湯瀹之煮宜久生必損人苦筍最宜久甘筍出湯後去殼煮筍汁爲羹茹味全加美不然蒸最美味全筍煻灰中煨後入五味尤佳【僧贊寧】　做筍乾　肉一百斤用鹽五升水一小桶候沸涌掏出汁候乾旋添筍汁煮熟撈出壓之或用手揉在鍋隔夜則黑熟曬則枯一日曬乾則硬火焙則不軟臨食時取浸筍汁煮筍則有味　煮新筍　以沸湯煮則易熟而脆味尤美若薦者少入薄荷煮則不薦與猪羊肉同煮則不用薄荷夏初筍盛時掃葉就竹邊煨熟其味甚鮮　筍鮓　切作片子沸湯瀹過候乾入葱絲蒔蘿茴香花椒紅麴併鹽拌勻同醃一時　食筍去殼煮熟切片拌乾鹽醃過宿曬乾貯食　慈竹筍四月生江南人多以灰煮食　唐贊寧筍譜云筍利大腸無益于脾俗謂之刮腸篦食者審焉

○療治　五日午時有雨則急斫竹一竿其中必有水名曰神水取之合獺肝爲丸治心腹積聚【全】

[illegible]

○典故　【前漢志】黃帝使伶倫伐竹于崑崙之陰以作筩　立春日取弘宜陽金門山竹爲管河內葭草爲灰以灰實律管之端以候陽氣氣至則飛【續漢書】　頓丘帝竹一節可爲船【異苑】　梁孝王東苑方三百里即兔園也多植竹中有修竹園【梁志】　費長房從壺公遊壺公與一竹杖騎而歸即以杖投葛陂中顧視乃青龍也【神仙傳】　離婁公服竹汁餌桂得仙　漢人有適吳吳人設筍問是何物曰竹也歸煮其牀簀而不熟乃謂其妻曰吳人轣轆欺我如此【笑林】　漢時有女浣紗水濱見三節大竹中有聲剖開得一兒因以竹爲姓及長爲中郎將通西夷破夜郎後封爲夜郎侯至今邛州有竹夜郎廟　甘竹實出天台山闕闕眞人致元帝　孟宗江夏人性至孝母卒冬節將至宗乃入林哀泣筍爲之生得以供祭　晉劉殷年九歲爲祖母冬思筍殷泣而獲供饋　晉嵇康拜中散大夫常與阮籍輩爲竹林之遊號竹林七賢【晉史】　山濤治鄴時刻大竹釀酴醾作酒兼旬方開香聞百步外故蜀人傳其法　蔣詡舍中竹下開三徑惟羊仲求仲從之遊【三輔決錄】　羅浮第三峰有大竹徑七尺圍節長丈二謂之龍竹常有鸞鳳栖宿東有溪曰羅陽暴漲有竹葉流出大如芭蕉【五色線】　辛居士名宣仲家貧春月鬻筍充觴酌截竹爲罌用充盛貯人問其故宣仲曰我惟愛竹好酒欲令二物常相並耳【南雍州記】　馬均大巧能削竹作人語時天下大旱人皆將酒與此竹人語天下須臾雨也【五色線】　泉城張鷹隱居願志家有苦竹數十頃在竹中爲屋常居其中王右軍聞而造之鷹避之竹中不與相

見一郡號爲竹中高士【永嘉郡記】 南荒生
篃竹長百丈圍三丈五尺可以爲大船其味
美張華注子笋煮而食之可以已創厲【物類
相感志】 袁粲尹丹陽郡內一家有竹粲不
通主人乘輿竹下嘯咏 洛陽名園記董氏
西園一堂竹環之盛夏不見畏日清風忽來
留而不去幽禽靜鳴各誇得意數語摹寫園
林銷暑之境讀之覺爽氣襲人【張七澤】 宋
沈道虔隱居武康人有拔屋後笋令人止之
曰惜此笋欲成林更有佳者相與乃令人買
大笋送與之盜者慙不取使置門內而還
何隨人有盜其園笋隨見挈屐而歸恐盜者
見也 范元琰家有竹園每見人盜笋芒于
過溝元琰伐樹爲橋與盜者過盜慼琰情而
息竟不盜 唐夏侯彪之上新繁令問里胥
曰笋一莖幾錢曰一錢五莖取一千買五萬

莖謂之曰吾未要且寄林中養之至秋冬成
一竿十千遂成五十萬貪猥不道皆此類
杜子美居蜀于浣花里種竹植木結廬枕江
縱酒吟詠與田畯野老相狎【孔毅夫續世說】
太液池岸有竹數十叢牙筍未嘗相離密
比如栽明皇與諸王閑步竹間謂諸王曰人
世父子兄弟尚有離心離意此竹宗本不相
疎人有懷二心生離間之意者覩此可以爲
鑑因呼爲義竹【天寶遺事】 桂東萬王城世
傳王曾寓此階砌尚存旁有脩竹數竿日夕
自仆掃其地而復立 竹譜邐勒竹之有芒
者一名思簩今兩江有簩竹笆生叢密節間
多刺民居植之以當藩籬疑即此種宋新州
守黃濟以州治無城募民環植山竹雞犬不
能徑所謂山竹必簩也 東坡邀劉器之同
參玉版和尚器之每倦山行聞見玉版欣然

從之至廉泉寺燒笋而食覺笋味勝問何名
東坡云玉版也此老師善說法能令君得禪
悅之味器之乃悟其戲爲之大笑【冷齋夜話】
文與可以所畫篔簹谷竹遺予云此竹數
尺耳而有萬尺之勢篔簹谷在洋州與可嘗令
予作洋州三十詠篔簹谷其一也予詩曰漢
川脩竹賤如蓬斤斧何曾赦籜龍料得清貧
饞太守渭川千畝在胸中與可是日與其妻
遊谷中燒笋供晚食發函見予詩失笑噴飯
滿案【東坡篔簹偃竹記】 昔時與可墨竹見精
縑良紙輒奪筆揮灑不能自已坐客爭奪持
去與可亦不甚惜後來見人設置筆研即逡
巡避去人就求索至終歲不可得或問其故
與可曰吾乃者學道未至意有所不適而無
所遣之故一發于墨竹是病也今吾病良已
可若何然以予觀之與可之病亦未得爲已

也獨容有不發乎予將伺其發而掩取之彼
方以爲病而吾又利其病是吾亦病也熙寧
庚戌七月二十一日子瞻書 東坡嘗題郭
祥正壁云枯腸得酒芒角出肺肝槎牙生竹
石森然欲作不可回吐向君家雪色壁此詩
語意奇甚亦見此老生平作畫多在酒酣興
發之後所以毫端有神【張七澤】 昔人以海
苔爲紙今無復有今人以竹爲紙亦古所無
有也付子過 風篁嶺多竹風韵淒清至此
林壑深沉迴出塵表流淙活活自龍井而下
四時不絕嶺故叢薄荒落元豐中僧辨才淬
治潔楚名曰風篁予訪辨才龍井送至嶺上
左右驚曰遠公過虎溪矣辨才笑曰杜子有
云與子成二老來往亦風流遂作亭嶺上名
曰過溪亦曰二老作詩記之日月轉雙轂古
今同一丘惟此鶴骨老凜然不知秋去住兩

無碍人八士爭挽留去如龍出水雷雨捲潭湫
來如珠還浦魚鼈爭駢頭此生暫寄寓常恐
名實浮我比陶令愧師爲遠公優送我過虎
溪溪水當逆流聊使此山人永記二老遊大
千在掌握寧有別離憂　宋時西湖多詩僧
熙寧間有清順字怡然可久自逸老所居皆
湖山勝處而清順尤約介不妄交人無大故
不入城市士大夫有以米粟餽者受不過數
斗貯几上日取二三合啖之蔬笋之供恒
缺乏也東坡一日遊西湖僧舍壁間見小詩
云竹暗不通日泉聲落如雨春風自有期桃
李亂深塢問誰所作或以清順對即日求得
之聲名頓起　嶺南人當有媿于竹食者竹
笋庇者竹瓦載者竹筏爨者竹薪衣者竹皮
書者竹紙履者竹鞋眞可謂一日不可無此
君也耶　元豐六年十月十二日夜解衣欲

睡月色入戶欣然起行念無與爲樂者遂至
承天寺尋張懷民懷民亦未寢相與步于中
庭庭下如積水空明水中藻荇交橫盖竹栢
影也何夜無月何處無竹栢但少閒人如吾
兩人耳　古氏南坡脩竹數千竿大者皆七
寸圍盛夏不見日蟬鳴鳥呼有山谷氣象竹
林之西又有隙地數畝種桃李雜花今年秋
冬當作三間一龜頭取雪堂規模東蔭脩竹
西眺江山若果成此遂爲一郡之嘉觀也
子瞻贈會通詩云語帶烟霞從古少氣含蔬
笋到公無甞語人曰頗解蔬笋語否爲無酸
餡氣也聞者皆笑俱前人　近世有婦人曹
希蘊者頗能詩雖格韵不高然時有巧語嘗
作墨竹詩云記得小軒岑寂夜月移疎影上
東牆此語甚工　文湖州竹生平僅見眞蹟
一帖在横卷上乃折竹也葉趣者二人[illegible]述

思題云湖州放筆奪造化此事世人[illegible]
蹇然何處見生氣彷彿空庭月[illegible]
人阿英題云湖州昔在陵州日日逢人寫
竹枝一段枯梢作三折分明雪後上窗時
張芬曾爲韋南康親隨行軍曲藝過人力舉
七尺碑定雙輪水磑常于福感寺趯鞠高及
半塔彈力五斗常揀向陽巨笋織竹籠之隨
長旋培常留寸許度竹籠高四尺然後放長
深方去籠伐之一尺十節其色如金

○**麗藻散語**　揚州厥貢篠簜　荆州厥貢惟箘
簵楛書　如竹苞矣　其簌維何
維筍及蒲詩　渭川千畝竹其人與千戶侯
等史記　山谷賦苦笋云苦而有味如忠諫
之可活國多而不害如舉士記秋八月劉氏
而能得賢可謂得笋三昧　徙竹凡百餘

[illegible]書　大竹書　簵竹書　可爲[illegible]

本列于室之東西軒泉之南北隅克全其根
不傷其性載舊土而植新地烟翠靄靄寒聲
蕭然適有問者曰樹椅桐可以伐琴瑟植樝
梨可以代甘實苟愛其堅貞豈無松柏也何
不雜列其間荅曰君子比德于竹焉原夫勁
本堅節不受霜雪剛也綠葉萋萋翠筠浮浮
柔也虛心而直無所隱蔽忠也不孤根以挺
聳必相依以林秀義也雖春陽氣王終不與
衆木鬬榮謙也四時一貫榮衰不殊常也垂
蕡實以遲鳳樂賢也歲擢笋以成幹進德也
及乎將用則裂爲簡牘于是寫詩書彖象之
詞留示百代微則聖啓之道墜地而不聞矣
後人又何所宗歟至若鏃而箭之揷羽而飛
可以征不庭可以除民害此文武之兼用也
又劃而破之爲篾席敷之于宗廟可以展孝
敬截而穴之爲篪爲簫爲笙爲簧吹之成虞

部可以和人神此禮樂之並行也夫此數德可以配君子故岩夫列之于庭不植他木欲令獨擅其美且無以雜之乎竊懼來者之未諭故書曰劉氏植竹記尚德也【劉若宰記】

司先生顏其讀書之舍曰萬玉山房而屬世貞爲之記夫萬玉者萬竹也竹何以稱玉也曰君子比德于玉已而比玉于竹今夫玉中實竹中虛竹磊砢而多節玉渾淪而已胡以比也然玉溫潤而澤縝密以栗竹之質同也玉有禮地之珪曰琅玕之青碧竹之色同也叩之清越以長竹之音同也音之在樂有八而各居其一又同也玉稱君子竹亦稱君子又同也胡弗比也始司先生之問舍于江陵也謀所樹客或進曰公不聞之廣史江陵千樹橘乎哉苞可啖也市之入與千戶侯等先生笑曰不爾吾且樹竹客曰渭濱之千畝入與江陵等敵先生曰非是之謂也吾生平慕君子之佩玉而居貧不可致則有竹在令斥傍舍之隟悉移竹而加培溉焉既成臨風而聽之琮琮琤琤與天籟合攸然若韶濩之入耳過雨而撫之青蔥峭蒨與天並色濯濯若瑛琳之窩日暑而就之翳陽翔舞而不致下枝流而散之蔚藍之光下上相接吾安知夫竹乎玉乎吾適吾宇而神吾境暢吾五官濯吾心脾而已且去吾舍數百武則得王之宮也其橫行若埽矣又去之則大相之府也其熱可炙手矣又去之故郢都西通巫巴東有雲夢之饒其市囂若蜩螗矣然竟不能越吾所謂萬玉者而闌入吾之山房交于吾之視聽而蕩吾志吾豈以渭濱千畝爲戶侯計哉不然吾何不因地之宜而樹之橘也司先生居民部以見推擇天官數遷遷部郎至容臺卿

于是不得長有茲舍而命之[illegible]自識諸通人名士皆爲詩歌詠之而今宗[illegible]徐公子言序之司先生意猶未已以書屬世貞俾爲記世貞治弇中有竹萬个然不能守舍而去之金陵安能爲先生記雖然使余能如司先生貌之而又詠歌之序之其亦可以無係于舍已或曰子之言甚得司先生意其比竹于玉甚辯不然楚之玉也不且以爲周之璞也耶【王黃州】

黃岡之地多竹大者如椽竹工破之刳去其節用代陶瓦比屋皆然以其價廉而工省也子城西北隅雉堞圮毀蓁莽荒穢因作小樓二間與月波樓通遠吞山光平挹江瀨幽闃遼夐不可具狀夏宜急雨有瀑布聲冬宜密雪有碎玉聲宜鼓琴琴調虛暢宜詠詩詩韻清絕宜圍棊子聲丁丁然宜投壺矢聲錚錚然皆竹樓之所助也公退之暇披鶴氅戴華陽巾手執周易一卷焚香默坐銷遣世慮江山之外第見風帆沙鳥煙雲竹樹而已待其酒力醒茶烟歇送夕陽迎素月亦謫居之勝槩也彼齊雲落星高則高矣井榦麗譙華則華矣止于貯妓女藏歌舞非騷人之事吾所不取吾聞竹工云竹之爲瓦僅十稔若重覆之得二十稔噫吾以至道乙未歲自翰林出滁上丙申移廣陵丁酉又入西掖戊戌歲除日有齊安之命己亥閏三月到郡四年之間奔走不暇未知明年又在何處豈懼竹樓之易朽乎幸後之人與我同志嗣而葺之庶斯樓之不朽也咸平二年八月十五日記【王元之黃州竹樓記】

賦

學圃中種竹數竿不二年蓊然成林日婆娑其間若相忘者今將秩滿欲與圃別不能忘情爲作賦以表其德詞曰與趙藏符伐吳成象

鸞鳳聲容龍蛇體勢匆於孔子晉比辟支一
本林立安有二岐直而不窒圓而不倚節㯶
如是可謂君子子民儒秋孟之夕覺非道
人寓宿于主人之軒見植竹焉外方中堅嵴
然觚稜扣之如石有聲硜硜乎怪其不類衆
竹戲若有詐曰后皇植物各畀以形洪纖肥
瘠莫殫其名毫忽無僭若冶訓型爾竹之産
為類實繁寄哀瀟湘託興淇園嶰陽之孚學
叶鳴鳳箇簵之堅荆揚効貢黄岡如椽用代
陶瓦筀條叢生束之盈把由衙雞脛敲鳴射
同蘇麻筫簹笆箄鐘龍體柔為簃節促為豐
刃毒為篻依木為弓毳毛為狗扶老為笻名
雖萬變莫不示圓于外而抱虛于中故能文
理縝密節槩疏通迎刃而解落籜以從桃笙
蘧篨纖翠生風籠䉤砥柱力給纖纖干旄孑
孑旌旗蔽空彤管煒煒横出詞鋒蕭韶九奏

至和攸同他如器使惟適所逢皆所以踰成
人用翼贊天工爾之為質外方内塞肌不柔
順性復挺特槩括莫施何堪組織豈非才不
適用而名浮其實乎言既而去逶迤就睡夢
一玄叟頎然而長雙眉入鬢鬖衣無裳頭角
峭厲根立木僵歷階而進出聲琅琅凡今之
人喜圓惡方項聞誚譏顧不敢當予非舍圓
而不居蓋亦天賦之有常矧夫方圓不倖自
昔為訓矝膏棘軸不能獨運鑿枘異投終底
于吝黠直見疏弘詐乃近正論天人江都遠
擯該諧詭奇金馬日進圓知鬻圓以自私不
若執方以自信也且物生而才罕即安處離
龍斵削自致困苦櫻櫟擁腫斧斤莫尋桐杉
楮野枳棘戕林天畜我才實非我佐以才弐
全我獲實俊方將勵吾之方堅吾之塞保攻
之於賁吃之力長吾兒孫同居嗇域邀涼月

于江上疎凉風于淇澳如我樂我過從成癖
敲門竟造不辨主客札㾡吳生逍遥甚適彼
以才而用世視予孰得而駃失予驚而寤萬
籟俱寂明月入户凉在巾舄惟見此君挺然
于庭粉壁鑄形一塵不驚脩柯滴露鏘然成
聲予爽然如失惕然而惺乃歌曰圓以智行
兮方以義守智或有窮兮義則可久以虛而
適兮以實而塞通或潰決兮惟塞乃格才應
時用兮拙為世損用則精弊兮損則全神竹
兮竹兮予將謂汝為方兮而不識汝之大圓

傳

先生姓竹名篠字子直號清虛居士始祖
名籦黄帝時避蚩尤亂隱居嶰谷帝季豚
鹿治定將作咸池之樂訪律吕材于群臣伶
倫以籦對帝命使持節鉞召之籦甘山谷不
肯應詔使者肩曳以行詣闕猶偃仆不起帝
慰諭再四乃就斷制數宣徵角合嚼羽宮樂

大成緝熙和群生樂文鳥巢闕端獸游郊帝
奇其功欲封之籦聞而嘆曰龍利居成功非
臣之福况以口舌得官乎乃上疏乞骸骨歸
嶰谷帝不允留樂府封同姓居嶰谷者以萬
計籦卒帝思悼不已蔭其子為湘江侯至有
虞舜陟方崩蒼梧野二妃慟哭候扶持嬪扶
身漆血淚痕不可洗人嘉其忠號斑氏二妃
卒湘人廟于江濟曰湘君侯不自安徙淇澳
子孫玉立根盤而固支繁而衍世以清潔自
勵耿耿之操直與氷雪爭衡有猗猗子者文
學斐然虛懷待物衛武公托為布衣交武公
晚年進德皆其切磋事載國風孫枝散處四
方皆以籦裔得賜氏不可一一數其尤著者
曰山陰氏渭川氏毛氏苦氏淡氏筆氏爆氏
筍氏篠氏至晉有林氏渭川所居延蔓千畝
人稱萬户侯山陰孤介寡同獨王獻之三

徑呼以君而不名毛有名楚者好申韓刑名之學嫉惡如仇名紙者受學蔡倫雅好筆墨官秘書著作郎篠之顯者曰竿曰杖竿好漁隱釣機杖能扶人之顛危國老多賴之後遇鍊師授刀圭化爲龍箭曰矢者有武才能致遠蓋其造詣有約也爆事神荼能以火作霹靂聲驅山魈顛自重令除夕多以楮生代董淡者三子者好軒岐術善療痼痰渴熱遇病者蟬解衣爲劑吐液爲湯急於救人如此林生于兩晉間清而不隘和而不流士大夫傾慕之山阮康伶輩競爲風流蕩廢禮法日就林觴詠風月林不能拒然屹立溪壑未嘗少亂識者知爲節介君子也林數傳而爲筠孤高絕俗好空寂之學於潛上人構軒禮之東坡詩云無竹令人俗指筠也竹氏之宗代多聞人如此筠又數傳而生節節生簳是爲先

生疎暢洒落神采若飛羽儀如鸞鳳欣然而形蒼然而色下實上虛中通外直有君子操拂雲冲霄玉立風塵之表翩翩飄飄真神仙侶也所居或深山窮谷雲溪月徑或困守籬落或飄泊舍宇要之隨寓而安時則臨風而舞掃月而眠意適如也趣向甚正獨好儒者之學率其徒往從方子方子與之處其徒數十人皆衣綠飧風吸露以爲食環繞門墻布列階下風雪不退雖夜未嘗就寢烟雨中時或垂頭而睡風觸之輒省擊節微吟聲入桃畔鏘然可愛本根雖固惜枝葉或被纏繞每以舊實語與之餘能虛心聽受輒作點頭狀與徂徠木公孤山梅先生友善一日從容問餘曰梅生木公與予孰優曰含英咀華流芳百世吾不如梅生挺然獨秀壁立萬仞吾不如木公至于有容則虛衷直不陋吾于二子

亦有微長若乃寧耐虛寒不以盛衰改此吾三人之所同也願屈至軒下合公爲四幸甚歲寒方子曰梅生有實酸氣木公自立太峻不免假秦封以驕士孰若吾子勁節凌寒而文采外見清氣襲人令且與子爲歲寒交他日立玉堦寸地隨議二子之任使耳餘不豫退乃上書力疏二子材可用薦引弗置方子領之明日命使往孤山梅生辭曰聞江城有玉笛者欲譏吾魂俟少過夏五當往就東閣往徂徠木公辭曰以吾從大夫之後不可徒行也方子惡其迂不復召遂專與餘爲忘形交（方清）此君之先出自震澤有號蒼筤子者與蒼頡同時頡觀鳥跡制字蒼筤子有記載之功帝皆賜姓命以字爲蒼氏蒼筤子生篠禹修方貢以其材也上之其後有國封瓜竹君生篧篧逃去釣于衛詩人咏淇澳以美

之天下想見其風采篧生篠篠生庭筠母慈氏庭筠在緥緥中巳有奇骨濯濯如傳粉然及長清癯玉立七賢六逸皆從之遊王子猷最喜之嘗曰不可一日無此君世以目之不名也此君性强項未嘗折節下人得黃老深根固蔕之術蟠隱林麓間與徂徠十八公新甫柏直臭味之同素相友善帝嘗特起三人俱至上林愛其風操遷直御史府拜十八公爲大夫獨此君不受爵帝館於行宮留以自近嘗訪養性之道此君曰虛心直巳至道自凝帝欽其言又嘗撫其腹曰此中何有曰空洞無物當容數十百人耳帝爲之笑有說之曰君有長材典樂府則簫部九成直史館則汗青有日入武庫則羽鏃宜威薦宗廟則簠簋甚飾蓋迎刃而解盛衰以加者也時方多難何不捐軀出力掃氛祲壁四夷以成不朽

之名而反軀其軀幹甘與草木俱腐乎此君曰鳳鳥不至吾已矣夫與其排雲叫閶闔技腹呈琅玕孰若樂衎憂違確乎不可拔也遂營嶰谷將老焉此君常齋居每歲惟五月十三日需醉醉則外其形骸或爲人徙至他所不知也故當時爲之語曰此君經年常清齋一日不齋醉如泥有時倒載過習池也然秉隆俱不知醒歲蒞枯槁言無枝葉以蘭焚漆割爲戒竟保其天年云帝思之命墨工圖其形像以張座隅仍賜號曰靖節處士諸子肯嶄嶄露頭角曰萌最爽美陸沉于世爲識者賞味爭挽致之俎豆于諸公之間猶于日貿苦節肉食者譚之其他支派繁衍青紫暐然居湘中者斑斑以文采稱居渭川者千畝致富時比之封君居武夷者幹弱而毛髯人以爲蛻骨仙云【劉子翬】

管若虛字直節號中虛子其先衞人也先世有事軒轅者製律呂協月箭以明君德以通八風天下大服遂爲宗廟官專門傳子孫經事歷代功成之君若堯大章舜大韶禹大夏湯大濩文武清廟之樂皆管氏所調也故王者有事太廟必先召之否則衆音茂缺神人弗和衞有居淇上者其人美丰姿多德度發與武公同學切磋琢磨以成有斐之德衞人思之其先又有同太公釣隱渭川者族至千餘家當時稱其與千戶侯等漢有產鄠杜間者名陸海客蔣氏舍鄠杜之[illegible]下者名三徑皆渭川人風流瀟洒人鮮及之林號陸海至晉有曰林者以放曠鳴江左常從稽康輩七賢游林第號此君王子猷深重之高風清節至今在人耳目此君歷數世至溪居徂徠山薄勢利尙豪邁日設酒肴召李白輩六逸一士飲自後又號林藪之朝名顯于唐後有名

龍者官金陵多才幹遷著嶰江國家獲其大尹袁粲公餘造宅下與厥子石竊詠竟日其龍孫曰玉版師少謝塵俗虛心禪理東坡同劉器之參焉因贈以詩其胄歷宋迄元以迨國朝南自閩廣北極幽陵族屬蕃衍若虛性質堅剛姿容美盛自始生已有高節心無私曲既長吟咏風晨月夕有所激郎清吟琳瑯聞者嘆曰洋洋乎盈耳哉此管氏子聲詩也誠所謂鏗金戛玉陽春寡和者矣且器宇弘敞襟度瀟洒世之避煩熱者多往依之蜀人葉恒盛大庾人白知春素重其節求與之交每接遇二人私語曰有若無實若虛犯而不校管氏子有之吾與若有愧焉若虛聞之益虛已遜碩膚恒盛嘗曰吾慨天下物直而才者多夭折枉而不才者恒保貞固是以椅桐梓漆未嘗成大拱樗櫟桑穀更歲月而恒存天耶人耶若虛曰不然物之生以天而遇以時顧所養若何耳得其養則無物不長失其養不伐于斧斤害于牛羊者幾希又烏望其才且壽哉今子謂不才而壽才而天豈其然哉竊試評之狀貌魁梧挺挺大節天下稱才稱壽者莫如恒盛神姿清徹素有丰采則知春獨擅其才惜玉質易衰風霜不耐耳如若虛者翠氣可掬清味嫩如用舍隨緣修短安命所謂天壽不貳者吾于二子亦有微長二子服其確論【瀟溪】

夫人竹氏名筱小字玲瓏自號抱節君其先爲孤竹君之子曰元曰智武王伐紂諫不聽遂不食周粟餓于首陽山且死召其族告曰吾不食百世後當有不食飲者爲吾女氏以救世之濁熱越若干世爲宋元祐果生夫人夫人生而瘠如成于將作羅織巧善其中空洞無他腸又善滑稽圓轉雖

與人狎其情邈然如木雞嗚呼先人若無者
斯分而善之者則無內荒長吾之羽也嘗見
聘趙氏子克家奴畜之豫章黃太史庭堅聞
其人作詩譏之以爲憩臂休膝辱夫人而況
又奴之乎夫人亦犯而不校夫人自以家世
素清節終𦙍屈身于人鉛華絲枲弗御雖荆
釵荊簪之微一皆棄斥由王后嬪妃下至公
卿百執事無不器重之召亦無不往然所在
抱節終身未嘗少污其潔先是得長生久視
之術于羿娥氏用能辟穀導引以應鼻祖氏
之言其蹤跡詭祕當炎而出方秋即遁去囊
括其身自比蟹蛻人或謂尸解竟不知其終

【楊鐵崖】辭　辛帳二妃之淚竹圓紅滴滴兮臨乎湮祉疎枝與修幹兮吟哀風之不已搖
勁節而錦舒兮垂高陰而自美招翔鸞與翠
鳳兮緝晴霞之數里緐柯重乎舜嗣兮瘦影
疊乎湘水諒高節之自任兮匪庭篠之云比
鄙衆蔭之延接兮恥凡羽之棲止入清溪之
浪聲兮無笙簧之相擬葉翻吹波兮騷屑之
風露滴煙蒙兮濯纓之子悵靈均之佩兮依
然想貞姿兮千年若此【劉兆醫】

歌　江心蟠石生桃竹蒼波噴浸尺度足斬根削皮如紫
玉江妃水仙惜不得梓潼使君開一束滿堂
賓客皆嘆息憐我老病贈兩莖出入爪甲鏗
有聲老夫復欲東南征乘濤鼓枻白帝城路
幽必爲鬼神奪拔劍或與蛟龍爭重爲告曰
杖兮杖兮爾之生也甚正直慎勿見水踴躍
學變化爲龍使我不得爾之扶持滅跡于君
山湖上之青峰噫風塵澒洞兮豺虎咬人忽
失雙杖兮吾將曷從【杜甫】

江西毛筍未出
尖雪中土膏養新甜先生別得煑簀法丁寧
勿用醯與鹽巖下清泉須旋汲熬出霜根生

蜜汁寒牙嚼出冰霜聲餘瀝仍和月光吸菘
羔楮雞浪得名不如來參玉版僧醉裏何須
酒解醒此羹一碗爽然醒大都煑菜皆如此
淡處當知有真味先生此法未要傳爲公作
經藏名山【楊萬里】

植物之中竹難寫古今
雖画無似者蕭郎下筆獨逼真丹青巳來唯
一人人画竹身肥擁腫蕭画勁瘦節節竦人
画竹稍死羸垂蕭画枝活葉葉動不根而生
從意生不筍而成由筆成野塘水邊欹岸側
森森兩叢十五莖嬋娟不失筠粉態蕭索盡
得風煙情舉頭忽見不似画低耳靜聽疑有
聲西叢七莖勁而健曾向天竺寺前石上見
東叢八莖疎且寒憶曾湘妃廟裏雨中看幽
姿遠思少人別與君相顧空長嘆蕭郎蕭郎
老可惜手戰眼昏頭雪色自言便是絕筆時
從今此竹尤難得【白居易】

野夫策杖村南
復村北處處東君悄消息瞥然縞素一枝橫
又見琳瑯數竿碧一枝春之先數竿冬之後
俯仰天地間與爾成三友衡門掩臥不一旬
淇園大瘦無精神蕉青已侵翠鳳尾颭毋吹
散玉龍鱗賴得吳鎮及王冕前與二友傳其
真虛堂展看僅盈尺二友居然侍吾側問之
不言對以臆眉宇肅肅吐佳色吾不能學范
詹事西遣關中使却寄江南春消芳悴紛何
足論吾不能學家騎曹不可一日無所至種
此君封籬護籜何紛紜二友寓吾麓儼若洛
下東西兩頭屋一頭剪得瀟湘雲一頭小貯
羅浮玉鎮也九咽吐吸天漿腴冕亦磊砢節
目非凡夫扶輿清氣合此圖快矣乎快矣乎
此圖此友吾不孤【王鳳洲】

何人寫此青琅
玕滿堂爽颯生秋寒居然坐我三徑下數莖
不動風珊珊【柏溪先生】醉於酒戲拈禿筆大

如帚一幅淋漓竹亦醉醉竹合與先生次韻
三株狀殊絕迥若蒼虬立烟雪別有一枝秀
且長青鸞整翮從風翔葛陂化龍去已久至
今屏障生輝光我觀此圖懷耿耿墨花亂落
團圝影素節偏宜君子堂虛中獨立尚書省
尚書華省鳳池圍新長孫枝引鳳雛夔龍禮
樂方大備伶倫之管公所須 種竹交
此君何可一日無（馮琢菴）

詩五言

加翠
霜埋翠竹根 竹送清溪月 逼竹溜涓涓
竹皮寒舊翠 竹深留客處 竹高鳴翡
翠 秋風楚竹吟 美花多映竹 秋竹隱
疎花 三盃竹葉春 自須開竹逕 野寺
江天豁山扉花竹幽 常靜憐雲竹 忘歸步
月臺 花濃春寺靜竹細野池幽 古墻猶
竹色虛閣自松聲 竹垒燒藥竈花嶼讀書
床 翠乾危棧竹紅膩小湖蓮 相近竹差
參相過人不知 王劉美竹潤裴李春蘭棨
名園依綠水野竹上青霄 自兹藩籬曠
更覺松竹幽 老思笻竹杖冬愛錦衾眠
野木平橋路春沙映竹村 平生憩息地必
種數竿竹 叢篁底地碧高柳半天青 客
竹復冬筍清池可方舟 舍傍連高竹疎籬
帶晚花 雪裡江船渡風前徑竹斜 綠垂
風折竹紅綻雨肥梅 自開茅屋趣只愛竹
床眠（俱杜甫） 竹徑通幽處禪房花木深
名香連竹徑清梵出花臺 客路緣楓岸家
人掃竹林（韓翃） 遙想蘭亭下清風滿竹林
（崔峒） 竹香滿幽寂粉節塗生翠（李賀） 裂
竹見直紋破竹見貞心（孟郊） 稚子脫錦繃
駢頭香玉滑 竹吹留歌扇蓮香入舞衣（儲
光羲） 江湖誰得似小艇竹林西 水竹宜
歌鳥煙霞媚酒人（俱馮琢菴） 摘花不插鬢

采柏動盈掬天寒翠袖薄日暮倚修竹（杜甫）
獨坐幽篁裡彈琴復長嘯深林人不知明
月來相照（王維） 來過竹裏館日與道相親
出入惟山鳥幽深無世人 明流紆且直綠
篠密復深一徑通山路行歌望舊岑（裴迪）
滿地種琅玕條枝蔭茅屋微風如有會一
一鳴寒玉 本是瀟湘人最愛瀟湘竹何處
丘中琴歷歷瀟湘曲（俱馮琢菴） 清溪繞一
灣種竹只數个朝來風籜疎落水青萍披（于
若瀛） 竹林吾所惜新筍好看守萬籜抱龍
見攢迸溢林數籜寵正稱寬莫教入汝口（盧
仝） 掩攢來玉塞顧影戀金門翠竹勞光彩
銀屏役夢魂羅衣香未歇猶是漢宮春（楊凝）
外方而內虛得道已無上不作魚郎竿還
劉仙人杖（陳眉公） 野竹攢石生蒼煙映江
島翠色落波深虛聲帶寒草龍吟曾未聽鳳
竹吹應好不覺蕭瑯碣貞心常自保（李白）
綠竹半含籜新梢纔出墻色侵書帙晚陰過
酒樽涼雨洗涓涓淨風吹細細香但令無剪
伐會見拂雲長 峽內淹留客溪邊四五家
古苔生迮地秋竹隱疎花塞俗人無井山田
飯有沙西江使船至時復問京華 青冥亦
自守軟弱强扶持味苦夏虫避叢卑春鳥疑
[軒墀]曾不重剪伐欲無辭幸近幽人屋霜根
結在茲 曉起家何事無營地轉幽竹光團
野色山影漾江流廢學從兒懶長貧任婦愁
百年渾得醉一月不梳頭（俱杜甫） 欲借淇
園勝凌霜挺萬竿月來金影碎風動玉聲寒
障暑陰堪息停雲秀可食相過惟二仲盡日
倚琅玕（申瑤泉） 惟我金蘭友宜過木竹居
春深寒食後人醉海棠初對局花陰靜憑闌
樹影疎時時能命駕敢酬此吾廬（馮琢菴）

綠竹半含籜新梢纔出牆色侵書帙晚陰過酒罇
桿籜深雅有凌寒操能虛應世心拂雲不須
待常對小庭陰〔宋□〕有竹見庭好當盃
意轉親清聲風間出文影日斜陳灑遊迎根
直天空寫葉真知君杜寒暑長伴夜吟身
歲暮看吾輩蕭疎賴此君橫枝馴怪石直節
藐寒雲松傲低為伴梅清飄不群有時當積
雪秉燭倚宵分〔明□□〕幽居思伴侶唯
有此君宜蕭颯既同我清空亦可師吟時聲
應和步處影追隨不作人間態炎涼意便移
〔王德操〕庭竹翠交加虛窗卓碧紗盤栽金
線草臺長玉簪花雨過留殘日雲歸帶晚霞
未能消暑悶閑步聽池蛙〔顧氏〕茲軒最洒
落歷歷種琅玕畫薄雲稀蕭蕭風雨寒翠
陰涼晏坐疎韻咸清歡鎗鏘裁夏扇玉筍供
春盤晴蝸搭葉底瞑雀投林端幽興遇物愜

高懷隨處安且免一日無何須千畝寬〔司馬
君實〕此州乃竹鄉春筍滿山谷山夫折盈
把抱來早市鬻物以多為賤雙錢易一束置
之炊甑中與飯同時熟紫籜折故錦素肌擘
新玉每日遂加餐經時不思肉久為京洛客
此味常不足且食勿踟躕南風吹作竹〔白居
易〕筍添南陌竹日日成清閟籜節已儲霜
黃苞猶掩翠出欄抽五六當戶羅三四高標
陵秋嚴貞色奪春媚稀生巧補林併出疑爭
地縱橫乍依木爛熳忽無次風枝未飄吹露
粉先含淚何人可攜玩清景空瞪視〔韓昌黎〕
花妍兒女姿零落一何速竹比君子德猗猗
寒更綠京師多名園車馬分馳逐春風紅紫
時見此蒼翠玉凌亂迸青苔蕭疎拂華屋森
森日影閑濯濯生意足幸此讀書窗寧辭
[illegible]

〔□永叔〕[illegible]
水內高入浮雲端甚與見物意不顧剪伐殘
東偏若面勢戶牖永可安愛惜已六載茲晨
去千竿蕭蕭見白日洶洶開奔湍虛堂匪淨
麗養拙異考槃草茅雖蘼蕪衰病方少寬洗
然順所適此足代加餐寂無斤斧響庶遂憩
息歡〔□□〕昔公憐我直比之秋竹竿秋來
苦相憶種竹庭前看失地顏色改傷根枝葉
殘清風猶淅淅高節空團團鳴蟬聒暮景跳
蛙集幽欄塵土復晝夜梢雲良獨難丹丘信
云遠安得臨仙壇瘴冬草綠何人驚歲寒
可憐亭亭幹一一青琅玕孤鳳竟不至坐傷
時節闌〔元稹〕北饌厭羊酪南庖豐筍菜自
北初落南幾為兒所賣習知價廉平自態事
烹宰鹽稀枯腊瘦鳌漬真味壞就根煨茁美
登念炮烙饋咀吞千畝餘胸次不蔕芥二妙

谷能詩才名動江介論詩多佳句膾炙甘我
嘬思君恩養竹萬籟聽秋噫從此繞籬下
令禁漁來

七言

風含翠篠涓涓靜　竹寒沙
碧浣花谿　惡竹應須斬萬
竿〔黃山谷〕春日鶯啼修竹裡　青青竹筍迎船出
白白江魚入饌來　橙林礙日迎風葉籠竹
和烟滴露梢　白沙翠竹江村暮相向柴門
月色新　竹裡行廚洗玉盤花邊立馬簇金
鞍　不見湘妃鼓瑟時至今斑竹臨江活
于規夜啼山竹裂王母晝下白雲衢　雙峯
寂寂對春臺萬竹青青送客盃　巳傳童子
騎青竹總擬橋頭待使君　拾遺曾奏數行
書懶性從來水竹居〔俱杜子美〕已從子美
得桃竹不向安期覓棗瓜〔東坡〕惟有蕭蕭
庭下竹當年曾對舞衣斑　白尺樓邊人語
靜千竿竹外月華飛 [illegible]

他年到錦竹亭亭出縣高江上舍前無此物
幸分蒼翠拂波濤　堂西長笋別開門塹北
行椒卻背村梅熟許同朱老喫松高擬對阮
生論【杜甫】　一枝斑竹渡湘沅萬里行人感
別魂知是娥皇廟前物遠隨風雨送啼痕【劉】
【[illegible]】　負郭依山一逕深萬竿如束翠沉沉從
來愛物多成癖辛苦移家為竹林【李涉】　一
雷驚起傳龍兒戢戢滿山人未知急喚蒼頭
斸煙雨明朝吹作碧參差　溪上殘春黃鳥
稀辛夷花盡杏花飛始憐幽竹山窗下不改
清陰待我歸【錢起】　所取青光寫楚詞膩香
春粉黑離離無情有恨無人見露壓煙啼千
萬枝【李長吉】　新篁小閣午風飄何處朱唇
印洞簫鴛鴦慣從花下立一雙添出許多嬌
　蕭蕭幾餘碧琅玕高節偏宜歲暮看點染
秋房渾如洗瀟湘江上不知寒【丁明登】　窗
前脩竹兩三竿蒼翠尤宜雨後看玉輦不來
門自掩水禽啼過玉闌干【聶大年】　短墻修
竹繞空庭画檻朱欄夜不扃極目烟霞秋色
裡亂山重疊半含青【陸鄉子】　竹萌含露供
朝食餘籜猶堪劉氏冠不道道人心死盡雨
來猶作化龍看【王鳳洲】　幾點苔痕上翠筠
千秋常見淚痕新從他帝子誇江渚不是蒼
梧望裡人【前人】　翠筠點點滴珊瑚帝子春
魂若可呼夜半洞庭風雨過不將清淚滴蒼
梧【陳眉公】　不用山僧供帳迎世間無此竹
風清獨拳一手支頤臥偷眼看雲生未生【葛】
【敏修】　斸取江干老竹根携歸家去長兒孫
他年勁節干霄起招得丹山彩鳳鶱【王叢臣】
　無數春笋滿林生柴門密掩斷人行會須
上番看成竹客至從嗔不出迎【[illegible]】　蔡叢
[illegible]白玉嬰極知取介[illegible]

出別苦節乃與生俱生我見魏徵殊嫵媚約
束兒童勿多取人才自古要養成放使干雲
戰風雨　宜烟宜雨又宜風拂水藏春復
檻移得蕭騷從遠寺洗來疎淨見前峯侵堦
蘚拆春芽逆繞逕莎微夏蔭濃無賴杏花多
意緒數枝芽翠好相容【鄭谷】　龍鱗滿床波
浪溼血光點點湘娥泣一片晴霞凍不飛深
沉盡訝斂人立百朶桃花蜀纈明珊瑚枕滑
葛衣輕暑窗獨臥曉不起冷浸羈魂錦江[illegible]
　濃綠疎莖遶湘水春風抽出斂龍晁色[illegible]
霜花粉黛光枝撑蜀錦紅霞起交戛敲欹無
俗聲滿林風曳刀槍橫纖痕苦雨洗不落猶
帶湘娥淚血腥【[illegible]】【才調集】　南軒移植自西
壇瘦玉亭亭十數竿得法未應輸老柏植根
兼得近幽蘭雖無濃艷包春色自許貞心老
歲寒百卉千花盡零落請君來向此中看【[illegible]】
【懋】　分得亭亭綠玉枝雨餘生意滿階除凌
霄已展疎疎葉護粉聊營短短籬肯信移來
眞是醉不愁俗在未能醫人間此夜頻前席
涼月虛窗更自宜【文徵明】　浮雲忽自散琳
琅解籜依然抱雪霜應是鳳苞揚素彩非關
蝶翅賦瓊芳銛華半染湘妃淚玉筍微含漢
署香不見侍中頻拭面曉來新雨沐蒼筤【申】
【瑤泉】　萬竿晴拂渭川烟解籜瓊枝自藹然
湘水裙腰來珮冷葛陂雲護玉龍眠看來翻
恨何郎妬藏處應將漢署遶六月林間猶帶
雪可留清韵待群賢【鄔雲霄】　新抽翠篠碧
干妝皜質輝輝抱節長操幹未須逢越女解
苞疑是試何郎痕銷乍染三湘淚素積猶疑
九月霜僕射盤中勞記事未裁斑管已含光
【王若虛】　綠蔭休誇蔣詡居輸君筆底有璚
琚節經凍雪凌風勁色擬鮮霞向日舒截管

[illegible]
[illegible]
蓋所同何[illegible]一月無此[illegible]屈原[illegible]
凡亨不[illegible]翔群[illegible]
孩于碧雲晨呼阿[illegible]出瀟湘[illegible]
文愼莫學[illegible]大令又學張[illegible]
[illegible]舟但過賢俗士[illegible]桐[illegible]夕[illegible]王[illegible]
竹里名依華子岡何年[illegible]傍此君堂[illegible]
裊[illegible]界珠細勁節凌霄綠[illegible]數畝繁陰[illegible]
蔭[illegible]竿疎雨過瀟湘[illegible]孝園中月[illegible]
拂元鄉徑[illegible]未裁[illegible]奏秦簫欲[illegible]
鳳先翔[illegible]隔慢琴[illegible]冷[illegible]倚廊池冰麻香
居士風流還洛下[illegible]人消[illegible]宇山陽異時看
[illegible]同[illegible]好獨有王[illegible]與[illegible]招得[illegible]
[illegible]鳳[illegible]墨花倚[illegible]竹[illegible]芽孤芳怕有[illegible]
門忌疎節愁將野[illegible]遮破[illegible]數蓋折[illegible]

群芳譜　卷全　竹譜　二十九

城裹取幾竿斜三[illegible]相似九畹[illegible]
[illegible]不差羅袖雙携香[illegible]一晨翠[illegible]
[illegible]紅葉空春雨[illegible]青山自晚霞珍重
兩園[illegible]絕意女郎[illegible]

二如亭群芳譜竹部卷之全　終

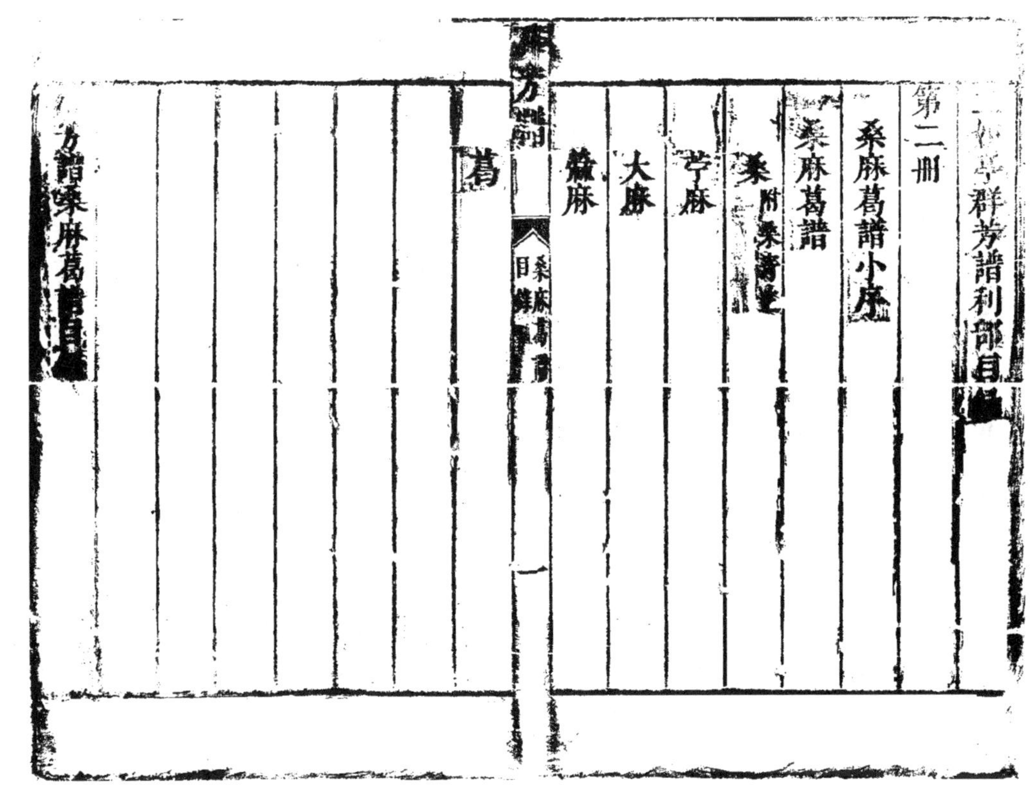
二如亭群芳譜利部目錄

第二冊

群芳譜　桑麻葛譜目錄　一

群芳譜桑麻葛譜目錄　終

二如亭群芳譜

桑麻葛譜小序

易二六黄帝堯舜垂衣裳而天下治而條桑載績刈葛歌絺綌詩人不憚詳言之豈非衣被之利賚於含生者要哉顧衣取諸帛則桑重衣取諸布則麻葛重桑有桑之利麻葛有麻葛之利則藝爲尤重樹藝無法將取不時無怪乎詩人愴怳心憂而致慨於瘼民也月令季春后妃齋戒享先蠶而躬桑以勸蠶事周禮宅不毛者有里布重其禮嚴其罰此老者得以衣帛黎民不至號寒而太和在宇宙間也作桑麻葛譜

濟南王象晉藎臣甫題

二如亭群芳譜桑麻葛部卷全

濟南 王象晉藎臣甫 纂輯

松江 陳繼儒仲醇甫

虞山 毛鳳苞子晉甫 仝較

寧波 姚元台子雲甫

濟南 男王與齡 孫王士雅 詮次

桑麻葛譜

桑

箕星之精也東方自然神木之名其字象形蠶所食也皮葉榦疎葉而深綠光澤多刻缺方書稱桑之功最神在人資用尤衆其小而條長者爲女桑種類甚多世所名者荊與魯也荊桑多椹葉薄而尖邊有瓣凡枝葉堅勁者皆荊類也魯桑少椹葉圓厚而多津凡枝葉豐腴者皆魯類也荊類根固而心實能久宜爲樹魯類根不固心虛不能久宜爲地桑荊葉不如魯葉之盛當以魯條接荊則久而又

大僻爲地桑有壓條法傳轉無窮茲亦可以久遠者也荆桑飼蠶其絲堅韌中紗羅用魯桑宜飼大蠶荆桑宜飼小蠶此外又有檿桑山桑禹貢厥篚檿絲是也桑生黃衣謂之金桑木將稿蠶食必病樹下每年耕肥糞則葉肥嫩構接則葉大桑白皮和小水肺中有水氣及肺火有餘者用之葉多種荒年可濟饑亦可喂猪羊牛馬蠶事畢令人採取晒乾收貯備用

桑皮須土內土者有毒

○製用　桑椹熬膏入少蜜煉湯調服止渴鎮嗽　桑葉久熟可代茶　嫩桑葉煠香熟飲久服不患腦風　桑花能止瀉腸止血消熱　桑耳一名五鼎芝作羹用益人

桑蕈一名桑蛾一名

○種植　蠶種時二種平段子收貯勿令泥濕將種時先以柴灰淹一宿次日水淘取沉水者晒令稍乾去水氣種乃易生宜肥地有草鋤淨冬月澆糞二苗長尺許留稍旺者待至指大移栽五尺一株大約種子不若壓條

桑椹蠶如乾桑法上日蠶耳桑根壓花也

壓插　旺桑肥澤者就馬蹄處劈下開土內堀一尺許埋實自然生根先桑壓後過年下從隔斷之但取水氣封泥多著水爲要旨云平原淤壤土地肥虛荆園則據可宜魯桑山地土脈堅硬止宜荆桑

土壓則不生至入濕數次蠶收

氏必用云種藝在審時又合地宜使不失其中春分前十日爲上時當發生也十月小春木氣長生也亦可壓桑有三宜時宜和包宜固壅宜厚大抵天氣晴明巳午時借其陽和如栽子巳出忽變天氣即以熱湯調泥培之暑月必待晚凉仍預于園中稀種麻麥爲蔭惟十一月不生農桑撮要云十二月內掘坑深闊約二小尺却于坑畔取土糞和成泥漿桑根埋定糞土培壅將桑栽向上提起則根舒暢復土壅實地平次日築實切不可動搖其桑加倍榮旺勝如春栽　又法將桑根浸糞水內一宿掘坑栽之栽宜淺種以芽稀者爲上諺云臘月栽桑桑不知［便民纂要］

桑　高者用梯摘㢮不傷枝違出蠶枝當用闊刃鋒利扁斧轉腕回刃向上斫之枝查既順津脉不出葉必復茂諺曰斧頭自有一倍葉此善用斧之效也桑桑高枝不勝梯須留桑几如高機下列二機作登級斯易摘葉又不傷樹

培桑　凡耕桑田不用近樹犁不着處劚土令起斫去浮根以蠶矢糞之根下埋龜甲則茂盛而不蛀生黃衣亦以此治之

修桑　削其小枝則葉茂去其枯枝則不荒蠶事畢將枝髡去但髡時不可留觜角及夏至開掘根下用糞或蠶沙培壅則生意鬱積來年嫩枯之葉更覺茂盛且皮可製紙枝可當柴兼有餘利

○收椹　于熟時摘取以水淘過略晒乾便種同二月法或畦種之便生即時多收椹子以待來春種尤佳收貯勿近濕壁牆邊則光損不生［農桑撮要］　五月收桑椹而水淘少曬爲畦而種之至冬而焚其稍乃明年而分種之［學山蠶經］

○附錄桑寄生益血安胎然難得真者誤用他寄生至於隕命者有之五嶺以南絕無霜雪最宜樹樹上多寄生木即山海經所謂寓木也而桑寄生以入藥名獨著梧之長洲饒有之採時須令并桑枝摘取不爾即雜以他木莫可辨 桑寄生酒出梧洲色白味頗清冽晉張華詩蒼梧竹葉清陳張正見詩浮蟻擅蒼梧皆謂此第釀者必和以燒酒以氣候炎蒸恐酒味易敗故耳飲勿過多

○療治 百種風熱椹汁三斗白蜜二合酥油一兩生姜汁一合重湯煑椹汁減半方入酥蜜等令勻每一合酒服甚妙 欬嗽吐血甚者鮮桑根白皮一斤米泔浸三宿刮去黃皮剉細入糯米四兩焙乾爲末每服一錢米飲下 消渴尿多入地三尺桑白皮炙黃黑

剉水煑濃汁隨意飲亦可入少米忌鹽 產後下血炙桑白皮煑水飲 血露不絕鋸截桑根取屑五指撮醇酒服日三 墜馬拗損桑白皮五斤爲末水一升煎膏傅之即止後無宿血亦不發 金瘡作痛新桑白皮煑汁服再入燒灰和乾馬糞塗上仍以皮裹之新桑葉汁亦可 物眯眼新桑白皮洗淨搥爛入眼撥之自出 髮落桑白皮剉二升水淹浸煑五六沸去滓頻洗 髮不澤桑白皮柏葉各一升煎汁沐之即潤 小兒重舌桑白皮煑汁塗乳上飲 小兒流涎脾熱脇有痰新桑白皮搗自然汁塗之效乾者煎水 小兒天吊驚癇客忤家桑東行根研汁服 桑白皮汁亦可 小兒火丹桑白皮煑汁浴或爲末羊膏和塗 石癰堅硬不作膿血者蜀桑白皮陰乾爲末鮮膠和酒調傅以軟爲度

桑根白皮 小兒鵞口桑白皮汁和胡粉塗之 小兒唇腫桑木汁塗即愈桑葉汁亦可 解毒桑白汁服一合須臾吐利自出 破傷風桑瀝和好酒溫服以醉爲度醒服消風散 水腫脹滿水不下滿溢水下則虛竭仍脹十無一活用桑心皮切水二斗煑一斗入桑椹再煑五升糯飯五升釀酒飲桑柴灰淋汁煑小豆食亦良 瘰癧結核桑椹黑熟者二斗取汁銀石器熬膏湯服一匙日三 骨哽取紅椹子細嚼先嚥汁後嚼滓新水送下乾者亦可 小兒赤禿桑椹取汁頻服 白禿黑椹入罌中曝三七日化爲水洗之三七日效 陰症腹痛桑椹絹包風乾過伏天爲末每服三錢熱酒下取汗 青盲宋仲孚患此十二年用此法二年目明如故新研青桑葉陰乾按日就地上燒存性每以一合于器

內煎減二分傾出澄清溫熱洗冷即重湯頓熱至百度屢試有驗正二月初八三五月初六四月初四六十一月初二七月初七八月二十九月十二十月十三十二月三十 風眼下淚臘月不落葉煎湯日日溫洗入芒硝少許 赤眼澁痛桑葉爲末帋卷燒烟薰鼻效 髮不長桑葉麻葉煑泔水頻洗 吐血曬桑葉焙研凉茶服三錢只一服止後用補肺肝藥 霍亂轉筋入腹煩悶桑葉一握煎飲一二服立定 大腸脫肛黃皮桑樹葉三升水煎帶溫罨納之 肺毒風瘡狀如大風用好桑葉洗淨蒸熟二宿日乾爲末水調二錢匙服 癰口不斂經霜黃葉爲末傅之 穿掌腫毒新桑葉研爛盦之愈 湯火傷經霜桑葉燒存性爲末油和敷二日愈 手足麻痺不仁霜後桑葉煎湯頻洗 變白

久服通血氣利五臟雞桑嫩枝陰乾爲末蜜丸每酒服六十丸　水氣脚氣桑條二兩炒香以水一升煎二合空心服無禁忌　風熱臂痛桑枝一升切炒水三升煎二升一日服盡許叔微云常病臂痛諸藥不效服此數劑尋愈　解蠱毒腹中堅痛面黃青色淋露骨立病變不常桑木心剉一斛水三斗煮二斗澄清微火煎五升空心服五合即吐出　刺傷手足犯霜水腫痛多殺人桑枝三條煻火炮熱斷之以頭熨瘡上令熱冷即易之畫二條剛瘡自爛仍取韭白或薤白敷上急以帛裹之有腫更作　紫白癜風桑枝十斤益母草三斤水五斗慢煮至五升去滓再煎成膏每臥時溫酒調服半合以愈爲度再以桑柴灰二斗甑蒸取釜內汁熱湯洗之妙　大便後血桑花水煎服爲末服止吐血　目赤腫

疼桑灰一兩黃連末半兩每一錢炮湯澄清洗　尸注鬼注其病變動自三十六種至九十九種使人寒熱恍惚默默不知所苦累年積月以至于死復傳親人宜急治之用桑樹白皮曝乾燒灰二斗甑中蒸透以釜中湯三四斗淋之又淋凡三度極濃澄清止取二斗漬赤小豆三斗一宿曝乾復漬灰汁盡乃止以豆蒸熟或羊肉或鹿肉作羹進此豆飯初食一升至二升取飽微者三四斗愈極者七八斗愈病去時體中自覺疼痒淫淫若根本不盡再爲之神效　水腫坐臥不得取東引花桑枝燒灰淋汁煮赤小豆每飢即飽食之忌鹽飲　除痣取桑條燒灰淋汁入石灰熬膏自巳唾調點之自落　大風惡疾眉髮脫落桑柴灰熱湯淋取汁洗頭面再以水研大豆漿解灰味狀用熱水入菉豆粉濯之三日

洗頭一月一洗髮不落[illegible]人腫痛欲死桑灰汁漬之冷即易　蛇蜈蚣咬傷桑白皮汁塗之效桑葉挼爛塗之亦佳　猘傷風水腫痛入腹則殺人桑灰汁漬之冷復易　頭風白屑桑灰汁沐之良　少小鼻衄小勞輒出桑耳炒焦搗末每發時以杏仁大塞鼻中數度可斷　五痔下血桑耳作羹空心飽食三日一作待孔中痛如鳥啄狀取大小豆各一升合搗作兩囊蒸之及熱更互坐之即瘥　脫肛瀉血桑黃一兩熟附子一兩爲末煉蜜丸梧子大每米飲下二十丸　血淋疼痛桑黃槲白皮各二錢水煎服日一次　月水不斷肉色黃瘦血竭暫止數日復發小勞輒劇久疾失治者皆可服桑黃焙研每服二錢食前熱酒下日二服　崩中漏下桑耳炒黑爲末酒服方寸匕日三服取效

赤白帶下桑耳切碎酒煎服　遺尿且澀桑耳爲末每酒下方寸匕日三　留飲宿食桑耳二兩巴豆一兩去皮五升米下蒸過和棗膏搗丸麻子大每服一二丸取利止　心下急痛桑耳燒存性熱酒服二錢　瘰癧潰爛桑黃菰五錢小紅豆一兩百草霜三錢青苔二錢片腦一分爲末雞子白調敷以車前艾葉桑皮煎湯洗之　咽喉痺痛五月五日收桑耳白如魚鱗者臨時搗碎綿包彈子大蜜湯浸含之立效　面上黑斑桑耳焙研每食後熱湯服一錢一月愈　足趾肉刺先以湯浸刮去一層用黑木耳貼之自消爛不痛

○典故　天子諸侯必有公桑蠶室后妃齋戒享先蠶而躬桑以勸蠶事【周禮】　黃帝元妃西陵氏儽祖始勸蠶事月大火而浴種夫人副禕[illegible]躬桑【王禎農書】　皇后躬桑始將

一條執筐受桑將三條[illegible]
筐者以桑受蠶母以桑適金室【晉后[illegible]】
皇后親桑以奉祀服【漢文帝詔】后[illegible]
為天下先【漢景帝詔】太后幸蠶館率[illegible]
及列夫人桑【漢元帝紀】武帝太康中[illegible]
宮皇后躬親依漢魏故事【晉史】孝武[illegible]
后親桑循晉禮也【宋史】置蠶室皇后[illegible]
于所【北齊書】皇后至蠶所桑【後周[illegible]】
后親桑于位【隋史】扶桑在陽州日所[illegible]
【[illegible]】天下之高者扶桑無枝葉上至于天
下遙三泉【[illegible]】扶桑在碧海中上有天
帝宮東王公所治樹長數千丈兩兩同根更
相依倚仙人食其椹體作金色【[illegible]】東
北海外圓丘之南有三桑木長百仞無枝【[illegible]】
【[illegible]】伊尹生于空桑 伊陟相太戊亳有
桑穀共生于朝七日而大拱【[illegible]】孔子母
徵在游于大塚之陂睡夢黑帝使請往交語
曰汝乳必于空桑覺則若有所感後生孔子
于空桑之中【孔演圖】子產相鄭開畝樹桑
鄭人謗誓【韓非子】【史記】始皇遣徐福入海
求三山不死之藥金樓子曰聞鬼谷先生言
故遣之求金桑玉蘇及一寸椹此說亦異
張堪為太守下姓歌之曰桑無附枝麥秀兩
岐張君為政樂不可支【漢紀】申屠蟠耻郡
無處士遂閉門養志為蓬室依大桑以為棟
梁【漢史】先主宅東南角籬下有桑樹高丈
餘遙遙童童若羽葆車蓋往來者皆怪其非
凡謂當出貴人先主少時與宗中諸兒戲于
樹下曰我必乘此葆羽車蓋【蜀志】元帝永
光元年三月隕霜殺桑時石顯川事 龐士
元師事司馬德操不於小名人莫知之德操
[illegible]桑[illegible]士元[illegible]與談[illegible]

其言若神遂移日忘食德操於是重之 高
弘為瑯琊相妻子不入官舍用桑柘盛樂【後[illegible]】
【漢書】楊沛為新鄭長課民蓄桑椹豐豆[illegible]
得千餘斛太祖軍乏粮沛進之後遷鄴令【[illegible]】
【晉書】愍懷太子孕時有桑生于西廂數日而
枯十二月太子生【晉書】遼初無桑慕容廆
通于晉求種江南平州之桑悉縣吳來【後[illegible]】
【[illegible]錄】太祖宅在武進宅南有桑樹高三丈橫
出四枝如車蓋太祖方數歲游其下從兄敬
宗謂曰此樹為汝生也【齊書】襄陽土俗凡
鄰居必種桑界上以為誌韓係伯以桑蔭妨
鄰人地遷開數尺鄰人隨侵之係伯輒又改
種鄰人慚還所侵地【同前】金末大饑至夏
桑椹熟民皆採食獲活者不可勝計【金史】
〇麗藻散語 五畝之宅樹墻下以桑【孟子】桑
之未落其葉沃若吁嗟鳩兮無食
桑椹 桑之落矣其黃而隕 肅肅鴇行集
于苞桑 鳴鳩在桑其子七兮 蠶月條桑
取彼斧斨以伐遠揚猗彼女桑 菀彼柔桑
其下侯旬捋采其劉瘼此下民【俱詩】季春
之月具曲植蘧筐后妃齋戒親東鄉躬桑禁
婦女毋觀省婦以勸蠶事【禮月令】桑柳醜
條【爾雅】麻姑云接待以來見東海三 惟
為桑田【葛洪】 維六龍於扶桑【劉向】 賦 蠶
有功萬世歸美廣物產之貨貲作人生之衣
被仲春之月天子詔后以躬桑大昕之朝內
宰告期而命祀于是詣靈壇降寶殿翠障夾
乎道鳳輦翔于幾何順春氣于東方朝先
蠶于北面具夫青縹之服侑以芳馨之薦當
其疊承寵命適對韶光擇世婦于十吉受鞫
衣于明堂崇開禁館始入公桑授條有三聽
女尚書之勸止執筐不再受官夫人之尋得

謂之以坤儀之柔順視之以母道之慈良繇羲以來厥養至于千薄獻繭之後諒化被于多方命繅治以成絲爰趨工而侯織玄黃朱綠染各精明黼黻文章參同品色【王禎[illegible]】

【賦】

贊

有星天駟象四神龍惟蠶辰生厥精寔通孕卵而出寓食桑中惟君立后鍼縷中宮旣正母儀普師婦工建茲繭館桑必以躬爰制衮服郊廟是供【王禎農書】

詩五言

桑柘起寒烟【謝玄暉】 枯桑知天風【古詩】 叢枝落帝桑【唐詩】 但願桑麻成蠶月得紡績【江總】 翳翳桑榆日照我征衣裳 五月梅始黃蠶凋桑柘空【李白】 藹藹桑麻交公侯爲等倫 天用莫如龍有時繫扶桑【杜少陵】 出自薊北門遙望胡地桑枝枝自相植葉葉自相當【曹子建】 蠶生春三月春桑正含綠女郎採春桑歌吹當春曲【古樂】

【府】 採桑盛陽月綠葉何翩翩攀條上樹表牽懷紫羅衫 秦地羅敷女採桑綠水邊素手綠條上紅粧白日鮮蠶饑妾欲去五馬莫留連【李白】 翳翳陌上桑南枝交北望美人金梯出手自提竹筐非但畏蠶饑盈盈嬌路傍【常建】 用拙存吾道幽居近物情桑麻深雨露燕雀半生成村鼓時時急漁舟箇箇輕杖藜從白首心跡喜雙清【杜甫】 美女渭橋東春還事蠶作五馬如飛龍青絲結金絡不知誰家子調笑來相謔妾本秦羅敷玉顏艷名都綠條映素手採桑向城隅使君且不顧況復論秋胡寒螿愛碧草鳴鳳棲青梧託心自有處但怪旁人愚徒令白日暮高駕空踟躕【李太白】 野外罕人事窮巷寡輪鞅白日掩荆扉虛室絕塵想時復墟曲中披草共來往相見無雜言但道桑麻長桑麻日已長吾

土日已廣常恐霜霰至零落同草莽【陶淵明】 厚地植桑麻所用濟生民生民理布帛所求活一身身外充征賦上以奉君親國家定兩稅本意在愛人厥初防其僞明敕內外臣稅外加一物皆以枉法論奈何歲月久貪吏得因循役我以求寵斂索無冬春織絹未成疋繅絲未盈斤里胥逼我納不許暫逡巡歲暮天地閉陰風生破村夜深烟火盡霰雪白紛紛幼者形不蔽老者體無溫悲喘與寒氣併入鼻中辛昨日輸殘稅因窺官庫門繒帛如山積絲絮似雲屯號爲羨餘物隨同獻至尊奪我身上煖買爾眼前恩進入瓊林庫歲久化爲塵【白樂天】

七言

繅成白雪桑重綠【王介甫】 起居八座稱觴日遙指扶桑海上霞【馮琢菴】 舍西柔桑葉可拈江上細麥復纖纖人生幾何春已夏不放香醪如蜜甜【杜子美】 鵝湖山下稻粱肥豚穽雞塒半掩扉桑柘影斜春社散家家扶得醉人歸【張演】

【[illegible]】 女桑新綠映宮槐三月春風戴勝來織就鴛鴦錦千疋金刀先取合歡裁【陳眉公】

詞

一夜春波釀作藍曉桑柔葉綠鬖鬖丫鬟十五太嬌憨 纖作雙魚成比目偷將百草鬭宜男更無心緒餵春蠶【王元美浣溪沙】

【[illegible]】

績麻也有二種一種紫麻一種白苧出荆揚閩蜀江浙今中州亦有之皮可績布苗高七八尺葉如楮面武青武紫背白有短毛花青如白楊而長夏秋間着細穗一朶數千穗白

色子熟茶褐色根黄白而輕虚一科數十莖宿根在地到春自生每歲三刈每畝得蔴三十斤少亦不下二十斤每斤三百文過常麻數倍又有一種山苧頗相似蠶最惡麻凡麻枲之屬近蠶種則不生戒之

○移栽 苧已盛時宜于周圍掘取新科如法移栽則本科長茂新栽入多或如代園種竹法于四五年後將根科最盛者間一畦移栽一畦截根分栽或壓條滋生此畦既盛又掘彼畦如此更代滋植無窮將欲移栽預選秋耕熟肥地更用細糞糞過來春移栽地氣

動爲上時萌芽爲中時苗長爲下時周圍離一尺五寸作區移栽擁土畢以水淹之若夏秋須趁雨後地濕連土于近地栽亦可苗高數寸即用大糞和半水澆之最忌豬糞或曰苧月月可栽但須地濕一云苧根忌見星月堂屋内收藏若露地須用苫蓋使見星月即變野苧

栽根 用刀將根截作三四指長栽時四圍各離一尺五寸作區每區臥栽三二根擁土畢方澆水三五日再澆苗高勤鋤旱則澆之第二年方堪再刈至年久根科盤結不旺掘根分栽若欲致遠須少帶原土衆以蒲包外用蓆包掩合勿透風日數百里外亦可活

種子 三四月下種園圃有井及臨河處俱可沙地爲上雨和地次之斸土一二遍作畦闊半步長四步再斸一遍用杴背浮按稍實再杷平隔宿用水飲畦明旦細齊杷浮起再杷平隨用潤[illegible]勻撒一合子可種六七畦撒畢苕箒輕輕掃合用覆土則不出搭棚三尺高加細箔遮盖五六月炎熱時箔上加苫重盖不則晒死未生芽或苗初出不可澆水用炊箒細洒水于棚上常令濕潤每夜及天陰去箔以受露氣苗出有草即拔去苗高三指不須用棚如地稍乾用水輕澆約長三寸選稍壯地作畦移栽隔宿飲苗明旦將空畦澆過帶土撅苗移栽相離四寸頻鋤三五日一澆二十日後十餘日一澆十月後用牛馬糞盖厚一尺庶不凍死二月後耙去糞令苗出以後歲歲如此若北土春月亦不必去糞即以作壅可也凡盖用糞壤諸雜草穢敝蓆舊薦俱可子種者三四年之後方堪一刈切忌太早

刈麻 每歲可割三鐮頭次見根旁小芽高五六

分大麻即可割大麻既割小芽便盛即二次麻若小芽過高大麻不割不惟芽不旺又損大麻大約五月初割一鐮六月半或七月初割二鐮八月半或九月初割三鐮諺曰頭苧見秧二苧見糠三苧見霜惟二鐮長疾麻亦最好割後即以細糞壅之旋用水澆必以夜或陰天若日下澆則皮有繡痕

剝麻 刈倒時隨用竹刀或鐵刀從稍分開剝下皮即以刀刮其白瓤其浮上皺皮自脫得其裏如筋者煑之剝麻春夏和暖時與常法同若冬月用溫水潤濕易爲分劈首苧粗勁堪爲粗布二苧稍柔細惟三苧甚佳堪爲細布刮苧之刀煅鐵爲之長三寸許捲成小槽内插短柄兩刃向上以繩爲用仰置手中將所割苧皮横覆刃上以大指就按刮之苧膚即脫

漚麻 縛作小束搭房上夜露晝晒五七日

自然潔白若值陰雨寺煙塵風遶蒸[illegible][illegible]一兩即黑一云績既成纏作纏子于水盆內浸一宿紡訖用桑柴灰淋水浸一宿撈出每纑五兩用淨水一盞細石灰拌勻停一宿至來日擇去石灰却用黍稭灰淋水煮過自然白軟曬乾再用清水煮一度別用水擺極淨曬乾逗成纏鋪經織造與常法同一云紡成纑用乾石灰拌和夏三冬五春秋酌中抖去別用石灰煮熟待冷于清水中濯淨然後用蘆簾平鋪水面攤纑于上半浸半曬遇夜收起瀝乾次日如前候纑極白方可織布此池漚之法須假水浴日曝而成善績者麻皮一斤得績一斤織布一疋次者斤半又次二斤三斤其布柔韌潔白比常布價高一二倍又曰漚麻者但如法漚訖方績作纑經緯成布非先績後漚也亦有用本色績纑者夜露晝曬數

日便績成纑待成布後方練白若如治葛者刈後即蒸熟剝之不復練矣用此作布更柔而且紉

收種　收子作種須頭苧者佳九月霜降後收子曬乾以濕沙土拌勻盛筐內以草蓋覆若凍損則不生二苧三苧子皆不成不堪作種種時以水試之取沉者用

○製用　苧根味甘性寒滑無毒能補陰破血行滯消熱刮洗去皮切片浸去惡水煮極熟食之甜美徉頭中有綿苇之和粉食可救荒

○療治　哮嗽苧根煉存性為末生豆腐蘸食三五錢効未愈以肥猪肉蘸食甚妙　胎欲墮痛不可忍苧根三兩剉銀五兩酒一盞水一大盞煎去滓不拘時作二次溫服　妊婦忽下黃汁如膠或胎漏下血如小豆汁苧根切二[illegible]去黑皮[illegible]二斤水九升煎四升入酒一升煎至一升分二服　產後[illegible][illegible]育[illegible]血漬苧汁溫服　產後血暈桃苧麻即止　產後腹痛苧麻安腹上　天行熱疾煩渴發狂服金石心熱發渴煮苧汁服　癰疽發背苧根葉熟搗敷之數易愈或發乳房初發微赤不急治即死治如上　小兒丹瘤苧根三斤小豆四升水三斗煮濃汁浸洗妙　脫肛苧根搗爛煎湯薰洗　小便不通苧麻蛤粉各半兩為末每服二錢空心新汲水下再用苧根洗研攤絹上貼小腹連陰際須臾即通　五淋苧根二莖打碎水一鍾半煎半鍾頓服即通甚妙　骨鯁搗苧根汁灌之立効又搗碎丸龍眼核大雞骨雞湯下魚骨魚湯下　毒箭及蛇虫咬搗苧根罨之　蠶咬者苧汁飲之愈　金瘡五月五日取葉合石灰搗作團為末敷之即時血止且易結痂　於

血不散五六月收野苧及紫蘇葉搗爛敷之如瘀在腹順流水絞汁服血皆化水春冬用桃葉亦可

○麗藻　辭　白苧白質如輕雲製以為袍餘作巾袍以光軀巾拂塵〔古辭〕　詩七言句　北方佳人東鄰子且吟白苧停綠水〔[illegible]〕白苧新裁梁汗香輕風灑灑搖羅幌

〔[illegible]〕

〔[illegible]〕

〔大麻〕一名火麻一名好麻一名漢麻雄者名枲牡麻雌者名苴麻莩麻莖高五六尺枝葉扶疏葉狹而長狀如益母草葉一枝七葉或九

葉五六月開細黃花成穗隨即結實大如胡荽子而大剥其皮作麻績之可爲布其稭白而有稜細者可爲燭心

○麻勃 麻花也治一百二十種惡風惡血遍身苦癢及金瘡内漏通女人經候范汪治健忘方七月七日收麻勃一升人參二兩爲末蒸令氣遍臨卧服一刀圭外臺言生疔腫人見麻勃即死用胡麻針沙燭燼爲末醋和敷之效齊民要術云既放勃拔去雄者未放先拔則不成子 麻蕡 一名麻藍一名青葛麻子之連殼者故周禮朝事之籩供蕡月令食麻與大麻仁可食蕡可供稍有分别殼有毒仁無毒春種者爲春麻子小而有毒夏

種爲秋麻子入藥利五臟破積止痺散膿壓油可油物入土者殺人麻子海東毛羅島來者大如蓮實最勝上郡北地者大如豆南地者子小 麻仁 潤五臟利大腸風熱結燥及熱淋婦人倒產吞二七枚即止多食痿陽女人發帶疾麻仁最難去殼用帛包浸沸湯中至冷取出垂井中一夜勿着水次日日中曝乾即于新瓦上挼去殼簸取仁粒粒皆完 麻葉 擣汁服下蚘蟲擣爛敷蠍螫效 葉一握子五升擣和浸三日沐髮長潤令白髮不生同根擣汁服治撾打瘀血心腹滿氣短及踠折骨通皆效如無以麻代 麻根 熱淋下血不止取三九枚洗淨水五升煮三升分服神驗 麻油 炒黑壓油搽頭治髮不生時時飲之治硫黃毒又治咽喉痹 漚麻汁 止消渴治瘀血

○種植 取斑黑麻子種地須耕[illegible]一畝用子三升二月爲上時四月初爲中時五月初爲下時大率二尺留一株密則不成鋤須淨荒則少實五穀地近道處種之六畜不犯豆地種則兩損六月中可於空處種蔓菁子氾勝之書曰高一尺加蠶屎或熟糞天旱以流水澆之井水須少曝以殺其寒氣澆不欲數霜後實成速砍種宜巳亥辛巳壬申庚申戊申及正月三卯日忌寅未日辛亥日種駱麻地宜肥濕早者四月遲者六月繁密處芟去則稈上生白膩時即刈攤宜薄東宜長 漚麻 少漚宜清水生熟要相宜麻一斤可取皮四兩

○製用 服食法麻子仁一升白羊脂七兩蜜蠟五兩白蜜一合和杵蒸食之不饑耐老

益氣 久服不饑麻子仁二升大豆一升熬香爲末蜜頭日二服平日投麻子二七粒井中辟瘟

○療治 治骨髓風毒疼痛不可運動用大麻仁水浸取沉者一大升曝乾於銀器中旋旋慢炒香熟入木臼中擣至萬杵待細如白粉止平分十帖每一帖取家釀無灰酒一大碗同麻粉用柳槌蘸入砂盆中擂之濾去殼煎至減半空腹溫服一帖輕者四五帖甚者不出十帖必效 治風水腹大腰臍重痛不可轉動及五淋澁痛老人風痺用冬麻子半斤研碎水濾取汁入粳米二合煮稀粥下葱椒鹽豉空心食大便不通同治 治脾約大便秘小便數麻子仁二升芍藥半斤厚朴一尺大黃枳實各一斤杏仁一升熬研煉蜜丸

桐子大每嚥水下十九日服不効[illegible]加一丸
瘧初起七月七日麻花五月五日麻葉等分
作炷灸百壯燒胡桃松脂研敷[illegible]
麻勃一兩蒲黃二兩為末酒服一錢七日三
夜一　風病麻木麻花四兩草烏一兩炒存性
為末煉蜜調成膏每服三分白湯調下　風
癲百病麻子四升水六升猛火煮令芽生去
滓煎取二升空心服之或發或不發或多言
語勿怪之但令人摩手足頃定進三劑愈
產後汗多大便秘難用藥惟麻子粥最穩不
惟產後可服凡老人諸虛風秘皆得力用大
麻子仁紫蘇子各二合洗淨研細再以水研
濾去汁一盞分二次煮粥啜之　產後瘀血
不盡麻子仁五升酒一升漬一夜明旦溫服
酒一升不瘥再服一升不吐不下不得與男
子通一月將養如初　胎損腹痛麻子一升

杵碎熬香水二升煮汁服　妊娠心痛煩悶
麻子仁一合水二盞煎六分去滓服　月經
不通或兩月三月或半年一年者麻子仁二
升桃仁二兩研勻熟酒一升浸一夜日服一
升　嘔逆不止麻仁杵熬水研取汁着少鹽
喫立効李諫議常用極妙　下焦虛熱骨節
煩痛肌肉急小便不利大便數少氣吸吸口
燥熱淋用大麻仁五合研水二升煮減半分
服四五劑瘥　補下治渴麻子仁一升水三
升煮四五沸去滓冷服半升日二　消渴飲水
小便赤澀用秋麻子仁一升水三升煮三四
沸飲汁不過五升瘥　乳石發渴大麻仁三
合水三升煎二升時時呷之　飲酒咽爛口
舌生瘡大麻仁一升黃芩二兩為末蜜丸含
之　脚氣腫渴大麻仁熬香水研取一升再
入水三升煮一升入赤小豆一升煮熟食豆

飲汁　脚氣腫痺大麻仁一升研碎酒三升
漬三宿溫服良　血痢不止麻子仁汁煮綠
豆空心服極効　小兒痢下赤白體弱大困
麻子仁三合炒香研細末每服一錢漿水服
立効　大腸頭出寸餘痛苦乾則自落又出
名為截腸病若腸盡即不治但初覺截時用
器盛脂麻油坐浸之飲大麻子汁數升即愈
金瘡瘀血在腹大麻子仁三升葱白十四
枚搗爛熟水九升煮一升半頓服血出不盡
更服　腹中蟲病大麻子仁三升東行茱萸
根八升漬水平旦服二升至夜蟲下　小兒
疳瘡嚼麻子敷之日六七度　小兒頭瘡麻
子五升研細末絞汁和蜜傅之　白禿無髮
麻子炒焦研末豬脂和塗　髮落不生蕡麻
子汁煮粥頻食之　聤耳出膿麻子一合花
胭脂一分研勻作挺子綿裹塞之　大風癩

疾大麻子仁三升淘晒以酒一斗浸一夜研
取汁濾注瓶中重湯煮數沸收之每飲一小
盞兼服茄根散乳香丸効　卒被毒箭麻仁
數升杵汁飲　解射罔毒大麻子汁飲之良
辟禳瘟疫麻子仁赤小豆各二七枚除夜
着井中飲水良　赤游丹毒麻仁搗末水和
傅之　濕癬肥瘡大麻汁敷之五日瘥　瘭
疽出汁出手足肩背纍纍如赤豆狀剝淨大
麻子炒研末摩之　治瘧疾不止大麻葉不
問榮枯鍋內文武火慢炒香收起紙蓋令出
汗盡為末臨發前茶或酒下移病人原睡處
其狀如醉醒即愈又火麻葉如上法為末一
兩加縮砂丁香陳皮各半兩酒糊丸梧子大
每酒茶任下五七丸能治諸瘧壯元氣　麻
難衣不出破血壅脹帶下崩中不止麻根水
煮服効　撾打瘀血心腹滿氣短及腰折骨

痛不可忍麻根及葉搗汁服効無則以麻煮汁代之

○典故 鄭班與李愚同爲學士鄭閣下一麻生李曰承旨入相矣霜降成實乃白麻也是夜制出拜相用白麻【紺珠集】 嘉祐中崑山海上有一船桅折風飄泊岸船中三十餘人衣冠如唐人繫紅鞓角帶着短皂衫見人慟哭語言書字皆不可曉行則相綴如雁行久之自出一書示人乃唐天寶中屯羅島首領陪戎副尉又有一書乃上高麗表亦稱屯羅島皆用漢字蓋東夷之臣屬高麗者時贊善大夫韓正彥爲令召其人犒以酒食且使人爲治桅教以起仆之法其人喜各捧首謝而去船中有麻子大如蓮的土人求種之初歲亦如蓮的次年漸小數年後與中國麻子無異【崑山縣志】

○麗藻 散語 麻冕禮也 麻縷絲絮輕重同則賈相若【四書】 東門之池可以漚麻 麻衣如雪 丘中有麻彼留子嗟 禾麻菽麥 麻麥幪幪【俱詩】 詩 五言 青青屋東麻散亂床上書 烏麻蒸續曬丹橘露應嘗【俱杜少陵】 七言 楚人四時皆麻衣楚天萬里無晶輝【杜少陵】

【枲麻】說文云枲屬從朩不從林爾雅翼枲高四五尺或六七尺葉似苧而薄或作葈周禮典枲麻草注草葛蕡也種與麻同法葉團如蓋花黃結子如橡斗而面平中有隔外各有尖子如大麻子而黑有微毛與王麻子同時熟刈作小束池內漚之爛去青皮取其麻片潔白如雪耐水爛可織爲毯被及作汲綆牛索或作牛衣雨衣草履等具農家歲歲不可無者味苦平無毒治痢疾及眼翳瘀肉起拳毛倒睫

○製用 將檾子微炒將木作碓磨去殼馬尾羅篩作黃肉去焦殼每十兩可得四兩非此法不能去殼

○療治 赤白冷熱痢 蕡子炒研爲末一錢蜜湯調服 癰腫無頭 水吞蕡子一粒 一切眼疾 蕡子一升爲末豬肝批片蘸炙熟再蘸再炙藥盡爲末每陳米飲下一字日三 目翳久不愈 檾實爲末豬肝薄切滾藥慢火炙熟爲末醋丸桐子大每服三十丸白湯下 一方 檾納袋中蒸熟暴爲末蜜丸溫水下

【葛】一名黃斤一名鹿藿一名鷄齊處處有之江浙尤多有野生有家種春生苗引藤蔓長一二丈治之可作布根外紫內白大如臂長者七八尺葉有三尖如楓葉而長面青背淡七

月着花紅紫色纍纍成穗晒乾可喋食莢如小黄豆莢有毛緑色形扁如鹽梅子核生嘗腥七八月採

○葛根入土深者味甘辛無毒端陽午時採破之晒乾入藥解酒毒治消渴傷寒壯熱敷蠱蛇傷殺百藥毒壓丹石發瘡疹又可蒸及作粉食甚益人生者墮胎多食傷胃入土五六寸者名葛脰食之令人吐　花甘平無毒治腸風下血同小豆花乾爲末酒服飲酒不醉　葉金瘡出血挼傳之　蔓消癰腫燒研水服治卒然喉痺

○採葛夏月葛成嫩而短者留之一丈上下者連根取謂之頭葛如太長看近根有白點者不堪用無白點者可截七八尺謂之二葛

練葛採後即挽成綱緊火煑爛熟指甲剝看麻白不粘青即剝下長流水邊捶洗淨風乾露一二宿尤白安陰處忌日色紡之以纖

洗葛衣清水揉梅葉洗經夏不脆或用梅葉搗碎泡湯入磁盆內洗之忌用木器則黑

○療治　數種傷寒兼治天行時氣初覺頭痛內熱脉洪者葛根四兩水二升入豉一升煑取半升服生姜汁尤佳心熱梔仁十枚　傷寒頭痛二三日發熱者葛根五兩香豉一升以童子小便八升煎取二升分三服食葱粥取汁　妊娠熱病葛根汁二升分三服　預防熱病急黄賊風葛粉二升生地黄一升香豉半升爲散每食後米飲服方寸七日三服　辟瘴生葛搗汁一盞服　煩躁熱渴不止葛根半兩水煎服　乾嘔葛根搗汁服一升瘥　小兒嘔吐壯熱食癇葛粉二錢水二合調勻重湯盪熱以糜飲和食　心熱吐血不止生葛搗汁半升頓服立瘥　衄血不止生葛搗汁三服即止　熱毒下血因食熱物發者生葛根二斤搗汁一升入藕汁一升和服　傷筋出血葛根搗汁飲乾者煎服仍熬屑傅之　腰痛嚼生葛根嚥汁效　金創中風痓强欲死生葛根四大兩以水三升煑取一升去滓服口禁者灌之若乾者搗末調三指撮及竹瀝多服取効　服藥過劑苦煩生葛汁飲之乾者煎汁服　酒醉不醒生葛汁飲二升便愈　中諸藥毒發狂煩悶吐下欲死葛根煑汁服　中鴆毒氣欲絶者葛粉三合水三盞調服口禁者灌之　虎傷瘡生葛煑濃汁洗之仍搗末水服方寸七日夜五六服　婦人吹乳葛蔓燒灰酒服二錢三服効　癤子初起葛蔓燒灰水調傅　小兒口禁病在咽中如麻豆許令兒吐沫不能乳食葛蔓燒灰一字和乳汁點之即瘥

○典故　孟夏是月也天子服絺【月令】　任昉素清貧卒後其子西華冬月着葛帔練裙道逢劉孝標孝標泫然矜之乃著廣絶交論盡譏其舊交也【梁書】

○麗藻　散語　當暑袗絺綌【論語】　困於葛藟未當也【易】　葛之覃兮施于中谷維葉莫莫是刈是濩爲絺爲綌　綿綿葛藟在河之滸　彼采葛兮　葛生蒙楚蘞蔓于野【俱詩】　葛藟纍於桂樹兮鴟鴞集於木蘭【宋玉】

詩五言　交趾升砂重部州白葛輕

才暑[illegible]山葛三[illegible]
涼月白紛紛[illegible]香風散[illegible]
焉知南蕃客九月鋪絺綌　有客過茅宇[illegible]
兒正葛巾[illegible]　黃葛生洛溪黃花自
綿冪青煙蔓長條繚繞幾百尺閨人費素手
採緝作絺綌縫爲絕國衣遠寄日南客蒼梧
大火落暑服莫輕擲此物雖　秦城老翁
過時是妾手中跡李太白　七言　荊揚客慣
習炎蒸歲絺綌杜少陵　方士飛軒駐碧霞
酒香風冷月初斜不知誰唱歸春曲落盡溪
頭白葛花曹唐

二如亭群芳譜桑麻葛部卷全

二如亭群芳譜利部目錄

第二册

群芳譜棉譜目錄

二如亭群芳譜

棉譜小序

禹貢島夷卉服厥篚織貝蔡氏謂棉之精好者爲吉貝徐子先吉貝一疏載棉之利最詳與美利前民用仁人之言夫今棉之利遍宇內且功力視苧葛甚省績苧葛日以錢計紡綿四日而得一觔信其利遠出麻枲上也今北土廣樹蓺而昧於織南土精織紝而寡於蓺若以北之棉

學松之織利當更倍顧棉則方舟而鬻諸南布則方舟而鬻諸北此予先所爲嘆也予故撮其旨要俾務本者得覽焉作棉譜

濟南王象晉藎臣甫題

二如亭群芳譜棉部卷全

濟南　王象晉藎臣甫　纂輯

松江　陳繼儒仲醇甫

虞山　毛鳳苞子晉甫　同較

寧波　姚元台子雲甫

濟南　男王與胤　孫王士禄　詮次

棉譜

一名吉貝春月以子種稍似木葉綠似牡丹

而小花黃如秋葵而葉單幹不貴高長枝最喜繁茂結實三稜青皮尖頂纍纍如桃北人呼爲花桃熟則桃裂而絨現其絨如鵝毳較諸絲纊雖不無少遜然而用以絮衣甚輕煖子如珠可以打油油之滓可以糞地秸甚堅堪燒葉堪飼牛其爲利益甚溥種花之地以白沙土爲上兩和土次之喜高亢惡下濕秴花畢即剗去秸遍地上糞隨深耕之令陽和

之氣接入土內有力耕三遍隨耢平不致[illegible]乾如秋耕二遍正月地氣透或時雨過再耕一遍大約糞多則先糞而後耕糞少則隨種而用糞此其槩也須用熟糞麻餅亦佳南方唯一種可活數歲中土須歲歲種之其類甚多江花出楚絨二十而得五性强緊北花出畿輔山東柔細中紡織絨二十而得四浙花出餘姚中紡織絨二十而得七更有數種曰

黃蔕穰蔕有黃色如粟米大曰青核核青細于他種曰黑核核純黑色曰寬大衣核白而穰浮此四種二十而得九黃蔕稍强緊餘皆柔細中紡織又一種紫花浮細而核大絨二十而得四時布製衣甚朴雅士紳多尚之又有深青色者亦奇種其傳不廣擇種須用青核等爲佳或曰恐土脉不宜不思木棉始出南海諸國今何以遍中土也

[illegible]不生惟中間收者為上老農云棉種[illegible]十月[illegible]取經日曬燥冬月生意斂藏曬曝[illegible]萌芽春間生意茁發不宜大曬總之陳[illegible]者油者濕蒸者經火焙者皆不堪作種[illegible]取用水浥濕過半刻淘出其不堪者皆浮[illegible]水面而堅實不損者必沉取而種之苗必[illegible]又一法浸用雪水能旱鰻魚汁浸過不蛀

下種 種不宜蚤恐春霜傷苗又不宜晚恐秋霜傷桃大約在清明穀雨間此時霜止[illegible]種法有三漫撒者用種多更難耘耨耩者易鋤而用種亦多惟穴種者用種頗少但多費人工法將耕過熟地仍用犁耕過就于濤[illegible]隔一尺作一穴澆水一二碗俟水入地下撒四五粒熟糞一碗覆土一二指用脚踏實大約一人持種二人攜糞若漫撒及耬耩者

須用石砘砘實若虛浮則芽不能出出亦易萎

耘苗 鋤棉者一去草穢二令浮土附苗根則根入地深三令土虛浮根苗得遠行功須極細密鋤必七遍以上又當在夏至前諺曰鋤花要趕黃梅信鋤頭落地長三寸大抵苗宜稀鋤宜密此要訣也初頂兩葉止剗去草宜密留以備傷再鋤宜稍密三鋤則定苗顆一穴止留粗旺者一株斷不可兩株並留並則直起而無旁枝桃少苗長後有幹粗葉大衆中特壯異者名曰雄花大而不結實然又不可無間留一二株多則去之地中不可種別物恐分地力又不宜密種如肥田密種即青酣不實又易生虫稀種則能肥肥則實繁而多收亢倉子曰立苗有行故速長[illegible]弱不相害故速大正其行通其中疏爲冷風[illegible]云樹肥無使扶疏樹磽[illegible]

[illegible]而[illegible]枝色[illegible]長[illegible]
相與俱其熟也欲相與扶扶疏且不可況
迫耶若數寸一株長枝布葉株百餘蓋
子畝二三百斤豈不力者而利倍哉 **打心** 高
七八寸打去衝天心令四旁生枝旁枝半尺
以上亦打去心勿令交枝相揉如此則花多
實密葉不空大約打心當在伏中三伏各
打一次不宜雨暗恐蟲灌而多空條最宜晴
明庶旺相而生旁枝如有未長 **拾花** 花既結
尖者又當隨時打去不必例拘 桃待桃
開綻露爲熟旋熟旋摘攤放箔上日曝夜露
待子粒既乾方可收貯則絨不浥而子不腐
紡績 花既曝乾碾去種子彈使熟細便可紡
線農桑通訣所載紡車容三縷若倣其
製而效之尤易爲力或曰北地風高細紡不
易今肅寧之布幾同松之中品聞其鄉多穿
地窖深數尺作屋其上簷高地二尺許作窗
以通日光人居其中就濕地紡績便得緊細
與南土無異若陰雨蒸濕不妨移就平地而
南人寓都下者多朝夕就露下紡日中陰雨
亦紡則安在北地 **織布** 布之名不一曰城曰
風高不便細紡也 文綈曰烏驎曰屈眴
曰白氎白緤曰貝布斑布總之皆棉布也海
南所織上出細字雜花名吉貝布松布之巧
者有折枝團鳳棊局字樣等製而一切桿彈
紡織綜綫挈花法皆始于黃媪其布之麗密
他方莫並焉南中[illegible]昔先將棉縷入經車成
紝次入糊盆度遲[illegible]作架兩端用繂急維
竹帚痛刷候乾上機謂之刷紗南布之佳者
皆刷紗也北地則風塵易起若依肅寧作窖
冒以修廊循簷作窗令可開闔以避就風日
[illegible]輕陰無風纖塵不起不費

[illegible]熟成蕃
嘗不減吳下矣
○附錄 **斑枝花** 樹大可合抱高四五丈葉黃花
紅如山茶而花極厚一名木綿
出南方俗謂作攀 木綿一名瓊枝其
高數丈樹類梧桐 排而稍大花色深紅
粉山茶春夏花開滿樹望之爛然如綴錦花
結子大如酒杯絮吐於口茸茸如細毳舊
云瀉南夷人織爲布名曰吉貝今第以充
衣取其軟而溫未有治以爲布者潯梧間亦
多有之但土人未嘗採取隨風
飄墜而已【張七澤潯梧雜佩】
典故 元至元間馬八兒國入貢二十二年遣
使至其國求奇寶得吉貝衣十襲吉貝
樹名其華成時如鵝毳抽其緒紡之以作布
亦染成五色織爲斑布【群芳譜】 吾松以棉
布衣被天下而綿花之來莫詳其始相傳謂
種出西番元時始入中國按通鑑梁武帝送
木綿皂帳史炤釋文云木棉江南多有之以
春二三月下種既生須一月三薅至秋生黃
花結實及熟時其皮四裂其中綻出如棉土
人以鐵鋌碾去其核取如綿者以竹爲小弓
長尺四五寸許牽弦以彈綿令其勻細卷爲
筒就車紡之自然抽緒如繅絲狀織以爲布
按史炤所言即今之綿花無疑矣但今製彈
綿之弓以木爲之長六尺餘則與古稍異耳
謂起自元時非也 炤以此解木棉亦未
爲當木棉出交廣[illegible]盈抱其實如酒盃其
口有綿可作布見張勃吳錄即今之
斑枝花楊用修辯之是矣【張七澤】
○藝文 **詩七言** 蜀客南行過碧溪木棉花發錦
江西山橋日晚行人少時見猩[illegible]

二如亭群芳譜棉部卷全終

二如亭群芳譜藥部目錄

第二冊

藥譜小序

藥譜首簡

本草綱目序　夏良心

又　董思白

論藥　李時珍

又　張鼎思

本草源流　李時珍

藥譜一　共十四種　附錄九種

桂　附木犀

甘草

艾

黃耆

人參　附沙參　玄參　紫參　薺苨　丹參

地黃

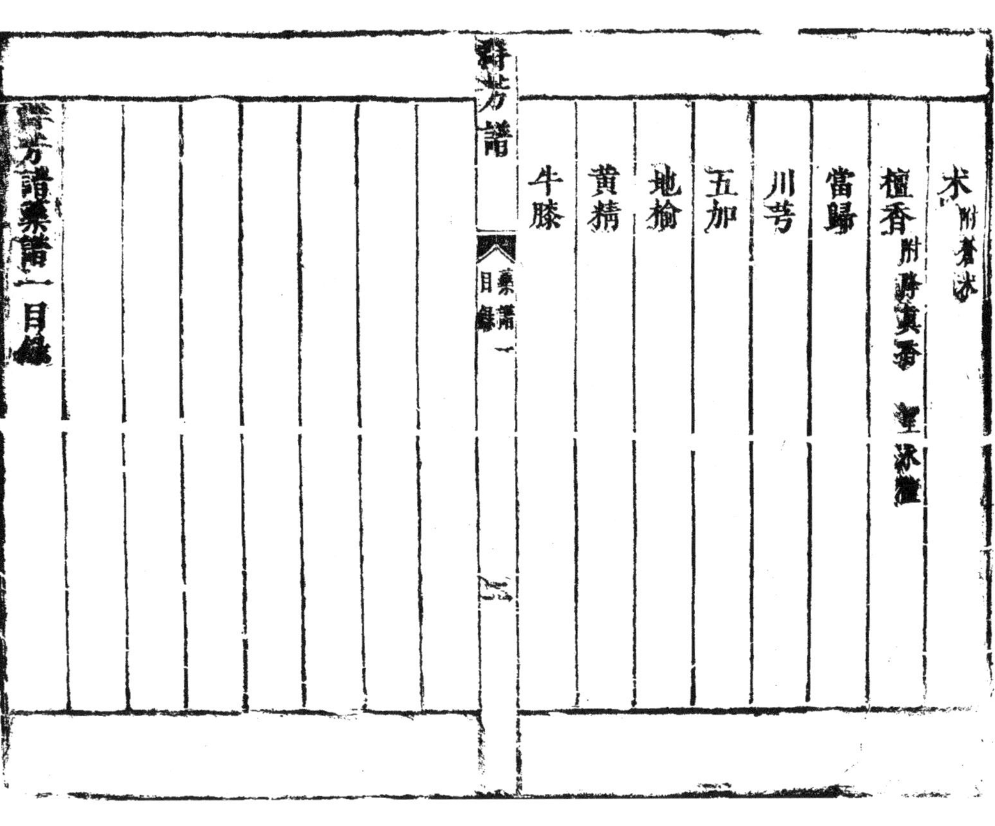

群芳譜

藥譜一

目錄

群芳譜藥譜一目錄

群芳譜 藥譜 小序

二如亭群芳譜

藥譜小序

語云爲人臣不可不知醫爲人子不可不知醫昔范文正願爲良醫而陸忠宣罷相日惟閉門集古方書豈非以醫也者死生之繫人鬼之關哉每見世之俗醫且不知有本草無問難經素問矣間取諸藥形性及所療治而著之册即不敢妄擬二公或亦二公之遺意也作藥譜

濟南王象晉藎臣甫題

二如亭群芳譜

藥部首簡

本草綱目序

夏艮心

賈子有言古之聖人不居朝廷必居醫卜之間醫可賤簡爲哉本草一書固醫家之耰鋤弓矢也名不覈則悞取性不明則悞施經不辨則悞入悞者在幾微之間而人之死生壽夭係焉可無愼乎吾觀本草一書而有感天下之生物何其獨厚於人也旣有百穀以養其生又有百草以治其疾夫使蚩蚩者有生而無疾也則滋以百穀足矣惟其不免於寒暑陰陽之侵故必艮藥補之毒藥攻之而後得以袪其所害而終其天年嗚呼此治道也治生者去其所以害吾生者而已矣治民者去其所以害吾民者而已矣今天下號稱治平無事然而病在脉理者已數形見四民之業[illegible]而[illegible]以積勞之不時所在有

[illegible]虎視者且徧延蔓則邪氣盛當其時欲如醫者按其表裏標本而治之何者宜補何者宜攻其用以補者將爲蔘朮乎抑苓與文無乎用以攻者將爲黃芒乎抑董與烏喙乎取其散於山澤者以調吾臟腑必何如而後可以無悞是必有精於其理者若跗之滌和之視長桑君之方太倉公之診而後能挽斯世於仁壽耳

又

董其昌

吾聞五帝之書謂之三墳三墳言大道也道莫大於易近取諸身則爲素問遠取諸物則爲本草蓋說卦所謂於木爲堅多心科上槁者卽本草之鼻祖也且夫藥不過五行五行之變爲五色爲五味爲五氣爲五性爲五用而五者之變不可勝窮聖人以卦氣爲五行之情故曰一日骨七十毒者此物此志也神膏數蒼靈丸療疾

非常之事聖人不貴一毒妄攻孟兵妄殘傷生之事聖人慎之慎之必自身始聖人亦人耳如以其腹為嘗蹈必死之域為神愚莫甚焉豈足信哉知禹之言神也以九疇治水則知農之言神也以八象嘗藥審矣泰燔六經惟易附於醫卜以不廢故曰執之皆術不執皆道謂本草為神農氏之易可也厥初藥分三品以三百六十五種應周天之數自漢以後代有增益為圖為

註為音義事類者凡數十家至近日蘄州李君悉加結集又以經史稗官之書廣引曲証凡四十卷命曰本草綱目可謂勤且博矣張文潛明道雜志云蘄州龐安時隨症絜方輒有神驗乃知醫統故在楚楚又著於蘄神農之佐即桐君雷公所著書已湮滅不傳而龐安時惟傷寒一論傳於世今讀李君綱目而古今之醫有所統率焉余故衍三墳之旨而推本於易敢曰為神農之言也哉

論藥　李時珍

天道地化而草木生焉剛交於柔而成根荄柔交於剛而成枝幹葉萼屬陽華實屬陰得氣之粹者為良得氣之戾者為毒故有五行焉曰金木水火土有五氣焉曰香臭臊腥膻有五色焉曰青赤黃白黑有五味焉曰酸苦甘辛鹹有五性焉曰寒熱溫涼平有五用焉曰升降浮沉

中神農嘗而辨之軒岐述而著之漢魏唐宋諸名賢良醫參酌而增損之第三品雖存淄澠交混諸條重出涇渭不分苟不察其精微審其善惡其何以權七方衡十劑而寄千萬世之死生耶於是翦繁複繩謬遺析族類振綱分目凡得可供醫藥者共若干種列之於編

又　張鼎思

藥者醫周也良醫之用藥也偏而其儲藥也備

故荒華一撮半夏數九巳足取效而攄其囊則牛溲馬勃鼠肝蟲臂無不有也何也儲與用異也此書之作固儲道也天之愛人甚矣人之生齒日煩物之化育亦盛人之情識日廣病之變態亦多物之生也若有待人之用也若有期則取之惡得不博乎者不可爲毒溫者不可爲寒辛者不可爲苦而平毒溫寒辛苦之中微者不可爲甚重者不可爲輕也一物而根株異宜一

形而補泄殊性而至於名與實淆如荀書之悞賈呂覽之悞註蹲鴟悞稱苦彌悞索者不可勝數也則辨之又惡得不詳乎故物雖有名用實未著若蘇蔾蛄蠶不錄可也其它草根樹皮跂行喙息以至土苴溺狗之類秉命雖微效用則大既有明驗可厭其多哉況漆葉青黏會益樊阿之壽柔湯火齊並愈齊臣之疾昔之名者人巳非今之實者可終弃耶賞讀東陽記有虎光

療心疾之徵叔微書有獺爪治肺虫之目道元述解毒之草名曰牧靡邵公著救饑之糧稱爲石穀諸如此類吾猶恨其兆該而惡可以米鹽槩之哉故得其精者可以保身可以全生可以養親可以濟世庶幾神農氏之風乎而逢者觀之則可以窮萬物之賾可以識造化之妙而見天地之心則多識固其餘矣

本草源流

李時珍

昔炎皇辨百穀嘗百草而分別氣味之良毒軒轅師岐伯尊伯高而剖析經絡之本標遂有神農本草三卷藝文錄爲醫家一經及漢末而李當之始加校修至梁末而陶弘景益以註釋古藥三百六十五種以應重卦唐高宗命司空李勣重修長史蘇恭表請復定增藥一百一十四種宋太祖命醫官劉翰詳校宋仁宗再詔補註增藥一百種召醫唐慎微合爲證類修補衆本

草五百種自是人[illegible]
夷考其間玼瑕不少有當析而混者如蒙[illegible]
萎二物而併入一條有當併而析者如南星虎
掌一物而分爲二種生薑蘋菜也而列草品
檳榔龍眼果也而列木部入穀生民之天也不
能明辨其種類三菽日用之蔬也罔克的別其
名稱黑豆赤荳大小同條硝石芒硝水火混注
以蘭花爲蘭草卷丹爲百合此寇氏衍義之舛

謬謂黃精即鉤吻旋花即山姜乃陶氏別錄之
差譌歐棃若膽草菜重出掌氏之不審天花栝
樓兩處圖形蘇氏之欠明五倍子耩蚩窠也而
認爲木實大蘋草田字草也而指爲浮萍似茲
之類不可枚陳畧摘一二以見錯誤若不分別
品類何以印定羣疑

二如亭群芳譜桒部卷之一

濟南　王象晉蓋臣甫　纂輯
松江　陳繼儒仲醇甫
虞山　毛鳳苞子晉甫　仝較
寧波　姚元台子雲甫
濟南　男王與胤　孫王士禧　詮次

桒譜一

桂 一名梫一名木樨葉對生豐厚而硬凌寒不[illegible]

凋枝條甚繁木無直體皮堪入藥脂多半卷[illegible]
者爲壯桂葉似枇杷薄而卷者爲菌桂葉似[illegible]
柿皮赤厚味辛烈者爲肉桂若官桂乃上等[illegible]
供官之桂也出賓宜韶欽諸州者佳花甚香
遠白者名銀桂黃者名金桂能著子紅者名
丹桂有秋花春花四季花逐月花者花四出[illegible]
或重臺徑二三分瓣小而圓花時移栽高阜[illegible]
半月半陰處[illegible]高擁於根則來年不灌自

發忌人糞宜豬糞冬月以撏猪湯澆一次妙又麻糝久浸候水清澆亦佳蚕沙壅根澆以清水來年愈盛北方地寒九月十月間將樹以土培根高尺許外苫蓋周密嚴塗以泥半腰向南留一小牖暖日開之以透太陽之氣寒則塞之春分後去其塞清明後去其苫無有不活又有巖桂似菌桂而稍異葉如鋸齒如枇杷葉而粗澀者有無鋸齒如梔子葉而光潔者叢生巖嶺間皮厚不辣不堪入藥花可入茶酒浸鹽蜜作香茶及面藥澤髮之類台州天竺寺者生子如蓮實或二或三離離下垂天竺僧稱爲月桂其花時常不絕枝頭葉底依稀數點亦異種也

○插接 接宜冬青又春月攀枝着地土壓之至月生根逾年截斷含蓋移栽木樨接石榴花必紅【種樹書】

○妨忌 如患蛀損取芝麻梗懸樹間能殺諸蛀

○製用 桂花蒸茶香充一室菊英次之入茶蒸清供之蒸清甘菊種更宜茶二蒸栝煮

先後可備四時之用 桂漿節令之桂花釀酒法魏有頻斯國人來朝壺中有漿如脂乃桂漿也飲之壽千歲【說苑記】 江南李後主患清暑閣前草生徐鍇令以桂屑布磚縫中宿草盡死又以桂作釘釘樹立斃呂氏春秋云桂枝之下無雜木蓋桂性辛螫故也 花開時擇枝繁處帶花剪下連葉陰乾收貯來年伏中將葉泡湯服溫腹去暑【便民圖纂】

○附錄水木樨 一名指田枝載葉細五六月開花細而色黃類木樨中多鬚葯香亦絕似二月內分種與甘州枸杞配植兩盆頗稱清賞搗葉加礬染指紅過鳳仙

○療治 治足覺筋急桂末白酒和塗之日一上 中風口喎面目相引偏僻頰急舌不可轉桂心酒煮取汁布蘸搨病上左喎搨右右喎搨左常用大效 中風失音桂着舌下嚥汁又桂末三錢水二盞服取汗喉痺不語同 偏正頭風天陰風雨即發桂心末一兩酒調塗額上頂上 暑月解毒肉桂去粗皮不見火茯苓去皮等分爲末煉蜜丸龍眼大每新汲水化服一丸 九種心痛桂心末二錢半酒一盞半煎半盞飲立效又桂末酒服方寸匕須六七次 心腹脹痛氣短欲絕桂二兩水一升二合煮八合頓服中惡心痛同 寒疝心痛四肢逆冷全不飲食桂心末一錢熱酒調下效 產後惡血冲心氣痛欲絕桂心末狗膽汁丸芡子大每熱酒服一丸 產後瘕痛桂末酒服方寸匕效 血崩桂心三兩砂鍋內煆存性爲末空心飲服一二錢 死胎不下桂末二錢待痛急時童子小便溫熱調下亦治產難橫生加麝香少許酒下 反腰血痛桂末和苦酒塗之乾再上 [illegible]

血下血桂心爲末水服方寸匕此陰乘陽之
症也不可服凉藥南陽趙宣德暴吐血服二
次而止其甥亦以二服而安　小兒久痢赤
白用桂去皮以薑汁炙紫黃連以茱萸炒過
等分爲末紫蘇木瓜煎湯服　小兒遺尿桂
末雄雞肝等分擣丸小豆大溫水調下日二
服　嬰兒臍腫多因傷濕桂心炙熱熨之日
四五次　外腎偏腫桂末水調方寸匕塗之
食果腹脹不拘老少用桂末飯和丸綠豆
大吞五六丸白湯下未消再服　打撲傷損
於血瘀悶身體疼痛辣桂末二錢酒服　乳
癰腫痛桂心甘草各三分烏頭一分炮爲末
和苦酒塗之紙覆住膿化爲水神效　諸蛇
傷毒桂心栝蔞等分爲末竹筒密塞遇毒蛇
傷即傳之塞不密則不中用　閉口椒毒氣
欲絕或出白沫身體冷急煎桂汁服之多飲

新汲水一二升　芫花毒菫煮桂汁服　中
風逆冷吐清水宛轉啼呼桂一兩水一升半
煎半升冷服　消暑桂漿官桂末一大兩白蜜
一升先以水二斗煎取一斗待冷入新磁瓶
中後下桂蜜攪二三百遍先以油單一重覆
上加紙六重以繩札嚴每日去紙一重七日
開之其氣味美飲以小杯能解煩渴益氣消
痰神效無比再加梅醬一大兩似更佳　陰
痺寒痛皮膚不仁用醇酒二十斤蜀椒一斤
乾薑一斤桂心一斤㕮咀漬酒中用綿絮一
斤細白布四丈并納酒中置馬矢熅中封塗
勿使泄氣五日五夜出布絮暴乾復漬以盡
其汁每漬必足其日乃出乾之并用滓與絮
複布爲複巾長六七尺爲六七巾每用一巾
生桑炭火炙巾以熨寒痺所刺之處令熱入
至病所寒則復炙巾以熨之三十遍而止汗

出以巾拭身亦三十遍起步內
室勿見風每刺必熨如是病已

○**典故**　花多五出惟桂花四出潘笠江謂土之
生物其成數五故草木花皆五惟桂乃
月中之木居西方四乃西方金之生數故四
出而金色且開於秋云　月中有桂樹【淮南
子】　月桂高五丈下有人常斫之樹創隨合
其人姓吳名剛西河人學仙有過謫令伐樹
【酉陽雜俎】　范蠡好服桂飲水賣藥蘭陵於
北平得仙　洪武間史家有木犀忽變紅色
其色尤異因接一本獻之朝
高皇帝製詩以賜曰月宮移向日宮栽引得輕紅
入面來好向烟霞承雨露丹心一點爲君開
又曰秋入幽巖桂影圓香心粟粟照林丹應
隨王母瑤池宴染得朝霞下廣寒自是四方
爭傳其本　有左翁者坐桂樹下以玉盃盛

甘露與吳猛服之【靈山記】　漢武帝凌波殿
以桂爲柱風來自香　武帝謂東方朔孔顏
之道德何勝方朔曰顏淵如桂馨一山孔子
如春風至則萬物生【[illegible]林雜事鈔】　太山北
有桂樹七十株天神青腰玉女三千人守之
其實赤如橘人食之一年仙宮迎之常有九
色飛鳳寶光珠雀鳴集於此【天地運度經】
漢武帝使董謁乘琅霞之輦以昇壽靈壇上
至三更西王母駕玄鸞之輿至壇之四面列
種軟條青桂風至桂枝自拂階上遊塵　淮
南王安好道感八公共登山而賦有大小桂
山因以自號【淮南子】　晉郄生對策第一武
帝問之對曰臣今爲天下第一猶桂林一枝
【晉史】　皐塗之山有桂木八樹在賁隅東八
樹成林言其大也【山海經】　桂陽郡有桂樹[illegible]
開花[illegible]盡香【地里志】　石桂英似桂

樹而實石生岩穴中　有遠飛雞夕則還棲
人曉則絶飛四海嘗銜桂實歸于南土本草
圖經江東諸處每至四五月後嘗于衢路拾
得桂子大如狸豆破之辛香故老相傳是月
中落也北方獨無者非月路也又張君房爲
錢塘令夜宿月輪山寺僧報曰桂子下塔遶
起望之紛如烟霧回旋成穗散墜如牽牛子
黄白相間咀之無味則桂子之落往往有之
但人不識耳【郭子横洞冥記】　黄山谷以吾
無隱乎爾之義黄詮釋再三晦堂不答時暑
退凉生秋香滿院晦堂因問曰聞木樨香乎
黄曰聞晦堂曰吾無隱乎爾　昔有僧自天
竺鷲山飛來八月十五夜嘗有桂子落白樂
天詩云仙花桂子落紛紛【東坡詩注】　桂子
之説起自唐時後宋慈雲式公月桂詩序云
天聖丁卯秋八月十五夜月有濃華雲無纖

迹天降靈實其繁如雨其大如豆其圓如珠
其色白者黄者黑者殼如芡實味辛識者曰
此月中桂子好事者播種林下一種即活
垂拱四年三月雨桂子於台州旬餘乃止【五
行志】　竇禹鈞有五子俱登科馮道贈之詩
曰靈椿一枝老丹桂五枝芳【詩集】　無瑕嘗
着素裳折桂明年開花潔白如玉女伴折取
簪髻號無瑕玉花【玉路花史】　木樨吾地爲
盛天香無比然須種早黄毬子二種不惟早
黄七月中開毬子花密爲勝即香亦馥郁異
常丹桂香减矣以色稍存之餘皆弗植又有
一種四季開花而結實者此眞桂也閩中最
多常以春中盛開吾地亦間有之宜植以備
一種【王敬美】　花之四季開者蘭桂而外有
月桂長春菊月桂閩種爲佳【前人】　南越傳
尉陀獻桂蠹一器師古曰此蟲食桂味辛甘

岪音弗　碕音奇　礒音蟻

貴食之今潯志物産載此
問之土人無知者【張七澤】

○麗藻散語

桂棹兮蘭枻　桂棟兮蘭橑
桂酒兮椒漿　結桂枝兮延佇
沛吾乘兮桂舟　援北斗兮酌桂漿【俱楚辭】
麗桂樹之冬榮【遠遊】　朱桂黝儵于南北【西京
光武賦】　桂樹列兮紛敷吐紫花兮布條實
孤　飲菌若之朝露兮搆桂木以爲室　桂
蠹不知所淹留兮蓼蟲不知死乎葵菫
桂芳香而正堅故君子佩之【並文選】

文

桂樹
叢生兮山之幽偃蹇連蜷兮枝相繚山氣巃
嵸兮石嵯峩谿谷嶄岩兮水層波猨狖群嘯
兮虎豹嗥攀援桂枝兮聊淹留王孫遊兮不
歸春草生兮萋萋歲暮兮不自聊蟪蛄鳴兮
啾啾坱兮軋山曲岪心淹留同慌忽兮沕憭
兮慄虎豹穴叢薄深林兮人上慄嶔岑碕礒

硱音悃　磳音增　硊五委切　薠音煩　麏音均　麚音加　罷音罴

兮硱磳磈硊樹輪相糾兮林木茷骫青莎雜
樹兮薠草靃靡白鹿麏麚兮或騰或倚狀貌
崟崟兮峩峩淒淒兮漇漇獼猴兮熊羆慕類
兮以悲攀援桂枝兮聊淹留虎豹鬬兮熊羆
咆禽獸駭兮亡其曹王孫兮歸來　問春桂
山中兮不可以久留【小山招隱】　問　桃李正
芳華年光隨處滿何事獨無花　春桂答春
華詎能久風霜摇落時獨秀君知否【王績】

詩

五言

仙籍桂香浮　微風動桂華【[illegible]康】　秋
風生桂枝【沈約】　吾將守桂叢　賞月
近秋桂【杜甫】　桂子秋皎潔【孟浩然】　青
桂隱遥月　折桂早年知【李太白】　有喜晋
攀桂無期問轉蓬　不采芳桂枝反棲惡木
根【俱前人】　水綠牽蘅帶山青刻甘旗【古詩】
天開金粟藏人立廣寒宫　斫却月中桂
清光應更多　轉蓬行地遠攀桂仰天高

禮闈曾擢桂　憲府舊乘驄　故園松桂發萬里共清輝　杜工部　瓊葉潤不凋　珠英粲如織　李德裕　桂熟常收子　蘭生不作畦　方干　相思建　弟子已攀桂　先生猶卧雲　方干　相思在何處　桂樹青雲端　李白　蟾宮分異種　人世散清香　白居易　芳意不可傳　丹心徒自渥　柳子厚　桂樹生南海　芳香隔楚山　今朝天上見　疑是月中攀　盧綸　堂中有八樹　繁華無四時　不識風霜苦　安知零落期　范雲　不是人間種　移從月裏來　廣寒香一點　吹得滿山開　楊誠齋　團團桂叢孤　枝葉寒更媚　託根廷宇間　自有幽人致　何必問姮娥　青雲借餘地　曾文昭　有客賞芳叢　移根在幽谷　爲懷山中趣　愛此若下綠　曉露秋輝浮　清陰藥闌曲　更待繁華白　邀君弄芳馥　歐文忠　未植蟾宮裏　寧移玉殿幽　枝生無限月　花滿自然秋　俠客條爲馬　仙人葉作舟　願君期道術　攀折可淹留　李嶠　山中綠玉樹　灑灑向秋深　小閣芬爲度　書帷氣欲侵　披懷清露曉　遇賞夕嵐陰　珍重王孫意　天涯淚滿襟　朱文公　亭亭岩下桂　歲晚獨芬芳　葉密千層綠　花開萬點黃　天香生淨想　雲影護仙粧　誰識王孫意　空吟招隱章　西墅絶喧囂　秋梧葉亂飄　獨憐青桂樹　金粟綴柔條　泛酒香偏細　入詩景更饒　小山風可仰　招隱此逍遙　方九功　巖壑同棲處　風霜獨秀時　暗飄靈隱粟　高擢廣寒枝　靄氣侵衣袂　天香撲酒卮　桂叢吾自客　不負小山期　申瑤泉　西嶺千年桂　陰森入翠微　瓊枝雲外綠　金粟雨中肥　影落浮杯酒　香飄襲客衣　當年和露折　曾向廣寒歸　劉觀　世人種桃李　多在金章門　攀折爭捷徑　及此春風暄　一朝天霜下　榮耀難久

群芳譜　卷一　藥譜　八

存　安知南山桂　綠葉垂芳根　清陰亦可託　何惜植君園　李太白　鷲嶺鬱岧嶢　龍宮鎖寂寥　樓觀滄海日　門對浙江潮　桂子月中落　天香雲外飄　捫蘿登塔遠　刳木取泉遙　霜薄花更發　冰輕葉互凋　夙齡尚遐異　披對滌煩囂　待入天台路　看余渡石橋　駱賓王　憶在山中時　丹桂花葳蕤　紅泉浸瑶草　日夕生華滋　箬屋開地爐　翠牆挂藤衣　看經竹窓邊　白猿三四枝　東峯有老人　眼碧頭骨奇　種薤煮白石　旨趣如嬰兒　月上來打門　月落方始歸　授我微妙訣　恬淡無所爲　別來六七年　只恐白日飛　釋貫休　畫工各幽香　斑斑被花木　氤氳寒岩桂　高韻蓋群馥　無人盡日芳　守志何幽獨　士介恥求知　女貞慙自鬻　淒凉楚山秋　樛枝吐金粟　淺水暎輕明　微飈發含蓄　樓端靜忽聞　馬上遥相逐　躑躅爲延佇　但見林巒綠　缾罌誰折贈　清芬閟室廬　久處不自知　作至穪馥郁　客悲芬歲暮　夢逺寒溪曲　長吟小山詞　古意恐難復　劉屏山

七言

聯翩桂花墜秋月　李賀

嚴霜五月摧桂枝　李太白

兎寒蟾涼桂香白　李商隱　清露香浮黃玉枝　陳簡齋　山雲漠漠桂花濕　東坡　桂花高攀第一枝　月中有客曾分種　世上無花敢鬬香　韓子蒼　憶昔風露飄寒粟　自領見童拾薄金　楊誠齋　桂折一枝先許我　楊穿百葉盡驚人　白樂天　迎簷索共梅花笑　冷蕊疎枝半不禁　杜子美　天將秋氣蒸寒馥　月借金波滴小黃　淪雪凝酥點嫩黃　薔薇清露染衣裳　西風掃盡狂蜂蝶　獨伴天邊桂子香　韓子蒼　彈壓西風擅衆芳　十分秋色爲伊忙　一枝淡貯書窓下　人與花心各自香　朱淑真　雨過西風作晚涼　連雲老翠入

群芳譜　卷一　藥譜　九

新黃清風一日來天闕世上龍涎不敢香劉
志宏　衆芳搖落九秋期橫出天香第一枝
莫似寒梅太孤絕更教遥夜笛中吹朱文公
學仙深愧似吳郎賴有吾廬兩字蒼疑是
廣寒宮裏種一秋三度送天香　丹霄休歎
路難通學取燕山種桂叢異日天香滿庭院
吾廬當似廣寒宮俱王梅溪　誰遣秋風開
此花天香來自玉皇家欝金裳浥薔薇露知
是仙人蔓綠華方秋崖　多應仙國山邊種
豈是姮娥月裏香顧爲兒孫積陰德東堂常
占一時芳朱貫之　金風飄處識天香清影
分明載魄光莫向高枝輕易折須知紅是狀
元郎張銘盤　月蝕霜濃細蕋乾此花元屬
桂堂仙鷲峯子落驚前夜蟾窟枝空記昔年
破戒高僧於耿介練裙溪女鬭清妍願公採
擷紉幽佩莫遣遺芳老澗邊東坡　塵世何
曾識桂林花仙夜入廣寒深移將天上衆香
國寄在梢頭一粟金露下風高月當戶夢回
酒醒客聞砧詩情惱得渾無那不爲龍涎與
水沉楊誠齋　翠團侍女擁紅幢霞臉調朱
笑額黃共醉東君千日酒更翻西母九霞觴
人間天上高低影月下風前自在香輪與廣
寒宮裏客年年綠鬢賞秋光楊濟翁　招隱
曾緣桂樹晉追歡仍愛小山幽尊前露氣浮
青漢雲裏天香散碧秋老餘巴分蟾窟種良
宵堪續兎園遊靈椿晚歲能相伴花底何妨
醉白頭申瑤泉　長堤曲水蓼初紅画舫清
謳引醉翁月色平臨松貞上雲光微逗竹林
中香飄桂殿分清露影落銀河淡晚風願假
飛鳧鼓神翼與君同躡廣寒宮酒允指　玉
階桂影秋綽約天空爲捲浮雲暴嬋娟醉眠
水晶殿老蟬不守餘花落蒼苔忽生霜月高

仙芬凄冷真珠萼娟娟石畔[illegible][illegible]妍香霧著
人清入膜夜深醉月寒相就荼蘼却作傷心
瘦弄雲仙女淡約衣烟裙不着鸞鶴繡眼中
寒香誰同惜冷吟徑召梅花鬼小蠻爲洗玻
璨盃晚來[illegible][illegible]　小山叢桂最有留人意拂
蕭桃碧毛澤民　詞　葉扳花無限思雨濕濃香
滿袂○別來過了秋光翠簾昨夜新霜多少
月宮顏色嫦娥與借微芳劉原父　清平樂
黃衫相倚翠葆層層底八月江南風日美弄
影山腰水尾○楚人未識孤妍離騷遺恨千
年無任庵中新事一枝喚起幽禪陳簡齋
少年痛飲憶向吳江醒明月團圓高樹影十
里薔薇水冷○大都一點宮黃人間直恁芬
芬怕是秋天風露染教世界都香辛稼軒
香蔌蔌小山叢桂烘溫玉酒愁花暗沈腰如
束○煩君剩與陽春曲爲君細拂羅衾襭羅
衾馥一春幽夢與君相續趙介菴　秦樓月
暗淡輕黃體性柔情疎迹遠只香留何須淺
碧深紅色自是花中第一流○梅定妬菊應
羞詩書闌處冠中秋騷人可煞無情思何事
當年不見收李易安　鷓鴣天　月窟盤根雲
岩分種絕知不是塵凡琉璃剪葉金粟綴花
繁黃菊周旋避舍友蘭蕙羞殺山礬清香遠
秋風十里鼻觀已先參○酒闌聽我語平生
半世江北江南經行處無窮綠水青山常被
此花相惱思共老結屋中間不知爾鄰林底
事遊戲到人寰向伯恭　滿庭芳　天高氣肅
正月色分明秋容新沐桂子初收三十六宮
都足不辭散落人間去怕群花自嫌嫌俗向
他秋晚喚回春意幾曾幽獨○是天上餘香
賸馥惟一樹香風十里相續坐對花傍但見
色浮金粟芙蓉只解添愁思況東籬淒涼黃

菊入時太淺背時太遠愛尋高躅花枝香也無梅竹新標格也無紅杏妖嬈色一味惱人香群花不敢當○情知天上種飄落深岩洞不管月宮寒將花比並看宋淑真菩薩蠻岩桂秋風南埭路牆外行人十里香隨步此是藤林游戲處誰知不向根塵住○今日對花非浪語憶昨明光早荷君工顧生怕青蠅輕點污思鑑何似思花去向子諲蝶戀花玉宇涼生清禁曉丹葩色照晴空珊瑚敲碎小玲瓏人間無此種來自廣寒宮○雕玉闌干深院靜嫣然凝笑西風曲屏須占一枝紅且圖歡醉枕香到夢覺中張材甫臨江仙

甘草　一名國老一名靈通一名美草一名蜜草一名蜜甘一名落草生陝西河東州郡青州間亦有之春生青苗高三四尺枝葉悉如槐葉端微尖而糙澀似有白毛七月開紫花冬結實作角子熟時角拆子扁如小豆極堅根長者三四尺粗細不定皮赤上有橫梁梁下皆細根採得去蘆頭及赤皮陰乾用以堅實斷理者為佳其輕虛縱理及細韌者不堪用味甘平無毒最為眾藥之主治七十二種乳石毒解一千二百般草木毒調和眾藥故有

國老之號生用瀉火熱熟用散表寒其性能緩能急而又協和諸藥使之不爭惟中滿嘔吐嗜酒者忌用昔有中烏頭巴豆毒者甘草入腹即定加大豆其驗奇嶺南解蠱毒凡飲食先取炙甘草一寸嚼之嚥汁若中毒隨即吐出仍以炙甘草三兩生薑四兩水六升煮二升日三服常帶數寸隨身備用若含甘草食物而不吐是無毒者也

○頭　生用能行足厥陰陽明二經汙濁之血消癰疽腫痛之毒宜入吐藥　稍　生用治胸中積熱去莖中痛加酒煮玄胡索苦楝子尤佳

○炙法　長流水蘸濕炙透為熟刮去赤皮或用漿水有云用酒及酥炙者非也

○療治　傷寒心悸脈結代者甘草二兩水三升煮一半服七合日一服　傷寒咽痛甘草二兩蜜炙水二升煮一升半服五合日二服　肺熱喉痛有痰甘草炒二兩桔梗米泔浸一夜一兩每服五錢水一鍾半入阿膠半片煎服　肺痿吐涎沫頭眩小便數而不欬者肺冷也溫之甘草炙四兩乾薑炮二兩水三升煮一升五合分服　肺痿久嗽涕唾多骨節煩悶寒熱甘草三兩炙搗為末每日取小便三合調甘草末一錢服○小兒羸瘦甘

草二兩豬膽汁浸五宿炙研末蜜丸綠豆大食後薄荷湯下十丸　小兒初生未可便與硃砂蜜只以甘草一指節長炙碎以水三合煮取一合以綿點兒口中約一蜆殼當吐出胸中惡汁此後待兒飢渴更與之令兒知慧無病出痘稀少　初生便閉甘草枳殼煨各一錢水半盞煎服　小兒撮口噤生甘草二錢半水一盞煎六分溫服令吐痰涎後以乳汁點兒口中　嬰兒目澀或腫羞明或出血名慢肝風用甘草一截豬膽汁炙爲末每用米泔調少許灌之　小兒遺尿大甘草頭煎湯夜夜服　小兒尿血甘草一兩二錢水六合煎二合一歲兒一日服盡　小兒羸瘦甘草三兩炙焦爲末蜜丸綠豆大每溫水下五丸日二　大人羸瘦甘草三兩炙每旦以小便煮三四沸頓服之良　赤白痢甘草一尺

炙劈破以淡漿水蘸炙水一升半煎取八合服之立效又方甘草一兩炙肉豆蔻七箇煨剉水三升煎一升分服　舌腫塞口不治殺人甘草煎濃湯熱漱頻吐　太陰口瘡甘草二寸白礬一粟大同嚼嚥汁　發背癰疽李北海言神授奇秘甘草三大兩生搗篩末大麥麪九兩和勻取好酥少許入內下沸水搜如餅狀方圓大于瘡一分熱傅腫上以紬片及故紙隔令通風冷則換之已成者膿水自出未成者腫便內消仍當喫黃芪粥爲妙　又方甘草一大兩水炙搗碎水一大升浸之器上橫一小刀子露一宿平明以物攪令沫出去沫服之但是瘡腫發背皆效　諸般癰疽甘草三兩微炙切酒一斗浸瓶中黑鉛一片溶成汁投酒取出如此九度令病者飲酒至醉寢後即愈　一切癰疽諸瘡預服能消腫

逐毒使毒不內攻功效不可具述用大橫文粉草二片搥碎河水浸一宿揉取濃汁再以密絹過銀石器內慢火熬成膏以磁罐收之每服一二匙無灰酒或白湯下曾服丹藥者亦解微利無妨　癰疽秘塞生甘草二錢半井水煎服能疏導下惡物　乳癰初起炙甘草二錢新水煎服仍令人咂之　些小癰癤發熱時即用粉草節晒乾爲末熱酒服一二錢連進數服痛熱皆止　痘瘡煩渴粉甘草炙苦蔞根等分水煎服甘草能通血脉發瘡痘也　陰下懸癰生于穀道前後初發如松子大漸如蓮子數十日後赤腫如桃李成膿即破破則難愈用橫生甘草一兩四寸截斷以溪澗長流水一盌河水井水不用以文武火慢慢蘸水炙之自早至午令水盡爲度劈開視之中心水潤乃止細剉用無灰好酒二

小盌煎至一盌溫服次日再服可保無虞二十日方得消盡與化守康朝瘡已破眾醫措手服此兩劑即合口　陰頭上生瘡蜜煎甘草末頻頻塗之神効　陰下濕癢甘草煎湯日洗三五度　代指腫痛甘草煎湯漬之　坐馬癰大粉草四兩擘開將河水九次炙乾以不枯爲妙後將河水約十椀煎至二椀服之即愈　凍瘡發裂甘草煎湯洗次以黃連黃蘗黃芩末入輕粉麻油調傅　湯火瘡甘草煎蜜塗　蠱毒藥毒甘草節以真麻油浸之年久愈妙每用嚼嚥或水煎服神妙　小兒中蠱欲死甘草半兩水一盞煎五分服當吐出　牛馬肉毒甘草煮濃汁飲一二升或煎酒服取吐或下如渴忌飲水飲即死　飲饌中毒急煎甘草薺苨湯入口便活　水莨菪毒甘草濃汁服之　胎動下血甘草同

苧麻根搗淬[illegible]仁朮三錢服之卽安

艾

一名醫草一名冰臺一名黃草一名艾蒿處處有之宋時以湯陰複道者爲佳近代湯陰者謂之北艾四明者謂之海艾自成化以來惟以蘄州者爲勝謂之蘄艾相傳蘄州白家山產艾置寸板上灸之氣徹于背他山艾徹五湯陰艾僅三分以故世皆重之此草宿根二月生苗成叢莖白色直上高四五尺葉四布狀如蒿分五尖椏上復有小尖面青背白有茸而柔厚苦而辛生則溫熟則熱七八月葉間出穗如車前穗細花結實纍纍盈枝中有細子霜後始枯皆以五月五日連莖刈取曝乾收葉以灸百病凡用艾陳久者良治令細軟謂之熟艾若生艾灸火傷人肌脉故孟子曰七年之病求三年之艾五月五日採艾爲人懸之戶上可禳毒氣其莖乾之浸麻油

引火點灸滋潤灸瘡不痛又可代蓍草作燭心

○製用 揀取淨葉揚去塵屑石臼內木杵搗熟羅去渣滓取白者再搗至柔爛如綿爲度用火焙燥則灸火得力入丸散將熟艾用醋煮乾搗成餅烘乾再搗爲末用容齋隨筆云搗艾難着力若入白茯苓三五片同碾卽時可成細末亦一異也 春月採嫩艾可作菜食或和麵作餛飩吞三五枚以飯壓之治一切鬼惡氣及止冷痢 積三年後燒津液下流成鉛錫張茂先云曾試之有驗

附聞雀欲奪燕巢銜艾其中燕輒去

○療治 瘟疫頭痛壯熱脉盛乾艾葉三升水一斗煮一升頓服取汗 妊娠風寒壯熱赤斑變爲黑斑溺血艾葉如雞子大酒三升煮二升半分二服 妊娠風寒卒中不省人事狀如中風熟艾三兩米醋炒極熱以絹包熨臍下良久卽甦 中風口喎以葦筒長五寸一頭刺入耳內四面以麪密封不透風一頭以艾灸七壯患右灸左患左灸右 中風口噤熟艾灸承漿一穴頰車二穴各五壯 中風掣痛不仁不隨並以乾艾揉團納瓦甑中並下塞諸口獨留一目以痛處著甑目而燒艾薰之一時卽知 舌腫口噤生艾搗傅之乾艾浸溼亦可 咽喉腫痛嫩艾搗汁細嚥之又方用青艾和莖葉一握同醋搗爛傅于喉上冬月取乾艾亦得 癲癇諸風熟艾於陰囊下穀道正門當中間隨年歲灸之 鬼擊中惡卒然著人如刀刺狀胸脇腹內刺[illegible]卽吐血鼻中出血下血一名鬼

擣熟艾如雞子大三枚水五升煎二升頓服
小兒臍風撮口艾葉燒灰塡臍中以帛縛
定效或隔蒜灸之喉口中有艾氣立愈　狐
惑蟲䘌病人齒無色舌上白或喜睡不知痛
痒處或下痢宜急治下部不曉此者但攻其
上而下部生蟲食其肛爛見五臟便死燒艾
於管中熏下部令烟入或少加雄黃更妙罌
中燒烟亦可　頭風久痛蘄艾揉爲丸時時
嗅之以黃水出爲度　頭風面瘡痒出黃水
艾二兩醋一升砂鍋煎取汁每薄紙上貼之
一日二上　心腹惡氣艾葉擣汁飲　脾胃
冷痛白艾末沸湯服二錢　蚘蟲心痛如刺
口吐清水白熟艾一升水三升煮一升服吐
蟲出或取生艾擣汁五更食香脯一片乃飲
一升當下蟲出　霍亂吐下不止以艾一把
水二升煎一升頓服　老少白痢陳北艾四

兩乾薑炮三兩爲末醋煮倉米糊丸梧子大
每服七十丸空心米飲下竒効　諸痢久下
艾葉陳皮等分煎湯服亦可爲末酒煮爛飯
和丸鹽湯下二三十丸　暴泄不止陳艾一
把生姜一塊水煎熱服　糞後下血艾葉生
姜煎濃汁服三合　野雞痔先以槐柳湯洗
艾灸七壯效郎中王及病痔大如胡瓜貫于
腸頭其熱如火忽僵卧無計有主郵者告以
上法灸三五壯忽覺熱氣入腸中因大轉瀉
血穢併出瀉後疾如失　婦人漏下或半產
後下血不絕或妊娠下血並宜膠艾湯阿膠
二兩艾葉三兩芎藭甘草各二兩當歸地黃
各三兩芍藥四兩水五升清酒五升煮三升
納膠令消盡每溫酒一升日三服　妊娠胎
動或腰痛或搶心或下血不止或倒產或子
死腹中艾葉一雞子大酒四升煮二升分二

服　胎動心痛艾葉雞子大以頭醋四升煎
二升分溫服　婦人崩中不止熟艾雞子大
阿膠炒爲末半兩乾姜一錢水五盞先煮艾
薑至二盞半傾出入膠烊化分三服一日服
盡　產後瀉血不止乾艾葉半兩炙熟老生
薑半兩濃煎湯一服止效　產後腹痛欲死
因感寒起者陳蘄艾二斤焙乾擣鋪臍上以
絹覆住熨斗熨之待口中艾氣出痛自止
忽然吐血一二口或心衄或內崩熟艾三團
水五升煮二升服一方燒灰水服二錢　鼻
血不止艾灰吹之亦可以艾葉煎服　盜汗
不止熟艾二錢白茯神三錢烏梅三箇水一
鍾煎八分臨卧溫服　火眼腫痛以艾燒烟
起盌覆之候烟盡盌上刮煤下以溫水調化
洗眼即瘥入黃連尤佳　面上䵟䵳艾灰桑
灰各三升以水淋汁再淋至三遍以五色布

納于中同煎令可丸時每以少許傅之自爛
脫甚妙　婦人面瘡名粉花瘡以定粉五錢
菜子油調泥盌内用艾一二團燒烟熏之候
烟盡覆地上一夜取出調搽永無瘢痕亦易
生肉　身面疣目艾火灸三壯即除　鵞掌
風蘄艾眞者四五兩水四五盌煮五六滾入
大口瓶内縛以麻布二層將手心放上熏冷
再熱如神　小兒疳瘡艾葉一兩水一升煮
取四合服　小兒爛瘡艾葉燒灰傅之良
臁瘡口冷不合熟艾燒烟熏之　白癩風乾
艾隨多少以浸麴釀酒如常法日飲之即瘥
疔瘡腫毒艾蒿一擔燒灰於竹筒中淋取
汁以一二合和石灰如糊先以針刺瘡至痛
乃點藥三遍其根自拔用治三十餘人神効
發背初起未成及諸熱腫以溼紙搨上先
乾處是頭著艾灸之不論壯數痛者灸至不

痛不痛者灸至痛乃止其毒即散不散亦免內攻神方也　癰疽不合瘡口冷滯以北艾煎湯洗後白膠香熏之　咽喉骨鯁生艾蒿數升水酒共一斗煮四升細細飲之當下　誤吞銅錢艾蒿一把水五升煎一升頓服便下　諸蟲蛇傷艾灸數壯甚良　風蟲牙痛化蠟少許攤紙上鋪艾以筯卷成筒燒烟隨左右熏鼻令烟滿口呵氣即疼止腫消　蘄季謙病此月餘試即愈

○典故　宗則文常以五月五日未雞鳴時採艾見似人處攬而取灸輒驗【荊楚歲時記】

○麗藻　詩五言　艾葉成人後　榴花結子初【章簡公】

【黃耆】一名黃芪一名芰草一名蜀脂　名百本一名獨椹一名戴椹一名戴糝葉扶疏作羊齒狀似槐葉而微尖小又似蒺藜而微濶大青白色開黃紫花大如槐花結小尖角長寸許獨莖或作叢生枝幹去地二三寸根長二三尺以緊實如箭幹者良甘微溫無毒隴西者溫補白水者冷補赤色者作膏消癰腫其皮折之如綿出綿上故名綿黃耆有白水耆赤水耆木耆功用並同而赤水木耆少劣又

耆長也黃爲□之長故名今俗作芪　綿上山西　沁州白水　陝西同州

有以苜蓿根假作者黃耆之功有五補諸虛不足一也益元氣二也壯脾胃三也去肌熱四也排膿止痛活血生血內托陰疽爲瘡家聖藥五也治氣虛盜汗自汗及膚痛是皮表之藥治咯血柔脾胃是中州之藥治傷寒尺脉不至補腎臟元氣是裏藥乃上中下內外三焦之藥也苗嫩時亦可煠淘作茹食收其子十月種如種菜法

○製用　凡使勿用木耆草形相似但葉短根橫綿耆則否須去頭上皺皮搥扁蜜水塗炙數次以透爲度

○療治　小便不通綿黃耆二錢水二盞煎一盞溫服小兒減半　酒疸心下懊痛足脛滿小便黃飲酒發赤黑黃斑由大醉當風入水所致黃耆二兩木蘭一兩爲末酒服方寸匕日三　氣虛白濁黃耆鹽炒半兩茯苓一兩爲末每服一錢白湯下　男子婦人諸虛不足煩悸焦渴面色萎黃不能飲食或先渴而後發瘡癤或先癰疽而後發渴並宜常服此藥平補氣血安和臟腑終身可免癰疽之疾綿黃耆箭簳者去蘆六兩一半生焙一半以鹽水潤溼飯上蒸三次焙剉粉甘草一兩一半炙黃爲末每服二錢白湯點

服皁子各一兩亦可煎服　老人閟塞綿黃
耆陳皮去白各半兩為末每服三錢大麻子
一合研爛以水濾漿煎至乳起入白蜜一匙
再煎沸調藥空心服甚者不過二服此藥不
冷不熱常服無秘塞之患其效如神　腸風
瀉血黃耆黃連等分為末麪糊丸綠豆大每
服三十丸米飲下　尿血沙淋痛不可忍黃
耆人參等分為末以大蘿蔔一箇切一指厚
大四五片蜜二兩淹炙令盡不令焦點湯食
無時鹽湯下　吐血不止黃耆二錢半紫背
浮萍五錢為末每服一錢薑蜜水下　欬嗽
膿血咽乾乃虛中有熱不可服涼藥以好黃
耆四兩甘草一兩為末每湯點服二錢　肺
癰得吐黃耆二兩為末每服二錢水一中盞
煎至六分溫服日三　甲疽瘡膿生足趾甲
邊赤肉突出時常舉發者黃耆二兩藺茹一
兩醋浸一宿以豬脂五合微火上煎取二合
絞去滓以封瘡口上日三其肉自消　胎動
腹痛下黃汁黃耆川芎藭各一兩糯米一合
水一升煎半升分服　陰汗溼痒綿黃耆酒
炒為末以熟豬心點喫妙　痔瘡內固黃耆
人參各一兩為末入真龍腦一錢用生藕汁
和丸綠豆大每服二十丸溫水下日日服
諸虛自汗夜卧即甚久則枯瘦黃芪麻黃根
各一兩牡蠣米泔浸洗煅過為散每服五錢
水二盞小麥百粒煎服　虛汗無度麻黃根
黃芪等分為末飛麪和作丸梧子大每用浮
麥湯下百丸以止為度　產後虛汗黃芪當
歸各一兩麻黃根三
兩每服一兩煎湯下
○典故　陳柳太后病風不能言脉沉口噤許胤
宗曰既不能下藥宜湯氣蒸之藥入腠

裏周時可瘥乃造防風黃耆湯數斛置床下
氣如烟霧其夕便得語蓋防風能制黃耆黃
耆得防風其功愈大乃相畏而相使也　李
杲治小兒胃虛成慢驚者云用益黃理中之
藥必損人命當於心經中以甘溫補土之本
更於脾土中以甘寒瀉火以酸涼補金使金
旺火衰風木自平因立黃耆湯瀉火補金益
土為神治之法炙黃耆二錢人參一錢炙草
白芍各五分水一
大鍾煎半溫服

人參　一名人濅一名血參一名黃參一名神草
一名地精一名土精一名人銜一名鬼蓋一
名海腴一名皺面還丹參類有五以五色配
五藏人參入脾曰黃參沙參入肺曰白參玄
參入腎曰黑參牡蒙入肝曰紫參丹參入心
曰赤參其苦參則右腎命門之藥也參以上
黨為佳今不復采遼東所用皆遼參高麗參
大抵人參春生苗多於深山背陰椵漆樹下
潤溼處初生小者三四寸許一椏五葉四五
年後兩椏五葉未有花莖十年後生三椏年
深者生四椏各五葉中心生一莖俗名百尺

杵三四月有花細小如粟蕊如絲紫白色秋
後結子七八枚如大豆生青熟紅自落泰山
出者葉幹青根白江淮出者形味皆如桔梗
欲試上黨參使二人急走三五里一含參一
空口其含參者不喘乃真也遼參連皮者黃
潤纖長色如防風去皮者堅白如粉秋冬采
者堅實春夏采者虛軟高麗參類雞腿者力
大僞者皆以沙參薺苨桔梗造作亂之沙參

體虛無心而味淡薺苨體虛無心桔梗體堅
有心而味苦人參體實有心而味甘微帶苦
自有餘味俗名金井玉闌干者是也性無毒
調中開胃補五臟安精神定魂魄止驚悸通
血脉主五勞七傷男婦一切虛損瘵弱虛促
短氣止渴生津及胎前產後諸病其有年足
面目似人形者更神結而假僞者尤多

○種植 子熟時收取於十月下種一如種菜法若春初生苗時移根種之亦可活

○收藏 人參易蛀見風日尤易蛀惟[illegible]密封可經年不壞又盛過麻油磁器泡
淨烘乾入華陰細辛相間收之可
久又用淋過竈灰晒乾罐收亦可

○附錄沙參 一名羊乳一名羊婆奶一名虎鬚一名苦心一名文希一名識美色
白味淡種宜沙地二月生苗葉如初生小葵
葉而圓扁不光莖高一二尺葉尖長如枸杞
葉而小有細齒秋月葉間開小紫花如鈴五
出白蕊亦有白花者結實如冬青實中有細
子霜後苗枯根生沙地者長尺餘大一虎口
黃土地者短而小根莖皆有白汁八九月採
者白而實春採者微黃而虛味苦微寒無毒
人參專補脾胃元氣因而益肺與腎內傷元
氣者宜之沙參專補肺氣因而益脾與腎金
受火剋者宜之一補陽而生陰一補陰而制

陽

玄參 一名鹿腸一名馥草一名玄臺一名重臺一名正馬一名逐馬一名鬼藏
一名野芝麻宿根二月生苗葉似芝麻對生
又如槐柳而尖長有鋸齒細莖青紫色七月
開花青碧色八月結子黑色又有白花者莖
方大紫赤色有細毛有節若竹者高五六尺
一根五七枚微有腥氣地蚕喜食之故其中
空味苦微寒無毒治胸中氤氳之氣無根之
火大凡腎水受傷眞陽失守孤陽無根發爲
火病宜壯水以制火故玄參與地黃同功其
消瘰癧解散毒亦以散火之故

紫參 一名牡蒙一名童腸一名馬行一名衆戎一名
五鳥花苗長一二尺莖青而細葉青似槐亦
有似羊蹄者五月開白花絕似葱花亦有紫
紅似水葒者根淡紫黑如地黃肉紅白肉淺
皮深三月採根火炙用味苦寒無毒治積血

病及寒熱痱痢
癰腫積塊之屬丹參　一名山參一名郄蟬草一名木羊乳一名奔馬
草二月生苗高尺許莖方有稜青色一枝五
葉相對如薄荷而有毛三月至九月開花紅
紫似蘇花成穗中有細子根大者如指長尺
餘一苗數根皮丹而肉紫味苦微寒無毒破
宿血補新血安生胎落死胎止崩中帶下破
癥除瘕排膿止痛婦人明理論云四物湯治
婦人諸病調婦人經脈皆可
通用一味丹參散與之同功
○辨訛薺苨　一名杏參一名杏葉沙參一名菧苨一名甜桔梗一名白麪根一名
隱忍苗高一二尺莖青白葉似杏葉小而微
尖背白邊有叉牙杪間開五瓣白盌子花根
如野葫蘿蔔頗肥皮色灰黷中間白毛亦有
開碧花者嫩苗爍熟水淘可油鹽拌食根搗

水煮亦可食又可蜜煎味甘寒無毒解百藥
毒殺蠱毒壓丹石發動署毒箭治蛇咬蟀沙
蝨短狐毒寒而利肺甘而解毒藥中
良品也語云薺苨亂人參故詳著之
○製用　正旦未明佩紫赤囊中盛人參木香如豆樣時時嚼吞日出乃止號迎年佩
○療治　人參膏用人參十兩細切活水二十盞浸透入銀石器內桑柴火緩煎取十盞
濾汁再以水十盞煎取五盞與前汁合煎成
膏瓶收隨病作湯使多慾之人腎氣衰憊欬
嗽不止生姜橘皮煎湯化服　癰疽潰後氣
血俱虛嘔逆不食變證不一者以參耆歸朮
等分煎膏服妙　胸痺心中痞堅留氣結胸
胸滿脇下逆氣搶心人參朮乾姜甘草各三
兩水八升煮三升每服一升日三隨證加減
此方自晉宋以後至唐名醫治心腹病者用

之皆有奇効陶隱居百一方云霍亂餘藥或
難求而治中方四順湯厚朴湯不可暫闕常
須預合自隨王方慶云數方不惟霍亂可醫
諸病皆療四順湯用甘草人參乾姜附子炮
各二兩水六升煎二升半分四服　四君子
湯治脾胃氣虛不思飲食諸氣虛者以此爲
主人參一錢白朮二錢白茯苓一錢炙甘草
五分姜三片棗一枚水二鍾煎一鍾食前温
服隨証加減　開胃化痰不思飲食不拘大
人小兒人參焙二兩半夏姜汁浸焙五錢爲
末飛羅麪作糊丸綠豆大食後姜湯下三五
十丸日三加陳橘皮五錢　胃寒氣滿不能
傳化易飢不能食人參末二錢生附子末半
錢生姜二錢水七合煎二合雞子清一枚打
轉空心服　脾胃虛弱不思飲食生姜半斤
取汁白蜜十兩人參末四兩銀鍋煎成膏每

米飲調服一匙　胃虛惡心或嘔吐有痰人
參一兩水二盞煎一盞入竹瀝一盃姜汁三
匙食遠温服以知爲度老人尤宜　胃寒嘔
惡不能腐熟水穀食即嘔吐人參丁香藿香
各二錢半橘皮五錢生姜三片水二盞煎一
盞温服　反胃嘔吐飲食入口即吐困弱無
力垂死者人參三大兩拍破水一大升煮取
四合熱服再入參汁入粟米雞子白薤白煮
粥與啖李直方司勳於漢南患此兩月餘諸
方不瘥服此方當時便定後十餘日遂入京
此藥真難可與儔也　食入即吐人參一兩
半夏一兩五錢生姜十片水一斗以杓揚二
百四十遍取三升入白蜜三合煮一升半分
服　霍亂嘔惡人參二兩水一盞半煎汁一
盞入雞子白一枚仍再煎溫服一加丁香
霍亂煩悶人參五錢桂心半錢水二盞煎服

霍亂吐瀉煩燥不止參二兩橘皮三兩生薑二兩水六升煮三升分三服　妊娠吐水酸心腹痛不能飲食人參乾薑炮等分爲末生地黄汁和丸梧子大每服五十丸米湯下　陽虚氣喘自汗盜汗氣短頭暈人參五錢熟附子一兩分作四帖每帖以生薑十片流水二盞煎一盞食遠溫服　喘急欲絶人參末湯服方寸匕日五六服効　産後發喘乃血入肺竅危症也蘇木二兩水二盌煮汁一盌調參末一兩服神効　産後血暈人參一兩紫蘇半兩童便酒水三合煎服　産後不語人參石菖蒲石蓮肉等分每五錢水煎服　産後諸虚發熱自汗人參當歸等分爲末猪腰子一僃去膜切小片以水三升糯米半合葱白二莖煮米熟取汁一盞入藥煎至八分食前溫服　産後秘塞出血多以人參麻

子仁枳殼麩炒爲末煉蜜丸梧子大每服五十丸米飲下　横生倒産人參乳香末各一錢丹砂五分研勻雞子白一枚入生薑自然汁三匙攪勻令服母子俱安神效　開心益智人參末一兩煉成獖猪肥肪十兩淳酒和勻每服一盃日再服服至百日耳目聰明骨髓充盈肌膚潤澤日記千言兼去風熱痰病　怔忡自汗心氣不足也人參當歸各半兩獖猪腰子二箇水二盌煮至一盌半取腰子細切參歸同煎至八分空心喫腰子以汁送下其滓焙乾爲末山藥末糊丸綠豆大每服五十丸食遠棗湯下兩服即愈一加乳香二錢　丸心下硬按之則無常覺膨滿多食則吐氣引前後噫呃不除由思慮過多氣不時行則滞鬱之結氣人參一兩橘皮去白皮四兩爲末煉蜜丸梧子大每米飲下五六十丸

勞後困倦人參七錢陳皮一錢水一盞半煎八分食前溫服日再服千金不傳　虚勞發熱上黨人參銀州柴胡各三錢大棗一枚生薑三兩水一鍾半煎七分食遠溫服日再服以愈爲度　肺熱聲啞人參二兩訶子一兩爲末噙嚥　肺虚久欬人參末二兩鹿角膠炙研一兩每服三錢用薄荷豉湯一盞葱少許入銚子煎一二沸傾入盞内遇欬時溫呷三五口甚妙　止嗽化痰人參末一兩明礬二兩以釅醋二升熬礬成膏入參末煉蜜和收每以豌豆大一丸放舌下嗽止痰消　小兒喘欬發熱自汗吐紅氣虚無力人參天花粉等分每服半錢蜜水調下以瘥爲度　欬喘上氣喘急嗽血吐血脉無力者人參末每服三錢雞子清調之五更初服便睡去枕仰卧只一服愈年深者再服咯血者服盡一

兩甚好一方以烏雞子水磨千遍自然化作水調藥尤妙忌醋鹹腥醬麪鮓醉飽將息乃佳　欬嗽吐血人參黄耆飛羅麪各一兩百合五錢爲末水丸梧子大每服五十丸食前茅根湯下一方人參乳香辰砂等分爲末烏梅肉和丸彈子大每白湯化下一丸日一服　虚勞吐血甚者先以十香散止之其人必困倦法當補陽生陰獨參湯主之好人參一兩肥棗五枚水二鍾煎一鍾服熟睡一覺即減五六繼服調理藥　吐血下血因七情所感酒色内傷氣血妄行口鼻俱出血如涌泉須臾不救用人參焙側柏葉蒸焙荆芥穗燒存性各五錢爲末用二錢入飛羅麪二錢以新汲水調如稀糊服少頃再啜一服立止　衄血不止人參柳枝寒食採者等分爲末每服一錢東流水服日三無柳枝用蓮子心

[illegible]二錢水一
鍾煎七分食前溫服日再[illegible]東坡得此自謂
[illegible]累試[illegible]驗　陰虛尿血及沙石淋人參
焙黃耆鹽水炙等分爲末用紅皮大蘿蔔一
枚切作四片以蜜二兩將蘿蔔逐片蘸炙令
乾再炙勿令焦以蜜盡爲度每用一片蘸藥
食鹽湯送下以瘥爲度　消渴引飲人參爲
末雞子清調服一錢日三四服一方用人參
苦蔞根等分生研爲末煉蜜丸梧子大每服
百丸食前麥冬湯下日二服忌酒麪炙煿
一方人參一兩粉草二兩雄猪膽汁浸炙腦
子半錢爲末蜜丸芡子大每嚼一丸冷水下
一方人參一兩葛粉二兩爲末發時以燖猪
湯一升入藥三錢蜜三兩慢火熬至三合狀
如黑餳以瓶收之每夜以一匙含嚥不過三
服取效　虛瘧發熱人參二錢二分雄黃五

錢爲末端午日用粽尖擣丸梧子大發日侵
辰井花水吞下七丸發前再服忌諸般熱物
立效一方加神麯等分　冷痢厥逆六脉沉
細人參大附子各一兩半每服半兩生姜十
片丁香十五粒粳米一撮水二盞煎七分空
心溫服　下痢噤口人參蓮肉各三錢以井
華水二盞煎一盞細細呷之或加姜汁炒黃
連三錢　老人虛痢不止不能飲食上黨人
參一兩鹿角去皮炒研五錢爲末每服方寸
匕米湯調下日三　傷寒壞證凡傷寒時疫
不問陰陽老幼妊婦誤服藥餌困重垂死脉
沉伏不省人事七日以後皆可服之百不失
一此名奪命散人參一兩水二鍾緊火煎一
鍾以井水浸冷服之少頃鼻梁有汗出脉復
立瘥蘇韜光侍郎用此救數十人　傷寒厥
逆身有微[illegible]煩躁六脉沉細微弱此陰極發

燥也人參半兩水一鍾煎七分調牛膽南星
末二錢熱服立甦　夾陰傷寒慾事後感寒
邪陽衰陰盛六脉沉伏小腸絞痛四肢逆冷
嘔吐清水不假此藥無以回陽人參乾姜炮
各一兩生附子一枚破作八片水四升半煎
一升頓服脉出身溫即愈　筋骨風痛人參
四兩酒浸三日晒乾土茯苓一斤山慈姑一
兩爲末煉蜜丸梧子大每服百丸食前米湯
下　小兒風癇瘛瘲人參蛤粉辰砂等分爲
末猳猪心血和丸綠豆大每服五十丸金銀
湯下一日二服神效　小兒驚後瞳人不正
者人參阿膠糯米炒成珠各一錢水一盞煎
七分溫服日再服効　小兒痺風人參冬瓜
仁各半兩南星一兩漿水煮過爲末每用一
錢水半盞煎三分溫服　狗咬風傷腫痛人
參置桑柴炭上燒存性以盌覆定少頃爲末

摻之瘥　蜈蚣咬及蜂蠆螫傷嚼人參傅之
脇破腸出急以油抹入煎人參枸杞汁淋
之內喫羊腎粥十餘日愈　肺熱欬嗽沙參
半兩水煎服　卒得疝氣小腹及陰中相引
痛如絞白汗出欲死者沙參擣篩爲末酒服
方寸匕立瘥　婦人白帶多因七情內傷或
下元虛冷所致沙參爲末每服二錢米飲調
下　諸毒鼠瘻玄參浸酒日日飲之　年
久瘰癧生玄參擣傅日日易之　赤脉貫瞳
玄參爲末以米泔煮肝日日蘸食　發狂咽
痛玄參升麻甘草各半兩水三盞煎一盞半
溫服　急喉痺風不拘大人小兒玄參鼠粘
子半生半炒各一兩爲末新水服一盞立瘥
鼻中生瘡玄參末塗或以水浸軟塞之
三焦積熱玄參黃連大黃各一兩爲末煉蜜
丸[illegible]子大每服三五十丸白湯下小兒丸粟

水大一[illegible]服一
參堂心[illegible]服出汗即效 燒香治勞玄參一
斤甘松六兩為末和匀入瓶中封固煮一伏
時破瓶取出搗入煉蜜一斤別以瓶盛埋地
中窨五日取出燒之常令聞香疾自愈亦可
熏衣 玄參忌犯銀器餌之噎喉喪目經驗
脈不調或前或後或多或少産前胎不安産
後惡血不下兼治冷熱勞腰脊痛骨節煩疼
丹參洗淨切碎為末每服二錢溫酒調下
落胎下血丹參十二兩酒五升煮三升溫服
一升一日三服亦可水煮 寒疝小腹陰中
相引痛白汗出欲死丹參一兩為末每服二
錢熱酒調下 小兒身熱汗出拘急因中風
起丹參半兩鼠屎炒三十枚為末每服二錢
漿水下 驚癇發熱丹參雷丸各半兩豬膏
二兩同煎七上七下濾去滓盛之摩兒身日

三次 婦人乳癰丹參白芷芍藥各一兩㕮
咀以醋淹一夜豬脂半斤微火煎成膏去滓
傅之 熱油火灼丹參八兩剉以水微調取
羊脂二斤煎三上三下塗之 丹參治風軟
脚可及奔馬曾用實有效 治痢紫參半斤
水五升煎二升入甘草二兩煎取半升分三
服 吐血不止紫參人參阿膠炒等分為末
烏梅湯服一錢一方去人參加甘草以糯米
湯服 酒刺紫參丹參人參沙參各一兩為
末胡桃仁杵和丸桐子大每服三十丸茶下
強中之病莖堅硬不交精液自出消渴之
後即發癰疽皆繇恣意色慾抑或餌金石所
致宜此以制腎熱用豬腎一具薺苨石膏各
三兩人參茯苓磁石知母葛根黃芩栝樓根
甘草各二兩黑大豆一升水一斗半先煮豬
腎大豆取汁去滓下藥再煮三升分三

服 黃芪丸黃芪[illegible]
地黃熟地骨皮玄參石斛鹿茸各一兩人參沉
香各半兩為末以豬肚治淨煮爛杵和丸梧
子大每服七十丸空心鹽湯下 丁瘡腫毒
生薺苨根搗汁服一合以滓傅之不過二服
面上皯皰薺苨肉桂各一兩為末每服方
寸匕酢漿服之日一服又滅瘢痣 鉤吻葉
與芹葉相似誤食之殺人惟以薺苨八兩水
六升煮取三升每服五合日五服
一 諸五石毒薺苨生搗汁多服立効

○典故 搖光星散而為人參人君廢山瀆之利
則搖光不明人參不生 春秋運斗樞
下有人參上有紫氣 禮斗威儀 隋文帝時
上黨有人宅後每夜聞人呼聲求之不得去
宅一里許見人參枝葉異常掘之入地五尺
得人參一株如人四肢畢備呼聲遂絕 廣五行記

醫案 浦江鄭某五月患痢又犯房室忽昏
暈不知人事手撒目暗自汗如雨喉中痰如
拽鋸小便遺失脉大無倫此陰虧陽絕之症
也急煎人參膏仍與灸氣海十八壯右手能
動口微動遂與膏服一盞半夜服三盞能動
盡三斤方能言索粥盡五斤痢止至十斤全
安 若作風治則誤矣 一人背疽用內托藥
已多膿出作嘔發熱六脉沉數有力此潰瘍
所忌也與大料人參膏入竹瀝飲之參盡一
十六斤竹伐百餘竿而安後旬餘受大驚瘡
起有膿中有紅線一道過肩胛抵右肋急作
參膏以芎歸橘皮湯入竹瀝薑汁飲之盡三
斤而瘡潰調理乃安 一人形實好飲熱酒
忽病目盲而脉濇此熱酒傷胃污血死其中
而然以蘇木煎湯調人參末服數日而愈
[illegible]一[illegible]脉[illegible]而濇用酒炒人參

酒炒大黃等分爲末姜湯服一錢得睡汗出而愈　一小兒七歲聞雷即昏倒不知人事此氣怯也人參當歸麥門冬各二兩五味子五錢水一斗煎汁五升再以水五升煎滓取汁二升合煎成膏每服三匙白湯化下服盡一斤後聞雷自若　有人卧則覺身外有身一樣但不語此由肝虛邪襲寬不歸舍名曰離寬用人參龍齒赤伏苓各一錢水一盞煎半盞調飛過朱砂末一錢睡時服一夜一服三夜後眞者氣爽假者即化

地黃　一名地髓一名苄一名芑一名牛奶子一名婆婆奶處處有之河南懷慶者佳二月生莖有細短白毛葉布地深青色似小芥葉而厚不叉丫上有皺文毛濇不光高者尺餘低者三四寸摘其傷葉作菜甚益人開小筒子花似油麻花但有斑點紅紫色亦有黃者實作房如連翹子如小麥褐色根黃如胡蘿蔔粗細長短不一根入土即生宜肥地虛則根大而多汁正九月採根生地曝乾熟地蒸晒忌銅鐵器令人腎消髮白男損營女損衛薑汁浸則不泥膈又宜酒製鮮用則寒初出土者乾

用則凉即今生地　生地生血熟地養血生者以水浸之沉者爲地黃半沉者爲人黃浮者爲天黃入藥沉者佳半沉者次浮者不堪

○種植　宜沙軟地先於十二月耕熟至正月細耙三四遍然後作溝闊二尺兩溝作一畦闊四尺其畦微高而平硬甚不受水三月初稱苗未生時得水即爛畦中又撥作溝深三寸取地黃切長二寸種於溝內以熟糞土蓋厚三寸許每一畝用根五十斤蓋土訖即取經冬爛草覆之候芽稍出以火燒其草令燒去其苗再生葉肥茂根益壯自春至秋凡五六耘不得鋤一年後滿畦宿根採訖還生八月堪採根若不採其根太盛春二月宜出之若秋採訖至春不復更種其生者猶得三四年但採訖此至明年耨耘而已神隱云參驗古法此爲最良按本草二八月採殊未窮物性也不如冬月採妙又蒸晒相宜也欲食其葉但露散後摘取窃葉勿損中心正葉秋收其花可充冬用

○製用　揀出洗淨肥大沉水者簡出將簡下瘦小者搗汁入好酒並縮砂仁末拌勻浸肥地令透用砂鍋柳甑蒸令氣透眼乾再浸再蒸如此九次蓋地黃性泥得砂仁之香竄和五臟冲和之氣歸宿丹田故無泥膈之患

○療治　固齒烏鬚生津其功極妙地黃五斤柳木甑內以土蓋上蒸熟晒乾如此三次擣爲小餅每噙嚥一枚　欬嗽吐血勞瘦骨蒸日晚寒熱煮白粥臨熟入生地黃汁三合

攪勻空心食　吐血[illegible]
錢日三　肺損吐血　或舌上有孔血出生地
黃八兩取汁童便五合同煎熟入鹿角膠炒
研一兩分三服　初生便血小兒初生七八
日大小便血出乃熱傳心肺不可服涼藥只
以生地黃汁五七匙酒半匙蜜半匙和服之
小便尿血吐血及耳鼻出血生地黃汁半
升生姜汁半合蜜一合和服　小便血淋生
地黃汁車前葉汁各三合煎服　疔腫乳癰
地黃搗敷之熱即易神效　一切癰疽及打
撲傷損破疼痛者生地黃杵如泥攤在上掺
木香末于中又攤地黃泥一重貼之不過五
度即內消　打撲損傷骨碎及筋傷爛用生
地黃熬膏裹之以竹簡夾急縛勿令轉動一
日一夕可十易之則瘥　昔許元公墮馬右
臂臼脫左右急挼入臼中昏迷不知痛苦急

召田錄事視之曰尚可救乃以上藥封腫處
中夜方甦達旦痛處已白日日換貼其瘀腫
移至肩背乃以藥下去黑血三升而愈　損
傷打撲瘀血在腹者用生地黃汁三升酒一
升半煮二升半分三服　物傷睛突輕者瞼
胞腫痛重者目睛突出但目系未斷者即納
入急搗生地黃綿裹傅之仍避風以膏藥護
其四邊　睡起目赤血熱也臥則血歸於肝
故熱用生地黃汁浸粳米半升曬乾三浸三
曬每夜以米煮粥食一盞數日即愈　蓐內
赤目生地黃薄切溫水浸貼　牙疳宣露膿
血口氣生地黃一斤鹽二合搗和團以麵包
煨令烟斷去麵入麝一分研勻日夜貼之
牙齒挺長常咋生地黃極妙　耳中常鳴生
地黃截塞耳中日數易煨熟尤妙　鬚髮黃
赤生地黃一斤生薑半斤各洗研自然汁留

[illegible]漏不止[illegible]去皮[illegible]汁[illegible]
為度同渣入罐內泥固煅存性為末用鐵器
盛末三錢湯煎調停二日[illegible]鬚髮上即
黑　竹木入肉生地黃[illegible]爛罨之　猘犬咬傷
地黃搗汁飲[illegible]
塗之[illegible]
[illegible]
典[illegible]又一方[illegible]三十歲乃見[illegible]五十歲老馬生三[illegible]
[illegible]
[illegible]

术　有兩種白术抱薊也一名天蘇一名山姜一
名山連一名馬薊吳越之葉稍大而有毛根
如指大狀如鼓槌亦有大如拳者彼人剖開

曝乾謂之削术亦曰片术白而肥者浙术瘦
而黃者幕阜山术浙术力勝味苦而甘性溫
厚氣薄除溼益燥溫中補氣強脾胃生津液
止胃中及肌膚熱解四肢困倦佐黃芩安胎
清熱在氣主氣在血主血有汗則止無汗則
發蒼术山薊也一名山精一名仙术一名赤
术處處山中有之苗高二三尺其葉抱莖而
生葉似棠梨其腳下葉有三五皆有鋸齒小

刺根如老薑蒼黑色肉白有油膏以茅山蔣山者爲佳性甘而辛烈性溫而燥除溼發汗健脾安胃治溼痰留飲驅災沴邪氣消痃癖氣塊婦人冷氣癥瘕山嵐瘴氣瘟疾總之二术所治大略相近除溼解鬱發汗驅邪蒼术爲要補中焦益胎元除脾胃消溼痰益脾白术爲良

○種植 取其根栽之一年即稠密 苗可爲茹作飲甚甘香

○製用 白术以米泔浸一宿入藥一法東壁土炒用 蒼术性燥須糯米泔浸洗再換泔浸二日浸去油去粗皮切片焙乾用亦有脂麻同炒以制其燥者

○療治 枳术丸消痞强胃久服令人食自不停 白术一兩黃壁土炒過去土枳實麩炒去麩一兩爲末荷葉包飯燒熟擣和丸梧子大每服五十丸白湯下氣滞加橘皮一兩有火加黃連一兩有痰加半夏一兩有寒加乾姜五錢木香三錢有食加神麯麥糵各五錢 枳术湯心下堅大如盤邊如旋盃水飲所作寒氣不足則手足厥逆腹滿脅鳴相逐陽氣不通即身冷陰氣不通即骨疼陽前通則惡寒陰前通則痺不仁陰陽相得其氣乃行大氣一轉其氣乃散實則失氣虛則遺尿名曰氣分宜此主之白术一兩枳實七箇水五升煮三升分三服腹中軟即散 白术膏服食滋補止久泄痢上好白术十斤切片入瓷鍋內水淹過二寸文武火煎至一半傾汁入器內以查再煎如此三次乃取前後汁同熬成膏入器中一夜傾去上面清水收之每服三二匙蜜湯調下 參术膏治一切脾胃虛損益元氣白术一斤人參四兩切片以流水十五盌浸一夜桑柴文武火煎取濃汁熬膏入煉蜜收之每以白湯點服 胸膈煩悶白术末水服方寸匕 心下有水白术三兩澤瀉五兩水三升煎一升半分三服 五飲酒癖一留飲水停心下二癖飲水在兩脇下三痰飲水在胃中四溢飲水在五臟間五流飲水在腸間皆由飲食胃寒或飲茶過多致此倍术丸用白术一兩乾姜炮桂心各半斤爲末蜜丸梧子大每溫水服二三十丸 四肢

腫滿白术三兩㕮咀每服半兩水一盞半大棗三枚煎九分溫服日三四服不拘時 中風口噤不知人事白术四兩酒三升煮一升頓服 產後中寒遍身冷直口噤不識人白术一兩澤瀉一兩生姜五錢水一升煎服 頭忽眩暈經久不瘥四體漸羸飲食無味好食黃土用术三斤麯三斤擣篩酒和丸梧子大每飲服二十丸日三服忌菘菜桃李青魚 溼氣痛白术切片煎汁熬膏白湯點服 中溼骨痛术一兩酒三盞煎一盞頓服不飲酒以水煎之 婦人肌熱血虛白术白茯苓白芍藥各一兩甘草半兩爲散姜煎服 小兒蒸熱脾虛羸瘦不能飲食方同上 風痙癮疹白术爲末酒服方寸匕日二 面多䵟雀卵色苦酒漬术日日拭之極效 自汗不止白术末飲服方寸匕日二 脾虛盜

白术四兩切片以二兩同牡蠣炒一兩同石斛炒一兩同麥麩揀术爲末每服三錢食遠粟米湯下日三　老少虛汗白术五錢小麥一撮水煮乾去麥爲末用黃耆湯下一錢　產後嘔逆別無他疾者白术一兩二錢生姜一兩五錢酒水各二升煎一升分三服　脾虛脹滿脾氣不和冷氣客于中壅遏不通是爲脹滿用白术二兩橘皮四兩爲末酒糊丸梧子大每食前木香湯下三十丸　脾虛泄瀉白术五錢白芍藥一兩冬月用肉豆蔻煨爲末米飲丸梧子大每米飲下五十丸日二　久瀉滑腸白术炒茯苓各一兩糯米炒二兩爲末棗肉拌食或丸服之　老少滑瀉白术半斤黃土炒山藥四兩炒爲末飯丸量人大小米湯服或加人參三錢　老人常瀉白术二兩黃土拌蒸焙乾去土蒼术五錢泔浸

炒茯苓一兩爲末米糊丸梧子大每米湯下七八十丸　小兒久瀉脾虛米穀不化不進飲食用白术炒二錢半半夏麴二錢半丁香半錢爲末姜汁麪糊丸黍米大每米飲隨大小服之　腸風痔漏脫肛瀉血面色萎黃積年不瘥者白术一斤黃土炒研末乾地黃半斤飯上蒸熟搗和乾則入少酒丸梧子大每服十五丸米飲下日三服　孕婦束胎白术枳殼麩炒等分爲末燒飯丸梧子大入月一日每食前溫水下三十丸胎瘦則易產　牙齒日長漸至難食名髓溢病白术煎湯漱效　服术法烏髭髮駐顏色壯筋骨明耳目除風氣潤肌膚久服令人輕健蒼术不計多少米泔水浸二日逐日換水取出刮去黑皮切片曝乾慢火炒黃細搗爲末每一斤用蒸過白茯苓末半斤煉蜜丸梧子大空心卧時熱

水下十五丸別用术末二兩甘草末一兩拌和作湯點之忌桃李雀蛤及三白諸血　蒼术膏除風溼健脾胃變白駐顏補虛損大效新蒼术刮去皮薄切米泔浸二日一日一換取出井華水浸過二寸春秋五日夏三日冬七日漉出以生絹袋盛之放在一半原水中揉洗津液出紐乾將滓又擣爛袋盛于一半原水中揉至汁盡爲度將汁入大砂鍋中慢火熬成膏每一斤入白蜜四兩熬二炷香膏一斤入水澄白茯苓末半斤攪勻瓶收每服三匙侵早臨卧各一溫酒送下忌醋及酸物桃李雀蛤菘菜雞魚等物　治脾經溼氣少食足腫無力傷食酒色過度勞逸有傷骨熱用鮮蒼术二十斤浸刮去粗皮晒切以米泔浸一宿取出同溪水一石大砂鍋慢火煎半乾去滓再入石楠葉三斤刷去紅

衣楮實子一斤川當歸半斤甘草四兩切同煎黃色濾去滓再煎如稀粥入白蜜三斤熬成膏每服三五錢空心好酒調服　蒼术丸清上實下兼治內外障眼茅山蒼术先刮淨一斤分作四分用酒醋糯泔童尿各浸三日一日一換取出洗擣晒焙以黑脂麻同炒香共爲末酒煮麪糊丸梧子大每空心白湯下五十丸　八製蒼术丸疏風順氣養腎治腰脚溼氣痺痛蒼术一斤洗刮淨分作四分用酒醋米泔鹽水各浸三日晒乾又分作四分用川椒紅茴香補骨脂黑牽牛各一兩同炒香揀去不用只取术研末醋糊丸梧子大每服五十丸空心鹽酒下五十歲後加沉香末一兩　蒼术散治風溼常服壯筋骨明目蒼术一斤粟米泔浸過竹刀刮去皮半斤無灰酒浸半斤童便浸春五夏三秋七冬十日取

出淨地上掘一坑炭火煅赤去炭將浸藥酒傾入坑內却放术在中以瓦器蓋定泥封一宿取出爲末每服一錢空心溫酒或鹽湯下　六製蒼术散治下元虛損偏墜莖痛茅山蒼术淨刮六斤分六分一斤倉米泔一桑椹汁一酒俱浸二日炒一斤青鹽半斤一小茴香四兩一大茴香四兩俱炒黃去茴鹽取术爲末每服三錢空心溫酒下　固眞丹燥溼養脾助胃固眞茅山蒼术刮淨一斤分四分一分青鹽一兩炒一分川椒一兩炒一分川楝子一兩炒一分小茴香破故紙各一兩炒並揀术研末酒煮麪糊丸梧子大每空心米飲下五十丸　平補固眞丹治元臟久虛遺精白濁婦人赤白帶下崩漏金州蒼术刮淨一斤分作四分一分川椒一兩炒一分破故紙一兩炒一分茴香食鹽各一兩炒一分川

楝肉一兩炒取淨术爲末入白茯苓末二兩酒洗當歸末二兩酒煮麪糊丸梧子大每空心鹽酒下五十丸　固元丹治元臟久虛遺精白濁五淋及小腸膀胱疝氣婦人赤白帶下血崩便血等疾以小便頻數爲效好蒼术刮淨一斤分作四分小茴香食鹽各一兩同炒一分川椒補骨脂各一兩同炒一分川烏頭川楝子肉各一兩同炒一分醇醋老酒各半斤同煮乾焙連同炒藥通爲末用酒煮糊丸梧子大每服五十丸男以溫酒女以醋湯空心下　少陽丹蒼术米泔浸半日刮皮晒乾爲末一斤地骨皮溫水洗淨去心晒研一斤熟桑椹二十斤入瓷盆揉爛絹袋壓汁和末如糊傾入盤內日晒夜露采日精月華待乾研末煉蜜丸赤小豆大每服二十丸無灰酒下日三服一年髮白復黑三年面如童子

交感丹補虛損固精氣烏髭髮久服令人有子茅山蒼术刮淨一斤分作四分酒醋米泔鹽湯各浸七日晒研川椒紅小茴香各四兩炒研陳米糊丸梧子大每服四十丸空心溫酒下　交加丸升水降火除百病蒼术刮淨一斤分作四分一分米泔浸炒一分鹽水浸炒一分川椒炒一分破故紙炒黃蘗皮刮淨一斤分作四分一分酒炒一分童尿浸炒一分小茴香炒一分生用揀去各藥只取术蘗爲末煉蜜丸梧子大每服六十丸空心鹽湯下　坎離丸滋陰降火開胃進食強筋骨去溼熱白蒼术刮淨一斤分作四分一分川椒一兩炒一分破故紙一兩炒一分五味子一兩炒一分川芎藭一兩炒只取术研末川蘗皮四斤分作四分一斤酥炙一斤人乳炙一斤童尿炙一斤米泔炙各十二次研末和

勻煉蜜丸梧子大每服三十丸早酒午茶晚白湯下　不老丹補脾益腎服之七十亦無白髮茅山蒼术刮淨米泔浸軟切片四斤一斤酒浸焙一斤醋浸焙一斤鹽四兩炒一斤椒四兩炒赤白何首烏各二斤米泔浸竹刀刮切黑豆紅棗各五升同蒸至豆爛曝乾地骨皮去骨二斤各取淨末以桑椹汁和成劑鋪盆內汁高三指日晒夜露取日月精華待乾以石臼擣末煉蜜丸梧子大每空心酒服一百丸　靈芝丸治脾腎氣虛添補精髓通利耳目蒼术一斤米泔水浸春夏五日秋冬七日逐日換水竹刀刮皮切晒石臼爲末棗肉蒸和丸梧子大每服三五十丸棗湯空心服　補脾滋腎生精強骨眞仙方也蒼术去皮五斤爲末米泔水漂澄取底用脂麻二升[illegible]漿拌术暴乾每

[illegible]三錢米泔調下潤空心調服面黃食少羸
瘦面無血色食少嗜卧蒼朮一斤熟地黃半
斤乾薑炮各一兩春秋七錢夏五錢爲末糊
丸梧子大每溫水下五十丸　小兒癖疾蒼
朮四兩爲末羊肝一具竹刀批開撒朮末線
縛入砂鍋煮熟搗作丸散　食生米男子婦
人因食生熟留滯腸胃遂至生虫久則好食
生米否則終日不樂至憔悴萎黃不思飲食
以害其生用蒼朮米泔水浸一夜剉焙爲末
蒸餅丸梧子大每服五十丸食前米飲下日
三服用之有驗　腹中虛冷不能飲食食輒
不消羸弱生病朮二斤麯一斤炒爲末蜜丸
梧子大每服三十丸米湯下日三服大冷加
乾薑三兩腹痛加當歸三兩羸弱加甘草二
兩　脾溼水瀉注下困弱無力水穀不化腹
痛甚者蒼朮二兩白芍藥一兩黃芩半兩淡

桂二錢每一兩水盞半煎一盞溫服脉弦頭
微痛去芍藥加防風二兩　暑月暴瀉壯脾
溫胃用神麯炒蒼朮米泔浸一夜焙等分爲
末糊丸梧子大每服三五十丸米飲下　飧
瀉久痢蒼朮二兩川椒一兩爲末醋糊丸梧
子大每服二十丸食前溫水下惡痢久者加
桂　脾溼下血蒼朮二兩地榆一兩分作二
服水二盞煎一盞食前溫服久痢虛滑以此
桃花丸　腸風下血蒼朮不拘多少以皂角
挼濃汁浸一宿煮乾焙研爲末麪糊丸如梧
子大每服五十丸空心米飲下日三　溼氣
身痛蒼朮泔浸切水煎取濃汁熬膏白湯點
服　補虛明目健骨和血蒼朮泔浸四兩熟
地黃焙二兩爲末酒糊丸梧子大每溫酒下
巳至十丸日三　青盲雀目蒼朮四兩泔浸
[illegible]肝三兩批開摻藥

[illegible]肉批定入[illegible]一合水一盞砂鍋煮[illegible]
服臨卧食肝飲汁不拘大人小兒皆治　又
方不計時月久近用蒼朮二兩泔浸焙搗爲
末每服一錢以好羊子肝一斤竹刀切破摻
藥在內麻扎以粟米泔煮熟待冷食之以愈
爲度　眼目昏澁蒼朮泔浸七日去皮切焙
木賊各二兩爲末每服一錢茶酒任下　嬰
兒目濇不開或出血蒼朮二錢入猪膽中扎
煮將藥氣熏眼後更嚼取汁嚥服妙　風牙
腫痛蒼朮鹽水浸過燒存性研末揩牙去風
熱　臍虫怪病腹中如鐵石臍中水出旋變
作虫行遶身咂痒難忍撥掃不盡用蒼朮濃
煎湯浴之仍以蒼朮末入麝香少許水調服
辟一切惡氣蒼朮同猪蹄燒烟能除邪祟
消災沴歲旦及病疫人家往往燒之　飲癖
蒼朮一斤去皮切片爲末麻油半兩水二錢

研濾汁大棗五十枚煮去皮核搗和丸梧子
大每日空心溫服五十丸漸至一二百丸忌
桃李雀肉三月疾除常服胸膈寬利飲啖如
常許叔微臣少年夜坐寫文左向伏几中夜
飲酒數盃又向左卧飲食多墜左邊後飲食
止從左下心中嘈雜脅痛食減十數日必嘔
酸水數升暑月左邊無汗積
三十年後製此方服之而愈

○典故　南陽文氏漢末逃難壺山中飢困欲死
有人教之食朮遂不飢數十年乃還鄉
里顏色更少氣力轉勝抱朴子　陳子皇得
餌朮要方其妻得疫病服之自愈神仙傳
越民高氏妻病恍惚譫語亡夫之鬼憑之其
家燒蒼朮鬼遽求去氣類編　江西一士爲
[illegible]妖所祟其鬼將别曰君爲陰氣所侵必當
[illegible]良中有蒼朮不能去[illegible]

也【圖志】

○麗藻 必欲長生常服山精【神農藥經】 序 吾察草木之精速益於己者並不及术之多驗也可以長生久視遠而更靈山林隱逸得服术者五岳比肩【紫微夫人吐納經】 啓 綠葉抽條紫花標色百邪外禦六府內充山精見書華神在錄木華火謝盡采擷之勞啓旦移申節淋漉之劑 味重金漿芳踰玉液修製有勞神慮足使坐致延生【俱庾肩吾】

【檀香】一名旃檀一名直檀出廣州雲南及占城真臘諸國今嶺南諸地亦皆有之樹葉皆似荔枝皮青色而滑澤有三種黃檀皮實色黃 白檀皮潔色白 紫檀皮腐色紫 其木並堅重清香而白檀尤盛宜以紙封固則不洩氣紫檀新者色紅舊者色紫有蟹爪文白檀辛溫氣分之藥故能理胃氣調脾肺利胸膈紫檀鹹寒血分之藥故能和營氣消腫毒治金瘡中土所產之檀有黃白二種葉皆如槐皮青而澤肌細而膩體重而堅與梓榆相似亦檀香之類但不香則總氣使然也

○種植 臘月[illegible] 小株種之

○附錄 降真香 一名紫藤香一名雞骨香出南海及大秦國今兩廣雲南皆有不甚佳舶上來名番降紫而潤者良焚之氣勁而遠可以降神故名降真 翠水檀 其樹春如枯夏方葩霧雨過方苛葉葉既開則水定以之禦水極準

○療治 心腹痛腎氣痛霍亂白檀二錢煎服 腰腎痛白檀磨水塗患處 面生黑子每夜以漿水洗拭令赤磨汁塗之甚良 白檀塗身能除一切熱惱 惡毒風毒紫檀磨塗之 金瘡止血止痛紫檀刮末敷 一切卒腫醋磨紫檀敷之 瘡疥檀木根皮磨塗之殺虫 檀木皮榆皮爲粉食可斷穀救荒 金瘡止血生肌降真五倍子銅花等分爲末敷之 癰疽惡毒降真末楓香等分爲末熏之去惡氣甚妙 燒降真辟天行時氣宅舍怪異 小兒帶降真辟邪惡之氣

○典故 周崈被海寇刃傷血出不止筋如斷骨如折用花蕊石散不效軍士李高以紫金散止血止痛定明日結痂無瘢且無痕抑其方用紫藤香瓷瓦刮下研末即降真之最佳者曾救萬人 甚效

【當歸】一名文無一名乾歸一名山蘄一名白蘄 一春生苗葉綠有三瓣七八月開花似蒔蘿淺紫色根黑黃色以肉厚不枯者爲勝今秦蜀皆

處多栽蒔貨賣其頭圓尾多色紫氣香肥潤者秦產也名馬尾歸最勝他處者頭大尾多色白堅枯名鑱頭歸止宜入發散藥氣味苦溫無毒和血補血破惡血養新血凡血病宜用之治妊婦產後惡血上衝倉卒取效氣血昏亂者服之即定能使氣血各有所歸當歸之名疑取諸此婦人之要藥也頭止血而上行身養血而中守尾破血而下流全活血而不走則治上當用頭治中當用身治下當用尾通治則全用此一定之理也惡溼麪藺茹畏菖蒲海藻生薑制雄黃

○製用 去蘆頭水洗去土酒浸一宿日乾或火乾切片如收藏晒乾乘熱紙封甕不蛀

○療治 血虛發熱肌膚燥熱困渴引飲目赤面紅晝夜不息其脉洪大而虛重按全無力此血虛之候也得于飢困勞役證象白虎但脉不長實為異耳誤服白虎湯即死宜此主之當歸身酒洗二錢綿黃芪蜜炙一兩作一服水二鍾煎一鍾空心溫服日再服 失血眩暈凡傷胎或產後崩中金瘡拔牙一切去血過多心煩眩暈悶絕不省人事當歸三

錢三分芎藭一錢七分每用五錢水七分酒三分煎七分熱服日再 動血不止當歸焙研末每服一錢米飲下 小便出血當歸四兩剉酒三升煮一升頓服 頭痛欲裂當歸二兩酒一升煮取六合飲日再 內虛目暗補氣養血當歸生晒六兩附子火炮一兩爲末煉蜜丸桐子大每服三十丸溫酒下 心下痛刺當歸爲末酒服方寸匕 手臂疼痛當歸三兩切酒浸三日溫飲之飲盡別以三兩再浸以瘥爲度 瘧疾不止當歸一兩水煎飲日一 久痢不止當歸二兩吳茱萸一兩同炒香去萸爲末蜜丸桐子大每服三十丸米飲下 大便不通當歸白芷等分爲末每服三錢米湯下 婦人百病諸虛不足當歸四兩地黃一兩爲末蜜丸梧子大每食前米飲下十五丸 月經逆行從口鼻出先以京墨磨汁服止之次用當歸尾紅花各三錢水一鍾半煎八分溫服經即通 室女經閉當歸尾沒藥各一錢爲末紅花浸酒面北飲下一日一服 婦人血氣臍下氣脹月經不利血氣上攻欲嘔不得睡當歸四錢乾漆燒存性二錢爲末煉蜜丸梧子大每服十五丸溫酒下 墮胎下血不止當歸焙一兩葱白一握每服五錢酒一盞半煎八分溫服 妊娠胎動或子死腹中血下疼痛口禁欲死服此探之不損則痛止已損便立下此乃徐王神驗方也當歸二兩芎藭一兩爲粗末每服三錢水一盞煎令欲乾投酒一盞再煎一沸溫服或灌之如人行五里再服不過三五服便效 產難胎死橫生倒生用當歸三兩芎藭一兩爲末先以大黑豆炒焦入流水一盞童便一盞煎至一盞分爲二服未效再服

倒產子死不出當歸末酒服方寸七 產後血脹腹痛引脅當歸二錢乾姜炮五分爲末每服三錢水一盞煎八分入鹽酢少許熱服 產後腹痛如絞當歸末五錢白蜜一合水二盞煎一盞分爲二服未效再服 產後自汗壯熱氣短腰脚痛不可轉當歸三錢黄芪合芍藥酒炒各二錢生姜五片水一盞半煎七分溫服 產後中風不省人事口吐涎沫手足瘈瘲當歸荆芥穗等分爲末每服二錢水一盞酒少許童尿少許煎七分灌之下咽即有生意神效 小兒胎寒好啼晝夜不止因此成癎當歸末一小豆大以乳汁灌之日夜三四度 小兒臍濕不早治成臍風或腫赤或出水用當歸末傅之一方入麝香少許用胡粉等分試之最驗若愈後因尿入腹作再傳即愈 湯火傷瘡焮赤潰爛用此生肌

拔熱止痛當歸黄蠟各一兩麻油四兩以油煎當歸焦去滓納蠟攪成膏出火毒攤貼之

白黄色枯舌縮恍惚若語亂者死

當歸白术二兩水煎入生苄蜜和服

川芎

一名芎藭一名香果一名山鞠窮一名蕪藭清明後宿根生苗分而横埋之宜鬆肥土節節生根澆宜退牲水葉香似芹而微細窄有叉叉似胡荽葉而微壯叢生細莖七八月開開碎白花如蛇床子花根下始結芎藭瘦黄黑色關中出者形塊重實作雀腦狀爲雀腦最有力九月十月採者佳三四月虛惡不堪用凡用以塊大肉中色白不油嚼之微辛甘者佳他種不入藥止可爲末煎湯沐浴耳

味辛溫無毒治中風入腦頭痛寒痺除腦中冷痛面上遊風止瀉痢燥溼行氣開鬱令人用此最多頭面風不可缺須以他藥佐之不可單服令人暴亡戒之葉可作茶飯

○療治 生犀丸宋真宗賜高相國去痰清目進飲食川芎十兩緊小者粟米泔浸二日

换切片子日乾爲末作兩料每料入麝腦各一分生犀角半兩重湯煮蜜和丸小彈大茶酒嚼下一丸膈痰加牛黄一分水飛鐵粉一分頭目昏加細辛一分口眼喎斜加炮天南星一分 氣虛頭痛眞川芎爲末臘茶調服二錢甚捷曾有婦人產後頭痛一服即愈 氣厥頭痛婦人氣盛頭痛及產後頭痛川芎藭天台烏藥等分爲末每服二錢葱茶調下一方加白术水煎服 風熱頭痛川芎藭一錢茶葉二錢水一鍾煎五分食前熱服 頭風化痰川芎洗切晒乾爲末煉蜜丸如小彈子大不拘時嚼一丸茶清下 偏頭風痛京芎細切浸酒日飲之 風熱上衝頭目暈眩或胸中不利川芎槐子各一兩爲末每服三錢用茶清調下胸中不利用水煎服 頭風旋暈及偏正頭痛多汗惡風胸膈痰飲川芎

芎藭一斤天麻四兩為末煉蜜丸如彈子大每嚼一丸茶清下　失血眩暈方見當歸下　一切心痛大芎一箇為末燒酒服之一箇任一年兩箇任二年　經閉驗胎經水三箇月不行驗胎法川芎生為末空心煎艾湯服一匙腹內微動者是不動者非也　損動胎氣因跌撲舉重損胎不安或子死腹中者芎藭為末酒服方寸七須臾一二服立出　崩中下血晝夜不止芎藭一兩清酒一大盞煎取五分徐徐進聖惠加生地黃汁二合同煎　酒癖脅脹時復嘔吐腹有水聲川芎藭三稜炮各一兩為末每服二錢葱白湯下　小兒腦熱好閉目或太陽痛或目赤腫川芎藭薄荷朴硝各二錢為末以少許吹鼻中　齒敗口臭水煎芎藭含之　牙齒疼痛大川芎藭一箇入舊糟內藏一月取焙入細辛同研末揩牙　諸瘡腫痛撫芎煅研入輕粉麻油調塗　產後兩乳忽長細小如腸垂過小肚痛不可忍危亡須臾名曰乳懸將芎藭當歸各一斤用半斤剉散于瓦石器內用水濃煎不拘多少頻服仍以一斤半剉塊于病人桌下燒烟將口鼻吸烟用盡未愈再作一料仍以萆麻子一粒貼其頂心　風痰芎藭為末蜜和大丸夜服　齒根出血含之瘥

【五加】一名文章草一名金玉香草一名金盤一名五花一名追風一名豺漆一名豺節使江淮湖南州郡皆有之春生苗莖葉皆青作叢苗莖俱有刺類薔薇長者至丈餘葉五出香一莖五葉者雄三葉者雌陰人用陽陽人用陰氣似橄欖春時結實如豆粒而扁色青得霜乃紫黑根類地骨皮輕脆芬香一云生南方者微白而柔紉大類桑白皮生北方者微黑而硬入藥用南方者苗可作茹皮浸酒久服輕身耐老明目下氣補中益精堅筋強志意黑鬚髮令人有子或只為散代茶餌之亦驗

○種植　探掘肥地每二尺埋一根令沒舊痕甚易活苗生從一頭剪訖鋤土壅之五月採莖十月採根皆取皮陰乾

○製用　造酒方用五加皮洗淨去骨莖葉亦可以水煎汁和麴釀米酒成時時飲之亦可煮酒飲加遠志為使更良一方加木瓜煮酒服談野翁試驗方云神仙煮酒法用五加皮地榆刮去粗皮各一斤袋盛入無灰好酒二斗大罈封固安大鍋內文武火煮罈上安米一合米熟為度取出入水中三日出火毒渣曬乾為丸每服五十丸藥酒送下臨臥再服能去風溼壯筋骨順氣化痰添精補髓久服延年益壽功難盡述王綸醫云風病飲酒能生痰火惟五加皮一味浸酒日飲數盃最有益諸浸酒藥惟五加與酒相合且味美又方洗淨曬乾為末每空心酒服三錢一月後去宿疾

○療治　虛勞不足五加皮枸杞根白皮各一斗水一石五斗煮汁七斗分取四斗浸麴

一斗用三斗拌飯如常釀酒法待熟任飲　男婦脚氣骨節皮膚腫濕疼痛服此進飲食健氣力不忘事用五加皮四兩酒浸遠志去心四兩酒浸並春秋三日夏二日冬四日日晒爲末以浸酒爲糊丸梧子大每服四五十丸溫酒下如藥酒壞别用酒爲糊　小兒三歲不能行者用此便走五加皮五錢牛膝木瓜各二錢半爲末每服五分米飲入酒二三點調服　婦人血虛憔悴困倦喘滿虛煩噏噏少氣發熱多汗口乾舌澀不思飲食名血風勞油煎散用五加皮牡丹皮赤芍藥當歸各一兩爲末每用一錢水一盞青錢一文蘸油入藥煎七分溫服常服能使婦人肥胖　五勞七傷五月五日采五加莖七月七日采葉九月九日取根共治末每酒服方寸七日三服久服去勞　目瞑息膚五加皮不聞水聲者搗末一升和酒二升浸七日一日服二次禁醋二七日遍身行瘡是毒出不出以生熟湯浴之取瘡愈　服石毒發或熱禁向冷地臥五加皮二兩水四升煮二升半發時便服　火竈丹毒從兩脚起如火燒五加根葉燒灰五兩取煅鐵家槽中水和塗之

○典故　魯定公母服五加酒以致不死尸解而去　張子聲楊建始王叔才于世彥等皆服此酒而房室不絕得壽三百年有子二十人世人服而延年者甚衆【本草綱目】

○麗藻　散語　寧得一把五加不願黃金滿車【續】【子】五加者天上五車之星精也青精入莖有東方之液白氣入節有西方之津赤氣入華有南方之光玄精入根有北方之粘黃烟入皮有戊己之靈五神鎮主轉相育成餌之者眞仙服之者反嬰【眞人王常】

【地榆】一名玉豉一名玉札一名酸赭蘄州呼爲酸棗平原川澤皆有之宿根三月內生苗初生布地獨莖直上高三四尺對分出葉葉似榆葉而稍狹細長似鋸齒狀青色七月開花如椹子紫黑色根外黑裏紅似柳根味苦微寒無毒消酒止渴補腦明目止膿血除惡肉療金瘡此草霧而不濡太陽氣盛也鑠金爛石炙其根作飲若茗取其汁釀酒治風痹

○療治　男女吐血地榆三兩米醋一升煮十餘沸去滓食前稍熱服一合　婦人漏下赤白不止令人黃瘦方同上　血痢不止地榆曬研每服二錢摻在羊血上炙熟食之以捻頭煎湯送下一方以地榆煮汁飲每服三合　赤白下痢骨立者地榆一斤水三升煮一升半去滓再煎如稠餳絞濾空腹三合日再　久病腸風痛癢不止地榆五錢蒼朮一兩水二鍾煎一鍾空心服日一　下血不止二十年者取地榆鼠尾草各二兩水二升煮一升頓服若不斷以水漬屋塵飲一小盃投之　結陰下血腹痛不已地榆四兩炙甘草三兩每服五錢水一盞入縮砂四七枚煎一盞半分二服　小兒疳痢地榆煮汁熬如飴糖與服便已　毒蛇螫人新地榆根搗汁飲兼以漬瘡　[illegible]

傳之亦可爲末[illegible] 代指腫痛地榆煮汁漬之半日愈 小兒溼瘡地榆煮濃汁日洗二次 小兒面瘡焮赤腫痛地榆八兩水一斗煎五升溫洗之 煮白石法 七月七日取地榆根不拘多少陰乾百日燒爲灰復取生者與灰合搗萬下灰三分生末一分合之若石子二三斗以水浸過三寸以藥入水攪之煮至石爛可食乃已 葉作飲代茶甚解熱

○典故 尹公度曰寧得一片地榆不用明月寶珠 西域眞人曰何以得長壽食石用玉豉 地榆與五茄煮食之可成神仙

黃精 一名黃芝一名玉芝草一名戊巳芝一名菟竹一名鹿竹一名龍銜一名雞格一名米鋪一名重樓一名野生薑一名救窮草一名仙人餘糧南北皆有嵩山茅山者佳根苗花實皆可食三月生苗高一二尺葉如竹而短兩兩相對嫩苗采爲茹名筆管菜甚美莖梗柔脆頗似桃枝本黃末赤四月開青白花如小豆花結子白如黍米粒根如嫩生薑而黃肥地者大如拳薄地僅如拇指稚得土之沖

葉不對者名偏精功用劣 葉有鉤者名鉤吻殺人 亦有[illegible]君[illegible]

氣而秉乎季春之令味甘平無毒補中益氣除風溼安五臟久服輕身延年不飢

○種植 三月間劈根長二寸稀種肥地一年後極稠子亦可種冬取其根

○製用 凡採得以溪水洗淨蒸之從巳至子薄切曬乾 春深採根九蒸九曝搗如飴可作果實 根一石細切水二石五斗煮去苦味漉入絹袋壓汁澄之再煎如膏以炒黑豆黃爲末作餅約二寸大可供客 黃精細切一石用水二石五斗自旦煮至夕候冷以手挼碎布袋榨取汁煎之渣曬乾爲末同入釜中煎熬爲丸如雞子大每服一丸日三服絕糧除百病身輕不老渴則飲水 黃精根莖不限多少細剉陰乾搗末每日水調多少任服一年內變老爲少久久成地仙 同桑椹漆葉何首烏茅山朮作丸餌可變白久之殺三蟲能使足溫而不寒 同朮久服可輕身耐險不飢 同地黃天門冬釀酒可去風益血

○療治 補肝明目 黃精二斤蔓菁子一斤九蒸九曬爲末每空心米飲下二錢延年益壽 營氣不清久而成癩鼻壞色敗 黃精根去皮淨洗二斤曝納粟米飯中蒸至米熟時時食之 精氣虛 黃精枸杞子等分搗作餅日乾爲末煉蜜丸梧子大每湯下五十丸

○典故 臨川一婢逃入深山見野草可愛取根食之久之不飢夜息大樹下聞草中動以爲虎上樹避之及曉下地身欻然凌空若飛 [illegible]人[illegible]之不[illegible]食酒餌遂不能去

晁耕泰時建財房宮采木者餌食黃精天隸不覺竦身飛上巔山下人家栽詩云酒盡君莫酤壺傾我當發城市多囂塵還山弄明月今平樂志所載紫山木客事益附會此說余昔在昭州常詢之陶倖西明府云少時聞父老言曾有人見之今久不聞矣【張七澤】

○麗藻詩五言 三春劚黃精一食生羽毛【杜甫】北風起寒文弱藻苻翠縷明滿客衣淨細蕩林影趣何當宅下流餘潤逼藥圃三春溼黃精一食生毛羽【前人】七言 掃除白髮黃精在君看他年冰雪容【前人】歌 長鑱長鑱白木柄我生託子以為命黃精無苗山雪盛短衣數挽不掩脛此時與子空歸來男呻女吟四壁靜嗚呼二歌兮歌始放閭里為我色惆悵【前人】

【牛膝】一名牛脛一名百倍一名山莧菜一名對節菜江淮閩越關中皆有以懷慶為真以人栽蒔者為良其苗方莖粗節葉皆對生頗似莧葉而長且尖䆗秋月開花作穗結子狀如小鼠負蟲有濇毛皆貼莖倒生九月采根貨賣者多用水泡去皮裹紮曝乾白直可貴但其汁既去入藥力減終不如留皮者力大氣味苦酸平無毒 主治寒溼痿痺四肢拘攣膝

痛不可屈伸補中續絕益精利陰填骨髓除腰脊痛治久瘧寒熱五淋尿血下痢癰腫惡瘡折傷喉痺口瘡齒痛莖中痛下死胎亦能墮胎孕婦忌用病人虛羸者加而用之名牛膝者言其滋補如牛之多力也

○修治 凡使去蘆頭以酒浸洗欲下行則生用滋補則焙用或酒拌蒸用

○種植 秋收子至春種肥地深畊土鬆易長耙土平方下種水糞澆剪苗食如剪韭法旱則鋤耘荒則澆水秋中亦可種

○療治 勞瘧積久不止者長牛膝一握生切以水六升煮二升分三服清早一服未發前一服臨發一服 消渴不止下元虛損牛膝五兩為末生地黃汁五升浸之日曝夜浸汁盡為度蜜丸梧子大每空心溫酒下三十丸久服壯筋骨駐顏色黑髮津液自生 卒暴癥疾腹中有如石刺晝夜啼呼牛膝二斤以酒一斗漬之密封于灰火中溫令味出每服五合至一升隨量飲 痢下腸蠱凡痢下應先白後赤若先赤後白為腸蠱牛膝二兩擣碎以酒一升漬經一宿每飲一兩盃日三服 婦人血塊土牛膝根洗切焙擣為末酒煎溫服極效福州人單用之 女人月經淋閉月信不來遶臍寒疝痛及產後血氣不調腹中結瘕癥不散諸病牛膝酒浸一宿焙乾[illegible]生地黃汁一升入

[illegible]內損失[illegible]至死危[illegible]服[illegible]
空心米飲下　婦人陰痛牛膝五兩酒三升
煮取一升半去滓分三服　生胎欲去牛膝
一握搗以無灰酒一盞煎七分空心服仍以
獨根土牛膝[illegible]摏入牝戶中　胞衣不
出牛膝八兩葵子一合水九升煎三升分三
服　産後尿血川牛膝水煎頻服　喉痺乳
蛾新鮮牛膝根一握艾葉七片搗和人乳取
汁灌入鼻內須臾痰涎從口鼻出即愈無艾
亦可一方牛膝搗汁和陳酢灌之　口舌瘡
爛牛膝浸酒含漱亦可煎飲　牙齒疼痛牛
膝研末含漱亦可燒灰　折傷閃朒杜牛膝
搗罨之　金瘡作痛生牛膝搗敷立止　卒
得惡瘡人不識者牛膝根搗傅之　癰疽已
潰用牛膝根略刮去皮揷入瘡口中留半寸
在外以嫩橘葉及地錦草各一握搗傅其上

牛膝能去惡血二草溫涼止痛隨乾隨換有
十全之功　風瘙癮疹及痞癧牛膝末酒服
方寸匕日三　骨疽癩病方同上　氣溼痺
痛腰膝痛用牛膝葉三斤切以米三合於豉
汁中煮粥和鹽醬空腹食之　老瘧不斷牛
膝莖葉一把切以酒三升漬服令微有酒氣
不即斷更作不過三劑止　溪毒寒熱冬間
有溪毒中人似射工但無物初病惡寒發熱
煩懣骨節强痛不急治生蟲入臟殺人用雄
牛膝紫色節大者一把以酒水各一盃同搗
絞汁溫飲日三服　眼生珠管
牛膝并葉搗汁日點三四次

○典故　老人久苦淋疾百藥不效偶見臨汀集
要方中用牛膝者服之而愈王南强
葉朝議親人患血淋流下小便在盆內凝如
[illegible]百治不効一
醫煎牛膝根濃汁日飲五服名地髓湯雖未
即愈而血色漸淡久乃復舊後十年病又發
服之又瘥因檢本草見肘後方治小便不利
莖中痛欲死用牛膝并葉以酒煮服之今再
拈出表其神功　小便淋痛或尿血或沙石
脹痛用川牛膝一兩水二盞煎一盞溫服一
婦患此十年服之得效土牛
膝亦可或入麝香乳香尤良

二如亭群芳譜藥部卷之一

二如亭群芳譜利部目録

第四冊

藥譜二 卷二十 十種 附錄三種

茯苓 附茯神 冰威喜芝 附錄

麥冬

天冬

百部

桔梗

枸杞

杜仲

何首烏

仙茅

肉蓯蓉

列當

淫羊藿

香附子

覆盆子

使君子

栝樓

益母草

防風

郁李

豨薟

群芳譜藥譜二目録

二如亭群芳譜藥部卷之二

濟南　王象晉藎臣甫　纂輯

松江　陳繼儒仲醇甫

虞山　毛鳳苞子晉甫　全較

寧波　姚元台子雲甫

濟南　男王與胤　孫王士艮　詮次

藥譜二

茯苓　一名伏靈一名伏菟一名松腴一名不死
麪生深山大松下蓋古松久爲人斬代其枯
槎枝葉不復上生者謂之茯苓撥撥大者茯
苓亦大有大如拳者有大如斗者外皮黑而
細皺内堅白似鳥獸形者爲佳皆自作塊不
附著根亦無苗葉花實性不朽蛀埋地中二
三十年色性無異有赤白二種甘平無毒白
老氣赤主血白者逐水緩脾和中益氣止渴
除煩補勞傷暖腰膝利小便除虛熱赤者破

結氣瀉心小腸膀胱溼熱利竅行水陶
謂其用有五利小便一也開腠理二也生津
液三也除虛熱四也止泄瀉五也本草言茯
苓利小便伐腎邪王海藏乃言小便多者能
止濇者能通不幾相反乎不知肺氣盛者實
熱也其人必氣壯脈強宜用若肺虛心虛胞
熱厥陰病者皆虛熱也其人必上熱下寒膀
胱不約下焦虛者乃火投于水水泉不藏脫
陽之証其人必肢冷脈遲皆忌用不可不辯
皮治水腫腹脹通水道開腠理

○**附錄茯神**　抱木者爲茯神安魂魄養精神止驚悸辟不祥補勞乏開心益智人
虛小腸不利者倍用　**神木**　一名黃松節治偏風口面喎斜毒風筋攣不語心神驚掣
虛而健忘脚氣痹痛諸筋牽縮　**木威喜芝**　茯苓千歲其生小木狀似蓮花夜視
有光燒之不焦服之長生帶之避兵抱朴子

○**採取**　視茯苓撥所在四面丈餘内鐵錐刺地有茯苓則錐不可拔乃掘取之二八月
采陰乾堅如石者絕勝　**修製**　凡用去皮搗細水盆中攪濁浮者去之此茯苓赤筋

若誤服令人瘖[illegible]黑精[illegible]小[illegible]官[illegible]
景曰作丸散者先煑一二沸乃切曝乾用
○服食 集仙方多單餌茯苓其法取白茯苓五
斤去黑皮擣篩熟絹囊盛于二斗米下
蒸之米熟即止曝乾又蒸如此三遍取牛乳
二斗和合著銅器中微火煑如膏收之每食
以竹刀割隨性飽食辟穀不飢如欲食穀先
煑葵汁飲 又茯苓酥法白茯苓三十斤去山之陽[illegible]
皮薄切曝乾蒸之以湯淋去苦味淋之不止甘美也[illegible]
其汁當甜乃曝乾篩末用酒三石蜜三升相[illegible]
和置大甕中攪百匝密封勿洩氣冬五十日
夏二十五日酥自浮出酒上掠取其味極甘
美作掌大塊空室中陰乾色赤如棗飢時食
一枚酒送下終日不食名神仙度世法 又
茯苓合白菊花或合桂心或合术爲散丸皆
可常服補益殊勝 儒門事親方用茯苓四

兩頭白麵二兩水調作餅以黃蠟三兩煎熟
飽食一頓便絕食辟穀至三日覺難受以後
氣力漸生 又法用華山挺子茯苓削如棗
大方塊安新甕內好酒浸之紙封一重百日
乃開其色當如餳糖日食一塊百日肌體潤
澤一年可夜視物久久腸化爲筋延年耐老
面若童顏 又法茯苓松脂各二斤淳酒浸
之和以白蜜日三服之久久通靈 又法白
茯苓去皮酒浸十五日漉出爲散每服三錢
水調下日三 孫眞人枕中記云茯苓久服
百日病除二百日晝夜不眠二
年役使鬼神四年後玉女來侍
○療治 胸脇氣逆脹滿茯苓一兩人參半兩每
服三錢水煎服日三 心神不定恍惚
健忘火不下降水不上升時復振跳常服消
陰養火全[illegible]茯神二兩去皮沉香半兩爲

末[illegible]
血虛心汗別處無汗獨心孔有汗思慮多則
汗亦多宜養心血以艾湯調茯苓末日服一
錢 心虛夢洩或白濁茯苓末二錢米湯調
下日二 虛滑遺精白茯苓二兩縮砂仁二
兩爲末入鹽二錢精羊肉批片摻藥炙食酒
下 丈夫元陽虛憊精氣不固小便白濁餘
瀝常流夢寐多驚頻頻遺洩婦人白淫白帶
並治白茯苓爲末四兩作匱以猪苓四錢半
入內煑二十餘沸取出日乾擇去猪苓爲末
化黃蠟搜和丸彈子大每服一丸空心津下
以小便清爲度忌米醋 小便頻多白茯苓
去皮乾山藥去皮以白礬水瀹過焙等分爲
末每米飲服二錢 心腎俱虛神志不守小
便淋瀝不禁或夢遺白濁白赤茯苓等分爲
末新汲水挼洗去筋控乾酒煑地黃汁搗膏

搜和丸彈子大每嚼一丸空心鹽酒下 上
盛下虛心火炎爍腎水枯涸不能交濟而成
渴証白茯苓一斤黃連一斤爲末熬天花粉
和丸梧子大每溫湯下五十丸 下部諸疾
堅實白茯苓去皮焙研取清溪流水浸去筋
膜復焙入瓷罐內以好蜜和勻入銅釜內重
湯桑柴火煑一日取出收之每空心白湯下
二三匙解煩鬱躁渴一切下部疾皆可除
飧泄滑痢不止白茯苓一兩木香煨半兩爲
末紫蘇木瓜湯下二錢 妊娠水腫小便不
利惡寒赤茯苓去皮葵子各半兩爲末每服
二錢新汲水下 卒然耳聾黃蠟不拘多少
和茯苓末細嚼茶湯下 面鼾雀斑白茯苓
末蜜和夜夜傅之三七日愈 猪雞骨哽五
月五日取楮子曬乾白茯苓等分爲末每服
二錢乳香湯下一方不用楮子以所哽骨煎

湯下　壽潘神方赤白茯苓去皮黄蠟各二兩破故紙四兩若白搗成一塊春秋酒浸三日夏二日冬五日取出木籠蒸熟曬乾爲末酒和丸梧子大每酒服二十丸漸加至五十丸　手十指節斷壞惟有筋連無節肉蟲出如燈心長數尺遍身綠毛卷名曰血餘以茯苓胡黄連煎湯飲愈　水腫尿濇茯苓皮椒目等分煎湯日飲取効

○典故　王子季服茯苓十八年玉女從之能隱能彰不食穀灸瘢滅面體玉澤　黄初起服茯苓五萬日能坐在立亡日中無影抱朴子

○麗藻散語　千歲之松下有茯苓上有兎絲淮南子　松脂入地千歲爲茯苓典術

圖贊　皓苓下居彤絲上在中狀雞鳧其容龜蔡神侔少司保延幼艾終志不移柔紅可佩　劉宋王微

麥門冬　一名虋冬一名忍冬一名忍陵一名禹韭齊名愛韭秦名烏韭楚名馬韭越名羊韭一名禹餘粮一名階前草一名不死草一名僕壘一名隨脂所在有之大小三四種功用相似其葉青大者如鹿葱小者如韭浙中者良多縱紋且堅靭長及尺餘四季不凋根黄白色有鬚在根如連珠四月開淡紅花如紅蓼實圓碧如珠吳地者勝性甘平無毒治肺中伏火補心氣不足療身黄目黄虛勞客熱口乾燥渴止嘔吐安魂魄定肺痿吐膿止嗽治時疾熱狂頭痛令人肥健美顏色有子

○種植　四月初採根于黑壤肥沙地栽之每年六月九月十一月三次上糞及耘灌夏至前一日取根洗曬收之

○修製　以滾水潤溼少頃抽去心或以瓦焙軟乘熱去心若入丸散瓦焙熱即于風中吹冷如此三四即易燥且不損藥力或以湯浸搗膏和藥亦可滋補藥則以酒浸擂之

○取用　治心肺虛熱及虛勞與地黄阿膠麻仁同爲潤經益血復脉通經之劑與五味子枸杞子同爲生脉之劑麥門冬治肺中伏火脉氣欲絕者加五味子人參三味爲生脉散補肺中元氣不足六七月間溼熱方壯人病骨乏無力身重氣短頭旋眼黑甚則痿軟故孫眞人以生脉散補其天元眞炁脉者人之元氣也人參之甘寒寫熱火而益元氣麥門冬之苦寒滋燥金而清水源五味子之酸温寫丙火而補庚金兼益五臟之氣儒醫精要云麥門冬以地黄爲使服之令人頭不白補髓通腎氣定喘促令人肌體滑澤除身上一切惡氣不潔之疾蓋有君而有使也若有君無使是獨行而無功矣此方惟火盛氣壯之人服之相宜若氣弱胃寒者必不可餌

○療治 麥門冬煎補中益心悅顏色安神益氣令人肥健其力甚駛取新麥門冬去心搗熟絞汁和白蜜銀器中重湯煮攪不停手候如飴乃成溫酒日日化服之 消渴飲水用上元板橋麥門冬鮮肥者二大兩宣州黃連九節者二大兩去兩頭尖三五節小刀子去皮毛吹去塵更以生布摩拭秤之搗末以肥大苦瓠汁浸麥門冬經宿然後去心即于臼中搗爛納黃連末和丸並手丸如桐子大食後飲下五十丸日再但服兩日其渴必定若重者即初服一百五十丸二日服一百二十丸三日一百丸四日八十丸五十丸合藥要天炁晴明之夜方浸須靜處禁婦人雞犬見之如覺可時只服二十五丸服訖覺虛即取白羊頭一枚治淨以水三大斗煮爛取汁一斗以來細細飲之勿食肉勿入鹽不過二劑平復 勞氣欲絕麥門冬一兩甘草炙二兩秔米半合棗二枚竹葉十五片水二升煎一升分三服 虛勞客熱麥門冬煎湯頻飲 吐血衄血諸方不效者麥門冬去心一斤搗取自然汁入蜜二合分作二服即止 衄血不止麥門冬去心生地黃各五錢水煎服立止 齒縫出血麥門冬煎湯漱之 咽喉生瘡脾肺虛熱上攻也麥門冬一兩地黃半兩爲末煉蜜丸梧子大每服二十丸麥門冬湯下 乳汁不出麥門冬去心焙爲末每用二錢酒磨犀角約一錢許溫熱調下不過二服便下 下痢口渴引飲無度麥門冬去心三兩烏梅肉二十個細剉以水一升煮七合細細呷之 金石藥發麥門冬六兩人參四兩甘草炙二兩爲末蜜丸梧子大每服五十丸飲下日再 男女血虛麥門冬三斤取汁熬成膏生地黃三斤取汁熬成膏等分一處濾過入蜜四之一再熬成稠收每日白湯點服忌鐵器

天門冬

一名虋冬一名顛棘一名顛勒一名滿冬一名天棘一名浣草一名萬歲藤一名地門冬一名筳門冬一名婆羅樹在東岳名淫羊藿在西岳名管松在南岳名百部在北岳名無不愈在中岳名天門冬名雖異其實一也草之茂者名虋此草茂而功同麥冬故名

天門冬處處有之莖間有逆刺夏生細白花亦有黃紫者秋結黑子在枝旁入伏後無花暗結子其根數十枚大如手指圓實而長黃紫色肉白以大者爲佳中有心如麥冬心而稍粗性苦平無毒潤燥滋陰清金降火保肺氣通腎氣養肌膚利小便止消渴治溼疥除身上一切惡氣不潔之疾久服令人肌體滑澤潔白陽事不起者宜常服手太陰足少陰

經營衛枯涸宜以溼劑潤之天麥門冬人參五味枸杞子同為生脉之劑此上焦獨取寸口之意趙繼宗曰五藥雖為生脉之劑然生地黃貝母為天門冬之使地黃車前為麥門冬之使茯苓為人參之使若有君無使是獨行無功矣故張三丰與胡濙尚書長生不老方用天門冬三斤地黃一斤乃有君而有使也擣汁作液膏服至百日丁壯兼倍駛于朮及黃精二百日強筋髓駐顏色與煉成松脂同蜜丸服尤善天門冬清金降火益水之上源故能下通腎氣入滋補方合群藥用之有効若脾胃虛寒人單餌既久必病腸滑反成痼疾此物性寒而潤能利大腸故也服天門冬忌鯉魚誤食中毒者擣萍汁服之可解

○種植正二月取苗種肥地中每根相去二尺餘不得稠稠不久其根甚茂若取根即留一二小者卻栽時常上糞有草即耘此物最易種若[illegible]不活種子即成亦晚

○修製二三七八月采根雖曝乾猶脂潤難擣必須去皮心用柳木甑及柳木柴蒸一伏時酒浸令遍更添火蒸作小架去地二尺攤于上曝乾用

○服食孫真人枕中記云八九月采天門冬根曝乾為末每服方寸匕日三久服補中益氣治虛勞絕傷年老衰損偏枯不隨風溼不仁冷痺惡瘡癰疽癩疾鼻柱敗爛者服之皮脫蟲出釀酒服去癥病積聚風痰顛狂三蟲伏尸除溼痺輕身益氣令人不飢百日還童耐老釀酒初熟微酸久停則香美諸酒不及也　臞仙神隱云用乾天門冬十斤杏仁一斤擣末蜜漬每服方寸匕名仙人粮一法天門冬二斤熟地黃一斤為末煉蜜丸彈子大每溫酒化三丸日三服居山遠行辟穀良服至十日身輕目明二十日百病愈顏色如花三十日髮白更黑齒落重生五十日行及奔馬百日延年　又法天門冬擣汁微火煎取五斗入白蜜一斗胡麻炒末二升合煎至可丸即止火下大豆黃末和作餅徑三寸厚半寸一服一餅一日三服百日已上有益　又法天門冬末一升松脂末一升蠟蜜一升和煎丸梧子大每日早午晚各服三十丸　天門冬酒補五臟調六腑令人無病天門冬三十斤去心擣碎以水二石煮汁一石糯米一斗細麴十斤如常炊釀酒熟日飲三盃　天門冬膏去積聚風痰補肺療欬嗽失血潤五臟殺三蟲伏尸除瘟疫輕身益氣令人不飢以天門冬流水泡過去皮心擣爛取汁砂鍋文武炭火煮勿令大沸以十斤為率熬至三斤却入蜜四兩熬至滴水不散瓶盛埋土中一七去火毒每日早晚白湯調服一匙

若動大便以酒服之

○二冬主治 天麥門冬並入手太陰䟽煩解渴止欬消痰而麥門冬兼行手少陰清心降火使肺不犯邪故止欬立効天門冬復行足少陰滋腎助元全其母氣故消痰殊功蓋腎主津液燥則凝而爲痰得潤劑則化所謂治痰之本也

○療治 肺痿欬嗽吐涎沫心中溫溫咽燥而不渴生天門冬擣汁一斗飴一升紫菀四合銅器煎至可丸每服杏仁大一丸日三服 陰虛火動有痰不堪用燥劑者天門冬一斤水浸洗去心取肉十二兩石臼擣爛五味子水洗去核取肉四兩曬乾不見火共擣丸梧子大每服二十丸茶下日三 滋陰養血溫補下元天門冬去心生地黃各二兩二味

用柳甑箄以酒灑之九蒸九曬待乾秤之人參一兩爲末蒸棗肉擣和丸梧子大每服三十丸食前溫酒下日三 虛勞體痛天門冬末酒服方寸匕日三忌鯉魚 肺勞風熱止渴去熱天門冬去皮心煮食或曝乾爲末蜜丸服尤佳亦可洗面 婦人骨蒸煩熱寢汗口乾引飲氣喘天門冬十兩麥門冬八兩並去心爲末以生地黃一斤取汁熬膏和丸梧子大每服五十丸逍遙散去甘草煎湯下 風顛發作則吐耳如蟬鳴引脇牽痛天門冬去心皮曝擣爲末酒服方寸匕日三久服良 小腸偏墜天門冬三錢烏藥五錢以水煎服 面黑令白天門冬曝乾同蜜擣作丸日用洗面 口瘡連年不愈天麥門冬並去心玄參等分爲末煉蜜丸彈子大每噙一丸 諸般癰腫新掘天門冬三五兩洗淨沙盆擂

細好酒濾汁頓服未効再服必愈

○典故 杜紫微服天門冬御八十妾一百四十歲日行三百里 列仙傳云赤須子食天門冬齒落更生細髮復出太原甘始服天門冬在人間三百餘年 聖化經云以天門冬茯苓等分爲末日服方寸匕則不畏寒大寒時單衣汗出也

【百部】一名野天門冬一名婆婦草山野處處有之春生苗作藤蔓葉大而尖長頗似竹葉面青而光亦有細葉如茴香者莖青肥嫩時亦可煮食莖多者五六十長尖內虛根數十相

連似天門冬而苦根長者近尺黃白色鮮時亦肥實乾則虛瘦無脂潤性甘微溫無毒清肺熱潤肺 治傳尸骨蒸勞疳殺蚘蟲寸白蟯蟲

種法與百合同宜山地

○修治 凡采得以竹刀劈去心皮花作數十條懸簷下風乾却用酒浸一宿漉出焙乾剉用或一窠八十條者號曰地仙苗若修事餌之可千歲 九眞一種最長大懸火上令乾取四五寸切短夜含嚥汁勿令人知治暴嗽甚良

○辨訛 百部亦天門冬之類故皆治肺病殺蟲但百部氣溫而不寒寒嗽宜之天門冬

生擣而不熱熱亦之此爲異耳

○療治 暴欬嗽百部根漬酒溫服一升日三 又百部生姜各擣汁等分煎服二合 又百部藤根擣自然汁和蜜等分沸湯煎膏噙嚥 小兒寒嗽百部炒麻黃去節各七錢半爲末杏仁去皮尖炒仍以水畧煮三五沸研泥入熟蜜和丸皂子大每服二三丸溫水下 三十年嗽百部根二十斤擣取汁煎如飴服方寸匕日三深師加蜜二斤外臺加飴一斤 遍身黃腫掘新鮮百條根洗擣罨臍上再以糯米飯半升拌水酒半合揉軟蓋藥上用帛包住一二日後口內作酒氣則水從小便出腫自消 誤吞銅錢百部根四兩浸一升酒一宿溫服一升日再服 百虫入耳百部炒研生油調一字于耳門上 熏衣去虱百部秦艽爲末入竹籠燒烟熏之自落亦可煮湯洗衣

百條缺一名野天門冬一名百奶狀如葱頭其苗葉柔細一根下有百數

桔梗 一名梗草一名白藥一名薺苨一名利如一名符扈生嵩高山谷及冤句今處處有之二三月生苗嫩時可煮食根如指大黃白色莖高尺餘葉似杏葉而長四葉對生夏開小花紫碧色頗類牽牛花秋後結子八月采根關中所出根黃其皮似蜀葵根莖細青色葉小而青似菊葉性辛微溫有小毒治心腹脹

痛胸脇痛如刀刺腸鳴血積痰涎嗽逆口舌生瘡赤目腫痛清肺氣利咽喉破癥瘕治鼻塞除腹中冷痛小兒驚癇爲肺部引經之藥與甘草同用爲藥中舟楫有承載之功

○辨訛 凡使勿用木梗眞似桔梗咬之腥澀不堪 桔梗薺苨葉有差互者亦有葉三四對者皆一莖直上葉既相亂惟根有心者桔梗無心者薺苨此足爲別耳

○製用 凡用桔梗須去頭上尖二三分並兩畔附枝于槐砧上細剉用生百合擣膏投水中浸一伏時濾出緩火熬乾每桔梗四兩用百合二兩五錢 李時珍曰今但刮去浮皮米泔水浸一夜切片微炒用

○製用 桔梗煎先以米泔水浸去皮及爛者次以井水煮畢取入蜜煎盡添蜜曬至蜜乾再添蜜收貯

○療治 胸滿不痛 桔梗枳殼等分水二鍾煎一鍾溫服 傷寒腹脹 桔梗半夏陳皮各三錢姜五片水二鍾煎一鍾服 痰嗽喘急 桔梗一兩半爲末童便半升煎四合去滓溫服 肺癰 桔梗湯主之桔梗一兩甘草二兩水三升煮一升溫服朝暮吐膿血則瘥 喉痹毒氣 桔梗二兩水三升煎一升頓服 少陰咽痛者可與甘草湯不瘥與桔梗湯桔梗一兩甘草二兩水三升煮一升分服 口舌生瘡方同上 齒䘌腫痛 桔梗薏苡仁等分爲

胸滿振寒脈數咽乾不渴時出濁唾腥臭久久吐膿如粳米粥此肺癰也

末服　牙根腫痛桔梗爲末棗瓤和丸皂子大綿裹咬之仍以荊芥湯漱　牙疳臭爛桔梗茴香等分燒研傅之　眼黑目睛痛肝風盛也桔梗末一斤黑牽牛頭末三兩蜜丸桐子大每服四十丸溫水下日二　鼻出衄血桔梗爲末水服方寸匕日四一方加生犀角屑　吐血下血方同上　打擊瘀血在腹內久不消時發動者桔梗爲末米飲下一刀圭　中蠱下血四藏皆損惟心未毀或鼻破將死者苦桔梗爲末以酒服方寸匕日三服不能下藥以物拗口灌之心中當煩須臾自定七日止當猪肝肺以補之神良一方加犀角等分　姙娠中惡心腹疼痛　桔梗一兩剉水一鍾生姜三片煎六分溫服　小兒客忤死不能言桔梗燒研三錢米湯服之仍吞麝香豆許

枸杞一名枸檵一名枸棘一名天精一名地仙一名却老枸杞二木名此物棘如枸之刺莖如杞之條故兼二名處處有之春生苗葉如石榴葉而軟薄堪食俗呼爲甜菜其莖幹高三五尺叢生六七月開小花淡紅紫色隨結實微長生青熟紅味甘美根名地骨根之皮名地骨皮枸杞子地骨皮古以常山者爲上近時以甘州者爲絕品今陜之蘭州靈州以西並是大樹葉厚根粗河西及甘州者子圓如櫻桃曝乾緊小紅潤甘美可作果食沈存中筆談言陜西極邊生者高丈餘大可作柱葉長數寸無刺根皮如厚朴亦其地脉使然也花葉根實並用益精補氣不足悅顏色堅筋骨黑鬚髮耐寒暑明目安神輕身不老或云有刺者名白棘宜辨

○**葉**　甘涼除煩益志壯心氣助陽事解熱補五勞七傷去皮膚骨節間風消熱毒散瘡腫去上焦心肺客熱和羊肉作羹益人忌與乳酥同食　**皮**　甘淡寒解骨蒸肌熱消渴風溼痺堅筋骨涼血搯拌麪煮熟吞之去腎家風益精氣治金瘡神驗去下焦肝腎之虛熱　**子**　味甘而潤性滋而補不能退熱止能補腎潤肺生精益氣乃平補之藥所謂精不足者補之以味也諺云去家千里莫食枸杞言補益精氣强盛陽道也　**莖**　可作拄杖一名西王母杖一名仙人杖

○**移植**　揀好地熟斸加糞逐畦開深七八寸取枸杞連莖剉四寸長以草索束如碗大籠中穴種相去八尺許調爛牛糞如稀糊灌束上令滿減則更灌以肥土壅滿更加熟牛糞然後灌水不久即生極肥嫩從一頭割如剪韭法種半畝料理如法可供數人四時以早

朝為佳避熱及雨須與地面平高則墊深剪則傷根要數鉏壅灌每月一加糞尤妙

○種子　取枸杞子水盆內挼去皮取子曝乾斸肥地作畦畦中去土二三寸仍深斸熟加糞用二月初一日撒子如種菜法又以爛牛糞蓋之又蓋土一層令與畦平苗出頻澆之當年疎瘦二年以後悉肥可作菜食割如上法一年但五度不可過勿令長不堪食如食不盡即剪作乾菜以備冬用如此從春及秋其苗不絕其根年年生發可備常用

○辨訛　葉厚而長梗上無刺者枸杞葉圓梗有刺者名白棘味辛苦麻人不堪服慎之

○製用　採枸杞子紅熟者去蒂水淨洗瀝乾砂盆內爛研以細布袋盛濾去滓沉淸一宿去清水若天氣稍暖更不待經宿入銀石器中慢火熬成膏不住手攪之勿粘底候稀

稠得所瀉向新瓷瓶中盛之蠟紙封勿令透氣每日早朝溫酒下二大匙夜臥再服百日身輕氣壯耳目聰明鬚髮烏黑【養生雜纂】　澡浴除病正月一日二月二日三月三日四月四日以至十二月十二日皆用枸杞葉煎湯洗澡令人光澤百病不生　九月上戌日採枸杞十月上亥日製服【歲時記】　廿一日枸杞煎湯沐浴令人不病不老　十月壬癸日面東採枸杞子二升以好酒五升磁瓶內浸二十一日開封入生地黃汁三升攪勻以紙三重封口更浸候至立春前三日開瓶空心煖飲一盃至立春後鬚髮却黑補益精氣服之耐老輕身忌食蘿蔔蕪荑　十四日取枸杞煎湯沐浴令人光澤不病不老　十一月初十日取枸杞葉煎湯沐浴令人光澤不[illegible]枸杞久服令人長壽諺云去家千里不用枸杞言無所用其櫛盍也【法天生意】　十二月除夜取枸杞煎湯沐浴令人光澤不病不老去災【法天生意】

○療治　地仙丹昔有異人赤腳張傳猗氏縣一老人服之壽百餘行走如飛髮白反黑齒落更生陽事強健此藥性平常服能除邪熱明目輕身春採枸杞葉名天精草夏採花名長生草秋採子名枸杞子冬採根名地骨皮並陰乾無灰酒浸一宿晒露四十九晝夜取日精月華氣待乾為末煉蜜丸彈子大每早晚各用一丸細嚼以隔夜百沸湯下　枸杞煎治虛勞虛熱輕身益氣令一切癰疽永不發用枸杞三十斤春夏用莖葉秋冬用根實以水一石煮取五斗以滓再煎取五斗澄清去滓再煎取二斗入鍋煎如餳收之每早

酒服一合　金髓煎枸杞子逐日摘紅熟者不拘多少以無灰酒浸之蠟紙封固勿令洩氣兩月足取入沙盆內擂爛濾汁同浸酒入銀鑊內慢火熬不住手攪恐粘住不勻候成膏如餳淨瓶密收每早溫酒服二大茶匙夜臥再服百日身輕氣壯積年不輟可以羽化　枸杞酒補虛去勞熱長肌肉益顏色肥健人治肝虛衝感下淚用生枸杞子五升搗破絹袋盛浸好酒二斗密封勿洩氣二七日服之任性勿醉　治腎經虛損眼目昏花或雲翳遮睛甘州枸杞子一升好酒浸潤透分作四分四兩用蜀椒一兩炒四兩用小茴香一兩炒四兩用芝麻一兩炒四兩用川楝肉一兩炒揀出枸杞加熟地黃白朮白茯苓各一兩為末煉蜜為丸常服　肝虛下淚枸杞子二升絹袋盛浸一斗酒中密封三七日飲之

目赤生翳枸杞子搗汁日點三五次神驗
面黯皯皰枸杞子十斤生地黃三斤爲末
每服方寸匕溫酒下日三久之自愈 注夏
虛病枸杞子五味子研細滚水泡封三日代
茶飲 地骨酒壯筋骨補精髓延年耐老枸
杞根生地黃甘菊花各一斤搗碎以水一石
煑取汁五斗炊糯米五斗細麴拌勻入甕如
常封釀待熟澄清日飲三盃 虛勞客熱枸
杞根爲末白湯調服有痼疾人勿服 骨蒸
煩熱及一切虛勞煩熱大病後煩熱并用地
骨皮三錢防風二錢甘草炙五分生姜五片
水煎服 熱勞如燎地骨皮二兩柴胡一兩
爲末每服二錢麥門冬湯下 虛勞苦渴骨
節發熱或寒枸杞根白皮切五升麥冬三升
小麥二升水二斗煑至麥熟去滓每服一升
口渴即飲 腎虛腰痛枸杞根杜仲萆薢各

一斤好酒三斗漬之蜜封鍋中煑一日飲之
任意 吐血不止枸杞根子皮爲散水煎日
日飲之 小便出血新地骨皮洗淨搗自然
汁無汁則以水煎汁每服一盞入酒少許食
前服 帶下脉數枸杞根一斤生地黃五斤
酒一斗煑五升日日服之 天行赤目暴腫
地骨皮三斤水三斗煑三升去滓入鹽一兩
取二升頻頻洗點 風虫牙痛枸杞根白皮
煎醋漱之虫即出亦可煎水飲 口舌糜爛
地骨皮湯治膀胱移熱于小腸上爲口糜生
瘡潰爛心胃壅熱水穀不下用柴胡地骨皮
各三錢水煎服 小兒耳疳地骨皮一味煎
湯洗仍以香油調末搽 氣瘻疳瘡多年不
愈地骨皮冬月者爲末每用紙撚蘸入瘡內
頻用自然生肉更以末飲服二錢日三 男
子下疳先以漿水洗後搽地骨皮末生肌止

痛 婦人陰腫或生瘡枸杞根煎水頻洗
十三種疔春三月採葉名天精夏三月採枝
名枸杞秋三月採子名却老冬三月採根名
地骨並用上建日倶曝乾爲末如不得依法
採但得一種亦可用緋繒一片裹藥牛黃一
梧子大及鉤棘針三七枚赤小豆七粒爲末
撚作團以髮束定熨斗中炒令沸定刮搗爲
末以一方寸匕合前枸杞末二匕空心酒服
二錢半日再服 癰疽惡瘡膿血不止地骨
皮不拘多少先洗淨刮去粗皮取白穰以粗
皮同骨煎湯洗令膿血盡以細穰貼之立効
有一朝士腹脇間病疽經歲或以地骨皮煎
湯淋洗出血一二升家人懼欲止之病者曰
疽似少快更淋之用五升許血漸淡乃止以
細穰貼之次日結痂愈 瘭疽出汗着手足
肩背纍纍如赤豆用枸杞根葵根葉煑汁煎

如飴隨意飲之 足趾雞眼作痛作瘡地骨
皮同紅花研細傅之次日即愈 火赫毒瘡
此患急防毒氣入心腹枸杞葉搗汁服立瘥
目澁有翳枸杞葉車前葉二兩挼汁以桑
葉裹懸陰地一夜取汁點之不過三五度
五勞七傷陽事衰弱枸杞葉半斤切粳米二
合豉汁和煑作粥日日食之良

○**典故** 蓬萊縣南丘村多枸杞高者一二丈其
根盤結甚固村人多壽考 潤州開元
寺大井旁生枸杞歲久飲其水甚益人 朱
孺子幼事道士王延止居大若岩一日汲于
溪見二花犬因逐之入枸杞叢下掘之根形
如二犬烹而食之忽覺身輕飛于峯上雲氣
擁之而去 續仙傳 蜀青城山老人村有五
世孫者道極險遠生不識鹽醯而溪中多枸

杞根如龍蛇飲其水故壽近歲道
稍通漸能致五味而壽益衰【東坡】
○麗藻散語 薄言采杞于彼新田于此菑畝
南山有杞【詩】 枸杞千歲其形如
犬【通志】
【賦】 天隨生宅荒少牆屋多隙地著圖書所前後皆樹以杞菊春苗恣肥得以採擷供左右杯案及夏五月枝葉老硬氣味苦澀旦暮猶責兒童輩拾擷不已人或嘆曰千乘之邑非無好事之家日欲擊鮮爲具以飽君者多矣君獨閉關不出率空腸貯古聖賢道德言語何自苦如此生笑曰我幾年忍飢誦經豈不知屠沽兒有酒食耶退而作杞菊賦以自廣云 惟杞與菊偕寒互綠或穎或苕煙披雨沐我衣敗綈我飯脫粟羞慚齒牙苟且粱肉蔓延駢羅其生實多爾杞未棘爾菊未莎其如予何【陸龜蒙】 天隨生自言常食杞菊及夏五月枝葉老硬氣味苦澀猶食不已因作賦以自廣始余嘗疑之以爲士不過窮約可也至于飢餓嚼草木則過矣而余仕宦十有九年家日益貧衣食之奉殆不如昔者及移守膠西意且一飽而齋廚索然不堪其憂日與通守劉君廷式循古城廢圃求杞菊食之捫腹而笑然後知天隨之言可信不謬作後杞菊賦以自嘲且解之云 吁嗟先生誰使汝坐堂上稱太守前賓客之造請後掾屬之趁走朝衙達午夕坐過酉曾盃酒之不設攬草木以誑口對案顰蹙舉箸噎嘔昔陰將軍設麥飯與葱葉井丹推去而不嗅惟先生之眷眷豈故山之無有先生忻然而笑曰人生一世如屈伸肘何者爲貧何者爲富何者爲美何者爲陋或糠覈而瓠肥或粱肉而黑瘦何侯方丈庾郎三九較豐約于

夢寐卒同歸于一朽吾方以杞爲糧以菊爲糗春食苗夏食葉秋食花實而冬食根庶幾乎西河南陽之壽【蘇東坡】 張子爲江陵之數月時方仲春草木敷榮經行郡圃意有所欣非花柳之是問眷杞菊之青青爰命采擷付之庖人汲清泉以細烹屏五味而不親甘脆可口蔚其芬馨蓋日爲之加飯而他物幾不足以前陳飯已捫腹得意嘔吟客有問者曰異哉先生之嗜此也予蘇公之在膠西値黨禁之方興嘆齋廚之蕭條乃攬擷乎草木之英今先生當無事之時居方伯之位雖吏奔走願指如意廣廈延賓毬塲享士觴酒百壺咄嗟膳俎藏宰夫奏刀各獻其技固無求而弗獲雖醉飽其何忌而乃樂從夫野人之飧豈亦下取乎對非之棄不然得無近于矯激有同于脫粟布被者乎張子應之曰天壤之間孰爲正味厚或腊毒淡乃其至猩脣乳胎徒取詭異山鮮海錯紛紅莫計苟滋味之或偏在六腑而成贅極口腹之欲初何出于一美惟杞與菊中和所萃微勁不苦滑甘靡滯非若他蔬善嘔走水既瞭目而安神復沃煩而滌穢驗南陽與西河又頹齡之可制此其爲功曷可殫記況于膏粱之習貧賤則廢嗜永之求不得則恚茲隨遇之必有雖約居而足恃殆將與之終身又何貽夫同志子獨不見吾納湖之陰乎雪銷壤肥其茸蕨甍與子婆娑薄言掇之石銚瓦盆啜汁咀虀高論唐虞詠歌詩書嗟乎微斯物孰同先生之歸於是相屬而歌殆日晏以忘飢【張欽夫】

詩五言

【坡】 新芽摘杞叢【蘇東】 深鎖銀泉甃高葉爲㩠空不與凡木並自將仙盎同影踈時雖以聲龢萬條風逝子擕溝外謝香客位

中花盃承此飲春歲小無窮 【[illegible]】 [illegible]

自閟羅生滿山澤日有牛羊憂歲有野火燒越俗不好事過眼等茨棘青黃春日長絳珠爛莫摘短籬護新植紫筍生冑側根莖與花實收拾無棄物大將益吾鬚小則餉我客似聞朱明洞中有千歲質靈厖或夜吠可見不可索仙人可許我借 【顧子昭】

七言 不知靈藥根成狗杖扶衰疾 怪得時聞夜吠聲

【白玉蟾】 稽房藥樹依寒井井有香泉樹有靈翠黛葉生籠石甃殷紅子熟照銅瓶枝繁本是仙人杖根老新成瑞犬形上品功能甘露味還知一勺可延齡 【劉禹錫】

芥花菘薹餞春忙夜吠仙苗喜晚嘗味抱土膏甘復脆氣含風露嚥猶香作虀淡著微施酪芼茗臨時莫過湯 却憶荊溪古城上翠條紅乳摘盈箱 【楊萬里】

菊芽伏土糝青粟杞筍傍根埋紫玉雷聲一夜雨一朝森然迸出如蕨苗先生飢腸詩作梗小摘珍芳汲水井風爐蟹眼候松聲旱篘親撈微帶生爛炊雕胡淅青精芼以天隨寒綠萌飢時作虀仍作羹飽後龍鳳同庖烹大官蒸羊壓花片宰夫膰蹯劘瓊軟豹胎蒸出禍胎來貴人有眼何曾見天隨尚有愁作魔愁杞作棘菊作莎君不見黃金錢照紅玉豆秋高更覺風味多先生釀金煉紅玉自莎自棘如予何金空玉盡苗復出喫苗喫花并喫實天隨白眼眵淚兒不道有人頭上立 【楊廷秀】

【杜仲】一名思仲一名思仙漢中建平宜都者佳脂厚潤者良豫州山谷及上黨商州陝州亦有之樹高數丈葉類柘又似辛夷江南謂之櫛初生嫩葉可食謂之櫛芽花實苦澀亦堪入藥木可作屐益腳皮色紫而潤狀如厚朴而更厚折之多白絲相連如綿二五六九月皆可採味甘微辛氣溫平甘溫能補微辛能潤故能潤肝而補腎主補中益精治腰膝痛堅筋骨強志除陰下癢溼小便餘瀝療腎腰脊攣潤肝燥補肝經風虛蓳作疏去風毒腳氣久積風冷腸痔下血亦可煎湯 腎虛火熾者忌用 子名逐折

○製用 凡使削去粗皮每一斤用酥一兩蜜三兩和塗火炙以盡爲度細剉用

○療治 腎虛腰痛杜仲去皮炙黃一大斤五味子半斤分十劑每夜取一劑以水一大升浸至五更煎減三分之一去渣以羊腎三四枚切入再煮三五沸加薤白七莖椒鹽作羹空腹頓服 風冷傷腎腰背虛痛杜仲一斤切炒酒二升漬十日日服三合此陶隱居得效方也 治腰腿痛酒炙透爲末每旦溫酒服二錢 病後虛汗及目中流汗杜仲牡蠣等分爲末卧時水服五七不止再服 頻墮胎杜仲八兩糯米煎湯浸透炒去絲續斷

二兩酒浸焙乾為末山藥六兩煮糊丸梧子每服五十丸空心米飲下如三四个月即墮孩子兩月前服一方棗肉為丸糯米湯下產後諸疾及胎不安杜仲去皮瓦上焙乾為末臼搗末煮棗肉丸彈子大每一丸糯米飲下日二

○典故 一年少新娶後得腳軟病痛甚作腳氣治不效路鈐孫琳診之用杜仲一味寸斷片拆每以一兩用半酒半水一大盞煎服三日能行又三日全愈琳曰此腎虛非腳氣也杜仲能治腰膝痛以酒行之則為效易矣【龐元英談藪】

何首烏 一名交藤一名夜合一名地精一名赤葛一名瘡帚一名紅內消一名九真藤一名桃柳藤一名馬肝石一名陳知白處處有之以西洛嵩山及柏城縣者為勝有形如鳥獸山川者尤佳春生苗蔓延竹木牆壁間莖紫色葉葉相對如薯蕷而不光澤夏秋開黃白花如葛勒花結子有稜似蕎麥而雜小纔如粟秋冬取根大者如拳連珠有赤白二種赤者雄苗色黃白白者雌苗色黃赤根遠不過三尺夜則苗蔓相交或隱化不見性苦濇微

一云苗如木藁葉有光澤形如桃柳其背偏皆單生不相對從再考之

溫無毒白者入氣分赤者入血分腎主閉藏肝主疏洩此物氣溫味苦濇苦補腎溫補肝能收斂精氣所以能養血益肝固精益腎健筋骨烏髭髮治五痔腰膝之病冷氣心痛積年勞瘦痰癖風虛敗劣壯氣駐顏延年益壽婦人惡血痿黃赤白帶下毒氣入腹久痢不止產後諸疾功難盡述茯苓為使忌豬肉血羊血無鱗魚鐵器犯之令藥無功此藥不寒不燥功在地黃天冬諸藥之上凡服藥用偶日二四六八日服訖以衣覆汗出導引尤良

○製用 春夏秋采其根雌雄並用乘溼以布拭去土曬乾臨時以竹刀切米泔浸經宿曝乾木杵臼搗之忌鐵器 新采者去皮銅刀切薄片入甑內瓷鍋蒸之旋以熱水從上淋下勿令滿溢候無氣息取出曬乾用 近時治法用何首烏赤白各一斤竹刀刮去粗皮米泔浸一夜切片用黑豆三斗分九分每次用一分以水泡過砂鍋內鋪豆一層首烏一層重重鋪盡蒸之豆熟取出去豆將何首烏曬乾再以豆蒸如此九蒸九曬乃用

○療治 七寶美髯丹烏鬚髮壯筋骨固精氣續嗣延年用赤白何首烏各一斤米泔浸

三四日瓷片刮去皮用淘淨黑豆二升以砂鍋木甑鋪豆及首烏重重鋪蓋蒸之豆熟取出去豆曝乾換豆再蒸如此九次曝乾爲末赤白茯苓各一斤去皮研末以水淘去筋膜及浮者取沉者捻塊以人乳十盌浸勻曬乾研末牛膝八兩去苗酒浸一日同首烏第七次蒸之至第九次止曬乾當歸八兩枸杞子八兩俱酒浸曬兎絲子八兩酒浸生芽研爛曬補骨脂四兩以黑脂麻炒香並忌鐵器石臼爲末煉蜜丸彈子大一百五十丸每日三丸清晨温酒下午時姜湯下臥時鹽湯下其餘並丸桐子大每日空心酒服一百丸久服極驗　滋補何首烏丸壯筋骨長精神補血氣久服黑鬚髮堅陽道令人體健輕身延年何首烏三斤銅刀切片乾者以米泔水浸軟切牛膝去苗一斤切黑豆一斗淘淨木甑鋪

豆一層藥一層重重鋪盡瓦鍋蒸至豆熟取出去豆曝乾換豆又蒸如此三次爲末蒸棗肉和丸桐子大每服三五十丸空心温酒下　赤白何首烏各半極大者八月采以竹刀剖去皮切片米泔水浸一宿曬乾壯婦男兒乳汁拌曬三度候乾木臼舂爲末以密雲棗肉和杵爲丸如梧子大每服二十丸每十日加十丸至百丸止空心温酒鹽湯任下一方不用人乳　何首烏雌雄各半斤分作四分一分當歸汁浸一分生地黄汁浸一分旱蓮汁浸一分人乳浸三日取出各曝乾瓦焙石臼爲末蒸棗肉和丸桐子大每服四十丸空心百沸湯下　骨軟風疾腰膝疼行步不得遍身瘙痒何首烏大而有花紋者同牛膝各一斤好酒一升浸七宿曝乾木臼杵末棗肉和丸桐子大每服三五十丸空心酒下　一

觔治損何首烏十斤生黑豆半升[illegible]莢一斤燒存性牽牛十兩炒取頭末薄荷十兩木香牛膝各五兩川烏頭泡二兩爲末酒糊丸梧子大每服三十丸茶湯下　皮裏作痛不問何處用何首烏末姜汁調成膏塗上以帛裹住火炙鞋底熨之　自汗不止何首烏末津調封臍中　腸風臟毒下血不止何首烏二兩爲末食前米飲服二錢　小兒龜背龜尿調紅内消點背上骨節久久自安　破傷血出何首烏末傅之即止神効　瘰癧結核或破或不破下至胸前者取根洗淨日日生嚼并取葉搗塗之數服即止神効　癰疽毒瘡紅内消不限多少瓶中文武火熬煎臨熟入好無灰酒相等再煎數沸時時飲之其滓焙研爲末酒煮麪糊丸桐子大空心温酒下三十丸疾退宜常服之　大風癘疾何

首烏大而有紋者一斤米泔浸一七九蒸九曬胡麻四兩九蒸九曬爲末每酒服二錢日二　疥癬滿身不可治者何首烏艾葉等分水煎濃湯洗浴甚能解痛生肌　風瘡疥癬作痒莖葉煎湯洗効

○典故　此藥流傳雖久服者尚寡嘉靖初邵應節真人以七寶美髯丹方上進
世宗肅皇帝服餌有効連生
皇嗣于是何首烏之方天下大行矣　宋懷州知州李治與一武臣同官怪其年七十餘而輕健面如渥丹能飲食叩其術則服何首烏丸也乃傳其方後治得病盛暑中半體無汗已二年竊自憂之造丸服至年餘汗遂浹體其活血治風之功大有補益其方用赤白何首烏各半斤米泔浸三夜竹刀刮去皮切焙石

臼爲末煉蜜丸桐子大每空心溫酒下五十丸亦可末服　何首烏以出南河縣及嶺南恩州韶州潮州賀州廣州潘州四會縣者爲上邕州桂州康州春州高州勒州循州晉興縣出者次之眞仙草也五十年者如拳大號山奴服之一年髭鬢青黑一百年者如盌大號山哥服之一年顏色紅悅一百五十年者如盆大號山伯服之一年齒落更生二百年者如斗栲栳大號山翁服之一年顏如童子行及奔馬三百年者如三斗栲栳大號山精純陽之體久服成地仙【李遠附錄】　漢武時服成地仙　漢武時有馬肝石能烏人髮故後人隱此名亦曰馬肝石赤者能消腫毒外科呼爲瘡帚紅內消【李時珍】　其藥本草無名因何首烏見藤夜交便卽采食有功因以采人爲名爾【日華本草】　此藥本名交藤因何首烏服而得名也唐元和七年僧文象遇茅山老人遂傳此事【圖經本草】

○麗藻

贊　神效勝道著在仙書雌雄相交夜合晝疏服之去穀日居月諸返老還少變安病軀有緣者遇最爾自如

傳　何首烏順州南河縣人祖名能嗣又名延秀能嗣本名田兒生而閹弱年五十八無妻子嘗慕道術隨師在山一日醉臥山野忽見有藤二株相去三尺餘苗蔓相交久而方解解了又交田兒驚訝其異至旦遂掘其根歸問諸人無識者後有山老忽來示之答曰子既無嗣其藤乃異此恐是神仙之藥何不服之遂杵爲末空心酒服一錢七日而思人道數月似強健因此常服又加至二錢經年舊疾皆痊髮烏容少十年之內卽生數男乃改名能嗣又與其子延秀服皆壽百六十歲延秀生首烏首烏服藥亦生數子年百三十歲髮猶黑有李安期者與首烏鄉里親善竊得方服其壽亦長遂敘其事傳之云【李翺】

仙茅　一名獨茅一名茅爪子一名婆羅門參初出西域今大庾嶺蜀川江湖兩浙諸州亦皆有之葉青如茅而軟且畧闊面有縱文又似初生椶櫚秧高尺許至冬盡枯春初乃生四五月間抽莖開小花深黃色六出不結實其根獨莖直大如小指下有短細肉根相附外

皮稍粗褐色內肉黃白色二月八月采根曝乾衡山出者花碧五月結黑子處處大山中皆有人惟取梅嶺者用會典成都貢仙茅性辛溫有小熱小毒治心腹冷氣不能食腰脚風冷攣痹不能行丈夫虛勞老人失溺無子益顏色壯陽道健筋骨長肌膚助精神明耳目填骨髓　許眞君書云仙茅久服長生其味甘能養肉辛能養節苦能養氣鹹能養骨

淸能養膚酸能養筋宜和苦酒服必効

○製用 清水洗刮去皮槐砧上用銅刀切豆許大生稀布袋盛黑豆水內浸一宿取出酒拌溼蒸從巳至亥取出曝乾勿犯牛乳及鐵器斑人鬚鬢 彭祖單服法竹刀刮切糯米泔浸去赤汁出毒後無妨損

○療治 壯筋骨益精神明目黑鬚仙茅二斤糯米泔浸五日去赤水夏月浸三日銅刀刮剉陰乾取一斤蒼朮二斤米泔浸五日刮去焙乾取一斤枸杞子一斤車前子十二兩白茯苓去皮茴香炒柏子仁各八兩生地黃焙熟地黃焙各四兩爲末酒煑糊丸桐子大每服五十丸食前溫酒下日二 定喘下氣補心腎神秘散白仙茅半兩米泔浸三宿晒炒團參二錢半阿膠一兩半炒膍胵一兩燒爲末每服二錢糯米飲空心下日二 婆羅門僧進唐明皇方八九月采得竹刀刮去皮切如豆粒米泔浸兩宿陰乾搗末熟蜜丸桐子大每服二十丸空心酒飲任下 忌食牛乳及黑牛肉大減藥力

○典故 開元中婆羅門僧進此方明皇服之有効禁方不外傳天寶之亂方書流散上都僧不空三藏傳司徒李勉尚書路嗣供僕射張建封給事齊抗服之皆有効路公久服金石無效得此藥其益百倍齊給事生平少氣力風疹繼作服之遂愈 五臺山有仙茅患大風者服之多瘥【王機】 廣西英州多仙茅羊食之舉體皆化爲筋食之補人名乳羊【[illegible]志】 夏文莊公稟賦異于人但睡則身冷如逝者既覺須令人溫之良久乃

[illegible]服仙茅[illegible]真[illegible]精如仙茅性熱補三焦命門之藥也惟陽弱精寒稟賦素怯者宜之若體壯相火熾盛者服之反能動火【沈存中筆談】 一人中仙茅毒舌脹出口漸大與肩齊以小刀剺之隨破隨合剺至百數始有血一點者煑大黃朴硝與服以藥摻之應時消縮此皆火盛性淫之人過服之害也【張果醫說】

【肉蓯蓉】 一名肉松容一名黑司命出肅州福祿縣沙中今陝西州郡多有之然不及西羌界中來者肉厚而力緊三四月掘根長尺餘切取中央好者三四寸繩穿陰乾八月始好皮有松子鱗甲性甘微溫無毒補五勞七傷益精髓悅顏色養五臟延年輕身令人多子治男子洩精遺瀝婦人帶下陰痛男子絕精不興婦人絕陰不產蓯蓉爲腎經血分之藥治腎須妨心

○製用 清酒浸一宿以棕刷去沙土浮甲劈破中心去白膜一層如竹絲草樣有此能隔人心前氣不散令人上氣 以甑蒸之從午至酉取出再用酥炙得所 西人刮去鱗甲酒浸洗去黑汁薄切合山芋羊肉作羹極美益人勝服補藥

〇辨訛朱震亨曰河西混一之後方識其真形何嘗有所謂鱗甲者盖蓯蓉罕得人多以金蓮根用鹽盆制而爲之又或以草蓯蓉充之甚或以嫩松稍鹽漬僞爲之

〇療治補益勞傷精敗面黑蓯蓉四兩水煮爛薄切研精羊肉分爲四度下五味以米煮粥空心食　強筋健髓蓯蓉鱓魚二味爲末黃精汁丸服力可十倍　腎虛白濁肉蓯蓉鹿茸山藥白茯苓等分爲末米糊丸桐子大每棗湯下二十丸　汗多便閟老人虛人皆可用肉蓯蓉酒浸焙二兩研沉香一兩爲末麻子仁汁打糊丸桐子大每服七十丸白湯下　消癉易飢肉蓯蓉山茱萸五味子爲末蜜丸桐子大每鹽酒下二十丸　破傷風病口噤身強肉蓯蓉切片曬乾用一小盞底上穿透燒烟于瘡上薰之累効

列當

一名草蓯蓉一名花蓯蓉一名粟列秦州原州靈州皆有之暮春抽苗四月中旬采長五六寸至一尺莖圓白色采取壓扁日乾以其功劣於肉蓯蓉故謂之列當性甘溫無毒治男子五勞七傷補腰腎令人有子

〇療治陽事不興列當好者二斤擣爲末好酒一斗浸之經宿取起隨性日飲之又煮酒侵酒服之大補益人

淫羊藿

一名仙靈脾一名仙靈毗一名放杖草一名棄杖草一名千兩金一名乾雞筋一名剛前一名黃連祖一名三枝九葉草江東陝西泰山漢中湖湘間皆有之生大山中一根數莖莖粗如線高一二尺一莖二椏一椏三葉長二三寸青似杏葉及豆葉面光背淡甚薄而細齒邊有刺根紫色有鬚四月中開白花亦有紫花者碎小獨頭子五月采葉曬乾根如黃連根葉俱堪用生處不聞水聲者良

性辛寒無毒治陰痿絕傷莖中痛補腰膝強心志益氣力堅筋骨男子絕陽婦人絕陰老人昏耄中年健忘一切冷風勞氣筋骨攣急四肢不仁久服令人有子

〇製用凡使時呼仙靈脾以夾刀夾去四邊花枝每一斤羊脂四兩拌炒以脂盡爲度　真陽不足者宜之

〇療治仙靈脾酒益丈夫興陽理腰膝冷用淫羊藿一斤酒一斗浸三日逐時飲之　偏風不遂皮膚不仁仙靈脾一斤細剉生絹袋盛于不津器中用無灰酒二斗浸之重封

春夏三日秋冬五日後每日暖飲常令醺醺不得大醉酒盡再合無不效驗合時切忌雞犬婦人見　三焦咳嗽腹滿不飲食氣不順仙靈脾覆盆子五味子炒各一兩爲末煉蜜丸桐子大每姜茶下二十丸　目昏生翳仙靈脾小栝樓紅色者等分爲末每服一錢茶下日二　病後靑盲日近者可治仙靈脾一兩淡豆豉一百粒水一盌半煎一盌頓服即瘳　小兒雀目仙靈脾根晩蠶蛾各半兩炙甘草射干各二錢爲末用羊子肝一枚切開摻藥二錢紮定黑豆一合米泔一盞煮熟分二次服以汁送下　痘疹入目仙靈脾威靈仙等分爲末每服五分米湯下　牙齒虛痛仙靈脾爲粗末煎湯頻漱大効

○典故　許聽菴云世稱淫羊藿即仙靈脾滇中許公名徵衡[illegible]人鄭醫極言其謬眞者俗謂之羊藿草生晉寧州守時有羊羶氣以酒炒過即香余服之一截餘甚得其力今無可復問矣

香附子　莎草根也一名草附子一名莎結一名水莎一名侯莎一名夫須一名地毛一名水香稜一名續根草一名地藾根一名水巴戟上古謂之雀頭香俗人呼爲雷公頭金光明經謂之月萃哆記事珠謂之抱靈居士生田野在處有之葉如老韭葉而硬光澤有劍脊稜五六月中抽一莖三稜中空莖端出數葉

開青花成穗如黍中有細子其根有鬚鬚下結子一二枚轉相延生子上有細黑毛大者如羊棗而兩頭尖采得燎去毛曝乾氣味辛微苦甘平無毒足厥陰手少陽藥也兼行十二經八脉氣分主治散時氣寒疫利三焦解六鬱消飲食積聚痰飲痞滿胕腫腹脹脚氣止心腹肢體頭目齒耳諸痛癰疽瘡瘍吐血下血尿血婦人崩帶下月候不調胎前産後百病爲女科要藥花及葉治丈夫心肺中虛風客熱皮膚瘙痒癮疹飲食減少日漸羸瘦憂愁抑鬱等症取苗花二十餘斤挫細水二石五斗煮一石五斗浸浴令汗出五六度瘙痒即止四時常用癮疹風永除煎飲散氣鬱利胸膈降痰熱香附能推陳致新故諸書皆云益氣而俗有耗氣之說又謂宜于女人不宜于男子者非矣盖婦人以血用事氣行則

血行無疾老人精枯血閉惟氣是資小兒氣
日充則形乃日固大凡病則氣滯而餒香附
于氣分爲君藥世所罕知臣以參芪佐以甘
草治虛怯甚速
○修治 凡采得燖乾火燎去毛童便浸透洗晒
擣用或生或炒或酒醋鹽水浸各從本
方稻草煮之味不苦 香附之氣平而不寒
香而能竄其味辛能散微苦能降微甘能和
乃足厥陰肝手少陽三焦氣分主藥而兼通
十二經氣分生則上行胸膈外達皮膚熟則
下走兩腎外徹腰足炒黑則止血得童溲浸
炒則入血分而補虛鹽水浸炒則入血分而

潤燥青鹽炒則補腎氣酒浸炒則行經絡醋
浸炒則消積聚姜汁炒則化痰飲得參朮則
補氣得歸苄則補血得木香則流滯和中得
檀香則理氣醒脾得沉香則升降諸氣得芎
藭蒼朮則總解諸鬱得梔子黃連則能降火
熱得伏神則交濟心腎得茴香破故紙則引
氣歸元得厚朴半夏則決壅消脹得紫蘇葱
白則解散邪氣得三稜莪茂則消磨積塊得
艾葉則治血氣暖子宮乃氣
病之總司女科之主帥也
○服食 唐玄宗天寶單方圖云水香稜根味辛
微寒無毒凡丈夫心中客熱膀胱間連
脅下氣妨常日憂愁不樂心忪少氣者取根
二大升擣熬令香以生絹袋盛貯于三大斗
無灰清酒中浸之三月後浸一日即堪服十
月後即七日近暖處乃佳每空腹溫飲一盞

日夜三四次常令酒氣相續以知爲度若
飲酒即取根十兩加桂心五兩蕪荑三兩
擣爲散蜜和擣一千杵丸如梧子大每空腹
酒及姜蜜湯飲汁等任下二十丸日再服漸
加至百十丸以瘥爲度 交感丹凡人中年
精耗神衰蓋由心血少火不下降腎氣憊水
不上升致心腎隔絕營衛不和上則多驚中
則塞痞飲食不下下則虛冷遺精愚醫徒知
峻補下田非准不能生水滋陰而反見衰悴
但服此方半年屏去一切暖藥絕嗜欲然後
習秘固泝流之術其效不可殫述俞通奉年
五十一遇鐵甕城申先生授此服之老猶如
少年至八十五乃終香附子一斤新水浸一
宿石上擦去毛炒黃伏神去皮木四兩爲末
煉蜜丸彈子大每服一丸侵早細嚼以香附
子如上法半兩伏神二兩炙甘草一兩半爲

末點沸湯
服前藥
○療治 黃鶴丹乃銖衣翁在黃鶴樓所授之方
香附一斤黃連半斤洗晒爲末水糊丸
梧子大假如外感葱姜湯下內傷米飲下氣
病香湯下血病酒下痰病姜湯下火病白湯
下餘可類推 青囊丸乃邵康節眞人禱母
病感方士所授者香附略炒一斤烏藥略炮
五兩三錢爲末水醋煮麪糊爲丸隨證引用
如頭痛茶下痰盛姜湯下多用酒下爲妙
治氣熱上攻頭目昏眩及治偏正頭痛大附
子去皮水煮一時擣晒焙研爲末煉蜜丸彈
子大每服一丸水一盞煎八分服女人醋湯
煎 一切氣病痞脹喘噦噫酸煩悶虛痛走
注常服開胃消痰散壅思食早行山行尤宜
服之去邪辟瘴香附子炒四百兩沉香十八

兩縮砂仁四十八兩炙甘草一百二十八兩爲末每服一錢入鹽少許白湯點服　一切氣疾及宿酒不解者香附子一斤縮砂仁八兩甘草炙四兩爲末每白湯入鹽點服爲粗末煎服亦可　心腹刺痛香附子擦去毛焙二十兩烏藥十兩甘草炒一兩爲末每服二錢鹽湯隨時點服　凡人胸膛軟處一點痛者多因氣及寒起或致終身或子母相傳俗名心氣痛非也乃胃脘有滯耳獨步散治之甚妙香附米醋浸略炒爲末高良姜酒洗七次略炒爲末俱各封收因寒者姜二錢附一錢因氣者附二錢姜一錢因氣與寒者各等分和勻以熱米湯入姜汁一匙鹽一捻調下立止不過七八次除根　心腹諸痛艾附丸治男女心氣痛腹痛小腹痛血氣痛不可忍者香附子二兩蘄艾葉半兩以醋湯同煑熟去

艾炒爲末米醋和丸桐子大每白湯服五十丸　停痰宿飲風氣上攻胸膈不利香附皂莢水浸半夏各一兩白礬末半兩姜汁麪糊丸桐子大每服三四十丸姜湯下　元臟腹冷及開胃香附子炒爲末每用二錢姜鹽同煎服　酒腫虛腫香附米醋煑乾焙研爲末米醋糊丸服久之敗水從小便出神效　氣虛浮腫香附子一斤童便浸三日焙爲末糊丸米飲下四五十丸日二　老少痃癖往來疼痛香附南星等分爲末姜汁糊丸桐子大姜湯下二三十丸　癩疝脹痛及小腸氣海藻一錢煎酒空心調下香附末二錢并食海藻　腰痛揩牙香附子五兩生姜二兩取自然汁浸一宿炒黃爲末入青鹽二錢擦牙數次其痛卽止　血氣刺痛香附子炒一兩荔枝核燒存性五錢爲末每服二錢米飲調下

婦人女子經候不調兼諸病大香附子擦去毛一斤分作四分醇酒醇醋鹽水童便各浸四兩春三日秋五夏一冬七淘洗淨曬乾搗爛微焙爲末醋煑麪糊丸梧子大每酒下七十丸瘦人加澤蘭赤茯苓末二兩氣虛加四君子料血虛加四物料　婦人月經不調久成癥積一切風氣用香附子一斤分作四分以童溲鹽水酒醋各浸三日艾葉一斤漿水浸過醋糊和作餠曬乾晩蠶砂半斤炒莪茂四兩酒浸當歸四兩酒浸各焙爲末醋糊丸桐子大每服七十丸米飲下日二　婦人室女經候不調血氣刺痛腹脇膨脹心怔乏力面色痿黃頭運惡心崩漏帶下便血癥瘕積聚及婦人數墮胎氣不升降服此尤妙香附子米醋浸半日砂鍋煑乾搗焙石臼搗爲末醋糊爲丸醋湯下　又方香附子一斤熟

艾四兩醋煑當歸酒浸二兩爲末如上丸服　婦人氣盛血衰變生諸症頭運腹滿宜抑氣散香附子四兩炒茯苓甘草炙各一兩橘紅二兩爲末每服二錢沸湯下　下血血崩或五色漏帶並宜常服滋血調氣乃婦人之仙藥也香附子去毛炒焦爲末極熱酒服二錢立愈昏迷甚者三錢米飲亦可加椶灰　赤白帶下及血崩不止香附子赤芍藥等分爲末鹽一捻水二盞煎一盞食前溫服　安胎順氣鐵罩散香附子炒爲末濃煎紫蘇湯服一二錢一加砂仁　妊娠惡阻胎氣不安氣不升降嘔吐酸水起坐不便飲食不進二香散香附子一兩藿香葉甘草各二錢爲末每服二錢沸湯入鹽調下亦治頭風睛痛　臨產順胎九月十月服此永無驚恐福胎飲香附子四兩縮砂炒三兩甘草炙一兩爲末

每服二錢米飲下　產後狂言血運煩渴不止生姜附子去毛爲末每服二錢姜棗水煎服　氣鬱吐血童子小便調香附末二錢服　吐血不止莎草根一兩白茯苓半兩爲末每服二錢陳粟米飲下　肺破咯血香附末一錢米飲下日二　小便尿血香附子新地榆等分各煎湯先服香附湯三五呷後服地榆湯至盡未效再服　小便血淋痛不可忍香附子陳皮赤茯苓等分水煎服　諸般下血香附童便浸一日搗碎米醋拌焙爲末每服二錢米飲下又方香附以醋酒各半煮熟焙研爲末黃秫米糊丸梧子大每服四十丸米飲下日二又方只以香附子末二錢入百草霜麝香各少許同服效尤速　老少脫肛香附子荊芥穗等分爲末每服一匙水一大盌煎十數沸淋洗　偏正頭風香附子炒一斤烏頭炒一兩甘草二兩爲末煉蜜丸彈子大每服一丸葱茶嚼下　氣鬱頭痛香附子炒四兩川芎二兩爲末每服二錢臘茶清調下常服除根明目華佗中藏經加甘草一兩石膏二錢半　肝虛睛痛冷淚羞明香附子一兩夏枯草半兩爲末每服一錢茶清下　耳卒聾閉香附子瓦炒研末蘿蔔子煎湯早夜各服二錢忌鐵器　聤耳出汁香附末以綿杖送入蔡邦度知府常用有效　諸般牙痛香附艾葉煎湯漱之仍以香附末擦之去涎　牢牙去風益氣烏鬚治牙疼牙宣乃鐵甕先生妙方也香附子炒存性三兩青鹽生姜各半兩爲末日擦　消渴累年不愈莎草根一兩白茯苓半兩爲末每陳粟米飲服三錢日二　癰疽瘡瘍皆用氣滯血凝而致宜引氣通血凡氣血聞香即行聞臭即逆氣滯

則血聚最忌臭穢不潔觸之毒必引蔓陳正節公云大凡癰疾多因怒氣而得但服香附子藥進食寬氣大有効香附子去毛生姜汁淹一宿焙乾碾爲細末無時以白湯服二錢如瘡初作以此代茶瘡潰後亦宜服之或只以局方小烏沉湯少用甘草愈後服至半年尤妙　蜈蚣咬傷嚼香附塗之立効

○典故　魏文帝遣使于吳求雀頭香即香附也【江表傳】　內翰吳幵夫人心痛欲死服獨步散即愈【王璆百一選方】　梁混心脾痛數年不愈六字穢跡佛夢傳獨步散方一服而愈因名神授一七散　懋遊方外時懸壺輕齋治百病黃鶴丹治婦人青囊丸隨用輒有小效【韓飛霞醫通】

○蘼蕪詩七言　越人翠被今何夜獨立江邊蘼草碧蘼蕪西飛欲寄書白雲何處逢來客【劉泌】

【覆盆子】一名缺盆一名奎一名插田藨一名烏藨子一名大麥莓一名西國草一名畢楞伽一名栽秧藨處處有之秦吳尤多藤蔓莖有鉤刺一枝五葉葉小面青背微白光薄無毛開白花四五月實成子小於蓬虆而稀疏味酸甘外如荔枝大如指頂軟紅可愛生青黃

熟易赤山中人及時采賣少遲則就枝生蛆食之五六分熟便采烈日曝乾不爾易爛氣味甘平無毒益氣輕身補虛續絕強陰健陽悅澤肌膚安和五臟男子腎精虛竭陰痿能令堅長婦人食之有子

○製用 采得揀淨搗作薄餅曬乾密貯臨時酒拌蒸用　采時不見水取汁作煎爲果着水則不堪煎

○辨訛蓬蘽 藤蔓繁衍莖有倒刺逐節生葉大如掌狀類小葵葉面青背白厚而有毛六七月開小白花就蒂結實三四十顆成簇生則青黄熟則紫黯微有黑毛形如熟椹而扁冬月苗葉不凋俗名割田藨氣味功用大略與覆盆同俱堪入藥　一種蔓小于蓬蘽一枝三葉葉面青背淡白而微有毛開小白花四月實熟其色紅如櫻桃者俗名薅田藨即爾雅所謂藨者也故郭璞註云藨即莓也子似覆盆而大赤色酢甜可食此種不入藥　一種樹生者樹高四五尺葉似櫻桃葉而狹長四月開小白花結實與覆盆子樣但色紅爲異俗亦名藨即爾雅所謂山莓陳藏器本草所謂懸鉤子者也　一種就地生蔓長數寸開黄花結實如覆盆而鮮紅不可食者本草所謂蛇莓也

○典故 漳州趙太尉母病爛弦疳眼二十年有老嫗云此中有蟲吾當除之入山取草

莖葉咀嚼留汁入筒中還以皂紗蒙眼滴汁漬下弦轉盼間蟲從紗上出數日下弦乾復如洗滴上弦又得蟲數日而愈後以治人多驗乃覆盆子葉也蓋治眼妙品【夷堅志】

○療治 目暗不見物冷淚浸淫不止及青盲天行目暗等疾覆盆子曝乾搗極細薄綿裹之用飲男乳汁浸半日點目中即仰臥不過三四日視物如少年禁酒麪油物　長髮不落不白覆盆子榨汁日塗之　補肝明目搗篩每旦水服三錢　肺氣虛寒取汁同少蜜煎爲稀膏白湯點服　牙痛點眼用覆盆子嫩葉搗汁點目眥三四次有蟲隨眵淚出成塊無新葉乾者煎濃汁亦可　臁瘡潰爛覆盆葉爲末用酸漿水洗後摻之日一次以愈爲度　痘後目翳取根洗搗澄粉日乾蜜和少許點于翳丁上日二三次自散百日內治之久即難療

【使君子】一名留求子藤生手指大如葛繞樹而上葉青如五加葉三月開五瓣花一簇一二十葩初淡紅久乃深紅色輕虛如海棠作架植之蔓延若錦實長寸許五瓣合成有稜初時半黃熟則紫黑其中仁白上有薄黑皮如榧子仁而嫩味如栗七月采久者油黑不可用氣味甘溫無毒治小兒五疳小便白濁健

脾胃除虛熱殺虫療瀉痢小兒百病瘡癬毒
治凡服使君子忌飲熱茶犯之即瀉
○典故俗傳潘州郭使君療小兒獨用此物因有此名　嵇含南方草木狀郭之留求子療嬰孺之疾則自晉魏已用之矣
○療治凡大人小兒虫病每月上旬空腹食使君子數枚以殼煎湯送下次日虫皆死而出或云七生七煨食亦良　小兒脾疳使君子蘆薈等分為末米飲每服一錢　小兒痞塊腹大肌瘦面黃漸成疳疾使君子仁三錢木鱉子仁五錢為末水丸龍眼大每一丸雞子一个破頂入藥在內飯上蒸熟空心食　小兒蛔痛口流涎沫使君子仁為末米飲五更調服一錢　小兒虛腫頭面陰囊俱浮使君子一兩去殼蜜五錢炙盡為末每食後米湯服一錢　頭瘡面瘡使君子仁香油少許浸三五个臨卧細嚼香油送下久自愈
○麗藻詩七言竹籬茅舍趁溪斜白白紅紅墻外花浪傳佳名史君子初無君子到君家

蔬實裸異藤同

栝樓　一名果蠃一名瓜蔞一名天瓜一名黃瓜一名地樓一名澤姑所在有之三四月生苗引藤蔓葉如甜瓜葉而窄作叉有細毛七月開花似壺蘆花淺黃色結實花下如拳生青

木上曰□地下曰蓏此物蔓生附木……

九月熟黃赤色形有圓者有銳而長者內有扁子大如絲瓜子殼色褐子色綠多脂作青氣根一名白藥一名瑞雪直下生年久者長數尺大二三圍秋後掘者有粉夏月者有筋無粉不堪用　氣味甘寒無毒治胸痺潤肺燥消欬嗽滌痰結利咽喉止消渴利大腸消癰腫瘡毒降上焦之火使痰氣下降不犯胃氣
○子性同實補虛勞潤心肺治吐血腸風下血赤白痢手面皺口乾　根甘酸微苦寒為粉潔白美好大宜虛熱人解煩渴行津液除腸胃中痼熱治熱狂時疾通小腸消腫毒乳癰發背痔瘻瘡癤排膿生肌消撲損瘀血　莖葉味酸生津止渴潤枯降火
○修製凡使皮子莖根其效各別古方全用後乃分別各用用實者去殼皮草膜及油用根者澄粉　作天花粉法秋冬采大二三圍者去皮寸切水浸逐日換水五日後取出搗泥以絹衣濾過澄粉晒乾每服方寸匕水化下亦可入粥及乳酪中食善治消渴
○療治痰欬不止瓜蔞仁一兩文蛤七分為末以姜汁澄濃脚丸彈子大噙之　乾欬無痰熟瓜蔞搗爛絞汁入蜜等分加白礬一錢熬膏頻含嚥汁　欬嗽有痰熟瓜蔞十个明礬二兩搗和餅陰乾研末糊丸梧子大每姜湯下五七丸　痰喘氣急瓜蔞二个明礬

二錢入同燒存性研末以[illegible]
病除　熱欬不止用濃茶一鍾蜜一鍾大熟
瓜蔞一个去皮將瓤入茶蜜湯洗去子以盌
盛于飯上蒸至飯熟取出時時挑三四匙嚥
之　肺熱痰欬胸膈塞滿瓜蔞仁半夏湯泡
七次焙研各一兩姜汁打麪糊丸桐子大每
服五十丸食後姜湯下　酒痰欬嗽用此救
肺瓜蔞仁青黛等分研末姜汁蜜丸芡子大
每噙一丸　飲酒發熱即上方研膏日食數
匙一男子年二十病此服之而愈　飲酒痰
澼兩脅脹滿時復嘔吐腹中如水聲栝樓實
去殼焙一兩神麴炒半兩爲末每服二錢葱
白湯下　小兒痰喘欬嗽膈熱久不瘥瓜蔞
實一枚去子爲末以寒食麪和作餅子炙黃
再研末每服一錢溫水化下日三服効乃止
婦人夜熱痰嗽月經不調形瘦者用瓜蔞
仁一兩青黛香附童尿浸晒一兩五錢爲末
蜜調噙化之　胸痺痰嗽胸痛徹背心腹痞
滿氣不得通及治痰嗽大瓜蔞去瓤取子炒
熟和殼研末麪糊丸桐子大每米飲下二三
十丸日二服　胸中痺痛引背喘息欬唾短
氣寸脉沉遲關上緊用大栝樓實一枚切薤
白半升白酒七升煑二升日再服加半夏四
兩更善　小兒黃疸眼黃脾熱青瓜蔞焙研
每服一錢水半盞煎三分臥時服五更瀉下
黃物立可名逐黃散　小便不通腹脹用瓜
蔞焙研每服二錢熱酒下頻服以通爲度紹
興劉駐云魏明州病此御醫用此方治之得
効　久痢五色大熟瓜蔞一个煅存性出火
毒爲末作一服溫酒服之胡大卿一僕患痢
半年杭州一道人傳此而愈　小兒脫肛唇
白齒焦兩頰光眉赤唇焦啼哭黃瓜蔞一个

入白礬五錢固濟煅存性爲末糊丸桐子大
每米飲下二十丸　咽喉腫痛語聲不出用栝
樓皮白姜蚕炒甘草炒各二錢半爲末每服
三錢半姜湯下或以綿裹半錢含嚥一日三
服　堅齒烏鬚大栝樓一个開頂入青鹽二
兩杏仁去皮尖三七粒原頂合札定蚯蚓泥
和鹽固濟炭火煅存性研末每日揩牙三次
令熱百日有驗先有白鬚拔去以藥投之即
生黑者其治口齒之功未易具陳　面黑令
白栝樓瓤三兩杏仁一兩豬胰一具同研如
膏每夜塗之令人光潤冬月不皴　乳汁不
下瓜蔞子淘洗控乾炒香瓦上翕令白色酒
服一錢匕合面臥一夜流出　乳癰初發大
熱栝樓一枚熟搗以白酒一斗煑取四升去
滓溫服一升日三服　便毒初發黃瓜蔞一
个黃連五錢水煎連服効　風瘡疥癩生栝
樓一二个打碎酒浸一日夜熱飲　熱遊丹
腫栝樓子仁末二大兩釅醋調塗　楊梅瘡
痘小如指頂遍身者先服敗毒散後用此解
皮膚風熱不過一服愈用栝樓皮爲末每服
三錢燒酒下日三服　傷寒煩渴思飲栝樓
根三兩水五升煑一升分二服先以淡竹瀝
一斗水二升煑好根二兩半冷飲汁然後服
此　黑疸危疾瓜蔞根一斤搗汁六合頓服
隨有黃水從小便出如不出再服　小兒發
黃皮肉面目皆黃生栝樓根搗取汁二合蜜
二大匙和匀暖服日一服　虛熱欬嗽天花
粉一兩人參三錢爲末每服一錢米湯下
偏疝痛極劫之立住用綿袋包暖陰囊取天
花粉五錢以醇酒一盌浸之自卯至午微煎
滚露一夜次早低凳坐定兩手按膝飲下即
愈未愈再一服　小兒囊腫天花粉一兩炙

甘草一錢半水煎入酒服　耳衣[illegible]
根剉尖以臘猪脂煎三沸取[illegible]塞耳三日[illegible]
產後吹乳腫硬疼痛輕則爲妬乳重則爲
乳癰用栝樓根末一兩乳香一錢爲末溫酒
每服二錢　癰腫初起栝樓根苦酒熬燥搗
篩以苦酒和塗紙上貼之又方用栝樓根赤
小豆等分爲末醋調塗之　楊梅天泡大花
粉川芎藭各四兩槐花一兩爲末米糊丸桐
子大每空心淡姜湯下七八十丸　折傷腫
痛栝樓根搗塗重布裹之熱除痛即止　箭
鏃不出針入肉栝樓根搗傅之日三易自出
痘後目障天花粉蛇蛻洗焙等分爲末羊
子肝批開入藥在內米泔汁煮熟
切食一女子病此服之旬餘而愈

益母草一名茺蔚一名貞蔚一名益明一名野

天麻一名火枕一名薙一名猪麻一名苦低
草一名夏枯草一名鬱臭草一名土質汗處
處有之春生苗如嫩蒿入夏長三四尺莖方
如黃麻莖葉青如艾而背青一梗三葉有尖
岐寸許一節節間花苞叢簇抱莖四五月開
花每萼內子數枚褐色三稜其草生時有臭
氣夏至後即枯根白色味甘微辛氣溫和血
行氣有助陰之功治婦女經脈不調胎產一

切諸病妙藥也蓋包絡生血肝藏血此物活
血補陰故能明目益精調經治女人諸病久
服令人有子治手足厥陰血分風熱及女人
諸病單用子若治腫毒瘡瘍消水行血胎產
諸病則根莖花葉並用蓋根莖花葉專于行
而子則行中有補也
○修治　凡用益母根莖切以竹刀忌鐵器用子
微炒香或沙鍋蒸熟曝乾舂取仁用
○辨訛　按閨閣事宜爾雅陳藏器皆以白花者
爲益母返魂丹註孫思邈以紫花者爲

益母李時珍以二色花皆益母白花者主氣
分紫花者主血分如牡丹芍藥花有紅白之
類及查嵇叟產寶謂開花紅紫色者
爲是白花者不是似當以嵇說爲定
○療治　濟陰返魂丹治婦人胎前產後諸疾危
證益母草花正開時連根收采陰乾用 忌鐵器
葉及花子石器碾爲細末煉蜜丸彈子大隨 其根燒存
證嚼服用湯使藥不限丸數以病愈爲度或 性爲末亦
丸如桐子大每服五七十丸食人甚多神効 服功與[illegible]
又可搗汁濾淨熬膏服　胎前臍腹痛或作 神效[illegible]
聲者米飲下　胎前產後臍腹刺痛胎動不
安下血不止當歸湯下　產後童子小便化
下一丸能安魂定魄血氣自然調順諸病不
生又能破血痛養脉息調經絡並溫酒下
胎衣不下及橫生死胎經日脹滿心悶痛並
炒鹽湯下　產後血暈眼黑血熱口渴煩悶

如見鬼神狂言不省人事童便和酒下 產
後血塊臍腹奔痛時發寒熱冷汗或面垢顏
赤五心煩熱並童便酒下或薄荷自然汁下
產後惡露不盡結滯刺痛上衝心胸滿悶
童便酒下 產後瀉血水棗湯下 產後痢
疾米湯下 產後血崩漏下糯米湯下 產
後赤白帶下煎膠艾湯下 月水不調溫酒
下 產後中風牙關緊急半身不遂失音不
語童便酒下 產後氣喘欬嗽胸膈不利惡
心吐酸面目浮腫兩脇疼痛舉動失力溫酒
下 產後月內欬嗽自汗發熱久則變為骨
蒸 產後鼻衄舌黑口乾俱童便酒下 產
後兩太陽穴痛呵欠心忪氣短羸瘦不思飲
食血風身熱手足頑麻百節疼痛並米飲化
下 產後大小便不通煩躁口苦薄荷湯下
婦人久無子息溫酒下 益母膏近效方

治產婦諸疾及折傷內損有瘀血每天陰則
痛神方也五月採益母草連根葉莖花洗擇
令淨于箔上攤曝水乾竹刀切長五寸勿用
鐵刀置于大砂鍋內水浸過二三寸煎煑候
草爛水減三之二漉去草取汁約五六斗入
盆中澄半日以綿濾去濁滓清汁入釜中漫
火煎取一斗如稀餳狀瓷瓶封守每取梨大
暖酒和服日再服或和羹粥亦可如遠行即
更煉至可丸收之服至七日則疼漸平復產
婦惡露不盡及血暈一二服便瘥其藥無忌
又能治風益心力 女人難產益母草搗汁
七大合煎減半頓服立止無新者以乾者一
大握水七合煎服 胎死腹中益母草搗熟
以暖水少許和絞取汁頓服之 產後血暈
心氣欲絕益母草研汁一盞絕妙 產後血
閉益母草汁一小盞入酒一合溫服 帶下

赤白益母草花開時采搗為末每服二錢食前
溫湯下 小便尿血益母草搗汁服一升立
瘥 赤白雜痢困重者益母草日乾陳鹽梅
燒存性等分為末每服三錢白痢乾薑湯赤
痢甘草湯下名二靈散 小兒疳痢垂死者益
母草嫩葉同米煑粥食以瘥為度甚佳飲汁
亦可 痔疾下血益母搗汁飲 一切癰瘡
婦人妬乳乳癰小兒頭瘡及浸淫黃爛熱瘡
疥疽陰蝕並用天麻草切五升以水一斗半
煑一斗分數次洗以殺痒 急慢疔瘡益母
草搗封及絞汁五合服即消 醫方大成用
益母草連花采之燒存性先用小尖刀十字
劃開疔根令血出次逩根開破捻出血拭乾
以稻草心蘸藥撚入瘡口令到底良久當有
紫血捻令血淨再撚藥入見紅血乃止一日
夜撚藥三五度重者二日根爛出輕者一日

出有瘡根脹起即是根出以針挑之出後仍
敷藥生肌易愈忌風寒房室酒肉一切毒物
癤毒已破益母草搗敷神效 勒乳成癰
益母草為末水調塗乳上一宿自瘥生搗亦
得 喉閉腫痛益母草搗爛新汲水一盌絞
濃汁頓飲隨吐愈冬月用根 聤耳出汁莖
葉搗汁滴之 面上粉刺黑斑重五日收帶
根紫花者曬乾燒灰以商陸根搗自然汁加
酸醋和搜灰作餅炭火煆過收之半年方用
入面藥甚能潤肌 唐天后澤面法五月五
日採根苗具者勿著土曝乾搗羅以水和成
團雞子大再曝乾作一爐四旁開竅上下置
火安藥中央大火燒一炊久去大火留小火
養之勿令火絕經一伏時取出甆器中研極
細收用如澡豆法日用 一方每十兩加滑
石一兩胭脂一錢 馬咬成瘡切細和醋炒

塗之　新生小兒監毒浮腫五兩淡水搽之　生瘡疥　癮疹作癢　浮腫下水惡瘡疔腫乳癰丹遊等瘡及蛇虺毒並搗敷

防風 一名屏風一名迴芸一名回草一名銅芸一名蕳根一名百枝一名百蜚出齊州龍山最善淄青兗者亦佳今汴東淮浙皆有莖葉青綠色莖深而葉淡似青蒿而短小春初嫩時紫赤色五月開細白花中心攢聚作大房似蒔蘿花實似胡荽子而尖根土黃色與蜀葵根相類二月十月采關中者三月六月采然輕虛不及齊州者良氣溫味辛而甘治三十六種風男子一切勞劣補中益神通利五臟心煩體重羸瘦盜汗散頭目中滯氣經絡中留溼得蔥白能行周身得澤瀉藁本療風得當歸芍藥陽起石禹餘糧療婦人子臟風

○**製用** 二月采嫩苗作菜辛甘而香呼為珊瑚菜極爽口其根粗醜子亦可種　入藥以黃色脂潤頭節堅如蚯蚓頭者為好白者多沙條不堪 **禁忌** 叉頭者令人發狂叉

[illegible]人癩疾

○**療治** 自汗不止防風去蘆為末每服二錢浮麥煎湯服　朱氏集驗方防風麩炒豬皮煎湯下　睡中盜汗防風二兩芎藭一兩人參半兩為末每服三錢臨臥飲下　老人大腸秘澀防風枳殼麩炒一兩甘草半兩為末食前白湯服二錢　偏正頭風防風白芷等分為末煉蜜丸彈子大每嚼一丸茶清下　破傷中風牙關緊急天南星防風等分為末每服二三匙童便五升煎至四升分二服即止　小兒解顱防風白芨柏子仁等分為末以乳汁調塗一日一換　婦人崩中獨聖散防風去蘆頭炙赤為末每服一錢以麵糊酒調下更以麵糊酒投之此藥累驗一方加炒黑蒲黃等分　解烏頭附子天雄芫花野菌毒並用防風煎汁飲　解諸藥毒已死只心間溫煖是熱物所犯防風一味擂冷水灌之

○**典故** 白居易在翰林賜防風粥一甌食之口香七日【金鑾密記】

郁李 一名薁李一名爵李一名車下李一名雀梅山野處處有之樹高五六尺花千葉雲白粉紅二色如紙剪成甚可觀葉花及樹並似木李惟子小如櫻桃熟赤色五月熟可食又可入藥性潔喜暵目和風澆宜清水忌肥核仁氣味甘苦酸平而潤無毒治大

腹水腫面目四肢浮腫利小便通水道消宿
食下結氣宣大腸氣滯燥澁不通
○療治 小兒多熱熟湯研郁李仁如杏酪一日
服二合 襁褓小兒二便不通并驚熱
痰實欲得溏動者大黃酒浸炒郁李仁去皮
研各一錢滑石末一兩搗合丸黍米大二歲
小兒三丸量人加減白湯下 腫滿氣急不
得臥郁李仁一大合搗末和麪作餅吃入口
即大便通泄氣便愈 脚氣浮腫心腹滿二
便不通氣急喘息郁李仁十二分搗爛水研
絞汁苡薏搗如粟大三合同煑粥食 卒心
刺痛郁李仁三七枚嚼爛以新汲水或溫湯
下須臾痛止却呷薄荷鹽湯 皮膚血汗郁
李仁去皮研一錢鵝梨搗汁調下 癖疾郁

李仁去皮及雙仁同乾麪搗合如乾入少水
搜病人掌作二餅微炙黃勿令熟空腹食一
枚當快利如不利再食一枚或飲熱米湯以
利爲度利不止醋飯補之利後當虛若病未
盡一二日再一服以病盡爲限忌酪及牛馬
肉累驗量病加減小兒亦可用 風蟲牙痛
根煎濃汁漱 小
兒身熱根煎湯浴
○典故 一乳婦因悸而病既愈目不得瞑醫錢
乙令煑郁李酒飲使醉即愈所以然者
目系內連肝膽恐則氣結膽橫不下郁李能
去結隨酒入膽結去膽下則目能瞑矣此集
得治之肯
綮者也

[illegible]

一名希仙一名火枕草一名虎膏一名猪
膏母一名狗膏一名粘糊菜素莖有直稜
有斑點葉似蒼耳而微長似地菘而稍薄對
節生莖葉皆有細毛肥壤一枝生數十八九
月開深黃小花子如茼蒿子外萼有細刺粘
人氣味苦寒有小毒治金瘡止痛斷血生肉
除諸惡瘡浮腫治風氣麻痺骨痛膝弱風溼
○修治 五月五日六月六日九月九日采葉去
根莖花實洗淨曝乾如法入甑中層層
洒酒與蜜蒸之又曝如
此九遍則氣味極香美

○製用 嫩苗煠熟浸去苦味
油鹽調食 救荒本草
○辨訛 蘇恭謂似酸漿葉乃龍葵非豨薟也地
菘則莖青圓而無稜無斑毛葉鋸似菘
芥亦不對節令
不見有用者
○療治 豨薟丸九煎九曬搗末蜜丸服益元氣
治肝腎風氣四肢麻痺骨間冷腰膝無
力遠年近日一切中風臥床口眼喎邪時吐
涎沫諸病空心溫酒或米飲下二三十丸服
至百服眼目明千服鬚髮黑筋力健效驗多
端 治風氣行于腸胃泄瀉火枕草爲末醋
糊丸梧子大每服三十丸白湯下 癰疽腫
毒一切惡瘡豨薟草端午采者一兩乳香一
兩白礬飛半兩爲末每服二錢熱酒調下毒
重者連進三服得汗妙 發背疔瘡豨薟草

五葉草即五爪龍小薊大蒜等分擂爛熱酒
一盌絞汁服得汗立效　丁瘡腫毒端午采
稀薟草日乾為末每服半兩熱酒調下汗出
即愈極驗　反胃吐食火杴草焙為末蜜丸
梧子大每湯下五十丸　治惡瘡消腫毒搗
稀薟草封之湯漬散傳並良　久瘧痎瘧搗
汁服　虎傷狗咬蚕咬
蛛咬蠼螋溺瘡搗敷

○典故　江陵節度成訥進稀薟丸方表畧云臣
有弟訮年二十一中風伏枕五年百醫
不差有道人鍾針因覩此患曰可餌稀薟丸
必愈其草多生沃壤高三尺許節葉相對當
夏五月以來收之每去地五寸剪刈以溫水
洗去土摘葉及枝頭凡九蒸九暴不必太燥
但以取足為度仍熬搗為末煉蜜丸如梧子
大空心溫酒或米飲下二三十丸服至二千

丸所患愈加不得憂慮是藥攻之力服至四
千丸必得復至五千丸當復須喫飯三五匙
壓之五月五日采者佳奉勑宣付醫院詳錄
　知益州張詠進稀薟丸表畧云切以飡食
飲水可作充腸之饌餌松含柏亦成救病之
功是以療飢者不在于羞珍愈病者何煩于
異術倘獲濟時之藥輙陳鄙物之形不耻管
窺輒干天聽臣因換龍興觀掘得一碑內說
修養氣術并藥方二件依方差人訪問采覓
其草頗有異金稜銀線素莖紫荄對節而生
蜀號火杴莖葉頗同蒼耳不費登高歷險每
常求少獲多急采非難廣收甚易倘勤久服
旋見神功誰知至賤之中乃有殊常之效臣
自喫至百服眼目清明即至千服髭鬢烏黑
筋力輕健效驗多端臣本州有都押衙羅守
一曾因中風墜馬失音不語臣與十服其病

立瘥又和尚智嚴年七十忽患偏風口眼喎
斜時時吐涎臣與十服亦便得瘥今合一百
劑差職貢
史元奏進

二如亭群芳譜藥部卷之二終

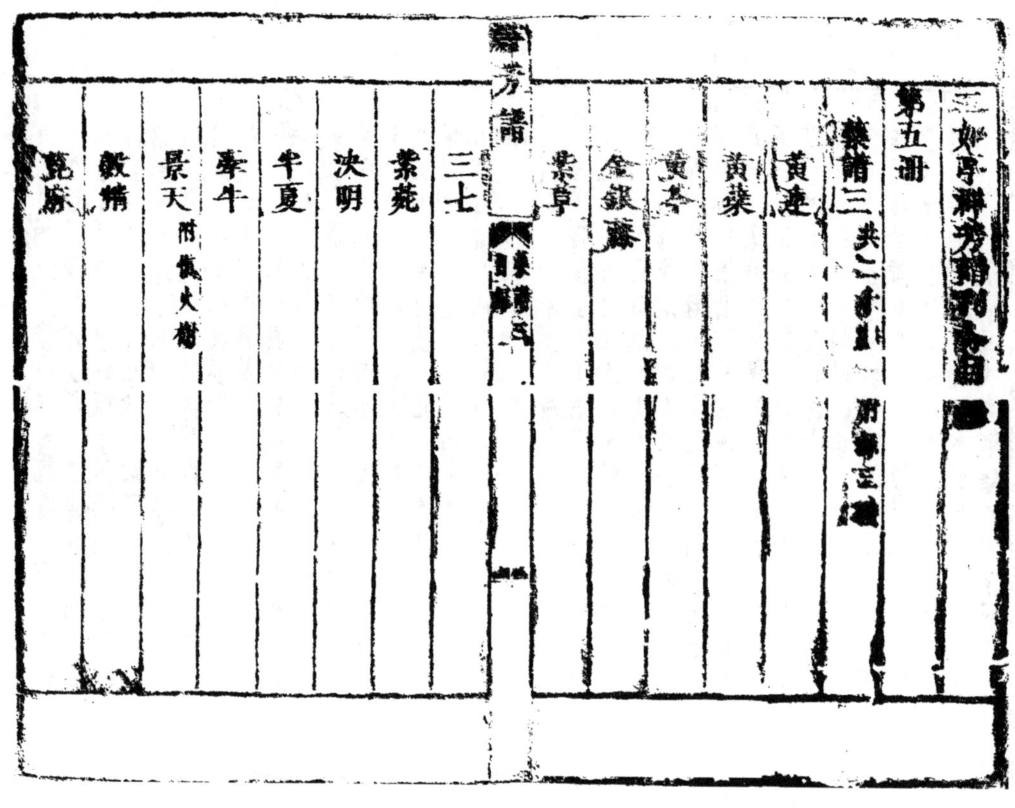

二如亭群芳譜利部目錄

第五冊

藥譜三 共二十種 附錄三種

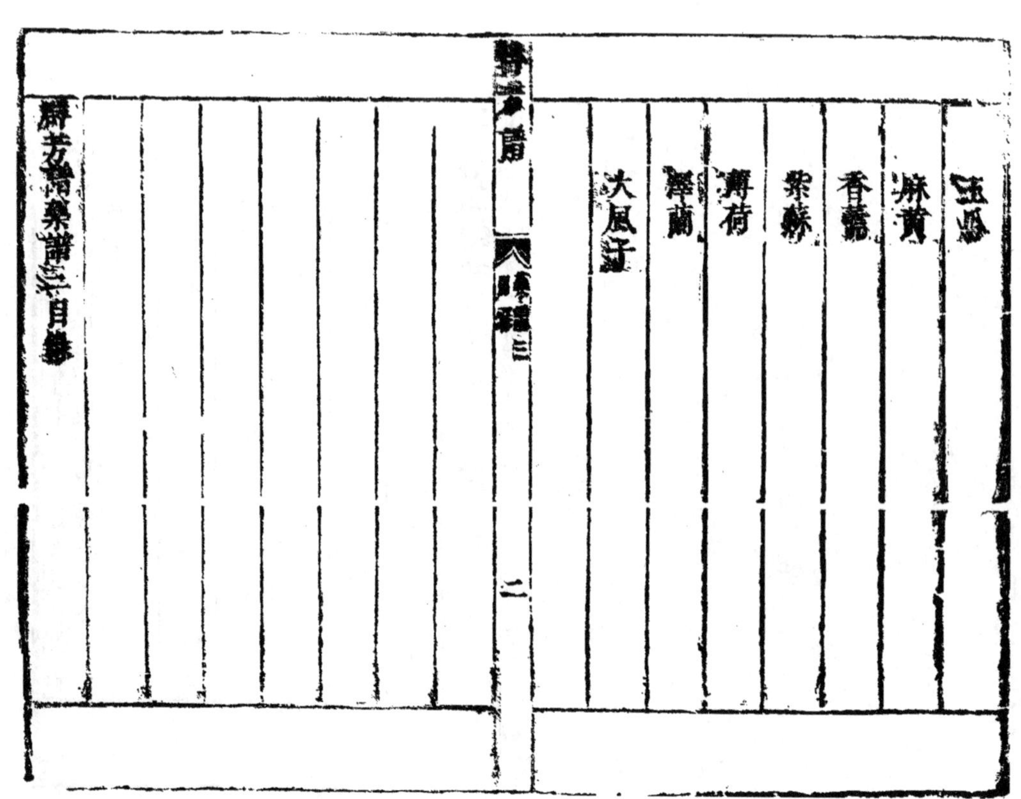

群芳譜藥譜三目錄終

二如亭群芳譜藥部卷之三

濟南　王象晉藎臣甫　纂輯
松江　陳繼儒仲醇甫
虞山　毛鳳苞子晉甫　仝較
寧波　姚元台子雲甫
男　王與胤　孫　王士禛　詮次

藥譜三

黃連　一名王連　一名支連　江湖荆夔皆有，而以宣城者爲勝，施黔次之，東陽歙州處州者又次之。苗高尺許，叢生，一莖三葉，葉似甘菊，凌冬不凋，四月開花黃色，六月結實似芹子，色亦黃。江左者根黃，節高若連珠，葉如小雉尾，正月開花作細穗，淡黃白色，六七月根緊始堪采。蜀道者粗大，味極濃苦，療渴爲最。江東者節如連珠，療痢大善。大抵連有二種：一種根粗無毛，如鷹雞爪形，色深黃而堅實；一種

無珠多毛色稍淡而中虛，味苦寒無毒。主消渴，厚腸胃，利骨，益膽，降火，療口瘡。其用有六：瀉心臟火，一也；去中焦濕熱，二也；諸瘡必用，三也；除風濕，四也；治赤眼暴發，五也；止中部見血，六也。

○製用　布拭去毛，漿水浸半日，待漉出，柳木火焙乾用。黃連入手少陰心經，爲治火之主藥。治本臟火，生用；治肝膽實火，豬膽浸炒；肝膽虛火，醋浸炒；上焦火，酒炒；中焦火，薑汁炒；下焦火，鹽水或朴硝炒；氣分濕熱之火，茱萸湯浸炒；血分塊中伏火，乾漆水炒；食積之火，黃土炒。不獨爲之引導，蓋辛熱能制其苦寒，鹹寒能制其燥性，用者酌之。

○附錄　胡黃連　生波斯國海畔陸地，今南海秦隴間亦有之。初生似蘆，苗若夏枯草，根頭似烏嘴，乾則似楊柳枯枝，心黑外黃，折之內似鸜鵒眼，塵出如烟者眞。八月上旬采。苦平無毒。治骨蒸勞熱，三消，五心煩熱，婦人胎蒸，虛驚，冷熱泄痢，厚腸胃，益顏色。

○療治　肝火爲痛，黃連薑汁炒爲末，粥糊丸梧子大，每服二十丸，白湯下。一方黃連六兩、吳茱萸一兩，同炒爲末，神麯糊丸梧子大，每服三四十丸，白湯下。伏暑發熱，作渴嘔惡，及赤白痢，消渴，腸風酒毒，泄瀉諸病，並宜酒煮黃龍丸主之：川黃連一斤切，以好酒二升半煮乾，焙研，糊丸梧子大，每服五十丸，熟水下，日三服。[illegible]

寒水石等分爲末每服三錢濃煎紫蘇湯下
骨節積熱漸漸黃瘦黃連四分切以童子
小便五大合浸經宿微煎三四沸去滓分作
二服　小兒疳熱流注遍身瘡蝕或潮熱肚
脹作渴猪肚黃連丸用猪肚一個洗淨宣黃
連五兩切碎水和納入肚中縫定放在五升
粳米上蒸爛石臼搗千杵或入少飯同杵丸
菉豆大每服二十丸米飲下仍服調血清心
之藥佐之蓋小兒之病不出于疳則出于熱
常須識此　三消骨蒸黃連末以冬瓜自然
汁浸一夜晒乾又浸如此七次爲末以冬瓜
汁和丸梧子大每服三四十丸大麥湯下尋常
渴只一服見效　消渴尿多黃連末蜜丸梧
子大每服三十丸白湯下　消渴小便滑數
如油黃連五兩栝樓根五兩爲末生地黃汁
丸梧子大牛乳下五十丸日服忌冷水猪肉

一方黃連末入猪肚肉蒸爛搗丸梧子大
飯飲下　濕熱水病黃連末蜜丸梧子大每
服二丸至四五丸飲下日三四服　破傷風
黃連五錢酒二盞煎七分入黃蠟三錢溶化
熱服之　小便白淫因心腎氣不足思想無
窮所致黃連白茯苓等分爲末酒糊丸梧子
大每服三十丸煎補骨脂湯下日三服　赤
痢久下累治不瘥黃連一兩雞子白和爲餅
炙紫爲末以漿水三升慢火煎成膏每服半
合溫米飲下　一方只以雞子白和丸服
熱毒赤痢黃連二兩切瓦焙令焦當歸一兩
焙爲末入麝少許每服二錢陳米飲下佛智
和尚在閩以此濟人　赤白久痢並無寒熱
只日久不止用黃連四十九寸鹽梅七個入
新瓶內燒烟盡熱研每服二錢鹽米湯下
赤白暴痢如鵝鴨肝者痛不可忍用黃連黃

芩各一兩水二升煎一升分三次熱服　冷
熱諸痢不問赤白穀滯休息久下悉主之黃
連長三寸三十枚重一兩半龍骨如棊子大
四枚重一兩大附子一枚乾姜一兩半膠一
兩半細切以水五合着銅器中去火三寸煎
沸便取下坐土上沸止又上水五合如此九
上九下納諸藥入水內再煎沸輒取下沸止
又上九上九下度可得一升頓服卽止　下
痢赤白日夜數十行臍腹絞痛黃連一升酒
五升煑取一升半分再服當止　治赤白諸
痢裏急後重腹痛宣黃連青木香等分搗末
白蜜丸梧子大每服二三十丸空腹飲下日
再服效如神久冷者以煨蒜搗和丸之不拘
大人嬰孺皆效　一方黃連茱萸炒過四兩
木香麪煨一兩粟米飯丸　小兒冷熱痢加
煨熟訶子肉　小兒瀉痢加煨熟肉豆蔻

小兒氣虛瀉痢腹痛加白附子尖　久痢加
龍骨　禁口痢加石蓮肉　痢瀉加烏梅肉
阿膠化和爲丸　五痔八痢用連珠黃連
一斤分四分一分酒浸一分自然姜汁炒一
分吳茱萸湯浸一分益智仁同炒去智仁研
末白芍酒煑切焙四兩廣木香二兩使君子
仁焙四兩共爲末蒸餅和丸綠豆大每服三
十丸米飲食前下日三服忌猪肉冷水　傷
寒下痢不能食者黃連一斤烏梅二十枚去
核炙燥爲末蠟一棊子大蜜一升合煎和丸
梧子大一服二十丸日三服　又方黃連二
兩熟艾如鴨子大一團水三升煑取一升頓
服立止　氣痢後重裏急或下泄宣連一兩
乾姜半兩各爲末收每用連一錢姜半錢和
勻空心溫酒下或米湯下神效　濟生方變
傳香連丸用黃連四兩木香二兩生姜四兩

以姜鋪沙鍋底次鋪連上鋪香附末水三盞
煮焙研醋調倉米糊爲丸如常日服五次
小兒下痢赤白多時體弱不堪宜連用水煎
煎和蜜日服五六次　諸痢脾泄臟毒下血
雅州黃連半斤去毛切裝肥猪大腸內紮定
入沙鍋中以水酒煮爛取連焙研末搗腸和
丸梧子大每服百丸米湯下極効　赤白下
痢日夜無度及腸風下血用川黃連去毛吳
茱萸湯泡過各二兩同炒香揀出各爲末以
粟米飯和丸梧子大各收每服三十丸赤痢
甘草湯下黃連丸白痢姜湯下茱萸丸赤白
痢各用十五丸米湯下救人甚効　脾胃受
濕下痢腹痛米穀不化用黃連吳萸二味加
白芍同炒研蒸餅和丸服　腸胃積熱或因
酒毒下血腹痛作渴脉弦數黃連四兩分作
四分一分生用一分切炒一分炮切一分水
浸曬研末條黃芩一兩防風一兩爲末麵糊
丸梧子大每服五十丸米泔浸枳殼水食前
送下冬月加酒蒸大黃一兩　臟毒下血黃
連爲末獨頭蒜煨研和丸梧子大每空心陳
米飲下四十丸　酒痔下血黃連酒浸煮熟
爲末酒糊丸梧子大每服三四十丸白湯下
一方用自然姜汁浸焙炒　雞冠痔黃連末
傅之加赤小豆末尤良　痔漏秘結用此寬
腸黃連枳殼等分爲末糊丸梧子大每服五
十丸空心米飲下　痢痔脫肛冷水調黃連
末塗之良　脾積食泄川黃連二兩爲末大
蒜搗和丸梧子大每服五十丸白湯下　水
泄脾泄宜連一兩生姜四兩文火炒至姜脆
各自揀出爲末水泄用姜末脾泄用連末每
服二錢空心白湯下甚者不過二三服亦治痢
疾　眼目諸病勝金黃連丸用宣黃連不限多

少搗碎以新汲水一大盌浸六十日綿濾取
汁入原盌內重湯上熬不住攪之候乾即穿
地坑深一尺以瓦鋪底將熟艾四兩坐瓦上
燃火以藥盌覆上四畔土封閉孔出烟盡取
出刮下丸小豆大每甜竹葉湯下十丸　男
女肝經不足風熱上攻頭目昏暗羞明及瘴
翳青盲黃連末一兩羊子肝一具去膜搗爛
和丸梧子大每食後暖漿水吞十四丸連作
五劑瘥昔崔承元括一死囚囚後病死一旦
崔病內障逾年半夜獨坐聞堦除窸窣之聲
問之荅曰是昔蒙活之囚今故報恩遂告以
此方而沒崔服之不數月眼復明因傳於世
　暴赤眼痛宜黃連剉以雞子清浸置地下
一夜次早濾過雞羽蘸滴目內　又方苦竹
兩頭留節一頭開小孔入黃連片在內油紙
封浸井中一夜次早服竹節內水加片腦少
許外洗之　一方黃連冬青葉煎湯洗　一
方黃連乾姜杏仁等分爲末綿包浸湯閉目
乘熱淋洗　小兒赤眼水調黃連末貼足心
甚妙　爛弦風眼黃連十文槐花輕粉少許
爲末男兒乳汁和之飯上蒸過帛裹熨眼上
三四次即効屢試有驗　目卒痒痛乳汁浸
黃連頻點眥上抱朴子云治目中百病　淚
出不止黃連浸濃汁漬拭之　牙痛惡熱黃
連末摻之立止　口舌生瘡黃連煎酒時含
呷之　赴筵散用黃連乾姜等分爲末摻之
　小兒口疳黃連蘆薈等分爲末每蜜湯服
五分走馬疳入蟾灰等分青黛減半麝少許
　小兒鼻䘌鼻下兩道赤色有疳以米泔洗
淨用黃連末傅之日三四次　小兒月蝕生
於耳後黃連末傅之　小兒食土取好黃土
煎黃連汁搜之曬乾與食　預解胎毒小兒

初生以黃連煎湯浴之不生瘡及胎毒[illegible]
方未出聲時以黃連煎汁灌一匙令終身[illegible]
出痘已出聲者灌之痘雖發亦輕此[illegible]方[illegible]
腹中兒哭黃連煎濃汁母常呷之　因驚
胎動出血取黃連末酒服方寸匕日三　妊
娠子煩口乾不得臥黃連末每服一錢粥飲
下　或酒蒸黃連丸亦妙　癰疽腫毒已潰未
潰皆可用黃連檳榔等分為末以雞子清調
搽之　中巴豆毒下痢不止黃連乾姜等分
為末水服方寸匕　傷寒勞復身熱大小便
赤如血胡黃連一兩山梔子二兩去殼蜜半
兩拌和炒令微焦為末用豬膽汁和丸梧子
大每服十丸用生姜二片烏梅一個童子小
便三合浸半日去滓食後暖小便令溫吞之
臥時再服甚妙　小兒潮熱往來盜汗胡黃
連柴胡等分為末煉蜜丸芡子大每服一丸

至五丸安器中以酒少許化開更入水五分
重湯煮二三十沸和滓服　小兒疳熱肚脹
潮熱發焦不可用大黃黃芩傷胃之藥恐生
別證以胡黃連五錢五靈脂一兩為末雄豬
膽汁丸菉豆大米飲服一二十丸　肥熱疳
疾胡黃連黃連各半兩硃砂二錢半為末入
豬膽內紮定以杖子釣懸於砂鍋內漿水煮
一炊久取出研爛入蘆薈麝香各一分飯和
丸麻子大每服五七丸至一二十丸米飲下
　五心煩熱胡黃連末米飲服一錢　小兒
疳瀉冷熱不調胡黃連半兩綿姜一兩炮為
末每服半錢甘草節湯下　滯下純血腹痛
黃連同槐花枳殼乳香沒藥等分煮服神效
　口糜口瘡黃連同五味子甘草等分煮濃
汁漱口甚良　小兒黃疸胡黃連川黃連各
一兩為末用黃瓜一個去瓤留蓋入藥在內

合定麪裹煨熟去麪搗丸菉豆大每量大小
溫水下　吐血衄血胡黃連生地黃等分為
末豬膽汁丸梧子大臥時茅花湯下五十丸
　血痢不止胡黃連烏梅肉竈下土等分為
末臘茶清下　熱痢腹痛胡黃連末飯丸梧
子大每米湯下三十丸　嬰兒赤目茶調胡
黃連末塗手足心即愈　癰疽瘡腫已潰未
潰皆可用之胡黃連川山甲燒存性等分為
末以茶或雞子清塗之　痔瘡瘡腫
不可忍者胡黃連末鵝膽汁調搽之

○典故　荊端王素多火病醫令服金花丸乃芩
連梔柏四味服至數年其火愈熾遂至
內障喪明【本草綱目】　弘治乙卯長
沙大旱黃連上生王瓜【[illegible]】

○麗藻　贊　黃連味苦左右相因斷涼滌暑闡命
輕身縉雲昔御飛蹕上昊不行而至
吾聞其人【宋王微】　頌　黃連上草丹砂之次禦孽辟妖
長靈久視驂龍行天馴馬匝地
鴻飛以儀順道
則利【梁江淹】

黃檗　一名檗木一名黃栢出邵陵者輕薄色深
為勝出東山者厚而色淺樹高數丈葉似吳
茱萸亦如紫椿經冬不凋皮外白裏深黃厚
二三分二月五月採皮陰乾性苦寒無毒瀉
伏火補腎水堅腎壯骨治衝脈氣逆不渴而
小便不通消五臟腸胃中結熱黃疸女子漏

下赤白陰傷飯瘡男子陰痿及傳尸止瘡除
骨蒸瀉膀胱相火得知母滋陰降火得蒼术
除濕清熱爲治痿要藥得細辛瀉膀胱火治
口舌生瘡元醫陳元素曰黃蘗之用有六瀉
膀胱龍火一也利小便結二也除下焦濕腫
三也痢疾先見血四也臍中痛五也補腎壯
骨髓六也凡膀胱腎水不足諸痿厥腰無力
黃芪湯中加用使兩足膝中氣力涌出痿厥

即去乃癱瘓必用之藥李時珍曰知母佐黃
栢滋陰降火有金水相生之義黃栢無知母
猶水母之無蝦蓋黃栢能制膀胱命門陰中
之火知母能清肺金滋腎水之化源氣爲陽
血爲陰邪火煎熬則腎水漸涸故陰虛火動
之病須之非陰中之火不可用又必少壯氣
盛能食者用之相宜若中氣不足邪火熾甚
者久服有寒中之變近時虛損及縱慾求嗣

之人用補陰藥以二味爲君久服降令太盛
脾胃受傷眞陽暗損盖不知此物苦寒滑滲
有反從火化之害也
○製用 削去粗皮用生蜜水浸半日曬乾每五兩用蜜三兩塗之文武火炙令蜜盡爲度黃蘗性寒而沉生用降實火熟用不傷胃酒制治上鹽制治下蜜制治中
○典故 王善夫病小便不通腹堅如石雙睛凸出飲食不下腿裂出水痛苦不可名狀治中滿利小便滲泄之藥遍服無驗李杲診之曰此奉養太過積熱傷腎水致膀胱乾涸火又逆上爲嘔噦潔古老人謂熱在下焦治下焦其病必愈遂乃用知母黃蘗各一兩酒

洗焙碾入桂一錢爲引熟水丸如芡子大每
服二百丸沸湯下少時前陰如刀刺火燒之
狀溺如瀑泉涌出顧盼之間腫脹消散內經
云熱者寒之腎惡燥急辛以潤之以黃蘗苦
寒瀉熱補水潤燥爲君知母苦寒瀉腎
火爲佐肉桂辛熱爲使寒因熱引也
○療治 陰火爲病大補丸用黃蘗去皮鹽酒炒褐色爲末水丸梧子大血虛四物湯下氣虛四君子湯下　男婦諸虛百損小便淋濁遺精白濁等證黃蘗去皮切二斤熟糯米一升童便九浸九曬蒸過曬研爲末酒煮麪糊丸梧子大每服百丸溫酒下　上盛下虛火水偏盛消中等證黃蘗一斤分四分用醇酒蜜湯鹽水童便浸洗曬炒爲末知母一斤去毛搗熬膏和丸梧子大每服七十丸白湯下　臟毒痔漏下血不止川黃蘗皮刮淨一

斤分四分三分用酒[illegible]
焙一分生炒黑色爲末煉蜜丸梧子大空心
溫酒下五十丸久服除根　治諸虛赤白帶
川蘗皮刮淨一斤分四分酒蜜人乳糯米泔
浸透炙乾切研糜米飯丸如上法服　[illegible]
丸黃蘗一斤分作四分三分用醇酒鹽湯童
尿各浸二日焙研一分用酥炙研末以豬脂
一條去膜入藥在內紮煮熟搗丸如上法服
下血數升黃蘗一兩去皮雞子白塗炙爲
末水丸綠豆大每服七丸溫水下　小兒下
血或血痢黃蘗半兩赤芍藥四錢爲末飯丸
麻子大每服一二十丸食前米飲下　妊娠
白痢晝夜三五十行蘗根黃厚者蜜炙令焦
爲末大蒜煨熟去皮搗爛和丸梧子大空心
米飲下三五十丸日三神妙　小兒熱瀉黃
蘗削皮焙爲末米湯丸粟米大每服一二十

丸米湯下　赤白濁淫及夢洩精滑黃蘗炒
眞蛤粉各一斤爲末每服百丸空心溫酒下
黃蘗苦而降火蛤粉鹹而補腎也又方加知
母炒牡蠣粉煅山藥炒等分爲末糊丸梧子
大每服八十丸鹽湯下　積熱夢遺心神恍
惚膈中有熱宜清心丸黃蘗末一兩片腦一
錢煉蜜丸梧子大每服十五丸麥冬湯下
消渴尿多黃蘗切片水一升煮三五沸渴即
飲之恣飲數日即止　嘔血熱極黃蘗蜜塗
炙乾爲末麥門冬湯調服二錢立瘥　時行
赤目黃蘗去粗皮爲末濕紙包裹黃泥固煨
乾每用一彈子大紗帕包之浸水一盞飯上
蒸熟乘熱薰洗極妙一丸可用三二次　嬰
兒赤目在蓐內者人乳浸黃蘗汁點之　眼
目昏暗每旦含黃蘗一片吐津洗之終身行
之永無目疾　卒喉痺痛黃蘗片含之又以

一斤酒一斗煮二三沸恣飲便愈　[illegible]
食飲不通苦酒和黃蘗末傅之冷即易　小
兒重舌黃蘗浸苦竹瀝點之　口舌生瘡黃
蘗含之良深師用蜜漬取汁含之吐涎　心
脾有熱舌頰生瘡蜜炙黃蘗青黛各一分爲
末入生龍腦一字摻之吐涎　赴筵散用黃
蘗細辛等分爲末摻或用黃蘗乾姜等分亦
良又黃柏蜜炒研末傅之如神　口疳臭爛
綠云散用黃蘗五錢銅綠二錢爲末摻之漱
去涎　鼻疳有蟲黃蘗二兩冷水浸一宿絞
汁溫服　鼻中生瘡黃蘗檳榔末猪脂和敷
唇瘡痛痒黃蘗末以薔薇根汁調塗立效
髮毛毒瘡生頭中初生如蒲桃痛甚黃蘗
一兩乳香二錢半爲末槐花煎水調作餅貼
于瘡口　小兒顖腫生下即腫者黃蘗末水
調貼足心　傷寒遺毒手足腫痛欲斷黃蘗

五斤水三升煮漬之　癰疽乳發初起者黃
蘗末和雞子白塗之乾即易　癰疽腫毒黃
蘗皮炒川烏頭炮等分爲末唾調塗之留頭
以米泔水潤濕　小兒臍瘡不合黃蘗末塗
之　小兒膿瘡遍身不乾黃柏末入枯礬少
許摻之即愈　男子陰瘡有二種一種陰蝕
作臼膿出一只生熱瘡用黃蘗黃芩等分煎
湯洗仍以黃蘗黃柏作末傅之又法黃蘗煎
湯洗之塗以白蜜　臁瘡熱瘡黃蘗末一兩
輕粉三錢猪胆汁調搽之或只用蜜炙黃蘗
一味　火毒生瘡凡人冬月向火火氣入內
兩股生瘡其汁淋漓用黃蘗末摻之立愈一
婦病此人無識者用此而愈　凍瘡[illegible]
汁調黃蘗末塗之　食自死肉毒黃蘗末[illegible]
[illegible]方寸匕　[illegible]瘡生
[illegible]

一名經芩一名空腸一名腐腸一名內虛一名黃文一名印頭一名妬婦一名苦督郵內實者名子芩一名㹠尾芩一名條芩一名鼠尾芩川蜀河東陝西近郡皆有之苗長尺餘莖粗如筯葉從地四面作叢生亦有獨莖者葉細長青色兩兩相對六月開紫花根如知母長四五寸二八月採根曝乾氣凉味微苦而甘氣厚味薄得酒上行得猪膽汁除肝

（經芩即片芩乃舊根多中空外黃內黑子芩乃新根多內實故云西芩多中空北芩多內實）

膽火得柴胡退寒熱得厚朴黃連止腹痛得芍藥治下痢得桑白皮瀉肺火得五味牡蠣令人有子得白朮安胎得黃芪白歛赤小豆療鼠瘻總之能治上焦皮膚風熱濕熱頭痛奔豚熱痛火欬肺痿喉腥利胸中氣消痰膈諸失血疔腫排膿乳癰發背婦人產後養陰退陽女子血閉淋露下血小兒腹痛李時珍曰黃芩氣寒味苦色黃帶綠苦入心寒勝熱瀉心火治脾之濕熱一則金不受刑一則胃火不流入肺即所以救肺也肺虛不宜者苦寒傷脾胃損其母也胸脇痞滿實兼心肺上焦之邪心煩喜嘔默默不欲飲食又兼脾胃中焦之症宜用黃芩以治手足少陽相火黃芩亦少陽本經藥也

○療治　三黃丸孫思邈千金方云巴郡太守奏加減三黃丸療男子五勞七傷消渴不生肌肉婦人帶下手足寒熱瀉五臟火春三月黃芩四兩大黃三兩黃連四兩夏三月黃

芩六兩大黃一兩黃連七兩秋三月黃芩六兩大黃三兩黃連三兩冬三月黃芩三兩大黃五兩黃連二兩三物隨時合擣下篩蜜丸烏豆大米飲每服五丸日三不知增至七丸服一月病愈久服走及奔馬人用有驗禁食猪肉　三補丸治上焦積熱瀉五臟火黃芩黃連黃蘗等分為末蒸餅丸梧子大每白湯下二三十丸　肺中有火清金丸用片芩炒為末水丸梧子大每服二三十丸白湯下　小兒驚啼黃芩人參等分為末每服一字水飲下　肝熱生翳不拘大人小兒黃芩一兩淡豉三兩為末每服三錢熟猪肝裹吃溫湯送下日二服忌酒麪　少陽頭痛不拘偏正片芩酒浸透晒乾為末每服一錢茶酒任下　眉眶作痛風熱有痰黃芩酒浸白芷等分為末每服二錢茶下　吐血衄血或發或止

積熱所致黃芩一兩去中心黑朽者為末每服三錢水一盞煎六分和滓溫服　吐衄下血黃芩三兩水三升煎一升半每溫服一盞亦治婦人崩漏　血淋熱痛黃芩一兩水煎熱服　婦人四十九歲已後天癸當住每月却行或過多不止條芩心二兩米醋浸七日炙乾又浸如此七次為末醋糊丸梧子大每服七十丸空心溫酒下日二　崩中下血黃芩為細末每服一錢霹靂酒下許學士云崩中多用止血及補血藥此方乃治陽乘於陰所謂天暑地熱經水沸溢者也　安胎清熱條芩白术等分炒為末米飲和丸梧子大每服五十丸白湯下或加神麯丸妊娠調理以四物去地黃加白术黃芩為末常服甚良　產後血渴飲水不止黃芩麥門冬等分水煎溫服無時　老小火丹黃芩末水調塗之

秤錘燒赤淬酒中名霹靂酒

○典故　李時珍曰予年二十時因感冒咳嗽旣久且犯戒遂病骨蒸發熱膚如火燎每日吐痰盌許暑月煩渴寢食幾廢六脈浮洪遍服柴胡麥門冬荊瀝諸藥月餘益劇皆以為必死矣先君偶思李杲治肺熱如火燎煩燥引飲而晝盛者氣分熱宜一味黃芩湯以瀉肺經氣分之火遂按方用片芩一兩水二鍾煎一鍾頓服次日身熱盡退而痰嗽皆愈藥中肯綮如鼓應桴醫中之妙有如此哉　一人素多酒慾病小腹絞痛不可忍小便如淋諸藥不效偶用黃芩木通甘草三味煎服遂止　一人因虛服附子藥多病小便閟服芩連藥遂愈　一人灸火至五壯血出不止如尿手冷欲絕酒炒黃芩二錢為末酒服止

金銀藤　一名忍冬一名通靈草一名鴛鴦草一名左纏藤一名蜜桶藤一名鷺鷥藤一名老翁鬚一名金釵股處處有之附樹延蔓莖微紫色有薄皮膜之其嫩莖色青有毛對節生葉葉如薜荔而青有濇毛三四月後開花不絕花長寸許一蒂兩花二瓣一大一小長蕊初開者蕊瓣俱白經二三日則變黃新舊相參黃白相映故名金銀花氣甚清芬四月採花藤葉不拘時俱陰乾氣味甘寒無毒功用皆同治風除脹解痢逐尸消腫散毒療癰疽疥癬發背楊梅諸惡瘡皆為要藥張相公云誰知至賤之中乃有殊常之效正此類也

○療治　忍冬酒治癰疽發背不問發在何處皆有奇効鄉落貧乏藥材難得但處心服之俟疽破貼以神異膏其効甚妙忍冬藤生葉一把沙盆研爛入生餅子酒少許稀稠得所塗于四圍中留一口洩毒氣藤只用五兩木槌槌碎不可犯鐵大甘草[illegible]入沙盆內水二盌文武火慢煎至一盌入無灰好酒一大盌再煎十數沸去滓分為三服一日一夜喫盡病勢重者一日二劑服至大小腸通利則藥力到　沈內翰云如無生者只

用乾者然不及生者效速　忍冬[illegible]
愈後須防發癰疽　忍冬草根莖花葉皆可不
拘多少入瓶内以無灰好酒浸以糠火煨一
宿取出晒乾入甘草少許研為細末以浸藥
酒打麪糊丸梧子大每服五十丸至百丸湯
酒任下此藥不特治癰疽大能止渴　五痔
諸瘻方同上　一切腫毒不問已潰未潰或
初起發熱金銀花連莖葉取自然汁半盌煎
八分服以滓敷上敗毒托裏散氣和血其功
獨勝　疔瘡便毒喉痺乳蛾方同上　敷腫
拔毒金銀藤大者燒存性葉焙乾為末各三
錢大黃焙為末四錢凡腫毒初發以水酒調
搽四圍留心泄氣　癰疽發背腸癰乳癰無
名腫毒焮痛實熱狀類傷寒不問老幼虛實
服之未成者内消已成者即潰忍冬葉黃芪
各五兩當歸一兩甘草八錢為細末每服二
錢酒一盞半煎一盞隨病上下服日再服以
滓敷之　惡瘡不愈左纏藤一把搗爛入雄
黃五分水二升瓦罐煎以紙封七重穿一孔
待氣出以瘡對孔薰之三時久大出黃水後
用生肌藥取効　輕粉毒癰方同上　瘡久
成漏忍冬草浸酒日日常飲　熱毒血痢忍
冬藤濃煎飲　五種尸注飛尸者游走皮膚
洞穿臟腑每發刺痛變動不常遁尸者附骨
入肉攻鑿血脉每發不可見死尸聞哀哭便
作風尸者淫躍四末不知痛之所在每發恍
惚得風雪便作沉尸者纏結臟腑冲引心脇
每發絞切遇寒冷便發尸注者舉身沉重精
神[illegible]常覺昏廢[illegible]則大作並是身
中尸鬼引接外邪宜用忍冬莖葉剉數斛煑
取濃汁[illegible]服[illegible]子大許[illegible]化下一[illegible]
[illegible]

敷之　[illegible]
服二錢[illegible]下　中野菊[illegible]
咬之　[illegible]香生搗赤梗藤[illegible]
馬[illegible]分以酒搗汁雞毛刷[illegible]涎出[illegible]
愈　忍冬膏治諸般腫痛金刃傷瘡惡瘡金
銀藤四兩吸鐵石三錢香油一斤熬枯去渣
入黃丹八兩待熬至
滴水不散如常攤用

紫草

一名紫丹一名紫芙一名茈䓞一名藐一
名地血一名鴉銜草生碭山山谷南陽新野
及楚地苗似蘭香莖赤節青二月開花紫白
結實亦白紫根色紫可以染紫味甘鹹氣寒
無毒入心包絡及肝經血分涼血和血利大
小腸故痘疹欲出未出血熱毒盛大便閉澀
者宜用得木香白术佐之尤妙已出而紫黑
閉者亦可用若出而紅活者及白陷大便利
者切忌蓋脾氣實者可用脾氣虛者反能作
瀉古方惟用茸取其初得陽氣以類觸類所
以用發痘瘡今人不達此理一槩用之則非
矣一切惡瘡瘑癬腫毒亦可用

○種植宜黄白軟良之地有沙地亦[illegible]
穄下大佳性不耐水必須高田秋耕深[illegible]
細耪平至春又轉耕之三月種耬耩地逐壠
手下子良田一畝用子二升半薄田三升下[illegible]
訖耪之或以輕砘碾過地九月中子熟用[illegible]
潔淨爲佳壠底草手拔之刈穫刈之候燥聚[illegible]
打取子收草宜速竟爲良一把隨以茅束之草[illegible]
擘葛尤善四把爲一束當日斬齊一顛一倒[illegible]
十層許爲長行置堅平地上板石壓之令稀泥[illegible]
兩三宿豎頭置日中曝之令浥浥然五十頭恐[illegible]
作一洪著屋下陰凉處棚棧上棚下勿有驢[illegible]
馬糞及人溺又忌烟皆令草失色其利勝藍不[illegible]
若欲久停者入五月内著屋中閉門塞向密太乾則[illegible]
泥勿氣風入漏氣過立秋然後開出草色不[illegible]
黑若經夏在棚棧上草[illegible]
便變黑不復任用矣太燥[illegible]

○製用秋深子熟傍去其土連根取就地鋪齊洪十[illegible]
少乾輕振其土以茅繁束劬去虛稍以頭[illegible]
之染紫其[illegible]
色殊美

○療治痘毒紫草一錢陳皮五分葱白三寸
新汲水煎服一法熱至三四日痘疹
隱隱將出未出色赤便閉者紫草二兩剉百
沸湯一盞泡封嚴勿泄氣待溫時服半合則
瘡雖出亦輕大便利者勿用煎服亦可痘
毒黑疔紫草二錢雄黄一錢爲末胭脂汁調
銀簪挑破點之極妙癰疽便閉紫草瓜蔞
實等分新水煎服白秃紫草煎汁塗之
小便卒淋及產後淋瀝紫草一兩爲散每食
前井華水服二錢惡蟲咬紫草煎油塗之
火黄身熱宜烙足手心背心百會下廉内
[illegible]一兩木香三[illegible]

水煎服午後却凉身有
紅點或黑點者不可治

三七一名山漆一名金不換生廣西南丹諸州
番峒深山中采根曝乾黄黑色長者如老薑
地黄有節味甘微苦似人參止血散血亦主
吐血衄血下血血痢崩中不止產後惡血不
下血暈血痛赤目癰腫虎咬蛇傷治金瘡箭
傷跌撲杖瘡血出不止嚼爛塗或爲末摻之
血立止青腫者即消若受杖時先服一二錢
則血不衝心杖後亦宜服產後服亦良適陽
明厥陰血分之藥治一切血病忌鐵器與騏
驎竭紫鉚同以能合金瘡如漆粘物故名山
漆以貴重故名金不換試法以末摻豬血中
血化爲水者眞葉功效同

○附録近傳一種草云是三七春生苗夏高三
四尺葉似菊艾而勁厚有岐尖莖有赤
稜最易繁衍夏秋間開黄花蕊如金絲盤紐
可愛而不香花乾成絮如苦蕒絮根葉味甘
治金瘡折傷出血及上下血病甚效根大如
牛蒡根與南中來者不類恐是劉寄奴之屬

●[illegible]治吐血咯血衄血[illegible]木湯送下[illegible]以五分入入枝湯[illegible]吐血痢主之三[illegible]為末米飲調服即愈 吐血下血三[illegible]研末同淡白酒調一二錢[illegible]三服[illegible]分入四物湯亦可 婦人血[illegible]同上[illegible]後血多山漆研末米湯服[illegible]十分重者以山漆根磨汁塗 四[illegible]名癰疽疼痛不止山漆磨米醋[illegible]破者研末乾塗 虎咬蛇傷山漆研末米飲服三錢仍嚼塗之

紫菀一名青菀一名紫倩一名茈菀一名還魂草一名夜牽牛處處有之以牢山所出根如北細辛者為良三月內布地生苗五六月開

花色黃白紫數種結黑子本有白毛根甚柔細色紫而柔宛故名二月採根陰乾凡使去頭鬚及土東流水洗淨每一兩用蜜二分浸一宿火上焙乾今人多以車前旋復根紫土染過偽為之紫菀肺病要藥肺本自亡津液又服走津液藥為害滋甚不可不慎又有類紫菀而有白如練色者名白羊鬚草亦宜辨

●製用 連根葉採之醋浸入少鹽收藏作菜辛香號[illegible]仙菜鹽不宜多[illegible] [illegible]

時有仕氏女色美嫁進士王公輔不遂意[illegible]面漸黑母家求醫一道人用女真散酒下二錢日二服一月如故求其方用女菀黃丹二物等分按女菀即白菀一名茆一名女復一名織女菀即紫菀之色白者也紫菀入血分白菀入氣分肺氣熱則面紫黑清則面白三十以後肺氣漸減不可服

○療治 肺傷咳嗽紫菀五錢水一盞煎七分溫服日三 久嗽不瘥紫菀款冬花各一兩百部半兩搗羅為末每服三錢薑三片烏梅一個煎湯調下日二甚佳 小兒咳嗽聲不出者紫菀末杏仁等分入蜜同研丸芡子大每服一丸五味子湯化下 吐血咳嗽吐血後嗽者紫菀五味炒為末蜜丸芡子大每含化一丸 纏喉風痺不通欲死者紫菀根

一莖洗淨納入喉中待取惡涎出即瘥神效更以馬牙硝津嚥之即絕根 婦人小便卒不得出者紫菀為末井華水服三撮即通小便血者服五撮立止

決明有二種馬蹄決明高三四尺葉大於苜蓿而本小末奢晝開夜合兩兩相帖秋開淡黃花五出結角如初生細豇豆長五六寸子數十粒參差相連狀如馬蹄青綠色入眼藥最良一種茳芒決明即山扁豆 苗莖似馬蹄決明但葉本小末尖似槐葉夜不合秋開深黃

花五出結角如小指長二寸角中子成數列如黃葵子而扁色褐味甘滑二種苗葉皆可作酒麴俗呼爲獨占缸茳芒決明嫩苗及花角子皆可瀹爲茹忌入茶馬蹄決明苗角皆韌苦不可食以能明目得名其子蛾子無毒治目中諸病助肝益精作枕治頭風明目勝黑豆有決明處蛇不敢入外有草決明石決明皆能明目草決明即青葙子又有茳芒另是

一種生道傍葉小於決明炙作飲甚香除痰止渴令人不睡隋稠禪師採作五色飲進煬帝者也

○療治　決明爲末水調貼太陽穴治頭痛貼心胸止鼻衄又消腫毒　積年失明決明子二升爲末食後粥飲服方寸匕　青盲雀目決明一升地膚子五兩爲末米飲丸梧子大米飲下二三十丸　補肝明目決明一升蔓菁子二升酒五升煮曝乾爲末每服二錢温水下日二　頭風熱痛及目赤腫痛決明子炒研茶調傅兩太陽穴乾則易之一夜即愈　癬瘡延蔓決明子一兩爲末入水銀輕粉少許研不見星擦破上藥立瘥此東坡家藏方也　[illegible]背初起草決明生用一升搗生甘草一兩水三升煮一升分二服大抵血滯則生瘡肝主藏血決明和肝氣不損元氣也　肝熱風眼赤淚每旦取一匙挼淨空心吞下百日後夜見物光

半夏　一名水玉一名地文一名守田一名和姑在處有之齊州者爲良二月生苗一莖莖端三葉淺綠色似竹葉三三相偶白花圓上生平澤者名羊眼半夏圓白爲勝五月采則虛小八月采乃實大陳久更佳氣味辛平有毒

生微寒令人吐熟溫令人下射干柴胡爲之使忌羊血海藻飴糖惡皂角畏雄黃秦皮龜甲反烏頭消痰熱滿結咳嗽上氣心下急痛時氣嘔逆除腹脹目不得瞑白濁夢遺帶下

○修治　洗去皮垢以湯泡浸七日逐日換湯晾乾切片姜汁拌焙入藥或研爲末以姜汁入湯浸澄三日瀝去涎水晒乾用謂之半夏粉或研末以姜汁和作餅子日乾用謂之半夏餅或研末以姜汁白礬湯和作餅楮葉包置籃中待生黃衣日乾用謂之半夏麴白[illegible]過[illegible]痰分之[illegible]爲主[illegible]之治風痰[illegible]

姜汁及皂莢煎汁和之治火痰以姜汁竹瀝或荆瀝和之治寒痰以姜汁礬湯入白芥子末和之比皆造麴妙法也

○辯訛　江南半夏大乃徑寸葉似芍藥根下相重上大下小皮黄肉白南人特重之用之始知其異此乃由跋類半夏而苗不同誤以爲半夏也　白傍𦬣子絕似半夏但咀之微酸不堪入藥

○療治　治不眠千里流水八升揚萬遍取清五升炊以葦薪大沸入秫米一升半夏五合煑一升半飲汁一杯日三以知爲度病新者覆盆則臥汗出則已久者三飲而已　法制半夏清痰化飲壯脾順氣用大半夏湯洗七次焙乾再洗如此七轉以濃米泔浸一日夜每一兩用白礬一兩半溫水化浸五日焙乾以鉛白霜一錢溫水化又浸七日以漿水慢火內煑沸焙乾收之每嚼一二粒姜湯下　紅半夏法消風熱清痰涎降氣利咽大半夏湯浸焙制如上法每一兩入龍腦五分硃砂爲衣染之先鋪燈草一重約一指厚排半夏于上再以燈草蓋一指厚以炒豆焙之候乾取出每嚼一兩粒溫水下　化痰鎮心袪風利膈半夏一斤湯泡七次爲末篩過一兩入辰砂一錢姜汁打糊丸梧子大每姜湯下七十丸　消痰開胃去胸膈壅滯半夏洗泡焙乾爲末自然姜汁和作餅濕紙裹煨香以熟水二盞同餅二錢入鹽五分煎一盞服之大壓痰毒及酒食傷極驗又方用半夏天南星各二兩爲末水五升入壜內浸一宿去清水焙乾重研每服二錢水二盞姜三片煎服

中焦痰涎利咽清頭目進飲食半夏泡七次四兩枯礬一兩爲末姜汁打糊或煑棗肉和丸梧子大每姜湯下十五丸寒痰加丁香五錢熱痰加寒水石煅四兩　老人風痰大腑熱不識人肺熱痰實不利半夏炮七次焙硝石半兩爲末入白麪搗勻水和丸菉豆大每姜湯下五十丸　膈壅風痰半夏半斤酸漿浸一宿溫湯洗五十遍去惡氣日乾爲末漿水搜作餅日乾再研爲末每五兩入生龍腦一錢以漿水濃脚和丸雞頭子大紗袋盛避風處陰乾每服一丸好茶或薄荷湯嚼下　搜風化痰定志安神利頭目半夏麴三兩天南星炮一兩辰砂枯礬各半兩爲末姜汁打糊丸梧子大每服三十丸食後姜湯下　痰厥中風半夏湯泡三錢甘草炙一錢防風一錢五分姜二十片水二盞煎服　風痰頭暈嘔逆目眩面青色黄脉弦者生半夏生天南星寒水石煅各一兩天麻半兩雄黄二錢小麥麪三兩爲末水和成餅水煑浮起漉出搗丸梧子大每服五十丸姜湯下極効亦治風痰咳嗽二便不通風痰頭痛　風痰濕痰半夏一斤天南星半兩各湯泡曬乾爲末姜汁和作餅焙乾入神麴半兩白术末四兩枳實末二兩姜汁麪糊丸桐子大每服五十丸姜湯下　風痰喘逆兀兀欲吐眩暈欲倒半夏一兩雄黄三錢爲末姜汁浸蒸餅丸梧子大每服三十丸姜湯下巳吐者加檳榔　風痰喘急半夏湯洗七個甘草炙皂莢炒各一寸姜二片水一盞煎七分溫服　上焦熱痰咳嗽制過半夏一兩片黄芩末一錢姜汁打糊丸綠豆大每服七十丸淡姜湯食後服　肺熱痰嗽制半夏栝樓仁各一兩爲末姜汁

打糊丸梧子大每服二三十丸白湯下或以
栝樓瓤煮熟丸　熱痰咳嗽煩熱面赤口燥
心痛脈洪數半夏天南星各一兩黃芩一兩
半為末姜汁浸蒸餅丸梧子大每服五七十
丸食後姜湯下　小兒痰熱咳嗽驚悸半夏
南星等分為末牛膽汁和入膽內懸風處待
乾蒸餅丸菉豆大每姜湯下三五丸　濕痰
咳嗽面黃體重嗜臥驚兼食不消脈緩者半
夏南星各一兩白朮一兩半為末薄糊丸梧
子大每服五七十丸姜湯下　氣痰咳嗽面
白氣促洒淅惡寒愁憂不樂脈濇者半夏南
星各一兩官桂半兩為末糊丸梧子大每服
五十丸姜湯下　小結胸痛正在心下按之
則痛脈浮者半夏半升黃連一兩栝樓實大
者一個水六升先煮栝樓至三升去滓內二
味煮取二升分三服　濕痰心痛喘急者半

夏油炒為末粥糊丸綠豆大每服二十丸姜
湯下　急傷寒病半夏四錢生姜七片酒一
盞煎服　結痰不出語音不清年久者半夏
半兩桂心一字草烏頭半字為末姜汁浸蒸
餅丸芡子大每服一丸夜臥含嚥　停痰冷
飲嘔逆半夏水煮熟陳橘皮各一兩每服四
錢生姜七片水二盞煎一盞溫服　停痰留
飲胸膈滿悶氣短惡心飲食不下或吐痰水
半夏泡五兩茯苓三兩每服四錢姜七片水
一鍾半煎七分甚捷徑　支飲作嘔嘔家本
渴不渴者心下有支飲也或似喘不喘似嘔
不嘔似噦不噦心下憒憒半夏泡七次半升
生姜半升水七升煮一升五合分服　噦逆
欲死及痞癖噦氣方俱同上　嘔噦眩悸穀
不得下半夏一升生姜半升茯苓三兩切水
七升煮一升半溫服　心下悸忪半夏麻黃

等分為末蜜丸小豆大每服三十丸日三
傷寒乾噦半夏熟洗研末生姜湯服一錢七
嘔逆厥逆內有寒痰半夏一升洗滑焙研
小麥麪一升水和作彈丸水煮熟初吞四五
枚日三服稍增至十五枚旋煮旋吞覺病減
再作忌羊肉餳糖　嘔吐反胃半夏三升人
參三兩白蜜一升水一斗二升和揚之一百
二十遍煮取三升半溫服一升日再服亦治
膈間支飲　胃寒噦逆停痰留飲半夏湯泡
炒黃二兩藿香葉一兩丁皮半兩每服四錢
水一盞姜七片煎服　小兒吐瀉脾胃虛寒
齊州半夏泡七次陳粟米各一錢半姜十片
水盞半煎八分溫服　小兒痰吐或風壅所
致或咳嗽發熱飲食即嘔半夏泡七次半兩
丁香一錢以半夏末水和包丁香用麪重包
煨熟去麪為末生姜自然汁和丸麻子大每

服二三十丸陳皮湯下　妊娠嘔吐半夏二
兩人參乾姜各一兩為末姜汁麪糊丸梧子
大每飲服十丸日三服　霍亂腹脹半夏桂
等分為末水服方寸匕　小兒腹脹半夏末
少許酒和丸粟米大每服二丸姜湯下不瘥
加之或以火炮研末姜汁調貼臍亦佳　黃
疸喘渴小便自利不可除熱半夏生姜各半
斤水七升煮一升五合分兩服有人氣結而
死心下暖以此少許入口遂活　伏暑引飲
脾胃不利半夏醋煮一斤茯苓半斤生甘草
半斤為末姜汁麪糊丸梧子大每服五十丸
熱湯下　老人虛秘冷秘及痃癖冷氣半夏
炮炒生硫黃等分為末自然姜汁煮糊丸梧
子大每空心溫酒下五七十丸　失血喘急吐
血下血崩中帶下喘急痰嘔胸中痞塞半夏
搥扁以姜汁和麪包煨黃研末米糊丸梧子大

每服三十丸鹽湯下　白濁夢遺半夏一兩洗十次切破以木猪苓二兩同炒黄出火毒去猪苓入煅過牡蠣一兩以山藥糊丸梧子大每服三十丸茯苓湯送下腎氣閉而一身精氣無所管攝妄行而遺者宜用此方蓋半夏有利性猪苓導水使腎氣通也與下元虚憊者不同　八般頭風半夏末入百草霜少許作紙撚燒烟就鼻內搐之口中含水有涎吐去再含見效　少陰咽痛生瘡不能言語聲不出半夏七枚打碎雞子一枚頭開一竅去黄納苦酒令小滿入半夏在內以鐶子坐于炭火上煎三沸去滓置杯中時時嚥之極驗未瘥更作　喉痺腫塞生半夏末搐鼻內涎出效　骨哽在咽半夏白芷等分為末水服方寸匕當嘔出忌羊肉　重舌木舌脹大塞口半夏煎醋含漱之又方半夏二十枚

水煮過再泡片時乘熱以酒一升浸之密封良久熱漱冷吐之　小兒顖陷乃冷也水調半夏末塗足心　面上黑氣半夏焙研米醋調敷不可見風不計遍數從早至晚如此三日皂角湯洗下面瑩如玉　癩風眉落生半夏羊屎燒焦等分為末自然薑汁日調塗　盤腸生産子腸不收者半夏末頻搐鼻中則上　産後暈絕半夏末冷水和丸大豆大納入鼻中即愈　小兒驚風生半夏一錢皂角半錢為末吹少許入鼻即甦　卒死不寤半夏末吹鼻中即活　五絕急病一曰自縊二曰墻壓三曰溺水四曰鬼魅五曰産乳並以半夏末納豆大一丸入鼻中心溫者一日可活　癰疽發背及乳瘡半夏末雞子白調塗之　吹奶腫痛半夏一個煨研酒服立愈一方以末隨左右搐鼻效　打撲瘀痕水調半

夏末塗之一宿即消　遠行足趼方同上　一金刃不出入骨脉中者半夏白蘞等分為末酒服方寸匕日三服二十日自出　飛蟲入耳生半夏末麻油調塗耳門外　蠼螋傷人半夏末水調塗之立止　蝎蠆五孔相通者半夏末水調塗之日二　咽喉骨鯁半夏白芷等分為末水服方寸匕當嘔出忌羊肉

牽牛　一名草金鈴一名盆甑草一名狗耳草一名白丑黑丑蔓生有黑白二種處處有之黑者尤多二月種子生苗作藤蔓遶籬墻高者二三丈蔓有白毛斷之有白汁葉青三尖如

楓葉花不作瓣如旋花而大碧色其實有蒂裹之生青枯白核與棠梂子核相似但深黑耳白者蔓微紅無毛有柔刺斷之有濃汁葉圓有斜尖並如山藥莖葉花淺碧帶紅色核白色稍粗其嫩實蜜煎為果名天茄氣味苦寒有毒治水氣在肺喘滿腫脹下焦鬱遏腰背脹腫大腸風秘氣秘卓有殊功但病在血分及脾胃虛弱而痞滿者則不可服快一時

及常服致傷元氣

○修治　凡採得子晒乾水淘去浮者再晒拌酒蒸從巳至未晒乾收之臨用舂去黑皮　今多只碾取頭末去皮麸不用　亦有半生半熟用者

○療治　搜風通滯牽牛子以童尿浸一宿長流水上洗半日生絹袋盛掛風處令乾每日鹽湯下三十粒極能搜風亦消虚腫久服令人體清瘦　三焦壅塞胸膈不快頭昏目眩涕唾痰涎精神不爽利膈丸用牽牛子四兩半生半炒不蛀皂莢酥炙二兩爲末生姜自然汁煑糊和丸梧子大每服二十丸荆芥湯下　一切積氣宿食不消黒牽牛頭末四兩蘿蔔剜空安末盖定紙封蒸熟取出入白豆蔻末一錢搗丸梧子大每服一二十丸白

湯下　男婦五般積氣成聚用黒牽牛一斤生搗末八兩餘滓以新瓦炒香再搗取四兩煉蜜丸梧子大至重者三五丸陳皮生姜煎湯臥時服半夜未動再服三十丸當下積聚之物　尋常行氣每服十丸甚効　胸膈食積牽牛末一兩巴豆霜三箇研末水丸梧子大每服二三十丸食後隨所傷湯下　追蟲取積方同上酒下亦消水腫　腎氣作痛黒白牽牛等分炒爲末每服三錢用猪腰子切縫入茴香百粒川椒五十粒摻牽牛末入內扎定紙包煨熟空心食之酒下取出惡物効　傷寒結胸心腹硬痛用牽牛頭末一錢白糖化湯調下　大便不通牽牛子半生半熟爲末每服二錢姜湯下未通再以茶服一方加大黄等分一方加檳榔等分　大腸風秘結澁牽牛子微炒搗頭末一兩桃仁去皮尖麸炒半兩爲末熟蜜丸梧子大每湯服三十丸　水蠱脹滿白黒牽牛各取頭末二錢大麥麪四兩和作燒餅臥時烙熟食之以茶下降氣爲驗　諸水飲病張子和云病水之人如長川泛溢非杯杓可取必以神禹決水之法治之故名禹功散用黒牽牛頭末四兩茴香一兩炒爲末每服一二錢以生姜自然汁調下當轉下氣也　陰水陽水黒牽牛頭末三兩大黄末三兩陳米飯鍋粃一兩爲末糊丸梧子大每服五十丸姜湯下欲利服百丸　水腫尿濇牽牛末每服方寸匕以小便利爲度　濕氣中滿足脛微腫小便不利氣急欬嗽黒牽牛末一兩厚朴製半兩爲末每服二錢姜湯下或臨時水丸每棗湯下三十丸　水氣浮腫氣促坐臥不得牽牛子二兩微炒搗末以烏牛尿浸一宿平旦入葱白一握煎

十餘沸空心分二服水從小便中出　風毒脚氣捻之沒指者牽牛子搗末蜜丸小豆大每服五丸生姜湯下取小便利乃止亦可吞之　小兒腫病大小便不利黒白牽牛各二兩炒取頭末井華水和丸菉豆大每服二十丸蘿蔔子湯下　小兒腹脹水氣流腫膀胱實熱小便赤濇牽牛生研一錢青皮湯空心下一加木香減半丸服　疳氣浮腫常服自消黒白牽牛各半生半炒取末陳皮青皮等分爲末糊丸菉豆大三歲兒服二十丸米湯下　疳氣攻腎耳聾陰腫牽牛末一錢豬腰子半個去膜薄切摻入內加少鹽濕紙包煨空心食　小兒雀目牽牛子末每以一錢用羊肝一片同麪作角子二個炙熟食米飲下　風熱赤眼白牽牛末以葱白煑研丸菉豆大每服五丸葱湯下服訖睡半時　面上風

刺黑牽牛酒浸三宿爲末先以姜汁擦面後用藥塗之　面上粉刺𤺋子如米粉黑牽牛末對入面脂藥中日日洗之　面上雀斑黑牽牛末雞子清調夜傅旦洗　小兒急驚肺脹喘滿胸高氣急脇縮鼻張悶亂欬嗽煩渴痰潮聲啞俗名馬脾風不急治死在旦夕白黑牽牛半生半炒大黃煨檳榔各取末一錢每用五分蜜湯調下痰盛加輕粉一字名牛黃奪命散　小兒夜啼黑牽牛末一錢水調傅臍上即止　臨月滑胎牽牛子一兩赤土少許研末覺胎轉痛時白榆皮煎湯下一錢　小便血淋牽牛子二兩半生半炒爲末每服二錢姜湯下良久熟茶服之　腸風瀉血牽牛五兩牙皂三兩水浸三日去皂以酒一升煮乾焙研末蜜丸梧子大每服七丸空心酒下日三服下出黃物不妨病減後日服五丸米飲下　痔漏有蟲黑白牽牛各一兩炒爲末以猪肉四兩切碎炒熟蘸末食盡以白米飯三匙壓之取下白蟲爲効　又方白牽牛頭末四兩沒藥一錢爲細末欲服藥時先日勿夜飲次早空心將猪肉四兩炙切片蘸末細細嚼食取下膿血爲効量人加減忌酒食油膩三日　漏瘡水溢乃腎虛也牽牛末二錢半入切開猪腎中竹葉包定煨熟空心食溫酒下　濕熱頭痛黑牽牛七粒砂仁一粒研末井華水調汁仰灌鼻中待涎出即愈

○典故　李時珍云一宗室夫人平生苦腸結旬日一行甚於生產服養血潤燥藥則泥膈服硝黃通利藥若罔知如此三十餘年時珍脉其人体肥膏粱而中多鬱日吐酸痰碗許乃寬又多火病此三焦之氣壅滯有升無降津液皆化爲痰飲不能下滋腸腑非血燥也潤劑留滯硝血徒入血分不能通氣俱爲痰阻故無効乃用牽牛末皂角膏丸與服即便通利精爽能食蓋牽牛走氣分通三焦氣順則痰逐飲消上下通利矣　柳喬素多酒色病下極脹痛二便不通不能坐臥立哭呻吟者七晝夜用通利藥不効予思此濕熱之邪壅脹精道在二陰之間故前阻小便後阻大便病不在太陽膀胱也乃用楝實茴香穿山甲諸藥牽牛加倍水煎一服而減三服而平牽牛能達右腎命門走精道惟李明之知之故其治下焦陽虛天眞丹用之深得補瀉兼施之妙　治脾濕太過通身浮腫喘不得臥腹脹如鼓海金沙散亦以牽牛爲君

景天　一名愼火一名戒火一名護火草一名辟火人多種於石山上二月生苗脆莖微帶黃赤色高一二尺折之有汁葉淡綠色光澤柔厚狀似長匙頭及胡豆葉而不尖夏開小白花結實如連翹而小中有黑子如粟其葉味苦平無毒治大熱火瘡諸蠱寒熱療金瘡止血除熱狂赤眼頭痛寒熱遊風女人帶下可煅硃砂苗葉花並可用葉煮熟水淘可食南北皆有人家多種於中庭或盆栽置屋上以

防火極易生折枝置土中澆灌旬日便活

○附録 廣州有慎火樹大三四圍即景天也【本草】

○療治 驚風煩熱慎火草煎水浴之 小兒中風汗出一日頭項腰熱二日手足不屈川慎火草半兩麻黃丹參白朮各二錢半為末每半錢漿水調服三四歲服一錢 嬰孺風疹在皮膚不出及熱瘡丹毒慎火苗葉五大兩和鹽三大兩同鹽絞汁以熱手摩塗日再 熱毒丹瘡慎火草搗汁拭之日夜一二十遍一方入苦酒搗泥塗之 烟火丹毒從兩股兩脇起赤如火景天草真珠末一兩搗如泥塗之乾則易 漆瘡作癢挼慎火草塗之 眼生花翳澀痛難開景天草搗汁日點三五次 產後陰脫慎火草一斤陰乾酒五升煮一升分四服

穀精草 一名文星草一名戴星草一名流星草叢生處處有之收穀後生荒田中穀之餘氣也葉似嫩穀秧抽細莖高四五寸莖頭有小白花點點如亂星九月採花陰乾辛溫無毒治頭風痛目盲翳膜痘後生翳目中諸病加而用之良明目退翳功在菊花上餧馬令肥主蟲顙毛焦病又有一種莖硬長有節

赤出秦隴

○療治 偏正頭痛穀精草一兩為末白麪糊調攤紙上貼痛處乾換 又穀精草末銅綠各一錢硝石半分隨左右㗜鼻 鼻衄不止穀精草末二錢熟麪湯服 目中翳膜穀精草防風等分為末米飲服甚効 痘後目翳隱澀多淚穀精草為末柿或猪肝片蘸食一方加蛤粉等分入猪肝內煮熟日食之 小兒雀盲羯羊肝一具不見水竹刀剖開入穀精草一撮瓦罐煮熟日食屢効忌鐵器炙熟作丸每茶下三十丸 小兒中暑吐瀉煩渴燒存性器覆候冷為末米飲服半錢

蓖麻 處處有之夏生苗莖中空有節色或赤或白葉如瓠葉凡五尖夏秋間椏中抽出花穗纍纍黃色每枝結實數十顆上有軟刺如蝟毛一顆三四子熟時破殼子大半指皮有白黑紋亦有白紫紋者形微長而末員頭上小白點遠視之儼如牛蜱皮中有仁色嬌白甘辛平有毒氣味頗近巴豆善走能利人通諸竅經絡下水氣治偏風失音口禁口目喎邪頭風七竅諸病止諸痛消腫追膿拔毒催生

下胞衣下有形諸物無刺者良有刺者毒此
藥外用屢奏奇功但內服不可輕易凡服蓖
麻終身不得食炒豆犯之脹死其油服丹砂
粉霜或言搗膏以筋點六畜舌根下即不能
食點肛內即下血死今北方人種之田邊牛
馬過者不食其毒可知
○修治 凡使以鹽湯煑半日去皮取仁研用
取油仁五升搗爛水一斗煑沫起撇取
待沫盡去水將沫熬至點燈不炸滴
水不散爲度可和印色及油紙用

○辯訛 博落廻 生江南山谷 莖葉如蓖麻 莖空
吹之作聲 折之有黃汁 大毒不
可入口 藥人立死 治惡瘡癭瘤瘜肉瘑瘻白
癜風蠱毒溪毒精魅 此藥和百丈青雞桑灰
等分爲末傅之 蠱
毒精魅當別有法 黑天赤利子 似蓖麻緣在
地蔓上是顆
兩頭尖
有毒
○療治 半身不遂失音不語 取蓖麻油一升酒
一斗銅鍋盛油着酒中一日煑之令熟
細細服之 口目喎斜 蓖麻子仁搗膏左貼
右右貼左即正 一方蓖麻子仁七七粒研作
餅右喎安左手心左喎安右手心以銅盂盛
熱水坐藥上冷即換五六次即正 一方用蓖
麻子仁七七粒巴豆十九粒射香五分作餅
如上用 風氣頭痛不可忍者 乳香蓖麻仁

等分搗餅隨左右貼太陽 [illegible]
又方用蓖麻油紙剪花貼太陽亦妙 又方蓖
麻仁半兩棗肉十五枚搗塗紙上捲筒插入
鼻中下清涕即止 八種頭風 蓖麻子 剛子
各四十九粒去殼雀腦芎一大塊搗如泥糊
丸彈子大線穿掛風處陰乾用時先將好茶
調成膏子塗盞內後將炭火燒前藥烟起以
盞覆之待烟盡以百沸葱湯點盞內茶藥服
之後以綿被裹頭臥汗出避風 鼻窒不通
蓖麻子三百粒大棗去皮一枚搗勻綿裹
塞之一日一易三十日聞香臭 小兒痘疾
及諸病後天柱骨倒乃體虛所致宜生筋散
貼之木鱉子六個去殼蓖麻子六十粒去殼
研勻先包頭擦項上令熱以津調藥貼之
舌上出血 蓖麻仁油紙撚燒烟薰鼻中自止
舌脹塞口 蓖麻仁四十粒去殼研油塗紙

上作撚燒烟薰之未退再薰以愈爲度 有人
舌腫出口外一村人用此法而愈 急喉痺
塞牙關緊急不通用此即破 蓖麻子仁研爛
紙卷作筒燒烟薰吸即通 或只用油作撚尤
妙 咽中瘡腫 蓖麻子仁一枚朴硝一錢同
研新汲水服之連進二三服效 水氣脹滿
蓖麻子仁研水三合清旦一頓服 盡日中當
下青黃水 或云壯人止可服五粒 腳氣作
痛 蓖麻仁七粒研爛同蘇合香丸貼足心痛
即止 小便不通 蓖麻仁三粒研細入紙撚
內插入莖中即通 齁喘咳嗽 蓖麻仁炒熟
揀甜者食之須多服見效終身不可食炒豆
催生下胞 蓖麻仁七粒研膏塗足心若胎
及衣下便速洗去不爾則子腸出即以此膏
塗頂則腸自入 產難 取蓖麻子十四枚每
手各把七粒須臾立下 子宮脫下 蓖麻仁

枯礬等分爲末先紙上托入仍以蓖麻子仁十四枚研膏塗頂心即入 盤腸生產塗頂方同上 催生下胎不拘生死胎蓖麻二個巴豆一個麝香一分研貼臍中并足心 一方催生一月一粒溫酒吞下 一切毒腫痛不可忍蓖麻子仁擣傅即止 癘風鼻塌手指攣曲節間痛不可忍漸至斷落蓖麻子一兩去皮黃連一兩剉豆大以小瓶入水一升同浸春夏二日秋冬五日後取蓖麻子一枚劈破面東以浸藥水吞之漸加至四五枚微利不妨瓶中水盡更添兩月後喫大蒜猪肉試之如不發是効也若發動再服直候不發乃止 小兒丹瘤蓖麻子五個去皮研入麪一匙水調塗之甚効 瘰癧結核蓖麻子炒去皮每睡時服二三枚取効一生不可食炒豆 瘰癧惡瘡及軟癤白膠香一兩瓦器溶化

去滓蓖麻子六十四個去殼研膏溶膠投之攪勻入油半匙頭至點水中試軟硬添減膠油得所以緋帛量瘡大小攤貼一膏可治三五癤 肺風面瘡起白屑或微有赤瘡用蓖麻子仁四十九粒白果膠棗各三粒瓦松三錢肥皂一個擣爲丸洗面用之良 面上雀斑蓖麻子仁密陀僧硫黃各一錢爲末用羊髓和勻夜夜傅之 髮黃不黑蓖麻子仁香油煎焦去滓三日後頻刷之 耳卒聾閉蓖麻仁一百大棗十五枚擣爛入乳小兒乳汁和丸作挺每以綿裹一枚塞之覺耳中熱爲度一日一易二十日瘥 湯火灼傷蓖麻仁蛤粉等分研膏湯傷以油調火灼以水調塗 鍼刺入肉蓖麻仁一兩先以帛襯傷處敷之頻看若見刺出即拔去恐努出好肉 又加白梅肉同研尤好 一竹木骨鯁蓖麻仁

一兩凝水石二兩研勻每以一捻置舌根噙嚥自然不見 又方蓖麻油紅麴等分研細沙糖丸皂子大綿裹含嚥痰出大良 雞魚骨鯁蓖麻仁百藥煎研勻彈子大井花水化下半丸即下 惡犬咬傷蓖麻仁五十粒井花水研膏先以鹽水洗痛處貼之 齁喘痰欬用九尖蓖麻葉三錢入飛過白礬二錢以豬肉四兩薄批摻藥在內荷葉裹之文武火煨熟細嚼白湯送下 欬嗽涎喘不問年深日近用經霜蓖麻葉經霜桑葉御米殼蜜炒各一兩爲末蜜丸彈子大每服一丸白湯化下日一服

○典故 一人病偏風手足不舉用此油及羊脂麝香鯪鯉甲等煎作摩膏日摩數次月餘漸復兼服搜風化痰養血之劑三月而愈 一人病手臂上一塊腫痛蓖麻仁搗膏貼

之一夜愈 一人病氣鬱偏頭痛蓖麻仁同乳香食鹽搗熁太陽穴一夜愈 一婦產後子腸不收搗仁貼丹田一夜而上

王瓜 一名土瓜一名野甜瓜一名馬瓟瓜一名其實似瓜或云根味如瓜作土氣故名赤雹子一名老鴉瓜一名師姑草一名公公鬚月令四月王瓜生即此四月生苗其蔓多岐鬚嫩時可茹葉圓如馬蹄而有尖面青背淡澀而不光五六月開小黃花花下結子如彈丸徑寸長寸餘上微圓下尖長生青七八月

熟赤紅色皮粗澀根如栝樓根之小者用須
深掘二三尺乃得正根江西人栽以沃土取
根作蔬食如山藥南北二種微有不同若瘦
黃疸破血南者大勝
○根苦平無毒治天行熱疾酒黃心胸煩熱消
瘀血破癥瘕利大小便治面黑面瘡癰腫
子酸苦平無毒生用潤心肺治黃病炒用治
肺痿吐血腸風瀉血赤白痢反胃吐食
○療治小兒發黃土瓜根生搗汁三合與服不
過二次　黃疸變黑醫所不能治用土
瓜根汁平旦溫服一小升午刻黃水當從小
便出不出再服　小便如泔乃腎虛也用王
瓜根一兩白石脂二兩兎絲子酒浸二兩桂名王瓜散
心一兩牡蠣粉一兩為末每服二錢大麥粥
飲下　小便不通土瓜根搗汁入少水解之
筒吹入下部　大便不通上方吹入肛門內
二便不通前後吹之取通　乳汁不下土瓜
根為末酒服一錢一日二服　經水不利帶
下小腹滿或經一月再見及婦人陰癩土瓜
根芍藥桂枝䗪蟲各三兩為末酒服方寸匕名土瓜散
日三服　一切漏疾土瓜根搗敷之燥則易
中諸蠱毒土瓜根大如指長三寸切以酒
半升漬一宿服當吐下　面上痱瘡土瓜根
搗末漿水和勻入夜別以漿水洗面塗藥旦
復洗之百日光彩射人曾用有効　耳聾濕
土瓜根削半寸塞耳內以艾灸七壯每旬一
灸愈乃止　消渴飲水與瓜去皮每食後嚼
二三兩五七度瘥　傳尸勞瘵王瓜焙為末

每酒服一錢入好棗肉平胃散末二錢酒服
食即可下即野甜瓜北方多有之　痰熱頭
風懸栝樓一個赤雹兒七個焙牛蒡子焙四
兩為末每食後茶或酒服三錢忌動風發熱
之物　筋骨痛攣馬雹兒子炒開口為末酒
服一錢日二服　赤目痛澀不可忍土瓜瓤
九月十月采日乾槐花炒赤芍藥等分為末
每服二錢臨臥溫酒下　瘀血作痛赤雹兒
燒存性研末無灰酒空心服二錢　大腸下
血王瓜一兩燒存性黃連半兩為
末蜜丸桐子大
米飲下三十丸

麻黃一名龍沙一名卑相一名卑鹽近汴京多
有之以出滎陽中牟者為勝春生苗至五月
則長及一尺稍上開黃花結實如皂角子味
甜微有麻黃氣外皮黃裏仁黑根皮色赤黃
長者近尺俗說有雌雄二種雌者三四月開
花六月結子雄者無花不結子微苦而辛性
熱而輕揚治中風傷寒頭痛溫瘧發表出汗
去邪熱止欬逆除寒熱破癥瘕去營中寒邪
泄衛中風熱療傷寒解肌第一藥也過用泄
真氣

○**修治** 立秋後收莖陰乾去節及根水煮十餘沸竹片掠去沫沫令人煩節能止汗

○**製用** 服麻黃自汗不止冷水浸髮仍用撲法即止　凡服麻黃須避風一日不爾病復作　須佐以黃芩無赤眼之患

○**療治** 天行熱病初起一二日者麻黃一大兩去節水四升煮去沫取二升去滓着米一匙及豉爲稀粥先以湯浴後乃食粥厚覆取汗即愈　傷寒雪煎麻黃十斤去節杏仁四升去皮熬大黃一斤十二兩先以雪水五碩四斗漬麻黃於東向竈釜中三宿後納大黃攪勻桑薪煮至二碩去滓納杏仁同煮至六七斗絞去滓置銅器中更以雪水三斗合煎至二斗四升藥成丸如彈子大有病者以沸白湯五合研一丸服之立汗出不愈再服一丸封藥勿令洩氣　傷寒黃疸表熱者麻黃醇酒湯主之麻黃一把去節綿裹美酒五升煮至半升頓服取小汗春月用水煎　裏水黃腫一身及目黃腫其脉沉小便不利甘草麻黃湯主之麻黃四兩水五升煮去沫入甘草二兩煮取三升每服一升重覆汗出不汗再服愼風寒有患氣急不瘥變成水病從腰以上腫者宜此發其汗　水腫脉沉屬少陰其脉浮者爲氣虛服者爲氣實非水也麻黃附子湯汗之麻黃三兩水七升煮去沫入甘草二兩附子炮一枚煮取二升半每服八分日三服取汗　風痺冷痛麻黃去根五兩桂心二兩爲末酒二升慢火熬如餳每服一匙熱酒調下汗出爲度避風　小兒慢脾風因吐瀉後而成麻黃長五寸十個去節白朮指面大二塊全蝎二個生薄荷葉包煨爲末

二歲以下一字三歲以上半錢薄荷湯下　産後腹痛及血下不盡麻黃去節爲末酒服方寸匕一日二三服血下盡即止　心下悸病半夏麻黃等分末之煉蜜丸小豆大每飲服三丸日三服　痘瘡倒靨鄭州麻黃去節半兩蜜一匙同炒良久水半升煎數沸去沫再煎去三分之一去滓乘熱服之避風其瘡復出也一法用無灰酒煎其効更速仙源縣李用之子病斑瘡風寒倒靨已困用此一服便出如神　中風諸病麻黃一斤去根以王相日乙卯日取東流水三石三斗淨鐺盛五七斗先煮五沸掠去沫逐漸添水盡至三五斗去麻黃澄定濾去滓取清再熬至一斗再澄再濾取汁再熬至升半爲度密封收之一二年不妨每服一二匙熱湯化下取汗熬時要攪勿令着底恐焦仍忌雞犬陰人見此秘方也　盜汗陰汗不止麻黃根椒目等分爲末每服一錢無灰酒下外用麻黃根牡蠣故蒲扇爲末撲之　小兒盜汗麻黃根三分故蒲扇灰爲末以乳服三分日三服仍以乾姜三分同麻黃根三分爲末撲之　諸虛自汗夜臥即甚久則枯瘦黃芪麻黃根各一兩牡蠣米泔浸洗煆過爲散每服五錢水二盞小麥百粒煎服　又方麻黃根黃芪等分爲末飛麪糊作丸梧子大每用浮麥湯下百丸以止爲度　産後虛汗黃芪當歸各一兩麻黃根二兩每服一兩煎湯下　陰囊濕瘡腎有勞熱麻黃根石硫黃各一兩米粉一合爲末敷之　內外障翳麻黃根一兩當歸身一錢同炒黑入射香少許爲末搐鼻頻用甚効

○**典故** 李時珍云一婦自腰以下胕腫面目亦腫喘急欲死不能伏枕大便溏泄小便

短少服藥罔效予診其脈沉大沉主水大主
虛乃病後胃風所致名風水用千金神秘湯
加麻黄一服喘定十之五再以胃苓湯送
歸薷朮丸二日小便長腫消十之七調理數
日全
愈

香薷 一名香菜一名香茸一名香茙一名蜜蜂草有野生者有家蒔者方莖尖葉有刻缺似黄荆葉而小九月開紫花成穗有細子汴洛作圃種之暑月作蔬生茹十月采取乾之氣味辛微温無毒下氣除煩熱療嘔逆冷氣脚氣寒熱

○修治 八九月開花著穗時采取去根留葉陰乾勿犯火氣服至十兩一生不得食白山桃

○製用 世醫治暑病以香薷飲為首藥不知中暑有頭痛發熱惡寒煩燥口渴或瀉或吐或霍亂者宜用有大熱大渴汗泄如雨煩燥喘促或瀉或吐乃勞倦内傷之症宜瀉火益元若用香薷是重虛其表而益之熱矣

○療治 香薷飲治暑月臥濕當風或生冷不節真邪相干便致吐利或發熱頭痛體痛或心腹痛或轉筋或乾嘔或四肢逆冷或煩悶欲死香薷一[illegible]五分厚朴姜汁炙白扁豆

微炒各一錢二分水二盞酒半盞煎一盞水中沉冷連進二服立効活人書香薷二錢八分厚朴一錢四分黄連七分姜汁同炒黄色用 水病紅腫乾香薷五十斤剉入釜中水淹過三寸煮使氣力都盡去滓澄之微火煮至可丸丸梧子大一日五丸日三服日漸增之小便利則愈 暴水風水氣水通身皆腫服至小便利為効香薷葉一斤水一斗熬極爛去滓再熬成膏加白朮末七兩和丸梧子大每服十丸米飲下日五夜一服 四時傷寒不正之氣用水香薷為末熱酒調服一二錢取汗 心煩脇痛連臍欲死者香薷搗汁一二升服 鼻衄不止香薷研末水服一錢舌上出血如鑽孔者香薷煎汁服一升日三服 口中臭氣香薷一把煎汁含之 小兒髮遲陳香薷二兩水一盞煎三分入猪脂半兩和勻日日塗之 白禿條痛上方入胡粉和塗之

紫蘇 一名赤蘇一名桂荏又一種白蘇皆二三月下種或宿子在地自生莖方葉圓而有尖四圍有鉅齒肥地者面背皆紫瘠地背紫面青其面背皆白即白蘇也五六月連根收採以火煨其根陰乾則經久葉不落八月開細紫花成穗作房如荆芥穗九月半枯時收子子細如芥子而色黄赤莖葉子俱辛温無毒

氣辛入氣分色紫入血分解肌發表行氣寬
中消痰利肺和血溫中止痛定喘開胃安胎
散風寒解魚蟹毒治蛇犬傷爲近世要藥
○製用葉生採作羹殺一切魚肉毒嫩時採葉和蔬茹之或鹽及梅滷作葅食甚香夏月作熟湯飲　田畔近道可種蘇以遮六畜收子打油燃燈甚明亦可熬之油物　蘇子油能柔五金八石［月令廣義鏡源］　子與葉同功發散風氣用葉清利上下用子　香蘇採蘇嫩心長三寸許勿見水約三斤用葉二兩醃一宿梅滷浸三日曬乾入甘草甘松白芷末拌勻摻收之　製細酸紫蘇葉同茭白青梅作絲入白糖曝乾細酸爭時取咀嚼

之利痰鬱消五鬲　雲南紫蘇頭葉入梅醬醃一日取出用糖浸可作佳蔬其子醋浸甚美酒　白蘇子乾收炒熟最香入糖末煎拌芝蔴均爲佳品［陳仁玉菌譜］
禁忌　宋仁宗命翰林院定湯飲以紫蘇熟水爲第一取其能下胸膈浮氣也不知久則泄人真氣
○療治　感寒上氣蘇葉三兩橘皮四兩酒四升煮一升半分二服　傷寒氣喘蘇一把水三升煮一升徐徐飲之　勞復食復欲死蘇葉煮汁二升入生姜豆豉同煮飲　卒啘不止香蘇濃煮頓服三升良　霍亂脹滿未得吐下生蘇搗汁飲之佳乾蘇煮汁亦可　諸失血病紫蘇不限多少入大鍋內水煎令乾去滓熬膏以炒熟赤豆爲末和丸桐子大每酒下三五十丸常服　金瘡出血嫩紫蘇[illegible]

[illegible]按爛敷之並不作膿且愈後無瘢　風狗咬傷紫蘇葉嚼敷之　蛇虺傷人紫蘇葉搗飲食蟹中毒紫蘇煮汁飲之亦可　飛絲入目令人舌上生泡紫蘇葉嚼爛白湯下　乳癰腫痛紫蘇煎湯頻服并搗封之　欬逆短氣紫蘇莖葉二錢人參一錢水一鍾煎服　子研汁煑粳米煑粥亦可　順氣利腸紫蘇子麻子仁等分研爛水濾取汁同米煑粥食　順氣利腸寬中紫蘇子一升微炒杵以生絹袋盛于三斗清酒中浸三宿少少飲之　一切冷氣及風濕腳氣紫蘇子高良姜橘皮等分蜜丸梧子大每服十丸空心酒下　風寒濕痺四肢攣急腳腫不可踐地紫蘇子二兩杵碎水三升研取汁煑粳米二合作粥和葱椒姜豉食　消渴變水服此令水從小便出紫

蘇子蘿蔔子各炒三兩爲末每服二錢桑根白皮煎湯服日三　夢中失精蘇子一升炒研末酒服方寸七日再　漏血欲死雞蘇煑汁一升服　吐血下血雞蘇莖葉煎湯飲

薄荷

一名菝蔄一名蕃荷菜一名南荷一名吳菝蔄一名金錢薄荷二月宿根生苗清明前後分栽方莖赤色葉對生初生形長而頭圓及長則尖人家多栽之吳越川湖多以代茶蘇州以產儒學前者爲佳辛溫無毒利咽喉口齒諸病治瘰癧瘡疥風瘙癮疹去舌胎語[illegible]

南薄荷　別胡[illegible]

蹶止衄血塗蜂螫蛇傷痛小兒驚熱

○收採 凡收薄荷須隔夜以糞水澆之雨後刈收則性凉不爾不凉野生者莖葉氣味大畧相似

○製用 可生食同薤作虀相宜病薄荷勿食令人虛汗不止瘦弱人久食動消渴病

○療治 清上化痰利咽膈治風熱新瘥末煉蜜丸芡子大每噙一丸白沙糖和之亦可 風氣瘙痒薄荷蟬蛻等分為末每溫酒調服一錢 舌胎語蹇薄荷自然汁和白蜜姜汁擦之 眼弦赤爛薄荷以生姜汁浸一宿晒乾為末每用一錢沸湯泡洗 瘰癧結核已破未破新薄荷二斤取汁皂莢一挺水浸去皮搗取汁銀石器內熬膏入連翹末半兩連白青皮陳皮黑牽牛半生半炒各一兩皂莢仁一兩半同搗和丸梧子大每服三十丸連翹湯下 衄血不止薄荷汁滴之或以乾者水煑綿裹塞鼻 血痢不止薄荷葉煎湯常服 水入耳中薄荷汁滴入立效 蜂蠆螫傷薄荷葉挼貼之 因灸火火氣入內兩股生瘡汁水淋漓者薄荷煎汁頻塗立愈

○麗藻 詩七言 薄荷花開蝶翅翻風枝露葉弄秋妍自憐不及狸奴點爛醉籬邊不用錢[illegible] 一枝香草出幽叢雙蝶紛飛戲晚風莫恨村居相識晚知名元向楚辭中[illegible]

澤蘭 一名虎蘭一名水香一名都梁香一名龍棗一名虎蒲一名風藥一名孩兒菊生下濕

地二月生苗一尺莖方枝節葉生如薄荷微香七月開花紫白色亦似薄荷花此草可煎油及作浴湯人家多種之氣香而溫味辛而散治水腫塗癰毒破瘀血消癥瘕為婦人要藥

○修治 凡用取葉細剉絹袋盛掛不見日處令乾用

○療治 產後血虛浮腫防已等分為末每服二錢醋湯下 小兒蓐瘡嚼澤蘭心封之良 瘡腫初起及損傷瘀腫澤蘭搗汁封之良 產後及陰戶燥熱遂成翻花澤蘭四兩煎湯薰洗二三次再入枯礬煎洗即安

大風子 出海南諸番國生大樹狀如椰子而圓中有核數十枚大如雷丸子中有仁白色久則黃而油不堪入藥大風仁辛熱有毒其油治瘡有殺虫之功不可多服傷至喪明用之外塗功不可沒

○製用 大風子二三斤去殼及黃油者研極爛盛磁器中封口嚴勿泄氣入滚湯盞鍋嚴文武火煎黑色如膏名大風油[illegible]

○瘡瘍　小兒[illegible]諸癬[illegible]子大空心[illegible]

仍以苦參湯洗　大風膏　髮大風子燒存性

和麻油輕粉研塗以蔽煎湯洗　楊梅瘡　治同

風刺赤鼻　大風子仁　木鱉子仁　輕粉　硫黃

爲末夜夜津調塗之　手背皺裂　大風子搗

泥塗之

二如亭群芳譜藥部卷三終

二如亭群芳譜利部目錄

第六冊

二如亭群芳譜木譜一 目錄

二如亭群芳譜

木部小序

昔人謂一年之計樹穀，十年之計樹木。而予輿論故國，至舉喬木世臣相提並論，鄙哉！灌之牛山，拱把之桐梓，輒津津譚之不置，何若是鄭重！識蚕得養則長，失養則消，間不容髮，而雨露萌蘖、斧斤牛羊所關於樹藝，良非細也。夫惟順其天，致其性，不害其長，則橐駝種樹之術，固孟氏夢志勿助家法。已作木譜。

濟南王象晉蓋臣甫題

木譜首簡

種樹郭橐駝傳　柳宗元

郭橐駝不知始何名病僂隆然伏行有類橐駝者故鄉人號曰駝駝聞之曰甚善名我固當因捨其名亦自謂橐駝云其鄉曰豐樂鄉在長安西駝業種樹凡長安豪家富人爲觀游及賣果者皆爭迎取養視駝所種樹或移徙無不活且

碩茂早實以蕃他植者雖窺伺傚慕莫能如也有問之對曰橐駝非能使木壽且孳也以能順木之天以致其性焉耳凡植木之性其本欲舒其培欲平其土欲故其築欲密既然已勿動勿慮去不復顧其蒔也若子其置也若棄則其天者全而其性得矣故吾不害其長而已非有能碩而茂之也不抑耗其實而已非有能早而蕃之也他植者則不然根拳而土易其培之也若

不過焉則不及苟有能反是者則又愛之太恩憂之太勤旦視而暮撫已去而復顧甚者爪其膚以驗其生枯搖其本以觀其疏密而木之性日以離矣雖曰愛之其實害之雖曰憂之其實讎之故不我若也吾又何能爲哉問者曰以子之道移之官理可乎駝曰我知種樹而已官理非吾業也然吾居鄉見長人者好煩其令若甚憐焉而卒以禍旦暮吏來而呼曰官命促爾

耕勗爾植督爾穫早繅而緒早織而縷字而幼孩遂而雞豚鳴鼓而聚之擊木而召之吾小人輟飧饔以勞吏者且不得暇又何以蕃吾生而安吾性耶故病且怠若是則與吾業者其亦有類乎問者喜曰不亦善夫吾問養樹得養人術傳其事以爲官戒也

資質　陸賈

夫楩柟豫章天下之名木生於深山之中產於

[illegible][illegible]之傍立則爲衆木之宗仆則爲萬世之[illegible]浮於山水之流出於冥冥之野因江河之道而達於京師之下因於斧斤之功舒其文彩之好精幹直理密緻博通蝨蝎不能穿水濕不能傷在高柔軟入地堅強無膏澤而光潤生不刻畫而文章成上爲帝王之御物下則賜公卿庶賤不得以備器械若閉絶以關梁及隘於山阪之阻隔於九岏之隄仆於嵬崔之上頓於窅冥之

溪樹蒙籠蔓延而無間石崔嵬嶄巖而不開廣者無舟車之通狹者無步擔之蹊商賈所不至工匠所不窺知者所不見見者所不知功棄而德亡腐朽而枯傷轉於百仞之壑惕然而獨僵當斯之時不如道傍之枯楊纍纍詰屈委曲不同然生於大都之廣地近於大匠之名工材器制斷規矩度量堅者補朽短者續長大者治鐏小者治觴飾以丹漆斆以明光上備大牢春秋

禮庠褒以文采立禮矜莊冠帶正容對酒行觴卿士列位布陳宮堂望之者目眩近之者鼻芳故事閑之則絶次之則通抑之則沉興之則揚

形性

凡物闔者爲陽承者爲陰剛者爲陽柔者爲陰得陽之剛則爲堅貞之木得陰之柔則爲附蔓之藤○樹皆有皮也而紫荊則無木皆有理也而川栢獨否木皆中實也而婆羅中空竹皆中

空也而廣藤中實○松爲百木之長蘭爲百草之長桂爲百藥之長梓爲百材之王牡丹爲百花之王葵爲百蔬之王綸組也紫菜也海中之草也珊瑚也琅玕也海中之木也○樹木有直根有曼根直曰根曼横曰柢固其柢則生長深其根則視久與老子深根固蔕同○木謂之華草謂之榮不榮而實曰秀榮而不實曰英○凡木幹曰枚枝曰條斬而復生曰肄病虺偃瘻腫

而無枝葉曰瘣木樹葉曰林衣兩樹交陰曰[illegible]斜斫木曰槎髡斬之曰櫱國語曰山不槎櫱

移植

譜云種樹無時雨過便移多留宿土記取南枝而氾勝之書乃曰種樹正月爲上時二月爲中時三月爲下時夫節序有早晚地氣有南北物性有遲速若必以時拘之無乃不達物情乎惟留宿土記南枝眞種植家要法也〇齊民要術云凡栽一切樹木欲記其陰陽不令轉易大樹髡之小樹則不髡先爲深坑比原坑寬大納樹訖以水沃之着土令如薄泥東西南北搖之良久使根舒直然後下土仍以水澆透至次日土稍乾然後堅築埋之欲深勿令撓動栽記皆不用手捉及六畜觗突凡栽樹要當其生意萌動如棗雞口槐兎目桑蝦蟆眼榆負瘤其餘雜木鼠耳虻翅各有其時〇凡移木[illegible]傷動木根則

當翦開根外故土須大上用約縄纏匝下用稍厚木板襯而扛舉之雖拱把皆生如今年欲移先于去年春前開斷木之四週謂之轉垛木大者先三年每年輪開一方乃可移其果木種則宜疎毎一丈二尺一株者方爲適中八月至正月皆可種陳廉公云種樹之法莫妙于東坡曰大者不能活小者老夫又不能待惟擇中材而多帶土礁者爲佳〇凡移植果木先於九月霜降後鋤掘轉成圓垛以艸索盤定根土復以鬆土填滿四遭用肥水澆實次年正二月移至合種處宜寛作坑安頓端正然後下土下土半坑將細木棒斜築根垛底下須實上以鬆土加之高於地面二三寸度其淺深得所不可培壅太高但不露大根爲限若本身高者用樁木扶縛[illegible]免風雨搖動天晴毎朝澆水半月根實生意[illegible]則已若路遠不能便種必須遮蔽日色梁被

日炙則難活　春月移栽松栢桃柳桑[illegible]
各色樹皆可　北方法以磚石砌圍圍之高三
四尺下空涵洞洩水此法最妙鄉間以棘刺編
圍于樹根數尺以護人畜此法亦可用　齊民
要術言種榆者歲歲簡剝賣柴之利已自不貲
況諸般器物其利十倍斫後復生不勞更種所
謂一勞永逸古人云木奴千無凶年若能多種
不惟無凶年之患抑亦有久遠之利王禎農書

附壓插春間或秋間屈木枝以石壓於地用
土封之候苞間生根移種　枝跗須斷其半

脩剔

凡修剔樹木必於枝葉零落時大者斧鏟小者
刀剪視其繁冗及散逸者方可去裁痕向下不
受雨漬自無食心之腐無頭頂者則取直生向
上一枝留使成長有枯朽摧拉須盡則不引蛀
以妨盛枝欲木身之直則從其不足處每年以

刀劙其膚氣行則傷痕先滿而身漸能直凡代
木須於四月不蛀　附縮結視木之已長發萌
未久而枝幹易於轉屈者順其性而攀挽之若
枝大則鉗而曲折之取麻皮約覓繩繫縮不宜
太緊若刺斷其膚氣脉不貫通亦不能活

防衛

有在土之果木畏冷如橘畏熱如梨松性宜乾
檜性宜濕無失其宜則暢茂條達有在盆之花

卉畏冷如茉莉愛日如火榴喜水如菖蒲惡穢
如虎刺各適其性則敷榮滋遂有相害之物木
以插桂而枯以烏賊骨而斃有相益之物牡丹
得鍾乳而茂海棠得糟水而鮮能識其繇則擁
護培植各中其款○清明日三更以稻草縛樹
上不生戴毛傷樹蟲

灌溉

花木最不宜發萌時多澆萌上發萌芽則下行

新栽灌之多易致腐爛又宜晚凉之候一[illegible]
若得猪湯退雞鵝鋤湯皆不宜親木附必生蟲
臘前則通灌之以俟其來春發育糞必久宿者
必雜以水亦視其宜乾宜濕不宜頻灌如松檜
之在盆者土氣淺薄必每年去根面故土一重
加以釀成沃土爲妙土乾則灌自與地生者不
同

木異

永樂中雲南普寧州大風折一古樹軍人陳福
溥解以爲版内具神像著冠執笏容貌如畫彼
中神而祀之有禱輒應洪武元年臨川獻瑞木
中折有文曰天下太平質白而文玄當有文處
木理隨畫順成無錯迕者考之前代往往有之
齊永明九年秣陵安如寺有古樹伐以爲薪有
法天德三字唐大曆中成都民郭遠伐薪得一
枝理成字曰天下太平梁開平二年李思玄攻

潞州伐木爲柵破一大木中有朱書六字曰天
十四載石進表上之司天監徐鴻曰丙申之年
有石氏王此地也後石敬塘起并州果在丙申
太平興國六年溫州瑞安縣民張度解木五片
皆有天下太平字英宗治平元年杭州南新縣
民析柹木中有上天大國四字挺出半指如支
節書法似顏眞卿神宗熙寧十年連州言柚木
有文曰王帝萬天下太平政和二年安州武義
縣木根有文曰萬宋年歲紹興十四年虔州民
毀屋柱木理有五字曰天下太平時婺州永康
縣山亭中有枯松樹因斷之悞墮水中化爲石
所未化者試於水隨亦化爲枝幹及皮與松無
異但堅勁有未化者數段相間留之以旌異物
錄異記　○烏孫國有青田核莫測其樹實之形
至中國者但得其核耳得清水則成酒如醇美
酎酒核大如六升瓠空之以盛水俄而成酒劉

乃得兩核集賓客設之[illegible]

盡則核所盛已復中飲飲盡隨更注水隨盡

盛不可久置久則苦不可飲名曰青田酒

二如亭群芳譜 木部

二如亭群芳譜木部卷之一

濟南 王象晉藎臣甫 纂輯

松江 陳繼儒仲醇甫

虞山 毛鳳苞子晉甫 仝較

寧波 姚元台子雲甫

濟南 男 王與胤 孫 王士禎 詮次

木譜一

梓 或作杍楸類一名木王植於林諸木皆內拱造屋有此木則群材皆不震處處有之木莫良於梓故書以梓材名篇禮以梓人名匠木似桐而葉小花紫陸璣詩義謂楸之疏理白色而生子者爲梓賈思勰齊民要術以白色有角者爲梓即角楸也又名子楸角細如箸長近尺冬後葉落而角不落其實亦名豫章梓以白皮者入藥味苦寒無毒治熱毒去三蟲療目疾吐逆反胃及一切溫病又有一種

鼠梓名楰詩所謂南山有楰是也今人謂之苦楸江東人謂之虎梓鼠李亦名鼠梓别是一種

○種藝　春月斷其根瘞於土遂能發條取以分種

○製用　桐梓二樹花葉飼猪並能肥大且易養【博物志】

○療治　時氣溫病頭痛壯熱初得一二日用生梓白皮切一升水二升半煎汁每服八合取瘥　溫病復感寒邪變爲胃啘治同　小兒熱瘡身頭熱煩餓瘡梓白皮煎湯浴并搗敷　鼠瘻甃瘡梓葉木綿子鼠糞羯羊屎等分入瓶中合定燒取汁塗之　手足火爛瘡梓葉煎湯洗仍以葉爲末敷之

○麗藻　散語　拱把之桐梓人苟欲生之則皆知所以養之者【孟子】　若作梓材既勤樸斲惟其塗丹雘【書】　樹之榛栗椅桐梓漆　維桑與梓必恭敬止【詩】　荆有長松文梓【[illegible]】

詞　梓樹花香月半明棹歌歸去蟪蛄鳴曲曲柳灣茅屋矮掛魚罾　笑指吾廬何處是一池荷葉小池横燈火紙窗修竹裡讀書聲【陳】【晉公[illegible]浣溪沙】

【松】百木之長猶公故字從公磥砢多節盤根樛枝皮粗厚望之如龍鱗四時常青不改柯葉三針者爲栝子松七針者爲果松千歲之松下有茯苓上有兔絲又有赤松白松鹿尾松秉性尤異至如石橋桂松則巉岩所礙鬱不得伸變爲偃蹇離奇輪囷非松之性也

○松子　實如猪心疊成鱗砌子長則鱗裂遼東雲南者尤大食之香美清心潤肺

松花　二三月間抽蕤生花長三四寸開時用布鋪地擊取其蘂名松黄除風止血治痢和沙糖作餅甚清香宜速食不耐久留

松脂　松之津液精華也一名松膏一名松香一名松膠一名松肪一名瀝青以通明如薰陸香顆者爲勝老松皮肉自然聚者爲第一勝鑿取及鍊成者根下有傷處不見日月者爲陰脂尤佳氣味苦溫無毒潤心肺强筋骨安五臟利耳目除伏熱治瘡瘍消風氣久服輕身不老　千年松脂入地化爲琥珀又千年爲瑿狀如黑玉蜜蠟金亦多年琥珀所化屑其末焚之有松香氣

松節　松之骨也質堅氣勁筋骨間諸病宜之釀酒已風痺

松葉　一名松毛除惡疾炙五臟生毛去風痛脚痺及風濕瘡

松白皮　松根下皮也辟勞益氣

松皮　松樹老皮也一名赤龍皮生肌止血斂瘡口治瘡　三千歲者皮中有聚芝如龍形名飛節芝【抱朴子】

松液　火燒松枝溢出者治瘡疥及牛馬瘡

○種藝　八月終擇成熟松子栢子同收頓至來年春分時甜水浸十日治畦中下水土糞漫撒子於畦內如種菜法或單排點種上[illegible]二指許畦上[illegible]日旱則頻澆

常須濕潤至秋後去棚高四五寸至十月中以蜀黍稭編以禦北風畦內亂撒麥糠覆樹令滿上厚二三寸北南方宜微蓋至穀雨前後手爬淨澆之次冬封蓋如前二年後于三月帶土移栽先澉坎用糞土相合納坎中水調成稀泥栽于內擁土令坎滿下水塌實不用杵築與踏次日看有縫處以細土掩之常澆令濕至十月以土覆藏毋使露樹春間去土次年不須覆若果松須種于盆仍用水隔勿令蟻傷根

移植 過冬至三候以後至春社以前松栢杉槐一切樹皆可移栽大樹須廣留土如一丈樹留土二尺遠移者二尺五寸一丈五尺樹留土三尺或三尺五寸用草繩纏束根土樹大者從下去枝三亡層記南北運至栽處深鑿穴先用水足然後下樹加乾土將樹架起搖之令土至根底皆遍實土如

舊根四圍築實然後澆水令足俟乾再加土一二寸以防乾裂勿令風入傷根百株百活若欲偃蹇夭矯將大根除去止留四邊鬚根

○製用 辟穀松脂十斤桑薪灰汁一石煮五七沸撈入冷水中旋復煮凡七遍乃白細研為散每服一二錢粥飲調下日三服至十兩不饑一年以後夜視目明久服延年益壽

松脂不拘多少長流水桑柴煮接三次再以桑灰汁煮七次扯拔更以好酒煮二次仍以長流水煮二次色白不苦為度每斤入九蒸地黃末十兩烏梅末六兩煉蜜丸梧子大每服七十丸空心鹽米湯下健陽補中強筋潤肌大能益人

服松栢粉帶露採嫩葉搗汁當日為之經日則無粉松栢去赤皮取嫩白者密漬之曝燥令密熬勿太熟則香脆

上黨趙瞿病癩垂死其家棄之山中有仙人見而憐之與以藥服百餘日瘡愈顏色豐悅肌膚玉澤後遇仙人乞其方乃鍊過松脂也瞿服久身輕力倍年百餘歲齒髮如故夜臥忽見屋間有光大如鏡久而一室盡明如晝又見面上有采女戲于口鼻間後入抱犢山中成地仙

松葉陰乾碎切研細每空心無灰酒調下二錢亦可煮汁作粥久服輕身益氣難老絕穀不饑初服稍難久則自便

○療治 強筋骨明松脂一斤沙鍋內用無灰酒桑柴煮數沸青竹枝攪稠住火傾水內換酒煮凡九遍其脂如玉不苦乃止為細末用十二兩入白茯苓末與菊花末栢子仁霜各半斤煉蜜丸桐子大空心好酒下七十二丸吉日修合忌婦人雞犬

歷節風百節酸

痛不可忍松脂三十斤煉五十遍煉酥三斤和脂三斤攪令極稠每日空心酒服方寸七日三服數食麵粥為佳忌血腥生冷酸物果子一百日瘥 又松脂二十斤酒五斗浸三七每服一合日五六服 又松葉搗汁一升酒三升浸七日每服一合日三

目淚煉成松脂一斤釀米二斗水七斗麴二斗造酒頓飲之

白帶松香五兩酒二升煮乾木臼搗細酒糊丸梧子大每服百丸溫酒下

小兒禿瘡松香五錢猪油一兩熬搽日數次自愈

小兒唇緊松脂炙化貼之

風蟲牙痛刮松上脂滚水泡化一漱即日止 驗

齲齒松脂紙塞須臾蟲從脂出

耳閉煉松脂三兩巴豆一兩和搗成丸薄綿裹塞日二度

癩瘡煉松脂末填滿日三四度

癧瘡松香入[illegible]甚妙

救瘡瘍遍身腫青入銅鍋鎔二兩麝藥三錢
雄猪膽汁三個先鎔瀝青乃下油膽傾入水
中扯拔器盛每用緋帛攤貼不須再換 疥
瘡瀝青白膠香各二兩乳香二錢沒藥一兩
黃蠟三錢香油二兩同熬至滴水不散傾水
中扯千遍收貯每捻作餅貼之 疥癬濕瘡
松膠搗研細少入輕粉先以油塗瘡糝末在
上一日便乾頑者三二度愈 陰囊濕痒欲
潰者用板兒松香爲末紙卷作筒每根入花
椒三粒浸燈盞內三宿取出點燒淋下油搽
之先以米泔洗過又松毛煎湯頻洗 金瘡
出血瀝青末加生銅屑末糝之愈 猪嚙成
瘡松脂煉餅貼之 刺入肉不瘥松脂自出
如乳頭者傅上以綿裹三五日當有根出不
痛不痒不覺自安 轉筋松節一兩剉米大
乳香一錢銀石器慢火炒焦少存性出火毒

研末每二錢熱木瓜酒下一應筋病皆治
風熱牙病油松節棗大一塊碎切胡椒七顆
入燒酒二三盞乘熱入飛白礬少許噙漱數
口瘥 又松節二兩槐白皮地骨皮各一兩
漿水煎湯熱漱冷吐瘥乃止 撲傷松節煎
酒服 瘟疫松葉細切酒服方寸匕日三
中風口喎青松葉一斤搗汁清酒一升浸二
宿近火一宿初服半升漸至一升頭面汗出
即止 三年中風松葉一斤細切以酒一斗
煮取三升頓服汗出立瘥 脚氣風痺不能
行服衆藥不効服此一劑便能行遠不過兩
劑松葉六十斤細剉水四石煮四斗九升米
五斗釀如常法別煮松葉汁以漬米并浸飯
泥封頭七日發洗飲取醉服此酒効者甚衆
風牙腫疼松葉一握鹽一合酒二升煎漱
大風惡瘡松葉二斤麻黃去節五兩剉生

絹袋盛清酒二斗浸春夏五日秋冬七日每
溫服一小盞常令醺醺以効爲度 頭旋腦
腫三月收松花并薹如鼠尾者蒸切一升以
生絹囊貯浸酒三升每日空心暖飲五合
產後壯熱頭腫頰赤口乾脣焦煩渴昏悶松
花蒲黃川芎當歸石膏等分爲末每服二錢
水二合紅花二捻同煎七分細呷 腸風下
血松白皮去粗焙研爲末每一錢臘茶湯下
金瘡杖瘡古松皮煆存性研末搽之止痛
固齒眞定松脂稀布盛沸湯煑取浮水面
者投冷水中餘不用研末入白茯苓末和勻
用以揩牙亦可嚥下固齒駐顏 熱嗽松仁
一兩胡桃仁二兩研膏和熟蜂蜜半兩每二
錢食後沸湯點服 反胃松節煑酒細飲
陰毒腹痛油松節七塊炒焦冲酒二鍾熱服
大便虛秘松栢麻子三仁等分研泥鎔白

蠟和丸桐子大每五十丸黃芪湯下 小兒
寒嗽壅喘松仁五個百部炒麻黃各三分杏
仁四十去皮尖少水煑三五沸化白沙糖丸
芡子大食後噙化十丸大妙 金瘡五月五
日午時青松石灰搗
作餅醋磨敷痛處

○典故 千年松樹四邊枝起上杪不長如偃蓋
其精化爲青人青牛青羊青犬伏龜壽
皆千歲【玉策記】 石門澗有松林仰視之離
離如駢麾尾 西嶺松如馬鬣【俱廬山記】
僕骨東北千里有康干河投松入水一二年
化爲石其色青有松紋名康干石【唐書】 建
昌冷水觀壽松一株盤屈奇古又名掛劍松
相傳許遜植 又府城東北章山七嶺松
偃蓋森列交蔭【南昌志】 都邑柴棚鎮有古
松一株

[illegible]征偶[illegible]駐蹕其下萬曆甲申知縣王任人[illegible]
卽地建亭掘得白蟹一枚畜之江又建前亭
豎梁有赤鯉從空飛下〔縣志〕　偓佺食松實
行及奔馬時受服者皆至三百歲〔列仙傳〕
伏生在湯時爲木正常食松脂〔同上〕　泰山
上有松五株始皇封泰山遇雨避其下封爲
五大夫〔泰山志〕　符子與玄子登于泰山下
臨千仞之淵上蔭百仞之松蕭蕭然神王乎
一丘矣〔符子〕　方山有野人見一使者異服
牽一白犬野人問居何地答曰居偃盖山隨
至古松下而沒松形果如盖意使者乃松精
犬乃茯苓也〔金陵志〕　孫興公齋前種松一
株恒自手擁治之高世遠與隣居謂孫曰松
樹子非不楚楚可愛但永無棟梁之用孫曰
楓柳雖合抱亦何所施〔世說〕　晉僧法潜隱
郯山或問勝友爲誰乃指松曰此蒼顏叟

秦系結廬于九日山有大松百餘章俗傳東
晉時所植〔泉州志〕　張薦明隱山林有古松
十餘株謂人曰予人中之仙此松木中之仙
也〔清異錄〕　元珪法師坐禪于巖阿下忽有
岳神來拜請受正法師付戒畢神曰願展小
神通師曰我東嶺無松此處多松汝能移于
東嶺乎神曰敬聽命願勿恐拜辭而去是夜
雷雨交至次日見巖前松皆移東嶺　李泌
嘗取松膠枝以隱背名曰養和後得如龍形
者因以獻帝〔唐書〕　蔡君謨爲閩部使者夾
道種松以避歊毒至今賴之〔閩志〕　岳州城
南古寺有洞賓題詩云獨自行時獨自坐無
限時人不識我惟有城南老樹精分明知道
神仙過說者云寺有大古松呂始至時無能
知者有老人自松巔徐下致恭故詩云然
崔希眞十月一日大雪遇老父于門獻松花

酒老父曰此酒無味乃于囊中取藥篩酒
中味極美後問天師曰此葛眞人第三子藥
乃千歲松膠也〔原化記〕　鍾輻建山齋手植
一松夢朱衣吏曰松圍三尺子當及第後三
十年果名松果圍然　梁吳筠吳興道中詩
白雲光彩麗青松意氣多三齊略記益州獻
蜀柳武帝嗟賞之曰楊柳風流可愛似張緒
當年曰意氣曰風流足爲松柳傳神　元祐
元年正月十二日蘇子瞻李伯時爲柳仲遠
作松石圖仲遠取杜子美詩松根胡僧憩寂
寞龐眉皓首無住着偏袒右肩露雙脚葉裏
松子僧前落之句復求伯時畫此數句爲憩
寂圖子由題云東坡自作蒼蒼石留取長松
待伯時只有兩人嫌未足兼收前世杜陵詩
因次其韻云東坡雖是湖州派竹石風流各
一時前世畫師今姓李不妨題作輞川詩文

與可嘗云老夫墨竹一派近在徐州吾竹雖
不及石似過之此一卷公案不可不令魯直
下一句　支硎山有晉松三十餘章傳爲支
道所栽高可巢鶴大可蔽牛土人腰斧入山
賴遁凡夫護之射書關使君馬仲良捐俸買
脫載樹築石爲古公壇葛震父諸君皆有歌
〔[illegible]公〕　松化石余曾於張雨若清江齋中
見之大小凡五松理而石質云得之古廟中
丈是奇物爾若繪圖而系以詩好事者咸屬
和焉〔張七澤〕　張譏字直言后主幸鍾山開
善寺召從臣從敕譏講議時索麈尾未至后
主命取松枝屬譏曰可代麈尾〔陳書〕　彭城
王勰從幸代都次銅鞮山旁有大松十餘帝
賦詩令人示勰且令和曰比至吾所當即就
時去帝十餘步且行且作未至帝所即就曰
尚松材經幾冬山川何如昔風雲與古同帝

日此詩亦責吾耳【魏書】方儲丹陽人母喪負土成墳種松栢奇樹千株鸞鳥棲其上白兎游其下【漢書】徐孺子墓在東郡杜牧爲守植松墓前【豫章記】甄琛喪父塋兆之內手植松栢【後魏書】梁武帝每拜山陵涕淚所灑松爲變色【金樓子】東平王歸國每思京師後薨葬于東平塚上松栢皆西靡【續墓記】山濤年老居母喪過禮手植松栢【晉書】唐沙門性至孝母亡墓前忽生松栢十餘株人以爲孝感所致 丁固微時夢松生腹上占者曰吉祥也松於字爲公當位至三公後果符占者之言【解夢書】新羅使者多携松子來中華有玉角子龍牙子 自惠山寺門入西曰聽松松在斷岡上大可十圍奇曲皆虬枝入聽松緣岡皆士大夫家墓隧松楸白楊青沾翠洒其最勝曰邵文莊墓墓上三松大逾聽松者二倍而奇峭不逮

○麗藻散語 夏后氏以松【論語】 歲寒然後知松栢之後凋也【論語】 青州厥貢岱畎絲枲鉛松怪石【書】 檜楫松舟 如松栢之茂無不爾或承【詩】 蔦與女蘿施于松栢 陟彼景山松栢丸丸 徂徠之松【俱詩】 其爲人也如松栢之有心也故貫四時不改柯易葉【禮記】 冀州其材松栢【周禮】 襄二十九年鄭行人子羽曰松栢之下其草不殖【左傳】 智襄子爲室美士茁曰記有之高山峻原不生草木松栢之地其土不肥今土木勝臣懼其不安人也【說苑】 受命于地唯松栢獨也在冬夏青青 天寒既至霜雪既降吾是以知松栢之茂也【莊子】 至於松栢經隆冬而不凋蒙霜雪而不變可謂得其貞矣【鹽鐵論】

松栢爲百木長也而守宮閭【史記】 歲不寒無以知松栢事不難無以知君子【孫卿子】 青松落蔭白雲誰侶【北山移文】 攘蕭楸而示心指白水而旌信【絕交論】 秦爲馳道厚築其外隱以金椎樹以青松爲馳道之麗一至於此使後世曾不得斜徑而托足焉【賈山】 撫孤松而盤桓【陶淵明】 有天陵偃盖之松【抱朴子】

說 大抵松之爲物極地氣不能移歷歲寒不爲改大類有道君子顧當其始生困蓬蒿阨牛羊摧折於斧斤者往往而是惟托根深山大壑蘇之以風雨煦之以日月籠之以輕烟薄霧而又飽飫雪霜延歷歲時然後翠毿摩空鐵幹拂漢蚪撇鱗射天矯扶疎爲故國偉觀良亦不易矣愛松者當如何珍護耶【愛松說】

論 是木有戛雲之姿有搆廈之材繩墨太速恐夭其理今植于庭除之間充耳目之玩常見狎近氣色不振若徙于嵩岱之間沆瀣之華注于內日月之光薄于外祥鸞嗷嗷戲于其上流泉湯湯鳴于其下巖岫重複漠漠然清淨靈風四起聲掩竽籟是時也當境勝神王拔地千丈根實黃泉枝摩青天則可以柱明堂而棟大厦也【符載植松論】

傳 木公字貞夫系出伏羲氏世居東莞三代前無顯者或曰黃帝時有業斲輪者爲帝作舟車以濟不通商時居景山者事高宗周末居徂徠者事魯僖公俱擅雄材爲君柱明堂棟宗廟安于泰山盤石天下之民賴其帡幪而功業弘大矗秦之世族盛于魯始皇封泰山幸其宅值風雨因休息移時以功封大夫命世其爵漢高帝誅秦惡其爲秦幸臣勒名禁錮以是木姓皆匿深山窮谷中終漢之世無所聞晉季有孤生與陶元亮

居爲睟元亮觧印歸日撫孤生詩酒盤桓者
以終餘年其後陶隱居亦招木氏抜萃者數
人舘庭下爲貧賤交暇日葉或播其風聲欣
然領曰君輩可謂善鳴者而假之鳴二姓遂
爲累世通家吳有十八公者以占夢知晝生
丁固大顯貴後果應人皆神之唐德宗廟崔
斯立丞藍田有葉姓者日與吟哦韓昌黎爲
文記之自後知名頗多公先世家蜀父官江
南而公生長幹黟色多鬚髯器宇恢宏壯有
勁節老而蒼顏癯姿負正氣挺高標炎寒不
貳與古烈士爭茂簡素語不朽名惜其習隱
不仕龍臥空谷若千年聞衛人蒼庭筠有直
名大庾人白先春美丰度乃請結歲寒盟時
群陰用事衆皆屈膝歛容倉卒變萎獨三友
堅持稟冽猶陽春人未嘗見其有悴色庭筠
雪後節或折輙笑曰君子固窮胡爲乎然哉
庭筠遂起自持又見先春事粉飾戲之曰吾
聞以貌取人失之子羽吾友果君子者乎抑
色莊者乎先春慚遽謝曰無傷也前言戲之
耳交益固一日有相者見之謂人曰木公材
大當晚用上必倚之爲廟廊鞏洪基於萬億
斯年第先時不免有戕賊之災公聞之懼遂
深自韜晦以保
天年云　洪璐

記

雲東逸史手植三松于堂
倦而就枕夢三丈夫衣碧
茸之衣冠鱗皴之冠搖水玉之佩引二髯角
於於而來離立而前曰先生其陶隱居之流
乎不然何孜孜於吾三人者如此耶抑將如
王祐之於三槐乎吾三人者挺歲寒而不移
干雲霄而不屈其色蒼蒼不晨改而夕變其
聲肅肅不佚蕩而泛濫其勢喬喬不輒散而
促戚何愧於槐彼槐之南柯容蟻爲國懵懵
往來吾無是也昔丁固十八公事得之於兆

先應之于日後[illegible][illegible]何如今先生寧無[illegible]
之勝而有一堂之安遂易退之心得隱居之
趣且身親培植無吾子必傲之語何其高哉
願先生養利器于盤錯保貞心于歲寒衆皆
靡靡吾獨挺挺衆皆營營吾獨舒舒衆皆競
華敷榮吾獨完真葆素不炫材力而材力饒
不求聞達而聞達茂庶先生愛吾三人之意
不虛哉逸史方退縮不敢當忽見鑿童持姑
射之冰綃搖湘君之翠羽翩翩焉周旋有儀
作長蚪之舞而歌曰烏翼飛兎足走寧哉桑
莫栽柳柳易凋零未何有吾蜿蜒兮落君手
君吾樹兮巨靈守再歌曰仙仙兮山中無山
兮有庭籥籥兮容容吾得左盤右轉兮如旋
風君之樂兮樂無窮三歌曰鳳鳴朝陽兮鶴
鳴在陰於吾和兮知吾心請君爲我兮試援
所御之瑶琴歌竟悚然驚寤推枕而起但見
三樹參差布列堂下時天寒折膠璧月流
輝不覺時就夕矣因受東而爲之記　[illegible]

序

歲八月壬子余游于蜀尋茅谿之澗深處絕
磴人跡罕到爰有松焉冒霜傲雪蒼然百丈
離崇柯俊穎不能喻其岸鳴呼斯松託非其
所出群之器何以別乎蓋有殊類而合情士
因感而成興
遂爲作賦

說

夫天喬萬類惟松秉異是以
後凋之旨著於魯論有心之
言蓄於藏記榮枯不隨乎冬春霜露莫致其
感變彼蒲柳之姿先秋而萎桃李之芳競春
而謝橘柚之質過江而化豈可並日而[illegible]
[illegible]而語焉哉若其未託根之墓則[illegible][illegible]
[illegible][illegible]蓬莪之[illegible][illegible][illegible]於縈[illegible][illegible]一李之
[illegible][illegible][illegible]植[illegible]芝[illegible][illegible][illegible]節之直[illegible][illegible][illegible]自[illegible]
[illegible]夾[illegible]之[illegible]則[illegible][illegible][illegible][illegible][illegible][illegible][illegible]以制
[illegible][illegible][illegible][illegible][illegible][illegible][illegible][illegible][illegible][illegible]之[illegible]逢真散

本之[illegible]
闕翁之護樓矣【王[illegible]】[illegible]
杳祇懸流寓天地兮何[illegible]
蔣華之屢變知俗態之多[illegible]
森稍峻節紫葉吟風蒼條振雪[illegible]
遇保貞客之未鉄拳翠崿而形疲指丹霄而[illegible]
望絕已矣哉盖用輕則資衆器完則施寡[illegible]
棟梁之已成非榱桷之[illegible]假徒志遠而心[illegible]
遂才高而位下斯在物　松生臉臨岩獄[illegible]
而有焉余何爲而悲者　賛　槭病乎不伕奉[illegible]
爲怪癰腫支離神盖鬼㘸道人吝嗟筆寫㝵
奇或怪于形或奇于辭我爲怪魁是以賛之
【陸龜蒙】歌　天下幾人畫古松畢宏已老韋偃少
絕筆長風起纖末滿堂動色嗟神妙
兩株慘裂苔蘚皮屈鐵交錯廻高枝白摧朽
骨龍虎死黑入大陰雷雨垂松根胡僧憇寂
寞龐眉皓首無住著偏袒右肩露雙脚葉裡
松子僧前落韋侯韋侯數相見我有一疋好
東絹重之不減錦繡段已令拂拭光凌亂請
公放筆爲直幹【杜子美】　齋前松樹不盈咫
亭亭車盖層雲似虬枝婉婉世所希嗟爾勁
節乃如此豈無凌霄姿一旦成繞指雷雨力
排未敢爭龍蛇將蟄何當起展轉空向人詰
曲誰相理直木從來忌先伐曲幹猶存愈於
死問君曲直安可爲大道委蛇誰則知請君
看取歲寒色猶自青青似舊時【馮琢菴】　華
松合抱支倒側十里濃陰半山黑村翁說松
不記年依稀傳是支公植支公曾向松之下
調鶴調鷹復調馬皮皴甲蛻化鬚龍誰知復
有屠龍者使君買松欲褁亭烟凌霜幹仍青
青一朝頓脫偷父兀要知樹老多精靈夜靜
空林覺人語大松小松共震凌顧以長生報

使君結得茯苓如十許　老松作墻茆作庵
道人來自天台者不煑黃精不劚苓張口如
箕坐松下一片松濤勝古氷細咀飽嚼風稜
稜吾將礪齒齒已折只恐松枯化爲石【俱陳
[illegible]公】

詩五言

青鸞倚長松【韓詩】　松鈎起碧濤
枝蔾長松陰　溪回松風長
直許松風涼　松門似畫圖　看松露滴身
【[illegible]】　願君松栢心　採照無窮極【鮑照】
窮秋正搖落　回首望松筠　歸號故松柏　老
去若飄蓬　巫山小搖落　碧色見松林　中
有綠髮翁　披雲卧松雪　松栢本孤直　難爲
桃李顏　勗君青松心　努力保霜雪【俱李白】
盤空作風雨　發地鳴鼓吹【黃山谷】　清風
識勁節　負霜知貞心【范雲】　白雲光彩麗　青
松意氣多【吳筠】　又如壠底松　用舍在所尋
大哉霜雪幹　歲久爲枯林【李太白】　落日松
風起　還家草露晞　雲光侵履跡　山翠拂人衣
【裴迪】　孤根裂山石　直幹排風雷　我今百日
客　養此千歲材【蘇東坡】　南軒有孤松　柯葉
自綿冪　清風無閑時　瀟洒終日夕　陰生古苔
綠　色染秋烟碧　何當凌雲霄　直上數千尺【李
白】　誰言碧山曲　不廢青松直　誰言濁水泥
不污明月色　我有青松心　仍騁風霜力　貞明
既如此　摧折安可得　近世交道衰　青松落
顏色　人心忘孤直　本性隨改易　既摧栖日幹
未展擎天力　終是君子材　還思君子識【俱孟
郊】　死轉循高阜　青葱結茂林　團雲低盖影
挾雨送濤音　節抱風霜苦　根盤歲月深　亦知
弘景意　山閣助清吟【申瑤泉】　鶯語驚殘夢
經裝改淚容　竹陰初月薄　江靜晚烟濃　濕嘴
啣泥燕　香鬚採蘂蜂　獨憐無限思　吟罷亞枝
松【[illegible]】　四松初移時　太抵三尺強

別來忽三歲離立如人長會著根不校莫計枝凋傷幽色青秀發踈柯亦昂藏所插小藩籬水亦有隄防終無隈撥損得愧千葉黄敢爲故林主黎庶猶未康避賊今始歸春草滿空堂覽物嘆衰謝及茲慰淒凉清風爲我起灑向若微霜足以送老姿聊待偃蓋張我生無根蔕配爾亦茫茫有情且賦詩事迹兩可忘勿矜千載後慘淡蟠穹蒼【杜少陵】

七言 新松恨不高千尺 踈松隔水奏笙簧 南窓蕭瑟松林蘭若秋風晚【俱杜少陵】 風韻颼颼遠更清蒼顏瘦甲聳亭亭【劉彥沖】 根到九原無屈處世間惟有蟄龍知【蘇東坡】 夜雨崆峒仙路杳六陵松栢尚嘶風【馮琢菴】 落落出群非櫸柳青青不朽豈楊梅欲存老蓋千年意爲覓霜根數寸栽【杜少陵】 虬角

龍鬚不可攀亭亭千丈蔭南山應嗟無地逃斤斧豈願爭明爝火間【王荊公詠松明】 直氣森森恥屈盤鐵衣生澀紫鱗乾 影搖千尺龍蛇動聲撼九天風雨寒【石曼卿】 萬壑松濤碧欲流石床氷簟冷千秋 卷簾飛瀑三千丈恰對儂家竹裡樓 曾笑西湖九里松樛枝數尺不成龍只因枯頂時多月照見南高峰外峰【俱陳眉公】 一派松風萬壑生雲璈空際轉分明游人自解鈞天奏聽入華胥總不驚【方廣德】 含悲扶病把離觴對月憐君客異鄉江路野梅休戀却故園松菊耐秋霜【陳茂貞女郎】 何年著叟任禪林百尺婆娑萬壑陰四果總來成佛印一宮應不受秦侵靈根歲月跏趺久老幹風霜面壁深謖謖回飈響空谷猶聞清夜海潮音【屠赤水咏羅漢松】

詞 婉孌北山松樹下石根結個巖阿巧藏精舍恰無多尚餘隙地種竹與栽蒲高臥不須愁客至客來野衲山蔬三杯濁酒儘能沽倦時呼鶴舞醉後倩僧扶【陳眉公臨江仙】

栢

一名椈樹聳直皮薄肌膩三月開細瑣花結實成毬狀如小鈴多瓣九月熟霜後瓣裂中有子大如麥芬香可愛栢陰木也木皆屬陽而栢向陰指西蓋木之有貞德者故字從白白西方正色也處處有之古以生泰山者爲良今陝州宜州密州皆佳而乾陵者尤異木

之文理大者多爲菩薩雲氣人物鳥獸狀態分明徑尺一株可值萬錢川栢亦細膩以爲几案光滑悅目

○栢子仁 子熟採蒸曝春礧取仁用 栢葉 色綠不凋夏秋採者良種類非一入藥惟取葉扁而側生者名側栢功效殊別古栢尤奇孔明廟大栢蜀漢時植人多採入藥其味甘香大異常栢他如花栢葉濃枝節法郁成朶無子叢栢樹綠色並不入藥 製 栢枝嫩梢枝洗淨控乾入梅滷晒乾甘草桂心爲細末入淨磁器中一層藥一層栢枝緊封藏之久不開則上搵花可玩可食 煑汁釀酒去風痺歷節風 栢脂 身面疣目同松

脂研勻塗數日自失 栢液療瘍疥亟癩良 根白皮火灼瘡爛脂澆燒出油煎油調敷良也
○種植 九月中栢子熟採收候來年二三月間
用水淘過取沉水者着濕地二三日淘
一次候芽出將劚熟地調成畦水飲足以子
勻撒其中覆細土半寸再以水壓下二三日
澆一次常使土潤勿太濕太乾既生出土四
圍竪綉籬護之恐爲蝦蟇所食常澆水亦宜
糞俟長高 灌溉 性喜晒一年中用糞過糞水
數尺分栽 澆三四次則青翠蓊鬱秋時
剪小枝二三 收子 熟時頓採之易得過
尺可插活 時則零落又易生虫
○製用 取子之沉者曬乾爲末每服方寸七漸
增三五合欲絕穀恣食取飽渴則飲水
久服延年【千金異方】

○附録 檜 栢葉松身葉尖硬亦謂之栝今人名
圓栢以別側栢 曲阜孔廟殿前一
株相傳宣聖手植紋皆左紐上聳無枝而不
死每遇一代興或聖君出則發一枝我朝
太祖龍興
世宗繼統曾兩見眞大異事 亳州太清宮有八
檜老子手植根株枝幹皆左紐石曼卿集此
檜不知年代李唐之盛一枝再生至聖朝復
有此異【太清記】 常州列
帝廟有獨孤檜頹州靈壇觀有再生檜 七
星檜在常熟縣西致道觀梁天監中所植蒼
古特甚爲虞山之勝 松葉栢身爲樅檜樅
樹皆高丈餘花葉皆同但實稍大而色黃綠
肉虛爲異耳初甚酸澀經霜乃可食採藥者
不收

○療治 三月四月採新生栢葉長三四寸者花葉陰乾爲末白蜜丸如小豆大日未
出時燒香東向持八十一丸酒下服一年延
十年命服二年延二十年命欲得長肌肉加
大麻巨勝欲心力壯健加茯苓人參此藥除
百病益元氣滋五臟六腑清耳明目強壯不
衰延年益壽神驗用七月七露水丸更佳服
時祝曰神仙眞藥体合自然服藥入腹天地
同年祝畢服藥斷雜肉五辛 五月五日採
五方側栢葉三斤遠志去心二斤白茯苓去
皮一斤爲末煉蜜丸桐子大仙靈脾酒下三
十丸日再服並無所忌勿示非人 涎潮口
禁語言不出手足軃曳得病之日便進此藥
可使風退氣和不成廢人栢葉一握去枝葱
白一握連根研如泥無灰酒一升煎二十沸
溫服如不飲酒分作四五服方進他藥 [illegible]

衣衂中酒南栢樹東南枝取曝乾研末每服
一錢新水調下日三四服 霍亂轉筋栢葉
搗爛裹脚上及煎汁淋之栢木汁亦可 吐
血青栢葉一把乾姜二斤阿膠一鋌炙水二
升煮一升去滓別絞馬通汁一升合煎取一
升綿濾一服盡之 又栢葉米飲服二錢或
蜜丸或水煎服並良 煩滿嘔吐胸中疼痛
栢葉爲散米飲服二方寸七 衂血栢葉榴
花研末吹之 尿血栢葉黃連焙研酒服三
錢 大腸下血隨四時方采側栢葉燒研米
飲服二錢王渙之病此陳宜父傳方二服愈
又卷栢側栢棕櫚等分燒灰存性爲末每
服三錢酒下飯丸亦可 又卷栢地榆焙等
分每服一錢水一盞煎數十沸通口服 酒毒下
[illegible]或下[illegible]栢葉九蒸九曬二兩陳槐花炒
[illegible]丸梧子大每空心溫酒下四十

九　蟲痢下血男子婦人小兒大腸下血血茶脚色或濃血如靛色栢葉焙乾爲末與黃連同煎爲汁服　小兒洞痢栢葉煑汁代茶飲　月水不斷側栢葉炙芍藥等分每三錢水酒各半煎服　室女用側栢葉木賊炒微焦等分爲末每服三錢米飲下　湯火灼栢葉生搗塗之繫定二三日止痛滅瘢　鼠瘻核痛未成膿以栢葉搗塗炒塩熨之氣下即消　大風癘疾眉髪不生側栢葉九蒸九晒爲末煉蜜丸梧子大每服五九至十九日三夜一服百日即生　頭髪不生側栢葉陰乾作末和麻油塗之　頭髪黃赤生栢葉末一斤猪膏一斤和丸彈子大每以布裹一丸納泔汁中化開沐之一月色黑而潤　齒䘌腫痛栢枝燒熱納蛀孔中須臾蟲緣枝出　惡瘡有蟲久不愈栢枝節燒取油敷之三五次愈亦治牛馬疥

雅尚彙

○典故

甲申天子升於大北之隥而降休於兩栢之下【穆天子傳】大北泰山也　魯郡孔子舊廟有栢二十四株歷漢晉其大連抱土人崇敬之莫敢犯　我朝

高皇帝將兵取婺州過蘭溪見古栢甚奇駐兵其下有方姓老人拜伏曰此

聖天子也喜之贈以詩箋令得游天下栢後朔亭繞之而空其中夜半人望之輒有蒼龍伏其上王世懋詩云何年古栢尚青青曾是

高皇玉輦停不信

聖恩偏雨露枝枝都作老龍形　漢諸陵皆屬太常有盜栢樹者棄市【三輔舊事】　漢武帝造栢梁殿栢梁臺香聞十里　漢武帝宴未央前殿雨新止東方朔執戟在殿陛獨語上呼問之答曰殿後栢樹有鵲立枯枝上東向而鳴上遣視如朔言上問何以知之朔曰以人事知之風從東方來鵲尾長背風則蹶必當順風而立是以知東向鳴新雨生枝滑枯枝燥是以知立枯枝上大笑　陳留虞延爲郡督郵光武巡狩至外黃問園陵栢樹株數延悉曉之由是見知【後漢書】　御史臺列植栢樹號曰栢臺又曰栢府　梁道茂居有二栢甚茂曰人居而木蕃者去之木盛則土衰土衰則人病乃埋鐵數十斤曰後有發其地死者太和中溫造居之發鐵而死【異聞錄】　孤山有陳廟栢二株其一爲人所薪僧志詮作堂其側名曰栢堂東坡爲作詩【蘇詩】　田鸞入華山見黃冠師語曰栢葉長生藥也因教以服食之法後得道仙去【雜說】　泰山廟種栢千株　曹華林園有栢樹二株　王儉字仲

寶司徒袁粲見之曰宰相材也栝栢豫章雖小已有棟梁之器【齊書】　王宴爲員外郎父普曜齋前栢樹忽變梧桐論者以爲梧桐雖有棲鳳之美而失後凋之節宴後果不能善終　予來汝南地平無山清穎之外無以娛予者而地近亳社特宜檜栢自拱把而上輒有樛枝細紋治事堂前二栢與薦福兩檜尤爲殊絕孰使予安此寂寞而忘歸者非此君歟汝南檜栢蘇軾　粵西藩臬二司外守遶道俱無衙宇余間入會城嘗憩于兩廣公署蕭庭有森檜二樹駢生幹根合體互相糾結異枝交蔭蒼翠成帷每婆娑其下玩之不忍去　嘗游孔林獲覩夫子手植檜挺然獨立其色如鐵雖枝幹已萎而神理內含隱隱若有生氣【[illegible]】　嵩山天封觀有古栢三

[illegible]

單[illegible]一[illegible]
南宋時高[illegible]陰縣栢二株相傳二尺[illegible]
之永懷寺殿庭左右人之高與殿等[illegible]
則右實右花則左實[四川志][illegible]
巴東縣手植雙栢於庭民比之甘棠謂之萊
公栢後太火栢與公祠俱焚莆陽鄭謹爲令
不忍伐種麥霄花于下使附枝而上
以美公之遺德且慰邦人之去思云

檜音[illegible] 栝音括

殷人以栢[論語] 荊州厥貢杶幹栝
○麗藻散語 栢[禹貢] 汎彼栢舟[詩] 新甫之栢
[詩] 四時常保其青青[莊子] 天[illegible]蓋之
松大谷側生之栢與天齊其長與地等其久
歌行 有栢生崇岡童童狀車蓋偃蹇龍虎姿
主當風雲會神明依正直故老多再拜
豈知千年根中路顏色壞出非不得地蟠據
亦高大歲寒忽無憑日夜柯葉改丹鳳領九

[illegible]哀鳴翔其外鴟鴞志意滿養子穿穴內客
從何鄉來佇立久吁怪靜求元精理浩蕩難
倚賴 孔明廟前有老栢柯如青銅根如石
霜皮溜雨四十圍黛色參天二千尺君臣已
與時際會樹木猶爲人愛惜雲來氣接巫峽
長月出寒通雪山白憶昨路繞錦亭東先主
武侯同閟宮崔嵬枝幹郊原古窈窕丹青户
牖空落落盤踞雖得地冥冥孤高多烈風扶
持自是神明力正直元因造化功大廈如傾
要梁棟萬牛回首丘山重不露文章世已驚
未辭翦伐誰能送苦心豈免容螻蟻香葉終
經宿鸞鳳志士幽人莫怨嗟古來材大難爲
用[杜甫] 賦 江夏王鋒以明帝擅權忽忽不樂著
[illegible] 修栢賦以見志云既殊群而抗立亦
含貞而挺正豈春日之自芳亦霜下而爲盛
銜風不能摧其枝積雪不能改其性雖壞坎

于當年庶後凋[齊書] 詩五言 飄零還栢酒衰病只
之可永 藜床 翠栢苦猶食
明霞高可餐[illegible]餘舊時晉朝名葦比
栢蕭颯九原中[杜少陵] 七言 雜群相對濃
陰去幾分題處尚壽王內史畫時應是鮑參
軍長廊夜靜聲疑雨古殿秋深影勝雲一下
南臺到人世聽泉清
韻更誰聞[溫庭筠]
○附詠檜詩 植檜三尺强已有凌雲氣生世能
幾何擬作千年計衆人笑拍手君
子用其意蕭蕭孤竹君忘言默相契名以金
石交椿楊皆奴婢細懷萬仞巔千丈蔚蒼翠
盤根泉石底用意霜雪外寧須大廈材中待
斧斤至散爲風雨聲寄作牛馬蔽[陳無己]
汝陰多老檜處處屯蒼雲地連丹砂井物化
青牛君時有再生枝還作左紐文王孫有古

意書室延清芬應憐四孺子不墮凡木群體
備松栢姿氣含芝朮薰初扶鶴立骨未出龍
蛇筋巢根白蟻亂網葉青虫紛乃知蔽芾初
甚要封植勤他年皮三寸狐鼠了不鬭[東坡]
[illegible] 七檜石壇邊森然星斗列劫火燒不枯
蚪枝已成鐵[李傑] 琳宮檜森森蟉枝鬱蒼
翠植時應斗宿數列三之四龍鱗綴苔圓香
葉凝烟細節操歷冰霜大材難小試匠石偶
來見錯愕相驚視[illegible] 仙壇有古檜森列
同七星云是翠時種古怪如龍形東蘇護朽
骨新枝復青青造化呈奇觀拱衛煩山靈誰
栽若此樹閱歲踰千齡[吳訥] 君家大檜長
百尺根如車輪身挺直壯夫連背不肯抱孤
鶴高飛直下立[illegible] 淮南庭中有蒼檜
仰視團團翠爲蓋直幹每容鸞鳳棲盤根深
[illegible]檜栢

屏風鳳尾鬭[illegible]
滿來【吳均[illegible]】　牢雲文幹瘦輪囷[illegible]風
巳百春深盖屈盤青靡尾老皮張[illegible]
唯將寒色資琴典不教秋聲樂俗塵歲月如
波事如夢竟留蒼翠待何人【秦韜玉】　天挺
良材聳百尋託根仙宿歷年深能兼老柏冰
霜操不讓寒梅鐵石心夜靜繞壇星布列月
明滿地翠陰森工師若選明堂用爲棟爲梁
價萬金
【[illegible]】

【椿】一作櫄一作杶一作橁今俗名香椿易長而有壽南北皆有之木身大而實其幹端直紋理細膩肌色赤皮有縱紋易起葉白發芽及嫩時皆香甘生熟鹽醃皆可茹世皆尚之無花莢葉苦溫無毒多食動風熏經絡令人神昏和猪肉熱麵頻食則中滿椿用葉

○附錄樗　亦椿類氣臭俗名臭椿一名虎目樹一名大眼桐皮粗肌虛而白其葉臭惡荒年人亦採食膳夫釆取瀹熟另用冷水浸去氣息亦可油醋拌食但無味耳有花者無莢有莢者無花藥中用根及莢葉　栲山樗也似樗色小白葉差狹吳人取以爲茗木虛大梓人亦或用之然瓜之腐朽故古人以爲不材之木

○療治　白禿不生髮取椿桃楸三葉心搗汁頻塗　男子白濁女子白帶椿根白皮滑石等分爲末糊丸桐子大空心白湯下一百丸又方椿根白皮一兩半生用乾姜白芍藥黄蘗俱炒黒各二錢爲末如上法丸服　腸風下血樗莢半生半燒爲末每服二錢米飲下　誤吞魚刺樗樹子燒研酒服二錢又方用樗樹子陰乾半盌擂碎熱酒衝服良久連骨吐出　洗頭明目用鳳眼草即樗莢燒灰淋水洗頭經一年眼如童子加椿皮灰尤佳正月七日二月八日三月四日四月五日五月二日六月四日七月七日八月三日九月二十日十月二十三日十一月二十九日十二月十四日洗　疥瘡風疽樗木根葉煮水洗良　去鬼氣樗根一握細切童便二升豉一合浸一宿絞汁一沸三五日一服　小兒疳疾樗白皮日乾二兩爲末粟米淘淨研濃汁丸梧子大十歲三四丸米飲下量大小加減仍

以一丸納竹筒中吹入鼻内三度良　小兒疳痢重者用樗白皮搗粉以水和棗作大餛飩日晒少時又搗如此三遍以水煮熟空肚吞七枚重者不過七服忌油膩熱麵毒物　又方用樗根濃汁一蜆殼和粟米泔等分灌下部再度即瘥其驗如神大人亦宜　休息痢日夜無度腥臭不可近臍腹撮痛用樗根白皮訶黎勒各半兩母丁香三十個爲末醋糊丸梧子大每服五十丸米飲下　又方用樗根白皮東南行者長流水内漂三日去黄皮焙爲末每一兩加木香二錢粳米飲爲丸每服一錢二分空腹米飲下　水穀不利及每至立秋前後即患痢兼腰痛樗根一大兩擣篩好麵捻作餛飩皂子大水煮熟每日空心服十枚並無禁忌神效　下痢清血腹中刺痛樗根白皮洗刮晒研醋糊丸梧子大每空

心米飲下三四十丸 加蒼朮枳殼減半
臟毒下痢赤白用樗根洗刮取皮日乾爲末
米飲下一錢立効 臟毒下血樗根白皮酒
浸晒研棗肉和丸梧子大每淡酒服五十丸
酒糊丸亦可 下血經年樗根三錢水一盞
煎七分入酒半盞服或作丸服虚者加人參
等分 血痢臘月日未出時取背陰地北引
根皮東流水洗淨掛風處陰乾爲末每二兩
入寒食麪一兩新汲水丸桐子大陰乾每服
三十丸淡水候傾出温送下忌見日則無効
大便下血樗白皮焙乾四兩蒼朮米泔浸
焙枳殼麪炒各一兩爲末醋糊丸桐子大每
服五十丸米飲下日三 産後腸脫樗枝取
皮焙乾一握水五升連根葱五莖漢椒一撮
同煎至三升去滓傾盆内乘熱薰洗冷再熱
一服可洗五次洗後睡少時忌塩醋醬麪鮮

發風毒物及用心勞
力等事年深者亦治

○典故 洛陽一婦年四十餘耽飲無度多食魚
蟹畜毒在藏日夜二三十瀉大便與膿
血雜下大臟連肛門痛不堪忍醫以止血痢
藥不効又以腸風藥則益甚盖腸風則有血
無膿如此半年氣血漸弱食减肌瘦服熱藥
則腹愈痛血愈下服冷藥即注泄食减服温
平藥則病不知如此期年垂命待盡或教服
人參散一服知二服减三服膿血皆定遂嘗
服之而愈其方治大腸風虚飲酒過度挾熱
下痢膿血痛甚多日不瘥用樗根白皮一兩
人參一兩爲末每服二錢空心温酒調服米
飲亦可忌油膩麪食生冷甜物五葷韮蒜等

○麗藻散語 上古有大椿者以八千歲爲春八
千歲爲秋而彭祖乃今以久特聞 [illegible]

衆人匹之不亦悲乎 [illegible]
大樹人謂之樗其大本擁腫而不中繩墨其
小枝卷曲而不中規矩立之塗匠者不顧今
子之言大而無用衆所同去也莊子曰子獨 八千歲[illegible]
不見狸狌乎卑身而伏以候敖者東西跳梁 子滑稽[illegible]
不避高下中於機辟死於網罟今夫斄牛其 侯敖伺[illegible]
大若垂天之雲此能爲大矣而不能執鼠今 游之物而
子有大樹患其無用何不樹之於無何有之 食之無何
鄉廣莫之野彷徨乎無爲其側逍遥乎寢卧 廣莫謂寂
其下不夭斤斧物無害者無所可用安所困 莫無用之
苦哉 莊子

詩五言 從今八百歲合抱是靈椿 東坡
峩峩楚南樹杳杳含風韻何用八千秋騰
凌詫朝菌 晏元獻

七言 野人獨愛靈春館館西靈椿聳危榦
風條雨煉三月餘奕奕
中庭蔭華傘 劉原父

楸 生山谷間今處處有之與梓樹本同末異周
憲王曰楸有二種一刺楸樹高大皮色蒼白
上有黃白斑點枝間多大刺葉薄埤雅云楸
有行列莖幹直聳凌雲高華可愛至秋垂條
如線謂之楸線其木濕時脆燥則堅良木也
白皮[illegible] 味苦小寒無毒主治吐逆殺三蟲
及皮膚[illegible] 煎膏敷惡瘡疽瘻癰腫[illegible]除膿血生肌膚長
筋骨 有捘毒 [illegible] 藥

○製用　木堪棋枰、葉味甘可作飲　煠熟淘淨拌食【同前】

○附錄　榎　楸也亦楸屬葉大而早脫故謂之楸葉小而早秀故謂之榎爾雅云葉小而散榎葉大而散楸董子曰木名三時草名命一歲若椿從春榎從夏楸從秋所謂木名三時也草從子黃從寅茆從卯茜從酉芋從丁莘從辛葵從癸之類命以一歲支干故曰草命一歲也【埤雅】

○療治　瘰癧一切　楸白皮作煎頻洗取效　白癜風瘡　楸白皮五斤水五斗煎五升去滓煎如稠膏日日摩之　上氣欬嗽腹滿羸瘦者　楸葉三斗水三斗煎三十沸去滓煎至可丸如棗大以筒納入下部中立愈　一切毒腫不問硬軟取楸葉十重傅腫上舊帛裹之日三易之當重重有毒氣爲水流在葉上冬月取乾葉鹽水浸軟或取根皮搗爛傅之皆効止痛消腫食膿血勝于衆藥　瘰癧瘻瘡　秋分前後早晚令人持袋摘楸葉秤十五斤以水一石淨釜中煎取三斗換鍋煎取七八升又換鍋煎取二升納不津器中用時先取麻油半合蠟一分酥一栗子許同消化又取杏仁七粒生姜少許同研米粉二錢入膏中攪勻先塗瘡上經二日拭却即以篦子勻塗楸煎滿瘡上軟帛裹之一拭更上新藥不過五六上已破者即生肌未破者内消瘥後須將慎半年采藥及煎時并禁孝子婦人僧道雞犬見之　灸瘡瘍痛不瘥　楸葉頭及根皮爲末傅之　頭癢生瘡　楸葉汁頻塗　兒髮不生　楸葉中心汁頻塗　小兒目翳　嫩楸葉三兩搗爛紙包泥裹燒乾去泥入水少許絞汁鋼器

慢熬如稀餳瓷盒收之每日點　小兒禿瘡　楸葉搗汁塗

○典故　有人患發背潰壞腸胃可窺百方不瘥一醫用立秋日太陽未出時采楸葉熬爲膏傅其外内以雲母膏作小丸服盡四兩遂愈一切瘡瘍並治

○麗藻　詩七言　楸樹馨香倚釣磯斬新花蘂未應飛不如醉裏風吹盡可忍醒時雨打稀　青幢紫蓋立童童細雨浮烟作綵籠不得畫師來貌取定知難見一生中　幾歲生成爲大樹一朝纏繞因長成誰人與脫青羅帔看吐高花萬萬層　幸自枝條能豎立可煩蘿蔓作交加傍人不解尋根本却道新花勝舊花【俱韓文公】

【樟】　樹高丈餘小葉似楠而尖長背有黃赤茸毛四時不凋夏開細花結小子肌理細膩有文故名樟可雕刻氣甚芬烈大者數抱西南處處山谷有之可爲居室器物又可製船易長根側分小木種之老則出火種勿近人家辛温無毒霍亂及乾霍亂須吐者樟木屑煎濃汁吐之甚良中惡鬼氣卒死者樟木燒烟薰之待甦用藥此物辛烈香竄能去濕氣辟邪惡故也宿食不消常吐酸臭水酒煮服煎湯

滌脚洗瘡風痒作腹除脚氣擦牙草二末生蛀
年乃可辨豫一名烏樟又名釣樟李時珍曰
釣樟卽樟之小者莖葉實門上辟天行

○樟腦 樟樹脂也似龍腦色白如雪出韶州漳州辛熱無毒通關竅利滯氣治中惡邪氣寒濕脚氣霍亂心腹痛疥癬風瘙齲齒殺虫辟蠹

○修治 煎樟腦法新樟木切片井水浸三日三夜入鍋煎之柳木頻攪待汁減半柳上有白霜濾去滓傾汁入新瓦盆經宿自然結成塊 鍊樟腦法用銅盆以陳壁土爲粉糝之糝樟腦一重又糝壁土如此四五重以薄荷安土上再用一盆覆之黄泥封固火上款

款炙之須以意斟酌不可太過不及勿令出氣候冷取出則腦皆升於上盆如此兩三次可充片腦 凡用每一兩以二碗合住濕紙糊口文武火熇之半時許冷定取出用

○製用 燒烟薰衣篋蓆簟能辟壁虱虫蛀

○療治 手足痛風如虎咬急流水一石煎極滚泡樟腦一斗乘熱安足于桶上薰之草爲圍住勿令湯氣入目其功甚捷 風勢面色青白肢節沉重腎間痛或寒或熱或咪或嗔思食不能食被虫侵蝕證狀多端天靈蓋酥炙研二兩牛黄人中白焙各半兩麝香二錢爲末别以樟木皂莢木槐木各瘤節各爲末五兩每以三錢水一盞去滓調前末一錢五更頓服取下虫物爲妙 樟腦燒烟薰衣篋能辟壁虱蛀虫 秃瘡樟腦一錢花椒二錢芝蔴二兩爲末以退豬湯洗淨搽之 蛀牙疼樟腦硃砂等分擦神効 又樟腦黄丹肥皂去皮核等分研勻蜜丸塞孔中

○典故 建昌邑人李公懋入朝高宗問樟公安否李奏以枝葉扶疎歲寒獨秀黄庭堅有記

○麗藻詩七言 豫章翻風白日動鯨魚跋浪滄溟開(杜甫)

楠 生南方故又作楠黔蜀諸山尤多其樹童童若幢蓋枝葉森秀不相礙若相避然又名交讓木文潞公所謂移植虞芮者以此葉似豫

章大如牛耳一頭尖經歲不凋新陳相換花黄赤色實似丁香色青不可食幹甚端偉高者十餘丈粗者數十圍氣甚芬芳紋理細緻性堅耐居水中今江南造船皆用之堪爲梁棟製器甚佳蓋良材也子赤者材堅子白者材脆年深向陽者結成旋紋爲鬬栢楠

○療治 水腫自足起削楠木桐木煑汁漬足并飲少許日日爲之 心脹腹痛未得吐下取楠木削三四兩水三升煑三沸飲 聤耳出膿楠木燒存性研末以綿杖繳入

群芳譜 卷一 木譜 三十一

○典故 交讓木 故曰交讓 岷山有之其木直上兩葉不相妨 又有云 黃金山楠木一年東榮西枯一年西榮東枯 成都國寧觀有古楠四石刻云仙人蘧君手植 凡楠木最巨者商人採之繫字號編筏而下既至蕪湖每年清江主事必來選擇買供運舟之用南部又來爭商人甚以為苦則巨者沉江干俟其去沒水取之常失去一二萬曆癸酉一舟飄沒中有老人素持齋守信義方治水若有一人扶之至一渾口榜曰木龍府殿上人見旒甚偉面有黑痕宛然所鑿字號也傳呼曰曾相識否老人頓首曰榜已明矣雖大王死生之又傳呼曰汝善人數尚可延速歸令一人負之而出俄頃抵岸則身在大木上衣服皆不濡既登岸一無所見 海虞王之稷通判貴陽運木渡黃河其最大梓木二忽陷泥中千人不可出為文祭之乃見夢曰吾三千年為群木領袖今乃逐逐隨其後終當別去必欲相煩應

天子命非巨舟載不可如其言擬而登舟舉纜一呼如羅舟行甚疾絕無阻滯

○麗藻 記 予在成都嘗以事至沉犀過國寧觀有古楠四皆千歲木也枝擾雲漢聲戛風雨根入地不知幾百尺而陰之所芘車且百輛予愛而不能去者彌月欲為作詩文會多事不果嘗以語道人遠昌老竊以為恨予去蜀三年昌老萬里以書屬予曰國寧之楠幾伐以營繕郡人力全之僅乃得免懼卒不免扼子得我終昔日之意乎予發書且嘆且喜曰勿翦憩棠恭惟梓受其人及其物自古已然姑以蜀事言之唐節度取孔明祠

群芳譜 卷一 木譜 三十二

楠上小枝為手板書圖話今見拜試芳守成都有表政止以紫銅壺贖伐江瀆廟大坐謫官 王建孟知祥父子專有西南窮土木之力沉犀近在國城數十里間而四楠不為當時取彼猶有畏而不敢者況今聖天以恭儉化天下豈其殘滅千載遺跡後大棟宇而為王孟之所難哉意者情出於吏胥梓匠欺罔專恣以自為功而已使有以吾文告之者讀未終篇禁令下矣然則其可不書 宋陸游記

賦 繁楠之生也含津玄冥托根崑崙氣之所奏般般屯屯瀇滰之鬱豯翻巨石而塊分得貞剛以為性匪翁茸之為倫迫夫雨以膏之雷以震之風以撓之霜以嚴之扶疎矗特輪輪囷囷蚪枝上聳迴無旁紛凝若木之晶魄翕淑氣之芳芬膚理潤玉體幹堅金緊楠之茂也勢參岱華光掩滄溟上懸三光下蟠九地青鶯白鵠朝夕是棲夫豈鷦鷯之敢寄也貞松巨栢戢戢相比夫豈蔓草之敢麗也莊生索之而駭眙匠石過焉而睥睨顧神物之偉奇咨欲揮而終忌是宜棟梁乎清廟為九垓之大庇緊楠之壽也瀋液內盎姿華外妍靈頊不肅祝融不然枝拂常春之霧根漬不涸之泉玄龜蟠其下卿雲覆其巔豐隆為之呵護王孫怵而不前望之蒼蒼然叩之砰砰然鷹神光兮夜曜播蕃陰兮晝翳老聃曾息蔭於髭獻王母於茲表道兮屢焉笑蟠桃之難熟輕銅狄之千年諒玄精之丕構與日月而周旋 王禕

詩五言 楠樹色冥冥江邊一蓋青近根開藥圃接葉制茅亭落景陰猶合微風韻可聽尋常絕醉困臥此片時醒 杜甫 籠蔥抱靈秀簇簇芳膚寒且澤再艷頰子流細珠隻巻花數

重翡翠華四鋪雨蔬新妝色一株如[illegible]異數庭院傾妍來塵隅散彩飾几案餘輝盈盤盂［孟郊］榎柟松峥嵘鄰黨皆莫記不知幾百歲慘慘無生意上枝摩青天下根蟠厚地巨圍雷霆折萬孔蟲蟻萃東雨落流膠衝風奮佳氣白鵠遂不來天鷄爲愁思猶含棟梁具無復霄漢志良工古昔少識者出涕淚種榆水中央成長何容易截承金露盤裊裊不自畏［[illegible]］

七言

傘蓋低垂金翡翠薰籠亂搭舊衣裳春芽細炷千燈焰夏蘂濃燒百合香［白樂天］近郭城南山寺深亭亭奇樹出禪林結根幽壑不知歲聳榦摩天凡幾尋翠色既將嵐氣合月光時有夜猨吟經行綠葉望成蓋宴坐黃花長滿襟此木嘗聞生豫章今朝獨秀在巴鄉凌霜不肯讓松柏作宇由來稱棟梁會待良工時一盼應歸法水作慈航［史俊］楚江長流對楚寺楠木幽生赤崖背臨溪插石盤老根苦色青蒼山雨痕高枝鬧葉鳥不度半掩白雲朝與暮香殿蕭條轉密陰花龕滴瀝垂清露聞道偏多越水頭烟生霧歛使人愁月明忽憶湘川夜猨叫還思鄂渚秋看君幽靄幾千丈寂寞窮山今夜賞亦知鐘梵報黃昏猶臥禪林戀奇響［[illegible]］倚江柟樹草堂前故老相傳二十年誅茅卜居總爲此五月髣髴聞寒蟬東南飄風動地至江翻石走流雲氣榦排雷雨猶力爭根斷泉源豈天意滄波老樹性所愛浦上童童一青蓋野客頻留懼雪霜行人不過聽竽籟虎倒龍顛委榛棘淚痕血點垂胸臆我有新詩何處吟草堂自此無顏色［杜子美］

［桐］一名青桐一名櫬皮青如翠葉缺如花妍雅華淨賞心悅目人家齋閣多種之其木無節直生理細而性緊四月開花嫩黃小如棗花墜下如醭五六月結子莢長三寸許五片合成老則開裂如箕名曰囊鄂子綴其上多者五六少者二三大如黃豆雲南者更大皮皺淡黃色仁肥嫩可生啖亦可炒食遁甲書云梧桐可知月正閏歲生十二葉一邊六葉從下數一葉爲一月有閏則十三葉視葉小處則知閏何月立秋之日如其時立秋至期一葉先墜故云梧桐一葉落天下盡知秋

○種植 正二月內以黃土拌鋸末少許或盆或地上俱可種上覆土末寸半許時時用水澆灌使土長濕待長尺餘移栽冬間不用苫蓋

○製用 桐子微炒布包少許磚地上輕輕板之餡出仁未破者再板陸續收取

○附錄白桐 一名華桐一名泡桐葉三杈大徑尺最易生長皮色粗白木輕虛不生蟲蛀作器物屋柱甚良二月開花如牽牛花而色白華而不實賈總云桐葉華而不實[illegible]自[illegible]無[illegible]冬結似子者乃明年華房爾[illegible]柴[illegible]桐木[illegible]華而不實故曰柴桐木也

本之榮者多矣獨桐名榮者桐乃三月學華
邕月令曰桐始華桐亦之後華者也稱之故
曰始周書時訓曰清明之日桐始華桐不華
有大寒蓋不華則陽氣微陽氣微則寒可
知也造琴瑟以華桐生山間者 岡桐 一名油
為樂器則鳴孫枝為琴則音清 桐一名
荏桐一名罌子桐一名虎子桐樹小長亦遲罌言其狀虎言其毒
早春先開淡紅花實大而圓每實中二子或
四子大如大楓子肉白味甘食之令人吐人
多種之取子作桐油入漆及油器物艌船為
時所須人多偽為之惟以 海桐 生南海及雷
篗圖擗起如鼓面者為真 州近海州郡
亦有之葉大如手作三花尖長青不凋皮若
梓白而堅韌可作繩入水不爛花細白如丁
香而嗅味不甚美遠觀可也人家
園內多植之皮堪入藥采取無時 刺桐 葉如梧桐

群芳譜 卷一 木譜 三十六

其花附幹而生側敷如掌形若金鳳枝幹有
刺花色深紅嵇含南方草木狀云九真有刺
桐布葉繁密三月開花赤色照映三五房凋
則三五房復發陳翥桐譜云刺桐生山谷中
文理細緊而性喜拆裂體 赬桐 身青葉圓大
有巨刺如欓樹其實如楓 而長高三四
尺便有花成朶而繁紅 迷穀 出招搖山亦名
色如火為夏秋榮觀 鵲山樹如榖文
如楮其花四照
佩之令人不迷

○占候 梧桐花初生色赤
主旱色白主水

○製用 雲南牂牁人取花中白毳淹漬績以為
布似毛服謂之華布 桐花可敷猪瘡
飼猪肥
大三倍

○療治 手足浮腫 桐葉小豆煮汁漬之并飲
許 癰疽發背大如盤臭腐不可近 桐
葉醋蒸貼上退熱止痛漸漸生肉收口極驗
髮落不生 桐葉一把麻子仁三升米泔煮
五六沸去滓日日洗 髮白 桑黑經霜桐葉
及子多收搗碎甑蒸生布絞汁沐頭 腫從
脚起削桐木煮汁漬之并飲少許 傷寒發
狂六七日熱極狂言見鬼欲走取桐皮削去
黑皮劈四寸一束以酒五升水一升煮半升
去滓頓服當吐下青黃汁數升即瘥 眼見
諸物禽蟲飛走乃肝膽之疾青桐子花酸棗
仁玄明粉羌活各一兩為末每服二錢水煮
和滓日三服 癰腫初起 桐油點燈入竹筒
內薰之得出黃水即消 血風臁瘡 胡粉煅
過研桐油調作隔紙膏貼之 又方船上陳
桐油石灰煅過人髮拌桐油炙乾為末仍以

群芳譜 卷一 木譜 三十七

桐油調作膏塗紙上刺孔貼之 脚肚風瘡
如癘桐油人乳等分掃之數次即愈 酒皶
赤鼻桐油入黃丹雄黃敷之 凍瘡皴裂桐
油一盌髮一握熬化瓶收每以溫水洗令軟
敷之即安 解砒石毒桐油二升灌之吐即
毒解 風癬有蟲海桐皮蛇床子等分為末
以臘猪脂調搽之 風蟲牙痛海桐皮煎水
漱之 中惡霍亂海桐煮汁服 腰膝痛不
可忍海桐皮薏苡仁各二兩牛膝芎藭羌活
地骨皮五加皮各一兩生地十兩甘草五分
各淨洗焙乾剉絹袋盛入無灰酒二十浸秋
冬二七春夏一七空心飲一杯每日早午晚
各一杯長令醺醺此方
不得增減禁食毒物

○典故 吹臺其高標皆在里 [illegible] 永昌
有梧桐子其中州者形扁長大者更可

當蓮實遇永昌亦不可得〔嶺南雜記〕吳王
別館有楸梧成林焉古樂府梧桐秋吳王愁
是也　莊子所言師曠之枝策也惠子之據
梧也此言精太用則竭神太用則弊故二子
皷或枝策而立昏或據梧而書瞑也〔花史〕
唐德宗在奉天召李泌赴行在時李懷光叛
歲又旱蝗議者欲赦懷光帝傳問群臣泌破
一桐葉附使以進曰陛下與懷光君臣之分
不可復合如此葉矣是不赦　蜀人侯繼圖
倚大慈寺樓偶飄一大桐葉上有詩云拭翠
斂蛾眉爲鬱心中事搦管下庭除書作相思
字此字不書石此字不書紙書向秋葉上願
逐秋風起天下有心人盡解相思死天下負
心人不識相思意有心與負心不知落何地
後數年繼圖卜任氏爲婚始知字出任氏
長安謠曰鳳凰鳳凰止阿房苻堅遂於阿房

植桐數萬株以待之其後慕容冲入阿房城
而止焉冲小字鳳〔何氏語林〕　溫陵城留從効
重加板築植刺桐環繞之其樹高大而枝葉
蔚茂初夏開花極鮮紅如葉先萌而花後發
主明年五穀豐熟　同州郃陽縣劉靖家兄
弟同居宅邊榆樹上生桑西廊梧桐上生穀
枝明年墳中白楊生檜並鬱茂鄉人號榆爲
義祖桐爲小義楊爲義孫縣令出官錢爲修
三異亭〔清異錄〕　吳平門外忽生青桐一株
上有歌謠之聲平惡而伐之平隨軍與北虜
三戰忽空中似歌曰死樹今更青吳平尋當
歸適聞伐此樹已復有光輝平果得歸〔異苑〕
歷城房家園乃齊博陵君豹之山池其園
樑樹森列或有折其桐枝者君輒曰何爲傷
吾鳳條〔[illegible]〕

○麗藻散語
皇穹不老[illegible]
梓漆　梧桐生矣于彼朝陽〔詩〕
嶧陽孤桐〔夏書〕　君乘火德而王其政平梧
桐生〔禮斗威儀〕　龍門之琴於宗廟中奏之
〔[illegible]〕　王者任用賢良則梧桐生于東廂〔[illegible]〕
〔瑞應圖〕　梧桐不生山岡太平而後生朝陽〔毛詩〕
〔[illegible]〕　龍門之桐高百尺而無枝使琴摯斫
斬以爲琴〔枚乘〕　詩曰湛湛露斯在彼杞棘
愷悌君子莫不令德其桐其椅其實離離愷
悌君子莫不令儀杞棘剛木故詩以況令德
椅桐柔木故詩以況令儀〔埤雅〕　空門來風
桐乳致巢〔莊子〕　桐枝濡毳而又空中難成
易傷須成氣而後華〔易緯〕　梧桐斷角馬鶩
截玉　桐木成雲　智者有所不及故桐不
可以爲琴〔淮南子〕　鳳凰之性非梧桐不
棲非竹實不食〔毛詩注〕　遁甲曰梧桐不生

則九州異名之曰桐似木于此桐柔木也而
虛其心若能同者父喪杖竹母喪杖桐竹有
節父道也桐能同母道也母從子者也　寒
山之桐出自太冥含黃鐘以吐榦據蒼岑以
孤生〔張協七命〕　雙桐生空井枝葉自相加
通泉溉其根玄雨潤其柯〔[illegible]〕

詩四言　高梧修竹靜者之居風飄不鳴夢亦
清虛客至有酒客去有書披衣種花
疇依柔蕤〔陳眉公〕

五言　薰風繞帝梧　淒淒把翠梧
青梧日夜凋〔杜少陵〕
曉葉藏棲鳳朝花拂曙烏〔梁簡文帝〕　分根
蔭玉池欲待高鸞集〔沈約〕　梧桐落金井一
葉飛銀床　催殘梧桐葉蕭颯沙棠枝〔李賀〕
〔[illegible]〕　西施舊桐樹空留一院陰　不欄斜
戢羣桐葉坐題詩〔杜少陵〕　梧桐滴露清
[illegible]中夜發[illegible]頭認雙扉低頭看[illegible]〔[illegible]〕

【桐】一株青玉立千葉綠雲委亭亭五丈餘
高意猶未已山僧年九十清淨老不死自云
手種時一顆青桐子【劉原父】 轉徑入花深
風光似瀼西桐花香覆局禾浪翻耕犁老翁
解迎客殘蕉不礙題居然瀼陰丈高卧水邊
畦【陳眉公】 朧月山上館紫桐香好陰可夢
鸞淡色無心知此心難淡蒼梧野鳳歸丹穴
吟遺落在人世光華那復深年年怨春意不
競桃李林惟占清明後牡丹還復侵況此空
館閉云誰恣幽深徒煩鳥雀集不語山嶔岑
滿院青苔地一樹蓮花簪自開還自落暗芳
終暗沉爾生不得所我願裁爲琴【元微之】

【七言】清秋幕府井梧寒 碧梧棲老鳳凰
枝【杜少陵】 桐井曉寒千乳結 著
園春嫩一旗開【胡宿】 琴奏龍門之綠桐玉
壺美酒清若空催絃拂柱與君飲看朱成碧
顏如紅【李白】 金井梧桐秋葉黃珠簾不捲
夜來霜薰籠玉枕無顏色臥聽南宮更漏長
【王昌齡】 夜深閑到戟門邊卻繞行廊又獨
眠明月滿庭池水綠桐花香在翠簾前【元稹】
霧袖烟裙雲母冠碧花瑤簟井冰寒焚香
欲降三青鳥靜埽桐陰上玉壇【李商隱】 芙蓉
灣口綠陰斜吹笛何人隔彩霞驚起沙頭雙
翠羽斷魚飛上刺桐花【[illegible]】 梧桐秋色
草萋萋幾樹寒蟬向夕啼夢繞雲山連碧月
隨風夜夜到遼西【曹少玉】 返棹山中日未
斜釣磯潮退弄平沙雨餘茆屋秋無恙一樹
梧陰覆菊花【陳眉公】 雲捲清秋畫角悲梧
桐滿地月明時斜穿翠葉通金井自透蒼波
淵玉池青女莫驚鳥鵲夢素娥偏惜鳳凰枝
敷入千重關情獨立空階影漸移【[illegible]】
[illegible]落[illegible]處梧[illegible]青[illegible]結廬花徑[illegible]

臨池晨抱[illegible]此收書晉辟[illegible]
三[illegible]漢傳風流[illegible]二疏最是華陽西去近山
[illegible]年相舊鄰居【[illegible]】 濡毫桐枝別作箋
溫柔鄉裏玉無瑕冰蠶未擬鮮新絕雪蟹一[illegible]
[illegible]篇猶勝南中榮吉貝漫教西蜀後[illegible]
華銀[illegible]金井俱搖落誰信迴軀更有涯【[illegible]】

【杉】一名[木煔]一名沙一名檆類松而幹端直大者數圍高十餘丈文理條直南方人造屋及船多用之葉粗厚微扁附枝生有刺至冬不凋結實如楓有赤白二種赤杉實而多油白杉虛而乾燥有斑紋如雉尾者謂之野雉斑入土不腐作棺尤佳不生白蟻燒灰最發火藥

○杉皮 燒灰存性雞子清調敷金瘡及湯火傷 葉 同芎藭細辛酒煎含漱治風蟲痛 子 治疝氣一歲一粒燒研酒服

○扦插 江南宣池歙饒等處山廣土肥堪插杉苗先將地耕過種芝蔴一年來歲芒種時[illegible]苗頭一尺二三寸長先用尖橛一把[illegible]穴多畚[illegible]原土將苗插下一半築實離[illegible]寸成行排密則易長每年耘鋤勿雜他木[illegible]種穀麥以[illegible]鋤高二四尺則不必鋤[illegible]鄉欄州[illegible]元[illegible]二年得腐氣[illegible]

[illegible]

三行氣通[illegible]古用[illegible]一[illegible]

[illegible]一大升無葉則以皮代之大腹檳榔七[illegible]

[illegible]連子碎[illegible]童便三[illegible]升共煮一大升半[illegible]

[illegible]兩服若一服得快即停後服此乃死病[illegible]

[illegible]恐人不幸病此故傳之　肺壅痰滯

上焦不利卒然欬嗽杉木屑一兩皂角去皮

酥炙三兩爲末蜜丸梧子大米飲下五十丸

日四　小兒陰腫赤痛日夜啼哭數日退皮

愈旋復作用杉木燒灰入膩粉清油調敷効

肺壅失音杉木燒炭入盌中以小盌覆之

湯淋下去盌飲水不愈再作音出乃止　癰

瘡黑爛多年老杉木節燒灰麻油調敷箬葉

隔之絹帛包定數貼愈　杉木湯洗惡瘡愈

○麗藻詩五言　杉青延日華[illegible]　擢幹方

數尺幽[illegible]已蒼然[illegible]

幾森利劍孤根挺[illegible]枝幾高　七言　何代移來

四五尺勢若干雲霄[白居易]　得許長想

翠歷[illegible]復經唐慣於巖畔諸風雪不與人間

作棟梁二實七仙同守護千松萬檜自低昂

同來諸葛祠前柏此物

當留伯仲行[illegible]

[illegible]冬青　一名凍青一名萬年枝女貞別種也樹似

枸骨子極茂盛高丈許木理白細而堅重有

[illegible]似橀子樹葉而小又似椿[illegible]微窄而[illegible]

[illegible]圓光潤[illegible]霜不凋[illegible]染緋其嫩芽煠熟[illegible]

[illegible]香味[illegible]　[illegible]五月開細白

[illegible]如豆[illegible]　[illegible]熟[illegible]一如女貞[illegible]之皮

[illegible]氣味[illegible]苦涼無毒去風補虛益肌膚

今青葉對生枝葉皆如桂[illegible]杜葉硬[illegible]

青葉軟稍異豈另一種耶

種植　臘月下種次年春發芽又次年三月移

栽長七尺許可放蠟虫[山居四要]

○附錄　小冬青　葉細利於養蠟子[宋氏樹畜部]

○療治　風熱赤眼用冬青葉五斗擣汁浸新磚

數片五日掘坑架磚于內蓋之日久生

霜刮下入腦子少許點之又方雅州黃連二

兩冬青葉四兩水浸[illegible]日[illegible]熬成膏收點眼

中[illegible]一切眼疾冬青葉[illegible]朴硝貼之　葉

燒灰入面膏治[illegible]瘢痕殊効　痔瘡冬

至日取冬青樹子鹽酒浸一夜九蒸九晒

瓶[illegible]日空心酒吞七十粒臥時再服

[illegible]青花關係水旱其花不落濕地諺云

黃梅雨未過冬青花未破冬青花已開

黃梅便不來[illegible]

[illegible]四株即冬青也　洪武中浙江都司徐司

馬令杭城人家植冬青樹于門數年各街市

綠陰匝地張興賦詩云比屋冬青樹人皆[illegible]

[illegible]風十年後惟恐綠陰多[illegible]

[illegible]試畫院諸生以萬年枝上太平雀[illegible]

無中程者[illegible]扣[illegible]

萬年枝[illegible]

[illegible]五言　[illegible]枝[illegible]有冬

凋色兩[illegible]長[illegible]夜[illegible]夢裡[illegible]綠

詩渾過醒來[illegible]言[illegible]液池邊[illegible]月時好風

玉蘭[illegible]枝[illegible]

知[illegible]齋前萬年樹最宜[illegible]中看 唐抑所

如亭群芳譜木部卷之一

卷一 木譜

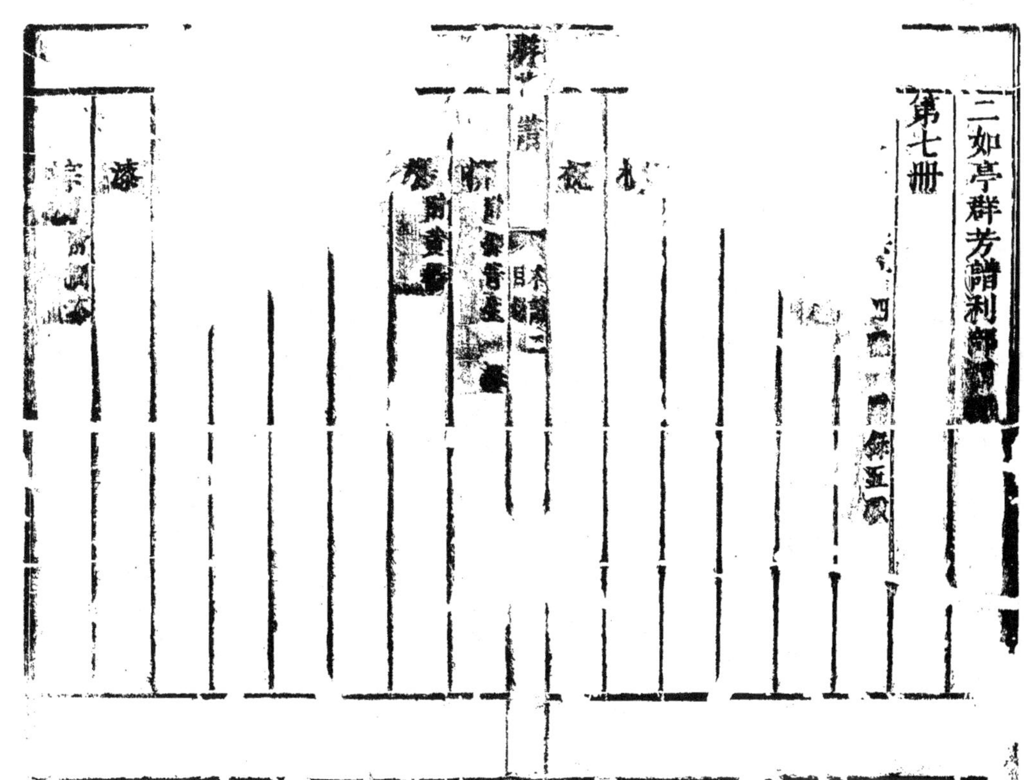
二如亭群芳譜利部目錄

第七冊

群芳譜

木譜二

如亭群芳譜木部卷之二

濟南　王象晉藎臣甫　纂輯

松江　陳繼儒仲醇甫

虞山　毛鳳苞子晉甫　仝較

寧波　姚元台子雲甫

濟南　男王與胤　曾孫王　淳　詮次

木譜二

檀 善木也其字從亶有黃白二種江淮河朔山中皆有葉如槐皮青而澤肌細而膩體重而堅狀與梓榆莢蒾相似材可爲車輻及斧錧 諺云斫檀不諦得繫迷

○種植 臘月分根傍小枝種

○製用 皮和榆皮爲粉食可救荒斷食

○附錄 望水檀 江南有一種木至夏不生葉忽然葉開當有大水農人候之以占水旱又一種高五六尺生高原葉如檀四月開花正紫其根如葛亦名檀

○療治 瘡疥 根皮搗塗可殺蟲

一名香楓一名靈楓一名攝攝江南及關陝

甚多樹高大似白楊枝葉修聳木最堅有赤白二種白者木理細膩葉圓而作岐有三角而香霜後丹二月開白花旋着實成毬有柔刺大如鴨卵八九月熟曝乾可燒其脂爲白膠香十一月采微黃白色五月斫爲坎氣味辛苦平無毒治一切癮疹風痒癰疽瘡疥金瘡吐衄咯血活血生肌止痛解毒燒過揩牙永無齒疾近世多以松脂之清瑩者爲楓香又以楓香松脂爲乳香總之二物功雖次於乳香諒亦彷彿不遠其性澁

○製用 取楓脂入薑水煮二十沸入冷水中揉扯數十次晒乾用 禁忌 楓菌有毒食之令人笑不止飲地漿可解

○療治 吐血不止白楓香爲散每服二錢新汲水調下 吐血衄血咯血楓膠香蛤粉等分爲末姜汁調服 一方白楓香銅青各一錢爲末入乾柿内紙包煨熟食之 一方白膠香切片炙黃一兩新綿一兩燒灰爲末每服一錢米飲下 金瘡斷筋楓香末傅之 便癰膿血楓香一兩爲末入麝香輕粉少許擦之 小兒疥瘡生面上用楓香爲膏攤貼之 瘰癧軟癤楓香一兩化開以蓖麻子六十四粒研入待成膏攤貼 諸瘡不合楓香輕粉各二錢猪脂和塗 一切惡瘡水沉金絲膏楓香瀝青各一兩以麻油黃蠟各二錢半同溶化入冷水中扯千遍攤貼之 癰瘡疼痛楓香膩粉等分爲末漿水洗淨貼之 久近臁瘡楓香爲末以酒瓶上箬葉夾末貼之 小兒疥癬楓香黃蘗輕粉等分爲末羊骨髓和塗之 大便不通楓香半棗大鼠糞二枚研勻水和作挺納入肛内良久自通 年久牙疼楓香脂爲末香爐内灰和勻每旦揩擦 魚骨哽咽楓香細細吞之 水痢楓皮煮汁飲 霍亂刺風入風楓皮煎湯浴 癰疽已成楓根葉擂酒飲以滓貼之 大風瘡楓木燒存性研輕粉等分麻油調搽極妙

○典故 楓木厚葉弱枝善搖漢宮殿多植之霜後葉丹可愛故稱帝座曰楓宸又稱丹宸即丹楓也 說文字解 老楓化爲羽人 宋 嶺南楓木歲久生瘤如人形遇暴雷驟雨則暗長三四尺謂之楓人 臨川記 楓實惟九眞有之用之有神乃難得之物 [illegible] 南中有楓子鬼木之老者爲人形亦呼爲靈楓蓋癭瘤也至今越巫有得之者以彫刻鬼神可致靈異 任昉述異記 黃帝殺蚩尤於黎丘之山擲其械於大荒中化爲楓木之林 軒轅本紀 楓脂入地千年爲琥珀 爾雅 弘治乙卯長沙大旱楓樹生李實 [illegible] 唐金華張遊朝妻劉氏夢楓生腹上後生子名志和立性孤峻[illegible]志隱論不可得而親疏自號玄眞子結茅會稽東郭以豹皮爲席椶皮爲屩隱素木几酌斑螺杯鳴榔

竿枝隨意取遊畬釣法餌遺不在魚竟陵子
陸羽問與何人往來答曰太虚作室而共居
明月爲燈以同照與四海諸公
未嘗離別有何往來 顔魯公
○麗藻詩五言 楓葉疊青岑 李太白 ・雨亂青
楓暮門巷散丹楓 丹楓不
爲霜 獨嘆楓香林春時好顔色 使者雖
光彩青楓滿地愁 俱杜少陵 萬里江楓夜
相思秋已深 馮琢菴 霜洲
楓落盡月餘竹生寒 僧尚能 七言 赤葉楓林百舌鳴
江石決裂青楓催 玉樹凋傷楓樹林 含
風翠壁孤雲細背日丹楓萬木凋 俱杜少陵
蘅省仙郎辭執戟楓林秋色動鳴騶 苑
外鴻聲連畫角帆前樹色半丹楓 俱韋文紀
江沙白白楓葉紅鱖魚撥刺波搓空相逢
漁父不相識醉舞藤蓑明月中 黃佐 ・蕭條
蓬室只青燈極浦佳人白首吟離思一江楓
葉冷西風忽地起秋聲 唐六如 卸却羈鸞
袍半襟數杯明月隱楓林平時未必知心者
夢去相逢自有情 俞君宣 江空木落雁聲
悲霜入丹楓百卉萎蝴蝶不知身自夢又隨
春色上寒枝 宋壽菴女郎 楓葉千枝復萬
枝江橋掩映暮帆遲憶君心似西江水日夜
東流無歇時 女冠魚玄機 花發炎方想刺
桐誰知秋葉幻春紅朝華忽散朝陽後晚艶
都迷晚燒中凋謝未應遺玉露剪裁元自出
金風若教題就能飛去不待流波意已通 林
若無 纔見芳華照眼新又看紅葉點衣頻
只言春色能嬌物不道秋霜解媚人宮水正
寒愁字字吳江初冷錦鱗鱗更餘一種閑風
景醉襟黃花野老巾 徐渭 禁城玉露漸秋
深楓色淒淒滿上林萬片作霞延白晝幾株

含霜若錦吟斜連雙闕舞青虫倒影平湖似
碧灣岐葉着飈聲瑟瑟殷紅過雨色沉沉襟
黃間綠紛成錦委砌飄檐垮作金向夕轉添
嬌蔕照因風散響佈栖禽城頭迴接青岑暮
殿角寒生繡幄陰幾度朝昏勞
悵望徘徊故苑倍蕭森 于念東

楮 一名穀一名穀桑有二種一種皮斑而葉無
椏叉謂之斑穀三月開花成長穗如柳花狀
不結實一種皮白無花葉有椏叉似葡萄葉
開碎花結實如楊梅用時但取葉有椏叉有
子者爲佳其實初夏生青綠色六七月成熟
漸深紅八九月采實名楮桃一名穀實甘寒
無毒治陰痿水腫壯筋骨補虛勞益顔色健
腰膝充肌明目久服輕身不飢不老
○葉 治小兒身熱食不充肌作湯浴刺風身癢
利小便去風濕腫脹白濁疝氣瘡癬生肉
○種植 熟時取子淘淨晒乾同麻子種熟地至
冬留麻取暖明春以火燒芟之三年可
斫其皮抄紙斫以臘月爲上
四月次之非此月損其樹本
○服食 八月後采實水浸去皮穰甲子日
陰乾爲末每水服二錢久之乃效
○療治 水氣蠱脹以潔淨釜用楮實子一斗水
二斗熬成膏茯苓三兩白可香二兩準

爲末以膏和丸桐子大從少而多至小便淸
利脹减爲度後服治中湯養之忌甘苦酸補
及發動之物　肝熱生翳楮實子研細食後
蜜湯服一錢日再服　喉痺風五月五日或
六月六日七月七日采楮桃陰乾爲末井花
水服二錢重者兩次　身面石疽狀如痤癤
而皮厚穀子搗傅之　金瘡出血同上　目
昏難視楮桃荆芥穗各五百枚爲末煉蜜丸
彈子大食後嚼一丸薄荷湯下日三　老少
瘴痢一日夜百餘度者取乾楮葉三兩熬搗
爲末每服方寸匕烏梅湯下日再服取羊肉
裹末納肛中利出卽止　小兒下痢赤白作
渴得水又嘔逆者構葉炙香以飲漿半升浸
至水綠去葉以木瓜一箇切納汁中煮二三
沸細細飲　脫肛不收五花構葉陰乾爲末
每服二錢米飲下兼塗腸頭　白濁構葉爲

末蒸餅丸桐子大每服三十丸白湯下　通
身水腫楮枝葉煎汁如餳空腹服一匕日三
服　虛肥面腫積年氣上如水病但脚不腫
穀葉八兩水一斗煮六升去滓納米煮粥常
食　卒風不語穀枝葉剉細酒煮沫出隨多
少日日飲之　就曬花穀葉曬研末湯服一
二錢取瘥止　吐血鼻血楮葉搗汁一二升
旋旋溫飲　一切眼翳三月收穀木軟葉曬
乾爲末入麝香少許每以黍米大注眥內其
翳自落　木腎疝氣楮葉雄黃等分爲末酒
糊丸桐子大每鹽酒下五十丸　疝氣入囊
五月五日采穀樹葉陰乾爲末每服一二匙
空心溫酒下　癬瘡濕痒楮葉搗傅　痔瘻
腫痛同上　蝮蛇螫傷楮葉麻葉合搗取汁
漬之　魚骨哽咽楮葉搗汁啜之嫩皮搗丸
水下二三十丸亦可　頭風白屑楮木作枕

六十日一易新者　暴赤眼痛滲澁者嫩楮
枝去葉放地火燒以盌覆之一日取灰泡湯
澄淸溫洗　腸風下血秋采楮皮陰乾爲末
酒服三錢或入麝香少許日二　血痢楮皮
荆芥等分爲末冷醋調服一錢　血崩以上
藥煎服神效　男婦腫疾不拘久近暴風入
腹婦人新產上圊風入藏內腹中如馬鞭短
氣楮皮枝葉一大束切煮汁釀酒不斷飲之
不過三四日卽退可常服　風水浮腫一身
盡浮楮白皮猪苓木通各三錢桑白皮三錢
陳皮橘皮各一錢生薑三片水二鍾煎服日
一　膀胱石水四肢瘦削小腹脹滿構根白
皮桑根白皮各二升白朮四兩黑大豆五升
流水一斗煮四升入淸酒二升再煮至三升
日服一匕　目中翳膜楮白皮暴乾作一繩
子如釵股大燒灰細研每點少許日三五次

瘥乃止　天行病後脹滿兩脇刺脹臍下如
水腫構樹枝煮汁隨意服小便利卽消

○**麗藻**

傳　楮待制初名藤及長爲世用更名知
白會稽剡溪人先世索居山林無所
聞于世歷前漢有楮先生始以名顯和帝時
中常侍蔡倫有文思善造就人材辟召遍天
下使者見楮氏歸以告倫倫亟聘之得楮皮
者俱來倫曰眞良材也一變化則就章程於
是刮劘浸漬漸見春容延館簾內知白聞而
嘆曰以皮之陋且沾掄選吾可終老林藪乎
旣至倫揭簾見之嘖嘖嘆賞曰文明之化其
在君矣引見帝帝嘉賞恨相得之晚超拜秘
書省萬字令尋擢秘閣待制日承任使自書
契旣造竹氏帛氏貴重於世者旣數千年及
知白用二氏遂廢凡經史術藝百家九流之
說皆托以行天下當代注記冊籍臣民文移

辟徵拜組　爲楮國公　稅萬字軍

儒札非知白不達也帝益加寵待錫
毛穎松滋侯陳玄萬石君羅文侍左右必
知白至展其邊幅有諮議須令省記帝嘉其
潔白虧諱陳玄曰江漢以濯秋陽以暴若知
白者殆孔氏之徒與卿與之反何哉玄曰知
其白守其黑臣得自全之道皦皦者易汙臣
懼知白之不終也帝笑曰卿不加汙誰復汙
之玄頓首謝一日知白侍經筵屬微風神思
躁亂不定帝曰朕固知卿體薄不耐風令加
節鎭俾邊都護領之知白叩謝臣辱荷厚恩
敢不竭方正之節捐軀以報士有以文辭投
知白者頗涉謬惡知白怒會召因愬帝曰臣
精白一心仰承任使者數十年每願得嘉言
疇文推明義理以淑人心翊世教利益國家
今狂生淺夫任情謬惡臣一被汙辱欲雪無
由願陛下一申文字舛謬之禁帝從其言且

惜其蒙辱命儒臣撰悲剡藤文以舒其憤知
白才博而通推其餘雨暘可蓋風露可障竪
可屏揮可扇觀美可圖画夫子所稱不器庶
幾近之晚年就閒族子曰麻曰桑曰竹曰繭
日敝布曰魚網並出蔡氏陶鑄繼知白大用
於世傳嗣不絕其他銀光陟釐羅文玉版蠻
牋易絲欄以至間礫五采
尤爲世所愛重云 閩文振

古有桑根紙 銀光齊高帝造 陟釐張華造 羅文以下皆紙名

榆 一名零一名藲荎有數十種今人不能別惟
知莢榆白榆刺榆榔榆數種而已莢榆白榆
皆大榆也有赤白二種白者名枌木甚高大
未葉時枝上先生瘤纍纍成串及開則爲榆
莢生青熟白形圓如小錢故又名榆錢甚薄
中仁有殼榆莢開後方生葉似山茱萸葉而
長尖艄潤澤

○**種植** 榆莢落時收取作畦種之令與草俱長
不必去草明年正月附地割除覆以草
放火燒之一歲中可長八九尺不燒則長遲
一根數條者止留粗大條直者一株餘悉去
之三年後正月移栽早則易曲三年內若採
葉戕心則不長宜更燒之則復前茂盛附枝
切勿剝性喜肥種宜糞陳墍草亦佳種非叢
林則易曲如白土薄地不宜穀者取一方純
種榆則易長種榆田畔防鳥雀損穀諸榆性
皆扇地其下五穀不植樹影所及東西北三
面穀皆不生宜於
近北牆處種之

○**取用** 三年春莢可賣五年堪作椽十年後可
作器用十五年後可作車轂 嫩葉煠
淺淘淨可食 榆錢可羹又可蒸糕餌收至
冬可釀酒 瀹過曬乾擣羅爲末鹽水調勻日
中曝曬可作醬即榆仁醬也 崔氏月令 榆
皮去上皺澁乾枯者取嫩白皮剉乾磨粉可
作粥備荒 採其白皮爲麵水調合香劑粘滑
勝膠漆 榆皮濕擣如糊粘瓦石極有力汴洛
以石爲碓觜
用此膠之

一云榆仁作糜羹食令人多睡

○**療治** 斷穀不飢 榆皮檀皮爲末日服數合
齁齁不止 榆白皮陰乾焙爲末每日旦
夜用水五合末二錢煎如膠服 久嗽欲死
厚榆皮削如指大長尺餘納喉中頻出入當

出膿血而愈　虛勞白濁榆白皮二升水二斗煮五升分五服　小便氣淋榆枝石燕子煎水日服　五淋澀痛榆白皮陰乾焙研每以二錢水五合煎如膠日服二　渴而尿多非淋也榆皮二斤去黑皮以水一斗煮五升一服三合日三　身體暴腫榆皮搗末同米作粥食小便洩之良　臨月易產榆皮焙爲末臨月日三服方寸匕　墮胎下血不止榆白皮當歸焙各半兩入生薑水煎服之　胎死腹中或母病欲下胎榆白皮煮汁服二升　身首生瘡榆皮末油和塗之蟲當出　火灼爛瘡榆白皮嚼塗之　五色丹毒俗名遊腫犯者多死不可輕視以榆白皮末鷄子白和塗之　小兒蟲瘡榆皮末和猪脂塗綿上覆之蟲出立瘥　癰疽發背榆根白皮切淸水洗搗極爛和香油傅之留頭出氣燥則以苦茶頻潤不粘更換新者將愈以桑葉嚼爛隨大小貼之合口乃止神效　小兒瘰癧榆白皮生搗如泥封之頻易　小兒禿瘡醋和榆白皮塗之蟲當出　通身水腫櫸樹皮煮汁日飲　毒氣攻腹手足腫痛櫸皮槲皮煮汁煎如飴糖櫸皮煮濃汁化飲　蠱毒下血櫸皮一尺蘆根五寸水二升煮一升頓服當下蠱出　小兒血痢梁州櫸皮二十分犀角十二分水三升煮取一升分三服取瘥　飛血赤眼櫸皮去粗皮切二兩古錢七文水一升半煎七合去滓熱洗日二次

○典故　司爟掌行火之政令春取榆柳之火[周禮]　鵲上高城之危而巢於高榆之巔城壞巢折陵風而起故君子之居世也得時則蟻行失時則鵲起[莊子]　楚莊王將伐晉令曰敢諫者死叔孫敖諫曰臣園中有榆樹上有蟬方奮翼悲鳴飲淸露不知螳螂之在其後也[說苑]　漢成帝時旱傷麥民食榆皮[漢書]　鄭渾爲魏郡太守乏材木課百姓植榆爲籬[魏志]　金鄉路邊一老榆行人於樹下易鞋履以其舊者懸而去時人指爲鞾鞋樹[淸異錄]　裴鄴開千里夾道植榆盛暑之月人行其下[illegible]　昔豐沛歲飢以榆皮作屑煮食之民賴以濟[王氏農書]　唐陽城隱中條山歲飢屑榆爲粥

○麗藻　散語　菫荁枌榆免薧滫瀡以滑之[內則]　詩五言　錢穿短貫榆[白樂天]　鸜鵒棲欲穩不必厭榆枋[illegible]　修柯遇雲日老幹干虹霓嗟爾臃腫材大匠何見遺[illegible]　我行汴堤上厭見榆陰綠千株不盈畝斬伐同一束及居幽囚中亦復見此木蠹皮濇秋雨病葉埋牆曲誰言霜雪苦生意殊未足坐待秋風至飛英覆空屋[illegible]　七言　榆葉拋錢栁展眉[俱白樂天]　隔牆榆葉散靑錢[illegible]　楊花榆莢無材思也解漫天作雪飛[韓退之]　柴扉寂寞鎖殘春滿地榆錢不療貧雲鬢衣裳半泥土野花何事獨撩人[illegible]

[槐]　虛星之精也一名櫰有數種有守宮槐一名紫槐似槐幹弱花紫晝合夜開有白槐似構而葉差小有櫰槐葉大而黑其葉細而色青綠者直謂之槐功用大略相等木有極高大

者材實重可作器物有青黃白黑數色黑者爲猪屎槐材不堪用四五月開黃花未開時狀如米粒採取曝乾炒過煎水染黃甚鮮其青槐花無色不堪用七八月結實作莢如連珠中有黑子以子多者爲好槐之生也季春五日而兔目十日而鼠耳更旬而始規二旬而葉成味苦平無毒久服明目益氣烏髭固齒催生治丈夫女人陰瘡濕癢

○種植　收熟槐子晒乾夏至前以水浸生芽和麻子撒當年即與麻齊刈麻留槐別豎木以繩欄定來年復種麻其上守宮槐春月從根側分小本移種

○製用　初生嫩芽煠熟水泡去苦味可薑醋拌食晒乾亦可作飲代茶　以槐子和稻黍種畦中至冬放火燒過明年取苗食如取枸杞苗法入土深劚上糞澆遍遍如此至秋末常服芽食又且無蟲若根太即劚去併以利鋤鋤深劚過便上糞待春初雨過種之　取一斗槐芽數斤水煮如泥去滓入鹽一升煮乾炒至胡黑空心擦牙白而固終身無齒患　更有吞服槐實法年七十餘目見細字白髮反黑其法十月上巳日取子去單一子及五子者餘納黑牛膽中百日後空心服初一日一粒以後日增一粒至十六日後日減一粒

○療治　槐角丸治五種腸風瀉血糞前有血名外痔糞後有血名內痔大腸不收名脫肛穀道四面胬肉如奶名舉痔頭上有孔名瘻瘡內有蟲名蟲痔並皆治之槐角去梗炒二兩地榆當歸酒焙防風黃芩枳殼麩炒各半兩爲末酒糊丸梧子大每服五十丸空心米飲下　大腸脫肛槐角槐花各等分炒爲末用羊血蘸藥炙熟食之酒送下猪腰子去皮蘸炙亦可　治痔亦治百種瘡大效七月七日採槐子熟搗絞汁納銅鉢器中高門上曝二十餘日煎成丸鼠屎大納肛門內每日三次　內痔外痔用槐角子一斗搗汁晒稠取地膽爲末同煎丸梧子大每飲服十丸兼作挺子納下部或以苦參末代地膽亦可

目熱昏暗槐子黃連二兩爲末蜜丸梧子大每漿水下二十丸日二　大熱心悶槐子燒末酒服方寸匕　衄血不止槐花烏賊魚骨等分半生半炒爲末吹之　舌衄出血槐花末傅之即止　吐血不止槐花燒存性入麝香少許研勻糯米飲下三錢　咯血唾血槐花炒研每服三錢糯米飲下仰臥一時效　小便尿血槐花炒鬱金煨各一兩爲末每服二錢淡豉湯下立效　大腸下血槐花荊芥穗等分爲末酒服一錢　又方柏葉三錢槐花六錢煎湯日服　又方槐花枳殼等分炒存性爲末新汲水服二錢　暴熱下血生猪臟一條洗淨控乾炒槐花末塡滿紮定米醋砂鍋內煮爛擂丸彈子大日乾每服一丸空心當歸煎酒化下　酒毒下血槐花半生半炒一兩山梔子焙五錢爲末新汲水服二錢

臟毒下血新槐花炒研酒服三錢日三服
或用槐白皮煎湯服　婦人漏血不止槐花
燒存性研每服二三錢食前温酒下　血崩
不止槐花三兩黄芩二兩爲末每服半兩酒
一盞銅秤錘一枚桑柴火燒紅浸入酒內調
服忌口　中風失音炒槐花三更後仰卧嚼
咽　癰疽發背凡人中熱毒眼花頭暈口乾
舌苦心驚背熱四肢麻木覺有紅暈在背後
者即收槐花子一大抄鉄杓炒褐色以好酒
一盞沖之乘熱飲酒一汗即愈如未退再炒
一服極效縱成膿者亦無不愈　楊梅毒瘡
乃陽明積熱所生槐花四兩畧炒入酒二盞
煎十餘沸熱服胃虛寒者勿用　外痔長寸
用槐花湯頻洗并服之數日自縮　疔瘡
腫毒一切癰疽發背不問已成未成但焮痛
者皆治槐花微炒核桃仁二兩無灰酒一鍾

煎十餘沸熱服未成者一二服已成者二三
服見效　發背散血槐花菉豆粉各一升同
炒象牙色研末用細茶一兩煎一盞露一夜
調末三錢傅之留頭勿犯婦女手　下血血
崩槐花一兩棕灰五錢鹽一錢水三鍾煎減
半服　白帶不止槐花炒牡蠣煅等分爲末
每酒服三錢效　霍亂煩悶槐葉桑葉各一
錢炙甘草三分水煎服　腸風痔疾槐葉一
斤蒸熟晒乾研末煎飲代茶久服明目　鼻
氣窒塞以水五升煮槐葉取三升下葱豉調
和再煎飲　風熱牙痛槐枝燒熱烙之　胎
赤風眼槐木枝如馬鞭大長二尺作二段齊
頭麻油一匙置銅鉢中晨使童子一人以其
木研之至瞑乃止令仰卧以塗目日三度瘥
九種心痛當太歲上取新生槐枝一握去
兩頭用水三大升煎取一升頓服　崩中赤

白不問遠近取槐枝燒灰食前酒下方寸匕
日二　胎動欲産日月未足者取槐樹東引
枝令孕婦手把之即易生　陰瘡濕癢槐樹
北面不見日枝煎水洗三五遍冷再暖之
中夜身直不得屈伸反覆者取槐皮黄白者
切之以酒或水六升煮取二升稍稍服之
破傷中風避陰槐枝上皮旋刻一片安傷處
用艾灸皮上百壯不痛者灸至痛痛者灸至
不痛用火摩之　風蟲牙痛槐樹白皮一握
切以酪一升煮去滓入鹽少許含漱　陰下
濕痒槐白皮炒煎水日洗　痔瘡有蟲作痒
或下膿血多取槐白皮濃煮汁先薰後洗良
久欲大便當有蟲出不過三度即愈仍以皮
爲末綿裹納下部　蠼螋惡瘡槐白皮醋浸
半日洗之　腸痔下血槐樹上木耳爲末飲
服方寸匕日三　崩中下血不問年月遠近

用槐耳燒存性爲末每服方寸匕温酒下
産後來欲死者槐雞半兩爲末酒濃煎飲立
愈　蚘蟲心痛槐木耳燒存性爲末水服棗
許若不止飲熱水一升蚘蟲立出　月水不
斷勞損黄瘦暫止復發小勞輙劇者槐黄赤
石脂各一兩爲末食前熱酒服二錢桑黄亦
可　臟毒下血槐耳燒二兩乾漆
燒一兩爲末每服一錢温酒下

○典故

秋取槐檀之火周禮　外朝之法面三
槐三公位焉　槐之言懷也來人於此
也同上　老槐生火莊子　老槐生丹[illegible]
[illegible]　天街兩畔多槐木俗號爲槐衙[illegible]
[illegible]　裴晉公度在相位日有人寄槐癭
一枚欲削爲枕時郎中庾威世稱博物召請
别之庾捧玩良久白曰此槐癭是蟬樹生者
恐不堪用裴曰郎中甲子多少庾曰某與令

公同是甲辰生公矣
口郎中便是雌甲辰

○麗藻詩五言 仄徑蔭宮槐幽陰多綠苔層門前宮槐陌是向欹湖道秋來山雨多落葉無人掃〔王維〕 一泒御溝水綠槐相蔭青此中涵帝澤無處濯塵纓鳥道來雖險龍池到自平朝宗心本切願向急流傾〔王正白〕

[illegible]易生之木也性柔脆北土最多枝條長軟葉青而狹長春初生柔荑粗如筯長寸餘開黃花鱗次荑上甚細碎漸次生葉至晚春葉長成花中結細子如粟米大細扁而黑上帶白絮如絨名柳絮又名柳絨隨風飛舞着毛衣即生毬入池沼隔宿化爲浮萍止水則生流水不生其長條數尺或丈餘嫋嫋下垂者名垂柳木理最細膩又一種榦小枝弱皮赤葉細如絲縷婀娜可愛一年三次作花花穗長二三寸色粉紅如蓼花名檉柳一名雨師謂天將雨檉先起氣以應也一名赤檉一名河柳一名人柳一名三眠柳一名觀音柳一名長壽仙人柳即今俗所稱三春柳也春前以枝插

之易生草木子云大者爲炭復入炭汁可點銅成銀酉陽雜俎言梁州有赤白檉則檉不特有赤又有白者矣唐崗江池畔多柳號爲柳衙謂成行列如排衙也柳條柔弱嫋娜故言細腰娬媚者謂之柳腰

○種植 正二月皆可栽諺云插柳莫教春知謂栽柳[illegible]宜立春前也百木惟柳易栽易插但宜水濕之地尤盛本堆[illegible] 一法柳栽近根三二寸許[illegible]鑽一竅用杉木釘拴之出其兩頭各二三寸不[illegible]埋深尺餘杵實永不生刺毛蟲且防偷拔之患 先於坑中置蒜一瓣甘草一寸永不生蟲常以水澆必數條俱發留好者三四株削去稍枝必茂其餘旹削去

○製用柳花 味苦寒無毒主治風水黃疸四肢攣急膝痛收之貼灸諸瘡甚良柳花[illegible]吐黃色[illegible]未成[illegible] 柳絮 主治惡瘡金瘡潰爛逐膿血止血療痹柔軟性涼作褥與小兒臥甚佳 葉 治天行熱病骨蒸勞服金石人大熱悶湯火瘡毒入腹熱悶疔瘡煮汁洗惡瘡膿瘡煎膏續筋骨長肉止痛 枝及根白皮 煮湯洗風腫瘙痒煎漱牙痛 煎服治黃疸白濁煎酒諸腫毒去風

○附錄柳寄生 狀類冬青亦似紫藤經冬不凋春夏之間作紫花散落滿地冬月望之雜百樹中一名櫸柳一名鬼柳多榮枯各異 蜀中櫸 生溪澗水側木大者高

四五丈合二三人抱葉似櫸非櫸似槐非槐材紅紫作箱案之類甚佳鄭樵通志云櫸乃榆類其實亦如榆錢鄉人採其葉爲甜茶

○療治 吐血咯血 櫸絮焙研米飲服一錢 金瘡血出 櫸絮封之即止 面上膿瘡 櫸絮膩粉等分以燈盞油調塗 走馬牙疳 櫸花燒存性入麝香少許搽 大瘋癩瘡 櫸花四兩搗成餅貼壁上待乾取下米泔水浸一時取起瓦焙研末二兩白花蛇烏蛇各一條去頭尾酒浸取肉全蠍蜈蚣蟾酥雄黃各五錢苦參天麻各一兩爲末水煎麻黃取汁熬膏和丸梧子大硃砂爲衣每服五十丸溫酒下一日三服以愈爲度 脚多汗濕 楊花着鞋及襪內穿 小便白濁 清明櫸葉煎湯代茶以愈爲度 小兒丹煩 櫸葉一斤水一斗煮取汁三升搨洗赤處日七八度 眉毛脫落 垂櫸葉陰乾爲末姜汁於鐵器調夜夜摩之 面瘡及卒得惡瘡不可名識者 櫸葉或皮水煮汁入少鹽頻洗之 痘爛生蛆 嫩櫸葉鋪席上臥蛆盡出而愈 黃疸初起 櫸枝煮濃汁半升頓服 翻胃噎膈及惡食或食不消化 清明日取櫸枝一大把熬湯煮小米作飯酒麪滾成珠子晒乾袋懸風處每用燒滾水隨意下米米沉住火少時米浮取看無硬心則熟可頓食之久則麪散不粘矣名絲索米 風毒卒腫及忽有一處如打撲不可忍走注不定靜時其處冷如霜雪白酒煮櫸白皮暖熨之有赤點處鑱去血妙凡諸卒腫急痛熨之皆即止 陰卒腫痛 櫸枝三尺長二十枚細剉水煮極熱以故帛裹包腫處仍以熱湯洗之 項下癧溪水漲露出櫸根二

十斤水一斛煮五升入糯米三斗如常釀酒飲 齒齦腫痛 垂櫸枝槐白桑白白楊皮等分煎水熬含冷吐 又方 櫸枝槐枝桑枝煎水熬膏入姜汁細辛芎藭末每用擦牙 風蟲牙痛 櫸白皮卷如指大含咀以汁漬齒根數過即愈 又方 櫸枝一握剉入少鹽花搽水煎含甚驗 又方 櫸枝剉一升大豆一升合炒豆熟瓷器盛之清酒二升漬三日頻含漱涎三日愈 耳痛有膿 櫸根細切熟搗封燥即易之 漏瘡腫痛 櫸根紅鬚煎水日洗 又方 楊櫸條罐內燒烟熏之出水即效 乳癰妬乳初起堅紫衆療不瘥 櫸根皮熟搗火溫帛裹熨之冷更易一宿消 反花惡瘡肉出如飯粒根深膿潰 櫸枝葉三斤水五升煎汁二升熬如餳日日塗之 天竈丹毒赤從背起 櫸木灰水調塗之 湯火灼瘡 櫸皮燒灰塗之亦可以根白皮煎 豬脂頻傅 痔瘡如瓜腫痛如火 櫸枝煎濃湯洗之艾灸三五壯 王及郎中病此驛吏用此方灸之覺熱氣入腸大下血穢至痛一頃遂消馳馬而去 腹中痞積 觀音櫸煎湯露一夜五更空心飲數次痞自消 一切諸風不問遠近 檉葉半斤切枝亦可荊芥半斤水五升煮二升澄清入白蜜五合竹瀝五合入新瓶油紙封重湯煮一伏時每服一小盞日三服 酒多致病 觀音櫸晒乾爲末每服一錢溫水調下 乳癰 水櫸根生擂貼之其熱如火二貼即愈 反胃吐痰 櫸樹蕈五七個煎湯服即愈

○典故 衍 正月旦取櫸枝著戶以驅百邪 洛陽人家寒食插楊花 清明日所插簷櫸可止醬醋潮溢 支離叔與滑介叔觀於冥伯之丘崑崙之墟黃帝之所休

俄而柳生其左肘其意蹷蹷然惡之支離叔
曰子惡之乎滑介叔曰亡予何惡生者假借
也假之而生生者塵垢也死生爲晝夜且吾
與子觀化而化及我我又何惡焉【莊子】漢
上林苑中僵柳樹一朝復起生枝葉有蟲食
其葉爲字曰公孫病已立及昌邑廢更立宣
帝帝本名病已　漢苑中有柳狀如人號曰
人柳一日三起三倒故江賦云不比禁中人
柳終朝剩得三眠【詩話】漢張敞爲京兆尹
走馬章臺街街有柳終唐世曰章臺柳歲杜
詩京兆空市柳　韋維初爲省郎時蔣柳于
庭及其子虛心兄弟居郎省對之斂容【北史】
晉桓溫北伐行經金城見少爲琅琊時所
種柳皆已十圍慨然曰木猶如此人何以堪
因攀枝執條泫然流涕　謝安姪女道韞謝
奕女也雪下叔父安曰大雪紛紛何所似安

兒子曰撒鹽空中差可擬道韞曰未若柳絮
因風起【晉書】　陶侃鎮武昌性纖密類趙廣
漢嘗課諸營種柳都尉夏施盜官柳侃曰何
因盜來此種施惶恐謝罪　渤海公高熲孩
孺時家有柳高百尺許亭亭若車蓋里中老
父曰當出貴人後熲至宰相【隋書】　齊劉悛
之益州刺史獻蜀柳數株枝條甚長狀如絲
縷武帝植之于太昌雲和殿前嘗嗟翫曰楊
柳風流可愛似張緒當年　王敬則嘗使魏
于北館種楊柳後員外郎虞長曜北使還敬
則問我昔種楊柳今各大小長曜曰虜中以
爲甘棠【南齊書】　陳後主與張麗華遊後園
有柳絮點衣麗華請後主曰何能點人衣曰
輕薄物誠鄭意也麗華笑而不答　隋煬帝
自板渚引河達于淮海謂之御河河畔築街
道樹以柳名曰隋堤計一千三百里　書中

宗三月三日賜侍臣細柳圈言帶之免蠆毒
寒食日賜侍臣帖綵毬繡草宜臺　玄宗幸
建章見楊花點妃子衣曰似解人意　白尚
書樂天姬人樊素善歌妓小蠻善舞嘗爲詩
曰櫻桃樊素口楊柳小蠻腰及年既高邁而
小蠻方豐豔因爲柳枝詞以託意後宣宗聞
樂府唱柳枝詞有永豐南角荒園裏盡日無
人屬阿誰之句乃下勑移植于苑中故宋張
文潛詩永豐坊裡舊腰肢曾見青青初種時
盡道路傍離別恨爭教風絮不狂飛　李固
言未第時行古柳下聞有彈指聲固言問之
應曰吾柳神九烈君也已用柳汁染子衣矣
科第無疑得藍袍當以棗餻祀我固言許之
未幾狀元及第【三峯集】　宋憲聖時收楊花
爲冬日鞵韈褥之用　新栽柳樹必用泥
封其頭頗類比丘頂元伯玉宅前插柳初春
吐芽伯玉曰喜得漏春和尚一一無恙蓋取
杜子美漏泄春光有柳條之句【清異錄】　盧
文紀作楊花枕縫青繒充以柳絮一年一易
柳枝乃洛中里妓也因誦李義山燕臺詩
乃折楊結帶贈義山乞詩【義山集】　太原府
城西太守陳堯佐築堤植柳數萬有亭有閣
率郡僚上巳泛舟於此　平凉府城北柳湖
上宋守蔡挺建柳蔭平堤湖光可挹　寧州
治後明宋建蓮池柳巷花蹊蘭臯一郡勝地
也　予師帶溪曲公自西粵左轄入覲爲曲公名遷
予言西粵無柳僅藩司一株每吐絮則司中喬長山人
設席請三司賞柳以爲奇觀後以質之予同通政使
年唐兄抱一唐云豈止此某鄉紳園中仍有唐公名之
一株夫柳中土林立而粵西至此之異亦奇夔[illegible]人
花然則物之貴賤豈有定哉　陸瀾玉女名御史
娟能詩有代父送行一律云津亭楊柳碧毿

穩人醉東風酒半酣萬點落花舟一葉載將春色過江南後歸馬龍及將死悉焚其平日詩稿曰此非婦人事也夫婦人能文古今間亦有之若陸娟者工詩而不欲以詩名如此識見故非閨秀所及　河陽城南百姓王氏莊有小池池邊巨柳數株開成末葉落池中旋化爲魚大小如葉食之無味至冬其家有官事

○麗藻散語　性猶杞柳也【孟子】　折柳樊圃　菀彼柳斯【俱詩】　正月柳荑【大戴禮】　五沃之土宜柳【管子】

賦

志憂之餘垂條之木枝逶遲而含紫葉萋萋而吐綠出入風雲去來羽族既上下而好音亦黃衣而絳足蜩螗厲響蜘蛛吐絲階草漠漠白日遲遲於嗟細柳亂垂輕絲君王淵穆其度御群英而翫之小臣瞽聵於此陳詞於嗟樂兮於是鑄盈縹玉之酒爵獻金漿之醪庶羞千族盈滿綠庖弱絲青管與風霜並調鑰鍠啾唧蕭條寂寥隽乂英髦列襟聯袍小臣莫效於鴻毛空銜鱗而飲醪雖復河清海竭終無增景於邊榛【枚乘】

詩　四言

春風婆娑楊柳之陰林有黃鳥如歌如吟【陳眉公】

五言

弱柳蔭修衢【潘岳】　柳色黃金嫩【李白】　市橋官柳細　萋萋柳垂榮　仰蜂粘落絮　清秋凋碧柳【俱杜子美】　柳花閑度竹【韓愈】　飛綿亂上空【陳子昂】　春風生柳絮【賈島】　柳色生春天【孟浩然】　春陰妨柳絮【白樂天】　不惜倡園花還同大嶺雪【古詩】　暫出東門前楊柳可藏鴉　咸陽二三月宮楊黃金枝【俱李白】　天邊梅柳樹相見幾回新　紅入桃花嫩青歸柳絮新　江山如有待花柳更無私　步屧隨春風村村自花柳

手自移蒲柳家纔足稻粱　野花隨處發官柳著行新　退朝花底散歸院柳邊迷　冉冉柳枝碧娟娟花蕊紅　雪籬梅可折風榭柳微舒　白花簷外朶青柳檻前梢【俱杜甫】　鶯啼漢宮柳花隱杜陵煙【郎士元】　晴風吹柳絮新火起廚煙　撩亂舞晴空發人無限思【劉禹錫】　花稠低擁砌柳幔近當樓　雲薄宮城柳寒生露井桐　黃似鏡中眉花如關外雪【俱韋承慶】　邂逅一杯酒東風柳絮天【吳履齋】　輕袂楊花落遲裝燕子遺【賈秋壑】　柳條恒拂岸花氣欲熏舟【王鳳洲】　何許本是無情物南飛又北飛【僧子蘭】　最關人烏啼白門柳烏啼隱楊花君醉留妾家　垂楊拂綠水搖豔東風前花開玉關雪葉暖金窗煙　美人結長想對此心悽然攀條折春色遠寄龍庭前【俱李太白】　已帶黃金縷仍開白玉花長時須拂馬密處可藏鴉【[illegible]】　寒食少天氣春風多柳花倚樓心目亂不覺見樓鴉【杜少陵】　晴天黯黯雪來送青春暮無意似多情千家萬家去　輕飛不假風輕落不委地撩亂舞晴空發人無限思【俱劉夢得】　花明綺陌春柳拂御溝新爲報遼陽客流光不待人　分行接綺樹倒影入清漪不學御溝上春風傷別離【俱王維】　映池同一色逐吹散如絲結陰既得地何謝陶家時【張曲江】　人言折柳惡儂言折柳好偷向柳邊行識君去時道【孫蕡】　只道梅花發那知柳亦新枝枝總到地葉葉自關春紫燕時翻翼黃鸝不露身漢南應老盡灞上遠愁人【杜甫】　楊花三月暮撩亂送春歸盡日閑相逐無風亦自飛輕輕欄乳燕故故撲征衣莫上高樓望株株遍灞落暉【宋祁】　翠色連荒

岸烟姿入遠樓影鋪秋水面花落釣人頭
老藏魚窟枝低繫客舟蕭蕭風雨夜驚夢復
添愁〔魚玄機〕 萬里楊柳色出關送故
人輕煙拂流水落日照行塵積夢江湖闊憶
家兄弟貧徘徊灞亭上不語自傷春〔戴叔倫〕
一借河橋色長留水閣陰籠烟眉鎖黛颺
白縷黃金葉底三眠夢枝頭百囀音五株頻
對詠莫厭故園心〔[illegible]〕 三眠初作絮百
和欲成泥濤旋粘輕浪顛狂撲大堤青絲愁
綰結紅袖惜分攜河陽妝面好京兆畫眉低
莫以為郎薄時時 白門楊柳花滿店香〔李
戀故溪〔[illegible]〕

七言

〔白〕 南遊花柳塞長
安 雀啄江頭黃柳花 天晴宮柳暗長春
輕輕柳絮點人衣 顛狂柳絮隨風起
生憎柳絮白於綿〔杜甫〕 番軒弱柳萬條
新〔[illegible]〕 憑鶯說向楊柳道絆惹春風莫

放啼 葉含濃露如啼眼枝嫋輕風似舞腰
〔白樂天〕 柳條弄色不忍見梅花滿枝空
斷腸〔高適〕 江頭宮殿鎖千門細柳新蒲為
誰綠 元戎小隊出郊坰問柳尋花到野亭
〔杜甫〕 輕花細葉滿林端昨夜春風曉色
寒〔[illegible]〕 閶門風暖落花乾飛遍江城雪不
寒〔孫光憲〕 為問何如插楊柳明年飛絮作
浮萍 長恨漫天柳絮輕只將飛舞逐清明
〔蘇東坡〕 一春很緒空撩亂不是天生穩重
花〔[illegible]〕 依微謝女吟來雪零落襄王夢
裡雲〔[illegible]良〕 二月紛紛飛作雪白門啼殺
護兒鴉 回首有風當借舞落梅無笛可供
愁〔宋[illegible]文〕 花邊嬌軟粘蜂翅陌上輕狂
趁馬蹄〔[illegible]〕 章臺街裡翻輕吹灞水橋
邊送落暉〔[illegible]思公〕 風絮流花一任渠北窗
高臥綠陰初〔呂東萊〕 風前輕薄佳人命天

外飄零蕩子身〔[illegible]〕 行人自逐楊花
不是楊花肯送人〔陳長樂〕 落花飛絮春將
去斷雨零雲入暮寒〔[illegible]〕 飛花落絮滿
長安飲盡離杯度渺漫〔賈秋壑〕 楊柳若知
行客恨不教飛絮撲人衣〔王花洲〕 賦性太
輕難作主飄蹤無着易粘人〔陳[illegible]〕 堤邊
楊柳密藏鴉堤上遊人西髻丫〔張于湖〕 花
明柳媚一溪水日薄雲濃三月天〔王洪明〕
雙眉爭似庭前柳臘盡春來又放舒〔[illegible]〕
一碧玉妝成一樹高萬條垂下綠絲絛不知
細葉誰裁出二月春風似剪刀〔賀知章〕 渭
城朝雨浥輕塵客舍青青柳色新勸君更盡
一杯酒西出陽關無故人〔王維〕 隔溪楊柳
弱嫋嫋恰似十五女兒腰誰謂朝來不作意
狂風挽斷最長條 兩箇黃鸝鳴翠柳一行
白鷺上青天窗含西嶺千秋雪門泊東吳萬

里船〔杜甫〕 春城無處不飛花寒食春風
御柳斜日暮漢宮傳蠟燭輕烟散入五侯家
〔韓翃〕 城外春風漾酒旗行人揮袂日西時
長安陌上無窮樹惟有垂楊綰別離 花巷
煖隨輕舞蝶柔楊嬌柳艷妝人縈廻謝女題
詩筆點綴陶公漉酒巾 輕盈裊娜占年華
舞榭妝樓處處遮春盡絮飛留不得隨風好
去落誰家 煬帝行宮汴水濱數株殘柳不
勝春晚來風起花如雪飛入宮牆不見人〔[illegible]〕
〔劉禹錫〕 江雨霏霏江草齊六朝如夢鳥空
啼無情最是臺城柳依舊烟籠十里堤〔韋莊〕
楊子江頭楊柳春楊花愁殺渡江人數聲
風笛離亭晚君向瀟湘我向秦〔鄭谷〕 水邊
楊柳麴塵絲立馬煩君折一枝惟有春風最
相惜殷勤更向手中吹 楊柳含烟灞岸春
年年攀折為行人好風儻借低枝便莫遣青

綠拂路塵【楊巨源】灞岸晴來送別頻相
偎相倚不勝春自家飛絮猶無定爭把長條
絆得人【羅隱】一樹春風萬萬枝嫩於金色
軟如絲永豐坊裏東南角盡日無人屬阿誰
柳無力氣枝先動池有波紋水盡開今日
不知誰計會春風春水一時來【白居易】
永豐坊裏舊腰肢曾見青青初種時看盡道
邊離別恨爭教風絮不狂飛【張右史】銀毬
拋出翠烟深聚散高低不自禁飄去長教迎
暖日飛來深院怯春陰【王君玉】朝日殘鶯
伴妾啼開簾只見草萋萋庭前時有東風入
楊柳千條盡向西【劉禹錫】亂條猶未變初
黃倚得東風勢便狂解把飛花蒙日月不知
天地有晴霜【曾南豐】只道垂楊管別離楊
花一去不思歸浮踪浪跡無拘束飛到蛛絲
也不飛【楊誠齋】三月名園草色青萋回猶

聽賣花聲春光不管人憔悴飛絮紛紛弄晚
晴【趙信菴】柳漸成陰萬縷斜舞腰柔弱弄
韶華一庭春色無人管簷雨聲中飛盡花【顧】
【仲】若無筋力太輕柔何物如君得自由
微雨飄來成壁雪捲春歸去作飛毬【□□右】
短長亭外柳依依念我歸思未得歸粉蝶
不知行客恨也隨飛絮點征衣【□□】含烟
帶雨過平橋嫋嫋千絲復萬條張令當年成
底事風流纔似女兒腰【呂居仁】千林欲晴
稍秧雨三月尚寒花信風九節老節應不惜
步隨流水看幾紅【俞師邢】門前楊柳暗沙
汀雨濕東風未放晴點點落花春事晚青青
芳草暮愁生【□□逸】綠嫩還看更碧柔非
烟非霧暗妝墻高不使花飛過却似浮萍
由御溝【□□□】鬧倚闌干看柳條可憐渾
似謝家飛絮東風何處吹桃李空費心情學舞

腰【□□】老樹臨風葉□□一□□□□□□
陽別君何必折楊柳只此秋聲也斷腸【□□】
【□】河橋楊柳半無枝多爲行人贈別離羌
虜不知蕭索盡月明猶向笛中吹【吳□】曉
來扶病鏡臺前無力梳頭任髻偏消瘦渾如
江上柳東風日日起還眠【□□】宮柳垂垂
拂苑墻啼鶯驚夢暗心傷起來羞見空中絮
也得隨風入御床【□□】青山隱隱水迢迢
迢客夢都隨歲月消惟有別時今不忘冰邊
楊柳赤闌橋【□□】春歸禁柳綠參差葉葉
含烟樹樹垂怕有長條迷鳳輦臨風折盡向
南枝【□□】按轡營中次第新□□門外幾
番春坐憐灞水橋邊樹不解迎人解送人【□】
【□□□】昨夜承恩宿未央羅衣猶帶御
爐香芙蓉帳小銀屏暗楊柳風多水殿涼【□】
【□□】欲續停針轉愁郎聲對小窗腸垂楊

若心莫逐隨風絮空葉相思柳帶長【□□□】
綠柳依依夾岸斜一泓新漲映春霞池邊
不□開桃李只恐東風怨落花【周□□】柳
絮□狂不肯歸等閑東去復西飛我身也自
無歸着莫教風吹上妾衣【□□□】秦淮柳
色弱於絲十里烟花漾蕩時明月一灣開水
閣何人吹徹玉參差【□□□】柳葉沉沉蘆
笋肥碧湖青草鷺鷥飛桃花一樹魚三尺不
醉月明人不歸【□□□】一片潮聲下石頭
江亭送客使人愁可憐垂柳絲千尺不爲春
江綰去舟【□□□】二月郊南柳色春淡雲
晴靄動芳晨霏霏花氣偏隨酒嫋嫋鶯歌解
和人野航醉乘明月渡芳洲情與白鷗馴武
陵溪水今無許笑逐桃花欲問津【曾大章】
泥融沙漲雪痕消到處芳菲着舊條隔水半
藏青雀舫迎風斜倚赤闌橋樓頭人醉初攢

笛濤口春陰不上潮啣食柴桑歸去久五柳
門外已飄楊　柳絲燕子故飛楊杜若蘼蕪
接袖香毎過可憐寒食節回思真負少年場
春深臉怯花時雨老去情銷鏡裏霜此日風
光偏淡奧酒杯到手莫辭忙　翠條金穗舞
娉婷野渡津頭驛外亭啼鳥踏來枝太嫩春
風扶起態沉冥黃河氷破初回綠紫塞沙寒
不放青此日深閨游子婦只愁飄泊逐浮萍
　東風淡蕩影徘徊斂態凝愁傍落梅疎翠
護枝披早靄綻黃粘凍候輕雷此時稽鍜陰
全溥幾夜羗吹花不開依舊西京春月色何
人走馬過章臺　俱東白公　天津御柳碧遥
遥軒騎相從半下朝行樂光輝寒日借太平
歌舞晚春饒紅妝樓下東趨輦青草洲邊南
渡橋坐見司空掃西第看君侍從落花朝　溫
庭筠　條風一夜作回杮黛色和煙半有無

玄灞柔條堪繫馬白門疎影不藏烏樓頭寒
映羅衣薄曲裏風驚紫塞孤春水緣波春草
碧等閑芳歲莫教徂　徐茂吳　弱植驚春悉
自傷暮來翻遣思攸揚曾飄綺陌隨高下敢
拂朱欄競短長縈砌乍飛還乍舞撲池如雪
又如霜莫令岐路頻攀折漸擬清陰到画堂

徐□□　吳郡人□　進士□□　司理

薛□　隨風墜露事輕儇巧占人間欲夏天
只恐障空飛似雪從教撩亂白如綿未央宮
裡粘歌袖楊子江濱惱客船老去強看愁底
事昏花滿眼意泓然　張雲叟　楊柳千條拂
面絲綠烟金穗不勝吹香隨靜婉歌塵起影
伴嬌嬈舞袖垂羗管一聲何處曲流鶯百囀
最高枝千門九陌花如雪飛過宮墻兩不知
溫庭筠　春思春愁一萬枝遠村遥岸寄相
思西園有雨和苔長南內無人拂檻垂遊客
寂寥誠遠恨暮鶯啼叫惜芳時晚□飛絮□

霜髩恐爲多情管別離　周□□　東風宛轉
柳條新攀折初榮贈玉人眉翠正逢三月望
絲長能繫百年春輕撩燕子昭陽舞低拂梭
花洛水神唱罷新翻芳樹曲半遮歌扇一含
顰　張祥鳶　拂地長翻綺陌塵弄晴偏學黛
眉顰三眠弱縷深如冪一抹輕綃黯未勻嫩
入紫騮難辨影坐來黃鳥易藏身千條青瑣
還能記御氣氤氳曉色新　淺綠輕黃半吐
姿長堤曲沼萬垂絲纔消凍水先窺眼乍着
條風已放眉陌上折來偏弄色樓頭望去轉
縈思一年一報芳菲節謾向河橋怨別離　俱
申遥泉　灞橋無恙綰離憂忽見揚鞭紫陌
頭學舞腰肢防妾妒含顰眉黛爲君愁藏鴉
門外條空結繫馬堤邊葉正柔古道羗城慣
吹笛懸知心已在封侯　鄭之文　春晴乍被
柳相扶費盡支持不自聊作意將來看眼媚

關情偏可惹魂消瘦猶含態驕梅格賤故掩
寒帶雪條漫較踈黃與深綠好風吹綻看明
朝　范　君不見門前柳榮耀暫時蕭索久君
景文　行　不見陌上花狂風吹去落誰家鄰家
思婦見之歎蓬首不梳心歷亂盛年夫
壻長別離歲暮相逢色凋換　賀蘭進明　詞　柳塘
新漲艇子操雙槳閑倚曲樓成悵望是處春
愁一樣○傍人幾點飛花夕陽又送樓鴉試
問画樓西畔暮雲恐近天涯　呂居仁清平樂
　愛日輕明新雪後媚眼星星漸欲穿窗牖
不待長條傾別酒一枝已入離人手○淺淺
柔黃輕臘透過盡冰霜便與春爭秀強對青
銅簪白首老來風味難依舊　蠶蠶黃金初
脫後暖日飛綿取次粘窗牖不見長條低拂
酒贈行應已輸先手○鶯擲織金梭飛不透小
樹危樓處處添奇秀何日隋堤縈馬首路長

人倦空思舊【俱周美成】【[illegible]花】柳陰庭館占風光呢喃清晝長碧波新漲小池塘雙雙蹴水忙○萍散漫絮飄颺輕盈體態狂爲憐流去落紅香銜將歸畫梁【曾純甫阮郎歸】燕忙鶯懶芳殘正堤上柳花飄墜輕飛亂舞點畫青林全無才思閑趁遊絲靜臨深院日長門閉傍珠簾散漫垂垂欲下依前被風扶起○蘭帳玉人睡覺怪春衣雪霑瓊綴繡床旋滿香毬無數纔圓却碎時見蜂兒仰粘輕粉魚吞池水望章臺路杳金鞍遊蕩有盈盈淚【章質夫水龍吟】似花還似非花也無人惜從教墜拋家傍路思量却是無情有思縈損柔腸困酣嬌眼欲開還閉夢隨風萬里尋郎去處又還被鶯呼起○不恨此花飛盡恨西園落紅難綴曉來雨過遺踪何在一池萍碎春色三分二分塵土一分流水細看來不是楊花點點是離人淚【蘇東坡水龍吟】日高睡起又怯見柳稍飛絮倩誰說與年年相攙却又因他相誤南北東西何時定看碧沼青萍無數念蜀郡風流金陵年少那尋張緒○應許雪花比並攬簾推戶更羽綴遊絲穠鋪小逕腸斷鶯鳩喚雨舞態顛狂眠腰輕怯散了幾迴重聚空牋想昔日長亭別酒[illegible]能催去【[illegible]又二郎神】

【楊】有二種一種白楊葉芽時有白毛裂之及盡展似梨葉而稍厚大淡青色背有白茸毛蒂長兩兩相對遇風則簌簌有聲人多植之墳墓間樹聳直圓整微帶白色高者十餘丈大者徑三四尺堪棟梁之任一種青楊樹比白楊較小亦有二種一種梧桐青楊身亦聳直高數丈大者徑一二尺材可取用葉似杏葉而稍大色青綠其一種身矮多岐枝不堪大用北方材木全用楊槐榆柳四木是以人多種之楊與柳自是二物柳枝長脆葉狹長楊枝短硬葉圓闊迥不相侔而譜家多將楊柳混稱甚至稱爲一物者緣南方無楊故耳柳性耐水楊性宜旱諸書所言水楊蓋水柳之譌也惟垂柳作垂楊據小說係隋煬賜姓未知信否至於春月飛絮落水作萍亦與柳同但其毬頗粗大耳性苦平無毒飢歲小民取其葉煑熟水浸去苦味用以充飢

○種植白楊伐去大木根在地中者遍發小條候長至栗子核桃粗春月移栽勤澆之栽青楊於春月將欲栽樹地挑溝深一尺五六寸寬一尺長短任意先以水飲透次日將青楊枝如棗栗粗者利刀斫下仍截作二尺長段密排溝內【[illegible]出溝外二三寸】加土堆平

桑實數日後方可澆水候芽長二寸澆爲妙長
至五六尺擇其密者刪之既可作柴又使易
長種十畝歲不慮乏柴及長至徑四五寸便
可取作屋材用留端正者長爲大用每年春
月仍可修其冗枝作
柴而樹身日益高大

○附錄黃楊 木理細膩枝榦繁多性堅緻難長
歲長一寸閏月年反縮一寸葉小
而厚色青微黃世重黃楊以其無火以水試
之沉則無火取此木必于陰晦夜無一星伐
之爲枕不裂 東坡詩曰園中草木春無數
只有黃楊厄閏年 考之爾雅桐荚菰皆厄
閏不獨
黃楊

○療治 金瘡苦痛 乳癰諸腫 楊木白皮炙炒碾
末水服方寸匕仍傅之日三 妊娠下

痢白楊皮一斤水一斗煮取二升分三服
項下癭氣秫米三斗炊熟取圓葉白楊皮十
兩勿令見風切片水五升煮取二升漬麴末
五兩如常釀酒每日一盞日再 久痢赤白
青楊枝葉擣汁一升日二大效 口吻爛瘡
白楊嫩枝鐵上燒灰和脂傅之 腹痛癖堅
如石積年不瘥用白楊木東枝粗皮避風細
剉五升淋訖絹袋盛滓還納酒中密封再宿
每服一合日三 面色不白白楊皮十八兩
桃花一兩白瓜子仁三兩爲末每服方寸匕
日三服五十日面及手足皆白 撲損瘀血
白楊皮煎湯服 婦人血崩執楊灰半斤牡
丹皮四兩煎服 牡蠣煅各一兩每用一兩
酒二鍾煎一鍾食前服 毒風腳氣腫四肢
緩弱不隨毒氣游移在皮膚中白楊皮酒漬
服 風痹宿血折傷血瀝在骨肉間痛不可

忍及皮膚風瘙腫白楊皮同五木煎湯浸之
牙痛白楊皮醋煎含漱 口瘡漿水煎白
楊皮入
鹽含漱

○麗藻散語 枯楊生稊老夫得其女妻无不利
枯楊生華老婦得其士夫无咎无
譽 易 東門之楊其葉牂牂東門之楊其葉
肺肺 詩 楊花入水經宿化爲浮萍 東坡

詩五言 白楊亦蕭蕭 腸斷白楊聲 李太白
楊花覆白蘋 杜子美 白楊多悲
風蕭蕭愁殺人 古詩 芳草連山碧垂楊近
水多 馮延巳 楸成多自惜夢好却成悲不
及楊花意春來 枯楊枯楊爾生稊 李太
到處飛 侯夫人 白 折楊春事到楊

七言
花 吳僧空 曉鶯啼斷綠楊枝 楊徑楊花
飛白氈 俱杜子美 楊花榆荚無才思惟解

漫天作雪飛 韓退之 長安白日照春空綠
楊結烟垂裊風 李太白 百花長恨風吹落
惟有楊花獨愛風 [illegible] 莫歎春到荼蘼盡
更有楊花落後飛 [illegible] 惟有楊花思空
閨正零落處是開時 [illegible] 閨中少婦不
知愁春日凝妝上翠樓忽見陌頭楊柳色悔
教夫婿覓封侯 王昌齡 秦淮女兒歌柘枝
隔淮女兒唱新詞聲聲互荅綠楊裏正是離
人腸斷時 [illegible] 碧水東流無限春情家
宮苑盡成塵行時莫上長堤望吹起楊花愁
殺人 [illegible] 風送楊花滿繡床飛來紫燕亦
成雙閒人正在停針處笑嚼殘絨唾碧窗
踈踈簾影漾微波庭戶無人鳥自過一樹楊
花三日雨池塘春水綠萍多 俱楊基 立盡
東風草色青鶴啼日落暮愁生江流不斷春
雲合一樹垂楊萬里情 曹大章 谷門斜傍

晴山開楊柳陰陰護綠苔何處畫船晴雨外綺羅風裡載春來【吳寬春】 華屋沉沉乳燕飛綠楊深處囀黃鸝疎簾不捲薰風在坐看庭花日影移【蘇東坡賀新郎】 二月楊花輕復微春風搖蕩惹人衣他家本是無情物一向南飛又北飛【薛濤】 北斗南迴春物老紅英落盡綠尚早韶風澹蕩無所依偏惜垂楊作春好此時可憐楊柳花縈盈豔曳滿人家人家女兒出羅幌淨掃玉除待花落寶環纖手捧更飛翠羽輕裾承不着歷歷瑤琴舞袖陳飛紅拂黛憐玉人東園桃李芳巳歇猶有楊花嬌暮春【雷[illegible]】 詞騁起流鶯語掩蒼苔房朧向曉亂紅無數吹盡殘花無人問惟有楊花自舞漸暝靄初回輕暑寶扇重尋明月影暗塵侵尚有乘鸞女驚舊恨鎮如許○江南夢斷衡皐渚浪粘天蒲萄漲綠半空烟雨

無限樓前滄波意誰採蘋花寄取但悵望蘭舟容與萬里雲帆何時到送孤鴻目斷千山阻誰為我唱金縷【葉夢得賀新郎】 渺口虛無小船點點如飛燕遠山難辨又隔垂楊線○浪拍空花徵釣心情倦佳人倩花枝飄散未許偕鱗見【陳眉公點絳唇】

【皂角】一名皂莢一名烏犀一名懸刀一名鷄棲子所在有之樹高大葉如槐葉瘦長而尖枝間多刺夏開細黃花結實有三種一種小如猪牙一種長而肥厚多脂而粘一種長而瘦薄枯燥不粘以多脂者為佳不結實者鑿一孔入生鐵三五斤泥封之即結性辛鹹溫有小毒通關節破堅癥通肺及大腸氣治咽喉痺塞痰氣喘咳風癘疥癬下胞衣墮胎

○子 辛溫無毒導五臟風熱 仁 治風熱大腸虛秘瘰癧腫毒疥癬 黃心 治膈痰吞酸能消人腎氣 刺 辛溫無毒治癰腫妬乳風癘惡瘡殺蟲下胎衣

○採取 樹多刺難上采時以篾箍其樹一夕盡落 修製 莢 取赤肥不蛀者新汲水浸一宿銅刀削去粗皮以酥炙復炙透去子弦每一兩酥五錢又有蜜炙絞汁燒灰之異用者照本方 子 揀圓滿堅硬不蛀者瓶煮熟剝去硬皮取向裡白肉兩片去黃以銅刀切晒用 禁忌 皂角與鐵有相感處鐵碓搥皂角既自損鐵碾碾久則成孔鐵鍋爨之多爆片落

○製用 辟暑久雨時皂莢合蒼朮燒烟避瘟疫邪濕氣 皂莢浸酒中取盡其精煎成膏塗帛上貼一切腫痛 子炒舂去赤皮水浸軟煮熟糖漬食疎導五臟風熱 肥皂莢煮熟搗爛和白麵及諸香作丸澡身面去垢而膩潤

○療治 中風口噤涎潮壅上皂角一挺去皮猪脂塗炙黃色為末每服一錢湯酒調下氣壯者二錢以吐出風涎為度 中風口喎皂角五兩去皮為末三年醋和之左喎塗右右喎塗左乾更上之 中暑不省皂莢一兩燒存性甘草一兩微炒為末溫水調一錢灌

之　鬼魘不寤皂角末刀圭吹鼻能起死人
自縊將絶皂角末吹鼻中　水溺卒死一
宿者尚可活紙裹皂莢末納下部須臾出水
即活　急喉痺塞逡巡不救皂莢生研末每
以少許點患處外以醋調厚封項上須臾便
破出血即愈或挼水灌之亦良　又方用皂
角肉半截米醋半盞煎七分破出膿血即愈
咽喉腫痛牙皂一挺去皮米醋浸炙七次
勿令太焦爲末每吹少許入咽吐涎即止
治諸風取痰如神大皂角半斤去皮子以蜜
四兩塗上用火炙透搥碎熱水浸一時挼取
汁慢火熬成膏入麝香少許攤在夾綿紙上
晒乾剪作紙花每用三四片入淡漿水一小
盞中洗淋下以筒吹汁入鼻內待痰涎流盡
吃脂麻餅一箇涎盡即愈立效　風邪癇疾
皂莢燒存性四兩蒼耳葉根莖日乾四兩密

陀僧一兩爲末成丸梧子大硃砂爲衣每服
二四十丸棗湯下日二服稍退只服二十丸
名抵住丸　一切痰氣皂莢燒存性蘿蔔子
炒等分姜汁入煉蜜丸梧子大每服五六十
丸白湯下　胸中痰結皂莢三十挺去皮切
水五升浸一夜挼取汁慢火熬至可丸丸如
梧子大每食後鹽漿水下十丸　又用半夏
醋煮過以皂角膏和匀入明礬少許以柿餅
搗膏丸如彈子嚼之　咳逆上氣唾濁不得
臥皂角炙去皮碾末蜜丸梧子大每服一丸
棗膏湯下日三夜一　卒寒咳嗽皂莢燒研
豉湯服一錢　牙病喘息喉中水鷄鳴用肥
皂莢兩挺酥炙取肉爲末蜜丸豆大每服一
丸取微利爲度不利更服一日一服　腫滿
入腹脹急皂莢去皮子炙黃爲末酒一斗石
器煮沸服一升日三　二便關格用皂莢燒

研粥飲下三錢立通　偏癖脹滿不蛀皂
角去皮子醋塗炙焦爲末一錢巴豆七枚去
油膜以淡醋研好墨和丸麻子大每服三丸
食後陳橘皮湯下日三服隔一日增一丸以
愈爲度　胸腹脹滿欲令瘦者猪牙皂角相
續量長一尺微火煨去皮子擣篩蜜丸大如
梧子服時先吃羊肉兩臠汁三兩口後以肉
汁下藥十丸以快利爲度覺得力更服以利
清水即止藥瘥後一月不得食肉及諸油膩
身面赤腫洪滿用皂莢去皮炙黃剉三升
酒一斗漬透煮沸每服一升日三　卒熱勞
疾皂莢續成一尺以土酥一大兩微塗緩炙
酥盡擣篩蜜丸梧子大每服空腹飲下十五
丸漸增至二十丸重者不過兩劑愈　急勞
煩熱體瘦皂莢皂莢樹皮皂角刺各一斤同
燒灰以水三斗淋汁再淋如此三五度煎之

候火凝入麝香末一分以童子小便浸蒸餅
丸小豆大每空心溫水下七丸　脚氣腫痛
皂角赤小豆爲末酒醋調貼腫處　傷寒初
得不問陰陽以肥皂莢一挺燒赤爲末水五
合和頓服之陰病極效　時氣頭痛煩熱用
皂角燒研新汲水一盞姜汁蜜各少許和二
錢服之先以煖水淋浴後服藥取汗即愈
卒病頭痛皂角末吹鼻取嚏　腦宣不止不
蛀皂角去皮子蜜炙搥碎入水挼取濃汁熬
成膏嗅鼻口內咬住良久涎出爲度　風熱
牙痛皂角一挺去子入鹽滿殼白礬少許黄
泥固濟燒研日擦之　揩牙烏鬚大皂角二
十挺以姜汁地黃汁蘸炙十遍爲末日用揩
牙甚妙　大腸脫肛不蛀皂角五挺搥碎水
挼取汁二升浸之自收上收後以湯盪其腰
肚令皂角氣行則不再發以皂角去皮酥炙

爲末棗肉和丸米飲下三十丸　下部䘌瘡
皂莢燒礬綿裹導之　外腎偏疼皂角和皮
爲末水調傅之良　便毒腫痛皂角炒焦水
粉炒等分礬末以熱醋調攤貼患處頻以水
潤之即效　便毒癰疽皂角一條醋熬膏傅
之屢驗　婦人吹乳用猪牙皂角去皮蜜炙
爲末酒服一錢　又詩云婦人吹奶法如何
皂角燒灰蛤粉和熱酒一杯調八字管教時
刻笑呵呵　疔瘡惡瘡皂角去皮酥炙焦爲
末入麝香少許人糞少許和塗五日後根出
　小兒頭瘡粘肥及白禿用皂角燒黑爲末
去痂傅之不過三次即愈　小兒惡瘡皂莢
水洗拭乾以芝麻油搗爛塗之　足上風瘡
作痒甚者皂角炙熱烙之　大風諸癩長皂
角二十條炙去皮子以酒煎稠濾過候冷入
雪糕丸梧子大每酒下五十丸　積年疥瘡

猪肚内放皂角煮熟去皂角食之　射工水
毒生瘡皂莢長尺二者苦酒一升煎汁熬如
飴塗之　咽喉骨哽猪牙皂角二條切碎生
絹袋盛縫滿線縛頂中立消　魚骨哽咽皂
角末吹鼻取嚏　九里蜂毒皂莢鑽孔貼叮
處艾灸孔上三五壯即安　腎風陰痒以稻
草燒皂角烟熏十餘次即止　下痢不止諸
藥不效服此三服宿垢去盡即變其色屢驗
皂角子瓦焙爲末米糊丸梧子大每服四五
十丸陳茶下　腸風下血皂角子槐實一兩
用占穀糠炒香去糠爲末陳粟米飲下一錢
名神效散　裹急後重不蛀皂角子米糠炒
過枳殻炒等分爲末飯丸梧子大每米飲下
三十丸　小兒流涎脾熱有痰皂莢子仁半
兩半夏姜湯泡七次一錢二分爲末姜汁丸
麻子大每溫水下五丸　風蟲牙痛皂角子

末綿裹彈子大兩個醋煮熱更互熨之日三
五度　粉滓面䵟皂角子杏仁等分研勻夜
以津和塗之　便癰初起皂角子七個研末
水服效　一方照年歲吞之　一切疔腫皂角
子仁作末傅之五日愈　年久瘰癧用不蛀
皂角子一百粒米醋一升硇砂七錢同煮乾
炒令酥看瘰子多少如一个服一粒十个服
十粒細嚼米湯下酒浸煮熟亦可虛人不可
用硇砂也　小兒重舌皂角刺灰入朴硝或
腦子少許漱口摻入舌下涎出自消　小便
淋閉皂角刺燒存性破故紙等分爲末無灰
酒服　腸風下血便前近腎肝便後近心肺
皂角刺灰二兩胡桃仁破故紙炒槐花各一
兩爲末每服一錢米飲下　風傷久不已而
下痢膿血日數十度用皂角刺枳實麸炒槐
花生用各半兩爲末煉蜜丸梧子大每服三

十丸米湯下日三　胎衣不下皂角刺燒爲
末每服一錢溫酒調下　婦人乳癰皂角刺
燒存性一兩蚌灰一錢和研每服一錢溫酒
下　產後乳汁不泄結毒皂角刺蔓荆子各
燒存性等分爲末每溫酒服二錢　腹內生
瘡在腸臟不可藥治者取皂角刺不拘多少
好酒一碗煎至七分溫服其膿血悉從小便
中出極效不飲酒者水煎亦可　瘡腫無頭
皂角刺燒酒服三錢嚼葵子三五粒其處如
針刺爲效　癌瘭惡瘡皂角刺燒存性研勻
及少許爲末傅之　大風癘瘡用黃蘗末皂
角刺灰各三錢研勻空心酒服取下虫物並
不損人食白粥兩三日服補氣藥數劑名神
效散如血肢腫用鍼刺出水再服忌一切魚
肉發風之物取下蟲大小長短其色不一約
一二升其病乃愈　髮背不潰皂角刺麥麩

炒黃一兩綠荳炒二兩甘草半兩爲末每服一大錢酒一盞乳香一塊煎七分去渣溫服　肺風惡瘡癩痒用皂莢根皮秋冬采如羅紋者陰乾炙黃白蒺藜炒黃芪人參枳殼炒甘草炙等分爲末沸湯每服一錢　產後腸脫皂角樹皮半斤皂角核一合川楝樹皮半斤石蓮子炒去心一合爲粗末以水煎湯乘熱以物圍定坐熏洗之挹乾便喫補氣丸藥一服仰睡　腸風下血獨子肥皂燒存性一片爲末糊丸陳米飲下　下痢禁口肥皂莢一枚以鹽實其內燒存性爲末以少許入白米粥內食之即效　風虛牙腫老人腎虛或因凉藥擦牙致痛用獨子肥皂以青鹽實之燒存性研末摻之或入樟腦十五文　頭耳諸瘡眉癬燕窩瘡并用肥皂煅存性一錢枯礬一分研勻香油調搽　小兒頭瘡因傷湯水成膿出水不止肥皂燒存性入膩粉麻油調搽　癩痢頭瘡不拘大人小兒用獨核肥皂去核塡入沙糖入巴豆二枚紮定鹽泥包煅存性入檳榔輕粉五七分研勻香油調搽先以灰汁洗過溫水再洗拭乾乃搽一宿見效不須再洗　癬瘡不愈以川槿皮煎湯用肥皂去核及內膜浸湯時時搽之　便毒初起肥皂搗爛傅之甚效　玉莖濕癢肥皂一个燒存性香油調搽即愈

【典故】元祐五年自春至秋蘄黃二郡人患喉痺十死八九速者半日一日而死黃州推官潘昌得黑龍膏方救活數十人其方治九種喉痺急喉痺纏喉風結喉爛喉遁蟲蟲蝶重舌木舌飛絲入口用大皂莢四十挺切水三斗浸一夜煎至一斗半入人參末半兩

甘草末一兩煎至五升去滓入無灰酒一升釜煤二匕煎如餳入瓶封埋地中一夜每溫酒化下一匙或掃入喉內取惡涎盡爲度後含甘草片【傷寒總病論】凡人卒中風昏昏如醉形體不收或倒或不倒或口角流涎斯須不治便成大病此證風涎潮於上胸痺氣不通宜用救急稀涎散吐之皂莢肥實不蛀者四挺去黑皮白礬光明者一兩爲末每用半錢重者三字溫水調灌不大嘔吐只是微微稀冷涎或出一升二升當待惺惺乃用藥調治不可便大吐之恐過劑傷人累效不能書述【家傳秘寶方】左親騎軍崔言一旦得大風惡疾雙目昏盲眉髮自落鼻梁崩倒勢不可救遇異人傳方用皂角刺三斤燒灰蒸一時久日乾爲末食後濃煎大黃湯調一匕飲之一旬眉髮再生肌潤目明後入山修道不知所終【神仙傳】

【女貞】一名貞木一名蠟樹處處有之以子種而生最易長樹似冬青葉厚而柔長而青背淡長者四五寸甚茂盛凌冬不凋人亦呼爲冬青五月開細花青白色花甚繁九月實成似牛李子纍纍滿樹生青熟紫木肌白膩立夏前後取蠟蟲種子裹置枝上半月其蟲化出延緣枝上造成白蠟民間大獲其利女貞實

氣味苦平無毒補中明目强陰安五臟養精神健腰膝除百病變白髮久服令人肥健輕身不老葉除風散血消腫定痛治頭目昏痛諸惡瘡腫

○辨訛人因女貞冬茂亦呼爲冬青不知女貞葉長子黑冬青葉圓子紅枸骨與女貞亦相似女貞即俗呼蠟樹者冬青即俗呼凍青樹者枸骨即俗呼猫兒刺者葢三樹也

○種植栽女貞畧如栽桑法縱横相去一丈上下則樹大力厚若相去六七尺太逼須糞壅極肥歲耕地一再過有草便鋤之令枝條壯盛即蠟多子亦可種巴蜀種其子漬漸米水中十餘日漉去膚種之蠟生則近附伐去發肄再養蠟養一年停一年採蠟必伐木無老榦

寄虫

虫微時白色大如蟣虱作蠟及老則赤黑色乃結苞於樹枝初若黍米大入春漸長大如雞頭子紫赤色纍纍抱枝宛若樹之結實葢虫將遺卵作房正如雀甕螵蛸之類俗呼爲蠟種亦曰蠟子子內皆白卵如細蟣一包數百凡寄子皆于夏前三日內從樹上連枝剪下去餘枝獨留寸許令抱木或三四顆乃至十餘顆作一簇或单顆亦連枝剪之剪訖用稻穀浸水半日許漉取水剝下蟲顆浸水中一刻許取起用竹箬虛包之大者三四顆小者六七顆作一包韌草束之置潔淨甕中若陰雨頓甕中可數日天熱其子多迸出宜速寄之寄法取箬包剪去角作孔如小豆大仍用草繫之樹枝間其子

須視枝小大斟酌之枝大如指者可寄枝太細榦太粗者勿寄寄後數日間鳥來啄箬包覓取子勤驅之天漸暖蟲漸出包先緣樹上下行若樹根有草即附草不復上又防蟻食虫故樹下須芟刈極淨次行至葉底棲止更數日復下至枝條嚙皮入咂食其脂液因作花狀如凝霜

取蠟

凡採蠟樹上如凝霜謂之蠟花須看花老嫩太嫩不成蠟太老不可剝大約處暑後剝取謂之蠟滓剝時或就樹或剪枝俱先洒水潤之則易落次取蠟花投沸湯中融化傾入細囊濾別鍋中別鍋亦注沸湯濾盡殺去滓乘熱投入繩套子則凝聚成塊碎之文理如白石膏而瑩徹或以粗布蒙甑口置蠟布上甑內安一器甑下加火蒸化入器中待成塊取之其滓盛以絹囊投熱油中則蠟盡油可爲燭蠟花取時不宜盡留待明年又生子過白露則蠟花粘住難剝蟲白蠟純用作燭勝他燭十倍若以和他油不過百分之一其燭亦不淋爲用甚廣多植無害唐宋以前澆燭入藥所用白蠟皆蜜蠟此蟲白蠟自元以來人始知之今則爲日用物矣四川湖廣滇南閩嶺吳越東南諸郡皆有之以川滇衡永產者爲勝

息樹

女貞放蠟有二種有自生者有寄子者自生者初時不知蟲何來忽遍樹生白花取用煉蠟明年復生蟲子向後恒自傳生若不覺寄放樹枯則已若解放者傳寄無窮寄子者取他樹之子寄此樹之上也其法或連年或停年或就樹或伐條若樹盛者連年就樹寄之俟稍衰頓即斟酌停年以休其力培壅滋茂仍復寄放即宋氏雜部所謂養一年停一年者也伐除者取樹栽徑寸以上者種之俟盛長

枝上生脂如霜雪人謂之花

待其生蠟即離根三四尺截去枝幹收蠟手下壅冬月再壅明年旁長新枝茸蘖以後恒擇去繁冗令再直達又明年亦復修理恒加培壅第三年可放蠟子更三年仍剪去枝如條桑法如是無窮此所謂經三年停三年者也

○**療治** 虛損百病久服髮白再黑返老還童女貞實十月上巳日收陰乾用時以酒浸一日蒸透曬乾一斤四兩旱蓮草五月收陰乾十兩為末桑椹三月收陰乾十兩為末煉蜜丸梧子大每服七八十丸淡鹽湯下若及時收桑椹旱蓮草搗汁和藥即不用蜜 風熱青眼冬青子不拘多少搗熬膏淨瓶收固埋地中七七日每用點眼 女貞丹 女貞子揀淨酒浸一日夜布擦去皮曬乾為末取旱蓮草數石搗汁熬濃和丸梧子大每夜酒送百丸旬日間膂力倍加老者即不夜起烏白髮強腰膝起陰氣 腳瘡潰爛久者以水煮葉乘熱貼之頻頻換易米醋煮亦可 口舌生瘡及舌腫脹女貞葉搗汁含漱吐涎即愈

○**典故** 女貞木乃少陰之精故冬不落葉觀此則益腎之功尤可推 典術 魯有處女見女貞木而作歌 琴操

○**麗藻** 散語 泰山多貞木 山海經 頌 女貞之木一名冬青負霜葱翠振柯淩風故清士欽其質而貞女慕其名 蘇彥

烏臼 一名鵶臼樹高數仞葉似小杏葉而微薄淡綠色五月開細花色黃白實如雞頭初青

[illegible]具分三瓣八九月熟炸之如胡麻子汁味如豬脂南方平澤甚多根皮味苦微溫有毒治頭風通二便慢火炙令脂汁盡黃乾後用子涼無毒壓汁梳頭變白為黑炒作湯下水氣易生易長種之佳者有二曰葡萄臼穗聚子大而穰厚曰鷹爪臼穗散而殼薄臨安人每田十數畝田畔必種臼數株其田主歲收臼子便可完粮如是者租輕佃戶樂種謂之熟田若無此樹于田收粮租額重謂之生田江浙之人凡高山大道溪邊宅畔無不種亦有全用熟田種者樹大者或收子二三石忌近魚塘令魚黑且傷魚

○**製用** 採臼子在中冬以熟為候採須連條剝之但留指大以上枝其小者總無子亦宜剝去則明年枝實俱繁盛剝刀長三四寸廣半寸形如却月鈎刃在鈎內以竹木竿為柄令刃向上剝時向上鐃之不傷枝幹剝下枝仍充燎爨揀取淨子曬乾入臼舂落殼白穰篩出蒸熟作餅下榨取油如常法即成白油如蠟以製燭若穰少不滿一榨即作餅入

他油餅中雜搾之榨下盛油餅中間一[illegible]候清出冷定白油即凝附草帚不雜他油其篩出黑子石磨礱礲碎簸去殼存下核中仁復磨或碾細蒸熟榨油如常法即成清油然煙極明塗髮變黑又可入漆可造傘凡製燭每白油十斤加白蠟三錢則不淋蠟多更佳常時肆中賣者白油十斤雜清油十斤白蠟不過一二錢其燭易淋妝子一石可得白油十斤浙中一畝之宮但有樹數株生平膏油足用不復市買用油之外其查仍可壅田可燎爨可宿火其藥可染皂其木可刻書及雕造器物且樹久不壞至合抱以上妝子愈多故一種即爲子孫數世之利

○接博　子種者須接之乃可樹如杯口大即可接大至一兩圍亦可接但樹小低接樹大高接耳接須春分後數日法與雜果同聞之山中老圃云臼樹不須接博但于春間將樹枝一一捩轉碎其心無傷其膚即生子與接博者同詳之良然若地遠無從取佳貼者宜用此法此法農書未載農家未聞恐他樹木亦然宜逐一試之

○療治　小便不通烏臼根皮煎湯飲之　大便不通烏臼木根方長一寸劈破水煎半盞服之立通不用多喫其功神聖兼能取水利水通腸功勝大戟一野人病腫滿氣壯令搗此根搗爛水煎服一碗連行數次而病平氣虛人不可用太平聖惠方言其功神聖但不可多服誠然　二便關格二三日則殺人烏臼東南根白皮乾爲末熱水服二錢先以芒硝二兩煎湯服取吐甚效　水氣虛腫小便澁烏臼皮檳榔木通各一兩爲末每服

錢[illegible]飲下　[illegible]石末傳之少時有涎出良　尸注中惡心腹痛刺沉[illegible]亂用烏臼根煎濃汁一合調硃砂末一[illegible]之服後方無硃砂　暗疔昏狂瘡頭凸[illegible]柏[illegible]根經行路者取二尺許去皮搗爛井[illegible]水[illegible]一盞服待瀉過以三角銀杏仁浸油搗貪患處　嬰兒胎毒滿頭用水邊烏臼樹根曬研入雄黃末少許生油調搽　鼠莽砒毒烏臼根半兩擂水服之　鹽齁痰喘柏樹皮去粗搗汁[illegible]麪作餅烙熟早晨與兒喫三四个待吐下鹽涎乃佳如不行熱茶催之　食牛馬六畜肉生疔腫欲死　石器自然汁一二碗頓服得大利去毒即愈不利再服冬用根　膿泡瘡疥柏油二兩水銀二錢樟腦[illegible]錢同研頻入唾津[illegible]止以溫湯洗[illegible]搽　小兒蟲瘡用[illegible]絹作衣白油塗之與兒穿次日重皆出油上取下爐之有蟲盡也別以油衣與穿以蟲盡出爲度

[illegible]　橡栗之屬生閩廣江右山谷間樹易成材亦堅韌實如橡斗無刺子或一二或三四似栗而殼薄仁皮色如榧肉如栗味苦多膏油

○種植　秋間收子時揀取大者掘地作小窖勿及泉用沙土和子置窖中次年春分取[illegible]種秋分後栽三年結實

[illegible]肉木堅挺修治得法可爲[illegible]　子收粹高處[illegible]樓上尤佳令透風過半月則蟀發如[illegible]曬一二日即盡開揀去斗取子曬[illegible]常法取子在寒[illegible]

露前三日多油遲則油乾其油[illegible][illegible]甚明療可食但性寒多食令人嘔又堪澤髮不染衣不膩髮勝諸膏油用造印色生亦不沁 其滓可爨每餅作四破柴灶內下用乾柴發火以餅層漸次撒入則起酸燒熟者宿火勝炭墼

○療治 一切瘡疥油塗數次即愈 禿瘡先塗油潤去痂再塗之日二三次數日全愈其性寒能退熱故也

漆

一名桼似榎而大樹高二三丈餘身如柿皮白葉似椿花似槐子似牛李子木心黃生漢中山谷梁益陜襄歙州皆有金州者最善廣

州者性急易燥辛溫有小毒乾漆去積滯消瘀血殺三蟲通經脉李時珍曰漆性毒而殺蟲降而行血主證雖煩功只在二者

○種植 春分前移栽易成 一云臘月種

○製用 六月中以剛斧斫皮開以竹筒承之液滴下則成漆先取其液滿則樹菑翳一云取於霜降後者更良取時須在油點破故滓者難得可重重別拭之上等清漆色黑如鑒若鉄石者好黃嫩若蜂窠者不佳 試驗 稀者以物蘸起細而不斷斷而急收更塗於乾竹上蔭之速乾者佳世重金漆出金州也人多以桐油雜入試訣云微扇光如鏡懸絲急似鈎撼成琥珀色打着有浮漚今廣浙中出一種取漆物黃澤如金即唐書所謂黃漆也入藥當用黑漆

入藥 用乾漆筒中自然乾者狀如蜂房孔孔隔者爲佳須搗碎炒熟不爾損腸胃亦有燒存性者生漆毒烈人以鷄子和服之去虫猶自嚙腸胃者毒發飲鉄漿煎黃櫨汁甘豆湯蠏並可制之因漆氣成瘡腫者杉木湯紫蘇湯漆姑草湯蟹湯浴之良又嚼蜀椒塗口鼻可避漆氣

○療治 小兒蟲病胃寒危惡證與癎相似者乾漆搗燒烟盡白蕪荑等分爲末米飲服一字至一錢 九種心痛及腹脇積聚滯氣筒內乾漆一兩搗炒烟盡研末醋煮麪糊丸桐子大每服五丸至九丸熱酒下 婦人不生長血氣疼痛不可忍及治丈夫疝氣小腸

氣撮痛者濕漆一兩熬一食頃入乾漆末一兩和丸梧子大每服三四丸溫酒下怕漆人不可服 女人月經瘀閉繞臍寒疝痛徹及產後血氣不調諸癥瘕等病乾漆一兩打碎炒烟盡牛膝末一兩生地黃汁一升入銀石器中慢火熬俟可丸丸如梧子大每服一丸加至三五五丸酒飲任下以通爲度 女人月經不利血氣上攻欲嘔不得睡當歸四錢乾漆三錢炒烟盡爲末煉蜜丸桐子大每服十五丸空心溫酒下 女人月水不通臍下堅如盃時發熱往來下痢羸瘦此爲血瘕若生肉癥不可治乾漆一斤燒研生地黃二十斤取汁和煎至可丸丸桐子大每服三丸空心酒下 產後青腫疼痛及血氣水疾乾漆大麥芽等分爲末新瓦礶相間鋪滿鹽泥固濟煆赤放冷研末每服一二錢熱酒下但是產

役諸疵皆可服　五勞七傷乾漆柏子仁山茱萸酸棗仁等分爲末蜜丸梧子大每服二七丸溫酒下日二服　蚘痛欲絶不可針藥者乾漆燒烟以筒吸之　解中蠱毒平胃散末以生漆和丸桐子大每服空心溫酒下七十丸至百丸　下部生瘡生漆塗之甚良

○典故　樊宏父重嘗欲作器物先種梓漆時人嗤之積以歲月皆得其用向之笑者皆求假焉　貲至鉅萬追爵謚爲壽張敬侯　後漢書　彭城樊阿少師事華佗投以漆葉青黏散方云服之去三蟲利五臟輕身益氣使人一頭不白阿從其言年五百餘歲漆葉所在有之青黏生豐沛彭城及朝歌一名地節一名黃芝主理五臟益精氣本出於迷人入山見仙人服之以告佗佗以爲佳語阿阿秘之近者人見阿之壽而氣力强盛問之因醉誤說

人服多驗後無復人識青黏或云即黃精之正葉者也李時珍曰按葛洪抱朴子云漆葉青黏凡藪之草也樊阿服之得壽二百歲而耳目聰明猶能持鍼治病此近代之實事良史所記注者也洪說猶近於理前言阿年五百歲者誤也或云青黏即葳蕤　榛樹其汁可以髹物　格物論

榛音漆　髹音休

○麗藻　散語　桂可食故伐之漆可用故割之人皆知有用之用而莫知無用之用也　莊子

詩五言　舊聞南華仙作吏漆園裏應悟見割愛嗒然空隱几　朱文公

棕櫚　一名栟櫚俗作椶櫚皮中毛縷如馬之騣鬣故名出嶺南西川今江南亦有種之最難

騣鬣也

長初生葉如白及葉長高二三尺則木端數葉大如扇上聳四散岐裂大者高一二丈葉有大如車輪者其莖三稜稜邊如刺四時不凋榦正直無枝近葉莖處有皮裹之每長一層即爲一節榦身赤黑皆筋絡可爲鍾杵亦可旋爲器物其皮有絲毛錯綜如織剝取縷解可織衣帽褥椅鍾盂之屬大爲時利每歲必兩三剝之否則樹死或不長剝之多亦傷

樹三月於木端莖中出數黃苞苞中有細子成列乃花之孕也狀如魚腹孕子謂之欆魚亦曰欆筍漸長出苞則成花穗黃白色結實纍纍大如豆生黃熟黑甚堅實木有二種一種有皮絲可作繩一種小而無絲惟葉可作帚以爲王彗者非

王彗乃落帚之別名即地膚也

○筍及子花　苦濇有小毒生食戟人喉主澀腸止瀉痢腸風崩中帶下　皮　止鼻衄吐血破癥治腸風赤白痢崩中帶下主金瘡疥癬生肌止血

○附錄櫚木 性堅紫赤色似紫檀亦有花紋者謂之花櫚木可作器皿床几扇骨諸物俗作花梨者非出安南及南海辛温而熱治產後惡露衝心癥瘕結氣赤白漏下剉煎服破血塊冷嗽煮汁温服

○療治 棕灰性澀若失血多淤滯已盡用之切當與亂髮同用更良年久敗棕入藥尤妙 大腸下血 棕筍煮熟切片晒乾爲末蜜湯或酒服一二錢 鼻血不止 棕櫚灰隨左右吹之 血崩不止 棕櫚燒灰存性空心淡酒服三錢 一方加煆白礬等分 血淋不止 棕櫚皮半燒半炒爲末每服二錢甚效 下血不止 棕櫚皮半斤苦蔞一个燒灰每服二錢米湯下 水穀痢下 棕櫚皮燒研水服方寸匕 小便不通 棕毛燒存性水酒服二錢屢效

○典故 其皮作繩入水千年不爛昔有人開塚得一索已生根 杜甫因朝廷以李林甫瑣瑣之材代張九齡爲相作棕櫚拂詩寓意 蜀錦城之南有海棕焉幹猶龍鱗枝猶鳳尾高百餘尺相傳錄李唐來閱千稔矣

國朝徙其株于金陵莖葉披萎略無生意勅還蜀植之護以赤欄甃以紋石其枝仍前峻拔秀薄雲漢有若曾不知其徙也者邇者其在城南者幹古顛仆命中貴臾從政視之惜其材初未諳他用旣而斲爲五十餘琴以進巽音清發雖爨下之桐未可儗也今秘內一帑士之嗜音者恒企慕焉 羣雅廣要

○麗藻散語 石翠之山其木多棕 山海經 棕筍狀若魚子而加甘芳筍生膚毳[illegible]之法又若[illegible]蜀人取之[illegible]此則苦澀不可食矣取之無害於木而宜於飲食法當蒸熟以竹筍同蜜煮醋浸可致千里 蘇東坡

頌 異木之生疑竹疑草攢叢石徑森從山道烟岫相珍雲壑共寶不華不縟何遜工巧 江淹

詩五言 砍破夜叉頭取出仙人掌鮫人滿腹珠鮪魚新出網 劉貢父 青青棕櫚樹散葉如車輪擁蘀交紫髯歲剝豈非仁用以覆雕輿何憚剋厥身 梅聖俞 舊脫敗蓑亂新添華節高蕭容春尚靜俠氣夏方豪黃孕子魚腹青披孔雀尻豐 尻考[illegible]豐 撞如可裂雷動景鍾號 洪舜俞 蜀門多櫻櫚高者十八九其皮剝剝甚雖衆亦易朽徒布如雲葉青青歲寒後交橫集斧斤凋喪先蕭栟傷時若軍乏一物官盡取嗟爾江漢人生成復何有有同枯櫻木使我沉嘆久死者即已休生者何自守啾啾黃雀啅側見寒蓬走念爾形影乾摧殘没藜莠 杜子美

七言 棕櫚葉散夜叉頭 李群玉 欲我北辰不可得惟有西域胡僧識 杜子美 贈君木魚三百尾中有鸞黃子魚子夜人剖膺徵分甘鐘龍藏頭敢言美願隨蔬果得自用勿使山林空老死問君何事食木魚烹不能鳴固其理 蘇東坡

藤 有大小數種皆依附大木蟠曲而上紫藤細葉長莖如竹根極堅實重重有皮花白子黑置酒中二三十年不腐敗榼藤依樹蔓生子紫色三年方熟一名象豆殼貯藥不壞解諸

種藤植弱須緣樹作根藤既[illegible]
藤有惡汁能令樹速朽
○製用　收採藤花擇淨鹽湯洒拌勻曬乾或蒸熟曬乾皆可畱作茹素食料
○典故　齊解叔謙母病夜祈禱聞空中人語曰得丁公藤爲酒便差卽訪醫至宜都山一老人曰此卽丁公藤也療風尤驗老人忽不見取歸醫母卽愈　元衣和菴主蘇州崑山人也隱居雪竇之妙高峰在千丈巖嶺有藤一枝蜿蜒其上下臨不測乃蟠結成龕爲藏修之所故號棲雲見山縣志　昔有人逃入井遇四蛇傷足欲上樹遇二鼠咬藤　秦少游詞有醉臥古藤陰下杳不知南北之句後至藤州而卒山堂四考

○麗藻　詩五言　庭中藤刺簷　藤枝刺眼新　飢鼯訴落藤　對門藤蓋瓦　藤蔓曲藏蛇俱杜少陵　纖條寄喬木弱影掣風斜魏文帝　露浥思藤架烟霏想舊叢　杳冥藤上下濃淡樹榮枯　惆悵老大藤沉吟屈蟠樹　廻策非新岸所攀仍舊藤俱杜少陵　幽溪人未去芳草行應蕤還憶紫藤垂繁英照潭黛李衛公　紫藤挂雲木花蔓宜陽春密葉隱歌鳥香風流美人李太白　藤古結爲梁蜒蜿憑雲霧起之時動搖疑駕采虹度于念東　石上生孤藤弱蔓依石長不逢高枝引未得凌空上何處堪託身爲君長萬丈岑參　小壄清溪曲蹊篁作四鄰花開留好客酒熟及芳辰扉角丹藤繞架閒紫燕馴所欣投秋早得看故園春張[illegible]　[illegible]花蒙茸藤葉青帳簾誰謂好[illegible]

寄有餘下如蛇纏[illegible]上[illegible]木束縛成枯株柔蔓不自勝[illegible]空虛直知纖木弱于大力不如先柔佞爲害有似諛佞徒附着君權勢君迯不肯訴又如妖婦人綢繆蠱其夫毫末不早辨滋蔓宜難不斷願以藤爲戒銘之於坐隅白居易　七言見高人王右丞藍田丘壑蔓寒藤杜少陵　千[illegible]藤花大可圃暮春小圃亦方菲黃鸝[illegible]惟聞囀紫蝶尋香不辨飛清朱迎風光眩綠溪着雨碧侵衣漫道破除情事盡長條柔蔓轉依依王鳳洲　悶倚蒼藤迹晚情殘哀猨不禁鳴花間燒筍茶烟濕竹底篝燈氣清月向水中流夜色風從屋裏撼秋聲誰借得飛雲履不憚崎嶇上王京[illegible]

花譜

羣芳譜一

二如亭群芳譜貞部目[illegible]

群芳譜花譜一目錄

如亭群芳譜

花譜小序

大抵造化清淑精粹之氣不鍾於人即鍾於物鍾於人則爲麗質鍾於物則爲繁英試觀朝華之敷榮夕秀之競爽或偕衆卉而並育或以違時而見珍雖艷質奇葩未易綜攬而榮枯開落輒動欣戚誰謂寄興賞心無關情性也作花譜

濟南王象晉藎臣甫題

二如亭群芳譜

花譜首簡

花月令

灌園野史

正月　是月也　迎春生　櫻桃胎　望春盈畔　蘭蕙芳　李能白　杏花飾其靨

二月　是月也　桃夭　棣棠奮　薔薇登架　海棠嬌　梨花溶　木蘭競秀

三月　是月也　白桐榮　荼蘼條達　牡丹始繁　麥吐華　楝花應候　楊入大水爲萍

四月　是月也　杜鵑翔　木香升　新篁敷粉　罌粟滿　芍藥相　木筆書空

五月　是月也　葵赤　紫薇葩　薝蔔始馨　夜合交　榴花照眼　紫椹降于桑

六月　是月也　萱宜男　鳳仙來儀　菡萏百子　凌霄登　茉莉來賓　玉簪搔頭

七月是月也，桐報秋，木槿榮，紫薇映月，蓼紅，菱實，鷄冠報曉。

八月是月也，槐黄，蘋笑，芝草奏功，桂香，秋葵高擬，金錢及第。

九月是月也，菊有英，巴竹筍，芙蓉綻，山藥乳，橙橘登，老荷化爲衣。

十月是月也，蘆傳，冬菜蒔，木葉避霜，芳草斂，漢宮秋老，苧麻蘐其根。

十一月是月也，芸生，蕉紅，枇杷綴金，楓丹，巖桂馥，松柏後凋。

十二月是月也，梅蕊吐，山茶麗，水仙凌波，茗有花，瑞香郁烈，山礬啓發。

花信

二十四番花信，一月兩番，陰陽寒煖，各隨其時，但先期一日有風雨微寒即是。梁元帝纂要 一月二氣六候，自小寒至穀雨，凡二十四候，每候五日

一花之風信應。小寒一候梅花，二候山茶，三候水仙；大寒一候瑞香，二候蘭花，三候山礬；立春一候迎春，二候櫻桃，三候望春；雨水一候菜花，二候杏花，三候李花；驚蟄一候桃花，二候棠棣，三候薔薇；春分一候海棠，二候梨花，三候木蘭；清明一候桐花，二候麥花，三候柳花；穀雨一候牡丹，二候荼蘼，三候楝花。過此則立夏矣。花木雜考

花異名

牡丹 木芍藥　梔子 薝蔔 林蘭　茉莉 曼華　山礬 海桐

荷 芙蕖 芙蓉　素馨 那夕茗　薔薇 玉雞苗　玫瑰 徘徊

萱 忘憂 宜男　夜合 蠲忿 合驩　荼蘼 佛見笑　丁香 百結

瑞香 麝囊　紫薇 百日紅　木香 錦棚兒　玉簪 白雀

芍藥 將離　杜鵑 紅躑躅　罌粟 米囊　秋海棠 斷腸草

櫻桃 崖蜜　芙蓉 拒霜　蜀葵 戎葵 芘芣 一丈紅

辛夷 木筆　凌霄 紫葳　木槿 日及 櫬木 舜華

花未開名蓓蕾，花嬌盛曰旖旎，樹木分散曰離

披草繁盛爲芊蒨蔥蘢草弱隨風曰靡靡
滿野曰鋪菜花葉參差曰狎獵木枝重累曰儷
梔草木之葉殘瘁曰菸邑枒謂之緣楸謂之線
椶謂之羅杉謂之錦棟謂之榖

花神

花姑爲花神魏夫人弟子黃令徵善種花亦號花姑一名女夷詩云春圃

扦花

凡種植二月爲上取木旁生小株可分者先就

連處分劈用大木片隔開土培令各自生根次
年方可移植勝於種核核五年方大扦插令活
二年即茂須待應移月分則易活 一說春花
以半開者摘下即插蘿蔔上實土花盆內種之
灌溉以時花過則根生不傷生意又可得種亦
奇法也 一說用立秋時辰扦者無有不活

衛花

四月蘇葉生蘇性暖春畢之法以蘇梗枝置[illegible]

就土可以避霜護其華芽凡花卉不宜於伏熱
日午澆灌冷熱相逼頓令枯萎 凡百藥瓜田
旁宜栽蔥韭蒜類遇麝不損花被麝冲急用艾
雄黃於上風燒之立解 凡花園中植遍麝樹
極祛邪氣 催花以馬糞調水澆之則早開數
日

雅稱 呂初泰

佳卉名園全賴布置如玉堂仙客豈陪甲田乞

兒金屋嬋娟宜佩木難火齊梅標清宜幽窗宜
峻嶺宜疎籬宜曲徑宜危岩獨嘯宜石枰着棋
蘭品幽宜曲房宜奥室宜磁斗宜綺石宜涼飈
輕灑宜朝雨微沾菊操介宜茅簷宜幽徑宜蔬
圃宜書齋宜帶露餐英宜臨流泛蘂蓮膚妍宜
涼榭宜芳塘宜朱欄宜碧梧宜香風噴麝宜曉
露擎珠牡丹姿麗宜玉缸貯宜雕臺安宜白鶴
猧宜紫絲障宜丹青團扇宜紺綠商彝芍藥丰

芳宜高臺宜清沼宜雕檻宜紗窗宜脩篁縹緲宜怪石嶙峋海棠暈嬌宜玉砌宜朱檻宜遮欄宜欹枕宜燒銀燭宜障碧紗芙蓉襟閑宜寒江宜秋沼宜輕陰宜微霖宜蘆花映白宜楓葉搖丹桃靨冶宜小園宜別墅宜山巔宜溪畔宜麗日明霞宜輕風皓魄杏華繁宜屋角宜墻頭宜疎林宜小噇宜横參翠栟宜斜插銀瓶李韻潔宜夜月宜曉風宜輕烟宜薄霧宜泛醇酒宜供

清謳榴色豔宜綠苔宜粉壁宜朝旭宜晚睛宜纖態映池宜落英點地桂香烈宜高峰宜朗月宜画閣宜崇臺宜皓魄照孤枝宜微颸颸幽韻松骨蒼宜高山宜幽洞宜怪石一片宜修竹萬竿宜曲欄紆鄰宜寒烟漠漠竹韻冷宜江干宜岩際宜盤石宜雪巘宜曲檻迴環宜喬松突兀更兼主人蘊藉好事能詩佳客臨門煮茗清賞花之快意即九錫三加未堪比擬也

又　　王敬美

吾地人最重虎刺杭州者不佳不如本山其物最喜陰難種然吾所愛者天竹纍纍朱實扶搖綠葉上雪中視之尤佳余所在種之虎刺之下旱珊瑚盆中可種水珊瑚最易生亂植竹林中亦佳蔓生者曰雪裏珊瑚不足植也玉簪一名白鶴花宜蘩種紫者名紫鶴無香可刈剪秋羅色正紅聲價稍重於剪春羅當盛夏巳開矣秋

葵鷄冠老少年秋海棠皆點綴秋容草花之佳者雞冠須矮脚者名廣東雞冠宜種磚石砌中其狀有掌片毬子纓絡其色有紫黃白無所不可老少年別種有秋黃十様錦須雜植之眞如錦織成矣就中秋海棠尤嬌好宜於幽砌北窗下傍置古拙一峰菖蒲翠雲草皆其益友

盆景　　呂初泰

盆景清芬庭中雅趣根盤節錯不勞小試見奇

弱態纖姿正合盆匳效用紫煙笑日爛若朱霞吸露酣風飄如紅雨四序含芬薦馥一時盡態極妍最宜老幹婆娑疎花掩映綠苔錯綴怪石玲瓏更蒼蘿碧草嫋娜蒙茸竹檻疎籬窈窕委宛閑時澆灌興到品題生韻生情襟懷不惡

其二

盆景以几案可置者爲佳其次則列之庭榭最古雅者如天目之松高可盈尺本大如臂針毛短簇結爲馬遠之欹斜郭熙之攫拏劉松年之偃亞層疊盛子昭之拖拽軒翥栽以佳器槎枒可觀更有一枝兩三梗者或栽三五窠結爲山林遠境高下參差更以透漏奇石安插得體幽軒獨對如坐岡陵之巔令人六月忘暑又如閩中石梅天生奇質從石發枝樛曲古拙偃仰有致含花吐葉歷世如生其蒼蘚鱗皴花身封滿苔鬚數寸隨風飄颺月瘦煙橫恍然羅浮境界也

又如水竹亦產閩中高僅數寸極則盈尺細葉老幹瀟踈可人盆植數竿便生渭川之想此三友者盆几之高品也次則枸杞老本虬曲如拳根若龍蛇柯幹蒼老束縛盡解態度天然雪中枝葉青蔚紅子點綴有雪壓珊瑚之態杭之虎刺有百年外物止高二三尺者本狀笛管葉疊數層鐵幹翠葉白花紅子嚴冬層雪中翫之令人忘餐至若蒲草一具夜則可以收燈煙朝則可以凝垂露誠仙靈瑞品書齋中所必須者佐以奇古崑石盛以白定方窰水底置五色石子數十紅白陸離青碧交錯豈特芫翫亦可辟邪他如春之芳蘭夏之夜合秋之黃蜜矮菊冬之短葉水仙載以朱几置之庭院儼然隱人逸士清芬逼人

插瓶　插花木腊毒梅與秋海棠珍珠花更甚　呂初泰

瓶中插花雖是尋常供具實關幽人情性若非

得趣簡中何能生韻飛動瓶忌整對亦忌一律忌成行亦忌粗大窰器如紙搥鵝頸茄袋蒲搥儒堪入供安置得所便覺有致至如注養法亦各殊獨調鼎鼐喜注鬱波煮肉汁去肥放冷插花盡開更結實桂荷香增宜伴綺石牡丹天香傾國養以百花釀色倍鮮妍海棠酒暈生臉沃以麴米春薄荷包根浸之葩尤艷麗梨花清芬宜注雪水芙蕖芳潔堪濯清泉水仙山礬浸鹽漿而香生欲舞金鳳戎葵

淹灰汁而姿釆長妍布置高低參差映帶令境界常新斯雅俗共賞

其二

牡丹 芍藥當先燒枝貯滾湯小口瓶中插一二枝緊緊塞口則花葉俱榮數日可翫又云蜜水插牡丹不悴 戎葵萱花亦宜燒枝 鳳仙花 芙蓉花凡柔枝滾湯貯瓶插下塞口可翫數日 梔子花將折根搥碎擦鹽插水則花不黃結成梔子折插瓶中其子赤色儼若花蘂 荷花亂髮纏折處泥封其竅先入瓶至底後灌水不令入竅則多存數日 海棠花薄荷包根水養數日不謝 竹枝 松枝 靈芝 吉祥草 四時花皆宜瓶底加泥一撮隨意巧栽宜水宜湯俱照前法但取自家主意原無一定成規 冬間插花須用錫管不惟磁瓶易凍即銅瓶亦畏凍裂雖曰硫黃不凍恐亦難敵寒威惟

晝近牎下夜近臥榻庶可耐久

奇偶

冬至陰極陽生梅桃李杏花皆五出夏至陽極陰生葳靈仙鹿葱射干淨瓶蕉梔子花皆六出陰陽奇偶之數物固不能違也

花忌

瓶花忌置當空几上故官哥古瓶下有二方眼爲穿於几足不致失損也一花忌油手拈弄忌

藏寗室夜須見天忌用井水味鹹損花河水井
天落水佳　花下不宜焚香一熱其毒旋即枯
萎有麝者尤忌　燭氣煤烟皆能殺花亦宜進
去

飡花

偓佺食百花生毛數寸能飛不畏風雨　一文賓
取嫗數十年輒弃之後嫗年九十餘見賓年更
壯拜泣賓教令服菊花地膚桑寄生松子以益

氣嫗亦更壯復百餘歲列仙傳　雉婁公飲竹汁餌
桂得仙　鳳剛漁陽人常採百花水浸封泥埋
之百日煎爲丸卒死者入口即活〻桂花點茶
香氣盈室梅滷尤爲清供之最菊亦可用甘菊
更宜茶與二花相爲後先可備四時之用　凡
杞菊諸品爲蔬爲粥爲脯爲粉皆可充用然須
自種者爲佳

花毒

萱花其性最冷多食泄人　茉莉不宜點[illegible]高年尤[illegible]　凌霄花花氣[illegible]胎花露[illegible]
損目　紫荊花不宜入飯尤忌魚羹　臘梅中有毒不[illegible]　珍珠蘭[illegible]
[illegible]　野花最能螫人　羊躑躅羊食[illegible]

二如亭群芳譜花部卷之一

濟南　王象晉藎臣甫　纂輯
松江　陳繼儒仲醇甫
虞山　毛鳳苞子晉甫　仝較
寧波　姚元台子雲甫
濟南　男王與朋　曾孫王啓泓　詮次

花譜一

【海棠】有四種皆木本貼梗海棠叢生花如胭脂
垂絲海棠樹生柔枝長蔕花色淺紅又有枝
梗畧堅花色稍紅者名西府海棠有生子如
木瓜可食者名木瓜海棠海棠盛于蜀而秦（木瓜葉粗花先開貼梗葉細花後開）
中次之其株翛然出塵俯視衆芳有超群絕
類之勢而其花甚豐其葉甚茂其枝甚柔望
之綽約如處女非若他花冶容不正者比蓋
色之美者惟海棠視之如淺絳外英英數點
如渥胭脂此詩家所以難爲狀也以其有色

群芳譜　卷一　花譜　一

無香故唐相賈耽著花譜以爲花中神仙南
海海棠枝多屈曲有刺如杜梨花繁盛開稍
早四季花灌生花紅如胭脂無大木卽貼梗
又曰祝家桃花同西府蚪微堅一種黃者木
性類海棠青葉微圓而深光滑不相類花半
開鶩黃色盛開漸淺紅矣又貼梗海棠花五
出初極紅如胭脂點點然及開則漸成纈暈
至落則若宿粧淡粉矣葉間或三或五蕋如
金粟鬚如紫絲實如梨大如櫻桃至秋熟可
食其味甘而微酸

○栽接　海棠性多類梨核生者十數年方有花
都下接工多以嫩枝附梨而贅之則易
茂種宜壚壤膏沃之地貼梗海棠臘月于根
傍開小溝攀枝着地以肥土壅之自能生根
來年十月截斷二月移栽櫻桃接貼梗則成
垂絲梨樹接貼梗則成西府又春月取根側
小本種之亦易活或云以西河柳接亦可海
棠色紅接以木瓜則色白亦可以枝插不花
取已花之木納于根蚪間卽花花
謝結子剪去來年花盛而無葉

澆灌　瑣碎錄海
棠花欲鮮而盛于冬至日早以糟水澆根下
或肥水澆或盦過麻屑糞土壅培根下使之

群芳譜　卷一　花譜　二

厚寄纔到春發則枝葉自然大發着花亦繁
寄矣一云此花無香而畏臭故不宜灌糞一
云惟貼梗忌糞西府垂絲揷瓶薄荷包根或
亦不甚忌止惡糞濃者耳揷瓶以薄荷水養
之則花
開耐久

○附録秋海棠 一名八月春草本花色粉紅甚嬌艷葉綠如翠羽此花有二種
葉下紅筋者爲常品綠筋者開花更有雅趣
性好陰而惡日一見日即瘁喜淨而惡糞宜
盆栽寘南墻下時灌之枝上有種落地明年
自生根夏便開花四圍用碎瓦鋪之則根不
爛老根過冬者花更茂舊傳昔有女子懷人
不至淚灑地遂生此花色如美婦面甚媚名
斷腸花浸花水飲之害人于念東云秋海棠
喜陰生又宜卑濕莖岐處作淺絳色綠葉文
似朱絲婉媚可
人不獨花也

○典故 宋淳熙間秦中有雙株海棠其高數丈
翛然在衆花之上與江淮所産絕不類
荆南官舍亦有兩株畧如之姿艷柔婉豐富
之極　昌州海棠獨香其木合抱每樹或二
十餘葉號海棠香國太守于郡前建香霏閣
每至花時延客賦賞　蜀嘉定州海棠有香
獨異他處【閒耕餘録】　敘州長寧縣有海棠
洞昔郡人王氏環植海棠春時花開郡守宴
寮友于其下【山堂四考】　嘉定府治西山多
海棠爲郡寮宴賞之地【花史】　明皇登沉香
亭召太真時宿酒未醒命高力士及侍兒扶
掖而至醉顏殘粧釵橫鬢亂不能再拜明皇
笑曰海棠春睡未足耶【太真外傳】　真宗御
製後苑雜花十題以海棠爲首章賜近臣唱和

石崇見海棠歎曰汝若能香當以金屋貯汝
杜子美避地蜀中未嘗有一詩說着海棠
以其生母名海棠也【王禹偁詩話】　蜀潘炕
有嬖妾解愁姓趙氏其母夢吞海棠花蕊而
生頗有國色善爲新聲　韓持國雖剛果特
立風節凜然而情致風流絕出時輩許昌杜
君章廳後小亭僅丈餘有海棠兩株持國每
花開輒載酒日飲其下竟謝而去歲以爲常
至今故吏尚能言之　昔羅江東隱手植海
棠于錢塘王禹偁題云江東遺跡在錢塘手
植庭花滿院香若使當年居顯位海棠今日
是甘棠觀此海棠亦有香者不特昌州也
徐儉樂道隱于藥肆家植海棠結巢其上引
客登木而飲　黃州定惠院東小山上有海
棠一株特繁茂每歲盛開必携客置酒已五
醉其下矣今年復與參寥師二三子訪焉則
園已易主主雖市井人然以予故稍加培治
山上多老枳木性瘦韌筋脉呈露如老人項
頸花白而圓如大珠纍纍香色皆不凡此木
不爲人所喜稍稍伐去以予故亦得不伐既
飲往憩于尚氏之第尚氏亦市井人也而居
處修潔如吳越間人竹林花圃皆可喜醉臥
小板閣上稍醒聞坐客崔成老彈雷氏琴作
悲風曉月錚錚然意非人間也晩乃步出城
東鬻大木盆意者謂可以注清泉瀹瓜李遂
夤緣小溝入何氏韓氏竹園時何氏方作堂
竹間既闢地矣遂置酒竹陰下有劉唐年主
簿者饋油煎餌其名甚酥味極美客尚欲飲
而予忽興盡乃徑歸道過何氏小圃乞其藂
橘移種雪堂之西坐客徐君得之將適閩中
以後會未可期請予記之爲異日拊掌時參
寥獨不飲以棗湯代之【東坡】　少游在黃州

飲于海橋老書生家海棠叢間少游醉卧宿
于此明日題其柱曰喚起一聲人悄衾暖夢
寒窓曉瘴雨過海棠開春色又添多少社甕
釀成微笑半破癭瓢共舀覺健倒急投床醉
鄉廣大人間小東坡甚愛之　范石湖每歲
移家泛湖賞海棠　楚淵材云吾平生無所
恨所恨者五事耳一恨鰣魚多骨二恨金橘
多酸三恨蓴菜性冷四恨海棠無香五恨曾
子固不能詩冷齋夜話　仁宗朝張冕學士
賦蜀中海棠詩沈立取以載海棠記中云山
木瓜開千顆顆水林檎發一攢攢注云大約
木瓜林檎花初開皆與海棠相類若冕言江
西人正謂棠梨花耳惟紫綿色者謂之海棠
似木瓜林檎六花者非真海棠也晏元獻云
已定復摇春水色似紅如白海棠花亦與張
冕同意復齋漫錄　海棠品類甚多曰垂絲

曰西府曰棠梨曰木瓜曰貼梗就中西府最
佳而西府之名紫綿者尤佳以其色重而瓣
多也此花特盛于南都余所見徐氏西園樹
皆參天花時至不見葉西園木瓜尤異定是
土產所宜耳垂絲以櫻桃木接開久甚可厭
第最先花與玉蘭同時植之傍掩映不可廢
也貼梗草本郡城中種之極高大當訪求種
法以備一種紫綿宋小說苕溪漁隱叢話備
載之王
敬美

○麗藻詩五言　俞　胭脂色欲滴紫蠟蒂何長梅聖
　搖搖墻頭花脉脉含幽姿
王岐公　海棠花在否側卧捲簾看韓偓
薄暝霞烘爛平明露濕鮮長衾繡作地密帳
錦爲天宋景文　不姿神仙品何辜造化恩
[illegible]

卓氏王荊公　[illegible]
日高心盡懶天暖臉初寒洗硯抄花譜鈞簾
看海棠欄干閒徙倚巢燕落泥香陳簡齋
是花偏灼灼開處幾叢叢弱質不禁露幽懷
欲訴風空庭聊取媚傍石若爲容黃蕊紛相
應餐英未許同王士禛題秋海棠　墻壁固
吾分烟霜亦是恩光輕偏到蒂命薄幸餘根
笑泣誰能喻榮衰不敢論年年秋色下幽獨
自相存鍾惺　七言　鬱鬱蒼髯真道友絲絲紅
敬承秋海棠　萼是鄉人　海棠花下獻
鞦韆背人撩鬢道匆匆韓偓　東風嫋嫋泛
崇光香霧空濛月轉廊只恐夜深花睡去高
燒銀燭照紅妝東坡　海棠點點要詩催日
暮紫綿無數開欲識此花奇絕處明朝有雨
試重來万俟雅言　楊柳依依水拍堤春晴
茅屋燕爭泥海棠正好東風惡狼籍殘紅襯

馬蹄杜荀　曉來強自試新妝倦整金蓮看
海棠不是幽人多與恨可憐辜負好春光
爲愛名花抵死狂只愁風日損紅芳露章夜
奏通明殿乞借春陰護海棠陸游　幽姿淑
態弄春晴梅借風流柳借輕剩種直教圍野
水半開長是近清明芳中　宛轉風前不自
持妖嬈微傳淺胭脂花如剪彩層層見枝似
輕絲裊裊垂斷春　雪縱霞鋪錦水頭占春
顏色最風流若教更近天街種馬上因逢醉
五侯宋融　混是華清出月初碧紗斜掩見
紅膚便教桃李能言語西子嬌妍比得無崔
德符　名園對植幾經春露蕊烟稍畫不真
多謝許昌傳雅什蜀都曾未遇詩人　昔聞
遊客話芳菲濯錦江頭幾萬枝縱使許昌持
健筆可憐終古愧幽姿趙賢畧　不關殘酒
[illegible]自是新晴生睡思

起來無力對東風 楊廷秀 雨滋霞襯入朱
顏月下疑從姑射還最是春工多巧思著將
色在淺深間 張新 薄羅初試怯風凄小樣
紅粧着雨低一段妖嬈描不就非關子美不
能詩 春色先陰到海棠獨留此種占秋芳
稀踈點綴猩紅小堪佐黃花薦客觴 俱俞苑
詠秋海棠 春風用意勻顏色銷得携觴
與賦詩艷質最宜新着雨妖嬈全在半開時
莫愁淺黛臨窓懶果信丹青點筆遲朝醉暮
吟看不足羡他蝴蝶宿深枝 鄭谷 乖絲別
得一風光誰道全輸蜀海棠風攪玉皇紅世
界日烘青帝紫衣裳懶無氣力仍春醉睡起
精神欲曉粧舉似老夫新句子看渠桃李敢
承當 楊廷秀 江城地瘴蕃草木只有名花
苦幽獨嫣然一笑竹籬間桃李滿山總粗俗
也知造物有深意故遣佳人在空谷自然富

貴出天姿不待金盤薦華屋朱唇得酒暈生
臉翠袖捲紗紅映肉林深霧暗曉光遲日暖
風輕春睡足雨中有淚亦悽慘月下無人更
清淑 東坡 我初入蜀鬢未霜南充樊亭看
海棠當時已謂目未覩豈知更有碧雞坊碧
雞海棠天上絕枝枝似染猩猩血蜀姬艷粧
肯讓人花前頓覺無顏色扁舟東下八千里
桃李真成僕奴爾若使海棠根可移揚州芍
藥應羞死風雨春殘杜鵑哭夜夜寒衾夢還
蜀何從乞得不死方更看千年未爲足 陸放
翁 仙署名花海國移半開風雨倍含姿紅
粧向客寒猶膩翠幔留春艷不支欹側漫同
妃子醉婆娑解乞沈郎詩梁園多少青陽景
妬殺君家赤玉枝 吳國倫 花朝曾與故人
期夜敞柴關遲所思小閣憶君同倚處曲欄
憐我獨憑時望中落日青絲騎夢裡東風瑣

樹枝可是海棠如有待春分猶自着花遲 吳
寬 江臯春早饒花木花品神仙此稱獨
當年坡老一題詩到今標格超凡俗我來黃
州亦再閏五見此花燦東谷孤根自結白蓮
社媚姿不涴黃金屋日華穠艷淡生唇霧穀
繁紅微映肉宛如初浴出華清詎是朝酣睡
未足有時着雨更妖嫺無力勝風轉嬌淑我
欲題詩和坡老抽思未得還捫腹把酒徘徊
倚肅臺行吟遶徧西池竹苦無藻麗發巧心
數傍花枝舒拙目問花何以擬甘棠綠同太
守來西蜀花容詩句總絕世高風渺渺翔鴻
鵠歲歲年年花自開遊人幾和陽春曲悠悠
不盡古人情啼鶯語 詞 海棠珠綴一重重清曉
燕紛相觸 湯元哲 近簾櫳胭脂淺誰與
勻偏向臉邊濃 看葉嫩惜花紅意無窮如
花如葉年年歲歲共占春風 晏元獻 訴衷情

馬蹄塵撲春風得意笙歌 逐款門不問誰
家竹只揀紅粧高處燒銀燭 碧雞坊裡花
如幄燕王宮下花成谷不須悔唱關山曲只
爲海棠也合來西蜀 范石湖 從自海棠開
後淚濕香羅彩袖何事不歸來平地把人消
瘦低首低首怕見陌頭楊柳 陳道復 如夢令
花深深一鈎羅襪行花陰行花陰閒將柳
帶細結同心 耳邊消息空沉沉畫眉樓上
愁登臨愁登臨海棠開後望
到如今 鄭文秀妻 憶秦娥

紫薇 一名百日紅一名怕癢花一名猴刺脫樹
身光滑花六瓣色微紅紫皺蒂長一二分每
瓣又各一蒂長分許蠟跗茸萼赤莖葉對生

一枝數穎一穎數花每微風至妖嬌顫動舞
燕驚鴻未足爲喻人以手爪其膚徹頂動搖
故名怕癢四五月始花開謝接續可至八九
月故又名百日紅省中多植此花取其耐久
且爛熳可愛也紫色之外又有紅白二色其
紫帶藍焰者名翠薇
○栽種以二尾或竹二片當又處套其枝實以
土俟生根分植又春月根傍分小本種
之最易生此花易植
易養可作耐久交

○典故唐制中書舍人知制誥開元號紫薇省
姚崇爲紫薇令又改中書舍人爲紫薇
舍人【唐書】　虛白臺前有紫薇兩株俗傳樂
天所種　哲宗朝邇英閣講論語終篇賜執
政講讀官吏宮宴遣中使賜御書詩各一章
東坡得樂天紫薇絕句【東坡集】　紫薇有四
種紅紫淡紅白紫御是正色閩花物物勝蘇
杭獨紫薇作淡紅色最醜本野花種也白薇
近來有之示異可耳殊無足貴臭梧桐者吾
地野生花色淡人無植之者淮揚間成大樹
花微者縉紳家植之中庭或云後庭花也獨
閩中此花紅鮮異常能開百日亦名百日紅
花作長鬚亦與吾地臭梧桐不同園林中植
之灼灼出矮墻上至生深澗中清泉白石斐
亹奪目每欲携子歸種之未得後當問閩人
取種永嘉人謂之丁香花【王敬美】　紫薇迎

秋卽放秋盡尚花俗呼爲百日紅蓋開可百
日也有淺紅深紅二種又聞有白者未及見
花攢枝杪若剪輕縠盛開時爛熳如火薛無
皮愈大愈光瑩枝葉亦柔媚可愛卽合抱者
以指搔其根枝梢輒動丙申寓所前小圃方
塘之側三株約可拱把繁英照水與朱魚數
十頭相錯不可爲狀
眞妙品也【于念東】
○麗藻詩五言天上絲綸閣如今萬里賒飄零
空自嘆曾對紫薇花【王右丞】
盛夏綠遮眼此花紅滿堂自慚終日對不是
紫薇郎【王梅溪】　堂前紫薇花堂下紅藥砌
繁華天上春逼人間世【曾文昭】　明月生
東海清輝濕未乾天空雲影散林靜竹光寒
影浸銀河白香飛桂子丹紫薇低覆砌冉冉
露花團【張祥鳶】　種自金華省分來竹素堂

蟠枝凝瑞露接葉逗清光不向仙郎伴還移
野老傍三秋花爛熳相遲一飛觴【潘允哲】
明麗碧天霞丰茸紫綬花香聞荀令宅艶入
孝王家幾歲自榮辱高情方嘆嗟有人移上
苑猶足占年華【劉禹錫】　亭亭紫薇花向我
如有意高烟晚溟濛清露晨點綴豈無陽春
月所得時節異靜女不爭寵幽姿如自喜【歐
文忠】　誰妙精花品殊號標紫薇貴應隨赤
馭種合近黃扉樹動情何密花濃艶欲飛數
枝臨省户幾朶入宮闈趙后鳴金瑟秦娥卷
繡帷無情笑梅白淺俗厭桃緋【張俞】　幾年
丹霄上出入金華省暫別萬年枝看花桂陽
嶺南方足奇木公府成佳境紫茸垂組緌金
縷攢鋒穎露溽暗傳香風輕徐弄影與生紅
藥後愛與甘棠並不學天
桃姿浮華在俄頃【劉禹錫】　七言薄膚癢不勝
輕爪嫩幹生

宜近禁廬【楊□□】　一樹濃姿獨看來秋庭暮雨洗塵埃天涯地角同榮謝豈必移根上苑栽【李義山】　曉凝露瑞一枝新不占園林最上春桃李無言又何在向風偏笑艶陽人【杜牧之】　西掖重雲關禁署北山疎雨點朝衣于門柳色連青瑣三殿花香入紫薇【岑參】　絲綸閣下文章靜鐘鼓樓中刻漏長坐對黃昏誰是伴紫薇花對紫薇郎　一叢暗淡將何比淺碧籠裙襯紫巾除却微之應見愛人間少有別花人【白樂天】　人言清禁紫薇郎草詔紫薇花影傍山木不知官况別也隨紅日上東廊【陶弼】　禁門深瑣寂無譁濃墨淋漓兩相麻唱徹五更天未曉一池月浸紫薇花【洪平齋】　風標雅合對詞臣映砌窺窗伴演綸忽發一枝深谷裡似知茅屋有詩人【劉后村】　綠槐夾道集昏鴉勑使傳宣坐賜茶歸到玉堂清不寐月鉤初上紫薇花【周益公】

【又】　虛白堂前合抱花秋風落日照橫斜閱人此地知多少物化無涯生有涯　折得芳蕤兩眼花題詩相報字橫斜簾中尚有絲綸句坐覺天光照海涯【俱東坡】　晴霞艶艶覆簷牙絳雪霏霏點砌沙莫管身非香案吏也移床對紫薇花【楊廷秀】　紫薇花對紫薇翁名目雖同人不同獨占芳菲當夏景不將顏色托東風潯陽官舍雙高樹興善僧庭一大叢何似蘇州安歇處木蘭堂下月明中【白樂天】

【天】　禁中五月紫薇木闌後近開新着花薄薄嫩膚搔鳥爪離離碎葉剪城霞鳳凰浴出池波靜鵁鶄陰來日影斜六十無名空挑筆顛毛應笑映釋花【梅聖俞】　小欄曲曲紫薇開曲徑條條長翠苔殘暑已隨京雨退清風先逐故人來澥陽慣押衙無隱五馬輕辭恥

自媒短枕角巾行樂處綠陰千頃水縈廻【張和仲】　詞今古凡花詞人尚向作詞稱賞紫薇名盛似得花之聖　為底時人一曲希流咏花端正花無節病亦歸之命【陳肥遯叟】

【唐】　此木生林野自唐家置絲綸託根其下常伴詞臣揮帝制因號紫薇堪詫料想紫薇鑾降種紫薇郎况是名同者兼二美作佳話一株乃肯臨茅舍肌膚薄長身挺立扶疎瀟洒定怯麻姑爬癢爪只許素商陶冶擎絳雪柔枝低亞我意香山東坡老只小詩便為增價後當有繼風雅【祝和父】

【玉蕊花】所傳不一唐李衛公以為瓊花宋魯端伯以為瑒花黃山谷以為山礬皆非也宋周必大云唐人甚重玉蘂花故唐昌觀有之集賢院有之翰林院亦有之皆非凡境也予自招隱寺遠致一本蔓如荼蘼冬凋春榮柹葉紫莖花苞初甚微經月漸大暮春方八出鬚如冰絲上綴金粟花心復有碧筩狀類膽瓶其中別抽一英出衆鬚上散為十餘蕊猶刻玉然花名玉蘂乃在于此宋子京劉原父宋次道博洽無比不知何故疑為瓊花

○典故 戴顒捨宅爲招隱寺今京口放鶴門外方丈有閣號招華寀昭明選文于中左
有亭名虎跑鹿跑右有亭名玉蘂有玉蘂二
株對峙一架其株髣髴乎葡萄而非葡萄之
所可比其葉類栢之圓尖梅之厚薄其花類
梅而莘瓣緇小厭心微黃類小淨瓶暮春初
夏盛開蘂凋後凋其白玉其香殊其高丈餘
土人僉曰比花自唐迄今天下只此寺二株
亦猶瓊花之于維揚千餘年間凡幾遭兵燹
而僅餘此欲天下皆知此花非㮣非瓊貴出
鮮儔而自成一家也故詳紀其本末云【全芳
備祖】長安安業坊唐昌觀舊有此花乃唐
昌公主所植【山堂四考】唐昌觀玉蘂花甚
繁每發若瓊林瑤樹元和中春物芳妍車馬
尋玩者相繼忽有女子年可十七八衣繡綠
衣乘馬峩髻雙鬟容色婉婉迥出于無從以

二女冠三小僕僕皆緋頭黃衫端麗無比既
下馬以白角扇障面直造花所異香芬馥聞
數十步佇立良久令小僕取花數枝而出將
乘馬迴顧黃冠者曰曩玉峯之約自此可以
行矣時觀者如堵咸覺烟霏鶴唳景物輝煥
舉轡百餘步有輕風擁塵隨之而去望之已
在半天矣方悟神仙之游餘香不散者經月
【康駢劇談錄】晉宋以來招隱寺名甲京口古
松修竹清泉幽洞播在談詠誇詡絕勝遊者
樵伐童賴實不副名其中玉蘂累經兵燹自
普覺師來主法席頓還三百年舊觀加以年
歲蒼翠環合景物增邃師與此寺此詞同永
其傳【潤州類集】玉蘂禁林舊有此花吳人
不識自李文饒品題始得名【宋景文筆記】

○麗藻 詩五言

玉蘂天中樹金閨昔共窺落英
閑舞雪密葉乍低帷舊賞烟霄
遠前歡歲月移今來想顏色還似憶瓊枝【權
德輿】曾對金鑾直同倚玉樹陰雪英飛舞
近烟樹動搖深素夢年年寄衰容日日侵驚
君想華髮僅欲不勝簪【沈傳師】唐昌觀中
樹曾降九天人鸞馭今何許雲英如舊春豈
無遺佩者來效捧心顰【宋祁】玉蘂生禁林
地崇姿亦貴散漫陰谷中逢英復何異清芬
信幽遠素彩非妖麗蒼烟蔽山日瓊瑤爲之
晦歲久自扶疏岩淡愈凝邃請
觀唐相吟俗眼無輕視【王琪】

七言

正是青烟渓雨
夜空傳玉蘂發春晴【趙清臣】晴空素艷照
霞新香洒天風不到塵持贈昔聞將白雪蘂
珠宮裡玉華春【楊巨源】味道齋心禱玉宸
魂銷冷眼未逢真不如滿樹瓊瑤蘂笑對藏
花洞裡人 羽車潛下玉龜山塵界何由覩
舜顏惟有無情枝上雪好風吹綴綠雲鬟【嚴

休復】千枝花裡玉塵飛阿母宮中見亦稀
應共諸仙鬬百草獨來偷折一枝歸 五色
雲中紫鳳車尋仙來到洞仙家飛輪回首無
蹤跡惟見斑斑滿地花【張籍】芳意將闌
風又吹白雲離葉雪辭枝集賢讐校無閒日
落盡瑤花君不知 瀛女偷乘鳳下遲洞中
潛歇弄瓊枝不緣啼鳥春饒舌青瑣仙郎可
得知【白樂天】 琪樹年年玉蘂新洞中長
閉彩雲春 日暮落英鋪地雪獻花無復九天
人【武元衡】 玉女來看玉樹花異香先引七
香車 攀枝弄雪頻回首驚怪人間日易斜【劉
禹錫】 一樹瓏璁玉刻成飄廊點地色輕輕
女冠夜覓香來處唯見階前碎月明【王建】
瑤花瓊蘂種何年蕭史秦嬴向紫烟時控綵
鸞過舊邸摘花持獻玉皇前【楊凝】 鳳池西
畔圖書府玉樹玲瓏景氣閑 長聽餘風送天

絫時登高[illegible]望八疊青山紫氣[illegible]二分金鑰香來步武間曾是先賢翔集地每看壁記一慙顔〔劉禹錫〕路入平山萬木清松蘿蒼蘚接烟甍鹿跑泉眼涵秋影雁帶霞容度晚晴花徑有時傳相國辭碑無字紀昭明六朝輪璧今何在贏得千秋蕙帳名〔岳東伯〕纔入平園便有聲唐昌觀裡久知名已堆玉㺚分金粟更插銀花入翠罍蘿蔓春風滕薛長山礬香氣皆齊并世間百卉應無限不遇王公枉一生〔楊東山〕維揚后土廟瓊花安業唐昌宮玉蘂判然二物本不同喚作一般良未是瓊花雪白輕壓枝大率形模八仙爾比之玉蘂似實非金粟氷絲那有此花鬚中有碧膽瓶別出瓏璁高半指清馨靜夜衝九天招引瑤臺玉仙子乘風躍馬汗漫遊偷折繁香分月姊紫莖柘葉荼蘼條少到尋常人眼底翰林内苑集賢閣雨露承天近尺咫後人不識天上花又把山礬輕擬比〔鄭松窓〕

〔玉蘭花〕九瓣色白微碧香味似蘭故名叢生一幹一花皆着木末絕無柔條隆冬結蕾三月盛開澆以糞水則花大而香花落從蒂中抽葉特異他花亦有黃者最忌水浸

○接插　寄枝用木筆體與木筆並植秋後接之

○製用　花瓣擇洗淨拖麪麻油煎食至美

○典故　華容縣觀音寺一株輪囷盤鬱高十餘丈望之如玉山　五代時南湖中建烟雨樓樓前玉蘭花瑩潔清麗與翠柏相掩映挺出樓外亦是奇觀　蘭谿產玉蘭下有杏溪即蘭谿支流也　木蘭花樹高大葉如枇杷花如蓮有青黃紅白四種形與玉蘭相似今疑即其黃白者耳〔大理府志〕

○麗藻散語　林蘭近雪而揚綺　玉蘭早於辛夷故宋人名以迎春今廣中尚仍此名千餘萬蘂不葉而花當其盛時可稱玉樹樹有極大者籠盖一庭然樹大則花漸小不可不知余童時猶見人珍重今不然矣〔王敬美〕

詩五言　暫藉辛夷質仍分薝蔔光微風催萬舞好雨淨千粧月向瑤臺並春還錦障藏高枝疑漢掌艷蘂勝唐昌神女曾捐珮宮妃欲試香誰爲後庭奏一曲按霓裳〔王世貞〕

七言　霓裳片片晚粧新束素亭亭玉殿春已向丹霞生淺暈故將清露作芳塵〔睦石〕　綽約新粧玉有輝素娥千隊雪成圍我知姑射眞仙子天遣霓裳試羽衣影落空堦初月冷香生別院晚風微王環飛燕元相敵笑比江梅不恨肥〔文衡山〕　葱蘢芳樹雨初乾樽酒花前冷笑歎日晃簾櫳晴噴雪風迴香閣氣生蘭參差玉珮排空出爛熳香鱗擁醉看自是東君苦留客莫教絃管易吹殘〔陸平泉〕　千花紅紫艷陽看素質搖光獨立難但有一枝堪比玉何須九畹始徵蘭唐昌的的春猶淺漢掌亭亭露欲溥幾曲後庭傳樂府張星和月正闌干〔張獻翼〕

〔木蘭〕一名木蓮一名黃心一名林蘭一名杜蘭一名廣心樹似楠高五六丈枝葉扶疎葉似

花香如蓮　其心黃色

兩桂厚大無脊有三道縱紋皮似板桂有
橫紋花似辛夷內白外紫四月初開二十日
即謝不結實亦有四季開者又有紅黃白數
色其木肌理細膩梓人所重十一二月採皮
陰乾出蜀韶春州者各異木蘭洲在潯陽江
其中多木蘭

○療治 小兒重舌木蘭皮一尺廣四寸去粗皮入醋一升漬汁噙之 面上皶皰䵟黯木蘭皮一斤細切以三年酢漿漬百日晒乾搗末漿水服方寸七日三 酒疸發赤斑[illegible]鼠足脛腫滿小便黃大醉當風入水所致木蘭皮一兩黃芪二兩爲末酒服方寸七日二

○典故 七里洲中有魯班刻木蘭舟【述異記】 哀帝元年芝生于後庭木蘭樹上 張摶刺蘇州堂前植木蘭花盛時宴客命郎席賦之陸龜蒙後至張連酌浮之徑醉强索筆題兩句洞庭波浪渺無津日日征帆送遠人頹然醉倒客欲續之皆莫詳其意既而龜蒙稍醒續曰幾度木蘭船上望不知元是此花身遂爲絕唱【嵐齋錄】 玄宗嘗宴諸王于木蘭殿時木蘭花發聖情不悅妃醉中舞霓裳羽衣一曲上始悅 長安百姓家有木蘭一株王勃以五千買之經年花紫 其游于君病癩見市有賣藥姓公孫名帛者問之曰明日木蘭樹下當授卿明日于君往授素書二卷以之消災治病無不愈者

○麗藻 賦 玄冥授節猛寒嚴烈峩峩堅冰霏霏白雪木應霜而枯零草隨風而摧折蔚青翠之茂葉繁旖旎之柔條諒抗節而矯時獨滋茂而不凋【成公綏】

詩五言 未識春風面先聞樂府名洗粧濃出塞進艇客登瀛【鄭毅夫】 二月二十五木蘭開折初初當新病酒又似久離居愁絕更傾國驚新聞遠書紫絲何日障油壁幾時車弄粉知傷重調紅或有餘波痕空映襪烟態不勝裾桂嶺含芳遠蓮塘屬意疎瑤姬與神女長短更何如【李義山】

七言 木蘭花謝可憐條遠道音書轉寂寥【徐鉉】 微風微雨寒食節半開半合木蘭花【裴廷裕】 紫房日照胭脂拆素艷風吹膩粉開怪得獨饒脂粉態木蘭曾作女郎來 膩如玉指塗朱粉光似金刀剪紫霞從此時時春夢裡應添一對女郎花【白樂天】 石上紅花低照水山頭翠篠細含烟天生一本徐熙畫只欠鷓鴣相對眠【張□】 濃陰草色罩窗紗風送爐烟一縷斜【芸叟】 庭草黃昏隨意綠子規啼上木蘭花【王虞鳳】 南塘女伴木蘭舟何處採蓮歸渡頭輕橈漫唱採蓮曲波外夕陽山更幽【許景樊女郎】 曉來隨手抹新粧半額蛾眉宮樣黃銖衣染就薔薇露觸處聞香不炷香君不見同時素馨與茉莉兜竟帶些脂粉氣又不見錢塘欲語嬌荷花粗枝大葉亞鉛華何如箇樣隱君子色香不俗真有味淡茁在處傲炎凉敢與松柏爭雪霜椒桂蕙蘭君難處小窓相對毋相忘【劉紹山】

【辛夷】一名辛雉一名侯桃一名木筆一名望春

一名木房生漢中魏興梁州川谷樹似杜仲高丈餘大連合抱葉似柿葉而微長花落始出正二月花開初出枝頭苞長半寸而尖銳儼如筆頭重重有青黄茸毛順鋪長半分許及開似蓮花而小如盞紫苞紅焰作蓮及蘭花香有桃紅及紫二色又有鮮紅似杜鵑俗稱紅石蕎是也入藥用紫者須未開收已開不佳用須去毛毛射人肺令人欬花落無實夏杪復着花如小筆宋掌禹錫云苑中有樹高三四丈枝葉繁茂係興元府進初僅三四尺有花無實經二十餘年方結實蓋年淺者不實非二種也至花開早晚各隨方土節氣苞治鼻淵鼻鼽鼻塞鼻瘡及痘後鼻瘡並研末入麝少許葱白蘸入數次甚良分根傍小株插肥濕地即活本可接玉蘭

○麗藻詩五言 乙鳥歸來社辛夷開過春【宋子京】 春雨濕窗紗辛夷弄影斜【曾[illegible]】

窺江夢彩筆筆忽生花【陳留公】 綠堤春草合王孫自流玩况有辛夷花色與芙蓉亂【裴迪】 辛夷吐高花衛公曾手植樓流今已非不改舊時色平泉幾易主况乃刺史宅【韓忠獻】 昔年將出谷今日對辛夷倚樹憐芳意攀條惜歲滋清陰須暫憩秀色正堪思只待揮金日殷勤泛羽卮【李衛公】

七言 谷口春殘黄鳥稀辛夷花發杏花飛【錢起】 辛夷花亦已落况我與子非壯年【杜甫】 紫粉筆含尖火焰紅胭脂染小蓮花芳情香思知多少惱得山僧悔出家【白樂天】 夢散黄鸝滿上林辛夷花下理瑶琴自憐顏色難爲故未信恩波有淺深【王叔承】 繡罷春衫出閨遲辛夷花下立多時內宮盡日無人到不省含羞怕見誰【徐賁】 夢中曾見筆生花錦字還將氣象誇誰信花中原有筆毫端方欲吐春霞【張新】 木筆花名映碧欄詞臣相對動毫端曉來似惹松烟滑凝向春風咏牡丹【馬文度】 含鋒新吐嫩紅芽勢欲書空映早霞應是玉皇曾擲筆落來地上長成花【歐陽炯】

歌 問君辛夷花君言已斑駁不畏辛夷不爛開顧我筋骸官束縛縛遣推囚名刺使狼籍囚徒滿田地明日不推緣國忌依然不得花前醉韓員外家好辛夷開時乞取三兩枝折枝爲贈君莫惜縱君不折風亦吹【元微之】

【紫荊】 一名滿條紅叢生春開紫花甚細碎數朵一簇無常處或生本身之上或附根上枝下直出花花罷葉出光緊微圓園圃庭院多植

之花謝即結莢子甚扁味苦平無毒皮梗並

氣味功用並同能活血消腫利小便解毒

○種植 冬取其莢種肥地春即生又春初取其根傍小條栽之即活性喜肥惡水

○製用 花未開時採之滚湯中焯過鹽漬少時點茶頗佳或云花入魚羹中食之殺人愼之

○附録牡荆 一名黄荆一名小荆一名楚處處有之年久不樵者其樹大如盌木心方枝對生一枝五葉或七葉如榆葉長而尖有鋸齒五月杪開紅紫花成穗子大如胡荽白膜裹之有青赤二種青者爲荆赤者爲楛廣州記云荆有三種金荆可作枕紫荆可

作床白荆可作履金寧浦有牡荆指病自愈節不相當者月暈時刻之與病人身齊置病人床下病雖危亦無害實苦溫無毒除骨間寒熱通胃氣止欬逆下氣葉苦寒無毒治久病霍亂轉筋血淋下部瘡濕腰脚風濕腫痛 蔓荆 其枝小弱如蔓故名蔓荆至夏盛茂有花作穗淡紅色蘂黄白色花下有青蕚至秋結子大如豌豆蒂有小萼子七八月采實青赤辛體輕而浮上行而散故所主皆頭面風虛之証 取荆瀝法 用新采荆莖截五尺長架于兩甎上中間燒火炙之兩頭以器承取熱服或入藥中又法截三四寸長束入瓶中仍以一瓶合住固濟外以糠火煨燒其汁瀝入下瓶中亦妙 牡荆瀝治心風爲第一延年秘録云熱多用竹瀝寒多用荆瀝二汁同功並以姜汁助送則不

凝滯但氣虛不能食者用竹瀝氣實能食者用荆瀝

○療治 治一切癰疽發背流注諸腫毒冷熱不明者紫荆皮炒三兩獨活去節炒三兩赤芍藥炒二兩生白芷一兩木蠟炒一兩爲末用葱湯調熱敷血得熱則行葱能散氣也瘡不甚熱者酒調之痛甚及筋不伸者加乳香大抵癰疽流注皆因氣血凝滯氣血遇溫則散遇凉則凝此方溫平紫荆皮破血消腫獨活止風動血拔骨中毒去痺濕氣芍藥生血止痛木蠟消腫散血同獨活能破石腫堅硬白芷去風生肌止痛盖血生則不死血動則流通肌生則不爛痛止則不撅風出則血自散氣破則硬可消毒自除五者交治病安有不愈者乎 婦人血氣紫荆皮爲末醋糊丸櫻桃大每酒化服一丸 鶴膝風攣紫荆

皮三錢老酒煎服日一次 傷眼青腫紫荆皮小便浸七日晒研用生地黄汁姜汁調敷不腫用葱汁 猘犬咬傷紫荆皮末沙糖調塗留口退腫口中仍嚼咽杏仁去毒 鼻中疳瘡紫荆花陰乾爲末貼之 發背初生一切癰疽皆治单用紫荆皮爲末酒調箍住自然撮小不開内服柞木飲子乃救貧良剤也 癰疽未成用白芷紫荆皮等分爲末酒調服外用紫荆皮木蠟赤芍藥等分爲末酒調作箍藥 痔瘡腫痛紫荆皮五錢新水煎食前服 產後諸淋紫荆皮五錢半酒半水煎溫服 濕痰白濁牡荆子炒爲末每酒服二錢 治脚氣諸病用荆莖于罈中燒烟熏涌泉穴及痛處使汗出愈 治毒蛇望板歸螫傷滿身紅腫發泡用黄荆嫩頭搗汁塗泡上[illegible]

薄于腫上 九竅出血 荊葉搗汁酒和服二合 小便尿血 荊葉汁酒合服二合 病風數年 以七葉黃荊根皮五加根皮接骨草等分煎湯日服即愈 青盲內障 春初取黃荊嫩頭九蒸九曝半斤用烏雞一隻以米飼五日安淨板上飼以大麻子二三日收糞乾入瓶內熬黃和荊頭爲末煉蜜丸梧子大每服十五丸至二十丸陳米飲下日二 中風口禁 荊瀝每服一升 頭風頭痛 荊瀝日日服之 喉痺瘡腫 荊瀝細細嚥之或以荊一握水煎服之 目中卒痛 燒荊木取黃汁點之 心虛驚悸羸瘦者 荊瀝二升火煎至一升六合分作四服日三夜一 赤白下痢五六年者 荊瀝每日服五合 濕瘑瘡癬 荊木燒取汁日塗之 令髮長黑 蔓荊子熊脂等分調塗之 頭風作痛 蔓荊子一升爲末絹袋浸一斗酒中七日溫飲日三 乳癰初起 蔓荊子炒爲末酒服方寸匕滓傅之

○典故 紫荊郁李綉球皆非奇卉然足點綴春光亦是難廢下至金雀錦帶棣棠剪春羅雖瑣瑣彌甚園中安可無一綉球亦無足取初見閩人來賣一花云是紅綉球倭國中來者余後至建寧見縉紳家庭中花簇紅球儼如剪綵名曰山丹乃知是閩卉也此種亦甚置庭中 王敬美

山茶 一名曼陀羅樹高者丈餘低者二三尺枝幹交加葉似木樨硬有稜稍厚中闊寸餘兩頭尖長三寸許面深綠光滑背淺綠經冬不

脫以葉類茶又可作飲故得茶名花有數種 十月開至二月有鶴頂茶 大如蓮紅如血中心塞滿如鶴頂來自雲南曰滇茶 瑪瑙茶 紅黃白粉爲心大紅爲盤產自溫州 寶珠茶 千葉攢簇色淺少態 楊妃茶 單葉花開早桃紅色 焦萼白寶珠 似寶珠而蕊白九月開花清香可愛 正宮粉賽宮粉 皆粉紅色 石榴茶 中有碎花 海榴茶 青蒂而小 菜榴茶躑躅茶 類山躑躅 真珠茶串珠茶 粉紅色 又有雲茶磬口茶茉莉茶一捻紅照殿紅千葉紅千葉白之類 葉各不同 不可勝數就中寶珠爲佳蜀茶更勝虞衡志云廣州有南山茶花大倍中州色微淡葉薄有毛結實如梨大如拳有數核如肥皂子大紅花爲末入姜汁童便酒調服治吐血衄血下血可代鬱金爲末麻油調塗湯火傷灼

○栽接 春間臘月皆可移栽四季花寄枝宜用本體黃花香寄枝宜用茶體若用山茶體花仍紅色白花寄枝同上一種玉茗如山茶而色白黃心綠萼磬口花鬯口花宜子種以單葉接千葉者則花盛樹久以冬青接十不活一

○典故　潯陽陶狄祠山茶一株幹大盈抱枝蔭滿庭二月三日祭時花特盛好事者分種之竟無一活紹興曹娥廟亦有之止如拱把之半士人云千年外物也　黃山茶白山茶紅白茶梅皆九月開二山茶花大而多韻亦茶中之貴品楊妃山茶稍後與白鼕同時開楊妃是淡紅殊不能佳爲是冬初花當具一種耳白菱花純白而雅且開久而繁人云來自閩中余在閩問之乃無此種始在豫章得之定是嶺南花也花至季冬始盡性亦畏寒花後宜藏室中　吾地山茶重寶珠有一種花大而心繁者以蜀茶稱然其色類殷紅嘗聞人言滇中絕勝余官莆見士大夫家皆種蜀茶花數千朶色鮮紅作密瓣其大如杯云種自林中丞蜀中得來性特畏寒又不喜盆栽余得一株長七八尺舁歸植澹圃中作屋幕于隆冬春時拆去蘖多輒摘却僅留二三花更大絕爲余兒所賞後當過枝廣傳其種亦花中寶也〔俱王敬美〕　寶珠山茶寶珠千葉含苞歷幾月而放殷紅若丹砂最可愛聞滇南有高二三丈者開至千朶大于牡丹皆下垂稱絕艷矣〔于若瀛〕

○麗藻　詩五言　葉硬經霜綠花肥映雪紅　栽培費天功接綴假人力〔俱張芸叟〕　誰憐兒女花散入冰雪中堂中調丹砂染此鶴頂紅〔東坡〕　丹砂點雕蘂經月獨含苞既足風前態還宜雪裡嬌〔孫念東〕　南國有嘉樹華居赤玉杯曾無冬春改常冒霰雪開〔梅聖俞〕　山茶本晚出舊不聞圖經花深嫌少態曾入蘇公評邇來亦變格紛然著名稱黃香開最早與菊爲輩朋粉紅更妖嬈玉環帶春醒偉哉紅百葉花重枝不勝尤愛並

山茶花開一尺盈日丹又其亞不减紅[illegible]吐絲心抽鬚鋌齒葉剪稜白[illegible]尤晶明桃葉何處來　勁節不推峨嶺雪一見一嘆驚〔徐渓月〕

七言　芳姿偏受建溪風〔[illegible]〕　蒼枝老樹昔誰種照耀萬朶紅相圍〔曾南豐〕　惟有山茶殊奈久獨能深月占春風〔曾吉甫〕　道人贈我歲寒種不是尋常兒女花〔王梅溪〕　新折嫩綠籠和日繁艷紅深奪曉霞〔桂水集〕　淺爲玉茗深都勝大白山茶小海紅名譖漫多朋援少年年身在雪霜中　江南池館厭深紅零落空山烟雨中却是北人偏愛惜數枝和雪上屏風〔俱陶弼〕　游蜂掠掠粉絲黃荷葉猶攲蜜露香待得春風幾枝在年來殺菽有飛霜　山茶相對本誰栽細雨無人我獨來說似與君君不見爛紅如火雪中開〔俱東坡〕　鶯聲老矣移雖晚鶴頂丹時看始佳雨葉鱗鱗成小葢春枝艷艷首群花〔王梅溪〕　花近東溪居氏家好携樽酒欸携茶玉皇收拾還天上便恐筠陽無此花　玉潔冰寒自一家地偏驚對此山茶歸來不負西游眼曾識人間未見花〔俱俞國寶〕　獨坐紗窗刺繡遲紫荊花下囀黃鸝欲知無限傷春意盡在停針不語時〔朱絳〕　胭脂染就絳裙襴琥珀粧成赤玉盤似共東風解相識一枝先已破春寒　曾將傾國比名花別有輕紅暈臉霞自是太眞多異色品題兼得重山茶〔俱張鉊盤〕　長明燈下石欄杆長共松杉鬭歲寒葉厚有稜犀角健花深少態鶴頭丹久陪方丈曼陀雨羞對先生苜蓿盤雪裡盛開知有意明年歸後竟誰看〔東坡〕　樹子團團映碧岑初看與作木稱林誰將金粟銀絲膾簇飣朱紅菜碗心春早橫招桃

李如[illegible]雲[illegible]侯題詩[illegible]老葉厚有稜花色淺[陳與義] 青女行霜下曉空山茶獨殿衆花叢不知户外千林縞且看盆中一本紅性晚每經寒始折色淺那愛日微烘人言此樹尤難養暮溉晨澆自課童[劉後村]

[梔子] 一名越桃一名鮮支有兩三種處處有之一種木高七八尺葉似兎耳厚而深綠春榮秋瘁入夏開白花大如酒杯皆六出中有黃蘂甚芬香結實如訶子狀生青熟黃中仁深紅可染繒帛入藥用山梔子皮薄圓小如鵲腦房七稜至九稜者佳一種花小而重臺者園圃中品一種徽州梔子小枝小葉小花高不盈尺可作盆景貨殖傳曰梔茜千石亦比千乘之家或云此即西域之薝蔔花薝蔔金色花小而香西方甚多非梔也此花喜肥宜糞澆然太多又生白虱宜酌之

○栽種 帶花移易活芒種時穿腐木板爲穴塗以泥汚剪其枝插板穴中浮水面候根生破板密種之或梅雨時以沃壤一團插嫩枝其中[illegible]繫內常灌糞水候生根移種亦可荼蘼素馨皆同千葉者用土壓其傍小枝逾年自生根十二月內選子淘淨來春作畦種之覆以糞土如種茄法

○製用 大朵重臺者梅醬糖蜜製之可作羹果一種花小單臺者結山梔可入藥 折枝搥碎其根實以白鹽則花色久而不改可插瓶

○典故 宰相杜悰別墅建薝蔔館形六出器用之屬亦皆象之，孟昶十月宴芳林園賞紅梔花其花六出而紅清香如梅[萬花谷] 漢有梔茜園[漢書] 晉有華林園種梔子令諸宮有秋梔子守護者置吏一人[晉書] 梔子有三種有大花者結山梔甚賤有千葉者大抵重瓣者葉圓而大單瓣者葉細而長其香一也 染梔子花六出雖香不濃郁山梔子八出一株可香一圃[古今詩話]

○麗藻 散語 如人入薝蔔林中聞薝蔔香不聞他香[佛書]

詩五言 梔子

艷色殊[杜子美] 色疑瓊倚樹香似玉京來[劉夢得] 孤姿妍外淨幽馥暑中寒[楊誠齋] 禪友何時到遠從毘舍園妙香通鼻觀應悟佛根源[illegible] 一花分六出十葉是重臺玉蕊渾無玷金黃[illegible]奪胎[illegible] 素華偏可喜的的半臨池疑爲霜裹葉復道雪封枝日斜光隱見風還影合離[梁簡文帝] 林蘭擅孤芳豈與凡木異不受雪霜侵自足中和氣欲知清淨身即此林間是[illegible] 梔子比衆木人間誠未多於身色有用與道氣傷和紅取風霜實青看雨露柯無情移得汝貴在映江波[杜工部]

七言 桃蹊李徑年雖

古䆉子紅椒艷復殊【杜子美】六花薝蔔林
間佛九節菖蒲石上仙【蘇東坡】一根曾寄
小峰巒薝蔔香清水影寒玉質自然無暑意
更宜移就月中看【朱淑眞】清淨法身如雪
瑩肯來林下現孤芳對花六月無炎暑省愛
銅瓶幾炷香【[illegible]】未說司花刻玉工已知
名與佛相同可憐結了薰風子依舊身歸色
界中【[illegible]臺】萱花薝蔔亞枝柔夏艷春嬌
取次收麗朶乍開金谷障毘舍遥遥異香
冷香飄隨水晶毬【于若虛】詞 一炷馳名久妙
馨希有鼻觀深參透 問訊東來知誰先後
稱仙友十花爲偶近有西江守【王梅溪】
【賦】花解笑冷淡不求知長是殿衆芳時鮮
鮮秀頸瑳圓玉洛陽琴珮剪琉璃向人前迎
茉莉送荼蘼 幾欲把清香換春色費多少
黃金酬不得梅雨姤麥風欺細腰空戀當時
綦同心猶結舊年枝謝家娘將遠寄待憑誰
【馬古洲最高樓】芳叢簇簇水濱生勾引午
風清六花大似天邊雪又幾時雪有三層明
艷射回蜂翅淨香薰透蟬聲 曉簷人共月
同行疎影動銀屏指尖輕撚都如玉聽畫欄
嬌轉流鶯道是花枝比得不成花也多情【張約齋風入松】

合驩

一名宜男一名合婚一名合昏一名青棠
一名夜合處處有之枝甚柔弱葉纖密圓而
綠似槐而小相對生至暮而合枝葉互相交
結風來輒解不相牽綴五月開花色如醮暈

線下半白上半肉紅散垂如絲至秋而實作
筴子極薄細花中異品也樹之庭堦使人釋
忿恨根側分條藝之子亦可種 主安和五臟
利心志令人驩樂 或以百合當夜合者誤
○附錄 魏明帝時苑囿及民家花樹皆生連理
有合歡草狀如蓍一株百莖晝則衆條
扶疎夜則合爲一莖萬不遺一謂之神草宋
朝東京第宅山池間無不種之然則草亦有
合歡不獨樹也 遜頓國有淤樹晝開夜合
一名日夜合亦云有情樹若各自種則無花
古有合驩扇合驩被合驩帶合驩枕合驩床
合驩綵合驩索合驩香囊之類皆美其名也
其爲人所
慕尚如此
○典故 晉華林園合歡四株 崔豹古今註云欲
蠲人之忿則贈以青棠 晉嵆康嘗種
之舍前曰合驩蠲忿萱草忘憂 杜羔妻趙
氏每端午取夜合花置枕中羔稍不樂輒取
少許入酒令婢送飲便覺歡然 夜合生宛
朐及荊山花俯垂有委鬚端紫點手拈之即
脫才破萼香氣襲人金陵盆植者無根而
花花後不堪留即留亦無能再花【于念東】
○療治 肺癰唾濁心胸甲錯取夜合皮一掌大水三升煮取一半分二服 撲損折骨
夜合樹皮去粗皮炒黑色四兩芥菜子炒一
兩爲末每服二錢溫酒臥時服以滓傅之接
骨甚妙 髮落不生合歡木灰二合墻衣五
合鐵精一合水萍末二合研勻生油調塗一

夜一次　小兒撮口夜合花枝濃煎湯拭口並洗之　中風攣縮夜合枝桑枝槐枝石榴枝各五兩並生剉水五斗煎取一斗半浸糯米黑豆各五升蒸熟入羌活末二兩防風末五錢細麴七斤半如常釀酒法封三七日壓汁每飲五合勿過醉致吐常令有酒氣爲佳

○典故　合昏即夜合也人家多植庭除間　陳藏器云其葉至昏即合　陸佃刻漏銘曰合昏暮捲蓂莢朝開　夜合花葉似槐朝開至暮復合五月花開紅白色【花譜】

○麗藻　詩五言　青枝散紅萼消忿贈合歡【古詩】　合歡尚知時鴛鴦不獨宿【杜子美】　一莖兩三花低垂泫朝露開簾弄幽色時有香風度【于若瀛】　南隣有奇樹乘春挺素華豐翹被長條緑葉蔽朱柯因風吐微音芳春入紫霞我心美此木願徙着余家夕得游其下朝得弄其葩【楊方】　俗人之愛花重色不重香吾今得真想似嬌時之常所愛夜合花清馥喻衆芳葉葉自相對開斂成陰陽不憖歷草滋獨擅堯階莢得此合歡名憂忿誠可忘茸茸紅白委百和夜風颺沉水燎庭檻薰陸芬纓裳彌月固未歇况玆夏景長凡目不我貴馥烈徒自將仲尼失臧明史遷疑子房以貌不以行舉世同悲傷予欲先馨德群艶孰可方直曉妖牡丹須遜花中王【韓文公】　移晩較一月花遲過半年紅開杪秋日翠合欲昏天白露滴不死凉風吹更鮮後時誰肯顧惟我起君憐【白樂天】　綺樹滿朝陽融融有露光雨多疑濯錦風散似分粧葉密烟蒙火枝低繡拂墻更憐當暑見留詠日偏長【[illegible]之】

七言　夜合花開香滿庭【唐詩】　合昏枝老拂簷牙紅白開成蘸暈花最是清香合蠲忿累旬風定人[illegible]【忠獻】　花柳重重隔翠華玉顔無計駐羊車碧紗籠裡銀釭影照見深宮夜合花【王珪】　遠游消息斷天涯燕子空能到妾家春色不如人獨自庭前開遍合歡花【王野】　櫻桃摘盡又枇杷梅圃蕭條下種麻隙地不栽無果樹中庭那有合歡花【東瑶泉】　梅雨晴時處處蛙尋常家釀不須賖老親醉後盤飡散擁裡初開夜合花【[illegible]公】

【木芙蓉】灌生葉大如桐有五尖及七尖冬凋夏茂一名木蓮一名華木一名拒霜花一名桃木一名地芙蓉有數種惟大紅千瓣白千瓣半白半桃紅千瓣醉芙蓉朝白午桃紅晩大紅者佳甚黃色者種貴難得又有四面花轉觀花紅白相間八九月間次第開謝深淺敷榮最耐寒而不落不結子總之此花清姿雅質獨殿衆芳秋江寂寞不怨東風可稱俟命之君子矣欲染別色以水調靛紙蘸花蕊上仍裹其尖開花碧色五色皆可染種池塘邊映水益妍氣味辛平無毒清肺涼血散熱解

毒消腫毒惡瘡排膿止痛有殊効俗傳葉能
爛獺毛

○種植 十月花謝後截老條長尺許臥置窨內無風處覆以乾壤及土候來春有萌芽時先以硬棒打洞入糞及河泥漿水灌滿然後插入上露寸餘遮以爛草即活當年即花若不先打洞傷其皮即死

○製用 皮柔韌連條風戾之至春漚于池以紏絙索甚能勝水多種之歲可覔用

○療治 鐵箍散治一切癰疽發背乳癰惡瘡用芙蓉葉或根皮或花或生研或乾研末以蜜調塗于腫處四圍中間留頭乾則頻換初起者即覺清涼痛止腫消已成者即膿聚

毒出已穿者即膿出易斂妙不可言或加生赤小豆末尤妙 久欬羸弱芙蓉葉爲末以魚鮓蘸食屢効 赤眼腫痛芙蓉末水和貼太陽穴 經血不止拒霜花蓮蓬殼等分爲末每用米飲下二錢 偏墜作痛芙蓉葉黃蘗各三錢爲末以木鱉子仁一個磨醋調塗陰囊其痛自止 杖瘡腫痛芙蓉花葉研末入皂角末少許雞子清調塗之 癰疽腫痛重陽前取芙蓉葉研末端午前取蒼耳燒存性研末等分蜜水調塗四圍其毒自不走散名鐵井欄 疔瘡惡腫九月九日採芙蓉葉陰乾爲末每以井水調貼 頭上癩瘡芙蓉根皮爲末香油調敷先以松花柳枝煎湯洗之 湯火灼瘡油調芙蓉末敷之 灸瘡不愈芙蓉花葉研末敷之 一切瘡腫芙蓉葉菊花葉同煎水頻薰洗之

○典故 唐玄宗龍香劑以芙蓉花汁調香粉作御墨曰龍香劑 孟後主成都城上遍種芙蓉每至秋四十里如錦繡高下相照因名錦城以花染繒爲帳名芙蓉帳【成都記】 溫州江心寺文丞相祠中有木芙蓉盛開其本高二丈幹圍四尺花幾百餘暢茂散漫故知芙蓉有二種出于水者謂之草芙蓉出于陸者謂之木芙蓉又名木蓮樂天詩曰水蓮開盡木蓮開謂此 [illegible]州有弄色木芙蓉一日白二日淺紅三日黃四日深紅比落色紫人號爲文官花 許智老爲長沙有木芙蓉二株可庇畝餘一日盛開賓客盈溢坐中有王子懷者言花朵不踰萬數若過之願受罰智老許之子懷因指所携妓賈三英胡錦鳥文帔以酬直智老乃命厮僕群採凡一萬三千餘朵子懷㩼帔納主人而遁 慶曆中有朝士將

曉赴朝見美女三十餘人靚粧麗服兩兩並馬而行觀文丁度按轡于其後朝士驚曰丁素儉約何姬之衆耶有一人最後行朝士問曰觀文將宅眷何往曰非也諸女御迎芙蓉館主耳俄聞丁卒【石林燕語】 石曼卿去世後其故人有見之者云我今爲仙主芙蓉城欲呼故人共游不諾忿然騎一素驢而去【歐公歸田錄】 芙蓉特宜水際種類不同先後開故當雜植之大紅最貴最先開次淺紅常種也白最後開有曰三醉者一日間凡三換色亦奇客言曾見有黃者果爾當購之芙蓉入江西俱成大樹人從樓上觀吾地如秦荊狀故須三年一斫却【王敬美】

○麗藻 詩五言 託根地雖卑凌霜花亦茂【[illegible]】 [illegible]翹塵鬣抱秦宮纈巧裝叢

【宋景文】玉女襲朱裳重重映皓質長貢權
丹景芒芒照秋日蘭澤多衆芳妍姿不相匹
【李衛公】　莊疑牡丹叢但病皮骨老不宜入
水看只可隔水眺【李春伯】　湖上野芙蓉含
思秋脉脉娟娟如靜女不肯傍阡陌詩人杳
未來幽艷冷難宅【歐公】　開吟鮑照賦更起
屈平愁莫引西風動紅衣不耐秋【陸龜蒙】
木末芙蓉花山中發紅萼開户寂無人紛紛
開且落【王維】　皓露浸湘蘂尖風觸絳英繁
霜不可拒切勿受空名【宋景文】　淺淺霜前
後應嗤舊渚紅群芳坐衰歇聊自舞秋風【石
學士】　溪邊野芙蓉花水相媚好半看池蓮
盡獨伴霜菊槁【歐公】　紅芳曉露濃綠樹秋
風冷共喜巧回春不妨閑弄影　染露金風
裡宜霜玉水濱莫嫌開最晚元自不爭春【楊
誠齋】　江南江北樹秋至僅成叢向晚誰爭
艷酡顏淺作紅【宋景文】　玉蘂折蒸栗金房
落曉霞涉江從楚女採菊聽陶家【梅聖俞】
新開寒露叢遠比水邊紅艷色寧相妬嘉名
偶自同採江秋節晚搴木古祠空須勸勤來
歛無令便逐風【韓昌黎】　群芳搖落後秋色
在林塘艷態偏臨水幽姿獨拒霜漢皋霞作
佩湘曲錦為裳白首滄江上相看醉夕陽【宋
壑泉】　芳菲能幾時顏色如自愛鮮鮮弄霜
曉裊裊含風態蕙蘭殞秋香桃李媚春醉時
節雖不同盛衰終一致莫笑黃菊花籬根守
憔悴【歐
陽文忠】

七言

莫怕秋無伴醉物水蓮開後木
蓮開【白樂天】　何事獨蒙青女
力墻頭僅放數苞紅【王禹玉】　舊時憶在延
真館玉作芙蓉院院明【韓子蒼】　就中一種
芙蓉別只染鵝黃學道粧【戴石屏】　天上碧
桃和露種日邊紅杏倚雲栽芙蓉生在秋江

上不向東風怨未開【高蟾】　水邊無數木芙
蓉露滴胭脂色未濃正是美人初醉著強擡
青鏡照粧慵【王介甫】　翠嶂臨流結絳囊多
情常伴菊花芳誰憐冷落清秋後能把柔香
獨拒霜【[illegible]】　種處雪消春始東開時霜落
雁初過誰裁金菊叢相近織出新番蜀錦窠
【歐陽公】　千林掃作一番黃只有芙蓉獨自
芳喚作拒霜知未稱看來却是最宜霜【東坡】
湖上秋風起櫂歌萬株映柳更依荷老來
不作繁華夢一樹池邊已覺多【劉後村】　妖
紅弄色絢池臺不作匆匆一夜開若遇春時
占春榜牡丹未必作花魁【胡松窓】　木蕖何
似水芙蕖同個聲名各自都風露商量借膏
沐胭脂深淺入肌膚喚回春色秋光裡饒得
紅粧翠蓋無字曰拒霜渠不惡却愁霜重要
人扶【楊誠齋】　綠裳丹臉本仙容不謂佳名
偶自同一朶方酣初日色千枝應發去年叢
莫驚墜落添新紫更待微霜暈淺紅却笑牡
丹猶淺俗但將濃艷醉春風【方秋崖】　傍水
施朱意自眞幽棲非是避芳塵已呼曉菊為
兄弟更為秋江作主人【劉過】　西園試詠勤
中詞正及朱華冒綠池猝約偏多臨水態逍
遙獨抱拒霜姿吳娃曉鏡臨粧早楚客霞裳
集錦遲最愛秋江留晚色盡教白首醉瓊巵
【[illegible]】

詞

霜華滿樹蘭凋蕙慘秋艷入芙蓉胭
脂嫩臉黃金輕蘂猶自怨春風　前
歡往事當歌對酒無限到心中更凭朱檻憶
芳容腸斷一枝紅【晏殊】【少年游】　魚藻池邊
射鴨芙蓉苑裡看花日色赭黃相似不著紅
鸞扇遮　池北池南水綠殿前殿後花紅天
子千秋萬歲未央明月清風【柳耆卿】【三臺令】
冰明玉潤天然色拚[illegible]風客不肯嫁東

風波勃霜露中　春意撩□法喫笑□□□
攜步上粧臺　酒紅和困來□百般□□
紅雲半壓秋波　急艷粧露啼色佳夢入仙城
風流石曼卿　宫袍呼醉醒休捲西風錦
日粉香殘六橋烟水

椴音段　櫬音襯　蕣音舜

木槿

一名椴一名櫬一名蕣一名玉蒸一名朱槿一名赤槿一名朝菌一名日及一名朝開暮落花木如李高五六尺多岐枝色微白可種可插葉繁密如桑葉光而厚末尖而有椏齒花小而艷大如蜀葵五出中葉一條出花外上綴金屑一樹之上日開數百朵有深紅粉紅白色單葉千葉之殊朝開暮落自仲夏至仲冬開花不絕結實輕虛大如指頂秋深自裂其中子如榆莢馬兜鈴之仁嫩葉可作飲代茶味平滑無毒治腸風下血痢後熱渴腫痛疥癬潤燥活血除濕熱利小便婦人赤白帶下小兒忌弄令病瘧俗名瘧子花

○扦插　二三月間新芽初發時截作段長一二尺□□□□□□□□□□□□□□手便不相接

○皮並根　甘平滑無毒作飲服令人能睡　花氣味　炒用　潤燥活血洗目令目明　花味　與皮同治赤白痢　作湯飲治風　皮亦及花並滑故潤燥色如紫荆故活血　子與皮同

○取用　湖南北多植為籬障花與枝兩用　皮治瘡癬川中者色紅氣厚力優尤効

○療治　赤白帶下槿根皮二兩切白酒一碗半煎一碗空心服白帶用紅酒甚妙　頭面錢癬槿樹皮為末醋調重湯頓如膠傅之　牛皮風癬川槿皮一兩大風子仁十五個半夏五錢剉河水井水各一盌浸露七宿入輕粉一錢水中秃筆掃塗覆以青衣數日有臭涎出妙忌浴澡夏月用尤妙　癬瘡有蟲川槿皮煎入肥皂浸水頻擦或以槿皮浸汁磨雄黃尤妙　痔瘡腫痛槿根煎湯先薰後洗　大腸脫肛槿皮或葉煎湯薰洗後以白礬五倍末傅之　下痢禁口紅槿皮花去蒂陰乾為末先煎麪餅二個蘸末食　風痰壅逆槿花晒乾焙研每服一二匙空心沸湯下白花尤良　反胃吐食千葉白槿花陰乾為末陳糯米湯調送三五口不轉再服　偏正頭風木槿子燒烟薰患處　黃水膿瘡木槿子燒存性猪骨髓調塗之

○典故　汝陽王進嘗戴砑絹帽打曲上自摘紅槿花一朶置於帽上笪處二物皆極滑久之方安遂奏舞山香一曲而花不墜上大喜賜金器一廚曰花奴資質明瑩必是神仙

謝寶有也【開元遺事】

〇麗藻散語

顏如舜華【詩】 仲夏之月木槿榮【逸書月令】 草木春榮秋瘁此花朝生暮落【[illegible]】 覽庭隅之嘉木慕朝華之可玩【盧諶】 皎日升而朝華玄景逝而夕零【夏侯湛】 日給之花似奈奈實而日給虛虛僞之與眞實相似也【馬論】 椵木槿櫬木槿似李五月始華月令木槿榮是也華如葵朝生夕隕一名舜盖瞬之義取諸此詩曰顏如舜華又曰顏如舜英顏如舜華則言不可與久也顏如舜英則愈不可與久矣盖榮而不實者謂之英人物志曰草之精秀者爲英【[illegible]】 覽中堂之奇樹禀冲氣之至清應青春之敷蘂逮朱夏而誕英紅葩紫蔕翠葉素莖【[illegible]】 木槿楊柳斷殖之更生倒之亦生橫之亦生生之易者莫過斯木也然埋之旣淺又未得久乍刻乍剥或搖或拔雖壅以高壤浸以春澤猶不脫於枯瘁者以其根荄不固不暇吐其萌芽津液不得遂結其生氣也人生之於體易傷難養方之二木不及遠矣而所以攻毁之者過于刻剥劇於搖拔也濟之者鮮壞之者衆死武 日及多名蕤蕣肇生東其宜也【[illegible]子】 賦方記乎夕死郭璞贊以朝榮濬文体其夏盛稽賦閔其秋零此則京華之麗木非于越之蕣英南中群草衆花之寶雅什未名騷人失藻雨來翠潤露歇紅澡疊蕚疑擎低莖若倒朝霞映日殊未研珊照水定非鮮于葉芙蓉詎相似百枝燈花復羞然【[illegible]江總】 朝菌者盖朝華而暮落世謂之木槿或謂之日及詩人以爲蕣華宣尼以爲朝菌其物向晨而結逮明而布見陽而盛

柔日前損不亦異乎何名之多也【[illegible]】

詩五言

[illegible] 槿枝無宿花【[illegible]】 吾聞調羹槿異味及枌榆【黃山谷】 晨日映簾生流暉種艷明紅頽易零落何[illegible]異此花榮【六一集】 君子芳桂性春濃秋更[illegible]繁小人槿花心朝在夕不存【文粹】 綠樹競扶踈紅姿相照灼不學桃李花亂向春風落 群玉開雙槿丹榮對絳紗含烟疑出火隱雨怪舒霞向晚爭辭蘂迎朝鬭絳花非關後桃李爲欲繼年華【楊凌】

七言

槿花一日自爲榮【白樂天】 槿籬護藥紅逕竹覓通泉白徧村【秦少游】 風露凄凄秋景繁可憐榮落在朝昏未央宮裏三千女但保紅顏莫保恩【李義山】 籬外涓涓澗水流槿花半照夕陽愁欲題名字知相訪又恐芭蕉不奈秋【[illegible]】 秋蕣晚英無艷色何因栽種在人家使君只別羅敷面爭解回頭愛白花【白樂天】 甲子雖推小雪天剌桐猶綠槿花然陽和長養無時歇却是炎州雨露偏【張籍】 朱槿移栽釋梵中老僧非是愛花紅朝開暮落關何事秪要人知色是空【僧紹隆】 朝菌一生迷晦朔靈椿千歲換春秋如何槿艷無終日獨保欄干爲爾羞【張俞】 野槿扶踈當縛籬山深不用掩山扉客來踏破松稍月鶴向王人頭上飛【陸雲西】 曉艷欲開孫武陣曉風爭墮綠珠樓來如急電無因駐去似驚鴻不可收 夾路疏籬錦作堆朝開暮落復朝開抽苞粔瓣輕拖縿近蒂臙脂釀抹勻占破半年猶道少何曾一日不芳來花中却是渠長命換舊添新底死催【楊誠齋】 曾聞鄭女詠同車更愛手澤猶有華欲館苔莓橫野渡似[illegible]

葉短沙漫道春來李能白
秋風一種玉無瑕【國深】

【扶桑】高四五尺產南方枝葉婆娑葉深色光而厚微濇如桑花有紅黃白三色紅者尤貴又有朱槿赤槿日及等名以此花與木槿相彷彿也葉及花性甘平無毒

○療治 癰疽腮腫取葉或花同牛蒡葉白芙蓉葉白蜜研膏敷之即散

○麗藻 序 明道中予爲漳州軍事判官曉秋至州西耕園驛庭有佛桑數十株開花繁盛念其寒月窮山方自媚好乃作耕園驛佛桑花詩一首既而來將東下又作淡行一

首慶曆七年予使本路明年夏四月自汀來漳復至是驛花尚仍舊追感昔游因紀前事并載舊篇龕於西壁云【蔡君謨】

詩 五言 野人家家焰燒紅有扶桑【蔡君謨】

七言 焰焰燒空紅佛桑【東坡】 使軺迢遞到天涯候館遷延感歲華白髮却攀臨砌樹青條猶放過墻花悲來惟有金城切醉後曾乘客海槎欲問昔游無處所晚烟生水日沉沙 溪館初寒似早春寒花相倚媚行人可憐萬木凋零盡獨見繁枝爛熳新清豔夜沾雲表露幽香時過轍中塵名園不肯爭顏色灼灼夭桃野水濱【蔡君謨】 南無靡卉鬬呈紅淨土門傳到此中欲供如來嫌色重剖緘宜聖訶枝同葉深似有慈雲擁藥折偏驚慧日烘貴玩何妨三宿戀只愁覺破大虛空【釋德洪詠佛桑】

【蠟梅】小樹叢枝尖葉木身與葉類桃而闊大尖硬花亦五出色欠晶明子種者經接過花疎雖盛開常半含名磬口梅言似磬之口也次曰荷花又次曰九英又有開最先色深黃如紫檀花密香濃名檀香梅此品最佳香極清芳殆過梅不以形狀貴也故難題詠此花多宿葉結實如垂鈴尖長寸餘子在其中

○種植 子既成試沉水者種之秋間發萌放葉澆灌得宜四五年可見花 一法取根

旁自出者分栽易成樹子種不經接者花小香淡名狗蠅梅品最下

○取用 皮浸水磨墨發光彩 花 解暑生津【本草綱目】

○禁忌 蠟梅人多愛其香但可遠聞不可近嗅嗅之頭痛屢試不爽

○典故 蠟梅舊題咏山谷簡齋惟五言小詩而已 考蠟梅原名黃梅故王安國熙寧間尚咏黃梅詩至元祐間蘇黃命爲蠟梅而范石湖梅譜又云本非梅種以其與梅同時而香又近之如鸚鵡菊亦以葉梗似菊而花又同時也張翊花經首云一品九命蠟梅亦在其中洛陽亦有蠟梅直九英耳蠟梅是寒花絕品人言蠟時開故以臘名非也爲色正似黃蠟耳出自河南者曰磬口香色形皆第一松江名荷花者次之本地狗纓下矣[illegible]

口郎荷花可愛何況狗蠅[illegible]凡三種
上等磬口最先開色深黃圓瓣如白梅者佳
若瓶一枝香可盈室蕊中荊襄者最佳次荷
花瓣者瓣有微尖又次花小香淡俗呼狗英
臘梅開時無葉葉盛
則花已卸矣(花史)

○麗藻詩五言 金蒂領春寒惱人香未展雖無
桃李顏風味極不淺 體熏山
麝臍色染薔薇露披拂不滿衿時有暗香度
(俱黃山谷) 黃羅作廣袂絳帳作中單人間
誰敢着留得護春寒(陳簡齋) 一花香十里
更值滿枝開承恩不在貌誰敢鬬香來 異
色深宜晚生香故觸人不施千點白別作一
家春(俱陳后山) 栗玉圓雕蕾金鍾細著行
來從真蠟國自號小黃香夕吹撩寒馥晨曦
透暖光南枝本同姓喚我作它楊(楊廷秀)

七言 未教落素混冰澌且着輕黃綴雪衣越
使可因千里致春風原自不曾知(晁无
咎) 茅簷竹塢兩幽奇岸幘尋花醉不知崖
蜜已成蜂去盡夜寒惟有露房香(晁具茨)
步屧尋花醉晚風翻枝摘葉興何窮他年上
苑求佳種越白江紅掃地空 路入君家百
步香隔簾初試漢宮妝只疑夢到昭陽殿一
簇輕紅繞淡黃(俱韓子蒼) 條風一夜入殘
年東蘂含香嬌可憐二十四番花信轉春魁
還自讓君先(張銘盤) 闖君寺後野花發香
蜜染成宮樣黃不擬折來遮老眼欲知春色
到池塘(黃魯直) 恐是酥醾染得黃月中清
露滴來香定知何遜牽詩興惜與穿簾一點
光(俱晁无咎) 凍雷合香蠟點勻古來幽谷
有佳人詩家只恐和羹晚不是紅梅別是春
冷豔[illegible]香[illegible]特何物向時人東風

自是清狂手辦作竹籬茅舍春(趙伯戌)[illegible]
蜂底物是生涯花作饌根蠟作家歲藏[illegible]
花可採卻將香蠟吐成花(楊廷秀) 化工未
幻茶蘼菊先放緗梅件群玉幽姿着意黏
黃正色何心輕萼綠色含天苑鵝兒黃影黏
瀟波鴨頭綠日烘喜氣香觸鬚雨洗道裝鮮
映肉([illegible]) 二妹巧笑出蘭房玉質檀姿
各自芳品格雅稱仙子態精神疑着道家黃
宓妃誤詫凌波步漢殿徒翻半額粧一味真
香清且絕明窗忽對古冠裳(婁攻媿家蠟梅)
([illegible]) 智瓊額黃且勿誇回眼視此風前葩
家家融蠟作杏蒂歲歲逢梅是蠟花世間真
僞非兩法映日細看真是蠟我今嚼蠟已甘
腴況此有韻蠟不如只愁繁香欺定力薰我
欲醉須人扶不醉花前醉經月是酒是香君
試別(陳去非) 天公點酥作梅花此有蠟梅
禪老家蜜蜂採花作黃蠟取蠟爲花亦此物
天公變化誰得知我亦兒嬉作小詩君不見
萬松嶺上黃千葉玉蘂檀心兩奇絕醉中不
覺度千山夜聞梅香失醉眠歸來却夢尋花
去夢裡花仙覓奇句此間風物屬詩人我老
不飲當付君君行適吳我適越笑指西湖作
衣鉢(子瞻) 化人巧作緗樣花何年落在空
王家羽衣霓袖涴香蠟從此人間識尤物青
瑣朱郎却未知天公下取仙翁詩烏丸鷄距
寫玉葉却怪寒花未清絕北風驅雪度關山
把燭看花夜不眠明朝詩成公亦去長使詩
仙誦佳句湖山信美更須人已覺西湖屬此
君坐想明年吳與越行
酒賦詩聽擊鉢(陳[illegible])
詞 蠟換梅姿天然香韻杳非俗蝶隨蜂
涎窮在花稍熟 岩發深藏幾載甘洶酒鹵
[illegible]一[illegible]自高[illegible](王[illegible])

[illegible]歲前春　誰辨[illegible]

未與此花全別　此花佳處似佳人高人愛[illegible]

詩格君子歲寒相許有芳心難結【趙介菴(?)】

【事述(?)】栗玉玲瓏雍酥浮動芳蹤來得胭脂

重風前蘭麝作香寒枝頭烟雪和春凍　峰

麹初開蜜房香弄佳人寒晒愁如夢鵝黃衫

子酉羅裙風流不與紅梅共【毛東堂】【[illegible]沙行】

江南雪裡花如玉　風流越樣新裝束恰恰

纔金裳濃薰百和香　分明籬菊艷却作粧

梅面無處奈君何一枝春已多【韓南澗】【菩薩蠻】

【詞】點綴莫窺天巧名稱却道人爲香醞蜜

脾分幾點色映烏雲倚一枝遥看鬪透遲

映水不嫌疎影嬌春也自同時紅樹落殘風

乍暖塞胥聲長曉更催此花知不知【馬古洲】

【[illegible]君子】嬌額尚塗黃不入時粧十分輕寵

奈風霜幾度細腰尋得蜜錯認蜂房　東閣

群芳譜　卷一　花譜　卌五

久寒寥江路悠長休將顏色較芬芳無奈世

間真若偶賴有幽香【馬古洲】【浪淘沙】　蟬葉

粘霜蠟苞綴東生香遠帶風峭嶺上寒多溪

頭月冷枝北瘦枝南小玉奴有姊先占立牆

陰春蚕初試宮黃淡泊偷分壽陽纖巧一銀

燭淚珠未曉酒鍾慳貯愁多少記得短亭歸

馬暮衙蜂鬧荳蔻釵頭恨裏但悵望天涯歲

華老遠信難封吳雲雁杳【吳夢窗】【天香子】

燒烟溪畔曾記東風面化工更與重裁剪額

黄明艷粉不共妖紅軟疑露臉多情正似當

時見　誰向滄波岸特地移閑館情一縷愁

千點煩君搜妙語爲我催清蕪須細香紛紛

亂葉空凡艷【葉石林】【千秋歲】　蜜葉蠟蜂房

花下頻來往不知辛苦爲誰甜山月梅花上

一玉質紫金衣香雪隨風蕩人間喚作

[illegible]蠟梅仍是蜂兒樣【李[illegible]舟】【卜算子】

【續譜(?)】木本紋體葉青色微帶黒而澀春月開花

五瓣百花成朵團圞如毬其毬滿樹花有紅

白二種宜寄枝用八仙花體

○[illegible]藻詩五言　春色變園姿虛亭裊烟霧綠萼

間瓊朵團圞低入户一夜折繁

枝變變風雨妬錯落水晶毬苔痕雜委

露變晨發永嘆蹢躅傷延佇【[illegible]東】　七言

紛紛紅紫競芳菲爭似團酥越樣奇料想花

神閒戲擊隨風吹起墜繁枝　琢玉英標不

翠塵光含月影愈清新青皇宴罷呈餘技抛

向東風展轉頻【[illegible]楊巽齋】　散作千花簇作

團玲瓏如琢巧如攢風來似欲擬

明月好與三郎醉後看【[illegible]】

群芳譜　卷一　花譜　卌六

【[illegible]】花五瓣長筒瓣微尖淡紅嬌艷類桃花

葉狹長類竹故名夾竹桃自春及秋逐旋繼

開嫵媚堪賞性喜肥宜肥土盆栽肥水澆之

則茂何無咎云溫台有叢生者一本至二百

餘幹晨起掃落花盈斗最爲奇品性惡濕而

畏寒九月初宜置向陽處十月入窖忌見霜

雪冬天亦不宜大燥和暖時微以水潤之但

不可多恐凍來年三月出窖五六月時配白

茉莉[illegible]入簪[illegible][illegible][illegible][illegible]

○栽種肥 四月中以大竹管分兩瓣合嫩枝[illegible][illegible]泥朝夕灌水一月後便生白根兩月後即可剪下另栽初時用竹幫扶恐插動之一二月後新根茶土便不須用此物極易變化

○典故 夾竹桃與五色佛桑俱是嶺南北來貪夾竹桃花不甚佳而堪久藏佛桑即[illegible]護必無存者茉莉百無一二可活然終不能盛花大抵只宜供一歲之玩佛桑間買一二株茉莉三五株花事過即爲朽株矣木槿亦物也然有大紅千葉者有白千葉者二種可亞佛桑宜覓種之王敬美

○麗藻詩五言 名花踰嶺至婀娜自成陰不分芳春色猶餘晚歲心絳分霖[illegible]小青入嫩紅深本識仙源種無妨共入林何來武陵色移植向深閨葉不避秋墮花仍入夏齊菲菲能拂石冉冉更成蹊尚挾風霜氣疏鶯未敢棲王敬美 素寞誰相問清齋偏市量怨遺芳樹至應識雅情高布葉疎疑竹分漆嫩似桃野人看不厭常此對村醪

花譜

羣芳譜

二如亭群芳譜 明 [illegible]

第二冊

二如亭群芳譜花部卷之二

濟南　王象晉藎臣甫　纂輯
松江　陳繼儒仲醇甫
虞山　毛鳳苞子晉甫　仝較
寧波　姚元台子雲甫
濟南　男王與敕　曾孫啟溥　詮次

花譜二

牡丹　一名鹿韭一名鼠姑一名百兩金一名木芍藥秦漢以前無考自謝康樂始言永嘉水際竹間多牡丹而北齊楊子華有畫牡丹則此花之從來舊矣唐開元中天下太平牡丹始盛于長安逮宋惟洛陽之花為天下冠一時名人高士如邵康節范堯夫司馬君實歐陽永叔諸公尤加崇尚往往見之詠歌洛陽之俗大都好花閱洛陽風土記可考鏡也天彭號小西京以其好花有京洛之遺風大

抵洛陽之花以姚魏為冠姚黃未出牛黃第一牛黃未出魏花第一魏花未出左花第一左花之前惟有蘇家紅賀家紅林家紅之類花皆單葉惟洛陽者千葉故名曰洛陽花自洛陽花盛而諸花詘矣嗣是歲益培接競出新奇固不特前所稱諸品已也性宜寒畏熱喜燥惡濕得新土則根旺栽向陽則性舒陰晴相半謂之養花天栽接剔治謂之弄花最忌烈風炎日若陰晴燥濕得中栽接種植有法花可開至七百葉面可徑尺善種花者須擇種之佳者種之若事事合法時時着意則花必盛茂間變異品此則以人力奪天工者也其花有姚黃（花千葉出民姚氏家一歲不過數朶）禁院黃（姚黃別品閒淡高秀可亞姚黃）慶雲黃（花葉重複郁然輪囷以故得名）甘草黃（千葉出單葉色如甘草洛人善別花見其樹知為奇花其葉嚼之不腥）牛黃（千葉出民牛氏家比姚黃差小）瑪瑙盤（赤黃色五瓣樹高二三尺葉頗短蹙）黃氣毬（淡黃

檀心花葉圓正背相承斂瓣可愛 御衣黃千葉似黃葵 淡鵞黃[illegible] 微黃如新鵞兒平頭後漸白不甚大 太平樓閣千葉[illegible] 魏花千葉肉紅略有粉梢出魏丞相仁溥之家樹高不過四尺花高五六寸闊三四寸葉至七百餘錢思公嘗曰人謂牡丹花王今姚花真可爲王魏乃后也一名寶樓臺 石榴紅千葉樓子類王家紅 曹縣狀元紅成樹宜陰 映日紅細瓣宜陽 王家大紅紅而長尖微曲宜陽 大紅西瓜瓤宜陽 大紅舞青猊胎微短花微小中出五青瓣宜陰 七寶冠難開又名七寶旋心 醉胭脂莖長每開頭垂下宜陽 大葉桃紅宜陰 殿春芳開遲

群芳譜　卷二　花譜　三

美人紅 蓮蕋紅瓣似蓮 翠紅粧難開宜陰 陳州紅 硃砂紅盛開向日視之如猩血宜陰 錦袍紅古名潛溪緋深紅比寶樓臺微小而鮮粗樹高五六尺但枝弱開時須以杖扶恐爲風雨所折枝葉疎闊蘗芽小尖 皺葉桃紅葉圓而皺難開宜陰 桃紅西瓜瓤胎紅而長宜陽 以上俱千葉樓子 大紅剪絨千葉並頭其瓣如剪 羊血紅易開 錦袍紅 石家紅不甚緊 壽春紅瘦小宜陽 彩霞紅 海天霞大如盤宜陽 以上俱千葉平頭 [illegible] 小葉大紅千葉 鶴翎紅 醉仙桃外白內紅 [illegible] 梅紅平頭[illegible]

紅 西子紅圓如毬宜陰 粗葉壽安紅肉紅中有黃蕋花出壽安縣錦屏山細葉者尤佳 丹州延州紅 海雲紅色如霞 桃紅線 桃紅鳳頭花高大 獻來紅花大淺紅微瓣如撮頗色鮮明樹高三四尺葉圓張僕射居洛人有獻者故名 祥雲紅淺紅花妖艷多態葉最多如朶雲狀 淺嬌紅大桃紅外瓣微紅而深嬌徑過五寸葉似粗葉壽安頗捲皺蹙綠色 嬌紅樓臺淺桃紅宜陰 輕羅紅 淺紅嬌嬌紅葉綠可愛開最早 花紅繡毬細瓣開圓如毬 花紅平頭銀紅色 銀紅毬外白內紅色極嬌圓如毬 醉嬌紅微紅 出莖紅桃大尺[illegible]其莖長二尺

群芳譜　卷二　花譜　四

西子開圓如毬宜陰 [illegible] 大紅繡毬花類王家紅葉微小 罌粟紅茜花鮮粗開瓣合攢深檀心葉如西施而尖長花中之烜烜者 壽安紅平頭黃心葉粗細二種粗者香 鞓紅單葉深紅張僕射齊賢自青州馳其種遂傳洛中因色類腰帶鞓故名亦名青州紅 勝鞓紅樹高二尺葉尖長花紅赤焕然五葉 鶴翎紅多瓣花末白而本肉紅如鴻鵠羽毛細葉 蓮花萼多葉紅花青趺三重如蓮萼 一尺紅深紅頗近紫花面大幾尺 文公紅出西京潞公園亦花之麗者 迎日紅醉西施同類深紅開最早妖麗奇甚 彩霞其色光麗[illegible]如霞 梅紅樓子 嬌紅色如[illegible]不[illegible]

紹興春祥雲子花也花尤富大者徑尺紹興中始傳　金腰樓　玉腰樓皆粉紅花而起樓子黃白間之如金玉色與胭脂樓同類　政和春淺粉紅花有絲頭政和中始出　疊羅中間瑣碎如疊羅紋　勝疊羅差大於疊羅　瑞露蟬亦粉紅華中抽碧心如合蟬狀　乾花分蟬旋轉其花亦大　大千葉　小千葉皆粉紅花之傑者大千葉無碎花小千葉則花萼瑣碎　桃紅　西番頭難開宜陰　四面鏡有旋　以上紅類　慶天香千葉樓子高五六寸香而清初開單葉五七年則千葉矣年遠者樹高八九尺　肉西千葉樓子　水紅毬千葉叢生宜陰　合歡花一莖兩朵　觀音面開緊不甚大叢生宜陰　粉娥嬌大淡粉紅花如椀大開盛者飽滿如饅頭樣中外一色惟瓣根微有深紅葉與樹如天香高四五尺諸花開後方開清香耐久　以上俱千葉　醉楊妃二種一千葉樓子宜陽名醉春客一平頭極大不耐日色　赤玉盤千葉平頭外白內紅宜陰　回回粉西細瓣樓了外紅內粉紅　醉西施粉白花中間紅暈狀如酡顏　西天香開早初甚嬌三四日則白矣　百葉仙人　以上粉紅類　玉芙蓉千葉樓子成樹宜陰　素鸞嬌宜陰　綠邊白每瓣上有綠色　玉重樓宜陰　羊脂玉大瓣　白舞青猊中出五青瓣　醉玉樓　以上俱千葉樓子　白剪絨千葉平頭

瓣上如鋸齒又名白纓絡難開　玉盤盂大瓣　蓮香白瓣如蓮花香亦如之　以上俱千葉平頭　粉西施千葉甚大宜陰　玉樓春多雨盛開　萬卷書花瓣皆卷筒又名波斯頭又名玉玲瓏一種千葉桃紅亦同名　無瑕玉　水晶毬　慶天香　玉天仙　素鸞　玉仙粧　檀心玉鳳瓣中有深檀色　玉繡毬　青心白心青　伏家白　鳳尾白　金絲白　平頭白盛者大尺許難開宜陰　遲來白　紫玉白瓣中有紅絲紋大尺許　以上俱千葉　醉春容色似玉芙蓉開頭差小　玉板白單葉長如拍板色如玉深檀心　玉樓子白花起樓高標逸韻自是風塵外物　劉師哥白花帶微紅多至數百葉纖妍可愛　玉覆盆一名玉炊餅圓頭白華　碧花正一品花淺碧而開最晚一名歐碧　玉碗白單葉花大如椀　玉天香單葉大白深黃蕊開徑一尺雖無千葉而丰韻異常　一百五多葉白花大如椀瓣長三寸許黃蕊深檀心枝葉高大亦如天香而葉大尖長洛花以穀雨爲開候而此花常至一百五日開最先古名燈籠　以上白類　海雲紅千葉樓子　西紫深紫中有黃蕊樹生枯燥古鐵色葉尖長九月內萊芽色鮮明紅潤剪其葉遠望若珊瑚然　即墨子色類墨葵　丁香紫　茄花紫又名藕絲　紫姑仙大瓣　淡藕絲

淡紫色宜陰以上俱千葉樓子 左花千葉紫花出於左氏家葉密齊如截

亦謂之平頭紫 紫舞青猊中出五青瓣 紫樓子 瑞香紫

大瓣 平頭紫大徑尺亦名真紫 徐家紫花大 紫羅袍又名茄色

樓 紫重樓難開 紫紅芳 烟籠紫淺淡以上俱千葉

紫金荷花大盤而紫赤色五六瓣中有黃蕊花平如荷葉狀開時側立翩然 鹿

胎多葉紫花有白點如鹿胎 紫繡毬一名新紫花魏花之別品也花如繡毬狀

亦有起樓者爲天彭紫花之冠 乾道紫色稍淡而暈紅 潑墨紫新紫花之

子也單葉深黑如墨 葛巾紫花圓正而富麗如世人所戴葛巾狀 福嚴紫

重葉紫花葉少如紫繡毬謂之曹紫 朝天紫色正紫如金紫夫人之服色今作子

非也 三學士 錦團綠樹高二尺亂生成叢葉齊小短厚如寶樓臺花

千葉粉紫色合紐如振瓣細紋多媚而欠香根旁易生古名波斯又名獅子頭滾繡毬

包金紫花大而深紫鮮粗一枝僅十四五瓣中有黃蕊大紅如核桃又似僧持鋼

鑿子樹高三四尺粟彷彿天香而圓 多葉紫深紫花止七八瓣中有大黃蕊樹高

四五尺花大如盌葉尖長 紫雲芳大紫千葉樓子葉彷彿久香雖不及寶樓臺而

紫容深迥自是一種清致耐久而欠清香 蓬萊相公以上紫類 青心

黃花原一本或正圓如毬或起樓千葉亦異品也 狀元紅重葉深紅花其

色與輕紅潛緋相類天彭富貴天彭人以冠花品 金花狀元紅大瓣平頭

微紫每瓣上有黃鬚宜陽 金絲大紅平頭不甚大瓣上有金絲毫一名金線紅

胭脂樓深淺相間如胭脂染成重疊累萼狀如樓觀 倒暈檀心多葉

紅花凡花近萼色深至末漸淺此花自外深色近萼反淺白而深檀點其心尤可愛 九

蕊珍珠紅千葉紅花葉上有一點白如珠葉密蹙其蕊九叢 添色紅

多葉花始開色白經日漸紅至落乃類深紅此造化之尤巧者 雙頭紅並蒂駢萼

色尤鮮明養之得地則歲歲皆雙此花之祥異者也 鹿胎紅鶴翎紅子花也色微

帶黃上有白點如鹿胎極化工之妙 潛溪緋千葉緋花出潛溪寺本紫花忽于叢

中特出緋者一二朵明年移在他枝洛陽謂之轉枝花 一捻紅多葉淺紅葉杪

深紅一點如人以二指捻之舊傳貴妃勻面餘脂印花上來歲花開上有指印紅迹帝命

今名冨貴紅花葉圓正而厚色若新染他花皆卸獨此抱枝而槁亦花之異者

桃紅舞青猊千葉樓子中五青瓣一名麗綠蟬宜陽 玉兔天香

二種一早開頭微小一晚開頭極大中出二瓣如兔耳 萼綠華千葉樓子大瓣

群花卸後始開每瓣上有綠色一名佛頭青一名鴨蛋青一名綠蝴蝶得自永寧王宮中

葉底紫千葉其色如墨亦謂墨紫花在叢中旁心生一大枝引葉覆其上其開比

他花可延十日豈造物者亦惜之耶唐末有中官爲觀軍容者花出其家亦謂之軍容紫

腰金紫 千葉，裏有黃鬚一圈。駝褐裘 千葉樓子，大瓣，色類褐衣，宜陰。蜜嬌 樹如檉，高三四尺，葉尖長，頗闊厚，花五瓣，色如蜜蠟，中有蕋，根檀心。以上間色

大凡紅白者多香，紫者香烈而欠清。樓子高千葉多者，其葉尖岐多而圓厚。紅者葉深綠，紫者葉黑綠，惟白花與淡紅者畧同。此花須慇勤照管，酌量澆灌，仔細培養。花若開盛，主人必有大喜。最忌栽宅內天井中，大凶。

○牡丹皮 治手足少陰厥陰四經血分伏火，即相火也。古方以此治相火，故仲景腎氣丸用之。後人乃專以黃蘗治相火，不知牡丹皮更勝此。千載秘奧，今爲拈出。赤花者利，白花者補，宜分別用。

○移植 移牡丹宜秋分後。如天氣尚熱，或遇陰雨，九月亦可。須全根寬掘，以漸至近，勿損細根。將宿土洗淨，再用酒洗。每窠用熟糞土一斗，白蘞末一斤，拌勻，再下小麥數十粒于窠底，然後植于窠中，以細土覆滿。將牡丹提與地平，使其根直，易生土。須與幹上舊痕平，不可太低太高。勿築實，勿腳踏，隨以河水或雨水澆之，窠滿即止。待土微乾，畧添細土覆蓋。過三四日再澆。封培根土，宜成小堆，以手拍實，免風入吹壞花根。每本約離三尺，使葉相接而枝不相揉，庶通氣透，而日色不入，乃佳。不可太密，恐枝相磨，致損花芽。不可太

稀，恐日曬土熱，致傷嫩根。小雪前後，用草遮障，勿使透風。若欲遠移，將根用水洗淨，取紅淤土羅細末，趁濕勻粘花根，隨用軟綿花自細根尖纏至老根，再用麻紙纏定，以水洒之。枝上紅芽用香油紙或磐綿紙包扎，籠住，不得損動，即萬里可致也。或曰：中秋爲牡丹生日，移栽必旺。

分花 株長成大顆茂盛者，一叢七八枝或十數枝，持作一把，摔去土，細視有根者，劈開，或一二枝或三四枝作一窠，用輕粉加硫黃少許碾爲末，和黃土成泥，將根上劈破處搽勻，方置窠內，栽如前法。

種花 六月中看枝間角微開，露見黑子，收置向風處曬一日，以濕土拌，收瓦器中。至秋分前後三五日，擇善地調畦，土要極細，畦中滿澆水，候乾，以水試子，擇其沉者用，細土拌白蘞末種之，隔五寸一枚。下子畢，上加細土一寸。冬將蓋以落葉，來春二月內用水澆，常令潤濕。三月生苗，最宜愛護。六月中以箔遮日，勿致曬損，夜則露之。至次年八月移栽。若待角乾收子，出者甚少，即出亦不旺，以子乾而津脉少耳。

接花 花不接不佳。接花須秋社後重陽前，過此不宜。將單葉花本如指大者，離地二三寸許，斜削一半，取千葉牡丹新嫩旺條，亦用利刀斜削一半，上留二三眼，貼于小牡丹削處，合如一，用麻紙緊札，泥封嚴密，兩瓦合之，壅以軟土，罩以蒻葉，勿令見風日，向南留一小戶以達氣。至來春驚蟄後去瓦土，覆以草薦圍之，仍樹棘數枝以禦霜。茂者當年有花，是謂貼接。或將小牡丹新苗旺盛者，離地二三寸，用利刀截斷，以犬刀劃一小縫，取上品牡丹枝，削有一二芽者，截二三[illegible]一[illegible]于劃處，比量恰

合麻紕札緊[illegible]上[illegible]二人[illegible]金[illegible][illegible]一七開視茂者其芽紅白鮮麗長及一寸此極旺者若未發再培之三七日再看活者即發否則腐爛活者仍用土培盆合至春分去土恐有烈風仍用盆蓋時當[illegible]熱至三月中方放開全見風日又恐茂者長高被風吹折仍以草圍之接頭枝如及時截取者藏新舊潤土十餘日行數百里亦可接活立春若是子日旃根上接之不出一月花即爛熳二三月間取芍藥根大如蘿蔔者削尖如馬耳將牡丹枝劈開如燕尾插下轉緊以肥泥培之即活當年有花一二年牡丹生根割去芍藥根成眞牡丹矣又椿樹接者高丈餘可於樓上賞玩唐人所謂樓子牡丹也　牡丹一接便活者逐年有花若初接不活削去再接只當年有花　牡丹本出中州江陰人能以芍藥根接之今遂繁滋百種刃出余澹圃中絕盛遂冠一州其中如綠蝴蝶大紅獅頭舞青霓尺素最難得開南都牡丹讓江陰獨西瓜瓤爲絕品余亦致之矣後當于中州購得黃樓子一本便無餘憾人言牡丹性瘦不喜糞又言[illegible]且頻澆水亦殊不然余圃中亦用糞乃佳又中州土燥故宜澆水吾地濕安可頻澆大都[illegible]物宜於沙土耳南都人言分牡丹種時須直其根屈之則死深其坑以竹虛插培土後拔去之此種法宜知王敬美

澆花　尋常澆灌或日未出或夜既靜最要有常正月一次須天氣和暖如凍未解切不可澆二月三次三月五次四月花開不必澆澆則花開不齊如有雨任之亦不宜聚水于根剪花卸後宜養[illegible]一日一次十餘日後暫止[illegible]宜澆方澆大[illegible][illegible][illegible][illegible][illegible]根鬚來

春花不茂[illegible]亦不[illegible][illegible][illegible][illegible]二澆八月剪枯枝[illegible]葉上炕土五六日一澆九月三五日一澆[illegible]頻恐發秋葉來春不茂如天氣寒則澆更宜稀此時枝上嫩芽漸出可見澆灌之功也十月十一月一次或二次晴天氣和暖日上時方澆適可即止[illegible]水浸以宰豬湯連餘垢候冷透澆一二次則肥然宜花十二月地凍不可澆春間開凍時去寬土澆時[illegible]爲[illegible]不可過甚雨水河水爲上甜水次之鹹水不宜最忌犬糞

養花　凡打摘牡丹在花卸後五月間止留當頂一芽傍枝餘朶摘去則花大欲存二枝留二紅芽存三枝留三紅芽其餘盡用竹針挑去芽上二層葉枝爲花樹芽下發枝名花床養命護胎尤宜愛惜花自有紅芽至開時五十箇月故日花胎培養常在八九月時隔二年一次取角屑硫黃碾如麵拌細土粉挑動花根壅入土一寸外用土培約高二三寸地氣既暖入春漸有花蕾多則權分其脈俟如彈子大時捻之不實者摘去止留中心大者二三朶氣聚則花肥開時甚大色亦鮮艷開時必用高幕遮日則耐久花纔落便剪其蒂恐結子則奪來春之氣剪勿太長恐損花芽伏中仍要遮護花芽勿令晒損候日不甚炎方撤去八月望後剪去葉留梗寸許存其津脈不上涌以養囊芽其花棚花床愼不可剪九月刷培以細土使下另生芽冬至北面豎草薦以障風寒冬至日研鍾乳粉和硫黃少許置根下土中不茂者亦茂每摘一枝須用泥封紙固否則久必成孔螻入水灌連身皆枯愼之

衛花　牡丹根[illegible]多引蟲食栽時置白蘞末[illegible][illegible][illegible][illegible][illegible]近花開[illegible]小[illegible][illegible]

害之尋其穴針以硫黃末其枝葉有小孔乃蟲所藏處或針入硫黃或以百部塞之則蟲死而花復盛又有一種小蜂能蛀枝梗秋冬即藏枝梗中又有紅色蠹蟲能蛀木心尋其穴塡硫黃末或杉木釘釘之花生白蟻以眞麻油從有孔處澆之則蟻死而花愈茂又法十秋冬葉落時看有穴枯枝拆開捉盡其蟲亦妙又五月五日用好明雄黃研細水調毎根下澆一小鍾不生蟲蛀及烏賊魚骨刺入花梗必死又最忌麝香桐油生漆一着其氣味即時萎落亦中種花者圃旁種辟麝數株枝葉類冬青花時辟麝正發新葉氣味臭辣能辟麝凡花爲麝傷焚艾及雄黃末上風薰之能解其毒忌用熱手摩撫搖撼忌栽木斛不耐久花旁勿令長草奪土脉不可踏實地氣不升初開時勿令穢人僧尼及有體氣者採折使花不茂

變花

周日用曰愚聞燕地植生菜藺持硫黃末篩于其上盆覆之即時可待用以變白牡丹爲五色皆以沃其根紫草汁則變紫紅花汁則變紅又根下放白朮末諸般顏色皆變腰金又白花初開用筆蘸白礬水搖過待乾以藤黃和粉調淡黃色搖之即成黃牡丹恐爲雨濕再搖清礬水一次

剪花

花宜就觀不可輕剪欲剪亦須短其枝庶不傷餘又須急剪庶不傷根既剪旋以蠟封其枝剪下花先燒斷處亦以蠟封其蒂置瓶中可供數日玩或養以蜂蜜芍藥亦然如已萎者剪去下截爛處用竹架之水缸中盡浸枝梗一夕復鮮若欲寄遠蠟封後毎朶裹以菜葉安竹籠中勿致搖動馬上急遞可致數百里

煎花

牡丹花煎法與玉蘭同可食可蜜浸

○**附錄**

秋牡丹 草本遍地蔓延葉似牡丹差小花似菊之紫鵠翎黃心秋色寂寥花間植數枝足壯秋容分種易活肥土爲佳

纏枝牡丹 柔枝倚附而生花有牡丹態度甚小纏縛小屏花開爛然亦有雅趣

○**療治**

癩疝偏墜氣脹不能動者丹皮防風等分爲末酒服二錢甚効　金瘡內漏牡丹皮爲末水服三指撮立尿出血　下部生瘡已決洞者牡丹末湯服方寸匕日三　蠱毒牡丹根擣末服一錢匕日三

○**典故**

韓文公姪湘落魄不羈自言解造逡巡酒能開頃刻花有人能學我同共看仙葩公曰子能奪造化而開花乎湘曰何難乃聚土以盆覆之俄生碧牡丹二朶葉出小金字一聯云雲橫秦嶺家何在雪擁藍關馬不前後謫潮州至藍關遇雪乃悟【太平廣記】

張茂卿好事園有一樓四閣列植奇花接牡丹于椿樹之杪花盛開時延賓客推樓玩賞

唐高宗宴群臣賞雙頭牡丹賦詩上官昭容云勢如連璧友心似臭蘭人【異人錄】

武后詔遊後苑百花俱開牡丹獨遲遂貶于洛陽故洛陽牡丹冠天下是不特芳姿艷質足壓群葩而勁骨剛心尤高出萬卉安得以富貴一語槩之

明皇時沉香亭前木芍藥盛開一枝兩頭朝則深碧暮則深黃夜則粉白晝夜之間香艷各異帝曰此花木之妖也賜楊國忠國忠以百寶爲欄

玄宗賞牡丹問侍臣陳正巳曰牡丹詩誰爲稱首對曰李正封詩云國色朝酣酒天香夜染衣因謂貴妃曰粧鏡臺前飲一紫金盞則正封之詩可見

笑　明皇植牡丹數本于沉香亭前會花方繁開上乘照夜白妃子以步輦從詔梨園子弟李龜年手捧檀板押衆樂前將欲歌上曰賞名花對妃子焉用舊樂詞爲遂命龜年持金花箋宣賜翰林李白立進清平樂詞三章承旨猶苦宿醒因援筆賦之云云　明皇與貴妃幸華清宮宿酒初醒凭妃肩看牡丹折一枝與妃遞嗅其艷曰此花香艷尤能醒酒　明皇時有獻牡丹者詔栽于仙春館時貴妃勻面口脂在手印于花上來歲花開瓣上有指印紅痕帝名爲一捻紅　宋單父有種藝術牡丹變易千種上皇詔至驪山種花萬本色樣各殊內人呼爲花神【與人】　開元末裴士淹使幽冀過汾州衆香寺得白牡丹一株移置長安私第爲都城奇賞又興唐寺音有一株開花一千朵有正暈紅紫黃白不

同【雅集】　諸葛穎精於數晉王廣引爲參軍甚見親重一日共坐王曰吾臥內牡丹盛開試爲一筭穎布策度一二子曰開七十九朵王入掩戶去左右數之政合其數有二蕊將開故倚欄看傳記伺之不數十行二蕊大發乃出謂穎曰君筭得無左乎穎再挑一二子曰過矣乃八十一朵也王告以實盡歡而退　唐時此種尚少長慶間開元寺僧惠澄自都下得一本謂之洛花白樂天攜酒賞之唐張處士有牡丹詩宋蘇子瞻有牡丹記自古名人逸士多愛此花　會昌中有朝士尋芳至慈恩寺時東廊白花可愛相與傾酒而坐因云牡丹未識紅深者院主微笑曰安得無之但諸賢未見耳朝士求之不已僧曰衆君子欲看此花能不泄于人否朝士誓云終身不復言僧引至一院有殿紅牡丹一本婆娑

幾及千朵濃姿半開炫耀心目朝士驚賞留戀及暮而去僧宿有權要子弟至院引僧曲江閒步將出門令小僕寄安茶笈裹以黃帕至曲江岸藉草而坐忽弟子奔來云有數十人入院掘花禁之不止僧俛首無言惟自吁嘆坐中但相盼而笑既歸至寺門見一大畚盛花舁而去徐謂僧曰竊知貴院舊有名花宅中咸欲一看不敢預告恐難見拾適所寄籠子中有金三十兩蜀茶二斤以爲酬贈　唐韓弘罷宣武節歸長安私第有牡丹雜花命劚去之曰吾豈效兒女輩耶當時爲牡丹包羞　洛陽大內臨芳殿乃莊宗所建殿前有牡丹千餘本如百藥仙人月宮花小黃嬌雪夫人粉奴香蓬萊相公卯心黃御衣紅紫龍杯三雲紫等【清異錄】　唐李進賢好客牡丹盛開延客賞花內室楹柱皆列錦繡器用

悉是黃金階前有花數叢覆以錦幄妓妾俱服紈綺執絲簧多善歌舞客左右皆有女僕雙鬟者二人所須無不畢至承接之意常日指使者不如芳酒綺殽窮極水陸至于僕乘供給靡不豐盈自亭午迄于明晨　穆宗禁中牡丹花開夜有黃白蛺蝶數萬飛集花間宮人羅撲不獲上令網空中得數百進明視之皆庫中金玉形狀工巧宮人爭用絲縷絡其足以爲首飾　田弘正宅中有紫牡丹每歲花開有小人五六長尺餘遊于花上人將掩之輒失所在　孟蜀時禮部尚書李昊每於花開謝即以酬煎食之無棄褻瀆其風流貴重如此　南漢地狹力貧不自揣度有欺四方傲中國之志每見北人盛誇嶺海之強世宗遣使入嶺館接者遺以茉莉名曰小南

□及銀面縛釗觀見牡丹大數有[illegible]曰此名大北勝　王簡卿嘗赴張[illegible]舟會云衆賓既集一堂寂無所有俄問左右云香發未答曰已發命捲簾則異香自内出郁然滿座群妓以酒殽絲竹次第而至別有名姬十輩皆衣白凡首飾衣領皆牡丹首戴照殿紅一妓執板奏歌侑觴歌罷樂作乃退復垂簾談論自如良久香起捲簾如前別十姬易服與花而出大抵簪白花則衣紫紫花則衣鵝黃黃花則衣紅如是十杯衣與花凡十易所謳者皆前輩牡丹名詞酒竟歌樂無慮數百十人列行送客燭光香霧歌吹雜作客皆恍然如仙遊　康節訪趙郎中與章子厚同會子厚議論縱橫因及洛中牡丹之盛趙曰邵先生洛人也知花甚詳康節因言洛人以見根撥而知花之高下者上也見枝葉

而知高下者次也見蓓蕾而知高下者下也如公所說乃知花之下也章默然【畫墁錄】　洛陽至東京六驛舊不進花自徐州李相迪爲畱守時始進歲遣牙較一員乘驛馬一日一夕至京所進不過姚黃魏紫三數朶以菜葉實竹籠子藉覆之使馬上不動搖以蠟封花蒂數日不落　宋錢惟演爲畱守始置驛貢洛花識者鄙之　李奉伯攜酒賞牡丹乘醉取筆蘸酒圖之明晨嗅枝上花皆作酒氣　富鄭公畱守西京府園牡丹盛開召文潞公司馬端明邵康節先生諸人共賞客曰此花有數乎請先生筮之既畢曰凡若干朶使人數之如先生言及問此花幾時開盡先生再揲蓍良久曰此花盡來日午時坐客皆不答鄭公因曰來日食後可會于此以驗先生之[illegible]

遺□與客[illegible]折干是洛中愈重先生【聞見錄】　范景仁云去年入洛有獻黃花乞名者潞公名之曰女眞黃又有獻淺紅乞名者鎮名之曰洗粧紅二花洛人盛傳　宋淳熙三年春如皋縣孝里莊園牡丹一本無種自生明年花盛開乃季牡丹也杭州推官某見花甚愛欲移分一株掘土尺許見一石如劍長二尺題曰此花瓊島飛來種只許人間老眼看遂不敢移以是鄉老誕日值花開時必往宴爲壽聞亦有紛明日造花所而花一夕凋者多不吉惟李嵩三月八日生自八十看花至一百九歲　青城山有牡丹樹高十丈花甲一週始一作花永樂中適當花開蜀獻王遣使視之取花以回　陸成之宅牡丹一株百餘年矣朶朶茂盛顏色鮮明有李氏者欲得之既移其花

朶朶皆背□面墻强之向人不能也未幾凋殘零落無復前觀　錫山安氏圃牡丹最盛天順中老僕徐奎聞圃中嘆聲吃吃聽之聲出牡丹中云我等蒙主翁灌溉有年未獲善已來日厄又至奈何群花咸若哽咽奎叱之乃止翼日主翁邀客携酒詣圃奎以告客皆異之一惡少獨嗔其妄手開妓且大者折以去

麗藻

序

牡丹出丹州延州東出青州南亦出越州出洛陽者今爲天下第一洛陽所謂丹州紅延州紅青州紅者皆彼土之尤傑者然來洛陽纔得備衆花之一種列第不出三以下不能獨立與洛陽敵而越花以遠罕識不見齒然雖越人亦不敢自譽以與洛陽爭高下是洛陽者爲天下第一也洛陽亦[illegible]芍藥緋桃瑞蓮千葉李紅郁李之[illegible]

不減他出者而洛陽人不甚惜謂之果子花曰某花云云獨至牡丹則不名直曰花謂天下真花獨牡丹其名著不假曰牡丹而可知也其愛重如此說者多言洛陽于三河間古善地昔周公以尺寸考日出沒則知寒暑風雨乖與順于此取正此蓋天下之中草木之華得中和之氣者多故獨與他方異予以為不然夫洛陽于周所有之土四方入貢道里均乃九州之中在天地崑崙旁礴之間未必中也又況天地之和氣宜徧四方上下不宜限其中以自私夫中與和者有常之氣其推于物者亦宜為有常之形物之常者不甚美亦不甚惡乃元氣之病也美惡隔并而不相入故物有極美與極惡者皆得于氣之偏也花之鍾其美與夫癭木擁腫之鍾其惡美惡之異是得一氣之偏也洛陽城數十里而諸

縣之花莫及城中者出其境則不可植焉豈偏氣之美者獨聚此數十里之地乎此又天地之大不可考也凡物不常有而為害乎人者曰災不常有而徒可怪駭不為害者曰妖語曰天反時為災地反物為妖此亦草木之妖而萬物之一怪也然比夫癭木擁腫者竊獨鍾其美而見幸于人焉余在洛陽四見春天聖九年三月始至洛陽其至也晚見其晚者明年會與友人梅聖俞游嵩山少室緱氏嶺石塘山紫雲洞既還不及見又明年有悼亡之感不暇見又明年以畱守推官歲滿解去只見其早者是未嘗見其極盛時然目之所矚已不勝其麗焉余居府中時嘗謁錢思公于雙桂樓下見小屏立座後細字滿其上思公指之曰欲作花品此是牡丹名凡九十餘種余時不暇讀之然余所經見而今人多

稱者纔三十許種不知思公何從而得之多也計其餘雖有名而不著未必佳也故今所錄但取其特著者而次第之〔歐陽永叔花品敘〕

記大中祥符辛亥春府尹任公中正宴客大慈精舍州民王氏獻一合歡牡丹公即命圖之士庶創觀闐咽終日蜀自李唐後未有此花凡圖畫者惟名洛陽為蜀王氏號其苑曰宣華權相勳臣競起第宅窮極奢麗皆無牡丹惟徐延瓊聞秦州董成村僧院有牡丹一株遂厚以金帛歷三千里取至蜀植于新宅至孟氏于宣華苑廣加栽植名之曰牡丹苑廣政五年牡丹雙開者十黃者白者三紅白相間者四後主宴苑中賞之花至盛矣有深紅淺紅深紫淺紫淡黃鉅黃潔白正暈倒暈金含稜銀含稜傍枝副搏合歡重臺至五十葉蜀平花散落民間小東門外有張百

花李百花之號皆培子分根種以求利每一本或獲數萬錢宋景文公初帥蜀彭州守朱君綽始取彭州圖花凡十品以獻公在蜀四年每花時按其名往取彭州送花遂成故事公于十種花尤愛重錦被堆嘗為之賦蓋他闕所無也牡丹之性不利燥濕彭州丘壤既得燥濕之中又土人種蒔偏得法花開有至七百葉面可徑尺以上今品類幾五十種有一種色淡紅枝頭絕大者舍人程公厚倅是州目之為祥雲其花結子可種餘花多取單葉花本以千葉花接之千葉花來自洛京土人謂之京花單葉時號川花朱彭州牡丹詩有啼金點鬢家璋玉鏤晰紅香惜持來遠春應摘後空之句今西樓花數欄不甚多而彭州所供率下品錢公戚大時以錢買之始得名花與刑程公沂頃會真曰自隸洛陽今始

見花園程公故洛陽人也【胡元質牡丹記】
天彭號小西京以其俗好花有京洛之遺風大家至千本花時自太守而下往往即花盛處張飲帟幕車馬歌吹相屬最盛于清明寒食時在寒食前者謂之火前花其開稍久火後花則易落最喜陰晴相半時謂之養花天栽接剔治各有其法謂之弄花其俗有弄花一年看花十日之語故大家例惜花可就觀不敢輕翦蓋翦花則次年花絕少惟花戶則多植花以侔利雙頭紅初出時一本花取直至三十千祥雲初出亦直七八千今尚兩千州家歲常以花餉諸臺及旁郡蠟蔕筠籃旁午于道予客成都六年歲常得餉然不能絕佳淳熙巳酉歲成都帥以善價私售于花戶得數百苞馳騎取之至成都露猶未晞其大徑尺夜宴西樓下燭焰與花相映發影搖酒

中繁麗動人嗟乎天彭之花要不可望洛中而其盛已如此使異時復兩京王公將相築園亭以相誇尚予幸得與觀焉其動盪心目又宜何如也【陸放翁】洛陽見記于歐陽公者天彭往往有之此不載載其著于天彭者彭人謂花之多葉者京花單葉者川花近歲尤賤川花賣不復售花之舊栽者曰祖花其新接頭有一春兩春者花少而富至三春則花稍多及成樹花雖盆繁而花葉減矣狀元紅者重葉深紅花其色與鞓紅潛紅相類而天姿富貴彭人以冠花品多葉者謂第一架葉少而色稍淺者謂第二架祥雲者千葉淺紅花妖艷多態而花葉最多花戶王氏謂此花如朵雲故謂之祥雲臙脂樓者深淺相間如胭脂染成重跗累萼狀如樓觀色淺者出于[illegible]勾氏色深者出于花戶宋氏又有一

種色稍下獨勾氏花為冠雙頭紅者並蔕駢萼色尤鮮明出於花戶宋氏始秘不傳有謝主簿者始得其種今花戶往往有之然養之得地則歲歲皆雙不爾則間年矣此花之絕異者也富貴紅者其花葉圓正而厚色若新染未乾者他花皆落獨此抱枝而槁亦花之異者鹿胎紅者鶴頂紅子花色紅微帶黃上有白點如鹿胎極化工之妙歐陽公花品有鹿胎花者乃紫花與此頗異醉西施者粉白花中間紅暈狀如酡顏紫繡毬一名新紫蓋魏花之別品也其花葉圓正如繡毬狀亦有起樓者為天彭紫花之冠青心黃者其花心正青一本花往往有兩品或正圓如毬或層起成樓子亦異矣玉樓子者白花起樓高標逸韻自然是風塵外物大抵洛中舊品以姚魏為冠天彭紅花以狀元紅為第一紫花以

紫繡毬為第一黃花以禁苑黃為第一白花以玉樓子為第一然花戶歲益培接新特間出將不特此而已好事者尚屢書之【陸放翁】

評

吾亳牡丹年來浸盛嬌容三變猶在季孟之間等此而上有天香一品姤檔紅勝嬌容宮袍紅琉璃貫珠新紅種類不一惟雜紅最後出頗稱難得又有大黃一種輕膩可愛不減三變初開拳曲結銹不甚舒展須大開時方到極妙處為一病耳至如佛頭青為白花第一此時極多無難致大抵紅色以花子紅銀紅桃紅為上如紫色或如木紅則卑卑不足數矣吾亳土脉頗宜花好論園丁地主但好事者皆能以子種或就根分移其捷徑者惟取方寸之芽于下品牡丹全根上如法接之當年盛者長一尺餘即着花一二朵二三年轉盛如上三變之類皆以此法接之

其種類異者其種子之忽變者也其種類繁者只栽接之提徑者也此其所以盛也他處好事者目擊千葉大紅即以爲至寶不遑深辨而上色上品即吾亳好事之家惟有力者能得之予向于牡丹亦止浮慕近且精其伎倆閱丁好事之家窮搜而厚遺之故所得名品頗多草堂數武之地種蒔殆遍率以兩色併作一叢紅白異狀錯綜其間又以平頭紫慶天香先春紅三色神人花叢閒雜而成文章他時盛開爛然若錦綉春光亦一奇也

夏公[illegible]之　臣亳[illegible]　御史

黃[illegible]傳　高陽國王諱黃字時重姓姚氏舜八十一代孫先世居諸馮之姚墟舜子商均出娥皇數傳至中央而王于漢至晉子姓蕃衍富者貴者譽名上苑名園五傳而黃生思本娥皇易皇爲黃重出也黃爲天下正色祖中央也黃美丰姿肌體膩潤挺類絕倫游西京衛者相之謂其有一萬八千年富貴楊勉見而奇之曰此皇王之胄奇種也開元初薦爲先春館上賓上以黃先朝富貴勳舊不敢易之命同遊沉香亭時曉日倚欄東風拂翠上與黃酣樂見其冶容浥露檀口呼風愛幸特至命李白賦詩美之所謂解釋東風無限恨沉香亭北倚闌干藝實錄云又召金臺御史紫霞仙官洪狀元佐飲于亭擊羯鼓爲樂黃舞飲止色不迷得元吉風其醉而酣變幻萬狀向時如迎背時如訣忻時如語含時如咽時俯而愁如時仰而悅如時側而跌如而[illegible]之時[illegible]折如也凡作止動中規矩議者云豈獨風流冠西洛只疑富貴是東皇金臺御史連章上薦以爲富貴爲衆所宗宜[illegible]爵土遂受封爲高陽郡公娶魏國公女紫[illegible]相傳魏本丹[illegible]不後名紫者從朱也當時有

黃魏紫奕葉重華之纖黃出入禁苑紫輦[illegible]蓀高牙大纛並擬王者安祿山嫉之謂其爲婚同姓上章極論楊勉爲表中解其畧曰舜堯同祖姚祁異姓此堯所以以二女觀舜也況數百代以降聖人易姓遺教彰人耳目于婚奚尤祿山自負赤心實狼子野心耳宜勿聽上從勉言置不問尋命黃就封之郡久之衆推戴日深尊爲高陽國王種制設官屬出警入蹕已又共稱爲花天子冊紫英爲皇后傳國甚遠

[illegible]賦

圜玄瑞精有星而景有雲而卿其光下垂遇物流形草木得之發爲紅英英之甚紅鍾于牡丹拔類邁倫國香欺蘭我研物情次第而觀暮春氣極綠苞如珠清露宵偃韶光曉驅動盪支節如解凝結百脈融暢氣不可遏兀然盛怒如將憤泄淑色披開照耀酷烈美膚膩體萬狀皆絕赤者如日白者如月淡者如赫殷者如血向者如迎背者如訣忻者如語含者如咽俯者如愁仰者如悅裊者如舞側者如跌亞者如醉曲者如折密者如織疏者如缺鮮者如濯慘者如別初朧朧而下上次鱗鱗而重疊錦衾相覆繡帳連接晴籠晝薰宿露宵浥或灼灼騰秀或亭亭露奇或颭然如招或儼然如思或帶風如吟或泣露如悲或垂然如縋或爛然如披或迎日擁砌或照影臨池或山雞已馴或威鳳將飛其態萬萬胡可立辨不窺天府孰從而見乍疑孫武來此教戰其戰謂何搖纖柯玉欄風滿流霞或披歷階重臺萬朵千窠西子南威洛神湘娥或倚或扶朱顏色酡各眩紅妝爭顰翠娥灼灼夭夭逶逶迤迤漢宮三千豔列星河我見其少孰云其多弄彩呈妍壓景駢肩席發銀燭爐升絳烟洞府

眞人會于群仙晶熒往來金鈿列錢凝睇相看曾不晤言未及行雨先驚旱天分室儀[illegible]列之如麻咳唾萬金買此繁華遑恤終日一言相誇列幄庭中步障開霞曲廡重梁松篁交加如貯深閨似隔窗紗彷彿息嬀依稀館娃我來觀之如乘仙槎脈脈不語遲遲日斜九衢遊人駿馬香車有酒如澠萬坐笙歌一醉是競莫知其他我按花品此花第一脫落群類獨占春日其大盈尺其香滿室葉如翠羽擁抱櫛比蕊如金屑妝飾淑質玫瑰羞死芍藥自失天桃歛跡穠李慙出躑躅宵潰木蘭潛逸朱槿灰心紫薇屈膝皆讓其先敢懷憤嫉煥乎美乎后土之產物也使其花如此何其偉乎何前則寂寞而不聞今則昌然而天來豈草木之命亦有時而塞亦有時而開吾欲問汝曷爲生哉既緘口而不言徒留翫以裴徊【[illegible]】爾其月陂隄上長壽街東張家園裏汾陽宅中當春光之既和藹亭榭之葳營天宇曠霽兮緣游景物招人而事起彼貴子兮王孫覺游龍于流水遶茲苑而容坐藉芳草而芊芊感盛年之若斯傷代謝之能幾爾則粉承日華朱含霧雨群蒂如翔交柯如拒凌晨併艷對客不語衛尉出婢于於衛尉[illegible]羅幃郛君擁翠被于江渚當其百蘂千芽照耀朱霞綠葉紛紜瑩之轉盼若儒生之授學列女攀於絳紗迨夫背戶迎窓上下髭簷二三作隊嬌嬌愈鮮飛燕進女弟於遠餘夫人飛燕事挾三國而朝天錦瓣重捲檀心飛舒采翦夜帝[illegible]殺怒苞曉決宛婦姑之反脣似相稽而無說[illegible]則有若盛時合沓諸娣從韓姑以同綿縱獨衰漢王放官人而憎別風鳶小爽兩委溫楚株舞獸於章畫康若故程夸長[illegible]

細加巨上愼妃嬪過庶之勢縣侍黃門遷之[illegible]抗同輦之尊或勁而昂矯將當進熊於上殿[illegible]或翹而望處子窺宋玉於東牆既離以披薄[illegible]競而駢近不極態遠不盡妍夫彷彿乎佳麗[illegible]意所想而隨存奚援引之大吉祥寺中錦千夫人[illegible]數姝可齒比而殫論【[illegible]】歌推前年買花眞后[illegible]盛哉道人勸我清明來腰鼓百面如春雷打引却又一徹涼州花自開沙河塘上戴花回醉倒不覺[illegible]吳兒咍豈知如今雙鬢催城西古寺沒蒿萊[illegible]有僧閉門手自栽千枝萬葉巧剪裁就中一[illegible]叢何所似馬瑙盤盛金縷盃而向我食菜方清却之齋對花不飲花應猜夜來雨雹如李梅紅殘[illegible]綠暗吁可哀【蘇東坡】君不見沉香亭北崩[illegible]東風謫仙作頌天無功又不見君王殿後春[illegible]第一領袖衆芳捧堯日此花同春轉化鈞一而立曰[illegible]風一雨萬物春十分整頓春光了收黃拾紫歡得[illegible]歸江表天香染就山龍裳餘芬却染水雲鄉止青原白鷺萬松竹被渠染作天上香人間何曾識姚魏相公新移洛陽裔呼酒先招野客試看還[illegible]看不醉花前爲誰醉【[illegible]】洛陽地脉花益公[illegible]最宜牡丹尤爲天下奇我昔所記數十種于香且[illegible]今十年皆忘之開圖若見古人面其間數種昔未窺客言近歲花特異往往變出呈新枝洛人矜誇立名字買種不復論家貲當時絕品可數者魏紅窈窕姚黃肥壽安細葉開尚少朱砂玉版人未知傳聞千葉昔未有只從左紫名初馳四十年間花百變最後最好潛溪緋今花雖新我未識未信與舊誰妍媸當時所見已云絕豈有更妍此可疑古稱天下無正色似恐世好隨時移鞓紅鶴翎豈不美斂色如避新來姬何況遠說蘇與賀有類後世詩[illegible]造化無[illegible]偏此[illegible]何其

移又疑人心愈巧偽天欲鬬巧窮精微不然
元化樸散久豈特今歲尤漉漓爭新鬬麗若
不已更後百載知何爲但令新花日愈好惟
有我老年之衰 歐陽公 牡丹芳牡丹芳黃
金蕊紅玉房千片赤英霞爛爛百枝絳艷燈
煌煌照地初開錦繡段當風不結麝蘭囊仙
人琪樹白無色王母蟠桃紅不香宿霧輕盈
泛紫艷朝陽照耀生紅光紅紫二色間深淺
向背萬態隨低昂映葉多情隱羞面卧叢無
力含醉粧低嬌笑容疑掩口凝思怨人如斷
腸穠姿貴彩信奇絕雜　落日含明艷
卉亂花無比方 白樂天 詩五言 輕風襲暖香
王原父 紅樓金谷妓黃傾洛川妃 傅[illegible]論
艷絕花百態花中合面南 王內翰 濯水錦
窠艷頹雲仙髻繁 宋祁 向日檀心並承烟
翠幹孤 夏英公 傾國姿容別多開富貴家
臨軒一賞後輕薄萬千花 古詩 壓枝高下
錦攢蓋淺深霞疊綵晴陽媚鮮蘆照露斜 宋
[illegible]文 紅芳爭旋蕚湘葉競斷枝彩鳳雙飛
穩霞冠對舞遲 夏英公 綠艷閑且靜紅衣
淺夜深花心愁欲斷春色豈知心 王維 亂
前看不足亂後眼偏明却得遊蕩力遮藏見
太平 鄭谷 今日花前飲甘心飲數杯但看
花有語不爲老人開 劉禹錫 秀色洗紅粉
晴花生雪膚黃昏更蕭索頭重欲人扶 賊
裏田員外城西貧秀才不愁家四壁自有錦
千堆 [illegible] 壓砌錦地鋪當霞日輪映蝶
舞香暫飄舞牽葉難正纔處彩雲合露濕紅
珠瑩結葉影交加搖風光不定 元微之 貫
宅得花饒初開恐是妖粉光深紫膩肉色退
經嬌且顛風流看惟愁日炙銷可憐零落片
香取作香燒 王建 數朵欲傾城安同桃李

榮衰嘗貧處見不似地中生此一物疑無價當
春獨有名遊蜂與蝴蝶來往自多情 張祜
自古成稀勝開花不似今徑三尺大顏色
幾重深未放香噴雪仍藏蕊吐金要知空相
論聊見主人心 范景仁 牡丹開蜀國盈尺
豈如今妍態衆栽培功倍深矜誇傳萬
里圖寫費千金難就朱欄賞徒掃遠客心 [illegible]
[illegible]夫 明日雨當止晨光在杪枝清香入花
骨肅肅初自持午景發濃艷一笑當及時依
然暮還斂亦似惜幽姿 幽姿不可惜後日
東風起酒醒何所見合粉抱青了千花與白
草共盡無妍觸未恐污泥沙牛酥煎落蕊 [illegible]
[illegible] 洛中移小景亭北倚新粧題處皆名
品驕時正艷陽露凝酬酒色風度逐寬香解
道稱姚魏繁華壓衆芳 申鶴泉 織屋擁花
王孫姿闘宛陽枝枝承日彩片片引天香托
種依餘地含清逐後行獨憐春殿裏歌舞侍
瑤觴 [illegible] 尤物開何晚餘香貯小亭繁 韓公宮春
華愁日周春富貴自天成花合晴時羅根疑
未生拂衣尋古色屋角老松青 蔡氏 前 桑公石照
年題名處今日看花來一作芸香吏三見牡 海虞人鑑
丹開豈獨花堪惜方知老暗催何況尋花伴 鄉薦樹州
東都去未回誰知紅芳側春盡興悠哉 帝 府通判新
畿春欲暮喧喧車馬度共道牡丹時相隨買 著有懸室
花去家家習爲俗人人迷不悟有一田舍翁 集
偶來買花處低頭獨長嘆此嘆無人悟一叢
深色花十戶中 牡丹經雨泣斜陽 元微
人賦 白樂天 七言 之 一枝香折瑞雲紅
韓忠獻 天女奇姿雲錦裳 張文潛 春殘
獨自殿春芳 吳融 嬌重不勝瓊液冷雨餘
惟見玉容低 白氏集 香濃最宜風靜後醉
紅須在月明時 蔡君謨 天香未洗蜂猶懶

日暖先寵蝶已知【周益公】　一朵分造化雙萱
出拆破春風兩面開【徐仲雅】　玉盤迸淚傷
心數錦瑟繁絃破夢頻【李商隱】　花時何處
偏相憶寥落衰紅雨後看【元微之】　先傳青
帝鬬金屋欲送姚黃比玉真【歐陽詹】　盡日
玉盤堆秀色滿城纖轂走春風【司馬溫公】　洛泉
却嫌點污青春面自汲寒泉洗醉紅【俱山谷】　新
秦虢浓丹粉臨諸姨嫉冷佩衣【劉巨濟】　一
洗退紅唇啓絳半沾斜綠眼橫波　牡丹
曉來低面開檀口似笑窮愁病長官
妖艷亂人心一國如狂不惜金曷若東園桃
與李果無成語自成陰【俱徐凝】　長安豪貴
惜春殘爭賞新開紫牡丹別有玉盤承露冷
無人起向月中看【裴璘】　一朵妖紅翠欲流
春光回照雪霜羞化工只欲呈新巧不放閒
人得少休【蘇東坡】　南鄰北舍牡丹開年少

尋芳去又回惟有君家老柏樹春風來似不
曾來【張祜】　今章宅裏一欄花臨到開時不
在家莫道兩京非遠別春明門外即天涯【[illegible]
[illegible]】　紫藍叢開未到家却教賓客賞繁華始
知年少求名處滿眼空中別有花【李益】　花
向瑠璃池上生光風婉轉紫雲裏白從天女
盤中見直到今朝更眼明【元微之】　落盡殘
紅始吐芳佳名喚作百花王競誇天下無雙
艷獨占人間第一香【皮日休】　蟾精雪魄孕
雲荄春入香腴一夜開宿露枝頭藏玉塊暖
風庭面倒銀盃【歐陽永叔】　霏霏雨露作清
妍爍爍明燈照欲然明日春陰花未老故應
未忍著酥煎【蘇東坡】　白寶闌干護曉寒沉
香亭畔若爲看春來誰作韶華主總領群芳
是牡丹【[illegible]】　數朵紅雲靜不飛含香含態[illegible]

[illegible]
[illegible]
夏擬將傾國繼春華虛擬五色文[illegible]作
平章萬種花　非煙非霧倚雕闌珍重[illegible]
雨後看顏以美人錦繡段高張翠幕護春[illegible]
洛陽春色畫圖中寫出天然富貴[illegible]
【[illegible]】化工不泥繁華競紅紫一般濃艷須東風
【[illegible]】　近來無奈牡丹何數十千錢買一窠
今朝始得分明見也共戎葵不校多【劉夢得】
白花淡泊無人愛亦占芳名道牡丹應似東
宮白贊善被人還喚作朝官【白樂天】　閑來
吟繞牡丹叢花艷人生事略同半雨半風三
月內多愁多病百年中【[illegible]】　人老簪花
不自羞花應羞上老人頭醉扶歸路人應笑
十里珠簾半上鉤　花開時節雨連風卻向
霜餘[illegible]紅滿[illegible]春光私一物此心未信出

天工　當時只道鶴林仙能遣春光發杜鵑
誰信詩能回造化直教霜梓發春妍　城西
千葉豈不好笑舞春風醉臉丹何似後堂冰
玉潔遊蜂非意不相干【俱蘇東坡】　霜臺何
處得奇葩分送天津小隱家初訝山妻忽驚
走尋常只慣插葵花【邵康節】　千球紫繡擎
熏[illegible]萬葉紅雲砌寶冠直把醉容欺玉笋
將春色上金盤【[illegible]】　千里相逢如故人
故栽庭下要相親明年一笑東風裏山杏江
桃不當春【張文潛】　露晞春晚到春叢拂掠
殘妝可意紅多病厭詩仍止酒可憐能在曉
誰同【黃山谷】　不管鶯聲向曉催錦衾春曉
尚成堆香紅若解知人意睡取東君不放回
【[illegible]】　棗花至小能成實桑葉
雖柔解作絲堪笑牡丹如斗大不成一事又
空枝【王文公】　[illegible]

見織霞自非水月觀音樣不稱維摩居士家【朱淑真】錦園處處瑣名花步障層層簇絳紗斟酌君恩似春色牡丹枝上獨繁華【薛惠】姚魏從來洛下誇千金不惜買繁華今年底事花能賤緣是宮中不賞花【徐意一】春工殫巧萬花叢晚見昭儀擅漢宮可惜芳時天不惜三更雨歇五更風【程滄洲】桃時杏日不爭濃葉帳陰成始放紅曉艷遠分金掌露暮香深處玉堂風名遺蘭杜千年後貴擅聲歌百醉中如夢如仙忽零落暮霞何處綠屏空【韓琮】宮雲朵朵映朝霞百寶欄前鬬麗華卯酒未消紅玉面薄施檀粉伴梅花洛陽女兒紅顏皺血色羅裙寶抹腰借得霓裳半庭月居然管領百花朝【王辰玉二色牡丹】似共東風別有因絳羅高捲不勝春若教解語應傾國任是無情也動人芍藥與君（王公名衡太倉人解元榜眼編修）爲近侍芙蓉何處避芳塵可憐韓令功成後辜負穠華過此身【羅隱】落盡春紅始見花花時比屋事豪奢買栽池館恐無地看到子孫能幾家門倚長衢攢繡轂幄籠輕日護香車歌鍾只管貪歡賞肯信流年鬢有華【羅鄴】錦園初捲衛夫人綉被猶堆越鄂君垂手亂翻雕玉珮綰腰頻換鬱金裙石家蠟燭何曾剪荀令香爐可待熏我是夢中傳彩筆欲書花片寄朝雲【李商隱】病眼看書痛不勝洛花千朵煥雙明淺紅釀紫各深樣雪白鵞黃非舊名擡舉精神微雨過留連消息嫩寒生蠟封水養松窗底未似雕欄倚半醒【楊誠齋】紫玉盤盛碎紫綃碎綃擁出九嬌嬈都將些子鬱金粉亂點中央花片稍葉葉鮮明還互照亭亭風韻不勝妖折來細雨輕寒裏正是東風折半苞【誠齋詠重臺九心淡紫】

稱士聲

翠霧紅雲護短墻豪華端稱作花王洛陽宮裏楊妃醉吳國臺前西子粧芳露淡勻胭粉膩暖風輕度口脂香開時亦自知珍重靜鎮東風白晝長【馬氏】新除藥圃結亭臺傾國奇葩忽自開霜後看花還傲菊春前破蕚肯輸梅韶華豈爲三冬借陽氣直從九地迴敢謂青皇私綠野名園桃李暗相猜【申瑤泉】臨風興嘆落花頻芳意潛消又一春應爲價高人不問却緣香甚蝶難親紅英只稱主宮裏翠葉那堪染露塵及至移根上林苑王孫方恨買無因【魚玄機】三月一出游季園于哥萬麗攢雕欄紛紛紅紫盡辟易中有一株白牡丹初疑龍池宴罷舞雙成盤又似洗頭盆暫卸天女冠姑射寒生雪膚粟鬱儀風細霓裳單河宗攻王乍成斗鮫室淚珠叢作團優鉢曇名亦浪語璚花么麽何足觀太眞霞臉太醉色覩此亦學江妃酸舉觴酬季郎化工在手汝不難得非揚州觀頭逢七七又何必善和坊裏延端端郎使宋人琢此辦百歲那得茲花看老夫久寂寞爲爾暫爲歡再進金叵羅屬客莫留殘日落不落天關亍欲去不去心盤桓皎然秀色轉可餐他年倘許韮珠會別踏長蠕勝紫鸞【王鳳洲】一春無計消繁華坐香傷色餐流霞妖桃穠李俱小器指目曉看花大家素質盈盈美無度何年摘下瑶臺路精神飛入銀河篇體態都歸洛神賦神樂觀王容臺卿空花壓眼真無情吾儕放浪爲無事東風斗酒消春晴曾聞二本歸天上幾度

重瞳轉相向內園點綴黃金屋禁苑安排紫綠帳揭來此種晉人間託根洞府非塵寰隨時窮達花不識天遊何必乘青鸞萬事到頭俱

瓊瑰大觀萬物皆無我半峰題詩[illegible]詞[illegible]
入名花可鑄傳千古宋氏[illegible]白牡丹[illegible]詞
千紅占春多少共推絶[illegible]花王西都萬家與
好不為姚黃讓腸斷巫陽對沉香亭比新妝
記清平調詞成進了一夢仙鄉○天葩秀出
無雙倚朝暉半如酣酒成狂無言自有檀心
一點偷芳念往事情傷又新艷曾說滁陽歡
歸來驚若玉醒後別是風光晁無咎[illegible]
雪弄輕陰穀雨乾半垂雲幔護殘寒化工
着意呈新巧剪刻朝霞飣露盤○輝錦繡掩
芝蘭開元天寶盛長安沉香亭子鉤欄畔偏
得三郎帶笑看賀方回剪朝霞燕子來時
春未老紅蠟團枝費盡東君巧烟雨弄晴芳
意惱雨餘特地殘妝好○斜倚青樓臨遠道
不管傷人只取東君笑都見嬌多情不少丹
青傳得傾城貌王道輔蝶戀花雲橫水遠
芳塵陌一萬重花春拍拍藍橋仙路不崎嶇
醉舞狂歌容倦客○真香解語人傾國知是
紫雲誰敢覓滿蹊桃李不能言分付仙家君
莫惜范石湖玉樓春翠蓋牙簽幾百株楊
家姊妹夜遊初五花結隊香如霧一朵傾城
醉未蘇○閑小立困相扶夜來風雨有情無
愁紅慘綠今宵看却似吳宮教陣圖辛稼軒
鷓鴣天濃翠深黃一畫圖中間更有玉盤
盂先裁翡翠裝成蓋更點胭脂染透酥○香
瀲灩錦模糊主人長得醉工夫莫攜弄玉欄
邊去羞得花枝一朵無占斷雕闌只一株
春工費盡幾工夫天香夜染衣猶濕國色朝
酣酒未蘇○嬌欲語巧相扶不妨老幹自扶
踈恰如翠幙高堂上來看紅衫百子圖同前
[illegible]華堂闌檻占韶光端不負年芳依倚東
風向晚數行濃淡仙妝○停杯醉折多情[illegible]

恨次艷真香只恐去為雲雨夢覓時惆悵王
曾海野朝中措玉宇凝清禁曉丹葩色照
晴空珊瑚敲碎玉玲瓏人間無此種來自廣
寒宮○雕玉闌干深院靜嫣然頻笑東風曲
屏須占一枝紅且圖歡醉枕香到夢魂中張
材甫臨江仙一餉園林綠就柳外鶯聲輕
透輕暖與輕寒又是牡丹時候時候時候歲
歲年年人瘦吳履齋如夢令維摩病起兀
坐等枯株清晨裏誰來問是文殊遣名姝奪
盡群花色浴纔出醒初解千萬態嬌無力困
相扶絶代佳人不入金張室却訪吾廬對茶
鐺禪榻笑殺此翁癯瑶砌金壺始消渠憶昇
平日繁華事修成譜寫成圖奇絶甚歐公記
蔡公書古來無○自京華隔問姚魏竟何如
多應是彩雲散劫灰餘野鹿銜將花去休回
首河洛丘墟謾傷春弔古夢遶漢宮都歌罷
秋獻俊甫六州歌頭晏起還瞋中酒時玉
牌分得牡丹枝花下自調新樂府寫烏絲○
付與紫衣傳別院夜來翻入管絃吹得
老夫重醉也有情癡周晋公浣溪沙
瑞香一名露甲一名蓬萊紫一名風流樹高者
三四尺許枝幹婆娑柔條厚葉四時長青葉
深綠色有楊梅葉枇杷葉荷葉攣枝冬春之
交開花成簇長三四分如丁香狀其數種有
黃花紫花白花粉紅花二色花梅子花串子
花皆有香惟攣枝花紫者香[illegible]種枇杷葉者

結子其始出於盧山宋時人家種之始著名
攣枝者其節攣曲如斷折之狀其根綿軟而
香葉光潤似橘葉邊有黃色者名金邊瑞香
枝頭甚繁體幹柔韌性畏寒冬月須收煖室
或窖內夏月置之陰處勿見日此花名麝囊
能損花宜另植

○栽種 梅雨時折其枝插肥陰之地自能生根一云左手折下旋即扦插勿換手無不
活者一云芒種時就老枝上剪其嫩枝破其
根入大麥一粒纏以亂髮插土中即活一說

帶花插於背日處或初秋插於水稻側俟
生根移種之移時不得露根露根則不榮 澆
灌 瑞香惡太溼又畏日晒以撏猪湯或宰雞鵞毛水從根澆之甚肥蚯蚓喜食其根覺
葉少萎以小便澆之令出即尋逐之須河水
多澆之以解其鹹以頭垢擁根則葉綠大槩
香花怕糞瑞香爲最尤忌人糞犯之輒死

○附錄結香 幹葉如瑞香而枝甚柔韌可綰結花色鵞黃比瑞香稍長開與瑞香
同時花落始生葉 雞舌香 產崑崙南枝葉及皮並似罌粟花似梅子似棗核此
雌者也雄者花而不實釀之爲香漢以賜侍中 七里香 一名指甲花樹婆娑畧似
紫薇花開蜜色葉如碎珠紅色清香襲人宜
髮中久而益香擣其葉染指甲甚紅出仙遊

○療治 急喉風用白花瑞香擣水灌之良

○麗藻 記 其種始出於廬山一比丘晝寢盤石
上夢中聞花香酷烈及覺求得之因
名睡香四方奇之謂爲花
中祥瑞遂名瑞香〔廬山記〕序 瑞香芳草也花如丁香而有黃
紫二[illegible]冬春之交其花始發植之庭檻則芳
馨出於戶外野人不以爲貴宋景文亦缺而
不書予令春城後二十年守成都公庭僧圃
靡不有也予恐其沒於草一日見知於時殆
與人事無異感而圖
之因爲之序〔呂大防〕詩五言 著葉團青蓋開花炷寶薰〔[illegible]子〕
〔[illegible]〕紫袖染難透瓊膚晒轉香〔楊誠齋〕 芳
蕤何蒨絢尤物眞旖旎〔蘇雙溪〕 眞是花中
瑞本剏名始聞江南一夢後天下仰清芬〔王
〔[illegible]〕衆妙與春競紛紛持所長此花最幽

遠如以禮自將猗蘭敢回步薝蔔亦退藏〔樵
〔隱居士〕 得地託根遠交柯繞指柔露香濃
結桂池影鬪蟠虯黛葉輕雲綠金花笑菊秋
如何南海外百里隔炎州〔[illegible]趣〕 外着朝霞
綺中裁淡玉紗森森千萬簇旋旋兩三花小
霽迎風喜輕寒索幙遮香中眞上瑞蘭麝敢
名家 短短薰籠小團團錦帕圍浮陽烘酒
思沉水着人衣茉莉通家遠椒花具體微春
愁渾瘦盡別有瘦中肥〔前楊誠齋〕 幽香結
淺紫來自孤雲岑骨香不自知色淺意殊深
移栽青蓮宇遂冠薝蔔林結爲楚臣佩散落
天女襟君持風霜節耳聆歌笑音一逢蘭蕙
質稍回鐵石心置酒要妍暖養花須晏陰及
此陰晴間恐致堅齋霖綠雲知易散鶗鴂憂
先吟明朝便陳迹 七言 此花清絕更纖濃〔東
試着丹青臨〔東坡〕〔坡〕 玉英金實碧淋

枝【周弼】粉面何宜裹繡襠錦囊何必著香囊

單【方岳】香開忽作樂枝錦未折猶疑掌

素拳【楊萬里】懵中紫艷纔盈掬天上花香

暗襲人【張云叟】風雨雖披枝葉瘦可憐終

不減清香【曹文昭】世人競重薰籠錦予素

河曾怯瑞香【王十朋】便覺麝囊無遠韻頻

從蟻蠹有新芽【劉後村】沉香殿裏春風早

紅錦薰籠二月時 沁枝清露滌幽葩醉質

爛斑襯曉霞【丘崈】【陳子高】曉霞凍成雞舌紫

東風吹作瀟灑香【陳古湖】織錦天孫巧作

機紫茸翻了白花枝更將沉水濃薰却日炙

風微欲午時 夜綴香寒冰露華青移翠酎

韻窗紗將身扶起蘸帷看生怕簾帷挨著花

【周楊誠齋】廬阜當年春睡濃花名從此擅

春工紫葩四迸呈鮮粉如襲仙香透錦籠

絮花簇粉烘晴日藹有濃香透遠風六曲闌

干凝睇處錦籠爭似玉爲籠【白氏集】粉面

芳心碧玉裳持來宛作故山香征途不覺春

如許更問萌芽幾寸長【曾文昭】上苑夭桃

自作行劉郎去後始回芳獸從年少追心賞

開對宮花識舊香折贈佳人非所宿好剩幽

佩帶沉湘鶴林神女無消息爲問何由返帝

郡【周遊】侵雪開花雪不侵開時色淺不教

深碧團圍裏筍成束紫蘤蕭中香藹別派

近傳廬阜頂孤芳元自洞庭心詩人自有薰

籠錦不用衣篝炷水沉【楊誠齋】計來大節

東成攢你麼開時色兩般荀令金爐炷沉水

賠容紫袖襯中單同花異葉株株異一種樂

枝節節樂雪裏寒香得三友溪邊梅與雪邊

蘭【楊誠齋】玲瓏巧壓紫羅裳令得東君着

意粧帶露破開宜曉日臨風微困怯春寒發

[illegible]廬阜[illegible]芳菲入醉鄉最是午窗

初睡醒重重裹得夢魂香【朱淑真】一樹婆

娑整復斜使君輟贈到田家自慙籬落繩樞

子不稱香囊錦傘花小借暖風爲破萼旋澆

新水待抽芽丁寧兒子勤封植留與甘棠一

樣誇【劉後村】詞 公子眼花亂發老夫鼻觀先通領

巾飄下瑞香風驚起謫仙春夢○

后土祠中玉蕊蓬萊殿裏鞓紅此花清絕更

纖穠把酒何人心動【東坡西江月】嘅後春

前別一般梅花枯淡水仙寒翠雲裘裏紫霞

冠○妙卉只今推第一寶香恐不是人間爲

君更酌小龍團【張于湖浣溪沙】護雨烘晴

紫雲飄緲來深院曉寒誰見紅杏枝頭怨○

絕代佳人萬里沉香蝕尤風轉夢餘千片猶

恨相逢淺【趙德莊】欄檻陰沉紫雲

呈瑞餘寒凜捲簾歆枕香通幽人聚○入夢

何年廬阜聞名稔風流甚阿誰題品與作薰

籠錦【王[illegible]梓[illegible]】當年睡裏聞香阿誰

喚作花間瑞巾飄沉水籠熏古錦攤青綾被

初日酣晴和風送暖十分清致掩窗紗待香

凝酒醒儘消受這春思○纔把萬紅排比想

較伊更爭些子詩仙老手春風妙筆要題教

似十里揚州三生杜牧可曾知此遊紫唇微

綻芳心半透與騷人醉【方秋崖水龍吟】東

風冷落舊梅臺猶喜山花拂面開紺色染衣

春意淨水沉薰骨晚風來○柔條不學丁香

結矮樹仍參茉莉栽安得方盆載幽植道人

晴處作香材【[illegible]】

【迎春花】一名金腰帶人家園圃多種之叢生高數尺有一丈許方莖厚葉如初生小椒葉而

無齒面青背淡對節生小枝一枝三葉春前有花如瑞香花黃色不結實葉苦澀平無毒雖草花最先點綴春色亦不可廢花時移栽土肥則茂燖牲水灌之則花蕃二月中可分

○療治 腫毒惡瘡取葉陰乾研末酒服二三錢汗出便瘥

○麗藻 詞 纖穠嬌小也解爭春早占得中央顏色好裝點枝枝新巧 東皇初到江城殷勤先去迎春乞與黃金腰帶壓持紅紫紛紛 趙介之清平樂

迎春花一名金腰花

凌霄花 一名紫葳一名陵苕一名女葳一名茇華一名武威一名瞿陵一名鬼目處處皆有多生山中人家園圃亦栽之野生者蔓纔數尺得木而上即高數丈蔓間鬚如蝎虎足附樹上甚堅牢久者藤大如盃春初生枝一枝數葉尖長有齒深青色開花一枝十餘朵大如牽牛花頭開五瓣赭黃色有數點夏中乃盈深秋更赤八月結莢如豆角長三寸許子輕薄如榆仁如馬兜鈴仁根長亦如兜鈴根

秋深采之陰乾花及根甘酸微寒無毒治婦人產乳餘疾崩中癥瘕血閉寒熱羸瘦帶下莖葉苦平無毒主熱風身痒遊風風疹瘀血帶下喉痺熱痛涼血生肌

○取用 凌霄花纏奇石老樹作花可觀大都與春時紫藤皆園林中不可少者 王敬美

○禁忌 用以蟠繞大石亦可觀玩但鼻聞傷腦花上露入目令人矇孕婦經花下能墮胎不可不慎

○療治 婦人血崩凌霄花為末每酒服二錢後服四物湯 糞後下血凌霄花浸酒頻服 消渴飲水凌霄花一兩搗碎水一盞半煎至一盞分服 嬰兒百日內無故口青不飲乳用凌霄花大藍葉芒硝大黃等分為末以羊髓和丸桐子大每研一丸以乳送下便可喫乳熱者可服寒者勿服昔有人休官後雲遊湖湘修合此方救危甚多 久近風癇凌霄花或根葉為末每服三錢溫酒下服畢解髮不任手梳口噙冷水溫則吐去再噙再梳至二十口乃止如此四十九日絕根百無所忌 通身風痒凌霄花為末酒服一錢 大風癘疾凌霄花五錢地龍焙僵蠶炒全蠍炒各七箇為末每服二錢溫酒下先以藥湯浴過服此出臭汗為効儒門事親加蟬蛻五品各九箇作一服 鼻上酒皶凌霄花山梔子等分為末每茶服二錢日二服數日除根一方用凌霄花半兩硫黃一兩胡桃四箇膩

粉一錢研青生絹包帶[illegible]洗帶
浸淫濕爛延及兩耳痒痛出水發歇不定用
凌霄花爲末煎湯日日洗之　婦人陰瘡莖
葉爲末羊肚鹿豉湯調塗　耳卒聾閉凌
霄葉杵自然汁滴之　女經不行凌
霄花爲末每服二錢食前溫酒下
◎典故　西湖藏春塢門前有二古松各有凌霄
花[illegible]其上詩僧清順常晝卧其下子瞻
爲郡一日屏騎從過之松風騷然順指落花
求句子瞻爲作木蘭花[本事集]　富鄭公居
洛園中凌霄花無所附而特起歲
久遂成大樹高數尋亭亭可愛
○麗藻散語　苕之華云其黃矣[詩]　詩五言　古苕生迮地[illegible][子美]凌波體
藏柔枝葉工託麗青青亂松樹直幹遭蒙蔽
不有嚴霜威焉能辨堅脆[曾文昭]　草木不
解行隨生自有理觀此引蔓柔必憑高樹起
氣類固未合縈纏豈由已仰見蒼虬枝上發
彤霞蕤晉膏不易凌
樵斧者誰子[梅聖俞]　七言　固知臭味非相類
其奈縈纏不自由[曾南豐]　引蔓開花欲透雲託身下倚老松
身[梅邊]　披雲似有凌雲志向日寧無捧
日心　珍重青松好依托直從平地起千尋[賈]
[昌期]　直饒枝幹凌霄去猶有根源與地平
不道花依他樹發強攀紅日鬭鮮明[楊緒]
嫋嫋枯藤淺淺花能貢緣直上照殘霞老僧不
作依附想將謂青　雙龍對起白甲蒼髯烟
松白有花[趙汝回]　詞　雨裏疏影微香下有幽
人晝夢長　湖風清軟雙鵲飛來爭噪
晚萃桃紅輕時墮凌霄百尺英[蘇東坡]

馨　一名那悉茗花一名野悉蜜花來自西域

枝幹裊娜似茉莉而小葉纖而綠花四瓣細
瘦有黃白二色須屏架扶起不然不克自竪
雨中嫵態亦自媚人
○製用　采花壓油澤髮甚香滑
○典故　昔劉王有侍女名素馨冢上生此花因
以得名[龍山志]　素馨出閩廣者不甚
香亦聞攜至吾地白者香勝於茉莉即彼中
亦未之見廣中又有樹蘭賽蘭二種賽蘭一
名珍珠蘭即廣人以爲蘭香者或
曾移種吾地多不能生[王敬美]
○麗藻記　草木之精氣發於上爲英華率謂之
花然水陸所産妍媸高下美惡之等
蓋萬不齊焉而人于其中擇而愛之凡欲其
有益於用非愛之而溺焉者也産于此邦曰
素馨者香清而體白郁郁盈盈可掬可風貫
四時而不改供一賞而有餘亦花之佳者也
好事者致于予予既愛之遂益究其用取花
之稽蕾者與瓣之佳者雜貯剛瓶中經宿以
佚茗飲之入焉然則是花之用雖不若麻縷
之與菽粟蓋亦不爲無用矣人之資于麻縷
爲其可以溫也資于菽麥爲其可以飽也今
是花也吾取焉如以其能郁郁盈盈少裨于
茶者郁不汲汲可也雖不汲汲猶以之可已
也貴是者之于人如麻縷之與菽粟然又安
可已哉可已而已不可已而不已引而伸之
于道其庶幾乎于治國其庶幾乎[陳白沙]
詩五言　細花穿弱縷盤向[illegible]　七言　昔日雲鬟[illegible]今朝[illegible]

蕊城春[illegible]人間[illegible]

大酺 羞將姿媚隨花前愛伴孤高上月詩獨根過寒成翁植色香殊不逐梅兒 陳止齋 妙香真色自天然羞御鉛華學女妍只向溫柔鄉裏活怕寒不許上林傳 鄭松窗 金谷佳人墮馬妝鸚鵡林裏鬭芬芳穿花貫蕊香幸曾把風流惱陸郎 楊升菴

素馨花發暗香飄一朵斜簪近翠翹寶馬未歸新月上綠楊影裏 詞 層層細剪冰花小新隨荔子雲帆到一露一番開玉人催貫蕊〇變花心未已摘放冠兒裏輕浸水晶簾一寓雲影香 張約齋 菩薩蠻 調冰弄雪惹花神清夢徘徊南土一夏天香收不起付與莊仙無語秀人精神凉性肌骨銷盡人間暑豫軒愁絕惜花還勝兒女 ○長記歌酒闌爐開時向晚笑絕金莖露月浸闌干天似水

伴秋娘窗戶圍殢雲鬟醉款風帽總是牽情處返魂何在玉川風味如許 劉叔安 念奴嬌 青鞾來素馨海國仙人偏耐熱餐盡風露肩便萬里凌空肯憑蓮葉盈盈步月悄似飛輕去瑤闕何人旺意綴擬小點點愛輕絕〇愁絕舊遊輕別忍重看鎖香金篋淒凉夜寒聞香詩魂真化風蝶冷香清到骨夢十里揚花雪歸來厭厭心事自共素娥說 □

□律靈叢 中序第一

茉莉 一名抹厲一名沒利一名末利一名末麗一名雪瓣一名抹麗謂能掩衆花也佛書名鬘華原出波斯移植南海北土名奈晉書都人簪柰花則此花入中國久矣弱莖繁枝葉如茶而大綠色團尖夏秋開小白花花皆暮開其香清婉柔淑風味殊勝花有草本者有木本者有重葉者惟寶珠小荷花最貴此花出自暖地性畏寒喜肥壅以雞糞灌以燖豬湯或雞鵝毛湯或米泔開花不絕六月六日以治魚水一灌愈茂故曰清關花濁茉莉勿安床頭恐引蜈蚣一種紅者色甚艷但無香

耳又有朱茉莉其色粉紅有千葉者初開花時心如珠出自四川

■花 氣味辛熱無毒蒸液作面脂頭澤長髮潤燥香肌 根 氣味熱有毒酒磨服一寸則昏迷一日乃醒二寸二日三寸三日若跌損骨節脫臼接骨者用此則不知痛

○製用 每晚採花取井花水半杯用物架花其上離水一二分厚紙密封次日花既[illegible]點茶清香撲鼻甚妙又云蒸取其液可代薔薇露作和面藥甚[illegible]其香經歲不散[illegible]人言飲之得肌膚盛飽之症[illegible]人有異[illegible]

○扦插 梅雨時取新發嫩枝，從節折斷，將折處劈開，入大麥一粒，亂髮纏之，插肥土陰溼即活，與扦瑞香法同

收藏 霜時移北房簷下見日不見霜，大寒移入暖處，圍以草薦盆中，任其自乾，至乾極畧用河水盞許澆其根，僅活其命，枝葉上有白色小虫刮去，不然即黄萎，十月入窖中，枝頭入地尺許，地上加柴，柴上加土尺許，封蓋嚴密不透風氣爲佳，春分後朝南開一孔通氣，立夏後方可出窖，見春風早即枯槁，出窖後葉落無妨，先放簷下見日色處漸移之日中，去上面及周圍舊土一層，再加新土培之，二三年後取出全換舊土，莫傷根，換土後只澆清水，不宜太肥，至葉稍大方可澆肥，剪去枯枝，梅雨不絕，移置簷下，若南方冬月只於朝南屋内掘一淺坑，將盆放下，以篾籠罩花，口傍以泥築實無隙遍風，或用棉花子覆根五寸許，亦以篾罩罩之，用紙封罩，五六日一次將花核取開，用冷茶澆之，仍以花核壅之，立夏前方可去罩，盆中週圍去土一層，以肥土塡上，用水澆之，大約入夏後三日方可移出露天，最怕春風，清明前尤怕風，芽發方可灌以糞，次年和根取起換土栽過，無不活者，如此收藏多年可延　茉莉自夏首至秋杪皆花，開必薄暮，半放冉冉作奇香，次晨則香減，霜後猶生朵，但漸小耳，經大寒無不萎者，向余得一本，根下有鐵少許，蓋醫者利其必萎，彼鑽核者又何足異，余去其鐵易土而植之，灌以腥汁，開甚盛，遇大寒藏之暖室，歷三歲猶花，但幹老花疎，總之風氣不宜也，金陵易得，每歲購二三本，霜後輒棄之不復藏【于念東】

儲土 每日屋下掃聚塵土，堆積於閑靜空屋候

發熱過篩細用

○附錄指甲花 夏月開，香似木樨，可染指甲，過於鳳仙花，有黄白二色【雪】

辨 一名狗牙，似茉莉而瓣大，其香清絕，出南海

○典故 那悉茗花與茉莉花皆胡人自西域移植南海，南人愛其芳香，競植之【南方草木狀】　南越之境，五穀無味，百花不香，惟茉莉、悉那茗二花特芳香，不隨水土而變，與夫橘北爲枳者異矣，彼處女子用綵絲穿花心以爲首飾【陸賈南越行紀】　廣州城九里曰花田，盡栽茉莉及素馨【鄭松窓詩話】　宋孝宗禁中納涼，多植茉莉、建蘭等花，鼓以風輪，清芳滿殿

麗藻 詩五言 冰姿澹不粧【百氏集】　九里花田地【鄭松窓】　庭中紅茉莉，冬月始蕤【杜少陵】　佛香紅茉莉，番供碧玻璃【蔣之奇】　風韻傳天竺，隨經入漢京，香飄山麝馥，露染雪衣輕【鄭松窓】　蕚趺排珠圓，碎簇柔梢垂，蔫然經月餘，艷色愈不衰，始疑神功化，火結丹砂爲【謝工部】　火令行南國，彤雲間丹霞，之子方熱中，濯濯冰雪花，植根郤月盆，趣駕七香車【許仲啓】　翠葉光如沃，冰葩淡不妝，一番秋蚤秀，徹日坐旁香，色照衹園靜，清迴幃海凉，倘堪紉作佩，老子欲浮湘【劉彥中】　曠然塵慮盡，爲對夕花明，密葉低層幄，冰蕤亂玉英，不因秋露溼，詎識此香清，預恐芳菲盡，微吟小砌行【朱文公】　玉蓋琅玕樹，天香知見熏，露寒清透骨，風定遠含芬，爽致銷煩暑，高情謝曉雲，遥憐河朔飲，那

得醉時聞 尋得[illegible]付與芳[illegible]【王十朋】

七言 【宋文公】日暮[illegible]人[illegible]

皇字惟因佛書見 家[illegible]應遂[illegible]【[illegible]】

王母欲歸香滿路 從[illegible]吹下玉巒西【王[illegible]】

【[illegible]】西域名花最孤潔 東山芳友更[illegible]【[illegible]】

【[illegible]】暗香着人簪茉莉 紅潮登頰醉[illegible]

【蘇東坡】 六是天[illegible]雪 種占[illegible]人間[illegible]

香不[illegible]鼻觀偷[illegible]邪[illegible] 心地俱清涼【[illegible]】

【[illegible]】[illegible]烟裹露暗香濃 曾記瑤臺月下逢 萬

里春回人寂[illegible]玉[illegible]知[illegible] 爲誰容 香[illegible]

[illegible]君顏色四時朱【王[illegible]】【[illegible]】[illegible]誰向天涯收[illegible]

予沉[illegible]姑射仙人雪作 風流不肯逐

[illegible]光剖玉[illegible][illegible]淡[illegible] 是化人天上至 毘

[illegible]一夜[illegible]香【[illegible]】 [illegible]名佳花亦佳

遠從佛國到中華 老來[illegible] 逢[illegible]頭利故向禪

房見此花【[illegible]】[illegible] 洗出通身白[illegible]水

[illegible]成換骨香近 說根苗移 上苑休[illegible]出本

[illegible]荒【[illegible]】 玉[illegible]蓮[illegible] 作尖[illegible]腦熏香

[illegible]滿冠好是[illegible]無紅一[illegible] 若教紅却不堪看

【[illegible]】 靈種傳聞出越 [illegible]向人提[illegible]上[illegible]

[illegible]仙年我若修花史 列作 人間第一香

[illegible]艷[illegible]日幸有清香 壓九秋[illegible]是仙

[illegible]歸去[illegible]掉下玉[illegible]頭【[illegible]】 [illegible]野人不敢[illegible]天

[illegible]一室香[illegible]天猶覺玉[illegible] 一[illegible]

[illegible]折[illegible]枕[illegible]【[illegible]】 荔枝香裏[illegible]

[illegible]雪[illegible]長安一夜涼[illegible] 味於人最濃[illegible]

[illegible]香【[illegible]】 [illegible]玉雕環作小[illegible]

[illegible]不愛鉛華西風[illegible] 得[illegible]香去分與[illegible]

[illegible]無限花【[illegible]】 [illegible]不件薰風

[illegible]種自南州 [illegible]家[illegible] [illegible]把開花[illegible]

[illegible]頭【[illegible]】 春[illegible] [illegible]眉[illegible]成[illegible]

[illegible] [illegible]人間可宜

【唐寅】 江梅去去木[illegible] 之[illegible]

茉莉獨立[illegible]山[illegible]問花 香雪[illegible]花[illegible]

熟夜涼甚急走山僧問花 信一枝帶雨[illegible]

[illegible]走送詩人覓好詩【[illegible]】 西湖野[illegible]

[illegible]半年化作眞木精 南湖詩人笑[illegible]

[illegible]藏雪[illegible]木[illegible] 山之[illegible]透[illegible]

山[illegible]家藏雪[illegible] 分明[illegible]

[illegible]二粒[illegible]六玉[illegible]夜 [illegible]

[illegible]風[illegible]雲爲粉[illegible]寒 [illegible]

[illegible]得萬[illegible]冷不[illegible] [illegible]

[illegible]天半[illegible]作青[illegible] [illegible]

[illegible]人間雪[illegible]那可[illegible] [illegible]雪落何曾香二

[illegible]頭四月首南湖香[illegible] [illegible]誰有[illegible]

[illegible]玉花泛春酒 一飲一[illegible]

【[illegible]】 五月[illegible]州路千叢 [illegible]問[illegible]

【[illegible]】 詞 是江梅不道薰風 庭院[illegible]寶

[illegible]瑤[illegible]仙衣翡翠裁一 [illegible]長[illegible]來廿

[illegible]玉人[illegible]笑插鬢釵【[illegible]】 素馨

[illegible]太[illegible]生多[illegible]香[illegible] [illegible]月照

[illegible]花[illegible]明人[illegible]若 [illegible]香吹雪[illegible]衣

[illegible]鄉[illegible]南[illegible] [illegible]若[illegible]子

[illegible]去[illegible]芳 [illegible]流[illegible]

[illegible]【[illegible]】 [illegible]吟[illegible]

[illegible]更無[illegible] [illegible]日長[illegible]

[illegible]玉[illegible] [illegible]國長閑山[illegible]

[illegible]坐[illegible] [illegible]

夜[illegible] [illegible]香[illegible]

月韻[illegible] 北

[illegible]源[illegible]無數 [illegible]不知何處有

[illegible]香[illegible]無數 [illegible]見未

識天[illegible]人間[illegible] [illegible]

堂中[illegible]【[illegible]】 [illegible]玉[illegible]

荼蘼瘦幾香熏醒夜窓酒問炎州何事芳香清涼塵不到一段冰壺剪就○晚來庭戶悄暗數流光細摘芳英點回首念日暮江東偏為魂銷人易老幽韻清標似舊正簟紋如水帳如烟更奈向露濃時候【[illegible]】枕簟微涼生茉莉香清荼蘼花漸吐百餘蓮接得流鶯飛去也斷腸多情

【[illegible]】

【木香】灌生條長有刺如薔薇有三種花開於四月惟紫心白花者為最香馥清遠高架萬條望若香雪他如黃花紅花白細朵花白中朵花白大朵花皆不及

○栽種 四月中扳條入土泥壅一段候月餘根長自本生枝剪斷移栽可活若剪條扦插多難活荼蘼等同此法

【玫瑰】一名徘徊花灌生細葉多刺類薔薇莖短花亦類薔薇色淡紫青橐黃蕊瓣末白嬌豔芬馥有香有色堪入茶入酒入蜜栽宜肥土常加澆灌性好潔最忌人溺溺澆即萎燕中有黃花者稍小於紫嵩山深處有碧色者

○栽種 [illegible]生小條不可久存即宜截斷另植[illegible]生或不妨[illegible]本必枯

[illegible]夏間[illegible]撤枝將有[illegible]另栽

花娘云以一肩入枝生了三五日[illegible]當

[illegible]陽枝令長葉大則又變前出

薔薇月季類此俱宜捉去

○製用 玫瑰花去其橐蕊並白色者取純紫[illegible]成膏白梅水浸少時研細布絞去[illegible]加白糖再研極勻磁器收貯任用全花白梅水浸[illegible]曬乾可作餅[illegible]亦可食宋時宮中採花[illegible]作香囊氣甚清香[illegible]

○典故 玫瑰非奇卉也然色媚而香甚旖旎可食可佩園林中宜多種又有紅黃刺梅二種稍似玫瑰而無香色[illegible]勝之黃者出京師曼花五色薔薇俱可觀而黃薔薇為最貴[illegible]易敗余圃中[illegible]芳香惟紫心小白[illegible]人所稱白蘼者今竟不知何物疑即是白木香耳今所植荼蘼白而不香定非宋人所珍也【[illegible]】南海誌云[illegible]千枝[illegible]夏玫瑰玫瑰美珠也今花中亦有玫瑰蓋貴之因以為名

○麗藻 詩五言【[illegible]】[illegible]宮額粉花盛醉仙妝【[illegible]】暗妒翻堦藥遙連直署杏【[illegible]】蠻桂[illegible]清[illegible]紗[illegible]宮妝臨[illegible]已落[illegible]無力春烟裏多愁暮雨中不知何事意深淺【[illegible]】七言 井闌月季如名同不[illegible]薔薇[illegible]通接葉連枝千萬緣一花兩色淺深紅[illegible]各是[illegible]兩[illegible]有國香收不得詩人[illegible]入水泥[illegible]

【[illegible]】灌生莖多刺葉圓細而青花[illegible]狀似[illegible]

瑰而大艷麗可愛惜無香耳春時分根易活扦種之亦易活

【酴醾】一名獨步春一名百宜枝一名瓊綬帶一名雪纓絡一名沉香蜜友藤身灌生青莖多刺一穎三葉如品字形面光綠背翠色多缺刻花青跗紅萼及開時變白大朵千瓣香微而清盤作高架二三月間爛熳可觀盛開時折置書冊中冬取插鬢猶有餘香本名荼䕷一種色黃似酒故加酉字

〇附錄金沙羅　似酴醾花單瓣紅艷奪目

〇典故　唐時寒食宴宰相用酴醾酒　又召侍臣學士食櫻桃飲酴醾酒盛以琉璃盤和以香酪　大酉洋國花如牡丹蠻中遇天氣淒寒零落凝結鶻若甘露芬芳襲人夷女澤體膩髮香經月不滅五代時充貢名薔薇水　范蜀公居許下造大堂名以長嘯前有酴醾架高廣可容十客每春季花繁盛時燕客其下約曰有飛花墮酒中者嚼一大白或笑語喧譁之際微風過之滿座無遺時號飛英會　舒雅作青紗連二枕滿貯酴醾木犀瑞香散蕊甚益鼻根蜀人取[illegible]

〇麗藻　詩五言　【句】簇後霜花[illegible]居然玉葉同【[illegible]】　無華真國色有韻自天香　國艷寧施粉天香自染衣【曾文昭】　【宋景文】玉女雕瓊蕊仙禽自菊衣【晏元獻】　點點檀心小盈盈玉面嬌【古詩】　叢染扶金蕊微風動弱枝【宋致中】　穠豔天與色麗共日爭光剪碧排千萼研朱染萬房【白樂天】　烟條染石綠粉蕊撲鵝黃根動彤雲湧枝搖赤羽翔【前人】　故作荼醾架金沙只謾栽似矜顏色好飛度雪前開【王介甫】　來自鬱金國香傳婆水神析酲疑破鼻佛髭欲留春【宋景文】　清氣透水櫺葉蔭在天家翠蓋宸游後球闌畫影斜【吳充】　風枝張兩蓋露臉汗何郎收拾婦醉酥芳姿韻更香【王禹偁】　雨過無桃李唯餘雪覆牆青天映妙質白日照繁香影動春微透花寒韻更長風流到尊酒猶足

助詩狂【宋韓琦】　綃蕊舞霓裳飄飄翠帶長何郎初傅粉荀令乍薰香玉蕊休誇白金沙敢妒芳可憐蜂與蝶早晚引風狂【王盡臣】　倡女卷春裾迎風戲玉除近叢看彩萼隔樹望花鬚橫枝斜綰袖嫩葉下牽裾牆高攀不及花新摘未舒莫疑插鬢少分人猶有餘【梁[illegible]】　【元帝】新花臨曲池佳麗復相隨鮮紅同映水輕香共逐吹繞架尋多處窺叢見好枝今新猶恨少將故復嫌萎釵邊爛熳插無處不相宜【梁劉緩】　荼醾不爭春寂寞開最晚青蛟走玉骨羽蓋懸朱幰不粧艷已絕無風香自遠淒涼吳宮闕紅粉埋故苑餘香入此花千載尚悽惋【蘇東坡】　下騰赤蛟身上抽碧龍頭千枝蟠一蓋一蓋一萬花花開帶月看香要和露收一點春衣揉經月氣未休一摘入[illegible]一[illegible]紅[illegible]

此物共[illegible]胖名字因壺濁風流付枕韓壁鋼
香徑草飄香淨壁衣玉氣晴虹發沉村鎖眉
霏直枝多　可歎可忍摘令孫常恨金沙學嚲
時正可憐【黃山谷】　作見疑回面遙觀誤斷
腸風朝舞飛燕雨夜泣蕭娘桃李憋無語芝
蘭遜不芳山礬何細碎石竹苦尋常蕙憐隈
欄避蓮羞近葉藏怯教蕉葉顫妒得柳
花狂豈可輕嘲詠應須痛比方【白樂天】　七言
風動翠條腰嫋娜【白樂天】　姑射真人玉骨
香淡月微風惜良夜【盧元賓】　高唐神女蘭
供澤姑射仙人雪瑩肌【楊元素】　殘春鈴閣
無公事來就酴醾放晚衙【王盧溪】　不作殘
春十日飲定知無奈此花何　强挽春風留
一醉露香還可折朝酲【劉原父】　走上松梢
纔卻好爲他滿插一頭花　借令落盡仍香
雪且道開時是底花【俱楊廷秀】　可憐摽格

真淸絕說與金沙莫效顰【古詩】　玉立春深
雪不如生香透骨雪應無【張南軒】　青蛟媛
雪擎雲上日雪深春壓架香【徐溪月】　可憐
收拾歸屏枕頗欲浮沉付酒盃【吳履齋】　輿
將榆莢要同韻羞殺梨花不敢香【吳元獻】
平生爲愛此花濃仰面常迎落絮風每至春
歸有遺恨典刑猶在酒盃中【韓維】　清明時
節散天香輕染鵝兒一抹黃最是風流堪貴
處美人取作渾羅裳【歐陽公】　漢宮嬌額半
塗黃肌骨濃熏班艷香日色漸遲風力細倚
闌偷舞白霓裳　沉水衣籠白玉苗不蒙瀟
拂若無聊煩君所取西莊柳扶起春風萬萬
條　茶蘼一架最先來夾竹金沙次第栽濃
綠扶疎雲對起醉紅撩亂雪先開【俱山谷】
最憐故山寒食夜野荼蘼發暗香來分無
[illegible]且折當樂濃玉鑑【[illegible]】　後園茶

惜乎自栽[illegible]乎芳藥[illegible]
數三嗅馨香懶舉杯【薛[illegible]】　水肥雪跳[illegible]
殘春興日熏風入四隣任是主人能愛惜也
折一半與遊人【張芸叟】　明紅暗紫競芬菲
送盡東風不自知占得餘香慰愁眼百芳無
得似荼蘼【劉原父】　東皇收拾春歸去獨遣
荼蘼殿後塵憐我寒窗賦愁寂時看玉面送
殘春【王盧溪】　雪餘雲條一架春酒中風度
夢中聞東風不是無顏色過了梅花便是君
【盧蒲江】　香雪支離半墜風柔條無奈不成
叢阿蠻如許風流骨打出秋千細雨中【謝幼
槃】　春風滿架索春饒三月梨園雪未消膩
褒何人在蘭麝柔條無力帶瓊瑤【曹石屏】
一鉤斜影上荼蘼羅帶飄風不自持背卻小
姑私拜月水晶簾外又來窺【陳眉公】　紛紛
紅紫落花苫帶月和烟特地開疑是玉妃新

浴出翠雲梯上舞風臺【徐竹隱】　雨後溪流
半沒沙粉牆賣酒是誰家客中不覺春深淺
開了荼蘼一架花　一春多雨少晴光眼底
青春去意忙已恨黕衣紅作陣絕憐滿架雪
生香【俱范道山】　穠華先占早春芳色別仙
容五樣妝　步屧東郊風力軟吹來只是一般
香【白花新原】　一年春事到荼蘼香雪紛紛
又撲衣盡把檀心好看取與留春住莫教歸
【田[illegible]】　荼蘼架倒無人架全似老夫狂醉
時昨夜一番溪雨橫又添苔蘚到花枝【周方
泉】　曉啼朱露渾無力繡簇羅襦不着行若
綴壽陽公主額六宮爭肯學梅妝【李清[illegible]】　瓊
林殿側玉鉤欄雪覆新花四月闌容影酡容
千客坐柔條何處萬龍蟠【劉原父】　雨後荼
蘼將結局花時芍藥正催妝道人不管春深
淺偏得山中歲月長【王庵僧】　獨憐朱陸花

顏俗全學瑤臺玉女粧素月共成中夜色好風分散四隣香【程金紫】京師三月茶蘼開高架交垂自爲洞素蕋層層紫蕋香釀歸光祿春生甕東陌西阡走鈿車芳林廣圃飛朱鞚【楊聖俞】肌膚冰雪熏沉水百草千花莫比方露溼何郎試湯餅日熏荀令炷爐香風流徹骨成春酒夢寐宜人入枕囊輸與能詩玉主簿瑤臺影裏據胡床【黃山谷】榮華休羨黑頭公且對芳晨賞麗叢十萬青條寒挂雨三千粉面笑臨風莫將擬雪才情賦盡與觀梅況味同只恐春歸有遺恨與荆猶杜濁醪中【劉彥冲】花神未許春歸去故遣仙姿殿衆芳白玉體輕蟠魄瑩素紗囊薄麝臍香夢思洛浦嬋娟態愁記瑤臺淡淨粧勾引詩人清絕處一枝和雨在東墻【朱淑貞】青蛟蛻骨萬條長玉架盤雲護曉霜外面看來些

子葉中間着得許多香一枝縞色分明好百卉合羞不敢芳飛殺銜花雙海燕被渠勾引一春忙【劉溪翁】梟梟長數尋青青不作林一莖獨秀當庭心數枝分作滿庭陰春日遲遲欲將半庭影冷冷正堪玩枝上嬌鶯不畏人葉底戲飛自相亂秦家女兒愛芳菲畫眉相喚採萎蕤高處紅鬚欲就手低邊綠刺已牽衣蒲萄架上朝光滿楊柳園中暝鳥飛連袂踏歌從此去風吹香氣逐人歸【儲光羲】花飛十不留五六青子團枝朱紅簇江南桃李總成陰不論少城與韋曲茶蘼珍重不浪開晚堆綠雲點水玉體熏山麝非一臍水洗銀河費千斛滴成小蓓客於參亂走長條柔可束醉髩須及月下來破鼻試從風裏嗅先生未必被花惱偶與門人暮春浴爲憐壓架十萬枝小立旁邊領新馥剩拚好語寵瓊蕤更掇青英付醽醁先生何得使紅紫飄零杜門霜鬢猶煩玉堂宿【楊廷秀】

詞

綠滿城春風於此獨留情誰將十幅吳綾被撲向熏籠一夜明○風不定雨初晴曉來苔上拾殘英速教貯向鴛鴦枕猶有餘香入夢清【晁次膺】

【鷓鴣天】千種繁香已去翻然無迹誰信道茶蘼枝上靜中收得曉鏡洗粧非粉白晚衣弄舞餘衫碧粲寶鈿珠珥不勝持濃陰夕○金剪度還堪惜霜葉墜無從覓知多少好詞清夢釀成冰骨天女散花無墨酒人種玉甃香德悵攀條記得鬢綠青東風客【趙德[illegible]】

【滿江紅】鶯與屏山驚覺嬌羞須倩郎扶茶蘼斗帳冷熏爐翠穿金落索香汎玉流蘇○長記枕痕消醉色日高猶倦妝梳一枝春瘦想如初夢迷芳草路望斷素鱗書【[illegible]】

【臨江仙】不恨綠陰桃李過茶蘼正向人開一樽清夜月徘徊花如人意好月爲此花來○未信人間香有許卻疑同住瑤臺紛紛殘雪[illegible]深杯直教攀折盡猶勝酒醒回【曾南[illegible]】

【臨江仙】去年同醉茶蘼花下健筆賦新詞今年君去茶蘼欲破誰與醉爲期○舊曲重歌斟別酒風露泣花枝漳水能長湘水遠流不盡兩相思【同前調[illegible]】翠羽衣裳白玉人不將朱粉污天真清風爲伴月爲隣○枕上解隨良夜夢壺中別是一家春同心小綰更尖新【同前調浣溪沙】紅退小園桃杏綠生芳草池塘誰家芍藥綴春光不似茶蘼官樣○翠蓋更蒙朱幰熏爐剩熨沉香娟娟風露滿衣裳獨步瑤臺月上【同前調西江月】羽蓋垂垂玉英亂簇春光滿韻香清遠燒日烘庭院○露浥瓊枝臉透何郎暈凝餘恨古人不見誰與花公論　野態芳姿枝頭占

得春長久怕鈎衣袖不放攀花手○試問東山花似當時否還依舊謫仙去後風月今誰有【俱王梅溪點絳脣】　紅紫凋零化工特地剪玉裁瓊碧葉叢芳擅心點素香雪團英○柔風喚起婷婷似無力斜欹翠屏細細吹香盈盈浥露花裏傾城【趙坦菴柳梢青】　司春有序排次到荼蘪須報扗庭知蕋珠宮裏晨粧罷披香殿下曉班齊採花工驅使遥問賞花期○元不遜梅花浮月影也不如梨花帶雨枝偏恨柳條條垂與其向晚包團絮不如對酒折芳蕤謝東君收拾在牡丹時【劉後村】　瓔聯絡風露青冥非人世攬結玉龍驂鶴愛【最高樓】　曾與瑶姬約恍相逢翠裳揺曳珠不柰干條輕弱禱祝花神憐惜取到開時晴雨須斟酌枝上雪莫消却○惱人還似中狂藥凭危欄燭光交暎樂聲遥作身上春衫香重透看到參横月落笄茉莉猶低一着坐有緱山王郎子倚玉簫度曲難爲酢君不顧鑄成錯【劉後村】　想赴瑶池約向東風名姬駿馬翠鞲金絡太液池邊鵠羣下又似南樓呼鶴画不就穠纖嬌弱羅帕封香來天上瀉銅盤沆瀣供清酌春去也被留却○芳菲再逐應無藥似詩吟綠衣黃裏感傷而作愛惜尚嫌蜂採去何況流鶯蹙落且放下珠簾遮着除却江南黃九外有何人敢與花酬酢君認取莫教錯【劉後村黃荼蘪】　淺把宮黃約細端相普陀岩裏金身珠珞夢綠華輕羅襪小飛下祥雲彩鸞朶朶賽蜂腰纖弱已被色香撩病思儘鶯兒酒美無多酌看不足怕殘却○人間難得傷春藥更枝頭流鶯喚起少年狂作留取姚家花相伴羞與萬紅同落臉肯讓臘梅先着樂府今無黃絹手問斯人清唱

何人酢休草草認題錯【同上】　院宇重重掩醉沉沉庭陰午繡簾高捲金鴨香濃薰寶篆驚起雕梁語燕正架上荼蘪開遍嫩蕚梢頭舒素怎似月娥初試宮粧淺風力嫩異香軟○佳人無意拈針線遶朱欄六曲徘徊爲他留戀試把花心輕輕數暗卜歸期近遠柰數了依然重怨把酒問春春不管枉教人只恁空腸斷腸斷處今消遣【劉龍洲俱賀新郎】　今夜荼蘪風起應是玉消瓊碎淡蕩滿城春惱破愁人春嚰須醉須醉莫待黃梅雨細【[illegible]】　羞朱妒粉染霧裁雲淡然着佩仙裳半額蜂粧莫道梳洗家常碧羅亂縈小帶翠乱寒一朶春香清思苦倚晴嬌無力如待韓郎○寄幄籠芳吟夜任露沾輕袖月轉空梁弱骨柔姿偏解勾引詩狂遺鈿碎金滿地恨無情風送韶光閑晝永看青青番蔓過牆【史可堂】【[illegible]】

【薔薇】一名刺紅一名山棗一名牛棘一名牛勒一名買笑藤身叢生莖青多刺喜肥但不可多花單而白者更香結子名營實堪入藥有朱千薔薇　赤色多葉花大葉粗最先開　荷花薔薇　千葉花紅狀似荷花　刺梅堆　千葉色大紅如刺繡所成開最後　五色薔薇　花亦多葉而小一枝五六朶有深紅淺紅之別　黃薔薇　色蜜花大韻雅態嬌紫莖修條繁[illegible]可愛薔薇上品也　淡黃薔薇　鵝黃薔薇　易盛難久　白[illegible]

類玫瑰　又有紫者黑者[illegible]白寺肉紅者粉紅者四

出者出康家　重瓣厚疊者長沙千葉者開時連

春接夏清馥可人結屏甚佳別有野薔薇號

野客雪白粉紅香更郁烈法於花卸時摘去

其蒂如鳳仙法花發無已如生莠虫以魚腥

水澆之傾銀爐灰撒之虫自死他如寶相金

鉢盂佛見笑七姊妹十姊妹體態相類種法

亦同又有月桂一種花應月圓缺

○種植　立春折當年枝連榾柮插陰肥地築實

其傍勿傷皮外留寸許長則易萎或云

若種及三八月皆可插黃薔薇春初將發芽

時取長條卧窠土內兩頭各留三四寸即活

須見天不見日處一

云芒種日插之亦活

○附錄　薔薇露出大食國占城國爪哇國回回

國番名阿剌吉酒灑衣經歲其香不歇能

療人心疾不獨調粉爲婦人容飾而已五代

時曾以十五瓶入貢今人多取其花浸水以

代露或採茉莉爲之試法以琉璃瓶

盛之翻搖數四其泡周上下者爲真

○療治　金瘡　薔薇炭末方寸七數之日三

瘡疥　野薔薇花拌茶煎服即愈

○典故　武帝與麗娟看花時薔薇始開態若含

笑帝曰此花絕勝佳人笑也麗娟[illegible]

笑可買乎帝曰可麗娟奉黃金百斤爲買笑

錢薔薇名買笑自麗娟始　梁元帝竹林堂

中多種薔薇以長格校其上花葉相連其下

有十間花屋枝葉交映芬芳襲人　徐知誥

會客令賦薔薇詩先成者賜以錦袍陳濬先

得之　東平城南許司馬後圃薔薇花太繁

欲分於別地栽插忽花根下掘得一石如雞

五色粲然遂呼薔薇爲玉雞苗　景陵張耒

謫居日起亭其側植薔薇臨別題詩云

他年若問鴻軒人堂下薔薇應解語

○麗藻　詩五言　醉暈淺深紅猩猩凝血點惹　瑟瑟蹙金裘胭脂含笑臉蘇合

襲衣香九微燈連轉七寶帳瑩煌　俱白樂天

通體全無力酡顏不自持　綠深微露刺

紅密欲藏枝　雨聲籠錦帳風勢偃羅幃　俱[illegible]

不到東山久薔薇幾度花白雲還自

散明月落誰家　李太白　豈知茲草麗逢春

始發花迴風舒紫萼照日吐新芽　梁簡文帝

發萼初攢紫餘采尚飛紅新花對白日故

蕊逐春風　謝朓　四面垂條密浮陰入夏清

綠攢傷手刺紅墜斷腸英粉着蜂鬚膩光凝

蝶翅明雨中看亦好況復值初晴　朱慶餘

海外薔薇水中州未得方旋偷金掌露淺染

玉羅裳已擬桃花骨何須賈氏香更煩麴生

輩同訪墨池揚　楊誠齋　謝薔薇及酒　美人

芳樹下笑語出薔薇細草軟侵步香風輕拂

衣情遙遊蝶去意逐彩雲飛無限傷春思花

前未忍歸　高應冕　經植宜春館纔靡上蓋

宮片舒猶帶紫半捲未全紅葉疏難蔽日花

密易來風佳麗新妝罷含笑折芳叢　鮑泉

當戶種薔薇枝葉太葳蕤不搖香已亂無風

花自飛春閨不能靜開匣對明妃曲池浮采

一枝斜岸洲旅[illegible]苦度處見[illegible]似[illegible]
對清酤湛其餘任是非【朱淑真】[illegible]
色連春接夏開波紅分影入風姆帶香來得
地依東閣當階奉上台淺深疑有恵次第暗
相催滿地愁莫墜綠堤惜棹回芳濃濕雨露
明麗隔塵埃似曾胭脂染如經巧婦裁奈花
無别計只開遍薔薇一樹花　胭脂濃
有酒殘杯　七言　抹野薔薇【[illegible]】　紅蔓似
嫌塵點污青枝飛上别林開　攀折若無花
底刺豈教桃李獨成蹊【[illegible]】　解向人間占
五色風流不盡是荼蘼【[illegible]文】　朵朵精神
葉葉柔雨晴香拂醉人頭石家錦帳依然在
閑倚東風夜不收【[illegible]】　鑿斷千家作一池
不栽桃李種薔薇莫教葉落秋風後荊棘滿
林君始知【賈島】　一朵長條萬朵春深紅嫩
綠卜窓勻只因根下千年土曾是西川織錦
人【張祜】　朱門深鎖春池滿岸落薔薇水浸
莎界竟林塘誰是主主人來少客來多【白樂天】
【詞】　碎剪紅綃間綠叢風流疑在列仙宮朝
真更欲熏香去爭擲霓衣上寶籠【[illegible]】　紫
透紅皺態度陳露葵生色借芳新春風便是
黃金屋羞殺黃金屋裏人【北涧】　曉風抹盡
胭脂顆夜雨催成蜀錦機當晝開時正明媚
故鄉疑是買臣歸【張祜】　紅殘綠暗巳多時
路上山花也則稀藞苴餘春還子細燕支濃
抹野薔薇【齊己野薔薇】　濃似猩猩初染素
輕于燕子欲凌空可憐細麗難勝日照得深
紅作淺紅【[illegible]】　薔薇一架雨初收欲候
晴舟頻上樓無奈架間雙燕子對人何事語
綢繆【[illegible]】　薔薇香暖燕雙雙說落花鄉吠
小寵門外馬嘶郎至也半簾明鏡卡侬窓【[illegible]】
[illegible]

美折薔薇[illegible]詩發失聲猿斷腸二三枝【[illegible]】
㕛　邊城百卉俱寥落四月薔薇到處花[illegible]
中州容不得也隨沙漠聽胡笳【[illegible]】
占東風一種香為嫌脂粉學姚黃饒他姊[illegible]
多相妒總是輸君淺淡妝【[illegible]薔薇】
滿架青龍爭鼓奮幾行紅粉競輝光倏然一
陣微颸起大地氤氳灑異香　爭愛濃香一
抹紅難培締架費人工何如吉貝東皐上冬
底猶能禦凜風【[illegible]】　還列從容蹀躞
歸光風吹蕩發紅薇鶯藏密葉宜新霽蝶繞
低林愛曉暉艶色當軒迷舞袖繁香滿徑拂
朝衣【[illegible]光義】　浥露含風匝樹開呼童滑掃
架邊苔湘紅染就高張起蜀錦機成新剪裁
公子但貪桃夾道貴人自愛葉翻階寧知野
老茅茨下亦有繁英送一盃【[illegible]】　纖穠相
似画難成明媚鮮妍絕比倫露壓䕶條方到
地風吹艶色欲燒春斷霞轉影侵西壁濃麝
分香入四鄰看取後時歸故里爛花須讓錦
衣新　九天碎霞明穿國造化工夫潛剪刻
淺碧眉長約細枝深紅刺短鉤春色晴日當
樓曉香歇錦帶盤空欲成結謝豹聲　詞　玉女
偷裁蘼秋春風吹落猩猩血【木蘭花】　詞　翠帷
熏香粉開妝面不是占春遲羞被群花見○
纖手折柔條絳雪飛千片流入紫金卮未許
停歌扇【[illegible]】【生查子】

【月季花】　一名長春花一名月月紅一名鬬雪紅
一名勝春一名瘦客灌生處處有人家多栽
插之青莖長[illegible]葉小於薔薇莖與葉俱有刺

花有紅白及淡紅三色白者須植不見日處見日則變而紅逐月一開四時不絶花千葉厚瓣亦薔薇之類也性甘溫無毒主活血消癰傳毒

○種植 春前剪其枝培肥土中時時灌之俟生根移種輔以屏架花謝結子即摘去花恒不絶或云人家住宅內不宜種此花

○療治 瘰癧未破用月季花頭二錢沉香五錢芫花炒三錢碎剉入大鯽魚中以魚腸封固酒水各一盞煮熟食即愈魚須安糞水內遊死者方效此方活人最多

○麗藻詩五言 四時花不絶[張芸叟] 開花不遺月[蘇穎濱] 人間不老春[百氏集] 群花各分榮此花冠時序聊披淺深艷不易冬春慮眞宰竟何言予將造形惜[宋景文] 幽芳本長春暫瘁如蝕月且將付造物未易料枯枿也知宿根深便作紫笋茁乘時出婉娩為我暖栗烈先生早貴重廟論推英拔而今城東瓜不記召南茇陋居有遠寄小圃無潤躡還為久處計坐待行年匝臘果綴梅枝春盃浮竹葉誰言一萌動已覺萬木活騁將玉蕊新挿同綸巾折[蘇東坡]

七言 天下風流月季花[南][蔡攻] 但看花開日日紅 月季祇應天上物[張文潛] 春色四時常在目 花落花開無間斷春來春去不相關 牡丹最貴惟春晚芍藥雖繁只夏初[俱百氏集] 一壺不覺叢邊盡暮雨霏霏欲溼鵶[陳參政] 牡丹殊絶委春風露菊蕭疎怨晩叢何似此花榮艷足四時長放淺深紅[韓魏公] 一番花信一番新半屬東風半屬塵惟有此花開不厭一年長占四時春[張鋊][監] 只道花無十日紅此花無日不春風一尖已剝臙脂筆四破猶包翡翠茸別有香超桃李外更同梅鬪雪霜中折來喜作新年看忘卻今晨是季冬[楊誠齋]

詞 牡丹不好長春好有箇因依一株三兩枝但是風光總屬伊○當初只為嫦娥種月正明時教恁芳菲伴着團圓寸二回[王冠卿] 開隨律琯度芳辰鮮艷見天眞不比浮花浪蕊天教月月常新○薔薇顏色玫瑰態度寶相精神休教歲時月季仙家欄檻長春[趙師俠朝中措]

[金雀花] 叢生莖褐色高數尺有柔刺一簇數葉花生葉旁色黃形尖旁開兩瓣勢如飛雀甚可愛春初即開采之滾湯入少鹽微焯可作茶品清供春間分栽最易繁衍

○麗藻詩七言 管領東風知幾春也將俗態染香塵有人不具看花眼惱殺飄蓬老病身[翁元廣]

二如亭群芳譜花部卷之二

花譜

群芳譜二

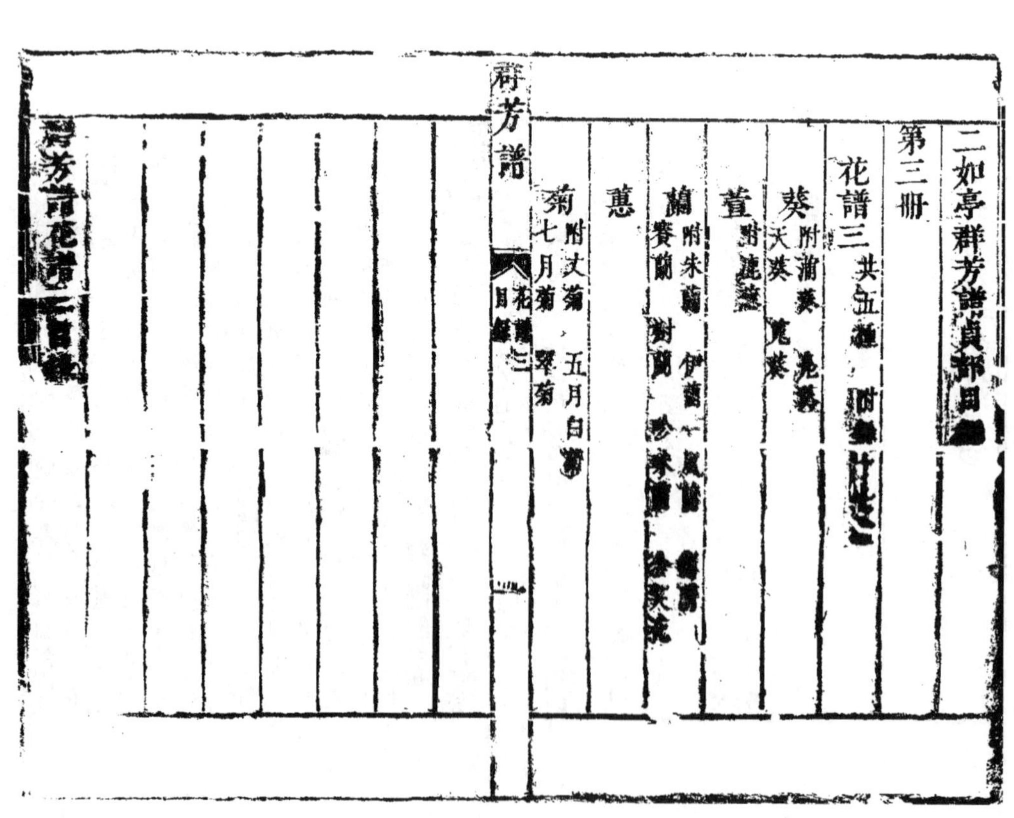

二如亭群芳譜貞部目錄

第三冊

花譜三 共五種，附錄十種

葵 附蒲葵 鳧葵 天葵 菟葵

萱 附鹿葱

蘭 附朱蘭 伊蘭 鳳蘭 箭蘭 賽蘭 樹蘭 珍珠蘭 含笑花

蕙

菊 附丈菊 五月白菊 七月菊 翠菊

群芳譜 花譜三 目錄 三

二如亭群芳譜花部卷之三

濟南　王象晉藎臣甫　纂輯
松江　陳繼儒仲醇甫
虞山　毛鳳苞子晉甫　仝較
寧波　姚元台子雲甫
濟南　男王與齡　孫王士禛　詮次

花譜三

葵　陽草也一名蜀葵一名吳葵一名露葵一名戎葵一名滑菜一名衛足一名一丈紅處處有之本豐而耐旱味甘而無毒可備蔬茹可防荒儉可療疾病潤燥利竅服丹石人最宜生郊野地不問肥瘠種類甚多宿根自生亦可子種天有十日葵與終始故葵從癸能自衛其足又名衛足葉微大花如木槿而大肥地勤灌可變至五六十種色有深紅淺紅紫白墨紫深淺桃紅茄紫藍數色（黑者如墨藍者如靛）形有千瓣五心重臺重葉單葉剪絨鋸口細瓣圓瓣重瓣數種昔人謂其疎莖密葉翠萼艷花金粉檀心可謂善狀此花已五月繁華莫過於此庭中籬下無所不宜莖有紫白二種白者爲勝

又有**錦葵**一名荍一名荍芣叢低葉微厚花小如錢文彩可觀又名錢葵色深紅淺紅淡紫皆單葉開亦耐久詩視爾如荍註荍蚍芣也即此種同蜀葵一種戎葵奇態百出

秋葵一名側金盞與蜀葵另一種高六七尺黃花綠葉檀蒂白心葉如芙容有五尖如人爪形狹而多缺六月放花大如碗淡黃色六瓣而側雅淡堪觀朝開午收花落即結角大如拇指長二寸許六稜有毛老則黑其稜自綻內六房子纍纍在房內與葵相似故名秋葵朝夕傾陽此葵是也秋盡收子二月種以手高撒梗亦長大子宜浸油治杖瘡又作催生妙劑

旌節花高四五尺花小類茄花俗謂爲錦茄兒花節節對生紅紫

西番葵莖如竹高丈餘葉似蜀葵而大花托圓二三尺如蓮房而扁花黃色子如蓖麻子而扁孕婦忌經其下能墮胎

○**種植**實大如指頂皮薄而扁子如蕪荑仁輕虛易種收子以多爲貴八九月間鉏地下種冬有雪輒掃之勿令飛去使地保澤無凶災至春初删其細小餘留在地頻澆水勿缺肥當有變異色者發生滿庭花開最久至七月中尚蕃大風雨後即宜扶起壅根少遲

其頭便曲不堪觀矣尋干葉者四五種籬向陽處間色種之幹長而直花艷而久種罌粟十倍 一法陳葵子微炒令爆撒熟地遍踢之朝種暮生遲不過經宿

○製用 食葵當乘其葉嫩時須用蒜無蒜勿食久病大便澀滯者宜食孕婦宜食易産作菜茹甚甘美但性太滑利不益人熱食令人熱悶三月食生葵動風氣發宿疾飲食不消四月食之發風疾天行病後食之令人失明霜後生食動五種留飲吐水心有毒服藥人忌食被犬咬者終身勿食食之即發黃背紫莖者勿食同鯉魚黍米鮓食害人同猪肉食令人無顏色 揷瓶用沸湯以紙塞口則不萎或以石灰蘸過令乾方揷花開至頂葉仍如舊鳳仙芙蓉揷法同 葵甚易生地不論肥瘠宜于不堪作田之地多種以防荒年

採瀹晒乾收貯 晒黃葵須破其蒂則不腐花開盡帶青收其稭勿令枯槁水中浸一二日取皮爲縷可織布及作繩用 收必待霜降傷晚則黃爛傷早則黑澀 枯時燒灰藏火耐久 花乾入香炭墼內引火耐燒 葉可染紙所謂葵箋也

○附錄蒲葵 葉似葵可食 鳧葵 生水中葉圓似蓴名水葵 天葵 一名莃菟葵雷公所謂紫背天葵是也葉如錢而厚嫩背微紫生崖石凡丹石之類得此始神但世人罕識 兔葵 似葵而葉小狀如藜劉禹錫詩敘所云兔葵燕麥動搖春風者即此

○療治 丹石發動口乾欬嗽者每食後飲冬月葵虀汁一盞便臥少時 消渴引飲小便不利葵根五兩水三大盞煑汁平旦服日一服 傷寒勞復葵子二升粱米一升煑粥食取汗立安 催生黃葵焙研末熟湯下二錢或子半合酒研去渣服效治臟乾澀難産併進三服腹中寛滑即生用紅花酒可下死胎 妊娠患淋及下血冬葵子一升水三升煑二升分服 妊娠身腫下便不利洒淅惡寒起即頭眩用葵子茯苓各三兩爲糝飲服方寸匕日三服小便利則愈若轉胞者加髮灰神效 乳汁不行及乳癰葵子炒香砂仁等分爲末熱酒服二錢最效 生産困悶冬葵子一合搗破水二升煑汁半升頓服少時便産昔有人如此服之登厠立撲兒于厠中 胞衣不下冬葵子一合牛膝一兩水二升煎一升服 婦人帶下臍腹冷痛面色痿黃日漸沉困葵花根一兩陰乾爲末空心溫酒

服二錢 赤帶用赤葵白帶用白葵 小兒口唇瘡及唇緊赤葵莖炙乾爲末蜜和含之如經年不愈葵根燒研酥調敷之 小兒木舌黃葵爲末一錢黃丹五分敷之 湯火傷用瓶盛麻油以筯取葵花入瓶內勿犯手密封收傷者以油塗之甚妙葵葉爲末敷之亦佳 又七月七日收黃葵花香油浸磁瓶中治之亦佳 肉錐怪疾手足忽長倒生肉刺如錐痛不可忍食葵菜即愈 諸瘻不合先以泔清溫洗拭淨取葵菜微火烘煖貼之百餘葉引膿盡即肉生忌諸魚蒜房事 瘭疽惡毒肉中忽生一黤子大如豆粟或如李梅或赤或黑或白或青其黶有核核有深根應心能爛筋骨毒入臟腑即殺人但飲葵根汁可折其熱毒 身面疳瘡出黃汁者葵根燒灰和猪脂塗之 口吻生瘡經年葵根燒灰

敷之　便毒初起冬葵子末酒服二錢　腸
胃生癰治內癰有敗血腥穢殊甚臍腹冷痛
用此排膿單葉紅蜀葵根白芷各一兩白枯
礬白芍藥各五錢爲末黃蠟鎔化丸桐子大
空心米飲下二十丸待膿血出盡服十宣散
補之　諸瘡腫痛不可忍者葵花根去黑皮
搗爛入井華水調稠貼之　無頭者三日後取
葵子吞一粒即破　二便不通脹急者生冬
葵根二斤搗汁三合生姜四兩取汁一合和
勻分二服連用即通　沙石淋痛黃葵花一
兩炒末米飲下一錢　大便不通十日至一
月者冬葵子三升水四升煑取一升服不瘥
更作又葵子末人乳汁等分和服立通　關
膈脹滿大小便不通欲死者葵子二升水四
升煑一升納猪脂一雞子頓服又葵子爲末
猪脂和丸桐子大每服五十丸効　小便血

淋黃葵子一升水三升煑汁日三　又五月
五日收葵子微炒爲末每食前熱湯下一錢
最驗　又葵根二錢車前子一錢水煑頻服
二便關格脹悶欲死二三日則殺人蜀葵
花一兩搗爛麝香半錢水一大盞煎服根亦
可用　解蜀椒毒冬葵子煑汁飲　蛇蠍螫
傷葵菜搗汁服搗根汁塗亦可　蜂蝎螫毒
五月五日午時收蜀葵花石榴花艾心等分
陰乾爲末水調塗之　打傷黃葵子二錢酒
研服諸惡瘡膿水久不瘥黃葵作末敷即愈

○典故

公儀休相魯食于舍而茹葵葵美慍而
拔之曰又奪園夫紅女之利乎[董仲舒]
[■]　仲尼曰鮑莊子之智不如葵葵猶能衛
其足[左傳]　魯漆室之女見魯君老太子幼
倚柱而嘯隣婦問之曰昔有客馬逸踐園葵
使吾終歲不飽葵吾聞河潤九里漸濡三百

里魯國有患君臣父子被其辱
避[列女傳]　魯監門女嬰相從績中夜而泣
衛世子不肖是以泣其偶問其故曰宋司馬
得罪于宋出奔于衛馬逸食吾園葵是歲人
利一半由是觀之禍福相及也[■■]
丁次都爲丁氏作奴丁氏常使求葵冬得生
葵問從何得此云從日南來[列仙傳]　周顒
清貧終日長齋王儉問山中何食最勝顒
答曰赤米白鹽綠葵紫蓼[南史]　彭城王攸
在郡王氏種葵三畝彼人盜王密令書葵葉
明旦市中得盜[北齊書本傳]　苻堅欲南師夢
葵生城南以問婦曰若軍遠出難爲將[異苑]
黃葵常傾葉向日不令照其根[■■]　浙
中人種葵俗名一丈紅有五色[■■本草]

○麗藻散語

七月烹葵及菽[豳風]　若葵藿之傾
太陽雖不爲回光然向之者誠也

[曹植]　衰荷依蔭時藿向陽綠葵含露白薤
負霜[潘岳]　布護交加翕茸分葩疏莖密葉
翠萼丹華[王■]　惟茲春葵懷芬吐榮挺河
渭之膏壤汲升井之元精紛銅爵而疏植映
昆明而羅生作妙觀于神州扇令名于東京
馳驛命而遠致攢華林而麗庭申修翹之冉
冉播[■]葉之青青[■■]

詩五言

流目觀西園曄曄榮紫葵[淵明]　無以肉食資
取笑葵與藿[文選]　刈葵莫放手放手傷葵
根　水煙迷秋草秋露接園葵[杜甫]　憩若
能衛足歎我遠遊根白日如分照還歸守故
園[李太白]　艷艷汀南葵開花照天地皆摒
十日雨百草爭薈翳[梁氏■]　炎天花盡歇
錦繡獨成林不入當時眼其如向日心寶鈒
如見業幽蝶或來尋誰許清風下芳馨對一
尊[韓忠獻]　採葵莫傷根傷根葵不生結交

□□□□□□□【古詩】□□□□□□□
如顏欲酡紫令仙駕儼幢節紛駢羅絢□□
常如人倩輕所多菖蒲黛自秀棄猶不棄
【溫公】賓廚何所有狀稻烹秋葵紅粒香復
軟綠葉滑且肥飢來止于飽飽後復何思
憶榮遇日迨今窮退時今亦不凍餒昔日
餘資口既不減食身又不減衣撫心私自問
何者爲榮衰【白樂天】弱質困夏永奇姿蘇
晚涼低昂黃金盞照耀初日光澶心自成暈
翠葉生有光古來寫生人妙絕誰似昌晨粧
與午醉向背分陰陽君看此【七言】爛煮葵根
花枝中有風露香【蘇東坡】斟桂醑風
流可惜在蠻村【東坡】西崦人家應自樂煮
葵燒筍餉春耕【前人】秋來似學金丹術戲
把硫黃鑄酒盃【陳司封】一樹黃葵金盞側
勸人相對醉西風【潘德久】此花莫遣俗人
看新桑蕊黃色未乾好逐秋風天上去紫陽
宮裏要頭冠【李涉】白露清風催八月紫蘭
紅藥共淒涼黃花冷淡無人看獨自傾心向
太陽【劉原父】黃葵貴麗不夭饒一朶新晴
松下高還似瑤英臨鏡座朦朧曉日照天袍
【宋景公】昔年南國看黃葵雲髻金釵向後
垂今日村家籬落下秋風寂莫兩三枝【王正
美】植物雖微性有常人心翻覆至難量李
陵衛律陰山死不似葵花識太陽【劉後村】
紅白青黃弄淺深旌分幢列自成陰但疑承
露矜殊色誰識傾陽無二心【楊與齋】恐是
牡丹重換紫又疑芍藥再翻紅嬌嬈不辨桑
間女叢蔕深迷苧下翁【陳石齋】欲把相思
遠寄君恐教牽動讀書心閑花野草休關念
養取葵心向紫宸【蕭鳳質女】薄妝新著
淡黃衣對捧金爐侍醮壇向月似矜傾國□

□□如唱步虛□□
稱必解吹爲嫌向人看來好不禁秋□□
披【□】歌昨日一花開今日一花開今日花□
【□】好昨日花已老始知人老不如花可
惜落花君莫掃人生不得長少年莫惜床頭
沽酒錢請君有錢向酒家君何不見戎葵花
【□】【□】詞秋花最是黃葵好天然嫩態迎春早染
得道家衣淡粧梳洗時○晚來清露滴
一一金盃側插向綠雲鬢便
隨王母仙【晏元獻】【□□□】
【□】一名忘憂一名療愁一名宜男通作諼萱蘐
叢本作藼苞生莖無附枝繁蕚攢連葉四垂
花初發如黃鵠嘴開則六出時有春花夏花
秋花冬花四季色有黃白紅紫麝香重葉單
葉數種與鹿葱相似惟黃如蜜色者清香春
食苗夏食花其稺芽花跗皆可食性冷能下
氣不可多食草木記婦人懷孕佩其花必生
男採花入梅醬砂糖可作美菜鮮者積久成
多可和雞肉其味勝黃花菜彼則山萱故也
雨中分勾萌種之初宜稀一年後自然稠密
【種】法用根向上葉向下種之則出苗最盛夏

萱固繁秋萱亦不可無蓋秋色甚少此品亦庶幾可壯秋色耳

○製用 采花作葅甚利胸膈

○附錄鹿葱 色頗類但無香耳鹿喜食之故以命名然葉與花莖皆各自一種萱葉綠而尖長鹿葱葉團而翠綠萱葉與花同茂鹿葱葉枯死而後花萱一莖實心而花五六朶節開鹿葱一莖虛心而花五六朶並開于頂萱六瓣而光鹿葱七八瓣本草註萱云即今之鹿葱誤

○療治 通身水腫鹿葱根葉晒乾爲末每服二錢入席下塵五分食前米飲下 中丹藥毒萱艸根煎汁飲

○典故 萱有三種單瓣者可食千瓣者食之殺人惟色如蜜者香清葉嫩可充高齋清供又可作蔬食不可不多種也【宋氏種植書】 萱諼草忘憂其花堪食又有一種小而純黃者曰金萱甚香而可食尤宜植于石畔【王敬美】

○麗藻散語 焉得諼草言樹之背【詩】 中藥養性謂合驩蠲忿萱草忘憂【博物志】 惠書慰沃雖萱草忘憂臯蘇釋勞無以加也【王郎】 鹿葱擬苗可以薦于俎也人欲求男者服之尤良也【稽含】

○賦 猗猗令草生于中方花曰宜男號應禎祥遠而望之欝若三辰之麗天近而察之恍若芙蓉之鑒泉于是狡童媛女以時來征結九秋之永思含春風以娛情【傅玄】 淑大邦之奇草兮應則百之休祥稟至貞之虛氣兮顯嘉名以自彰冠衆卉而挺生兮承木德于少陽體柔性剛蕙潔蘭芳結纖根以立本兮噓渥于青雲順陰陽以滋茂兮含章之有文遠而望之爛若丹霞照青天近而觀之煒若芙蓉鑒綠泉萋萋翠葉灼灼朱華煒若珠玉之樹煥如景宿之羅光后妃之盛飾兮登紫薇之內庭同日月之輝光兮隨天運以盧盈【夏侯湛】

○頌 草號宜男既煒且貞其貞伊何惟乾之嘉其煒伊何綠葉丹華光彩晃曜配彼朝日君子耽樂好合琴瑟固作螽斯惟物孔臧福齊太姒永世克昌【曹植】

○詩五言 萱草含丹粉【溫庭筠】 忘憂當樹萱【李白】 我非見女萱【蘇軾】 叢疏露始滴芳餘蝶尚留【韋應物】 臓薦金英撲纖莛玉股抽【宋景文】 若教花

有語却解使人愁【晏元獻】 萱草見女花不解壯士憂【孟郊】 移萱樹之背丹霞閒綠色我有憂民心對君忘不得【石舍人】 修莖無附葉繁萼攢莛首每欲問詩人定得忘憂否【宋景文】 種萱不種蘭自謂憂可忘綠葉何萋萋春愁更茫茫【劉原父】 可愛宜男草垂采映倡家何時如此葉結根復含花【梁簡文】 【孟郊】 萱草生堂階遊子行天涯慈親倚堂門不見萱草花【聶夷中】 莫訝萱枝小能施宮樣粧只緣沾染足絕似杜蘭香【徐竹隱】 從來占北堂雨露借恩光與菊亂佳色共葵傾太陽人生眞苦相物理忌孤芳不及空庭草榮衰可兩忘【黃山谷】

○七言 宜男漫作後庭草不似櫻桃結子紅【溫庭筠】 清萱到處碧鬖鬖興慶宮前色倍含借問皇家何種此太平天子要宜男【黃省曾】 秦女窺人不解

羞攀花趂蝶出墻頭胸前空帶小庭春老宜男草妒得蕭郎愛遠遊【于湖詞】碧砌紅萱草長憶小欄閑共繞執手綠叢含笑○別來音信全乖舊期前事堪猜門掩日斜人靜落花愁點著苔【蒲江詞】紅榴花下宜男草色與人俱好佳人[illegible]色愛新花只恐東風漸急夕陽斜○豈知浮艷難長久看見花枝瘦項寶人起怨花空不覺玉顏憔悴減春紅【劉基】

【虞美人】新製羅衣珠絡縫消瘦肌膚欲試猶嫌重莫信鵲聲相傍弄燈花幾度成春夢○風雨又將花斷送滿地胭脂補盡蒼苔空獨自移將萱草種金釵挽得花枝動【楊孟載】

【[illegible]】

【花】

【蘭】香草也一名蕑一名都梁香一名水香一名香水蘭一名香草一名蘭澤香一名女蘭一名大澤香一名省頭香生山谷紫莖赤節苞生柔荑葉綠如麥門冬而勁健特起四時常青光潤可愛一荑一花生莖端黃綠色中間瓣上有細紫點幽香清遠馥郁襲衣彌旬不歇常開于春初雖冰霜之後高深自如故江南以蘭為香祖又云蘭無偶稱為第一香紫梗青花為上青梗青花次之紫梗紫花又次

夏月置髮中令頭不膩

之餘不入品其類紫者有陳夢良色紫每幹十二萼花頭極大為紫花之冠至若朝暉微照曉露暗浥則灼然騰秀亭然露奇斂膚傍幹團圓四向婉媚嬌綽竚立凝思如不勝情花三片尾如帶微青葉三尺頗覺弱黯然而綠背雖似劍脊至尾稜則軟薄斜撒粒許帶緇最為難種故人希得其真者種用黃淨無泥瘦沙忌肥恐致腐爛 吳蘭色深紫有十五萼幹紫荚紅得所養則岐而生至有二十萼花頭差大色映人目如翔鸞翥鳳千態萬狀葉高大剛毅勁節蒼然可愛不堪受肥須以清茶沃之冀得其本生土地之性 潘花色深紫有十五萼幹紫圓匝齊整疎密得宜疎不露幹密不簇枝綽約作態窈窕逞姿真所謂艷中之艷花中之花也愈久愈見精神使人不能捨去花中近心處色如吳紫艷麗過于衆花葉則差小于吳峭直雄健衆莫能及其氣特深未能受肥清茶沃之二種用赤砂泥 趙師博色紫十五萼初萌甚紅開時若晚霞燦目色更晶明葉勁直肥聳超出群品【以上俱上品】何蘭 大張青 蒲統領 陳八斜 淳監糧【以上俱中品】蕭仲和 許景初 石門紅 何首座 小張青 林仲孔 莊觀成【俱下品】縱土質堯灌有太過不及亦無大害 金稜邊色深紫十二萼出于長泰陳家色如吳蘭片則差小葉亦勁健所可貴者葉自尖處分二邊各一線許訣曰如金線紫花品外之奇 用黃色粗沙和泥少添赤

沙泥妙半月一用肥白者有濟老色白有十二萼標致不凡如淡粧西子裳縞衣不染一塵葉似施花更高一二尺得所養則歧而生亦號一線紅白花之冠宜濃中黑沙泥和糞種愛肥一任澆灌竈山一名綠衣郎有十二萼色碧玉花枝間體膚鬆美顒顒昂昂雅特閑麗真蘭中之魁品也每生並蒂花幹最碧葉綠而瘦薄如苦蕒葉山下流聚沙泥種亦可肥戒多黃殿講一名碧玉幹西施花色微黃有十五萼并幹而生計二十五萼或迸于根葉細最綠肥厚花頭似開不開第幹雖高而實瘦葉雖勁而實柔且朶不起稍根有萎葉是其所短者耳李通判色白十五萼峭特雅淡追風浥露如泣如訴人多愛之以較鄭花則減一頭地用泥同竈山葉大施

葉劍脊最長惜不甚勁直惠知客色白有十五萼賦質清瓏圓簇齊整嬌柔瘦潤花英淡紫片尾凝黃葉雖綠茂但頗柔弱用泥同濟老馬大同色碧而綠有十二萼花頭微大間有向上者中多紅暈葉則高聳蒼然肥厚花幹勁直及其葉之半一名五暈絲用泥同濟老以上俱上品鄭少舉色白十四萼瑩然孤潔極爲可愛葉脩長散亂所謂蓬頭少舉也有數種花有多少葉有軟硬之別白花之能生者無出于此其花之資質可愛爲群花翹楚用糞壤泥及河沙內用草鞋屑鋪四圍種之累試甚佳大凡用輕鬆泥皆可黃八兒色白有十二萼善于抽幹頗似鄭花葉綠而直惜幹弱不能支持耳用泥同濟老周染色白十二萼與鄭花無異但幹短弱用泥同鄭

少舉以上俱中品夕陽紅花八萼花片凝尖色則凝紅如夕陽返照肥瘦任意當視沙之燥溼灑雨水沃之令色綠爲妙觀堂主名弟同觀堂主花白有七萼花聚如簇葉不甚高可供婦女時插名弟色白有五六萼花似鄭葉最柔軟如新長葉則舊葉隨換人多不種弱腳色綠花大如鷹爪一幹止花比葉高二三寸葉瘦高二三尺入臘方花香穠可愛外有雲嶠朱花青蒲玉小娘之類以上俱下品魚魫蘭又名趙花十二萼花片澄澈如魚魫沉水中無影葉勁綠此白花品外之奇山下流聚沙泥種戒肥膩都梁紫莖綠葉芳馨遠馥都梁縣西有小山山上停水清淺山悉生蘭山輿色得名以此建蘭莖葉肥大蒼翠可愛其葉獨闊今時多尚之葉短而花露者尤佳若非原盆須用火燒山土栽根甚耐招蟻以水奩隔之水須日換恐起皮則蟻易度頻分則根舒花開不絕此已試妙法也澆洗須如法又有按月培植之方乃閩中士紳所傳宜照行之杭蘭惟杭城有之花如建蘭香甚一枝一花葉較建蘭稍闊有紫花黃心色若胭脂有白花黃心白若羊脂花甚可愛取大本根內無竹釘者用橫山黃土拣去石塊種之見天不見日澆以羊鹿糞水花亦茂盛雞鵝毛水亦可若澆灌得宜來年花發其香勝新栽者遠甚一說用水浮炭種之上蓋青苔花茂頻洒水花香花紫白者名蓀出法華山江南蘭只在春芳荊楚及閩中者秋復再芳故有春蘭夏蘭秋蘭素蘭石蘭竹

蘭鳳尾蘭玉梗蘭春蘭花生葉下素蘭花生葉上至其綠葉紫莖則如今所見大抵林愈深而莖愈紫爾沅澧所產花在春則黃在秋則紫春花不如秋之芳馥　凡蘭皆有一滴露珠在花蕊間謂之蘭膏不啻沆瀣多取則損花

○正譌蘭之爲世重尚矣今世重建蘭北方尤卽拱璧不啻也及詳閱載集如遯齋閑覽楚詞辨証本草綱目草木疏諸書乃知今所崇

尚皆非靈均九畹故物至有謂春花爲蘭秋花爲蕙者其視紉秋蘭爲佩之語不剌謬乎第沿襲旣久習尚難更姑識簡端取正博雅【群芳主人題】草木疏云蘭爲王者香草其莖葉皆似澤蘭廣而長節節中赤高四五尺藏之書中辟蠹魚故古有蘭省芸閣芸亦辟蠹　蘭蕙二物本草言之甚詳劉次莊云今沅澧所生花在春則黃不若秋紫之芬馥又黃魯直云一榦一花而香有餘者蘭一榦數花而香不足者蕙今按本草所言之蘭雖未之識然而云似澤蘭則今處處有之蕙則自爲零陵香尤不難識其與人家所種葉類茅而花有兩種如黃說者皆不相似大抵古之所謂香草必其花葉皆香而燥溼不變故可刈而爲佩若今之所謂蘭蕙則其花雖香而葉乃無氣其香雖美而質弱易萎皆非可刈

而佩者也【朱文公楚辭辨證】楚辭所詠香草曰蘭曰蓀曰茝曰葯曰虈曰芷曰荃曰蕙曰薰曰蘼蕪曰江蘺曰杜若曰杜衡曰揭車曰留夷釋者但一切謂之香草而已如蘭一物或以爲都梁香或以爲澤蘭或以爲猗蘭草今當以澤蘭爲正山中又有一種如大葉門冬春開花極香此則名幽蘭非眞蘭也蓀則今人所謂石菖蒲者茝葯虈芷雖有四名正是一物今所謂白芷是也蕙卽零陵香一名薰蘼蕪卽芎藭苗也一名江蘺杜若卽山薑也杜衡今人呼爲馬蹄香惟荃與揭車留夷終莫能識余他日當徧求其本列植欄檻間以爲楚香亭【遯齋閑覽】

○附錄朱蘭花開肖蘭色如渥丹葉闊而柔粵種也　伊蘭出蜀中名賽蘭香樹如茉莉花小如金粟香特馥烈戴之香聞一步經日不散　風蘭溫台山陰谷中懸根而生榦短勁花黃白似蘭而細不用土栽取大窠者盛以竹籃或束以婦人頭髻銅鐵絲頭髮襯之懸見天不見日處朝夕噀以冷茶清水或時取下水中浸溼又挂至春底自花卽不開花而隨風飄揚冬夏長青可稱仙草亦奇品也最怕烟爐一云此蘭能催生將產掛房中最妙　箬蘭葉似箬花紫形似蘭而無香四月開與石榴紅同時大都產海島陰谷中羊山馬跡諸山亦有性喜陰春雨時種　賽蘭蔓生　樹蘭木生　其香皆與蘭等　眞珠蘭一名魚子蘭色紫蓓蕾如珠花成穗香甚濃四月內節邊斷二寸插之卽活喜肥忌糞以魚腥水澆則茂十月半收無風處以盆覆上封之水澆勿

令乾來年愈茂花葉之香香聞甚遠以蒸牙香棒香名蘭香非此不可廣中甚盛葉能斷腸

舍笑花 產廣東其花如蘭形色俱肖花不滿若含笑然隨即凋落予初得自廣中僅高二尺許今作拱把之樹矣且不懼冬

○養蘭口訣 正月安排在坎方離明相對向陽光晨昏日曬都休管要使蒼顏不改常　二月栽培其實難須防葉作鷓鴣斑四圍插竹防風折惜葉猶如惜玉環　三月新條出舊叢花盆切忌向西風提防溼處多生虱根下猶嫌大糞濃以豬血和清水灌之佳　四月庭中日乍炎盆間泥土立時乾新鮮井水休澆灌臘水時傾味最甜　五月新芽滿舊窠綠陰深處最平和此時葉退從他性剪了之時愈見多　六月驕陽暑氣加芬芳枝葉正生花涼亭水閣堪安頓或向簷前作架遮　七月雖然暑漸消只宜三日一番澆最嫌蚯蚓傷根本苦皂煎湯尿汁調　八月天時稍覺涼任他風日也無妨經年污水今須換却用雞毛浸水漿　九月時中有薄霜堦前簷下慎行藏若生蟻蝨妨黃腫葉洒油茶庶不傷　十月陽春暖氣回來年花筭又胚胎幽根不露真奇法盆滿尤須急換栽　十一月天宜向陽夜間須要慎收藏常教土面微生溼乾燥之時葉便黃　臘月風寒雪又飛嚴收煖處保孫枝直教凍解春司令移向庭前對日暉

種植 性喜陰種則香 淮南子曰男子種蘭美而不芳其莖葉柔細生幽谷竹林中者宿根移植膩土多不活即活亦不多開花莖葉肥大而翠勁可愛者率自閩廣來種法 九月終將舊盆輕擊碎緩緩挑起舊本剔去老根勿傷細根有竅新盆用粗碗覆竅以皮屑尿缸瓦片鋪盆底仍用泥沙半填取三季者三篦作一盆互相枕藉新篦在外分種之摻土摊培勿用手捺實使根不舒暢長滿復分大約以三叢爲度盆須架起仍不可著泥地恐蚯蚓鑽入孔傷根令風從孔進透氣爲佳 十月時花已胎孕不可分若見霜雪大寒尤不可分否則必至損花分之次年不可發花恐洩其氣則葉不長凡善于養花切須愛其葉葉聳則不慮花不茂也

位置 蘭性好通風臺不可太高高則衝陽亦不可太低低則隱風地不必曠曠則有日亦不可狹狹則蔽氣前宜南面後宜背北蓋欲通南薰而障北吹也右宜近林左宜近野欲引東日而被西陽也夏遇炎烈則蔭之冬逢冱寒則曝之沙欲疏疏則連雨不能淫上沙欲濡濡則酷日不能燥至于插引葉之架平護根之沙防蚯蚓之傷禁螻蟻之穴去其莠草除其絲網助其新篦剪其敗葉尤當一一留意者也

修整 花時若枝上蕊多留其壯大者去其瘦小者若留之開盡則奪來年花信 性畏寒暑尤忌塵埃葉上有塵即當滌去蘭有四戒春不出夏不日秋不乾冬不溼養蘭者不可不知

澆灌 春二三月無霜雪時放盆在露天四面皆得澆水澆用雨水河水皮屑水魚腥水雞毛水浴湯夏用皂角水豆汁水秋用爐灰清水最忌井水須四面勻灌勿得洒下致壞葉黃黃則清茶滌之日晒不妨逢十分大雨恐墜其葉用小繩束起如連雨三五日須移避雨通風處四月至七月須用疏簾得所備蓆遮護葉見日色通風處處須五更或日

未出一番黃昏一番又須看乾溼溼則勿澆
梅天忽逢大雨須移盆向背日處若雨過即
晒盆內水熱則湯葉傷根七八月時驕陽方
熾失水則黃當以腥水或腐穢澆之以防秋
風肅殺之患九月盆乾用水澆溼則不澆十
月至正月不澆不妨最怕霜雪更怕春雪一
點著葉一葉即斃用密籃遮護安朝陽日照
處南窗簷下須兩三日一番旋轉使日晒勻
則四面皆花用肥之時當俟沙土乾燥遇曉
方始灌溉候曉以清水碗許澆之使肥膩之
物得以下漬其根自無勾蔓逆上散亂盤盆
之患更能預以瓮甕之屬儲蓄雨水積久色
綠者間或灌之其葉浡然挺秀濯然爭茂
盈臺簇檻列翠羅青縱無花開亦見雅潔收

藏 冬作草囤比蘭高二三寸上編草蓋寒時
將蘭頓在中覆以蓋十餘日河水微澆一
次待春分後去囤只在屋內勿見風如上有
枯葉剪去待大煖方可出外見風春寒時亦
要進屋常以洗鮮魚血水并積
雨水或皮屑浸水苦茶灌之

衛護 忽然葉生白點
謂之蘭虱用竹針輕輕剔去如不盡用魚腥
水或黃蚌湯頻洒之即滅或研蒜和水新羊
毛筆蘸洗去珍珠蘭法同盆須安頓樹陰下
如盆內有蚓用小便澆出移蚓他處旋以清
水解之如有蟻用腥骨或肉引而棄之

釀土 用泥不拘大要先于梅雨後取溝內
肥泥曝乾羅細備用或取山上有火燒處水
衝浮泥再尋蕨菜待枯以前泥薄覆草上再
鋪草再加泥如此三四層以火燒之澆入糞
乾則再加再燒數次待乾取用一云將山土
用水和勻摶茶甌大猛火煅紅火煅者恐蟻
蚓傷根也錘碎拌雞糞待用如此蓄土何患

花之不茂

○**典故** 鄭文公有賤妾曰燕姞夢天使與己蘭
曰余爲伯鯈余而祖也以是爲而子以
蘭有國香人服媚之文公與之蘭而御之辭
曰妾不才幸而有子將不信敢徵蘭乎公曰
諾生穆公名之曰蘭【左傳】 勾踐種蘭渚山
王右軍蘭亭是也今會稽山甚盛餘姚縣西
南並江有浦亦產蘭其地曰蘭墅洲自建蘭
盛行不復齒及移入吳越輒焗有善藏者售
之輒得高價而香終少減【越絕書】 漢尚書
郞每進朝時懷香握蘭口含雞舌香 先主
殺張裕諸葛亮救之帝曰芳蘭當門不得不
除故袁淑詩種蘭忌當門【蜀志】 謝安嘗謂
諸子弟曰子弟何預人事答曰譬如芝蘭玉
樹欲其生于庭階云爾【晉書】 晉羅含字君
章耒陽人致仕還家階庭忽蘭菊叢生人以
爲德行之感 王摩詰貯蘭用黃磁斗養以
綺石累年彌盛【汗漫錄】 吳孺子藏蘭百本
靜開一室良適幽情 帝幸新豐賜李泌湯
沐給香粉蘭澤【唐德宗】 龍朔年改秘書省
曰蘭臺秘書郞曰省郞【唐書】 霍定與友生
遊曲江以千金求人竊貴族亭榭中蘭花插
帽兼自持往羅綺叢中賣之士女爭買拋擲
金錢【曲江春宴錄】 宋羅畸元祐四年爲滁
州刺使明年治廨宇于堂前植蘭數十本爲
之記曰予之于蘭猶賢朋友朝襲其馨暮擷
其英携書就觀引酒對酌 浙江蘭谿縣蘭
陰山多蘭蕙 武義菊妃山多蘭菊旁有妃
水溪 南昌府寧州內有石室北多蘭澁黃
脊直云清水巖爲天下勝處巖前巨室可坐
千人 蜂採百花俱置股間惟蘭則拱背入

芳以[illegible]

産蘭乃香草能辟不祥　黃州東南三十里爲沙湖亦曰螺師店予買田其間因往相田得疾聞麻橋人龐安常善醫而聾遂往求療安常雖聾而穎悟絕人以指畫字不數字輒深了人意予戲之曰予以手爲口君以眼爲耳皆一時異人也疾愈與之同遊清泉寺在蘄水郭門外二里許有逸少洗筆泉水極甘下臨蘭溪溪水西流予作歌云山下蘭芽短浸溪松間沙路淨無泥蕭蕭暮雨子規啼誰道人生無再少門前流水尚能西休將白髮唱黃雞是日劇飲而歸【蘇東坡】　建蘭盛于五月其物畏風畏寒畏鼠畏蚓畏蟻其根甜爲蟻所逐養者常以水奩隔不令得入予作一屋于竹林南外施兩重草簾坎地令稍深貯蘭于其上無風有好日開門暴之所畜二三十盆無不盛花者其種亦多玉魫爲第一白幹而花上出者是也次四季次金邊名曰蘭其實皆蕙也閩産爲佳贛州蘭葉不長勁價當減半【王敬美】　一莖一花者曰蘭宜興山中特多南京杭州俱有雖不足貴香自可愛宜多種盆中今日絕重建蘭却只是蕙見古人畫蘭殊不爾虎丘戈生曾致一盆葉稀而長稍短于建蘭出數莖正春初開花特大于常蘭香亦倍之經月不凋酷似馬遠所畫戈云得之他方今尚活花時當廣求此種以備春蘭之絕品【于若瀛】

○麗藻散語　同心之言其臭如蘭【易】　士與女方秉蕑兮【詩】　婦人或賜之茝蘭【禮】　即受獻諸姑舅【禮記】　孔子曰與善人[illegible]久而不[illegible]其香則與之化矣

[illegible]不以無人而不芳君子修道立德不爲困窮而改節【家語】[illegible]浮雲蔽之叢蘭欲發秋風敗之【文子】[illegible]好我芬若椒蘭也【荀子】　傳曰芷芳若[illegible]疏石蘭以爲芳　紉秋蘭以爲佩　蕙肴蒸兮蘭藉　秋蘭兮蘼蕪羅生兮堂下綠葉兮素枝芳菲兮襲予　秋蘭兮青青綠葉兮紫莖　蘭芷幽而有芳　戶服艾以盈要兮謂幽蘭其不可佩　浴蘭湯兮沐芳澤　沅有芷兮澧有蘭　懷蘭英兮把瓊若【楚辭】　十步之內必有芳蘭【說苑】　蘭有秀兮菊有芳懷佳人兮不能忘【漢武帝秋風辭】　蘭以香自焚【東漢書】　其漸之滫君子不近庶人不服【荀子】　漢宮含汝何以對乃辟楚人含汝何以祛不祥鄭若失汝何取乎七穆之瑞屈原去汝何誇乎九畹之芳【[illegible]】　蘭之猗猗宵宵其香遁世無悶抱道深藏不逢無人而遂廢其芳盤礴冰霜之際虛除蕭艾之塲揭之揚之于古有光不采而佩于蘭無傷豈有黍之爲厲也必焚必割珠犀之畢通也必剖必絕雖佩玉而垂紱爰有奇特之草紳亦吐佩而掉髮【[illegible]】　賦　産乎空崖之地仰鳥路而栽通覩行蹤而莫至挺自然之高介豈衆情之服媚寧綢結之可求非延佇之能洎稟造化而均育與卉木而齊致入坦道而銷聲屏幽山而靜異獨見識于琴臺及逢知于綺季【[illegible]】　惟奇卉之靈德稟國香于自然灑嘉言而擅美擬貞操以稱賢詠秀質于楚賦騰芳聲于漢篇【顧[illegible]古】

敘

閩多蘭趙時康王貴學氏皆閩人故後先能譜蘭譜所以爲蘭之事畫矣而吾老友張應文氏顧又能爲蘭譜其所以爲蘭之事更大

出十二譜之外編又[illegible]焉[illegible]
篇以後之若杲禪師悟後爲讚自出而[illegible]本
窮張君吾吳人也酈道元高陽莊江南水經
歐陽永叔廬陵而譜洛中牡丹不是過也予
不能從稽含曉南中花木意亦不大好之顧
獨好蘭而不甚曉其事與所以滋培之理友
人有見貽者至冬輒萎敗亦任之而已今從
張君譜稍得其事與理而圃居力不能致今
者似別得策第手靖節栗里譜與其詩各一
編陸羽張又新水譜各一編蔡君謨茶錄一
編以佐張君之二譜而日與之徜徉于嶠蒨
青葱之下間歌陶詩渴則拈茶水譜隨意讀
之覺此身如入陽羨吸中泠巳徐翻張君所
纂譜詠其得意句鼻觀習習芬馥兩腋風舉
作天際眞人想又何必左擁陳良紫右侍魚
魫白而後快哉或曰蘭之傳自屈子騷始也
予何以不騷而靖節之是援且不虞彼鞠邑
哉曰不然蘭君子也貴而大國賤而幽谷所
爲香不改也屈子才大于蘭而志趣不一吾
故取陶氏焉今之鞠麗矣非陶氏鞠也以故
不能與蘭偕蘭亦不受妒不爾寧無東籬數
枝以伴我九畹哉吾取蘭而陶之取陶而蘭
之即屈子所不能妒而况鞠也張友姓蘭
君善吾言識而弁于簡端【王鳳洲】傳 名馨字
汝薌號無知子始祖國香草姓也鄭文公妾
燕姞夢天與國香倚蘭寤而生子公異之物
色求香得之幽谷賜姓蘭志倚蘭也加草不
忘本也香後獨茂修德芬芳隱居深山雖困
窮未嘗改節仲尼稱爲善人君子又傷其老
草莽遺琴操以彰其美識者亦曰使際風動
騎香名豈終泯乎自是子孫蕃衍布散諸[illegible]
[illegible]屢延之九畹每飲不忘患憤不平之[illegible]

賴之[illegible]
者謝安處之庭堦觀如子爺至今咏[illegible]氏爲
日謝庭歷唐而宋曰猗曰皋猗受知韓愈爲
困窮愈曰揚揚其香不採何傷蓋美之也[illegible]
爲朱元晦友後病歸元晦思之有願托孤根
歲晏爲期之句其胄姓者楚有樾漢有臺晉
有亭又有善蘸者武帝歆之甘呼蘭生而不
[illegible]
[illegible]
[illegible]
[illegible]
[illegible]
[illegible]
[illegible]
[illegible]
孫皆近族也馨始生異香滿室人稱香孩兒
皆曰何物老嫗生寧馨兒流芳百世必斯人
也既長聞木祖徠梅華竹直同道相友柱師
之三人曰子幽貞雅淡和氣襲人予輩友也
敢曰師乎遂深相得號爲四友時有嚴雪者
攻串韓衛草莽之士畏而靡者萬計惟四友
正色不動雪多方摧折之自如也明年春天
子布陽和之德靡者皆起四友名益重後木
爲大夫梅居鼎鼐竹以笙簧才官翰林馨獨
潛修不出復與金利綿交同心相規時人語
曰膠漆雖謂堅不如金與蘭馨性剛鯁每秋
風起怒髮衝冠若聞雞起舞狀文華一吐芳
馨遠播人採其善不載之首則佩之身奉以
羞祀苾苾芬芬神明來格凡大夫處士聞其
名無不愛慕思友里有蕕生性惡使氣人不
之近疾馨異已面斥曰人生當使人畏予之
得人親媚無乃務爲容悅乎馨笑而不荅蕕
[illegible]識有披薰者必淨沙爲地蒔進潔湯斯

御自遂不爾則形若穢氣[illegible]
也秋書自有盡負爲宮上益馨拜掌書章
遂息因名其省曰蘭省功成身退優游林泉
或香高山或臨深崖或掃青苔坐白石意消
如也聞于遠于取邀馨語曰聞子香譽願效
同心分香吐懷惟子之需敢不構莊禮于斯
美俱化
記蘭似君子蕙似士大夫大槩山林
【方守】十蕙而一蘭也離騷曰旣滋蘭之
九畹又植蕙之百畝則知楚人賤蕙而貴蘭
矣蘭蕙叢生蒔以沙石則茂沃之以湯茗則
芳是所同也至其一榦一花而香有餘者蘭
也一榦五七花而香不足者蕙也余居保安
僧舍開牖于東西西養蕙而東養蘭
觀者必問其故故著其說【黃山谷】

操 孔子自衛
反魯隱谷之中見香蘭獨茂喟然歎曰夫蘭
當爲王者香今乃獨茂與衆爲侶乃止車援

琴鼓之曰蘭之猗猗揚揚其香不採而佩于
蘭何傷今天之旋其曷爲然我行四方以日
以年雪霜貿貿薺麥之茂子如不傷我不爾
覿薺麥之茂薺麥之有君子之傷君子之守

詩五言

蘭芳無人采【古詩】秋蘭被幽砌【[illegible]】
【文帝】秋蘭映玉墀【文選】清露被
蘭臯【阮嗣宗】清露洒蘭藻【謝靈運】猗蘭
奕葉光 夢蘭他日應【俱杜少陵】蘭秋香
風遠【李白】蘭蕙緣淸渠繁華蔭綠渚【張華】
英浮漢家酒雪洒楚王琴【李嶠】光華童
子宜丞軾美人心【劉夢得】光風滅蘭蕙白
露衣委叢 寄君青蘭花惠好庶不絕【俱李
【太白】春蘭抱幽姿無意生蕭艾【曾文昭】
宜春三珠樹空山九畹蘭 不對金蘭友空
淑趨來春【俱馮琢菴】秋蘭蔭玉池池水淸
[illegible]【晉傅玄】[illegible]

植日繁滋芬芳時入座青葱 春茹擢峻潔秋
英蹟【溫公】餞碧續續葉斑 紅淺淺芳幽香
空自秘風肯秘幽香【楊誠齋】 今花得古名
旖旎香更好適意欲忘言塵 編詎能老【朱文
【公】 楚客重蘭蓀遺芳今未 歇葉抽清淺水
花點暄妍節紫豔映渠鮮輕 香含露潔【李衛
【公】 根移地因偏花老色未 改意蘇煙霧餘
氣壓初寒外萎蕤晴節窗彷 影靈均佩【[illegible]
【丞】 藝蘭當九畹蘭生香滿 路紛君身上衣
光明奪練素孤芳一衰歇凋 零溼秋露佩照
得君子亦足慰遲莫【周行坡】 孤蘭生幽園
衆草共蕪沒雖照陽春暉復 悲高秋月飛霜
早淅瀝綠豔恐休歇若無淸 風吹香氣爲誰
發【李白】 崇蘭生澗底香氣 滿幽林采采欲
爲贈何人是同心日暮徒盈 把徘徊幽思深
慨然紉雜佩重奏丘中琴【賀蘭進明】 春蘭
如美人不採羞自獻時聞風露香蓬艾深不
見丹青寫眞色欲補離騷傳對之如靈均冠
佩不敢褻【蕭子瞻】 秋蘭遞初馥芳意滿中
襟想子空齋裏凄涼楚客心夕風生遠思晨
露洒中林頗憶孤根在幽期得重尋 秋至
百草晦寂寞寒露滋蘭皋一以悴蕪穢不能
治端居念離索無以遺所思願言託孤根歲
晏以爲期【俱朱文公】 韋曲名園好習池勝
事繁午風披蕙帶秋色上苔痕密樹雲成幄
疎籬水繞門不須除客徑吾欲藉蘭蓀【馬琢
【菴】 榮榮窗下蘭密密堂前柳初與君別時
不謂行當久出門萬里客中道逢嘉友未言
心中醉不在接杯酒蘭枯柳亦衰遂令此言
負【陶淵明】 蘭生不當戶別是閒庭草夙被
霜雪欺紅榮已先老謬接瑤華枝結根君王
池顧無馨香美死沐春風吹臨風若可佩卒

歲長相　烟開蘭葉香風暖［illegible］一
遊［李白］
七言
幽林亦自芳［劉禹錫］　更許光
風爲泛香［裴□］　荒郊遠處有芳蘭［王建］
從來託跡喜深林［岑參］　松椿自有千年
壽蘭蕙爭傳十里香　謬道忠心比芳草不
知讒舌起椒蘭［illegible］　大廈自甚來燕雀
故人相對有芝蘭［馮琢菴］　手培蘭蕊兩三
栽日暖風和次第開坐久不知香在室推窗
時有蝶飛來　百草千花日夜新此君竹下
始知春雖無艷色如嬌女自有幽香似德人
何處幽香撲酒樽洲中杜若畹中蓀紉來
爲佩栽爲服不許賣庵掛蓽門［余同麓］　陽
羞月窟得芳叢滿握歸來誇廝逢淨掃幽徑
種齋屏紫莖綠葉弄奇姿疏簾風暖日華薄
芳馥滿懷君自知［岑參］　謾種秋蘭四五莖
疏簾底事太關情可能不作涼風計護得幽

余公名寅　丁鄞縣人　探花

香到晚清［朱文公］　二朵俄生几案光尚如
逸士氣昂藏秋風試與平章看何事當時林
下香［illegible］　雪徑偷開淺碧花冰根亂吐
小紅芽生無桃李春風面名可山林處士家
政坐國香到朝市不容霜節老雲霞江蘺蕙
圃非吾耦付與騷人定等差［楊廷秀］　深林
不語抱幽貞賴有微風遞遠馨開處何妨依
藥砌折來未肯戀金瓶孤高可把供詩卷素
淡堪移入卧屏莫笑門無佳子弟數枝濯濯
映階庭［劉後村］　兩盆去歲共移來一置雕
欄一委苔我拙扶持令葉瘦君能調護遣花
開綠人挑盡蘂千匝稚子澆泉走幾迴亦欲
故鄉耘小圃地荒終恐費栽培［劉後村］　靈
根珍重自甌東紺碧吹香玉兩叢和露紉爲
湘水佩浚風如到蕊珠宮誰言別有幽貞在
[illegible]思藏臨窗欲

賦才能工［文衡山］
詞
綠玉叢中紫玉條幽[illegible]香饒不將紅粉汚高[illegible]口[illegible]
佳人宜作伴貴游公子不能招小
窗相對誦離騷［何子□浣溪沙］
○附錄蕙一名薰草一名香草一名燕草一名
黃零香即今零陵香也零陵地名舊治在今
全州湘水發源出此草今人所謂廣零陵香
乃眞薰草今鎮江丹陽皆蒔此草刈之灑以
酒分香更烈與蘭草並稱香草蘭草即澤蘭
今世所尚乃蘭花古之幽蘭也蕙草生下溼

地方莖葉如麻相對生七月中旬開赤花甚
香黑實江淮亦有但不及湖嶺者更芬郁耳
題詠家多用蘭蕙而迷其實今爲拈出以正
譌承楚詞言蘭必及蕙畹蘭而畝蕙也汜蘭
而轉蕙也蕙殽蒸而蘭藉也蕙雖不及蘭勝
于幹芳楚辭又有蘭閣蕙樓蕙草幹
杪數華有蘭之象而蕙華亦以幹杪重重累
積有蘭之象云

○製用 甲以浸油婦人澤髮香無以加[illegible]
刈取以酒油灑制纏作把子爲頭澤[illegible]
帶令頭不膩 與澤蘭同 可和合香
及面脂澡豆 編爲幕薦性暖宜人

○療治 傷寒下痢薰草當歸各二兩黃連四兩
水六升煑二升服日三 傷寒狐惑食
肛 薰草黃連各四兩㕮咀以白酸漿一斗漬
一宿煑取二升分三服 頭風旋運痰逆惡
心懶食 真零陵香藿香葉莎草根炒等分爲
末每服二錢茶下日三 小兒鼻塞頭熱用
薰草一兩羊髓三兩銚內慢火熬成膏去滓
日摩背上三四次 頭風白屑零陵香白芷
等分煎汁入雞子白攪勻傅數十次終身不
生 牙齒疼痛零陵香梗葉升麻細辛煎水
含漱 風牙牙疳零陵香洗炙蓽茇炒等分
爲末摻 夢遺失精薰草人參白朮白芍藥
生地黃各二兩伏神桂心甘草炙各一兩大
棗十二枚水八升煑三升分二服 婦人斷
產零陵香爲末酒服二錢服至一兩即一年
絕孕蓋血聞香即散也 五色諸痢零陵香
草去根以鹽酒浸半月炒乾每兩入廣木香
一錢半爲末裏急腹痛者用冷水服一錢半
通了三四次用熟米湯服一錢半止痢
只忌生梨一味血氣腹脹蓽茇煎酒服

○典故 蕙零陵香也唐人名零子香 以其花倒懸如零也 邵氏集

○麗藻散語 畝 余既滋蘭之九畹兮又樹蕙之百 蘭芷變而不芳兮荃蕙化而
爲茅何昔日之芳草兮今直爲此蕭艾也
光風轉蕙汎崇蘭些 豈惟紉夫蕙茝既替
余以蕙纕兮復申之以攬茝 中 恐夫[illegible]
之[illegible]兮[illegible]之[illegible]

從風雨而飛颺以爲君獨服此[illegible]
蕙兮羌無以異于衆芳 [illegible] 詩 五言 [illegible]留芳
根 春蕙忽秋草 李太白 霜雪一飄零
蕙葉亦難留 杜少陵 被揭懷珠玉蘭蕙化
爲芻 趙乙 蕙草生山北託身失所依植根
陰崖側夙夜懼危頹寒泉浸我根淒風常徘
徊三光照八極獨不蒙餘暉 [illegible] 蕙本蘭
之族依然臭味同曾爲水仙佩相識楚詞中
幻色雖非實貞香亦竟空云
何徵起發鼻觀巳先通 [illegible] 七言 蘿光蕙葉
與多碧[illegible] 清潤潘郎
[illegible] 曾伴靈均賦楚騷 [illegible] 蕭艾榮
玉不如[illegible]蕭艾草雪消 [illegible]
枯各有時深嶽芳[illegible]試[illegible]爲世間鼻孔無憑
託且伴幽窗讀楚詞 劉後村 寒谷初消雪
半林紫花搖弄費陰塗是誰曾見
吹香處千古春風楚客心 吳菊潭

菊 一名治蘠一名日精一名節花一名傅公一
名周盈一名延年一名更生一名陰威一名
朱嬴一名帝女花埤雅云菊本作蘜從鞠窮
也花事至此而窮盡也宿根在土逐年生芽
莖有稜嫩時柔老則硬高有至丈餘者葉綠
形如木槿而大尖長而香花有千葉單葉有
心無心有子無子黃白紅紫粉紅間色淺深
大小之殊味有甘苦之辨大要以黃爲上白

次之性喜陰惡水種須高地初秋烈日尤其所畏本草及千金方皆言菊有子將花之乾者令近溼土不必埋入土明年自有萌芽則有子之驗也味苦甘平無毒昔有謂其能除風熱益肝補陰蓋不知其得金水之精英能益金水二臟也補水所以制火益金所以平木木平則風息火降則熱除用治諸風頭目其旨深微黃者入金水陰分白者入金水陽

分紅者行婦人血分皆可入藥久服令人長生明目治頭風安腸胃去目翳除胸中煩熱四肢遊氣久服輕身延年或用之而無効者不得眞菊耳菊之紫莖黃色冗心氣香而味甘者爲眞菊當多種其類有甘菊一名眞菊一名家菊一名茶菊花正黃小如指頂外尖瓣內細萼柄細而長味甘而辛氣香而烈葉似小金鈴而尖更多亞淺氣味似薄荷枝幹嫩則青老則紫實如葶藶而細種之亦生苗人家種以供蔬茹凡菊葉皆深綠而厚味極苦或有毛惟此葉淡綠柔瑩味微甘咀嚼香味俱勝擷

以作羹及泛茶極有風致者**都勝**一名勝金黃一名大金黃一名添色喜容蓓蕾殷紅瓣闊而短花瓣大者皆有雙畫直紋內外大小重疊相次面黃背紅開也黃暈漸大紅暈漸小突一如傘頂葉綠皺而尖其亞深瘦則如指肥則如掌莖紫而細勁直如鐵瘦娃肥則高可至六七尺葉常不壞小花中之極美者也九月末開出陳州**御愛**出京師開以九月末一名笑靨一名喜容淡黃千葉花如小錢大葉有雙紋齊短而闊葉端皆有兩缺內外鱗次上二三層花色鮮明下層淺色帶微白心十餘縷色明黃葉比諸菊最小而青每葉不過如指面大**金芍藥**一名金寶相或云出禁中因得名一名賽金蓮一名金牡丹一名金骨朵蓓蕾黃紅花金光愈開愈黃徑可三寸厚稱之氣香瓣闊葉綠

而澤稀而弓長而大亞深枝幹順直而扶疎高可六七尺菊中極品**黃鶴翎**蓓蕾朱紅如泥金瓣而紅背黃開也外暈黃而中暈紅葉青弓而稀大而長多尖如刺枝幹紫黑勁直如鐵高可七八尺韵度超脫菊中之仙品也審寉翎久不可見白者次之粉者又次之紫者爲下**木香菊**多葉畧似御衣黃初開淺鵝黃久則淡白花葉尖薄盛開則微卷芳氣最烈一名腦子菊**大金黃**花頭大如折三錢心瓣黃皆一色其瓣五六層花片亦大一枝之杪多獨生一花枝上更無從蘂綠葉亦大其梗濃紫色**小金黃**花頭大如折二心瓣黃皆一色開未多日其瓣鱗鱗六層而細態度秀麗經多日則而上短瓣亦長至于整整而齊不止六層蓋爲狀元黃不同也如此濃淡狀如笑靨花有

富貴氣開早

勝金黃 花頭大[illegible]黃心瓣有五六層花片比大金黃差小上有細脉枝杪凡三四花一枝之中有少從蘆顏色鮮明玩之快人心目但條梗纖弱難得團簇作大本須留意扶植乃成

黃羅繖 花深黃徑[illegible]二寸[illegible]有頂瓣紋似羅下垂如傘柄長而勁葉綠面稀厚而長亞深枝幹細直勁如鐵高可六七尺

報君知 一名九日黃一名早黃一名蟹爪黃花黃赤而有寶色開于霜降前久而愈艷徑二寸有半氣香瓣末稍岐有尖突起葉青而稀長而大亞深莖紫枝幹勁挺高可八九尺

金鎖口 一名黃錦鱗一名錦鱗菊瓣葉莖幹顯翠黃鶴翎開亦同時體厚瑩潤絕類西施瓣背深紅面正黃瓣展則外暈黃而內暈紅既褪則一黃葯耳徑可二寸有半沈註深紅千瓣週邊黃色半開時紅黃相雜如錦

銀鎖口 花初黃後淡週邊白色如銀半開時黃白相雜可愛上二花可爲絕品非其他小巧者可比

鴛鴦錦 一名四面佛一名鸞交鳳友一名孔雀尾初作蓓蕾時每一蒂即迸成三四亦有至五六者其瓣面重黃而背重紅開也齊柸一分爲三截下截皆黃中截則紅其頂又紅四面支撐紅黃交雜如錦開徹四面畫叢紅背畫隱厚徑二寸餘上尖高二寸如樓臺氣香葉黑綠澤皺而尨有稜角其尖最多亞甚深葉根多冗莖紫枝幹勁挺高可四五尺

御袍黃 一名瓊英黃一名紫梗御袍黃一名柘袍黃一名大御袍黃花如小錢大初開中赤既開瑩黃徑三寸半瓣闊開早瓣末如有細毛開最久殘則紅葉綠稀而長厚

而大亞深葉根青淨[illegible]可一丈狀類御愛但心有大小之分[illegible]青[illegible]

御袍黃 一名御衣黃一名淺色御袍黃朵鮮葉幹俱類小御袍黃但瓣疎而莖清且范譜曰千瓣初開深鶯黃而差疎搜久則變白

側金盞 此品頗大金黃其大過之有及一寸八分者瓣有四層皆整齊花片亦闊大明黃色深黃心一枝之杪獨生一花枝中更無從蘆名以側金盞者以其花狀大而重歛側而生也葉綠而大梗淡紫

元黃 一名小金蓮其花焦黃緻緻始終一色瓣疎細而茸作饅頭之形徑二寸許蕚深綠開甚早氣香葉綠而大長而尨厚而綿似金芍藥而尖葉根清淨莖淡紅枝幹順直扶疎高七八尺

剪金毬 一名剪金黃一名金鳳毛一名金樓子一名窩剪毬其色瑩黃瓣末細碎如剪頂突有細蕚相雜茸茸氣香其殘也紅葉青而綠皺而稠肥而厚闊而短亞深葉根冗甚枝幹勁挺高可五六尺

黃繡毬 一名金繡毬一名黃羅衫一名木犀毬一名金毬花深黃葉色稍淡而高大

晚黃毬 深黃千瓣開極大

十采毬 黃千瓣如毬

大金毬 金黃千瓣瓣反成毬

小金毬 一名毬子菊一名毬子黃一名金纓菊一名金鈕子深黃千瓣中邊一色花較小突起如毬

毬子 開以九月中深黃千葉尖細重疊皆有倫理一枝之杪叢生白餘花若小毬菊諸黃花最小無過此者然枝青葉碧花色鮮明相映尤好

金鈴菊 花頭甚小如鈴之圓深黃一色其幹之長與人等或言有高近一丈者可以上架[illegible]故又名

蜂子菊一[illegible]之上花與[illegible]
獨生于枝頭綠葉尖長七出凡菊[illegible]
開以九月末深黃千葉菊以黃為正[illegible]
金萬鈴 鈴以金為質是菊正黃色而葉有[illegible]
形則于名實兩無愧也菊有花密枝偏者謂
之數子菊與此花一種特以地脈肥瘠使之
然爾又有大黃鈴大金鈴蜂鈴之類 小金鈴
或形色不正較之此花大非倫比
一名餕頭菊花似大金鈴而小外單瓣 夏金
中筒瓣葉似甘菊而厚大開以十月
鈴 出西京開以六月深黃千葉與金萬鈴相
類而花頭瘦小不甚鮮茂以生非其時故
也 秋金鈴 出西京開以九月中深黃雙紋重
葉花中細蕊皆出小鈴萼中亦如
鈴葉但比花葉短廣而青有如蜂鈴 開
狀初出特京師戚里相傳以為愛翫 蜂鈴 以
九月中千葉深黃花形圓小而中有鈴葉擁
聚蜂起細視若有蜂窠之狀似金萬鈴獨以
花形差小而尖又有細
蕊出鈴葉中以此別爾 大金鈴 開以九月末深黃有鈴者
皆如鐸之形而此花之中實皆五出細花下
有大葉開之每葉有雙紋枝與常菊相似葉
大而疏一枝不過十數葉俗
名大金鈴花形似秋萬鈴 千葉小金錢 畧似
明州黃花葉中外
疊疊整齊心甚大 單葉小金錢 花心尤大開最早重陽前
巳爛
熳 小金錢 開早大于小錢明黃瓣深黃心其瓣齊齊三層花瓣展其心則
舒而
為筩 大金錢 開遲大倍之折二心瓣明黃一色其瓣五層此花不獨生于枝
頭乃與葉層層相間而
生香色與態度皆勝 金錢 出西京開以九月末深黃雙紋

[illegible]葉似大金菊而花形圓齊頗類[illegible]金大
未有識者或以為棠棣菊或以為大金鈴但
以花葉辨
之乃可見 荔枝菊 花頭大于小錢明黃細瓣層層鱗次不齊中央無心
鬚乃簇簇未展小葉至開遍凡十餘層其形
頗圓故名荔枝菊香清甚姚江士友云其花
黃狀似
楊梅 金荔枝 一名荔枝黃花金黃徑二寸餘厚半之瓣短而尖開遲葉
青而稠大而尖其
亞淡高可三四尺 荔枝紅 一名紅荔枝紅黃千瓣
出西京開以九月末雙紋多葉自中至外長
短相次如千葉棣棠狀凡黃菊類多小花如
都勝御愛雖稍大而色皆淺黃其最大者若
大金鈴菊則又單葉淺薄無甚佳處惟此花
深黃多葉大于諸菊而又枝葉甚青一
枝叢生至十餘朵花葉相映顏色鮮好 金鍵
子 花比甘菊差大纖穠酷似棣棠色艷如赤金它花色皆不及蓋奇品也葉亦似窠株
不甚高金陵
最多開早 九煉金 一名滲金黃一名銷金菊花似棣棠菊而稍大
瓣似荔枝菊而稍禿開于九月前外暈金黃
中暈焦黃葉綠狹而尖亞深葉根多冗莖紫
而細勁直如
鐵高可一丈 黃二色 九月末開鵝黃雙紋多葉一花之間自有深淡
兩色然此花甚類薔薇菊惟形差小又
近蕊多有亂葉不然亦不辨其異種也 橙菊
花瓣與諸菊絕異黃色不甚深其瓣成筩排
豎生于萼上小片婉孌至于成團衆瓣之下
又有統裙一層承之亦猶
橙皮之外包也其中無心 小御袍黃 一名深色御袍
黃花全似御袍黃瓣稍細開頗遲心[illegible]
起突色如深鵝黃菊[illegible]有心不突

一名金盤橙其色金黃徑二寸有半厚三之
二其外夾瓣其中筒瓣開遲葉青而獨大而
尾其末團其亞深葉根多冗
枝幹偃蹇而粗人高五六尺 鄧州黃 開以九月末單
葉雙紋深于鵝黃而淺于鬱金中有細葉出
鈴蕚上形様甚似鄧州白但差小耳按陶隱
居云南陽酈縣有黃菊而白以五月採今人
間相傳多以白菊爲貴又採以九月頗與古
說相異惟黃菊味甘氣香枝幹葉花
形全類白菊疑弘景所說即此 金絲菊 頭
與瓣一色顏色可愛名爲金絲者以其花瓣
大過折二深黃細瓣凡五層一簇黃心甚小
顯然起紋絡也十月 垂絲菊 花蕊深黃莖極
方開此花根亥極壯 柔細隨風動搖
如垂絲 錦牡丹 花之紅黃赤黃者多以錦名
海棠 花之豐碩而雅者多以牡丹
名或又名 檀香毬 色老黃形團瓣圓厚開微
秋牡丹 整齊僅幾三寸厚三之二
氣香葉
幹短感 麝香黃 花心豐腴旁短葉密承之格
極高勝亦有白者大畧似白
佛頂而勝之遠甚 黃寒菊 花頭大如小錢心
英中此年始有 瓣皆深黃色瓣有
五層[illegible]細開至[illegible]心與瓣齊而爲一不止
五層重數甚多聳突而高其香與態度皆可
愛狀類金鈴 薔薇 九月末開深黃雙紋單葉
菊差大耳 有黃細蕊出小鈴蕚中枝
幹差細葉有枝股而圓又薔薇有紅黃千葉
單葉兩種而單葉者差尖人間謂之野薔薇
蓋以單 鵞毛 開以九月淡黃纖如細毛生于
葉爾 花蕚上凡菊大率花心皆細葉
如下有大葉承之間謂之杙葉今鵞毛花自
內自外葉皆一等但長短上下有次爾花[illegible]

小者萬鈴菊 金孔雀 一名金礴菊蓓蕾甚巨
近年花也 初開金黃既開赤黃徑
三寸半厚稱之其氣芬馥瓣尖而末垂隨開
隨悴葉青而濶長大而微其亞深根冗甚枝
幹偃蹇而粗 花蕊黃色外尖瓣一
大高可一丈 黃五九菊 層中瓣茸茸然徑僅
如錢夏秋二度開葉青而獨長而多尖其 九
亞深葉根有冗枝幹細而高僅二三尺
日黃 大如小錢黃瓣黃心心帶微青瓣有三
層狀類小金錢但此花開在金錢之前
色開時或有不甚盛者惟地土
得宜方盛綠葉甚小枝梗細瘦 殿秋黃 一名黃芙
容一名金芙容一名近秋黃一名晩節黃一
名大蠟瓣花蜜蠟色徑二寸有半瓣闊微皺
開于秋末葉青稀厚而尾大如掌 小殿秋黃
亞深枝幹粗勁如樹高可八九尺
朶瓣葉幹俱似殿 叠羅黃 狀如小金黃花葉
秋黃而清雅過之 尖瘦如剪羅縠三
兩花自作一高枝 繖蓋黃 花似御袍黃而小
出叢上態度瀟洒 柄長而細蕚黃莖
青 小金眼 一名楊梅毬一名金帶圍一名腰
金紫與大金眼同花朶差小枝幹
稍細高僅 太眞黃 花如小金錢色
三四尺 鮮明此花小甚 黃木香 一名
木香菊深黃小
千瓣花僅如錢 黃剪羢 色金黃 黃粉團 黃花千
瓣中心
微 黃蠟瓣 花淡 錦雀舌 一名金雀舌重黃多
赤 黃 瓣瓣微尖如雀舌
金玲瓏 一名錦玲瓏一名金絡索 錦絲桃 一名
金黃千瓣瓣卷如玲瓏
錦蘇桃 瓣背紫而 黃牡丹 其花鵞黃其
面黃[illegible]類紫絲桃 背色稍大 金紐

綠[illegible]一名金[illegible]瑩黃開遲高可一丈瘦則瘠而小肥則奧

銀紅絲同錦西施紅黃多瓣形態似黃西施黃西施嫩黃多瓣瑪瑙

西施紅黃多瓣二色瑪瑙金紅淡黃二色千瓣錦褒姒金黃千瓣

似粉褒姒而韻態尤勝鴛鴦菊一名合歡金千朶小黃花皆並蒂葉深碧波

斯菊花頭極大一枝只一蕊喜倒垂久則微捲淡黃千瓣茉莉菊花頭

巧小淡淡黃色一蕊只十五六瓣或止一二片一點綠心其狀似茉莉花不類諸菊[illegible]

菊也每枝條之上抽出十餘層小枝枝皆簇簇有蕊紫粉團黃花千瓣中心微赤

一名回回菊其花極耐霜露徑可二

錦麒麟寸蕚黃瓣初赤紅既開則面金黃而

青赤紅葉綠而黑長厚而尖其亞深葉根有瓦高可五六尺鶯羽黃一名鶯乳

黃嫩黃千瓣如大錢鶯兒黃一名鶯毛黃開以九月末淡黃纖細如毛生于花蕚

上樓子佛頂花鶯黃其瓣大約四層下一層瓣單而大二層數疊稍縮三層

亦微疊又縮第四層黃蕚細鈴茸茸然突起作頂徑僅如錢經霜即白其葉微似錦繡毬

青而纖長厚而尖其亞淺葉根有瓦其枝幹勁直高四五尺凡花之外有大瓣而中有

細蕚茸茸然突起作頂似鈴非鈴似管非管者不問千瓣多瓣單瓣皆當從佛頂之稱惟

鈴管分明者則不可得而混也黃佛頂一名佛頭菊一名黃餅子一名觀音菊黃

千瓣中心細瓣高起花徑寸餘心[illegible]色深黃黃佛頭[illegible]

不及小錢明黃色狀如金鈴菊中心[illegible]瓣但見混同純是碎葉突起甚高又有白者

頭菊之黃心也佛頭菊無心中邊亦同小黃佛頂一名單[illegible]小金錢花

佛頭頗瘦花心微窪兔色黃蓓蕾葉幹俱似[illegible]芙容瓣似荔枝菊色似兔毛徑僅

二寸餘不足觀野菊亦有三兩種花頭甚小單層心與瓣皆明黃色枝莖極細多歧

商他草木而長別有一種其花初開心如旱蓮草開至涉日則旋吐出蜂鬚周圍蒙茸然

如蓮花鬚之狀枝莖頗大綠葉五出能仁寺側府城墻上最多〔以上黃色〕九

華菊此淵明所賞今越俗多呼為大笑瓣兩層者曰九華白瓣黃心花頭極大有闊

及二寸四五分者其態異常為白色之冠香亦清勝枝葉疎散九月半方開昔淵明嘗言

秋菊盈園詩集中僅存九華之一名喜容千葉花初開微黃花心極小花中色深外

微暈淡欣然丰艷有喜色甚稱其名久則變白尤耐封植可以引長七八尺至一丈亦可

攬結白花中高品也金盃玉盤中心黃四旁淺白大葉三數層花頭徑三寸菊

之大者不過此本出江東比年稍移栽吳中粉團亦名玉毬此品與諸菊絕異合

蕊時色淺黃帶微青花瓣成筒排豎生于蕚上其中央初看一似無心狀如燈籠開則

變作一團純白色形甚圓香甚烈至白瓣凋謝方見瓣下有如心者甚大白瓣皆匝匝出

于上經霜則變紫色尤佳枝葉甚粗其梗柔弱龍腦一名小銀臺出京師開以九月

[illegible]類金萬鈴而葉尖花色類人間染鬱金而[illegible]似龍腦是香臭色俱

可貴　新羅一名玉梅一名倭菊一名出海外開以
也　九月末千葉純白長短相次花葉
尖薄鮮明瑩徹若瓊瑤始開有青黃細葉如
花蕊之狀盛開後細葉舒展始見蕊枝正紫
葉青支股甚小凡菊類多尖闕而此花之蕊
分爲五出如人之有支股與花相映標韵高
雅非尋　玉毬出陳州開以九月末多葉白花
常比　近蕊微有紅色花外大葉有雙
紋瑩白齊長而蕊中小葉如剪茸初開時有
殼青久乃退去盛開後小葉舒展皆與花外
長葉相次側垂以玉毬目之者以其有圓聚
之形也枝幹不甚麄葉尖長無殘闕枝葉皆
有浮毛頗與諸菊異然顏色標致　出爐銀一
固自不凡近年以來方有此本　名
銀紅西施一名粉芙蓉花寶色瓣厚大初微
紅後蒼白如銀出爐終始可愛徑三寸許形
圓葉青而黃有紋蠟色皺而充長厚而
尖葉根冗莖青枝幹屈曲高僅三四尺　白繡
毬一名銀繡毬一名白羅彩一名瓊繡毬一
名玉繡毬一名白木犀一名玉毬色青白
而有光瓣花抱蒂大于鵝卵其瓣有紋中有
細蕚開最久殘則牙紅葉稀而青長大而多
尖亞深枝幹勁直　玉牡丹一名青心玉牡丹
而扶疎高可一丈　一名蓮花菊花千
瓣潔白如玉徑二寸許中暈青碧開早開徹
疎爽葉青而稀長而厚狹而尖亞深葉根有
冗莖淡紅枝幹勁　玉芙蓉一名酴醾菊一名
挺高僅二三尺　銀芙容初開微黃
後純白徑二寸有半香甚開早瓣厚而瑩疎
而爽開最久其殘也粉紅葉攢色微似銀芍
藥纖而尖葉根多冗莖亦攢　一名白
色淡幹偃蹇高僅三四尺　銀紐絲萬卷一

名萬卷書一名銀絞絲一名撚銀絲一名書
毛菊一名銀撚絲初微黃後瑩白如雪徑可
三寸體薄開早氣香味甘蕚黃開徹瓣紐則
蕚亦不見瓣如紙撚殘則淡紅葉青而稠亞
淺枝幹勁直扶　一簇雪一名勝瓊花花碩大
疎高可六七尺　有寶色其瓣茸茸然
如雪花之六出葉似白西　玉寶相白多瓣初
施而長大幹枝順直高大　開微紅花
徑三尺許上可坐人其瓣如大杓　蠟瓣西施
容二三升或以爲粉雀舌非也
一名蜜西蠟瓣花不甚大而溫然玉質其品
其高此外有紅蠟瓣大蠟瓣雖冒蠟瓣之名
而實不相似惟紫蠟瓣花　一名新羅
畧相似而枝葉又全不類　白疊羅菊一名疊
雪羅一名玉梅一名白疊雪一名倭菊蓓蕾
難開中暈青而微黃開徹瑩白如雪徑可三
寸厚三之二其瓣羅紋其殘粉紅葉青而稠
大而仰其末圓其亞深枝幹勁挺高僅三四
尺　一團雪一名白雪團一名簇香毬一名團
婵娟花極白晶瑩瓣如勺長而厚
疎朗香清中蕚黃開遲最久徑可二寸殘時
紫紅葉稀似艾白而青大而長尖而厚闊如
掌亞暈深葉極耐日深冬五色斑　玉玲瓏一
然如画枝幹勁直高可六七尺　名
玉連環蓓蕾初淡黃而微青漸作牙紅既開
純白其瓣初仰而後覆葉青長而潤厚而大
有稜角葉根淨秋有采色莖　玉鈴中純白千
淡紅枝幹順直高可至丈　開以九月
葉中有細鈴甚類大金鈴凡白花中如
玉毬紅羅形態高雅而此花可與爭勝　白麝
香似麝香黃花差　如小白蓮花多葉
小亦豐腴韵勝　蓮花菊而無心花頭疎極

韻散清絕一披只一葩綠葉甚纖巧**萬鈴菊**中心淡黃鑯子旁白花葉繞之花端極尖香尤清烈**月下白**一名玉兔華花青白色如月下觀之徑僅二寸其形團其瓣細而厚葉青似水晶毬長而狹其背弓其亞淺其枝幹勁挺高可三四尺**水晶毬**其花瑩白而嫩初開微青徑二寸許其瓣細而茸中微有黃蕊初稀薄後乃瞳泛葉稀而弓青而滑肥而厚大而長亞淺根有丸莖青枝幹挺勁高可七八尺**芙容菊**開就者如小木芙容尤穠盛者如樓子芍藥但難培植多不能繁**象牙毬**其花豐碩初開黃白色其後牙色微作鴨卵之形柄弱不任其花色稍青而毛葉亦青**劈破玉**小白花每瓣有黃紋如線界之為二**大笑**白瓣黃心本與九華同種其單層者為大笑花頭差小不及兩層者之大其葉類栗木葉亦名栗葉菊**徘徊**淡白瓣黃心色帶微綠瓣有四層初開時先吐瓣三四片只開就一邊未及其餘開至旬日方及周徧花頭乃見團圓按字書徘徊為不進此花之開若是其名不妄十月初方開或有一枝花頭多者至攢聚五六顆近似淮南菊**佛頂**亦名佛頭菊中黃心極大四旁白花一層繞之初秋先開白色漸沁微紅**玉樓春**一名士粉西花初桃紅後蒼白徑可二寸有半瓣厚而大瑩而潤開疎爽葉青而毛稀可數大如茄葉亞淺枝幹勁直如木高可六七尺**酴醾**出相州開以九月末純白千葉自中至外長短相次花之大小正如酴醾而枝幹纖柔頗有態度若花葉稍圓加以檀蕊真酴醾也**玉盆**[illegible]州

以九月末多葉黃心內深外淺而下有闊白大葉連綴承之有如盆盂中盛花狀世人相傳為玉盆菊者大率皆黃心碎葉初不知其得名之繇後請于識者乃知物之見名于人者必有形似之實云**波斯**花頭極大一枝只一葩喜倒垂下久則微捲如髮之鬈**白西施**一名白粉西一名白二色花初微紅其中暈紅而黃既則白而瑩徑三寸以上厚二寸許瓣參差開早葉青而稍狹而尖其亞深葉枝多冗枝幹偃蹇高僅三四尺**一銀盆**出西京開以九月中花皆細鈴比夏秋萬鈴差疎而形色似之鈴葉之下別有雙紋白葉謂之銀盆者以其下葉正白故也此菊近來未多見**木香菊**大過小錢白瓣淡黃心瓣有三四層頗細狀如春架中木香花又如初開繅枝白但此花頭舒展稍平坦耳亦有黃色者**銀盤**白瓣二層黃心突起頗高花頭或大或小不同想地有肥瘠故也**鄧州白**九月末開單葉雙紋白葉中有細蕊出鈴萼中凡菊單葉如蕾薇菊之類大率花葉圓密相次而此花葉皆尖細相去稀疎然香比諸菊甚烈又為藥中所用蓋鄧州菊潭所出枝幹甚纖柔葉端有支股而長亦不甚青**白菊**單葉白花蕊與鄧州白相類但花葉差闊相次圓密而枝葉麤繁人多謂此為之鄧州白今正之**金盞銀臺**一名銀臺一名萬鈴菊一名銀萬管花外單瓣或夾瓣薄而尖白而瑩中筒瓣初鵝黃後牙色徑可二寸殘則淡紅葉青而狹長而多尖其亞深葉根冗甚枝幹細偃蹇高四五六尺**佛頂菊**大過折二或如折三單層白瓣突起淡黃心初

如楊梅之肉蕾後皆舒爲筩子狀如蜂窠未後突起甚高又且最大枝幹堅粗葉亦稠厚又名佛頭菊一種每枝多直生上只一花少有旁出枝一種每一枝頭分爲三四小枝各一花

淮南菊 一種白瓣黃心瓣有四層上層抱心微帶黃色下層糙淡純白大不及折二枝頭一簇六七花一種淡白瓣淡黃心顏色不相染惹瓣有四層一枝攢聚六七花其枝杪六花如六面攸鼓相抵惟中央一花大于折三此則所產之地力有不同也大率此花自有三節不同初開花面微帶黃色中節變白至十月開過見霜則變紫色且初開之瓣只見四層開至多日乃至六七層花頭亦加大焉

茉莉菊 花葉繁全似茉莉綠葉亦似之長大而圓淨

萬鈴菊 心茸茸突起花多半開者如鈴

玉盤菊 黃心突起淡白綠邊

粉薔薇 花似紫薔薇而粉色

玉甌菊 或云甌子菊即纏枝白菊也其開層數未及多者以其花瓣環拱如甌盞之狀也至十月經霜則變紫色

白褒姒 一名銀褒姒多瓣小花此花四色錦者爲最紫者次之粉者又次之白其尤勝者

銀杏菊 淡白時有微紅花葉尖綠葉全似銀杏葉

銀芍藥 一名芙蓉菊一名樓子菊一名瓊芍藥一名太液蓮一名銀牡丹一名銀骨朵初似金芍藥後瑩白香甚殘色淡紅葉亞深與金芍藥同

小銀臺 一名龍腦菊一名腦子菊一名瑤井欄花類金盞銀臺外瓣圓厚色正白中筒瓣色黃開甚早葉厚而[illegible]綠高太

白五九菊 一名銀鈴菊一名夏玉鈴瓣一層純白其中鈴蕚淡黃

徑僅如錢夏秋二度開葉青長大而尖亞深葉根有兀高僅二三尺

八僊菊 花初青白色後粉色一花七八蕋葉尖長而青

白粉團 一名玉粉團千瓣白花似粉團

蠟瓣粉西施 一名粉西嬌一名西施嬌葉幹全類三蠟瓣似粉西施而差小瓣厚不瑩

白牡丹 純白

鷺鷥菊 出嚴州花如茸毛純白色中心有一叢簇起如鷺鷥頭

蘸金白 一名蘸金香白千瓣瓣邊有黃色似蘸

瓊玲瓏 白千瓣參差不齊

碧蕋玲瓏 白千瓣葉色深綠

白佛頂 一名瓊盆菊一名佛頂菊一名佛頭菊一名銀盆菊一名大餅子菊單瓣中心細瓣突起如黃佛頂

小白佛頂 一名小佛頂心大突起似佛頂單瓣

白絨毬 花粉白餘類紫絨毬

白剪絨 一名剪鵞毛一名剪鵞翎色雪白

銀荔枝 大槩似金荔枝

白木香 一名木香菊一名玉錢菊白千瓣小花徑如錢

碧桃菊 其花純白葉與紫芍藥相似

艾葉菊 心小葉單綠葉尖長似蓬艾

白鶴頂 似鶴頂紅而色較白

白鶴翎 一名銀雀翎一名銀雀舌一名玉雀舌花純白與粉雀翎同瓣皆有尖下垂

白麝香 似麝香黃花差小豐腴

粉蝴蝶 一名玉蝴蝶一名白蛺蝶千瓣小白花

白蠟瓣 一名玉菡萏花純白與粉蠟瓣同

腦子菊 花瓣微皺縮如腦子狀

纏枝菊 花瓣薄開過轉紅色

樓子菊 層層狀如樓子

單心菊 細花心瓣大

五月菊 花心極大每一鬚皆中空

攢成一圖毬子紅白單葉纔承之鋒枝尺一花徑二寸葉似茼蒿夏中開近年院體畫草虫喜以此菊寫生

殿秋白 一名玉玫瑰花朶大葉幹俱類殿秋黃

寒菊 過小錢短白瓣開多日其瓣方增長明黃心心乃攢聚碎葉突起頗高枝條柔細十月方開

以上白色

狀元紫 花似紫玉蓮而色深

順聖淺紫 出陳州鄧州九月中方開多葉葉比諸菊最大一花不過六七葉而每葉盤疊凡三四重花葉空處間有筒葉輔之大率花枝幹類垂絲棣棠但色紫花大爾菊中惟此最大而風流態度又爲可貴獨恨色非黃白不得與諸菊爭先耳

紫牡丹 一名紫西施一名山桃紅一名檀心紫花初開紅黃間雜如錦後粉紫徑可三寸瓣比次而整齊開遲氣香葉綠而

澤長厚而尖其亞深葉根有冗枝幹肥壯高僅三四尺

碧江霞 紫花青蒂蒂角突出花外小花花之奇異者

雙飛燕 一名紫雙飛淡紫千瓣每花有二心瓣斜捲如飛燕之翅

孩兒菊 紫蕚白心茸茸然葉上有光與它菊異

紫茉莉 似梅花菊而紫花雖小而標格淸洒氣味芬馥不可以常品目之

朝天紫 一名順聖紫蓓蕾青碧花初深紫後淺紫氣香瓣初如兎耳後尖而覆蕚而整齊徑二寸有半葉綠而稀尖亞細密如縷葉根淸淨枝幹細紫勁而直高可五六尺

剪霞綃 紫多瓣瓣邊如剪其花徑二寸許瓣疎而大其邊如繡

佛座蓮 紫千瓣瓣頗大且開殿衆菊或以爲紫牡丹非

瑞香紫 一名錦瑞香花淡紫如瑞香色徑寸許瓣

疎尖而豎枝葉類金荔枝

紫絲桃 一名紫蘇桃一名曉天霞蓓蕾青綠花茄色中暈濃而外暈稍淡瓣長而尖初如勺後平鋪瓣上有紋色更紫花徑二寸有半厚稱之[illegible]微鬅鬆明潤枝葉俱類紫玉蓮

疊菊 一名早紫花似紫霞觴而厚大色紫黑瓊豔[illegible]于九日前甚蓁與紫袍金帶相似高可四五尺皆紫之極非世俗點染之說也

夏萬鈴 出鄧州開以五月紫色細鈴生于雙紋大葉之上以時別之者以有秋時紫花故也或以菊皆秋生花而疑此菊獨以夏盛按靈寶方曰菊花紫白又陶隱居云五月採今此花紫色而開于夏時是其得時之正也夫何疑哉

秋萬鈴 出鄧州開以九月中千葉淺紫其中細葉盡爲五出鐸形而下有雙紋大葉承之諸菊如棣棠是其最大獨此

菊與順聖過焉瓌美可愛

荔枝紫 出西京九月中開千葉紫花葉捲爲筒大小相間凡菊鈴并蕚皆生托葉之上葉背乃有花蕚與枝相連而此菊上下左右攢聚而生故俗以爲荔枝者以其花形正圓故也花有紅者與此同名而純紫者蓋不多得

紫褒姒 似粉褒姒而色紫

賽西施 又名倚欄嬌淺紫小花頭倒側如醉

紫芍藥 一名紅剪春花先紅後紫復淡紅變蒼白徑可三寸厚稱之其瓣闊大而鬅鬆開早氣香葉薄綠而澤稀而多尖其枝幹順直高可四五尺

繡毬 出西京開以九月中千葉紫花葉尖闊相次叢生如金鈴花微荔枝菊花無筒葉而蕚邊正平附花形之大有若大金鈴菊者

紫鶴翎 一名紫粉盤一名紫雀舌花先淺紫後白色

紫玉

蓮一名紫荷衣一名紫蠟瓣蓓蕾青綠花紫而紅質如蠟徑可二寸瓣如勺終始上竪葉全似朝天紫 **瑪瑙盤** 淡紫赤心千瓣花極豐大 **紫薔薇** 花略小似紫玉蓮而色淡 **紫羅繖** 一名紫羅袍花似紫崔翎小而厚色勻其瓣羅紋而細葉青大而稠根多冗枝幹勁直高大 **紫繡毬** 一名紫羅衫其花粉紫得養則如紫牡丹之色倩麗失養則青紅黃白夾雜而不勻瓣結不舒葉類錦繡毬綠而混厚而皺 **紫剪絨** 四剪絨俱小巧紫者其名獨振 **金絲菊** 紫花黃心以蕊得名 **水紅蓮** 一名菡萏紅一名荷花毬一名粉牡丹一名紫粉蓮一名紫粉樓花粉紫初開似紫牡丹其後漸淡如水紅花色徑二寸形團瓣疎開早葉綠稀而可數闊大而厚皺而蹙似夾葉枝幹勁直高可一丈或以為太液蓮非 **雞冠紫** 一名紫鳳冠千瓣高大起樓取象于雞冠花非以雞之冠為比也 **福州紫** 紫多瓣狀 〔以上紫色〕

元紅 花重紅徑可二寸厚半之瓣闊而短厚有紋其末黃其紅耐久開早葉似貓脚跡綠而麗亞深葉根冗枝幹如鐵高僅三四尺 **錦心繡口** 一名楊妃茜裙紅一名美人紅徑二寸許厚半之外大瓣一二層深桃紅中筒瓣突起初青而後黃筒之中嬌紅而外粉筒之口金黃爛熳如錦香清開與報君知同葉綠而澤團而弓稀而可數其鐵刻如捷業枝幹紅紫細勁順直高可四五尺 **紫袍金帶** 一名紫重樓又一名紫綬金章蓓蕾有頂開稍遲初黑紅漸作鮮紅既開彷彿亞腰葫蘆亞處無瓣黃蕊繞之

其徹也黃蕊不見攢簇成毬大如雞卵開極耐久葉綠而秀闊而長薄而多尖葉根有冗莖淡紅枝幹勁直高可三四尺 **大紅袍** 蓓蕾如泥金初開朱紅瓣尖細而長體厚徑可二寸以上殘色木紅葉青澤厚而大亞深末團葉根清淨莖青枝幹肥壯順直高可四五尺 **紫霞觴** 一名紫霞杯花似狀元紅厚而大開早初重紅稍開即木紅葉青闊而皺亞深葉根多冗枝幹挺勁高可四五尺 **紅羅繖** 一名紫幢一名錦羅傘紫紅千瓣 **慶雲紅** 一名錦雲紅蓓蕾深桃紅開則紅黃並作瑪瑙色中暈穠而外暈淡其瓣尖細而鬅鬆徑二寸有半厚稱之葉青澤厚而長稍尖亞深莖青枝幹順直高可四五尺 **海雲紅** 一名海東紅一名相袍紅一名將袍紅一名揚州紅一名舊朝服先殷紅漸作金紅久則木紅而淡徑二寸有半其瓣初尖而後岐其蕊黃其徹也鬅鬆其葉長而大青而多尖其亞深枝幹壯大高可四五尺 **燕脂菊** 類桃花菊深紅殘紫比燕脂色尤重比年始有之此品既出桃花菊遂無顏色蓋奇品也 **縷金粧** 一名金線菊深紅千瓣中有黃線路 **出爐金** 一名錦芙蓉金紅千瓣色如爐金出火 **火煉金** 花徑僅寸許外尖瓣猩紅其中蕚金黃朶垂其紅不變葉綠而澤稀而尨長厚而尖亞深枝幹勁直高可四五尺 **木紅毬** 一名紅羅衫一名紅繡毬花初開殷紅稍開即木紅徑可二寸有半瓣下覆如毬心蕚黃甚莖葉枝幹頗類御袍黃高可五六尺 **紫骨朶** 一名大紅繡毬一名紅繡毬蓓蕾鮮紅頂如泥金開

甚早小紅紫後紫紅徑可二寸有半厚二寸瓣明潤豐滿如榴子其微也攢簇如毬葉類紫霞觴葉緑而小根有冗枝幹勁直高可四五尺 **醉楊妃** 一名醉瓔環其色深桃紅久而不變其花疎爽而潤澤小徑近二寸以上厚半之其瓣尖而硬下覆如臍花繁而柄弱其英乃垂其葉青厚短大而稠其尖多其亞淺葉根冗甚莖青枝幹偃蹇高可五六尺 **太真紅** 嬌紅千瓣 **樓子紅** 蓓蕾甚巨開早初深黑漸作鮮紅瓣垂而長光皺奪目既開徑二寸以上其萼如小錢初青後黃其中隱然有頂有開數瓣上竪者莖葉如紫袍金帶枝幹高大可至四五尺 **紅萬卷** 一名紅紐絲深紅千瓣如萬卷書 **一捻紅** 花瓣上有紅點面徑三寸瓣大而圓 **紅剪絨** 初殷紅後木紅徑寸有半其形薄而尾其瓣末碎而茸攢簇如刺葉緣尖而小其亞淺其莖紅葉根清淨枝幹扶疎高可三四尺 **錦繡毬** 一名錦羅衫蓓蕾如栗其花抱蒂其初殷紅既開鮮紅漸作紅黃色瓣潤而短葉似紫繡毬稀而大皺而尖葉根有冗 **鶴頂紅** 一名不老紅花似晚香紅薄而小外暈粉紅中暈大紅開徹粉紅瓣下襯大紅瓣上攢如雀頂葉青團而小枝幹不甚高大 **鷄冠紅** 紅千瓣色如雞冠 **猩猩紅** 花似狀元紅而厚僅二寸開早色鮮紅耐久葉澤長而多尖莖青枝幹挺勁高可四五尺 **繡芙蓉** 一名赤心黃一名老金黃初開赤紅既開中暈赤而外暈黃其瓣面黃而背紅莖二寸有半厚半之開早稜層整齊葉青澤而脆亞深葉根冗甚枝幹偃蹇而粗大

高可四五尺 **桃花菊** 一名桃紅菊花瓣如桃花粉紅色一蕋凡十三四片開時長短不齊經多日乃齊其心黃色內帶微綠此花嗅之無香惟撚破聞之方知有香至中秋便開開至十餘日漸變爲白色或生青虫食其花片則衰矣其綠葉甚細小 **錦荔枝** 金紅多瓣 **紅牡丹** 開早初殷紅後銀紅開最久 **紅茉莉** 似梅花菊而紅 **芙蓉菊** 狀如芙容紅色 **二色蓮** 一名賽紅荷一名西番蓮一名蠟瓣紅一名大紅蓮一名紅轉金一名錦蠟瓣花先茜紅後紅黃色其萼黃徑二寸許厚半之瓣如勺而毛末微皺上簇如蓮萼黃而大萼中或突起數瓣葉綠長大而多尖其亞深葉根有冗幹勁挺高可四五尺 **襄陽紅** 並蒂雙頭出九江彭澤 **賓州紅** 一名岳州紅一名日輪紅重紅褊薄如鏇徑二寸中黃萼葉幹似紫霞觴 **土硃紅** 其色如土硃 **紅二色** 出西京開以九月末千葉叢有深淡紅兩色而花葉之中間生筒葉大小相應方盛開時筒之大者裂爲二三與花葉相雜比茸茸然花心與筒葉中有青黃色頗與諸菊異 **冬菊** 花薄而小徑僅寸半色深紅質如蠟瓣闊而短開極遲葉疎青而澤初似銀芍藥其後弓而厚長而尖亞深尖多莖紫枝幹順直扶疎高可五六尺

上紅色 四

桃花菊 多葉至四五重粉紅色濃淡在桃杏紅梅之間未霜即開最爲妍麗中秋後便可賞 **粉鶴翎** 一名粉紐絲一名玉盤丹一名粉雀舌一名荷花紅花粉紅大如芍藥瓣尖長而大背淡紅初開鮮濃既開四面支撑[illegible]淡[illegible]

燵後漸白細絲葉青而稀闊大如掌亞深
葉根多冗枝幹順直而扶疎高可七八尺 **垂**
絲粉紅 千瓣細如茸攢聚相次花下亦無托
瓣枝幹纖弱其花淡紅似銀紅絲而
瓣不細其朵俱垂色態嬌艷與醉西施醉 **粉**
楊妃各不相涉或謂三名卽一物非也
蠟瓣 蓓蕾稀花微紅褪白質如蠟色徑可二
寸有半厚稱之氣香瓣初仰而後覆其
殘如紅粉塗抹葉青長大而稀亞 **粉西施** 一名
深葉根清淨枝幹順直高可一丈
紅西施一名紅粉西一名粉西花豐碩似白
西施初開紅黃相雜有寶色開徹則淡粉紅
瓣卷而細背憿而紅如猱頭然柄弱不任葉
青而厚長而丸狹而尖亞深葉根多冗枝幹
亦類白 **合蟬菊** 九月末開粉紅筒瓣花形細
西施 者與蓝雜比方盛開時筒之

大者裂爲兩翅如飛舞 **洒金紅** 一名洒金香
狀一枝之杪凡三四花 一名金錢豹
淡紅千瓣瓣間 **孩兒菊** 一名澤蘭花淡粉紅
有黃色如洒 色筒瓣茸茸四五月
卽開葉青長狹多尖花葉皆香楚楚高數 **紅**
尺宜小兒佩一云置衣中髮中可辟汗
粉團 一名粉團花粉紅徑二寸厚半之中暈
紅 瓣短而多紋枝葉似金芬枝而青
樓子粉西施 一名晚香紅一名秋牡丹一名
紅 粉樓一名車輪紅其花粉紅
徑可三寸厚三之二其開也遲瓣圓而厚其
次整齊中深紅突起上作重臺色易淡葉稠
青而毛狹而尖其亞深葉根冗甚 **醉西施** 淡
枝幹亦與白西施同壯大過之 紅
于葉垂英 **勝緋桃** 一名紅碧桃格局似碧桃
似醉楊妃 色似秋海棠枝葉似紫芍

蘂而高 花粉紅而小徑二寸有半瓣
大不及 **粉褒姒** 尖短厚而紆卷葉綠而澤似
狀元紅而尖其亞少葉根有冗枝 **大楊妃** 一名
幹偃蹇或遂以粉西施當之非也 散 粉
楊妃菊一名瓊環菊粉紅千瓣 **賽楊妃** 紅
如亂茸而枝葉細小婀娜有態
千瓣花 **粉玲瓏** 一名紫丁香粉紅小花按沈
畧小 譜玲瓏與萬卷萬管並載今
人類多混稱不知玲瓏者疏朗通透之物卷
則書卷畫卷之類管則簫管筆管之類取象
各不同百詠之連環絡索卽玲瓏之 **垂絲粉**
別號于命名之意寖失不可不辨
紅 出西京九月中開千葉葉細如茸攢聚相
次而花下亦無托葉人以其枝葉纖柔故
以垂絲 **八寶瑪瑙** 一名八寶菊千瓣粉
目之 紅花花具紅黃衆色 **紫芙**

容 一名勝芙容一名芙容菊 **粉萬卷** 粉紅
千瓣開極大其葉尖而小 千瓣 **粉**
繡毬 千瓣淡 **夏月佛頂菊** 五六月開 **佛見笑**
紅花 色微紅
粉紅 **紅傳粉** 粉紅千瓣 〔以上粉紅色〕 **珠子菊** 白色見
千瓣 本草注
云南京有一種開小 **丹菊** 見嵇含菊銘云煌
花花瓣下如小珠子 煌丹菊暮秋彌榮
十樣錦 一本開花形模各異或多瓣或單瓣
或大或小或如金鈴往往有六七色
黃白雜 樣亦有 **滿天星** 一名蜂鈴菊春苗搬
微紫花頭小 去其巔岐而又搬
而又岐至秋而 **二色西施** 一名紅二色一名
一幹數千百朵 黃二色一名二色
白一名平分秋色徑可三寸厚半之開最久
瓣葉枝幹皆與白西施同初開時數朵淡紅

數尕淡黃，適然不類。半開時五彩燦色炫爛奪目，開徹則皆淡桃紅色矣。**二色楊妃**一名二梅，一名金菊對芙容。多瓣，淺紅、淡黃二色雙出，如金銀花。徑僅二寸。其蕚黃，其瓣如兎耳。其葉綠而不澤，厚而尖，皺而瓦。**赤金盤**一名脂暈黃，一名虎珀盃。其花初開紅黃而赤，金星浮動，其後漸作醬色。徑可二寸，形薄而瓦，瓣如杓而尖。葉稀綠而澤，其末圓。枝幹紫紅，順直而扶疎，高可一丈。**錦丁香**花畧似紅剪絨，大寸許，瓣疎。初開黃而紅，後紅而黃色，易衰。葉綠厚而短，尖而長。**檀香菊**一名小檀香。葉幹似檀香毬，花亦相似。**梅花菊**一名試梅菊，一名銀丁香，一名試梅粧，一名壽陽粧，一名銀梅。每花不過數瓣，瓣大如指頂。每瓣卷皺密蹙，下截深黃，上截瑩白，重臺彷

彿水仙花下垂成毬，如梅花清逸。開早，香甚。葉綠大而皺，尖而長，其亞深，葉根多冗。其枝幹柔細而扶疎，高可一丈。或以為茉莉菊，甚謬。**海棠菊**一名錦菊，一名海棠春，一名菊棠嬌，一名海棠紅，一名小桃紅，一名鐵幹紅。色類垂絲海棠，徑寸有半，形薄而瓦。瓣短多紋而尖，愈開愈奇，有寶色，中暈赤，外暈黃，邊暈純白，或數色錯出，變態不窮。葉綠而澤，厚而小，亞深。其枝幹勁直扶疎，高可四五尺。**蜜西施**蜜色千瓣。**蜜鶴翎**蜜色千瓣，與金鶴翎埒，以為蜜繡毬非是。**蜜繡毬**一名金翅毬，一名金鳳團，一名蜜西牡丹。花蜜色瑩潤，徑二寸餘，氣香，瓣舒開遲。其淺也紅而麗。葉青而稠，大而尖，亞深。葉根冗。枝幹偃蹇，高可四五尺。**紫絨毬**一名紫絲毬，一名紫蘇桃。花蕾圓而綠，如

小龍眼大。其開也，碧綠紅紫黃白諸色斷續，而紫餤為多。瓣細而鑲，四面參差，茸茸如剪。徑僅寸許，圓如毬。葉類朝天紫，小而青，尖亞似少。葉根清痒。枝幹細直而勁，高可四五尺。**僧衣褐**一名緇衣菊，深栩子色。**小刺蝟菊**一名栗葉花，如兎毛朶，圓瓣如蝟之刺，大如雞卵。葉長而尖。枝幹勁挺，高可三四尺。**以上異品。凡黃白二色皆可入藥。其莖青而大，作蒿艾氣者，味苦不堪食，慧也，非菊也，不惟無益，且耗元氣。菊之無子者名牡菊，燒灰撒地能止鼃黽，說**出禮記。

○**附錄丈菊**一名西番菊，一名迎陽花。莖長丈餘，幹堅粗如竹，葉類蔴，多直生。雖有傍枝，只生一花，大如盤盂。單瓣，色黃，心皆作窠如蜂房狀，至秋漸紫黑而堅。取其子種之，甚易生。花有毒，能墮胎。**五月白菊**外大瓣白而微紅，內鈴蕚亦黃色。徑二寸餘，高可三四尺。**七月菊**外夾瓣，中鈴瓣突起如紫薇，花色如茄花，徑寸有半，厚寸許。其葉似五月翠菊。六七月花，一株不過數朶，高僅一二尺。**翠菊**一名佛螺，一名夏佛頂。蓓蕾重附，層疊似海石榴花。其花外夾瓣翠而紫，中鈴蕚而黃，徑寸有半。開于四五月，每雨後及晡時尤麗，如翠羽。開最久。葉青而澤，似馬蘭，香甚，亞深。莖毛而紅，枝幹肥勁，高可二三尺。八月種子。

○製用 乘露摘取甘菊剪去枝梗用淨瓦罐下安白梅一二个放花朶至平口又加白梅將鹽滷汁澆滿浸過花朶以石子壓之密封收藏至明年六七月取花一枝用淨水洗去鹽味同茶末入碗注熱滾湯則茶味愈清而香藹絕勝伴茶收藏不若此法 或用淨花拌糖霜搗成膏餅食亦甚清雅 或用甘菊曬乾密封收藏間取一撮如烹茶法烹之謂之菊湯暑月大能消渴每煮酒一瓶入甘菊五六朶封嚴久愈香清花不可多多則味苦 或旋採細看心内無虫者撚碎冲酒服亦妙 聖惠方云九月九日取甘菊花曬乾為末每糯米一斗蒸熟入花末五兩加細麯搜拌如常造酒法候熟澄清收藏每服一二盞能治頭瘋頭旋眩運 漢宮人採菊花并莖釀之以黍米至來年九月九日熟而就飲謂之菊花酒 變白增年方用甘菊三月上寅日采苗曰玉英六月上寅日采葉曰容成九月上寅日采花曰金精十二月上寅日采根莖曰長生並陰乾百日等分成日合搗千杵為末每酒服一錢匕蜜丸桐子大酒服七丸日三百日身體輕潤一年髮白變黑二年齒落再生五年八十歲老人變為兒童 九月九日菊花末臨飲服方寸匕飲酒令人不醉 醫工或知忌野菜而並不識甘菊往往求益盆中殘朶而用之夫華盛者實衰開殘者氣散是尚可以為藥乎香菊香烈雖能爆淫祛風亦能助火泄氣宜酌而用之變白延年之說不可貪也以菊作枕者頭痛至不可救德善譜有戒

○定品 或問菊奚先曰色與香而後態色奚先曰黃黃者中色也其次莫若白西方金

氣之應菊以秋開則予氣為[illegible]陳藏器云白菊生平澤紫者白之變紅者紫之變也此紫所以為白之次而紅所以為紫之次也有色矣而又有香有香矣而復有態是花之尤者也或曰花以艷媚為悅而子以態為後何歟曰吾聞妍卉繁花為小人松竹蘭菊為君子安有君子而以態為悅乎至于具香與色而又有態是君子而有威儀者也菊有名龍腦者具色與香而態不足菊有名都勝者具態與色而香不足菊之黃者未必皆勝而置于前者重其色也其有受色不正雖芬香有態吾無取焉至若菊之名雖有春菊夏菊秋菊寒菊之異當以開于秋冬者為貴開于夏者為次漁隱云菊春夏開者終非其正有異色者亦非其正 辨疑 或謂菊與薏有兩種而陶隱居日華子所記皆無千葉花疑今譜中或有非菊者 陶隱居之說謂莖青作蒿艾氣為苦薏今觀菊中雖有莖青者然而氣香味甘枝葉纖少或有味苦者而紫色細莖亦無蒿艾氣今人間相傳為菊亦已久矣故未能輕取舊說而棄之也凡植物之見取于人者栽培灌溉不失其宜則枝葉華實無不猥大至其氣之所聚乃有連理合穎雙葉並蒂之瑞而況于花有變而千葉者乎日華子曰花大者為甘菊花小而苦者為野菊若種園圃肥沃之處復同一體是小可變為甘也如是則單葉變為千葉又何疑牡丹芍藥皆為藥中所用隱居等但記花之紅白亦不云有千葉者今二花生于山野類皆單葉小花至於園圃肥沃之地栽鉏糞養皆為千葉大花變態百出奚獨至于菊而疑之雖然花之變而美好譬小人變為君子此亦恒有之至

乎非族類而冒姓名察徵君子必且心桐爲今取假冒者數種列之左方正名者庶幾知所去取云

春菊 蒿菜花二月末開頭大及二寸金彩鮮明不減于菊 藍菊 花單薄而小其萼黃 纓枝菊 一名艾葉菊一名千年艾一名千穟白一名千歲白白花單瓣鈴萼微黃其大如錢葉青白似艾每株作花數千朶開早枝幹細弱而延蔓高可一丈花瓣薄開過轉紅 觀音菊 即天竺花自五月開至七月花頭細小其色純紫枝葉如嫩柳幹之長與人等呼爲觀音者盖取錢塘有天竺觀音之義云非蘭天竺也或呼爲落帚花亦非落帚別是一種 孩兒菊 花小而紫不甚美觀但其嫩頭柔軟置之髮及衣中甚香可辟汗氣 繡線菊 頭碎紫成簇而生心中吐出素縷如線自夏至秋有之俗呼爲厭草花古有厭勝法若人帶此花賭博則獲勝故名 紫菊 花如紫茸叢茁細碎微有菊香或云即澤蘭也以其與菊同時又常及重九故附于菊一云即馬蘭花 藤菊 花密條柔以長如藤蔓可編作屏障亦名棚菊種之坡上則垂下褭褭數尺如纓絡尤宜池側 雙鸞菊 一名鸞鸞菊即烏啄苗花開甚多每朶頭若僧帽拆此帽內露雙鸞並首形似無二外分二翼一尾春分根種 石菊 一名大菊即石竹也見石竹下 六月菊 一名艾菊一名滴露菊一名旋覆花即滴滴金也見滴滴金下 艾菊 即旋覆花杜甫秋雨嘆曰雨中百草秋爛死堦下決明顏色鮮着葉滿枝翠羽盖花開無數黃金錢說者以爲即本草決明子此物乃七月作花形如白匾豆葉極稀疎焉有翠羽盖與黃金錢也彼盖不知甘菊一名石決爲其明目去翳與石決明同功故吳越間呼爲石決子美所嘆正此花耳而杜趙二公妄引本草以爲決明子疎矣

○治地 種菊之處須在向陽高原宜陰宜日風雨可到之所四傍設籬遮護圃內開作幾埂每埂置花幾缸缸之相去一尺五六寸僅容一人往來澆灌捕蟲缸下用磚石砌起以便走水傍設一小所以藏各色器具待花開移賞之後收根原藏此圃庶根苗不失而關防有地 儲種 花謝後即剪去上幹止留近根三五寸每缸插籌記認名色或于缸邊記號亦可剪處用泥封口移至向陽處晒之上白燥時將肥水澆一二次天將大雪用亂穰草覆之以避凍損宜稀盖不可過密密則苗黃又法以礱糠燒灰覆之可避寒氣天日晴和用糞搪揠菊本四邊勿着根春苗自旺交立春糞即少用有他處討來名花根接者明年花開必變即以原花枝梗橫埋肥地中每節自然出苗收起近中幹者則花本不失可得真種立春後天尚寒且不可輕動仍用草護其本則新秧早發壯大至二月內水雪半消方可撤去覆草遇奇種宜于秋雨梅雨二時修下肥梗插在肥陰之地加意培養亦可傳種 種子 秋菊枯後將枯花堆放暖土上令畧着土不必埋時以肥沃之明年春初自然出苗收種其花色多變或黃或白或紅紫更變至有變出人所不識名者甚爲奇絕 分秧 春分至穀雨節內看天氣晴明地土滋潤將舊收花本四圍掘出總根輕輕擊開勿損苗芽根鬚擇肥苗單莖不拘根鬚多少如在原本上者須近原本有節處分

以其節中生根方旺也秧根多鬚而土中之莖黃白色者謂之老鬚少而純白者謂之嫩鬚老可分嫩不可分有禿白根者亦可種活但要去其根上浮起白鬚一層以乾潤土種之不可雨中分種令溼泥着根則花不茂土須鉏鬆不可甚肥肥則籠菊頭而不發須令淨去宿土恐有虱子之害其地比平地高尺許每尺餘栽一株每穴加糞一杓搗捉如法方可搬秧植之四圍餘土鉏爬壅根高如饅頭樣令易瀉水菊根惡水水多必爛周圍留深溝泄水但雨過不拘何月務將溝中水疏通流別處不分在地在盆即以醉熟乾土壅根或用筅箍瓦作盆埋地令一半入土內使地氣相接水不停積雨過便于上盆不傷根不泄元氣大笑及佛頂御愛黃至穀雨時以其枝揷于肥地即活至秋亦著花藤章菊多佳者問之圃丁云每歲以上巳前後數日分種失時則花少而葉多如不分置他處非惟叢不繁茂往往一根數幹一幹之花各自別樣所以命名不同菊開過以茅草裹之得春氣則其舊年柯葉復青漸長成樹但次年不著花第二年則接續著花仍不畏霜　登

盆　立夏時菊苗長盛將上盆先數日不可澆灌令其堅老上盆則耐日色每起根上多帶土先將肥土倒鬆填二三分于盆加濃糞一杓後搬菊秧植之再將前土填滿亦如饅頭樣種後必隔一日早用河水澆之又要搭棚遮避日色遇雨露揭去如久雨將盆移簷下長高尺許方可用肥仍以紅油細竹揷傍用細棕寬縛以防風雨摧折竹用油可避菊虎用棕糸風日凡要菊盛花大更無別法只是十一月大小雪中分盆邊旺苗栽之如未

發苗有青葉頭白芽者種之遮霜雪要見日色開春花自盛

澆灌

初種時澆水後得大日色晒三四日候天色晴燥早晚用河蕩水澆一次澆時須用盆緩緩澆透不透恐下邊土熱葉即發黃天雨不必澆既活長至六七寸長方將宿糞一杓水一桶和勻澆一次隔日又一次澆時須在雨過後一日若晴久土燥不可澆肥亦不可澆在花根邊令根傷損先將缸內土四邊掘壅根上如高阜樣肥灌四周低處量看枝葉綠色深翠即止大約瘦者多澆肥者少澆否則令蕋籠閉青葉勝交芒種節後黃梅久極易傷根大雨時行尤爲難看梅天但遇大雨一歇便澆些少冷糞以扶植之否則無故自瘁若驟澆糞用糞泥于根邊週圍堆壅半寸再雨溼泥功倍于糞且不壞葉六七月內不可用糞用則枝葉皆蛀每晨用河水澆灌若有搏雞鵞毛水停積作冷青或浸蚕沙清水時常澆之尤妙尤須蓄土以備封培其根復生其本蕋固自此以後不可澆肥芒種後如苗瘦者止用汗泥水隔三五日一澆以天色晴雨爲則六月大暑中每早止用河水澆此月天熱糞燥用糞則傷菊此後至花蕋發如黃豆大方澆清淡糞水一二次花將放時又澆肥一次則花開豐豔可觀此花大率惡水水多則有虱傷溼爛之患紫金鈴一種忌肥喜陰又不可見水宜大樹下陰處種之畧見日影常令肥潤而已不可令中間頭長腦頭一起即掐一段根下亂頭不可去待亂枝茂根庾即花盛此種及蜜芍藥金芍藥銀芍藥不宜見糞惟沃以汗泥稀水紫線盤不宜見肥金鈴一種絕妙極難活但置陰處多見水不見肥東籬品彙

云澆花以噴壺噴之最良

惜花

秋時有狂風驟雨每本再揀堅直籬竹綁定用莎草從根縛二三節勿令搖動傷殘菊性畏熱須傍高籬大樹以避日色花開盛大不可置之日晒雨濯須放陰處以待夜露天寒有霜移置屋下根縛紙條就盞引水使根常潤而不傷水則花久可觀葉秀可愛黃梅雨久花根浸爛花葉將萎即拔起剪去爛鬚止留直根重揷平溼土內如揷花法既可留種亦可有花

護葉

養花易養葉難凡根有枯葉不可摘去去則氣泄其葉自下而上逐漸黃矣根邊用碎瓦或花盞容蓋防雨濺泥污葉或櫳槺螺殼亦可葉有泥以清水洗淨各月皆然澆糞澆水愼勿令著葉一著葉隨即黃落欲葉青茂時以韭汁澆根妙缸下用大磚墊高缸底以走積雨則葉不損如此護之則枝葉翠茂清晨葉帶露甚脆一觸則落一法以稻草剪作尺許分開縛在四圍根上去根四五寸許周圍分撒如簑衣蓋泥亦是護葉一法四五月大雨脚葉易壞須設棚遮蓋

芟蕋

長高尺許芒種節中每枝逐葉上近幹處生出眼一一摘去此眼不摘便生附枝掐時切須輕手左手雙指拈梗右手指甲掐蕋勿猛摘猛放盖菊葉甚脆畧一觸即墮矣至結蕋時每株頂心上留一蕋餘則剔去如蕋細用針挑其逐節間或先掐眼不盡至此時又結蕋亦盡去之隨加土平缸底一枝之力盡歸一蕋開花尤大可徑三四寸惟甘菊寒菊獨梗而有千頭不可去立秋後不論枝長短並不可損蕋至黃豆大隔二三日澆肥一次則花大色濃至霜降花大發矣中有早晚不同開早者先移賞玩後開者又作一番其

間了開放并零落者存之作本如欲蕋多至春苗尺許時掇去其顛數日則岐出兩枝又掇之每掇益岐至秋則一幹所出數百千朶婆娑團欒如車盖熏籠人力勤土又膏沃花亦爲之屢變菊之本性有易高者醉西施之類是也有原低者紫芍藥之類是也欲其低摘正頭欲其高摘傍頭庶無過不及之患

壓揷

五月梅雨時將摘下肥壯小枝長三五寸者齊節邊截取揷入肥膄土內約寸半許以泥埋過節爲止以其節能出根故耳移置陰處或用箔蓬遮護令不見日頻以水澆間用肥水待至盈尺畧見日影至中秋不必遮藏與種菊同開但花畧小耳可移盆中置几上清玩揷大芋頭内埋土中亦佳此根收起來年發苗更旺凡菊開花時有苗頭近梗掐下以汙泥猪糞釀肥下花苗頭在内上盖鬆泥此苗即活冬間分得芽頭須用猪糞釀泥種之凡壅花以頭垢不生蟲亟欲其淨則澆壅拾肥糞而用河泥紫金鈴及蜜芍藥紫牡丹白牡丹秋牡丹金寶相銀寶相紫寶相金邊紫鈴難栽宜多揷

裁接

四月間梅雨時將賤菊本幹肥大者截去苗頭近根止留數寸將他色菊苗頭截下以利刀披削如鴨嘴樣將前去苗頭本上以利刀劈開僅可容苗頭削枝揷落即用麻線縛定以汙泥塗之再以紙箬包裹至活方去則一本可容三色且至深秋接頭長完無痕可見

釀土

種菊土力最要植壤黃壤赤壤爲上沙壤磧壤黑壤次之俱在每歲秋冬擇高阜肥地將土挑起潑以濃糞篩過雜以雞鵞糞壤令肥用草薦盖之勿令泄氣正二月内再篩數次候至分菊時仍以細篩篩過用蚌殼搬入

盆內五六寸許。栽菊遇雨過根露，覆以肥土，可收雨澤，不使根爛。菊喜新土，大率每年換土分種。若舊土，恐力不厚，花發瘦小。初種土培十分之四，至黃梅前三二日再培土三分。雨後淋去，再宜封培。至蕊發如菽豆大，摘後又培土二分，以時消息。又一法：以肥爛土用細篩篩入甑，蒸二三沸，取起倒出，曬乾入盆植菊，能殺虫，無侵蝕之患。

蓄水　蓄水之法：花傍四角設四缸，一蓄糞水，一蓄汚肥水，二蓄河水雨水。澆花河水雨水爲上，洗鮮肉、退雞鵝毛水、繰絲湯俱佳。釀雞鵝毛水法：用缸盛貯，投韭菜一把，或枇杷核，則毛盡爛。一云先時以死蟹釀水澆花，殺生莠虫，又能肥花。用糞各有次序：一次糞二水八，越半旬；第二次糞三水七，再越半月；第三次糞水相半，又越半旬；第四次糞七水三；第五次全糞可也。救花大肥，用野芥菜子滿缸下之以減其力。臘月內掘地埋缸，積濃糞，上蓋板填土，窖固至春，渣滓融化，止存清水，名曰金汁。五六月菊黃萎，用此澆之，足以回生，且開花肥潤。

捕虫　初種時長至五六寸，即有黑小地蠶嚙根，早晚宜看除之。又生一種細虫穿葉，惟見白頭縈迴，可用針刺死之。立夏至小滿四五月中，防麻雀折枝作窠。雨過後或生青寸白虫食腦葉，或生如虱黑莠虫，以指彈梗去之，時常須看。芒種後四五月時有黑殼虫，似螢火，肚下黃色，尾上二鉗，名曰菊牛，又名菊虎。或清晨，或將暮，或雨過晴時，忽來傷葉，可疾尋殺之。此虫飛極快，遲則不及。若花頭垂軟，即看四圍鉗處，用中指摘去過傷處一二寸，免致傷此一本。此虫一嚙即生子梗土，變作蛀虫，從損處劈開，中有小虫，可撚殺之。黃梅雨中溼熱時，候葉底生虫，名象幹，虫青色，如蠶，食葉。上半月在葉根之上，幹下半月在葉根之下，幹破幹取之，旋以紙撚縛住，常以水潤之，花亦無恙。至六七月雨過時，又生細細青綿虫，食頭，此虫極難尋見，可先看葉下有虫糞如沙泥，即虫生處，覓去之。高僅三尺許，摘苗之後，小暑至秋分時常要看節邊蛀孔。有虫在內，用針或鐵線插入孔上半月向上搜，下半月向下搜，虫死，即好。枝上生蝴虫，用桐油圍梗上，虫自死。癃頭者曰菊蟻，以鱉甲置旁，引出棄之。瘠枝者曰黑蚰，以麻裹筯頭輕捋去之。無故葉黃色憔悴，土內必有蠐螬或蚯蚓食根，可用鐵鉤抓開根下土泥，尋虫死之，或以石灰水灌過，以河水解之。喜蛛侵腦，當去其絲。又防節眼內生虫，亦以鐵絲搜殺之。蕊將發頭，或蕊腦已發，上生

黑青莠虫，可用棕刷拂去，間用茅灰摻虫，或以魚腥水灑之，或將洗鮮魚水，或死蟹水灑葉上，或種韭、薤、葱、蒜于菊根傍，皆去虫法也。常要除去蜒蚰，則苗葉可免傷害。

染色　菊無藍、墨二色，傳有染法，須先多種一捧雪、銀芍藥。月下白三種花，蕊將開，用金墨研濃，下油一二點，或和以乳汁，用牙刷濺墨對入蕊心，待露過夜，次早又染，凡三四遍則花墨色。藍用新收青綿，夜至露中，候溼，次早絞綿色水滴蕊中心，開時花作藍色。二法用硇砂一二厘入水，用五色顏料俱可染花，極易入瓣，但花不耐久，即便凋萎，真賞者不取。或于九月收霜，貯瓶埋之土中，菊有含蕊，調色點之，透變各色。或取黃白二色，各披半邊，用麻紮合，所開花朶，半白半黃。如欲催花，于大蕊時早龍眼殼，先于隔夜澆硫黃水，次早去殼

花即大開依法留之可花忌忌燥寒燥熱天
至春初馬糞釀水亦可色　忌大風大
雨烈日　忌凹圍高墻　忌地勢汙下　忌
貪多助長如用礬口硫黃馬孛催放藥物之
類　忌孤高無傍枝　忌四面一齊似
燈籠樣　忌圈縛盤結　忌麝臍觸犯
○製用　重五日採白菊莖常服令頭不白【圖經】
重九日取菊花末水服二錢治醉酒
不醒
○療治　九月九日白菊二斤茯苓一斤搗末煉
過松脂和丸雞子大每服一丸治頭眩
久服令人顏色不老　丹法用白菊汁蓮花
汁地血汁樗汁合丹蒸服　九月取菊花作
枕袋枕之治頭項強不能顧視夫良　治風
眩旋風九月九日取菊花曝乾爲末用糯米

一斗蒸熟爲飯以菊花末五兩拌入飯内如
常醞法用細麵曲爲末酒候熟壓之每日煖
飲一二盃大効　治男婦久患頭風眩悶頭
髮乾落胸中痰壅每發即頭眩眼昏欲倒先
灸兩風池各二十七壯并服後酒及散永瘥
其法春末夏初收白菊軟苗陰乾搗末空腹
無灰酒服方寸七日再漸加三方寸七羹粥
汁服亦得八月合花收曝乾三大斤生絹袋
盛貯三大斗酒中七日服之日三次常令酒
氣相續爲佳　膝風疼痛菊花陳艾葉作護
膝久則自除　癍瘡目翳用白菊花穀精草
菉豆皮等分爲末每一錢乾柿餅一枚粟米
泔一盞同煮候泔盡食柿日食三枚淺者五
七日遠者半月効　病後生翳白菊花蟬蛻
等分爲散每日二三錢入蜜少許水煎服大
人小兒皆宜屢驗　疔腫垂死菊花一握搗

汁一升入口即活神驗冬月採根　女人陰
腫甘菊苗搗爛煎湯先熏後洗　酒醉不醒
九月九日眞菊花爲末米飲服方寸匕　眼
目昏花甘菊一斤紅椒去目六兩爲末新地
黄汁和丸梧子大臨臥茶清下五十丸　癰
疽瘰癧疔腫一切無名腫毒用野菊花連莖
搗爛酒煮熱服取汗以渣傅之即愈　又野
菊花莖葉蒼耳草各一握共搗入酒一碗絞
汁服以渣敷之取汗即愈六月六日採蒼耳
葉九月九日采野菊花爲末每酒服三錢亦
可　天泡溼瘡野菊
花根棗木煎湯洗
○典故　日精治蘠皆菊之花莖別名也生依水
邊其花煌煌霜降之節唯此草盛茂九
月律中無射俗尚九日候時之草也【[illegible]】
茱萸爲辟邪翁菊花爲延壽客故九日假

此二物以消陽九之厄【仙書】　鄧州南陽郡
土貢白菊三十斤【九域志】　陶隱居與藏器
皆言白菊療疾有功本草圖經言今服餌家
多用白者抱朴子有言丹法用白菊汁　牧
豎閑談云蜀人多種菊以苗可入菜花可入
藥園圃悉植之郊野人多採野菊供藥肆頗
有大慢眞菊延齡野菊瀉人　東平府有溪
堂爲郡人遊賞之地溪流石崖間至秋州人
泛舟溪中採石崖之菊以飲每歲必得一二
種新異花【沈譜】　吳致堯九疑考古云舂陵
舊無菊自元次山始植沈譜云次山作菊圃
記云在藥品爲良藥爲蔬菜是佳蔬　菊山
在蕭山縣西三里多甘菊【越州圖經】　本草
與千金方皆言菊花有子魏鍾會菊花賦有
方實離離之言馬伯州菊譜有金箭頭菊花
長而末銳枝葉可茹最愈頭風謂之風藥菊

冬收而春種之據此二說則菊之爲花果有結子者　南陽酈縣有甘谷谷中水甘美其上有大菊落水從山流下得其滋液谷中飲此水者上壽百二三十中壽百餘歲七八十則謂之夭【風俗通】　重九都下賞菊菊有數種有黃白色蕋若房曰萬鈴菊粉紅色曰桃紅菊白而檀心曰木香菊黃色而圓曰金鈴菊純白而大曰喜容菊無處無之酒家皆以菊花縛成洞戶【東京夢華錄】　紫菊之名見於孫眞人種花法又見于諸譜中此品傳植已久故唐宋詩人稱述亦多蕭穎士菊榮篇紫英黃蕚照耀丹墀杜荀鶴詩雨勻紫菊叢叢色趙嘏詩紫艷半開籬菊靜夏英公詩落盡西風紫菊花韓忠獻公詩紫菊披香碎曉霞則紫花定是佳品　劉家譜菊有順聖淺紫之名按宋朝嘉祐中有油紫英宗時有黑

紫神宗時色加鮮赤目爲順聖紫　屈原離騷經朝飲木蘭之墜露兮夕餐秋菊之落英王逸註云言但飲香木之墜露吸正陽之津液暮食芳菊之落華吞正陰之精蘂洪興祖補註云秋花無自落者當讀如我落其實而取其華之落又據一說云詩之訪落以落訓始也意落英之落爲始開之花芳馨可愛若至于衰謝豈復有可餐之味　魏文帝與鍾繇書曰歲往月來忽爲九月九日九爲陽數俗宜其名以爲宜于長久是月芳菊紛然數榮輔體延年莫斯之貴謹奉一束以助彭祖之術【本紀】　陶潛九月九日無酒坐宅邊菊叢中摘花盈把悵望久之見白衣至乃江州太守王弘爲龎通轉送酒遂即酣飲醉而後歸【續晉陽秋】　漢武帝宮人賈佩蘭九日佩茱萸食餌飲菊花酒云令人長壽【風土記】

盧公範重陽日上五色糕菊花枝茱萸樹　宣帝時異國貢紫菊一莖蔓延數畝味甘食者至死不飢渴【寶櫝記】　朱孺子入玉笥山服菊花乘雲升天【名山記】　康風子服甘菊花桐實後得仙【神仙傳】　湖廣久患風羸汲酈縣菊水飲之疾遂瘳年百餘歲【荆州記】　列仙傳文賓取嫗數十年輒棄之後嫗老年九十餘續見賓年更壯拜泣至正月朝會鄉亭西社中賓教令服菊花地膚桑上寄生松子以益氣嫗亦更壯復百餘歲　汝南桓景隨費長房遊學長房謂曰九月九日汝南當有災厄急令家人縫絳囊盛茱萸繫臂上登高飲菊花酒此禍可消景從其言舉家登山夕還雞犬俱暴死長房曰此可代矣今人九月九日登高是其遺事【續齊諧記】　唐高宗時李適爲學士凡天子饗會游幸唯宰相及

學士得從秋登慈恩寺浮圖獻菊花酒稱壽【李適傳】　唐輦下歲時記九月宮掖間爭插菊花民俗尤甚杜牧詩云黃花插滿頭　荆公詩黃鞠飄零滿地金歐陽曰秋花不比春花落憑伊詩人仔細看荆公笑曰歐九不學故也不見楚詞云餐秋菊之落英云云噫荆公蓋拘性自文耳詩之訪落訓落爲始蓋謂花始敷也草之精秀者爲英本鞠之始英以其精華所聚而餐之不然殘芳剩馥豈堪咀嚼乎嘗詢楚黃士人實無此種【史正志叙】　陸龜蒙自號天隨生宅荒少墻屋多隙地前後皆樹以杞菊春苗恣肥得以採擷供左右盃案及夏五月枝葉老硬氣味苦澁旦暮猶責兒輩搬拾不已遂作杞菊賦【文粹】　蘇東坡守膠西傳舍索然人不堪其憂日與通守劉廷式循古城廢圃求杞菊食之作後杞菊

賦【東坡文集】南陽內鄉縣西北有菊潭出
析谷東石澗山其水重于諸水旁生甘菊九
月花開水極甘馨有數十家惟飲此水壽多
至百歲【一統志】南方花發較北地常先一
月獨菊花開最遲菊性宜冷也東坡嘗言嶺
南氣候不常吾謂菊花開時乃重陽故在海
南蒔菊九畹後至冬半始開迺以十一月望
日與客泛酒作重九會云【遯齋閑覽】重陽
都下賞菊菊有數種縛成洞戶都人都出郊
登高前一二日各以粉麪蒸糕遺送上插剪
綵小旗摻飣果實如石榴子栗黃銀杏松子
肉之類【風土記】余聞有麝香菊黃花千葉
以香得名有錦菊者粉紅碎花以色得名有
孩兒菊者粉紅青萼以形得名有金絲菊者
紫花黃心以蕋得名嘗訪于好事求于園圃
既朮之見故特論其名色列于記花之後焉

【花史】王龜齡十朋取莊園卉目為十八香
以菊為冷香　張南軒為江陵之數月方春
經行郡圃命拔杞菊付之庖人或謂先生居
方伯之位頤指如意乃樂從野人之飧得無
矯激有同于脫粟布被者乎先生應之曰天
壤之間孰為正味厚或腊毒淡乃其至惟杞
與菊中和所萃驗南陽與西河又顏齡之可
制于是又作續杞菊賦【文集】陸公平泉初
入史館偶與同館諸公以事謁分宜衆皆趨
前呈身遂至喧擠公獨逡巡却步時分宜庭
中盛陳盆菊公徐謂曰諸君且從容莫擠壞
陶淵明也聞者心媿【[illegible]七澤】成都府學有
神曰菊花仙相傳為漢宮女諸生求名者往
祈影響神必明告仙為漢宮女蓋在漢宮飲
菊花酒者或云成都府漢文翁石室壁間画
一婦人手持菊花前對一猴號菊花娘子大

比之歲士人多乞夢頗有靈異【成都志】亳
社吉祥僧剎有僧誦華嚴大典忽一紫兔自
至馴伏不去隨僧坐起聽經坐禪惟飧菊花
飲清泉僧呼菊道人　舒州菊多品如蜂兒
菊者鵞黃色水晶菊者花面甚大色白而透
明又有一種名末利菊者初開花小四瓣如
末利既開花大如錢　菊至江陰上海吾州
而變態極矣有長丈許者有大如盤者有作
異色二色者而皆名粗種其最貴乃各色剪
絨各色撞各色西施各色狼牙乃謂之細種
種之最難須得地得人燥溼以時虫蠹日去
花須少而大葉須密而鮮不爾便非上乘元
馭閣老尤愛種菊京師有一種大紅曰麻葉
紅相袍紅元馭為翰林時特命囊之馬首歸
今吾地尚有此種然開不能大佳想亦地氣
使然菊中有黃白報君知最先開甘菊可作

湯寒菊可入冬皆賤種也而皆不可費又有
一種五六月開亦異種也【王敬美】潛江有
鋪茸菊色綠其花甚大光如茸二月間開
臨安有大笑菊其花白心黃葉如笑或云即
枇杷菊長沙菊多品如黃色曰御愛笑靨孩
兒黃滿堂金小千葉丁香壽安真珠白色曰
疊羅艾葉毬白餅十月白孩兒白銀盆大而
色紫者曰荔枝菊　閩他處有十樣菊者一
叢之上開花凡十種　婺女有銷金北紫菊
紫瓣黃沁銷銀黃菊黃瓣白沁有乾紅菊花
瓣乾紅四沁黃色即是銷金菊三菊乃佛頭
菊種也　浙有荷菊日開一瓣開足成荷花
形衆菊未開不開衆菊已謝不謝又有腦子
菊其香如腦子花色黃如小黃菊之類又有
茱萸菊麝香菊水仙菊水仙者即金盞銀臺
也　金陵有松菊枝葉勁細如松其花如碎

[illegible]至重陽[illegible]之[illegible]花各[illegible]有異有人[illegible]餘[illegible]（俱花史）

○麗藻散語

季秋之月菊有黃花（月令）

蘭有馨兮菊有芳（漢武秋風辭）二種

就荒松菊猶存（陶靖節）

綠葉雲布黃蕊星羅（盧諶）

菊艸屬也以黃爲正是以槩稱黃花

記

菊黃中之色香味和正花葉根實皆長生藥也北方隨秋之早晚獨嶺南不然至冬乃盛發嶺南地煖百卉造作無時而菊獨後開考其理菊性介烈不與百卉並盛衰須霜降乃發而嶺南常以冬至微霜故也其天姿高潔如此宜其通仙靈也吾在海南藝菊九畹以十一月望與客泛菊作重九書此爲記（蘇東坡）

序

菊苗可以採花可以藥囊可以枕醸可以飲所以高人隱士籬落畦圃之間不可一日無此花也陶淵明植于三徑采于東籬裛露掇英泛以忘憂鍾會賦以五美謂圓華高懸準天極也純黃不雜后土色也早植晚發君子德也冒霜吐穎象勁直也杯中體輕神仙食也其爲所重如此然品類有數十種而白菊一二年多有變黃者予在三水植白菊百餘株次年盡變爲黃花今以色之黃白及雜色品類可見于吳門者二十有七種大小顏色殊異而不同自昔好事者爲牡丹芍藥海棠竹筍作譜記者多矣獨菊花未有爲之譜者殆亦菊花之缺文也余姑以所見爲之若夫耳目之未接品類之未備更俟博雅君子與我同志者續之（史正志）

蓋草木之有花浮冶而易壞凡天下輕脆難久之物皆以[illegible]比之宜非正人達士之所好[illegible][illegible]屈原之爲文香草[illegible]以比忠正[illegible]與菌桂荃蕙蘭芷同爲所取東坡[illegible]之未也陶淵明乃以松配菊連語而稱之夫屈原淵明實皆正人達士其于菊貴之也此是菊雖以花爲名固與浮冶易壞之物[illegible]可同年而語也且菊固有異于物者凡花[illegible]以春盛而實者以秋成菊獨以秋花悅[illegible]風霜搖落之時此其得時者異也有花葉者花未必可食而康風子乃以食菊仙此其[illegible]異也花可食者根葉未必可食而陸[illegible]蒙云春苗恣肥得以采擷供左右杯案本草云以正月取根此其根葉異也失以一草之微自本至末有功於人如此加以色香態度纖妙閑雅可爲丘壑燕靜之娛然則古人取以比德而配以歲寒之松夫豈徒然而已哉洛陽風俗大抵好花菊品比他州爲盛劉原[illegible]居伊洛廣植諸菊朝夕嘯詠其側蓋已有意譜之而未暇也崇寧甲申九月余爲龍門之遊得至君居觀而樂之相與訂論因隨其名品論序于左以列諸譜之次（劉蒙）

山林好事者或以菊比君子其說以爲歲華婉婉草木變衰乃獨燁然秀發傲睨風露此幽人逸士之操雖寂寥荒寒而味道之腴不改其樂月令以動植志氣候如桃桐華直云始華至菊獨曰菊有黃華豈以正色獨立不伍衆草變詞而言之歟（范石湖菊譜序）

牛

傳

生姓黃字華其先日精者初生筮之繇曰燁燁煌煌綠衣黃裳德與坤協數用九彰九九相仍俾爾壽昌佐用炎皇啓土于兌方世爲中黃炎中五數出奇旺四時者九重陽數也兌秋方[illegible]寄[illegible]壽而盛[illegible]秋于陶氏旺春[illegible]其昌乎後日

精以養生術佐農皇[illegible]壽一萬二千歲
嘉其功封之雍州之土爲壽伯公賜姓中黃
氏後有落藩者注姬公旦爾雅且上其名綴
衣薦服于帝帝服之喜特賜御愛黃至孫英
其祚始落三湘與屈原同夕食英子爲華西
入秦遇陽翟大賈衒金爭文價咸陽市華文
五色備名揆火月令至今夏小正以華之善
記節爲名華後入漢以服餌法干上出入宮
禁后妃侍兒咸與之飲酒乞其製辭曰長壽
長壽宣帝時華以外國肥甘進上嘗之喜曰
金蕊銀枿眞神仙食也吾不能效武帝食露
盤矣華嘗以氣岸高自標置曰予闓冠準天
純色準地當贊天地闓入黃壽域黃中通理
獨暢四支非予前聞人佐農皇志也時陽九
厄矣遂入乎蓋山煉九華大藥時時與好事
者出沽酒市中見者咸呼爲九華先生彭澤
令陶潛方棄官柴桑聞先生名特延致之從
徙宅東潛不敢名惟以九華呼之潛嘗九月
九日無酒與先生口講服餌法語之曰南山
朝來致有佳氣耳少時江州刺史王弘送酒
至潛以酒讓先生飲先生憙曰吾得拍浮此
足矣潛平日交惟兩人先生與五鬣大夫也
五鬣在先生上先生戲與五鬣較短長曰汝
雖長遭斧斲我雖短升中堂又以其能相毀
最曰吾茹能使飢人辟糧汝能乎曰能吾一
能使癃殘人康寧壽考汝能乎曰能曰吾一
出能使時王知正氣一灰迹能使諸蠟族吞
其讓而不聲汝能乎曰不能矣曰不能何以
上吾也五鬣亦曰吾一出能棟天子明堂吾
灰迹能參歷代之文章子能乎曰不能也曰
此吾所以上子也潛聞而笑曰九華誠失五
鬣亦未爲得也二公之爭猶[illegible]

[illegible]
悌甚[illegible]醉辭則遣客而去二人[illegible]
至業霜露不生先自譜其族凡一百六十三
點其冒姓名者曰滴金馬蘭童萬錢瓊等五
六種細曰九華壽譜
藏于家[illegible]

頌

先民有作詠茲秋菊
綠葉黃花菲菲彧彧
芳踰蘭蕙茂過松竹其莖可玩其葩可服[illegible]
[illegible]英英麗草稟氣靈和春茂翠葉秋曜
金華布濩河原蔓衍陵阿楊芳吐馥載芬載
葩爰拾爰採投之醇酒御于王公以介眉壽
傅統妻

賦

[illegible]日之貞矣于彼重陽菊之榮矣于
彼華芳含天地之貞氣吸日月之
淳光雲布霧合冀舒翼張贊兮蔓衍郁兮芬
芳瑕枝金蕚翠葉紅芒其在夕也言庭燎之
晢晢其向晨也謂明星之煌煌爾其萬里無
華九嶷春色花的爍兮如錦草綿連兮似織
當此時也和其光同其塵應春光而早植及
夫秋星下照金氣上騰風蕭蕭兮瑟瑟霜剌
剌兮稜稜當此時也弱其志強其骨獨歲寒
而晚登[illegible]惟杞惟菊偕寒互綠或顛或
蓍爛披雨沐我衣敝絺我飯脫粟羞愧芮牙
荇且粱肉蔓延騈羅其生實多爾杞未棘爾
菊未莎其如予何其如
予何[illegible]

詩四言

采采者菊芬
其榮斯榮英
黃蕚照灼丹墀愷悌君子佩服攸宜王國是
維大君是毗貽爾子孫百祿華之廣方景
矣霜落殘促誰其榮斯有英者菊豈徵春華
懿此貞色人之侮我凝于新棘詩人有言好
是正直[illegible]

五言

芳菊舒金英唐德宗　黃花
催逸興李白　細葉抽輕翠
圓花簇嫩黃唐太宗　雨荒深院菊霜倒半
[illegible]　愁眼

簇簇寒叢滿翠莖與黃鐘賽事滿重迎霜菊
新【杜甫】一顆其黃金蕊綻此白玉兔【陸龜蒙】
輕霜䏻菊片細雨似梅天【王貞白】菊嫩
金風起荷疎珠露圓將秋數行雁離夏幾聲
蟬【古詩】九月龍山飲黃花笑逐臣醉看風
落帽舞愛月留人【李白】每恨陶彭澤無錢
對菊花如今九日至自覺酒須除【杜甫】白
雁獨橫秋黃花伴醉遊眼看風物換愁殺仲
宣樓【韋應物】九日不出門十日見黃菊灼
灼尚繁英美人無消息【司空圖】强飲登高去
無人送酒來遙憐故鄉菊應傍戰場開【岑參】
紫菊宜新壽萸茱辟舊邪願陪長久宴歲
歲捧香花【趙彥昭】晻晻淡淡紫融融冶冶
黃陶令籬邊宅雜含含裏香【李義山】粲粲
黃金蕊亭亭白玉膚極知時好異擬與歲寒
俱墮地良不忍抱枝寧自枯【吳履齋】辟惡

茱萸囊延年菊花酒與子結綢繆丹心此何
有【郭元振】九日山僧院東籬菊也黃俗人
多泛酒誰解助茶香【皎然】佳節逢吹帽
黃金滲菊叢淵明何處飲三徑冷香中【王十朋】
【蔡襄】青蕊胃珍叢幽姿含曉露政爾破荒寒
詎免傷遲暮　味苦誰能愛香含只自珍長
將潭底水普供世間人【張國維】冷艷吐
金英疎香入玉笑偏宜處士居不種朱門裏
【于若瀛】瑞塔千尋起仙輿九日來萸房陳
寶席菊蕊散花臺御氣鵬霄近升高鳳野開
天歌將梵樂空裡共徘徊　鳳刹侵雲半虹
旌倚日邊散花多寶塔張樂布金田時菊芳
仙醞秋蘭動睿篇香街稍欲晚清蹕扈歸天
金節三秋晚重陽九日歡仙盃還泛菊寶
饌且調蘭御風雲霄近乘高宇宙寬今朝萬
壽悅同慶樂時康【宋之問】御筵菊酒盃

遙高瀛洲籬菊滿黃葉泛酒壽鶴罍君
醫羞吹帽遊識舞行年年重九屢日奉陪天
長【徐鉉】可憐東籬菊蓮辨蓁且無采了
異蘭蕙亦自有芳菲未泛盈樽酒徒沾清露
輝當榮君不採飄落欲何依【李太白】寒花
開已盡菊蕊獨盈枝舊摘人頻異輕香猶智
隨地偏初衣袷山擁更登危萬國皆戎馬酬
歡淚欲垂【杜子美】籬落歲云暮數枝聊自
芳雪栽新蕊落金拆小包香千載白衣酒一
生青女霜春叢莫輕薄彼此有行藏【羅隱】
嫩菊含新彩遠山閉夕煙涼風鶯綠樹清韵
入朱絃思婦機中錦征人塞外天雁飛魚在
水書信若爲傳【盧文紀】不隨群草出能後
百花榮氣爲凌秋健香緣飲露滿細開宜避
世獨立每含情可道蓬蒿地東籬萬代名【李
夢陽】誅茆疏野徑種菊擬山家秀擢三秋

幹奇芬五色施凌霜留晚節殿歲奪春華爲
道食英好東籬興獨賒【申瑤泉】西苑辰遊
地東籬菊巳花當年誇野色此日麗天葩輕
白凌寒露深紅散晚霞秋英疑可茹無復楚
人嗟【唐文獻】結廬在人境而無車馬喧問
君何能爾心遠地自偏採菊東籬下悠然見
南山山氣日夕佳飛鳥相與還此中有眞意
欲辨已忘言　秋菊有佳色裛露掇其英汎
此忘憂物遠我遺世情一觴雖獨進盃盡壺
自傾日入群動息歸鳥趨林鳴嘯傲東軒下
聊復得此生【陶淵明】今日雲景好水綠秋
山明攜壺酌流觴搴菊汎寒榮地遠松石古
風揚絃管清窺觴照歡顏獨笑還自傾落帽
醉山月空歌懷友生【李白】騷人足以思香
草此君子擬此霜下傑清芬絕蘭蕙氣稟金
精秋高樂當時英古來崔髮翁賞英飲其水

[illegible]
思[illegible]一晝後今日幾人存
巫峽啼猨[illegible]門繫册身萬里伏枕
淚雙痕爲客襄鳥惜從見具綠樽佳辰對群
盜愁絕更堪論 杜甫 菊以黃爲正君子正
其名所以東坡老欲埽紫與顏東皐千株菊
畦圃吁未經單心復纏枝千葉并萬鈴庶以
說耳目何用提品評節物苟如此敢與時好
爭高詠南山詩悠然念淵明 錢文僖 和澤
周三春煒煒涼秋節露凝無遊芬天高風景
徹陵岑聳逸峯遙瞻皆奇絕芳蘭開林耀青
松冠岩列懷此貞秀姿卓爲霜中傑啣觴念
幽人千載撫爾訣食素不復轉厭厭覺良月
陶淵明 家家菊盡黃梁園獨如霜瑩淨真琪
樹分明對玉堂仙人披雪氅素女厭紅妝粉
蝶來難見麻衣拂更香面風搖羽扇含露滴

瓊漿高壺遊錄并繁枝疊象床桂叢慙並發
梅蕚妬先芳一入瑤花詠從茲播樂章 [illegible]
[illegible] 越山春始寒霜菊晚愈好朝來出細蕊
稍覺芳歲老孤根蔭長松獨秀無衆草晨光
雖照耀秋雨半摧倒先生臥不出黃蕊紛一
埽無人送酒壺空腸嚼珠寶香風入牙頰楚
些三發天藻新英蔚已滿宿根寒不槁揚揚弄
芳蝶生死何足道頗訝昌黎公恨爾生不早
[illegible] 叢菊兩開他日淚 杜少陵 眼前景
七言
物年年別只有黃花似故人 古詩
古遺白髮不相放羞見黃花無數新 杜甫
牛裹烏紗莫吹却免教白髮見黃花 徐竹隱
[illegible] 秋風爲我開籬菊且耐寒香伴白雲 王濟
草臥夕陽牛犢健菊留秋色蟹螯肥 [illegible]
[illegible] 莫言滿眼無知己耐久黃花是故人
[illegible]

寂寞[illegible] 土若浮甘菊 陸放翁
[illegible]不許秋風管會東籬
隨春卉鬪芳菲 似蔡九月清霜重亦對三
春麗日開 [illegible] 獨坐異香爲異客每逢
佳節倍思親遙知兄弟登高處遍插茱萸少
一人 王維 秋叢遶舍似陶家遍繞籬邊日
漸斜不是花中偏愛菊此花開處更無花 [illegible]
[illegible] 節去蜂愁蝶不知曉庭和露折殘枝
自緣今日人心別未必秋香一夜衰 鄭谷
花上清光花下陰素娥惜此萬黃金一杯寒
露三更後誰信幽人更苦心 張耒 閶闔臺
下秋風裏白白黃黃無數花日暮城南城北
道半隨榛棘上樵車 王庭珪 九日東籬採
菊英白衣遙見眼能明向今自有盃中物一
段風流可得成 [illegible] 一夜新霜著瓦輕
芭蕉新折敗荷傾奈寒唯有東籬菊金粟初

開曉更清 [illegible] 雪彩冰姿號女華寄身
多是地仙家有時南國和霜立幾處東籬伴
月斜 [illegible] 秋風兩度身爲客已見重陽
未到家村酒不堪供節事秖將青眼看黃花
誰將陶令黃金花幻作酴醾白玉香小草
眞成有風味東園添我老生涯 黃山谷 共
坐欄邊日欲斜更將金蕊泛流霞欲知却老
延齡藥百草開時始見花 [illegible] 城荒落
葉風颼颼淮水茫茫古渡頭白首不堪行樂
也黃花點點是離愁 [illegible] 落託山圍載
酒來江梅含雪倚春臺菊花無籍秋光老猶
自雝披帶雨[illegible] 黃花照眼又經秋山自青
青水自流多少龍頭舊賓客年年把酒對江
[illegible]勤培溉待西風不
[illegible]要裁 劉後村 收梅西風情
[illegible]

[illegible]安[illegible]達[illegible]遊[illegible]
叢黄[illegible]霜香[illegible]烈味還甘[illegible]秋風偏重山
最貴自[illegible]有翁[illegible]潭【文徵明】斜暎春風
[illegible]華初泛午夢倘思茶難尋　北苑浮香雪
且就東籬擷嫩芽【顧景龍】築臺結閣兩爭
華便覺流涎過麴車　戶小難禁竹葉酒　睡多
須藉菊苗茶【洪適】盈盈宮額半塗黄　不減
花前壽[illegible]笑殺阿嬌金屋貯香　衾寒怯夜
來霜　越[illegible]初試素羅裳　愛向秋風學靚粧
一夜不勝環佩冷　曉香亭館有新霜【倪[illegible]】
冷艷疎枝擢素秋　結茅相對轉清幽　摘來
自喜簪蓬鬢　只恐黄花笑白頭【申瑤泉】黄
花應不種來門自合移根老瓦盆　露委烟斜
看不足　呼兒長夜倒芳尊【于念東】芳叢燁
燁殿秋光　嬌倚西風學道粧　一自義熙人去
後　冷烟疎雨幾重陽【[illegible]】一　雨中百草秋
爛死皆下決明顏色鮮　著葉滿枝翠羽蓋　開
花無數黄金錢　凉風蕭蕭吹汝急　恐汝後時
難獨立　堂上書生空白頭　臨風三嗅馨香泣
濃雲黴雨暮秋天　爲愛黄花帶晚烟　閒傍
名園千百種　獨分秋色到籬邊【陸[illegible]】庭前
甘菊移時晚　青蕊重陽不堪摘　明日蕭條盡
醉癡殘花爛熳開　何益籬邊野外多衆芳　采
擷細瑣升中堂　念玆空長大枝葉　結根失所
纏風霜【杜子美】誰采繁花席上題　偶將名
姓託唐妃　日烘花蕚臨時面　雨換華清沐後
衣　隔坐似邀秦國話　揮毫未放謫仙歸　欲[illegible]
[illegible]色窺生相巳落　詩家第二機【李[illegible]】一[illegible]
[illegible]江[illegible]雁度時　蕭蕭黄菊滿[illegible]
[illegible]

[illegible]
[illegible]是籍湖醪何有主[illegible]
陶潛與倒著綸巾醉未醉【貝九功】水愛
長天搖砌明　亭亭珠玉綻秋英　晚香冷　身輕
霜後淡意疎容與景迎　籬下留連非藉酒[illegible]
中尋覓最多情　飛塵不到莎[illegible]下　愛爲幽香
浸骨清【吳執御】秋風菊圃吹寒　風報道阿
家花早　蘤鬱秀半遮　西子白　宿粉斜映太眞
紅參差萬朶　霜天曉　稠疊千枝　烟雨空　肯與
此蕉分秀色　移栽不遠過牆東【馬[illegible]】貪
濃艶節　傲霜飂　淡色幽香冷不辭　入坐巨羅
手自引　歸來欵段未須騎　推敲月下猶孤詠
[illegible]病風流彼一時　若使東籬主　詞　去年秋晚
人在攢眉鄰　肯和新詩【王世貞】此圃中携
手玩芳叢　拈花嗅蕊惱烟撩霧　沉醉倚西風
○今年重對芳叢處　追往事　又成空　獻遍闌
有何人無語　倜悵滿枝紅【歐陽公少年遊】
老夫白髮　尚兒戲　慶圃一番料理　食飲落英
并餐露　重把離騷拈起　冷艷幽香　深黄淺白
占斷西風裡　飛來雙蝶　繞叢欲去還止　○嘗
試銓次群芳　梅花差可伯仲之間耳　佛說諸
天金世界　未必莊嚴如此　尚友靈均　定交元
亮　結好天隨子　籬邊坡下　一盃聊泛霜蕊[illegible]
【[illegible]念奴嬌】與客携壺上翠微　江涵秋影
雁初飛　塵世難逢開口笑　好花須插滿頭歸
○酩酊但酬佳節　了登臨不用怨斜暉　古往
今來誰不老　多少牛山何必更沾衣【[illegible]】
【[illegible]風皮】黄菊滿東籬　與客携壺上翠微　已
[illegible]有[illegible]妻有酒　莫期　不用登臨　怨落暉　○滿
[illegible]空折枝　[illegible]莫酒醒人散
[illegible]不知【黄山谷　南鄉子】
[illegible]東籬[illegible]芳分頭[illegible]

樣白同局幾般黃向闌處須一一排行淺深饒間新粧那陶令漉他誰酒趁醒消詳。況是此花開後便蝶戀無花管甚蜂忙你從今採却蜜成房秋英試商量多少爲誰甜得清涼待說破長生真訣要飽風霜【[illegible]】

【香】寒蕊弄日寶鈿承露籬落亭亭相倚當年彭澤未歸來料獨抱幽香一世。疎風冷雨淡烟殘照日日重陽天氣帽簷已是半欹斜問甕裏新蒭熟未【[illegible]臨江仙】

黃菊枝頭生曉寒人生莫放酒盃乾風前橫笛斜吹雨醉裏簪花倒著冠。身健在且加食舞裙歌扇盡清歡黃花白髮相牽挽付與時人冷眼看【[illegible]】

雅致裝庭宇黃花開淡佇細香明豔盡天與助秀色堪餐向曉自有真珠露剛被金錢妒擬買秋天容易獨步。粉蝶無情蜂已去要上金樽惟有詩人曾許待宴賞重陽恁時盡把芳心吐陶令經何顧免顦顇東籬冷烟疎雨【[illegible]】

一種濃華別樣妖留連春色到秋光解將天上千年豔翻作人間九月黃。凝薄霧傲繁霜東籬恰似武陵鄉有時醉眼偷相顧錯認陶潛作阮郎【[illegible]】

江水浸雲影鴻雁欲南飛攜壺結客何處空翠渺烟霏塵世難逢一笑況有紫萸黃菊須插滿頭歸風景今朝是身世昔人非。酬佳節須酩酊莫相違人生如寄何事辛苦怨斜暉無盡今來古往何限春花秋月變化倏無依問取牛山客何必獨沾衣【朱文公水調歌頭】

薄霧濃雲愁永晝瑞腦噴香獸時節又重陽玉枕紗厨半夜秋初透。東籬把酒黃昏後有暗香盈袖莫道不消愁簾捲西風人似黃花瘦【李易安醉花陰】

憶得去年今日黃花正滿東籬曾與主人歸小檻共折香英泛酒枝長條插鬢垂。人貌不應遷換珍叢又覩芳菲重把一樽尋舊徑可惜光陰去似飛風高露冷時【晏叔原破陣子】

二如亭群芳譜花部卷之三終

花譜

群芳譜 三

四季花

滴滴金

群芳譜　卷四　花譜四　目録

群芳譜花譜四目録

二如亭群芳譜花部卷之四

濟南　王象晉蓋臣甫　纂輯

松江　陳繼儒仲醇甫

虞山　毛鳳苞子晉甫　仝較

寧波　姚元台子雲甫

濟南　男王與胤　孫王士和　詮次

花譜四

一名餘容一名鋌一名犁食一名將離一名婪尾春一名黑牽夷本草曰芍藥猶婥約美好貌處處有之揚州爲上謂得風土之正猶牡丹以洛陽爲最也白山蔣山茅山者俱好宿根在土十月生芽至春出土紅鮮可愛叢生高一二尺莖上三枝五葉似牡丹而狹長初夏開花有紅白紫數色世傳以黃者爲佳有千葉單葉樓子數種結子似牡丹子而小

[illegible]御衣黃似[illegible]黃色葉疎蕊差深散出[illegible]其葉端色又肥碧

群芳譜　卷四　花譜　一

高廣類黄樓[illegible][illegible]宜升絶品黄花之冠

黄樓子 盛者五七層間以金線其香尤甚

袞黄冠子 宛如鬈子間以金線色比鮑黄

峽石黄冠子 如金線冠子其色深如鮑黄

鮑黄冠子 大抵與大旋心同而葉差不旋色類鵞黄

道粧成 黄樓子也大葉中深黄小葉數重又上展淡黄大葉枝條碩而絶黄綠葉疎長而柔與紅紫稍異此品非今日小黄樓子乃黄絲頭中盛則或出四五大葉

妒鵞黄 黄絲頭也於大葉中一簇細葉雜以金線條高綠葉疎柔

紅者有

冠群芳 大旋心冠子也深紅堆葉頂分四五旋其英密簇廣可半尺高可六寸艷色絶妙紅花之冠枝條硬葉疎大

賽群芳 小旋心冠子也漸添紅而緊小枝條及綠葉並與大旋心一同凡品中言大葉小葉堆葉者皆花瓣也言綠葉者枝葉也

盡天工 柳蒲青心紅冠子也於大葉中小葉密直妖媚出衆枝硬而綠葉青薄

點粧紅 紅纈子也色紅而小並與白纈子同綠葉微瘦長

積嬌紅 紅樓子也色淡紅與紫樓子無異

醉西施 大軟條冠子也色淡紅惟大葉有類(?)大旋心狀枝條軟細須以物扶助之綠葉色深厚疎長而柔

湖縐 紅色深淺相雜類湖縐

黿池紅 開須並萼或三頭者大抵花類軟條

素粧殘 退紅茅山冠子也初開粉紅即漸退白青心而素淡稍若大軟條冠子綠葉短厚而硬

淺粧勻 粉紅冠子也紅如[illegible]中[illegible]

醉嬌紅 深紅楚州冠子也亦若小[illegible]心則堆大葉葉

下亦有一重金線枝條高綠葉疎而柔

擬香英 紫寶相冠子也紫樓子心中細葉上不堆大葉者

妒嬌紅 紅寶相冠子也紅樓子心中細葉上不堆大葉者

縷金囊 金線冠子也稍似細條深紅者於大葉中細葉下抽金線細細相雜條葉並同深紅冠子

怨春紅 硬條冠子也色絶淡甚類金線冠子而堆葉條硬綠葉疎平稍若柔

試濃粧 緋多葉也緋葉五七重皆平頭條赤而綠葉硬背紫色

簇紅絲 紅絲頭也大葉中一簇紅絲細細枝葉同紫者

取次粧 淡紅多葉也色絶淡條葉正類緋多葉亦平頭

效殷粧 小矮多葉也與紫高多葉一同而枝條低隨燥濕而出有三頭者雙頭者鞍子者銀絲者俱同根因土地肥瘠而異

合歡芳 雙頭並蒂而開二朵相背

會三英 三頭聚一萼而開

擬繡鞾 鞍子也兩邊垂下如所乘鞍子狀地絶肥而生

紫者有

寶粧成 冠子也色微紫於上十二大葉中密生曲葉回環裹抱團圓其高八九寸廣半尺餘每小小葉上絡以金線綴以玉珠香欺蘭麝奇不可紀枝條硬而葉平為紫花之冠

疊香英 紫樓子也廣五寸高盈尺於大葉中細葉二三十重上又聳大葉如樓閣狀枝條硬而高綠葉疎大而尖柔

蘸金香 蘸金蕊紫單葉也是髻子開不成者於大葉中生小葉小葉尖蘸一線金色

宿粧殿 紫高多葉也條葉花並類緋多葉而枝葉絶高平頭凡檻中雖參差先後開並齊整

聚香絲 紫絲頭也大葉中一叢紫絲細細枝條高綠葉疎而

𣿗白者有楊花冠子多葉白心色黃漸拂淺紅至葉端則色淡紅閒
以金線白　菊香瓊青心玉板冠子也本自茅
花之冠　山來白英團掬堅密平頭
枝條硬綠　曉妝新白纈子也如小旋心狀頂
葉短且光　上四向葉端點小殷紅色
一朶上或三點或四五點象衣中　白
之點纈綠葉柔而厚條硬而低　試梅妝冠
子也白纈中　銀線也葉端
無點纈者是　銀含稜一稜白色

○根入藥味酸寒單葉者佳赤白視花色白者
益脾能於土中瀉木赤者散邪能行血中
之滯氣同白朮補脾同芎藭瀉肝同人參補
氣同當歸補血以酒炒補陰同甘草止腹痛
同黃連止瀉痢同防風發痘疹同姜
棗溫經散濕虛寒人及產後忌用

○分植芍藥大約三年或二年一分分花自八
月至十二月其津脈在根可移栽春月
不宜諺云春分分芍藥到老不開花以其津
脈發散在外也栽向陽則根長枝榮發生繁
盛相離約二三尺一如栽牡丹法不可太遠
太近穴欲深土欲肥根欲直將土鈕虛以壯
河泥拌豬糞或牛羊糞栽深尺餘尤妙不可
少屈其根稍只以水注實勿踏築覆以細土
高舊土痕一指自驚蟄至清明逐日澆水則
根深枝高花開大而且久不茂者亦茂矣以
雞矢和土培花叢下澀以黃酒淡紅者悉成
淡紅　余以牡丹天香國色而不能無綠雲
易散之恨因復掬一亭周遭悉種芍藥名其
亭曰續芳芍藥本出揚州故南都極佳一種
蓮香白初淡紅後純白香如蓮花故以名其
性尤喜糞[illegible][illegible][illegible]之其大反勝於南都即

元馭所愛也其他如墨紫硃砂之類皆妙甚
已致數種蒂開時客皆嘆集真堪續芳矣王敬美
修整春間止留正蕋去其小苞則花肥大
新栽者止留一二蕋一二年後得地
氣可留四五然亦不可太多開時扶以竹則
花不傾倒有雨遮以箔則耐久花既落亟剪
其蒂蟠屈枝條以線縛之使不離散則脈下
歸於根冬間頻澆大糞明年花繁而色潤處
暑前後平上芳去來年
必茂冬日宜蓋忌澆水

○採製秋時採根單葉者氣味全厚可入藥採
得用竹刀刮去皮並頭上土蜜水拌蒸
從巳至未曬乾收貯中寒
者酒炒女人血藥醋炒

○服食安期生服鍊法云芍藥有二種治病用
金芍藥色白多脂肉色紫者不用凡採

得淨洗去皮東流水煮百沸陰乾三日木甑
內上覆淨黃土蒸一日夜取出陰乾擣末麥
飯或酒服三錢匕日三滿三百日可登嶺絕粒
春採芽或花瓣以麪煎之味脆美可以久
留　制食之毒莫良於芍藥故獨得藥
之名所謂芍藥之和具而後食之者

○療治風毒骨痛芍藥二分虎骨一兩炙爲末
絹袋盛酒三升漬五日每服三合日三
腳氣腫痛白芍藥六兩甘草一兩爲末空
心白湯點服　消渴引飲白芍藥甘草等分
爲末每用一錢水煎服日三辛祐之患此九
年服藥止而復作服此方七日頓愈　崩中
下血小腹痛甚者芍藥一兩炒黃色栢葉四
六微炒每服二兩水一升煎六合入酒五合
再煎七合空心兩次服或爲末酒服二錢
經水不止白芍藥香附子熟艾葉各一錢半

水煎服　血崩帶下赤芍藥香附子等分爲末每服二錢鹽一捻水一盞煎七分溫服日二服十服見效　魚骨哽咽白芍藥嚼細嚥汁　腹中虛痛白芍藥三錢炙甘草一錢夏月加黃芩五分惡寒加肉桂一錢冬月大寒再加桂一錢水二盞煎一半溫服　小便五淋赤芍藥一兩檳榔一箇麪裹煨爲末每服一錢水一盞煎七分空心服　衄血不止赤芍藥爲末水服二錢七　崩血咯血白芍藥一兩犀角末二錢半爲末新水服一錢七血止爲限　赤白帶下年久不瘥者白芍藥三兩乾姜半兩炒黃搗末空心水飲服二錢七日再又芍藥炒黑研末酒服　金瘡出血白芍藥一兩炒黃爲末或酒或米飲服二錢漸加之仍以末傳瘡上良驗　痘瘡脹痛白芍藥爲末酒服半錢七　木舌腫滿塞口殺人

赤芍藥甘草煎水熱漱

○典故　花有紅葉黃腰者號金帶圍有時而生則城中當出宰相韓魏公守維揚日郡圃芍藥盛開得金帶圍四公選客具樂以賞之時王珪爲郡倅王安石爲幕官皆在選中而缺其一花開已盛公謂今日有過客即使當之及暮報陳太傅升之來明日遂開宴折花插賞後四人皆爲首相【劉攽芍藥譜】　昔有獵於中條山見白犬入地中掘得一草根攜歸植之明年花開乃芍藥也故謂芍藥爲白犬　東武舊俗每歲四月大會於南禪資福寺芍藥供佛最盛凡七十餘朶皆重跗累萼中有白花正圓如覆盂其下十餘葉承之如盤東坡名之曰玉盤盂【[illegible]文淵閣】[illegible]廟右樂石臺植淡紅芍藥一本[illegible]初增一[illegible]二[illegible]白[illegible]李賁命之曰醉仙顏潑紅也曰玉帶白純白也曰宮錦紅淡紅也與衆賦詩名曰玉堂賞花集　芍藥有二種有草芍藥有木芍藥木者花大而色深俗呼爲牡丹非也【崔豹古今註】牛亨問曰將離相贈以芍藥何也董子答曰芍藥一名可離將別故贈之亦猶相招贈之以文無故文無名當歸　胡嵩詩曰瓶裡數枝婪尾春時人莫喻桑維翰曰唐末文人謂芍藥爲婪尾春婪尾乃最後之杯芍藥殿春故有是名　東坡云揚州芍藥爲天下冠蔡繁卿爲守始作萬花會用花十萬餘枝既殘諸園又吏因緣爲奸民大病之余始至問民疾苦以此爲首遂罷之萬花本洛陽故事亦必爲民害也會當有罷之者錢惟演爲留守始置驛貢洛花識者鄙之曰此宮妾愛

君之意也【詩疏】

○麗藻　散語　伊其相謔贈之以芍藥【詩】　芍藥離草也【韓詩外傳】

敘　天地之功至大而神非人力所能竊勝惟聖人爲能體法其神以成天下之化其功蓋出其下而曾不少加以力不然天地固亦有間而可窮其用矣余嘗論天下之物悉受天地之氣以生其小大短長辛酸甘苦與夫顏色之異計非人力之可容致巧于其間也今洛陽之牡丹維揚之芍藥受天地之氣以生而小大淺深一隨人力之工拙而移其天地所生之性故奇容異色間出於人間以人而盜天地之功而成之良可怪也然而天地之間事物紛紜出乎其前不得而曉者此其一也洛陽風土之詳已見於歐陽公之記此不復論維揚大

揠土壤肥膩於草木爲宜禹貢曰厥草惟夭是也居人以治花相尚方九月十月時悉出其根滌以甘泉然後剝削老硬病腐之處揉調沙糞以培之易其故土凡花大約三年或二年一分不分則舊根老硬而侵蝕新芽故花不成就分之數則小而不舒不分與分之太數皆花之病也花顏色之淺深與葉蕊之繁盛皆出於培壅剝削之力花既萎落亟剪去其子屈盤枝條使不離散脈理不上行而皆歸於根明年新花繁而色潤維花根窠多不能致遠惟芍藥及時取根盡去本土貯以竹席之器雖數千里之遠一人可負數百本而不勞至於他州則壅以沙糞雖不及維揚之盛而顏色亦非他州所有者比也亦有踰年即變而不成者此亦繫土地之宜不宜而人力之至不至也花品舊傳龍興寺山子羅漢觀音彌陀之四院冠於此州其後民間稍稍厚賂以丐其本壅培治事遂過於龍興之四院今則有朱氏之園最爲冠絕南北二圃所種幾於五六萬株意其自古種花之盛未之有也朱氏當其花之盛開飾亭宇以待來遊者踰月不絕而朱氏未嘗厭也揚之人與西洛不異無貴賤皆喜戴花故開明橋之間方春之月拂旦有花市焉州宅舊有芍藥廳在都廳之後聚一州絕品於其中不下龍興朱氏之盛往歲州將召移新守未至監護不密悉爲人盜去易以凡品自是芍藥廳徒有其名爾今芍藥有三十四品舊譜只取三十一種如緋單葉白單葉紅單葉不入名品之內其花皆六出維揚之人甚賤之余自熙寧八年季冬守官江都所見與夫所聞莫不詳熟又得八品焉非平日三十一品之比此皆

世之所難得今悉列於左舊譜三十一品分上中下七等此前人所定今更不易

[illegible]觀揚州芍藥譜敘 天下名花洛陽牡丹廣陵芍藥爲相侔埒禹貢記揚州草木夭喬聖人之言然未見其爲夭喬也廣陵芍藥有自他方移來種之者經歲則盛至有十倍其初而勝廣陵所出遠甚地氣所宜信其爲天乎然則醫書本草所載雖小物方土所出山川原野氣力不同或相倍蓰十百如此花矣不可不詧也然芍藥之盛環廣陵四五十里之間爲然外是則薄劣不及洛陽牡丹繇人力接種故歲歲變更日新而芍藥自以種傳獨得於天然非剪剔培壅灌溉以時亦不能全盛又有風雨寒暄氣節不齊故其名花絕品有至十四五年得一見者其間不能成或變爲他品此天地尤物不與凡品同待其地利人力天時參併具美然後一出意其造物亦自珍惜之爾芍藥始開時可留七八日自廣陵南至姑蘇北入射陽東至通州海上西止滁和州數百里間人人厭觀矣廣陵至京師千五百里駿馬疾足可六七日至也上不以耳目之玩勤遠人而富商大賈逐利纖嗇不顧又無好事有力者招致之故芍藥不得至京師而洛陽牡丹獨擅其名其移根北方者六年以往則不及初年自是歲加劣矣故北方之見芍藥者皆其下者也然種芍藥爲生者僅得厚價重利云熙寧六年欲罷海陵至廣陵正四月花時會友傅欽之孫莘老偕行相與歷覽人家園圃及佛舍所種凡三萬餘株芍藥嫩好及雖好而不至者盡具矣扶風馬玿府大尹給事公子也博物好奇爲余道芍藥本末及取廣陵[illegible]名品示予予按唐氏

藩鎮之盛揚州號爲第一萬商千賈珍寶之所叢集百氏小說尚多記之而莫有言芍藥之美者非天地生物無祖於古而特隆於今也殆時所好尚不齊而古人未必能知正色爾白樂天詩言牡丹取叢大花繁者爲佳此最洛人所畢下者古人之不知芍藥何疑然當時無記錄故後世莫知其詳今此復無傳說使後勝今猶不足恨或人情好尚更變驟駿日久則名花奇品遂將泯默無傳來者莫知有此不亦惜哉故因次序爲譜三十一種皆使畫工圖寫以示未嘗見者使知之其嘗見者固以吾言爲信矣【劉貢父譜序】

論

維揚東南一都會也自古號爲繁盛唐末亂離群雄據有數經戰焚故遺基廢迹往往蕪没而不可見今天下一統井邑田野雖不及古之繁盛而人皆安生樂業不知有兵革之患民間及春之月惟以治花木飾亭榭以往來遊樂爲事其幸矣哉揚之芍藥甲天下其盛不知起於何代觀其今日之盛古想亦不減於此矣或者以謂自有唐若張祜杜牧盧仝崔涯章孝標李嵘王播皆一時名士而工於詩者也或官於此或遊於此不爲不久而畧無一言一句以及芍藥意其古未有之始盛於今未爲通論也海棠之盛莫甚於西蜀而杜子美詩名又重于張祜諸公在蜀日久其詩數千篇而未嘗一言及海棠之盛張祜輩詩之不及芍藥不足疑也芍藥三十一品乃前人之所次余不敢輙易後八品乃得於民間而最佳者然花之名品時或變易又安知止此八品而已哉後將有出兹八品之外者余不得而知當俟來者以補之也【王觀】

詩五言

傍砌看紅藥【□】

【南】夾砌紅藥

欄【白居易】　凝脂新湯洛半面更啼粧【陳良】　煙輕瑠璃葉風亞珊瑚朶　仙禁生紅藥微芳不自持幸因清絶地還過艷陽時【張九齡】　附萼晴相照芳香暖萼飄波翻蜀池錦霞萃赤城標【劉原父】　千葉揚州種春深霸衆芳無言比君子窈窕有溫香【王梅溪】　月娥雙雙下楚艷枝枝浮洞裏逢故人綽約青霄遊【孟郊】　斜月正當樓花霧壓城重起傍藥欄行花亦方在夢【李春伯】　醉紅如墮珥奈此惱人香政爾無言吹未應吳國亡【黃山谷】【題許西遊】　微雨溫清曉老夫門未開煌煌玉仙子並擁翠幾來胭脂洗盡不自惜爲雨歸來更無力老大五十尚可癡憑軒一賦會真詩【陳去非】　春色今方滿名花爾較遲含芳如有意呈彩亦當時調弄需仙液揮毫停鳳池天工知不淺一夜露華滋【陸石】　凡卉與時謝妍華麗茲晨欹紅醉濃露窈窕留餘春孤賞白日暮暄風動搖頻夜窗藹芳氣幽臥知相親願致溱洧贈悠悠南國人【柳子厚】　今日忽不樂折盡園中花園中亦何有芍藥癡殘葩久旱復遭雨紛披亂泥沙不折亦安用折去還可嗟弃擲諒未能送與謫仙家還將一枝春插向兩髻丫【蘇東坡】　紫禁肅陰陰彤庭赫弘敞風動萬年枝日華承露掌玲瓏結綺錢深沉映朱網紅藥當階翻青苔依砌上兹言翔鳳池鳴佩多清響信美非吾室中園思偃仰朋情以鬱陶春物方駘蕩安得凌風翮聊恣山泉賞【謝玄暉】　罷草紫泥詔起吟紅藥詩詞頭封送後花口折開時坐對鈎簾久行觀步履遲兩三叢爛熳十二葉參差背日房微斂當階朶旋欹釵葢抽碧股粉蕊撲黃絲動蠟燈無限低斜力不支周

回看未足比論語難爲匀漏丹砂[illegible]
焰旗形雲勝根蒂絳幘欠纓矮况有清風[illegible]
仍兼宿露垂凝香熏卷 芍藥紅疊臺千
晝似淚着胭脂 白樂天

七言

料[illegible]露
紅蟬紫不勝妍 曾南豐 忽見孤芳欲斷魂
蔡君謨 多情應認紫薇郎 丹砂顏色芳[illegible]
難染白玉冠巍瑩絕瑕 紅玉斵成樓突兀
白雲爭簇髻鬟我 嬌紅鬬密輕多葉醉扮
歡邪奈軟條 粉擁嬌玉千載密冠纓真金
半尺圍 倪[illegible]公 香于蘭芷偏饒艷畫人
纖綃未逼真 蔡君謨 一枝勝欲鬌鬟髻未
有人問第一人 陳無已 西掖階前醉御傘
瓊林殿後媚天衣 張芸叟 玉龍十二逢山
頂寶髻三千漢殿中 密葉自成金屋飾亂
英誰緝紫茸香 半粧宮面迎風咲間色仙
衣帶露收 陳輔良 仙壁車中同載女姜
花鏡裏並粧人 楊伯長 自洗銅瓶插欹側
要令書卷識春華 趙[illegible]之 今日堦前紅芍
藥幾花欲老幾花新開時不欲比色相落後
始知如刻身 白樂天 浩態狂香昔未逢紅
燈爍爍綠盤龍覺來獨坐忽驚恐身在仙宮
第幾重 韓昌黎 廣陵之花品絕高得地不
移歸造化旋心弱體不勝枝寶髻欹斜猶墮
馬 韓忠獻 阿姨天上舞霓裳姊妹庭前剪
雪霜要與牡丹爲近侍鉛華不御學梅粧 邵
康節 蠶老桑柔戴勝鳴翻堦芍藥古春榮
牽風孫壽愁眉破帶雨驪姬淚眼橫 洪駒父
含露仙姿近玉堂翻堦美態醉紅粧 對花
未免須酣舞到底昌黎是楚狂 邵康節 酒
酣誰欲張蛛網金鈿偏宜鬬寶冠 露裛更深
雲髻重螺樓長苦玉樓寒 韓忠獻 感傷綸
闈多情客珍重維揚好事[illegible]酎處 酒杯深蘸

甲折來花發細含稜 倚竹佳人翠袖長天
寒猶着薄羅裳 揚州近日紅千葉自是風流
學楚狂 春風十里珠簾捲彷彿三生杜牧
之 紅藥梢頭初繭栗揚州風物鬢成絲 黃[illegible]
[illegible] 一聲啼鴂畫樓東魏紫姚黃掃地空多
謝化工憐寂寞尚留芍藥殿春風 蘇東坡
日暮君王舉鳳觴醉來忽地倚紅粧雕欄
芍藥親教折傳遍佳人嗅艷香 黃省曾

詞

人間花老天涯春去揚州別是風光紅藥萬
株佳名千種天然浩態狂香尊貴御衣黃未
便數西洛獨占花王困倚東風漢宮誰敢鬬
新妝○年年高會維揚看家誇絕艷人詫奇
芳結蕚當屏聯萼就幄紅遮綠遶華堂花面
映交相更秉燭觀淆幽意難忘罷酒風亭夢
魂驚恐在仙鄉 晁无咎望海潮 一夢揚州
事畫堂深金瓶萬朶元戎高會座上祥雲層
臺起不減洛中姚魏歎別後關山迢遞國色
天香何處在想東風猶憶狂書記驚歲月一
彈指○數枝清曉煩馳騎向小牕依稀重見
蕪城妖麗料得花憐儂消瘦儂亦憐花憔悴
謾悵望竹西歌吹老矣應無騎寉日但春衫
點點當時泪那更有舊情味 劉後村賀新郎
日借輕黃珠綴露困倚東風無限嬌春處
看盡嬌紅渾謾語淡妝偏稱泥金縷○不共
鉛黃爭勝負殿後開時故欲尋春去去似朝
雲無定所那堪更着催花雨 陳兆湖蝶戀花
把酒問花爾栗梢頭春今幾何咲身居近
侍翻階萬玉面匀菩薩髻擁千螺一一牙籤
英英碧字占定花間甲乙科歸來也傍紫薇
吟處揉作陽和○祇今花事無多看幾許風
煙付與他猶圓將翡翠[illegible]粘粉織成雲錦
[illegible]鳳銜枝[illegible]剪并刀贈之燕玉真[illegible]娥嬌

溜波淰淰遠儘花藏人歸處月朧眠〔方秋崖〕

〔沁園春〕留綃淺掩護芳塵翠眉嬋越精神

幾雨幾晴做得這些春切莫近前輕着語題

品錯怕渠嗔○碧壺誰貯玉粼粼醉香醅曉

風頻吹得酒痕如洗一番新只恨謫仙渾懶

却辜負那倚闌人〔方秋崖江神子〕洛下根

株江南栽種天香國色千金重花邊三閣建

康春風前十里揚州夢○油壁輕車青絲短

鞚看花日日催賓從而今何許定王城一枝

且爲鄰翁送〔張于湖踏莎行〕題鴂怨花殘

誰道春歸多情紅藥待君看濃淡曉妝新意

態獨占西園○風葉萬枝繁猶記平山五雲

樓映玉成盤二十四橋明月下誰凭朱欄〔韓

南澗浪淘沙〕開時盈盈向人自笑還無語

牡丹飄雨開作群花主○柔美溫香勇舉芬

天女青春去花間歌舞學箇狂韓愈〔王梅溪〕

群芳譜　卷四　花譜　十四

〔點絳唇〕熏風時候芍藥披晴晝天上玉欄

干展一枰天家錦繡漢宮唐殿嬌御逞妖嬈

飛燕女太眞妃一樣新妝就○黃金撚線色

與紅芳鬬誰把絳綃衣誤將他胭脂漬透曉

風生處襟袖捲濃香持玉笋秉紗籠倚醉聽

更漏〔吳禮部驀山溪〕訪鶯花陳迹姚魏遺

風綠陰成幄尚有餘香付寶堦紅藥淮海維

揚物華天產未覺輸京洛時世新妝施朱傅

粉依然相若○東素腰纖捻紅唇小鄭袖嬌

羞倚闌柔弱玉珮瓊琚勸王孫行樂況是韶

華爲伊挽駐未放離情薄顧盼歌前留連醉

裏莫教零落〔劉圻父醉蓬萊〕杜鵑啼老春

紅翠陰滿眼愁無奈飛來何處鳳駢鸞馭霞

珮雲珮風檻嬌凭露梢慵嚲酒痕微退念洛

陽人去香魂又返依然是風流在○十年一

覺揚州春夢雕愁似海濃態難留暗香吹散

幾時重會向樽前笑折一枝紅玉帽簷斜臺

〔盧蒲江水龍吟〕人生行樂算一春歡賞都

來幾日綠暗紅稀春已去贏得星星鬢白醉

裏狂歌花前起舞拚罰金杯百倍淋漓宮錦

忍辜妖艷姿色○須信殷得韶光只愁花謝

又作經年別嫩紫嬌紅邀客語應爲主人留

客月落烏啼酒闌燭暗離緒傷吳越竹西歌

吹不堪老去重憶〔曾海野念奴嬌〕恨春易

去甚春却向揚州住微雨正蘺栗梢頭弄詩

句紅橋二十四總是行雲處無語漸半脫宮

衣笑相顧○金壺細葉千朶圍歌舞誰念我

鬢成絲來此共樽俎後日西園綠陰無數寂

寞劉郎自修花

譜〔姜白石側犯〕

〔水仙〕叢生宜下濕地根似蒜頭外有薄赤皮冬

群芳譜　卷四　花譜　十五

生葉如萱草色綠而厚冬間於葉中抽一莖

莖頭開花數朶大如簪頭色白圓如酒杯上

有五尖中心黃蕊頗大故有金盞銀臺之名

其花瑩韻其香清幽一種千葉者花片捲皺

上淡白而下輕黃不作杯狀世人重之以爲

眞水仙一云單者名水仙千葉名玉玲瓏亦

有紅花者此花不可缺水故名水仙根味苦

微辛寒滑無毒治癰腫及魚骨哽花作香澤

塗身理髮去風氣

○種植　五月初收根，用小便浸一宿，晒乾，拌濕土懸當火煙所及處，八月取出，瓣瓣分開，用猪糞拌土植之。植後不可缺水，起時種，特若犯鐵器，永不開花。訣云：六月不在土，七月不在房，栽向東籬下，寒花朵朵香。又云：和土晒半月方種，以收陽氣，覆以肥土，白酒糟和水澆之則茂。

○愛護　霜降時即搭棚遮蓋，以避霜雪，向南開一門，天晴日暖則開之，以承日色。北方土寒，凡牡丹、貼梗海棠俱用此法，不特水仙也。又法：初起葉時，以磚壓住，不令即透，則他日花出葉上。杭州近江處園丁種之成林，以土近鹹滷，故花茂。

○取用　水仙花以精盆植之，可供書室雅翫。插瓶用鹽水，與梅花同。

○療治　婦人五心煩熱，水仙花、乾荷葉、赤芍藥等分，為末，每二錢，白湯下，熱自退。

○典故　湯夷，華陰人，服八石，為水仙，是名河伯。【清冷傳】　杭州西湖有水仙王廟。【東坡詩註】　拘樓國有水仙樹，樹腹中有水，謂之仙漿，飲者七日醉。　楊誠齋以千葉為真水仙，而余以為不如單葉者多丰韻。　謝公夢一仙女畀水仙花一束，明日生謝夫人，長而聰慧能吟咏。　姚姥住長離橋，夜夢見星墜地化水仙一叢，摘食之，既覺，生女，長而令淑有文。　唐玄宗賜虢國夫人紅水仙十二盆，盆皆金玉七寶所造。　宋楊仲囦自蕭山致水仙一二百本，極盛，乃以兩古銅洗藝之，學洛神賦體作水仙花賦。　凡花重臺者為貴，水仙以單瓣者為貴，出嘉定，短葉高花，最佳種，宜置瓶中，其物得水則不枯，故曰

水仙，稱其名矣。前接臘梅，後接江梅，真歲寒友也。【王敬美】　水仙四葉一莖，花集莖端，垂若栽冰。鏤雪心作淺黃色，芬冽逼人。江南處處有之，惟吳中嘉定種為最。花簇葉上，他種則隱葉內耳。藏種囊以沙懸於梁間，風之，未播先以敝草履寸斷，雜溲滓浸透，俟有生意方入土，以入土早晚為花先後。金陵郎善植者十叢不一二花，余每歲向友人乞三四莖，置齋頭，香可十日，茲十日者，縱非風雨，亦不易出齋頭也。【王念東】

○麗藻　散語　水夫倚浪以微睨。【文選】　凌波微步，羅襪生塵。【洛神賦】　世以水仙為金盞銀臺，蓋單葉者甚似真有一酒盞，深黃而金色。至千葉水仙，其中花片捲皺，密蹙一片之中，下輕黃而上淡白，如染一截者，與酒杯之狀絕不相似，而千葉者乃真水仙云。【楊誠齋】

詩　五言　雄葉秀且聳，蘭香細而幽。弱植媿蘭孤，高標摧冰霜。【徐致中】　翠帶拖雲舞，金卮照雪斟。【宋元僖】　如聞交佩解，疑是洛妃來。朔吹欺羅袖，朝霜滋玉臺。【林同山】　水花垂弱蒂，嫋嫋綠雲輕。自足壓群卉，誰言梅是兄。【僧紹嵩】【于念東】

七言　何時持上紫宸殿，乞與江梅定等差。【山谷】　曉風洛浦凌波際，夜月江皋解佩時。【黃】【徐于瀾】　曉夢盈盈湘水春，翠虬白鳳照江濱。香魂莫逐冷風散，擬學黃初賦洛神。【倪瓚】　羅帶無風翠自流，晚寒微䩄玉搔頭。九疑不見蒼梧遠，憐取湘江一片愁。【文衡山】　玉質金相翠帶圍，霜華月色共輝輝。江妃方欲淩波去，漢女初從解珮歸。【張銘盤】　碧江香和楚雲飛，銷盡冰心粉色微。作向月中看素影却從波上步宓妃。【孫齊之】　偶向殘

冬遇洛神孤情只道立先春今從九月還三月疑是前身與後身 物值同時妬亦宜梅花今見子離離相逢洞口千紅裏素影當前君不知 萬花如蟻柳如烟常恐冰綃畏不前曾在水邊衣不濕可知入火不能然 毎笑梅花太畏寒一身自許歷寒溫春風特念冰霜後邀與春花共慰存 鍾伯敬 幽修開處月微茫秋水凝神黯淡粧繞砌霧濃空見影隔簾風細但聞香瑤壇夜靜黃冠濕小洞秋深玉珮凉一段凌波堪畫處至今詞賦憶陳王 寇艮魚 歲華摇落物蕭然一種清風最可憐不許淤泥侵皓素全憑風露發幽妍騷魂灑落沉湘客玉色依稀捉月仙却笑涪翁太脂粉誤將高雅匹嬋娟 劉俊之 凌波仙子生塵襪波上盈盈步微月是誰招此斷腸魂種作寒花寄愁絕含香體素欲傾城

山礬是弟梅是兄坐對真成被花惱出門一笑大江橫 黃山谷 娟娟湘浛淨如羅幻出芳魂儼素娥夜靜有人來鼓瑟月明何處去凌波蕭疎冷艷冰綃薄綽約風鬟露氣多直是靈根堪度世妖容知不傍池荷 曹鄴

詞 綠華見處渺雲深不受一塵侵細看宜州新句平生纔是知音○凌波一去平生夢斷誰最關心惟有清天碧海知渠夜夜孤衾 曾 漁父朝中措

雲臥衣裳冷看蕭然風前月下水邊幽影羅襪塵生凌波步湯沐烟波萬頃愛一點嬌黃成暈不記相逢曾解珮甚多情爲我香成陣待和淚揾殘粉〻靈均千古懷沙恨想當初匆〻忘把此花題品烟雨淒迷僝僽損翠袂遲〻誰整謾寫入瑤琴幽憤弦斷招魂無人賦但金杯的皪銀臺潤愁滯酒又還醒 辛稼軒 賀新郎

夢湘雲吟湘月

弔湘靈有誰見羅襪塵生凌波步穩背人羞整六銖輕娉娉裊裊暈嬌黃玉色輕明○香心靜波心冷琴心怨客心驚怕珮解却返瑤京杯擎清露醉春蘭友與梅兄蒼烟萬頃斷腸是雪冷江清 高賓王 金人捧露盤

珮解洛波遙荇冷湘江渺月底盈盈誤不歸獨立風塵表○窗綺護幽妍瓶玉扶輕裊到後知誰諳素心寂寂山寒峭 盧祖皋 卜算子

雪如雲娥羞相節凌波共酌春風醉的皪玉臺寒肯教金琖單○只疑雙蝶夢翠袖和香擁香外有鴛鴦風流煙水鄉 高觀國 菩薩蠻

玉簪花 一名白萼一名白鶴仙一名季女處處有之有宿根二月生苗成叢高尺餘莖如白菜葉大如掌團而有尖面青背白葉上紋如車前葉頗嬌瑩七月初叢中抽一莖莖上有細葉十餘每葉出花一朵長二三寸本小末大未開時正如白玉搔頭簪形開時微綻四出中吐黃蕊七鬚環列一鬚獨長甚香而清朝開暮卷間有結子者圓如豌豆生青熟黑根連生如鬼臼射干之類有鬚毛死則根有一臼新根生則舊根腐亦有紫花者葉微狹

白萼象其色白鶴象其形季女象其貞

花小於白者葉上黃綠相間名間道花又有一種小紫五月開花小白葉石綠色此物損牙齒不可着牙

○根 性甘辛寒有毒解毒塗腫下骨 葉 性同根解蛇虺毒

○種植 春初雨後分其勾萌種以肥土勤澆灌即活分時忌鐵器

○製用 花瓣拖麵香油煠過入少糖霜香清味淡可充清供取未開者裝鉛粉在內以線縛口久之婦女用以傅面經歲尚香

○療治 乳癰初起根擂酒服以滓敷之 下魚骨哽根同山查搗自然汁以小竹筒灌之咽中 取牙根乾者一錢白硼七分白砒威靈仙各三分草烏頭一分半爲末以少許點痛處即自落 蛇虺螫傷取葉搗汁和酒服以渣敷之中心留一孔洩氣

○典故 漢武帝寵李夫人取玉簪搔頭後宮人皆效之玉簪花之名始此

○麗藻 詩五言 冰姿新出浴雲鬢玉搔頭【古詩】 七言 披拂西風如有待徘徊涼月更多情【孫鍔】 素娥昔日宴仙家醉裏從他寶髻斜遺下玉簪無覓處如今化作一林花【吳震元】 宴罷瑤池阿母家嫩瓊飛上紫雲車玉簪墮地無人拾化作東南第一花【黃山谷】 玉色瓷盆綠柄深夜涼移向小窗陰兒童莫訝心難展未展心時正似簪【[illegible]】 【[illegible]】 雪魄冰姿俗不侵阿誰移植小窗陰若非月姊黃金釧難買天孫白玉簪【[illegible]】

瑤池儷子宴流霞醉裏遺簪幻作花萬斛[illegible]香山麝馥隨風吹落到君家【王介甫】 不信搔頭花底重數莖秋濯露溶溶腰揹荊玉生前折影比崔娘月裏逢摘去何人憐素腕擁來是處映秋容薄愁莫減冰霜骨十二金釵好向從【方廣德】

【鳳仙】一名海納一名旱珍珠一名小桃紅一名染指甲草人家多種之極易生二月下子隨時可種即冬月嚴寒種之火坑亦生苗高二三尺莖有紅白二色肥者大如拇指中空而脆葉長而尖似桃柳葉有鉅齒故又有夾竹

桃之名開花頭翅羽足俱翹然如鳳狀故又有金鳳之名色紅紫黃白碧及雜色善變易有灑金者白瓣上紅色數點又變之異者自夏初至秋盡開卸相續結實纍纍大如櫻桃形微長有尖色如毛桃生青熟黃觸之即裂皮卷如拳故又有急性之名子似蘿蔔子而小褐色氣味苦溫有小毒治產難積塊噎膈下骨哽透骨通竅 葉甘溫滑無毒活血消積

根苦甘辛有小毒散血通經軟堅透骨治誤吞銅鐵此草不生蟲蠹蜂蝶亦多不近恐不能無毒花卸即去其蒂不使結子則花益茂

○製用　采肥莖汋醃可爲菹　花酒浸一宿可食　取紅花搗爛煮犀盃色如蠟可亂　庖人烹魚肉難爛投數粒同山查即易爛　女人采紅花同白礬搗爛先以蒜擦指甲以花傅上葉包裹次日紅鮮可愛數日不退　能損齒服者不可着牙多用亦戟人喉　插瓶用沸水或石灰入湯可開半月

○療治　調經安胎白鳳仙花虛裝一罈好燒酒裝滿浸三七日日飲之經調即能受胎　產難催生鳳仙子二錢研末水服勿近牙外以蓖麻子隨年數搗塗足心　噎食不下鳳仙花子酒浸三宿曬乾爲末酒丸菉豆大每服八粒溫酒下不可多用　咽中骨哽欲死者白鳳仙子研水一大呷以竹筒灌入咽其物即軟不可經牙或爲末吹之　牙齒欲取金鳳花子研水入砒少許點疼牙根取之　小兒痞積急性子水紅花子大黃各一兩俱生研末每味取五錢外用皮硝一兩拌勻將白鵓鴿一箇白鴨亦可去毛屎剖腹勿犯水以布拭淨將末裝內用綫紮定沙鍋內入水三碗重重紙封以小火煑乾將鴿鴨翻調焙黃色冷定早辰食之日西時疾軟三日大便下血病去忌冷物百日　蛇傷擂酒服即解　腰脇引痛不可忍者研餅曬乾爲末空心每酒服三錢　風濕臥床不起金鳳花柏

子仁朴硝木瓜煎湯洗浴每日二三次內服獨活寄生湯　咽喉物哽金鳳花根搗爛噙嚥骨自下雞骨尤效即以溫水漱口免損齒亦治誤吞銅鐵　打杖腫痛鳳仙花葉搗如泥塗腫破處乾則又上一夜血散即愈冬月收取乾者研末水和塗之　馬患諸病白鳳仙花連根葉熬膏遇馬有病抹其眼四角上即汗出而愈

○典故　鳳仙五月開主本　宋光宗李后小字諱鳳宮中避之呼爲好女兒花　張宛丘呼爲菊婢　韋君呼爲羽客　謝長裾見鳳仙花命侍兒進葉公金膏以麈尾稍染膏灑之折一枝插倒影山側明年此花金色不去至今有斑點大小不同若灑金名倒影花　李玉英秋日採鳳仙花染指甲後于月中調絃或比之落花流水〔花史〕

○麗藻　詩五言〔史〕　金鳳乃婢妾顏色徒相鮮〔[illegible]〕　鮮鮮金鳳花得時亦自媚物生無貴賤罕見乃爲貴〔徐溪月〕　手植小庭地分破紫蘭畹綠葉紛映堦紅芳爛盈眼　輝輝丹穴禽矯矯翅翎展〔劉原父〕　天霜毀九陵梧桐日枯槁鳳德何其衰驚飛下幽草凡葩空夥繁眾彩各自好黃中獨含章見賤更傾倒訊根幔亭峯翦質深自保便翻金翅短淩泊乃幾道俗眼迷是非人間迹如掃〔劉[illegible]文〕

七言　飛花只合秦樓去莫與金釵壓翠蟬〔僧北澗〕　九苞顏色春意動丹穴威儀秀氣攢題品直須名最上昂昂驤首倚朱欄〔晏元獻〕　憶繞朱欄手自栽綠叢高下幾番開中庭雨過無人迹狼藉深紅點綠苔〔歐陽公〕　細看金鳳小花叢費盡司花染作工雪色白邊袍色紫更饒深淺四般紅〔楊誠齋〕

【四】夜搗守宮金鳳蕋，十尖輕換紅鸞嘴。閑來一曲鼓瑤琴，數點桃花泛流水。【楊維楨】　金鳳花開色更鮮，佳人染得指頭丹。彈箏亂落桃花瓣，把酒輕浮玳瑁斑。拂鏡火星流夜月，畫眉紅雨過春山。有時漫託香腮想，疑是胭脂點玉顏。　金盤和露搗仙葩，解使纖纖玉有瑕。一點愁疑鸚鵡喙，十分春上牡丹芽。嬌彈粉淚抛紅豆，戲掐花枝鏤絳霞。女伴相逢頻借問，幾番錯認守宮砂。【瞿佑】　花有金鳳，爲小叢。秋色已深方盛發，英英秀質且體文，采爛然無少闕。纖莖翩翩翠影動，紅白紛亂如點纈。誰云脆弱易飄墮，自卯至亦數月。鋪茸剪彩轉難似，只把長條恣穿結。常疑一似小兒花，性命所繫不忍折。君不見昨夜雨，今朝風，一陣秋花姝麗疑是虞庭鸞飛返丹穴。【文與可】

詞　集霾爛霞開不向丹

漢武於壁午取斷踏飼以丹砂體盡赤翼年年日落之塗宮人曾如私偶則色滅

山植還自蓬宮來○飛來金屐戍添上玉搔頭，暗撥求凰操韻聲幽。【夏茂卿文昆玉】

夏公名[illegible]芳紅[illegible]人領鄉薦所著有消暑集

【罌粟】一名米囊花，一名御米花，一名米殼花。青莖高一二尺，葉如茼蒿。花有大紅、桃紅、紅紫、純紫、純白一種，而具數色。又有千葉、單葉，一花而具二類，艷麗可玩。實如蓮房，其子囊數千粒，大小如葶藶子。

○種藝　八月中秋夜，或重陽月下子，下畢以掃帚掃勻，花乃千葉。兩手交換撒子，則花重臺。或云以墨汁拌撒，免蟻食。須先糞地極肥鬆，用冷飲湯帶鍋底灰和細乾土拌勻下

花仍以土蓋，出後澆清糞，[illegible]以稀爲貴。長即以竹籬扶之。若土瘦[illegible]遲則變爲單葉。一然罌粟諸[illegible]葉者[illegible]多[illegible]【花史】

○典故　花之紅者杜鵑，葉細花小，色鮮瓣密者曰石岩，皆結數重臺，自浙而至，頗難蓄。餘干、安仁間遍山如火，即山躑躅也，吾地以無貴耳。虞丹草種也，有散丹，有捲丹，詩人稱之最爲近古，宜蓄芍藥之後。罌粟花最繁華，其物能變，加意灌植，妍好千態，曾有作黃色綠色者，遠觀佳甚，近頗不堪聞。其粟可爲腐，澁精物也。又有一種小者曰虞美人，又名滿園春，千葉者佳。【學圃雜疏】

○麗藻　說　罌小如罌，粟細如粟，與麥偕種，與穄偕熟。苗堪春菜，實比秋穀，研作牛乳，烹爲佛粥。嘆我氣衰，飲食無幾，食肉不消，食菜寡味。柳槌石鉢，煎以蜜水，便口利喉，調肺養胃。三年杜門，莫適往還，幽人納刺，相對忘言，飲之一杯，失笑欣然。【蘇子由】　詩　七言　萬里客愁今日散，馬前初見米囊花。【雍陶】　鳥語蜂喧蝶亦忙，爭傳天詔詔花王。東君羽衛無供給，探借春風十日糧。　鉛膏細細點花稍，道是春深雪未消。一斛千囊蒼玉粟，東風吹作米長腰。　茶粒齊圓剖罌子，作湯和蜜味尤宜。中年強飯卻丹石，安用咄嗟成淖糜。【俱楊萬里】

【麗春】罌粟別種也。叢生柔幹，多葉有刺，根苗一類而具數色，紅者、白者、紫者、傅粉之紅者、間

青之黄者微紅者半紅者白膚而絳理者丹衣而素純者殷紅而染茜者變狀蒽秀色澤鮮明頗堪娛目草花中妙品也江浙皆有金陵更佳

【金錢花】一名子午花一名夜落金錢花予改爲金榜及第花花秋開黄色朶如錢綠葉柔枝㛹娟可愛梁大同中進自外國今在處有之栽磁盆中副以小竹架亦書室中雅翫也又

有銀錢一種七月開以子種

○典故 花以金錢名言其形之似也惟欠稜廓耳【格物叢話】 日開而夜落花時常在於秋【風土記】 鄭榮嘗作金錢花詩未就夢一紅裳女子擲錢與之曰爲君潤筆及覺探懷中得花數朶遂戲呼爲潤筆花【花史】 梁豫州掾屬以雙陸賭金錢錢盡以金錢花補足魚洪謂得花勝得錢【酉陽雜俎】

○麗藻 詩五言 能買三秋景難供九府輸【綦】 多終不免風流不自貧【僕百氏】【隱】

七言 厚重圓姝奉半兩輕飄薄似漢三分【百氏】【隱】 陰陽爲炭地爲鑪鑄出金錢不用模譾向人前逞豔色不知還解濟貧無【皮日休】 巧冶都由造化鑪風磨雨洗好

[illegible] 名貴已居三品上價高仍在五銖先【[illegible]】 春來買斷深紅色燒得人心似火燃【[illegible]】 亂無稜郭也無神露洗還同鑄出新青帝若教花裹用牡丹應是得錢人【宋祁】

【剪春羅】一名剪紅羅蔓生二月生苗高尺餘柔莖綠葉似冬青而小對生抱莖入夏開深紅花如錢大凡六出周迴如剪成茸茸可愛結實如豆內有細子人家多種之盆盎中每盆數株豎小竹葦縛作圓架如筒花附其上開

如火樹亦雅翫也味甘寒無毒

○附錄剪紅紗花 高三尺葉旋覆秋夏開花狀如石竹花而稍大四圍如剪鮮紅可愛結穗亦如石竹穗中有細子方書不見用想亦利小便主癰腫也

○療治 火帶瘡遶腰生者剪春羅花或葉搗爛蜜調塗之爲末亦可

○麗藻 詩七言 誰把風刀剪薄羅極知造化著功多飄零易逐春光老公子樽前奈若何【翁元廣】

【剪秋羅】一名漢宮秋色深紅花瓣分數岐尖峭可愛八月間開春時待芽出土寸許分其根

種之種子亦可喜陰地怕糞觸種肥土清水灌之用竹圈作架扶之可翫春夏秋冬以時名也

○附録剪羅花甚紅出南越性畏寒壅以雞糞澆以燖猪湯退鷄鵞水則茂冬入窖中　剪金羅金黃色花甚美艷

金盞花一名長春花一名杏葉草莖高四五寸嫩時頗肥澤葉似柳葉厚而狹抱莖生甚柔脆花大如指頂瓣狹長而頂圓開時團團如盞子生莖端相續不絶結實彎內色黑如小虫蟠屈之狀味酸寒無毒

○附録金盞草一名杏葉草蔓延籬下葉葉相對夏開花子如雞頭實

○製用金盞花葉味酸爆熟水浸過油鹽拌食

○療治腸痔下血久不止金盞花葉爲末櫻灰等分空心百沸湯調每服三錢

鷄冠花有掃箒鷄冠有扇面鷄冠有纓絡鷄冠有深紫淺紅純白淡黃四色又有一朶而紫黃各半名鴛鴦鷄冠又有紫白粉紅三色一朶者又有一種五色者最矮名壽星鷄冠扇面者以矮爲貴掃箒者以高爲趣今處處有之三月生苗入夏高者五六尺矮者纔數寸葉青柔頗似白莧菜而窄艄有赤脈紅者莖赤黃者白者莖青白或圓或扁有筋起五六月莖端開花穗圓長而尖者如青箱之穗扁卷而平者如雄鷄之冠花大有圍一二尺者層層叠卷可愛穗有小筒子在其中黑細光滑與莧實無異花最耐久霜後始蔫苗花子氣味俱同甘寒無毒主治瘡痔及血病止腸風瀉血赤白痢崩中帶下分赤白用子入藥須炒

○種植清明下種喜肥地用簸箕扇子撒種則成大片高者宜以竹木架定庶遇風雨不摧折卷屈

○療治吐血不止白鷄冠花醋浸煮七次爲末每服二錢熱酒下　結陰便血鷄冠花椿根白皮等分爲末煉蜜丸桐子大每服三十丸黃芪湯下日服　糞後下血白鷄冠花

并子炒煎服　五痔肛腫久不愈變成瘻瘡
用鷄冠花鳳眼草各一兩水二盌煎湯頻洗
下血脫肛白鷄冠花防風等分爲末糊丸
桐子大空心米飲每服七十丸一方白鷄冠
花炒棕櫚灰羌活一兩爲末每服二錢米飲
下　經水不止紅鷄冠花一味晒乾爲末每
服二錢空心酒調下忌魚腥猪肉　產後血
痛白鷄冠花酒煎服之　婦人白帶白鷄冠
花晒乾爲末每旦空心酒服三錢赤帶用紅
者　白帶沙淋白鷄冠花苦壺蘆等分燒存
性空心火酒服之　赤白下痢
鷄冠花煎酒服赤用紅白用白
○典故【註】矮鷄冠或云即玉樹後庭花【蔡子由詩】
元節前兒童唱賣以供祖先　解縉嘗侍上
側命賦鷄冠花詩縉曰鷄冠本是胭脂染■
忽從袖中出白鷄冠云是白者縉應聲曰今日

如何淺淡妝只爲五更貪報曉至今戴御滿
頭霜
【花史】
○麗藻詩五言　雨餘疑飲啄風動欲飛鳴　對
立如期鬬初開若欲飛【宋百氏】
【集】秋至天地閉百芳變枯草愛爾得雄名
宛然出陳寶未甘階墀陋肯與時節老赤玉
刻縝栗丹芝謝彫槁鮮鮮雲葉卷粲粲晃翁
好由來名實副何必榮華早君看先春花浮
浪難自保　神農紀百卉五色異甘酸乃有
秋花實全如鷄幘丹籠煙何聳聳泣露更團
團取譬可無意得名殊足觀通真歸造化任
巧即彫劌赤玉書留魏丹砂同誦韓誠能因
造化誰謂入時難有客　驅札頡臨風運筆端
實慚古吟鬬妍惜此芳殘端倩苦精妙繼音

魏文帝東　赤玉書六　赤如雞冠

懸永安
七言　紫冠黃[illegible][illegible][illegible]【黃山谷】[illegible]
【梅聖俞】風吹得一枝生昂首風前不飛[illegible]
去【郭內翰】有時風動頭相倚似向堦前欲
鬬時　出墻那得丈高鷄只露紅冠隔錦衣
却是吳兒工料事會稽真箇不能啼　陳倉
金碧夜雙斜一隻今棲紀渚家別有飛來矮
人國化成玉樹後庭花【宋楊誠齋】如飛如
舞對瑤臺一頂春雲若剪裁誰教移根貫莢
畔玉雞知應太平來【王逢原】才雞不與衆
雞同曾逐旌陽上碧空學得仙家餐玉法至
今不血不能紅【趙山臺】一叢濃艷對秋光
露滴風搓倚砌傍曉景乍看何處似道家新
染紫羅裳【百花集】擢擢高花血染猩却憐
金距起鬭爭宋家窗下宜栽此莫問臨風不
解鳴【楊巽齋】秋光及物眼猶迷着葉婆娑
擬碧雞精采十分伴欲動五更只欠一聲啼

【趙信道】亭亭高出竹籬間露滴風吹血色
乾學得京城梳洗樣舊羅包却綠雲鬟【戴石屏】
日下飛來孰可儔雲中養就氣偏柔懶施
金距當雄敵爲戴霞冠慕遠遊獨立夢苔閒
伴鶴單棲蘋藻靜群鷗何如化作幽
人夢啼破三湘萬古愁【何陳如】
【山丹】一名連珠一名紅花菜一名紅百合一名
川強瞿根似百合體小而瓣少可食莖亦短
小葉狹長而尖頗似柳葉與百合迥別四月
開花有紅白二種六瓣不四垂至八月尚爛
漫又有四時開花者名四季山丹結小子燕

𣵀人采其花晒乾名紅花菜氣味甘涼無毒治瘡腫驚邪活血一種高四五尺如萱花花大如碗紅斑黑點瓣俱反捲一葉生一子名回頭見子花又名番山丹一種高尺許花如硃砂茂者一幹兩三花無香亦喜雞糞其性與百合同色可觀根同百合可食味少苦取種者辨之須每年八九月分種則盛

○種植 一年一起春時分種取其大者供食餘者用肥土如種蒜法以雞糞壅之則茂

一幹五六花

○療治 疔瘡惡腫山丹花蕊敷之

○麗藻 詩七言 花似鹿葱還耐久葉如芍藥不多深清晨丸斛移山麓聊者書窗伴小吟【楊誠齋】

【沃丹】一名山丹一名中庭花花小於百合亦喜雞糞其性與百合畧同然易變化開花甚紅諸卉莫及故曰沃丹

【石竹】草品纖細而青翠花有五色單葉千葉又有剪絨嬌艷奪目嬡娟動人一云千瓣者名洛陽花草花中佳品也次年分栽則茂枝蔓柔脆易至散漫須用細竹或小葦圍縛則不摧折王敬美曰石竹雖野花厚培之能作重臺異態他如夜落金錢鳳仙花之類俱離落閒物

○麗藻 詩五言 麝香眠石竹【杜子美】 石竹繡羅衣【李太白】 眞竹乃不花爾獨艷暮春何妨兒女眼謂爾勝霜筠世無王子猷豈有知竹人粲粲好自持時來稱此君【張文潛】 一自幽山別相逢此寺中高低俱出葉深淺不分叢野蝶難爭白庭榴讓紅誰憐芳最久春露到秋風

七言 所重晚芳聯在目可開秋色易爲花深枝苒苒裴溪翠碎片英英剪海霞【林和靖】 麝香眠後露檀勻綉在羅衣色未眞斜倚細叢如有恨冷摇數朵欲無春【王文公】 種玉亂抽青節瘦刻繒輕點絳華圓風霜不放飄零落雨露應從愛惜偏【王荊石】 長夏幽居景不窮花開芳砌翠成叢牕南高臥追凉際時有微香逗晚風【楊監丞】

詞 古羅衣上金針樣綉出芳妍玉砌朱欄紫艷紅英照日鮮○佳人畫閣新妝了對立叢邊試摘嬋娟貼向眉心學翠鈿【晏元獻 採桑子】

【四季花】一名接骨草葉細花小色白自三月開

至九月午開子落枝葉搗汁可治跌打損傷

九月內剖根分種

滴滴金一名夏菊一名艾菊一名旋覆花一名疊羅黃莖青而香葉青而長尖而無椏高僅二三尺花色金黃千瓣最細凡二三層明黃色心乃深黃中有一點微綠者巧小如錢亦有大如折二錢者所產之地不同也自六月開至八月苗初生自陳根出既則遍地生苗繇花梢頭露滴入土即生新根故名滴滴金嘗斸地驗其根果無聯屬

○麗藻詩七言 滿庭黃色抑何深一滴梅霖一滴金莫使貪夫來見此聞名亦起覬覦心謝幼槃 秋來蔓草莫相侵露滴花梢滿地金若入仙人丹竈裏還如松有歲寒心百花集

二如亭群芳譜花部卷之四終

卉譜

群芳譜一

二如亭群芳譜貞部目録

第五册

卉譜小序

卉譜首簡

驗草

卉之性

卉之似

卉之惡

總論

題咏

卉譜一　十一種　附二種

蓍

芝

菖蒲

吉祥　附吉利草

商陸　以上靈草

紅花

茜草

藍

蘗藍　以上染草

苜蓿

蒺藜　附沙苑蒺藜　以上蔓草

群芳譜卉譜一目録

卉譜小序

益聞窗草不除謂與自家生意一般而折楞必諫豈爲是拘拘者哉古先哲人良有深意非直爲一植之微也試覩勾萌之競發撫菁蔥之娛目有不欣然快然如登春臺如遊華胥者乎感柯條之憔瘁觸生機之萎薾有不戚然慨然如疢痛乍攖痌瘝在體者乎此何以故自家之生

意也既爲自家生意而忍任其摧敗不爲滋培豈情也哉然則培之植之使鬯茂條達正以完自家之生意也作卉譜

濟南王象晉蓋臣甫題

卉譜首簡

驗卉

黃帝問於師曠曰欲知歲之苦樂善惡可得聞乎師曠對曰歲欲豐甘草先生歲欲儉苦草先生歲欲惡惡草先生歲欲旱旱草先生歲欲潦潦草先生歲欲疫病草先生歲欲流流草先生

又蘼蕪初生剝其小白花嘗之味甘主水饑

主旱

卉之性

葶藶死于盛夏款冬華于嚴冬草木之向陽生者性暖而解寒背陰生者性冷而解熱　橘柚凋於北徙石榴蕃於東移鳩食桑椹而醉貓食薄荷而暈芎藭以久服而身暴亡黃蘋雜荆芥而食必死　草謂之華木謂之榮不榮而實謂

卉之似

蛇床似蘼蕪薺苨似人參百部似門冬菝葜似萆薢房葵似狼毒杜蘅似細辛　南方之草木謂之南草之長如帶薜荔之生似帷唐詩云草帶消寒翠霞生薜帷

卉之惡

楚詞云薋菉葹以盈室盈室謂滿朝也北讒佞滿朝也薋蒺藜也菉菉蓐也葹卷葹草拔心不

死三者皆惡草也

總論

凡花卉蔬果所產地土不同在北者則耐寒在南者則喜暖故種植澆灌彼此殊功開花結實先後亦異高山平地早晚不侔在北者移之南多茂在南者移之北易變如橘生淮南移之北則爲枳菁盛北土移之南則無根龍眼荔枝繁於閩越榛棗瓜蓏盛于燕齊物不能遷豈人之

能强物哉善植物者必如柳子所云順其天以致其性而後壽且孳也斯得種植之法矣

題咏

離離原上草一歲一枯榮野火燒不盡春風吹又生　白樂天

落落江堤簇暖煙雨餘江色遠相連香輪莫碾青青破留與遊人一醉眠　鄭谷

芳草和煙暖更青閑門要路一時生年來簡點人間事惟有春風不世情　羅鄴

春草綿綿不可名水邊原上亂抽榮似嫌車馬繁華處纔入城門便不生　劉原父

漸覺東皇意思勻陳根初動夜來新忽驚平地有輕綠已葢六街無舊塵莫爲榮枯吟野草且憐愁醉拒香輪詩人空怨王孫遠極目萋萋又一春　程伯淳

二如亭群芳譜卉部卷之一

濟南　王象晉藎臣甫　纂輯
松江　陳繼儒仲醇甫
虞山　毛鳳苞子晉甫　仝較
寧波　姚元台子雲甫
濟南　男王與胤　孫王士禛　詮次

卉譜一

蓍 神草也能知吉凶上蔡白龜祠傍生作叢高

五六尺多者五十莖生便條直秋後花生枝端紅紫如菊花結實如艾實蓍滿百莖其下神龜守之其上常有青雲覆之易曰聖人幽贊於神明而生蓍又曰蓍之德圓而神天子蓍長九尺諸侯七尺大夫五尺士三尺傳曰天下和平王道得而蓍莖長丈其叢生滿百今八十莖以上者已難得但得滿六十莖長六尺者即可用以末大於本者爲主次蒿次荆皆以月望浴之然則揲卦無蓍亦可以蒿代

○實 苦酸平無毒益氣充肌膚聰耳明目久服不飢不死輕身前知

芝 瑞草也一名三秀一名菌蠢神農經所傳五芝云赤者如珊瑚白者如截肪黑者如澤漆青者如翠羽黃者如紫金氣和暢王者慈仁則芝草生玉莖紫筍又云聖人休祥有五色神芝含秀而吐榮論衡云芝草一年三花食

之令人眉壽有青雲芝 生名山青蓋三重上有雲氣食之壽千歲能乘雲通天 龍仙芝 狀似飛龍食之長生 金蘭芝 生冬山陰金石之間上有水蓋飲其水壽千歲 九曲芝 朱草九曲每曲三葉 火芝 葉赤莖青赤松子所服 月精芝 秋生山陽石上莖青上赤味辛苦盛以銅器十月服壽萬歲 夜光芝 生華陽洞山之陰有五色浮其上 螢火芝 生常良山葉似草實如豆食一枚心中一孔明食七枚七孔明可夜書 白雲芝 雲母芝 皆生名山陰白石上白雲覆之秋採食令人身輕 商山紫芝 四皓避秦入藍田採而食之樂入商洛隱地肺山又[illegible]入[illegible]山[illegible]名之不傳 九光芝 七明

芝皆瑞芝實石色狀如盤槎生臨水之高山鳳腦芝苗如[illegible]實如桃五

德芝狀如車馬萬年芝金闕芝句曲山有五芝求

之者投金環一雙于石間勿顧念必得第一

龍仙芝食之爲太極仙第二參成芝食之爲

太極大夫第三燕胎芝食之爲正一郎中第

四夜光洞鼻芝食之爲太清左御史第五玉

料芝食之爲三官眞御史或云芝黃色者爲

善黑色者爲惡

○製用靈芝仙品也山中採歸以籮盛置飯甑上蒸熟晒乾藏之不壞用錫作管套根揷水瓶中伴以竹葉吉祥草則根不朽上盆亦用此法

○典故芝有二種紫白二色形如菌生於朽木根朽壞上者菌也芝則有莖長尺餘與靈芝相似豫章西山最多其靈芝生石上形如石可服秋採之菌芝可種于堦前【[illegible]】 【[illegible]】嘉靖年宛平縣民進芝五本李果以玄岳鮮芝四十本進三十六年禮部類進千餘本明年鄠縣民聚芝百八十一本爲山以進內有徑一尺八寸者數本號白仙應萬年山巡撫黃光昇進四十九本十月禮部類進一千八百六十四本四十三年黃金進芝山四座計三百六十本 漢武元封二年甘泉宮產靈芝九莖連葉乃作芝房之歌以爲宗廟

漢宣元康中金芝九莖產含德殿色如金 明帝永平十七年芝生殿前 桓帝時芝生黃藏府 唐太宗貞觀中安禮門御榻產靈芝五莖貞觀十七年太子寢室中產紫芝共十四莖並爲龍與鳳翥之形 玄宗天寶中有玉芝產于大同殿柱礎一本兩莖神光照殿 肅宗上元二年含輝院生金芝又延英殿御座上生玉芝一莖三花 武宗起望仙臺空中生靈芝二株色如紅玉 宋徽宗政和中蘄州產芝徧境計黃芝一萬一千六百本內一本紫色九幹尤奇 夜明芝一株九實實墜地如七寸鏡夜視有光茅君種于句曲山【稽神】 漢建初三年零陵縣女子傅寧宅生芝五本葉紫色【論衡】 唐杜荀鶴庭前椿樹生二芝明年及第因名之曰科名草 張九齡居母喪不勝哀毀有紫芝產于座

側 韓思復爲滁州刺史有黃芝五株生州署 邵君協宰新昌五色靈芝十二枝生便坐之室 貞觀中滁州山原徧生芝草 天寶初臨川李嘉胤所居柱上生芝形類天尊 青龍元年五月庚辰神芝生長平之習陽其色紫丹散爲三十六莖似珊瑚之形【[illegible]】 成化間長洲澧湖灘上生一物白【[illegible]】似雪儼如小兒手臂長尺許名曰肉芝時人不識也以爲異物取而棄諸湖中 浙江烏程縣大中丞潘印川季馴治河有功常築舍于崑山下有芝生于庭始則一本色爛然紫纍乃日盛生至百本扶疎偃仰照耀人目因標之曰芝林 萬曆三十年德平葛祥宇宅產芝明年登科 三十一年費縣王左海新城王蓋臣宅皆產芝明春俱得雋 東坡詩序云夜夢遊一人家開堂西門有小園古井

井上有蒼石石上生紫藤如龍蛇狀抽條
箭生人言此石芝也余輒折食之味如雞
蘇衆皆驚笑輒日作詩以記之　羅門山食
石芝爲地仙　韓終食芝延壽通神明
蘭陵蕭靜之掘地得物類人手肥潤而紅烹
食之踰月髮再生貌少力壯後遇道士顧靜
之曰神氣若是必餌仙藥指其脉曰所食者
肉芝也壽等龜鶴矣　謝幼貞嘗園庭中忽
生一叢形若飛鳥沈子玉曰此飛禽芝以處
女中單覆之則活煮而食可數百歲謝入取
中單有鄰女乞火跨之翩然飛去謝但嘆恨
　芝號無根以其天所特產非人力也然載
之圖經芝牒不可勝數諸凡草木芝固貴而
產於鐵石者謂之玉芝昔東王父服蓬萊玉
芝壽九萬歲赤松居崑崙嘗授神農服芝法
而廣成居崆峒之上亦嘗以授軒轅水經言

具茨山有軒轅受芝圖處
蓋芝圖自是始也【曹大章】

〇麗藻　散語

王者德先地序則芝草生【尚書大傳】王者服之則延年與眞人同【瑞應記】瑤光得則芝之生【董仲舒】濯靈於朱柯【張平子】五芝含氣而晨敷【孫綽】其色丹紫其質光耀委綏連屬恍似珊瑚【繆襲】

歌

漠漠高山深谷逶邐曄曄紫芝可以療飢唐虞世遠吾將何歸【商山四皓】

詩四言

煌煌靈芝一年三秀【嵇康】

五言

空聞紫芝歌不見杏壇丈　但使芝蘭秀何須棟宇隣　知名未足稱局促商山芝【[illegible]】

七言

【[illegible]】靈根盤錯呈天瑞寶葉蟬聯表地祥　知君此計誠長往芝草琅玕日應長【杜少陵】　數盡潘園賦衆芳何如神草發昆岡庭中玉露得三秀泰來丹霞散九

光出共籠蒲邪　聖瑞[illegible]同天並作仙壇[illegible]
犬亦有黃公癖地肺何年許並藏【王鳳洲】
閑凭高閣一徜徉芝草窗前細吐香隱几雲
光廻素壁枕書山翠濕匡床曾聞夜照青藜
火却喜風生玉樹涼中有縱橫詞賦客風流
誰似蔡中郎【妓薛素素】　空堂明月清且新
幽人睡息來初匀了然非夢亦非覺有人夜
叩新孔賓披衣相從到何許朱闌碧井開瓊
戶忽驚石上堆龍蛇玉莖紫筍生無數鏗然
散折青珊瑚味如蜜藕和雞蘇【蘇東坡】

【菖蒲】一名昌陽一名菖歜一名堯韭一名蓀有
數種生于池澤蒲葉肥根高二三尺者泥蒲
也名白菖生于溪澗蒲葉瘦根高二三尺者

水蒲也名溪蓀生于水石之間葉有劍脊瘦
根密節高尺餘者石菖蒲也養以沙石愈剪
愈細高四五寸葉茸如韭者亦石菖蒲也又
有根長二三分葉長寸許置之几案用供清
賞者錢蒲也服食入藥石菖蒲爲上餘皆不堪
此草新舊相代冬夏常青羅浮山記言山中
菖蒲一寸二十節本草載石菖蒲一寸九節
者良味辛溫無毒開心補五臟通九竅明耳

目久服可以烏髭髮輕身延年經曰菖蒲九節仙家所珍春秋斗運樞曰玉衡星散爲菖蒲孝經援神契曰菖蒲益聰生石磧者祁寒盛暑凝之以層冰暴之以烈日衆卉枯瘁方且蔚然叢茂是宜服之却老若生下濕之地暑則根虛秋則葉萎與蒲柳何異烏得益人哉種類有虎鬚蒲燈前置一盆可收燈烟不薰眼泉州者不可多備蘇州者種類極粗蓋菖蒲本性見土則粗見石則細蘇州多植土中但取其易活耳法當于四月初旬收縮幾許不論粗細用竹剪淨剪堅瓦敲屑篩去粗頭淘去細垢密密種實深水蓄之不令見日半月後長成粗葉修去秋初再剪一番斯漸纖細至年深月久盤根錯節無塵埃油膩相染無日色相干則自然稠密自然細短或曰四月十四菖蒲生日修剪根葉無踰此時宜積梅水漸滋養之又有**龍錢蒲**此種盤旋可愛且變化無窮缺水亦活夏初取横雲山砂土揀去大塊以淘淨粗者先盛半盆取其洩水細者蓋面與盆口相平大窠一可分十小窠一可分二三取圓滿而差大者作主餘則視盆大小旋繞明植大率第一迴不過五窠六窠二迴倍一三迴倍二斯齊整可觀經雨後其根大露以沙再壅之只須置陰處朝夕微微灑水自然榮茂不必盛水養之一月後便成美觀一年後盆無餘地二年一倍可分栽矣藏法與虎鬚蒲畧同此外又有香苗劍脊金錢牛頂臺蒲皆品之佳者嘗謂化工造物種種殊途靡不藉陽春而發育賴地脉以化生乘景序之推移而榮枯遞變均未足擬卓然自立之君子也乃若石菖蒲之爲物不假日色不資寸土不計春秋愈久則愈密愈瘠則愈細可以適情可以養性書齋左右一有此君便覺清趣瀟洒烏可以常品目之哉他如木蒲雖可供葅香蒲雖可採黄均無當於服食視石蒲不啻徑庭矣

○栽種養盆蒲法種以清泉潔石壅以積年瀞中瓦末則葉細長熱手撫摩及酒氣腥味油膩塵垢汚染若見日及霜雪煙火皆凝喜雨露遂挾而驕夜息至天明葉端有綴珠宜作綿捲小杖挹去則葉杪不黃愛滌根若留以泥土則肥而粗須常易去水滓取清者續以新水養之久則細短油然葱蒨水用天雨嚴冬經凍則根浮萎腐九月後置房中不可缺水十一月宜去水藏於無風寒密室中常壅其戸遇天日暖少用水澆或以小缸合之則氣水洋溢足以滋生不然便枯死菖蒲極長春風春來始開置無風處數

雨後則無患矣諺云春遲出春分出室[illegible]莫見雨夏不惜可剪三次秋水深以天落水養之冬藏密十月後以缸合密又云添水不換水添水使其潤澤換水傷其元氣見天不見日見天挹雨露見日恐粗黃宜剪不宜分頻剪則短細頻分則粗稀浸根不浸葉浸根則滋生浸葉則潰爛又云春初宜早除黃葉夏日長宜滿灌漿秋季更宜沾重露冬宜煖日避風霜又云春分最忌摧花雨夏畏京漿熱似湯秋畏水痕生垢膩嚴冬止畏見風霜

○養石上蒲法 芒種時種以拳石奇峰清漪翠葉蒙茸亦几案間雅翫也石須上水者爲良根宜蓄水而葉不宜近水以木板刻穴架置寬水甕中停陰所則葉向上若室内即向見明處長當更移轉置之武康石浮鬆極易取眼最好紮根一栽便活然此等

石甚賤不足爲奇品惟崑山巧石爲上第新得湊赤色者火性未絕不堪栽種必用酸米泔水浸月餘置庭中日晒雨淋經年後其色純白然後種之畿片抵實深水盛養一月後便紮根比之武康諸石者細而且短羊肚石爲次其性最鹹往往不能過冬新得者枯渴亦須浸養期年使其鹹渴盡解然後種之庶可久耳凡石上菖蒲不可埒刻鐵水尤宜洗根澆以雨水勿見風烟夜移見露日出即收如患葉黃壅以鼠糞或蝙蝠糞用水洒之若欲其直以綿裹筋頭每朝捋之亦可若種炭上炭必有皮者佳 菖蒲梅雨種石上則盛而細用土則麄

蒲花譜

○製用 五月十二月採根取一寸九節者銅刀刮去黃黑硬節皮一重以嫩桑枝拌蒸

熟曝乾剉之以備服食若常用只去毛微炒 凡使勿用泥菖夏菖及露根者 菖蒲生蠻谷中者尤佳 黔蜀人常將隨行以治卒患冷氣心腹痛取一二寸搥碎同吳茱萸煎湯飲或嚼一二寸熱湯或酒下妙 至夏抽梗於叢葉中謂之蒲搥黃生其中當欲開時取之 端午以菖蒲或縷或屑以泛酒 端午帖子菖[illegible]泛酒堯樽綠[illegible]楚粽香

[illegible] 端午刻菖蒲爲小人或葫蘆帶之辟邪

○療治 菖蒲味辛苦氣溫無毒一寸九節者良五月採陰乾 服食法甲子日取菖蒲一寸九節者陰乾百日爲末每酒服方寸匕日三久服耳目聰明益智不忘 五月五日取菖蒲爲末酒服方寸匕飲酒不醉久服聰明忌鐵器 三十六風有不治者服之悉效

菖蒲薄切日乾三斤盛以絹袋清酒一斤懸浸之密封百日如菜綠色以一斗熟黍米納中封十四日取出日飲 癲癇風疾九節菖蒲不聞雞犬聲者去毛木臼搗末以黑豶猪心一个批開砂礶煮湯調服三錢日一服 尸厥之病卒死脉猶動聽其耳目中如微語聲股間煖者是也魘死之病臥忽不寤勿以火照但痛齧其踵及足拇趾甲際唾其面即甦仍以菖蒲末吹鼻中桂末納舌下并以菖蒲根汁灌之 卒中客忤菖蒲根搗汁含之立止 除一切惡端午日切菖蒲漬酒飲之或加雄黃少許 喉痹腫痛菖蒲根嚼汁燒鐵秤錘淬酒一盃飲之 霍亂脹痛生菖蒲剉四兩水和搗汁分四溫服 鼓脹食積氣積血積之類石菖蒲八兩剉斑蝥四兩去翅足同炒黃去斑蝥淨爲末醋糊丸梧子大每

服三五十丸溫白湯下[illegible]
附末二錢　肺損吐血九節菖蒲末白麪等
分每服三錢新汲水下日一　解一切毒石
菖蒲白礬等分爲末新汲水下　赤白帶下
石菖蒲破故紙等分炒爲末每服二錢更以
菖蒲浸酒調服日一　胎卒動不安或腰痛
胎轉搶心下血不止或日月未足而欲產並
以菖蒲根擣爛絞汁一二升服　耳卒聾閉
菖蒲根一寸巴豆一粒去心同擣作七丸綿
裹一丸塞耳日一換一方不用巴豆用蓖麻
子仁　病後耳聾生菖蒲汁滴之　蚤虱入
耳菖蒲末炒熱袋盛枕之即愈　產後崩中
下血不止菖蒲一兩半酒二盞煎取一盞去
滓分三服食前溫服　諸般赤眼攀睛雲翳
菖蒲自然汁文武火熬作膏日點之效　鍼
眼獨生菖蒲根同鹽研傅　飛絲入目石菖
蒲捶碎左目塞右鼻右目塞左鼻百發百中
頭瘡不瘥菖蒲末油調傅之日三夜二
癰疽發背生菖蒲擣貼之瘡乾者爲末水調
塗　便毒生菖蒲根擣傅之　有人遍身生
瘡痛而不痒手足尤甚粘着衣被不得睡菖
蒲三斗日乾爲末布席上臥仍以被覆之數
日其瘡如失後以治人應手神驗　風癬有
蟲菖蒲末五斤酒漬釜中蒸之使味出先絕
酒一日每服此酒一升或半升　陰汗濕痒
石菖蒲蛇床子等分爲末日搽二三次　妬
乳乳癰蒲黃草根擣封之並煎汁飲及食之
熱毒下痢蒲根二兩粟米二合水煎服日
二　舌腫滿口或生瘡蒲黃頻摻自愈加乾
姜末尤妙　肺熱衄血蒲黃青黛各一錢新
汲水服或去青黛入油髪灰等分生地黃汁
調下　吐血[illegible]蒲黃末二兩每日溫酒或

冷水服三錢妙　老幼吐血或小便出血蒲
黃末每服半錢生地黃汁調下量人加減或
入髪灰等分　小便轉胞布包蒲黃裹腰腎
令頭至地數次取通　金瘡出血悶絕蒲黃
半兩熱酒灌　瘀血內漏蒲黃末水服方寸
匕盡二兩愈　腸痔出血蒲黃末水服方寸匕
日三　小兒奶痔蒲黃空心酒服方寸匕日
三　脫肛蒲黃和猪脂傅日三　日月未足
胎動欲產及胎衣不下蒲黃二錢井華水服
催生蒲黃陳皮爲末另收臨時各炒一錢
新汲水服立產屢效　產後下血欲死蒲黃
二兩水二升煎八合頓服　產後血瘀蒲黃
三兩水三升煎一升頓服　兒枕血瘕蒲黃
三錢米飲服　產後煩悶蒲黃方寸匕東流
水服效　撲損瘀血煩悶蒲黃末三錢空心
溫酒服　關節痛蒲黃八兩熟附子一兩爲
末每一錢凉水下日一　陰下濕痒蒲黃末
敷數次愈　膿耳蒲黃末摻之　口耳大衄
蒲黃半兩阿膠炙半兩每用二錢水一盞生
地黃汁一合煎至六分溫服急以帛繫兩乳
止乃已　耳中出血蒲黃炒黑研末摻
入　小兒瘟瘧積熱不解菖蒲煎湯浴

○典故　冬至後菖始生菖百草之先生者也于
是始耕［月令］　堯時天降精于庭爲韭
感百陰爲菖蒲［典術］　菖蒲名堯韭能烏髪
［呂氏春秋］　漢武帝上嵩山忽見有人長二
丈耳出頭下垂肩帝禮而問之曰吾九疑山
中人也聞中岳石上有菖蒲一寸九節食之
可以長生故來採之忽不見帝謂侍臣曰彼
非欲服食以此諭朕耳［神仙傳］　番禺東澗
中生菖蒲皆一寸九節安期生服之仙去但
[illegible]菖蒲食之得長

生【列仙傳】 韓終服菖蒲十三年身生毛日視萬言冬袒不寒【本草】 蘇子由盆中石菖蒲忽生九花 僧普寂大好菖蒲房中種之成仙人鸞鳳獅子之狀【海墨微言】 張籍石上蒲一寸十二節 梁太祖后張氏嘗見菖蒲花光彩照灼非世所有問侍者皆不見因取吞之後生武帝 梁文帝南巡至新野臨潭水兩見菖蒲花乃歌曰兩菖蒲新野樂遂建兩菖蒲寺以美之 趙隱之母蔣氏見菖蒲花大如車輪傍有神人守護戒勿洩則宜富貴年九十四歲向子孫言之訖得疾而終 菖蒲以九節爲寶以虎鬚爲美江西種爲貴本性極愛陰清明後則剪之冬則以缸覆之不惟明目兼助幽人之致余嘗過武當山青羊磵見幽勝處輒生泉石上眞有仙氣宜多蓄之【[illegible]美】 蒲穀璧禮圖悉作草稼

之象今人發古塚得蒲璧刻文蓬蓬如蒲花數時穀璧如粟粒爾 永元中御刀黄文濟家齋前種菖蒲忽生花光影照壁成五采其兒見之餘人不見也少時文濟被殺

○麗藻散語 揚之水不流束蒲 彼澤之陂有蒲與荷 其穀維何維筍及蒲【俱詩】 子執蒲璧【禮】 藥實靈品爰輔乃性除痾衛福蠲邪養正【古詞】

序 凡草木之生石上者必須微土以附其根惟石菖蒲並石取之濯去泥土漬以清水置盆中可數十年不枯雖不甚茂而節葉堅瘦根鬚連絡蒼然于几案間久而益可喜也其輕身延年之功既非昌陽之所能及至於忍寒苦安淡泊與清泉白石爲侶不待泥土而生者亦豈昌陽之所能髣髴哉余遊慈湖山中得數本以石盆養之置舟中[illegible]行不能致也乃以遺之

江道士胡洞微使善視之余復此將問其安否因爲之贊【東坡】

[illegible]傳 菖陽字子恒一字子仙蜀郡嚴道人也始祖非在唐帝廷甚見貴重賜姓堯氏既而感百陰貌異常日遂變氏名曰菖蒲遁入山澤間化去世傳其神爲列星厥胤皆以爲氏蕃布四方至五世孫菹始以滋味干周文王文王悅之時置醢牙間俾爲膳宰世其官成王時有共豆實爲五齊之首者曰本其後有仕魯者曰歜僖公三十年冬王使宰周公閱來聘公備物享之歜與席焉其族人有隱居嵩高者漢武聞其名然不能致也陽龍骨而鳳姿鬚髯戟張秀整拔乎其粹性疏挺高潔不耀其華歷寒燠有常雖凍虐炎爍之不少變容色於世味淡然無一嗜所須惟清泉白石而已平生惟與漢濵先生相敬重每見必交拜謂蘭子江蘺子

有芳韻而無高節雖近處不狎也然自其先得引年却老方安期韓衆之流常服之至陽益精韓愈爲國子博士以儒鳴猶對諸生稱道之故其名益章徽時憲宗好神仙聞而召之始至望其風度唶然曰是所謂列仙之儒居山澤而形容甚臞者與授太保兼奉御大夫不拜引至別殿詢其方乃臆對皇帝王仁壽之道累數百言且謂上得其道則不須臣失其道臣雖日共膳無益也上不能強之罷去乃從柳泌服金丹日加燥渴已而暴崩穆宗卽位遂杖殺泌流衆方士於嶺表而徵陽爲給事中尋拜侍讀學士上嘗丙夜讀書召陽侍側目益明累遷侍中爵上洛郡公賜第一區擅蓬島之勝旣貴顯極矣然直客清操不少渝莫初自王封戚里官署私第多致泉石欲延之爲席上珍皆曰見昌公使人塵[illegible]

自清[illegible]有[illegible]其[illegible]而[illegible]之[illegible]為[illegible]子至此久之就對郡以孝[illegible]太師謚[illegible]始生識農耕之候微爲[illegible]農使其孫曾亦皆挺有祖風焉

詩五言

新蒲含紫茸【梁元帝】 風斷青蒲節 碧節吐寒蒲【梁■■】 鶯鶯綠蒲上【■■■】 蕭然一寸節不改四時青 靈根九節厚不改四時青【■■】 根盤龍骨瘦葉聳虎鬚長【■■■】 清淺白石灘綠蒲向堪把家住水東西浣紗明月下【■■■】 南山北坨下結宇臨欹湖每欲採樵去扁舟出菰蒲【裴迪】 魯國寒事早初霜刈渚蒲揮鐮若轉月拂水生連珠此草最可珍何必貴龍鬚織作玉床蓆欣承清夜娛羅衣能再拂不畏素塵蕪 神人多古貌雙耳下垂肩嵩山逢漢武言是九疑仙我來採菖蒲服食可長年言終忽不見滅影入雲煙【李太白】 山中亦何有草木媚深幽菖蒲人不識生此亂石溝山高霜雪苦黃葉不得抽下有千歲根蹙縮如盤虯常有鬼神守德薄安敢偷【蘇東坡】 古澗生菖蒲根瘦節蹙密仙人教我服刀七踰百疾陽狂華陰市顏朱鬢如漆歲久功當成壽與天地畢 菖蒲古上藥結根已千年聞之安期生採服可以仙斷人非世人兩耳長垂肩松下語未終竦身上青天【陸放翁】

七言

明朝知是天中節旋刻菖蒲要辟邪【王沂公】 一拳石上起根苗堪與仙家伴寂寥自恨立身無寸土受人滴水也難消【■■■】 耳出頭顱下及肩嵩山人說地行仙長餐九節菖蒲葉十五桃花美少年【陳眉公】 石上菖蒲一寸十二節仙人勸我食令我頭青面如雪逢人寄語[illegible]不得傳此方君能來作樓霞侶與君周入[illegible]交神【張■■】 [illegible]山菖蒲山石陳叟持來慰幽寂寸根蹙密九節瘦一拳突兀千金直清泉碧岳相發揮高僧野人動顏色盆山蒼然日在眼此物一來俱掃迹根盤葉茂看愈好向來恨不相從早所壁我亦飽風霜養氣無功日衰槁【陸放翁】

【吉祥草】叢生不拘水土石上俱可種色長青莖柔葉青綠色花紫蓓結小紅子然不易開花候雨過分其根種於陰崖處即活惟得水爲佳亦可登盆用以伴孤石靈芝清雅之甚堪作書窗佳玩或云花開則有赦一名花開則家有喜慶事人以其名佳多喜種之或云吉祥草蒼翠若建蘭不藉土而自活涉冬不枯杭人多植瓷盆置几案間今以土栽有岐枝者非是

○附錄吉利草形如金釵股根類芍藥最解蠱毒入廣者宜備之

【商陸】一名蓫薚一名莧陸一名當陸一名白昌一名夜呼一名章柳一名馬尾所在有之人家園圃亦種爲蔬苗高三四尺青葉大如

苦而長莖青赤至柔脆夏秋間開紅紫花作朵根如蘿蔔而長八九月採氣味辛平有毒通大小腸瀉十種水病及蠱毒墮胎熁腫毒傅惡瘡殺鬼精物

○製用 取白商陸根銅刀刮去皮薄切東流水浸兩宿漉出甑蒸以黑豆或葉一層商陸一層如此蒸之從午至亥取出去豆曝乾剉用入藥赤者黃者有毒不堪服 白者根莖苗俱可洗食或用灰汁煮過亦良服丹砂乳石人用之尤利味苦冷得大蒜良 赤者但可貼腫服之傷人血痢不已令人見鬼神張仲景云商陸以水服殺人服硇砂砒石雌黃板錫禁忌忌犬肉

○辨訛 赤昌苗葉絕相類服之傷筋骨消腎

○療治 腫滿小便不利以赤根搗爛入麝三分貼臍帛束之小便利腫即消 水腫以指畫肉上隨散不成文者白商陸香附子炒乾出火毒酒浸一夜日乾爲末每服二錢米飲下或以大蒜同白商陸煮汁服亦可其莖葉作蔬亦治腫 人心昏塞多忘喜臥取白商陸花陰乾百日搗末日暮水服方寸匕乃臥思所欲事即於眠中醒悟 濕氣脚軟樟柳根切小豆大煮熟更以綠豆同煮爲飯每日食之以瘥爲度最效 水氣腫滿白商陸根去皮切如豆大二大盞以水二升煮一升更以粳米一大盞同煮成粥每日空心服之取微利不得雜食 又方用白商陸六兩取汁半合和酒半升看人與服當利下水取效 又方白商陸一斤羊肉六兩水一斗煮取六升去滓和葱豉作臛食之 腹中暴癥有物如石痛刺啼呼不治百日死多取商陸根搗汁或蒸之以布藉腹上安藥勿覆冷即易晝夜勿息 痃癖如石在脇下堅硬生商陸根汁一升杏仁一兩浸去皮搗如泥以商陸汁絞杏仁泥火煎如餳每服棗許空腹熱酒服以利下惡物爲度 產後腹大堅滿喘不能臥樟柳根三兩大戟一兩半甘遂炒一兩爲末每服二三錢熱湯調下大便宜利爲度此治水聖藥也 尸注腹痛脹急不得喘息上攻心胸旁攻兩脇痛或磥塊涌起煮商陸根囊盛更互熨之取效 小兒將痘發熱失表忽作腹痛及膨脹努氣乾霍亂由毒氣與

胃氣相搏欲出不得出也商陸根和葱白搗傅臍上痘出方免無虞 耳卒熱腫生商陸削尖納入日再易 喉卒攻痛商陸根切炙熱隔布熨之冷即易立愈 瘰癧喉痺攻痛生商陸根搗作餅置癧上以艾灸二四壯良 一切毒腫商陸根和鹽少許搗傅日再易 石癰如石堅硬不作膿者生商陸根搗擦之燥即易取軟爲度亦治濕漏諸癤 瘡傷水毒章柳根搗炙布裹熨之冷即易

紅花 一名紅藍一名黃藍處處有之花色紅黃葉綠似藍有刺春生苗嫩時亦可食夏乃有花花下作梂多刺花出梂上梂中結實白顆

如小豆大其花可染眞紅及作[illegible]
搾救其子搗碎煎汁入醋拌蔬食極肥美又
可爲車脂及燭 花味辛溫無毒行男子血脉
通女子經水多則行血少則養血潤燥止痛
散腫亦治蠱毒

○種植 地欲熟二月雨後種如種麻法根下須
耡淨勿留草穢五月種晚花春初即留
子入五月便種若待新花取子便晚 收採花
新花熟取子曝乾收若欝浥即不生
須日日乘涼採盡旋即碓搗熟水淘布袋絞
去黃汁更搗以酸粟米清泔又淘又絞去汁

青蒿覆一宿晒乾收好勿令浥濕浥濕則色
不鮮晚花色更鮮明耐久不黦 勝春種者入
藥酒
洗用

○療治 六十二種風兼腹內血氣刺痛用紅花
一大兩分四分以酒一大升煎鍾半頓
服不止再服 一切腫疾紅花熟搗取汁服
不過三服瘥 喉痺不通紅花搗汁一小升
服之以瘥爲度如無生花乾者浸濕絞汁煎
服極驗 熱病胎死及下胎衣紅花酒煮汁
飲二三盞 產後血暈心悶氣絕紅花一兩
爲末分作二服酒二盞煎一盞連服如口噤
斡開灌之入小便尤妙 聤耳出水紅花三
錢半枯礬五錢爲末以綿杖繳淨吹之無花
用枝葉一方去礬 噎膈端午採頭次紅花
無灰酒拌焙乾血竭[illegible]者等分[illegible]

灰酒一盞隔湯頓熱徐徐嚥服三分次日四
分三日五分 天行瘡痘水吞子數顆功與
花同 血氣刺痛紅藍子一升搗碎以無灰
酒一大升拌子曝乾重搗篩蜜丸梧子大空
心酒下四十丸 瘡疽不出紅花子紫草茸
各半兩蟬蛻二錢半水酒鍾半煎減半量大
小加減服 女子中風血熱煩渴紅藍子五
合熬搗旦日取半大匙以水一升煎取七合
去滓細細嚥之 傷寒發狂驚怖恍惚用番
紅花二分水一盞浸一夕服 乳頭裂破胭
脂蛤粉爲末傅之 嬰兒鵝口白厚如紙用
坯子臙脂以乳汁調塗之一宿效男用女乳
女用男乳 漏瘡腫痛豬膽七个綿胭脂十
个洗水和勻搽七次效 防痘入目胭脂嚼
汁點之 痘瘡倒陷乾臙脂三錢胡桃燒存
性一个研末用胡荽煎酒服一錢再服取效

○典故 新昌徐氏婦產暈已死但胸膈微熱名
醫陸某曰血悶也取紅花數十斤大鍋
煮湯盛三桶置窗格下舁婦其上薰
之湯冷易熱者有頃指動半日乃甦

○麗藻 詩五言 紅藍與芙蓉我色與歡敵莫案
石榴花歷亂聽儂摘 宋文帝

茜草 一名蒨一名茅蒐一名茹藘一名地血一
名牛蔓一名染緋草一名血見愁一名過山
龍一名風車草 十二月生苗蔓延數尺方莖
中空有筋外有細刺數寸一節每節五葉葉
[illegible]青背綠七[illegible]

實如小椒中有細子茜根色紅而氣溫味微酸而帶鹹色赤入營氣溫行滯味酸入肝而鹹走血手足厥陰血分之藥也專行血活血

○辨訛 赤柳草根與茜相似但酸澀誤服患內障速服甘草水可解

○修治 凡使用銅刀於槐砧上剉日乾勿犯鉛鐵器

○療治 婦人五十後經水不止者作敗血論 茜根一兩阿膠側柏葉炙黃芩各五錢生地黃一兩小兒胎髮一枚燒灰分作六帖每帖水一盞半煎七分入髮灰服 女子經閉 茜根一兩煎酒服一日即通甚效 心癉心煩內熱 茜根煮汁服 解蠱毒吐下血如豬肝 茜根蘘荷葉各三錢水四升煮汁二升服即愈自當呼蠱主姓名 黑髭鬢 生地黃三升取汁茜一斤以水五大盞煎茜絞汁將渣再煎三度以汁同地黃汁微火熬如膏瓶盛之每日空心溫酒服半匙一月髭髮如漆忌蘿蔔五辛 螻蛄漏瘡 茜根燒灰千年石灰等分爲末油調傅 脫肛不收 茜根石榴皮各一握酒一盞煎七分溫服 預解瘡疹 時行瘡疹正發服此則可無患 茜根煎汁入少酒飲之

○麗藻 散語 茹藘在阪〔詩〕 千畝卮茜其人與千戶侯等〔史記〕

〔藍〕染草也有數種大藍葉如萵苣而肥厚微白似蓼藍色小藍莖赤葉綠而小槐藍葉如槐

葉皆可作澱至於秋月煮熟染衣止用小藍

崔寔曰榆莢落時可種藍五月可刈藍六月可種冬藍大藍

○種植 大藍也宜平地耕熟種之爬勻上用荻簾蓋之每早用水灑至生苗去簾長四寸移栽熟肥地三四莖作一窠行離五寸雨後併力栽勿令地燥白背即急鉏恐土堅也須鉏五遍日灌之如瘦用清糞水澆一二次至七月間收刈作澱 今南北所種除大藍小藍槐藍之外又有蓼澱花葉梗莖皆似蓼種法各土農皆能之種小藍宜于舊年秋及臘月臨種時俱各耕地一次爬平撒種後橫直復爬三四次候生五葉即鉏有草再鉏五月收割留根候長再割一次 打澱 夏至前後看葉上有皺紋方可收割每五十斤用石灰一斤於大缸內水浸次日變黃色去梗用木杷打轉粉青色變過至紫花色然後去清水成澱 染藍 小藍每擔用水一擔將葉莖細切鍋內煮數百沸去渣盛汁于缸每熟藍三停用生藍一停摘葉于瓦盆內手揉三次用熟汁澆挼濾相合以淨缸盛用以染衣或綠或藍或沙綠沙藍染工俱于生熟藍汁內斟酌實後仍留藍根七月割候八月間花結子收來春三四月種之〔便民圖纂〕

○典故 蓼藍供染綠紋綬 蓼小藍也〔纂要〕 仲夏令民勿艾藍以染〔月令〕

○療治 諸藥毒 非獨可染青紋其汁飲之最能解毒 兼治諸蟲行藥毒[illegible]

病服大藍汁卽解　戶牖啓蒙
擣大藍葉日三洗或大藍靛傅

擘藍 一名芥藍葉色如藍芥屬也南方謂之芥藍葉可擘食故北方謂之擘藍葉大於菘根大於芥臺苗大於白芥子大於蔓菁花淡黃色三月花四月實每畝可收三四石葉可作葅或作乾菜又可作靛染帛勝福青

○種植 種無時收根者須四五月種少長擘其葉漸擘根漸大八九月並根葉取之地須熟耕多用糞土喜虛浮土强者多用灰糞和之隴行則本大而子多每本約相去一尺

卽乾枯之後根復生葉或並斸去大根稍存入土細根來年亦生經數年不壞

○製用 菡葉根心俱堪爲葅四時皆可食子可壓油食根之莖本皆在土中獨此在土上根剝去皮可煮食或糟藏醬豉皆可葅葉用麻油煮食並飲汁能散積發葉及子能消食積解麵毒

蔬中佳品也

○麗藻詩五言 芥藍如菌蕈脆美牙頰香 蘇東坡

苜蓿 一名木粟一名懷風一名光風草一名連枝草張騫自大宛帶種歸今處處有之苗高尺餘細莖分叉而生葉似豌豆頗小每三葉

攢生一處梢間開紫花結彎角角中有子黍米大狀如腰子三晉爲盛秦齊魯次之燕趙又次之江南人不識也味苦平無毒安中利五臟洗脾胃間諸惡熱毒

○種植 夏月取子和蕎麥種刈蕎時苜蓿生根明年自生止可一刈三年後便盛每歲三刈欲留種者止一刈六七年後墾去根別用子種若效兩浙種竹法每一畝今年半去其根至第三年去另一半如此更換可得長生不煩更種若墾後次年種穀必倍收爲數年積葉壞爛墾地復深故今三晉人刈草三年卽墾作田亟欲肥地種穀也

○製用 葉嫩時煠作菜可食亦可作羹忌同蜜食令人下利採其葉依薔薇露法蒸取餾水甚芬香 開花時刈取喂馬牛易肥健食不盡者曬乾冬月剉喂

○療治 熱病煩滿目黃赤小便黃擣汁一升頓服吐利卽愈 沙石淋痛擣汁煎飲

○典故 宛左右以蒲萄爲酒富人藏酒至萬餘石久者數十年不敗俗嗜酒馬嗜苜蓿漢使取其實來於是天子始種苜蓿蒲萄肥饒地及天馬多外國使來衆則離宮別觀傍盡種苜蓿蒲萄極望 史記大宛傳 世祖初令各社種苜蓿防饑年 元史食貨志 樂游苑自生玫瑰樹下多苜蓿苜蓿一名懷風或謂光風其間肅然自照風過其花有光采

○麗藻詩五言 朝日上團團照見先生盤盤中何所有苜蓿長闌干飯澁匙難

[illegible]莫稱芳易憲何以[illegible]七言[illegible]
夕何以保歲寒〔詩〕[illegible]
數漢嫖姚
〔杜子美〕

蒺藜 一名茨一名推升一名旁通一名屈人一名止行一名休羽多生道旁及牆頭葉四布莖淡紅色旁出細莖一莖五七葉排兩旁如初生小皂莢葉圓整可愛開小黃花結實每一朶蒺藜五六枚團砌如扣每一蒺藜子如赤根菜子及小菱三角四刺子有仁味苦無

毒治惡血破積聚消風下氣健筋益精堅牢牙齒止小便遺瀝洩精溺血催生墮胎久服長肌肉明目輕身

○**脩治** 凡使揀淨蒸從午至酉曬乾木臼舂令刺盡酒拌再蒸從午至酉曬乾用炒去刺亦可不計丸散用皆去刺

○**附錄沙苑蒺藜** 出陝西同州牧馬草地近道亦有之細蔓綠葉綿布沙上七月開花黃紫色如豌豆花而小九月結莢長寸許形扁縫在腰背與他莢異中有子似羊肉腎大如黍粒褐綠色味甘溫無毒微腥[illegible]之

○**服食** 本艸蒺藜[illegible]八九月[illegible] 花實不拘多少先淨水蒸數沸[illegible]度大盆內木杓碾爛濾淨汁鍋內再蒸至稀稠調勻每一斤入蜂蜜四兩再蒸一沸裝入磁罐埋土內去火毒每空心溫酒調下一兩大有補益 蒺藜子七八月熟時收取一頒日乾舂去刺杵爲末每服二錢新汲水調下日三勿令中絕斷穀長生服之一年以後冬不寒夏不熱二年老者復少髮白復黑齒落更生服之三年身輕長生〔神仙秘旨〕

○**療治** 腰脊引痛蒺藜子搗末蜜和丸胡豆大酒服二丸日三服 卒中五尸同 遍身浮腫杜蒺藜日日煎湯洗之 大便風秘蒺藜子炒二兩豬牙皂莢去皮酥炙五錢爲末每服一錢鹽茶湯下 月經不通杜蒺藜當歸等分爲末米飲每服三錢 [illegible]胎在腹中并

胞衣不下及胎死者蒺藜子貝母各四兩爲末米湯下三錢少頃不下再服 蛔蟲心痛吐清水七月七日採蒺藜子陰乾方寸匕日三服 萬病積聚七八月收蒺藜子水煮熟曝乾蜜丸梧子大每酒服七丸以知爲度其汁煎如飴服 三十年失明蒺藜子七月七日收陰乾搗散食後水服二錢日二 牙齒動搖疼痛及打動者土蒺藜去角生碾五錢淡漿水半盌蘸水入鹽溫漱甚效或以根燒灰貼牙即牢固也 牙齒出血不止動搖白蒺藜末旦旦擦之 打動牙疼蒺藜子或根爲末日日揩之 鼻塞出水多年不聞香臭蒺藜二握當道車碾過水一大盞煮取半盞仰臥先滿口含飯以汁一合灌鼻中不過再遂嚏出一兩个息肉似赤蛹蟲即愈 面上瘢痕蒺藜子山梔子各一合爲末醋和夜塗

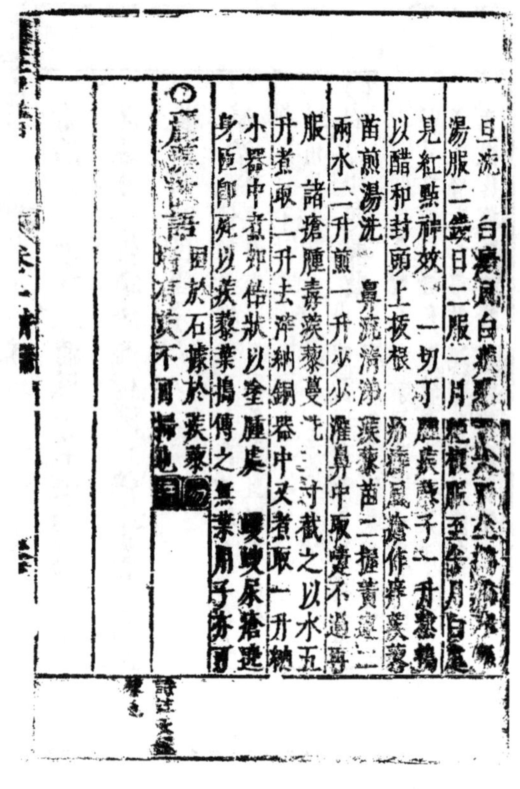
豆洗　白癜風白蒺藜[illegible]
湯服二錢日二服一月絕根服至半月白處
見紅點神效　一切丁腫蒺藜子一升熬搗
以醋和封頭上拔根　[illegible]癢風瘡作痒蒺藜
苗煎湯洗　鼻流清涕蒺藜苗二握黃連二
兩水二升煎一升少少灌鼻中取嚏不過再
服　諸瘡腫毒蒺藜蔓洗三寸截之以水五
升煮取二升去滓納銅器中又煮取一升納
小器中煮如飴狀以塗腫處　蠼螋尿瘡遶
身匝即死以蒺藜葉搗傅之無葉用子亦可
○麗藻散語　困於石據於蒺藜易　牆有茨不可埽也詩

卉譜　鶴魚譜

群芳譜二

二如亭群芳譜貞部目録

第六册

卉譜二 三十種 附[illegible]蓮[illegible]種

天竹

虎刺

芸香 附茅香 鬱金

芭蕉 附美人蕉 膽瓶蕉 朱蕉 牙蕉 鳳尾蕉 水蕉 甘蕉

蘘荷

書帶

翠雲

虞美人 附獨搖草

老少年

鴛鴦草 以上芳草

蘆 附荻 蒹

蓼

[illegible]

蓴

荇

萍

蘋

藻 以上羣草

淡竹葉

卷耳

虎耳

車前

茵蔯 附山茵蔯

蒲公英

燈心

鳳尾草

酸漿

三葉酸

兎絲

[illegible]

群芳譜卉譜二目錄

二如亭群芳譜卉部卷之二

濟南　王象晉藎臣甫　纂輯

松江　陳繼儒仲醇甫

虞山　毛鳳苞子晉甫　仝較

寧波　姚元台子雲甫

濟南　男　與敳　孫　士祿　詮次

卉譜二

天竹　一名大椿榦生年久有高至丈餘者糯者矮而多子粳者高而不結子葉如竹小銳有刻缺梅雨中開碎白花結實枝頭赤紅如珊瑚成穗一穗數十子紅鮮可愛且耐霜雪經久不脫植之庭中又能辟火性好陰而惡溼栽貴得其地秋後髠其餘留孤根俟春遂長條肄而結子則身低矮子蕃衍可作盆景供書舍清玩澆用冷茶或臭酒糟水或退雞鵝翎水最妙壅以鞋底泥則盛

〇種植 春時分根旁小株種之即活亦可子種

虎刺 一名壽庭木葉深綠而潤背微白圓小如豆枝繁細多刺四月内開細白花花開時子猶未落花落結子紅如丹砂子性堅雖嚴冬厚雪不能敗產杭之蕭山者不如虎丘者更佳最畏日炙經糞便死即枯枝不宜熱手摘剔並忌人口中熱氣相近宜種陰溼之地澆宜退雞鵝水及臘雪水培護年久綠葉層層如蓋結子紅鮮若綴火齊然

〇種植 春初分栽此物最難長百年者止高三四尺

說文云芸似苜蓿

芸香 一名山礬一名椗花一名柘花一名瑒花一名春桂一名七里香葉類豌豆生山野作小藂三月開小白花而繁香馥甚遠秋間葉上微白如粉江南極多大率香草花過則已縱有葉香者須採而嗅之方香此草香聞數十步外栽園亭間自春至秋清香不歇絕可

芸盛多也老子曰夫物芸芸

翫簪之可以鬆髮置席下去蚤虱置書帙去蠹古人有以名閣者

〇種植 此物最易生春月分而壓之俟生根移種

〇附錄茅香 開地種之洗毛香終日一年數刈房中時燒少許亦佳本草云苗葉煑作浴湯令身香同藁本尤佳 鬱金 芳草也產鬱林州十二葉爲百草之英周禮凡祭祀賓客之祼事和鬱鬯以實彝蓋釀之以降神者又香可佩宮嬪多服之

〇療治 爛弦風眼葉三十片老姜三片浸水蒸熱洗之妙

〇典故 芸香出于闐國其香潔白如玉入土不朽唐元載造芸暉堂以此爲屑塗壁

山礬一名海桐樹婆娑可觀花碎白而香宋人灰其葉造黝紫色今人不知也以山谷詩遂得兄梅幸矣柑橘花皆清香而香橼花尤酷烈甚于山礬結實大而香山亭前及廳事兩墀皆可植 王敬美

〇麗藻 散語 莖類秋竹枝象青松 成公綏 序 江南野中有一種小白花高數尺春開極香野人號爲椗花王荊公嘗欲求栽又欲作詩而陋其名予請名曰山礬蓋野人采椗花葉以染紫必借礬而成色故名山礬海崖孤絕處有補陀落伽山譯者以爲小白花山予疑即此山礬花爾不然何數顛音老人堅坐不去耶 黃山谷 詩 五言 [illegible]芸香 劉子翬 七言 [illegible]間 曾文清 可惜不當梅蕊破幽香合在漫山白蕊

嚴春華多野清香野老家須向風前檢譜
秘通家籍省梅花【張季雲】一折來隨意插銅
壺能白能香雪不如匹似梅花輸一着枝肥
葉密欠清癯【周貞白】玲瓏葉底雪光寒春
靄香薰草木間移植小軒供燕坐恍疑身在
普陀山【祝和父】北嶺山礬取意開輕風正
用此時來生平習氣難料理愛看幽香未透
間【黃山谷】春冰薄壓枝柯倒分與清香是
月娥忽似雪天深澗底老松擎出白婆娑【王
思任】山礬花落春風起吹妾芳情渡江水
夢中蝴蝶相交飛門外鶻聲郎馬歸【[illegible]】

詞 細葉黃金嫩繁花白雪香共誰連璧向河
陽自是不須湯餅試何郎○娜娜璁瓏髻輕
盈淡薄粧莫令韓壽在伊傍便逐遊蜂驚蝶
過東牆【徐師】【川南何子】

【蕉】一名甘蕉一名芭蕉一名芭苴一名天苴一
名綠天一名扇仙草類也葉青色最長大首
尾稍尖鞠不落花蕉不落葉一葉生一葉焦
故謂之芭蕉其莖軟重皮相褁外微青裏白
三年以上即著花自心中抽出一莖初生大
蕚似倒垂菡萏有十數層層皆作瓣漸大則
花出瓣中極繁盛大者一圍餘葉長丈許廣
一丈至二丈望之如樹生中土者花苞中積

水如蜜名甘露侵晨取食甚香甘止渴延齡
不結實生閩廣者結蕉子凡三種未熟時苦
澀熟時皆甜而脆一種大如指者長六七寸
銳似羊角兩兩相抱剝其皮黃白色味最甘
名羊角蕉性涼去熱一種大如雞卵類牛乳
名牛乳蕉味微減一種大如蓮子長四五寸
形正方味最劣建安草木狀云芭樹子房相
連味甘美可蜜藏根堪作脯發時分其勾萌

可別植小者以油簪橫穿其根二眼則不長
大可作盆景書窓左右不可無此君此物擣
汁治火魚毒甚驗性畏寒冬間刪去葉以柔
穰苴之納地窖中勿着霜雪冰凍又有美人
蕉 自東粵來者其花開若蓮而色紅若丹產
福建福州府者其花四時皆開深紅照眼
經月不謝中心一朵曉生甘露其甜如蜜即
常芭蕉亦開黃花至曉瓣中甘露如飴食之
止渴產廣西者樹不甚高花瓣尖大紅色如
蓮甚美又有一種葉與他蕉同中出紅葉一
片亦名美人蕉一種葉瘦類蘆箬花正紅如
榴花日坼一兩葉其端一點鮮綠可愛春開

蓬秋蕉稱芳 亦名美人蕉 膽瓶蕉 根出土時肥飽狀如膽瓶 朱蕉 黃蕉
苞花也色葉似芭蕉而微小花如蓮而
牙蕉 繁日放一瓣放後即纍而結子名蕉黃
味甘可食霏雪錄云蕉黃如柿味香美
勝瓜冬收嚴寄春分勾萌一如芭蕉法

○附錄鳳尾蕉 一名番蕉能辟火患此蕉產於鐵山如少萎以鐵燒紅穿之即
活平常以鐵屑和泥壅之則茂而 水蕉 白花
生子分種易活江西塗州有之 不結
實取其莖以灰練之解散如絲 甘蕉 出赤巖
績以爲布謂之蕉葛出交趾 山水石
間有甘蕉林
高者十餘丈

○製用 蕉根有兩種一種粘者爲糯蕉可食取
作大片灰汁煮令熟去灰汁又以清水

煮易水令灰味盡取壓乾以鹽醬蕪荑椒乾
姜熟油胡椒等雜物研泥一兩宿出焙乾略
搥令軟全
類肉味

○療治 發背欲死芭蕉根搗爛塗之一切腫毒
赤遊風疹風熱頭痛方同上 風虫牙
痛芭蕉自然汁一碗煎熱含漱 天行熱狂
芭蕉根擣汁飲 消渴飲水骨節煩熱生芭
蕉根擣汁時飲一二合 血淋澀痛芭蕉根
旱蓮草各等分水煎服日二 產後血脹搗
芭蕉根絞汁溫服二三合 瘡口不合芭蕉
根取汁林之良 小兒截驚以芭蕉汁薄荷
汁煎勻塗頭頂留顖門塗四肢留手足心勿
塗甚效 腫毒初發研末和生姜汁塗之又
芭蕉葉熨斗內燒存性入輕粉麻油
調塗一日[illegible]破皆無痕

○典故 僧懷素性嗜書無紙乃種芭蕉萬餘 供書號所居曰綠天 南番阿魯諸國
無米穀惟種芭蕉椰子取實代糧 星槎勝覽
芭蕉惟福州美人蕉最可愛歷冬春不凋
常吐朱蓮如簇吾地種之能生然不花無益
也又有一種名金蓮寶相不知所從來葉尖
小如美人蕉種之三四歲或七八歲始一花
南都戶部五顯廟各有一株同時作花觀者
雲集其花作黃紅色而瓣大於蓮故以名至
有圖之者然予童時見伯父山園有此種不
甚異也此卻可種以待開時賞之若甘露則
無種蕉之老者輒生在泉漳間則爲蕉實耳
王世懋 福州有鐵蕉贛州有鳳尾蕉似同
類而稍異狀然好以鐵爲糞將枯釘其根則
復生亦異物也云能辟火園
林中存三二株亦可 前人

○麗藻文 淇園長貞餘臣修竹稽首言切尋姑蘇臺前甘蕉一叢宿漸雲露荏苒歲
月今月某日有臺西階澤蘭萱草到園同訴
自稱今月某日巫岫斂雲秦樓開照乾光弘
普罔幽不燭而甘蕉攢莖布影獨見鄣蔽雖
處臺隅遂同幽谷臣謂偏詞難信取察以情
登攝甘蕉左近杜若江蘺依原辨覆兩草各
處異列同款既有証據差非風聞妨賢敗類
孰過於此而不除戮憲章何用請以見事徙
根剪葉斥出臺隅庶懲彼將來謝此衆屈 沈
約修竹
彈芭蕉

○詩五言 庭際何所有有萱復有芋自聞秋雨聲不種芭蕉樹 [illegible]
泉 根自蘇臺徙陰生蔣徑幽當空炎日障
倚檻碧雲流未展心如結微舒葉漸抽瑣窗
迷翠黛張幕動清油書借臨池用光分幵簟
留流甘露土爲粉衣南州只益蕃苫[illegible]翻

令蕙若憂荷風岡香雪楷葉共鳴秋夢境知誰得人生似爾浮漫勞彈事苦終日徧林丘【徐茂吳】

七言

芭蕉半捲西池雨日暮門前雙白鷗【向大】 紫燕將雛語夏深綠槐庭院不多陰西窗一夜無人問展盡芭蕉數尺心【王介甫】 羅襪生春踏軟紗釵橫玉燕鬓鬆鴉春心正似芭蕉心羞見宜男並蒂花【唐寅】 宵來輕雨蕉聲送蕉雨流情情欲凍燕頷春風窺幾時開簾【俞琬綸】

詞

雲一緺玉一梳淡淡衫兒薄薄羅輕顰雙黛螺○秋風多雨如何簾外芭蕉三兩窠夜長人奈何【李後主長相思】

【蘘荷】一名蘘草 一名葍苴 一名覆葅 一名蓴葅 一名嘉草似芭蕉而白色花生根中花未敗時可食久則消爛根似薑而肥宜陰翳地依陰而生樹陰下最妙二月種一種永生不須鋤耘但加糞耳八月初踏其苗令死則根滋茂九月初取其傍生根爲葅亦可醃貯以備蔬果有赤白二種制食赤者爲勝入藥白者爲良其葉冬枯十月中以糠厚覆其根免致凍死氣味辛溫葉名蘘草氣味苦甘寒主溫瘧寒熱酸嘶邪氣諸惡瘡蟲毒辟不祥

○修治 凡使白蘘荷以銅刀刮去粗皮一層細切入砂鍋中研如膏取自然汁煉作煎新器攤冷如乾膠狀刮取用

○辨訛 凡使勿用革牛草其形真相似

○療治 卒中蠱毒下血如雞肝晝夜不絕臟腑敗壞待死者以蘘荷葉密置病人席下勿令知之必自呼蠱主姓名 喉中似物吞吐不出腹脹羸瘦取白蘘荷根擣汁服蠱立出 喉舌瘡爛酒浸蘘荷根半日含漱其汁瘥乃止 吐血痔血及婦人腰痛向東蘘荷根一把擣汁三升服 月信澀滯蘘荷根細切水煎取二升空心入酒和服 風冷失聲咽喉不利蘘荷二兩擣絞汁入酒一大盞和勻細細服取瘥 傷寒時氣溫病初得頭疼壯熱脈盛者用生蘘荷根葉擣絞汁服三四升 雜物入目白蘘荷根取心絞汁滴入目立出 赤眼澀痛擣汁點

○典故 蘇頌圖經言荊襄江湖多種訪之無復識者惟楊升菴丹鉛錄云急就章註蘘（楊公名慎成都人）荷即今甘露考之本草形性相同甘露即芭蕉也【李時珍】 中蠱者服蘘荷汁并臥其葉（元）即呼蠱主姓名多食損藥力又不利腳人家種之云辟蛇【陶弘景】 按干寶搜神記云外姊夫蔣士先得疾下血言中蠱其家密以蘘荷置於席下忽大笑曰蠱我者張小小也乃收小小已亡走自此解蠱藥用之多驗【蘇頌】 仲冬蘘荷茜根爲治蠱毒之最【陳藏器】 以鹽藏蘘荷用備冬儲又以防蠱【荊楚歲時記】

【[illegible]】蘘荷似芭蕉而白色其子花生根中花

未敗時可食【竹譜今說】丘瓊山群書抄古今義方載中蠱毒用白蘘荷引柳子厚詩云云且曰子厚在柳州種之其地必有此種仕于茲土者物色之蓋亦不知爲何物也

○麗藻散語 臨脉若狗膽苴蓴【離騷】蘘荷依陰時葵向陽【潘岳閒居賦】

【書帶草】叢生葉如韭而更紉性柔紉色翠綠鮮妍出山東淄川縣城北黌山鄭康成讀書處名康成書帶草蒔之盆中蓬蓬四垂頗堪清賞

○麗藻賦 彼碧者草云書帶名先儒既沒後代還生有味非甘莫共三山芝按無香

可媚難將九畹蘭爭田詞林畔種在經苑翠影臨波恐彼芙蓉見鄙貞姿傍砌愁爲芍藥相輕發葉抽英因天受性紛雜圭池上之宅拂仲蔚門前之徑不省教施異術安得返寬未嘗輒入明庭何當指佞幾臨寒日幸到青春莎蓝未傳於漁父蒲葦竊咏於詩人霜亦曾雪潘令偏卯白蘋風常遍起宋生惟道青蘋栽培只倚于賢隣搴擷長憂乎雉戲出懃無用舒還有異當琴操發伯牙山水之情值儒編動鑿齒陽秋之思莊曰求友寧忘慕義吳生楫上空羨苔滋魏主帷中惟通蕙氣或乃蘭焚雖微董茂則鹿幽搜莫及興詠徒存此則對仲舉蕭疎之室處子山搖落之園不識深宮豈是曾爲帝女非侵遠道誰言能媲王孫徒愛其歛跡烟披曉露弱可攬結句能布韻蕭蕭而不常紫榛漠漠而何千好惡弇

燈照灼尚驚蔘帶之焚粉蝶偷逝翼謂栩陵之蠹爾乃高推離剔端詩階冀我明惟覩志士每聚流螢豈便離蒿萊於隙地希杜若於遥汀儻遇翰林主人之一顧庶幾長保歲寒於青青【陸龜蒙】

詩七言 沿街辟荔牆仍棲故壘學庚桑書帶【王鳳洲】

【翠雲草】性好陰色蒼翠可愛細葉柔莖重重碎蹙蹙若翠鈿其根遇土便生見日則消栽於虎刺芭蕉秋海棠下極佳

○種植 春雨時分其勾萌種於幽厓深谷之間即活

【虞美人草】獨莖三葉葉如決明一葉在莖端兩

葉在莖之半相對人或抵掌謳歌虞美人曲葉動如舞故又名舞草出雅州

○附錄獨搖草 嶺南生無風獨搖帶之能令夫婦相愛草頭如彈子尾若鳥尾兩片開合見人自動

薇蘅草 錫義山方圓百里形如城有石壇長十數丈世傳列仙所居有道士被髮餌木數十人山高谷深多生薇蘅草有風不偃無風獨搖【水經注】

○麗藻詩五言 昔日稱傾國俄頃遽隕身若王誠慷慨爲妾總銷魂伏劍酬君貺留花弔楚人風翻紅袖舞露泫翠眉顰吳會依春樹烏江伴消蘋浮雲隨代變芳草逐年新空使英雄淚[illegible]中【孫齊之】

七言 薔薇開盡綠陰涼【劉】[illegible]名花此際芳

夜月空懸漢宮鏡幽姿猶帶楚雲妝楚宮一歌身
花態至今存傾國傾城總莫論夜帳一歌身
易殞春風千載恨難吞胭脂臉上啼痕在粉
黛光中血淚新誰道漢宮花似錦也隨荒草
任朝昏【俱徐齊之】　楚宮人去霸圖移賸有
芳名寄一枝浥露晚妝餘涕淚臨風夜舞憶
腰肢乍斷尚自疑紅藥芟刈終難混綠葵若
使豪均當日見不將哀怨訴江蘺　紅顏一
日盡江湄芳草能傳易代姿尚想施朱留片
萼翻疑化碧有單枝迎風似逐歌聲起宿雨
那經舞袖垂微艷草斂輕委地裴徊猶似美
人踏【徐茂吳】　鴻門刀斗紛如雪十萬降兵
夜流血咸陽宮殿三月紅霸業已隨烟燼滅
剛強必死仁義王陰陵失道非天亡英雄本
學萬人敵何用屑屑悲紅妝三軍敗盡旌旗
倒玉帳佳人坐中老香魂夜逐劍光飛清血

化爲原上草芳心寂寞寄寒枝舊曲聞來似
斂眉哀怨裴徊愁不語恰如初聽楚歌時滔
滔逝水流今古楚漢興亡兩丘土當年
遺事總成空慷慨尊前爲誰舞【曾子固】

老少年　一名鴈來紅至秋深腳葉深紫而頂葉
嬌紅與十樣錦俱以子種喜肥地正月撒於
耨熟肥土上加毛灰蓋之以防蟻食二月中
即生亦要加意培植若亂撒花臺蚓蜉蝣傷
葉則不生矣譜云純紅者老少年紅紫黃綠
相兼者名錦西風又名十樣錦又名錦布衲

以雞糞壅之長竹扶之可以過牆二種俱壯

秋色

○麗藻詩五言　葉從秋後變色向晚來紅【徐竹】【閩】開了元無鴈看來不是花
若爲黃更紫乃借葉爲花藜莧眞何擇雞冠
却較差未應樺菊輩赤脚也容他【楊誠齋】
七言【月山】　記得去年今日別矮籬花滿鴈來紅【劉】
何事還丹可駐年一枝眞作草
中仙霜華洗盡朱顏在不學春花巧弄妍
霜葉回紅底是春可中朱草對時新衰遲不
爲矜顏色留與群芳殿後塵　跦跦寄寄綴
新紅庭下看來錦一叢不分芳華易消歇牆
將老色借秋
風【俱陸平泉】

鴛鴦草　葉晚生其稺藕在葉中兩兩相向如飛
鳥對翔

○麗藻詩五言　綠陰滿香砌兩兩鴛鴦小但
娛春日長不拘秋風早【開□】

蘆　一名葦一名葭花名蓬蕽筍名虇生下溼地
處處有之長丈許中虛皮薄色青老則白莖
中有白膚較竹紙更薄身有節如竹葉隨節
生若箬葉下半裹其莖無旁枝花白作穗若
茅花根若竹根而節疏堪入藥取水底味甘

辛者去鬚節及黃赤皮其露出水外及浮水
中者不堪用
○根甘寒無毒治噎胃消渴客熱反胃嘔逆筍
傷寒內熱時疾煩悶瀉痢大渴孕婦心熱
小苦冷無毒治膈間客熱止渴 莖葉 甘寒無
利小便解河豚魚蟹及諸肉毒 毒治霍
亂嘔逆肺癰煩熱癰
疽瘻治金瘡生肉
○種植 春時取其勾萌種淺水河濡地即生有
收其花絮沾溼地即成蘆體總不如成
株者橫埋溼地內隨
節生株最易長成
○附錄荻 一名蒹一名薍一名萑短小於葦而
中空皮厚色青蒼江東呼為烏蓲或

謂之蒹 一名簾似萑而細高數尺中實是數
薍者皆蘆類也其花皆名芀其名蘿萌
堪食如竹筍可煮食亦可鹽淹致遠又有
名芀者亦蘆之一種用以被屋可數十年
○療治 骨蒸肺痿不能食蘆根麥門冬地骨皮
生姜各十兩橘皮茯苓各五兩水二斗
煮八升去滓分五服取汗瘥 勞復食復欲
死並以蘆根濃汁飲 嘔噦不止厥逆者蘆
根三斤切水煮濃汁頻飲必効若以童子小
便煮服不過三升愈 噎吐逆心膈氣滯
煩悶不下食蘆根五兩剉水三大盞煮一盞
去滓溫服 反胃上氣蘆根茅根各一兩水
四升煮二升分服 霍亂煩悶蘆根三錢麥
冬一錢水煎服 霍亂脹痛蘆根一升生姜
一升橘皮五兩水八升煎三升分服 食狗
肉不消心下堅或腹脹口乾忽發熱妄語蘆根

煮汁服 中馬肉鯸鮧魚毒蟹藥箭諸毒
洞 霍亂煩渴腹脹蘆葉一握水煎服 又
方蘆葉五錢糯米二錢半竹茹一錢水煎入
薑汁蜜各半合煎兩沸時時呷之 吐血不
止蘆荻外皮燒灰勿令白為末入蚌粉少許
研勻麥冬湯服一二錢三服可救一人 肺
癰欬嗽煩滿微熱葦莖切三升水二斗煎汁
五升入桃仁五十枚薏仁瓜瓣各半斤煮取
二升服當吐出膿血而愈 發背潰爛陳蘆
葉為末葱椒湯洗淨傅之神効 癰疽惡肉
白炭灰荻灰等分煎膏塗之蝕盡惡肉以生
肉膏貼之亦去黑子此藥只可留十日久則
不効 小兒禿瘡以鹽湯洗淨蒲葦灰傅之
乾霍亂心腹脹痛蘆蓬茸一把水煮濃汁
頓服二升 諸血病水蘆花紅花槐花
白雞冠花茅花等分水二鍾煎一鍾服

○典故 元日懸葦索于門百鬼畏之 閔子騫
事親孝後母生二子衣之絮衣騫以蘆
花父察知欲出後母騫告父曰母在一子寒
母去三子單遂不出其母亦化而慈 伍子
胥逃至武昌江上求渡漁父歌曰與子期兮
蘆之漪 董昭之至江邊見水上群蟻呈一
短蘆救出後繫獄群蟻穿穴遂得出 雁門
山嶺高峻鳥飛不越惟有一缺雁來往向此
中過號雁門山中多鷹雁至此皆相待兩
兩隨行銜蘆一枝鷹懼不敢捉 詩文
○麗藻散語 蒹葭蒼蒼 毳衣如菼 毛詩 雁
銜蘆而翔以避繒繳 淮南子 詩
五言 渚秀蘆筍綠 杜子美 銜蘆遐代嶺日
望鸞鶩洲 古詩 一一銜蘆枝散落天
地間 李太白 無竹栽蘆看思山疊石為
[illegible]蘆花雪夜孩人未眠碧水

蕩秋月【溫女郎】 摧折不自守秋風吹若何
暫時花帶雨幾處葉沉波體弱春苗早叢長
夜露多江湖後搖落亦恐歲蹉跎【杜少陵】
蟬鳴空桑林八月蕭關道出塞復入塞處處
黃蘆草從來幽并客皆向沙場老莫作遊俠
兒矜誇紫騮好【王昌齡】 避世水雲國卜隣
鷗鷺家風前揮玉麈霜霰幻蘆花骨相緣詩
瘦秋聲訴月華欲招盧處士歸去老生涯【楊誠齋】

七言

白鳥一雙簾外去蘆花颭靜釣舟閑【趙節軒】
十年九陌寒風夜夢掃蘆花絮客衣【張實】
歸燕鷗鴻共斷蒹荻花楓葉泊孤村【張橫渠】
最愛蘆花經雨後一蓬烟火飯漁船【林和靖】
白蘋滿棹歸來晚秋着蘆花一夜霜【蘇養直】
忘却蘆花叢裏宿起來誤作雪天吟【張一齋】
門外澗帘風未定櫓聲搖玉出蘆花【趙詠軒】
葦花平岸帶霜容總似窓前書帶叢【董思白】
琵琶亭前夜泊舟荻花索索風颸颸潯陽夜靜月如晝
琵琶寂寞江空流【王雲溪】
罷釣歸來不繫船江村月落正堪眠縱然一夜風吹去只在蘆花淺水邊【司空曙】
竹映風窓數陣斜旅人愁坐思無涯夜來留得江湖夢總爲霜天似荻花【唐彥謙】
雨折霜乾不耐秋白花黃葉使人愁月明小艇湖邊宿疑是江南鸚鵡洲【東坡】
耿耿臨窓思美人荻花楓葉帶離聲夜深吹笛移船去三十六灣秋月明【劉京巳】
瀟橋水散九河流風起蘆花兩岸秋同是倦游若已去夕陽亭上望行舟
蟬聲處處和驪歌風度灃河起夕波獨有故人分手地蒹葭秋色暮烟多【馮琢菴】
水國蒹葭夜有霜月寒山色共蒼蒼誰言千里自今夕離夢杳如關塞長【薛濤】
此處天開雲意閒何

當曲曲翠浮灣携來日[illegible]
瀨氣間芟葦沿溪栽玉紫芙蓉出水逞芳[illegible]
老僧清供石巖白邀共挑笙坐碧[illegible]
蕭蕭蘆葦沒長堤夜色秋光總入題木落山空雲影薄天高水闊浪痕齊商船泊岸牙檣密旅鋪招人酒旆低一片孤帆隨鳥沒又聞柔櫓夕陽西【陳氏】

歌

蘆花作主我作客蘆花點頭我拍膝白鷗銜什綠蓑衣使我欲行行不得我醉欲倩蘆花扶蘆花太嬾可奈何不如呼出青天月大家躍入金葫蘆【冒公】

蓼

一名水葒花其類甚多有青蓼香蓼葉小狹而薄紫蓼赤蓼葉相似而厚馬蓼水蓼葉濶大上有黑點木蓼一名天蓼蔓生葉似柘六蓼花皆紅白子皆大如胡麻赤黑而尖扁惟木蓼花黃白子皮生青熟黑人所堪食者三種一青蓼葉有圓有尖圓者勝一紫蓼相似而色紫一香蓼相似而香並不甚辛可食諸蓼春苗夏茂秋始花花開蓓蘽而細長二寸枝枝下垂色粉紅可觀水邊更多故又名水葒花身高者丈餘節生如竹秋間爛熳可愛一種叢生高僅二尺許細莖弱葉似柳其味

香辣人名辣蓼並冬死惟香蓼宿根重生可爲生菜青蓼可入藥古人用蓼和羹後世飲食不復用人亦鮮種藝今但以平澤所生香青紫三蓼爲良辛溫無毒實主明目溫中耐風寒下水氣去瘀瘍止霍亂去面浮腫瘀小兒頭瘡苗葉除大小腸邪氣利中益智一云青色者蓼紫者茶

○製用 禮記烹雞豚魚鱉皆實蓼於腹中而和羹膾亦須切蓼 春初以壺盧盛水浸蓼子高挂火上使暖生紅芽以備五辛盤與大麥麪相宜 食蓼過多發心痛和生魚食生陰核痛二月食蓼損胃久食令人寒熱損髓減氣少精忌近陰令陰弱婦人月事來食蓼蒜成淋

○療治 傷寒勞復卵腫或縮入腹痛蓼子一把取汁飲一升 霍亂煩渴蓼子一兩香薷二兩每二錢水煎服夏月煩渴死同治 氣痢清明前一日五更扌大蓼曬乾爲末米飲下一錢極效 小兒頭瘡蓼子爲末蜜和雞子白調塗虫出不作痕 蝸牛咬毒行遍身蓼子煎水浸之立愈 狐尿瘡惡犬咬蛇傷苗擣汁敷仍絞汁服 脚暴軟赤蓼燒灰淋汁浸之以桑葉蒸署立愈 腳風痒花葉煎汁洗之良 霍亂轉筋蓼葉煮湯捋脚良

又蓼葉一升水三升煮汁二升入香豉一升更煮一升半分三服 胃脘冷不能飲食耳目不聰明四肢無氣冬月足冷八月三日取蓼日乾如五升大六十把水六石煮取一石去滓如法釀酒待熟日飲之十日後目明氣壯 肝虛轉筋吐瀉赤蓼莖葉切三合水一盞酒三合煎四合分二服 血氣攻心痛不可忍蓼根洗剉浸酒飲 療癖水葒子不拘多少一半微炒一半生同研末食後好酒下二錢日三已破者亦治好則止 癖痞腹脹堅硬如盃盤水葒花子一升另研獨蒜三十顆去皮麝香一錢皮硝四兩石臼擣爛攤患處加油紙長帛束之次日取看未効再貼倘有膿勿恐仍看虛實日服錢氏白餅子塌氣丸消積丸至半月甚者一月無不瘥者喘滿者實不喘者虛 胃脘血氣作痛水葒花一大撮水二鍾煎一鍾服屢驗 心氣疞痛水葒花爲末熱酒服二錢又法男用酒水各半女用醋水各半煎服立效 久瘡生肌水葒花根煎湯淋洗仍以葉曬乾爲末撒瘡上日一次

○麗藻 散語 蓼蟲在蓼則生在芥則死 非蓼仁而芥賊也【戰國策】 賦 覩茲茂蓼紛葩吐盈猗那隨風緑葉厲莖爰有蠕蟲厥狀似螟群聚其間食之戸生則罔不知辛況乎人以安逸爲心乎【漢孔臧】 詩五言 蓼花被堤岸【柳子厚】 鹽豉薦芹蓼【鄭谷】 【夫】蓼雜芳菲疇【韓文】 群芳坐衰歇蝸自 群春風【石曼卿】 叢蓼雖可喜輕紅隨秋薄 蔟蔟復悠悠年年拂漫流差池伴【東坡】 黃[illegible]渡清秋[illegible]急寒[illegible]宿舊蹊

故溪墮不得歸〔鄭谷〕七言 水蓼冷花紅簇簇〔?〕
仗繫漁舟〔尺〕 雨淫蓼花千穗紅
〔?〕 蓼花無數入船窗〔?〕 暮天
新雁起汀洲紅蓼花開水國愁〔?〕 花穗
迎秋結晚紅園林淸淡更西東〔宋?文〕 簇
簇菰蒲映蓼花水痕天影浸秋霞〔林和靖〕
今日特向東城開画時亦合銜魚翠〔?〕
分紅間白汀洲晚拜雨揖風江岸秋看誰
耐得淸霜去却恐蘆花先白頭〔劉後村〕 紅
穗巴沾巫峽雨綠痕猶帶錦江波狂吟不覺
鷺鷥夢坐困翻疑在舊溪〔張忠定〕 秋歸南
浦螽鳴霜落橫湖溪水淸時雨幽花無限
思抱叢寒蝶不勝情〔東坡〕 金氣稜稜澤國
秋馬蘭花發滿汀洲留春山下連魚屋采石
江頭映酒 金井先秋梧葉飄黃幾回驚覺
樓〔?〕 詞 夢初長雨微烟淡疎柳池塘漸（舒公名亶）
蓼花明菱花淨藕花涼 幽人已慣衾單枕（南岳人裘）
冷任商飈催換年光問誰相伴終日淸狂有（元）
竹間風樽中酒水邊
床〔王晉卿行香子〕

〔菰〕一名茭草一名蔣草蒲類也根生水中江湖（江南人呼菰爲茭以）
陂池中皆有之江南兩浙最多葉如蔗荻春（其根交結也）
末生白芽如笋名菰菜又名茭白一名蘧蔬
味淸脆生熟皆可啖其中心白薹如小兒臂
軟白中有黑脈名菰手作首者非八月開花（一云中有黑灰如墨）
如葦莖硬者謂之菰蔣草至秋結實名彫胡（者名烏鬱亦可食）

米歲飢人以當糧氣味甘冷滑無毒利五臟
邪氣治心胸浮熱除腸胃熱痛解酒皶面赤
白癩癧瘍去煩止渴利大小便

○種植 穀雨時於水邊深栽
則笋肥大盛野生者

○製用 彫胡米合粟爲粥可食、茭苔嫩者可
生食又可曬乾合肉煮食甚佳 葉可
作薦刈以秣馬
甚肥〔本草綱目〕

○禁忌 過食性滑發冷氣令人
下焦寒傷陽道同蜜食
發痼疾服巴豆人忌食

○療治 開胃解酒壓丹石毒茭白合鯽魚作羹
食 小兒風瘡久不愈菰蔣節燒灰研
傅 治消渴止小便利菰根搗汁飲 火燒
瘡 茭根燒灰雞子白調塗 毒蛇咬傷菰根
燒灰
傅

○麗藻 詩五言 白蔣風飈脆〔杜子美〕 七言 波漂菰米沉雲黑〔杜子美〕 空
江浩蕩景蕭然盡日菰蒲泊釣船青草浪高
三月渡綠楊花漾一溪烟情多莫舉傷春目
愁極兼無買酒錢猶有漁人數
家住不成村落夕陽邊〔?泌〕

〔蕈〕一名茆一名錦帶一名水葵一名露葵一名
馬蹄草一名缺盆草生南方湖澤中最易生
種以水淺深爲候水深則莖肥而葉少水淺

莖瘦而葉多其性逐水而滑惟吳越善食之葉如荇菜而差圓形似馬蹄莖葉色大如箸柔滑可羹夏月開黃花結實青紫大如棠梨中有細子三四月嫩莖未葉細如釵股黃赤色名稚蓴又名雉尾蓴體軟味甜五月葉稍舒長者名絲蓴九月萌在泥中漸粗硬名瑰蓴或作葵蓴十月十一月名豬蓴又名龜蓴味苦體澀不堪食取汁作羹猶勝他菜味甘

釋名 絲蓴如釵也豬蓴言喂豬也

寒無毒治消渴熱痺厚腸胃安下焦逐水解百藥毒並蠱氣

○製用 四月食蓴菜鯽魚羹開胃【内則】

禁忌 蓴性雖冷熱食及多食擁氣損人胃及齒令人顏色惡損毛髮和醋食令人骨痿發痔關節急嗜睡脚氣論中令人食此誤人極深 七月勿食蓴上有蝸虫殺人

○療治 一切癰疽 蓴菜搗爛傅之未成即消已成即毒散春夏秋用莖冬用子葉亦可 頭上惡瘡 黃泥包豆豉煨熟取出爲末蓴菜油調傅 各種疔瘡 蓴菜大青葉臭紫草等分擂爛酒一椀浸之去滓溫服三服立愈

○典故 張翰字季鷹有清材善屬文爲東曹掾因見秋風起思吳中菰菜蓴羹鱸魚膾曰人生貴適志何能羈宦數千里外以要名爵乎遂命駕而歸俄而問敗人以爲知幾【晉書】 蓴菜生松江華亭谷府志載之甚詳吾家步兵所爲寄思于秋風者也然武林西湖亦有之袁中郎狀其味之美云香脆滑柔畧如魚髓蟹脂而輕清遠勝其品無得當者惟花中之蘭果中之楊梅可以異類作配余謂花中之蘭是矣果中楊梅豈堪敵蓴何不以荔枝易之中郎又謂問吳人無知者蓋蓴惟出千吾郡所產既少又其味易變不能遠致故耳【袁七澤】

○麗藻 散語 思樂泮水薄采其茆【詩】 詩五言 君思千里蓴 絲繁煮細蓴 豉化蓴絲熟刀鳴膾縷飛【杜子美】 七言 秋風昨夜起那不憶鱸蓴【馬家奮】 秋風産瑁湖邊水漫流洛陽城外問漁舟鱸魚正美蓴絲熟不到秋風已倦游【國】【平泉】 秋風吹得蓴絲滑夜雨新炊秔飯香 正是故人茆崖下橙齏鱸膾話斜陽【眉公】 沒心未吐心如結水葉初齊葉尚含脂自凝膚柔遶指轉教風味憶江南 斂杵紛紛散作絲龍涎宛宛滑流匙詩人采茆元從水莫誤嘉蔬喚露葵 平湖倒影南山綠一派三潭靈怪潛蕩漿忽驚雲霧氣蟠龍領下割龍髯 誰握冰絲摘露叢水晶簾展玉瓔瓏魚鬚細細龍涎滑道是鮫人織錦宮 兎絲自是難勝識試比蓴絲想不任聞說西陵蘇小小當年戲采結同心 蓴絲不似藕絲輕傍腕纏綿入手蓴羹詠東人[illegible]白[illegible]橫【具茨】

荇菜 一名莕菜一名鳧葵一名水葵一名莕公鬚一名荇絲菜一名水鏡草一名拏一名屏風一名靨子菜一名金蓮子一名接余處處池澤有之葉紫赤色形似蓴而微尖長徑寸餘浮在水面莖白色根大如釵股長短隨水淺深夏月開黃花亦有白花者實大如棠梨中有細子氣味甘冷無毒治小渴利小便去

諸熱毒火丹遊腫

○**製用** 莖葉根花並可伏硫煮砂制礬用苦酒浸其白莖肥美可以案酒

○**療治** 一切癰疽瘡癤荅絲菜或根馬蹄草莖或子各半碗苧麻根五寸去皮石器搗爛傅毒四圍春夏秋日換四五次冬換二三次換時以薺水洗甚效　穀道生瘡荇葉搗爛綿裹納之日三　毒蛇螫傷牙入肉中痛不可堪者勿令人知以荇葉覆其上穿以物包之折牙自出　點眼去翳荅絲菜根一錢半搗爛川楝子十五箇膽礬七分石決明五錢皂莢一兩海螵蛸二錢各為末同菜根以水一鍾浸二宿去滓一日點數次七日見效

○**典故** 爾雅曰莕接余其葉苻叢生水中莖如釵股[illegible]詩曰參差荇菜左右流之三相參為參差言出之無類左右言其求之無方王文公曰萎餘惟后妃可比焉其德行如此可以此萎餘草矣若蘋蘩蘊藻所謂餘草舊說藻華白荇華黃顏氏家訓云今荇菜是水有之黃華似蓴是也夫后妃祭荇夫人祭蘩大夫妻祭蘋藻至于盛之湘之奠之無所不為焉亦其位彌高者其事彌略之証也又后妃言河夫人大夫妻言澗后妃言洲夫人言沼大夫妻言濱言潦亦言毛也且蘋蘩蘊藻溪澗沼沚之毛也而荇則異矣故后妃采荇詩傳以為夫人執蘩菜以助祭神饗德與信不求備焉沼沚溪澗之草猶可以薦后妃則荇菜也據此荇菜厚于蘋蘩故曰后妃有關雎之德乃能共荇菜備庶物以事宗廟荇之言行也蘋言賓藻言澡蘩言盛然則言荇菜言采言芼是亦共

之而已故敎成之祭芼用蘋藻以成婦順〔埤雅〕

吾鄉荇菜爛煮之其味如蜜名曰荇酥郡志不載遂為漁人野夫所食此見于農田餘話　秋明水清時載菊泛湖膾鱸擣橙并試前法同與蓴絲薦酒〔陳眉公〕　荇菜首見於三百篇吾鄉陂澤中多有之農田餘話謂熟煮其味如蜜名曰荇酥然知之者絕少〔張七澤〕

○**麗藻** 詩七言　紫莖屏風文綠波　冰荇牽風翠帶長　[illegible]光淡淹秦東亭渚　蒲芽白水荇青〔俱杜子美〕　晴搖荇帶新含翠雨濯荷筒漸着花　泉分石竇瀉珠光坐挹㶇邊水荇香何處歌聲最幽窕漪流那復羨滄浪〔彭紹賢〕

[illegible] 一名水花一名水白一名水簾一名薸處處

池沼水中有之季春始生楊花入水所化一葉經宿卽生數葉葉下有微鬚卽其根也浮於流水則不生浮於止水一夕生九子故名九子萍無根而浮常與水平有大小二種小者面背俱青爲萍大者面青背紫爲薸一名紫萍今薸有麻薸異種長可指許葉相對聯綴不似萍之點點清輕也萍乃陰物靜以承陽故曝之不死惟七月中採取揀淨以竹篩

攤晒盆水在下承之卽枯死晒乾爲末可驅蚊虫味辛寒能療暴熱身癢下水氣勝酒長鬚髮久服身輕善治瘋疾

○製用 取浮萍重五午時投厠中絕青蠅 五日午時取浮萍陰乾加雄黃作紙纏香燒之能祛蚊虫 七月七日取赤浮萍晒乾爲末遇冬雪寒水調二盞服又用漢椒末拌浮萍末擦身不畏寒

○療治 時行熱病四月十五日取小浮萍一兩麻黃去根桂心附子炮去臍皮各半兩四物擣爲末每一兩水一鍾半入生姜二片葱頭二根煎至八分和查熱服衣蓋取汗瘥

效 夾驚傷寒紫背浮萍一錢犀角屑半錢鈎藤鈎三七箇爲末每服半錢蜜水調下連進三服出汗爲度 消渴飲水日至一石者浮萍擣汁服之又方用乾浮萍栝樓根等分爲末人乳汁和丸梧子大空腹飲服二十丸三年者數日愈 小便不利膀胱水氣流滯浮萍日乾爲末飲服方寸匕日二服 水氣洪腫小便不利浮萍日乾爲末每服方寸匕白湯下日二服 霍亂心煩蘆根炙一兩半浮萍焙人參枇杷葉炙各一兩每服五錢入薤白四寸水煎溫服 吐血不止紫背浮萍焙半兩黃芪炙二錢半爲末每服一錢姜蜜水調下 鼻衄不止浮萍末吹之 中水毒病手足指冷至膝肘卽是浮萍日乾爲末飲服方寸匕良 大腸脫肛紫背浮萍爲末乾貼之 身上虛痒浮萍末一錢用四物湯加

黃芩一錢煎湯調下 風熱癮疹浮萍蒸過焙乾牛蒡子酒煮晒乾炒各一兩爲末每薄荷湯服一二錢日二次 風熱丹毒浮萍擣汁遍塗之 汗斑癜風端午日收紫背浮萍晒乾每四兩煎水浴并以萍擦之或入漢防已二錢亦可 少年面皰外臺用浮萍日挼盦之并飲汁少許又方用紫背萍四兩防已一兩煎濃汁洗之乃以萍於斑點上熱擦日三五次物雖微其功甚大不可小看 扮痒面對溝渠浮萍爲末日傅之 大風癘疾浮萍草三月采淘三五次窨三五日焙爲末不得見日每服二錢食前溫酒下常持觀音聖號忌猪魚雞蒜又方七月七日取紫背浮萍日乾爲末半升入好消風散五兩每服五錢水煎頻飲仍以煎湯洗浴 癍瘡入目浮萍陰乾爲末以生羊肝半箇同水半盞煮熟

擣爛絞汁調末服甚者不過一服已傷者予服見效　弩肉攀睛青萍少許研爛入片腦少許貼眼上效　毒腫初起萍草擣傅之　發背初起腫焮赤熱浮萍擣和雞子清貼之　楊梅瘡癬水萍煎汁浸洗半日數日一作　燒烟去蚊五月浮萍陰乾用

○典故　楚王渡江得萍實大如斗赤如日剖而食之甜如蜜　江右萍鄉縣相傳楚王得萍實於此邑因以名而范石湖以爲去大江遠非是然萍實因渡江而得非謂得之大江中傳聞必有所自未可遽疑其說　張子野詩筆老妙歌詞乃其餘技耳華州西溪云浮萍破處見山影小艇歸時聞草聲與余和詩云愁似鰥魚知夜永嬾同蝴蝶爲春忙若此之類皆可以追配古人而世俗但稱其歌詞昔周昉畫人物皆入神品而世俗但知有

周昉士女皆所謂未見好德如好色者歟

○麗藻散語　呦呦鹿鳴食野之苹（詩）　季春萍始生（月令）　萍樹根於水木樹根於土（淮南子）　苹萍也大者曰蘋（爾雅）　萍萌也無根浮水而生（說文）　周禮萍氏掌水禁鄭氏云以不沉溺取名使之幾酒謹酒也

賦　嗟楊花之漠漠紛辭樹而緜緜作飄飄於幕底忽蕩漾於池邊雨過易質浸久移妍根無寸帶葉吐雙駢傍汀蘭而戢戢映岸草之芊芊魚驚跳而忽破風濤歛而還連委柔姿兮曉漲寄弱質兮春田流潦凝兮並止歸波逝兮均遷商羊舞兮保世以滋大肥蠬見兮聚族而繼蕃有似乎邊塞征人關河客子去國辭家流行坎止意忽忽以何之惟萍萍之類使感慈萍質張此萍蹤慨他鄉之萍

梗憐卻已之萍逢有如一枝[illegible]樓兩心齊契不約而聯無根而帶始宛轉而寄依忽參商而遥逝知宛在兮水中恨長波之靡際嗟嗟每生有識我輩鍾情欣暫合起恨以離生離離合之皆幻終悵怏而難平若夫合不心醉離不骨驚齊悲愉于一致反寄羨無識之浮萍[illegible]賦　夫萍爲風豹起藏不常水草中至[illegible]小瑣細物也顧萍氏掌禁於秋官萍生紀日於月令燕饗則樂嘉賓於魚藻朝會則示周行於鹿苹萍之詩義大矣成都楊令公年方二十視篆梁谿甫下車輒以浮萍一賦見眎清華流麗驍然大家夫相如子雲之在蜀都也翩翩皆以賦鳴吐鳳凌雲噴薄西京之上即我　明用修楊子靈心作賦秀拔戢眉公豈其苗裔耶遂率爾效顰而拙辭以擬之其詞曰粤萬卉之布彙禀一氣之陶鈞紛

楊君名雲錫號四宣延士[illegible]

紛綸綸纖纖芸芸鍾彼池而貼於波紋旣曰楊花之轉蛻復云老皿之爲精巧隨浪以開合逐流水以低平兆翔鴻之始見應穀雨而萌生采芳馨於雷澤擷異美于昆明一名水簾亦呼藻蘋西河之側南澗之濱荇作鬬而止渴搗久服而輕身漢昆明池翠綃橫披于岸曲楚昭王渡赤斗直觸于江濆周穆巡方則取擷湖頭以資鶴唼太原吏隱則數車捆載而爲鴨茵瀟瀲連緜覆鬱盎藍可以羞王公可以薦鬼神若夫不帶不帶時合時張江妃題字漢女搴芳翠蓋覆而蛟龍匿影青雷破而明月舒光重疊侵沙開暮春之烟景參差委岸宣大塊之文章紫葉帶流快題詩於李白秋風春草喜琢句於劉商色映菰蒲似罽賓之鋪寶氈而斜臨曲渚光分杜若如洛妹之遺翠鈿而亂點橫塘若乃波翻浪急雨

驟焉如自西自東曷傷嶢嶷嶷漂兮濟兮將
娶予之屐霜時危震盪兮恍羈臣之莫訴至
若良朋傷別離友臨岐臭蘭偶昇金石違違
玉玦遥分於寰外寶釵劃斷於中闺是何異
萍水之相遭而曾焉轉化於天涯胡然而散
胡然而聚消息盈虛浮萍莫喻生馬生人儵
忽為帝卽乾坤亦水上之萍抑蜾蠃螟蛉之
一致有酒既濤有餚既蒸太虛為御久鑿奚
爭萬期須臾咲瞍電鶩毋掘泥以揚波啜酳
醉而獨醒縱心浩然何慮何言吾將濯足萬
里攫身蓬閬而戞長嘯於青冥【吳茂卿】

詩五言

萍蓬無定居萍泛若萍緣
萍飄忽流滯衰颯近中堂 相看萬里別同
是一浮萍 萍浮無休日桃陰想舊蹊 此
生任春草垂老獨飄萍【杜子美】 楊花三
月暮泯泯水中萍 可憐池裏萍蒸藍紫復
青工隨浪開合能逐水低平微根無所綴細
葉詎須莖飄蕩終難測流連如有情【吳均】
川合東西瞻使節地分南北任流萍【杜子美】

七言

見說楊花能變化是他種子亦
輕浮 點點青青浮野塘不容明月照滄浪
風吹雨逐沙泥上燕子銜來遶畫梁【凡仙】
乍因輕浪疊晴沙又趁迴風擁釣槎莫惟狂
蹤易飄泊前身不合是楊花【劉師邵】 曉來
風約半池明重疊浸沙綠鬭成 不用臨池重
相笑最無根蒂是浮名【陸龜蒙】 青草秋風
老此身一瓢長醉任家貧醒來還
愛浮萍草飄寄官河不屬人【劉商】

青有詩仙 題萍用拳 字韻

【別】一名芣菜一名四葉一名田字草葉浮水面
根連水底莖細於蓴莕葉大如指頂面青背

紫有細紋頗似馬蹄決明之葉四葉合成中
折十字夏秋開小白花故稱白蘋其葉攢簇
如萍故爾雅謂大者為蘋也氣味甘寒滑無
毒主治暴熱下水利小便

○辨訛其葉徑一二寸有一缺而形圓如馬蹄
者蓴也似蓴而稍尖長者莕也其花並
有黃白二色葉徑四五寸如小荷葉而黃花
結實如小角黍者萍蓬草也楚王所得萍實
乃此萍之實也四葉合成一葉如田
字形者蘋也如此分別自然明白

○療治熱瘡搗塗 蛇傷毒入腹搗汁飲 止
消渴曝乾栝樓等分為末人乳和丸服

○麗藻散語于以采蘋南澗之濱【詩】 蘋蘩薀
藻之菜可薦於鬼神可羞於王公【左傳】

詩五言

聞道通丹地江潭隱白蘋【杜子美】
崑山猶在目桂席又維亭湖外
蘋花白霜前楓葉青橘島適落日木鳥下
寒汀驛路天將暮柴門半未扃【鄭谷】

七言

處處清江帶白蘋【杜子美】 偶向江邊采
白蘋還隨女伴賽江神衆中不敢分明語
暗擲金錢卜遠人【于鵠】 秋老萍花貼岸開
雪鷗一點夜飛來 逢人盡道游烟雨月白何
曾獨上臺【陳眉公】 何處明珠出自然青蘋
白藻水痕鮮一枝 微向波心動萬蓋應從石
底穿玉律初回風欲暖翠烟不斷月猶懸亭
聽後樂思先正敢 謂余蹤合浦仙【□□道】

【釋】水草也有二種水藻葉長二三寸兩兩相對

生即馬藻也聚藻葉細如絲節節連生即水薀也俗名鰓草又名牛尾薀爾雅云莙牛藻也郭璞注云細葉蓬茸如絲可愛一節長數寸長者二三十節氣味甘大寒滑無毒去暴熱熱痢止渴凡天下極冷無過藻菜荊揚人遇歲飢以藻當穀食

○製用 二藻皆可食煮熟挼去腥氣米麪糝蒸爲茹甚滑美入藥以馬藻爲勝

○療治 治熱腫丹毒藻菜切搗傅之厚三分乾即易其效無比 去暴熱熱痢止渴搗汁飲 小兒赤白遊疹火焱熱瘡搗爛封之

○集解 藻水草之有文者出于水下其字从澡言自潔如澡也書曰藻火粉米藻取其文火取其明也山節藻梲蓋非特爲取其文亦以禳火今屋上覆橑謂之藻井取象於此亦曰綺井又謂之覆海亦或謂之罳頂風俗通曰殿堂室象東井形刻作荷菱荷菱水草也所以厭火與此同類詩魚在在藻有頒其首王在在鎬豈樂飲酒魚在在藻有莘其尾王在在鎬飲酒樂豈蓋魚性食藻王者德至淵泉則藻茂而魚肥故以頒首莘尾爲得其性詩傳曰士卒皂藻言其和睦歡悅如皂之戲于水藻也 花史

淡竹葉 根名碎骨子生原野處處有之春生苗高數寸細莖綠葉儼如竹米落地所生莖葉根一窠數十鬚鬚結子如麥冬但堅硬耳八九月抽莖結小長穗採無時性甘寒無毒葉去煩熱利小便清心根能墮胎催生取根苗搗汁和米作麪釀酒甚芳烈

○取用 花用綿收之可作畫燈青翠砂綠等色用

卷耳 宿莽也一名枲耳一名常思一名葹草一名必栗香葉如鼠耳叢生如盤性甚忝拔其心不死可以毒魚搗碎置上流魚悉暴鰓入書筒中白魚不能損書

○麗藻 散語 采采卷耳不盈傾筐 國風 詩 五言 江上秋已分林中瘴猶劇畦丁告勞苦無以供日夕蓬莠猶不焦野蔬暗泉石卷耳況療風童兒且時摘侵星驅之去爛熳任遠適放筐亭午際洗剝相蒙冪登床半生熟下筯還小益加點瓜薤間依稀橘奴跡亂世誅求急黎民糠籺窄飽食復何心荒哉膏粱客富家廚肉臭戰地骸骨白寄語惡少年黃金且休擲 杜少陵

虎耳草 一名石荷葉莖微赤高二三寸右細白

毛一莖一葉狀如荷盃大如錢又似初生小葵葉及虎耳之形面青背微紅亦有細赤毛夏開小花淡紅色生陰溼處栽近水石上亦得氣味辛寒微苦

○療治 生用吐利熟用則止吐利　擂酒服治瘟疫　搗汁滴耳中治聤耳　陰乾置桶中燒烟熏痔瘡腫痛

車前 一名芣苡一名地衣一名當道一名牛舌一名牛遺一名馬舄一名車輪菜一名蟼蟇衣好生道傍及牛馬跡中處處有之開州者勝春初生苗葉布地如匙面年久者長及尺餘中抽數莖作長穗結實如葶藶赤黑色圍莖上如鼠尾花青色微赤甚細密五月採苗八九月採實人家園圃或種之味甘寒無毒養肺強陰益精除溼痺利水道導小腸熱不走氣止暑溼瀉痢治產難壓丹石毒去心胸煩熱久服輕身明目耐老令人有子

○製用 陸璣言嫩苗作茹大滑[illegible]山居錄有種車前剪苗食法昔人常以為蔬夾今野人猶採食　神仙服食經云車前一名地衣雷之精也服之羽化　大抵入服食須佐他藥如六味地黃丸之用澤瀉可也若單用則泄太過恐非久服之物

○修製 凡用須以水淘洗去泥沙晒乾入湯液炒過用入丸散酒浸一宿蒸熟研爛作餅晒乾焙研

○療治 小便血淋作痛車前子晒乾爲末每服二錢車前葉煎湯下　石淋作痛車前子二升以絹袋盛水八升煮取三升服之須臾石下　老人淋病身體熱甚車前子五合綿裹煮汁入青粱米四合煮粥食常服明目　孕婦熱淋車前子五兩葵根切一升以水五升煎取一升半分三服以利爲度　滑胎易產車前子爲末酒服方寸匕不飲酒者水調服　橫產不出車前子末酒服二錢　陰冷悶疼漸入囊內腫滿殺人車前子末飲服方寸匕日二服　陰下癢痛車前子煮汁頻洗　癮疹入腹體腫舌強車前子末粉之良　久患內障車前子乾地黃麥門冬等分爲末蜜丸桐子大服之累試有效　肝腎俱虛眼昏黑花或生障翳迎風有淚久服補肝腎增目力車前子熟地黃酒蒸焙三兩兎絲子酒浸五兩爲末煉蜜丸桐子大每溫酒下三十丸日二服　風熱目暗濇痛車前子宣州黃連各一兩爲末食後溫酒服一錢日二服　小便不通車前草一斤水三升煎取一升半分三服一方入冬瓜汁一方入桑葉汁　初生尿澀不通車前搗汁入蜜少許灌之

小便尿血車前搗汁五合空心服　異功方止生車前葉搗汁飲之甚善　金瘡血出車前葉搗傅之　熱痢不止車前葉搗汁入蜜一合煎溫服　產後血滲入大小腸車前草汁一升入蜜一合和煎一沸分二服　濕氣腰痛蔥鬚草連根七科蔥白連鬚七科棗七枚煮酒一瓶常服終身不發　喉痺乳蛾蝦蟆衣鳳尾草擂爛入霜梅肉煮酒各少許再研絞汁以鵝翎刷患處隨手吐痰即消　目赤作痛車前草自然汁調朴硝末臥時塗眼胞上次早洗去　小兒目痛車前草汁和竹瀝點之　目中微翳車前葉枸杞葉等分手中揉汁出以桑葉兩重裹之懸陰處一夜破桑葉取點不過三五度

○典故　歐陽公常得暴下病國醫不能治夫人買市人藥一帖進之而愈力叩其方則車前子一味為末米飲服二錢七云此藥利水道而不動氣水道利則清濁分而穀藏自正矣

○麗藻　詩　開州五月車前子作藥人皆道有神慚愧文君憐病眼三千里外寄聞人

茵陳蒿　生泰山及丘陵坡岸上近道亦生不如泰山者佳初生苗高三五寸葉似青蒿而紫細背白經冬不死更因舊苗而生故名茵陳五月七月采莖葉陰乾性苦平微寒無毒治風溼寒熱邪氣熱結黃疸小便不利江南所用者莖葉皆似家茵蔯而大高三四尺氣極芬香味甘辛吳中所用乃石香葇也葉至細色黃味辛甚香烈性溫若誤作解脾藥服大令人煩

○製用　蘡蒿菜蔞蒿即茵蔯嫩苗以沸湯瀹過浸于漿水則成虀如以清水或石灰水礬水拔之去其猛氣曬乾可留製食醃焙乾極香美蔞蒿根醃曬乾或仍蒸曬皆可

○附錄　山茵蔯　二月生苗其莖如艾葉如淡青蒿背白葉岐緊細而扁整九月開細黃花結實大如艾子亦有無花實者

○療治　大熱黃疸傷寒頭痛風熱瘴瘧茵蔯細切煮羹食生食亦宜　遍身風癢生瘡疥茵蔯煮濃汁洗立瘥　癧瘍風茵蔯蒿兩握水一斗五升煮取七升先以皂莢湯洗次以此湯洗之冷更作隔日一洗不然恐痛也　風疾攣急茵蔯蒿一斤秫米一石麯三升和勻如常法釀酒服　癇黃如金好眠吐涎茵蔯蒿白蘚皮等分水二鍾煎服日二　遍身黃疸茵蔯蒿一把同生姜一塊搗爛於胸前四肢日日擦之　男子酒疸用茵蔯蒿四根梔子七箇大田螺一箇連殼搗爛以百沸白酒一大盞沖汁飲之　眼熱赤腫山茵蔯車前子等分煎湯調茶調散服數服　小兒痘瘡發癢茵蔯燒烟熏之良

○麗藻　詩七言　黃蒿古城雲不開　杜子美　茶寮蕭寺[illegible]茵蔯尚送紫

香【王元美】不許龍泉放白毫此來非是浪
登高迷邪未許食山蕨出塞何妨烹野蒿愧
之三長書史冊誰將一割試鉛刀邊臺
明月春風好駑馬生憎戀舊槽【黃正色】

【蒲公英】一名金簪花一名紫花地丁一名黃花地丁一名耩耨草一名蒲公罌一名鳧公英一名白鼓丁一名耳瘢草一名狗乳草處處有之亦四時常有小科布地四散而生莖葉花絮並似苦苣但差小耳葉有細刺中心抽一莖高三四寸中空莖葉斷之皆有白汁莖端出一花色黃如金錢嫩苗可生食花罷成絮因風飛揚落溼地即生二月採花三月採根有紫花者名大丁草甘平無毒解食毒化滯氣散熱毒消惡腫結核丁腫烏鬚髮壯筋骨白汁塗惡刺狐尿刺瘡即愈

○製用　蒲公英四時皆有惟極寒時小而可用采之爍熟食【野菜譜】

○療治　還少丹昔日越王遇異人得此方能固齒壯筋骨生腎水凡年未及八十者服之鬚髮返黑齒落更生年少服之至老不衰得遇此者宿有仙緣當珍重之蒲公英連根

葉取一斤洗淨勿令見天日曬乾入斗子解鹽一兩香附子五錢二味爲細末入蒲公草淹一宿分爲二十團皮紙裹三四層六一泥如法固濟竈內焙乾武火煅通紅爲度冷定取出去泥爲末早晚擦牙漱之吐嚥任便久久妙　乳癰紅腫蒲公英一兩忍冬藤二兩搗爛水二鍾煎一鍾食前服睡覺即消　瘭瘡疔毒蒲公英搗爛敷之別更搗汁和酒煎服取汗　多年惡瘡及蛇螫腫痛蒲公英搗爛貼之

○典故　孫思邈云曾夜以手觸庭樹痛不可忍經十日痛日深瘡日大色如熟小豆以大丁草白汁塗之隨手愈未十日平復如故【千金方】

【燈心草】一名虎鬚草一名碧玉草生江南澤地陝西亦有叢生莖圓細而長直即龍鬚之類但龍鬚緊小瓤實此草稍麤瓤虛白性甘寒無毒爲肺治陰竅濇不利行水除水腫癃閉降心火止血通氣止渴散腫吳人蒔之取瓤爲炷以草織席及蓑外丹家用以伏硫砂

○製用　蒸熟待乾折其瓤是謂熟草可然燈不蒸生剝爲草可入藥燈心最難研以粳米粉漿染過曬乾研末入水澄之浮者是燈心曬乾用

○療治　五淋敗席煮服良　急喉痺燒灰吹之　[illegible]上[illegible]即

止　陰疳灰入[illegible]
草嚼爛傅之立止衄血不止[illegible]
入丹砂一錢米飲每服三錢[illegible]疾風痺[illegible]用
燈心一握陰陽瓦燒存性炒鹽一匙每次一
捻數次立愈一方燈心灰二錢蓬砂末一錢
吹之又燈草紅花燒灰酒服一錢即消[illegible]
瘡煩喘小便不利燈心一把鱉甲二兩水一
升半煎六合分二服　夜不睡燈草煎湯代
茶渴飲　通利水道天一丸燈心十斤研取白[illegible]
粉曬乾二兩五錢赤白茯苓二兩澤瀉三兩大[illegible]
人參一斤切熬膏和藥丸如龍眼大硃砂爲生理[illegible]上
衣每用一丸隨病換引　溼熱黃疸燈草根本天一[illegible]
四兩酒水各半入瓶內水之砂[illegible]
煮半日露一夜溫服水道[illegible]
爲[illegible]

鳳尾草 叢生莖青色葉長寸餘附莖對生每邊各
七八葉相連本寬以漸而狹頂尖葉邊亦有
小尖儼如鳳尾喜陰春雨時移栽見日則瘁

酸漿草 一名醋漿一名苦耽一名苦蘵一名燈
籠草一名皮弁草一名王母珠一名洛神珠
即今所稱紅姑孃也酸漿醋漿以子之味名
也燈籠皮弁以殼之形名也苦耽苦蘵以苗
之味名也王母洛神珠以子之形名也所在
有之惟川陝者最大苗如天茄子高三四尺
葉嫩時可食四五月開小白花結薄青殼熟
則紅黃色殼中實大如龍眼生青熟則深紅
實中復有細子如落蘇之子食之有青草氣
小兒喜食之性苦寒無毒治内熱煩滿黃病
大小便澀骨熱欬嗽小兒無辜癧子寒熱大
腹殺蟲去蠱毒煮汁或生搗汁服其實產難
吞之立產能落胎孕婦忌研膏傅小兒悶癖

○**辨訛** 世有以龍葵爲酸漿者不知二物苗葉
雖同但龍葵莖光無毛五月入秋開小

白花五出黃蕊結子五六顆多者十餘顆纍
纍下垂無殼有蒸蒂長一二分生青熟紫黑
酸漿同時開小花黃白色紫心白蕊花如盃
無瓣有五尖結一殼含五稜一枝一顆下懸
如燈籠狀殼中子一顆
以此分別便自明白

○**療治** 熱欬咽痛　酸漿草爲末白湯服仍以醋
調敷喉外　喉瘡作痛　酸漿草炒焦研
末酒調服之　灸瘡不發　酸漿葉貼之　三
焦腸胃熱婦人　胎熱難產　酸漿實五兩芡實
三兩馬蘭子炒大鹽榆白皮炒二兩柴胡黃
芩栝樓各一兩爲末煉蜜丸桐子大每服三
十丸木香湯下　天泡溼瘡　酸
漿實殼生搗敷或爲末油調敷

[illegible]漿 一名酸漿草一名三角酸一名雀兒酸

一名酸𦵔𦵔一名酸母一名酸箕一名鳩酸一名小酸茅一名雀林草一名赤孫施苗高一二寸極易繁衍叢生道旁陰溼處一莖三葉如浮萍兩片至晚自合帖如一四月開小黃花結小角長一二分中有黑實至冬不凋嫩時小兒喜食用揩瑜石器白如銀食之解熱渴搗傳治惡瘡瘑瘻及湯火傷蛇虺螫傷煎湯洗痔痛脫肛甚效

○療治 小便血淋 酸草搗汁煎五苓散服 諸淋赤痛 三葉酸漿草洗研取自然汁一合酒一合和勻空心溫服立通 二便不通 酸草一大把車前草一握搗汁入沙糖一錢調服一盞不通再服 赤白帶下 三葉酸草陰乾爲末空心溫酒服三錢七 痔瘡出血 雀林草一大握水二升煮一升服日三效 癬瘡作癢 酸母草擦之數次愈 蛇虺螫傷 醋草搗敷 牙齒腫痛 酸漿草一把洗淨川椒四十九粒去目同搗爛絹片裹定如箸大切成豆粒大每以一塊塞痛處即止

菟絲

一名菟縷一名菟蘽一名菟蘆一名菟丘一名女蘿一名赤網一名玉女一名唐蒙一名火燄草一名野狐絲一名金線草夏生苗處處有之以寃句者爲勝生懷孟及黑豆上者入藥更良夏生苗色紅黃如金細絲遍地不能自起得草梗則纏繞而生其子入地初生有根及長延草物其根自斷無葉有花白色微紅香亦襲人結實如粃豆而細色黃生於梗上味辛甘平無毒主續絕傷補不足堅筋骨添精益髓養肌强陰去腰痛膝冷瀉精尿血溺有餘瀝久服去面䵟悅顏色

在草曰菟絲在木曰女蘿

○修治 溫水淘去沙泥酒浸一宿曝乾搗之不盡者再浸曝搗須臾悉細 又法酒浸四五日蒸曬四五次研作餅焙乾再研末 或云曝乾入紙條數枚同搗即刻成粉且省力不粘

○辨訛 勿使天碧草子 眞相似味酸澀

○服食 抱朴子仙方菟絲子一斗酒一斗浸曝乾再浸又曝酒盡乃止搗篩爲末每酒服二錢日二治腰膝去風明目 久服令人光澤老變爲少 十日外飲啖如湯沃雪

○療治 消渴 菟絲子煎汁任意飲以止爲度 腸氣虛損 菟絲子熟地黃等分爲末酒

和丸梧子大每服五十丸[illegible]入參[illegible]下[illegible]
逆木香湯下　固陽兔絲子二兩酒浸十日
水淘淨杜仲一兩蜜炙俱焙研薯蕷末酒煮
糊丸梧子大每空心酒下五十丸　思慮太
過心腎虛損眞陽不固漸有遺瀝小便白濁
夢寐頻泄兔絲子五兩白茯苓三兩石蓮肉
二兩爲末酒糊丸梧子大每服三五十丸空心
鹽湯下　小便淋瀝兔絲子煮汁飲　小便
赤濁心腎不足精少血燥口乾煩熱頭暈怔
忡兔絲子麥門冬等分爲末蜜丸梧子大鹽
湯每下七十丸　腰膝疼痛或頑麻無力兔
絲子洗一兩牛膝一兩同入銀器內酒浸一
寸五分曝爲末將原酒煮糊丸梧子大每空
心酒服二三十丸　肝傷目暗兔絲子三兩
酒浸三日曝乾爲末雞子白和丸梧子大空
心溫酒下三十丸　身面卒腫兔絲子一升

酒五升漬二三宿每飲一升日三服不消再
造　婦人橫生兔絲子末酒服二錢一加車
前子等　眉鍊癬瘡兔絲子炒研油調傅
穀道赤痛兔絲子熬黃黑爲末雞子白和塗
之　痔如蟲咬方同上　面瘡粉刺兔絲苗
絞汁塗不過三上　小兒頭瘡兔絲苗煮湯
頻
洗

○麗藻散語　蔦與女蘿施於松柏〔詩〕　詩五言　兔絲及水萍所寄終不移
兔絲附蓬麻引蔓故不長　兔絲固
〔江淹〕無情隨風任傾倒誰使女蘿枝而來强縈抱
〔李太白〕人生莫依倚依倚事不成君看兔
絲蔓依倚荆與榛荆榛易蒙密百鳥撩亂鳴
下有狐兔窟奔走亦縱橫樵童斫將去柔蔓
與之并翳薈生可恥束縛死無名桂樹月中

出珊瑚石上生[illegible]
物本特達不復相纏縈[illegible]竟何者[illegible]
飛莖〔元微之〕　君爲女蘿草妾作兔絲[illegible]
條不自引爲逐春風斜百丈託遠松纏綿[illegible]
一家誰言會面易各在青山崖女蘿[illegible]
兔絲斷人腸枝枝相糾結葉葉競飄揚生子
不知根因誰共芬芳中巢雙翡翠上宿紫鴛
鴦若識二草心海潮亦可量〔白樂天〕

〔屋遊〕一名瓦衣一名瓦苔一名瓦蘚一名博邪
一名昨葉一名蘭香此瓦屋上苔衣也生久
屋之瓦木氣泄則生其長數寸葉圓而肥嫩
長寸餘頂生小白花名瓦松甘寒無毒治浮

熱在皮膚往來寒熱時氣煩悶小兒癇熱
○療治　鼻衄研末新汲水調服二三錢　熱毒牙
齦宣露煎水入鹽漱　犬咬爲末搽之
即
止

〔苔〕一名綠苔一名品藻一名品落一名澤葵一
名綠錢一名重錢一名圓蘚一名垢草空庭
幽室陰翳無人行則生苔蘚色既青翠氣復
幽香花鉢拳峰頗堪清賞欲石上生苔以茭
泥馬糞和勻塗潤濕處不久即生

○附錄　水苔一名石髮一名石衣一名水衣一名水
名薄生石上色青綠紫黃如髮初
生嫩者擇去亞石以石壓乾入鹽油醬薑椒
切韭芽同拌食亦可油醬炒食　海藻一名
海苔在屋曰昔
邪在墻曰墻衣

○典故　張華撰博物志進武帝帝嫌煩令削之[illegible]
賜側理紙　蔓金苔出祖黎國大如雞[illegible]
卵色如金若螢火之聚投之水中蔓延波瀾[illegible]
上如火晉元帝時貢自外國宮人被幸者賜之[illegible]
之寘漆盤中光照滿室又名夜月苔　石崇[illegible]
砌上就苔蘚刻百花飾以金玉曰壺中之景
不過如是　宋王徽太保弘之弟也辭江湛
之舉足不踰閾十餘載棲遲環堵苔草沒階
侯景圍臺城既急時甘露廚中所有乾苔
悉分給軍士　倪元鎮閣前寘梧石日令人
洗拭及苔蘚盈庭不容水跡綠褥可愛每遇
墜葉令童子以針綴杖頭挑出不使點壞
王彥章葺園亭疊墻種花急欲苔蘚少助野
意而經年不生顧弟子曰叵耐這綠拘兒
鞠國在扶野古東北五百里六日行至其國
有樹無草但有苔　陳思王初袁應劉端憂
多暇綠苔生
閣芳塵凝榭

○麗藻　散語　華殿塵兮玉階苔　班婕妤　待
來竟不來落花寂寂委青苔

賦

肅兮若遠山之松柏泯兮若平郊之烟霧春
澹蕩兮景物華承芳卉兮藉落花莫不文石
兮鏤瓦碧地兮青階別生分類西京南越則
烏韭兮綠錢金苔兮石髮　楊炯　若夫桂洲
含潤松崖秘液繞江曲之寒沙抱岩幽之吉
石泯縈[illegible]而積[illegible]井山客之

寄情諧埜人之妙適及其擢房有寂寥之[illegible]
光非微君子之砌蔓延君侯之堂引浮青而
泯露散輕綠而承霜起金鈿之舊感鷟玉[illegible]
之新行若夫弱質綿羃纖姿布護措形不用
之境託跡無人之路望夷險而齊歸在高深
而委遇惟愛惜之未染何悲歎之詎進宜其
背陽就陰違喧處靜不以不蒂無跡無影恥
桃李之暫芳笑蘭桂之非永故順時而不競
每乘幽而自整　王勃

詩　五言

蒼苔依砌上　劉玄暉　、苔痕上階綠　劉禹錫　青苔倚空墻　張景陽　蟲書玉佩蘚　鳥休步紫苔　苔移玉座春　苔竹素所好　苔蘚山門古　門前遲行跡一一生綠苔　上有蘿淚碑青苔久磨滅　陳公讀書臺石柱久青苔　興來無酒掃隨意坐莓苔　雨拋金鎖甲苔臥綠沉槍　前佛不復見百身一莓苔　俱杜子美　苔色生衣袂潮痕上井欄　李嘉祐　石苔凌几杖空翠撲肌膚　石画粧苔色風梭織水紋　上官昭容　空山不見人但聞人語響返景入深林復照青苔上　王維　塌地坐彈棋注酒莓苔上水際暗香來怕是桃花漲　康對山　康公名海武功人狀元　禮法非吾設疎狂任世猜池幽屬玉喜堂小鬱金開時看群兒戲或邀鄰叟來宛然在深谷隨意步莓苔　于念東

一雨生無蒂孤茵壓欲寒微階藏石瘦席徑受花安易作畜綠想難壯空色看紋全如側理有意鳥書殘　研上碧于染鬖髿滿綠錢根微踏未斷絲細勢相聯每向重陰合偏逢雨過鮮綿綿綠闌上漠漠沒階前滋石隨潮長浮查逐脉纖江淹曾有賦無用總堪憐　俱前人

七言

石田茅屋荒蒼苔　杜子美　筆路青[illegible]青苔雨後深紅點

歐陽文忠　新竹旁花破[illegible]苔　劉東崖　璞
厭瀟湘少人處水多菰米岸莓苔　杜牧　蘚
苔濁酒林中靜碧水春風野外昏　杜子美
可憐此地無車馬顛倒青苔落絳英　閑花
落地滋苔逕細雨和烟着柳枝　澄溪雨過
苔還淨深樹雲來鳥不知　開窓雨過苔花
潤小簟風來薤葉涼　陸龜蒙　飛觴倒入水
壺影訪跡徐披石鼓苔　王鳳洲　春青秋紫
繞池臺箇箇圓如濟世財雨後無端滿窮巷
買花不得買愁來　鄭谷　難人一唱漏聲催
曉起臨妝候駕來待到玉堦明月上寂寥花
影過蒼苔　單大任　落花時節點蒼苔深掩
重門書不開蝴蝶不知春已去又隨飛絮過
墻來　朱靜菴女郎　深宮一入鎖天台漠漠
春雲覆紫苔人在桃花千樹裏年年惟有燕
飛來　屠緯真　因君日日苦縈懷走訊春愁
屠公名隆　鄞縣人
破碧苔日午抑簾妝未罷可知清夢昨宵來
郭鄭卿
綠樹重重烟半開碎綿飛繞徧青苔春風
自是多情致可得吹君入夢來　俱俞君宣
俞公名琬綸長洲人
寂歷空庭綴綺錢緣堦依砌更蟬連長門底
是生金輦芳徑無從認翠鈿宜稍落花相掩
映肯教新草獨芊眠違暄只合幽人侶怪得
江淹怨思偏　瑤砌環鋪紫翠勻高臺曲榭
淨無塵停雲叠沿堦綠經雨葳蕤澀浪新
側理成時無汗簡文茵爛處絕車輪徑開二
仲逢迎少鎮日荒荒覆井筠　點地斑斑積
翠平年年和草玉堦生石家砌上鏤春卉晉
帝宮中號夜明乍訝綠筠經雨長不因白露
感秋清空時隨意妨行滑幾日空庭斷屐聲
俱[illegible]　杖藥不拄古苔錢毎趂漁人一
放船分龍誰裁蘚箇何行颶有致綠縈旋水
會明促鳥島[illegible]月[illegible]裊裊遶安得元暉

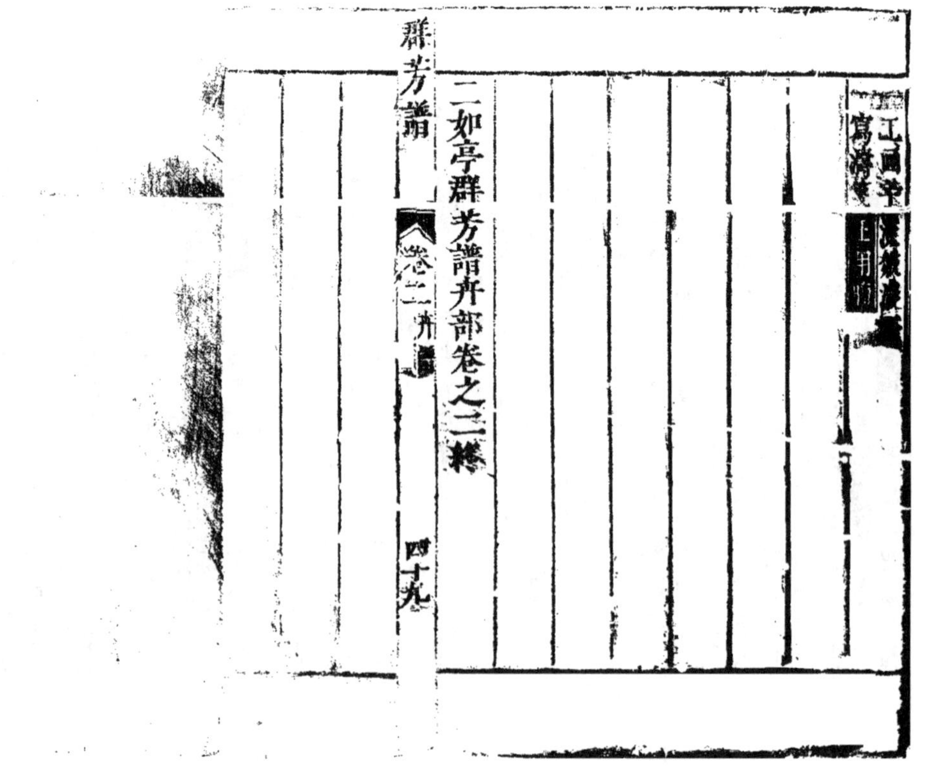
江畫中　[illegible]　上用昉
寫[illegible]
二如亭群芳譜卉部卷之二終
群芳譜　卷二　卉譜　四十九

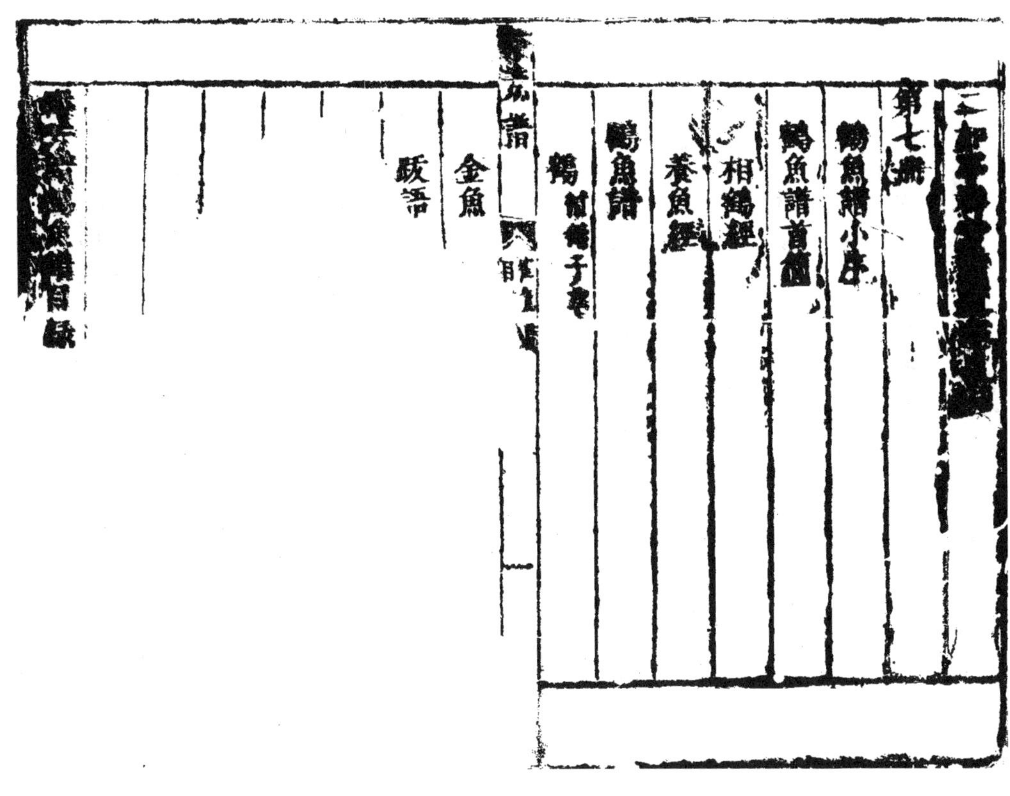

二如亭群芳譜

第七冊

群芳譜鶴魚譜目錄

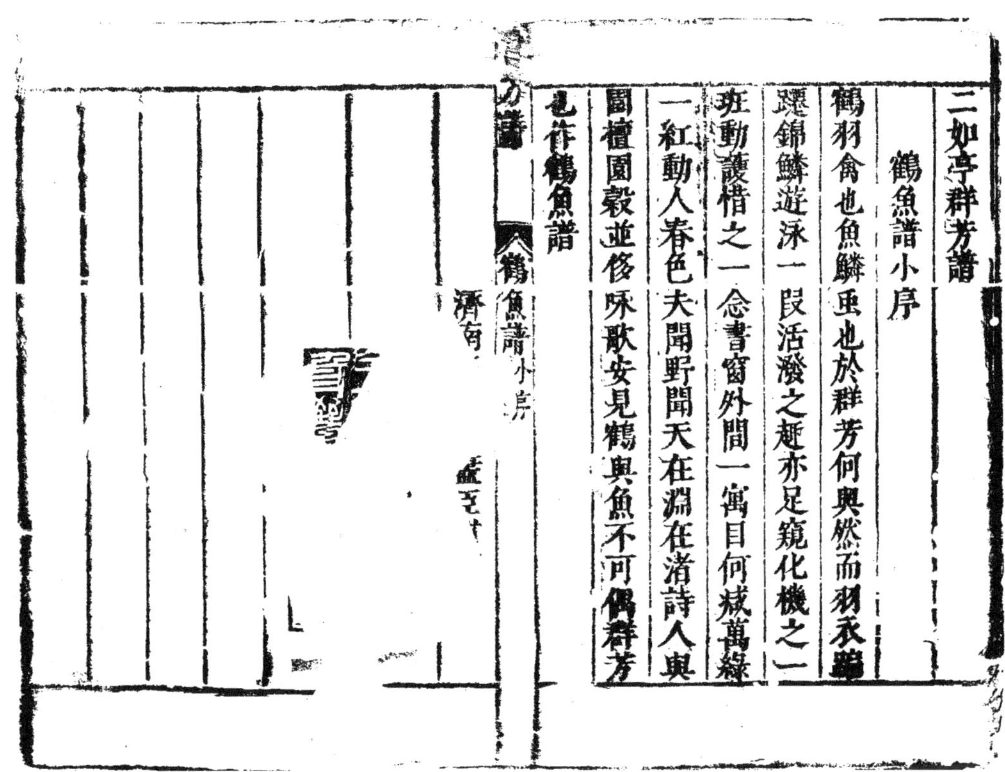

二如亭群芳譜

鶴魚譜小序

鶴羽禽也魚鱗虫也於群芳何與然而羽衣蹁躚錦鱗游泳一段活潑之趣亦足窺化機之一班動護惜之一念書窗外間一寓目何殊萬綠一紅動人春色夫聞野聞天在淵在渚詩人與園櫝圃穀並侈咏歎安見鶴與魚不可偶群芳也作鶴魚譜

群芳譜　鶴魚譜小序

二如亭群芳譜

鶴魚譜卷首

相鶴經　淮南八公

鶴陽鳥也因金氣依火精以自養金數九火數七七年小變十六年大變百六十年變止千六百年形定體尚潔故色白聲聞天故頭赤食於水故喙長軒於前故後指短棲於陸故足高而尾彫翔於雲故毛豐而肉疎大喉以吐故修頸

以納新故壽不可量所以體無青黃二色者木土之氣內養故不表於外鶴之上相瘦頭朱頂露眼玄睛高鼻短喙鮭頰䯏耳長頸促身燕膺鳳翼龜背鼈腹軒前垂後高脛麤節洪髀纖指此相之備者也鳴則聞於天飛則一舉千里二年落子毛易黑點三年產伏復七年羽翮具復七年飛薄雲漢復七年舞應節復七年晝夜十二時鳴中律復百六十年不食生物復大毛落茸毛生雪白或純黑泥水不汚復百六十年雄雌相視目睛不轉而孕千六百年後飲而不食鸞鳳同為群聖人在位則與鳳凰翔於甸

又

鶴不難相人必清於鶴而後可以相鶴夫頂丹頸碧毛羽瑩潔頸纖而修身聳而正足癯而節高頗類不食烟火人廼可謂之鶴望之如雁鷺鶩鸛然斯下矣養以屋必近水竹給以料必備

魚稻蓄以籠飼以熟食則塵濁而乏精采豈鶴俗也人俗之耳欲教以舞俟其餒寘食於濶遠處拊掌誘之則奮翼而鳴若舞狀久則聞拊掌必起此食化也豈若仙家和氣自然之感召哉

養魚經

胥怪金魚之色相變幻遍考魚部即山海經異物志亦不載讀子虛賦有曰網玳瑁紫貝及魚[illegible]同罝五色文魚固知其色相自來本異而金

魚特總名也惟人好尚與時變遷初尚[illegible]
白纖尚金匼金鞍錦被及印紅頭裹頭紅連[illegible]
紅首尾紅鶴頂紅若八卦若骰色繼尚黑眼雪
眼珠眼紫眼瑪瑙眼琥珀眼四紅至十二紅二
六紅甚有所謂十二白及堆金砌玉落花流水
隔斷紅塵蓮臺八瓣種種不一總之隨意命名
從無定顏者也至花魚俗子目爲癩不知神品
都出是花魚將來變幻可勝紀哉而紅頭種類

竟屬庸劣矣第眼雖貴於紅凸然必泥此無全
魚矣乃紅忌黃白忌蠟又不可不鑑如藍魚水
晶魚自是陂塘中物知魚者所不道也若三尾
四尾品尾原係一種體材近滯而色都鮮艷可
當具品第金管銀管廣陵新都姑蘇競珍之夫
魚一虫類而好尚每異世風之華實茲非一驗
與

二如亭群芳譜鶴魚部卷全

濟南 王象晉藎臣甫 纂輯
松江 陳繼儒仲醇甫
虞山 毛鳳苞子晉甫 仝較
寧波 姚元台子雲甫
濟南 男王與齡 孫王士禎 詮次

鶴魚譜

鶴 仙人之騏驥也一說鶴皠也其羽白色皠皠

然也一名仙客一名胎仙陽鳥而遊於陰行
必依洲渚止不集林木秉金氣依火精以生
有白者有玄者有黃者有蒼者有灰者總共
數色首至尾長三尺首至足高三尺餘喙碧
綠色長四寸丹頂赤目赤頰青腳修頸高足
麤膝凋尾皜衣玄裳頸有黑帶雌雄相隨如
道士步斗之狀履跡而孕又曰雄鳴上風雌
鳴下風聲交而孕亦生數卵四月雌鶴伏卵

雄往來爲徜見雌雄則啄之見人窺其卵多
啄破而棄之常以夜半鳴聲唳霄漢雛鶴三
年頂赤七年翮具十年十二時鳴三十年鳴
中律舞應節六十年褪毛生泥不能汚一百
六十年雌雄相視而孕一千六百年形始定
飲而不食乃胎生大喉以吐故長頸以納新
能運任脉無死氣於中故多壽一日鶴爲露
禽逢白露降鳴而相警即馴養於家者亦多

飛去相鶴之法隆鼻短口則少眠高脚疎節
則多力露眼赤睛則視遠回翎亞膺則體輕
鳳翼雀尾則善飛龜背鱉腹則能產輕前重
後則善舞洪髀纖指則能行羽毛皓潔舉則
高至鳴則遠聞鶴以揚州呂四場者爲佳其
聲較他產者更覺清亮舉止聳秀別有一番
莊雅之態別鶴踁黑魚鱗紋呂四產者綠色
龜紋相傳爲呂仙遺種

○附錄鶴子草 當夏開花形如飛鶴觜翅尾足無所不備出南海云是媚草有
雙蟲生蔓間食其葉久則蛻而爲蝶赤黃色
女子佩之號爲媚蝶能致其夫憐愛[嶺表錄異]
○療治 鶴卵煮一枚與小兒食預解痘毒多者
令少少者不出[活幼全書] 鶴骨酒炙
入滋補藥 踁骨爲笛聲甚清越 腦
中砂不入磨水服解蠱毒邪氣[嘉祐本草]
○典故 鶴千歲集於偃蓋松[六帖] 千歲之鶴
能登木未千歲者終不集樹[抱朴子]
白鶴知夜半鶴水鳥也夜半水位感其氣則
喜而鳴[春秋繁露] 青田有白鶴年年來伏
雛精白可愛世謂神仙所養[永嘉郡記] 遼東
華表有鶴止其上鳴曰有鳥有鳥丁令威去
家千年今始歸城郭雖故人民非 周穆王
時塗脩國獻丹鶴一雌一雄飼以漢高之粟

飲以溶溪之水唆以太湖之萍[拾遺記] 周
穆王南征一軍盡化君子爲鶴爲猿[抱朴子]
周靈王太子晉好吹笙作鳳鳴上嵩山三
十年七月七日乘白鶴於緱氏山頭舉手謝
時人後數日去[列仙傳] 閔公二年狄人伐
衛衛懿公好鶴鶴有乘軒者將戰國人受甲者 今大名府
皆曰使鶴鶴實有祿位予焉能戰[左傳] 師 有鶴城
曠援琴而鼓一奏之有玄鶴集於郭門再奏
之延頸而鳴舒翼而舞[史記] 詔曰朕郊見
上帝巡於北邊見群鶴留止光景並見其赦
天下[漢書] 漢章帝至岱宗柴望畢白鶴三
十從西南來立壇上[東觀漢記] 晉陸機有
異材成都王穎假機大都督討長沙王乂敗
續被收機神色自若歎曰華亭鶴唳豈可復
聞乎遂遇害 湘東王繹竹林堂新楊太守
鄭[illegible]送雛鶴於堂其雌者雨夜裏宅[illegible]

月餘日不[illegible]
飛赴堂中聚之不去即[illegible]
撫翼聞奏鐘磬翻然共舞婉轉低昂妙契[illegible]
節臨壯鄉有南翔寺初寺基出片石方經
丈餘常有二白鶴飛集其上人皆以爲異有
僧號齊法師者謂此地可立伽藍即募財募
衆不日而成因聚徒居焉二鶴之飛或日集
來必有東人施財自西來則施者亦自西至
其他皆隨方而應無一不驗久之鶴去不返
僧號泣甚切忽於石上得一詩曰白鶴南翔
去不歸惟留真跡在名基可惜後代空王子
不絕薰脩享二時因名其寺曰南翔【[illegible]】
【志】支公好鶴住剡東岇山有人遺其雙鶴
少時翅長欲飛支意惜之乃鎩其翮鶴軒翥
不復能飛乃反顧翅垂頭視之如有懊喪意
林曰既有凌霄之姿何肯爲人作耳目之玩

養令馴成置使飛去　桓闓事陶弘景辛勤
十餘年一日有二青童白鶴自空而下集庭
中桓服天衣乘白鶴升天而去【[illegible]】隋煬
帝東京成詔定輿服羽衣課州縣送羽毛特
烏程有樹高百尺鶴巢其上百姓欲取鶴羽
乃伐樹根鶴恐殺其子遂自拔氅毛投地時
呼爲瑞之雅曰匪鶉匪鳶翰飛戾天至此[illegible]
戾天之鳶亦無所逃矣　太康二年冬大寒
南州人見二白鶴於橋下曰今茲寒不減堯
崩年言畢竝飛去【異苑】唐張九齡母夢九
鶴自天而下集於庭遂生九齡後爲宰相
宋錫大年初生母夢羽人自言武夷仙君託
化既生乃一鶴雛棄之江追視之則鶴蛻而
嬰兒具焉體尚有毛其長盈尺經月乃落
蘇仙君名耽桂陽人有白鶴數十降於門遂
[illegible]衆而去後有白鶴集郡城樓上[illegible]

彈彈之鶴以爪攫樓板書云城郭是人[illegible]
三百甲子一來歸吾是蘇仙君君彈我何爲
【神仙傳】唐韋嗣立宅後林木深密有黃鶴
一雙潛於宅左每有喜慶事必先期盤翔【[illegible]】
【異錄】茅君盈常[illegible]句曲山一日告二弟曰吾
大有[illegible]不得數相往來父老歌曰三神乘
白鶴各在一山頭白鶴[illegible]金穴何時復來遊
【[illegible]】太和中長安慈恩寺有一美人
從數青衣夜遊塔詩云黃子陂頭好月明強
踏華亭到曉行烟收山色翠黛橫折得荷花
遠恨生俄僧將燭之化爲白鶴飛去【河東記】
李衛公遊嵩山聞呻吟聲乃一病鶴見李
作人言曰我被樵者傷腳得人血則愈但人
血不易得乃拔眼睫毛曰持此照之即知矣
李公自照乃馬頭也至路中所遇皆非全人
或犬彘驢馬之類惟一老翁是人以鶴故告

翁針臂出血公受之往濡鶴傷處鶴謝曰公
即爲宰相後當鶴昇語畢冲天而去　固州
司馬裴沆於鄭州道左見病鶴呻吟有老人
曰得三世人血塗之則能飛矣惟洛中葫蘆
生三世人也裴訪生援針刺臂得血塗之遂
飛去　噲參行遇玄鶴被傷乃收養之既愈
放去一夜雌雄皆銜明珠以報【搜神記】荀
環好道術事母至孝潛棲郤粒嘗遊江夏黃
鶴樓望西南一物飄然降自霄漢俄至乃駕
鶴仙也就席羽衣虹裳相與款對已乃辭去
跨鶴騰空眇然烟滅【述異記】衛濟川養六
鶴日以粥飲啖之三年識字濟川檢書皆使
鶴啣取之無差【[illegible]】晁采畜一白鶴名
素素一日雨中忽憶其夫試謂鶴曰昔王母
青鸞紹蘭燕子皆能寄書達遠汝獨不能[illegible]
[illegible]延頸向采若受命狀采即援筆直書三[illegible]

繫於其足竟致其夫舉[illegible]
病瘵厄然待盡出門逢頭陀曰與[illegible]
一背尚何病哉揮使大怒欲搁其面[illegible]
後趁出止之謂揮使曰神仙救人終不以
慾爲事倘能起病何惜其軀遂許諾其夜藥
頭命選壯健婦女四人抱病者而煖自溫其
陽迺蒸病體衆見蟊蟲無數飛出其鼻緑去
黎明輔以湯藥飲食病疾頓除一家驚喜嘅
謝遂還西川鶴鳴觀乘石鶴而去先是觀前
舊有兩石鶴不知何代物也逢頭乘其雄者
上昇其雌者中夜悲啼土人驚怪爭來擊書
其喙至今無喙石鶴一隻存焉　山陰述瀚
守惟容爲南昌知府廉明有威聽決無滯時
逆濠漸熾戕民贖貨瀚屢裁抑之郡人賴以
稍安王府有鶴帶牌者縱于道民家犬噬之
豪牒府欲捕民抵罪傾奪其貲瀚批牒曰鶴
雖帶牌犬不識字禽獸相爭何預人事豪卒
不能逞世頗傳批鶴帶牌語以爲奇而未知
其爲瀚也　予山中徐德夫送一鶴至已受
所張公復送一鶴配之每欲作詩詠其事偶
讀皇甫湜鶴處鷄羣賦遂爲閣筆其中有句
云同李陵之入胡滿目異類似屈原之在楚
衆人皆醉憔悴無色低徊不平每戒比之匪
人常恥獨爲君子陳晨公　元藏機有鶴鳥
三類黃鶴時翔空中呼之立至能授人語常
航海飄至一島島人曰此滄州産也分蒂瓜
長二尺碧棗丹栗大如梨池中有四足魚金
蓮花婦人采爲首飾曰不戴金蓮花不得在
仙家　昔劉淵材迂闊嘗蓄兩鶴客至誇曰
此仙禽也凡鳥卵生此獨胎生語未畢園丁
報曰鶴夜生一卵淵材呵曰敢謗鶴耶未幾
鶴展頸伏地復誕一卵淵材歎曰鶴亦敗道

吾乃爲禹錫佳話所誤　陳州倅盧某畜二
鶴甚馴一創死一哀鳴不食盧勉飼之乃就
食一旦鳴繞盧側盧曰爾欲去耶有天可衝
有林可棲不爾羈也鶴振翮雲際數四回顧
乃去盧老無子後歸臥黃浦溪上晚秋蕭索
曳杖林間忽一鶴盤空鳴聲淒斷盧仰祝曰
非我陳州侶耶即當下鶴竟投懷中牽衣旋
舞不釋盧泣曰我老無血胤形影弔爾幸
留當如孤山逋老共此殘年遂引歸爲寫其
瘠泣鶴圖中繪已像及鶴其傍後盧歿鶴亦
不食死家人瘞之墓左

○麗藻散語　鳴鶴在陰其子和之易　鶴鳴於
九皐聲聞於天詩　鶴喜陰而惡
陽[illegible]　王喬抱鶴以沖天天台賦　黃鶴
之飛尚不得過猿猱欲度愁攀援　疊霜毛
而弄影振玉羽而臨霞朝戲乎芝田夕飲乎
瑤池　寧作野中之雙鳧不願雲間之別鶴
[illegible]　紛縱體而迅赴若驚鶴之群飛西京
[illegible]　夫黃鶴一舉千里集君華池啄君稻粱
君猶貴之以其從來遠也[illegible]　鶴羽
族宗也而變小大不同金九火也而變生焉
七年一小變十六年再變百六年大變千年
變蒼二千年變黑所謂玄鶴也變極而與壽
人同隱顯誓[illegible]　白鳥朱冠鼓翼河干聚精
其至矣[illegible]賦　而躍躍奮跖翅之械踐宛延
顛而顧步啄沙磧而相歡豈忘赤霄之上忽
池籞而盤桓飲清流而不舉食稻粱而不安
故知野禽野性未脫籠樊賴吾王之廣愛
禽鳥兮抱恩方騫驤而鳴舞憑朱檻而顧慕
[illegible]　昏氣夜歛景物澄廓星翻漢迴曉
月將落感寒雞之早晨憐霜雁之遠賓驚聲

風之瀟條對濂光之照灼喋清響於丹墀舞飛容於金闕始連軒以鳳蹌終宛轉而龍躍躑躅徘徊振迅騰躍驚身蓬集矯羽雪飛將輿中止若往而歸颯沓矜顧遷延遲暮指會規翔臨岐矩步態有遺妍貌無停趣奔機逗節角睞分形長揚緩騖並翅連聲輕迹凌亂浮影交橫忽星離而雲罷整神容以自持仰天居之崇絕更惆悵以驚思　鮑照

何匠氏之殊絕超丹青之矩度寫仙禽以逼眞脫凡鳥而不顧想意像而經營運精思以馳驁假孤致於墨摹得高標於豪素麗藻質以明煙揮風翎而翩霧豈偶爾而髣髴眞天然之神趣偉兹羽之獨靈考仙經之遺篇鍾淳精以化胎善導引而延年志清逈而内貞儀皎潔而外宣音獨唳以聞野翼一飛而翀天朝翱翔于玉林夕飲啄乎丹泉止必擇地動不妄遷協雲簫而清囀隨蜺旌以遥旋厭君鷹之喈喈猶白鷺之娟娟豈能言之鸚鵡非好殺之鷹鸇拂練光而凝想托繪采而生憐松闔碧蒼苔斷紫錢徘徊竹下俛仰海邊翩窮秋而益勁心歲寒而彌堅乃若琴樽寡和山林無主翠巘絕鄰華表誰語路杳杳以失雲庭栖栖而宿雨露凄凄以霑堦霜肅肅而入戶抗圓吭以長吟整脩毛而獨舞意衎衎而欲伸態昂昂而猶武續遺哀於絕絃悲吊影於（琴有[illegible]操）樊籠懷萬里之長風眺三湘之極浦憶煙水而葺巢甘鳧鶩以爲伍戀夜渚而葦寒食秋塘而蓼苦孰圖畫之見珍惟網羅而受儔及夫上都宮舍畫彩飾庭錦燦爛兮金谷花窈窕兮朱亭刻犀象兮繡柱閑孔雀兮翠屏彼靈質之姝操羞文章以自呈無俗狀以駭衆亦飛去而實實退艮立之弗值羌誰識其高情撫斯圖以騁觀久延佇以徜徉欣物品之有遇見嗜尚之匪荒既獲貯於廣筵遂薦觀於華堂儼精采而不驚騰玉羽而將翔恍欺雪面偃蹇若順風而飄颺集賓客以舉目顧軒楹而有光吁嗟鳥類比之君子遇則齊瀟（吳闔閭女舞白鶴於市萬民觀之遂掩覆與鶴俱殉）失則剸杞棄捐胡嬰登膚胡喜非恃寵而乘軒亦何心於饋市依日月於蓬壺隔塵沙於霧木鬪玉笛之我招繞珠樹而相倚感主人之蓄養常反顧於千里稟風義之眞渝重披圖而自失　何景明

記

熙寧十年秋彭城大水雲龍山人張君之草堂水及其半扉明年（山人名天驥）春水落遷於故居之東東山之麓升高而望得異境焉作亭於其上彭城之山岡嶺四合隱然如大環獨缺其西一面而山人之亭適當其缺春夏之交草木際天秋冬雪月千里一色風雨晦明之間俯仰百變山人有二鶴甚馴而善飛旦則望西山之缺而放焉縱其所如或立於陂田或翔於雲表莫則傃東山（傃向也）而歸故名之曰放鶴亭郡守蘇軾時從賓客僚吏往見山人飲酒於斯亭而樂之揖山人而告之曰子知隱居之樂乎雖南面之君未可與易也易曰鶴鳴在陰其子和之詩曰鶴鳴於九皋聲聞於天蓋其爲物清遠閑放超然於塵垢之外故易詩人以比賢人君子隱德之士狎而玩之宜若有益而無損者然衛懿公好鶴則亡其國周公作酒誥衛武公作抑戒以爲荒惑敗亂無若酒者而劉伶阮籍之徒以此全其眞而名後世嗟夫南面之君雖清遠閑放如鶴者猶不得好好之則亡其國而山林遁世之士雖荒惑敗亂如酒者猶不能爲害而況於鶴乎由此觀之其爲樂未可以同日而語也山人忻然而笑曰有是哉

乃作放鶴招鶴之歌【東坡】

贊

劉蓬山之奇禽想瀛洲之縹緲紫頂烟絕丹眸星皎昂然佇眙霍若驚矯形留座隅勢出天表謂長鳴於風霄終寂立于霜曉疑習益古俯察逾妍無疑傾市聽似聞絃尚感至精以變化或可弄景以浮烟【李白】

歌

鶴飛去兮西山之缺高翔而下覽兮擇所適翻然斂翼宛將集兮忽何所見矯然而復擊獨終日於澗谷之間兮啄蒼苔而履白石 鶴歸來兮東山之陰其下有人兮黃冠草屨葛衣而鼓琴躬耕而食兮其餘以汝飽歸來歸來兮西山不可以久留【東坡】 君不見鶩在梁日食魚腦蝦蟆肪腸羶舌垢骨不香有鶴有鶴何清凉自歌自舞如人長如人長化爲鷺投入王郎夢中啄清露頂相紅翅毛薄雪中一點桃花落口銜太上赤霄書騎君游寬入君幕已矣乎髮已禿日月兩丸共一轂日月送汝三十幅何不從我山之南山之北先生百拜謝鶴奴須臾鶴去雲糢糊雲糢糊不可呼北斗柄折海水枯【陳眉公】

詩五言

翩躚仙頂鶴 摩霄鶴數群 歸羨遼東鶴 鶴下雲汀近 晴飛半嶺鶴 鳴鶴不歸林【李太白】 鶴唳必青天 王喬鶴不群 獨鶴先依渚【杜子美】 客有鶴上仙飛飛凌太清 方知黃鶴舉千里獨徘徊徒霜鏡中髮羞彼鶴上人 錫飛飛來兩白鶴暮啄青泥芹【李太白】 常近鶴 杯渡不驚鷗 王喬下天壇微月映皜鶴 人傳有笙鶴時顧北山頭 太史候鳧影王喬隨鶴翎 梅黃雨撲地水白鶴橫天【黃山谷】 不知鷗與鶴天畔弄晴暉【宋[illegible]】 吹笛龍初下 橫琴鶴乍低 北山無怨鶴南浦有冥鴻 鶴聲縹緲外仙樂有無中【[illegible]】

【[illegible]】 鶴長鳧自短吾亦任吾天【[illegible]】 鶴瘦帶道容松老入詩格[illegible] 仙鶴下人間獨立霜毛整翛然江海思承與雲路永【杜子美】 天漢涼秋夜沉沉一鏡明山空夜 嚴肅林靜鶴頻鳴【[illegible]】 亂枝樹暗軒 孤鶴巢其上警露一聲長天風散哀響【于[illegible]】 【東[illegible]】 空庭復何有白鶴照秋水渺渺望茶煙時出幽篁裏【馮琢庵】 獨夜出其柵空階自偶影摩空六翼開警露孤心耿【于念東】 久鎖沖天質金籠忽自開無心戀池沼有意出塵埃蘋翼離幽砌凌雲上紫臺應陪鸞鳳侶仙島任徘徊【[illegible]】 海鶴勞相贈長鳴似念羣翮發千仞下聲已九天聞願比雙黃鵠同棲三素雲只愁珠樹影難謁玉宸君 病鶴 何年病經秋尚未蘇骨驚清露冷影對夕陽孤淨娛堪相狎韝鷹莫浪呼何當雙翼健萬里下平蕪【[illegible]】 丁令辭世人拂衣向仙路伏鍊九丹成方隨五雲去松蘿蔽幽洞桃杏深隱處不知曾化鶴遼海歸幾度【李太白】 耳馴狎經時久離褷短翮存不隨淮海變空憾稻粱恩獨立秋天淨單棲夕露繁欲飛還斂翼詎敢望乘軒【張[illegible]文】 一自青田至偏與綠野親飛騰終戀主飲啄更宜人唳識鳴皐舊梳看墮羽新去來從爾性吾亦任吾眞 偶自迷花縣依然到竹扉宵隨鳧鶩去偏逐燕巢歸午夢驚棋局宵鳴立釣磯碧山長好住莫向海雲飛【[illegible]泉】 便欲沖霄去能無戀主情夢中愁失路客裏得同心巢樹經春長臨軒一水盈今宵不成寐重聽九皐聲【[illegible]玄宰】 心爲辭官遠交因臥病疏舞階調稚鶴放水狎游魚懶著登樓賦閒看種樹書短籬交茂木卑是野人居 露下秋宇淨

清夜響肸食作驚開六翼鶴淚哭孤心綿[illegible]
芝田阻寂寞九皋深寧爲耳目玩終栖滄海
潯【俱子苗】[illegible]美人抱瑤瑟哀怨彈別鶴華
雄南北飛一旦異栖託諒非金石性安得寵
如昨生爲並帶花亦有先後落秋林對斜日
光景自相薄猶欲悟君心朝朝佩蘭若【[illegible]】
【[illegible]】蟄龍三冬臥老鶴萬里心昔時賢俊人
未遇猶視今嵇康不得死孔明有知音又如
壠底松用捨在所尋大哉霜雪幹歲久爲枯
林在昔龐德公未從入州府襄陽耆舊間處
士節獨苦豈無濟時策終竟畏羅罟林茂鳥
有歸水深魚知聚舉家隱鹿門劉表焉得取
蓬生非無根漂蕩隨高風天寒落萬里不復
歸本叢客子念故宅三年門巷空悵望但烽
火戎車滿關東生涯能霜黃碧梧白鶴
幾何常在羈旅中【杜甫】
七言
樓【李太白】古

木松杉巢水鶴　黃鶴失侶亦哀號【杜子美】
蓬鶴歸時認城郭杜鵑聲裏含君臣　華
亭鶴唳詎可聞上蔡蒼鷹何足道　背飛鶴
子遺瓊蕊相趁見雛入蔣茅【李太白】　天寒
白鶴歸華表日落青龍見水中　久拚野鶴
如雙鬢遮莫隣鷄下五更　獨鶴不知何事
舞饑烏似欲向人啼【杜子美】　願得化爲松
上鶴一雙飛去入青雲【步飛烟女郎】　依舊
慈烏啼樹杪總無白鶴到人間　山僧野老
堪同坐海鶴汀鷗莫浪猜【俱馮琢庵】　鶴過
幾迴沉影去僧來時復帶雲還　鶴有累心
猶被斥梅無高韻也遭刪【袁石公】　清溪道
上人不識上天下天鶴一隻洞門深鎖碧窗
寒滴露研硃點周易【明皇賜葉法善】　爲因
性癖愛山居盡日溪邊坐看魚何事驅車遊
朔漠猿驚鶴怨欲何如【丁明登】　簷鈴無語

閉珠宮紫闕涼生玉殿風孤鶴夜驚滄海月
仙人歸去綠雲中【許景樊女郎】　黃鶴樓頭
黃鶴還至今蹤跡落人間舊曾遊處難忘却
城上樓臺江上山【馮琢庵】　獨聽石室竹千
竿看爾仙姿振羽翰別後山僧寄書至開函
先問鶴平安　開籠有鶴印蒼苔鶴到莫如
道士來我已機心渾忘却自鳴自舞莫相猜
【俱陳眉公】　獨鍾靈秀號胎仙衆羽迴翔敬
占先一點丹誠堪貫日幾聲清唳透天關[illegible]
【[illegible]】　瑞羽奇姿踉蹌形稱爲仙馭過[illegible]
何年厚祿曾居衛幾世前身本姓丁[illegible]
雲兼遠水莫臨華表與華亭勞君[illegible]清歌
侶將去田園夜坐聽【薛能】　昔人已乘白雲
去茲地空餘黃鶴樓黃鶴一去不復返白雲
千載空悠悠晴川歷歷漢陽樹芳草萋萋鸚
鵡洲日暮鄉關何處是煙波江上使人愁【崔顥】

【題】　昨日看成送鶴詩高籠提出白雲司朱
門作入應迷路玉樹容栖莫揀枝雙舞雲中
花落處數聲池上月明時　三山碧海未歸去
且向人間呈羽儀【劉禹錫】　司空憐爾爾須
知不信聽吟乞鶴詩羽翼勢高寧惜別稻粱
恩厚肯愁饑夜棲莫共烏爭樹曉浴先饒鳳
占池穩上青雲休迴顧的應勝在白家時【白
居易】　愛爾昂藏驚露鳴不堪躑躅繞花行
月明珠樹棲難穩雨濕蒼苔步未成投足樊
籠悲失計側身天地迥令情莫將晃脛論長（鶴以入籠）
短六翮冲霄萬里輕【咏跛鶴】　秋風吹却九（傷足）
臯禽一片閒雲千里心碧落有情空悵望青
　無路可追尋時來白雪翎猶短去日丹砂
頂漸深華表柱頭留語後不如消息到如今
【[illegible]】　正憐標格出華亭況是昂藏入
相經碧落順風新得志故巢因雨却聞腥幾

時翔集來華表斜日沉吟看畫屏爲報雞羣
虛嫉妬紅塵向上有青冥【韓偓失鶴】旅舍
依棲曉復曛獨悲仙鳥逐人羣素姿帶月形
難辨丹頂經霜色更分顧影自憐雙侶在鳴
皐相和九天聞應知萬里心猶遠何日修翎
向白雲【方九功】 極自長空鴈影南千峯當
檻落晴嵐清秋斜日窺今象古木寒雲鎖石
龕地迥樓臺三嶺接天低烟樹萬家含虛疑
縹緲緱山頂時有簫聲駐鶴驂【馮琢菴】舞
鶴曾披鮑照文雪中妍態更紛紛碧空搖曳
仙人馭縞素騰驤君子軍響作珮環敲夜月
影翻簾幙卷晴雲寒鳴儀鶴空相妬雲漢孤
蹤自不羣【陳仲醇】 秋暮遥聞警露悲凌風
獨傲歲寒時六花玉剪青田翮三樹珠縈碧
落姿北海霜鴻猶避弋西雝雲鷺可爲儀從
今清賞銀屏夜不遺紅兒按柘枝【前人】 客
從海上饋仙禽藻質雙雙辭故林六翮已摧
憐矯逸幾聲空唳響秋陰回翔豈破雷門鼓
別怨俄悲子牧琴何日翩翩同刷羽共依滄
海弄清音【于若瀛】 一鶴西還手自將碧松
深處靜焚香玄裳度海月生夢白玉成田秋
有糧不放孤飛隨蔆落欲因同駕入蒼茫烟
霞看爾眞仙侶巖洞千秋佛日長【睢石】 儋
然仙馭下參天疎竹深松共海烟世外三山
玄圃近空中孤影白雲懸月明石屋長依竹
霜老丹砂莫計年此日逃禪依繡佛青城華
表定誰傳【前人】 玉羽新秋帶閬風一尊江
色小軒同三千界內僧還識七十年來鶴亦
翁高石過雲山樹碧斜陽到岸浪花紅遠公
已弛東林禁歲歲長筵聽晚鐘【前人】 一聲
遥唳下晴虛半畝閒庭飲啄初雲漢豈無儔
侶在昆風自惜羽毛疎佐鄉沙苑迴翔後吳

詠梁園感慨餘幸傍高人結知己不須傾蓋王公有鶴
歎無魚【王世如】 隱霧巢松遍海瀛翩然來郡人會
藻集池坪即看飲啄神偏王政使飛冲羽自是今官太
輕儇仰流雲姝有意徘徊清沚亦多情秋高侯少卿
露濤流清響嘹唳驚風萬壑晴【王沖謙】天沖舉子弟
風吹客鶴翩飛華表千年今日歸定有江妃也名來益
搖王佩還驚洛浦弄珠文聲餘焦尾雲裳冷顧負時名
孤鶴蟾蜍月魄稀我自忘機誰具眼知君不
爲稻粱肥【王用晦】 王子吹笙乘作仙雙飛用晦子弟
伏子下青田能驚烏尾身如雪不入鷄羣羽也名聚明
亦玄聲滿十洲知半夜九成五色已千年迢顧負時名
迢峻岳經多少爭得閒庭松上眠【王與端】與端子姪
丹頂霜毫倚碧霄趁人遲暮偶相招飛從瑤也學方函
水來程遠歸向璇宮去路遥珠樹三山虛老上林丞
翰玉禾九畹長靈苗清風明月樓
頭滿謝得追隨破寂寥【王與祉】與祉子子

也以鹿當
改授御史

金魚 有鯉鯽鰍鰲數種鰍鰲尤難得獨金鯽耐久肉味短而韌甘鹹平無毒自宋以來始有畜者今在在養玩矣初出黑色久乃變紅又或變白名銀魚有紅白黑斑相間者名玳瑁魚魚有金管者三尾者五尾者甚且有七尾者時頗尚之然而遊衍動盪終乏天趣不如任其自然爲佳

○喂養 金魚最畏油喂用無油撞蒸餅須過清明日以前忌喂

生子 金魚生子

多在穀雨後如遇微雨則魚隨雨下子若雨大則次日黎明方下雨後將種魚連草撈入新清水缸內視雄魚緣缸趕咬雌魚即其候也咬罷將魚撈入舊缸取草映日看其上有子如粟米大色如水晶者即是將草撈於淺瓦盆內止容三四指水置微有樹陰處晒之不見日不生烈日亦不生一二日便出大魚不撈久則自吞啗咬子時草不宜多恐礙動轉

築池 土池最佳水土相和萍藻易於茂盛魚得水土氣性適易長出沒於萍藻間又有一種天趣勿種蓮蒲惟置上水石一二於池中種石菖蒲其上外列梅竹金橘影沁池中青翠交蔭草堂後有此一段景致即蓬萊三島未多讓也一云金魚宜甕中養不近土氣則色紅鮮

收藏 冬月將甕斜埋地內夜以草蓋覆之禪嚴寒時常有一二指薄氷則魚過歲無疾

占驗 魚浮水面必雨缸底熱也此雨徵也

魚病 魚翻白及水有沫亟換新水恐傷魚芭蕉根或葉搗碎入水治火魚毒神効魚瘦生白點名魚蝨用楓樹皮或白楊皮投水中即愈一法新磚入糞桶浸一日晒乾投水亦好

魚忌 橄欖渣肥皂水莽草搗碎或諸色油入水皆令魚死魚池中不可漚麻及着鹹水石灰皆令魚洗魚食鴿糞食楊花及食自糞遍皆洗以固糞解之缸內宜頻換新水夏月尤宜勤換魚食雞鴨卵黃則中寒而不子

衛魚 池傍樹芭蕉可解洗樹葡萄架可免鳥雀糞且可遮日色岸邊種芙蓉可辟水獺

○**療治** 久痢禁口病勢欲死用金絲鯉魚一尾重一二斤者如常治淨用鹽醬葱必入

胡椒末三四錢煑熟置病人前嗅之欲喫隨意連湯食一飽病即除根屢治有効

○**典故** 丹水出京兆上洛縣冢嶺山入於支汋水中有丹魚夏至十夜伺魚浮出水有赤光如火網取割其血塗足涉水如履平地【[illegible]】浙江昌化縣有龍潭廣數百畝產金鯽魚禱雨多應 金魚出功鑿塞江腦中有金【博物志】晉桓冲遊廬山見湖中有赤鱗魚【述異記】蘇城有木仙祠頗靈異祠中有魚池不岸水亦清潔鄉人蔣氏子浴池中見金鯉游泳捕之魚入石岸乃探手取之其手入石中牢不能出自辰至未百計莫解父母驚惶懇禱神前始得出其子神思昏迷如夢寐中歸而病甚未幾卒 元時燕帖木兒奢侈無度於第中起水晶亭亭四壁水晶鏤空貯水養五色魚其中剪綵爲白蘋紅蓼等花置水上壁內置珊瑚欄杆鑲以八寶奇石紅白掩映光彩玲瓏前代無有也【解醒語】異時宦游所經歷至濟南謁德藩游眞珠泉泉東西可十餘丈南北三丈許東一亭枕之其下琵琶鼕起拍掌振履則益起纚纚而上空明瑩徹與天日爭彩金鯉百頭小者亦可三尺其西泉實宮墻而出爲大池皆以白石甃甃中有水殿前後各五楹彩鷁容與簫鼓四奏王時勞賜殽醴往往丙夜又西爲長溝曲折以達後園芍藥數百本高樓踞之泉出後宮墻爲水碓水磨以達大明湖湖景尤自韶麗【王鳳洲】石湧眞武殿前新甃石池二夕大風雨雷電翌旦池中見大金魚莫知所從來【[illegible]山縣志】

○**麗藻** **散語** 魚潛在淵或在于渚 魚在在藻依于其蒲 魚躍于淵 猗與漆

沮潛有多魚【傅詩】騰文魚以警乘鳴玉鸞以偕逝【洛神賦】

賦

中庭兮霽辰鬣鬐兮爲池修鱗兮下上朱華兮參差綠蘋波兮乍驚盻繁英風兮汎歷亂下上兮星列參差兮霞綺容何爲兮頻且都意何爲兮固未舒聊鼓沬兮就人倪若怯兮潛子虛子懷兮未敢言相對兮各茫然滄波兮萬頃目斷兮誰傳期振袂兮清泠何升斗兮足憐【王鳳洲】大地好生萬物以成蠢爾庶類各肖厥形雖賦予之不齊均挺異而含靈覩鱗介之游泳觀羽翼之騫騰或潛伏于太陰或飛翥于高冥雖小大之分殊貴得性而忘情若夫鳳翔千仞鵬搏九霄神龍巨鯤海運逍遥徙若移山噴若驚濤羌無心與物競胡異患之能撓相盆池之儵魚稟冲龢之土德謝主人之修惠藉餘波而假息方彼魚之在轍冀蹶涔之已

足矧盈掬之渟瀦乃優游而縱逸日徜徉於清沼行千里于只尺雖蒙恩於曲全終眷戀于川澤【曹大章】

詩

五言

池塘養錦鱗【戴叔倫】心靈水木會興幽魚鳥通【岑嘉州】豈無成龍姿限此一勺水一釣連六鰲願學任公子【馮琢菴】自識濠梁樂盆魚亦足歡相忘勺水窄不羨五湖寬躍水朱光溜依萍景色攢天機應有在時向靜中觀　澄波映空翠涵泳集錦鱗聚吹星彩動潛避月鈎新觸荇欣穿藻乘流樂逝人遠香儘可戲底用縱通津【于念東】

七言

魚吹細浪搖歌扇燕蹴飛花落舞筵【杜甫】松下丁疑君是鶴濠間莫問我非魚【馮琢菴】嫩荷香撲釣漁亭水面文魚作隊行宮女齊來池面看傍簾呼喚勿高聲【吳國倫】猩紅數點媚清泠煙漾香浮度此生莫向江湖貪廣濶近來

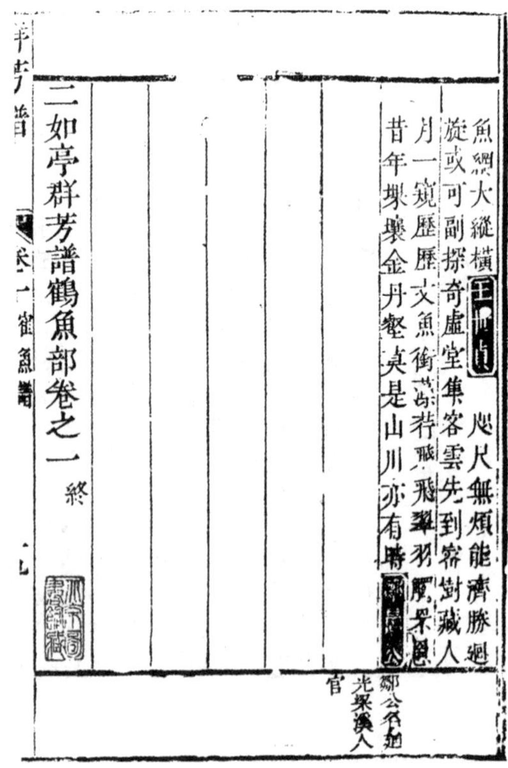

魚網大縱橫【王世貞】咫尺無煩能濟勝迴旋或可副探奇虛堂集客雲先到客對藏人月一窺歷歷文魚銜荇藻飛翠羽饜果恩昔年巢穰金丹竈真是山川亦有時【鄒公】

鄒公名迪光梁溪人官

二如亭群芳譜鶴魚部卷之一　終

出版後記

早在二〇一四年十月，我們第一次與南京農業大學農遺室的王思明先生取得聯繫，商量出版一套中國古代農書，一晃居然十年過去了。

十年間，世間事紛紛擾擾，今天終於可以將這套書奉獻給讀者，不勝感慨。

當初確定選題時，經過調查，我們發現，作爲一個有著上萬年農耕文化歷史的農業大國，我們整理的農業古籍叢書只有兩套，且規模較小，一是農業出版社自一九五九年開始陸續出版的《中國古農書叢刊》，收書四十多種；一是農業出版社一九八二年出版的《中國農學珍本叢刊》，收書三種。其他點校整理的單品種農書倒是不少。基於這一點，王思明先生認爲，我們的項目還是很有價值的。

經與王思明先生協商，最後確定，以張芳、王思明主編的《中國農業古籍目錄》爲藍本，精選一百五十二種中國古代最具代表性的農業典籍，影印出版，書名初訂爲『中國古農書集成』。接下來就是正常的流程，先確定編委會，確定選目，再確定底本。看起來很平常，實際工作起來，卻遇到了不少困難。

古籍影印最大的困難就是找底本。本書所選一百五十二種古籍，有不少存藏於南農大等高校圖書館。但由於種種原因，不少原來准備提供給我們使用的南農大農遺室的底本，當時未能順利複製。最後所有底本均由出版社出面徵集，從其他藏書單位獲取。

本書所選古農書的提要撰寫工作，倒是相對順利。書目確定後，由主編王思明先生親自撰寫樣稿，副主編惠富平教授（現就職於南京信息工程大學）、熊帝兵教授（現就職於淮北師範大學）及編委何彦超博士（現就職於江蘇開放大學）及時拿出了初稿，爲本書的順利出版打下了基礎。

本書於二〇二三年獲得國家古籍整理出版資助，二〇二四年五月以『中國古農書集粹』爲書名正式出版。

二〇二三年一月，王思明先生不幸逝世。没能在先生生前出版此書，是我們的遺憾。本書的出版，或可告慰先生在天之靈吧。

是爲出版後記。

鳳凰出版社

二〇二四年三月

《中國古農書集粹》總目

一

二

三

四

五

九

十

十一

十二

菊譜　（宋）范成大　撰

百菊集譜　（宋）史鑄　撰

菊譜　（明）周履靖、黄省曾　撰

菊譜　（清）葉天培　撰

菊説　（清）計楠　撰

東籬纂要　（清）邵承照　撰

十三

揚州芍藥譜　（宋）王觀　撰

金漳蘭譜　（宋）趙時庚　撰

王氏蘭譜　（宋）王貴學　撰

海棠譜　（宋）陳思　撰

缸荷譜　（清）楊鍾寶　撰

汝南圃史　（明）周文華　撰

北墅抱甕録　（清）高士奇　撰

種芋法　（明）黄省曾　撰

筍譜　（宋）釋贊寧　撰

菌譜　（宋）陳仁玉　撰

十四

荔枝譜　（宋）蔡襄　撰

記荔枝　（明）吴載鰲　撰

閩中荔支通譜　（明）鄧慶寀　輯

荔譜　（清）陳定國　撰

荔枝譜　（清）陳鼎　撰

荔枝話　（清）林嗣環　撰

嶺南荔支譜　（清）吴應逵　撰

龍眼譜　（清）趙古農　撰

水蜜桃譜　（清）褚華　撰

橘録　（宋）韓彦直　撰

打棗譜　（元）柳貫　撰

檇李譜　（清）王逢辰　撰

十五

竹譜　（南朝宋）戴凱之　撰

竹譜詳録　（元）李衎　撰

竹譜 （清）陳鼎 撰

桐譜 （宋）陳翥 撰

茶經 （唐）陸羽 撰

茶録 （宋）蔡襄 撰

東溪試茶録 （宋）宋子安 撰

大觀茶論 （宋）趙佶 撰

品茶要録 （宋）黄儒 撰

宣和北苑貢茶録 （宋）熊蕃 撰

北苑别録 （宋）趙汝礪 撰

茶箋 （明）聞龍 撰

羅岕茶記 （明）熊明遇 撰

茶譜 （明）顧元慶 撰

茶疏 （明）許次紓 撰

十六

治蝗全法 （清）顧彦 撰

捕蝗考 （清）陳芳生 撰

捕蝗彙編 （清）陳僅 撰

捕蝗要訣 （清）錢炘和 撰

安驥集 （唐）李石 撰

元亨療馬集 （明）喻仁、喻傑 撰

牛經切要 （清）佚名 撰 于船、張克家 點校

抱犢集 （清）佚名 撰

哺記 （清）黄百家 撰

鴿經 （明）張萬鍾 撰

十七

蜂衙小記 （清）郝懿行 撰

蠶書 （宋）秦觀 撰

蠶經 （明）黄省曾 撰

西吴蠶略 （清）程岱葊 撰

湖蠶述 （清）汪曰楨 撰

野蠶録 （清）王元綎 撰

柞蠶雜誌 增韞 撰

樗繭譜 （清）鄭珍 撰 （清）莫友芝 注

廣蠶桑説輯補 （清）沈練 撰 （清）仲學輅 輯補

蠶桑輯要 （清）沈秉成 編

豳風廣義 （清）楊屾 撰

養魚經　（明）黄省曾　撰

異魚圖贊　（明）楊慎　撰

閩中海錯疏　（明）屠本畯　撰　（明）徐𤊹　補疏

蟹譜　（宋）傅肱　撰

糖霜譜　（宋）王灼　撰

酒經　（宋）朱肱　撰

飲膳正要　（元）忽思慧、常普蘭奚　撰

十八

救荒活民補遺書　（宋）董煟　撰　（元）張光大　增
（明）朱熊　補遺

荒政叢書　（清）俞森　撰

荒政輯要　（清）汪志伊　纂

救荒簡易書　（清）郭雲陞　撰

十九

孚惠全書　（清）彭元瑞　撰

二十

欽定康濟錄　（清）陸曾禹　原著　（清）倪國璉　編錄

救荒本草　（明）朱橚　撰

野菜譜　（明）王磐　撰

野菜博錄　（明）鮑山　撰

二十一

全芳備祖　（宋）陳詠　撰

南方草木狀　（晉）嵇含　撰

二十二

植物名實圖考（全二册）　（清）吴其濬　撰